Mathematik für Ingenieure

Thomas Rießinger

Mathematik für Ingenieure

Eine anschauliche Einführung für das
praxisorientierte Studium

10., ergänzte Auflage

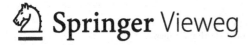 Springer Vieweg

Thomas Rießinger
Bensheim, Deutschland

Zusatzmaterialien zu diesem Buch finden Sie auf
http://extras.springer.com/2013/978-3-642-36858-5

ISBN 978-3-662-54806-6   ISBN 978-3-662-54807-3 (eBook)
DOI 10.1007/978-3-662-54807-3

Die Deutsche Nationalbibliothek verzeichnet diese Publikation in der Deutschen Nationalbibliografie; detaillierte bibliografische Daten sind im Internet über http://dnb.d-nb.de abrufbar.

Springer Vieweg

Gedruckt auf säurefreiem und chlorfrei gebleichtem Papier

Springer Vieweg ist Teil von Springer Nature
Die eingetragene Gesellschaft ist Springer-Verlag GmbH Deutschland
Die Anschrift der Gesellschaft ist: Heidelberger Platz 3, 14197 Berlin, Germany

Vorwort zur 10. Auflage

Das Schöne an der Mathematik ist, dass sie sich nur selten ändert – eine Ableitung bleibt nun einmal eine Ableitung, egal wie viele Jahre ins Land gehen. Aber trotzdem sind auch bei einem Mathematik-Lehrbuch manchmal Änderungen nötig, weil man etwas ergänzen oder vielleicht anders darstellen möchte. Und genau deshalb habe ich für diese neue Auflage einige Verbesserungen vorgenommen. Was sich nicht geändert hat, ist aber der Brückenkurs, der Ihnen den Übergang von der Schulmathematik zur Hochschule erleichtern soll; Sie finden ihn im Internet unter der Adresse http://extras.springer.com/2011/978-3-642-16850-5.

Und damit bleibt nichts mehr zu sagen außer: Viel Vergnügen bei der Arbeit!

Bensheim, April 2017   Thomas Rießinger

Vorwort zur 8. Auflage

Manches hat sich geändert in den letzten Jahren, und auch die Hochschulen wurden von Änderungen nicht verschont: Während Sie früher nach dem Abschluss eines Ingenieurstudiums in der Regel mit einem Diplom belohnt wurden, erhalten Sie heute einen Bachelor- oder einen Mastergrad. Aber das Schöne ist, dass manche Dinge eben doch konstant bleiben. Denn egal, ob Bachelor oder Diplom, Sie werden auf jeden Fall ein wenig Mathematik lernen müssen, und dabei soll Ihnen nach wie vor dieses Buch helfen. Und falls Sie sich generell in der Mathematik ein wenig unsicher fühlen sollten, können Sie sich in einem Brückenkurs zur Mathematik für Einsteiger erst einmal mit den Grundlagen der Schulmathematik befassen, damit auch nichts schief geht. Diesen Brückenkurs passte allerdings nicht mehr zwischen die Buchdeckel; Sie finden ihn daher im Internet unter der Adresse http://extras.springer.com/2011/978-3-642-16850-5. Und schon ist alles gesagt außer: Viel Vergnügen bei der Arbeit!

Bensheim, November 2010   Thomas Rießinger

Vorwort zur 6. Auflage

Wieder einmal ist eine Auflage vergriffen und daher eine Neuauflage meines Buches nötig. An der Mathematik selbst hat sich in der Zwischenzeit nicht viel geändert, weshalb ich mich bei dieser sechsten Auflage auf kleine Korrekturen beschränkt habe. Auch diesmal liegt der Brückenkurs zur Mathematik für Einsteiger als CD bei; Sie können also entweder direkt mit der Ingenieurmathematik starten oder sich erst noch ein wenig mit den Grundlagen der Schulmathematik befassen.

Und damit ist über die Neuauflage schon alles gesagt, ich will Sie nicht weiter von der Arbeit abhalten und wünsche Ihnen viel Erfolg und vielleicht auch ein wenig Spaß.

Januar 2007   Thomas Rießinger

Vorwort zur 5. Auflage

Drei Neuauflagen lang konnte ich mich davor drücken, ein neues Vorwort zu schreiben, aber jetzt hat es mich doch erwischt. Gibt es vielleicht ein neues Gesetz, das die Existenz von Vorworten zwingend vorschreibt, oder hat man mir etwa ein Angebot gemacht, das ich nicht ablehnen konnte? Nein, viel einfacher. Es stellt sich immer häufiger heraus, dass Studenten beim Einstieg in ihr Studium leichte bis mittelschwere Probleme mit den mathematischen Grundlagen haben, mit der so genannten Mittelstufenmathematik, die wohl auf dem Weg von der Mittelstufe über die Oberstufe bis hin zur Hochschule irgendwo verloren gegangen ist. Nun ist das aber ein Lehrbuch der Mathematik für Ingenieure, und ein paar Dinge aus eben dieser Mittelstufenmathematik braucht man da schon. Deshalb habe ich zusätzlich zum üblichen Lehrstoff einen Brückenkurs geschrieben, eine Art Vorkurs, in dem genau diese Mittelstufenmathematik behandelt und an Hand von Beispielen erklärt wird. Sie finden diesen Brückenkurs als pdf-Datei auf der beiliegenden CD-ROM, denn noch dicker, als es ohnehin schon ist, wollten wir das Buch nun wirklich nicht machen. Falls Sie sich also in der Welt der quadratischen Gleichungen und der Wurzeln, der Potenzen und der Logarithmen, der Parabeln und der Dreiecksberechnung nicht mehr so recht zu Hause fühlen, dann kann es vielleicht nicht schaden, erst einmal den Brückenkurs durchzugehen und natürlich auch seine Übungsaufgaben durchzurechnen, um sich die nötige Sicherheit beim Rechnen zu verschaffen.

Das war es schon an Neuigkeiten zur fünften Auflage; ich will Sie nicht länger von der Arbeit abhalten. Und damit bleibt mir nichts mehr zu sagen als: viel Erfolg und hoffentlich auch ein wenig Vergnügen.

Bensheim, im Frühjahr 2005   Thomas Rießinger

Plädoyer

Muss es wirklich sein? Muss sich ein angehender Ingenieur, der in seinen ersten Semestern ohnehin ausreichend geplagt wird, auch noch mit so vielen Seiten Mathematik abquälen? Da ich all diese Seiten geschrieben habe, wird Sie meine Antwort nicht überraschen: vielleicht müssen Sie es nicht, aber es wäre für Ihr Studium und Ihren Beruf hilfreich, es eine Weile zu versuchen.

Ich weiß, was Sie jetzt denken, und Sie haben recht. Zunächst ist meine Behauptung nichts weiter als eine jener Platitüden, mit denen man Sie schon zu Ihrer Schulzeit ruhigstellen wollte und die Sie seither nicht mehr hören können. Sehen wir also zu, ob sich das eine oder andere Argument für meine These auftreiben lässt.

Was Ihr Studium betrifft, ist die Sache ziemlich klar. Ein Ingenieur, der lernen soll, mit vorhandener Technik umzugehen und neue Technik zu entwickeln, kann wohl kaum ohne Physik auskommen, und in Ihren Physik-Vorlesungen wird man Ihnen einiges an Vektorrechnung abverlangen, wird Sie differenzieren und integrieren lassen und Sie am Ende gar mit Differentialgleichungen traktieren. Und nicht nur das: Sie werden es auch erleben, dass in sehr anwendungsbezogenen und technisch orientierten Veranstaltungen mathematische Kenntnisse einfach vorausgesetzt werden, die deutlich über den vielleicht noch vertrauten Schulstoff hinausgehen.

Kurz gesagt, scheint Technik ohne ein gewisses Maß an Mathematik nur schwer denkbar zu sein. Daran wird sich auch im Berufsleben nicht viel ändern. Ganz gleich, ob Sie eine Maschine konstruieren, eine Brücke bauen oder ein chemisches Verfahren entwickeln, Sie müssen in jedem Fall ein bestimmtes Ergebnis erzielen, ohne dafür unbegrenzte Mittel zur Verfügung zu haben. Es wäre also nicht schlecht, wenn Sie die vorhandenen Ressourcen einigermaßen effektiv, am besten natürlich optimal, einsetzen könnten, das heißt, Sie sollten in der Lage sein, von einem gewünschten Ergebnis auf die dazu notwendige Konfiguration von Materialien zu schließen. Der Einsatz mathematischer Methoden ist dabei nicht ganz zu vermeiden. Oft genug lassen sich technische Vorgänge am besten mit Hilfe mathematischer Formeln beschreiben, die deutlich machen, welche Ausgaben man erhält, wenn man diese oder jene Eingaben verwendet. Solche Formeln können recht kompliziert sein, so dass man unter Umständen eine ganze Menge an sogenannter höherer Mathematik braucht, um mit ihnen arbeiten zu können.

Noch wichtiger scheint mir aber ein anderes Argument zu sein. Die Arbeit eines In-
genieurs hat üblicherweise recht große Konsequenzen für die Menschen, die mit den
Erzeugnissen dieser Arbeit zu tun haben. Ich würde es zum Beispiel begrüßen, wenn die
Brücke, auf der ich fahre, nicht einstürzt, wenn mein Auto mich ohne Schwierigkeiten
über die Brücke transportiert, solange sie noch steht, und wenn der Treibstoff im Tank
meines Autos nicht stärker explodiert als unbedingt nötig. Technische Produkte müssen
deshalb mit besonderer Sorgfalt geplant, entwickelt und hergestellt werden, und dabei
spielen Genauigkeit und schrittweises Vorgehen eine herausragende Rolle. Sie können
eine einigermaßen komplizierte Konstruktion nicht auf einen Schlag durchführen, sondern nur langsam und Schritt für Schritt, genausowenig wie Sie Ihre Konstruktionsschritte
mit philosophischer Großzügigkeit im Ungefähren belassen dürfen, sondern sich genau
im klaren darüber sein sollten, was Sie eigentlich wollen. Zum Erlernen und Einüben
dieser beiden Prinzipien, Genauigkeit und schrittweises Vorgehen, ist die Beschäftigung
mit Mathematik ein gutes Mittel – sicher nicht das einzige, aber ebenso sicher nicht das
schlechteste. Auch hier werden die Verfahren im Lauf der Zeit zunehmend komplizierter
werden und nach einer geduldigen Vorgehensweise verlangen, auch hier wird sich Unge-
nauigkeit sehr schnell in Form eines falschen Ergebnisses rächen. Mit anderen Worten:
Übung in Mathematik ist auch Übung in Geduld und in Genauigkeit. Es ist anzunehmen,
dass Sie beides im Verlauf Ihrer Karriere dringend brauchen werden.

Wie dem auch sei, Sie werden sich in jedem Fall mit Mathematik herumschlagen müssen. Vielleicht sollte ich mich deshalb noch ein wenig über die Frage auslassen, was das
eigentlich ist: die Mathematik. Das ist aber eine recht schwierige Frage, die sich schon
im Grenzgebiet zur Philosophie bewegt, und ich werde mich hüten, mich hier auf philo-
sophischen Irrwegen zu verlaufen. Statt dessen möchte ich Ihnen eine kleine Geschichte
erzählen.

Vor langer Zeit lebte in Arabien ein alter Araber. Seine Familie bestand aus drei Kin-
dern – zwei Söhnen und einer Tochter – sowie einer Herde von siebzehn Kamelen. Als
er eines Tages starb, stellte es sich heraus, dass er ein etwas seltsames Testament verfasst
hatte, das seine Nachkommen in beträchtliche Verwirrung stürzte. Er vermachte nämlich
seinem ältesten Sohn die Hälfte der Kamelherde, dem zweiten Sohn ein Drittel und der
Tochter nichts weiter als ein jämmerliches Neuntel. Man kann sich leicht die Ratlosig-
keit der drei Erben vorstellen: sollten sie nun etwa, um den letzten Willen zu erfüllen, ein
Kamel halbieren, damit der älteste Sohn zu seinem Erbe kam? Schon die Frage, ob man
die Aufteilung längs oder quer vornehmen solle, hätte zu unangenehmen Diskussionen
geführt, ganz zu schweigen von dem schwierigen Problem der Drittel- oder gar Neuntel-
kamele.

Wie fast immer, wenn eine Erbengemeinschaft nicht mehr weiter weiß, wurde ein
Experte herangezogen, ein alter weiser Araber. Da Weisheit und Reichtum nur selten zusammen auftreten, besaß dieser Weise keine siebzehn Kamele, sondern nur eines, aber
nach kurzem Nachdenken stellte er den Erben sein Tier zur Verfügung und meinte, das
Problem sei nun gelöst. Und tatsächlich: gemäß den Bestimmungen des Testaments erhielt
der älteste Sohn die Hälfte der nun achtzehnköpfigen Herde, das waren neun. Der zweite

Sohn konnte sein Drittel beanspruchen, immerhin noch sechs. Und die Tochter musste sich leider mit einem Neuntel begnügen, das heißt mit zweien. Weil aber die Summe von neun Kamelen, sechs Kamelen und zwei Kamelen genau siebzehn Kamele ergibt, konnte der Weise sich mit zufriedenem Lächeln auf sein eigenes Kamel setzen, nach Hause reiten und die verblüfften Erben ihrem Staunen überlassen.

Sehen Sie: das ist Mathematik. Hier lag ein Problem vor, das mit den üblichen Mitteln der Bruchrechnung keine vernünftige Lösung erlaubte, wenn man alle Kamele am Leben lassen wollte. Erst ein kleiner Trick ermöglichte es, auf die gewohnte Weise zu rechnen und sinnvolle Ergebnisse zu erhalten. Worauf dieser Trick allerdings beruht, das werde ich Ihnen hier nicht verraten; Sie sollten es, gewissermaßen als allererste Übungsaufgabe, selbst herausfinden.

Falls Sie jetzt darüber erschrocken sind, dass Mathematik etwas mit Tricks zu tun hat und mit dem Lösen ungewöhnlicher Probleme, dann können Sie sich gleich wieder beruhigen. Wir werden so viel damit zu tun haben, die üblichen Rechenmethoden zu besprechen, dass kaum Zeit und Raum bleiben für kleine hinterhältige Tricks wie den des alten Weisen. Nur manchmal, ganz selten, werde ich Ihnen und mir den Luxus gönnen, ein wenig aus dem Alltagstrott auszubrechen, aber in aller Regel werden wir voll damit ausgelastet sein, die üblicherweise auftretenden Probleme mit Hilfe von Standardverfahren zu lösen. Wie diese Probleme aussehen und wie man sie löst, erfahren Sie auf den folgenden Seiten.

Und somit fangen wir an.

Inhaltsverzeichnis

Mengen und Zahlenarten

1

Wir beginnen ganz vorsichtig, indem wir uns mit zwei für die Mathematik grundlegenden Dingen befassen, mit Mengen und mit Zahlen.

1.1 Mengen

Zu Anfang eines Kurses frage ich manchmal die Studenten, auf welche mathematischen Objekte sie wohl zuerst in ihrem Leben gestoßen sind. Die Antwort ist immer die gleiche: ob man Bauklötze zählt oder anfängt, sich für Hausnummern zu interessieren, in jedem Fall hat man es zuerst mit Zahlen zu tun. So naheliegend diese Antwort auch ist, sie ist leider ganz falsch, denn ohne es zu wissen begegnet jedes Kleinkind dem Prinzip der *Menge*. Unter den zahllosen Eindrücken, denen es ausgesetzt ist, beginnt es sehr früh zu selektieren und bildet Einheiten aus Dingen oder auch Menschen, die ihm zusammengehörig erscheinen. Vater und Mutter gehören irgendwie zusammen, auch Geschwister und Großeltern mögen dazukommen, und schon hat das Kind eine Menge gebildet, denn das heißt nur, dass wir verschiedene Objekte zu einer Einheit zusammenfassen. Deshalb hat Georg Cantor gegen Ende des neunzehnten Jahrhunderts Mengen folgendermaßen definiert.

1.1.1 Definition Eine Menge ist eine Zusammenfassung bestimmter wohlunterschiedener Objekte unserer Anschauung oder unseres Denkens – welche die Elemente der Menge genannt werden – zu einem Ganzen.

Ich werde mich jetzt nicht auf eine Diskussion darüber einlassen, was ein Objekt unseres Denkens sein mag. Für uns ist im Moment nur wichtig, dass man Mengen erhält, indem man verschiedene Elemente zusammenfasst. Man kann daher Mengen dadurch beschreiben, dass man ihre Elemente angibt. So sind zum Beispiel die Menge aller Turnschuhe in einem bestimmten Raum oder die Menge aller Segelboote auf dem Bodensee durchaus

© Springer-Verlag GmbH Deutschland 2017
T. Rießinger, *Mathematik für Ingenieure*, DOI 10.1007/978-3-662-54807-3_1

zulässige und sinnvolle Mengen. Von größerer Bedeutung sind aber Mengen mit mathematisch interessanten Objekten. Wir schauen uns ein paar Beispiele solcher Mengen an und können uns dabei gleich überlegen, wie man Mengen aufschreibt.

1.1.2 Beispiele

(i)
$$A = \{1, 2, 3, 4\}.$$

Diese Menge besteht offenbar aus den ersten vier natürlichen Zahlen und hat den Namen A. Die Form, eine Menge aufzuschreiben, indem man einfach sämtliche Elemente zwischen zwei geschweifte Klammern schreibt, heißt aufzählende Form.

(ii)
$$A = \{x \mid x \text{ ist eine natürliche Zahl zwischen 1 und 4}\}$$
$$= \{x; x \text{ ist eine natürliche Zahl zwischen 1 und 4}\}.$$

Hier haben wir die gleiche Menge wie in Beispiel (i), nur anders geschrieben, indem eine Eigenschaft der Elemente beschrieben wird. Diese Schreibweise ist also so zu verstehen: A ist die Menge aller x, für die gilt, dass x eine natürliche Zahl zwischen 1 und 4 ist. Dabei spielt es keine Rolle, ob man einen senkrechten Strich, ein Semikolon oder vielleicht einen Doppelpunkt verwendet.

(iii)
$$A = \{1, \ldots, 4\}.$$

Manchmal verzichtet man auf die genaue Beschreibung einer Menge in der Annahme, dass jeder weiß, was gemeint ist. Man sollte aber auch wirklich nur in diesem Fall eine so laxe Schreibweise wählen, denn was kann man zum Beispiel unter der Menge

$$B = \{1, 7, 95, \ldots, 217\}$$

verstehen? Hier ist offenbar sehr unklar, welche Elemente durch die drei Punkte vertreten werden sollen.

(iv)
$$C = \{1, 2, 3, 4, \ldots\}.$$

Sie sehen nun die Menge der natürlichen Zahlen vor sich, auf die wir später noch zu sprechen kommen werden. Im Gegensatz zu den bisher betrachteten Mengen hat sie unendlich viele Elemente.

(v)
$$D = \{A, \{2, 3\}, \{x \mid x \text{ ist ein Turnschuh}\}, C\}.$$

Wie viele Elemente hat die Menge D? Man neigt dazu, unendlich viele zu antworten, weil ja schon C unendlich viele Elemente vorweisen kann, aber das stimmt nicht. D hat nur vier Elemente, nämlich A, $\{2, 3\}$, $\{x \mid x$ ist ein Turnschuh$\}$ und C. Die Elemente von D sind also selbst wieder Mengen. Das schadet gar nichts, denn in unserer Definition 1.1.1 haben wir nur verlangt, dass *irgendetwas* zu einer Menge zusammengefasst wird – warum also nicht vier Mengen zu Elementen einer fünften machen?

Wir sollten noch ein Zeichen einführen, das auf kurze Weise die Beziehung zwischen einem Element und einer Menge beschreibt.

1.1.3 Definition   Ist A eine Menge und x ein Element von A, so schreibt man: $x \in A$. Ist x kein Element von A, so schreibt man $x \notin A$.

1.1.4 Beispiele   Verwenden wir die Mengen aus 1.1.2, so gilt $1 \in A$ und $2 \in A$, aber $17 \notin A$. Dagegen ist $17 \in C$. Weiterhin ist $A \in D$ und $\{2, 3\} \in D$, aber $2 \notin D$ und $3 \notin D$.

Nun habe ich schon mehrmals eine Form zum Aufschreiben einer Menge benutzt, die eine eigene Definition verdient, nämlich die beschreibende Form.

1.1.5 Definition   Ist E eine Eigenschaft, die ein Element haben kann oder auch nicht, so beschreibt man die Menge der E erfüllenden Elemente durch

$$A = \{x \mid x \text{ hat Eigenschaft } E\}.$$

Diese Form heißt beschreibende Form.

Beispiele für die beschreibende Form haben Sie schon in 1.1.2 (ii) und 1.1.2 (v) gesehen. Dabei war E die Eigenschaft, natürliche Zahl zwischen eins und vier bzw. ein Turnschuh zu sein.

Manchmal hat man eine recht große Menge gegeben, interessiert sich aber nur für einen Teil von ihr. So ist zum Beispiel die Menge der natürlichen Zahlen eine feine Sache, aber wenn Sie sie in einem Rechner speichern sollen, werden Sie feststellen, dass nur endlich viele Zahlen in Ihren Rechner passen, so dass Sie gezwungen sind, einen Teil der gesamten Zahlenmenge auszuwählen. Solche Teile haben den natürlichen Namen *Teilmenge*.

1.1.6 Definition   Sind A und B Mengen, so heißt A Teilmenge von B, falls jedes Element von A auch Element von B ist. Man schreibt: $A \subseteq B$ und spricht: A ist Teilmenge von B, oder auch: A ist enthalten in B. Falls A keine Teilmenge von B ist, schreibt man: $A \nsubseteq B$.

Stellt man sich A und B als Ovale auf dem Papier vor, so zeigt Abb. 1.1, was es heißt eine Teilmenge zu sein.

Offenbar ist jeder Punkt im inneren Oval A auch ein Punkt des großen Ovals B, das heißt $A \subseteq B$. Wir sehen uns aber noch ein paar Zahlenbeispiele an.

Abb. 1.1 Teilmengen

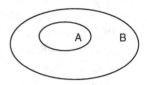

1.1.7 Beispiele

(i) Es sei $A = \{2, 4, 6, \ldots\}$ und $B = \{1, 2, 3, 4, \ldots\}$. Dann ist $A \subseteq B$. In Worten gesagt: jede gerade Zahl ist auch eine natürliche Zahl.

(ii) Es sei wieder $A = \{2, 4, 6, \ldots\}$, aber $C = \{3, 4, 5, 6, \ldots\}$. Dann ist $A \nsubseteq C$, denn $2 \in A$, aber $2 \notin C$.

Wie Sie sehen, muss man zum Nachweis der Teilmengeneigenschaft jedes Element aus der kleineren Menge daraufhin überprüfen, ob es auch in der größeren Menge liegt. Falls es auch nur ein Element aus A gibt, das nicht in B liegt, haben wir schon $A \nsubseteq B$ gezeigt. Man darf daraus aber nicht den vorschnellen Schluss ziehen, dass $B \subseteq A$ gilt; im allgemeinen folgt aus $A \nsubseteq B$ einfach gar nichts.

Noch ein Wort zum Teilmengensymbol $\subseteq$. Manche schreiben dafür auch $\subset$ und meinen genau das gleiche wie ich mit $\subseteq$. Andere wiederum benützen $\subset$, um zu beschreiben, dass zwar A Teilmenge von B ist, aber nicht $A = B$ gilt. In diesem Fall nennt man A eine echte Teilmenge von B. Für diesen Sachverhalt verwende ich allerdings, um die Verwirrung nicht noch größer zu machen, kein besonderes Zeichen.

Bevor wir eine Reihe von Folgerungen über Teilmengen notieren, möchte ich Ihnen noch eine ganz besondere Menge vorstellen. Stellen Sie sich vor, Sie fragen mich nach meinem Wissen über Mathematik. Dann kann ich Ihnen dies und das erzählen, und mein Wissen bildet eine Menge von Sätzen. Möchten Sie meinen Kenntnisstand über organische Chemie erfahren, so wird die neue Wissensmenge aus erheblich weniger Sätzen bestehen als die vorherige, und falls Sie mich über tibetanische Schriftzeichen examinieren, weiß ich gar nichts, die Menge meines Wissens ist leer. Um sich hier lästige Fallunterscheidungen zu ersparen und auch dann von einer Menge sprechen zu können, wenn keine Elemente vorhanden sind, betrachtet man auch die sogenannte leere Menge als zulässig, die überhaupt kein Element enthält. Man schreibt dafür $\emptyset$ oder auch $\{\}$.

Wir notieren nun:

1.1.8 Bemerkung

(i)   Für jede Menge A ist $A \subseteq A$.

(ii) Für jede Menge A ist $\emptyset \subseteq A$.

(iii) Aus $A \subseteq B$ und $B \subseteq C$ folgt $A \subseteq C$.

(iv) Ist $A \subseteq B$ und $B \subseteq A$, dann folgt $A = B$.

Damit Sie sich langsam daran gewöhnen, werde ich diese Aussagen auch beweisen, obwohl sie einigermaßen intuitiv einsehbar sind.

Beweis

(i) Laut Definition 1.1.6 müssen wir zeigen, dass jedes Element $x \in A$ auch ein Element $x \in A$ ist, aber das ist klar.

(ii) Auch hier müssen wir zeigen, dass jedes Element der leeren Menge auch Element von A ist. Da die leere Menge aber keine Elemente hat, werden Sie schwerlich eines finden können, das *nicht* in A liegt. Folglich ist $\emptyset \subseteq A$.

(iii) Das Schema ist wieder dasselbe: wir müssen zeigen, dass jedes Element von A auch Element von C ist. Dazu nehmen wir irgendein beliebiges Element $x \in A$. Da A Teilmenge von B ist, folgt natürlich $x \in B$. Nun ist aber $B \subseteq C$ und somit gilt $x \in C$. Deshalb gilt für jedes $x \in A$ auch sofort $x \in C$, und das heißt $A \subseteq C$.

(iv) Offenbar sind zwei Mengen genau dann gleich, wenn sie die gleichen Elemente enthalten. Wegen $A \subseteq B$ ist nun jedes Element von A auch Element von B, und umgekehrt folgt aus $B \subseteq A$, dass jedes Element von B auch Element von A ist. Deshalb haben A und B genau die gleichen Elemente, sind also gleich. $\triangle$

Noch zwei Bemerkungen zu diesen kurzen Beweisen. Der Beweis zu Nummer (ii) mag Ihnen etwas künstlich vorkommen, aber er beruht nur auf der einfachen Tatsache, dass man über die leere Menge so ziemlich alles beweisen kann, außer dass sie voll ist. So ist ja auch der Satz „Jeder in diesem Raum ist Millionär" mit Sicherheit wahr, vorausgesetzt der Raum ist leer.

Die Nummer (iv) liefert uns eine recht hilfreiche Methode, um die Gleichheit von zwei Mengen A und B zu zeigen: man nehme irgendetwas aus A und weise nach, dass es auch in B ist, und umgekehrt. Ich werde gleich in 1.1.11 darauf zurückkommen.

Nun wird es aber höchste Zeit, Sie mit den wichtigsten Operationen vertraut zu machen, die man gewöhnlich auf Mengen anwendet, nämlich mit Durchschnitt, Vereinigung und Differenz.

1.1.9 Definition Es seien A und B Mengen.

(i) Die Menge

$$A \cap B = \{x \mid x \in A \text{ und } x \in B\}$$

heißt Durchschnitt oder auch Schnitt von A und B. Man bezeichnet sie als A geschnitten B.

(ii) Die Menge

$$A \cup B = \{x \mid x \in A \text{ oder } x \in B\}$$

heißt Vereinigung von A und B. Man bezeichnet sie als A vereinigt B.

(iii) Die Menge

$$A \backslash B = \{x \mid x \in A, \text{ aber } x \notin B\}$$

heißt Differenz von A und B. Man bezeichnet sie als A ohne B.

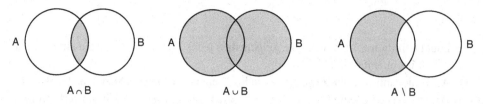

Abb. 1.2 Mengenoperationen

Die Mengenoperationen ∩, ∪ und \ können Sie sich leicht veranschaulichen, indem Sie sich A und B als Kreise auf dem Papier vorstellen. Dann haben wir nämlich die Situation aus Abb. 1.2.

Beachten Sie übrigens, dass das Wort „oder" in der Definition nicht als entweder-oder gemeint ist, sondern als: das eine oder das andere oder beides. In der Vereinigung werden also alle Elemente zusammengefasst, die in wenigstens einer der beiden Mengen auftreten. Falls ein Element in beiden auftritt: um so besser!

Im folgenden Beispiel verwende ich die Menge der ganzen Zahlen sowie die übliche kleiner-Relation zwischen zwei Zahlen. Über beides werde ich im Abschn. 1.2 noch genauer reden.

1.1.10 Beispiele

(i)   Es sei

$$A = \{2, 4, 6, 8\} \text{ und } B = \{1, 3, 4, 5, 9\}.$$

Dann ist

$$A \cap B = \{4\},$$
$$A \cup B = \{1, 2, 3, 4, 5, 6, 8, 9\},$$
$$A \backslash B = \{2, 6, 8\},$$

denn das einzige Element von B, das auch in A vorkommt und deshalb hinausgeworfen werden muss, ist die 4.

(ii)   Es sei

$$A = \{x \mid x < 5\} \text{ und } B = \{x \mid x > 0\}.$$

Dann ist

$$A \cap B = \{x \mid x \in A \text{ und } x \in B\}$$
$$= \{x \mid x < 5 \text{ und } x > 0\}$$
$$= \{1, 2, 3, 4\},$$

denn genau diese vier ganzen Zahlen sind *gleichzeitig* größer als Null *und* kleiner als fünf.

Beim Durchschnitt mehrerer Mengen müssen also sämtliche Bedingungen gleich-zeitig erfüllt sein. Weiterhin ist

$$A \cup B = \{x \mid x \in A \text{ oder } x \in B\}$$
$$= \{x \mid x < 5 \text{ oder } x > 0\}$$
$$= \text{Menge aller ganzen Zahlen},$$

denn wenn Sie eine beliebige ganze Zahl nehmen, dann kann diese Zahl kleiner als fünf sein, wodurch sie automatisch in $A \cup B$ liegt, oder sie kann mindestens fünf sein. In diesem Fall ist sie aber auf jeden Fall auch größer als Null und somit auch Element von $A \cup B$.
Schließlich ist

$$A \backslash B = \{x \mid x \in A \text{ und } x \notin B\}$$
$$= \{x \mid x < 5 \text{ und } x \ngtr 0\}$$
$$= \{x \mid x < 5 \text{ und } x \leq 0\}$$
$$= \{x \mid x \leq 0\}$$
$$= \{0, -1, -2, -3, \ldots\},$$

denn wenn $x \leq 0$ sein soll, dann ist es auch ganz von alleine kleiner als fünf.
(iii) Es sei A die Menge der ungeraden Zahlen und B die Menge der geraden Zahlen. Dann ist $A \cap B = \emptyset$. Es kommt also vor, sogar ziemlich häufig, dass Mengen keine gemeinsamen Elemente und deshalb eine leere Schnittmenge haben.

Wie beim Rechnen mit Zahlen kann man auch die Mengenoperationen miteinander kombinieren, und erstaunlicherweise gelten dabei ganz ähnliche Regeln. Bei Zahlen ist es zum Beispiel egal, ob Sie $a + b$ oder $b + a$ nehmen, bei Mengen spielt es keine Rolle, ob Sie $A \cap B$ oder $B \cap A$ bestimmen. Aber auch die etwas komplizierteren Regeln des Ausmultiplizierens wie $a \cdot (b + c) = a \cdot b + a \cdot c$ finden eine Entsprechung bei den Mengenoperationen. Wir notieren nun die nötigen Regeln in einem Satz.

1.1.11 Satz Es seien A, B und C Mengen. Dann gelten:

(i) Kommutativgesetze:
$A \cap B = B \cap A$;
$A \cup B = B \cup A$.

(ii) Assoziativgesetze:
$A \cap (B \cap C) = (A \cap B) \cap C$;
$A \cup (B \cup C) = (A \cup B) \cup C$.

(iii) Distributivgesetze:
$A \cap (B \cup C) = (A \cap B) \cup (A \cap C)$;
$A \cup (B \cap C) = (A \cup B) \cap (A \cup C)$.

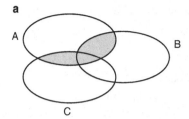 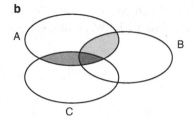

Abb. 1.3 Distributivgesetz

Beweis Die Nummern (i) und (ii) sind wohl ziemlich klar. Ob Sie nun die gemeinsamen Elemente von A und B zusammenpacken oder die gemeinsamen Elemente von B und A, dürfte keinen Unterschied ausmachen, das heißt $A \cap B = B \cap A$. Dass $A \cup B = B \cup A$ gilt, können Sie sich auf ähnliche Weise selbst überlegen.

Weiterhin sind sowohl $A \cap (B \cap C)$ als auch $(A \cap B) \cap C$ nur zwei verschiedene Schreibweisen für die Menge der Elemente, die alle drei auftretenden Mengen gemeinsam haben, während $A \cup (B \cup C)$ genauso wie $(A \cup B) \cup C$ die Elemente beschreibt, die in wenigstens einer der drei beteiligten Mengen auftreten.

Interessanter wird der Satz, wenn wir an die Distributivgesetze gehen. Zunächst einmal werde ich die Formel

$$A \cap (B \cup C) = (A \cap B) \cup (A \cap C)$$

an zwei Bildern veranschaulichen. Wir tragen zuerst die linke Seite der Gleichung in eines der üblichen Ovalen-Diagramme ein.

Die Menge $B \cup C$ entspricht der Vereinigung der beiden Ovale auf der rechten bzw. unteren Seite von Abb. 1.3a, und wenn Sie diese Vereinigung mit A schneiden müssen, bleibt gerade der markierte Teil übrig.

Sehen wir uns nun die rechte Seite der Gleichung an.

Die beiden schraffierten Teile von Abb. 1.3b kennzeichnen die Mengen $A \cap B$ und $A \cap C$. Deshalb ergibt die Vereinigung von $A \cap B$ und $A \cap C$ die gleiche Menge, die wir oben erhalten haben.

Auf diese Weise ist die Regel des ersten Distributivgesetzes zwar veranschaulicht, aber keinesfalls gültig bewiesen. Schließlich bestehen die meisten Mengen nicht aus Ovalen auf weißem Papier, die auch noch so praktisch angeordnet sind wie in unseren Diagrammen. Da der Satz sich auf irgendwelche Mengen bezieht und nicht nur auf ovalförmige, müssen wir noch einen Beweis finden, der die bildliche Anschauung vermeidet. Glücklicherweise habe ich im Anschluss an 1.1.8 schon einmal erwähnt, wie das geht: man schnappt sich irgendein beliebiges Element aus der linken Menge und weist nach, dass es zwangsläufig auch in der rechten Menge liegt, und umgekehrt.

Sei also

$$x \in A \cap (B \cup C).$$

Dann ist $x \in A$ und $x \in B \cup C$. Folglich ist $x \in A$ und darüber hinaus liegt x in B oder in C. Wenn $x \in B$ ist, dann erhalten wir $x \in A \cap B$, und wenn $x \in C$ ist, dann folgt $x \in A \cap C$, denn wir wissen ja, dass in jedem Fall $x \in A$ gilt. Somit ist $x \in A \cap B$ oder $x \in A \cap C$ und deshalb

$$x \in (A \cap B) \cup (A \cap C).$$

Wir haben damit gezeigt, dass jedes Element aus

$$A \cap (B \cup C)$$

auch Element aus

$$(A \cap B) \cup (A \cap C)$$

ist.

Gehen wir an die Umkehrung. Dazu sei

$$x \in (A \cap B) \cup (A \cap C).$$

Nach der Definition der Vereinigung ist dann $x \in A \cap B$ oder $x \in A \cap C$. Im ersten Fall ist $x \in A$ und $x \in B$, während im zweiten Fall gilt: $x \in A$ und $x \in C$. Deshalb muss in jedem Fall $x \in A$ gelten, und da einer der beiden Fälle sicher zutrifft, ist auch $x \in B$ oder $x \in C$. Das heißt aber $x \in B \cup C$. Somit ist

$$x \in A \cap (B \cup C),$$

und wir haben gezeigt, dass jedes Element von

$$(A \cap B) \cup (A \cap C)$$

auch Element von

$$A \cap (B \cup C)$$

ist.

Insgesamt folgt:

$$A \cap (B \cup C) = (A \cap B) \cup (A \cap C). \qquad \triangle$$

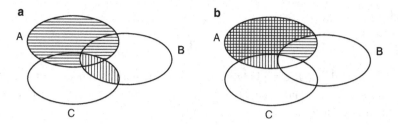

Abb. 1.4 Mengendiagramme

Das war nun eine sehr ausführliche Herleitung eines noch recht einfachen Gesetzes. Ich werde das in Zukunft nicht immer so detailliert vortragen, aber für den Anfang und zum Eingewöhnen ist ein gewisses Maß an Gründlichkeit wichtig. Das zweite Distributivgesetz werde ich hier nicht mehr herleiten, das sollten Sie als Übungsaufgabe sowohl an Diagrammen veranschaulichen als auch ohne Diagramme beweisen.

Der nächste Satz beschreibt die Zusammenhänge zwischen Differenzbildung und Schnitt bzw. Vereinigung. Ich will es mit formalen Beweisen nicht übertreiben und nur die graphische Veranschaulichung des ersten Teils aufzeichnen, den zweiten Teil können Sie dann als Übungsaufgabe selbst machen.

1.1.12 Satz Es seien A, B und C Mengen. Dann gelten:

(i) $A \backslash (B \cap C) = (A \backslash B) \cup (A \backslash C)$.

(ii) $A \backslash (B \cup C) = (A \backslash B) \cap (A \backslash C)$.

Beweis Zunächst wird die linke Seite der Gleichung (i) in das Diagramm 1.4a übersetzt.

Die senkrechte Schraffierung beschreibt $B \cap C$, die waagrechte Schraffierung zeigt, was von A übrigbleibt, wenn Sie alle Elemente von $B \cap C$ aus der Menge A herausnehmen. Folglich entspricht die waagrechte Schraffierung gerade $A \backslash (B \cap C)$.

In Abb. 1.4b symbolisiert die senkrechte Schraffierung die Menge $A \backslash B$ und die waagrechte Schraffierung die Menge $A \backslash C$. Die Vereinigung beider Mengen stimmt offenbar mit der oben gefundenen Menge $A \backslash (B \cap C)$ überein.   △

Die Sätze 1.1.11 und 1.1.12 werden wir nicht sehr dringend brauchen. Ich habe sie vorgestellt, um an ihrem Beispiel die Begriffe Beweis und Veranschaulichung zu verdeutlichen und die Unterschiede zwischen beiden Vorgehensweisen klar zu machen. Aber natürlich sind die beiden Sätze auch für sich genommen von Interesse, weil sie zeigen, wie die verschiedenen Mengenoperationen zusammenarbeiten.

Was Sie über Mengen wissen sollten, haben wir nun besprochen und könnten eigentlich zum nächsten Abschnitt übergehen, in dem ich Ihnen zeigen möchte, was für Arten von Zahlen es gibt und wie man damit umgeht. Sie können auch, ohne dem Gang der Handlung zu schaden, zum Abschn. 1.2 weiterblättern. Sie würden allerdings etwas versäumen, denn ich werde Ihnen jetzt noch kurz vorführen, in was für Schwierigkeiten man gerät, wenn man mit Mengen allzu sorglos umgeht.

Es gibt eine Reihe von Antinomien, von Widersprüchlichkeiten, die darauf beruhen, dass Cantors Mengenbegriff aus Definition 1.1.1 zu schwammig ist und zu weltumfassend, dass es erlaubt ist, alles, was einem einfallen mag, in einer Menge zusammenzufassen. Auf diese Weise erhält man nämlich mit etwas Pech ganz schnell Mengen, die einen direkt in Teufels Küche führen. Die wohl berühmteste Antinomie wurde von Bertrand Russel, einem britischen Mathematiker und Philosophen, gefunden: das Russelsche Paradoxon. Dabei wird eine Menge konstruiert und gleichzeitig gezeigt, dass es sie nicht geben kann.

1.1.13 Bemerkung Sie haben in Beispiel 1.1.2 (v) gesehen, dass Mengen aus Elementen bestehen können, die selbst wieder Mengen sind. Da wir über irgendwelche Mengen in vollster Allgemeinheit reden, liegt nichts näher, als alle nur irgendwie möglichen Mengen in einer großen Menge zusammenzufassen. So erhalten wir die Menge aller Mengen, die ich mit **M** bezeichne, das heißt

$$\mathbf{M} = \{A \mid A \text{ ist Menge}\}.$$

Jede Menge A ist also Element von **M**. Nun ist aber **M** selbst auch eine Menge, und da **M** alle Mengen als Elemente enthält, kommt man zu der eigenartigen Beziehung

$$\mathbf{M} \in \mathbf{M}.$$

Das ist zwar ungewöhnlich, aber noch nicht erschreckend. Natürlich enthalten die üblicherweise auftretenden Mengen sich nicht selbst als Element – zum Beispiel ist die Menge der geraden Zahlen selbst keine gerade Zahl – doch es muss ja nichts schaden, wenn einmal etwas Außergewöhnliches geschieht.

Dennoch scheint es sinnvoll zu sein, die Gesamtheit aller Mengen aufzuteilen: in solche, die sich selbst als Element enthalten, und solche, die sich eben nicht selbst als Element enthalten. Ich nenne deshalb

$$\mathbf{S} = \{A \mid A \text{ enthält sich selbst als Element}\}$$
$$= \{A \mid A \in A\},$$

und im Gegensatz dazu

$$\mathbf{N} = \{A \mid A \text{ enthält sich nicht selbst als Element}\}$$
$$= \{A \mid A \notin A\}.$$

N ist die Menge, die uns einige Schwierigkeiten bereiten wird. Beide Mengen sind nicht leer, denn wie Sie gesehen haben ist **M** $\in$ **S**, und die Menge aller geraden Zahlen ist Element von **N**. Weiterhin ist

$$\mathbf{M} = \mathbf{S} \cup \mathbf{N},$$

denn jede Menge enthält sich als Element oder eben nicht, liegt also entweder in S oder in N. Von Bedeutung ist hier auch das entweder-oder: keine Menge kann gleichzeitig in S und in N sein, da N genau die Mengen enthält, die in S keine Heimat finden. Folglich ist

$$N \cap S = \emptyset.$$

Sehen wir uns N einmal genauer an. Da N eine Menge ist, muss N Element von S oder von N sein, denn $M = S \cup N$. Wir nehmen versuchsweise an, dass $N \in S$ gilt. In S befinden sich aber genau die Mengen, die sich selbst als Element enthalten, das heißt, wenn N in S liegt, muss $N \in N$ gelten. Das kann nicht sein, weil wegen $N \cap S = \emptyset$ nichts, was in S liegt, gleichzeitig in N liegen kann.

Die Annahme $N \in S$ führt demnach zu einem widersprüchlichen Resultat und muss falsch sein. Folglich ist N Element von N, denn in einem von beiden muss es schließlich liegen. Das geht aber auch nicht, denn in diesem Fall würde N in sich selbst liegen und wäre eine der Mengen, die sich selbst als Element enthalten. Der angestammte Platz all dieser Mengen ist aber nun einmal die Menge S. Die Annahme $N \in N$ führt also zu der Folgerung $N \in S$, so dass N schon wieder gleichzeitig in N und in S liegen müsste – und das ist bekanntlich unmöglich. Deshalb muss auch $N \in N$ falsch sein.

Sehen Sie, in was für eine üble Situation wir uns hineinmanövriert haben? N ist eine Menge, und jede Menge muss Element von N oder von S sein, aber Sie haben gesehen, dass N weder Element von N noch von S sein kann. Unser N hat deshalb in der Menge aller Mengen keinen Platz, obwohl es doch selbst eine Menge ist! Mit anderen Worten: wir haben eine Menge konstruiert und stellen fest, dass es sie nicht geben kann.

Es ist nicht überraschend, dass Bertrand Russel, als er auf dieses Problem stieß, erst einmal nicht im entferntesten wusste, wie man es lösen könnte. Wie würden Sie sich fühlen, wenn Sie beispielsweise ein Auto konstruieren, das zweifelsfrei ein Auto ist und von dem Sie genauso zweifelsfrei nachweisen, dass es kein Auto sein kann? Vielleicht kämen Sie auf die Idee, dass an Ihrer Vorstellung von einem Auto etwas falsch sein muss, denn mit einem ähnlichen Gedanken lässt sich das Russelsche Paradoxon auflösen. Cantors Vorstellung von einer Menge war, wie schon erwähnt, zu schwammig und ließ jeden beliebigen Unsinn zu. Der einzig mögliche Lösungsweg bestand deshalb darin, den Mengenbegriff um einiges genauer zu fassen, damit keine Widersprüche mehr auftreten können – aber das ist ein zu weites Feld, und es bräuchte ein weiteres Buch, um zu beschreiben, wie man mit Russels Entdeckung zu Rande kam.

Was nun die Mengen betrifft, die im folgenden auftreten werden, so kann ich Ihnen versichern, dass sie alle völlig unproblematisch sind. Keine von ihnen taucht kurz auf, um gleich darauf wieder hinter einem Vorhang von Widersprüchen zu verschwinden, sie sind solide und verursachen keine nennenswerten Probleme.

Damit beende ich unseren Ausflug in die Welt der Paradoxien und wende mich einem zweiten grundlegenden mathematischen Objekt zu: den Zahlen.

1.2 Zahlenarten

Die für unsere Zwecke wichtigsten Mengen sind Zahlenmengen, das heißt Mengen, deren Elemente Zahlen sind. Am vertrautesten sind wohl jedem die natürlichen Zahlen, die wir andauernd beim Zählen benutzen.

1.2.1 Definition Unter der Menge der natürlichen Zahlen versteht man die Menge

$$\mathbb{N} = \{1, 2, 3, 4, \ldots\}.$$

Mit natürlichen Zahlen kann man die üblichen Rechenoperationen durchführen, zumindest sind Addition und Multiplikation gefahrlos möglich. Schon beim Subtrahieren können Sie aber in Schwierigkeiten geraten, wie Sie sehr leicht merken werden, wenn Sie von Ihrem Konto mehr Geld abheben wollen als vorhanden ist und damit den Bereich der natürlichen Zahlen in Richtung Negativität verlassen.

Um beliebig subtrahieren zu können, muss man die negativen Zahlen hinzunehmen, womit man die Menge der ganzen Zahlen erhält.

1.2.2 Definition Unter der Menge der ganzen Zahlen versteht man die Menge

$$\mathbb{Z} = \{0, -1, 1, -2, 2, -3, 3, \ldots\}$$
$$= \{\ldots, -3, -2, -1, 0, 1, 2, 3, \ldots\}.$$

Tatsächlich sind sich die Mathematiker manchmal nicht ganz einig, ob sie die Null erst bei den ganzen Zahlen auftreten lassen wollen oder sie schon den natürlichen Zahlen zuordnen. Das ist sicher kein weltbewegendes Problem, aber die natürlichen Zahlen sollten doch die Zahlen sein, mit denen wir zu Anfang unserer mathematischen Karriere zählen lernen – und ich bin ziemlich sicher, dass auch Ihre ersten Zählversuche mit der Eins angefangen haben und nicht mit der Null. Deshalb ordne ich die Null der Menge $\mathbb{Z}$ zu und nicht der Menge $\mathbb{N}$. In jedem Fall ist in $\mathbb{Z}$ die Subtraktion jederzeit möglich, man muss nur wissen, dass das Abziehen einer negativen Zahl der Addition einer positiven Zahl entspricht. Das bedeutet zum Beispiel $1 - 4 = -3$, aber $1 - (-4) = 1 + 4 = 5$ und natürlich auch $-1 - 4 = -5$.

Leider stehen wir auch bei den ganzen Zahlen vor dem Problem, nicht nach Herzenslust dividieren zu können. Zwar ist $10 : 2 = 5$ und $(-8) : (-4) = 2$, aber der Ausdruck $7 : 3$ macht innerhalb der ganzen Zahlen keinen Sinn. Um über eine vollständige Arithmetik zu verfügen, ist es also nötig, die Brüche hinzuzunehmen, die man normalerweise als rationale Zahlen bezeichnet. Es wäre nur konsequent, die entstehende Menge mit $\mathbb{R}$ zu benennen, aber dieses Zeichen wird noch für die Menge der reellen Zahlen gebraucht. Die Menge der rationalen Zahlen heißt deshalb $\mathbb{Q}$ und umfasst alle möglichen Quotienten ganzer Zahlen.

1.2.3 Definition Unter der Menge der rationalen Zahlen versteht man die Menge

$$\mathbb{Q} = \left\{ \frac{a}{b} \;\middle|\; a \in \mathbb{Z} \text{ und } b \in \mathbb{Z} \setminus \{0\} \right\}.$$

Ist $p = \frac{a}{b}$ eine rationale Zahl, so heißt a der Zähler und b der Nenner von p.

Beachten Sie dabei die Einschränkung, die wir für den Nenner vornehmen: durch Null darf man nicht dividieren, und somit ist eine Null im Nenner eines Bruchs nicht erlaubt. Bei der Berechnung bestimmter Grenzwerte und auch beim Differenzieren werde ich darauf noch einmal zurückkommen.

Während das Rechnen mit ganzen Zahlen, die sogenannte ganzzahlige Arithmetik, den wenigsten Leuten ernsthafte Schwierigkeiten macht, ist die Lage bei der Bruchrechnung etwas komplizierter. Die Rechenregeln für ganze Zahlen braucht man sich nicht großartig zu merken, sie sind recht natürlich, aber wenn Sie sich an Ihre Schulzeit erinnern, dann denken Sie vielleicht an Kuchen- oder Tortenstücke, die zur Veranschaulichung der Bruchrechnung herangezogen wurden. Darauf werde ich hier allerdings verzichten, sondern nur die Rechenregeln anführen und das eine oder andere Beispiel rechnen.

1.2.4 Satz Für rationale Zahlen gelten die folgenden Regeln:

(i) $\frac{a}{b} \cdot \frac{c}{d} = \frac{a \cdot c}{b \cdot d}$ falls $b \neq 0$ und $d \neq 0$;

(ii) $\frac{a}{b} : \frac{c}{d} = \frac{a \cdot d}{b \cdot c}$ falls $b \neq 0$, $c \neq 0$ und $d \neq 0$;

(iii) $\frac{a}{b} + \frac{c}{d} = \frac{a \cdot d + b \cdot c}{b \cdot d}$ falls $b \neq 0$ und $d \neq 0$.

Diese Regeln beschreiben die gesamte Bruchrechnung. In Worte gefasst stellen sie einfach die alten Merksätze dar, die Sie unter Umständen aus der Schule kennen: man multipliziert zwei Brüche, indem man jeweils die Zähler und die Nenner multipliziert, man dividiert zwei Brüche, indem man den ersten mit dem Kehrbruch des zweiten multipliziert, und man addiert zwei Brüche, indem man sie auf den Hauptnenner bringt und dann die neuen Zähler addiert. Die Regel 1.2.4 (iii) wendet man allerdings oft nicht ganz wörtlich an, wie Sie gleich an den Beispielen sehen werden.

1.2.5 Beispiele

(i)

$$\frac{5}{3} + \frac{7}{8} = \frac{5 \cdot 8 + 7 \cdot 3}{24} = \frac{61}{24}.$$

(ii)

$$\frac{5}{3} + \frac{7}{9} = \frac{5 \cdot 9 + 7 \cdot 3}{27} = \frac{66}{27} = \frac{22}{9}.$$

Wenn Sie hier nach Regel 1.2.4 (iii) rechnen, erhalten Sie den Bruch $\frac{66}{27}$, in dem sowohl Zähler als auch Nenner den Faktor 3 enthalten, das heißt:

$$\frac{66}{27} = \frac{22 \cdot 3}{9 \cdot 3} = \frac{22}{9} \cdot \frac{3}{3} = \frac{22}{9}.$$

Sofern Zähler und Nenner einen gemeinsamen Faktor haben, kann man diesen Faktor herauskürzen, indem man einfach Zähler und Nenner durch die gleiche Zahl teilt. Man hätte aber auch gleich einfacher rechnen können, nämlich

$$\frac{5}{3} + \frac{7}{9} = \frac{15}{9} + \frac{7}{9} = \frac{22}{9}.$$

Sie sehen daran, dass der Hauptnenner nicht unbedingt das Produkt der beiden ursprünglichen Nenner sein muss, sondern das sogenannte kleinste gemeinsame Vielfache. Bei 3 und 9 ist das gerade die 9, bei 4 und 6 wäre es 12, denn 12 ist die kleinste Zahl, die sowohl 4 als auch 6 als Faktor hat. Sie können zwar immer die brachiale Regel 1.2.4 (iii) verwenden, aber bei einigermaßen großen Nennern achtet man besser darauf, den kleinstmöglichen Hauptnenner zu finden.

Man sollte glauben, dass uns nun genügend Zahlen zur Verfügung stehen, um mit der ganzen Welt fertig zu werden. Im antiken Griechenland gab es auch tatsächlich eine sehr einflussreiche philosophische Schule, die Pythagoreer, die genau dieser Auffassung waren. „Alles ist Zahl" war ihr Wahlspruch, und damit meinten sie ganze Zahlen oder Verhältnisse ganzer Zahlen, also Brüche. Ich werde Ihnen gleich etwas mehr darüber erzählen, doch zuerst zeige ich Ihnen, warum dieser Wahlspruch falsch war.

Zeichnet man, wie Sie es in Abb. 1.5 sehen können, in einem Quadrat der Seitenlänge eins die Diagonale ein, so folgt aus dem Satz des Pythagoras leicht, dass die Länge d dieser Diagonalen die Quadratwurzel aus 2 ist, die man mit $\sqrt{2}$ bezeichnet. Es gilt nämlich $d^2 = 1^2 + 1^2 = 2$, wobei wie üblich d^2 für $d \cdot d$ steht. So sehr man sich nun auch bemühen mag, einen Bruch zu finden, dessen Quadrat genau 2 ergibt, man wird beim besten Willen keinen auftreiben können. Der Grund dafür ist ganz einfach: die Quadratwurzel aus 2 ist keine rationale Zahl. Es gibt also Zahlen, die nicht in der Menge $\mathbb{Q}$ liegen.

Abb. 1.5 Diagonale im Quadrat

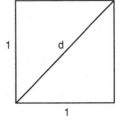

Beim Beweis dieser Tatsache werde ich von zwei Dingen Gebrauch machen. Erstens
benütze ich das Implikationszeichen oder auch Daraus-folgt-Zeichen $\Rightarrow$. Es beschreibt
den Umstand, dass aus einer Aussage A eine Aussage B folgt, kurz durch $A \Rightarrow B$. Zum
Beispiel folgt aus $x + 2 = 4$ natürlich $x = 2$, und man schreibt

$$x + 2 = 4 \Rightarrow x = 2.$$

Zweitens werde ich einen Widerspruchsbeweis führen, dessen Prinzip ich kurz erklären
sollte. Will man eine Aussage beweisen (z. B. $\sqrt{2} \notin \mathbb{Q}$), so kann man erst einmal versuchsweise das Gegenteil dieser Aussage annehmen (das heißt $\sqrt{2} \in \mathbb{Q}$) und sehen, zu
welchen Konsequenzen das führt. Falls man Konsequenzen findet, von denen man weiß,
dass sie falsch sind, dann muss schon die versuchsweise Annahme des Gegenteils falsch
gewesen sein.

Das ist ein bisschen „von hinten durch die Brust ins Auge"; ein einfaches Beispiel wird
Ihnen zeigen, was gemeint ist. Wenn Sie mit dem Auto in eine fremde Stadt kommen,
werden Sie möglicherweise irgendwann vor der Wahl stehen, rechts oder links abzubie-
gen, ohne zu wissen, was nun richtig wäre. Vielleicht wollen Sie links ab fahren, aber Ihr
Mitfahrer plädiert eher für rechts, und als friedlicher Mensch fügen Sie sich. Dummerweise geraten Sie in eine düstere Sackgasse, die ganz offensichtlich nicht die gesuchte Straße
ist, das heißt die Annahme, rechts sei die richtige Richtung, führt zu falschen Konsequenzen, muss also selbst falsch gewesen sein. Deshalb war die ursprüngliche Idee, Sie sollten
links fahren, richtig.

Genauso werde ich jetzt beweisen, dass die Wurzel aus 2 nicht rational ist.

1.2.6 Bemerkung Die Quadratwurzel aus 2 ist keine rationale Zahl.

Beweis Sei $d = \sqrt{2}$. Wir nehmen versuchsweise an, d sei rational, das heißt $d = \frac{p}{q}$ mit
$p \in \mathbb{Z}$ und $q \in \mathbb{Z}$. Natürlich kann man p und q so weit wie möglich kürzen, damit sie
keine gemeinsamen Faktoren mehr haben. Dann gilt:

$$2 = d^2 = \frac{p^2}{q^2} \Rightarrow p^2 = 2q^2$$
$$\Rightarrow p^2 \text{ ist gerade}$$
$$\Rightarrow p \text{ ist gerade, d. h. 2 ist Teiler von } p$$
$$\Rightarrow 4 \text{ ist Teiler von } p^2$$
$$\Rightarrow \text{es gibt ein } n \in \mathbb{N}, \text{ so dass } p^2 = 4n \text{ gilt}$$
$$\Rightarrow 4n = p^2 = 2q^2$$
$$\Rightarrow 2n = q^2$$
$$\Rightarrow q^2 \text{ ist gerade}$$
$$\Rightarrow q \text{ ist gerade, d. h. 2 ist Teiler von } q.$$

Abb. 1.6 Quadratwurzel aus 2
auf der Zahlengerade

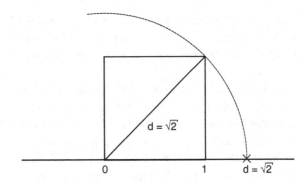

Jetzt sind wir schon fertig, denn aus der Annahme $d = \frac{p}{q}$ haben wir gefolgert, dass sowohl p als auch q den Faktor 2 aufweisen, also gerade sein müssen. Wir hatten aber vorausgesetzt, dass p und q *keine* gemeinsamen Faktoren mehr haben und somit auch keinen gemeinsamen Faktor 2 mehr haben *können*. Die Annahme $\sqrt{2} \in \mathbb{Q}$ führt folglich zu einer absurden Konsequenz und muss daher falsch sein. Deshalb ist

$$\sqrt{2} \notin \mathbb{Q}.$$

Falls Ihnen jeder Schritt in der obigen Implikationskette klar ist, können Sie zum nächsten Punkt übergehen. Falls nicht, sollten Sie sich die folgenden Erläuterungen ansehen.

Aus $2 = \frac{p^2}{q^2}$ folgt natürlich durch Ausmultiplizieren $p^2 = 2q^2$. Damit ist p^2 durch 2 teilbar, also gerade. Eine ungerade Zahl kann niemals ein gerades Quadrat haben und das heißt, dass schon p gerade sein muss. Wenn aber schon p den Faktor 2 enthält, wird p^2 den Faktor $2^2 = 4$ enthalten, und wir können p^2 darstellen als $p^2 = 4n$ mit einer natürlichen Zahl n. Im nächsten Schritt verwenden wir die alte Gleichung $p^2 = 2q^2$ und wissen gleichzeitig $p^2 = 4n$, woraus sofort $2q^2 = 4n$ folgt. Dividieren durch 2 auf beiden Seiten ergibt $q^2 = 2n$, das heißt, auch q^2 ist gerade. Mit dem gleichen Argument wie oben schließen wir, dass dann schon q selbst gerade ist und haben das Ende der Implikationskette erreicht.   △

Wir haben nun eine Zahl gefunden, die sich nicht als Bruch darstellen lässt, aber durchaus einem Punkt auf der altbekannten Zahlengeraden entspricht, wie Abb. 1.6 zeigt.

Die Menge $\mathbb{Q}$ der rationalen Zahlen ist also nicht in der Lage, die gesamte Zahlengerade auszufüllen. Offenbar brauchen wir noch eine Zahlenmenge, die sämtliche Punkte der Zahlengeraden als Elemente enthält. Diese Menge ist die Menge der reellen Zahlen.

1.2.7 Definition Alle Zahlen, die durch Punkte auf der Zahlengeraden dargestellt werden, heißen reelle Zahlen. Die Menge der reellen Zahlen wird mit $\mathbb{R}$ bezeichnet. Die Menge $\mathbb{R} \setminus \mathbb{Q}$ heißt Menge der irrationalen Zahlen.

Das Resultat meiner Bemühungen in 1.2.6 war der Nachweis, dass $\sqrt{2} \notin \mathbb{Q}$ gilt, woraus sofort $\mathbb{R} \backslash \mathbb{Q} \neq \emptyset$ folgt. Es war diese Entdeckung, die die Philosophie der Pythagoreer durcheinander brachte, denn ihr Satz „Alles ist Zahl" bedeutet in unserer Formelsprache nichts anderes als $\mathbb{R} = \mathbb{Q}$ bzw. $\mathbb{R} \backslash \mathbb{Q} = \emptyset$. Erst mit dem Satz des Pythagoras über rechtwinklige Dreiecke wurde die geometrische Bedeutung der Wurzel aus zwei klar, und mit der Feststellung ihrer Irrationalität brach die Philosophie mehr oder weniger zusammen. Das mag Ihnen wenig aufregend erscheinen, aber die Pythagoreer waren so verstört, dass sie die Entdeckung so lange wie möglich geheim hielten. Es geht sogar das Gerücht, der Mann, der als erster öffentlich bekannt gab, $\sqrt{2}$ sei irrational, sei von den Anhängern der pythagoreischen Schule für diese Schandtat getötet worden.

Wir halten noch einmal die aufsteigende Folge der Zahlenmengen in einer Bemerkung fest.

1.2.8 Bemerkung

(i) $\mathbb{N} \subseteq \mathbb{Z} \subseteq \mathbb{Q} \subseteq \mathbb{R}$;
(ii) $\sqrt{2} \in \mathbb{R} \backslash \mathbb{Q}$, das heißt $\mathbb{R} \backslash \mathbb{Q} \neq \emptyset$;
(iii) Für reelle Zahlen sind die üblichen Rechenoperationen erlaubt und gelten die üblichen Rechenregeln.

Auf die Grundrechenarten für reelle Zahlen werde ich im folgenden nicht mehr eingehen. Zum Abschluss des ersten Kapitels möchte ich nur noch ein wenig über die Ordnungsrelationen sprechen, mit deren Hilfe man die reellen Zahlen sortieren kann. Das bedeutet nur, dass man zwei reelle Zahlen immer im Hinblick auf ihre Größe vergleichen kann: a ist kleiner als b, a ist gleich b oder a ist größer als b. Man schreibt dafür $a < b$, $a = b$ oder $a > b$. Falls man nicht so genau weiß, ob $a < b$ oder vielleicht doch $a = b$ gilt, vermeidet man die Festlegung und sagt, a ist kleiner oder gleich b, abgekürzt: $a \leq b$. Was man dann unter $a \geq b$ zu verstehen hat, brauche ich wohl nicht mehr zu erklären.

Bevor ich Ihnen eine kleine Anwendung der Ordnungsrelationen zeigen kann, müssen wir uns einige Regeln über die Verbindung von $<$ und $>$ mit den Grundrechenarten ansehen.

1.2.9 Satz   Es seien $a, b, c, d \in \mathbb{R}$. Dann gelten:

(i)   Aus $a > b$ folgt $a + c > b + c$.
(ii)   Aus $a > b$ und $c > d$ folgt $a + c > b + d$.
(iii) Aus $a > b$ und $c > 0$ folgt $a \cdot c > b \cdot c$.
(iv)   Aus $a > b$ und $c < 0$ folgt $a \cdot c < b \cdot c$.
(v)   Aus $a > b$ und $c > d$ folgt $a \cdot c > b \cdot d$, falls $a, b, c, d > 0$.
(vi)   Aus $a > b$ und $b > c$ folgt $a > c$.

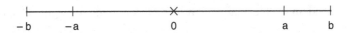

Abb. 1.7 Multiplizieren mit -1

Wir brauchen uns hier nicht auf formale Beweise einzulassen, da man sich die Regeln ganz leicht veranschaulichen kann. Wenn ich beispielsweise älter bin als Sie ($a > b$), dann wird sich an dieser Tatsache auch in ein paar Jahren nichts ändern, denn ich trage nach c Jahren $a + c$ Lebensjahre mit mir herum und Sie eben $b + c$. Ebenso können Sie sich vorstellen, dass ein Angestellter mehr verdient als ein anderer ($a > b$) und bei der jährlichen linearen Tariferhöhung natürlich auch einen höheren Gehaltszuschlag (c) erhalten wird als der ohnehin schon schlechter bezahlte Kollege (d). In diesem Fall haben wir $a + c > b + d$, also Regel (ii). Auf ähnliche Weise kann man all diese Regeln verdeutlichen, nur bei Nummer (iv) sollte man etwas vorsichtig sein, weil sich beim Multiplizieren mit einer negativen Zahl die Relation umdreht: aus größer wird kleiner und umgekehrt. In Abb. 1.7 sehen Sie die Situation für $c = -1$ auf der Zahlengeraden. Da $a < b$ ist, dreht sich die Ordnung beim Multiplizieren mit -1 um, und es gilt $-a > -b$.

Nun sind Sie hinreichend mit Regeln versorgt, und wir können ein kleines Problem lösen: die Bestimmung eines optimalen Rechtecks. Dafür brauche ich eine der drei berühmten binomischen Formeln, die Ihnen wahrscheinlich noch aus Ihrer Schulzeit bekannt sind.

1.2.10 Satz Es seien $x, y \in \mathbb{R}$. Dann gelten:

(i) $(x + y)^2 = x^2 + 2xy + y^2$;
(ii) $(x - y)^2 = x^2 - 2xy + y^2$;
(iii) $(x + y) \cdot (x - y) = x^2 - y^2$.

1.2.11 Beispiel Stellen Sie sich vor, Sie dürfen sich ein rechtwinkliges Grundstück mit einem bestimmten vorgegebenen Flächeninhalt aussuchen, müssen aber aus Kostengründen darauf achten, dass der Zaun zur Begrenzung des Grundstücks möglichst kurz ist. Ist Ihnen zum Beispiel ein Flächeninhalt von $1600 \, \text{m}^2$ vorgeschrieben, so käme etwa ein Rechteck mit den Kantenlängen $20 \, \text{m}$ und $80 \, \text{m}$ in Frage. Sein Umfang – und damit die Länge des Zauns – beträgt jedoch $200 \, \text{m}$, während das flächengleiche Quadrat mit Kantenlänge $40 \, \text{m}$ nur einen Umfang von $160 \, \text{m}$ aufweist, also deutlich kostengünstiger ist. Die Frage ist nun: welches Rechteck ist im allgemeinen Fall das günstigste? Etwas mathematischer formuliert bedeutet das, wir müssen unter allen Rechtecken mit gleichem Flächeninhalt das Rechteck mit dem kleinsten Umfang suchen. Schon aus ästhetischen Gründen liegt es nahe, einen Versuch mit dem Quadrat zu wagen.

Ist also R irgendein Rechteck mit den Kantenlängen a und b, so gilt bekanntlich

$$\text{Fläche}(R) = ab, \quad \text{Umfang}(R) = 2a + 2b = 2(a + b).$$

Das flächengleiche Quadrat Q muss, wie der Name schon sagt, die gleiche Fläche haben, also

$$\text{Fläche}(Q) = ab.$$

Folglich hat Q die Kantenlänge $\sqrt{ab}$, und da ein Quadrat nun einmal vier Kanten hat, erhalten wir

$$\text{Umfang}(Q) = 4 \cdot \sqrt{ab}.$$

Nun soll das Quadrat einen geringeren Umfang aufweisen als ein beliebiges flächengleiches Rechteck, das heißt, es ist zu zeigen:

$$4 \cdot \sqrt{ab} \leq 2 \cdot (a + b) \quad \text{für } a, b > 0.$$

Üblicherweise teilt man dies Ungleichung durch 4 und schreibt

$$\sqrt{ab} \leq \frac{a + b}{2}.$$

Hier $<$ zu schreiben wäre falsch, denn für $a = b$ ist ja schon R ein Quadrat, und die Umfänge sind offenbar gleich.

Zum Beweis dieser sogenannten arithmetisch-geometrischen Ungleichung gehe ich vor wie beim Nachweis der Irrationalität von $\sqrt{2}$. Ich werde also versuchsweise das Gegenteil meiner Behauptung annehmen und zeigen, dass das zu unsinnigen Konsequenzen führt. Wir nehmen also an

$$\sqrt{ab} > \frac{a + b}{2}.$$

Wegen 1.2.9 (v) folgt dann

$$\sqrt{ab} \cdot \sqrt{ab} > \frac{a + b}{2} \cdot \frac{a + b}{2}$$
$$\Rightarrow ab > \frac{1}{4}(a + b)^2$$
$$\Rightarrow ab > \frac{a^2}{4} + \frac{ab}{2} + \frac{b^2}{4}.$$

Wegen 1.2.9 (i) darf man auf beiden Seiten $-ab$ addieren bzw. ab abziehen. Man erhält damit

$$0 > \frac{a^2}{4} - \frac{ab}{2} + \frac{b^2}{4} = \left(\frac{a}{2} - \frac{b}{2}\right)^2,$$

wie Sie der zweiten binomischen Formel entnehmen können.

Überlegen Sie einen Moment, ob das möglich ist: wir haben eine Zahl gefunden, deren Quadrat kleiner als Null, also negativ ist. Da Minus mal Minus aber Plus ergibt und Plus mal Plus ohnehin Plus bleibt, ist jede quadrierte Zahl größer oder gleich Null. Deshalb führt die Annahme, die wir getroffen haben, zu unsinnigen Konsequenzen und muss falsch sein. Damit ist nun die Behauptung

$$\sqrt{ab} \leq \frac{a+b}{2} \text{ für } a, b > 0$$

endgültig gezeigt.

Das umfangsoptimale Rechteck ist demzufolge ein Quadrat. Aufgaben dieser Art nennt man Optimierungsaufgaben oder auch Extremwertaufgaben. Sie werden ihnen noch in den Kapiteln über Differentialrechnung begegnen.

Ich beende das Kapitel mit einer Definition. Zur Beschreibung bestimmter sehr häufig gebrauchter Teilmengen der reellen Zahlen haben sich einige Abkürzungen eingebürgert. Man kann diese „Intervalle" mit Hilfe der Ordnungsrelationen $<$ und $>$ definieren.

1.2.12 Definition Es seien $a, b \in \mathbb{R}$ und es gelte $a < b$. Die folgenden Mengen werden als Intervalle bezeichnet.

(i)

$$[a, b] = \{x \in \mathbb{R} \mid a \leq x \leq b\} \text{ heißt abgeschlossenes Intervall};$$
$$[a, b) = \{x \in \mathbb{R} \mid a \leq x < b\} \text{ und}$$
$$(a, b] = \{x \in \mathbb{R} \mid a < x \leq b\} \text{ heißen halboffene Intervalle};$$
$$(a, b) = \{x \in \mathbb{R} \mid a < x < b\} \text{ heißt offenes Intervall}.$$

Man nennt diese Intervalle auch endliche Intervalle.

(ii) Die Intervalle

$$[a, \infty) = \{x \in \mathbb{R} \mid a \leq x\},$$
$$(a, \infty) = \{x \in \mathbb{R} \mid a < x\},$$
$$(-\infty, b) = \{x \in \mathbb{R} \mid x < b\},$$
$$(-\infty, b] = \{x \in \mathbb{R} \mid x \leq b\}$$

heißen unendliche Intervalle.

Ein Wort zu dieser Definition. Die endlichen Intervalle heißen nicht etwa deshalb endlich, weil sie nur endlich viele Punkte enthalten würden, sondern weil sie eine endliche Länge haben: zwischen a und b liegt eine Strecke der Länge $b - a$. Beachten Sie aber, dass für $a < b$ zwischen a und b dennoch unendlich viele reelle Zahlen liegen, auch wenn die Strecke nur endlich lang ist.

Im Gegensatz dazu sind unendliche Intervalle offenbar unendlich lang, sei es auf der Zahlengeraden nach rechts oder nach links. Den Umstand der unendlichen Länge pflegt man mit dem Unendlich-Zeichen ∞ auszudrücken, wobei $-\infty$ als minus Unendlich gelesen wird.

In älteren Büchern finden Sie manchmal anstelle der runden Klammer (eine verkehrte eckige Klammer], und für) schreibt man dort [. Sollten Ihnen also irgendwann einmal Intervalle namens]0, 1], [0, 1[oder auch]0, 1[begegnen, so sind damit in etwas modernerer Terminologie (0, 1], [0, 1) und (0, 1) gemeint.

Mit dieser letzten Bemerkung verlassen wir den Bereich der reinen Zahlen. Im nächsten Kapitel werde ich Ihnen einiges über Vektoren berichten.

Vektorrechnung

2

Die reellen Zahlen, die wir im letzten Kapitel gewonnen haben, sind sogenannte Skalare, mit denen sich die Punkte auf der Zahlengeraden beschreiben lassen. Wie Sie selbst wissen, verläuft aber nicht vieles im Leben einfach schnurgerade: Sie brauchen nur einmal mit dem Auto durch ein Gebirge zu fahren – natürlich auf einer Landstraße und nicht auf der Autobahn – um festzustellen, dass Sie hier mit reellen Zahlen zwar sicher die zurückgelegte Distanz in Kilometern angeben können, aber damit nicht die permanenten Kurven und Richtungswechsel berücksichtigt haben. In der Physik und speziell in der Mechanik ist die Darstellung von *Richtungen* von großer Bedeutung, und man hat zu diesem Zweck das Konzept der *Vektoren* entwickelt.

Mit Vektoren in der Ebene und im Raum beschäftigt sich das ganze zweite Kapitel. Der Aufbau ist dabei der folgende. Zunächst klären wir, was man unter einem Vektor versteht und wie man Vektoren sowie die zugehörigen Vektoroperationen zeichnerisch darstellt. Dann zeige ich Ihnen, wie man Vektoren mit Hilfe von Zahlen in Form der Koordinatendarstellung einer rechnerischen Verarbeitung zugänglich machen kann. Anschließend befassen wir uns mit drei physikalisch und geometrisch relevanten Methoden, Vektoren miteinander zu multiplizieren, nämlich dem Skalarprodukt, dem Vektorprodukt und dem Spatprodukt.

2.1 Einführung

Das erste Kapitel habe ich mit einem Beispiel aus der Kindheit begonnen, um Ihnen zu zeigen, dass Mengen nichts Unnatürliches sind. Bei Vektoren sieht das nicht anders aus. Als Kind haben Sie vermutlich manchmal einen Spielzeugwagen oder ein Spielzeugtier mit Rollen an den Füßen hinter sich hergezogen. Üblicherweise macht man das auf dem Boden des Kinderzimmers oder draußen auf der Straße, rollt also auf einer Ebene – dem Kinderzimmerboden oder dem Straßenbelag – in den verschiedensten Richtungen hin und her. Wie schlimm nun die Beule ist, die Ihr Spielzeuglastwagen in den Küchenherd rammt,

© Springer-Verlag GmbH Deutschland 2017
T. Rießinger, *Mathematik für Ingenieure*, DOI 10.1007/978-3-662-54807-3_2

Abb. 2.1 Vektor $\overrightarrow{AB}$

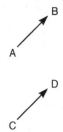

Abb. 2.2 Vektor $\overrightarrow{CD}$

hängt natürlich davon ab, mit welcher Kraft Sie ihn bewegt haben. Wir brauchen also bereits zur physikalischen Beschreibung eines einfachen Kinderspiels Größen, die sowohl den Betrag der aufgewendeten Kraft als auch die Richtung dieser Kraft in der Ebene berücksichtigen.

Mit der Zeit wird dem Kind voraussichtlich das Herumschieben eines Autos auf dem Boden zu langweilig werden, und es wird nach einem Flugzeug quengeln, mit dem es durch die gesamte Wohnung fliegen kann. Mathematisch gesprochen heißt das, dass den zwei Dimensionen der Ebene die dritte Dimension des Raumes hinzugefügt werden muss, mit anderen Worten: man muss zur Beschreibung dieses neuen Vorgangs über Größen verfügen, die auch die Richtung im Raum in Betracht ziehen.

Größen dieser Art nennt man Vektoren.

2.1.1 Definition Es seien A und B Punkte in der Ebene (bzw. im Raum). Unter einem Vektor $\overrightarrow{AB}$ versteht man eine gerichtete Strecke mit dem Anfangspunkt A und dem Endpunkt B.

Zunächst einmal ist ein Vektor also nichts weiter als ein Ding mit einer Richtung und einer Länge. Diese Interpretation ist aber ein wenig missverständlich, wenn man nicht deutlich macht, dass es wirklich *nur* auf Richtung und Länge ankommt und der Anfangspunkt egal ist. Ob Sie den Spielzeugwagen nun wie in Abb. 2.1 bewegt haben oder vielleicht eher wie in Abb. 2.2, mag in der Wohnung Ihrer Eltern je nach Anfangs- und Endpunkt mehr oder weniger Chaos ausgelöst haben, physikalisch und mathematisch macht es keinen nennenswerten Unterschied, so lange nur Richtung und Länge gleich sind. In der Vektorrechnung interessiert man sich daher ausschließlich für Richtung und Länge eines Vektors.

2.1.2 Definition Zwei Vektoren heißen gleich, wenn sie die gleiche Richtung und die gleiche Länge haben, das heißt, ein Vektor wird durch Richtung und Länge eindeutig bestimmt.

Man sagt dazu auch, dass Sie einen Vektor beliebig *parallel verschieben* können, denn da die Verschiebung parallel ist, ändert sie nichts an der Richtung, und da sie eine Ver-

Abb. 2.3 Gleiche Vektoren

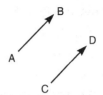

schiebung ist, lässt sie auch die Länge konstant. Wenn wir also die Punkte A, B, C, D wie in Abb. 2.3 wählen, dann ist $\overrightarrow{AB} = \overrightarrow{CD}$, denn Richtung und Länge beider Vektoren sind gleich.

Der Ordnung halber erwähne ich, dass man manchmal zwischen freien und gebundenen Vektoren unterscheidet, wobei freie Vektoren das sind, was ich unter Vektoren verstehe, und bei gebundenen Vektoren der Anfangspunkt noch eine erhebliche Rolle spielt. Für unsere Zwecke sind aber freie Vektoren vollauf ausreichend, und wann immer im folgenden ein Vektor auftritt, sollten Sie sich frei fühlen, ihn nach Belieben parallel zu verschieben.

Das Standardbeispiel für Vektoren sind Kräfte, die auf einen Massenpunkt wirken.

2.1.3 Beispiel Wirkt eine Kraft auf einen Massenpunkt, so ist der Betrag der Kraft die Länge eines Vektors, während ihre Richtung die Richtung des Vektors angibt.

Wir sehen einmal davon ab, dass es etwas schwierig ist, sich so einen Massenpunkt vorzustellen, der zwar keine ernstzunehmende Ausdehnung, aber dennoch eine positive Masse hat. Für die Vektorrechnung ist nur wichtig, dass die Wirkung einer Kraft auf einen Massenpunkt offenbar durch den Betrag der Kraft und ihre Richtung beschrieben werden kann, und somit eine vektorielle Größe ist. Die Bedeutung dieser Tatsache werden Sie gleich sehen, wenn wir daran gehen, Vektoren zu addieren.

Vorher müssen wir uns aber noch über einige Begrifflichkeiten und Schreibweisen einigen. Sie haben gesehen, dass zwei Vektoren gleich sind, wenn sie gleiche Richtung und gleiche Länge haben. Es kann aber auch passieren, dass sie nur in einer der beiden Größen übereinstimmen. Wenn sie nur gleiche Länge haben, wie zum Beispiel die Vektoren $\overrightarrow{AB}$ und $\overrightarrow{AC}$ aus Abb. 2.4, dann wird man sie eben gleichlang nennen, aber ansonsten haben sie nicht viel miteinander zu tun. Haben sie dagegen die gleiche Richtung, aber eventuell verschiedene Längen, wie Sie es in Abb. 2.5 sehen, dann sind sie sich eigentlich recht ähnlich, und man nennt sie parallel. Der Ausdruck $\overrightarrow{AB} \uparrow\uparrow \overrightarrow{CD}$ bedeutet: $\overrightarrow{AB}$ ist parallel zu $\overrightarrow{CD}$.

Abb. 2.4 Gleichlange Vektoren

Abb. 2.5 Parallele Vektoren

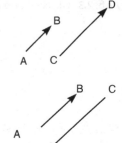

Abb. 2.6 Antiparallele Vektoren

Das Umgekehrte ist aber auch möglich; die Vektoren müssen ja nicht gerade die gleiche Richtung haben, sondern die Richtungen können genau entgegengesetzt sein. In diesem Fall schreibt man $\overrightarrow{AB} \uparrow\downarrow \overrightarrow{CD}$ und nennt die Vektoren antiparallel. Ein Beispiel sehen Sie in Abb. 2.6.

Da es auf den konkreten Anfangs- und Endpunkt nicht ankommt, neigt man dazu, sie beim Schreiben nicht immer mitzuschleppen und die Vektoren mit kleinen Buchstaben zu bezeichnen. Dafür haben sich drei Möglichkeiten eingebürgert. Manche schreiben kleine gepfeilte Buchstaben, also

$$\vec{a} = \overrightarrow{AB}.$$

Andere verwenden altdeutsche Buchstaben, aber das ist sehr aus der Mode gekommen. Wieder andere, zu denen auch ich gehöre, benutzen fettgedruckte lateinische Buchstaben, schreiben also

$$\mathbf{a} = \overrightarrow{AB}.$$

In diesem Kapitel sind deshalb fettgedruckte lateinische Buchstaben immer Vektoren, während mit normal gedruckten lateinischen Buchstaben Skalare, also Zahlen bezeichnet werden. Ich werde allerdings oft Zahlen mit griechischen Buchstaben benennen, um jede Konfusion zwischen Zahlen und Vektoren zu vermeiden.

Es wäre nun recht unbefriedigend, wenn man mit Vektoren nichts anderes anstellen könnte als sie hinzumalen und fettgedruckte Buchstaben daran zu schreiben. Wie bei den meisten mathematischen Objekten ist man auch hier daran interessiert, sinnvolle Operationen zu finden, mit denen die Verknüpfung von Vektoren möglich ist. Beginnen wir mit der Addition.

2.1.4 Beispiel Die Addition von Vektoren kann man sich vielleicht am besten vorstellen, wenn man an den Aufschlag beim Tennis denkt. Sie haben sicher schon gesehen, wie ein Tennisspieler beim Aufschlag die Richtung anvisiert, in die er den Ball schlagen möchte, und dann doch das Spielfeld verfehlt. Das kann unter anderem daran liegen, dass es auf dem Tennisplatz windig ist. Will zum Beispiel der Spieler den Ball von *A* nach *B* schlagen und berücksichtigt dabei nicht, dass von rechts ein Wind mit einer gewissen Stärke bläst,

Abb. 2.7 Aufschlag beim
Tennis

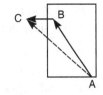

Abb. 2.8 Kräfteparallelogramm

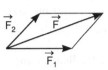

so wird er feststellen müssen, dass sein Ball in Wahrheit im Punkt C landet. Der aus den beiden Vektoren $\overrightarrow{AB}$ und $\overrightarrow{BC}$ *resultierende* Vektor ist demnach $\overrightarrow{AC}$. Da hier die Wirkungen der beiden Vektoren zusammengefügt werden, spricht man von einer Vektoraddition.

Standardbeispiel in der Physik ist das sogenannte Kräfteparallelogramm.

2.1.5 Beispiel Wirken zwei Kräfte $\vec{F}_1$ und $\vec{F}_2$ auf einen Massenpunkt, so kann man sie wie in Abb. 2.8 zu einer resultierenden Kraft $\vec{F}$ zusammenfassen. Das entstehende Diagramm heißt Kräfteparallelogramm.

Im Tennisbeispiel können Sie unter $\vec{F}_1$ die Kraft verstehen, die der Schlag auf den Ball ausübt, und unter $\vec{F}_2$ die Windkraft, so dass also 2.1.5 eine Verallgemeinerung von 2.1.4 ist. Die Konstruktionen sehen allerdings auf den ersten Blick verschieden aus: in 2.1.4 haben wir zwei Vektoren aneinandergehängt, in 2.1.5 haben wir die Diagonale des von beiden Vektoren gebildeten Parallelogramms genommen. In Wahrheit ist das aber genau dasselbe, wie Sie in den Abb. 2.9 und 2.10 sehen können.

2.1.6 Definition Gegeben seien zwei Vektoren **a** und **b**. Verschiebt man den Vektor **b** parallel, so dass sein Anfangspunkt gleich dem Endpunkt von **a** ist, so versteht man unter **a** + **b** den Vektor, dessen Anfangspunkt gleich dem Anfangspunkt von **a** und dessen Endpunkt gleich dem Endpunkt von **b** ist.

Abb. 2.9 Vektoraddition

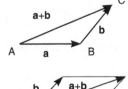

Abb. 2.10 Vektoraddition

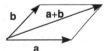

Diese Konstruktion entspricht der Situation auf dem Tennisplatz. Sie hat den Vorteil, dass man sie in der einsichtigen Formel

$$\overrightarrow{AB} + \overrightarrow{BC} = \overrightarrow{AC}$$

zusammenfassen kann, denn wenn man erst von A nach B läuft und dann von B nach C, so ist man im Resultat natürlich von A nach C gelaufen. Die Konstruktion aus 2.1.5 ist dazu aber völlig äquivalent, das heißt, sie bedeutet das gleiche.

2.1.7 Bemerkung Gegeben seien zwei Vektoren **a** und **b**. Man verschiebe die Vektoren parallel, so dass sie den gleichen Anfangspunkt haben, und ergänze sie zu einem Parallelogramm. Da die **b** gegenüberliegende Seite parallel zu **b** und auch genausolang wie **b** ist, kann man sie ebenfalls als Vektor **b** interpretieren. Folglich entspricht die Diagonale des Parallelogramms genau dem resultierenden Vektor aus Definition 2.1.6, ist also gleich **a** + **b**.

Es ist nicht überraschend, dass es auch Rechenregeln für die Vektoraddition gibt. Glücklicherweise entsprechen sie genau den Regeln beim Addieren gewöhnlicher Zahlen.

2.1.8 Satz Es seien **a**, **b**, **c** Vektoren in der Ebene bzw. im Raum. Dann gelten:

(i)   **a** + **b** = **b** + **a** (Kommutativgesetz);
(ii) (**a** + **b**) + **c** = **a** + (**b** + **c**) (Assoziativgesetz).

Beweis Zur Illustration verwende ich Abb. 2.11 und 2.12.

(i)   Hier ist fast nichts zu beweisen. Man erhält ja **a** + **b** als Diagonale des von **a** und **b** aufgespannten Parallelogramms. Aber das ist natürlich genau dasselbe wie das von **b** und **a** aufgespannte Parallelogramm, und somit haben beide die gleiche Diagonale. Deshalb ist **a** + **b** = **b** + **a**.

(ii) Für dieses *Assoziativgesetz* muss man schon ein bisschen mehr zeichnen. Am besten ist es, man legt die Vektoren so, dass der Anfangspunkt von **b** dem Endpunkt von **a**

Abb. 2.11 Kommutativgesetz

Abb. 2.12 Assoziativgesetz

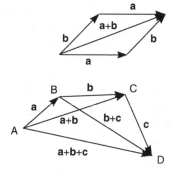

entspricht und der Anfangspunkt von **c** mit dem Endpunkt von **b** zusammenfällt. Da es bei Vektoren nur auf Richtung und Länge ankommt, dürfen wir das straflos tun. Wie Sie sehen ist dann

$$\mathbf{a} + \mathbf{b} = \overrightarrow{AC} \text{ und } \mathbf{c} = \overrightarrow{CD},$$

das heißt

$$(\mathbf{a} + \mathbf{b}) + \mathbf{c} = \overrightarrow{AC} + \overrightarrow{CD} = \overrightarrow{AD}.$$

Andererseits ist

$$\mathbf{a} = \overrightarrow{AB} \text{ und } \mathbf{b} + \mathbf{c} = \overrightarrow{BD},$$

und daraus folgt

$$\mathbf{a} + (\mathbf{b} + \mathbf{c}) = \overrightarrow{AB} + \overrightarrow{BD} = \overrightarrow{AD} = (\mathbf{a} + \mathbf{b}) + \mathbf{c}. \qquad \triangle$$

Diese beiden Regeln, Kommutativgesetz und Assoziativgesetz, entsprechen wohl genau dem, was man von einer vernünftigen Addition erwartet. Verallgemeinert man sie auf Summen von mehr als zwei oder drei Vektoren, so wird daraus auch nichts Besonderes: offensichtlich kann man in einer Summe von Vektoren die Reihenfolge der Summanden beliebig vertauschen, und eine solche Summe wird graphisch dadurch ermittelt, dass man die Vektoren einfach aneinanderklebt. Deshalb verzichtet man auch meistens auf die Klammerung und schreibt nur **a** + **b** + **c** oder ähnliches.

Die Darstellung eines Beispiels zur Vektoraddition krankt ein wenig daran, dass ich Ihnen noch nichts über Koordinatendarstellungen erzählt habe. Da wir bisher Vektoren nur geometrisch dargestellt haben, bleibt mir nichts anderes übrig als eine Beispielaufgabe geometrisch durchzuführen.

2.1.9 Beispiel An einen Massenpunkt greifen drei Kräfte $\vec{F}_1$, $\vec{F}_2$ und $\vec{F}_3$ an, die alle in der gleichen Ebene wirken. $\vec{F}_1$ hat einen Betrag von 2 Newton, $\vec{F}_2$ von 3 Newton und $\vec{F}_3$ von 1 Newton. Ihre Richtungen in der Ebene werden durch Abb. 2.13 beschrieben. Welchen Betrag hat die resultierende Kraft $\vec{F}$ und unter welchem Winkel greift sie an den Massenpunkt an?

Abb. 2.13 Kräftediagramm

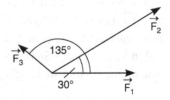

Abb. 2.14 Kräftediagramm

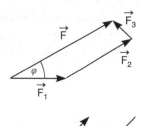

Abb. 2.15 a und −a

Mit Hilfe von 2.1.8 lässt sich $\vec{F}$ zeichnerisch leicht ermitteln. Sie müssen nur wie in Abb. 2.14 die Kräfte $\vec{F}_1$, $\vec{F}_2$ und $\vec{F}_3$ hintereinander hängen und schon haben Sie die Resultierende. Die Messung mit einem gewöhnlichen Geo-Dreieck ergibt für $\vec{F}$ einen Betrag von 4,5 Newton und einen Angriffswinkel von 30°. Unter Verwendung der Trigonometrie könnte man $\vec{F}$ auch genau berechnen, das ist aber beim derzeitigen Stand der Dinge noch etwas mühselig. Ich bitte Sie um etwas Geduld, bis wir die Koordinatendarstellung besprochen haben. Danach ist die Berechnung sehr viel einfacher und nach einem standardisierten Schema durchzuführen.

Wo eine Addition ist, da kann eine Subtraktion nicht weit sein. Sie ist bei Vektoren auch nicht viel anders zu verstehen als bei Zahlen, wo eine −17 nur das „additive Gegenteil" von 17 ist, das heißt $17 + (−17) = 0$. Für Vektoren kommt natürlich noch die Richtung ins Spiel: bringt ein Vektor **a** Sie von hier nach dort, so bringt Sie der Vektor −**a** wieder von dort nach hier zurück, macht also die Wirkung von **a** wieder zunichte. Es ist deshalb nötig, auch eine vektorielle Null zu definieren, damit der Summenvektor aus **a** und −**a** einen Namen bekommt.

2.1.10 Definition

(i) Der Vektor, dessen Anfangspunkt mit seinem Endpunkt übereinstimmt, heißt Nullvektor und wird mit **0** bezeichnet.

(ii) Es sei $\mathbf{a} = \overrightarrow{AB}$ ein Vektor. Dann heißt

$$-\mathbf{a} = \overrightarrow{BA}$$

der zu **a** inverse Vektor.

Wie Sie sehen, hat der Nullvektor überhaupt keine Wirkung; für jeden Punkt A gilt: $\mathbf{0} = \overrightarrow{AA}$. Passen Sie bitte ein wenig bei der Schreibweise auf: eine gewöhnliche 0 ist eine Zahl, während mit einer dicken **0** stets der Nullvektor gemeint ist.

Ein Vektor **a** und sein inverser Vektor −**a** sind sich auf den ersten Blick ziemlich ähnlich. In der Tat sind sie gleichlang und antiparallel, und ihr einziger Unterschied besteht

in ihren entgegengesetzten Richtungen. Sollte Ihnen diese Unterscheidung etwas klein-
lich vorkommen, dann brauchen Sie sich nur vorzustellen, dass Sie morgens auf dem
Weg zur Arbeit und abends auf dem Weg nach Hause die gleiche Strecke fahren, aber
Ihre Stimmung ganz entschieden davon abhängen dürfte, welche der beiden Richtungen
Sie eingeschlagen haben. Ob Sie **a** oder −**a** benutzen, hat also erhebliche Konsequen-
zen.

2.1.11 Bemerkung Es gilt

$$\mathbf{a} + (-\mathbf{a}) = \overrightarrow{AB} + \overrightarrow{BA} = \overrightarrow{AA} = \mathbf{0}.$$

Mit Hilfe des inversen Vektors lässt sich nun leicht die Vektorsubtraktion definieren.

2.1.12 Definition Für zwei Vektoren **a** und **b** setzt man

$$\mathbf{a} - \mathbf{b} = \mathbf{a} + (-\mathbf{b}).$$

Sehr weltbewegend ist diese Definition sicher nicht, aber dafür lässt sie sich schnell in
eine Konstruktion umsetzen. Sie haben nämlich gelernt, wie man Vektoren addiert, und
haben auch gesehen, wie man einen Vektor in seinen inversen Vektor verwandelt. Zur
Subtraktion brauchen Sie nur beide Vorgänge miteinander zu kombinieren.

2.1.13 Bemerkung Es seien **a** und **b** Vektoren wie in Abb. 2.16a. Wir erhalten −**b** durch
Umdrehen der Richtung von **b** und addieren **a** und −**b** gemäß der Konstruktion in 2.1.7.
Der Vektor **b** ragt bei dieser Konstruktion etwas verloren in die Gegend. Man kann das
vermeiden und auch den Zusammenhang zwischen **a**−**b** und **a**+**b** deutlicher sehen, wenn
man die Konstruktion aus Abb. 2.16b vornimmt. **a** − **b** ist nämlich nichts anderes als die
zweite Diagonale im aufgespannten Parallelogramm. Schließlich ist

$$\mathbf{b} = \overrightarrow{AC}, \text{ also } -\mathbf{b} = \overrightarrow{CA},$$

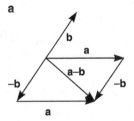
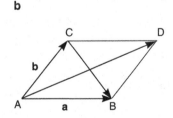

Abb. 2.16 Vektorsubtraktion

und deshalb

$$\mathbf{a} - \mathbf{b} = \mathbf{a} + (-\mathbf{b})$$
$$= \overrightarrow{AB} + \overrightarrow{CA}$$
$$= \overrightarrow{CA} + \overrightarrow{AB}$$
$$= \overrightarrow{CB},$$

wie es in der Skizze eingezeichnet ist. In Worten gesagt: Sie laufen **b** hinunter statt hinauf, um −**b** zu erhalten, und kleben daran den Vektor **a**. Das Resultat ist die zweite Diagonale.

Ein kleines Beispiel aus der Welt der Kräfte wird Ihnen zeigen, was man mit der Subtraktion anstellen kann.

2.1.14 Beispiel An einen Massenpunkt greifen innerhalb einer Ebene zwei Kräfte $\vec{F}_1$ und $\vec{F}_2$ an. Bekannt ist, dass $\vec{F}_1$ einen Betrag von 2 Newton und die resultierende Kraft $\vec{F} = \vec{F}_1 + \vec{F}_2$ einen Betrag von 1 Newton hat. Die Angriffswinkel von $\vec{F}_1$ und $\vec{F}$ können Sie Abb. 2.17 entnehmen. Gesucht sind Betrag und Angriffswinkel der Kraft $\vec{F}_2$.

Aus $\vec{F} = \vec{F}_1 + \vec{F}_2$ folgt $\vec{F}_2 = \vec{F} - \vec{F}_1$, und wir konstruieren in Abb. 2.18 $\vec{F}_2$ nach der ersten Methode aus 2.1.13. $\vec{F}_2$ hat also, wie man durch Messen feststellen kann, einen Betrag von 2,8 Newton und einen Angriffswinkel von 210°.

Auch hier könnte man eine genaue Berechnung vornehmen, aber das werde ich erst im nächsten Abschnitt erklären.

Nun bleibt uns nur noch eine der elementaren Operationen zu besprechen, die Multiplikation eines Vektors mit einem Skalar, das heißt, mit einer Zahl. Eine solche Multiplikation sollte nichts an der Richtung des Vektors ändern, solange die Zahl positiv ist, sondern nur seine Länge entsprechend vergrößern oder verkleinern. Anders ist die Situation beim Multiplizieren mit einer negativen Zahl. Da wir schon beim Übergang von **a** zu −**a** die

Abb. 2.17 Kräftediagramm

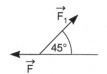

Abb. 2.18 Kräftesubtraktion

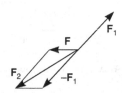

Richtung umgedreht haben, muss auch beispielsweise $-2 \cdot \mathbf{a}$ zwar doppelt so lang sein wie $\mathbf{a}$, aber genau in die entgegengesetzte Richtung zeigen.

Lassen Sie sich im folgenden nicht von dem griechischen Buchstaben λ verwirren; ich benutze ihn nur, um die Zahlen von den Vektoren auch in der Schreibweise etwas deutlicher abzusetzen.

2.1.15 Definition Es seien $\mathbf{a}$ ein Vektor und $\lambda \in \mathbb{R}$. Dann ist $\lambda \cdot \mathbf{a}$ der Vektor mit den folgenden Eigenschaften:

(i)   Die Länge von $\lambda \cdot \mathbf{a}$ erhält man, indem man die Länge von $\mathbf{a}$ mit $|\lambda|$ multipliziert.

(ii) Für $\lambda > 0$ ist $\lambda \cdot \mathbf{a} \uparrow\uparrow \mathbf{a}$.

Für $\lambda < 0$ ist $\lambda \cdot \mathbf{a} \uparrow\downarrow \mathbf{a}$.

Für $\lambda = 0$ ist $\lambda \cdot \mathbf{a} = \mathbf{0}$.

Dabei ist $|\lambda|$ der Absolutbetrag von λ, den man erhält, indem man das Vorzeichen von λ ignoriert.

Zur Bestimmung der neuen Länge muss ich die alte Länge mit $|\lambda|$ und nicht nur mit λ multiplizieren, weil ansonsten für negatives $\lambda \in \mathbb{R}$ eine negative Länge herauskäme. Die Bedingungen in 2.1.15 (ii) entsprechen dem, was ich vorher gesagt habe: für positives λ bleibt die Richtung des Vektors erhalten, für negatives λ dreht sie sich um, und eine Multiplikation mit Null sollte in jedem Fall den Nullvektor ergeben. In Abb. 2.19 wird die Situation veranschaulicht.

Da wir uns nun eine Addition und eine Art von Multiplikation verschafft haben, liegt die Frage nahe, wie die beiden sich wohl vertragen mögen. Für Zahlen gilt ja beispielsweise die Regel $x \cdot (y + z) = x \cdot y + x \cdot z$, und an solchen Regeln ändert sich nichts, wenn wir an den richtigen Stellen die Zahlen durch Vektoren ersetzen.

2.1.16 Satz Es seien $\mathbf{a}, \mathbf{b}$ Vektoren und $\lambda, \mu \in \mathbb{R}$. Dann gelten:

(i) $(\lambda + \mu) \cdot \mathbf{a} = \lambda \cdot \mathbf{a} + \mu \cdot \mathbf{a}$;

(ii) $(\lambda \cdot \mu) \cdot \mathbf{a} = \lambda \cdot (\mu \cdot \mathbf{a})$;

(iii) $\lambda \cdot (\mathbf{a} + \mathbf{b}) = \lambda \cdot \mathbf{a} + \lambda \cdot \mathbf{b}$.

Beweis Die Nummern (i) und (ii) sind ziemlich unproblematisch. Nehmen wir z. B. $\lambda = 2$ und $\mu = 3$. Dann werden Sie auf der linken Seite von (i) den Vektor $\mathbf{a}$ auf fünffache Länge

Abb. 2.19 Skalar mal Vektor

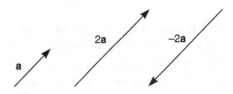

Abb. 2.20 Ausmultiplizieren

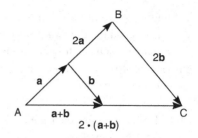

bringen, und auf der rechten Seite addieren Sie den verdoppelten Vektor zum verdreifachten, erhalten also ebenfalls 5**a**. Ähnlich ist es bei Nummer (ii). Links strecken Sie **a** mit
dem Faktor 6, rechts verdreifachen Sie **a** innerhalb der Klammer und verdoppeln anschließend diesen verdreifachten Vektor. Dabei kann gar nichts anderes herauskommen als 6**a**.

Diese beiden Regeln sind so einfach einzusehen, weil nur jeweils *ein* Vektor in ihnen
auftaucht und sich deshalb alles nur in einer Richtung abspielt. In Regel (iii) haben wir es
leider mit zwei Vektoren **a** und **b** zu tun, weshalb wir hier etwas genauer auf die verschiedenen Richtungen achten müssen. Dabei wird Abb. 2.20 hilfreich sein. Sie ist offenbar auf
den Fall $\lambda = 2$ zugeschnitten, aber für jeden anderen Fall geht das genauso.

Zunächst einmal ist klar, dass hier **a**, **b** und **a** + **b** aufgezeichnet sind. Wir verdoppeln
a zu $\overrightarrow{AB} = 2\mathbf{a}$ und **a** + **b** zu $\overrightarrow{AC} = 2(\mathbf{a} + \mathbf{b})$. Da sowohl **a** als auch **a** + **b** um den
gleichen Faktor gestreckt wurden, muss nach den Strahlensätzen der Vektor $\overrightarrow{BC}$ parallel
zum ursprünglichen Vektor **b** sein und die doppelte Länge aufweisen. Folglich ist $\overrightarrow{BC} =$
2**b** und wir erhalten

$$2 \cdot (\mathbf{a} + \mathbf{b}) = \overrightarrow{AC} = \overrightarrow{AB} + \overrightarrow{BC} = 2\mathbf{a} + 2\mathbf{b}. \qquad \triangle$$

Die Grundrechenarten für Vektoren sind jetzt ausführlich besprochen. Es ist aber eine
seltsame Gewohnheit, im Zusammenhang mit gerichteten Strecken, die man auf dem Papier malt, von *Rechnen* zu sprechen. Üblicherweise rechnet man mit Zahlen und nicht mit
Pfeilchen. Ich werde Ihnen deshalb im nächsten Paragraphen zeigen, wie man Vektoren
mit Hilfe von Zahlen in den Griff bekommen kann.

2.2   Koordinatendarstellung

An einem Beispiel aus der Stadtgeographie kann man recht gut sehen, was mit *Koordinatendarstellung* gemeint ist.

2.2.1 Beispiel Vielleicht sind Sie schon einmal in Mannheim gewesen, und mancher von
Ihnen geht wohl an der dortigen Fachhochschule seinen Studien nach. Diese Stadt hat die
Eigenart, dass die Innenstadt konsequent und fast vollständig symmetrisch in Quadrate
eingeteilt ist. Grob aufgezeichnet, sieht das etwa so aus wie in Abb. 2.21. Die Linien sind

Abb. 2.21 Die Mannheimer
Innenstadt

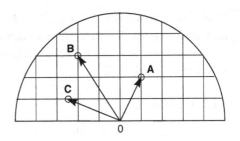

hier als Straßen zu verstehen und die weißen Flächen als Häuserblöcke, wobei es in Wahrheit natürlich weitaus mehr Straßen und Blöcke gibt als ich hier aufzeichnen kann. Wenn
Sie nun an dem eingezeichneten Nullpunkt stehen (im richtigen Leben ist das der Spring-
brunnen des Mannheimer Schlosses) und zu dem mit einem *A* markierten Punkt wollen,
dann können Sie diese Bewegung mit dem verbindenden Vektor beschreiben. Vermutlich
haben Sie aber kein Flugzeug dabei und können die von dem Vektor vorgegebene Luft-
linie nicht benutzen: Sie müssen sich an die vorhandenen Straßen halten. Konkret heißt
das, Sie werden (auf dem Papier) eine Einheit nach rechts und dann zwei Einheiten nach
oben gehen, was man viel kürzer mit der *Koordinatendarstellung*

$$\begin{pmatrix} 1 \\ 2 \end{pmatrix}$$

beschreiben kann. Dabei gibt die oberste Koordinate an, wieviele Einheiten Sie in der
Waagrechten gehen müssen, und die unterste informiert Sie entsprechend über die Anzahl
der nötigen Einheiten in der Senkrechten.

Auf die gleiche Weise erhält die mit *B* markierte Kreuzung die Koordinaten $\begin{pmatrix} -2 \\ 3 \end{pmatrix}$,
denn Sie mussten sich ja zwei Längeneinheiten nach links bewegen, und eine Bewegung
nach links sollte ein anderes Vorzeichen haben als eine Bewegung nach rechts.

Es gibt allerdings nicht nur Kreuzungen, sondern gelegentlich auch Hauseingänge. Einer davon ist mit *C* markiert, macht aber in Wahrheit gar keine Schwierigkeiten. Wie
auch immer Sie laufen werden, im Endeffekt haben Sie zweieinhalb Einheiten nach links
zurückgelegt und eine nach oben; die Koordinatendarstellung lautet somit $\begin{pmatrix} -2{,}5 \\ 1 \end{pmatrix}$.

Ich denke, Sie sehen schon lange, worauf es hier ankommt. Um ebene Vektoren auf
Zahlen zurückzuführen, legen wir sie in ein Koordinatenkreuz und zerlegen sie dann in
ihre waagrechte und ihre senkrechte Komponente. Genaugenommen müssen die Komponenten nicht einmal waagrecht und senkrecht sein; es genügt schon, sich zwei verschiedene Richtungen auszuwählen und festzulegen, welcher Längeneinheit man sich bedienen
will. Da man normalerweise aber nichts anderes braucht, beschränken wir uns auf *waagrecht* und *senkrecht*. Im Falle der Mannheimer Innenstadt haben wir dann offenbar zwei

Grundvektoren: die Bewegung um eine Einheit nach rechts und die Bewegung um eine Einheit nach oben. Solche Vektoren nennt man *Einheitsvektoren*, und ich werde Ihnen jetzt zeigen, wie man die Koordinatendarstellung jedes Vektors mit Hilfe von Einheitsvektoren herleiten kann.

2.2.2 Bemerkung

(i)   Zuerst untersuchen wir die Ebene.

Man wähle zwei ebene Vektoren e_1 und e_2 mit der Länge 1, die senkrecht aufeinander stehen und deren gemeinsamen Anfangspunkt wir als Nullpunkt 0 bezeichnen. Nun sei **a** ein Vektor in der Ebene. Wie jeder Vektor lässt sich **a** beliebig in der Ebene parallel verschieben, ohne seine Identität zu verlieren, und wir verschieben ihn eben so, dass sein Anfangspunkt im Nullpunkt liegt. Wie Sie in Abb. 2.22 sehen können, gilt dann

$$\mathbf{a} = \overrightarrow{0P}.$$

Das Ziel besteht jetzt darin festzustellen, wie weit man von 0 aus nach rechts und nach oben wandern muss, um zu P zu gelangen. Etwas genauer gesagt: wie kann man **a** aus den Vektoren e_1 und e_2 kombinieren?

Nun sieht man aber sofort, dass $\mathbf{a} = \overrightarrow{0P_1} + \overrightarrow{0P_2}$ gilt, denn **a** ist die Diagonale im entsprechenden Rechteck. Deshalb müssen wir nur noch herausfinden, mit welchem Faktor e_1 gestreckt werden muss, um $\overrightarrow{0P_1}$ zu erhalten, und welcher Faktor dafür sorgt, dass aus e_2 der Vektor $\overrightarrow{0P_2}$ wird. Das ist einfach, weil sowohl e_1 als auch e_2 die Länge 1 haben, so dass es genügt, die Abstände von P_1 und P_2 zum Nullpunkt zu bestimmen. Allerdings muss man dabei auf die Lage zum Nullpunkt achten: falls P_1 rechts vom Nullpunkt liegt, bezeichne ich mit a_1 genau die Entfernung zwischen **0** und P_1, aber falls P_1 auf der linken Seite liegt, wird diese Entfernung negativ gerechnet. Genauso gehen wir bei P_2 vor und erhalten

$$\overrightarrow{0P_1} = a_1 \cdot \mathbf{e}_1 \text{ und } \overrightarrow{0P_2} = a_2 \cdot \mathbf{e}_2.$$

Aus $\mathbf{a} = \overrightarrow{0P_1} + \overrightarrow{0P_2}$ folgt dann sofort

$$\mathbf{a} = a_1 \cdot \mathbf{e}_1 + a_2 \cdot \mathbf{e}_2.$$

Abb. 2.22 Koordinatendarstellung

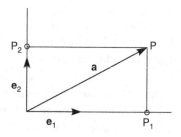

Abb. 2.23 Koordinatendarstellung

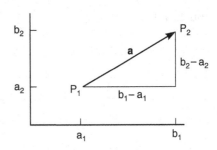

Die Zahlen a_1 und a_2 geben also an, wieviele Einheiten man nach rechts bzw. nach oben gehen muss, um vom Anfangspunkt des Vektors **a** zu seinem Endpunkt zu gelangen. Sie spielen folglich die gleiche Rolle wie die Koordinaten auf dem Mannheimer Stadtplan, und deshalb identifiziert man **a** einfach mit seiner *Koordinatendarstellung*, indem man schreibt

$$\mathbf{a} = a_1 \cdot \mathbf{e}_1 + a_2 \cdot \mathbf{e}_2 = \begin{pmatrix} a_1 \\ a_2 \end{pmatrix}.$$

Da die Vektoren $\mathbf{e}_1$ und $\mathbf{e}_2$ die Grundvektoren der Länge 1 sind, haben sie den Namen *Einheitsvektoren*. Die Darstellung $\mathbf{a} = \begin{pmatrix} a_1 \\ a_2 \end{pmatrix}$ heißt *Koordinatendarstellung von* **a**. Speziell ist die Koordinatendarstellung der Einheitsvektoren

$$\mathbf{e}_1 = \begin{pmatrix} 1 \\ 0 \end{pmatrix} \text{ und } \mathbf{e}_2 = \begin{pmatrix} 0 \\ 1 \end{pmatrix},$$

denn $\mathbf{e}_1 = 1 \cdot \mathbf{e}_1 + 0 \cdot \mathbf{e}_2$ und $\mathbf{e}_2 = 0 \cdot \mathbf{e}_1 + 1 \cdot \mathbf{e}_2$. Weiterhin beschreibt offenbar **a** die Lage des Punktes P in der Ebene. Man nennt deshalb **a** den Ortsvektor von P.
Auch für einen Vektor, der *irgendwo* anfängt und *irgendwo* aufhört, kann man jetzt leicht die Koordinatendarstellung bestimmen. Dazu nehme man sich einen Vektor **a**, der im Punkt P_1 mit den Koordinaten (a_1, a_2) beginnt und im Punkt P_2 mit den Koordinaten (b_1, b_2) endet. Es geht mir also um den Vektor $\mathbf{a} = \overrightarrow{P_1 P_2}$. Um von P_1 nach P_2 zu gelangen, müssen Sie $b_1 - a_1$ Einheiten nach rechts laufen und daraufhin $b_2 - a_2$ Einheiten nach oben. Somit lauten die Koordinaten

$$\mathbf{a} = \begin{pmatrix} b_1 - a_1 \\ b_2 - a_2 \end{pmatrix}.$$

Abbildung 2.23 zeigt den Sachverhalt.

(ii) Im Raum geht das genauso, nur mit einem Einheitsvektor mehr. Man wähle also drei Vektoren $\mathbf{e}_1, \mathbf{e}_2, \mathbf{e}_3$ der Länge 1 im Raum, die jeweils senkrecht aufeinander stehen und ihren gemeinsamen Anfang im Nullpunkt haben.

Abb. 2.24 Koordinatendarstellung im Raum

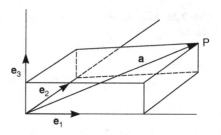

Ein Punkt P im Raum hat nun nicht mehr nur 2, sondern eben 3 Koordinaten a_1, a_2, a_3, und in Analogie zum ebenen Fall gilt hier für den Ortsvektor **a**:

$$\mathbf{a} = a_1 \cdot \mathbf{e}_1 + a_2 \cdot \mathbf{e}_2 + a_3 \cdot \mathbf{e}_3.$$

Man nennt die Vektoren $\mathbf{e}_1, \mathbf{e}_2$ und $\mathbf{e}_3$ *Einheitsvektoren* und identifiziert wieder **a** mit seinen Koordinaten, das heißt

$$\mathbf{a} = \begin{pmatrix} a_1 \\ a_2 \\ a_3 \end{pmatrix}.$$

Speziell haben auch die Einheitsvektoren wieder besonders einfache Koordinatendarstellungen, denn es gilt:

$$\mathbf{e}_1 = \begin{pmatrix} 1 \\ 0 \\ 0 \end{pmatrix}, \mathbf{e}_2 = \begin{pmatrix} 0 \\ 1 \\ 0 \end{pmatrix}, \mathbf{e}_3 = \begin{pmatrix} 0 \\ 0 \\ 1 \end{pmatrix}.$$

Hat nun **a** seinen Anfangspunkt nicht mehr im Nullpunkt, sondern in einem Punkt P_1 mit den Koordinaten (a_1, a_2, a_3), und seinen Endpunkt in $P_2 = (b_1, b_2, b_3)$, so erhält man analog zum ebenen Fall die Gleichung

$$\mathbf{a} = \begin{pmatrix} b_1 - a_1 \\ b_2 - a_2 \\ b_3 - a_3 \end{pmatrix}.$$

Es liegt nun auf der Hand, warum man Vektoren in der Ebene oft auch als zweidimensionale Vektoren bezeichnet und Vektoren im Raum dreidimensional heißen. Üblicherweise haben die zwei bzw. drei „Einheitsrichtungen", die sich aus den Richtungen der Einheitsvektoren ergeben, auch einen Namen: die Richtung von $\mathbf{e}_1$ heißt meistens x-Richtung, die von $\mathbf{e}_2$ y-Richtung und im Dreidimensionalen kommt noch die z-Richtung hinzu. Will man also beispielsweise einen Vektor in der Ebene graphisch darstellen, so wird man ein Koordinatenkreuz aufmalen, die Richtungen hineinzeichnen und anhand der Koordinaten des Vektors die passende gerichtete Strecke eintragen. Ob man dabei die x-Richtung nach vorne, hinten oder sonstwohin zeigen lässt, ist vom mathematischen

Standpunkt aus ziemlich egal. Wie Sie der Herleitung von 2.2.2 ansehen können, ist sie völlig unabhängig davon, welchen Einheitsvektor ich e_1 und welchen ich e_2 taufe, die Hauptsache ist, sie stehen senkrecht aufeinander und haben die Länge 1. Für dreidimensionale Vektoren hat sich allerdings in der Physik ein Standard herausgebildet, den ich Ihnen nicht vorenthalten möchte.

2.2.3 Definition Es seien x, y, z drei Vektoren im Raum. Man sagt x, y, z bilden ein *Rechtssystem*, wenn man die rechte Hand so halten kann, dass Daumen, Zeigefinger und Mittelfinger in dieser Reihenfolge in die Richtung von x, y bzw. z zeigen. Auf analoge Weise ist ein *Linkssystem* definiert.

Manchmal muss man erst seinen Arm etwas verrenken, bis man herausgefunden hat, ob drei Vektoren ein Rechtssystem bilden oder nicht. Bei den folgenden Beispielen kann man es aber recht schnell sehen.

2.2.4 Beispiele

(i) Es ist immer schwierig, dreidimensionale Vektoren auf zweidimensionales Papier zu malen. Trotzdem ist in Abb. 2.25 hoffentlich zu erkennen, dass die x-Richtung nach rechts, die y-Richtung nach hinten und die z-Richtung nach oben zeigt. Wenn Sie nun Ihre rechte Hand nach vorn ausstrecken und die Handfläche nach oben drehen, sollte es Ihnen möglich sein, mit Daumen, Zeigefinger und Mittelfinger auf natürliche Weise in die x-, y- und z-Richtung zu zeigen. Somit haben wir hier ein Rechtssystem.

(ii) In Abb. 2.26 sind die Rollen von y und z nur vertauscht. Um festzustellen, dass ein Linkssystem vorliegt, halten Sie Ihre linke Hand senkrecht in die Höhe und blicken auf Ihren Handrücken. Die Positionierung der drei relevanten Finger ergibt sich dann ganz von selbst.

Abb. 2.25 Rechtssystem

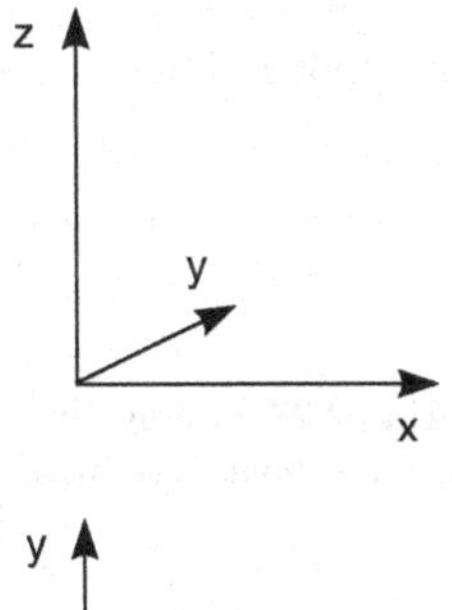

Abb. 2.26 Linkssystem

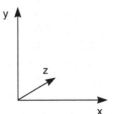

Rechts- und Linkssysteme werden uns im Zusammenhang mit Vektorprodukt und Spat-produkt wiederbegegnen. Für den Augenblick möchte ich zurückkehren zur Darstellung von Vektoren in Koordinatenform. Sicher haben Sie bemerkt, dass Sie jetzt zwei ver-schiedene Darstellungsformen von Vektoren zu Ihrer Verfügung haben: Sie können sie als gerichtete Strecken aufmalen oder als sogenannte *Zweiertupel* oder *Dreiertupel* von Zah-len aufschreiben. Es wäre nun nicht schlecht, wenn man möglichst einfach aus der Angabe von Richtung und Länge die Koordinaten eines Vektors bestimmen könnte und natürlich umgekehrt genauso. Aus Gründen der Übersichtlichkeit werde ich Ihnen diese Umrech-nung nur für den Fall ebener Vektoren im Detail vorführen. Ich brauche dazu wieder ein klein wenig Geometrie aus Ihrer Schulzeit: den Satz des Pythagoras sowie die Definition von Sinus und Cosinus.

Zunächst gehen wir der Frage nach, wie man aus den Koordinaten eines Vektors seine Länge berechnet.

2.2.5 Satz

(i)   Ist $\mathbf{a} = \begin{pmatrix} a_1 \\ a_2 \end{pmatrix}$ ein Vektor in der Ebene, so gilt

$$\text{Länge}(\mathbf{a}) = \sqrt{a_1^2 + a_2^2}.$$

(ii) Ist $\mathbf{a} = \begin{pmatrix} a_1 \\ a_2 \\ a_3 \end{pmatrix}$ ein Vektor im Raum, so gilt

$$\text{Länge}(\mathbf{a}) = \sqrt{a_1^2 + a_2^2 + a_3^2}.$$

In beiden Fällen bezeichnet man die Länge auch als Betrag und schreibt dafür

$$|\mathbf{a}| = \text{Länge}(\mathbf{a}).$$

Abb. 2.27 Betrag eines zwei-dimensionalen Vektors

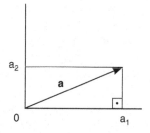

Abb. 2.28 Betrag eines dreidimensionalen Vektors

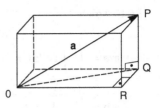

Beweis

(i) In der Ebene ist das ganz leicht. a_1 und a_2 bilden die Katheten eines rechtwinkligen
Dreiecks, dessen Hypotenuse gerade **a** darstellt. Nach dem bekannten pythagoreischen Lehrsatz gilt dann

$$|\mathbf{a}|^2 = a_1^2 + a_2^2,$$

also

$$|\mathbf{a}| = \sqrt{a_1^2 + a_2^2}.$$

(ii) Im Raum muss man sich ein wenig mehr Mühe machen und den Satz des Pythagoras
zweimal anwenden. Mit **a** bezeichne ich den Vektor $\overrightarrow{0P}$. Nun ist **a** die Hypotenuse
eines im Raum liegenden rechtwinkligen Dreiecks, dessen Katheten gerade von $\overrightarrow{0Q}$
und $\overrightarrow{QP}$ gebildet werden. Pythagoras liefert uns deshalb

$$|\mathbf{a}|^2 = |\overrightarrow{0Q}|^2 + |\overrightarrow{QP}|^2$$
$$= |\overrightarrow{0Q}|^2 + a_3^2,$$

denn $\overrightarrow{QP}$ repräsentiert genau die z-Koordinate des Vektors **a**, die wir mit a_3 bezeichnet haben.
Glücklicherweise ist auch $\overrightarrow{0Q}$ die Hypotenuse eines rechtwinkligen Dreiecks, nämlich des Dreiecks mit den Ecken 0, Q und R. Folglich ist

$$|\overrightarrow{0Q}|^2 = |\overrightarrow{0R}|^2 + |\overrightarrow{RQ}|^2$$
$$= a_1^2 + a_2^2,$$

wie Sie leicht der Abb. 2.28 entnehmen können. Wenn Sie jetzt diesen Ausdruck in
die obige Formel einsetzen, erhalten Sie

$$|\mathbf{a}|^2 = |\overrightarrow{0Q}|^2 + a_3^2 = a_1^2 + a_2^2 + a_3^2. \qquad \triangle$$

Es ist also eine Kleinigkeit, die Länge eines Vektors zu bestimmen, wenn man seine Koordinaten kennt und der nächste Taschenrechner nicht weit entfernt ist. Dazu zwei
kleine Beipiele.

2.2.6 Beispiele

(i) Für $\mathbf{a} = \begin{pmatrix} 3 \\ 4 \end{pmatrix}$ ist $|\mathbf{a}| = \sqrt{3^2 + 4^2} = 5$.

(ii) Für $\mathbf{b} = \begin{pmatrix} 1 \\ -2 \\ 4 \end{pmatrix}$ ist $|\mathbf{b}| = \sqrt{1^2 + (-2)^2 + 4^2} = \sqrt{21} \approx 4{,}583$, wobei das geschweif-
te Gleichheitszeichen für „ist ungefähr" steht.

Gehen wir zum Problem der Richtungsbestimmung über. In den Beispielen 2.1.9 und
2.1.14 habe ich Richtungen dadurch beschrieben, dass ich den Winkel angegeben habe,
den ein Vektor mit der x-Achse bildet. Dabei hat es sich durchgesetzt, von der positiven
x-Achse aus die Winkel gegen den Uhrzeigersinn aufzutragen. Wie kann man nun aus
den Koordinaten eines Vektors den Winkel bestimmen? Und wie erhält man umgekehrt
aus Richtung und Betrag eines Vektors seine Koordinaten? Der folgende Satz zeigt die
Zusammenhänge.

2.2.7 Satz Es sei $\mathbf{a}$ ein Vektor in der Ebene, dessen Anfangspunkt der Nullpunkt ist und
der mit der positiven x-Achse den Winkel φ bildet. Ist $\mathbf{a} = \begin{pmatrix} a_1 \\ a_2 \end{pmatrix}$, dann gilt

$$a_1 = |\mathbf{a}| \cdot \cos \varphi \quad \text{und} \quad a_2 = |\mathbf{a}| \cdot \sin \varphi.$$

Beweis Daran ist gar nichts Geheimnisvolles, wenn man sich einmal die Situation wie in
Abb. 2.29 aufzeichnet. Per Definition ist nämlich

$$\sin \varphi = \frac{\text{Gegenkathete}}{\text{Hypotenuse}} = \frac{a_2}{|\mathbf{a}|}$$

und

$$\cos \varphi = \frac{\text{Ankathete}}{\text{Hypotenuse}} = \frac{a_1}{|\mathbf{a}|},$$

und Auflösen nach a_2 und a_1 liefert sofort die Gleichungen des Satzes.

Abb. 2.29 Koordinaten eines
Vektors

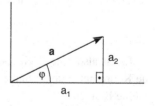

Abb. 2.30 Winkel größer
als 90°

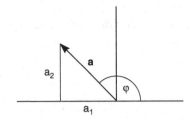

Unter Umständen werden Sie, und zwar mit Recht, einwenden, dass φ ja auch größer als 90° sein könnte und man damit den bequemen ersten Quadranten verlässt, wie Sie es in Abb. 2.30 sehen können. Das ändert aber nichts an der prinzipiellen Situation, denn auch in diesem Fall sind Sinus und Cosinus, wie Sie sie in Ihrem Taschenrechner finden, so definiert, dass man die senkrechte bzw. waagrechte Komponente einfach durch die Vektorlänge teilt. Darauf werde ich im sechsten Kapitel noch genauer eingehen. Jedenfalls haben wir auch hier per Definition

$$\sin \varphi = \frac{a_2}{|\mathbf{a}|} \text{ und } \cos \varphi = \frac{a_1}{|\mathbf{a}|}. \qquad\qquad \triangle$$

Das Hin- und Herwechseln zwischen Pfeilchendarstellung und Koordinatenschreibweise verdient es, an einigen Beispielen verdeutlicht zu werden.

2.2.8 Beispiele

(i)   Wir nehmen wieder $\mathbf{a} = \begin{pmatrix} 3 \\ 4 \end{pmatrix}$. Dann ist $|\mathbf{a}| = \sqrt{3^2 + 4^2} = \sqrt{25} = 5$. Nach Satz

2.2.7 ist

$$a_1 = |\mathbf{a}| \cdot \cos \varphi = 5 \cdot \cos \varphi$$

und

$$a_2 = |\mathbf{a}| \cdot \sin \varphi = 5 \cdot \sin \varphi.$$

Aus $a_1 = 3$ und $a_2 = 4$ folgt

$$\cos \varphi = \frac{3}{5} = 0{,}6 \text{ und } \sin \varphi = \frac{4}{5} = 0.8.$$

Mit Hilfe eines Taschenrechners oder – etwas altmodischer – einer Sinustabelle können Sie dann leicht den Winkel φ bestimmen und erhalten

$$\varphi = 53{,}13°.$$

(ii)   Etwas anders sieht es bei $\mathbf{b} = \begin{pmatrix} -1 \\ 2 \end{pmatrix}$ aus. Es gilt:

$$|\mathbf{b}| = \sqrt{(-1)^2 + 2^2} = \sqrt{5} \approx 2{,}236.$$

Für die Winkel erhält man

$$-1 = \sqrt{5} \cdot \cos\varphi \text{ und } 2 = \sqrt{5} \cdot \sin\varphi,$$

also

$$\cos\varphi = -\frac{1}{\sqrt{5}} \text{ und } \sin\varphi = \frac{2}{\sqrt{5}}.$$

Wenn Sie nun für beide Gleichungen die entsprechenden inversen Funktionstasten (auch arcus-Funktionen genannt) Ihres Taschenrechners verwenden, werden Sie vermutlich zu Ihrem Erstaunen feststellen, dass aus der Cosinus-Gleichung folgt $\varphi = 116{,}57°$ und aus der Sinus-Gleichung $\varphi = 63{,}43°$. Es gibt aber offenbar nur einen richtigen Winkel φ. Dieses seltsame Phänomen beruht darauf, dass es mehrere Winkel mit dem gleichen Sinus-Wert gibt und Ihr Rechner üblicherweise einen passenden Wert zwischen $-90°$ und $90°$ auswählt. Anders gesagt: natürlich ist

$$\sin 63{,}43° = \frac{2}{\sqrt{5}},$$

aber

$$\sin 116{,}57° = \frac{2}{\sqrt{5}},$$

stimmt eben auch.

Beim Cosinus dagegen pflegt die Bandbreite der Winkel, die der Taschenrechner auswählt, zwischen $0°$ und $180°$ zu liegen, und deshalb erhalten Sie den richtigen Winkel $\varphi = 116{,}57°$ in diesem Beispiel über den Cosinus.

Abb. 2.31 Vektor b

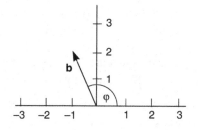

Auf die Eigenschaften von Sinus und Cosinus komme ich, wie gesagt, noch im sechsten Kapitel sehr genau zu sprechen. Wie kann man aber nun entscheiden, welcher Winkel der richtige ist? Der einfachste Weg ist: man macht eine kleine Skizze des Vektors, die nicht sehr genau sein muss, sondern nur den Bereich anzeigt, in dem sich der Winkel φ zu bewegen hat. Bei dem Vektor **b** sehen Sie an der Abb. 2.31, dass φ zwischen 90° und 180° liegen wird, und schon ist klar: $\varphi = 116{,}57°$.

(iii)   An einen Massenpunkt greifen zwei Kräfte an: $\vec{F}_1$ hat den Betrag 2 Newton unter einem Winkel von 30°, während $\vec{F}_2$ den Betrag von 2 Newton unter einem Winkel von 90° hat. Gesucht sind die Koordinatendarstellungen der Kräfte $\vec{F}_1$ und $\vec{F}_2$ sowie der resultierenden Kraft $\vec{F} = \vec{F}_1 + \vec{F}_2$.

Abbildung 2.32 veranschaulicht die Lage. Da es mir hier nicht um Physik geht, verzichte ich auf die Einheiten und schreibe schlicht

$$|\vec{F}_1| = |\vec{F}_2| = 2.$$

Weiterhin setze ich

$$\vec{F}_1 = \begin{pmatrix} a_1 \\ b_1 \end{pmatrix} \text{ und } \vec{F}_2 = \begin{pmatrix} a_2 \\ b_2 \end{pmatrix}.$$

Nach Satz 2.2.7 ist dann

$$a_1 = |\vec{F}_1| \cdot \cos 30° \text{ und } b_1 = |\vec{F}_1| \cdot \sin 30°.$$

Ich werde Ihnen im sechsten Kapitel erklären, warum $\cos 30° = \frac{1}{2}\sqrt{3}$ und $\sin 30° = \frac{1}{2}$ gilt. Im Augenblick benützen wir diese Gleichungen und finden

$$a_1 = 2 \cdot \frac{1}{2} \cdot \sqrt{3} = \sqrt{3} \text{ und } b_1 = 2 \cdot \frac{1}{2} = 1,$$

woraus folgt

$$\vec{F}_1 = \begin{pmatrix} \sqrt{3} \\ 1 \end{pmatrix}.$$

Auf die gleiche Weise bestimmt man die Koordinaten von $\vec{F}_2$. Es gilt nämlich

$$a_2 = |\vec{F}_2| \cdot \cos 90° = 2 \cdot 0 = 0 \text{ und } b_2 = |\vec{F}_2| \cdot \sin 90° = 2 \cdot 1 = 2,$$

Abb. 2.32   Kräftediagramm

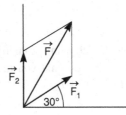

woraus folgt

$$\vec{F}_2 = \begin{pmatrix} 0 \\ 2 \end{pmatrix}.$$

Die Koordinaten der einzelnen Vektoren sind damit geklärt, aber wie findet man die Koordinaten der resultierenden Kraft $\vec{F}$? Bisher haben wir nur darüber gesprochen, wie man Vektoren geometrisch addiert, die in der Pfeilchendarstellung gegeben sind. Um diese Aufgabe vollständig lösen zu können, muss ich noch ein paar Worte über die Addition von Vektoren in der Koordinatenform verlieren. Danach werde ich dieses Beispiel zu Ende führen.

Die ganze Koordinatenschreibweise würde nichts taugen, wenn sich die Grundrechenarten für Vektoren nicht so durchführen ließen, wie man sich das natürlicherweise vorstellt. Für $\begin{pmatrix} 1 \\ 2 \end{pmatrix} + \begin{pmatrix} 3 \\ 4 \end{pmatrix}$ darf schwerlich etwas anderes herauskommen als $\begin{pmatrix} 4 \\ 6 \end{pmatrix}$, das heißt die Addition sollte komponentenweise vor sich gehen. Zum Glück ist das auch der Fall.

2.2.9 Satz Es gelten:

(i) $\begin{pmatrix} a_1 \\ a_2 \end{pmatrix} \pm \begin{pmatrix} b_1 \\ b_2 \end{pmatrix} = \begin{pmatrix} a_1 \pm b_1 \\ a_2 \pm b_2 \end{pmatrix};$

(ii) $\lambda \cdot \begin{pmatrix} a_1 \\ a_2 \end{pmatrix} = \begin{pmatrix} \lambda \cdot a_1 \\ \lambda \cdot a_2 \end{pmatrix}$ für $\lambda \in \mathbb{R}$;

(iii) $\begin{pmatrix} a_1 \\ a_2 \\ a_3 \end{pmatrix} \pm \begin{pmatrix} b_1 \\ b_2 \\ b_3 \end{pmatrix} = \begin{pmatrix} a_1 \pm b_1 \\ a_2 \pm b_2 \\ a_3 \pm b_3 \end{pmatrix};$

(iv) $\lambda \cdot \begin{pmatrix} a_1 \\ a_2 \\ a_3 \end{pmatrix} = \begin{pmatrix} \lambda \cdot a_1 \\ \lambda \cdot a_2 \\ \lambda \cdot a_3 \end{pmatrix}$ für $\lambda \in \mathbb{R}$.

Beweis Nichts davon ist überraschend, und ich werde weder Ihre noch meine Zeit damit verschwenden, alles kleinlich beweisen zu wollen. Wir schauen uns nur eine kleine Skizze an, die Regel (i) verdeutlicht. Dabei ist in Abb. 2.33

$$\mathbf{a} = \begin{pmatrix} a_1 \\ a_2 \end{pmatrix} \text{ und } \mathbf{b} = \begin{pmatrix} b_1 \\ b_2 \end{pmatrix},$$

und wie üblich beim geometrischen Addieren von Vektoren entspricht der Anfangspunkt von $\mathbf{b}$ dem Endpunkt von $\mathbf{a}$. Offenbar hat $\mathbf{a} + \mathbf{b}$ die x-Koordinate $a_1 + b_1$ und die y-Koordinate $a_2 + b_2$.   △

Abb. 2.33 Vektoraddition

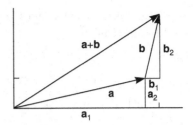

Sie sind nun in der glücklichen Lage, alles über die Grundrechenarten für Vektoren zu wissen, was man darüber wissen sollte. Deshalb ist es jetzt auch möglich, sämtliche Beispiele bis zum Ende durchzurechnen.

2.2.10 Beispiele

(i)

$$2 \cdot \begin{pmatrix} 1 \\ -1 \\ 2 \end{pmatrix} - 3 \cdot \begin{pmatrix} 1 \\ -2 \\ 0 \end{pmatrix} + \begin{pmatrix} 3 \\ 2 \\ -5 \end{pmatrix} = \begin{pmatrix} 2 \\ -2 \\ 4 \end{pmatrix} + \begin{pmatrix} -3 \\ 6 \\ 0 \end{pmatrix} + \begin{pmatrix} 3 \\ 2 \\ -5 \end{pmatrix}$$

$$= \begin{pmatrix} 2-3+3 \\ -2+6+2 \\ 4+0-5 \end{pmatrix}$$

$$= \begin{pmatrix} 2 \\ 6 \\ -1 \end{pmatrix}.$$

(ii) Wir gehen zurück zu 2.2.8 (iii). Hier war

$$\vec{F_1} = \begin{pmatrix} \sqrt{3} \\ 1 \end{pmatrix} \text{ und } \vec{F_2} = \begin{pmatrix} 0 \\ 2 \end{pmatrix}.$$

Folglich ist

$$\vec{F} = \vec{F_1} + \vec{F_2} = \begin{pmatrix} \sqrt{3} \\ 3 \end{pmatrix}.$$

Weiterhin hat $\vec{F}$ den Betrag

$$|\vec{F}| = \sqrt{(\sqrt{3})^2 + 3^2} = \sqrt{3+9} = \sqrt{12} \approx 3{,}464.$$

Den Winkel φ, unter dem $\vec{F}$ an den Massenpunkt angreift, erhält man mit Satz 2.2.7. Es gilt nämlich

$$\sqrt{3} = \sqrt{12} \cdot \cos \varphi \text{ und } 3 = \sqrt{12} \cdot \sin \varphi.$$

Wegen $\sqrt{12} = \sqrt{4 \cdot 3} = 2 \cdot \sqrt{3}$ folgt daraus

$$\cos \varphi = \frac{1}{2} \text{ und } \sin \varphi = \frac{3}{2\sqrt{3}} = \frac{1}{2}\sqrt{3},$$

denn $\frac{3}{\sqrt{3}} = \frac{\sqrt{3}^2}{\sqrt{3}} = \sqrt{3}$. Abbildung 2.32 zeigt, dass φ zwischen $0°$ und $90°$ liegt, so dass wir diesmal dem Ergebnis des Taschenrechners vertrauen können. Er liefert sowohl aus der Cosinus-Gleichung als auch aus der Sinus-Gleichung das gleiche Ergebnis, nämlich $\varphi = 60°$.

(iii) Im Beispiel 2.1.9 hatte ich Sie, was eine genaue Berechnung der resultierenden Kräfte betraf, auf den zweiten Abschnitt vertröstet. Jetzt kann ich mein Versprechen einlösen. Es waren drei Kräfte $\vec{F}_1, \vec{F}_2, \vec{F}_3$ gegeben, von denen wir wissen, dass $|\vec{F}_1| = 2, |\vec{F}_2| = 3$ und $|\vec{F}_3| = 1$ gilt (ich verzichte wieder auf die Angabe der Einheit). Die Angriffswinkel betragen $0°$, $30°$ und $135°$.

Um die resultierende Kraft $\vec{F}$ zu berechnen, ist es sinnvoll, zuerst die Koordinatendarstellungen der drei Kraftvektoren zu ermitteln und dann mit Hilfe von Satz 2.2.9 zu addieren. Ich setze also

$$\vec{F}_1 = \begin{pmatrix} a_1 \\ a_2 \end{pmatrix}, \vec{F}_2 = \begin{pmatrix} b_1 \\ b_2 \end{pmatrix}, \vec{F}_3 = \begin{pmatrix} c_1 \\ c_2 \end{pmatrix}.$$

Wie Sie mittlerweile im Schlaf wissen, ist dann

$$a_1 = |\vec{F}_1| \cdot \cos 0° = 2 \cdot 1 = 2,$$
$$a_2 = |\vec{F}_1| \cdot \sin 0° = 2 \cdot 0 = 0,$$
$$b_1 = |\vec{F}_2| \cdot \cos 30° = 3 \cdot \frac{1}{2} \cdot \sqrt{3} = \frac{3}{2} \cdot \sqrt{3},$$
$$b_2 = |\vec{F}_2| \cdot \sin 30° = 3 \cdot \frac{1}{2} = \frac{3}{2},$$
$$c_1 = |\vec{F}_3| \cdot \cos 135° = 1 \cdot \left(-\frac{1}{2}\right) \cdot \sqrt{2} = -\frac{1}{2}\sqrt{2},$$
$$c_2 = |\vec{F}_3| \cdot \sin 135° = 1 \cdot \frac{1}{2} \cdot \sqrt{2} = \frac{1}{2}\sqrt{2},$$

wobei ich die speziellen Sinus- und Cosinuswerte, wie schon erwähnt, im sechsten Kapitel erklären werde. Man kann sie natürlich auch durch Verwendung eines Taschenrechners erhalten und findet dann beispielsweise $c_1 = -0,707$ und $c_2 = 0,707$.

Die Koordinaten lauten also

$$\vec{F}_1 = \begin{pmatrix} 2 \\ 0 \end{pmatrix}, \vec{F}_2 = \begin{pmatrix} \frac{3}{2}\sqrt{3} \\ \frac{3}{2} \end{pmatrix}, \vec{F}_3 = \begin{pmatrix} -\frac{1}{2}\sqrt{2} \\ \frac{1}{2}\sqrt{2} \end{pmatrix}.$$

Folglich ist

$$\begin{aligned} \vec{F} &= \begin{pmatrix} 2 \\ 0 \end{pmatrix} + \begin{pmatrix} \frac{3}{2}\sqrt{3} \\ \frac{3}{2} \end{pmatrix} + \begin{pmatrix} -\frac{1}{2}\sqrt{2} \\ \frac{1}{2}\sqrt{2} \end{pmatrix} \\ &= \begin{pmatrix} 2 + \frac{3}{2}\sqrt{3} - \frac{1}{2}\sqrt{2} \\ \frac{3}{2} + \frac{1}{2}\sqrt{2} \end{pmatrix} \\ &= \begin{pmatrix} 2 + 2{,}598 - 0{,}707 \\ 1{,}5 + 0{,}707 \end{pmatrix} \\ &= \begin{pmatrix} 3{,}891 \\ 2{,}207 \end{pmatrix}, \end{aligned}$$

wobei ich die Wurzeln mit einer Genauigkeit von drei Stellen nach dem Komma berechnet habe. Es folgt

$$|\vec{F}| = \sqrt{3{,}891^2 + 2{,}207^2} = \sqrt{20{,}011} = 4{,}473.$$

Der Winkel berechnet sich wie üblich aus

$$3{,}891 = |\vec{F}| \cdot \cos\varphi = 4{,}473 \cdot \cos\varphi \text{ und } 2{,}207 = |\vec{F}| \cdot \sin\varphi = 4{,}473 \cdot \sin\varphi,$$

also

$$\cos\varphi = 0{,}87 \text{ und } \sin\varphi = 0{,}493.$$

Da sich $\vec{F}$ offenbar im ersten Quadranten befindet, liegt φ zwischen $0°$ und $90°$, und der Taschenrechnerwert

$$\varphi = 29{,}54°$$

kann unbesehen übernommen werden.

Folglich greift $\vec{F}$ den Massenpunkt mit 4,473 Newton unter einem Winkel von 29,54° an.

(iv) Auch Beispiel 2.1.14 sollten wir noch durchrechnen. Dabei greifen zwei Kräfte $\vec{F}_1$ und $\vec{F}_2$ an einen Massenpunkt an und ergeben eine resultierende Kraft $\vec{F}$. $\vec{F}_1$ hat einen Betrag von 2 Newton und einen Winkel von 45°, während $\vec{F}$ einen Betrag von 1 Newton und einen Winkel von 180° aufweisen kann. Gesucht ist $\vec{F}_2$.

Ich setze hier

$$\vec{F_1} = \begin{pmatrix} a_1 \\ a_2 \end{pmatrix}, \vec{F_2} = \begin{pmatrix} b_1 \\ b_2 \end{pmatrix} \text{ und } \vec{F} = \begin{pmatrix} c_1 \\ c_2 \end{pmatrix}.$$

Dann ist wieder einmal

$$a_1 = |\vec{F_1}| \cdot \cos 45° = 2 \cdot \frac{1}{2}\sqrt{2} = \sqrt{2},$$

$$a_2 = |\vec{F_1}| \cdot \sin 45° = 2 \cdot \frac{1}{2}\sqrt{2} = \sqrt{2},$$

$$c_1 = |\vec{F}| \cdot \cos 180° = 1 \cdot (-1) = -1,$$

$$c_2 = |\vec{F}| \cdot \sin 180° = 1 \cdot 0 = 0.$$

Daraus folgt

$$\vec{F_1} = \begin{pmatrix} \sqrt{2} \\ \sqrt{2} \end{pmatrix}, \vec{F} = \begin{pmatrix} -1 \\ 0 \end{pmatrix},$$

und deshalb

$$\vec{F_2} = \vec{F} - \vec{F_1} = \begin{pmatrix} -1 \\ 0 \end{pmatrix} - \begin{pmatrix} \sqrt{2} \\ \sqrt{2} \end{pmatrix}$$

$$= \begin{pmatrix} -1 - \sqrt{2} \\ -\sqrt{2} \end{pmatrix}$$

$$= \begin{pmatrix} -2,414 \\ -1,414 \end{pmatrix}.$$

Folglich ist

$$|\vec{F_2}| = \sqrt{(-2,414)^2 + (-\sqrt{2})^2} = \sqrt{7,827} = 2,798.$$

Der Winkel φ berechnet sich aus

$$-2,414 = |\vec{F_2}| \cdot \cos \varphi = 2,798 \cdot \cos \varphi$$

und

$$-1,414 = |\vec{F_2}| \cdot \sin \varphi = 2,798 \cdot \sin \varphi,$$

also

$$\cos \varphi = -0,863 \text{ und } \sin \varphi = -0,505.$$

Abb. 2.34 Kraftvektor $\vec{F}_2$

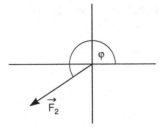

Hier muss man wieder vorsichtig sein, denn voraussichtlich liefert Ihr Taschenrechner aus der Cosinus-Gleichung einen Winkel von 149,66° und aus der Sinus-Gleichung einen Winkel von −30,33°, die offenbar beide nicht mit der Skizze in Abb. 2.34 übereinstimmen. Wie Sie vielleicht noch aus der Schulzeit wissen und in jedem Fall im sechsten Kapitel erfahren werden, gilt aber für jedes α die Gleichung

$$\cos(180° - \alpha) = \cos(180° + \alpha).$$

Da 149,66° zwischen 0° und 180° liegt, spielt es die Rolle von $180° - \alpha$, das heißt

$$180° - \alpha = 149,66° \Rightarrow \alpha = 30,34°.$$

Folglich ist

$$\varphi = 180° + \alpha = 210,34°.$$

Man sollte denken, dass wir nun alles Nötige über die Berechnung von Längen und Winkeln von Vektoren besprochen haben, aber das stimmt nicht ganz. Über die Längen ist tatsächlich alles gesagt, das war auch einfach genug. Aber das Verfahren zur Bestimmung der Winkel hat doch einen Mangel. Sein Vorteil besteht darin, dass es direkt auf der anschaulich recht klaren Formel $a_1 = |\mathbf{a}| \cdot \cos\varphi$, $a_2 = |\mathbf{a}| \cdot \sin\varphi$ beruht und man sich deshalb keine neuen Formeln merken muss. Aber im Gegenzug müssen Sie sich immer wieder vergegenwärtigen, in welchem Quadranten die betrachteten Vektoren liegen, und dann aus den vom Taschenrechner gelieferten Winkelwerten den passenden heraussuchen. Man kann das mit einem gewissen Recht als ebenso schwerfällig wie fehleranfällig betrachten, aber das muss nicht so bleiben: Dieses Problem kann ich lösen. Doch weil nichts im Leben umsonst ist, zahlt man für die Problemlösung einen Preis, denn wir werden eine neue Formel brauchen. Sehen wir uns einmal an, wie das alternative Verfahren funktioniert.

2.2.11 Bemerkung Gegeben sei ein Vektor $\mathbf{a} = \begin{pmatrix} a_1 \\ a_2 \end{pmatrix}$ wie in Abb. 2.35. Wie üblich brauche ich den Betrag $|\mathbf{a}|$ und das Winkel φ, den der Vektor mit der positiven x-Achse

Abb. 2.35 Vektor mit Winkel

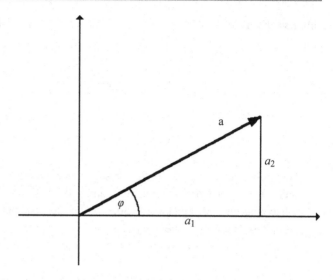

bildet. Der Betrag stellt natürlich überhaupt kein Problem dar, denn wir hatten uns schon lange darauf geeinigt, dass

$$|\mathbf{a}| = \sqrt{a_1^2 + a_2^2}$$

gilt, und da ich die Koordinaten a_1 und a_2 kenne, kann ich locker den Betrag berechnen. Wie komme ich jetzt an den Winkel φ heran? Dazu muss ich nicht auf Sinus und Cosinus zurückgreifen, sondern kann den Tangens benutzen, was ich Ihnen jetzt zeigen werde.

Wie Sie vielleicht noch aus Ihrer Schulzeit wissen, berechnet sich der Tangens eines Winkels φ in einem rechtwinkligen Dreieck aus

$$\tan \varphi = \frac{\text{Gegenkathete}}{\text{Ankathete}}.$$

Im Fall der Abb. 2.35 hat die Gegenkathete die Länge a_2 und die Ankathete die Länge a_1. Folglich ist

$$\tan \varphi = \frac{a_2}{a_1}.$$

Jetzt kenne ich immerhin den Tangens des Winkels und muss daraus nur noch auf den Winkel selbst schließen. Dazu brauche ich den Arcustangens, der Ihnen bisher vielleicht noch recht selten begegnet ist. Er ist einfach die sogenannte *Umkehrfunktion* oder auch *inverse Funktion* des Tangens, das heißt, er macht alles wieder gut, was der Tangens angerichtet hat. Es ist so ähnlich wie Sie es schon bei der Berechnung des Winkels mithilfe von Sinus und Cosinus gesehen haben: Statt aus einem Winkel einen Tangenswert zu berechnen, bestimmt man umgekehrt aus einem gegebenen Tangenswert den dazu passenden Winkel.

Für diese Umkehrung des Tangens hat man sich den Namen Arcustangens ausgedacht. Wenn also $\tan \varphi = x$ ist mit irgendeiner Zahl x, dann ist umgekehrt $\arctan x = \varphi$. Der Arcustangens holt also nur aus dem Tangenswert wieder den Winkel zurück. So kann man sich zum Beispiel anhand eines gleichschenkligen rechtwinkligen Dreiecks leicht überlegen, dass $\tan 45° = 1$ gilt, und daraus folgt sofort:

$$\arctan 1 = 45°.$$

Weiterhin können Sie mithilfe eines gleichseitigen Dreieck feststellen, dass $\tan 30° = \frac{1}{3}\sqrt{3}$ gilt, und daraus ergibt sich:

$$\arctan \frac{1}{3}\sqrt{3} = 30°.$$

Konkret finden Sie die Zahlenwerte zum Arcustangens, indem Sie auf ihrem Taschenrechner so etwas wie die Tasten inv und tan oder arc und tan, manchmal auch nur $\tan^{-1}$ verwenden.

Nun hatten wir uns bereits überlegt, dass

$$\tan \varphi = \frac{a_2}{a_1}$$

gilt. Mit Ihren neuen Kenntnissen über den Arcustangens erhält man daraus sofort

$$\varphi = \arctan \frac{a_2}{a_1}.$$

Damit kann ich aus dem Vektor $\mathbf{a} = \begin{pmatrix} a_1 \\ a_2 \end{pmatrix}$ ohne großen Aufwand sowohl den Betrag als auch den zugehörigen Winkel φ bestimmen.

Für den Fall, dass Sie sich fragen, warum ich Ihnen diese einfache Methode nicht sofort gezeigt habe, sage ich es Ihnen besser gleich: Das ist nicht die ganze Geschichte; es wird sich herausstellen, dass noch etwas Wesentliches fehlt. Der bisherige Stand reicht aber aus, um die ersten Beispiele zu rechnen.

2.2.12 Beispiele

(i) Gegeben sei $\mathbf{a} = \begin{pmatrix} 4 \\ 3 \end{pmatrix}$. Der Betrag von $\mathbf{a}$ berechnet sich wie üblich aus

$$|\mathbf{a}| = \sqrt{4^2 + 3^2} = \sqrt{25} = 5.$$

Nun ist hier $a_1 = 4$ und $a_2 = 3$, und daraus folgt für den Winkel φ:

$$\varphi = \arctan \frac{a_2}{a_1} = \arctan \frac{3}{4} = \arctan 0{,}75 = 36{,}87°$$

nach der Formel, die wir uns gerade überlegt hatten.

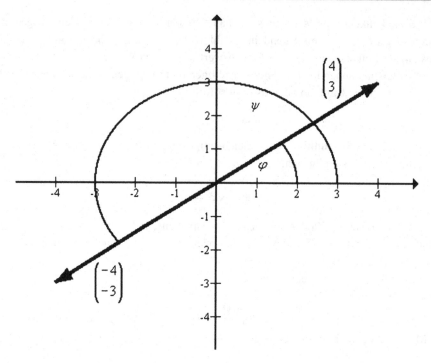

Abb. 2.36 Zwei Vektoren

(ii) Jetzt untersuche ich den Vektor

$$\mathbf{a} = \begin{pmatrix} -4 \\ -3 \end{pmatrix}.$$

Gehen wir nach dem gleichen Schema vor. Dann ist

$$|\mathbf{a}| = \sqrt{(-4)^2 + (-3)^2} = \sqrt{25} = 5.$$

Weiterhin ist hier $a_1 = -4$ und $a_2 = -3$. Bezeichne ich hier den Winkel der Abwechslung halber einmal mit ψ, so ergibt sich nach Bemerkung 2.2.11:

$$\psi = \arctan \frac{a_2}{a_1} = \arctan \frac{-3}{-4} = \arctan 0{,}75 = 36{,}87°.$$

Das ist aber seltsam. Ihr Taschenrechner liefert Ihnen für $\begin{pmatrix} -4 \\ -3 \end{pmatrix}$ nicht nur den gleichen Betrag wie für $\begin{pmatrix} 4 \\ 3 \end{pmatrix}$, sondern auch noch den gleichen Winkel. Leider ist das offensichtlich falsch. Wie Abb. 2.36 zeigt, haben zwar beide Zahlen den gleichen Betrag, weil ihre Vektoren gleichlang sind, aber die Winkel φ und ψ sind ausgesprochen verschieden. In Wahrheit erhält man ja den neuen Vektor, indem man den alten genau am Nullpunkt spiegelt, und das heißt, der neue Winkel muss um 180° größer sein als der alte. Wir müssen also unser Verfahren noch ein wenig nachbessern.

Was Sie gerade gesehen haben, hatte ich kurz vorher bereits angekündigt: Die Arcustangensformel reicht nicht ganz aus, um den Winkel in den Griff zu bekommen. Das hat einen ganz einfachen Grund. Für welchen Wert Sie auch die Arcustangensfunktion benutzen, Sie werden immer nur Winkel zwischen $-90°$ und $90°$ erhalten. Man kann sich überlegen, dass das gesamte Wertspektrum, das der Tangens überhaupt liefern kann, bereits von den Winkeln zwischen $-90°$ und $90°$ ausgenutzt wird. Nun muss aber der Arcustangens sich für irgendeinen Winkel entscheiden, und man hat sich irgendwann darauf geeinigt, den Winkel φ mit $-90° < \varphi < 90°$ zu nehmen, dessen Tangens dem gegebenen Input-Wert entpricht. So einen Winkel gibt es immer, und der Arcustangens liefert diesen Winkel und keinen anderen.

Was bedeutet das nun für unser Problem? Der Vektor $\begin{pmatrix} -4 \\ -3 \end{pmatrix}$ liefert nach der sturen Arcustangens-Methode den gleichen Winkel wie der Vektor $\begin{pmatrix} 4 \\ 3 \end{pmatrix}$, und dieser Winkel ist genau um 180° zu klein. Also halten wir uns nicht lange auf und addieren 180° auf den berechneten Winkel, was dann zu dem Ergebnis $\psi = 36{,}87° + 180° = 216{,}87°$ führt. Und mit einem Verfahren dieser Art kommt man immer zum Ziel.

2.2.13 Bemerkung Spiegelt man wie in Abb. 2.36 den Vektor $\mathbf{a} = \begin{pmatrix} a_1 \\ a_2 \end{pmatrix}$ mit $a_1 > 0$ und $a_2 > 0$ am Nullpunkt, so erhält man den neuen Vektor $\mathbf{b} = \begin{pmatrix} -a_1 \\ -a_2 \end{pmatrix}$, dessen Winkel offenbar genau um 180° größer ist als der Winkel von $\mathbf{a}$. Natürlich ist $-a_1 < 0$ und $-a_2 < 0$. Umgekehrt ist es aber genauso. Hat man irgendeinen Vektor $\mathbf{a} = \begin{pmatrix} a_1 \\ a_2 \end{pmatrix}$ mit $a_1 < 0$ und $a_2 < 0$, dann kann man ihn am Nullpunkt spiegeln und erhält den neuen Vektor $\mathbf{b} = \begin{pmatrix} -a_1 \\ -a_2 \end{pmatrix}$, wobei hier $-a_1 > 0$ und $-a_2 > 0$ gilt. Der Winkel von $\mathbf{a}$ ist natürlich jetzt um 180° größer als der von $\mathbf{b}$, weil $\mathbf{a}$ im dritten Quadranten liegt (sozusagen links unten) und $\mathbf{b}$ im ersten (sozusagen rechts oben). Der Vektor $\mathbf{b}$ ist aber unproblematisch; da seine Koordinaten $-a_1$ und $-a_2$ beide positiv sind, hat er den Winkel

$$\varphi_{\mathbf{b}} = \arctan \frac{-a_2}{-a_1},$$

und dieser Winkel liegt ganz nach Plan zwischen 0° und 90°. Aber der Winkel $\varphi_{\mathbf{a}}$ von $\mathbf{a}$ ist um 180° größer als der Winkel von $\mathbf{b}$. Daher gilt:

$$\varphi_{\mathbf{a}} = \arctan \frac{-a_2}{-a_1} + 180° = \arctan \frac{a_2}{a_1} + 180°,$$

denn die beiden Minuszeichen heben sich beim Dividieren gegenseitig auf. Sobald ich also mit meinem Vektor im dritten Quadranten bin, brauche ich nur auf den errechneten Winkel 180° zu addieren, und schon habe ich den korrekten Winkel.

Genauso ist es bei Vektoren im zweiten Quadranten, also links oben in der Zahlenebene. Liegt $\mathbf{a} = \begin{pmatrix} a_1 \\ a_2 \end{pmatrix}$ im zweiten Quadranten, so ist $a_1 < 0$ und $a_2 > 0$. Folglich ist auch $\frac{a_2}{a_1} < 0$. Der Arcustangens liefert aber für negative Inputs auch negative Winkel, die alle zwischen $-90°$ und $0°$ liegen. Im zweiten Quadranten kann ich aber keine negativen Winkel brauchen, sondern nur solche zwischen $90°$ und $180°$. Folglich muss ich auch hier wieder 180° auf den Taschenrechnerwert des Arcustangens addieren, um den korrekten Winkel zu finden.

Und bei Vektoren $\mathbf{a} = \begin{pmatrix} a_1 \\ a_2 \end{pmatrix}$ im vierten Quadranten müssen Sie 360° addieren. Hier ist nämlich $a_1 > 0$ und $a_2 < 0$, also auch $\frac{a_2}{a_1} < 0$. Der Input des Arcustangens ist somit negativ, weshalb er wieder nur negative Winkel zwischen $-90°$ und $0°$ liefert. Ich habe aber im vierten Quadranten nur Winkel zwischen $270°$ und $360°$. Folglich muss ich hier 360° auf den Taschenrechnerwert des Arcustangens addieren, um den korrekten Winkel zu finden.

Die Suche nach dem passenden Winkel zerfällt also in zwei Schritte. Zuerst berechnet man arctan $\frac{a_2}{a_1}$ und dann sieht man nach, in welchem Quadranten sich die Zahl befindet, um anschließend gar nichts, 180° oder 360° auf den Taschenrechnerwert des Arcustangens zu addieren. Damit wir aber nicht wieder die Vektoren erst skizzieren müssen, um dann festzustellen, in welchem Quadranten sie sich herumtreiben, fasse ich die Methode in einer Tabelle zusammen, die keine Wünsche mehr offen lässt.

2.2.14 Satz Es sei $\mathbf{a} = \begin{pmatrix} a_1 \\ a_2 \end{pmatrix}$ ein Vektor. Dann bestimmt man den Winkel φ aus der folgenden Tabelle.

Vorzeichen von a_1, a_2	Winkel φ
$a_1 > 0, a_2 \geq 0$	$\varphi = \arctan \frac{a_2}{a_1}$
$a_1 < 0, a_2 \geq 0$	$\varphi = \arctan \frac{a_2}{a_1} + 180°$
$a_1 < 0, a_2 \leq 0$	$\varphi = \arctan \frac{a_2}{a_1} + 180°$
$a_1 > 0, a_2 \leq 0$	$\varphi = \arctan \frac{a_2}{a_1} + 360°$
$a_1 = 0, a_2 > 0$	$\varphi = 90°$
$a_1 = 0, a_2 < 0$	$\varphi = 270°$
$a_1 = 0, a_2 = 0$	$\varphi = 0°$

Beweis Hierzu ist nicht mehr so furchtbar viel zu sagen. Die ersten vier Einträge in der Tabelle hatte ich in Bemerkung 2.2.13 besprochen. Und die letzten drei befassen sich nur mit solchen Vektoren, deren erste Koordinate Null ist. Hier kann keine Formel der Art arctan $\frac{a_2}{a_1}$ greifen, da man durch Null nicht dividieren kann. Aber das macht gar nichts.

Für $a_1 = 0$ und $a_2 > 0$ hat man Vektoren der Form $\begin{pmatrix} 0 \\ a_2 \end{pmatrix}$. Ein solcher Vektor steht aber in jedem Fall senkrecht zur reellen Achse und zeigt dabei nach oben, sodass ich einen Winkel von 90° erhalte. Und für $a_1 = 0$, $a_2 < 0$ zeigen die Vektoren in der Ebene genau in die andere Richtung, was einem Winkel von 270° entspricht. Dass schließlich der Vektor $\begin{pmatrix} 0 \\ 0 \end{pmatrix}$ einen Winkel von 0° hat, bedarf kaum der Erwähnung.   △

Damit bleibt mir nur noch, ein paar Beispiele für die neue Methode zu rechnen.

2.2.15 Beispiele

(i)   Gegeben ist der Vektor $\mathbf{a} = \begin{pmatrix} -2 \\ 5 \end{pmatrix}$. Den Betrag finde ich durch

$$|\mathbf{a}| = \sqrt{(-2)^2 + 5^2} = \sqrt{29} = 5{,}39,$$

wobei ich mich hier drauf beschränke, mit einer Genauigkeit von 2 Stellen nach dem Komma zu rechnen.

Der Vorteil der neuen Methode besteht nun darin, dass ich mich weder um Skizzen noch um Quadranten kümmern muss, sondern ganz schlicht die Tabelle aus Satz 2.2.14 verwenden darf. Für sie muss ich nur wissen, dass $a_1 = -2 < 0$ und $a_2 = 5 > 0$ ist, und schon sagt mir die Tabelle:

$$\varphi = \arctan \frac{a_2}{a_1} + 180° = \arctan \frac{5}{-2} + 180° = -68{,}20° + 180° = 111{,}80°.$$

So schnell kann's gehen.

(ii) Schon in Beispiel (i) konnten Sie sehen, dass man keine Skizzen mehr braucht, und deshalb werde ich die folgenden Rechnungen ebenfalls ohne Abbildung durchführen. Ich suche Betrag und Winkel des Vektors $\mathbf{b} = \begin{pmatrix} -3 \\ -1 \end{pmatrix}$. Für den Betrag gilt:

$$|\mathbf{b}| = \sqrt{(-3)^2 + (-1)^2} = \sqrt{10} = 3{,}16.$$

Wegen $b_1 = -3 < 0$ und $b_2 = -1 < 0$ brauche ich die dritte Zeile der Tabelle und finde:

$$\varphi = \arctan \frac{b_2}{b_1} + 180° = \arctan \frac{-1}{-3} + 180° = 18{,}43° + 180° = 198{,}43°.$$

(iii) Nun berechne ich Betrag und Winkel von $\mathbf{c} = \begin{pmatrix} 3 \\ -2 \end{pmatrix}$. Für den Betrag gilt:

$$|z| = \sqrt{3^2 + (-2)^2} = \sqrt{13} = 3{,}61.$$

Wegen $c_1 = 3 > 0$ und $c_2 = -2 < 0$ brauche ich die vierte Zeile der Tabelle und finde:

$$\varphi = \arctan \frac{c_2}{c_1} + 360° = \arctan \frac{-2}{3} + 360° = -33{,}69° + 360° = 326{,}31°.$$

Das Rechnen mit Vektoren in Koordinatendarstellungen haben wir jetzt wohl ausführlich genug besprochen.Die Methode, geometrische Objekte mit Hilfe von Koordinaten zu beschreiben und damit *analytische Geometrie* zu betreiben, ist übrigens ziemlich alt und war ansatzweise schon im antiken Griechenland bei einem Geometer namens Apollonius zu finden. Richtig systematisiert hat sie dann zu Anfang des siebzehnten Jahrhunderts der französische Mathematiker und Philosoph René Descartes, dessen Name so sehr mit dem rechtwinkligen Koordinatensystem verbunden ist, dass es oft *kartesisches* Koordinatensystem genannt wird. Bekannter ist er aber vielleicht mit seiner Philosophie geworden, in der er versuchte, einen sicheren Anfangspunkt des menschlichen Wissens herauszufinden. Das Resultat war der berühmte Satz „Cogito, ergo sum": ich denke, also bin ich. Er war der Auffassung, dass dieser Satz jedem Zweifel standhält und deshalb mit Sicherheit wahr ist, und machte ihn zum Ausgangspunkt sehr weitreichender Überlegungen, die im Beweis der Existenz eines gütigen und allmächtigen Gottes gipfelten. Man kann sich vorstellen, dass sein Beweis, wie überhaupt alle sogenannten Gottesbeweise, auf sehr wackligen Beinen daherkam und alles andere als schlüssig war, aber Descartes glaubte so sehr an seine Argumente, dass er meinte, ein Mathematiker könne nur dann von der Richtigkeit seiner Mathematik überzeugt sein, wenn er auch an die Existenz des von Descartes bewiesenen Gottes glaubte. Von dieser seltsamen Logik einmal abgesehen, waren seine Leistungen als Mathematiker allerdings sehr bedeutend und hatten eine prägende Wirkung auf die Entwicklung der analytischen Geometrie.

Wir verlassen die Höhen der Philosophie und kehren zurück zur Vektorrechnung. Im nächsten Abschnitt befasse ich mich mit einer Art Multiplikation von Vektoren, die sowohl geometrisch als auch physikalisch von Bedeutung ist.

2.3 Skalarprodukt

Eine Vektorrechnung, in der man nichts wesentlich anderes könnte als Vektoren zu addieren und zu subtrahieren, wäre ein wenig ärmlich und würde kaum ein eigenes Kapitel rechtfertigen. Zum Glück gibt es noch die Möglichkeit, Vektoren miteinander zu multiplizieren. Die Frage ist nur, was dabei herauskommen soll, denn im Gegensatz zur

Vektoraddition, bei der das Ergebnis recht anschaulich und natürlich ist, drängt sich auf
den ersten Blick nichts auf, was man unbedingt als das Produkt $\mathbf{a} \cdot \mathbf{b}$ zweier Vektoren $\mathbf{a}$
und $\mathbf{b}$ definieren möchte.

Wenn man genauer hinsieht, ist es aber gar nicht so schwer, ein vernünftiges Produkt
zu bekommen, sofern man sich darüber im klaren ist, welche Art von Ergebnis erzielt
werden soll. Für den Anfang beschränken wir uns auf das Einfachste und legen fest, dass
wir beim Multiplizieren zweier Vektoren eine Zahl herausbekommen möchten. Mit etwas Trigonometrie kann man dann schnell sehen, wie ein solches *Skalarprodukt* aussehen
muss.

2.3.1 Bemerkung Grundlage der folgenden Überlegung ist der Cosinussatz aus der Trigonometrie, die man in ersten Ansätzen vielleicht schon im alten Ägypten, ganz sicher
aber im antiken Griechenland kannte. Sie dürfte aus konkreten Problemen in der Astro-
nomie und der Landvermessung entstanden sein, und speziell für die Landvermessung ist
der Cosinussatz ein recht gutes Hilfsmittel.

Falls Sie beispielsweise vor der Aufgabe stehen, die Entfernung zwischen zwei Punkten zu bestimmen, die unglücklicherweise durch einen See getrennt sind, dann werden
Sie nicht mit einem langen Maßband zwischen den Zähnen durch den See schwimmen
wollen, sondern Ihre Arbeit lieber trockenen Fußes erledigen. Abbildung 2.37 zeigt Ihnen
einen Weg.

Sie messen eben nicht die gesuchte Strecke c, sondern statt dessen die zugänglichen
Strecken a und b sowie den Winkel φ, den beide Strecken einschließen. Der Cosinussatz
liefert dann

$$c^2 = a^2 + b^2 - 2ab \cos \varphi,$$

und das Problem ist gelöst.

Diesen aus praktischen Gründen entstandenen Satz verwende ich jetzt, um ein sinnvolles Skalarprodukt zu finden. Ist $\mathbf{a}$ ein Vektor, so werden wir wie üblich die Abkürzung
$\mathbf{a}^2 = \mathbf{a} \cdot \mathbf{a}$ verwenden, und diese Schreibweise legt es nahe, unter $\mathbf{a}^2$ die Fläche des Qua-
drates über dem Vektor $\mathbf{a}$ zu verstehen. Es ist also sinnvoll festzusetzen, dass $\mathbf{a}^2 = |\mathbf{a}|^2$
sein soll.

Abb. 2.37 Entfernungsmes-
sung mit Cosinussatz

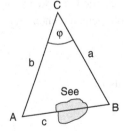

Abb. 2.38 Vektorielle Fassung des Cosinussatzes

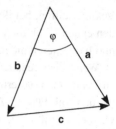

Weiterhin sollte ein Produkt den üblichen Regeln des Multiplizierens gehorchen; insbesondere sollte das Ausmultiplizieren von Klammern auf die gewohnte Weise funktionieren. Um diese Forderung auszunutzen, zeichnen wir in Abb. 2.38 eine vektorielle Fassung von Abb. 2.37.

Hier ist $\mathbf{c} = \mathbf{a} - \mathbf{b}$ und deshalb

$$
\begin{aligned}
\mathbf{c}^2 &= \mathbf{c} \cdot \mathbf{c} \\
&= (\mathbf{a} - \mathbf{b}) \cdot (\mathbf{a} - \mathbf{b}) \\
&= \mathbf{a} \cdot \mathbf{a} - \mathbf{b} \cdot \mathbf{a} - \mathbf{a} \cdot \mathbf{b} + \mathbf{b} \cdot \mathbf{b} \\
&= \mathbf{a}^2 - 2 \cdot \mathbf{a} \cdot \mathbf{b} + \mathbf{b}^2,
\end{aligned}
$$

wobei ich ganz stark davon Gebrauch gemacht habe, dass das noch unbekannte Produkt vernünftigen Regeln gehorcht.

Nun ist aber

$$
\mathbf{c}^2 = |\mathbf{c}|^2, \mathbf{a}^2 = |\mathbf{a}|^2 \text{ und } \mathbf{b}^2 = |\mathbf{b}|^2,
$$

das heißt:

$$
|\mathbf{c}|^2 = |\mathbf{a}|^2 - 2 \cdot \mathbf{a} \cdot \mathbf{b} + |\mathbf{b}|^2.
$$

Andererseits liefert der Cosinussatz eine Beziehung zwischen den Streckenlängen $|\mathbf{a}|$, $|\mathbf{b}|$, und $|\mathbf{c}|$, denn Sie haben gesehen, dass

$$
|\mathbf{c}|^2 = |\mathbf{a}|^2 - 2 \cdot |\mathbf{a}| \cdot |\mathbf{b}| \cdot \cos \varphi + |\mathbf{b}|^2
$$

gilt. Sie bemerken natürlich die Ähnlichkeit zwischen diesen Gleichungen. Es liegt nahe, die beiden rechten Seiten gleichzusetzen, und wir erhalten

$$
|\mathbf{a}|^2 - 2 \cdot \mathbf{a} \cdot \mathbf{b} + |\mathbf{b}|^2 = |\mathbf{a}|^2 - 2 \cdot |\mathbf{a}| \cdot |\mathbf{b}| \cdot \cos \varphi + |\mathbf{b}|^2,
$$

also

$$
\mathbf{a} \cdot \mathbf{b} = |\mathbf{a}| \cdot |\mathbf{b}| \cdot \cos \varphi.
$$

Abb. 2.39 Vektoren **a** und **b**
mit Zwischenwinkel φ

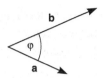

Wenn ein Skalarprodukt also vernünftigen Multiplikationsregeln gehorchen soll, dann haben wir gar keine Wahl: wir müssen

$$\mathbf{a} \cdot \mathbf{b} = |\mathbf{a}| \cdot |\mathbf{b}| \cdot \cos \varphi$$

setzen.

2.3.2 Definition Es seien **a**, **b** Vektoren in der Ebene oder im Raum. Das Skalarprodukt aus **a** und **b** ist definiert als

$$\mathbf{a} \cdot \mathbf{b} = |\mathbf{a}| \cdot |\mathbf{b}| \cdot \cos \varphi,$$

wobei φ der Winkel zwischen **a** und **b** ist.

Bedenken Sie, was wir bisher gewonnen haben. *Falls* es ein vernünftiges Skalarprodukt gibt, *dann* muss es aussehen wie in 2.3.2 – das heißt noch lange nicht, dass $\mathbf{a} \cdot \mathbf{b} = |\mathbf{a}| \cdot |\mathbf{b}| \cdot \cos \varphi$ wirklich all den Forderungen genügt, die wir an ein Produkt gestellt haben. Es heißt nur, dass Sie hier den einzigen Kandidaten vor sich haben, der überhaupt in Frage kommt. Sie können ja auch beispielsweise sagen, *falls* es ein vernünftiges Auto gibt, dann fährt es 200 Stundenkilometer bei einem Verbrauch von einem halben Liter Benzin, aber das bedeutet noch lange nicht, dass so ein Auto auch existiert.

Wir müssen also im folgenden überprüfen, ob das Skalarprodukt tatsächlich ein Produkt im landläufigen Sinn ist. Zunächst zeige ich Ihnen aber, dass es auch einen physikalischen Grund gibt, ein Skalarprodukt auf diese Weise zu definieren.

2.3.3 Beispiel Ein Massenpunkt soll durch eine konstante Kraft $\vec{F}$ um einen Weg $\vec{s}$ verschoben werden, wobei $\vec{F}$ nicht direkt in die Richtung von $\vec{s}$ wirkt, sondern mit $\vec{s}$ einen Winkel φ bildet. Das ist zum Beispiel die übliche Situation, wenn ein Kind ein Spielzeugtier auf Rollen hinter sich her zieht.

Es soll nun die verrichtete Arbeit A berechnet werden. Normalerweise sagt man Arbeit = Kraft · Weg, aber in dieser reinen Form gilt das nur, wenn Kraft und Weg genau

Abb. 2.40 Bewegung eines
Massenpunktes

die gleiche Richtung haben. Man muss hier noch berücksichtigen, dass $\vec{F}$ nicht voll in die Richtung von $\vec{s}$ wirken kann, sondern nur mit seiner Komponente in $\vec{s}$-Richtung, die man als $|\vec{F}| \cdot \cos\varphi$ berechnen kann. Folglich lässt sich die Arbeit durch die Formel

$$A = |\vec{F}| \cdot \cos\varphi \cdot |\vec{s}|$$
$$= |\vec{F}| \cdot |\vec{s}| \cdot \cos\varphi$$

bestimmen, was nichts anderes heißt als

$$A = \vec{F} \cdot \vec{s}.$$

Die Einführung des Skalarproduktes erlaubt es also, die Gleichung Arbeit = Kraft · Weg auch dann aufrecht zu erhalten, wenn Kraft und Weg nicht in die gleiche Richtung zeigen.

Noch ein kurzes Zahlenbeispiel.

2.3.4 Beispiel Wir betrachten die Vektoren **a** und **b** aus Abb. 2.41. **a** bildet mit der *x*-Achse einen Winkel von 30°, also mit **b** einen Winkel von 60°. Die Länge von **a** ist 2, die von **b** ist 1. Deshalb ist

$$\mathbf{a} \cdot \mathbf{b} = |\mathbf{a}| \cdot |\mathbf{b}| \cdot \cos 60° = 2 \cdot 1 \cdot \frac{1}{2} = 1.$$

Ich denke, es ist jetzt deutlich geworden, was ich unter dem Skalarprodukt verstehen will. Ich sollte noch anmerken, dass in der Definition eigentlich eine kleine Schlamperei steckt, denn wie Sie in Abb. 2.42 sehen können, gibt es streng genommen zwei Winkel „zwischen **a** und **b**", nämlich φ_1 und φ_2. Wir haben überhaupt keinen Grund, uns für φ_1 zu entscheiden, nur weil es kleiner ist als φ_2. Der Definition des Skalarproduktes schadet diese Unklarheit aber gar nichts, denn es gilt

$$\varphi_2 = 360° - \varphi_1, \text{ also } \cos\varphi_1 = \cos\varphi_2,$$

Abb. 2.41 Beispiel zum Ska-larprodukt

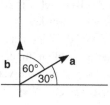

Abb. 2.42 Winkel zwischen Vektoren

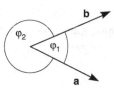

so dass Sie es sich aussuchen können, welchen Winkel Sie verwenden wollen; am Ergebnis ändert das nichts. Im allgemeinen einigt man sich aber auf den Winkel, der kleiner oder gleich 180° ist.

Sie werden mir wohl zustimmen, dass das Skalarprodukt in der vorliegenden Form reichlich unhandlich ist. Praktischer wäre es, wenn man es auf einfache Weise aus den Koordinaten zweier Vektoren berechnen könnte, ohne erst Cosinuswerte ermitteln zu müssen. Um eine einfachere Formel zu entwickeln, werde ich nun einige Regeln für das Skalarprodukt herleiten. Dazu brauche ich ein kleines Lemma.

2.3.5 Lemma Das Skalarprodukt von **a** und **b** ist das Produkt der Längen von **a** und der senkrechten Projektion $\mathbf{b_a}$ von **b** auf **a**. Dabei ist das Produkt positiv zu rechnen, wenn $\mathbf{b_a}$ die gleiche Richtung hat wie **a**, ansonsten ist es negativ zu rechnen.

Das heißt:

$$\mathbf{a} \cdot \mathbf{b} = |\mathbf{a}| \cdot |\mathbf{b_a}|, \text{ falls } \mathbf{b_a} \uparrow\uparrow \mathbf{a}$$

und

$$\mathbf{a} \cdot \mathbf{b} = -|\mathbf{a}| \cdot |\mathbf{b_a}|, \text{ falls } \mathbf{b_a} \uparrow\downarrow \mathbf{a}.$$

Beweis Der Vektor $\mathbf{b_a}$ ist einfach nur der Anteil von **b**, der in die Richtung von **a** zeigt, so dass hier die gleiche Situation vorliegt wie im Kräftebeispiel 2.3.3. Nehmen wir zunächst den Fall, dass $\mathbf{b_a}$ und **a** in die gleiche Richtung zeigen. Dann ist, wie Sie Abb. 2.43 entnehmen können,

$$\cos\varphi = \frac{|\mathbf{b_a}|}{|\mathbf{b}|} \Rightarrow |\mathbf{b_a}| = |\mathbf{b}| \cdot \cos\varphi.$$

Folglich ist

$$\begin{aligned} \mathbf{a} \cdot \mathbf{b} &= |\mathbf{a}| \cdot |\mathbf{b}| \cdot \cos\varphi \\ &= |\mathbf{a}| \cdot |\mathbf{b_a}|. \end{aligned}$$

Im zweiten Fall kann man aus $|\mathbf{b_a}|$ und $|\mathbf{b}|$ den Cosinus von $180° - \varphi$ bestimmen, denn es gilt

$$\cos(180° - \varphi) = \frac{|\mathbf{b_a}|}{|\mathbf{b}|}.$$

Abb. 2.43 Berechnung des Skalarprodukts

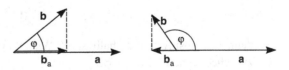

Außerdem erfüllt jeder Winkel φ die Gleichung

$$\cos(180° - \varphi) = -\cos\varphi,$$

woraus wir folgern können:

$$-\cos\varphi = \frac{|\mathbf{b_a}|}{|\mathbf{b}|} \Rightarrow -|\mathbf{b_a}| = |\mathbf{b}| \cdot \cos\varphi.$$

Für das Skalarprodukt heißt das

$$\mathbf{a} \cdot \mathbf{b} = |\mathbf{a}| \cdot |\mathbf{b}| \cdot \cos\varphi$$
$$= -|\mathbf{a}| \cdot |\mathbf{b_a}|,$$

und nichts anderes behauptet das Lemma. $\triangle$

   Lemma 2.3.5 berechnet das Skalarprodukt, ohne auf Winkel Bezug zu nehmen, indem der zweite Vektor auf den ersten projiziert wird. Das wird sich gleich als sehr hilfreich erweisen, wenn ich die Gültigkeit der Rechenregeln für das Skalarprodukt zeigen will. Sie erinnern sich daran, dass ich in 2.3.1 einfach eine Klammer ausmultipliziert habe. Die Rechtfertigung, die man dafür braucht, besteht in einem Kommutativ- und einem Distributivgesetz.

2.3.6 Satz Es seien $\mathbf{a}, \mathbf{b}, \mathbf{c}$ Vektoren und $\lambda \in \mathbb{R}$. Dann gelten:

(i) $(\lambda \cdot \mathbf{a}) \cdot \mathbf{b} = \lambda \cdot (\mathbf{a} \cdot \mathbf{b})$;
(ii) $\mathbf{a} \cdot \mathbf{b} = \mathbf{b} \cdot \mathbf{a}$ (Kommutativgesetz);
(iii) $\mathbf{a} \cdot (\mathbf{b} + \mathbf{c}) = \mathbf{a} \cdot \mathbf{b} + \mathbf{a} \cdot \mathbf{c}$ (Distributivgesetz).

Beweis Mein Lemma 2.3.5 wäre überflüssig, wenn ich es nicht irgendwo brauchen würde, und sein natürlicher Platz ist hier, im Beweis der Rechenregeln für das Skalarprodukt. Ich brauche es allerdings erst bei Regel (iii), denn (i) und (ii) sind recht klar.

(i)   Wir beschränken uns auf den Fall $\lambda > 0$. Dann ist nämlich

$$(\lambda \cdot \mathbf{a}) \cdot \mathbf{b} = |\lambda \cdot \mathbf{a}| \cdot |\mathbf{b}| \cdot \cos\varphi$$
$$= \lambda \cdot |\mathbf{a}| \cdot |\mathbf{b}| \cdot \cos\varphi$$
$$= \lambda \cdot (\mathbf{a} \cdot \mathbf{b}),$$

denn λ ist positiv, und deshalb ist der Winkel zwischen $\lambda \cdot \mathbf{a}$ und $\mathbf{b}$ der gleiche wie zwischen $\mathbf{a}$ und $\mathbf{b}$, nämlich φ.

Abb. 2.44 Distributivgesetz
für das Skalarprodukt

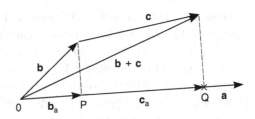

(ii) Natürlich liegt zwischen **a** und **b** derselbe Winkel wie zwischen **b** und **a**, und das heißt

$$\mathbf{a} \cdot \mathbf{b} = |\mathbf{a}| \cdot |\mathbf{b}| \cdot \cos \varphi$$
$$= |\mathbf{b}| \cdot |\mathbf{a}| \cdot \cos \varphi$$
$$= \mathbf{b} \cdot \mathbf{a}.$$

(iii) Um den Zeichenaufwand nicht unnötig zu vergrößern, beschränke ich mich auf den Fall ebener Vektoren, deren Lage in Abb. 2.44 dargestellt ist. Hier kommt nun 2.3.5 ins Spiel. Offenbar gilt

$$\mathbf{b_a} = \overrightarrow{0P}, \mathbf{c_a} = \overrightarrow{PQ}$$

und zusätzlich

$$(\mathbf{b} + \mathbf{c})_\mathbf{a} = \overrightarrow{0Q} = \mathbf{b_a} + \mathbf{c_a}.$$

Zur Berechnung des Skalarprodukts brauchen wir allerdings die Längen der auf **a** projizierten Vektoren. Da aber alle Vektoren $\mathbf{b_a}, \mathbf{c_a}$ und $(\mathbf{b} + \mathbf{c})_\mathbf{a}$ in die gleiche Richtung zeigen, ist das gar kein Problem, denn Abb. 2.44 zeigt:

$$|(\mathbf{b} + \mathbf{c})_\mathbf{a}| = |\overrightarrow{0Q}|$$
$$= |\overrightarrow{0P}| + |\overrightarrow{PQ}|$$
$$= |\mathbf{b_a}| + |\mathbf{c_a}|.$$

Das gesuchte Skalarprodukt $\mathbf{a} \cdot (\mathbf{b} + \mathbf{c})$ bestimmen wir jetzt mit Hilfe der Formel aus 2.3.5. Sie liefert:

$$\mathbf{a} \cdot (\mathbf{b} + \mathbf{c}) = |\mathbf{a}| \cdot |(\mathbf{b} + \mathbf{c})_\mathbf{a}|$$
$$= |\mathbf{a}| \cdot (|\mathbf{b_a}| + |\mathbf{c_a}|)$$
$$= |\mathbf{a}| \cdot |\mathbf{b_a}| + |\mathbf{a}| \cdot |\mathbf{c_a}|$$
$$= \mathbf{a} \cdot \mathbf{b} + \mathbf{a} \cdot \mathbf{c}. \qquad \triangle$$

Ohne das seltsame Lemma 2.3.5 wäre der Beweis von Regel (iii) wesentlich schwieriger geworden, denn wir hätten uns nicht nur mit den Winkeln zwischen **a** und **b**, **a** und **c** sowie **a** und **b** + **c** herumärgern müssen, sondern auch noch mit ihren Cosinus-Werten, und bei so vielen Cosinus-Werten den Überblick zu behalten ist immer etwas kompliziert.

Das Skalarprodukt hat also die Eigenschaften einer normalen Multiplikation und erlaubt beispielsweise das bedenkenlose Ausmultiplizieren von Klammern. Wir wissen aber immer noch nicht, wie man es auf einfache Weise aus den Koordinaten zweier Vektoren berechnen kann. Um diesen Mangel zu beheben, sehen wir uns erst einmal die Skalarprodukte ganz spezieller Vektoren an.

2.3.7 Beispiele

(i) Mit e_1 und e_2 bezeichne ich wieder die Einheitsvektoren in der Ebene, die senkrecht aufeinander stehen. Dann ist

$$e_1 \cdot e_1 = |e_1| \cdot |e_1| \cdot \cos 0° = 1,$$
$$e_2 \cdot e_2 = |e_2| \cdot |e_2| \cdot \cos 0° = 1,$$
$$e_1 \cdot e_2 = |e_1| \cdot |e_2| \cdot \cos 90° = 0,$$
$$e_2 \cdot e_1 = |e_2| \cdot |e_1| \cdot \cos 90° = 0.$$

Die Skalarprodukte der ebenen Einheitsvektoren sind recht übersichtlich, weil sie die Länge 1 haben und senkrecht aufeinander stehen.
Im Raum ist das nicht anders.

(ii) Nun seien e_1, e_2 und e_3 die Einheitsvektoren im Raum. Dann ist

$$e_1 \cdot e_1 = e_2 \cdot e_2 = e_3 \cdot e_3 = 1$$

und

$$e_1 \cdot e_2 = e_1 \cdot e_3 = e_2 \cdot e_3 = 0,$$

denn die Vektoren stehen jeweils senkrecht aufeinander, bilden also einen Winkel von 90°, und $\cos 90° = 0$.

Die Tatsache, dass die Skalarprodukte der Einheitsvektoren so einfach zu berechnen sind, erlaubt es nun, eine leicht zu merkende Formel für das allgemeine Skalarprodukt aufzustellen.

2.3.8 Satz

(i) Für $\mathbf{a} = \begin{pmatrix} a_1 \\ a_2 \end{pmatrix}$ und $\mathbf{b} = \begin{pmatrix} b_1 \\ b_2 \end{pmatrix}$ gilt

$$\mathbf{a} \cdot \mathbf{b} = a_1 b_1 + a_2 b_2.$$

(ii) Für $\mathbf{a} = \begin{pmatrix} a_1 \\ a_2 \\ a_3 \end{pmatrix}$ und $\mathbf{b} = \begin{pmatrix} b_1 \\ b_2 \\ b_3 \end{pmatrix}$ gilt

$$\mathbf{a} \cdot \mathbf{b} = a_1 b_1 + a_2 b_2 + a_3 b_3.$$

Beweis Ich beweise hier nur die Regel (ii), da der Beweis von (i) ganz genauso geht.

In 2.2.2 habe ich Ihnen gezeigt, was die Koordinatendarstellung eigentlich bedeutet. Die Formulierungen

$$\mathbf{a} = \begin{pmatrix} a_1 \\ a_2 \\ a_3 \end{pmatrix} \text{ und } \mathbf{b} = \begin{pmatrix} b_1 \\ b_2 \\ b_3 \end{pmatrix}$$

sind im Grunde genommen nur abkürzende Schreibweisen für

$$\mathbf{a} = a_1 \cdot \mathbf{e}_1 + a_2 \cdot \mathbf{e}_2 + a_3 \cdot \mathbf{e}_3 \text{ und } \mathbf{b} = b_1 \cdot \mathbf{e}_1 + b_2 \cdot \mathbf{e}_2 + b_3 \cdot \mathbf{e}_3,$$

wobei die Vektoren $\mathbf{e}_1, \mathbf{e}_2, \mathbf{e}_3$ wie üblich die Einheitsvektoren im Raum sind. Aus 2.3.7 kennen Sie aber die Skalarprodukte der Einheitsvektoren, und diese Kenntnisse werden wir jetzt ausnutzen. Es gilt nämlich:

$$\begin{aligned} \mathbf{a} \cdot \mathbf{b} &= (a_1 \cdot \mathbf{e}_1 + a_2 \cdot \mathbf{e}_2 + a_3 \cdot \mathbf{e}_3) \cdot (b_1 \cdot \mathbf{e}_1 + b_2 \cdot \mathbf{e}_2 + b_3 \cdot \mathbf{e}_3) \\ &= a_1 b_1 \cdot \mathbf{e}_1 \cdot \mathbf{e}_1 + a_1 b_2 \cdot \mathbf{e}_1 \cdot \mathbf{e}_2 + a_1 b_3 \cdot \mathbf{e}_1 \cdot \mathbf{e}_3 \\ &\quad + a_2 b_1 \cdot \mathbf{e}_2 \cdot \mathbf{e}_1 + a_2 b_2 \cdot \mathbf{e}_2 \cdot \mathbf{e}_2 + a_2 b_3 \cdot \mathbf{e}_2 \cdot \mathbf{e}_3 \\ &\quad + a_3 b_1 \cdot \mathbf{e}_3 \cdot \mathbf{e}_1 + a_3 b_2 \cdot \mathbf{e}_3 \cdot \mathbf{e}_2 + a_3 b_3 \cdot \mathbf{e}_3 \cdot \mathbf{e}_3. \end{aligned}$$

Das braucht Sie nicht zu verwirren, denn ich habe hier nur die beiden Klammern nach den üblichen Regeln ausmultipliziert, und wir hatten uns nach 2.3.6 darüber geeinigt, dass ich das darf. Außerdem habe ich mit Hilfe von 2.3.6 (i) Ausdrücke wie $a_1 \cdot \mathbf{e}_1 \cdot b_1 \cdot \mathbf{e}_1$ umgeschrieben zu $a_1 b_1 \cdot \mathbf{e}_1 \cdot \mathbf{e}_1$.

Nun wissen Sie aber einiges über die Skalarprodukte von Einheitsvektoren. Wenn ich einen dieser Vektoren mit sich selbst multipliziere, ergibt das 1, und wenn ich ihn mit einem anderen multipliziere, wird eine 0 daraus. Von den neun Skalarprodukten, die in unserer langen Summe auftreten, sind aber sechs vom zweiten Typ und werden zu Null. Es bleibt also

$$\begin{aligned} \mathbf{a} \cdot \mathbf{b} &= a_1 b_1 \cdot \mathbf{e}_1 \cdot \mathbf{e}_1 + a_2 b_2 \cdot \mathbf{e}_2 \cdot \mathbf{e}_2 + a_3 b_3 \cdot \mathbf{e}_3 \cdot \mathbf{e}_3 \\ &= a_1 b_1 + a_2 b_2 + a_3 b_3. \end{aligned} \qquad \triangle$$

Das Ziel ist jetzt erreicht; wir haben eine einfache Formel zur Berechnung des Skalarprodukts gefunden. Sehen wir uns Beispiele an!

2.3.9 Beispiele

(i)   Die Koordinatendarstellung der Vektoren aus 2.3.4 lautet

$$\mathbf{a} = \begin{pmatrix} \sqrt{3} \\ 1 \end{pmatrix}, \mathbf{b} = \begin{pmatrix} 0 \\ 1 \end{pmatrix},$$

wie man leicht mit Hilfe von Satz 2.2.7 berechnet. Folglich ist

$$\mathbf{a} \cdot \mathbf{b} = \sqrt{3} \cdot 0 + 1 \cdot 1 = 1.$$

Daraus lässt sich ganz einfach der Winkel φ zwischen $\mathbf{a}$ und $\mathbf{b}$ bestimmen, denn aus

$$\mathbf{a} \cdot \mathbf{b} = |\mathbf{a}| \cdot |\mathbf{b}| \cdot \cos \varphi$$

folgt natürlich

$$\cos \varphi = \frac{\mathbf{a} \cdot \mathbf{b}}{|\mathbf{a}| \cdot |\mathbf{b}|}.$$

Wegen $|\mathbf{a}| = \sqrt{3 + 1} = 2$ und $|\mathbf{b}| = \sqrt{0 + 1} = 1$ heißt das

$$\cos \varphi = \frac{1}{2 \cdot 1} = \frac{1}{2},$$

also $\varphi = 60°$. Das Skalarprodukt ist daher ein gutes Hilfsmittel, um den Winkel zwischen zwei Vektoren zu bestimmen.

(ii)   Eine konstante Kraft

$$\vec{F} = \begin{pmatrix} 1\,\mathrm{N} \\ 2\,\mathrm{N} \\ 3\,\mathrm{N} \end{pmatrix}$$

verschiebt einen Massenpunkt vom Punkt $P_1 = (-2\,\mathrm{m}, 1\,\mathrm{m}, 3\,\mathrm{m})$ im Raum zu dem Punkt $P_2 = (-1\,\mathrm{m}, 2\,\mathrm{m}, 5\,\mathrm{m})$. Welche Arbeit wird dabei verrichtet?
Nach 2.3.3 berechnet sich die Arbeit A als Skalarprodukt aus Kraft $\vec{F}$ und Weg $\vec{s}$, und $\vec{s}$ ist gerade der Vektor

$$\vec{s} = \overrightarrow{P_1 P_2} = \begin{pmatrix} -1\,\mathrm{m} - (-2\,\mathrm{m}) \\ 2\,\mathrm{m} - 1\,\mathrm{m} \\ 5\,\mathrm{m} - 3\,\mathrm{m} \end{pmatrix} = \begin{pmatrix} 1\,\mathrm{m} \\ 1\,\mathrm{m} \\ 2\,\mathrm{m} \end{pmatrix}.$$

Deshalb ist

$$A = \begin{pmatrix} 1\,\mathrm{N} \\ 2\,\mathrm{N} \\ 3\,\mathrm{N} \end{pmatrix} \cdot \begin{pmatrix} 1\,\mathrm{m} \\ 1\,\mathrm{m} \\ 2\,\mathrm{m} \end{pmatrix} = 1\,\mathrm{N\,m} + 2\,\mathrm{N\,m} + 6\,\mathrm{N\,m} = 9\,\mathrm{N\,m} = 9\,\text{Joule}.$$

(iii) Man bestimme den Winkel φ zwischen den Vektoren

$$\mathbf{a} = \begin{pmatrix} -1 \\ 0 \\ 2 \end{pmatrix} \text{ und } \mathbf{b} = \begin{pmatrix} 3 \\ 1 \\ 4 \end{pmatrix}.$$

Wie Sie schon in (i) gesehen haben, ist

$$\cos \varphi = \frac{\mathbf{a} \cdot \mathbf{b}}{|\mathbf{a}| \cdot |\mathbf{b}|},$$

und wir brauchen nur die einzelnen Bestandteile der Formel auf der rechten Seite zu berechnen. Es gilt

$$\mathbf{a} \cdot \mathbf{b} = (-1) \cdot 3 + 0 \cdot 1 + 2 \cdot 4 = 5,$$
$$|\mathbf{a}| = \sqrt{(-1)^2 + 0^2 + 2^2} = \sqrt{5},$$
$$|\mathbf{b}| = \sqrt{3^2 + 1^2 + 4^2} = \sqrt{26}.$$

Somit ergibt sich

$$\cos \varphi = \frac{5}{\sqrt{5} \cdot \sqrt{26}} = \frac{\sqrt{5}}{\sqrt{26}} = 0{,}439.$$

Der Winkel beträgt also

$$\varphi = 63{,}99°.$$

Sie sehen an den Beispielen 2.3.9 (i) und 2.3.9 (iii), dass wir einen unerwarteten, aber doch willkommenen Nebeneffekt erzielt haben. Das Skalarprodukt gestattet es nämlich, auf sehr einfache Weise den Winkel zwischen zwei Vektoren auszurechnen. Das ist es wert, in einer Bemerkung festgehalten zu werden.

2.3.10 Bemerkung Für zwei Vektoren $\mathbf{a}, \mathbf{b}$ und ihren eingeschlossenen Winkel φ gilt $\mathbf{a} \cdot \mathbf{b} = |\mathbf{a}| \cdot |\mathbf{b}| \cdot \cos \varphi$ und deshalb

$$\cos \varphi = \frac{\mathbf{a} \cdot \mathbf{b}}{|\mathbf{a}| \cdot |\mathbf{b}|}.$$

Sind die Koordinaten von $\mathbf{a}$ und $\mathbf{b}$ bekannt, so kann man aus ihnen das Skalarprodukt $\mathbf{a} \cdot \mathbf{b}$ und die Beträge $|\mathbf{a}|$ und $|\mathbf{b}|$ berechnen. Aus $\cos \varphi$ kann dann mit Hilfe eines Taschenrechners der eingeschlossene Winkel φ bestimmt werden.

Dazu brauche ich kein Beispiel mehr vorzuführen, denn in 2.3.9 (i) und 2.3.9 (iii) habe ich das schon getan. Statt dessen möchte ich Ihre Aufmerksamkeit auf die eine oder andere geometrische Randbemerkung lenken, die man aus unseren Erkenntnissen über das Skalarprodukt ableiten kann.

Abb. 2.45 Cosinussatz

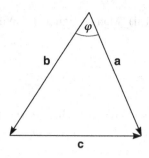

2.3.11 Bemerkung

(i) Zunächst sollten wir festhalten, dass

$$\mathbf{a}^2 = |\mathbf{a}| \cdot |\mathbf{a}| \cdot \cos 0° = |\mathbf{a}|^2$$

gilt, das heißt, das Quadrat eines Vektors entspricht tatsächlich dem Quadrat seiner Länge.

(ii) Die Regeln über das Skalarprodukt erlauben es, den Cosinussatz, den ich in 2.3.1 einfach so benutzt habe, sehr schnell herzuleiten. Die Situation ist in Abb. 2.45 dargestellt. Aus $\mathbf{c} = \mathbf{a} - \mathbf{b}$ folgt durch Quadrieren

$$\begin{aligned}
|\mathbf{c}|^2 &= \mathbf{c}^2 \\
&= (\mathbf{a} - \mathbf{b})^2 \\
&= \mathbf{a}^2 - 2 \cdot \mathbf{a} \cdot \mathbf{b} + \mathbf{b}^2 \\
&= |\mathbf{a}|^2 - 2 \cdot \mathbf{a} \cdot \mathbf{b} + |\mathbf{b}|^2 \\
&= |\mathbf{a}|^2 - 2 \cdot |\mathbf{a}| \cdot |\mathbf{b}| \cdot \cos \varphi + |\mathbf{b}|^2,
\end{aligned}$$

womit der Cosinus-Satz bereits gewonnen ist. Verwendet habe ich dabei nur die Tatsache, dass man auch bei Skalarprodukten Klammern wie gewohnt ausmultiplizieren darf, sowie die Nummer (i).

Auch die Bestimmung von Geradengleichungen wird mit Hilfe des Skalarproduktes zur leichten Übung.

2.3.12 Beispiele

(i) Wir suchen die Gleichung einer Geraden in der Ebene. Dazu nehmen wir uns zwei beliebige Punkte A und B auf der Geraden und bezeichnen ihre Ortsvektoren mit $\mathbf{a}$ bzw. $\mathbf{b}$. Ist nun $\mathbf{z}$ der Ortsvektor irgendeines Punktes auf der Geraden, dann liegt offenbar der Vektor $\mathbf{z} - \mathbf{a}$ auf der Geraden, beschreibt also ihre Richtung. Achten Sie nun in Abb. 2.46 auf den Vektor $\mathbf{m}$. Er steht senkrecht auf der Geraden und deshalb

Abb. 2.46 Gerade in der
Ebene

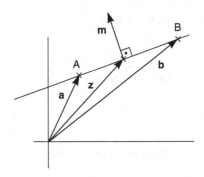

insbesondere senkrecht auf dem Vektor $\mathbf{z} - \mathbf{a}$. Der Winkel zwischen den beiden Vektoren $\mathbf{m}$ und $\mathbf{z} - \mathbf{a}$ beträgt daher genau 90°. Da $\cos 90° = 0$ gilt, ist das gleichbedeutend mit

$$\mathbf{m} \cdot (\mathbf{z} - \mathbf{a}) = 0.$$

Die Ortsvektoren der Geradenpunkte werden also charakterisiert durch die Gleichung

$$\mathbf{m} \cdot (\mathbf{z} - \mathbf{a}) = 0.$$

Wie bestimmt man nun aber den Vektor $\mathbf{m}$, der auf der Geraden senkrecht steht? Das ist gar nicht so schwer. Wenn wir die Ortsvektoren mit

$$\mathbf{a} = \begin{pmatrix} a_1 \\ a_2 \end{pmatrix} \text{ und } \mathbf{b} = \begin{pmatrix} b_1 \\ b_2 \end{pmatrix}$$

bezeichnen, dann ist

$$\overrightarrow{AB} = \mathbf{b} - \mathbf{a} = \begin{pmatrix} b_1 - a_1 \\ b_2 - a_2 \end{pmatrix},$$

und $\mathbf{m}$ steht senkrecht auf diesem Vektor. Sie können deshalb zum Beispiel

$$\mathbf{m} = \begin{pmatrix} -(b_2 - a_2) \\ b_1 - a_1 \end{pmatrix}$$

wählen, denn in diesem Fall gilt

$$\mathbf{m} \cdot (\mathbf{b} - \mathbf{a}) = -(b_2 - a_2) \cdot (b_1 - a_1) + (b_1 - a_1) \cdot (b_2 - a_2) = 0.$$

Setzen wir diese Geradengleichung um in eine etwas gewohntere Form. Dazu schreibe ich abkürzend

$$\mathbf{m} = \begin{pmatrix} m_1 \\ m_2 \end{pmatrix} \text{ und } \mathbf{z} = \begin{pmatrix} x \\ y \end{pmatrix}.$$

Die Gleichung

$$\mathbf{m} \cdot (\mathbf{z} - \mathbf{a}) = 0$$

wird dann zu

$$\begin{pmatrix} m_1 \\ m_2 \end{pmatrix} \cdot \begin{pmatrix} x - a_1 \\ y - a_2 \end{pmatrix} = 0.$$

Ausmultiplizieren ergibt:

$$m_1 \cdot (x - a_1) + m_2 \cdot (y - a_2) = 0.$$

Das ist nun eine Standardform einer Geradengleichung, die man für $m_2 \neq 0$ auch in die übliche Form $y = mx + b$ bringen kann.

Wir sehen uns das Ergebnis unserer Bemühungen noch an einem Zahlenbeispiel an.

(ii) Gesucht ist die Gleichung der Geraden durch die Punkte

$$A = (1, 1) \text{ und } B = (2, 3).$$

Die Ortsvektoren von A und B lauten natürlich

$$\mathbf{a} = \begin{pmatrix} 1 \\ 1 \end{pmatrix} \text{ und } \mathbf{b} = \begin{pmatrix} 2 \\ 3 \end{pmatrix}.$$

Der Vektor $\overrightarrow{AB}$ berechnet sich aus

$$\overrightarrow{AB} = \begin{pmatrix} 2 - 1 \\ 3 - 1 \end{pmatrix} = \begin{pmatrix} 1 \\ 2 \end{pmatrix},$$

und den darauf senkrecht stehenden Vektor $\mathbf{m}$ finden Sie in

$$\mathbf{m} = \begin{pmatrix} -2 \\ 1 \end{pmatrix}.$$

Jetzt ist schon alles da, was man zum Aufstellen der Geradengleichung braucht. Die allgemeine Gleichung aus Nummer (i) lautete nämlich

$$m_1 \cdot (x - a_1) + m_2 \cdot (y - a_2) = 0,$$

und in diesem konkreten Fall heißt das

$$(-2) \cdot (x - 1) + 1 \cdot (y - 1) = 0.$$

Anders gesagt:

$$-2x + 2 + y - 1 = 0, \text{ also } y = 2x - 1.$$

Zum Schluss dieses Abschnittes möchte ich noch eine Schuld einlösen. In Abschn. 2.2 habe ich mich vor dem Problem gedrückt, wie man im Dreidimensionalen aus den Koordinaten eines Vektors seine Richtung im Raum bestimmt. Ich hatte aber nie die Absicht, Ihnen etwas zu verschweigen, sondern wollte die Frage so lange aufschieben, bis uns das Skalarprodukt zur Verfügung steht. Damit lässt sich das Problem nämlich leicht lösen.

2.3.13 Bemerkung Die Richtung eines Vektors $\mathbf{a} = \begin{pmatrix} a_1 \\ a_2 \\ a_3 \end{pmatrix}$ im Raum wird zum Beispiel

dadurch festgelegt, welche Winkel er mit den drei Einheitsvektoren $\mathbf{e}_1, \mathbf{e}_2, \mathbf{e}_3$ bildet: wenn man weiß, wie ein Vektor zu den drei Koordinatenachsen steht, dann kennt man auch seine Richtung. Nun ist aber

$$\mathbf{e}_1 = \begin{pmatrix} 1 \\ 0 \\ 0 \end{pmatrix}, \quad \mathbf{e}_2 = \begin{pmatrix} 0 \\ 1 \\ 0 \end{pmatrix}, \quad \mathbf{e}_3 = \begin{pmatrix} 0 \\ 0 \\ 1 \end{pmatrix},$$

und wenn wir die entsprechenden Richtungswinkel mit φ_1, φ_2 und φ_3 bezeichnen, so folgt

$$\cos \varphi_1 = \frac{\mathbf{a} \cdot \mathbf{e}_1}{|\mathbf{a}| \cdot |\mathbf{e}_1|} = \frac{a_1}{|\mathbf{a}|}, \quad \cos \varphi_2 = \frac{\mathbf{a} \cdot \mathbf{e}_2}{|\mathbf{a}| \cdot |\mathbf{e}_2|} = \frac{a_2}{|\mathbf{a}|}$$

und

$$\cos \varphi_3 = \frac{\mathbf{a} \cdot \mathbf{e}_3}{|\mathbf{a}| \cdot |\mathbf{e}_3|} = \frac{a_3}{|\mathbf{a}|}.$$

Damit kann man die Richtungswinkel φ_1, φ_2 und φ_3 bestimmen. Sind umgekehrt von einem Vektor $\mathbf{a}$ die Richtungswinkel und seine Länge bekannt, so erlauben es diese Gleichungen, seine Koordinatendarstellung zu berechnen.

2.3.14 Beispiel Es sei $\mathbf{a}$ ein Vektor im Raum, der mit der x-Achse einen Winkel von $60°$, mit der y-Achse einen Winkel von $45°$ und mit der z-Achse einen Winkel von $60°$ bildet. Seine Länge beträgt $|\mathbf{a}| = 4$. Wie lauten seine Koordinaten?

Aus 2.3.13 folgt

$$a_1 = |\mathbf{a}| \cdot \cos 60° = 4 \cdot \frac{1}{2} = 2,$$

$$a_2 = |\mathbf{a}| \cdot \cos 45° = 4 \cdot \frac{1}{2} \cdot \sqrt{2} = 2 \cdot \sqrt{2},$$

$$a_3 = |\mathbf{a}| \cdot \cos 60° = 4 \cdot \frac{1}{2} = 2.$$

Damit ist

$$\mathbf{a} = \begin{pmatrix} 2 \\ 2 \cdot \sqrt{2} \\ 2 \end{pmatrix}.$$

Nachdem nun diese Schulden beglichen sind, können wir uns der nächsten Multiplikationsmethode zuwenden: dem Vektorprodukt.

2.4 Vektorprodukt

Das Skalarprodukt heißt deswegen Skalarprodukt, weil es beim Multiplizieren zweier Vektoren als Ergebnis einen Skalar, eine Zahl liefert. Das ist zwar angenehm, aber durchaus nicht selbstverständlich, denn normalerweise würde man sich vorstellen, dass die Multiplikation von zwei Größen eines bestimmten Typs eine dritte Größe des gleichen Typs ergibt. Es sollte also ein weiteres Produkt von Vektoren geben, mit dem man neue Vektoren produzieren kann.

Aus offensichtlichen Gründen nennt man dieses Produkt Vektorprodukt. Es ist nicht ganz so übersichtlich wie das Skalarprodukt und hat auch nicht ganz so schöne und natürliche Eigenschaften. Andererseits ist die Formel zur Berechnung des Vektorprodukts auch nicht übermäßig kompliziert, und immerhin gibt es wichtige Anwendungsmöglichkeiten, über die ich später noch berichten werde.

Fangen wir gleich mit einem deutlichen Nachteil an. Ein Vektorprodukt gibt es nur für dreidimensionale Vektoren; den Vektoren in der Ebene bleibt diese Operation verschlossen. Im ganzen Abschn. 2.4 werde ich unter Vektoren also stets Vektoren im Raum verstehen.

In der folgenden Bemerkung tasten wir uns schrittweise an das Vektorprodukt heran.

2.4.1 Bemerkung Es seien $\mathbf{a}, \mathbf{b}$ zwei Vektoren. Der Einfachheit halber stellen wir uns für den Augenblick vor, dass $\mathbf{a}$ und $\mathbf{b}$ in der x, y-Ebene liegen, ihre z-Koordinate also gleich Null ist. Unser Ziel ist es, einen Vektor $\mathbf{c}$ zu finden, der in einer sinnvollen Beziehung zu $\mathbf{a}$ und $\mathbf{b}$ steht und als ihr vektorielles Produkt aufgefasst werden kann. Was wir für $\mathbf{c}$ festlegen müssen, sind seine Richtung und seine Länge. Man könnte in Bezug auf die Richtung der Meinung sein, dass $\mathbf{c}$ in der gleichen Ebene liegen sollte wie $\mathbf{a}$ und $\mathbf{b}$, denn schließlich sollen $\mathbf{a}, \mathbf{b}$ und $\mathbf{c}$ ja irgendwie zusammengehören. Dafür bräuchten wir aber kein neues Vektorprodukt, denn offenbar liegt schon $\mathbf{a} + \mathbf{b}$ in der Ebene von $\mathbf{a}$ und $\mathbf{b}$, und eine weitere Konstruktion wäre schlicht unnötig.

Die Richtung von $\mathbf{c}$ sollte also mit der x, y-Ebene so wenig wie möglich zu tun haben, und am besten kann man das verdeutlichen, indem man $\mathbf{c}$ direkt in die z-Richtung zeigen lässt. Anders gesagt: $\mathbf{c}$ soll auf $\mathbf{a}$ und $\mathbf{b}$ senkrecht stehen. Auch das ist schließlich eine sinnvolle Beziehung, und sie hat den Vorteil, dass auf diese Weise alle drei räumlichen Richtungen mit im Spiel sind.

Abb. 2.47 Aufgespanntes
Parallelogramm

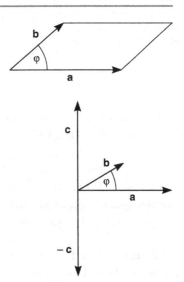

Abb. 2.48 Zwei senkrecht
stehende Vektoren

Da es sich um ein Produkt handeln soll, wäre $|\mathbf{a}| \cdot |\mathbf{b}|$ eine naheliegende Vermutung
für die Länge von **c**. Nun ist aber $|\mathbf{a}| \cdot |\mathbf{b}|$ die Fläche eines Rechtecks mit den Längen $|\mathbf{a}|$
und $|\mathbf{b}|$, doch leider werden **a** und **b** in aller Regel kein Rechteck aufspannen, sondern nur
ein Parallelogramm. Wesentlich sinnvoller ist es deshalb, als Länge von **c** die Fläche des
von **a** und **b** aufgespannten Parallelogramms festzulegen. Im nächsten Lemma zeige ich
Ihnen, dass das in Formeln gesprochen gerade

$$|\mathbf{c}| = |\mathbf{a}| \cdot |\mathbf{b}| \cdot \sin \varphi$$

heißt, was auch schon in Abb. 2.47 angedeutet wird.

Wir haben jetzt die Länge von **c** und seine Richtung im Raum festgelegt – zumindest
beinahe. Die Richtungsangabe „**c** steht senkrecht auf der x, y-Ebene" ist nämlich nicht
ganz vollständig. Wieviele Vektoren der Länge 1 gibt es beispielsweise, die senkrecht zur
x, y-Ebene stehen? Der erste Vektor, der einem einfällt, ist wohl $\begin{pmatrix} 0 \\ 0 \\ 1 \end{pmatrix}$ aber sein Gegenstück $\begin{pmatrix} 0 \\ 0 \\ -1 \end{pmatrix}$ gibt es eben auch noch, und deshalb müssen wir noch festsetzen, welchen
der beiden senkrecht stehenden Vektoren wir haben wollen: den Vektor, der nach oben
zeigt, oder den Vektor, der nach unten deutet.

Es hat sich durchgesetzt, in der Situation von Abb. 2.48 den „nach oben zeigenden"
Vektor vorzuziehen. Wenn Sie einen Blick auf die Skizze werfen, werden Sie feststellen,
dass dann **a**, **b** und **c** in dieser Reihenfolge ein Rechtssystem bilden, dessen Definition Sie
in 2.2.3 nachlesen können. Man wird also, um die Richtung von **c** eindeutig festzulegen,
zusätzlich zu der Bedingung „**c** steht senkrecht auf **a** und **b**" noch die Bedingung „**a**, **b**, **c**

Abb. 2.49 Parallelogrammfläche

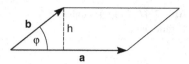

bilden in dieser Reihenfolge ein Rechtssystem" einführen. Erst dann ist klar, welcher von beiden senkrecht stehenden Vektoren der richtige ist.

Sie sehen, dass man zur Bestimmung des Vektorprodukts von **a** und **b** drei Bedingungen braucht: zwei für die Richtung und eine für die Länge. Bevor ich nun diese drei Bedingungen ordentlich in einer Definition aufreihe, sollte ich die Begriffe, die in ihnen vorkommen, etwas genauer fassen. Fangen wir mit der Parallelogrammfläche an.

2.4.2 Lemma Die Fläche des von zwei Vektoren **a** und **b** gebildeten Parallelogramms beträgt $|\mathbf{a}| \cdot |\mathbf{b}| \cdot \sin\varphi$, wobei φ der Winkel zwischen **a** und **b** ist, für den gilt $0° \leq \varphi \leq 180°$.

Beweis Bekanntlich berechnet sich die Parallelogrammfläche aus

$$\text{Fläche} \;=\; \text{Grundseite} \cdot \text{Höhe} \;=\; |\mathbf{a}| \cdot h,$$

und definitionsgemäß ist

$$\sin\varphi = \frac{\text{Gegenkathete}}{\text{Hypotenuse}} = \frac{h}{|\mathbf{b}|}.$$

Aus der zweiten Gleichung folgt $h = |\mathbf{b}| \cdot \sin\varphi$, und Einsetzen in die erste Gleichung ergibt:

$$\text{Fläche} \;=\; |\mathbf{a}| \cdot |\mathbf{b}| \cdot \sin\varphi. \qquad\qquad \triangle$$

Die Festsetzung $|\mathbf{c}| = |\mathbf{a}| \cdot |\mathbf{b}| \cdot \sin\varphi$ aus 2.4.1 ist damit gerechtfertigt. Die Bedingung, dass **c** senkrecht auf **a** und **b** stehen soll, lässt sich zum Glück ebenfalls ganz leicht in eine Formel übersetzen.

2.4.3 Lemma Zwei vom Nullvektor verschiedene Vektoren **x** und **y** stehen genau dann senkrecht aufeinander, wenn für ihr Skalarprodukt gilt:

$$\mathbf{x} \cdot \mathbf{y} = 0.$$

Beweis Die Vektoren stehen genau dann senkrecht aufeinander, wenn ihr eingeschlossener Winkel $\varphi = 90°$ oder $\varphi = 270°$ ist. Das ist aber genau dann der Fall, wenn $\cos\varphi = 0$ gilt. Das wiederum ist gleichbedeutend mit $\mathbf{x} \cdot \mathbf{y} = |\mathbf{x}| \cdot |\mathbf{y}| \cdot \cos\varphi = 0$, denn da **x** und **y** vom Nullvektor verschieden sind, kann ihre Länge nicht Null sein. $\triangle$

Abb. 2.50 Rechtssystem

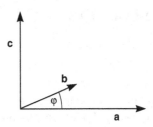

Um die Beschreibung des Vektorprodukts zu vervollständigen, sollte ich noch den Begriff des Rechtssystems so präzisieren, dass man es drei Vektoren ansehen kann, ob sie ein Rechtssystem bilden, ohne sich die Hand zu verrenken.

2.4.4 Bemerkung Die Vektoren **a**, **b**, **c** aus Abb. 2.50 bilden nach 2.2.3 ein Rechtssystem. Stellen Sie sich nun vor, dass Sie auf der Spitze von **c** stehen. Dann müssen Sie den Vektor **a** *gegen den Uhrzeigersinn* um den Winkel φ drehen, um zum Vektor **b** zu kommen. Man kann deshalb ein Rechtssystem **a**, **b**, **c** auch dadurch charakterisieren, dass – von der Spitze von **c** aus betrachtet – **a** durch eine Drehung gegen den Uhrzeigersinn um den Winkel φ in **b** übergeht. Dabei ist φ wieder der von **a** und **b** eingeschlossene Winkel zwischen $0°$ und $180°$.

Nach so vielen umfangreichen Vorarbeiten ist die Definition des Vektorproduktes fast eine Kleinigkeit.

2.4.5 Definition Unter dem Vektorprodukt $\mathbf{c} = \mathbf{a} \times \mathbf{b}$ zweier Vektoren **a** und **b** versteht man den Vektor, der durch die folgenden Eigenschaften eindeutig bestimmt wird.

(i) Die Länge von **c** entspricht der Fläche des von **a** und **b** gebildeten Parallelogramms, das heißt:

$$|\mathbf{c}| = |\mathbf{a}| \cdot |\mathbf{b}| \cdot \sin \varphi.$$

(ii) **c** steht senkrecht auf **a** und **b**, das heißt:

$$\mathbf{c} \cdot \mathbf{a} = 0 \text{ und } \mathbf{c} \cdot \mathbf{b} = 0.$$

(iii) Die Vektoren **a**, **b**, **c** bilden in dieser Reihenfolge ein Rechtssystem.

Bedingung (i) legt die Länge von $\mathbf{a} \times \mathbf{b}$ fest, und die Bedingungen (ii) und (iii) sind, wie Sie gesehen haben, notwendig, um die genaue Richtung von $\mathbf{a} \times \mathbf{b}$ zu bestimmen. Sehen wir uns an einem Beispiel an, wie das konkret funktioniert.

2.4.6 Beispiel Es seien

$$\mathbf{a} = \begin{pmatrix} 1 \\ 1 \\ 0 \end{pmatrix} \text{ und } \mathbf{b} = \begin{pmatrix} 1 \\ 0 \\ 0 \end{pmatrix}.$$

Zur Bestimmung der Länge von $\mathbf{a} \times \mathbf{b}$ brauchen wir den von $\mathbf{a}$ und $\mathbf{b}$ eingeschlossenen Winkel φ. Im letzten Abschnitt haben Sie gelernt, wie man ihn ausrechnen kann, nämlich unter Verwendung des Skalarprodukts. Es gilt

$$\cos\varphi = \frac{\mathbf{a} \cdot \mathbf{b}}{|\mathbf{a}| \cdot |\mathbf{b}|}.$$

Nun ist $\mathbf{a} \cdot \mathbf{b} = 1 \cdot 1 + 1 \cdot 0 + 0 \cdot 0 = 1$, $|\mathbf{a}| = \sqrt{2}$, und $|\mathbf{b}| = 1$, und daraus folgt:

$$\cos\varphi = \frac{1}{\sqrt{2}} = \frac{1}{2}\sqrt{2}.$$

Ihr Taschenrechner liefert Ihnen $\varphi = 45°$ und somit $\sin\varphi = \frac{1}{2}\sqrt{2}$.
  Der Vektor $\mathbf{c} = \mathbf{a} \times \mathbf{b}$ hat also die Länge

$$|\mathbf{c}| = |\mathbf{a}| \cdot |\mathbf{b}| \cdot \sin\varphi = \sqrt{2} \cdot 1 \cdot \frac{1}{2}\sqrt{2} = 1.$$

Bedingung (i) ist damit ausgeschöpft. Um Bedingung (ii) verwenden zu können, setze ich

$$\mathbf{c} = \begin{pmatrix} c_1 \\ c_2 \\ c_3 \end{pmatrix}.$$

Da $\mathbf{c}$ senkrecht auf $\mathbf{a}$ und $\mathbf{b}$ steht, muss gelten

$$\mathbf{c} \cdot \mathbf{a} = 0 \text{ und } \mathbf{c} \cdot \mathbf{b} = 0,$$

das heißt

$$\begin{pmatrix} c_1 \\ c_2 \\ c_3 \end{pmatrix} \cdot \begin{pmatrix} 1 \\ 1 \\ 0 \end{pmatrix} = 0 \text{ und } \begin{pmatrix} c_1 \\ c_2 \\ c_3 \end{pmatrix} \cdot \begin{pmatrix} 1 \\ 0 \\ 0 \end{pmatrix} = 0.$$

Die Berechnung des Skalarprodukts ergibt

$$c_1 + c_2 = 0 \text{ und } c_1 = 0.$$

Das ist praktisch, denn die Gleichung $c_1 = 0$ können wir sofort in die Gleichung $c_1 + c_2 = 0$ einsetzen, was zu $c_2 = 0$ führt. Folglich ist

$$\mathbf{c} = \begin{pmatrix} 0 \\ 0 \\ c_3 \end{pmatrix}.$$

Erinnern Sie sich daran, dass **c** den Betrag 1 hat. Damit werden die Möglichkeiten für c_3 stark eingeschränkt, denn es muss nun gelten

$$c_3 = 1 \text{ oder } c_3 = -1,$$

das heißt:

$$\mathbf{c} = \begin{pmatrix} 0 \\ 0 \\ 1 \end{pmatrix} \text{ oder } \mathbf{c} = \begin{pmatrix} 0 \\ 0 \\ -1 \end{pmatrix}.$$

Mit den Bedingungen (i) und (ii) aus 2.4.5 sind wir nun so weit gekommen, dass uns die Wahl zwischen zwei Vektoren bleibt. Nur einer kann der richtige sein, aber glücklicherweise steht noch eine dritte Bedingung zur Verfügung, die die Wahl eindeutig macht. Der Vektor **b** beschreibt die x-Achse im Koordinatensystem und der Vektor **a** zeigt in die Richtung der ersten Winkelhalbierenden in der x, y-Ebene. Wenn Sie sich auf die Spitze von $\begin{pmatrix} 0 \\ 0 \\ 1 \end{pmatrix}$ stellen, dann müssen Sie **a** *im Uhrzeigersinn* um $\varphi = 45°$ drehen, um **b** zu erreichen. Bedingung (iii) verlangt aber eine Drehung *gegen* den Uhrzeigersinn. Stellen Sie sich nun auf die Spitze von $\begin{pmatrix} 0 \\ 0 \\ -1 \end{pmatrix}$, dann stehen Sie gewissermaßen auf dem Kopf, und deshalb wird von Ihrem neuen Standpunkt aus der Vektor **a** *gegen* den Uhrzeigersinn um 45° in Richtung von **b** gedreht.

Somit erfüllt $\begin{pmatrix} 0 \\ 0 \\ -1 \end{pmatrix}$ auch die dritte Bedingung, und wir erhalten

$$\mathbf{a} \times \mathbf{b} = \begin{pmatrix} 0 \\ 0 \\ -1 \end{pmatrix}.$$

Das war nun eine reichlich mühselige Prozedur, der man sich vielleicht einmal im Leben unterziehen sollte, aber sicherlich nicht wesentlich öfter. Aus diesem Grund mache ich jetzt dasselbe wie in Abschn. 2.3: ich suche nach einer leicht handhabbaren Formel zur Berechnung des Vektorprodukts. Die Vorgehensweise ist dabei die gleiche wie zuvor. Zuerst notieren wir einige Rechenregeln, dann bestimmen wir die Produkte der Einheitsvektoren, und zum Schluss entwickeln wir die gesuchte Formel. Zunächst also die Rechenregeln.

2.4.7 Satz Für Vektoren **a**, **b** und **c** gelten:

(i) $\mathbf{a} \times \mathbf{b} = -(\mathbf{b} \times \mathbf{a})$;
(ii) $(\lambda \cdot \mathbf{a}) \times \mathbf{b} = \lambda \cdot (\mathbf{a} \times \mathbf{b}) = \mathbf{a} \times (\lambda \cdot \mathbf{b})$ für $\lambda \in \mathbb{R}$;

(iii) $(\mathbf{a} + \mathbf{b}) \times \mathbf{c} = \mathbf{a} \times \mathbf{c} + \mathbf{b} \times \mathbf{c}$;

(iv) $\mathbf{c} \times (\mathbf{a} + \mathbf{b}) = \mathbf{c} \times \mathbf{a} + \mathbf{c} \times \mathbf{b}$;

(v) $\mathbf{a} \times \mathbf{b} = \mathbf{0}$ genau dann, wenn $\mathbf{a} \uparrow\uparrow \mathbf{b}$ oder $\mathbf{a} \uparrow\downarrow \mathbf{b}$. In diesem Fall nennt man $\mathbf{a}$ und $\mathbf{b}$ kollinear.

Beweis Ich werde hier nicht so viel beweisen wie bei den entsprechenden Regeln für das Skalarprodukt. Die zunächst einmal überraschende Formel ist die Nummer (i). Natürlich haben $\mathbf{a} \times \mathbf{b}$ und $\mathbf{b} \times \mathbf{a}$ die gleiche Länge und sie stehen auch beide senkrecht auf $\mathbf{a}$ und $\mathbf{b}$, aber die zusätzliche Forderung nach einem Rechtssystem führt leider dazu, dass $\mathbf{a} \times \mathbf{b}$ eben nicht gleich $\mathbf{b} \times \mathbf{a}$ ist. Ist nämlich $\mathbf{c} = \mathbf{a} \times \mathbf{b}$ und stehen Sie wieder auf der Spitze von $\mathbf{c}$, dann müssen Sie $\mathbf{a}$ gegen den Uhrzeigersinn um den Zwischenwinkel φ drehen, damit Sie $\mathbf{b}$ erreichen. Das heißt aber, dass Sie – von diesem Standpunkt aus – $\mathbf{b}$ *im Uhrzeigersinn* in die Richtung von $\mathbf{a}$ drehen müssen und deshalb $\mathbf{b}, \mathbf{a}, \mathbf{c}$ in dieser Reihenfolge *kein* Rechtssystem bilden. Drehen Sie aber wie im Beispiel 2.4.6 c um, so stehen Sie wieder auf dem Kopf und von dort aus verläuft die Drehung von $\mathbf{b}$ nach $\mathbf{a}$ wieder *gegen* den Uhrzeigersinn. Daher ist $-\mathbf{c} = \mathbf{b} \times \mathbf{a}$, das heißt $\mathbf{a} \times \mathbf{b} = -\mathbf{b} \times \mathbf{a}$.

An Regel (ii) können Sie sich einmal selbst versuchen. Die dritte und vierte Regel kann man mit einigem geometrischem Aufwand herleiten, aber das ist recht kompliziert und würde den Gang der Handlung nur stören. Regel (v) schließlich ist wieder recht klar. Falls einer der Vektoren $\mathbf{a}$ oder $\mathbf{b}$ schon der Nullvektor ist, dann ist er ohnehin zu allem und jedem kollinear. Falls nicht, gilt

$$\mathbf{a} \times \mathbf{b} = \mathbf{0} \Leftrightarrow |\mathbf{a} \times \mathbf{b}| = 0$$

$$\Leftrightarrow |\mathbf{a}| \cdot |\mathbf{b}| \cdot \sin \varphi = 0$$

$$\Leftrightarrow \sin \varphi = 0$$

$$\Leftrightarrow \varphi = 0° \text{ oder } \varphi = 180°.$$

Dabei steht das Zeichen $\Leftrightarrow$ als Abkürzung für „genau dann, wenn".

Wenn $\varphi = 0°$ ist, schließen $\mathbf{a}$ und $\mathbf{b}$ keinen Winkel ein, sind also parallel; wenn $\varphi = 180°$ ist, stehen $\mathbf{a}$ und $\mathbf{b}$ gerade in entgegengesetzte Richtungen, sind also antiparallel.   △

Nun gehe ich daran, die Vektorprodukte der Einheitsvektoren auszurechnen, die Sie in Abb. 2.51 vor sich sehen.

Abb. 2.51 Einheitsvektoren

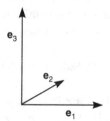

2.4.8 Bemerkung Natürlich ist jeder Vektor parallel zu sich selbst, und deshalb gilt nach 2.4.7 (v):

$$\mathbf{e}_1 \times \mathbf{e}_1 = \mathbf{e}_2 \times \mathbf{e}_2 = \mathbf{e}_3 \times \mathbf{e}_3 = \mathbf{0}.$$

Weiterhin stehen die Einheitsvektoren so im Raum, dass sie in den Reihenfolgen $\mathbf{e}_1, \mathbf{e}_2, \mathbf{e}_3$ sowie $\mathbf{e}_2, \mathbf{e}_3, \mathbf{e}_1$ und $\mathbf{e}_3, \mathbf{e}_1, \mathbf{e}_2$ jeweils ein Rechtssystem bilden, wie Sie feststellen können, wenn Sie sich in Gedanken auf die Spitze des jeweils letzten Vektors stellen. Zufällig stehen sie auch noch senkrecht aufeinander und haben alle die passende Länge 1, wobei zwei Einheitsvektoren jeweils ein Rechteck der Fläche 1 aufspannen.

Fasst man all diese Eigenschaften zusammen, so ergibt sich

$$\mathbf{e}_1 \times \mathbf{e}_2 = \mathbf{e}_3,$$
$$\mathbf{e}_2 \times \mathbf{e}_3 = \mathbf{e}_1,$$
$$\mathbf{e}_3 \times \mathbf{e}_1 = \mathbf{e}_2.$$

Mit 2.4.7 (i) folgt schließlich

$$\mathbf{e}_2 \times \mathbf{e}_1 = -\mathbf{e}_3,$$
$$\mathbf{e}_3 \times \mathbf{e}_2 = -\mathbf{e}_1,$$
$$\mathbf{e}_1 \times \mathbf{e}_3 = -\mathbf{e}_2.$$

Es liegt nun genug Material vor, um eine nicht sehr schöne, aber doch leicht berechenbare Formel für das Vektorprodukt herzuleiten. Sie finden sie im folgenden Satz.

2.4.9 Satz Für

$$\mathbf{a} = \begin{pmatrix} a_1 \\ a_2 \\ a_3 \end{pmatrix} \quad \text{und} \quad \mathbf{b} = \begin{pmatrix} b_1 \\ b_2 \\ b_3 \end{pmatrix}$$

gilt

$$\mathbf{a} \times \mathbf{b} = \begin{pmatrix} a_2 b_3 - a_3 b_2 \\ a_3 b_1 - a_1 b_3 \\ a_1 b_2 - a_2 b_1 \end{pmatrix}.$$

Beweis Wir gehen wieder vor wie im Beweis der Formel aus 2.3.8 für das Skalarprodukt. Zunächst darf ich Sie daran erinnern, dass

$$\mathbf{a} = \begin{pmatrix} a_1 \\ a_2 \\ a_3 \end{pmatrix} \quad \text{und} \quad \mathbf{b} = \begin{pmatrix} b_1 \\ b_2 \\ b_3 \end{pmatrix}$$

nichts anderes heißt als

$$\mathbf{a} = a_1 \cdot \mathbf{e}_1 + a_2 \cdot \mathbf{e}_2 + a_3 \cdot \mathbf{e}_3 \text{ und } \mathbf{b} = b_1 \cdot \mathbf{e}_1 + b_2 \cdot \mathbf{e}_2 + b_3 \cdot \mathbf{e}_3.$$

In 2.4.8 haben Sie gesehen, was bei der Vektormultiplikation der Einheitsvektoren herauskommt. Das werden wir jetzt verwenden. Es gilt nämlich

$$
\begin{aligned}
\mathbf{a} \times \mathbf{b} &= (a_1 \cdot \mathbf{e}_1 + a_2 \cdot \mathbf{e}_2 + a_3 \cdot \mathbf{e}_3) \times (b_1 \cdot \mathbf{e}_1 + b_2 \cdot \mathbf{e}_2 + b_3 \cdot \mathbf{e}_3) \\
&= a_1 b_1 \cdot \mathbf{e}_1 \times \mathbf{e}_1 + a_1 b_2 \cdot \mathbf{e}_1 \times \mathbf{e}_2 + a_1 b_3 \cdot \mathbf{e}_1 \times \mathbf{e}_3 \\
&\quad + a_2 b_1 \cdot \mathbf{e}_2 \times \mathbf{e}_1 + a_2 b_2 \cdot \mathbf{e}_2 \times \mathbf{e}_2 + a_2 b_3 \cdot \mathbf{e}_2 \times \mathbf{e}_3 \\
&\quad + a_3 b_1 \cdot \mathbf{e}_3 \times \mathbf{e}_1 + a_3 b_2 \cdot \mathbf{e}_3 \times \mathbf{e}_2 + a_3 b_3 \cdot \mathbf{e}_3 \times \mathbf{e}_3 \\
&= a_1 b_2 \cdot \mathbf{e}_3 + a_1 b_3 \cdot (-\mathbf{e}_2) \\
&\quad + a_2 b_1 \cdot (-\mathbf{e}_3) + a_2 b_3 \cdot \mathbf{e}_1 \\
&\quad + a_3 b_1 \cdot \mathbf{e}_2 + a_3 b_2 \cdot (-\mathbf{e}_1) \\
&= (a_2 b_3 - a_3 b_2) \cdot \mathbf{e}_1 + (a_3 b_1 - a_1 b_3) \cdot \mathbf{e}_2 + (a_1 b_2 - a_2 b_1) \cdot \mathbf{e}_3 \\
&= \begin{pmatrix} a_2 b_3 - a_3 b_2 \\ a_3 b_1 - a_1 b_3 \\ a_1 b_2 - a_2 b_1 \end{pmatrix}.
\end{aligned}
$$

Was ist hier passiert? Beim ersten Gleichheitszeichen habe ich nur $\mathbf{a}$ und $\mathbf{b}$ geschrieben als Kombination von Einheitsvektoren. Bei der zweiten Gleichung habe ich die Regeln 2.4.7 (iii) und (iv) benutzt, die eigentlich nur sagen, dass man Klammern vernünftig ausmultiplizieren darf. Dann wurde es Zeit für die Erkenntnisse aus 2.4.8, das heißt, ich habe die Vektorprodukte der Einheitsvektoren durch ihre jeweiligen Ergebnisse ersetzt und Nullvektoren gleich weggelassen. Schließlich habe ich nur noch zusammengefasst, was zu den einzelnen Einheitsvektoren gehört, und das Ganze zurück in die Koordinatenschreibweise übersetzt.   △

Auch hier ist nun das Ziel erreicht, denn es liegt eine leicht ausrechenbare Formel für das Vektorprodukt vor. Wieder einmal sehen wir uns Beispiele an.

2.4.10 Beispiele

(i)   Die aufwendige Prozedur aus 2.4.6 wird nun stark vereinfacht. Dazu sei wieder

$$\mathbf{a} = \begin{pmatrix} 1 \\ 1 \\ 0 \end{pmatrix} \text{ und } \mathbf{b} = \begin{pmatrix} 1 \\ 0 \\ 0 \end{pmatrix}.$$

Indem wir unsere neue Formel verwenden, erhalten wir sofort

$$\mathbf{a} \times \mathbf{b} = \begin{pmatrix} 1 \cdot 0 - 0 \cdot 0 \\ 0 \cdot 1 - 1 \cdot 0 \\ 1 \cdot 0 - 1 \cdot 1 \end{pmatrix} = \begin{pmatrix} 0 \\ 0 \\ -1 \end{pmatrix}.$$

Sie sehen, dass wir im Vergleich zur Methode aus 2.4.6 eine Menge Zeit und Ärger eingespart haben.

(ii) Es ist jetzt auch sehr leicht, Parallelogrammflächen zu berechnen. Für die Punkte

$$A = (0, 1, 2), B = (2, 3, 1), C = (1, 7, -1)$$

berechnet man die aufspannenden Vektoren

$$\mathbf{a} = \overrightarrow{AB} = \begin{pmatrix} 2 - 0 \\ 3 - 1 \\ 1 - 2 \end{pmatrix} = \begin{pmatrix} 2 \\ 2 \\ -1 \end{pmatrix}$$

und

$$\mathbf{b} = \overrightarrow{AC} = \begin{pmatrix} 1 - 0 \\ 7 - 1 \\ -1 - 2 \end{pmatrix} = \begin{pmatrix} 1 \\ 6 \\ -3 \end{pmatrix}.$$

Die Fläche des aufgespannten Parallelogramms aus Abb. 2.52 entspricht der Länge von $\mathbf{a} \times \mathbf{b}$. Es gilt

$$\mathbf{a} \times \mathbf{b} = \begin{pmatrix} 2 \\ 2 \\ -1 \end{pmatrix} \times \begin{pmatrix} 1 \\ 6 \\ -3 \end{pmatrix} = \begin{pmatrix} 2 \cdot (-3) - (-1) \cdot 6 \\ (-1) \cdot 1 - 2 \cdot (-3) \\ 2 \cdot 6 - 2 \cdot 1 \end{pmatrix} = \begin{pmatrix} 0 \\ 5 \\ 10 \end{pmatrix}.$$

Folglich ist

$$|\mathbf{a} \times \mathbf{b}| = \sqrt{0^2 + 5^2 + 10^2} = \sqrt{125} = 11{,}18.$$

Das Parallelogramm mit den Ecken A, B, C, D hat also eine Fläche von 11,18 Flächeneinheiten.

Abb. 2.52 Parallelogramm

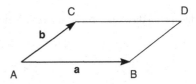

Ich möchte die Gelegenheit zu einer persönlichen Bemerkung nutzen. Die Beispiele 2.4.6 und 2.4.10 zeigen sehr deutlich, warum man sich eigentlich die Mühe macht, allgemeine mathematische Sätze herauszufinden. Natürlich hätte man sich auf den Standpunkt stellen können, mit 2.4.5 ist nun das Vektorprodukt definiert, und wenn ein Physiker eines ausrechnen will, dann soll er eben die Definition verwenden. Ich gebe zu, es war eine gewisse Mühe damit verbunden, die Formel in 2.4.9 herzuleiten, aber bedenken Sie, was für eine Mühe es andererseits wäre, jedesmal die üble Prozedur aus dem Beispiel 2.4.6 durchführen zu müssen, wenn ein konkretes Vektorprodukt bestimmt werden soll. Da ist es doch besser, man beißt *einmal* in den sauren Apfel und überlegt sich eine einfache Formel, als sich andauernd mit langweiligen Rechnungen zu plagen. Das ist ein ganz wichtiges Prinzip, das hinter vielen mathematischen Bemühungen steht: es mag zwar lästig sein, allgemeine und abstrakte Sätze herzuleiten, aber wenn diese Arbeit einmal getan ist, sind die konkreten Rechnungen viel leichter als sie ohne diese Sätze gewesen wären. Zur Illustration dieses Prinzips brauchen Sie sich nur den Kontrast zwischen 2.4.6 und 2.4.10 (i) anzusehen.

Ich bin übrigens ziemlich sicher, dass mir in diesem Punkt auch die Physiker zustimmen werden, denn es gibt einige physikalische Anwendungen, bei denen man das Vektorprodukt verwendet. Zu nennen wären beispielsweise die Feldstärke eines Magnetfeldes, das von einem stromdurchflossenen Leiter erzeugt wird, die Berechnung von Drehmomenten und die Bestimmung der sogenannten Lorentz-Kraft. Sie lesen hier aber kein Physik-Buch, sondern eines über Mathematik, und deshalb will ich Sie nicht mit physikalischen Einzelheiten aufhalten. Für unsere Zwecke ist nur wichtig, wie man das Vektorprodukt berechnet.

Vielleicht haben Sie sich beim Anblick der Vektorprodukt-Formel gedacht, dass es kein reines Vergnügen sein wird, sich so einen Ausdruck zu merken. Das sollten Sie auch lieber bleiben lassen, denn wenn man diese Formel auswendig lernt und dann aus dem Kopf anwenden will, dann bringt man ja doch mindestens einmal irgendwelche Komponenten durcheinander und erhält fast zwangsläufig ein falsches Ergebnis. Es gibt aber ein recht einfaches und leichter zu merkendes Schema zur Berechnung des Vektorprodukts, das ich Ihnen mit einem gewissen Unbehagen mitteile, weil es vom Standpunkt des Mathematikers aus nicht ganz in Ordnung ist. Da es aber zu richtigen Ergebnissen führt, werde ich es Ihnen nicht vorenthalten.

2.4.11 Bemerkung Mit

$$\mathbf{a} = \begin{pmatrix} a_1 \\ a_2 \\ a_3 \end{pmatrix} \text{ und } \mathbf{b} = \begin{pmatrix} b_1 \\ b_2 \\ b_3 \end{pmatrix}$$

lässt sich das Vektorprodukt als sogenannte *dreireihige Determinante* schreiben, das heißt:

$$\mathbf{a} \times \mathbf{b} = \det \begin{pmatrix} \mathbf{e}_1 & \mathbf{e}_2 & \mathbf{e}_3 \\ a_1 & a_2 & a_3 \\ b_1 & b_2 & b_3 \end{pmatrix}.$$

Das hilft natürlich auch nicht weiter, wenn man nicht dazu sagt, wie man solche Determinanten ausrechnet. Normalerweise stehen zwischen den beiden großen Klammern keine Vektoren, sondern ausschließlich Zahlen, die man mit einer zweistelligen Nummer versieht.

$$D = \det \begin{pmatrix} a_{11} & a_{12} & a_{13} \\ a_{21} & a_{22} & a_{23} \\ a_{31} & a_{32} & a_{33} \end{pmatrix}.$$

Die Nummer gibt an, in welcher Zeile und welcher Spalte die entsprechende Zahl steht. a_{23} wird also nicht „a dreiundzwanzig" gesprochen, sondern ziffernweise „a zwei drei". Die Berechnung der Determinante erfolgt nun nach der berühmten Regel von Sarrus. Man schreibt die ersten beiden Spalten noch einmal auf die rechte Seite des Schemas und multipliziert die entstehenden Diagonalen aus.

$$\begin{pmatrix} a_{11} & a_{12} & a_{13} & a_{11} & a_{12} \\ a_{21} & a_{22} & a_{23} & a_{21} & a_{22} \\ a_{31} & a_{32} & a_{33} & a_{31} & a_{32} \end{pmatrix}.$$

Die Produkte der Diagonalen von links oben nach rechts unten werden dabei positiv gerechnet, die anderen negativ. Als Ergebnis erhält man deshalb

$$D = a_{11}a_{22}a_{33} + a_{12}a_{23}a_{31} + a_{13}a_{21}a_{32}$$
$$- a_{13}a_{22}a_{31} - a_{11}a_{23}a_{32} - a_{12}a_{21}a_{33}.$$

Das Schema funktioniert auch, wenn man in die erste Zeile Vektoren anstatt Zahlen schreibt. Wir erhalten

$$\begin{pmatrix} \mathbf{e}_1 & \mathbf{e}_2 & \mathbf{e}_3 & \mathbf{e}_1 & \mathbf{e}_2 \\ a_1 & a_2 & a_3 & a_1 & a_2 \\ b_1 & b_2 & b_3 & b_1 & b_2 \end{pmatrix}$$

und damit

$$\mathbf{a} \times \mathbf{b} = a_2 b_3 \cdot \mathbf{e}_1 + a_3 b_1 \cdot \mathbf{e}_2 + a_1 b_2 \cdot \mathbf{e}_3$$
$$- a_2 b_1 \cdot \mathbf{e}_3 - a_3 b_2 \cdot \mathbf{e}_1 - a_1 b_3 \cdot \mathbf{e}_2$$
$$= (a_2 b_3 - a_3 b_2) \cdot \mathbf{e}_1 + (a_3 b_1 - a_1 b_3) \cdot \mathbf{e}_2 + (a_1 b_2 - a_2 b_1) \cdot \mathbf{e}_3$$
$$= \begin{pmatrix} a_2 b_3 - a_3 b_2 \\ a_3 b_1 - a_1 b_3 \\ a_1 b_2 - a_2 b_1 \end{pmatrix},$$

was offenbar mit dem Ergebnis von 2.4.9 übereinstimmt.

Zum Abschluss der Betrachtungen über das Vektorprodukt rechne ich noch einmal die Beispiele aus 2.4.10, aber diesmal mit Hilfe der Sarrus-Regel. Welches Verfahren Ihnen besser gefällt, können Sie sich dann aussuchen.

2.4.12 Beispiele

(i) Wieder ist

$$\mathbf{a} = \begin{pmatrix} 1 \\ 1 \\ 0 \end{pmatrix} \text{ und } \mathbf{b} = \begin{pmatrix} 1 \\ 0 \\ 0 \end{pmatrix}.$$

Damit folgt

$$\mathbf{a} \times \mathbf{b} = \det \begin{pmatrix} \mathbf{e}_1 & \mathbf{e}_2 & \mathbf{e}_3 \\ 1 & 1 & 0 \\ 1 & 0 & 0 \end{pmatrix}.$$

Das Schema ergibt

$$\begin{pmatrix} \mathbf{e}_1 & \mathbf{e}_2 & \mathbf{e}_3 & \mathbf{e}_1 & \mathbf{e}_2 \\ 1 & 1 & 0 & 1 & 1 \\ 1 & 0 & 0 & 1 & 0 \end{pmatrix}$$

und deshalb

$$\mathbf{a} \times \mathbf{b} = 1 \cdot 0 \cdot \mathbf{e}_1 + 0 \cdot 1 \cdot \mathbf{e}_2 + 1 \cdot 0 \cdot \mathbf{e}_3$$
$$- 1 \cdot 1 \cdot \mathbf{e}_3 - 0 \cdot 0 \cdot \mathbf{e}_1 - 0 \cdot 1 \cdot \mathbf{e}_2$$
$$= -\mathbf{e}_3 = \begin{pmatrix} 0 \\ 0 \\ -1 \end{pmatrix}.$$

(ii) Nun ist

$$\mathbf{a} = \begin{pmatrix} 2 \\ 2 \\ -1 \end{pmatrix} \text{ und } \mathbf{b} = \begin{pmatrix} 1 \\ 6 \\ -3 \end{pmatrix}.$$

Damit folgt

$$\mathbf{a} \times \mathbf{b} = \det \begin{pmatrix} \mathbf{e}_1 & \mathbf{e}_2 & \mathbf{e}_3 \\ 2 & 2 & -1 \\ 1 & 6 & -3 \end{pmatrix}.$$

Das Schema ergibt

$$\begin{pmatrix} \mathbf{e}_1 & \mathbf{e}_2 & \mathbf{e}_3 & \mathbf{e}_1 & \mathbf{e}_2 \\ 2 & 2 & -1 & 2 & 2 \\ 1 & 6 & -3 & 1 & 6 \end{pmatrix}$$

und deshalb

$$\begin{aligned}
\mathbf{a} \times \mathbf{b} &= 2 \cdot (-3) \cdot \mathbf{e}_1 + (-1) \cdot 1 \cdot \mathbf{e}_2 + 2 \cdot 6 \cdot \mathbf{e}_3 \\
&\quad - 1 \cdot 2 \cdot \mathbf{e}_3 - 6 \cdot (-1) \cdot \mathbf{e}_1 - (-3) \cdot 2 \cdot \mathbf{e}_2 \\
&= 0 \cdot \mathbf{e}_1 + 5 \cdot \mathbf{e}_2 + 10 \cdot \mathbf{e}_3 \\
&= \begin{pmatrix} 0 \\ 5 \\ 10 \end{pmatrix}.
\end{aligned}$$

Über das Vektorprodukt ist jetzt alles gesagt. Im nächsten Abschnitt zeige ich Ihnen, wie man Skalarprodukt und Vektorprodukt sinnvoll kombinieren kann.

2.5 Spatprodukt

Es ist fast übertrieben, dem Spatprodukt einen eigenen Namen und auch einen eigenen Abschnitt zuzugestehen, denn eigentlich ist es nichts weiter als eine Anwendung von Skalarprodukt und Vektorprodukt. Sie werden sich erinnern, dass man mit Hilfe des Skalarproduktes die Länge eines Vektors berechnen kann, denn es gilt

$$|\mathbf{a}|^2 = \mathbf{a} \cdot \mathbf{a}.$$

Hat man nicht mehr nur einen Vektor, sondern gleich zwei Raumvektoren $\mathbf{a}$ und $\mathbf{b}$, so spannen sie ein Parallelogramm auf. Wie wir uns überlegt haben, entspricht die Länge des Vektorproduktes gerade der Fläche des Parallelogramms, und Sie wissen:

$$|\mathbf{a} \times \mathbf{b}| = |\mathbf{a}| \cdot |\mathbf{b}| \cdot \sin \varphi.$$

Wie sieht es nun mit drei Vektoren im Raum aus? Wenn sie nicht gerade alle in derselben Ebene liegen, spannen sie ein räumliches Gebilde auf, das an einen Quader erinnert. Stellen Sie sich zum Beispiel für einen Moment die drei Einheitsvektoren vor. Aus ihnen kann man auf natürliche Weise einen Würfel bilden, aber drei gewöhnliche dreidimensionale Vektoren stehen nun einmal nicht so schön senkrecht aufeinander, sondern liegen einfach irgendwie im Raum herum. Das von ihnen aufgespannte räumliche Gebilde könnte man als die dreidimensionale Fassung eines Parallelogramms bezeichnen, und üblicherweise nennt man es *Parallelepiped*. Da das ein fast unaussprechlicher Name ist, hat sich im Deutschen die weitaus angenehmere Bezeichnung *Spat* eingebürgert.

2.5.1 Definition Das von drei Vektoren im Raum aufgespannte Gebilde heißt Parallelepiped oder auch Spat.

Abb. 2.53 Von drei Vektoren
aufgespannter Spat

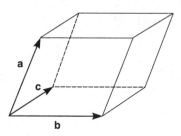

Da wir uns bereits eine Formel zur Berechnung von Parallelogrammflächen verschafft
haben, liegt es nahe, nach einer Formel zur Bestimmung des Spatvolumens zu suchen, und
es wird Sie wohl kaum überraschen, dass das Spatprodukt dabei ausgezeichnete Dienste
leistet.

2.5.2 Bemerkung Gegeben seien drei Vektoren **a**, **b**, **c** im Raum. Gesucht ist eine Art
von Produkt aus den drei Vektoren, mit dem man das Volumen des aufgespannten Spats
berechnen kann. In Abb. 2.53 kann man das von **b** und **c** aufgespannte Parallelogramm
als Grundfläche des Spats betrachten, und wir wissen, wie man die Fläche dieses Paral-
lelogramms berechnet, nämlich durch $|\mathbf{b} \times \mathbf{c}|$. Das Volumen eines Spats erhält man aber
als Produkt aus Grundfläche und Höhe. Nun scheint der Vektor **a** etwas mit der Höhe des
Spats zu tun zu haben, zumindest zeigt er in eine einigermaßen passende Richtung. Man
sollte also **a** in möglichst geeigneter Weise mit dem Vektorprodukt $\mathbf{b} \times \mathbf{c}$ kombinieren.
Dazu kann man sich jetzt mehrere Möglichkeiten ausdenken, aber im Hinblick auf das
Spatvolumen hat sich nur eine als sinnvoll erwiesen: die Kombination aus einem Skalarprodukt und einem Vektorprodukt.

2.5.3 Definition Unter dem Spatprodukt zweier Raumvektoren **a**, **b** und **c** versteht man
die Größe

$$[\mathbf{abc}] = \mathbf{a} \cdot (\mathbf{b} \times \mathbf{c}),$$

das heißt, $[\mathbf{abc}]$ ist das Skalarprodukt von **a** und dem Vektorprodukt aus **b** und **c**.

Bevor ich Ihnen zeige, dass damit tatsächlich das Spatvolumen berechnet wird, sehen
wir uns wie üblich Zahlenbeispiele an.

2.5.4 Beispiele

(i)   Es seien

$$\mathbf{a} = \begin{pmatrix} 4 \\ -2 \\ 2 \end{pmatrix}, \mathbf{b} = \begin{pmatrix} 2 \\ 2 \\ -1 \end{pmatrix} \text{ und } \mathbf{c} = \begin{pmatrix} 1 \\ 6 \\ -3 \end{pmatrix}.$$

Dann ist nach 2.4.10

$$\mathbf{b} \times \mathbf{c} = \begin{pmatrix} 0 \\ 5 \\ 10 \end{pmatrix}$$

und deshalb

$$[\mathbf{abc}] = \mathbf{a} \cdot (\mathbf{b} \times \mathbf{c})$$

$$= \begin{pmatrix} 4 \\ -2 \\ 2 \end{pmatrix} \cdot \begin{pmatrix} 0 \\ 5 \\ 10 \end{pmatrix}$$

$$= 4 \cdot 0 + (-2) \cdot 5 + 2 \cdot 10$$

$$= 0 - 10 + 20$$

$$= 10.$$

(ii) Die drei Vektoren

$$\mathbf{a} = \begin{pmatrix} 2 \\ 0 \\ 0 \end{pmatrix}, \mathbf{b} = \begin{pmatrix} 0 \\ 1 \\ 0 \end{pmatrix} \text{ und } \mathbf{c} = \begin{pmatrix} 0 \\ 0 \\ 3 \end{pmatrix}$$

spannen einen Quader mit den Kantenlängen 2, 1 und 3 auf. Wenn das Spatprodukt etwas mit dem Spatvolumen zu tun hat, dann sollte also in diesem Fall $[\mathbf{abc}] = 6$ herauskommen.

Nun ist

$$\mathbf{b} \times \mathbf{c} = \begin{pmatrix} 1 \cdot 3 - 0 \cdot 0 \\ 0 \cdot 0 - 0 \cdot 3 \\ 0 \cdot 0 - 1 \cdot 0 \end{pmatrix}$$

$$= \begin{pmatrix} 3 \\ 0 \\ 0 \end{pmatrix},$$

und das Skalarprodukt mit $\mathbf{a}$ ergibt

$$[\mathbf{abc}] = \mathbf{a} \cdot (\mathbf{b} \times \mathbf{c})$$

$$= \begin{pmatrix} 2 \\ 0 \\ 0 \end{pmatrix} \cdot \begin{pmatrix} 3 \\ 0 \\ 0 \end{pmatrix}$$

$$= 2 \cdot 3 = 6.$$

Wir haben also auf Grund von 2.5.4 (ii) allen Grund, in Bezug auf das Spatprodukt optimistisch zu sein. Im Gegensatz zu den anderen beiden Produkten sind hier auch gar keine Vorarbeiten meht nötig, denn das Spatprodukt ist eine Kombination aus Skalarprodukt und Vektorprodukt, und wir haben alle anfallenden Arbeiten schon bei diesen beiden Produkten erledigt.

2.5.5 Satz Es seien $\mathbf{a}, \mathbf{b}$ und $\mathbf{c}$ Vektoren im Raum und V das Volumen des von ihnen aufgespannten Spats. Dann ist

$$V = |[\mathbf{abc}]| \,.$$

Bilden $\mathbf{a}, \mathbf{b}, \mathbf{c}$ in dieser Reihenfolge ein Rechtssystem, so ist

$$V = [\mathbf{abc}].$$

Andernfalls gilt

$$V = -[\mathbf{abc}].$$

Beweis Ich muss hier ein wenig an Ihre Anschauung appellieren, wenn ich mich nicht mit geometrischen Kleinlichkeiten aufhalten soll. Wir waren uns darüber einig, dass wir die Grundfläche A des Spats als Fläche des von $\mathbf{b}$ und $\mathbf{c}$ aufgespannten Parallelogramms berechnen können, und das bedeutet

$$A = |\mathbf{b} \times \mathbf{c}|.$$

Wie üblich gilt

$$V = A \cdot h,$$

wobei h die Höhe des Spats ist. Nun werfen Sie einen genaueren Blick auf Abb. 2.54. Der Vektor $\mathbf{b} \times \mathbf{c}$ steht senkrecht auf dem von $\mathbf{b}$ und $\mathbf{c}$ gebildeten Parallelogramm, und

Abb. 2.54 Volumenbestimmung am Spat

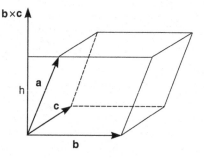

entlang dieses Vektors ist die Höhe h abgetragen. Man erhält diese Höhe, indem man den Kantenvektor **a** senkrecht auf den Vektor **b** × **c** projiziert, wie Sie der Skizze entnehmen können. Als Formel geschrieben:

$$h = |\mathbf{a}_{\mathbf{b} \times \mathbf{c}}| \,.$$

Das ist aber praktisch, denn in Lemma 2.3.5 haben wir uns schon einmal überlegt, wie so eine Projektion mit dem Skalarprodukt zusammenhängt. Je nachdem, ob die Richtungen übereinstimmen, gilt nämlich

$$(\mathbf{b} \times \mathbf{c}) \cdot \mathbf{a} = |\mathbf{b} \times \mathbf{c}| \cdot |\mathbf{a}_{\mathbf{b} \times \mathbf{c}}|$$

oder

$$(\mathbf{b} \times \mathbf{c}) \cdot \mathbf{a} = -|\mathbf{b} \times \mathbf{c}| \cdot |\mathbf{a}_{\mathbf{b} \times \mathbf{c}}| \,.$$

Diese Aussage war der Inhalt von Lemma 2.3.5. Wie auch immer die Richtungen nun sein mögen, in jedem Fall folgt daraus

$$
\begin{aligned}
|[\mathbf{abc}]| &= |\mathbf{a} \cdot (\mathbf{b} \times \mathbf{c})| \\
&= |(\mathbf{b} \times \mathbf{c}) \cdot \mathbf{a}| \\
&= |\mathbf{b} \times \mathbf{c}| \cdot |\mathbf{a}_{\mathbf{b} \times \mathbf{c}}| \\
&= |\mathbf{b} \times \mathbf{c}| \cdot h \\
&= A \cdot h \\
&= V.
\end{aligned}
$$

In der Situation von Abb. 2.54 bilden nun **a**, **b**, **c** ein Rechtssystem, und Sie sehen, dass **a** und **b** × **c** einen Winkel φ von weniger als 90° einschließen. Deshalb ist

$$\mathbf{a} \cdot (\mathbf{b} \times \mathbf{c}) = |\mathbf{a}| \cdot |\mathbf{b} \times \mathbf{c}| \cdot \cos \varphi > 0,$$

so dass also schon das pure Spatprodukt positiv ist und wir auf die Betragsstriche verzichten können.

Würden nun **a**, **b**, **c** kein Rechtssystem bilden, dann müsste **a** „nach unten" zeigen, und der Winkel zwischen **a** und **b** × **c** wäre größer als 90°. Da in diesem Fall der Cosinus negativ wird, erhalten wir auch ein negatives Spatprodukt und finden

$$V = -[\mathbf{abc}]. \hspace{4cm} \triangle$$

Damit bietet das Spatprodukt eine sehr einfache Möglichkeit, das Volumen eines Parallelepipeds zu bestimmen. Wir brauchen uns – im Gegensatz zu den vorherigen Abschnitten – für das Spatprodukt nicht einmal mehr unter großem Aufwand eine leicht berechenbare Formel auszudenken, denn es stehen Formeln für das Skalarprodukt und für das Vektorprodukt zur Verfügung, die nur darauf warten, miteinander kombiniert zu werden.

2.5.6 Bemerkung Für drei Raumvektoren

$$\mathbf{a} = \begin{pmatrix} a_1 \\ a_2 \\ a_3 \end{pmatrix}, \mathbf{b} = \begin{pmatrix} b_1 \\ b_2 \\ b_3 \end{pmatrix}, \mathbf{c} = \begin{pmatrix} c_1 \\ c_2 \\ c_3 \end{pmatrix}$$

ist

$$[\mathbf{abc}] = \mathbf{a} \cdot (\mathbf{b} \times \mathbf{c})$$

$$= \begin{pmatrix} a_1 \\ a_2 \\ a_3 \end{pmatrix} \cdot \left[\begin{pmatrix} b_1 \\ b_2 \\ b_3 \end{pmatrix} \times \begin{pmatrix} c_1 \\ c_2 \\ c_3 \end{pmatrix} \right]$$

$$= \begin{pmatrix} a_1 \\ a_2 \\ a_3 \end{pmatrix} \cdot \begin{pmatrix} b_2 c_3 - b_3 c_2 \\ b_3 c_1 - b_1 c_3 \\ b_1 c_2 - b_2 c_1 \end{pmatrix}$$

$$= a_1 \cdot (b_2 c_3 - b_3 c_2) + a_2 \cdot (b_3 c_1 - b_1 c_3) + a_3 \cdot (b_1 c_2 - b_2 c_1).$$

Die Formel für das Spatprodukt ist zwar etwas lang geraten, aber sie verwendet ausschließlich die Grundrechenarten und ist deshalb, von möglichen Rechenfehlern einmal abgesehen, recht einfach zu handhaben. Für den Fall, dass Sie sie wegen ihrer Länge und der ernsthaften Gefahr, sich zwischen den verschiedenen Komponenten zu verlaufen, nicht mögen sollten, gebe ich gleich noch ein Determinantenschema an, das das Risiko eines Rechenfehlers deutlich verringert.

Vorher möchte ich aber noch ein paar Worte zum Spatprodukt selbst sagen. Es liefert nämlich nicht nur eine Möglichkeit, das Volumen eines Spats zu berechnen, sondern hilft auch dabei, die Lage von drei Raumvektoren zu untersuchen. Falls sie ein Rechtssystem bilden, wird das Spatprodukt nämlich positiv, und falls nicht, wird es negativ, wie Sie dem Satz 2.5.5 entnehmen können. Außerdem kann man mit dem Spatprodukt testen, ob drei Vektoren in der gleichen Ebene liegen.

2.5.7 Bemerkung Es seien $\mathbf{a}, \mathbf{b}, \mathbf{c}$ Vektoren im Raum.

(i)   Genau dann bilden $\mathbf{a}, \mathbf{b}, \mathbf{c}$ in dieser Reihenfolge ein Rechtssystem, wenn

$$[\mathbf{abc}] > 0$$

gilt.

(ii) Genau dann liegen $\mathbf{a}, \mathbf{b}, \mathbf{c}$ in einer Ebene, wenn

$$[\mathbf{abc}] = 0$$

gilt. In diesem Fall nennt man die Vektoren komplanar.

Beweis

(i) Wegen 2.5.5 gibt im Falle eines Rechtssystems das Spatprodukt genau das Volumen des Spats an, muss also positiv sein. Wenn kein Rechtssystem vorliegt, so sagt der Satz 2.5.5, dass man mit dem Spatprodukt gerade das negative Volumen erhält, weshalb [**abc**] < 0 gilt.

(ii) Genau dann liegen drei Vektoren in einer Ebene, wenn der Spat, den sie aufspannen, in Wahrheit nur ein Parallelogramm ist, weil der dritte Vektor keine ernsthaft neue Richtung mit ins Spiel bringt. In diesem Fall hat der Spat natürlich keine räumliche Ausdehnung, also das Volumen 0. Da das Spatprodukt genau dem Spatvolumen entspricht, ist das gleichbedeutend mit

$$[\mathbf{abc}] = 0. \qquad\qquad \triangle$$

Sie sehen, wie unter Verwendung des Spatproduktes manche Dinge ganz leicht werden. Um festzustellen, ob drei Vektoren ein Rechtssystem bilden, brauchen Sie weder Ihre rechte Hand verzweifelt allen möglichen Drehungen zu unterwerfen, noch müssen Sie sich ständig in Gedanken auf die Spitze eines Vektors stellen, was ich in 2.4.4 noch von Ihnen verlangt habe. Sie müssen in Wahrheit nichts weiter tun als das Spatprodukt berechnen und auf sein Vorzeichen achten: ist es positiv, haben wir ein Rechtssystem, ist es negativ, haben wir ein Linkssystem, und ist es gar Null, dann liegen die drei in Frage stehenden Vektoren in der gleichen Ebene.

Erinnern Sie sich noch daran, wie ich in 2.3.12 mit Hilfe des Skalarprodukts die Geradengleichung bestimmt habe? Da wir nun mit dem Spatprodukt umgehen können, wird auch die Berechnung der Ebenengleichung recht übersichtlich.

2.5.8 Beispiel

(i) Bekanntlich wird eine Ebene im Raum durch die Angabe von drei Punkten festgelegt, denn wenn Sie sich eine ebene Fläche vorstellen, die im Raum von drei Stützpunkten festgehalten werden soll, so ist an ihrer Lage im Raum nichts mehr zu ändern; deshalb wackeln dreibeinige Tische nie, aber vierbeinige recht häufig. Wir suchen also die Gleichung einer Ebene durch die drei Punkte

$$A = (a_1, a_2, a_3), B = (b_1, b_2, b_3) \text{ und } C = (c_1, c_2, c_3).$$

Die entsprechenden Ortsvektoren heißen dann

$$\mathbf{a} = \begin{pmatrix} a_1 \\ a_2 \\ a_3 \end{pmatrix}, \mathbf{b} = \begin{pmatrix} b_1 \\ b_2 \\ b_3 \end{pmatrix} \text{ und } \mathbf{c} = \begin{pmatrix} c_1 \\ c_2 \\ c_3 \end{pmatrix}.$$

Nun liegen natürlich **b** − **a** und **c** − **a** in einer Ebene, nämlich genau in der Ebene, um die es geht. Wir müssen sämtliche Punkte bestimmen, die in der von *A*, *B* und *C*

Abb. 2.55 Ebene im Raum

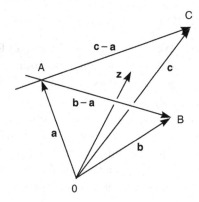

gebildeten Ebene liegen. Ist $\mathbf{z}$ der Ortsvektor eines Punktes, dann sollte also, wie Sie in Abb. 2.55 sehen, $\mathbf{z} - \mathbf{a}$ in einer Ebene mit $\mathbf{b} - \mathbf{a}$ und $\mathbf{c} - \mathbf{a}$ liegen. Nach 2.5.7 heißt das nur, dass die drei Vektoren das Spatprodukt 0 haben müssen. Die Ebenenpunkte $\mathbf{z}$ werden also durch die Gleichung

$$[(\mathbf{z} - \mathbf{a})(\mathbf{b} - \mathbf{a})(\mathbf{c} - \mathbf{a})] = 0$$

bestimmt.

Da das Spatprodukt als Kombination von Vektorprodukt und Skalarprodukt definiert ist, bedeutet das nur

$$(\mathbf{z} - \mathbf{a}) \cdot ((\mathbf{b} - \mathbf{a}) \times (\mathbf{c} - \mathbf{a})) = 0.$$

Wenn wir das Vektorprodukt

$$(\mathbf{b} - \mathbf{a}) \times (\mathbf{c} - \mathbf{a})$$

mit $\mathbf{m} = \begin{pmatrix} m_1 \\ m_2 \\ m_3 \end{pmatrix}$ abkürzen und

$$\mathbf{z} = \begin{pmatrix} x \\ y \\ z \end{pmatrix}$$

schreiben, dann wird diese Gleichung vereinfacht zu

$$\begin{pmatrix} x - a_1 \\ y - a_2 \\ z - a_3 \end{pmatrix} \cdot \begin{pmatrix} m_1 \\ m_2 \\ m_3 \end{pmatrix} = 0,$$

und das Ausmultiplizieren des Skalarproduktes ergibt

$$m_1 \cdot (x - a_1) + m_2 \cdot (y - a_2) + m_3 \cdot (z - a_3) = 0.$$

Damit haben wir die Standardform einer Ebenengleichung gefunden, und falls man Vergnügen daran hat, kann man diese Gleichung noch nach z auflösen, aber das überlasse ich jetzt Ihnen.

Wir üben das Aufstellen einer Ebenengleichung an einem Zahlenbeispiel.

(ii) Gesucht ist die Gleichung der Ebene durch die Punkte

$$A = (1, 2, 3), B = (2, -1, 0) \text{ und } C = (0, -3, 4).$$

Die Ortsvektoren lauten

$$\mathbf{a} = \begin{pmatrix} 1 \\ 2 \\ 3 \end{pmatrix}, \mathbf{b} = \begin{pmatrix} 2 \\ -1 \\ 0 \end{pmatrix} \text{ und } \mathbf{c} = \begin{pmatrix} 0 \\ -3 \\ 4 \end{pmatrix}.$$

Wir bestimmen

$$\mathbf{b} - \mathbf{a} = \begin{pmatrix} 1 \\ -3 \\ -3 \end{pmatrix} \text{ und } \mathbf{c} - \mathbf{a} = \begin{pmatrix} -1 \\ -5 \\ 1 \end{pmatrix}.$$

Zu berechnen ist jetzt

$$\mathbf{m} = (\mathbf{b} - \mathbf{a}) \times (\mathbf{c} - \mathbf{a})$$

$$= \begin{pmatrix} 1 \\ -3 \\ -3 \end{pmatrix} \times \begin{pmatrix} -1 \\ -5 \\ 1 \end{pmatrix}$$

$$= \begin{pmatrix} (-3) \cdot 1 - (-3) \cdot (-5) \\ (-3) \cdot (-1) - 1 \cdot 1 \\ 1 \cdot (-5) - (-3) \cdot (-1) \end{pmatrix}$$

$$= \begin{pmatrix} -18 \\ 2 \\ -8 \end{pmatrix}$$

In Skalarproduktform lautet die Ebenengleichung also

$$\begin{pmatrix} x - 1 \\ y - 2 \\ z - 3 \end{pmatrix} \cdot \begin{pmatrix} -18 \\ 2 \\ -8 \end{pmatrix} = 0,$$

und das Ausrechnen des Skalarprodukts führt zu

$$-18 \cdot (x - 1) + 2 \cdot (y - 2) - 8 \cdot (z - 3) = 0.$$

Wenn man will, kann man das noch zusammenfassen zu

$$-18x + 2y - 8z = -38.$$

Das Ergebnis der Rechnung lässt sich leicht überprüfen. Sie kennen ja bereits drei Punkte auf der Ebene, nämlich A, B und C, sowie ihre Koordinaten. Sie brauchen also nur die Koordinaten dieser drei Punkte in die Formel einzusetzen und zu testen, ob auch wirklich -38 herauskommt. Dabei werden Sie feststellen, dass wir keinen Fehler gemacht haben.

Damit bei solchen Rechnungen auch nichts schief geht, sehen wir uns noch das verein-fachte Rechenschema an.

2.5.9 Bemerkung Auch Spatprodukte kann man mit dreireihigen Determinanten berech-nen. Ist wieder einmal

$$\mathbf{a} = \begin{pmatrix} a_1 \\ a_2 \\ a_3 \end{pmatrix}, \mathbf{b} = \begin{pmatrix} b_1 \\ b_2 \\ b_3 \end{pmatrix}, \mathbf{c} = \begin{pmatrix} c_1 \\ c_2 \\ c_3 \end{pmatrix},$$

so schreibt man einfach die Vektorkomponenten zeilenweise in ein quadratisches Schema, wie Sie es schon vom Vektorprodukt her gewohnt sind.

$$D = \det \begin{pmatrix} a_1 & a_2 & a_3 \\ b_1 & b_2 & b_3 \\ c_1 & c_2 & c_3 \end{pmatrix}.$$

Inzwischen wissen Sie, wie man so eine Determinante nach der Regel von Sarrus be-rechnet: man fügt am Ende wieder die ersten beiden Spalten hinzu und multipliziert die auftretenden Diagonalen aus:

$$\begin{pmatrix} a_1 & a_2 & a_3 & a_1 & a_2 \\ b_1 & b_2 & b_3 & b_1 & b_2 \\ c_1 & c_2 & c_3 & c_1 & c_2 \end{pmatrix}.$$

Die Rechnung ergibt somit

$$D = a_1 b_2 c_3 + a_2 b_3 c_1 + a_3 b_1 c_2$$
$$- a_3 b_2 c_1 - a_1 b_3 c_2 - a_2 b_1 c_3.$$

Nehmen Sie sich einen Augenblick Zeit und vergleichen Sie diesen Term mit der Formel für das Spatprodukt aus 2.5.6. Sie werden feststellen, dass da zweimal das Gleiche steht, mit dem einzigen Unterschied, dass die in 2.5.6 vorkommenden Klammern jetzt ausmultipliziert sind. Wir haben also eine Determinantenformel für das Spatprodukt gefunden, nämlich

$$[\mathbf{abc}] = \det \begin{pmatrix} a_1 & a_2 & a_3 \\ b_1 & b_2 & b_3 \\ c_1 & c_2 & c_3 \end{pmatrix}.$$

Dazu sage ich gleich noch etwas mehr, aber als erstes sollten wir zwei Beispiele rechnen.

2.5.10 Beispiele

(i) Wir setzen

$$\mathbf{a} = \begin{pmatrix} 3 \\ 1 \\ 0 \end{pmatrix}, \mathbf{b} = \begin{pmatrix} 4 \\ 1 \\ 1 \end{pmatrix}, \mathbf{c} = \begin{pmatrix} 2 \\ 1 \\ 0 \end{pmatrix}.$$

Gesucht ist natürlich das Spatprodukt der drei Vektoren. Es gilt nach der letzten Bemerkung 2.5.9:

$$[\mathbf{abc}] = \det \begin{pmatrix} 3 & 1 & 0 \\ 4 & 1 & 1 \\ 2 & 1 & 0 \end{pmatrix}.$$

Die Rechnung erfolgt nach dem Schema

$$\left(\begin{array}{ccc|cc} 3 & 1 & 0 & 3 & 1 \\ 4 & 1 & 1 & 4 & 1 \\ 2 & 1 & 0 & 2 & 1 \end{array} \right),$$

und es folgt

$$\begin{aligned} [\mathbf{abc}] &= 3 \cdot 1 \cdot 0 + 1 \cdot 1 \cdot 2 + 0 \cdot 4 \cdot 1 \\ &\quad - 0 \cdot 1 \cdot 2 - 3 \cdot 1 \cdot 1 - 1 \cdot 4 \cdot 0 \\ &= 2 - 3 = -1. \end{aligned}$$

Daraus kann man nun einiges schließen: Die Vektoren $\mathbf{a}, \mathbf{b}$ und $\mathbf{c}$ liegen nicht in einer einzigen Ebene, sondern bilden einen ordentlichen Spat mit Volumen 1. Ihr einziger Makel ist die Tatsache, dass sie kein Rechtssystem, sondern ein Linkssystem bilden, denn ihr Spatprodukt ist negativ.

(ii) Nun setze ich

$$\mathbf{a} = \begin{pmatrix} 1 \\ 4 \\ 2 \end{pmatrix}, \mathbf{b} = \begin{pmatrix} 0 \\ -1 \\ 3 \end{pmatrix}, \mathbf{c} = \begin{pmatrix} 2 \\ 5 \\ 13 \end{pmatrix}.$$

Dann ist

$$[\mathbf{abc}] = \det \begin{pmatrix} 1 & 4 & 2 \\ 0 & -1 & 3 \\ 2 & 5 & 13 \end{pmatrix}.$$

Die Rechnung erfolgt nach dem Schema

$$\left(\begin{array}{ccc|cc} 1 & 4 & 2 & 1 & 4 \\ 0 & -1 & 3 & 0 & -1 \\ 2 & 5 & 13 & 2 & 5 \end{array} \right),$$

und es folgt

$$\begin{aligned} [\mathbf{abc}] &= 1 \cdot (-1) \cdot 13 + 4 \cdot 3 \cdot 2 + 2 \cdot 0 \cdot 5 \\ &\quad - 2 \cdot (-1) \cdot 2 - 1 \cdot 3 \cdot 5 - 4 \cdot 0 \cdot 13 \\ &= 11 - 11 = 0. \end{aligned}$$

Die drei Vektoren liegen also in einer Ebene.

Ich schließe den Abschnitt über das Spatprodukt mit einer letzten Bemerkung zur Rechentechnik. In 2.5.9 und 2.5.10 habe ich die in Bearbeitung stehenden Vektoren *zeilenweise* in ein quadratisches Schema geschrieben. Es geht aber genausogut auch spaltenweise.

2.5.11 Satz Es gilt

$$\det \begin{pmatrix} a_1 & a_2 & a_3 \\ b_1 & b_2 & b_3 \\ c_1 & c_2 & c_3 \end{pmatrix} = \det \begin{pmatrix} a_1 & b_1 & c_1 \\ a_2 & b_2 & c_2 \\ a_3 & b_3 & c_3 \end{pmatrix}.$$

Beweis Verwenden Sie die Regel von Sarrus und vergleichen Sie das Ergebnis der zweiten Determinante mit der ersten. Sie werden keinen Unterschied finden.   △

Es spielt also überhaupt keine Rolle, ob Sie die Vektoren zeilenweise oder spaltenweise zwischen die Klammern schreiben; das Ergebnis bleibt immer gleich, und Sie können es ganz Ihrem Geschmack überlassen, ob Sie mehr die senkrechte oder die waagrechte Variante mögen.

Vermutlich wäre es übertriebene Gründlichkeit, jetzt noch einmal die gleichen Beispiele zu rechnen, indem ich die Vektoren **a**, **b** und **c** jeweils als Spalte und nicht als Zeile in das Determinantenschema schreibe. Ich überlasse es deshalb Ihnen, den Satz 2.5.11 an den Beispielvektoren aus 2.5.10 zu testen, und gehe zum nächsten Kapitel über. Dort werde ich Ihnen erklären, wie man die Lösungen von Gleichungen und von Ungleichungen bestimmt.

Gleichungen und Ungleichungen 3

Mit Gleichungen hatten Sie sicher schon während Ihrer Schulzeit zu tun, und auch ich kann Sie damit nicht verschonen. Sie sind sowohl in der Mathematik als auch in den Anwendungen ein unverzichtbares Hilfsmittel, weil das Lösen einer Gleichung im wesentlichen darauf hinausläuft, Informationen ans Licht zu bringen, die irgendwo im Dunkeln verborgen sind. Oft weiß man etwas über die Beziehungen zwischen zwei oder mehreren verschiedenen Größen, aber niemand sagt einem die Werte der Größen selbst. Wenn man Glück hat, kann man die bekannten Beziehungen in einer oder mehreren Gleichungen formulieren, und wenn das Glück noch weiter geht, dann sind diese Gleichungen sogar mit vertretbarem Aufwand lösbar.

Sogar in der Weltliteratur haben Gleichungen ihren Platz gefunden. Der Nobelpreisträger Thomas Mann zum Beispiel, der sich sonst von allem Mathematischen so fern wie nur möglich hielt, hat in seinem Buch *Joseph und seine Brüder* ein Gleichungssystem mit zwei Unbekannten verwendet, um die besonderen Fähigkeiten seines jungen Helden zu demonstrieren. Es geht dabei um die biblische Josephsgeschichte, und wie Sie vielleicht wissen, wird der so junge wie arrogante Joseph von seinen Brüdern an einen vorbeiziehenden Reisenden verkauft. Dieser Reisende stellt seine Neuerwerbung nun auf die Probe:

„Gesetzt aber, ich habe ein Stück Acker, das ist dreimal so groß wie das Feld meines Nachbarn Dagantakala, dieser aber kauft ein Joch Landes zu seinem hinzu, und nun ist meines nur noch doppelt so groß: Wieviel Joch haben beide Äcker?"

„Zusammen?" fragte Joseph und rechnete ...

„Nein, jeder für sich."

Joseph löst seine Aufgabe, die nichts weiter ist als ein kleines Gleichungssystem mit zwei Unbekannten, und auf die Frage, wie er so schnell die Lösung finden konnte, lässt Thomas Mann ihn antworten: „Man muß das Unbekannte nur fest ins Auge fassen, dann fallen die Hüllen, und es wird bekannt."

Vermutlich hat Thomas Mann, der von Mathematik leider gar nichts verstand, jemanden gebeten, das Beispiel für ihn zu rechnen, denn die Erklärung des Lösungsverfahrens

© Springer-Verlag GmbH Deutschland 2017
T. Rießinger, *Mathematik für Ingenieure*, DOI 10.1007/978-3-662-54807-3_3

ist doch reichlich unbefriedigend und lässt darauf schließen, dass er nicht so recht wusste, wie man systematisch auf die Lösung kommt.

Das ist nun genau die Frage, mit der ich mich in diesem Kapitel beschäftige: wie kann man Gleichungen und Ungleichungen systematisch lösen? Ich gehe dabei in drei Schritten vor. Zuerst zeige ich Ihnen, wie man an Gleichungen mit einer Unbekannten herangeht. Danach untersuche ich Gleichungen mit mehreren Unbekannten und zum Schluss befasse ich mich noch ein wenig mit Ungleichungen.

3.1   Gleichungen mit einer Unbekannten

In allen Gleichungen dieses Abschnitts ist nur eine einzige Variable gesucht, das heißt, in den Gleichungen taucht nur *eine* Unbekannte x auf. Die einfachste und übersichtlichste Form, in der das geschehen kann, ist die *lineare Gleichung*.

3.1.1 Bemerkung Eine lineare Gleichung

$$ax + b = 0 \text{ mit } a \neq 0$$

hat die Lösung

$$x = -\frac{b}{a}.$$

Das sieht nach einer Trivialität aus, und es ist auch eine. Dennoch gibt es manchmal Gleichungen, die zwar zum Schluss in eine einfache lineare Gleichung münden, am Anfang aber gar nicht danach aussehen. Das ist zum Beispiel oft dann der Fall, wenn die Gleichung in einem konkreten Anwendungsfall, also einer sogenannten Textaufgabe, versteckt ist.

3.1.2 Beispiel Stellen Sie sich zwei Arbeitnehmer vor, die jeden Tag von A nach B zur Arbeit gehen. Der erste ist noch nicht so lange im Dienst und geht seine Strecke relativ schnell mit 100 Metern pro Minute. Der zweite hat keine rechte Lust mehr auf seinen Job und schlurft entsprechend lustlos mit 80 Metern pro Minute vor sich hin. Da er aber pünktlich ankommen muss, geht er 10 Minuten früher los als sein schwungvoller Kollege. Wann werden sie sich treffen?

Die beiden werden sich x Minuten nach dem Aufbruch des schnelleren Arbeitnehmers irgendwo treffen, und wir müssen x berechnen. Wenn sie aufeinander treffen, haben sie natürlich beide die gleiche Strecke zurückgelegt, und bekanntlich berechnet sich die Strecke aus der Formel

$$\text{Weg} = \text{Geschwindigkeit} \cdot \text{Zeit}.$$

Ich verzichte wieder einmal auf Einheiten und sage einfach, dass der schnellere Kollege nach x Minuten eine Strecke von $100x$ zurückgelegt hat. Der unmotivierte Mitarbeiter hat in den 10 Minuten, die er bereits unterwegs ist, 800 Meter hinter sich gebracht, und deshalb beträgt seine Strecke x Minuten nach dem Aufbruch seines Kollegen genau $800 + 80x$. Da beide Strecken gleich sein sollen, führt uns das zu der Gleichung

$$100x = 800 + 80x \text{, also } 20x = 800$$

und damit $x = 40$.

Der unverbrauchte Mitarbeiter wird also nach 40 Minuten seinen Kollegen einholen, vorausgesetzt sie laufen überhaupt so lange.

Schon in diesem Beipiel haben Sie gesehen, dass die auftretende Gleichung nicht ganz die klassische Form $ax + b = 0$ hat. Es kommt häufiger vor, dass man eine Gleichung erst ein wenig umformen muss, um die jeweilige Lösungsformel anwenden zu können.

3.1.3 Bemerkung Verschiedene Arten von Gleichungen lassen sich auf eine lineare Gleichung zurückführen, zum Beispiel

$$ax + b = cx + d \text{ oder } \frac{a}{bx + c} = \frac{d}{ex + f}.$$

Während der erste Gleichungstyp aus 3.1.3 wohl kaum durch ein Beispiel verdeutlicht werden muss, sehen wir uns eine Gleichung des zweiten Typs einmal an.

3.1.4 Beispiel Man löse die Gleichung

$$\frac{5}{3x + 1} = \frac{3}{2x - 1}.$$

Brüche sind immer etwas unübersichtlich, und wann immer man eine Unbekannte im Nenner eines Bruchs hat, wird man versuchen, sie durch Ausmultiplizieren aus dem Nenner heraus zu bringen. Der Hauptnenner beträgt hier offenbar $(3x + 1) \cdot (2x - 1)$ und wir multiplizieren die Gleichung auf beiden Seiten mit diesem Ausdruck. Natürlich kürzt sich dann links $3x + 1$ heraus und rechts $2x - 1$. Folglich erhält man

$$
\begin{aligned}
& \frac{5}{3x + 1} = \frac{3}{2x - 1} \\
\Leftrightarrow \quad & 5 \cdot (2x - 1) = 3 \cdot (3x + 1) \\
\Leftrightarrow \quad & 10x - 5 = 9x + 3 \\
\Leftrightarrow \quad & x = 8.
\end{aligned}
$$

Da für $x = 8$ beide Nenner nicht zu Null werden, ist die Lösung zulässig, das heißt, für die Lösungsmenge gilt:

$$\mathbb{L} = \{8\}.$$

Sie können diesem kleinen Beispiel zwei Dinge entnehmen. Man neigt normalerweise dazu, die Lösung einer Gleichung nicht nur einfach so mit $x = 8$ hinzuschreiben, sondern gibt die Menge aller Lösungen an, die ich mit $\mathbb{L}$ abkürze. Das ist besonders dann sinnvoll, wenn eine Gleichung mehrere Lösungen hat.

Außerdem enthält das Beispiel eine Aufforderung zur Vorsicht. Falls bei einer Gleichung die Unbekannte auch im Nenner auftritt, ist es angebracht, eine errechnete Lösung einmal kurz in die ursprüngliche Gleichung einzusetzen. Sollte der Nenner dann Null werden, war die Lösung nur scheinbar und muss verworfen werden.

3.1.5 Beispiel Bei der Gleichung

$$\frac{x}{x-1} = \frac{1}{x-1}$$

führt die Multiplikation mit dem Nenner $x-1$ sofort zu der vermeintlichen Lösung $x = 1$. Wenn Sie aber $x = 1$ in die Gleichung einsetzen, merken Sie, dass die auftretenden Nenner zu Null werden und deshalb $x = 1$ gar nicht eingesetzt werden darf. Eine Zahl, die man nicht einmal in die Gleichung einsetzen darf, kann aber niemals eine Lösung dieser Gleichung sein. Es stellt sich also heraus, dass die Gleichung

$$\frac{x}{x-1} = \frac{1}{x-1}$$

gar keine reelle Lösung hat, mit anderen Worten: $\mathbb{L} = \emptyset$.

Der natürliche nächste Schritt besteht nun darin, die Variable x nicht mehr nur linear, sondern auch in quadratischen Termen auftreten zu lassen. Gleichungen dieses Typs heißen *quadratische Gleichungen*. Sie kommen nicht nur in Mathematikbüchern, sondern auch bei praktischen Fragestellungen vor.

3.1.6 Beispiel Ein Wasserbehälter ist mit zwei Zuflussrohren A und B versehen, die ihn zusammen in 12 Minuten füllen. Falls das Rohr A den Behälter alleine füllen muss, dauert das 10 Minuten länger, als wenn die Füllung allein von B vorgenommen wird. Wie lange brauchen also Rohr A bzw. Rohr B, um den Wasserbehälter alleine zu füllen?

Die Zeit, die B braucht, um den Behälter zu füllen, bezeichne ich mit x. Dann braucht A, auf sich allein gestellt, $x + 10$, und beide zusammen benötigen genau 12. In einer Minute füllt B also $\frac{1}{x}$ Behälter, A füllt $\frac{1}{x+10}$ Behälter, und A und B zusammen füllen $\frac{1}{12}$ Behälter. Wenn nun A und B gleichzeitig arbeiten, heißt das, dass man ihre jeweiligen Leistungen addieren muss, um die Gesamtleistung zu erhalten. Das führt zu der Gleichung

$$\frac{1}{x} + \frac{1}{x+10} = \frac{1}{12}.$$

Der Hauptnenner beträgt hier $12x(x + 10)$ und die Multiplikation der Gleichung mit diesem Nenner ergibt die neue Gleichung

$$12(x + 10) + 12x = x(x + 10),$$

also

$$12x + 120 + 12x = x^2 + 10x.$$

Bringt man alle Terme auf eine Seite, so erhält man die Gleichung

$$x^2 - 14x - 120 = 0.$$

Es wäre nicht schlecht, diese *quadratische Gleichung* nicht nur aufstellen, sondern auch lösen zu können. Der folgende Satz liefert eine Lösungsformel.

3.1.7 Satz Es sei $a \neq 0$. Dann hat die quadratische Gleichung

$$ax^2 + bx + c = 0$$

die zwei Lösungen

$$x_1 = -\frac{b}{2a} + \sqrt{\frac{b^2}{4a^2} - \frac{c}{a}},$$
$$x_2 = -\frac{b}{2a} - \sqrt{\frac{b^2}{4a^2} - \frac{c}{a}}.$$

Ist die Gleichung in der Form

$$x^2 + px + q = 0$$

gegeben, so lauten die Lösungen:

$$x_1 = -\frac{p}{2} + \sqrt{\frac{p^2}{4} - q},$$
$$x_2 = -\frac{p}{2} - \sqrt{\frac{p^2}{4} - q}.$$

Beweis Um die erste Form auf die zweite zurückzuführen, teile ich die Gleichung durch a. Setzt man dann $p = \frac{b}{a}$ und $q = \frac{c}{a}$, so gilt

$$ax^2 + bx + c = 0 \Leftrightarrow x^2 + px + q = 0.$$

Ich führe nun eine quadratische Ergänzung durch, das heißt ich verändere die linke Seite der Gleichung so, dass sie einer binomischen Formel entspricht. Es gilt nämlich

$$x^2 + px + q = 0$$

$$\Leftrightarrow \quad x^2 + 2\frac{p}{2}x + \left(\frac{p}{2}\right)^2 + q - \frac{p^2}{4} = 0$$

$$\Leftrightarrow \quad x^2 + 2\frac{p}{2}x + \left(\frac{p}{2}\right)^2 = \frac{p^2}{4} - q$$

$$\Leftrightarrow \quad \left(x + \frac{p}{2}\right)^2 = \frac{p^2}{4} - q$$

$$\Leftrightarrow \quad x + \frac{p}{2} = \pm\sqrt{\frac{p^2}{4} - q}$$

$$\Leftrightarrow \quad x = -\frac{p}{2} \pm \sqrt{\frac{p^2}{4} - q}$$

$$= -\frac{b}{2a} \pm \sqrt{\frac{b^2}{4a^2} - \frac{c}{a}}.$$

Was hier passiert ist, erklärt sich fast von selbst. Den Übergang von der ersten Gleichung zur zweiten können Sie nachvollziehen, indem Sie den Term auf der linken Seite der zweiten Gleichung ausrechnen und feststellen, dass er genau $x^2 + px + q$ ergibt. Bringt man die letzten beiden Summanden der linken Seite nun auf die rechte Seite, so erhält man die dritte Gleichung und kann auch gleich sehen, warum man das eigentlich gemacht hat. Die linke Seite der neuen Gleichung passt jetzt nämlich zu der ersten binomischen Formel, die Sie bei Bedarf in 1.2.10 (i) nachlesen können. Das führt in der vierten Gleichung dazu, dass man ein Quadrat auf der linken Seite stehen hat, und nichts liegt jetzt näher als auf beiden Seiten der Gleichung die Wurzel zu ziehen. Wenn Sie nun noch beachten, dass es auch eine negative Wurzel gibt, und Sie dann auch an $p = \frac{b}{a}$ und $q = \frac{c}{a}$ denken, sind die letzten Schritte klar.   △

Eine quadratische Gleichung hat also üblicherweise zwei Lösungen. Wie man mit der Lösungsformel rechnet, können Sie an den folgenden Beispielen sehen.

3.1.8 Beispiele

(i)   Zuerst führen wir das Beispiel 3.1.6 zu Ende. Die Gleichung lautete

$$x^2 - 14x - 120 = 0.$$

In der Terminologie der p, q-Formel aus 3.1.7 heißt das:

$$p = -14 \text{ und } q = -120.$$

Dann ist

$$x_{1,2} = -\frac{p}{2} \pm \sqrt{\frac{p^2}{4} - q}$$

$$= -\frac{-14}{2} \pm \sqrt{\frac{(-14)^2}{4} - (-120)}$$

$$= 7 \pm \sqrt{49 + 120}$$

$$= 7 \pm \sqrt{169}$$

$$= 7 \pm 13.$$

Die beiden Lösungen lauten also $x_1 = -6$ und $x_2 = 20$, das heißt $\mathbb{L} = \{-6, 20\}$. Für unser praktisches Problem kommt allerdings nur die zweite Lösung in Frage, denn es ist kaum zu erwarten, dass Rohr B genau -6 Minuten braucht, um den Behälter zu füllen. In Wahrheit braucht Rohr B natürlich 20 Minuten, und Rohr A braucht 30 Minuten.

(ii) Man löse

$$x^2 - 3x + 2 = 0.$$

Dann ist $p = -3$ und $q = 2$. Einsetzen in die Formel ergibt

$$x_{1,2} = -\frac{p}{2} \pm \sqrt{\frac{p^2}{4} - q}$$

$$= -\frac{-3}{2} \pm \sqrt{\frac{(-3)^2}{4} - 2}$$

$$= \frac{3}{2} \pm \sqrt{\frac{9}{4} - 2}$$

$$= \frac{3}{2} \pm \sqrt{\frac{1}{4}}$$

$$= \frac{3}{2} \pm \frac{1}{2}.$$

Folglich ist $x_1 = 1$ und $x_2 = 2$, das heißt $\mathbb{L} = \{1, 2\}$.

(iii) Man löse

$$x^2 + 6x + 9 = 0.$$

Dann ist $p = 6$ und $q = 9$. Einsetzen in die Formel ergibt

$$x_{1,2} = -\frac{p}{2} \pm \sqrt{\frac{p^2}{4} - q}$$

$$= -\frac{6}{2} \pm \sqrt{\frac{(6)^2}{4} - 9}$$

$$= -3 \pm \sqrt{9 - 9}$$

$$= -3.$$

Folglich ist $x_1 = -3$ und $x_2 = -3$, das heißt $\mathbb{L} = \{-3\}$. Es kann also durchaus passieren, dass die vermeintlich zwei Lösungen auf einmal doch nur eine sind, weil die Wurzel zu Null wird. Die Lösungsmenge ist dann einelementig, denn normalerweise schreibt man ein Element nicht doppelt in eine Menge hinein. Man nennt in diesem Fall $x = -3$ eine zweifache oder auch doppelte Lösung.

(iv) Man löse

$$x^2 + 2x + 2 = 0.$$

Dann ist $p = 2$ und $q = 2$. Einsetzen in die Formel ergibt

$$
\begin{aligned}
x_{1,2} &= -\frac{p}{2} \pm \sqrt{\frac{p^2}{4} - q} \\
&= -\frac{2}{2} \pm \sqrt{\frac{(2)^2}{4} - 2} \\
&= -1 \pm \sqrt{1 - 2} \\
&= -1 \pm \sqrt{-1} \\
&= ?
\end{aligned}
$$

Wie Sie wissen, gibt es keine reelle Zahl, deren Quadrat negativ ist. Daher kann diese Gleichung keine reelle Lösung haben. Was kann man tun, um ihr trotzdem zu einer Lösung zu verhelfen?

Die Quadratwurzel aus 2 wurde im Grunde genommen deshalb eingeführt, weil man die Gleichung $x^2 - 2 = 0$ im Bereich der rationalen Zahlen nicht lösen konnte, wie Sie in 1.2.6 gelernt haben. Man hat also schlicht ein neues Zeichen erfunden, nämlich die Wurzel $\sqrt{2}$, und gesagt, die neue Zahl $\sqrt{2}$ löst das Problem. Etwas präziser ausgedrückt, bestand die Idee darin, den bisher vorhandenen Zahlenbereich so zu erweitern, dass die neue Gleichung lösbar war. Auf diese Art entstanden aus den rationalen Zahlen die reellen Zahlen. Auf die gleiche Art werde ich nun den Bereich der reellen Zahlen erweitern: offenbar reicht er nicht aus, um die einfache quadratische Gleichung $x^2 + 2x + 2 = 0$ zu lösen, und man muss sich andere Zahlen suchen, die mit dem Problem besser zurecht kommen. So gelangen wir zu den *komplexen Zahlen*.

3.1.9 Definition Mit dem Symbol i bezeichnen wir eine „imaginäre" $\sqrt{-1}$, das heißt $i = \sqrt{-1}$. Eine *komplexe Zahl* ist eine Größe der Form

$$a + b \cdot i,$$

wobei $a, b \in \mathbb{R}$ gilt. Die Menge aller komplexen Zahlen wird mit $\mathbb{C}$ bezeichnet, das heißt also

$$\mathbb{C} = \{a + b \cdot i \,|\, a, b \in \mathbb{R}\}.$$

Es könnte sein, dass Ihnen bei dieser Definition etwas unwohl ist, und das wäre auch ganz in Ordnung. Die Mathematiker haben sich über einige Jahrhunderte mit den komplexen Zahlen schwergetan und ihnen manchmal auch das Existenzrecht abgesprochen, aber für manche Zwecke waren sie nun einmal sehr praktisch, und man konnte sie deshalb nicht einfach ignorieren. Der Ausspruch von Leibniz, komplexe Zahlen seien Amphibien zwischen Sein und Nichtsein, dürfte die Auffassung der früheren Mathematiker recht gut beschreiben - bis zu dem Zeitpunkt, als Gauß nachwies, wie man die Existenz so merkwürdiger Zahlen schlüssig rechtfertigen kann. Aber dazu kommen wir erst im zehnten Kapitel. Für den Moment sehen wir uns an, wie man mit komplexen Zahlen sinnvoll rechnet.

3.1.10 Bemerkung Man rechnet mit komplexen Zahlen am besten einfach so, als ob i eine ganz normale Variable wäre, man muss nur beim Multiplizieren daran denken, dass $i^2 = -1$ gilt. So ist zum Beispiel

$$(3 + 4i) + (-5 + 2i) = 3 - 5 + (4 + 2)i = -2 + 6i,$$

und allgemein

$$(a + bi) + (c + di) = (a + c) + (b + d)i.$$

Auch das Multiplizieren geht wie üblich. Beispielsweise ist

$$\begin{aligned}
(2 + 4i) \cdot (-3 + i) &= 2 \cdot (-3) + 2i + 4i \cdot (-3) + 4i^2 \\
&= -6 + 2i - 12i - 4 \\
&= -10 - 10i,
\end{aligned}$$

wobei ich in der zweiten Gleichung benutzt habe, dass $4i^2 = -4$ gilt.

Die allgemeine Regel für die Multiplikation lautet

$$(a + bi) \cdot (c + di) = ac - bd + (ad + bc)i,$$

wie Sie durch Ausmultiplizieren der Klammer nachvollziehen können.

Weitere Einzelheiten über das Rechnen mit komplexen Zahlen berichte ich Ihnen, wie gesagt, in Kap. 10. Wie sieht es nun mit dem Zusammenhang zwischen komplexen Zahlen und quadratischen Gleichungen aus?

3.1.11 Beispiele

(i) Wir kehren erst einmal zurück zum Beispiel 3.1.8 (iv). Dort hatten wir $x_{1,2} = -1 \pm \sqrt{-1}$, und unter Verwendung komplexer Zahlen heißt das:

$$x_1 = -1 + i, x_2 = -1 - i.$$

Setzen wir einmal $x_1 = -1 + i$ in die Gleichung ein. Dann gilt

$$
\begin{aligned}
x_1^2 + 2x_1 + 2 &= (-1+i)^2 + 2 \cdot (-1+i) + 2 \\
&= (-1)^2 + 2 \cdot (-1) \cdot i + i^2 - 2 + 2i + 2 \\
&= 1 - 2i - 1 - 2 + 2i + 2 \\
&= 0,
\end{aligned}
$$

und $-1 + i$ ist tatsächlich eine Lösung der Gleichung, wenn man die Rechenregeln für komplexe Zahlen beachtet und insbesondere nie vergißt, dass $i^2 = -1$ gilt. Für x_2 erspare ich mir die Rechnung; es schadet allerdings nichts, wenn Sie sie zur Übung selbst durchführen.

(ii) Man löse $x^2 - 6x + 13 = 0$. Die Lösungsformel liefert

$$
\begin{aligned}
x_{1,2} &= 3 \pm \sqrt{9 - 13} \\
&= 3 \pm \sqrt{-4} \\
&= 3 \pm 2i,
\end{aligned}
$$

denn $\sqrt{-4} = \sqrt{4 \cdot (-1)} = 2\sqrt{-1} = 2i$. Deshalb ist hier

$$
\mathbb{L} = \{3 + 2i, 3 - 2i\}.
$$

Es wäre nun wenig sinnvoll gewesen, komplexe Zahlen einzuführen, wenn man mit ihnen nichts anderes anstellen könnte als quadratische Gleichungen zu lösen, die keine reellen Lösungen haben. Die eigentliche Kraft der komplexen Zahlen zeigte sich erst, als man zu Anfang des sechzehnten Jahrhunderts eine Formel zur Lösung kubischer Gleichungen entdeckte. Ich werde Ihnen diese Formel hier nicht vorführen, da Sie sie vermutlich niemals brauchen werden und sie uns zu weit vom Gang der Handlung weg führen würde. Ich möchte Ihnen nur an einem kleinen Beispiel zeigen, dass komplexe Zahlen zum Auffinden reeller Lösungen hilfreich sein können.

3.1.12 Beispiel Auch für kubische Gleichungen, das heißt für Gleichungen dritten Grades, gibt es eine allgemeine Lösungsformel, die allerdings so unangenehm ist, dass ich sie Ihnen und mir ersparen möchte. In ihr kommen dritte Wurzeln aus Quadratwurzeln vor, und das kann doch etwas lästig werden. Es kann dabei aber etwas ganz Bestimmtes passieren, was ich Ihnen hier kurz zeigen möchte.

Versucht man nämlich, die kubische Gleichung

$$
x^3 - 15x - 4 = 0
$$

mit Hilfe einer allgemeinen Lösungsformel zu lösen, so kommt man auf den Ausdruck

$$
\begin{aligned}
x &= \sqrt[3]{2 + \sqrt{-121}} + \sqrt[3]{2 - \sqrt{-121}} \\
&= \sqrt[3]{2 + 11i} + \sqrt[3]{2 - 11i}.
\end{aligned}
$$

Im zehnten Kapitel werden Sie erfahren, wie man dritte Wurzeln aus komplexen Zahlen systematisch ausrechnet. Für den Augenblick sage ich Ihnen einfach das Ergebnis. Es gilt nämlich

$$
\begin{aligned}
(2+i)^3 &= (2+i)^2 \cdot (2+i) \\
&= (4+4i+i^2) \cdot (2+i) \\
&= (3+4i) \cdot (2+i) \\
&= 6+8i+3i+4i^2 \\
&= 2+11i.
\end{aligned}
$$

Man kann also mit gutem Recht sagen $\sqrt[3]{2+11i} = 2+i$, und auf die gleiche Weise sieht man $\sqrt[3]{2-11i} = 2-i$. Damit ergibt sich aber für x der Wert

$$
x = 2+i+2-i = 4,
$$

und wenn Sie die 4 in die Gleichung einsetzen, werden Sie sehen, dass wir tatsächlich eine reelle Lösung gefunden haben.

Mit komplexen Zahlen kann man also nicht nur „künstliche Lösungen" ansonsten unlösbarer quadratischer Gleichungen berechnen, sie dienen auch als Hilfsmittel zur Bestimmung ordentlicher reeller Lösungen. Man muss bei bestimmten kubischen Gleichungen nur lange genug mit den entstehenden komplexen Zahlen rechnen, bis zum Schluss alles Imaginäre verschwindet und eine reelle Zahl übrig bleibt. Es war diese Entdeckung aus dem frühen achtzehnten Jahrhundert, die den komplexen Zahlen eine gewisse praktische Existenzberechtigung verschaffte, wenn auch mit mathematischem Unbehagen. Die präzise mathematische Rechtfertigung von Gauß werden Sie im zehnten Kapitel kennenlernen.

Hat man einmal die Lösungen einer quadratischen oder kubischen Gleichung gefunden, dann ist es möglich, den entsprechenden quadratischen bzw. kubischen Term etwas einfacher darzustellen, indem man ihn als Produkt von *Linearfaktoren* schreibt. Dazu sehen wir uns Beispiele an.

3.1.13 Beispiele Die Gleichung $x^2 - 3x + 2 = 0$ aus 3.1.8 (ii) hatte die Lösungsmenge $\mathbb{L} = \{1, 2\}$. Nun gilt aber

$$
\begin{aligned}
(x-1) \cdot (x-2) &= x^2 - x - 2x + 2 \\
&= x^2 - 3x + 2,
\end{aligned}
$$

das heißt, der ursprüngliche Ausdruck wird durch das Ausmultiplizieren der Linearfaktoren reproduziert.

Das gilt auch für komplexe Lösungen. So hat die Gleichung $x^2 + 2x + 2 = 0$ die Lösungen $x_{1,2} = -1 \pm i$, und es gilt

$$
\begin{aligned}
(x-(-1+i)) \cdot (x-(-1-i)) &= (x+1-i) \cdot (x+1+i) \\
&= x^2 + x + x \cdot i + x + 1 + i - x \cdot i - i - i^2, \\
&= x^2 + 2x + 1 - i^2, \\
&= x^2 + 2x + 2.
\end{aligned}
$$

Diese Aufteilung des Gleichungsterms in Linearfaktoren ist durchaus nicht auf quadratische Gleichungen beschränkt, sondern sie gilt für Gleichungen beliebigen Grades. Um das in einem Satz zu formulieren, müssen wir uns noch kurz Gedanken über die Anzahl der Lösungen einer solchen Gleichung machen.

Die linearen Gleichungen, die man auch als *Gleichungen ersten Grades* bezeichnen kann, haben üblicherweise *eine* Lösung. Quadratische Gleichungen haben zwei Lösungen, und wenn ich Ihnen die Lösungsformel für die kubische Gleichung gezeigt hätte, dann hätten Sie gesehen, dass kubische Gleichungen drei Lösungen haben, die natürlich gelegentlich auch komplex sein können. Dieser Zusammenhang zwischen dem Grad der Gleichung und der Anzahl der Lösungen bleibt auch für Gleichungen höheren Grades erhalten.

3.1.14 Satz Die algebraische Gleichung n-ten Grades

$$x^n + a_{n-1}x^{n-1} + a_{n-2}x^{n-2} + \cdots + a_1 x + a_0 = 0$$

hat n Lösungen, die unter Umständen komplex sind oder auch als mehrfache Lösungen auftreten können. Bezeichnet man diese Lösungen mit $x_1, \ldots, x_n$, so gilt

$$x^n + a_{n-1}x^{n-1} + a_{n-2}x^{n-2} + \cdots + a_1 x + a_0 = (x - x_1) \cdot (x - x_2) \cdots (x - x_n).$$

Man nennt diese Formel *Zerlegung in Linearfaktoren*.

Falls Sie nun auf einen Beweis warten, muss ich Sie enttäuschen. Die Tatsache, dass jede algebraische Gleichung n-ten Grades n Lösungen besitzt, hatte man zwar lange vermutet, aber glänzende Mathematiker hatten sich an dem Beweis vergeblich die Zähne ausgebissen. Erst der zweiundzwanzigjährige Carl Friedrich Gauß, dessen Bild einst den Zehn-Mark-Schein zierte, fand in seiner Doktorarbeit von 1799 einen ordentlichen und vollständigen Beweis. Mittlerweile gibt es sogar ziemlich viele korrekte Beweise dieses Satzes, aber sie alle verwenden Methoden, die recht kompliziert sind, und deshalb verzichte ich auf eine Vorführung.

Sie sollten nun nicht glauben, dass es für jeden Grad n auch eine Lösungsformel gibt. Tatsächlich gibt es solche Formeln nur bis zum Grad $n = 4$.

3.1.15 Bemerkung Für algebraische Gleichungen bis zum Grad $n = 4$ gibt es Lösungsformeln, die die n Lösungen der Gleichung mit Hilfe von n-ten Wurzeln berechnen. Für Gleichungen höheren Grades gibt es keine Lösungsformeln. Das liegt nicht daran, dass die Mathematiker zu dumm wären, sie zu entdecken, sondern man konnte beweisen, dass es für $n \geq 5$ eine solche Formel nicht geben *kann*. Bei Gleichungen von mindestens 5-tem Grad muss man daher in aller Regel auf Näherungsverfahren zur Lösung zurückgreifen.

Jahrhundertelang haben sich die Algebraiker mit der Gleichung fünften Grades abgemüht, bis dann zu Anfang des neunzehnten Jahrhunderts das Problem gelöst wurde, wenn auch mit einer negativen Antwort: es gibt einfach keine Formel.

Wesentlich an dieser Erkenntnis mitgewirkt hat ein junger Franzose namens Evariste Galois. Er war eines der großen mathematischen Genies Europas, aber leider hat das zu seinen Lebzeiten niemand bemerkt. Im Alter von 21 Jahren wurde er dann in ein Duell verwickelt, dessen äußerer Anlass eine sogenannte „Ehrenaffäre" (also eine Frauengeschichte) war, das aber vermutlich politische Hintergründe hatte. In jedem Fall war Galois kein besonders guter Schütze, und in der Nacht vor dem Duell war er nicht etwa damit beschäftigt, schießen zu üben, sondern er schrieb einen Brief an einen Freund, in dem er seine noch unveröffentlichten mathematischen Ergebnisse in aller Kürze und annähernd unverständlich darlegte. Dass er tags darauf das Duell nicht überlebte, bedarf kaum einer Erwähnung. Es dauerte noch Jahrzehnte, bis seine Ergebnisse richtig verstanden und anerkannt wurden.

So viel zu den Gleichungen in einer Variablen. Im nächsten Abschnitt wende ich mich den Gleichungen mit mehreren Unbekannten zu.

3.2 Gleichungen mit mehreren Unbekannten

In der Einleitung dieses Kapitels haben Sie schon den Typ von Gleichungen mit mehreren Unbekannten kennengelernt, der sowohl für Ingenieure als auch in den Wirtschaftswissenschaften von grundlegender Bedeutung ist: ein *lineares Gleichungssystem*.

3.2.1 Beispiel Benennen wir die aktuelle Ackergröße des Reisenden mit r und die seines Nachbarn Dagantakala mit d, so sagt das Rätsel aus, dass

$$r = 3d \text{ und } r = 2(d+1)$$

gilt. Das sind nun zwei Gleichungen mit jeweils zwei Unbekannten, und da alle Variablen nur in linearer Form vorkommen, spricht man von einem linearen Gleichungssystem. Wie man leicht sieht, hat es die Lösung

$$r = 6 \text{ und } d = 2.$$

Im allgemeinen haben lineare Gleichungssysteme etwas mehr als nur zwei Unbekannte und auch mehr Gleichungen. Ich definiere nun, was man unter einem solchen System versteht.

3.2.2 Definition Das aus m linearen Gleichungen mit n Unbekannten $x_1, .., x_n$ bestehende System

$$a_{11}x_1 + a_{12}x_2 + \cdots + a_{1n}x_n = b_1$$
$$a_{21}x_1 + a_{22}x_2 + \cdots + a_{2n}x_n = b_2$$
$$\vdots$$
$$a_{m1}x_1 + a_{m2}x_2 + \cdots + a_{mn}x_n = b_m,$$

wobei die Zahlen a_{ij} und b_i bekannt sind, heißt lineares Gleichungssystem. Mit der *Koeffizientenmatrix*

$$A = \begin{pmatrix} a_{11} & \cdots & a_{1n} \\ a_{21} & \cdots & a_{2n} \\ & \vdots & \\ a_{m1} & \cdots & a_{mn} \end{pmatrix}$$

und den *Vektoren*

$$\mathbf{x} = \begin{pmatrix} x_1 \\ \vdots \\ x_n \end{pmatrix} \text{ und } \mathbf{b} = \begin{pmatrix} b_1 \\ \vdots \\ b_m \end{pmatrix}$$

schreibt man dafür auch oft

$$A \cdot \mathbf{x} = \mathbf{b}.$$

Vermutlich kennen Sie lineare Gleichungssysteme noch ein wenig aus Ihrer Schulzeit. Damals hat man Ihnen auch einige Verfahren beigebracht, mit deren Hilfe solche linearen Gleichungssysteme gelöst werden können, und vielleicht erinnern Sie sich noch an die Worte *Einsetzungsverfahren, Gleichsetzungsverfahren* und *Additionsverfahren*. Die wichtigste Methode zum Lösen linearer Gleichungssysteme ist aber der Gauß-Algorithmus. Er stellt, bei Licht betrachtet, auch nur eine systematischere Variante des Additionsverfahrens dar, aber er hat den entscheidenden Vorteil, dass man ihn auf einem Computer programmieren kann und damit die ganze lästige Rechenarbeit abgibt.

An einem Beispiel sehen wir uns ein konventionelles Verfahren und dann das Gauß-Verfahren an.

3.2.3 Beispiel

(i) Es sei $m = n = 3$, das heißt wir haben 3 Gleichungen mit 3 Unbekannten. Da es auf die Namen der Variablen nicht ankommt, verwende ich hier x, y und z anstatt x_1, x_2 und x_3. Zu lösen ist nun das Gleichungssystem

$$\begin{aligned} -x + 2y + \ z &= -2 \\ 3x - 8y - 2z &= \ \ 4 \\ x \ \ \ \ \ \ + 4z &= -2. \end{aligned}$$

Das Ziel ist es, schrittweise Variablen zu eliminieren, bis zum Schluss nur noch eine übrig bleibt. Zu diesem Zweck addiere ich das Dreifache der ersten Gleichung auf die zweite Gleichung und anschließend nur die erste Gleichung auf die dritte Gleichung.

Diese Aktionen führen dazu, dass die Variable x herausfällt und zwei Gleichungen mit den zwei Unbekannten y und z entstehen. Die Gleichungen lauten

$$-2y + \ z = -2$$
$$2y + 5z = -4.$$

Hier ist es nun leicht, y loszuwerden, indem wir einfach die erste Gleichung auf die zweite addieren. Das Resultat ist die Gleichung

$$6z = -6$$

mit der Lösung $z = -1$.

Davon ausgehend kann man z in die obige Gleichung $-2y + z = -2$ einsetzen, und da $z = -1$ gilt, folgt daraus $-2y - 1 = -2$, also $y = \frac{1}{2}$. Schließlich setzen wir y und z in die allererste Gleichung $-x + 2y + z = -2$ ein und erhalten $-x + 1 - 1 = -2$, also $x = 2$.

Die Lösung lautet demnach

$$x = 2, y = \frac{1}{2}, z = -1.$$

Oft fasst man das Ergebnis zu einem Ergebnisvektor $\mathbf{x}$ zusammen und schreibt dann

$$\mathbf{x} = \begin{pmatrix} 2 \\ \frac{1}{2} \\ -1 \end{pmatrix}.$$

(ii) Der Gauß-Algorithmus macht eigentlich dasselbe, nur etwas übersichtlicher. Man verzichtet darauf, immer die Namen der Variablen mitzuschleppen und konzentriert sich auf das Wesentliche: die Koeffizientenmatrix A und die rechte Seite $\mathbf{b}$. Wenn wir diese Größen in eine große Matrix schreiben, dann erhalten wir

$$\begin{pmatrix} -1 & 2 & 1 & -2 \\ 3 & -8 & -2 & 4 \\ 1 & 0 & 4 & -2 \end{pmatrix}.$$

Das Addieren von Gleichungen entspricht hier dem Addieren von Zeilen; wir werden also die dreifache erste Zeile auf die zweite Zeile addieren und dann die einfache erste Zeile auf die dritte. Die Ergebnismatrix lautet dann

$$\begin{pmatrix} -1 & 2 & 1 & -2 \\ 0 & -2 & 1 & -2 \\ 0 & 2 & 5 & -4 \end{pmatrix}.$$

In der zweiten und dritten Zeile stehen jetzt jeweils Nullen am Anfang. Der Koeffizient von x ist also zu Null geworden, mit anderen Worten: x ist aus diesen beiden Gleichungen eliminiert. Aus der letzten Gleichung sollte nun auch noch y verschwinden. Dazu addiert man einfach die zweite Zeile auf die dritte und erhält

$$\begin{pmatrix} -1 & 2 & 1 & -2 \\ 0 & -2 & 1 & -2 \\ 0 & 0 & 6 & -6 \end{pmatrix}.$$

Nun steht schon alles da, was man braucht. Die letzte Zeile ist gleichbedeutend mit $6z = -6$, woraus wieder $z = -1$ folgt. Die Unbekannten y und z kann man wieder „von unten nach oben" berechnen, indem man die Gleichungen $-2y + z = -2$ und $-x + 2y + z = -2$ benutzt. Man hat aber den Vorteil, dass diese beiden Gleichungen nicht erst mühsam von irgendwoher gesucht werden müssen, sondern gleich aus der letzten Matrix

$$\begin{pmatrix} -1 & 2 & 1 & -2 \\ 0 & -2 & 1 & -2 \\ 0 & 0 & 6 & -6 \end{pmatrix}$$

abgelesen werden können, da sie genau der zweiten bzw. ersten Zeile dieser Matrix entsprechen.

Als Lösungsmenge erhalten wir natürlich genau wie vorher

$$\mathbb{L} = \left\{ \begin{pmatrix} 2 \\ \frac{1}{2} \\ -1 \end{pmatrix} \right\}.$$

Vielleicht sind Sie jetzt etwas verwirrt und fragen sich, was das Ganze soll. Im Grunde macht man in diesem Matrix-Verfahren wirklich dasselbe wie im Additionsverfahren aus 3.2.3 (i) – nur ein wenig systematischer und ordentlicher. Die Vorgehensweise des Additionsverfahrens lässt sich in der konventionellen Form, die Sie aus der Schule kennen, nur schwer in ein Computerprogramm übersetzen, bei der Methode des Matrix-Verfahrens ist das dagegen recht einfach. Voraussetzung für das Schreiben eines Programms ist es nämlich, dass alle Anweisungen in Form eines Algorithmus vorliegen, eines Verfahrens, das eindeutig und genau beschreibt, was zu welchem Zeitpunkt zu tun ist. Der Gauß-Algorithmus heißt deswegen Algorithmus, weil er genau das leistet.

Ich werde jetzt den Gauß-Algorithmus für lineare Gleichungssysteme aufschreiben. Für unsere Zwecke genügt es im Moment, sich auf den Fall $m = n$ zu beschränken, in dem es genausoviele Gleichungen wie Unbekannte gibt.

Wie Sie dem Beispiel 3.2.3 (ii) entnehmen können, besteht das Ziel des Algorithmus darin, aus der Koeffizientenmatrix A durch wiederholte Addition oder auch Subtraktion

von Zeilen eine Matrix zu machen, die links unten Nullen stehen hat, denn das entspricht
eliminierten Variablen. Wir müssen also A schrittweise überführen in eine Matrix der
Form

$$\begin{pmatrix} a_{11}^* & a_{21}^* & \cdots & a_{1n}^* \\ 0 & a_{22}^* & \cdots & a_{2n}^* \\ \vdots & 0 & \ddots & \vdots \\ 0 & \cdots & 0 & a_{nn}^* \end{pmatrix}.$$

Da dann links unterhalb der sogenannten Hauptdiagonalen nur Nullen stehen, können wir
aus der letzten Zeile die Unbekannte x_n berechnen und uns dann Schritt für Schritt von
unten nach oben vorarbeiten, indem wir $x_{n-1}, x_{n-2}, \ldots, x_1$ berechnen.

Es folgt nun die Beschreibung des Algorithmus. Im Anschluss daran werde ich noch
die eine oder andere Sache, die an ihm vielleicht unklar sein könnte, erklären, und dann
noch ein Beispiel rechnen.

3.2.4 Gauß-Algorithmus Es sei $A\mathbf{x} = \mathbf{b}$ ein lineares Gleichungssystem mit n Gleichungen und n Unbekannten $x_1, \ldots, x_n$, für die es eine eindeutige Lösung gibt. Wir starten mit
der Matrix

$$\begin{pmatrix} a_{11} & \cdots & a_{1n} & b_1 \\ a_{21} & \cdots & a_{2n} & b_2 \\ & \vdots & & \\ a_{n1} & \cdots & a_{nn} & b_n \end{pmatrix}.$$

Die folgenden Schritte sind durchzuführen.

(i)   Falls $a_{11} = 0$, suche man eine Zeile, deren erstes Element a_{i1} von Null verschieden
      ist, vertausche diese Zeile mit der ersten Zeile und benenne sie um. In jedem Fall gilt
      dann $a_{11} \neq 0$.

(ii) Man subtrahiere ein geeignetes Vielfaches der ersten Zeile von der zweiten, dritten,
      $\ldots, n$-ten Zeile, so dass diese Zeilen jeweils mit Null beginnen. Die neue Matrix hat
      dann die Form

$$\begin{pmatrix} a_{11} & \cdots & a_{1n} & b_1 \\ 0 & * & \cdots & * \\ \vdots & \vdots & \ddots & \vdots \\ 0 & * & \cdots & * \end{pmatrix}.$$

(iii) Man wiederhole Schritt (i) und (ii) für die kleinere Matrix „rechts unten", das heißt
      für die Matrix mit $n-1$ Zeilen und $n-1$ Spalten, die entsteht, wenn man aus der

Matrix von Schritt (ii) die erste Spalte und die erste Zeile streicht. Man erhält dann eine Gesamtmatrix der Form

$$\begin{pmatrix} a_{11} & a_{12} & \cdots & a_{1n} & b_1 \\ 0 & * & \cdots & * & * \\ 0 & 0 & * & \cdots & * \\ \vdots & \vdots & \vdots & \ddots & \vdots \\ 0 & 0 & * & \cdots & * \end{pmatrix}.$$

(iv) Man wiederhole so oft Schritt (i) und (ii) für die jeweils auftretenden kleineren Matrizen, die man erhält, wenn man aus der Matrix „rechts unten" des vorherigen Schrittes die erste Zeile und die erste Spalte streicht, bis die Matrix in der linken unteren Hälfte aus Nullen besteht. Sie hat dann die Form

$$\begin{pmatrix} a_{11}^* & a_{12}^* & \cdots & a_{1n}^* & b_1^* \\ 0 & a_{22}^* & \cdots & a_{2n}^* & b_2^* \\ \vdots & 0 & \ddots & \vdots & \vdots \\ 0 & \cdots & 0 & a_{nn}^* & b_n^* \end{pmatrix}.$$

(v) Man berechne aus der letzten Zeile x_n, mit Hilfe von x_n aus der vorletzten Zeile x_{n-1}, dann x_{n-2} und so weiter, bis man aus der ersten Zeile x_1 berechnen kann.

Vielleicht war das ein bisschen viel auf einmal, und deshalb gehen wir gleich das Verfahren Schritt für Schritt durch. Zunächst aber ein Wort zur Terminologie. In der letzten Matrix des Algorithmus tauchen nicht mehr die Einträge der Form a_{22} auf, sondern z. B. a_{22}^*. Das liegt daran, dass im Verlauf des Algorithmus die Einträge verändert worden sind, wie Sie in Beispiel 3.2.3 (ii) sehen konnten. Dort ist zum Beispiel $a_{22}^* = -2$, aber $a_{22} = -8$. Man muss deshalb für die Einträge in der Schlussmatrix andere Namen wählen.

Weiterhin sind in den Schritten (ii) und (iii) des Algorithmus teilweise nur noch Sternchen in die Matrizen eingetragen. Das ist reine Faulheit, von der die meisten Mathematiker gelegentlich überkommen werden: es interessiert im Moment einfach nicht, was an der Stelle der Sternchen genau steht, die Hauptsache ist, da steht irgendetwas. Wichtig ist in den Schritten (ii) und (iii) nämlich nur, dass links von den Sternchen Nullen entstanden sind, und die haben wir ja auch ordentlich hineingeschrieben.

Nun aber noch einmal kurz zum Verfahren selbst.

3.2.5 Bemerkung Ich vergleiche den allgemeinen Algorithmus aus 3.2.4 mit dem konkreten Beispiel 3.2.3 (ii). Schritt (i) ist in 3.2.3 überflüssig, denn es gilt $a_{11} = -1 \neq 0$. Falls aber einmal an der ersten Stelle eine Null stehen sollte, dann kann man leicht in Schwierigkeiten geraten: Sie sollen ja passende Vielfache der ersten Zeile von allen weiteren Zeilen abziehen, um dort die erste Variable zu eliminieren. Das geht aber nicht, wenn

Ihr $a_{11} = 0$ ist, denn Sie können beispielsweise von 17 die 0 beliebig oft abziehen, ohne irgendetwas an der 17 zu verändern. Folglich muss man dafür sorgen, dass an der ersten Stelle eine von Null verschiedene Zahl steht, und das erklärt die Notwendigkeit von Schritt (i).

In Schritt (ii) versucht man, die erste Variable aus der zweiten, dritten, ..., n-ten Gleichung zu eliminieren. Auf die Zeilen übertragen heißt das, dass ab der zweiten Zeile der jeweils erste Eintrag zu Null gemacht wird. In 3.2.3 haben wir zu diesem Zweck die verdreifachte erste Zeile auf die zweite Zeile addiert und die einfache erste Zeile zur dritten Zeile hinzugezählt. Im allgemeinen Fall wird man nachsehen, mit welchen Faktoren man die erste Zeile jeweils multiplizieren muss, um dann beim Addieren auf die anderen Zeilen am Anfang den Wert 0 zu erhalten. Man kann leicht sehen, dass man auf die i-te Zeile gerade das $-\frac{a_{i1}}{a_{11}}$-fache der ersten Zeile addieren muss, denn in diesem Fall findet man an der ersten Stelle der neuen i-ten Zeile:

$$a_{i1} + \left(-\frac{a_{i1}}{a_{11}}\right) \cdot a_{11} = 0.$$

Wenn wir diesen Schritt für jede Zeile durchgeführt haben, stehen unterhalb von a_{11} nur noch Nullen, und die neue Matrix hat die in Schritt (ii) angegebene Form.

Für die Gleichungen bedeutet das, dass wir jetzt noch $n - 1$ Gleichungen mit $n - 1$ Unbekannten vorliegen haben, deren Koeffizientenmatrix die „kleinere Matrix rechts unten" ist. Die Idee von Schritt (iii) ist es, für diese kleinere Matrix das gleiche Spiel durchzuführen wie vorher für die große. Damit wird nämlich auch die zweite Variable eliminiert, was in der Matrix dadurch zum Ausdruck kommt, dass ab der dritten Stelle der zweiten Spalte unserer Gesamtmatrix nur noch Nullen stehen. In Beispiel 3.2.3 hat die relevante kleinere Matrix noch 2 Zeilen, und sie heißt

$$\begin{pmatrix} -2 & 1 & -2 \\ 2 & 5 & -4 \end{pmatrix}.$$

Offenbar muss man hier unterhalb der -2 für Nullen sorgen und deshalb die obere Zeile auf die untere addieren. Dass damit in der großen dreizeiligen Matrix auch noch ein paar Nullen in der ersten Spalte addiert werden, spielt natürlich wegen $0 + 0 = 0$ keine Rolle.

In Beispiel 3.2.3 ist Schritt (iv) überflüssig, denn die Matrix besteht schon nach Schritt (iii) aus Nullen in der linken unteren Hälfte. Falls aber mehr als drei Gleichungen gegeben sind, muss man das gleiche Verfahren auf die jeweils entstehenden kleineren Matrizen rechts unten anwenden, um immer mehr Variablen aus dem Verkehr zu ziehen. Zum Schluss ist dann nur noch eine übrig, die man aus der Gleichung

$$a_{nn}^* \cdot x_n = b_n^*$$

sofort berechnen kann. Die vorletzte Zeile liefert die Gleichung

$$a_{n-1,n-1}^* \cdot x_{n-1} + a_{n-1,n}^* \cdot x_n = b_{n-1}^*,$$

und da Sie x_n bereits berechnet haben, können Sie seinen Wert in diese Gleichung einsetzen. Das ermöglicht dann die Berechnung von x_{n-1}. Wenn Sie sich auf die gleiche Weise Zeile für Zeile hocharbeiten, erhalten Sie der Reihe nach die Werte aller Variablen $x_n, x_{n-1}, \ldots, x_1$.

Wenigstens einmal sollte man auch ein Beispiel mit mehr als drei Unbekannten gesehen haben. Wir lösen deshalb ein lineares Gleichungssystem, das aus vier Gleichungen mit vier Unbekannten besteht.

3.2.6 Beispiel Gegeben sei das Gleichungssystem

$$
\begin{aligned}
x \quad + z + \ u &= 0 \\
x + y + 2z + \ u &= 1 \\
- y \quad \ + u &= 0 \\
x \quad \quad + 2u &= 0
\end{aligned}
$$

Die Matrizendarstellung dieses Gleichungssystems lautet

$$
\begin{pmatrix}
1 & 0 & 1 & 1 & 0 \\
1 & 1 & 2 & 1 & 1 \\
0 & -1 & 0 & 1 & 0 \\
1 & 0 & 0 & 2 & 0
\end{pmatrix}.
$$

Links oben steht eine 1, und etwas Besseres kann einem gar nicht passieren. Da in der dritten Zeile schon eine 0 vorne steht, brauchen wir nur die erste Zeile von der zweiten und der vierten abzuziehen. Die neue Matrix lautet:

$$
\begin{pmatrix}
1 & 0 & 1 & 1 & 0 \\
0 & 1 & 1 & 0 & 1 \\
0 & -1 & 0 & 1 & 0 \\
0 & 0 & -1 & 1 & 0
\end{pmatrix}.
$$

Die erste Spalte ist damit erledigt. Nach Schritt (iii) des Gauß-Algorithmus sollten wir jetzt dafür sorgen, dass in der *zweiten* Spalte unterhalb der 1 Nullen stehen. Das ist leicht zu erreichen, denn in der vierten Zeile ist die Null schon da, und auf die dritte Zeile muss nur die zweite addiert werden. Das Resultat ist die Matrix

$$
\begin{pmatrix}
1 & 0 & 1 & 1 & 0 \\
0 & 1 & 1 & 0 & 1 \\
0 & 0 & 1 & 1 & 1 \\
0 & 0 & -1 & 1 & 0
\end{pmatrix}.
$$

Auch die zweite Spalte ist damit abgetan. Es geht jetzt nur noch um die -1 in der vierten Zeile, die wir beseitigen müssen. Das Mittel dafür ist die Addition der dritten Zeile auf die vierte mit dem Ergebnis

$$\begin{pmatrix} 1 & 0 & 1 & 1 & 0 \\ 0 & 1 & 1 & 0 & 1 \\ 0 & 0 & 1 & 1 & 1 \\ 0 & 0 & 0 & 2 & 1 \end{pmatrix}.$$

Die Matrix ist nun in genau dem Zustand, in dem wir sie brauchen: links unten stehen nur noch Nullen. Aus der letzten Zeile entnehmen wir die Gleichung

$$2u = 1, \text{ also } u = \frac{1}{2}.$$

Die dritte Zeile liefert

$$z + u = 1,$$

und wegen $u = \frac{1}{2}$ ist dann auch $z = \frac{1}{2}$. So geht es auch gleich weiter, denn aus der zweiten Zeile kann man schließen, dass $y + z = 1$ gilt. Da aber $z = \frac{1}{2}$ bekannt ist, folgt daraus $y = \frac{1}{2}$. Schließlich besagt die erste Zeile

$$x + z + u = 0,$$

und aus $z = u = \frac{1}{2}$ folgt deshalb $x = -1$.

Die Lösung lautet also

$$\mathbb{L} = \left\{ \begin{pmatrix} -1 \\ \frac{1}{2} \\ \frac{1}{2} \\ \frac{1}{2} \end{pmatrix} \right\}.$$

Damit haben wir erst einmal genug über lineare Gleichungssysteme gesprochen. Im nächsten Abschnitt sehen wir uns einige Beispiele zur Behandlung von Ungleichungen an.

3.3 Ungleichungen

Die Lösungsmenge einer Gleichung ist meistens recht übersichtlich: bei einer quadratischen Gleichung erhält man vielleicht zwei Lösungen, und bei einem linearen Gleichungssystem einen Lösungsvektor mit n Einträgen. Bei den Gleichungen, die wir besprochen haben, gibt es aber in jedem Fall nur endlich viele Lösungen.

Anders ist die Situation, wenn Sie zu Ungleichungen übergehen. Manchmal wird man eben nicht so genau wissen, mit welcher Größe x oder x^2 oder sonst etwas gleichgesetzt werden kann, sondern man kann nur angeben, dass ein Ausdruck größer oder auch kleiner als ein anderer Ausdruck ist. So etwas nennt man *Ungleichung*. Ich werde in diesem Abschnitt keine Theorie der Ungleichungen präsentieren, sondern Ihnen anhand einiger Beispiele zeigen, wie man mit ihnen umgehen kann.

3.3.1 Beispiel Gesucht sind alle $x \in \mathbb{R}$, die die Ungleichung

$$x^2 - x - 2 > 0$$

erfüllen. Wir tun erst einmal so, als ob die Ungleichung eine Gleichung wäre, lösen also

$$x^2 - x - 2 = 0.$$

Nach der üblichen Lösungsformel findet man

$$x_{1,2} = \frac{1}{2} \pm \sqrt{\frac{1}{4} + 2} = \frac{1}{2} \pm \frac{3}{2},$$

also

$$x_1 = -1 \text{ und } x_2 = 2.$$

Nun haben wir bisher noch nicht über Funktionen gesprochen, aber vielleicht können Sie sich noch aus Ihrer Schulzeit daran erinnern, dass man die Funktion

$$y = x^2 - x - 2$$

graphisch wie in Abb. 3.1 durch eine nach oben geöffnete Parabel darstellt, die genau an den Punkten -1 und 2 die x-Achse schneidet. Sie sehen, dass zwischen den beiden

Abb. 3.1 Die Parabel
$y = x^2 - x - 2$

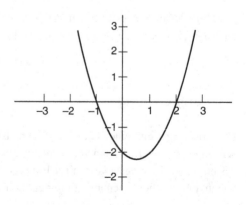

Nullstellen die Parabel unterhalb der x-Achse verläuft, und das bedeutet, dort ist der Funktionswert negativ. Rechts von 2 und links von -1 dagegen ist $x^2 - x - 2 > 0$. Die Lösungsmenge der Ungleichung ergibt sich also ganz zwanglos als

$$\mathbb{L} = \{x \in \mathbb{R} \,|\, x > 2 \text{ oder } x < -1\}$$
$$= (-\infty, -1) \cup (2, \infty).$$

Die Lage ist doch ein wenig anders als beim Lösen von Gleichungen. Wir erhalten eine Lösungsmenge mit unendlich vielen Elementen, die aus der Vereinigung von zwei unendlich großen Intervallen besteht. Außerdem mussten wir zu dem kleinen Trick greifen, erst eine Gleichung zu lösen und dann darauf aufbauend die Lösung der Ungleichung zu ermitteln.

Das alles funktioniert recht einfach, wenn die in Frage stehenden Terme quadratische Ausdrücke sind wie im Beispiel 3.3.1. Allerdings kann es auch dann vorkommen, dass die Lösungsmenge leer ist.

3.3.2 Beispiel   Gesucht sind alle $x \in \mathbb{R}$, die die Ungleichung

$$x^2 + 2x + 3 < 0$$

erfüllen.

Wir gehen so vor wie im letzten Beispiel und lösen zuerst die entsprechende Gleichung

$$x^2 + 2x + 3 = 0.$$

Die Lösungsformel ergibt

$$x_{1,2} = -1 \pm \sqrt{1 - 3} = -1 \pm \sqrt{-2} = -1 \pm i \cdot \sqrt{2},$$

das heißt $x_1 = -1 + i\sqrt{2}$ und $x_2 = -1 - i\sqrt{2}$. Die Gleichung hat also keine reelle Lösung. Folglich hat die zugehörige Parabel keine Schnittpunkte mit der x-Achse. Nun stellen Sie sich eine Parabel vor, die niemals die x-Achse schneidet. Sie muss entweder *immer* über der x-Achse liegen oder *immer* unterhalb der x-Achse ihr Dasein fristen. Auf keinen Fall kann sie einmal darüber und einmal darunter sein, denn sonst müsste sie die Achse unterwegs irgendwo schneiden.

Wie kann man nun feststellen, ob die Parabel $y = x^2 + 2x + 3$ stets unterhalb oder stets oberhalb der x-Achse liegt? Ganz einfach: man nimmt sich irgendein $x \in \mathbb{R}$, setzt es ein und sieht nach, ob das Ergebnis positiv oder negativ ist. Am einfachsten ist natürlich $x = 0$, und dafür ergibt sich $y = 3 > 0$. Für $x = 0$ liegt die Parabel also oberhalb der x-Achse, und da sie entweder ganz oberhalb oder ganz unterhalb liegen muss, liegt sie immer oberhalb der x-Achse.

Damit haben wir herausgefunden, dass

$$x^2 + 2x + 3 > 0 \text{ für alle } x \in \mathbb{R}$$

gilt. Die Ungleichung

$$x^2 + 2x + 3 < 0$$

hat somit keine Lösung, und es folgt:

$$\mathbb{L} = \emptyset.$$

Etwas aufwendiger ist die Behandlung von Ungleichungen, in denen Beträge vorkommen. Hier sind im allgemeinen Fallunterscheidungen unvermeidlich.

3.3.3 Beispiel Man löse die Ungleichung

$$2 - x^2 \geq |x|.$$

Um ähnlich vorgehen zu können wie in den vorherigen Beispielen, müssen wir zwei Fälle unterscheiden: für $x \geq 0$ ist nämlich $|x| = x$, und für $x < 0$ ist $|x| = -x$. Leider muss jeder einzelne Fall gesondert behandelt werden.

Fall 1: $x \geq 0$. Dann ist $|x| = x$, und die Ungleichung hat die Form

$$2 - x^2 \geq x.$$

Das ist äquivalent zu

$$x^2 + x - 2 \leq 0,$$

und auf diese Ungleichung können wir die mittlerweile bekannten Methoden anwenden. Zu diesem Zweck lösen wir die Gleichung

$$x^2 + x - 2 = 0$$

und erhalten

$$x_{1,2} = -\frac{1}{2} \pm \sqrt{\frac{1}{4} + 2} = -\frac{1}{2} \pm \frac{3}{2},$$

also $x_1 = -2$ und $x_2 = 1$. Die Parabel $y = x^2 + x - 2$ ist nach oben geöffnet und schneidet die x-Achse in den Punkten -2 und 1. Folglich ist sie genau dann unterhalb der x-Achse, wenn $-2 \leq x \leq 1$ gilt. Aber Vorsicht: wir befinden uns im Fall 1, und der setzt voraus, dass wir nur x-Werte betrachten, die nicht kleiner als 0 werden.

Die Lösungen der Ungleichung

$$2 - x^2 \geq |x|,$$

für die $x \geq 0$ gilt, liegen deshalb genau im Intervall $[0, 1]$. Daher setzen wir

$$\mathbb{L}_1 = [0, 1].$$

Fall 2: $x < 0$. Dann ist $|x| = -x$, und die Ungleichung hat die Form

$$2 - x^2 \geq -x.$$

Das ist äquivalent zu

$$x^2 - x - 2 \leq 0,$$

und auch auf diese Ungleichung wenden wir die üblichen Methoden an. Zu diesem Zweck lösen wir die Gleichung

$$x^2 - x - 2 = 0$$

und erhalten

$$x_{1,2} = \frac{1}{2} \pm \sqrt{\frac{1}{4} + 2} = \frac{1}{2} \pm \frac{3}{2},$$

also $x_1 = -1$ und $x_2 = 2$. Die Parabel $y = x^2 - x - 2$ ist nach oben geöffnet und schneidet die x-Achse in den Punkten -1 und 2. Folglich ist sie genau dann unterhalb der x-Achse, wenn $-1 \leq x \leq 2$ gilt. Auch hier ist wieder Vorsicht am Platze: wir befinden uns im Fall 2, und der setzt voraus, dass wir nur x-Werte betrachten, die kleiner als 0 werden.

Die Lösungen der Ungleichung

$$2 - x^2 \geq |x|,$$

für die $x < 0$ gilt, liegen deshalb genau im Intervall $[-1, 0)$. Daher setzen wir

$$\mathbb{L}_2 = [-1, 0).$$

Die positiven Lösungen der Ungleichung liegen also zwischen 0 und 1, und die negativen Lösungen befinden sich zwischen -1 und 0. Die Gesamtheit aller Lösungen, ob positiv oder negativ, erhält man nun durch die Vereinigung der beiden Mengen $\mathbb{L}_1$ und $\mathbb{L}_2$, das heißt

$$\begin{aligned}
\mathbb{L} &= \mathbb{L}_1 \cup \mathbb{L}_2 \\
&= [-1, 0) \cup [0, 1] \\
&= [-1, 1].
\end{aligned}$$

Abb. 3.2 Die Graphen von
$y = 2 - x^2$ und $y = |x|$

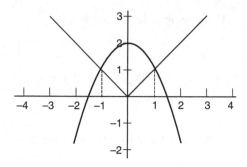

Diese rechnerisch gewonnene Lösung stimmt auch mit der Graphik in Abb. 3.2 überein: genau dann liegt die Parabel $y = 2 - x^2$ über dem eckigen Graphen $y = |x|$, wenn $-1 \le x \le 1$ ist.

Ich will nicht behaupten, damit auch nur annähernd alles über das Lösen von Ungleichungen gesagt zu haben. Sie sollten hier nur ein Gefühl dafür bekommen, dass das Leben mit Ungleichungen etwas anders ist als mit Gleichungen, und die eine oder andere Methode zum Lösen von Ungleichungen kennenlernen.

Wir verlassen nun die Gleichungen und Ungleichungen, um im nächsten Kapitel einiges über Folgen und Konvergenzbetrachtungen zu lernen.

Folgen und Konvergenz

4

Bisher haben wir uns mit mehr oder weniger elementaren Dingen beschäftigt, die Sie zu einem guten Teil wohl noch aus der Schule kannten. Jetzt werden wir damit beginnen, uns einige Grundlagen für die Differentialrechnung zu verschaffen. Die Differentialrechnung selbst, also das Umgehen mit Ableitungen, liegt noch in weiter Ferne, um genau zu sein im siebten Kapitel, aber man kann sich nun einmal nicht sinnvoll mit ihr befassen, ohne ein paar Vorkenntnisse zu haben. Deshalb besteht mein Ziel in diesem Kapitel darin, Sie mit einigen Kenntnissen über *Grenzwerte* zu versehen, die wir im späteren Verlauf des Buches brauchen werden.

Das Kapitel ist in zwei Teile gegliedert. Im ersten Teil mache ich Sie vertraut mit dem Begriff der Folge und zeige Ihnen, was man unter *konvergenten* Folgen und deren Grenzwerten zu verstehen hat. Im zweiten Teil stelle ich Ihnen eine Methode vor, mit der man Aussagen über die Eigenschaften von Folgen und auch ganz allgemein über natürliche Zahlen herleiten kann: die vollständige Induktion.

Lassen Sie mich aber zunächst noch eine Bemerkung loswerden. Es wird nun manchmal vorkommen, dass die Dinge, die ich Ihnen erzähle, zunächst einmal nur schwer einer praktischen Anwendung zugänglich sind. Das ändert nichts daran, dass sie besprochen werden müssen, denn sie stellen die Grundlage dar für Gebiete von großer praktischer Bedeutung wie zum Beispiel die Differential- und Integralrechnung. Wenn man diese wichtigen Gebiete verstehen will und nicht nur in irgendwelche unklaren Formeln Zahlen einsetzen möchte, dann ist es unvermeidbar, sich erst einmal über ein paar etwas theoretischere Dinge klar zu werden. Deshalb werde ich jetzt über die Konvergenz von Folgen reden.

4.1 Grenzwerte von Folgen

Obwohl ich gerade eben gesagt habe, dass die Konvergenz von Folgen keine unmittelbare praktische oder gar technische Anwendung hat, versteckt sich hinter diesem Begriff absolut nichts Unnatürliches. Es ist vielmehr genauso wie bei Mengen oder auch Vekto-

© Springer-Verlag GmbH Deutschland 2017
T. Rießinger, *Mathematik für Ingenieure*, DOI 10.1007/978-3-662-54807-3_4

ren: es kann schon einem kleinen Kind passieren, dass es mit einer konvergenten Folge konfrontiert wird.

4.1.1 Beispiel Wahrscheinlich gibt es kaum ein Kind, das sich nicht freut, wenn man ihm eine Tafel Schokolade schenkt. Nun kann es aber mit dieser Schokolade ganz verschiedene Dinge anstellen. Falls die Augen größer sind als der Verstand und die Eltern gerade nicht hinsehen, wird es vielleicht die ganze Tafel in einem Rutsch aufessen (das machen übrigens nicht nur Kinder so). Die Schokolade ist dann natürlich weg, und das Kind wird enttäuscht feststellen, dass man eine Tafel Schokolade nicht zweimal aufessen kann.

Bei der nächsten Tafel geht es die Sache unter Umständen schlauer an: ein Kind kann auch schon in jungen Jahren auf die Idee kommen, nur die Hälfte der Schokolade gleich zu essen und die zweite Hälfte für schlechte Zeiten aufzubewahren, die ja mit Sicherheit am nächsten Morgen kommen werden. Am nächsten Tag wird es sich denken, dass man vielleicht nur die Hälfte der verbliebenen Hälfte verschlingen sollte, denn sonst ist das bittere Ende nur um einen Tag nach hinten verschoben. Folglich bleibt ihm nach zwei Tagen noch immer ein Rest Schokolade übrig, nämlich eine Vierteltafel, die es am Morgen des dritten Tages routiniert erneut halbiert, um sich immerhin noch an einer Achteltafel zu erfreuen.

Sie sehen, worauf es ankommt. Den Prozess der Schokoladenhalbierung kann man – zumindest theoretisch – beliebig oft vornehmen, so dass immer noch ein Rest an Schokolade bleibt. Wir haben es hier also mit einem unendlichen Prozess zu tun, der in der Praxis nur daran scheitert, dass man sich nach einer bestimmten Zahl von Tagen mehr oder weniger auf der Ebene der Schokoladenmoleküle bewegt, weil das verbliebene Reststück so klein ist, dass man es nicht mehr sehen kann.

Formulieren wir das Ganze etwas mathematischer. Mit n bezeichne ich die Nummer des Tages, mit s_n die nach n Tagen verbrauchte Schokolade und mit r_n den Schokoladenrest, der nach n Tagen übrigbleibt. Dann kann man s_n und r_n ausrechnen.

$$s_1 = \frac{1}{2}, \qquad\qquad r_1 = \frac{1}{2},$$
$$s_2 = \frac{1}{2} + \frac{1}{4}, \qquad r_2 = \frac{1}{4},$$
$$s_3 = \frac{1}{2} + \frac{1}{4} + \frac{1}{8}, \quad r_3 = \frac{1}{8}.$$

Die Summanden, die bei der Berechnung von s_n auftreten, sind gerade die reziproken Werte der Zweierpotenzen, also

$$\frac{1}{2}, \frac{1}{2^2}, \frac{1}{2^3}$$

und so weiter. Nach n Tagen wird dementsprechend

$$s_n = \frac{1}{2} + \frac{1}{4} + \cdots + \frac{1}{2^n} \text{ und } r_n = \frac{1}{2^n}$$

gelten, denn der Wert von r_n entspricht dem letzten Summanden von s_n.

Die Erfahrung des Kindes, dass sich trotz seiner schlauen Politik die Schokoladen-vorräte mehr und mehr vermindern, bis sie kaum noch zu sehen sind, kann man nun so formulieren, dass sich die Folge der Reste r_n mit der Zeit der 0 annähert. Parallel dazu ist zu erwarten, dass die Folge der verbrauchten Schokolade s_n dazu neigen wird, eine ganze Tafel zu ergeben, und das heißt, s_n nähert sich der 1.

So etwas wie $s_1, s_2, \ldots$ nennt man eine *Folge*, und wenn sie auch noch die Eigenschaft der Schokoladenfolge hat, sich einem bestimmten Wert mehr und mehr anzunähern, dann nennt man die Folge *konvergent*. Man erhält also eine Folge dadurch, dass man jeder natürlichen Zahl $n \in \mathbb{N}$ einen Wert zuordnet.

4.1.2 Definition Eine Folge entsteht, wenn man durch eine eindeutige Vorschrift jeder natürlichen Zahl $1, 2, 3, \ldots$ eine bestimmte reelle Zahl

$$a_1, a_2, a_3, \ldots$$

zuordnet. Man schreibt für die Folge

$$(a_n)_{n \in \mathbb{N}}$$

oder schlicht

$$(a_n),$$

manchmal auch nur a_n.

Ich sollte anmerken, dass die Schreibweise a_n für eine ganze Folge

$$a_1, a_2, a_3, \ldots$$

einigermaßen schlampig ist, denn die Folge besteht aus unendlich vielen Gliedern, während a_n nur *ein* sogenanntes Folgenglied ist, nämlich das mit der Nummer n.

Bevor ich mich an eine genaue Definition der Konvergenz wage, werfen wir einen Blick auf einige Beispiele von Folgen.

4.1.3 Beispiele

(i) $a_n = \frac{1}{n}$, das heißt $(a_n) = 1, \frac{1}{2}, \frac{1}{3}, \ldots$;
(ii) $b_n = n$, das heißt $(b_n) = 1, 2, 3, 4, \ldots$;
(iii) $c_n = (-1)^n$, das heißt $(c_n) = -1, 1, -1, 1, -1, \ldots$.

Beachten Sie hier die Schreibweise: wenn ich die Formel für das n-te Folgenglied aufschreibe, dann heißt das beispielsweise $a_n = \frac{1}{n}$, aber wenn es um die ganze Folge geht, schreibe ich die Klammern um a_n. Ein a_n ohne Klammern bedeutet also in der Regel nur ein einziges Glied der Folge.

Die Folgen aus 4.1.3 unterscheiden sich in ihrem Verhalten ganz beträchtlich. Beschränken wir uns zunächst auf den Unterschied zwischen (b_n) und (c_n).

4.1.4 Bemerkung Man kann sich leicht davon überzeugen, dass (b_n) jede beliebige vorgegebene Schranke übersteigt. Ist nämlich $c \in \mathbb{R}$ irgendeine positive Zahl, so wählen wir einfach die nächstgrößere natürliche Zahl, die ich n_0 nenne. Für $n \geq n_0$ ist dann

$$b_n = n \geq n_0 > c.$$

Wie groß auch immer man c wählen mag, man findet stets eine Nummer, ab der die Folgenglieder b_n größer als c sind. Eine solche Folge heißt *nach oben unbeschränkt*.

Im Gegensatz dazu ist (c_n) alles andere als unbeschränkt. Die Folge schwankt unentschlossen zwischen -1 und 1 hin und her und wird sicher nie größer als 2 oder kleiner als -2. So eine Folge nennt man *beschränkt*.

4.1.5 Definition

(i) Eine Folge (a_n) heißt *nach oben beschränkt*, wenn sie eine obere Schranke besitzt, das heißt, es gibt eine Zahl $c \in \mathbb{R}$, so dass

$$a_n \leq c \text{ für alle } n \in \mathbb{N}$$

gilt.

(ii) Eine Folge (a_n) heißt *nach unten beschränkt*, wenn sie eine untere Schranke besitzt, das heißt, es gibt eine Zahl $c \in \mathbb{R}$, so dass

$$a_n \geq c \text{ für alle } n \in \mathbb{N}$$

gilt.

Wenn eine Folge weder nach oben noch nach unten entwischen kann, heißt sie einfach nur beschränkt. Man kann das dadurch ausdrücken, dass ihre Absolutbeträge eine obere Schranke haben.

4.1.6 Definition Eine Folge (a_n) heißt beschränkt, wenn es eine Zahl $c \in \mathbb{R}$ gibt, so dass

$$|a_n| \leq c \text{ für alle } n \in \mathbb{N}$$

gilt.

Abbildung 4.1 kann diese Definition verdeutlichen. Da $|a_n| \leq c$ sein soll, kann a_n nach oben nicht über c hinaus und nach unten kann es $-c$ nicht unterschreiten. Die Folge ist daher sowohl nach oben als auch nach unten beschränkt.

Abb. 4.1 Beschränkte Folge

4.1.7 Beispiele

(i)   Die Folge $b_n = n$ aus 4.1.3 ist nach unten beschränkt, denn $b_n \geq 0$ für alle $n \in \mathbb{N}$.
      Sie ist *nicht* nach oben beschränkt, wie ich Ihnen schon in 4.1.4 gezeigt habe. Da sie
      also nach oben entwischen kann, ist sie auch nicht beschränkt im Sinne von 4.1.6.

(ii) Die Folge $c_n = (-1)^n$ aus 4.1.3 ist beschränkt, denn es gilt

$$|c_n| \leq 1 \text{ für alle } n \in \mathbb{N}.$$

(iii) Es sei $d_n = \frac{n-1}{n}$, das heißt $(d_n) = 0, \frac{1}{2}, \frac{2}{3}, \frac{3}{4}, \ldots$. Der Zähler von d_n ist immer kleiner
      als der Nenner, und deshalb ist $d_n \leq 1$ für alle $n \in \mathbb{N}$. Außerdem ist stets $d_n \geq 0$.
      Folglich ist (d_n) nach unten durch 0 und nach oben durch 1 beschränkt. Die Folge
      (d_n) ist also beschränkt.

Das sollte genügen, um den Begriff der beschränkten Folge zu verdeutlichen. Viel
wichtiger ist die *Konvergenz* einer Folge. Wir werden uns jetzt ganz vorsichtig dem Kon-
vergenzbegriff nähern. Man kann sich schon anhand des Wortes ungefähr denken, worum
es geht: konvergieren heißt auf Deutsch nämlich „zusammenlaufen", und eine Folge ist
dann konvergent, wenn ihre Folgenglieder zusammenlaufen, also die Tendenz haben, sich
in der Nähe eines bestimmten Punktes zu versammeln. Bei der Schokoladenfolge (s_n) aus
4.1.1 war dieser Punkt die Zahl 1, bei der Restfolge (r_n) aus demselben Beispiel die Zahl
0.

Ich verwende nun die Folge (a_n) mit den Folgengliedern $a_n = \frac{1}{n}$, um zu zeigen, wie
man Konvergenz mathematisch formulieren kann.

4.1.8 Bemerkung Da der Nenner von a_n immer größer wird und der Zähler konstant
bei 1 bleibt, ist zu erwarten, dass sich a_n mit wachsendem n der 0 annähert. Natürlich
wird a_n selbst niemals 0, aber der Abstand zu 0 verringert sich, je größer die laufende
Nummer n wird. Es genügt dabei nicht, dass der Abstand irgendwie kleiner wird; wir
müssen garantieren, dass er *beliebig klein* wird, dass also mit der Zeit a_n und 0 kaum
noch voneinander zu unterscheiden sind.

Der Abstand zwischen zwei Zahlen ist nun gerade der Absolutbetrag der Differenz:
zwischen 2 und 3 liegt der Abstand $|2 - 3| = 1$ und zwischen -1 und 5 haben wir einen
Abstand von $|-1-5| = 6$. Der Abstand zwischen a_n und 0 beträgt demnach $|a_n - 0| = a_n$,
denn schließlich ist $a_n = \frac{1}{n} > 0$. An Abb. 4.2 können Sie sehen, was es heißt, dass
der Abstand beliebig klein werden soll: ganz gleich, welchen potentiellen Abstand Sie
sich vorgeben, wenn Sie nur lange genug warten, wird der Abstand zwischen a_n und 0

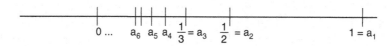

Abb. 4.2 Konvergente Folge

noch ein bisschen kleiner sein. Ab $n = 10.001$ beträgt der Abstand zwischen der Folge und 0 zum Beispiel weniger als $\frac{1}{10.000}$ und ab $n = 100.001$ ist er kleiner als $\frac{1}{100.000}$. Wenn man nun garantieren kann, dass für jede noch so kleine positive Zahl ε eine Nummer n_0 existiert, so dass für alle Folgenglieder mit einer größeren Nummer der Abstand zwischen den Folgengliedern und 0 kleiner ist als ε, dann konvergiert die Folge gegen 0.

In Formeln heißt das: für alle $\varepsilon > 0$ existiert ein $n_0 \in \mathbb{N}$, so dass gilt

$$|a_n - 0| \leq \varepsilon, \text{ falls } n \geq n_0.$$

Im allgemeinen Fall wird eine Folge (a_n) nicht unbedingt gegen 0, sondern gegen irgendeine reelle Zahl a konvergieren, die man den Grenzwert von (a_n) nennt. Die Rolle des Abstandes spielt dann nicht mehr $|a_n - 0|$, sondern natürlich $|a_n - a|$.

Wir sind jetzt so weit, dass wir konvergente Folgen ordentlich definieren können.

4.1.9 Definition Eine Folge (a_n) heißt *konvergent* gegen eine Zahl $a \in \mathbb{R}$, wenn für großes $n \in \mathbb{N}$ der Abstand von a_n zu a beliebig klein wird, das heißt, für jede positive Zahl $\varepsilon > 0$ gibt es eine Nummer $n_0 \in \mathbb{N}$, so dass gilt

$$|a_n - a| \leq \varepsilon, \text{ falls } n \geq n_0.$$

Man schreibt dann

$$a = \lim_{n \to \infty} a_n$$

und sagt: a ist der limes für n gegen Unendlich von (a_n). Manchmal schreibt man auch

$$a_n \xrightarrow{n \to \infty} a.$$

Die kürzeste Schreibweise ist

$$a_n \to a.$$

Die Zahl a heißt der *Grenzwert* von (a_n).

Falls die Folge (a_n) gegen kein $a \in \mathbb{R}$ konvergiert, heißt sie *divergent*.

Um es noch einmal zu sagen: diese etwas technische Definition will nichts anderes aussagen als den einfachen Sachverhalt, dass der Abstand zwischen a_n und a sich immer mehr

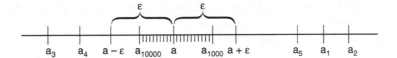

Abb. 4.3 Konvergente Folge

verringert, je größer n wird. Manchmal sehen einfache Dinge eben kompliziert aus, wenn man sie präzisiert und in Formeln fasst. Vielleicht nützt es deshalb etwas, sich Abb. 4.3 anzusehen, in der eine konvergente Folge (a_n) mit ihrem Grenzwert aufgezeichnet ist.

Jetzt wird es wieder Zeit für Beispiele.

4.1.10 Beispiele

(i)   Es sei $a_n = \frac{1}{n}$. Der vermutete Grenzwert ist $a = 0$. Der Abstand, der beliebig klein werden soll, beträgt

$$|a_n - a| = \left| \frac{1}{n} - 0 \right| = \frac{1}{n}.$$

Wir nehmen nun irgendeine positive Zahl ε und sehen zu, ob wir den Abstand $\frac{1}{n}$ unterhalb von ε bekommen. Das ist aber leicht, denn sicher gibt es eine natürliche Zahl $n_0 \geq \frac{1}{\varepsilon}$, und wenn die Nummer n größer oder gleich n_0 ist, erhalten wir

$$\frac{1}{n} \leq \frac{1}{n_0} \leq \varepsilon, \text{ falls } n \geq n_0.$$

Deshalb liegt der Abstand $|a_n - a| = \frac{1}{n}$ für hinreichend große Nummern $n \in \mathbb{N}$ sicher unterhalb von ε.

Daraus folgt

$$\lim_{n \to \infty} \frac{1}{n} = 0.$$

(ii) Es sei $b_n = n$. Wir hatten uns schon darüber geeinigt, dass (b_n) unbeschränkt ist. Folglich können sich die Folgenglieder b_n schwerlich einer bestimmten Zahl nähern, da sie sich in diesem Fall irgendwann alle in der Nähe dieser Zahl aufhalten müssten und nicht über alle Zahlen hinauswachsen dürften. Die Folge (b_n) ist also divergent.

(iii) Es sei $c_n = (-1)^n$. (c_n) schwankt ständig zwischen -1 und 1 und kann sich deswegen nicht *einer* Zahl mehr und mehr annähern. Um zu konvergieren, müsste aber eine eindeutige Tendenz zugunsten eines Grenzwertes vorhanden sein und nicht ein Schwanken zwischen zwei Zahlen. Daher ist (c_n) zwar beschränkt, aber dennoch divergent.

(iv) Wir untersuchen (s_n) und (r_n) aus 4.1.1. Die Summe aus verbrauchter Schokolade und Restschokolade muss 1 ergeben, und deshalb ist $s_n + r_n = 1$. Man wird vermuten, dass $s_n \to 1$ und $r_n \to 0$ gilt. Tatsächlich haben wir

$$|s_n - 1| = r_n = \frac{1}{2^n},$$

und man muss zeigen, dass $\frac{1}{2^n}$ beliebig klein wird, wenn man nur n groß genug werden lässt. Für den Augenblick fehlen uns dafür noch die Mittel, aber im zweiten Abschnitt werden wir dazu in der Lage sein.

(v) Es sei $d_n = \frac{n-1}{n}$. Wenn man sich die ersten Folgenglieder aufschreibt, dann scheint eine Tendenz gegen 1 erkennbar zu sein. Wir bestimmen also den Abstand zwischen d_n und 1. Dazu sei $\varepsilon > 0$ eine beliebige positive Zahl. Es gilt dann

$$
\begin{aligned}
|d_n - 1| &= \left| \frac{n-1}{n} - 1 \right| \\
&= \left| \frac{n}{n} - \frac{1}{n} - 1 \right| \\
&= \left| 1 - \frac{1}{n} - 1 \right| \\
&= \left| -\frac{1}{n} \right| \\
&= \frac{1}{n} \\
&\leq \varepsilon,
\end{aligned}
$$

falls $n \geq \frac{1}{\varepsilon}$ ist. Für hinreichend großes n ist also der Abstand zwischen d_n und 1 kleiner als ein vorgegebenes ε und deshalb ist

$$\lim_{n \to \infty} \frac{n-1}{n} = 1.$$

Auch Folgen unterliegen bestimmten Rechenregeln, die sie etwas handlicher machen. Da die Definition eines Grenzwertes einiges mit dem Absolutbetrag des Abstandes $|a_n - a|$ zu tun hat, kann man sich leicht vorstellen, dass man zur Herleitung der Rechenregeln für Grenzwerte erst einmal die eine oder andere Regel für Absolutbeträge braucht. Solche Regeln liefert das folgende Lemma.

4.1.11 Lemma Es seien $x, y \in \mathbb{R}$. Dann gelten:

(i) $|x \cdot y| = |x| \cdot |y|$;
(ii) $|x + y| \leq |x| + |y|$ (Dreiecksungleichung);
(iii) $||x| - |y|| \leq |x - y|$.

Die Beweise dieser drei Aussagen sind nicht weiter schwer, aber auch nicht weiter wichtig, und ich werde sie übergehen. Nur für den Fall, dass Sie in Nummer (ii) und (iii) ein = erwartet hätten, sollten Sie einmal in beiden Formeln $x = -1$ und $y = 3$ einsetzen. Das Ergebnis wird Sie überzeugen.

Mit Hilfe von 4.1.11 kann man nun die Rechenregeln für konvergente Folgen herleiten. Sie beschreiben nur das, was man auch von alleine erwartet hätte: die Konvergenz von Folgen verträgt sich auf natürliche Weise mit den Grundrechenarten.

4.1.12 Satz Es seien (a_n) und (b_n) Folgen und es gelte

$$\lim_{n \to \infty} a_n = a \text{ und } \lim_{n \to \infty} b_n = b.$$

Dann gelten:

(i) $a_n + b_n \to a + b$;
(ii) $a_n - b_n \to a - b$;
(iii) $a_n \cdot b_n \to a \cdot b$;
(iv) falls $b_n \neq 0$ für alle $n \in \mathbb{N}$ und $b \neq 0$, dann ist $\frac{a_n}{b_n} \to \frac{a}{b}$;
(v) $|a_n| \to |a|$.

Beweis Ich werde hier nicht alles beweisen. Insbesondere die Nummern (iii) und (iv) sind schwierig und würden uns zu lange aufhalten. Fangen wir mit Nummer (i) an. Es ist zu zeigen, dass der Grenzwert von $a_n + b_n$ die Zahl $a + b$ ist. Dazu nehmen wir uns wieder irgendeine positive Zahl $\varepsilon > 0$ und versuchen, für hinreichend große Nummern $n \in \mathbb{N}$ den Abstand zwischen $a_n + b_n$ und $a + b$ kleiner als ε zu bekommen. Nun ist aber auch $\frac{\varepsilon}{2} > 0$, und da $a_n \to a$ und $b_n \to b$ gelten, müssen die entsprechenden Abstände irgendwann unter $\frac{\varepsilon}{2}$ fallen. Es gilt also für hinreichend großes n:

$$|a_n - a| \leq \frac{\varepsilon}{2} \text{ und } |b_n - b| \leq \frac{\varepsilon}{2}.$$

Bei jeder der Nummern $n \in \mathbb{N}$, bei der die Einzelabstände klein genug sind, gilt dann für den Gesamtabstand:

$$\begin{aligned}
|(a_n + b_n) - (a + b)| &= |(a_n - a) + (b_n - b)| \\
&\leq |a_n - a| + |b_n - b| \\
&\leq \frac{\varepsilon}{2} + \frac{\varepsilon}{2} \\
&= \varepsilon.
\end{aligned}$$

Dabei beruht die erste Ungleichung auf der Dreiecksungleichung aus 4.1.11 (ii) und die zweite auf der Tatsache, dass jeder der beiden Einzelabstände kleiner als $\frac{\varepsilon}{2}$ ist.

Folglich ist für hinreichend großes $n \in \mathbb{N}$:

$$|(a_n + b_n) - (a + b)| \leq \varepsilon,$$

und damit

$$\lim_{n \to \infty} (a_n + b_n) = a + b.$$

Der Beweis von Nummer (ii) geht genauso wie der von Nummer (i). Die Nummern (iii) und (iv) sind, wie gesagt, recht aufwendig und würden den Gang der Handlung nur stören. Wir können aber noch einen Blick auf Nummer (v) werfen.

Wir nehmen uns wieder ein $\varepsilon > 0$ und haben zu zeigen, dass der Abstand $||a_n| - |a||$ unter ε fällt, wenn nur n groß genug ist. Wir wissen aber, dass

$$\lim_{n \to \infty} a_n = a$$

gilt, und deshalb ist

$$|a_n - a| \le \varepsilon,$$

falls $n \in \mathbb{N}$ hinreichend groß ist. Nach der Regel 4.1.11 (iii) gilt dann für die gleichen Nummern $n \in \mathbb{N}$:

$$||a_n| - |a|| \le |a_n - a| \le \varepsilon,$$

das heißt, die gesuchten Abstände fallen tatsächlich unter jede vorgegebene Grenze.
Folglich ist

$$\lim_{n \to \infty} |a_n| = |a|. \qquad \qquad \triangle$$

Man kann also ungestraft konvergente Folgen addieren, subtrahieren, multiplizieren und dividieren: die Grenzwerte machen gutwillig alles mit.

4.1.13 Beispiele

(i) Es seien $a_n = \frac{n-1}{n}$ und $b_n = \frac{1}{n^2}$. Die Regel über das Multiplizieren von Folgen liefert den Grenzwert von (b_n), denn aus

$$\lim_{n \to \infty} \frac{1}{n} = 0$$

folgt mit 4.1.12 (iii)

$$\lim_{n \to \infty} \frac{1}{n^2} = \lim_{n \to \infty} \frac{1}{n} \cdot \frac{1}{n} = 0 \cdot 0 = 0.$$

Nun ist beispielsweise

$$\begin{aligned}
a_n + b_n &= \frac{n-1}{n} + \frac{1}{n^2} \\
&= \frac{n^2 - n}{n^2} + \frac{1}{n^2} \\
&= \frac{n^2 - n + 1}{n^2},
\end{aligned}$$

und da wir wissen, dass

$$\lim_{n \to \infty} a_n = 1 \text{ und } \lim_{n \to \infty} b_n = 0$$

gilt, folgt mit der Regel über die Addition von Grenzwerten sofort

$$\lim_{n \to \infty} \frac{n^2 - n + 1}{n^2} = 1 + 0 = 1.$$

Das ist ja ganz schön, aber die Methode, einen Bruch in zwei einfachere Teilbrüche zu zerlegen, deren Grenzwerte man kennt, ist etwas umständlich und funktioniert auch vielleicht nicht immer. Wir rechnen dasselbe Beispiel deshalb nach einer anderen Methode.

(ii) Es sei $a_n = \frac{n^2 - n + 1}{n^2}$. Da hier ein Quotient vorliegt, möchte ich die Regel über Quotienten von Grenzwerten aus 4.1.12 (iv) verwenden. Leider geht das nicht auf Anhieb, denn sowohl der Zähler als auch der Nenner von a_n werden für wachsendes n durchaus nicht konvergieren, sondern eher unendlich groß werden. Ein kleiner Trick hilft aber weiter. Wenn Sie nämlich den Bruch durch die höchste Potenz von n kürzen, also Zähler und Nenner durch n^2 dividieren, dann erhalten Sie

$$a_n = \frac{1 - \frac{1}{n} + \frac{1}{n^2}}{1}.$$

Der neue Zähler von a_n konvergiert offenbar gegen 1, und der Nenner ist sogar konstant 1. Regel 4.1.12 (iv) liefert damit

$$\lim_{n \to \infty} a_n = \frac{1}{1} = 1.$$

(iii) Das Kürzungsverfahren aus Beispiel (ii) sollten wir noch einmal üben. Dazu nehmen wir

$$b_n = \frac{2n^2 - 5n + 7}{7n^2 + 3n - 1}.$$

Die höchste auftretende Potenz von n ist n^2, und deshalb kürzen wir den Bruch durch n^2. Es folgt

$$b_n = \frac{2 - \frac{5}{n} + \frac{7}{n^2}}{7 + \frac{3}{n} - \frac{1}{n^2}}.$$

Daher ist

$$\lim_{n \to \infty} b_n = \frac{\lim_{n \to \infty} \left(2 - \frac{5}{n} + \frac{7}{n^2}\right)}{\lim_{n \to \infty} \left(7 + \frac{3}{n} - \frac{1}{n^2}\right)}$$

$$= \frac{2}{7}.$$

(iv) Es ist nicht zu erwarten, dass die höchste auftretende Potenz von n immer n^2 sein wird. Man sollte daher auch über den Grenzwert

$$\lim_{n \to \infty} \frac{1}{n^k}$$

Bescheid wissen, wobei k irgendeine feste natürliche Zahl sein kann. Das geht aber genauso wie im Falle $k = 2$, den Sie im Beispiel (i) gesehen haben. Es gilt nämlich

$$\frac{1}{n^k} = \frac{1}{n} \cdot \frac{1}{n} \cdots \frac{1}{n},$$

und wegen

$$\lim_{n \to \infty} \frac{1}{n} = 0$$

folgt aus der Regel über das Multiplizieren von Grenzwerten, dass auch

$$\lim_{n \to \infty} \frac{1}{n^k} = 0$$

gilt.

(v) Ein letztes Beispiel soll Ihnen zeigen, dass man manchmal auch etwas trickreicher arbeiten muss, um einen Grenzwert zu erkennen. Wir untersuchen

$$a_n = \sqrt{n + 1} - \sqrt{n}.$$

Wenn nun n immer größer wird, dann wird auch $\sqrt{n}$ immer größer werden, also sind sowohl $\sqrt{n + 1}$ als auch $\sqrt{n}$ nicht konvergent, sondern divergent. Das ist schade, denn bei einer Differenz hätte man doch gerne die Regel über die Differenz von Grenzwerten benutzt.

Wir müssen also zu einem Trick greifen. Bekanntlich ergibt das Quadrat einer Wurzel genau den Wurzelinhalt, und nach der dritten binomischen Formel liefert das

$$1 = (n + 1) - n = \sqrt{n + 1}^2 - \sqrt{n}^2 = (\sqrt{n + 1} - \sqrt{n}) \cdot (\sqrt{n + 1} + \sqrt{n}).$$

Deshalb ist

$$\sqrt{n + 1} - \sqrt{n} = \frac{1}{\sqrt{n + 1} + \sqrt{n}}.$$

Da nun aber n gegen Unendlich gehen soll, werden $\sqrt{n}$ und deshalb auch $\sqrt{n + 1}$ ebenfalls gegen Unendlich laufen. Also ist der Grenzwert

$$\lim_{n \to \infty} \frac{1}{\sqrt{n + 1} + \sqrt{n}} = 0.$$

Vielleicht lag Ihnen schon das Argument auf der Zunge, man hätte doch einfach die Regel 4.1.12 (ii) über die Differenz zweier Grenzwerte verwenden können, indem man sich auf den Standpunkt stellt, die Differenz Unendlich minus Unendlich sei eben Null. Das klingt sehr suggestiv, ist aber falsch. Betrachten Sie zum Beispiel die Folge

$$a_n = (n + 1) - n.$$

Sowohl $n + 1$ als auch n werden unendlich groß, und nach dem vorgetragenen Argument müsste der Grenzwert dieser Folge 0 sein. Offenbar gilt aber $(n + 1) - n = 1$, die Folge ist also konstant 1 und hat folglich auch den Grenzwert 1. Die Regeln über Grenzwerte kann man nun einmal nur dann sorglos benutzen, wenn die einzelnen Folgen auch wirklich ordentliche reelle Grenzwerte haben.

Die vorgestellten Folgen haben alle die Eigenschaft, dass ihr Grenzwert eindeutig ist: wenn eine Folge konvergiert, dann scheint sie auch genau *einen* Grenzwert zu haben und nicht etwa zwei oder drei. Der folgende Satz bestätigt, dass diese Vermutung immer zutrifft.

4.1.14 Satz Eine konvergente Folge hat genau einen Grenzwert.

Beweis Ein ganz präziser Beweis würde wieder mit ε's herumjonglieren, und ich glaube, von der sogenannten Epsilonitik haben Sie inzwischen genug gesehen. Man kann sich die Aussage aber leicht plausibel machen. Nehmen Sie einfach für den Augenblick an, eine konvergente Folge (a_n) hätte zwei verschiedene Grenzwerte a und b. Dann müssen ab einer bestimmten Nummer n alle Folgenglieder a_n sich in unmittelbarer Nähe von a aufhalten, denn a ist ja der Grenzwert von (a_n). Andererseits ist aber auch b Grenzwert von (a_n), so dass sich ab einer gewissen Nummer n alle Folgenglieder in unmittelbarer Nähe von b befinden müssen. Wir haben also zwei verschiedene Orte a und b, bei denen fast alle Folgenglieder zu finden sein sollen. Mit Folgengliedern ist es aber auch nicht anders als mit Menschen: sie können nicht an zwei Orten gleichzeitig sein. Wenn sie nah an a sein sollen, werden sie zu weit weg von b sein und umgekehrt. Es ist deshalb völlig unmöglich, dass sie gleichzeitig in der unmittelbaren Nähe beider Werte liegen. Folglich kann (a_n) nicht zwei verschiedene Grenzwerte besitzen und muss sich mit einem begnügen. $\triangle$

Bevor wir noch weitere Grenzwerte berechnen, brauchen wir ein besonderes mathematisches Hilfsmittel, das es erlaubt, Aussagen über die Eigenschaften von Folgen nachzuweisen. Im nächsten Abschnitt stelle ich Ihnen deshalb die *vollständige Induktion* vor und zeige Ihnen insbesondere, wie man sie verwenden kann, um einige Grenzwerte zu bestimmen.

4.2   Vollständige Induktion

Die vollständige Induktion ist eine Methode, mit deren Hilfe man Aussagen über die natürlichen Zahlen, aber auch allgemein über Folgen beweisen kann. Sie arbeitet nach dem Muster umfallender Dominosteine.

4.2.1 Beispiel Stellen Sie sich vor, Sie haben auf dem Boden eine Reihe von Dominosteinen so aufgestellt, dass die ganze Reihe schön Schritt für Schritt umfällt, sofern sie den ersten Stein in die richtige Richtung kippen. Dabei müssen Sie, wenn es funktionieren soll, auf zwei Dinge achten. Erstens muss natürlich das Umkippen irgendwo anfangen, und der beste Punkt dafür ist der erste Stein. Zweitens müssen die Steine so eng beieinander stehen, dass das Umfallen *eines* Steins automatisch für das Umfallen des nächsten Steins sorgt, denn sonst reißt die Kette irgendwann ab, und ein paar Steine stehen verloren in der Gegend herum.

Fassen wir das Ganze etwas formaler. Ich kann den Dominosteinen fortlaufende Nummern geben und sehen, ob der Stein mit der Nummer n auch tatsächlich wie gewünscht umfällt. Die Aussage

Stein n fällt um

bezeichne ich mit der Abkürzung A_n. Um nun sicher zu gehen, dass die gesamte Steinreihe umkippt, muss ich für zwei Bedingungen sorgen: erstens muss A_1 gelten, und zweitens muss aus A_n auch A_{n+1} folgen. In Worten gesagt: der erste Stein muss kippen, und wenn der n-te Stein kippt, dann muss anschließend auch der $(n + 1)$-te Stein zu Boden fallen. Man kann das noch etwas kürzer formulieren, indem man schreibt

(i)   Es gilt A_1;
(ii) Aus A_n folgt A_{n+1} für $n \in \mathbb{N}$.

Es passiert dann nämlich folgendes. Wegen (i) kippt Stein 1 um. Wegen (ii) folgt damit A_2, das heißt, dass auch Stein 2 umkippt. Wieder wegen (ii) folgt aus A_2 aber A_3, also kippt auch Stein 3. Wann immer Sie also mit Bedingung (ii) dafür gesorgt haben, dass der Stein mit der Nummer n das Gleichgewicht verliert, wird die gleiche Bedingung (ii) auch den nachfolgenden Stein zu Boden schicken.

Sie sehen, dass die beiden angeführten Bedingungen (i) und (ii) völlig unabhängig davon formuliert sind, ob Sie mit Dominosteinen spielen oder Aussagen über natürliche Zahlen beweisen wollen. Das gleiche Prinzip kann man auch anwenden, wenn es um Zahlen geht.

In der folgenden Bemerkung fasse ich jetzt die Methode der vollständigen Induktion zusammen.

4.2.2 Bemerkung Es sei A_n eine Aussage, die für eine natürliche Zahl n gelten kann. Wir nehmen an, dass die folgende Situation vorliegt:

(i) es gilt A_1;
(ii) aus A_n folgt A_{n+1} für $n \in \mathbb{N}$.

Dann gilt nach Bedingung (i) jedenfalls die Aussage A_1. Nach Bedingung (ii) folgt aus A_1 sofort die Gültigkeit von A_2, und anschließend folgt aus A_2 natürlich die Gültigkeit von A_3. Dieses Spiel kann man offenbar bis in alle Ewigkeit treiben, denn sobald die Aussage für eine bestimmte natürliche Zahl gilt, folgt sofort, dass sie auch für die nächste gilt. Da wir auf diese Weise alle natürlichen Zahlen erwischen, folgt daraus die Gültigkeit der Aussage A_n für alle $n \in \mathbb{N}$.

Das kann man nicht nur verwenden, um Dominosteine umfallen zu lassen, sondern auch, um Eigenschaften natürlicher Zahlen zu beweisen. Um zu zeigen, dass eine bestimmte Aussage A_n für alle natürlichen Zahlen n gilt, braucht man nämlich auf Grund von (i) und (ii) nur zu zeigen, dass diese Aussage für $n = 1$ gilt, und dass man aus ihrer Gültigkeit für irgendein n auch die Gültigkeit für $n + 1$ nachweisen kann. Nach dem, was wir uns bisher überlegt haben, folgt daraus, dass die gewünschte Aussage für alle $n \in \mathbb{N}$ richtig ist.

Dieses Beweisverfahren heißt *vollständige Induktion*.

Die vollständige Induktion ist ein beliebtes Hilfsmittel beim Beweis von Summenformeln. Zur Übung bestimmen wir die Summe der ersten n natürlichen Zahlen und die Summe der ersten n Quadratzahlen.

4.2.3 Beispiel

(i) Ich will zeigen, dass für alle $n \in \mathbb{N}$ die Gleichung

$$1 + 2 + 3 + \cdots + n = \frac{n \cdot (n + 1)}{2}$$

gilt. Dazu verwende ich die vollständige Induktion und beginne mit dem *Induktionsanfang*, dem Test, ob die Aussage für $n = 1$ stimmt.
(1) Induktionsanfang: Für $n = 1$ steht auf der linken Seite der Gleichung 1 und auf der rechten Seite $\frac{1 \cdot (1+1)}{2} = 1$, weshalb die Gleichung für $n = 1$ offenbar stimmt.
Nach Bedingung (ii) aus 4.2.2 müssen wir nun annehmen, dass die Formel für ein $n \in \mathbb{N}$ gilt und daraus folgern, dass sie auch noch stimmt, wenn man hinterher $n + 1$ einsetzt. Die Annahme über die Gültigkeit von n heißt *Induktionsvoraussetzung*.
(2) Induktionsvoraussetzung: Die Formel

$$1 + 2 + 3 + \cdots + n = \frac{n \cdot (n + 1)}{2}$$

sei gültig für ein $n \in \mathbb{N}$.

Gezeigt werden muss jetzt, dass sie dann auch für $n + 1$ richtig ist. Ich muss also zeigen, dass auch die Gleichung:

$$1 + 2 + 3 + \cdots + n + (n + 1) = \frac{(n + 1) \cdot (n + 1 + 1)}{2}$$

gilt. Diesen Nachweis nennt man *Induktionsschluss*.

(3) Induktionsschluss: Addiert man die ersten $n + 1$ natürlichen Zahlen auf, so gilt

$$
\begin{aligned}
1 + 2 + 3 + \cdots + n + (n + 1) &= (1 + 2 + 3 + \cdots + n) + (n + 1) \\
&= \frac{n \cdot (n + 1)}{2} + (n + 1) \\
&= (n + 1) \cdot \left(\frac{n}{2} + 1 \right) \\
&= (n + 1) \cdot \frac{n + 2}{2} \\
&= \frac{(n + 1) \cdot (n + 2)}{2} \\
&= \frac{(n + 1) \cdot ((n + 1) + 1)}{2}.
\end{aligned}
$$

Bevor ich kurz die einzelnen Schritte in der Gleichungskette erkläre, sehen wir uns an, was wir gewonnen haben. Der Beweis ist nämlich jetzt schon beendet. Unter der Voraussetzung, dass die Summenformel für n gilt, habe ich ausgerechnet, was die Summe der ersten $n + 1$ natürlichen Zahlen ergibt, und dabei

$$\frac{(n + 1) \cdot ((n + 1) + 1)}{2}$$

erhalten. Das entspricht aber genau der rechten Seite der Summenformel, wenn man anstatt n den Wert $n + 1$ einsetzt. Die Formel stimmt also auch für $n + 1$, falls sie für n stimmt. Da wir aber getestet haben, dass sie für $n = 1$ zutrifft, muss sie auch ganz automatisch für $n = 2$ gültig sein. Das wieder führt zu dem Schluss, dass sie für $n = 3$ stimmt, woraus man dann ihre Gültigkeit für $n = 4$ schließen kann und so weiter und so weiter. Folglich ist die Summenformel für alle natürlichen Zahlen $n \in \mathbb{N}$ korrekt.

Ein paar Worte zu der Gleichungskette. In der ersten Gleichung verdeutliche ich nur, dass die Summe der ersten $n + 1$ natürlichen Zahlen entsteht, indem man zu der Summe der ersten n natürlichen Zahlen noch $n + 1$ addiert. Danach verwende ich die Induktionsvoraussetzung: wir setzen ja voraus, dass die Formel für n schon gilt, und deshalb darf ich die Summe $1 + 2 + 3 + \cdots + n$ durch den Ausdruck $\frac{n \cdot (n+1)}{2}$ ersetzen. In der dritten Gleichung habe ich dann nur $n + 1$ vorgeklammert und anschließend ein wenig Bruchrechnung betrieben, die Sie sich selbst klar machen können.

(ii) Nun addieren wir Quadratzahlen. Für die Summe der ersten n Quadratzahlen hat man die Formel

$$1^2 + 2^2 + \cdots + n^2 = \frac{n \cdot (n + 1) \cdot (2n + 1)}{6}.$$

Wir gehen wieder vor wie im vorherigen Beispiel.

(1) Induktionsanfang: Für $n = 1$ steht auf der linken Seite der Gleichung 1 und auf der rechten Seite $\frac{1 \cdot 2 \cdot 3}{6} = 1$, so dass die Formel zumindest für $n = 1$ gültig ist.

(2) Induktionsvoraussetzung: Die Formel

$$1^2 + 2^2 + \cdots + n^2 = \frac{n \cdot (n + 1) \cdot (2n + 1)}{6}$$

sei gültig für ein $n \in \mathbb{N}$. Dann muss ich zeigen, dass sie auch für $n + 1$ gültig ist, und das heißt:

$$1^2 + 2^2 + \cdots + n^2 + (n + 1)^2 = \frac{(n + 1) \cdot (n + 1 + 1) \cdot (2(n + 1) + 1)}{6}.$$

(3) Induktionsschluss: Addiert man die ersten $n + 1$ Quadratzahlen auf, so gilt

$$
\begin{aligned}
1^2 + 2^2 + \cdots + n^2 + (n + 1)^2 &= (1^2 + 2^2 + \cdots + n^2) + (n + 1)^2 \\
&= \frac{n \cdot (n + 1) \cdot (2n + 1)}{6} + (n + 1)^2 \\
&= (n + 1) \cdot \left(\frac{n \cdot (2n + 1)}{6} + (n + 1) \right) \\
&= (n + 1) \cdot \left(\frac{2n^2 + n}{6} + \frac{6n + 6}{6} \right) \\
&= (n + 1) \cdot \left(\frac{2n^2 + 7n + 6}{6} \right) \\
&= \frac{(n + 1) \cdot (n + 2) \cdot (2n + 3)}{6} \\
&= \frac{(n + 1) \cdot ((n + 1) + 1) \cdot (2(n + 1) + 1)}{6}.
\end{aligned}
$$

Die zweite Gleichung entsteht wieder durch Verwenden der Induktionsvoraussetzung, in der dritten Gleichung habe ich $n + 1$ vorgeklammert und danach einfach den Ausdruck in der großen Klammer zu einem Bruch zusammengefasst. Dass dann $(n + 2) \cdot (2n + 3) = 2n^2 + 7n + 6$ gilt, kann man leicht nachrechnen.

Das gleiche Verfahren wie in Beispiel (i) führt auch hier zu einem Ausdruck für den Fall $n + 1$, der genau der gewünschten Summenformel entspricht, wenn man $n + 1$ anstatt n einsetzt. Die Formel ist also für $n + 1$ gültig, sofern sie für n gilt. Da wir nachgerechnet haben, dass sie für $n = 1$ gilt, folgt mit denselben Argumenten wie vorher die Allgemeingültigkeit der Summenformel

$$1^2 + 2^2 + \cdots + n^2 = \frac{n \cdot (n + 1) \cdot (2n + 1)}{6}.$$

Ich sollte erwähnen, dass die Summenformel aus 4.2.3 (i) von dem schon mehrfach aufgetauchten Gauß im Grundschulalter gefunden wurde, als sein Mathematiklehrer sich eine ruhige Stunde gönnen wollte und seinen Schülern auftrug, die Zahlen von 1 bis 100 zu addieren. Gauß hatte aber keine Lust, stundenlang stumpfsinnige Additionen durchzuführen, überlegte sich innerhalb weniger Minuten eine Summenformel und verwirrte seinen Lehrer mit der Mitteilung, das Ergebnis sei 5050. Wie gefährlich bedeutende Wissenschaftler leben, können Sie daran sehen, dass der Lehrer seinem vorwitzigen Schüler angeblich eine Ohrfeige verpasste, weil ein in wenigen Minuten erzieltes Ergebnis offenkundig nur Unsinn und Aufschneiderei sein konnte. Erst als später die anderen Schüler das – bis auf leichte Rechenfehler – gleiche Ergebnis vorwiesen, dürfte er sich gefragt haben, was da für ein merkwürdiger Junge in seiner Klasse saß.

Bei dem Schokoladenbeispiel aus 4.1.1 blieb die Frage offen, warum die Folge der Reste r_n gegen 0 konvergiert. Mit Hilfe der vollständigen Induktion können wir nun diese Frage beantworten. Lassen Sie mich zu diesem Zweck zuerst ein kleines Hilfsmittel herleiten: die sogenannte *Bernoullische Ungleichung*.

4.2.4 Beispiel Ich behaupte, dass für alle $x \geq -1$ und für alle $n \in \mathbb{N}$ die Ungleichung

$$(1 + x)^n \geq 1 + nx$$

gilt. Da es sich auch hier um eine Aussage für alle natürlichen Zahlen handelt, können wir es mit der vollständigen Induktion versuchen. Wir beginnen also wieder mit dem Fall $n = 1$.

(1) Induktionsanfang: Für $n = 1$ steht auf der linken Seite der Ungleichung $1 + x$ und auf der rechten ebenfalls $1 + x$, und da sicher $1 + x \geq 1 + x$ ist, stimmt die Aussage für $n = 1$.

(2) Induktionsvoraussetzung: Für ein $n \in \mathbb{N}$ gelte $(1 + x)^n \geq 1 + nx$.

(3) Induktionsschluss: Wir müssen nun zeigen, dass die Ungleichung auch dann noch gilt, wenn man n durch $n + 1$ ersetzt, das heißt, wir beweisen jetzt

$$(1 + x)^{n+1} \geq 1 + (n + 1)x.$$

Das ist aber gar nicht so schwer, weil wir die für n gültige Ungleichung

$$(1 + x)^n \geq 1 + nx$$

verwenden dürfen. Es gilt nämlich

$$
\begin{aligned}
(1 + x)^{n+1} &= (1 + x) \cdot (1 + x)^n \\
&\geq (1 + x) \cdot (1 + nx) \\
&= 1 + x + nx + nx^2 \\
&= 1 + (n + 1)x + nx^2 \\
&\geq 1 + (n + 1)x,
\end{aligned}
$$

womit die Ungleichung für $n + 1$ ebenfalls bewiesen ist.

Wie üblich sage ich noch ein paar Worte über die oben stehende Kette aus Gleichungen und Ungleichungen. Die erste Gleichung drückt aus, dass man die $(n + 1)$-te Potenz einer Zahl erhält, indem man die n-te Potenz mit der Zahl selbst multipliziert. In der anschließenden Ungleichung verwende ich die Induktionsvoraussetzung: wir wissen, dass $(1 + x)^n \geq 1 + nx$ korrekt ist, und da $1 + x \geq 0$ ist, darf man diese Ungleichung mit $1 + x$ multiplizieren, ohne dass sich am Relationszeichen $\geq$ etwas ändert. (Woraus schließe ich übrigens $1 + x \geq 0$?) Der neu gewonnene Ausdruck wird in den nächsten beiden Gleichungen zusammengefasst. Schließlich benutze ich in der letzten Ungleichung den bekannten Umstand, dass $nx^2 \geq 0$ gilt, um die Ungleichung $1 + (n + 1)x + nx^2 \geq 1 + (n + 1)x$ zu finden.

Die Bernoullische Ungleichung ist nun sehr nützlich, wenn es um die Konvergenz bestimmter Folgen geht. Wie angekündigt, klären wir zunächst das Schokoladenbeispiel.

4.2.5 Beispiel Es ist zu zeigen, dass

$$
\lim_{n \to \infty} \frac{1}{2^n} = 0
$$

gilt. Wir setzen in der Bernoullischen Ungleichung $x = 1$, was zu der Aussage

$$
2^n \geq 1 + n
$$

führt. Wenn eine Zahl größer ist als eine andere, dann gilt für die Kehrwerte aber genau das Gegenteil, das heißt, wir erhalten

$$
\frac{1}{2^n} \leq \frac{1}{n + 1}.
$$

Die Folge $\left(\frac{1}{n+1}\right)$ konvergiert natürlich genauso gegen 0 wie $\left(\frac{1}{n}\right)$. Deshalb ist $\frac{1}{2^n}$ zwar einerseits positiv, liegt aber andererseits unterhalb einer Folge, die gegen 0 konvergiert. Es ist also eingeschlossen zwischen 0 und einer Folge, die sich der 0 immer mehr annähert. Folglich muss auch die Folge $\left(\frac{1}{2^n}\right)$ gegen 0 konvergieren.

Was Sie hier gesehen haben, tritt sehr häufig auf. Man benutzt die vollständige Induktion, um ein Hilfsmittel zu beweisen, in diesem Fall die Bernoullische Ungleichung, und mit diesem Hilfsmittel führt man anschließend Konvergenzuntersuchungen durch. Mit einem letzten Beispiel dieser Art möchte ich das Kapitel beenden. Um Sie gleich zu warnen: man lernt eine Menge über Konvergenz und über Konvergenzbeweise, wenn man das folgende Beispiel versteht, aber es ist nicht ganz leicht zu verstehen.

4.2.6 Beispiel Nehmen Sie sich irgendeine Zahl $a > 0$ und berechnen Sie auf Ihrem Taschenrechner der Reihe nach die dritte, vierte, fünfte,... Wurzel von a. Nach einer Weile werden Sie eine Tendenz feststellen: die Folge der n-ten Wurzeln scheint gegen 1 zu konvergieren.

Ich zeige also mit Hilfe der Bernoullischen Ungleichung:

$$\lim_{n \to \infty} \sqrt[n]{a} = 1 \text{ für } a > 0.$$

Für $a = 1$ ist nicht viel zu tun, denn in diesem Fall sind schon alle Wurzeln gleich 1, und konvergenter geht es nicht mehr. Wir untersuchen zunächst den Fall $a > 1$. Dann ist jedenfalls $x = \sqrt[n]{a} - 1$ positiv, und ich darf x in die Bernoullische Ungleichung einsetzen. Es gilt dann

$$\begin{aligned}
a = (\sqrt[n]{a})^n &= (1 + \sqrt[n]{a} - 1)^n \\
&= (1 + x)^n \\
&\geq 1 + nx \\
&= 1 + n \cdot (\sqrt[n]{a} - 1).
\end{aligned}$$

Wenn wir die Zwischenschritte weglassen, dann heißt das einfach

$$a \geq 1 + n \cdot (\sqrt[n]{a} - 1),$$

und Auflösen nach $\sqrt[n]{a} - 1$ ergibt

$$\sqrt[n]{a} - 1 \leq \frac{1}{n} \cdot (a - 1).$$

Erinnern Sie sich daran, dass wir $a > 1$ vorausgesetzt haben. Dann ist auch $\sqrt[n]{a} > 1$, und deshalb $\sqrt[n]{a} - 1 > 0$. Der Abstand zwischen $\sqrt[n]{a}$ und 1 kann daher berechnet werden als

$$|\sqrt[n]{a} - 1| = \sqrt[n]{a} - 1 \leq \frac{1}{n} \cdot (a - 1),$$

wie ich gerade eben gezeigt habe.

Nun wird aber bekanntlich $\frac{1}{n}$ mit wachsendem n beliebig klein, woran auch der Faktor $a - 1$ nichts ändern kann. Somit liegt der Abstand zwischen $\sqrt[n]{a}$ und 1 unterhalb einer Folge, die beliebig klein wird, und muss deshalb selbst beliebig klein werden. Folglich ist

$$\lim_{n \to \infty} \sqrt[n]{a} = 1.$$

Leider ist die Aussage jetzt erst für $a > 1$ bewiesen. Das ist aber nicht weiter schlimm, denn für $a < 1$ setzen wir $b = \frac{1}{a}$ und wissen dann, dass $b > 1$ gilt. Wie Sie dem ersten Teil entnehmen können, gilt

$$\lim_{n \to \infty} \sqrt[n]{b} = 1,$$

und außerdem

$$\sqrt[n]{b} = \frac{1}{\sqrt[n]{a}}.$$

Wenn nun aber $\frac{1}{\sqrt[n]{a}}$ für $n \to \infty$ gegen 1 konvergiert, dann wird $\sqrt[n]{a}$ selbst kaum etwas anderes machen können, denn die einzige Zahl, deren Kehrwert 1 ergibt, ist nun einmal die 1 selbst. Deshalb gilt auch für $a < 1$:

$$\lim_{n \to \infty} \sqrt[n]{a} = 1.$$

Das war keine ganz leichte Kost und ging sicher über das hinaus, was man als unbedingt nötigen Standard bezeichnen würde. Aber ich hatte Ihnen ja angekündigt, dass ich mir gelegentlich den Luxus erlaube, aus der Routine auszubrechen und Ihnen zu zeigen, was man mit Mathematik so alles anstellen kann.

Über Folgen habe ich jetzt lange genug geredet. Sie sollten aus diesem Kapitel vor allem mitnehmen, was man unter Konvergenz versteht, denn ich werde auch in den nächsten Kapiteln ständig mit Grenzwerten umgehen müssen.

Funktionen 5

Sie erinnern sich daran, was wir unter einer Folge verstehen: jeder natürlichen Zahl n wird ein Folgenglied a_n zugeordnet. Am Beispiel des Schokolade essenden Kindes haben Sie auch gesehen, welche Art von Prozessen aus dem richtigen Leben man damit modellieren kann: wann immer in bestimmten Abständen Daten erhoben werden, kann man den jeweils gefundenen Wert mit einer Nummer versehen und zum n-ten Folgenglied erklären. Das heißt aber insbesondere, dass Sie alles, was zwischen zwei Erhebungszeitpunkten geschehen mag, großzügig ignorieren. Interessant sind an einer Folge nur die Werte mit der Nummer n und vielleicht noch $n + 1$, aber was sich zwischen den beiden Werten getan hat, sagt uns keiner.

Das ist bei Vorgängen, die eine ähnliche Struktur haben wie das Schokoladenbeispiel, nicht tragisch, denn zwischen dem n-ten und dem $(n + 1)$-ten Zeitpunkt, an denen ein Stück Schokolade gegessen wird, geschieht mit der Schokolade rein gar nichts, sie liegt nur herum und wartet darauf, wieder beachtet zu werden. Offenbar ist es überflüssig zu notieren, dass sich von Montag früh bis Dienstag früh nichts getan hat, wichtig sind in diesem Fall nur die Änderungen, die sich einmal täglich vollziehen.

Die Sache sieht ganz anders aus bei Prozessen, die mehr oder weniger andauernd Veränderungen unterliegen. Sie können beispielsweise, wenn Sie mit dem Auto von einem Ort zum anderen fahren, diesen Vorgang durch Angabe des Startortes und des Zielortes beschreiben, aber eine solche Beschreibung ist sehr unzureichend, falls Sie auch etwas über die Route erfahren möchten. Sofern Sie nicht gerade im Stau stehen, wird sich Ihr Aufenthaltsort mehr oder weniger in jedem Moment ändern, und das formuliert man im allgemeinen dadurch, dass die Strecke bzw. der Ort eine *Funktion* der Zeit ist. Funktionen sind also ein wichtiges Hilfsmittel zur Beschreibung von Vorgängen, die einer einigermaßen kontinuierlichen Veränderung unterworfen sind.

Hat man einmal den Funktionsbegriff gefunden, dann wird man ihn nicht so schnell wieder los, und Sie werden sehen, dass Funktionen ab jetzt unsere ständigen Begleiter sein werden. In diesem Kapitel erkläre ich erst einmal, was das überhaupt ist und führe ein paar wichtige Begriffe ein, mit denen man Eigenschaften von Funktionen beschrei-

© Springer-Verlag GmbH Deutschland 2017
T. Rießinger, *Mathematik für Ingenieure*, DOI 10.1007/978-3-662-54807-3_5

ben kann. Dann untersuchen wir eine wichtige Klasse von Funktionen, die sogenannten *Polynome*, die den Vorteil haben, dass man ihre Funktionswerte leicht ausrechnen kann. Anschließend übertragen wir den Grenzwertbegriff auf Funktionen, was dann im letzten Abschnitt des Kapitels gebraucht wird, um zu erklären, was man unter stetigen Funktionen versteht.

5.1 Einführung

Eine Funktion soll einen Prozess beschreiben, der nicht nur gelegentlich etwas Neues hervorbringt, sondern bei dem man ständig damit rechnen muss, dass Änderungen vorkommen. Ein Standardbeispiel dafür können Sie selbst ausprobieren, wenn Sie sich auf eine Brücke stellen und einen Stein ins Wasser fallen lassen. In Abhängigkeit von der Zeit wird der Stein seine Position im Raum verändern. Etwas weniger vornehm formuliert: je länger der Stein fällt, desto tiefer ist er und desto schneller fliegt er.

5.1.1 Beispiel Ein Gegenstand wird zum Zeitpunkt 0 dem freien Fall nach unten überlassen. Man weiß aus der Physik, wie sich der Gegenstand verhalten wird. Ist nämlich t die Zeit, die er unterwegs ist, und $g \approx 9{,}8 \frac{m}{s^2}$ die sogenannte Erdbeschleunigung, so gilt für die nach t Sekunden zurückgelegte Strecke:

$$s(t) = \frac{g}{2} \cdot t^2.$$

Dabei setzt man allerdings voraus, dass kein bremsender Luftwiderstand vorhanden ist, aber das braucht uns nicht zu stören. Für uns ist wichtig, dass hier durch eine Funktion $s(t)$ beschrieben wird, wie sich die Position des Gegenstandes ändert.

Im Beispiel 5.1.1 sehen Sie schon die wesentlichen Merkmale einer Funktion vor sich. Es gibt einen *Input*, in diesem Fall die Zeit t, und einen *Output*, in diesem Fall die Strecke $s(t)$, und der *Funktionsterm* $\frac{g}{2} \cdot t^2$ beschreibt, wie man aus dem Input den Output erhält. Im allgemeinen müssen die einzusetzenden Werte nicht unbedingt Zeitbestimmungen sein, wir müssen nicht einmal darauf bestehen, dass es sich um Zahlen handelt.

5.1.2 Beispiel Es sei M die Menge aller Turnschuhe. Für jeden Schuh $x \in M$ sei $l(x)$ die Anzahl der Löcher in der Sohle von x. Dann hat die Funktion l zwar Zahlen als Outputs, aber die Zahl $l(x)$ hängt nicht etwa von einer Input-Zahl ab, sondern davon, wieviele Löcher der jeweilige Schuh x in seiner Sohle hat.

Dieses etwas alberne Beispiel dient nur dazu, Ihnen klarzumachen, dass eine Funktion alle möglichen Inputs und auch alle möglichen Outputs haben kann. Wir sind jetzt so weit, den Begriff der Funktion zu definieren.

5.1.3 Definition Es seien $D \neq \emptyset$ und $W \neq \emptyset$ Mengen. Unter einer Funktion $f : D \to W$ versteht man eine Vorschrift, die jedem Element $x \in D$ genau ein Element $y = f(x) \in W$ zuordnet. Man nennt x die unabhängige Variable und y die abhängige Variable von f.

Die Menge D heißt Definitionsbereich der Funktion f. Unter dem Wertebereich von f versteht man die Menge

$$f(D) = \{y \in W \mid \text{es gibt ein } x \in D, \text{ so dass } y = f(x) \text{ gilt}\}.$$

Die Begriffe Definitionsbereich und Wertebereich erklären sich schon durch ihre Namen. Der Definitionsbereich besteht aus den Werten, auf denen die Funktion definiert ist, das heißt, im Definitionsbereich versammeln sich alle die x-Werte, die in die Funktion f eingesetzt werden dürfen. Der Wertebereich dagegen ist der Platz für die Funktionswerte, also die Ergebnisse. Er muss keineswegs identisch sein mit der Menge W, die auf der rechten Seite von $f : D \to W$ steht. Mit W beschreiben wir die Menge der *potentiellen* Ergebnisse, das heißt, wann immer ein Funktionswert $f(x)$ berechnet wird, muss er jedenfalls in W liegen. Daraus folgt aber nicht, dass auch jeder Wert in W wirklich ein Funktionswert ist. Die Menge der Funktionswerte sammle ich deshalb im Wertebereich $f(D)$.

Ein paar Beispiele werden die Begriffe mit Leben füllen.

5.1.4 Beispiele

(i)   Es sei $c \in \mathbb{R}$ fest. Man definiere

$$f : \mathbb{R} \to \mathbb{R} \text{ durch}$$
$$f(x) = c \text{ für alle } x \in \mathbb{R}.$$

f heißt konstante Funktion, ihr Schaubild ist die in Abb. 5.1 gezeigte Gerade. Da man aus einer graphischen Darstellung oft mehr über die Gestalt einer Funktion lernt als aus der zugehörigen Formel, ist es sinnvoll, die Funktion f durch ein Schaubild

Abb. 5.1 Die Funktion
$f(x) = c$

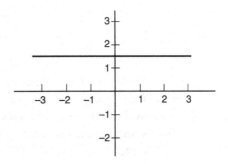

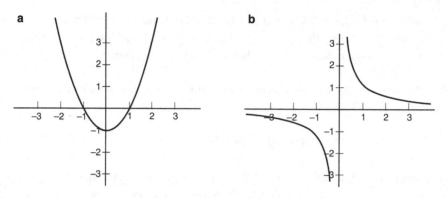

Abb. 5.2 **a** Die Funktion $f(x) = x^2 - 1$. **b** Die Funktion $f(x) = \frac{1}{x}$

zu verdeutlichen. Bei einer konstanten Funktion ist das besonders einfach, da sie sich niemals verändert: ihr Schaubild ist eine waagrechte Linie in der Höhe von c. Der Definitionsbereich D von f ist natürlich die Menge $\mathbb{R}$ aller reellen Zahlen. Sie sehen, dass auf der rechten Seite von $f : \mathbb{R} \to \mathbb{R}$ ebenfalls die Menge $\mathbb{R}$ auftaucht, denn alle vorkommenden Funktionswerte sind reelle Zahlen – es gibt ja schließlich nur einen. Der *Wertebereich*, die Menge aller tatsächlich auftretenden Funktionswerte, ist aber wesentlich kleiner: offenbar gilt $f(D) = \{c\}$.

(ii) Man definiere

$$f : \mathbb{R} \to \mathbb{R} \text{ durch}$$
$$f(x) = x^2 - 1 \text{ für alle } x \in \mathbb{R}.$$

Das Schaubild von f ist eine Parabel, die die x-Achse genau in den Nullstellen von $x^2 - 1$ schneidet, also bei -1 und 1. Der Definitionsbereich D ist wieder $\mathbb{R}$, da Sie jede beliebige reelle Zahl x in $x^2 - 1$ einsetzen können, ohne Unheil heraufzubeschwören. Wie Sie Abb. 5.2a entnehmen können, ist hier $f(D) = [-1, \infty)$, denn wegen $x^2 \geq 0$ ist stets $x^2 - 1 \geq -1$. Folglich können nur Zahlen als Funktionswerte angenommen werden, die größer oder gleich -1 sind.

(iii) Man definiere

$$f : \mathbb{R} \backslash \{0\} \to \mathbb{R} \text{ durch}$$
$$f(x) = \frac{1}{x}.$$

Das Schaubild von f besteht aus zwei *Hyperbelzweigen*. Beachten Sie, dass man hier nicht die gesamte Menge $\mathbb{R}$ zum Definitionsbereich machen darf: da man durch 0 nicht dividieren kann, ist der maximale Definitionsbereich $D = \mathbb{R} \backslash \{0\}$. Da andererseits beim Dividieren von 1 durch x jedes Ergebnis außer 0 möglich ist, ergibt sich als Wertebereich ebenfalls $f(D) = \mathbb{R} \backslash \{0\}$.

Den Beispielen konnten Sie schon entnehmen, dass wir bis auf Weiteres keine exotischen Definitions- und Wertebereiche betrachten werden, sondern uns meistens auf Teilmengen der reellen Zahlen beschränken.

Eine wichtige Klasse von Funktionen sind die Polynome, die ich hier nur der Vollständigkeit halber aufführe. Sie verdienen weitaus mehr Aufmerksamkeit als sich in einer schlichten Definition zum Ausdruck bringen lässt, und deshalb wird ihnen der gesamte Abschn. 5.2 gewidmet sein.

5.1.5 Definition Es sei $n \in \mathbb{N}$. Eine Funktion

$$p : \mathbb{R} \to \mathbb{R},$$

definiert durch

$$p(x) = a_n x^n + a_{n-1} x^{n-1} + \cdots + a_1 x + a_0$$

heißt Polynom vom Grad höchstens n. Die Menge aller dieser Polynome wird mit Π_n bezeichnet.

Beispiele für Polynome haben Sie schon gesehen: die Funktion $f(x) = x^2 - 1$ aus 5.1.3 (ii) ist ein Polynom zweiten Grades, und die konstante Funktion $f(x) = c$ stellt ein Polynom nullten Grades dar, denn $x^0 = 1$. Man sagt übrigens deshalb „Polynom vom Grad *höchstens* n", weil ja auch $a_n = 0$ sein könnte, und das Polynom dann in Wahrheit nur den Grad $n - 1$ oder noch weniger hat. Um sich hier lästige Fallunterscheidungen zu ersparen, hat man das Wort *höchstens* eingefügt.

Über Polynome werde ich mich im nächsten Abschnitt noch äußern. Jetzt wende ich mich erst einmal der Frage zu, wie man aus vorhandenen Funktionen neue Funktionen machen kann. Das Prinzip ist das gleiche wie bei Zahlen, Vektoren oder auch bei Folgen: wir definieren einfach die nötigen Grundrechenarten und kombinieren mit ihrer Hilfe einfache Funktionen zu etwas komplizierteren.

5.1.6 Definition Es seien $f, g : D \to \mathbb{R}$ Funktionen mit dem gleichen Definitionsbereich D. Dann sind die Summe $f + g$, die Differenz $f - g$ und das Produkt $f \cdot g$ definiert durch

$$(f \pm g)(x) = f(x) \pm g(x)$$

und

$$(f \cdot g)(x) = f(x) \cdot g(x).$$

Ist zusätzlich $g(x) \neq 0$ für alle $x \in D$, so ist $\frac{f}{g}$ definiert durch

$$\left(\frac{f}{g}\right)(x) = \frac{f(x)}{g(x)}.$$

Sie sehen also, dass man mit Funktionen genauso rechnen kann wie mit anderen Größen auch. Man muss nur für jedes x aus dem Definitionsbereich die jeweiligen Rechenoperationen mit den Funktionswerten durchführen und im Fall der Division darauf achten, dass keine Nullen im Nenner stehen.

Wieder werfen wir einen Blick auf Beispiele.

5.1.7 Beispiele Es seien f und g die Funktionen

$$f(x) = 2x^2 + 4 \text{ und } g(x) = x - 3$$

mit dem Definitionsbereich $D = \mathbb{R}$. Dann ist

$$(f + g)(x) = 2x^2 + 4 + x - 3 = 2x^2 + x + 1$$

und

$$(f \cdot g)(x) = (2x^2 + 4) \cdot (x - 3) = 2x^3 - 6x^2 + 4x - 12.$$

Weiterhin ist

$$\left(\frac{f}{g}\right)(x) = \frac{2x^2 + 4}{x - 3}.$$

Beim Dividieren wird allerdings der Definitionsbereich verkleinert: da nun der Ausdruck $x - 3$ im Nenner steht, kann der Definitionsbereich von $\frac{f}{g}$ nur noch $D' = \mathbb{R} \setminus \{3\}$ sein.

Eine Funktion, die wie in Beispiel 5.1.7 entsteht, indem man zwei Polynome durcheinander teilt, heißt *rationale Funktion*.

5.1.8 Definition Es seien $p \in \Pi_n$ und $q \in \Pi_m$ Polynome. Ist $D \subseteq \mathbb{R}$ und gilt $q(x) \neq 0$ für alle $x \in D$, so heißt die Funktion $r = \frac{p}{q} : D \to \mathbb{R}$ eine *gebrochen rationale Funktion* oder schlichter eine *rationale Funktion*.

Sie können, wie Sie schon oben gesehen haben, nicht einfach den Definitionsbereich $\mathbb{R}$ der Polynome übernehmen, da das Nennerpolynom Ihrer rationalen Funktion gelegentlich zu Null werden kann. Deshalb muss man die neue Menge D schaffen, aus der sämtliche Nullstellen von q ausgeschlossen sind.

5.1.9 Beispiel Mit $p(x) = x$ und $q(x) = x^2 - 1$ kann man $D = \mathbb{R} \setminus \{-1, 1\}$ wählen und erhält

$$r : \mathbb{R} \setminus \{-1, 1\} \to \mathbb{R}, \text{ definiert durch}$$

$$r(x) = \frac{x}{x^2 - 1}.$$

Abb. 5.3 Nicht-monotone und
monotone Funktion

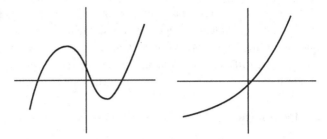

Bisher haben wir uns mit der Frage beschäftigt, wie man aus den unabhängigen Variablen x die Funktionswerte $f(x)$ bestimmen kann. Oft ist aber die umgekehrte Richtung viel wichtiger.

5.1.10 Beispiel Stellen Sie sich vor, dass Sie eine lange Strecke im Flugzeug zurücklegen oder mit einer Rakete zum Mond fliegen. Die zurückgelegte Strecke soll wieder durch eine Funktion $s(t)$ beschrieben werden. Es mag dann ganz unterhaltend sein, wenn man ausrechnen kann, welchen Punkt der Erde man zu einem bestimmten Zeitpunkt t überfliegen wird, aber viel mehr wird es Sie interessieren, wann Sie ankommen. Genauso würde die Mannschaft der Mondrakete vermutlich gerne wissen, zu welchem Zeitpunkt sie den Landevorgang einleiten muss. In beiden Fällen muss man daher in der Lage sein, von der zurückgelegten Strecke auf den passenden Zeitpunkt zu schließen.

Das Ziel ist es also, vom Funktionswert $y = f(x)$ auf die unabhängige Variable x zurückzuschließen. Das geht leider nicht immer eindeutig, wie man an einem einfachen Beispiel sehen kann.

5.1.11 Beispiel Man definiere $f : \mathbb{R} \to \mathbb{R}$ durch $f(x) = x^2$. Für den Funktionswert $y = 1$ gibt es zwei mögliche x-Werte, nämlich $x = 1$ oder $x = -1$. Man kann also aus dem y-Wert nicht eindeutig auf den zugehörigen x-Wert schließen.

Es gibt aber eine Klasse von Funktionen, bei er es eben doch geht. Sehen Sie sich einmal die Schaubilder in Abb. 5.3 an. Offenbar erlaubt die erste Funktion keinen Rückschluss von y auf x, die zweite aber schon. Das liegt daran, dass bei der zweiten Funktion ein größerer x-Wert auch einen größeren y-Wert erzeugt und deshalb kein y-Wert doppelt vorkommen kann. Funktionen dieser Art nennt man *streng monoton wachsend* oder auch *streng monoton steigend*.

5.1.12 Definition Es seien $D, W \subseteq \mathbb{R}$. Eine Funktion $f : D \to W$ heißt

(i)   monoton steigend, wenn aus $x_1 < x_2$ stets folgt $f(x_1) \leq f(x_2)$,
(ii) streng monoton steigend, wenn aus $x_1 < x_2$ stets folgt $f(x_1) < f(x_2)$,
(iii) monoton fallend, wenn aus $x_1 < x_2$ stets folgt $f(x_1) \geq f(x_2)$,
(iv) streng monoton fallend, wenn aus $x_1 < x_2$ stets folgt $f(x_1) > f(x_2)$.

Monoton steigend heißt also nur: wenn die x-Werte steigen, dann werden die y-Werte wenigstens nicht fallen. Dagegen ist eine streng monoton steigende Funktion schon konsequenter: wenn die x-Werte steigen, dann steigen die y-Werte auch. Die verbale Beschreibung des Begriffs *monoton fallend* können Sie sich selbst ausdenken.

Für monotone Funktionen gibt es natürlich auch Beispiele.

5.1.13 Beispiele

(i)   Die Abbildung $f : \mathbb{R} \to \mathbb{R}$, definiert durch $f(x) = 1$, ist zwar monoton steigend, aber nicht streng monoton. Wenn Sie nämlich irgendwelche reellen Zahlen $x_1 \leq x_2$ nehmen, dann ist natürlich $f(x_1) = f(x_2)$, also insbesondere auch $f(x_1) \leq f(x_2)$. Deshalb ist f monoton steigend, und mit dem gleichen Argument kann man auch sehen, dass f monoton fallend ist. Es ist aber klar, dass f nicht streng monoton steigen kann, denn mit wachsendem x denkt $y = f(x)$ nicht daran, ebenfalls zu steigen: es bleibt konstant 1.

(ii) Die Funktion $f_1 : [0, \infty) \to \mathbb{R}$, definiert durch $f_1(x) = x^2$ ist streng monoton steigend, denn für $x_1, x_2 \geq 0$ folgt aus $x_1 < x_2$ stets $x_1^2 < x_2^2$.

(iii) Dagegen ist $f_2 : \mathbb{R} \to \mathbb{R}$, definiert durch $f_2(x) = x^2$ keineswegs monoton, denn es gilt z. B. $-1 < 1$, aber $f_2(-1) = f_2(1)$, und $-2 < 1$, aber $f_2(-2) > f_2(1)$, während $1 < 2$, aber $f_2(1) < f_2(2)$ ist. Es ist daher nicht eindeutig festzustellen, wie sich die y-Werte verhalten werden, wenn die x-Werte ansteigen.

Sie können an diesem Beispiel 5.1.13 (ii) und (iii) sehen, dass die Frage nach der Monotonie einer Funktion ganz entschieden davon abhängt, welchen Definitionsbereich man wählt. Wenn Sie hier den Definitionsbereich auf die positive Achse beschränken, dann wird x^2 monoton sein, wenn Sie aber die negativen Zahlen hinzunehmen, dann fällt die Funktion links von der Null, und sie steigt rechts von der Null, hat also kein eindeutiges Monotonieverhalten mehr.

Man kann sich nun leicht überlegen, dass streng monotone Funktionen den gewünschten Rückschluss vom Funktionswert $y = f(x)$ auf die unabhängige Variable zulassen: hat man nämlich zwei x-Werte, so wird einer größer sein als der andere, und deshalb müssen auch die entsprechenden y-Werte voneinander verschieden sein. Der folgende Satz formuliert das etwas präziser, indem er noch den Begriff der *Umkehrfunktion* einführt. Dieser Begriff ist nicht weiter schwer: wenn $y = f(x)$ gilt, dann ist einfach $x = f^{-1}(y)$.

5.1.14 Satz Es sei $f : D \to W$ eine streng monotone Funktion mit dem Wertebereich $W = f(D)$. Dann gibt es die Umkehrfunktion

$$f^{-1} : W \to D,$$

das heißt, aus $y = f(x)$ folgt $x = f^{-1}(y)$.

Die Funktion f^{-1} ist ebenfalls streng monoton im gleichen Sinne wie f. Wenn also f streng monoton steigend ist, dann ist auch f^{-1} streng monoton steigend, und wenn f streng monoton fällt, dann fällt auch f^{-1} streng monoton.

Beweis Wir nehmen an, dass f streng monoton steigend ist. Damit eine *Umkehrfunktion* sinnvoll definiert werden kann, muss ich zeigen, dass es zu jedem Funktionswert y genau einen passenden x-Wert gibt. Sei also $x \in D$ und $y = f(x)$. Aufgrund der Monotonie von f gilt für $z \neq x$, dass der Funktionswert von z entweder über dem von x oder darunter liegen muss, je nachdem, ob $z > x$ oder $z < x$ ist. In jedem Fall ist $f(z) \neq y$. Die Zuordnungsvorschrift

$$f^{-1} : W \to D, \text{ definiert durch}$$
$$f^{-1}(y) = x, \text{ falls } f(x) = y,$$

ist also eindeutig, d. h. f^{-1} ist eine Funktion.

Der Satz behauptet auch, dass die Umkehrfunktion f^{-1} im gleichen Sinn streng monoton ist wie f. Da ich vorausgesetzt habe, dass f streng monoton steigt, zeige ich jetzt, dass f^{-1} ebenfalls streng monoton steigt. Dazu nehmen wir

$$y_1, y_2 \in W \text{ mit } y_1 < y_2.$$

Wir müssen zeigen, dass

$$f^{-1}(y_1) < f^{-1}(y_2)$$

gilt. Nun sind aber y_1 und y_2 Funktionswerte von f, und es gibt dazu passende x-Werte. Wir setzen also

$$f(x_1) = y_1 \text{ und } f(x_2) = y_2,$$

und das bedeutet:

$$x_1 = f^{-1}(y_1) \text{ und } x_2 = f^{-1}(y_2).$$

Zu zeigen ist dann: $x_1 < x_2$. Nehmen wir einmal an, es gilt $x_1 \geq x_2$. Dann ist wegen der Monotonie von f:

$$y_1 = f(x_1) \geq f(x_2) = y_2,$$

und wir erhalten einen Widerspruch, denn wir wissen ja, dass $y_1 < y_2$ gilt. Deshalb ist $x_1 < x_2$.

Den Fall einer streng monoton fallenden Funktion f behandelt man genauso.   △

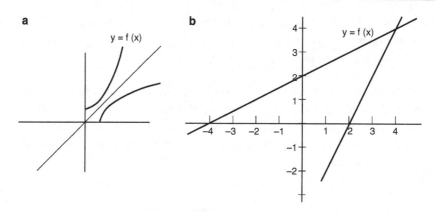

Abb. 5.4 a Funktion und Umkehrfunktion. **b** Funktion $f(x) = \frac{x}{2} + 2$ und Umkehrfunktion

Eine streng monotone Funktion garantiert also die Existenz einer Umkehrfunktion und damit die Möglichkeit, vom Funktionswert $y = f(x)$ auf den x-Wert zu schließen. Das kann man nun mit etwas Glück rechnerisch und in aller Regel auch graphisch durchführen.

5.1.15 Bemerkung Man erhält das Schaubild der Umkehrfunktion f^{-1}, indem man das Schaubild von f an der ersten Winkelhalbierenden spiegelt, wie Sie es in Abb. 5.4 sehen können. Die Umkehrfunktion ordnet nämlich den y-Werten die zugehörigen x-Werte zu. Wenn Sie nur das Schaubild von f aufzeichnen, dann erhalten Sie f^{-1} durch Verrenken des Kopfes, denn Sie müssen Ihren Kopf so weit wie möglich nach rechts neigen, um die y-Achse als die Achse der unabhängigen Variablen zu betrachten, die üblicherweise waagrecht steht, und die x-Achse als senkrechte Achse zu erkennen. Einfacher ist es, man behält seinen Kopf, wo er ist, und vertauscht die Rollen der Variablen. Sie betrachten also x für graphische Zwecke auch als unabhängige Variable von f^{-1} und müssen in Ihr Koordinatenkreuz, da Sie die Variablen gekippt haben, auch die gekippte Funktion einzeichnen. So gilt z. B. für

$$f : [0, \infty) \to [0, \infty), \text{ definiert durch } f(x) = x^2,$$

die folgende Beziehung:

$$y = f(x) \Leftrightarrow y = x^2 \Leftrightarrow x = \sqrt{y},$$

d. h. $f^{-1}(y) = \sqrt{y}$. Man verwendet dann für die unabhängige Variable den gleichen Namen wie bei f, schreibt also $f^{-1}(x) = \sqrt{x}$. Das Schaubild der Wurzel findet man, indem man die Parabel von $y = x^2$ an der ersten Winkelhalbierenden spiegelt.

Mit einem letzten Beispiel zur Umkehrfunktion beende ich den ersten Abschnitt.

5.1.16 Beispiel Man definiere $f : \mathbb{R} \to \mathbb{R}$ durch $f(x) = \frac{x}{2} + 2$. Dann folgt aus $x_1 < x_2$, dass $\frac{x_1}{2} < \frac{x_2}{2}$, also auch $f(x_1) < f(x_2)$ gilt. Folglich ist f monoton steigend.

Mit $y = \frac{x}{2} + 2$ folgt $x = 2y - 4$, d. h. $f^{-1}(y) = 2y - 4$, bzw. $f^{-1}(x) = 2x - 4$.

5.2 Polynome

In Definition 5.1.5 haben Sie bereits gesehen, was man unter einem Polynom versteht, und Sie hatten auch schon Gelegenheit, sich mit Beispielen vertraut zu machen. Hier will ich mich im wesentlichen der Frage widmen, wie man die Funktionswerte von Polynomen möglichst effizient ausrechnen kann. Dafür gibt es einen einfachen Grund: da die Berechnung komplizierter Funktionen oft zu aufwendig ist, gibt man sich mit einem Näherungspolynom zufrieden, das zwar nicht genau der komplizierten Funktion entspricht, aber doch gute Näherungen liefert. Wenn man sich nun schon die Mühe macht, solche Näherungspolynome zu suchen, dann sollte man auch darauf achten, ihre Funktionswerte hinterher so einfach und schnell wie möglich ausrechnen zu können.

Im neunten Kapitel werden Sie eine Methode kennenlernen, mit der man Näherungspolynome bestimmen kann. In diesem Abschnitt geht es zunächst nur um die Frage, wie man den Funktionswert eines gegebenen Polynoms ausrechnet.

5.2.1 Beispiel Man setze

$$p(x) = 3x^4 + 2x^3 - 5x^2 + x - 1.$$

Zu berechnen ist der Funktionswert $p(2)$. Natürlich kann man jetzt schlicht die 2 für x einsetzen und erhält

$$p(2) = 3 \cdot 2^4 + 2 \cdot 2^3 - 5 \cdot 2^2 + 2 - 1 = 45.$$

Allerdings muss man auf diese Weise der Reihe nach alle auftretenden Potenzen von 2 ausrechnen, was die Anzahl der durchzuführenden Multiplikationen in die Höhe treibt (für $x_0 = 2$ wäre das vielleicht noch nicht so schlimm, aber schon das Ausrechnen von 17^4 ist etwas mehr Aufwand).

Man kann aber die Anzahl der nötigen Multiplikationen deutlich verringern, wenn man das Polynom etwas geschickter aufschreibt. Die Idee besteht darin, die Variable x vorzuklammern, wann immer das möglich ist. Wir erhalten dann

$$3x^4 + 2x^3 - 5x^2 + x - 1 = (3x^3 + 2x^2 - 5x + 1) \cdot x - 1$$
$$= ((3x^2 + 2x - 5) \cdot x + 1) \cdot x - 1$$
$$= (((3x + 2) \cdot x - 5) \cdot x + 1) \cdot x - 1.$$

Ich habe also in der ersten Gleichung aus den ersten vier Summanden x ausgeklammert, dann aus den ersten drei Summanden des Klammerausdrucks $(3x^3 + 2x^2 - 5x + 1)$ wieder

x ausgeklammert und danach den neuen Klammerausdruck $(3x^2 + 2x - 5)$ der gleichen Behandlung unterworfen.

Was ist damit gewonnen? Wenn Sie nun $x = 2$ einsetzen, werden Sie feststellen, dass die Anzahl der Multiplikationen deutlich gesunken ist, denn es sind nur noch vier übrig geblieben. Das war ja auch das Ziel der ganzen Überlegung: man versucht, die Anzahl der Rechenoperationen zur Berechnung eines Polynomwertes möglichst niedrig zu halten. Außerdem sieht die neue Darstellung eines Polynoms vielleicht auf den ersten Blick etwas seltsam aus, sie hat aber den Vorteil, dass man sie in ein einfaches Rechenschema übersetzen kann, das sogenannte *Horner-Schema*. Es beruht auf dem Hin-und Herwechseln zwischen Multiplikation und Addition, das in der oben entwickelten Formel zum Ausdruck kommt.

Ich schreibe zunächst einmal das Horner-Schema zur Berechnung von $p(2)$ vollständig hin und erkläre danach die einzelnen Schritte.

$$x_0 = 2 \begin{array}{|rrrrr} 3 & 2 & -5 & 1 & -1 \\ & + & + & + & + \\ & 6 & 16 & 22 & 46 \\ \hline 3 & 8 & 11 & 23 & 45 \end{array}.$$

Erinnern Sie sich daran, dass

$$p(x) = (((3x + 2) \cdot x - 5) \cdot x + 1) \cdot x - 1$$

gilt. Das Horner-Schema setzt diese Formel nur für $x = 2$ um. In der ersten Zeile stehen die Koeffizienten des Polynoms. Wir schreiben die 3 noch einmal in die dritte Zeile. Die innerste Klammer der Formel sagt dann aus, dass die 3 mit dem x-Wert 2 multipliziert werden muss. Das Ergebnis 6 schreibt man in die zweite Spalte der zweiten Zeile. Danach muss in der innersten Klammer auf das Ergebnis der Multiplikation eine 2 addiert werden. Das ist aber praktisch, denn über der 6 haben wir gerade eine 2 stehen, und die Addition ergibt 8. Die innerste Klammer ist damit abgearbeitet, und ihr Ergebnis 8 muss wieder mit 2 multipliziert werden. Das neue Ergebnis 16 schreibt man wieder in die zweite Zeile, und Sie sehen, dass es genau unter der -5 landet. Zum Glück sagt aber die Formel aus, dass genau die 5 von der 16 abgezogen werden muss, und das Ergebnis 11 schreiben wir unter die 16 in der dritten Zeile auf.

So geht das Spiel weiter, bis alle Spalten gefüllt sind. Man addiert die erste und zweite Zeile, schreibt das Ergebnis in die dritte Zeile und multipliziert es mit dem x-Wert 2. Das Ergebnis dieser Multiplikation schreibt man dann in die zweite Zeile der nächsten Spalte. Wie Sie dem Schema entnehmen können, steht zum Schluss unten rechts das Endergebnis.

Ich werde nun die allgemeine Form des Horner-Schemas aufschreiben und anschließend noch ein Beispiel rechnen.

5.2.2 Satz Es sei

$$p(x) = a_n x^n + a_{n-1} x^{n-1} + \cdots + a_1 x + a_0$$

ein Polynom n-ten Grades und $x_0 \in \mathbb{R}$. Das Horner-Schema zur Berechnung von $p(x_0)$ hat die folgende Form:

$$
\begin{array}{c|cccccc}
 & a_n & a_{n-1} & a_{n-2} & \cdots & a_1 & a_0 \\
 & & + & + & & + & + \\
x_0 & & b_{n-1} \cdot x_0 & b_{n-2} \cdot x_0 & \cdots & b_1 \cdot x_0 & b_0 \cdot x_0 \\
\hline
 & a_n = b_{n-1} & b_{n-2} & b_{n-3} & \cdots & b_0 & p(x_0)
\end{array}
$$

Dabei ist

$$b_{n-1} = a_n \quad \text{und}$$
$$b_k = b_{k+1} \cdot x_0 + a_{k+1}$$

für $k = n - 2, n - 3, \ldots, 1, 0$, und es gilt:

$$p(x_0) = a_0 + b_0 \cdot x_0.$$

Wenn man Wert darauf legt, kann man das beweisen, indem man in der Formel für $p(x)$ genau wie im Beispiel 5.2.1 der Reihe nach x vorklammert, so oft und so gut es geht. Wichtiger ist, dass Sie sich über die Funktionsweise des Schemas im klaren sind. Man schreibt die Koeffizienten von p in die erste Zeile und führt den höchsten Koeffizienten a_n noch einmal am Anfang der dritten Zeile auf. Die erste Stelle in der zweiten Zeile bleibt leer. Dann macht man bis zum Schluss des Schemas immer dasselbe: man multipliziert das neueste Element der dritten Zeile mit x_0 und schreibt das Ergebnis in den nächsten freien Platz der zweiten Zeile. Schließlich addiert man die aktuellen Einträge der ersten und der zweiten Zeile zu einem neuen Eintrag in der dritten Zeile.

Sehen wir uns noch ein Beispiel an.

5.2.3 Beispiel Für $p(x) = 4x^5 + 2x^3 + x^2 - 3x + 7$ berechnen wir $p(3)$. Das Horner-Schema lautet

$$
\begin{array}{c|cccccc}
 & 4 & 0 & 2 & 1 & -3 & 7 \\
 & & + & + & + & + & + \\
x_0 = 3 & & 12 & 36 & 114 & 345 & 1026 \\
\hline
 & 4 & 12 & 38 & 115 & 342 & 1033
\end{array}
$$

Folglich ist $p(3) = 1033$. Beachten Sie übrigens die Null an der zweiten Stelle der ersten Zeile. In der Formel für das Polynom $p(x)$ kommt kein Term x^4 vor, das heißt, Sie müssen x^4 mit dem Koeffizienten Null versehen.

Der wesentliche Vorteil des Horner-Schemas liegt darin, dass man Funktionswerte eines Polynoms n-ten Grades mit nur n Additionen und n Multiplikationen berechnen kann. Würde man einfach nur in die definierende Formel einsetzen, so wäre der Multiplikationsaufwand deutlich höher.

Das Horner-Schema hat aber noch eine weitere Anwendung, die ich Ihnen nicht vorenthalten möchte. Man hört nämlich oft, dass man mit Hilfe des Horner-Schemas die Nullstellen eines Polynoms berechnen kann. Das ist ein weit verbreitetes Vorurteil, das leider nicht ganz stimmt, aber immerhin ist das Schema tatsächlich ein Hilfsmittel bei dem *Versuch*, Nullstellen zu finden. Man kann allerdings in der Regel nicht garantieren, dass der Versuch gelingt.

Zunächst sehen wir uns an einem Beispiel an, wie man mit Hilfe des Horner-Schemas Linearfaktoren abdividieren kann.

5.2.4 Beispiel Wir verwenden wieder das Polynom

$$p(x) = 3x^4 + 2x^3 - 5x^2 + x - 1.$$

Das Horner Schema zu diesem Polynom lautet nach Beispiel 5.2.1

$$
x_0 = 2 \quad
\begin{array}{r|rrrrr}
 & 3 & 2 & -5 & 1 & -1 \\
 &   & + & + & + & + \\
 &   & 6 & 16 & 22 & 46 \\
\hline
 & 3 & 8 & 11 & 23 & 45
\end{array}
,
$$

und folglich ist $p(2) = 45$. Ich benutze nun die errechneten Zahlen aus der dritten Zeile, um ein neues Polynom $q(x)$ zu bilden, nämlich

$$q(x) = 3x^3 + 8x^2 + 11x + 23.$$

Ausgegangen sind wir vom x-Wert 2, und deshalb multipliziere ich das neue Polynom mit dem Linearfaktor $x - 2$. Dann erhalten wir

$$
\begin{aligned}
(x - 2) \cdot q(x) &= (x - 2) \cdot (3x^3 + 8x^2 + 11x + 23) \\
&= 3x^4 + 8x^3 + 11x^2 + 23x - 6x^3 - 16x^2 - 22x - 46 \\
&= 3x^4 + 2x^3 - 5x^2 + x - 46 \\
&= p(x) - 45 \\
&= p(x) - p(2).
\end{aligned}
$$

So ist das immer. Wenn Sie das Horner-Schema für ein Polynom p n-ten Grades und einen Punkt x_0 aufstellen und wie eben ein neues Polynom $(n-1)$-ten Grades q aus den Werten der dritten Schema-Zeile bilden, dann gilt grundsätzlich

$$p(x) - p(x_0) = (x - x_0) \cdot q(x).$$

Diese Tatsache werde ich gleich zur Nullstellenbestimmung benutzen. Zunächst notiere ich sie aber in einem eigenen Satz.

5.2.5 Satz Es sei

$$p(x) = a_n x^n + a_{n-1} x^{n-1} + \cdots + a_1 x + a_0$$

ein Polynom n-ten Grades und $x_0 \in \mathbb{R}$. Die Werte aus der dritten Zeile des Horner-Schemas für p und x_0 bezeichnen wir in der Reihenfolge ihres Auftretens mit

$$b_{n-1}, b_{n-2}, \ldots, b_1, b_0.$$

Setzt man

$$q(x) = b_{n-1} x^{n-1} + b_{n-2} x^{n-2} + \cdots + b_1 x + b_0,$$

so gilt

$$p(x) - p(x_0) = (x - x_0) \cdot q(x).$$

Der Beweis dieses Satzes besteht in einem ziemlich langen Herumrechnen mit Polynomen, und ich werde ihn, weil er nicht viel bringt, weglassen. Da Sie in 5.2.4 bereits ein Beispiel für den Satz gesehen haben, können wir gleich zur Anwendung übergehen.

Stellen Sie sich vor, Sie haben ein Polynom p vom Grad n und suchen seine Nullstellen, das heißt, Sie suchen nach Zahlen, für die $p(x) = 0$ gilt. Wenn Sie nun mit Glück eine Nullstelle x_1 gefunden haben, dann ist natürlich $p(x_1) = 0$, und beim Einsetzen in den Satz 5.2.5 erhalten wir

$$p(x) = p(x) - p(x_1) = (x - x_1) \cdot q(x).$$

Dabei ist q ein Polynom vom Grad $n-1$. Die Suche nach weiteren Nullstellen von p wird nun etwas einfacher, denn offenbar ist jede weitere Nullstelle von p auch eine Nullstelle von q und umgekehrt. q hat aber einen niedrigeren Grad als p, und man kann hoffen, dass die Suche nach den Nullstellen von q ein wenig leichter ist als sie es bei p wäre.

Die Sache wird wie üblich deutlicher, wenn man an Beispiele geht.

5.2.6 Beispiel Es sei $p(x) = x^3 - 6x^2 + 11x - 6$. Gesucht sind alle Nullstellen von p. Da p den Grad 3 hat, brauchen wir nur nach 3 Nullstellen zu suchen. Wenn man nun nicht so recht weiß, wo man suchen soll, dann fängt man am besten an, ein bisschen herumzuprobieren, und der einfachste x-Wert zum Probieren ist natürlich $x = 0$. Leider ist $p(0) = -6$, also ist 0 keine Nullstelle. Der nächste einfache Wert wäre $x = 1$, und Einsetzen ergibt tatsächlich $p(1) = 0$. Wir haben also eine erste Nullstelle $x_1 = 1$ gefunden.

Nun fülle ich das Horner-Schema für $x_1 = 1$ aus.

$$x_1 = 1 \quad \begin{array}{c|rrrr} & 1 & -6 & 11 & -6 \\ & & + & + & + \\ & & 1 & -5 & 6 \\ \hline & 1 & -5 & 6 & 0 \end{array}.$$

Wie nicht anders zu erwarten, steht am Schluss des Schemas eine Null. Viel wichtiger sind die drei ersten Zahlen der dritten Zeile, denn sie liefern das neue Polynom q. Wir setzen

$$q(x) = x^2 - 5x + 6.$$

Nach Satz 5.2.5 ist dann nämlich

$$p(x) = (x - 1) \cdot (x^2 - 5x + 6),$$

und deshalb ist jede Nullstelle von $x^2 - 5x + 6$ auch eine Nullstelle von p. Der Rest ist leicht, denn wir haben hier nur noch die quadratische Gleichung $x^2 - 5x + 6 = 0$ vorliegen mit den Lösungen

$$x_{2,3} = \frac{5}{2} \pm \sqrt{\frac{25}{4} - 6} = \frac{5}{2} \pm \frac{1}{2},$$

also $x_2 = 2$ und $x_3 = 3$. Folglich hat p die Nullstellen

$$x_1 = 1, \ x_2 = 2 \text{ und } x_3 = 3.$$

Bei der Suche nach Nullstellen können Sie also das Horner-Schema verwenden, um aus einem Polynom n-ten Grades ein Polynom $(n - 1)$-ten Grades zu machen, vorausgesetzt Sie haben bereits eine Nullstelle von p gefunden. Offenbar hat dieses Verfahren zwei Schönheitsfehler. Erstens ist durchaus nicht klar, woher Sie die erste Nullstelle von p nehmen sollen, und in 3.1.15 habe ich Ihnen ja auch erzählt, dass es ab dem Grad 5 keine ordentlichen Formeln mehr gibt, mit denen man die entsprechenden Gleichungen lösen kann. Zweitens liefert Ihnen zwar das Horner-Schema ein Polynom von niedrigerem Grad, aber wenn zum Beispiel p den Grad 17 hatte, dann wird q vom Grad 16 sein. Das ist zwar nicht mehr ganz so schlimm wie 17, aber vermutlich nicht viel weniger hoffnungslos, denn auch dafür gibt es keine Formel.

Was das zweite Problem betrifft, kann ich Ihnen auch nicht helfen und muss Sie auf das Näherungsverfahren zur Bestimmung von Nullstellen vertrösten, das wir im siebten Kapitel besprechen werden. Das erste Problem hingegen kann man manchmal, wenn man Glück hat, lösen. Der folgende Satz, an dessen Beweis Sie sich zur Übung selbst versuchen sollten, gibt einen Hinweis.

5.2.7 Satz   Es sei
$$p(x) = a_n x^n + a_{n-1} x^{n-1} + \cdots + a_1 x + a_0$$

ein Polynom n-ten Grades mit ganzzahligen Koeffizienten $a_0, a_1, \ldots, a_n \in \mathbb{Z}$. Falls p eine ganzzahlige Nullstelle $x_0 \in \mathbb{Z}$ hat, dann ist x_0 ein Teiler von a_0.

Zum Beweis müssen Sie nur x_0 in das Polynom einsetzen und ausnutzen, dass erstens $p(x_0) = 0$ gilt und zweitens alle auftretenden Zahlen ganze Zahlen sind. Versuchen Sie es einmal.

In jedem Fall kann man Satz 5.2.7 zur Suche nach einer Startnullstelle verwenden, sofern das Polynom ganzzahlige Koeffizienten $a_i \in \mathbb{Z}$ hat. Falls nämlich p eine ganzzahlige Nullstelle besitzt, ist die Anzahl der Kandidaten von vornherein stark eingeschränkt: es kommen nur die Teiler von a_0 in Frage. In Beispiel 5.2.6 war $a_0 = -6$, und diese Zahl wird geteilt von $\pm 1, \pm 2, \pm 3$ und ± 6. Wenn es eine ganzzahlige Nullstelle gibt, dann muss sie also unter diesen acht Zahlen zu finden sein, und wir hätten uns den ersten Versuch mit der Null sparen können.

Nur zur Warnung: der Satz hilft Ihnen gar nichts, wenn p keine ganzzahligen Nullstellen hat. In diesem Fall müssen Sie damit rechnen, dass Sie mit dem Horner-Schema nicht sehr weit kommen, weil Ihnen schon die erste Nullstelle x_1 verborgen bleibt. Da helfen dann nur noch Näherungsmethoden wie das Newton-Verfahren, über das Sie im siebten Kapitel einiges erfahren werden.

Mehr möchte ich jetzt über Polynome nicht sagen. Wir kehren zurück zu ganz allgemeinen Funktionen und überlegen uns im nächsten Abschnitt, was wohl Grenzwerte mit Funktionen zu tun haben könnten.

5.3 Grenzwerte von Funktionen

Noch Leonhard Euler, der sicher zu den bedeutendsten Mathematikern aller Zeiten zählte, erklärte im siebzehnten Jahrhundert eine Funktion als einen „analytischen Ausdruck", „der irgendwie aus jener Veränderlichen und Konstanten zusammengesetzt ist". Das ist – bei allem Respekt vor Euler – nicht gerade ein Muster an Klarheit und zeigt vor allem, dass sich auch die großen Mathematiker der damaligen Zeit über die Grundlagen ihrer Wissenschaft noch nicht so recht im klaren waren. Mit einem *analytischen Ausdruck* dürfte Euler Funktionen der Art $f(x) = x^2$ oder auch $g(x) = \frac{2x+1}{3x^2-1}$ gemeint haben, Funktionen also, die sich mit Hilfe eines einzigen geschlossenen Ausdrucks beschreiben lassen. Unser Funktionsbegriff ist da um Einiges weiter gefasst, denn er erlaubt auch Funktionen wie die folgende.

5.3.1 Beispiel Die Funktion

$$f(x) = \begin{cases} -1 & \text{falls } x \le 0 \\ 1 & \text{falls } x > 0 \end{cases}$$

mit dem Definitionsbereich $D = \mathbb{R}$ hat das Schaubild aus Abb. 5.5. Wie Sie sehen, kann man f eben nicht mehr durch einen „analytischen Ausdruck" darstellen, sondern man braucht eine Fallunterscheidung: links von der Null passiert dieses und rechts von der Null jenes. Entsprechend weist das Schaubild der Funktion im Nullpunkt eine *Sprungstelle* auf, die wir im Folgenden etwas näher untersuchen und in Formeln fassen.

Abb. 5.5 Funktion $f(x)$

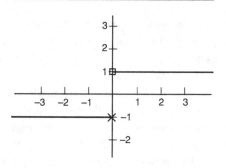

Eine Sprungstelle ist für die x-Werte so etwas Ähnliches wie eine Gletscherspalte oder ein Steinbruch für einen unvorsichtigen Skifahrer oder Wanderer. Wenn sich positive x-Werte zu schnell und ohne aufzupassen der 0 nähern, dann werden ihre y-Werte plötzlich nach unten fallen, weil sie übersehen haben, dass bei 0 eine Sprungstelle ist. Nun würde ein Wanderer, der neugierig und nicht ganz schwindelfrei ist, sich langsam und vorsichtig dem oberen Rand des Steinbruchs annähern und sich davor hüten, seinen Fuß zu weit zu setzen, um nicht in die Tiefe zu stürzen. Ebenso darf man annehmen, dass der Wanderer, der unten der Wand des Steinbruchs entgegenläuft und sie genauer betrachten will, sich vorsichtig und in immer kleiner werdenden Abständen der Wand nähert, weil er ansonsten zwar nicht herunterfällt, aber mit voller Kraft gegen die Wand läuft.

Wir haben im vierten Kapitel gesehen, was es für Zahlen heißt, sich einem Wert langsam und vorsichtig immer mehr anzunähern: das bedeutet nur, dass eine Folge konvergiert. Je nachdem, ob eine Folge von x-Werten von rechts oder von links gegen 0 konvergiert, wird die Folge ihrer Funktionswerte sich verschieden verhalten, genauso wie die Wanderer in den Abgrund stürzen oder sich den Schädel an der Wand anrennen, je nachdem, aus welcher Richtung sie kommen.

Sei zum Beispiel $x_n = \frac{1}{n}$. Dann ist $x_n > 0$ und deshalb $f(x_n) = 1$. Natürlich ist

$$\lim_{n \to \infty} x_n = 0,$$

und

$$\lim_{n \to \infty} f(x_n) = 1,$$

aber $f(0) = -1$. Die Folge x_n hat also in ihren Funktionswerten ein etwas seltsames Verhalten, denn die Folge ihrer Funktionswerte $f(x_n)$ konvergiert nicht gegen den Grenzwert $f(0)$. Und das gilt nicht nur für $x_n = \frac{1}{n}$, sondern für jede gegen 0 konvergierende Folge mit positiven Folgengliedern.

Gutwilliger sieht es auf der linken Seite aus. Ist $z_n = -\frac{1}{n}$, so gilt ebenfalls

$$\lim_{n \to \infty} z_n = 0,$$

aber $z_n < 0$ und deshalb $f(z_n) = -1$. Für den Grenzwert der Funktionswerte gilt demnach

$$\lim_{n \to \infty} f(z_n) = -1,$$

was mit dem Funktionswert des Grenzwertes $f(0) = -1$ übereinstimmt. Um es zusammenfassend zu sagen: wir haben zwei Folgen (x_n) und (z_n), die beide gegen 0 konvergieren, aber es ist

$$\lim_{n \to \infty} f(x_n) = 1 \neq f(0) \text{ und } \lim_{n \to \infty} f(z_n) = -1 = f(0).$$

In dem einen Fall stimmt also der Grenzwert der Funktionswerte mit dem Funktionswert des Grenzwertes 0 überein, in dem anderen Fall nicht. Diese Tatsache beschreibt mathematisch einigermaßen genau, was es heißt, eine Sprungstelle zu sein.

Eine Funktion mit so einer Sprungstelle heißt *unstetig im Nullpunkt*. Um noch etwas bequemer formulieren zu können, was Stetigkeit eigentlich bedeutet, brauchen wir noch den Begriff des Grenzwertes einer Funktion. Sie können aber dem Beispiel 5.3.1 jetzt schon entnehmen, dass mit Stetigkeit im Wesentlichen die Eigenschaft gemeint ist, keine Sprungstellen zu haben.

Der Begriff des *Grenzwertes einer Funktion* an einem Punkt x_0 ist nach diesem Beispiel auch nichts sehr Überraschendes mehr. Wenn Sie in 5.3.1 irgendeine positive Folge (x_n) gegen 0 konvergieren lassen, dann können Sie sicher sein, dass $f(x_n) \to 1$ gilt. Leider gilt das nicht mehr für negative Folgen, da hier der Grenzwert -1 herauskommt, und deshalb kann man hier *nicht* davon sprechen, dass die Funktion f bei 0 den Grenzwert 1 oder auch -1 besitzt. Nur wenn bei allen Folgen das gleiche Ergebnis erzielt wird, hat die Funktion einen eindeutigen Grenzwert. So kommen wir zu der folgenden Definition.

5.3.2 Definition Es seien $D, W \subseteq \mathbb{R}$, $f : D \to W$ eine Funktion und $x_0 \in \mathbb{R}$. Die Zahl $y_0 \in \mathbb{R}$ heißt Grenzwert von f an der Stelle x_0, falls gilt: für jede Folge (x_n), die ganz in D liegt, mit

$$\lim_{n \to \infty} x_n = x_0$$

folgt

$$\lim_{n \to \infty} f(x_n) = y_0.$$

Man schreibt

$$y_0 = \lim_{x \to x_0} f(x).$$

Grob gesprochen bedeutet das: wenn die x-Werte in die Nähe von x_0 kommen, dann müssen sich auch die zugehörigen y-Werte in die Nähe von y_0 bewegen. Beachten Sie, dass es nicht langt, nur *eine* Folge daraufhin zu untersuchen, was ihre Funktionswerte alles anstellen: man muss für *jede* Folge $x_n \to x_0$ nachweisen, dass $f(x_n) \to y_0$ gilt. Erst dann kann man vom Grenzwert von f sprechen.

Für diesen etwas abstrakten Begriff sehen wir uns Beispiele an.

5.3.3 Beispiele

(i)   Man definiere $h : \mathbb{R} \to \mathbb{R}$ durch

$$h(x) = \frac{x}{2} + 2$$

und setze $x_0 = 1$. Ist x_n irgendeine gegen 1 konvergierende Folge, dann müssen wir untersuchen, wie sich die Folge der Funktionswerte $h(x_n)$ verhält. Aus $x_n \to 1$ folgt $\frac{x_n}{2} \to \frac{1}{2}$, also $\frac{x_n}{2} + 2 \to \frac{5}{2}$. Folglich ist

$$\lim_{x \to 1} h(x) = \frac{5}{2} = h(1).$$

Der Grenzwert der Funktion h für $x \to 1$ stimmt also mit dem Funktionswert $h(1)$ überein, wie es bei einer so einfachen Funktion nicht anders zu erwarten war.

(ii)   Man definiere $g : \mathbb{R} \backslash \{-1\} \to \mathbb{R}$ durch

$$g(x) = \frac{1 - x^2}{1 + x}$$

und setze $x_0 = -1$. Hier liegt eine Besonderheit vor, denn der Wert $x_0 = -1$ gehört nicht zum Definitionsbereich der Funktion g, da Sie nicht durch Null dividieren dürfen. Dennoch kann man fragen, was mit den Funktionswerten geschieht, wenn sich die x-Werte immer mehr dem verbotenen Wert $x_0 = -1$ annähern.
Dazu nehmen wir uns eine gegen -1 konvergierende Folge (x_n), die ganz im Definitionsbereich von g liegt. Aus $x_n \to -1$ und $x_n \in \mathbb{R} \backslash \{-1\}$ folgt dann

$$g(x_n) = \frac{1 - x_n^2}{1 + x_n} = 1 - x_n \to 2 \text{ für } n \to \infty,$$

und daraus folgt

$$\lim_{x \to -1} g(x) = 2,$$

obwohl -1 nicht zum Definitionsbereich von g gehört. Dabei habe ich von der dritten binomischen Formel Gebrauch gemacht, denn es gilt $1 - x_n^2 = (1 - x_n) \cdot (1 + x_n)$, so dass der Nenner $1 + x_n$ sich einfach herauskürzt und das Problem einer Null im Nenner nicht mehr auftritt. Anders gesagt: der Linearfaktor $1 + x$ aus dem Nenner ist auch als Faktor im Zähler enthalten, und in diesem Fall kann man den Grenzwert der Funktion auch an einem kritischen Punkt ausrechnen.
Falls Sie den konvergenten Folgen nicht ganz trauen, kann man dieses Beispiel auch etwas bequemer schreiben, indem man auf den Umweg über die Folge x_n verzichtet und direkt rechnet:

$$\lim_{x \to -1} \frac{1 - x^2}{1 + x} = \lim_{x \to -1} 1 - x = 2,$$

denn aus $x \to -1$ folgt $-x \to 1$ und damit $1 - x \to 2$.

Zu dieser Methode gleich noch ein Beispiel.

(iii) Man setze

$$g(x) = \frac{x^2 + 2x - 8}{x^2 - 3x + 2}$$

und $x_0 = 2$. Den Definitionsbereich von g habe ich weggelassen, um die Sache nicht zu leicht zu machen. Für $x_0 = 2$ wird der Nenner von g zu 0, das heißt, die 2 gehört offenbar nicht zum Definitionsbereich von g. Da aber 2 eine Nullstelle des Nenners ist, muss $x^2 - 3x + 2$ den Linearfaktor $x - 2$ enthalten. Der Zähler enthält den gleichen Linearfaktor, denn wenn Sie $x = 2$ in den Term $x^2 + 2x - 8$ einsetzen, erhalten Sie ebenfalls 0. Folglich kann man den Linearfaktor $x - 2$ aus Zähler und Nenner herauskürzen, und wir müssen nur noch herausfinden, was übrigbleibt. Dazu können Sie entweder die Methode des Horner-Schemas aus 5.2.5 und 5.2.6 heranziehen oder Sie können schlicht mit den üblichen Formeln die Nullstellen von Zähler und Nenner berechnen. In jedem Fall erhalten Sie für eine beliebige Folge $x_n \to 2$:

$$\begin{aligned}
\lim_{n \to \infty} g(x_n) &= \lim_{n \to \infty} \frac{x_n^2 + 2x_n - 8}{x_n^2 - 3x_n + 2} \\
&= \lim_{n \to \infty} \frac{(x_n - 2)(x_n + 4)}{(x_n - 2)(x_n - 1)} \\
&= \lim_{n \to \infty} \frac{x_n + 4}{x_n - 1} \\
&= \frac{2 + 4}{2 - 1} = \frac{6}{1} = 6.
\end{aligned}$$

Folglich ist

$$\lim_{x \to 2} g(x) = 6.$$

Auch hier kann man auf die Zwischenstufe der konvergenten Folge verzichten und direkt schreiben:

$$\begin{aligned}
\lim_{x \to 2} \frac{x^2 + 2x - 8}{x^2 - 3x + 2} &= \lim_{x \to 2} \frac{(x - 2)(x + 4)}{(x - 2)(x - 1)} \\
&= \lim_{x \to 2} \frac{x + 4}{x - 1} \\
&= \frac{2 + 4}{2 - 1} = 6.
\end{aligned}$$

Es kommt in solchen Fällen also nicht so sehr darauf an, unbedingt konvergente Folgen (x_n) in die Funktion einzusetzen, sondern viel mehr darauf, richtig mit den Linearfaktoren in Zähler und Nenner umzugehen.

(iv) Man definiere wie in 5.3.1 $f : \mathbb{R} \to \mathbb{R}$ durch

$$f(x) = \begin{cases} -1 & \text{falls } x \leq 0 \\ 1 & \text{falls } x > 0. \end{cases}$$

Wegen

$$\lim_{n \to \infty} f\left(-\frac{1}{n}\right) = -1,$$

aber

$$\lim_{n \to \infty} f\left(\frac{1}{n}\right) = 1$$

gibt es zwei gegen 0 konvergente Folgen, deren Funktionswerte sich verschieden verhalten: die einen konvergieren gegen -1, die anderen gegen 1. Die Definition des Grenzwertes einer Funktion verlangt aber, dass *alle* gegen x_0 konvergenten Folgen eine Folge von Funktionswerten erzeugen, die gleiches Grenzwertverhalten haben. Da das nicht der Fall ist, hat die Funktion f keinen Grenzwert bei $x_0 = 0$.

(v) Man definiere $f : \mathbb{R}\backslash\{0\} \to \mathbb{R}$ durch

$$f(x) = \frac{1}{x}.$$

Mit $x_n = \frac{1}{n}$ gilt $x_n \to 0$ und $f(x_n) = n \to \infty$. Deshalb hat f keinen Grenzwert an der Stelle $x_0 = 0$.

Ich habe dabei die bisher nicht benutzte Schreibweise $n \to \infty$ verwendet, um deutlich zu machen, dass eine Folge über jede beliebige Schranke hinaus wächst, also „unendlich groß" wird.

Sie sehen in den Beispielen zwei Möglichkeiten für eine Funktion, an einem Punkt x_0 keinen Grenzwert zu haben. In Beispiel 5.3.3 (iv) kann sich die Funktion f nicht so recht entscheiden: bei der Folge der Funktionswerte liegt einmal der Grenzwert 1 und einmal der Grenzwert -1 vor, und da die Definition ein eindeutiges Grenzverhalten verlangt, kann man weder die 1 noch die -1 als Grenzwert der Funktion bei 0 bezeichnen. Im Beispiel 5.3.3 (v) dagegen sind die Funktionswerte $f(x)$ für $x \to 0$ von vornherein divergent, da sie sozusagen gegen Unendlich gehen. Folglich hat man hier bei $x = 0$ gar keine Chance auf die Existenz eine Grenzwertes. Wenn also eine Funktion an einem Punkt x_0 keinen Grenzwert besitzt, dann kann das zwei Ursachen haben: entweder gibt es zu viele Grenzwerte von Funktionswertfolgen oder gar keinen. Nur in dem Fall, dass sich jede Folge von Funktionswerten auf die gleiche Weise ordentlich verhält, kann man vom Grenzwert einer Funktion in einem Punkt sprechen.

Natürlich gibt es auch für solche Grenzwerte die üblichen Rechenregeln.

5.3.4 Satz Es seien f, g Funktionen und es existiere $\lim\limits_{x \to x_0} f(x)$ und $\lim\limits_{x \to x_0} g(x)$. Dann gelten:

(i) $\lim\limits_{x \to x_0} (f \pm g)(x) = \lim\limits_{x \to x_0} f(x) \pm \lim\limits_{x \to x_0} g(x)$.

(ii) $\lim\limits_{x \to x_0} (f \cdot g)(x) = \lim\limits_{x \to x_0} f(x) \cdot \lim\limits_{x \to x_0} g(x)$.

(iii) Falls $g(x) \neq 0$ und $\lim\limits_{x \to x_0} g(x) \neq 0$ ist, dann gilt

$$\lim_{x \to x_0} \left(\frac{f}{g} \right) (x) = \frac{\lim\limits_{x \to x_0} f(x)}{\lim\limits_{x \to x_0} g(x)}.$$

(iv) $\lim\limits_{x \to x_0} |f(x)| = \left| \lim\limits_{x \to x_0} f(x) \right|$.

Beweis Ich beweise hier nur die Nummer (i), die anderen Beweise können Sie dann fast wörtlich übertragen.

Sei also $x_n \to x_0$. Wir müssen untersuchen, wohin $(f \pm g)(x_n)$ konvergiert. Es gilt aber

$$(f \pm g)(x_n) = f(x_n) \pm g(x_n) \to \lim_{x \to x_0} f(x) \pm \lim_{x \to x_0} g(x)$$

nach 4.1.12 und 5.1.6. Damit ist

$$\lim_{x \to x_0} (f \pm g)(x) = \lim_{x \to x_0} f(x) \pm \lim_{x \to x_0} g(x). \qquad \triangle$$

Eigentlich wissen Sie jetzt genug über die Grenzwerte von Funktionen, um mit dem Begriff der Stetigkeit von Funktionen konfrontiert zu werden. Bevor ich aber dazu übergehe, möchte ich Ihnen noch einen etwas gutmütigeren Grenzwertbegriff vorstellen, der uns noch ab und zu begegnen wird: den einseitigen Grenzwert.

Die Idee ist einfach genug. Betrachten Sie beispielsweise die Funktion f aus Beispiel 5.3.1, die links von der Null den Wert -1 hat und rechts den Wert 1, so haben wir gesehen, dass sie bei Null selbst keinen Grenzwert besitzt. Der Grund lag natürlich darin, dass sich beim Herangehen von links der Grenzwert -1 ergab, während wir von rechts zwangsläufig auf die 1 stoßen mussten. Trotzdem kann man kaum behaupten, dass diese Funktion in der Nähe des Nullpunktes sehr ungeordnet und unübersichtlich wäre. Statt eines Grenzwerts hat sie eben zwei: einen von links und einen von rechts. So etwas nennt man *einseitige Grenzwerte*. Sie beschreiben, wie sich eine Funktion verhält, wenn man sich einem bestimmten Punkt aus einer vorgegebenen Richtung nähert.

5.3.5 Definition Es seien $D, W \subseteq \mathbb{R}$, $f : D \to W$ eine Funktion und $x_0 \in \mathbb{R}$.

(i)   Die Zahl $y_0 \in \mathbb{R}$ heißt rechtsseitiger Grenzwert von f an der Stelle x_0, falls gilt: für jede Folge (x_n), die ganz in D liegt, mit

$$\lim_{n \to \infty} x_n = x_0 \text{ und } x_n > x_0$$

folgt

$$\lim_{n \to \infty} f(x_n) = y_0.$$

Man schreibt

$$y_0 = \lim_{x \to x_0, x > x_0} f(x).$$

(ii) Die Zahl $y_0 \in \mathbb{R}$ heißt linksseitiger Grenzwert von f an der Stelle x_0, falls gilt: für jede Folge (x_n), die ganz in D liegt, mit

$$\lim_{n \to \infty} x_n = x_0 \text{ und } x_n < x_0$$

folgt

$$\lim_{n \to \infty} f(x_n) = y_0.$$

Man schreibt

$$y_0 = \lim_{x \to x_0, x < x_0} f(x).$$

Im Grunde ist die Situation auch nicht viel anders als bei den gewöhnlichen Grenzwerten einer Funktion. Der einzige Unterschied besteht darin, dass sich die x-Werte jetzt nicht mehr ganz beliebig der kritischen Stelle x_0 annähern müssen, sondern bei rechtsseitigen Grenzwerten von rechts und bei linksseitigen Grenzwerten von links. Ansonsten ist das Prinzip gleich geblieben. Ist z. B. y_0 der rechtsseitige Grenzwert von f an der Stelle x_0, so heißt das: wenn die x-Werte *von rechts* in die Nähe von x_0 kommen, dann werden sich die entsprechenden y-Werte der Zahl y_0 annähern.

Sehen wir uns noch zwei Beispiele an, um mit dem Begriff etwas vertrauter zu werden.

5.3.6 Beispiele

(i) Um das altbekannte Beispiel zu Ende zu führen, definieren wir wieder $f : \mathbb{R} \to \mathbb{R}$ durch

$$f(x) = \begin{cases} -1 & \text{falls } x \le 0 \\ 1 & \text{falls } x > 0. \end{cases}$$

Wir waren bereits darüber einig, dass f an der Stelle $x_0 = 0$ keinen Grenzwert besitzt, weil das Verhalten von links und das Verhalten von rechts unterschiedlich sind. Das ist aber genau die passende Situation für den Einsatz einseitiger Grenzwerte. Da f links von der Null konstant -1 ist und rechts konstant 1, ergibt sich:

$$\lim_{x \to 0, x < 0} f(x) = \lim_{x \to 0, x < 0} -1 = -1$$

und

$$\lim_{x \to 0, x > 0} f(x) = \lim_{x \to 0, x > 0} 1 = 1.$$

Die Funktion f hat also bei $x_0 = 0$ den linksseitigen Grenzwert -1 und den rechtsseitigen Grenzwert 1.

(ii) Man definiere $g : \mathbb{R} \to \mathbb{R}$ durch

$$g(x) = \begin{cases} 2x & \text{falls } x \leq 1 \\ x^2 + 1 & \text{falls } x > 1. \end{cases}$$

Der kritische Punkt liegt natürlich bei $x_0 = 1$, und ich werde jetzt die beiden einseitigen Grenzwerte ausrechnen. Für $x < 1$ ist der Funktionswert einfach $2x$, und deshalb gilt:

$$\lim_{x \to 1, x < 1} g(x) = \lim_{x \to 1, x < 1} 2x = 2 \cdot 1 = 2.$$

Auf der anderen Seite haben wir für $x > 1$ immer den Funktionswert $x^2 + 1$, und das bedeutet:

$$\lim_{x \to 1, x > 1} g(x) = \lim_{x \to 1, x > 1} x^2 + 1 = 1^2 + 1 = 2.$$

Hier stimmen also linksseitiger und rechtsseitiger Grenzwert überein.

Sie sehen vielleicht an dem zweiten Beispiel, dass einseitige Grenzwerte recht nützlich sein können, wenn man dem Grenzwert einer Funktion im Sinne von 5.3.2 auf der Spur ist. Bei solchen zusammengesetzten Funktionen kann es natürlich nichts schaden, erst einmal den linksseitigen und den rechtsseitigen Grenzwert auszurechnen, sofern sie existieren. Sind sie dann auch noch gleich, so entspricht das gemeinsame Ergebnis genau dem Grenzwert der Funktion bei x_0, denn aus welcher Richtung die x-Werte sich auch der Stelle x_0 annähern mögen: das Verhalten der y-Werte ist immer das gleiche.

5.4 Stetigkeit

Mit dem Wort *stetig* verbindet man wohl eine Vorstellung von Beharrlichkeit und Ordnung, jedenfalls nichts Chaotisches oder Sprunghaftes. Bei Funktionen ist das nicht anders; um sprunghaftes Verhalten zu vermeiden, sollte eine Funktion dann stetig heißen, wenn sie keine Sprungstellen aufweist. Das muss ich nun in Formeln fassen, aber im letzten Abschnitt haben Sie an Beispielen schon gesehen, wie man eine Sprungstelle mathematisch in den Griff bekommen kann: wenn die Funktion an einem Punkt keinen brauchbaren Grenzwert besitzt, muss man mit einer Sprungstelle rechnen. Deshalb wird Stetigkeit folgendermaßen definiert.

5.4.1 Definition Es sei $D \subseteq \mathbb{R}$ der Definitionsbereich einer Funktion $f : D \to \mathbb{R}$ und $x_0 \in D$. Die Funktion f heißt stetig in x_0, wenn

$$\lim_{x \to x_0} f(x) = f(x_0)$$

gilt. Anders gesagt: f ist dann stetig, falls für $x_n \to x_0$ stets gilt: $f(x_n) \to f(x_0)$. Andernfalls heißt f unstetig in x_0. Ist f in jedem Punkt $x_0 \in D$ stetig, so sagt man schlicht: f ist stetig.

Man verlangt also von der Funktion f nicht nur, dass sie im Punkt x_0 einen Grenzwert besitzt, er muss auch noch mit dem Funktionswert $f(x_0)$ übereinstimmen. Falls f nämlich einen Grenzwert bei x_0 hat, er aber verschieden von $f(x_0)$ ist, dann werden sich die Funktionswerte in der Nähe von x_0 zwar einem bestimmten Wert annähern, aber dieser Wert wird vom eigentlichen Funktionswert ein Stück entfernt sein, so dass wieder eine Sprungstelle vorliegt. Falls dagegen f gar keinen Grenzwert bei x_0 hat, dann muss man mit mehr oder weniger chaotischem Verhalten rechnen, und das würde man sicher nicht mit dem Ehrentitel *stetig* honorieren.

Grob gesprochen bedeutet Stetigkeit also: wenn die x-Werte nur ein wenig wackeln, dann wackeln auch die $f(x)$-Werte nicht sehr, d. h. f weist keine Sprungstellen auf. Noch grober: eine stetige Funktion kann man zeichnen, ohne den Stift absetzen zu müssen. Diese Beschreibung gilt aber nur, wenn der Definitionsbereich ein durchgängiges Intervall ist, denn ansonsten müssen Sie beim Zeichnen in jedem Fall eine Pause machen, sobald Sie an einer Lücke des Definitionsbereiches angekommen sind.

Sehen wir uns Beispiele an.

5.4.2 Beispiele

(i) $f : \mathbb{R} \to \mathbb{R}$, definiert durch

$$f(x) = \begin{cases} -1 & \text{falls } x \leq 0 \\ 1 & \text{falls } x > 0. \end{cases}$$

f ist unstetig in $x_0 = 0$, denn wir haben in 5.3.3 festgestellt, dass $\lim_{x \to x_0} f(x)$ nicht existiert. Dagegen ist f in jedem Punkt $x_0 \neq 0$ stetig, wie man sich recht schnell überlegen kann. Ist nämlich $x_0 > 0$ und $x_n \to x_0$, dann muss ab irgendeiner Nummer $n \in \mathbb{N}$ jedenfalls $x_n > 0$ sein, denn sonst könnte sich die Folge x_n schwerlich der positiven Zahl x_0 annähern. Folglich ist für hinreichend großes $n \in \mathbb{N}$ auch $f(x_n) = 1$ und deshalb

$$\lim_{n \to \infty} f(x_n) = 1 = f(x_0).$$

Damit ist gezeigt, dass für $x_0 > 0$ stets

$$\lim_{x \to x_0} f(x) = f(x_0)$$

gilt. Somit ist f stetig in x_0, und genauso zeigt man auch die Stetigkeit in jedem negativen Punkt.

(ii) $f : \mathbb{R} \to \mathbb{R}$, definiert durch $f(x) = x^2$ ist stetig, denn aus $x_n \to x_0$ folgt $f(x_n) = x_n^2 \to x_0^2 = f(x_0)$.

(iii) Man definiere $f : \mathbb{R} \to \mathbb{R}$ durch

$$f(x) = \begin{cases} x^2 & \text{falls } x \geq 0 \\ 0 & \text{falls } x < 0. \end{cases}$$

Sie sehen an der Abb. 5.6, dass f vermutlich stetig sein wird, weil keine Sprungstellen zu erkennen sind. Da der Augenschein täuschen kann, sehen wir uns die Sache etwas genauer an. Problematisch kann die Funktion nur im Nullpunkt sein, denn rechts von der Null ist $f(x) = x^2$ und links von der Null ist sie gar konstant Null, und stetiger geht es wohl nicht mehr. Wir müssen also untersuchen, was mit $x_0 = 0$ passiert und nehmen zu diesem Zweck wie üblich eine Folge (x_n) mit $x_n \to 0$. Natürlich kann sich x_n rechts oder links von der Null aufhalten, also positiv oder negativ sein. Das schadet aber gar nichts, denn für positive x_n ist $f(x_n) = x_n^2$ und für negative x_n ist $f(x_n) = 0$. Da (x_n) gegen 0 konvergiert, muss auch die quadrierte Folge (x_n^2) gegen 0 gehen, und wir erhalten in jedem Fall

$$\lim_{n \to \infty} f(x_n) = 0 = f(0),$$

das heißt:

$$\lim_{x \to x_0} f(x) = f(x_0) \text{ für } x_0 = 0.$$

Deshalb ist f ist überall stetig.

Abb. 5.6 Stetige Funktion $f(x)$

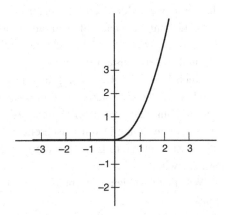

(iv) Man definiere $g : \mathbb{R} \to \mathbb{R}$ durch

$$g(x) = \begin{cases} \frac{1-x^2}{1+x} & \text{falls } x \neq -1 \\ 1 & \text{falls } x = -1. \end{cases}$$

In 5.3.3 (ii) haben wir uns überlegt, dass

$$\lim_{x \to -1} \frac{1-x^2}{1+x} = 2$$

gilt. Die Funktion g hat aber in $x_0 = -1$ den Funktionswert $g(-1) = 1$. Da Grenzwert und Funktionswert nicht übereinstimmen, ist g im Punkt -1 unstetig.

(v) Man definiere $f : \mathbb{R} \setminus \{0\} \to \mathbb{R}$ durch

$$f(x) = \frac{1}{x}.$$

Nun sei $x_0 < 0$. Dann ist natürlich

$$\lim_{x \to x_0} f(x) = \lim_{x \to x_0} \frac{1}{x} = \frac{1}{x_0} = f(x_0),$$

und dieselbe Gleichungskette finden Sie auch für jedes $x_0 > 0$. Die Funktion ist also für jedes $x_0 \neq 0$ stetig. Andere x-Werte sind aber gar nicht zugelassen, denn offenbar gehört die Null nicht zum Definitionsbereich. Die Funktion f ist deshalb stetig, obwohl es auf den ersten Blick nicht so aussieht. Die Tatsache, dass kein vernünftiger Grenzwert $\lim_{x \to 0} \frac{1}{x}$ existiert, schadet dabei überhaupt nichts, denn der Wert 0 war von Anfang an aus dem Definitionsbereich ausgeschlossen, und Stetigkeit bezieht sich nur auf Punkte im Definitionsbereich.

Beispiel 5.4.2 (iv) können Sie noch einmal deutlich erkennen, dass die bloße Existenz des Grenzwertes der Funktion bei x_0 für die Stetigkeit nicht ausreicht. Der Grenzwert muss auch mit dem tatsächlichen Funktionswert übereinstimmen. Die Formel *Grenzwert = Funktionswert* ist vielleicht recht gut geeignet, um sich schlagwortartig zu merken, was es mit der Stetigkeit auf sich hat.

Auch Beispiel 5.4.2 (v) zeigt etwas Wichtiges. Die grobe Beschreibung der Stetigkeit durch den Satz, eine stetige Funktion kann man zeichnen, ohne den Stift abzusetzen, gilt wirklich nur dann, wenn der Definitionsbereich lückenlos ist. Die Funktion $f(x) = \frac{1}{x}$ ist auf ihrem gesamten Definitionsbereich $\mathbb{R} \setminus \{0\}$ stetig, aber man kann sie offenbar nicht in einem Zug zeichnen. Es ist nur die Lücke im Definitionsbereich, die zum Absetzen des Stiftes zwingt.

Wie in fast jedem Abschnitt notieren wir einige Rechenregeln, diesmal für stetige Funktionen.

5.4.3 Satz Es seien $f, g : D \to \mathbb{R}$ stetig in $x_0 \in D$. Dann gelten:

(i) $f \pm g$ ist stetig in x_0.
(ii) $f \cdot g$ ist stetig in x_0.
(iii) Falls $g(x_0) \neq 0$, ist $\frac{f}{g}$ stetig in x_0.
(iv) $|f|$ ist stetig in x_0.

Beweis Ich werde wieder nur die erste Aussage beweisen, die anderen lassen sich dann fast wörtlich genauso behandeln. Das ist aber jetzt ganz leicht, da wir die Rechenregeln für die Grenzwerte von Funktionen aus Satz 5.3.4 zur Verfügung haben. Für $x_0 \in D$ müssen wir ja zeigen, dass

$$\lim_{x \to x_0} (f \pm g)(x) = (f \pm g)(x_0)$$

ist. Es gilt aber nach 5.3.4:

$$\lim_{x \to x_0} (f \pm g)(x) = \lim_{x \to x_0} f(x) \pm \lim_{x \to x_0} g(x) = f(x_0) \pm g(x_0) = (f \pm g)(x_0),$$

und schon ist der Beweis erledigt.   △

Die Regeln aus 5.4.3 erlauben es, aus vorhandenen stetigen Funktionen neue stetige Funktionen zusammenzubauen, ohne sich noch großartige Gedanken über die zugehörigen Grenzwerte machen zu müssen. Wie ich Ihnen schon im Abschn. 2.4 über das Vektorprodukt gesagt habe, ist das ein wesentlicher Charakterzug der Mathematik: man löst einmal das grundsätzliche Problem und erspart sich damit später eine Menge Arbeit bei den konkreten Beispielen. Natürlich könnte man beispielsweise bei jedem einzelnen Polynom die Stetigkeit nachweisen, aber das wäre nicht nur ein Haufen Arbeit, es wäre auch völlig überflüssig und unproduktiv, denn die Stetigkeit *jedes* Polynoms folgt ohne Schwierigkeiten aus dem Satz 5.4.3.

5.4.4 Folgerung

(i) Jedes Polynom $p(x) = a_n x^n + a_{n-1} x^{n-1} + \cdots + a_1 x + a_0$ ist auf ganz $\mathbb{R}$ stetig.
(ii) Es seien p, q Polynome, $D = \{x \in \mathbb{R} \mid q(x) \neq 0\}$ und $r : D \to \mathbb{R}$ definiert durch

$$r(x) = \frac{p(x)}{q(x)}.$$

Dann ist r stetig.

Beweis Der Beweis besteht nur aus dem konsequenten Ausnutzen der Rechenregeln aus 5.4.3.

(i) Die Funktion $f(x) = x$ ist stetig, und da wir stetige Funktionen miteinander multiplizieren dürfen, ohne dass sich an der Stetigkeit etwas ändert, sind auch x^2, x^3 und alle sonstigen Potenzen von x stetig. Sie bleiben natürlich auch dann stetig, wenn man sie mit irgendwelchen Konstanten $a_1, a_2, \ldots, a_n$ multipliziert. Nun dürfen stetige Funktionen aber nicht nur multipliziert, sondern auch addiert werden, und jeder einzelne der Summanden

$$a_0, a_1 x, a_2 x^2, \ldots, a_n x^n$$

ist eine stetige Funktion. Somit ist p als Summe stetiger Funktionen selbst wieder stetig.

(ii) Gerade eben habe ich gezeigt, dass die beiden Polynome p und q stetig sind. Im Definitionsbereich D haben wir die Nullstellen von q ausgeschlossen, so dass das Dividieren durch q keine Probleme macht. Nach 5.4.3 (iii) darf man stetige Funktionen durcheinander dividieren, sofern der Nenner nicht zu Null wird, und deshalb ist die rationale Funktion

$$r = \frac{p}{q}$$

stetig. $\triangle$

Funktionen, über deren Stetigkeit man Bescheid weiß, helfen manchmal bei der Untersuchung konvergenter Folgen, wenn einigermaßen komplizierte Terme als Folgenglieder auftreten.

5.4.5 Beispiel Mit den Methoden aus 4.1.13 kann man schnell sehen, dass

$$\lim_{n \to \infty} \frac{n^2 - 1}{n^2 + 1} = 1$$

gilt. Die Folge sieht auch nicht sehr kompliziert aus und ist noch recht übersichtlich. Nun nehmen wir die neue Folge

$$a_n = \frac{5 \left(\frac{n^2 - 1}{n^2 + 1} \right)^3 + 2 \left(\frac{n^2 - 1}{n^2 + 1} \right)^2 - 4 \left(\frac{n^2 - 1}{n^2 + 1} \right) + 17}{- \left(\frac{n^2 - 1}{n^2 + 1} \right)^2 + 23}.$$

Sie sieht schon ein wenig unangenehmer aus, und man kann leicht den Überblick verlieren. In Wahrheit ist sie aber ganz leicht zu behandeln, wenn wir eine rationale Funktion verwenden. Mit

$$r(x) = \frac{5x^3 + 2x^2 - 4x + 17}{-x^2 + 23}$$

gilt nämlich

$$a_n = r \left(\frac{n^2 - 1}{n^2 + 1} \right).$$

Da wir aber wissen, dass $\frac{n^2-1}{n^2+1} \to 1$ gilt und r als rationale Funktion stetig ist, überträgt sich die Konvergenz auf die Funktionswerte von $\frac{n^2-1}{n^2+1}$, das heißt:

$$\lim_{n \to \infty} a_n = \lim_{n \to \infty} r\left(\frac{n^2-1}{n^2+1}\right) = r(1) = \frac{10}{11},$$

denn die Funktionswerte $r\left(\frac{n^2-1}{n^2+1}\right)$ müssen gegen den Funktionswert $r(1)$ konvergieren.

Es mag sein, dass Ihnen das nicht übermäßig aufregend vorkommt, und Sie haben auch recht damit. Schließlich hätte man in der allergrößten Not die Folge (a_n) auch ausrechnen und anschließend mit den üblichen Methoden aus Kap. 4 ihre Konvergenz nachweisen können – ganz zu schweigen von der Möglichkeit, direkt die Sätze über die Konvergenz von Summen, Produkten und Quotienten von Folgen aus 4.1.12 zu benutzen. Wenn man das Konzept der Stetigkeit nur auf Polynome und rationale Funktionen anwenden könnte, dann hätte man damit keinen Hund hinter dem Ofen hervorgelockt.

Zum Glück gibt es noch eine ganze Menge weitere stetige Funktionen wie zum Beispiel die trigonometrischen Funktionen und die Exponentialfunktion, über die ich im nächsten Kapitel sprechen werde. Es gibt aber auch noch zusätzliche Möglichkeiten, aus bekannten Funktionen neue Funktionen zu erzeugen, die wir bisher stark vernachlässigt haben. Ich werde mich deshalb jetzt mit der Frage beschäftigen, was passiert, wenn man zwei Funktionen hintereinanderschaltet. Zunächst definiere ich den Begriff der *Hintereinanderausführung*.

5.4.6 Definition Es seien D, E und W Mengen und

$$f : E \to W, g : D \to E$$

Funktionen. Die Funktion

$$h : D \to W, \text{ definiert durch}$$
$$h(x) = f(g(x)),$$

heißt Hintereinanderausführung oder auch Komposition von f und g. Man schreibt $h = f \circ g$.

Manchmal nennt man die Hintereinanderausführung auch Verknüpfung, aber das ist etwas ungenau, weil auch die Addition und die Multiplikation Verknüpfungen sind.

Vielleicht verwirren Sie die drei Mengen D, E und W, und ich sollte ein paar Worte über die Rolle verlieren, die sie spielen. Die Funktion h wird durch $h(x) = f(g(x))$ definiert. Folglich muss es möglich sein, die Funktionswerte von g als neue unabhängige Variablen in die Funktion f einzusetzen. Die Outputs von g sollten deshalb im Definitionsbereich von f liegen, das heißt, jeder Output von g muss ein Input von f sein. Das ist

Abb. 5.7 Hintereinanderausführung

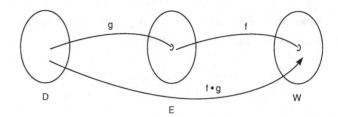

der Grund, warum die Menge E bei beiden Funktionen vorkommt: als Outputmenge von g und als Inputmenge von f. Dieses Zusammenspiel sehen Sie in Abb. 5.7.

Bevor wir uns Gedanken über die Stetigkeit der Hintereinanderausführung machen, sollten Sie Beispiele solcher Hintereinanderausführungen sehen.

5.4.7 Beispiele

(i) Man definiere $h : \mathbb{R} \to \mathbb{R}$ durch

$$h(x) = \sqrt{x^2 + 1}.$$

Dann kann man h zusammensetzen aus $g : \mathbb{R} \to [0, \infty)$, definiert durch

$$g(x) = x^2 + 1,$$

und $f : [0, \infty) \to \mathbb{R}$, definiert durch

$$f(x) = \sqrt{x},$$

denn es gilt:

$$h(x) = \sqrt{x^2 + 1} = \sqrt{g(x)} = f(g(x)).$$

Also ist $h = f \circ g$.

Beachten Sie, wie hier die Definitions- und Wertebereiche von f und g aufeinander abgestimmt sind: g landet mit seinen Funktionswerten genau dort, wo f mit dem Definitionsbereich startet, nämlich im Intervall $[0, \infty)$.

(ii) Es seien $g, f : \mathbb{R} \to \mathbb{R}$ definiert durch

$$g(x) = |x|, \ f(x) = x - |x|.$$

Mit $h = f \circ g$ gilt dann:

$$h(x) = f(g(x)) = g(x) - |g(x)| = |x| - ||x|| = |x| - |x| = 0.$$

Somit ist $f \circ g = 0$. Es kann also vorkommen, dass die Hintereinanderausführung zweier Funktionen die Nullfunktion ergibt, obwohl keine der Einzelfunktionen f und g daran denkt, überall zu Null zu werden.

(iii) Man definiere $f : [0, \infty) \to \mathbb{R}$ durch $f(x) = \sqrt{x}$ und $g : \mathbb{R} \to (-\infty, 0]$ durch $g(x) = -x^2$. Kann man hier die Funktion $h = f \circ g$ bilden? Ein Blick auf die Definitions- und Wertebereiche zeigt Ihnen, dass es nicht geht, denn die Funktionswerte von g sind negativ, während die Funktion f positive Eingabewerte braucht. Sie haben also hier ein Beispiel zweier Funktionen vor sich, die man nicht miteinander verknüpfen kann, weil ihre Definitions- und Wertebereiche nicht zueinander passen.

Die Hintereinanderausführung hat nun die angenehme Eigenschaft, die Stetigkeit zu erhalten. Wenn man also zwei Funktionen miteinander verknüpft, die an den richtigen Stellen stetig sind, dann ist auch die Komposition stetig.

5.4.8 Satz Es seien $f : E \to W$ und $g : D \to E$ Funktionen; g sei in $x_0 \in D$ stetig, f sei in $g(x_0) \in E$ stetig. Dann ist $h = f \circ g$ stetig in x_0.

Beweis Zum Nachweis der Stetigkeit von h in x_0 müssen wir wie üblich zeigen, dass

$$\lim_{x \to x_0} h(x) = h(x_0)$$

gilt. Dazu sei wieder einmal (x_n) eine Folge in D, die gegen x_0 konvergiert. Zu zeigen ist, dass dann auch $(h(x_n))$ gegen $h(x_0)$ konvergiert. Wir wissen aber, dass g in x_0 stetig ist, und da $x_n \to x_0$ gilt, folgt daraus

$$g(x_n) \to g(x_0).$$

Das hilft uns schon ein Stück weiter, denn die Funktion f ist nach unserer Voraussetzung stetig im Punkt $g(x_0)$. Deshalb wird jede Folge, die gegen $g(x_0)$ konvergiert, eine passend konvergierende Folge von Funktionswerten erzeugen. Die einzige gegen $g(x_0)$ konvergente Folge, die uns zur Verfügung steht, ist $(g(x_n))$. Auf Grund der Stetigkeit von f in $g(x_0)$ erhalten wir

$$f(g(x_n)) \to f(g(x_0)),$$

und da $f(g(x)) = h(x)$ ist, heißt das

$$h(x_n) \to h(x_0).$$

Aus $x_n \to x_0$ folgt also stets $h(x_n) \to h(x_0)$. Mit anderen Worten:

$$\lim_{x \to x_0} h(x) = h(x_0). \qquad \qquad \triangle$$

Man muss hier bei der Formulierung des Satzes ein wenig vorsichtig sein, denn es ist wichtig, dass die Funktionen f und g an den richtigen Stellen stetig sind. Der Punkt, um den es geht, ist x_0, und es ist nicht weiter schwer, von der Funktion g die Stetigkeit in x_0 zu verlangen. Die Funktion f verwendet als Eingaben aber die Ergebnisse von g, so dass es sinnlos wäre, f direkt auf x_0 anzuwenden. Dagegen liegt $g(x_0)$ im Definitionsbereich von f, und deshalb setzt man voraus, dass f im Punkt $g(x_0)$ stetig ist.

Die Beispiele zu Satz 5.4.8, die ich Ihnen im Moment zeigen kann, kranken alle an einem bestimmten Mangel, den Sie gleich erkennen werden.

5.4.9 Beispiele

(i) Man definiere $h : \mathbb{R} \to \mathbb{R}$ durch

$$h(x) = \sqrt{x^2 + 1}.$$

Wir haben uns schon in 5.4.7 (i) überlegt, dass man h aus zwei Funktionen zusammensetzen kann, nämlich derFunktion $g : \mathbb{R} \to [0, \infty)$, definiert durch

$$g(x) = x^2 + 1,$$

und der Wurzelfunktion $f : [0, \infty) \to \mathbb{R}$, definiert durch

$$f(x) = \sqrt{x}.$$

Nun hätte man gern, dass $h = f \circ g$ stetig ist. Der Satz 5.4.8 sagt aus, dass eine zusammengesetzte Funktion in jedem Fall dann stetig ist, wenn die einzelnen Funktionen, aus denen man sie komponiert hat, stetig sind. Von $g(x) = x^2 + 1$ können wir die Stetigkeit guten Gewissens behaupten, denn g ist ein Polynom, und Polynome sind immer stetig. Wie sieht es aber mit der Wurzelfunktion aus? Über die Stetigkeit von Wurzeln habe ich bisher noch kein Wort verloren. Solange wir aber nichts über die Stetigkeit von f wissen, können wir auch nichts über die Stetigkeit von h sagen. Ich werde allerdings gleich zeigen, dass auch die Wurzelfunktion stetig ist, und wenn Sie mir das für den Augenblick glauben, dann folgt daraus sofort die Stetigkeit von h.

(ii) Man definiere $h : \mathbb{R} \to \mathbb{R}$ durch

$$h(x) = \sin(5x + 3).$$

Hier stoßen Sie auf das gleiche Problem wie in der Nummer (i). Natürlich ist h zusammengesetzt aus der simplen Funktion $g(x) = 5x + 3$ und der etwas weniger simplen Sinusfunktion $f(x) = \sin x$. Die Stetigkeit von g bedarf kaum einer Erwähnung, aber der Sinus bereitet zunächst die gleichen Schwierigkeiten wie die Wurzel: wir wissen nicht, ob er wirklich stetig ist. Im nächsten Kapitel werde ich diese Lücke schließen, indem ich die Stetigkeit der trigonometrischen Funktionen nachweise. Im Moment muss ich noch einmal an Ihre Geduld appellieren und verkünde schlicht: auch die Funktion f ist stetig und deshalb auch die zusammengesetzte Funktion $h = f \circ g$.

Den Mangel, den ich vorhin angesprochen habe, kann man jetzt gar nicht mehr übersehen: wenn die Zusammensetzung stetiger Funktionen etwas bringen soll, muss man erst einmal ein paar brauchbare stetige Funktionen auf Lager haben, sonst ist gar nichts da, was man zusammensetzen könnte. In bezug auf die trigonometrischen Funktionen Sinus und Cosinus muss ich Sie auf das nächste Kapitel vertrösten. Die Wurzelfunktion, deren Stetigkeit wir eben so gut hätten brauchen können, werde ich aber jetzt gleich angehen. Es wird sich zeigen, dass die Stetigkeit der Wurzel ein Spezialfall eines wesentlich allgemeineren Sachverhaltes ist.

In Abschn. 5.1 habe ich Sie über die Umkehrfunktion informiert. Sie macht einfach das rückgängig, was die Funktion angerichtet hat, oder anders gesagt: $(f^{-1} \circ f)(x) = x$. Setzt man nun für positive x-Werte $f(x) = x^2$, so ist die Wurzelfunktion natürlich genau die Umkehrfunktion von f, das heißt $f^{-1}(x) = \sqrt{x}$. Die Umkehrfunktion erhält man aber, indem man das Schaubild der ursprünglichen Funktion an der ersten Winkelhalbierenden spiegelt, und das Spiegeln einer Funktion ohne Sprungstellen sollte wieder eine Funktion ohne Sprungstellen ergeben. Diesen Sachverhalt beschreibt der folgende Satz.

5.4.10 Satz Es seien D ein Intervall, $f : D \to W$ streng monoton und stetig und $W = f(D)$ der Wertebereich von f. Dann ist auch $f^{-1} : W \to D$ eine stetige Funktion.

Der Beweis dieses Satzes ist ziemlich technisch und würde nur den Gang der Handlung stören. Wie bereits erwähnt, kann man sich vorstellen, dass eine stetige Funktion dadurch charakterisiert wird, dass man sie mit einem Strich durchzeichnen kann. Da das Schaubild der Umkehrfunktion f^{-1} entsteht, indem man das Schaubild der Funktion f an der ersten Winkelhalbierenden spiegelt, kann man auch die Umkehrfunktion mit einem Strich durchzeichnen und sie ist demzufolge auch stetig. Selbstverständlich ist das kein Beweis, aber man kann sich die Aussage von Satz 5.4.10 auf diese Weise plausibel machen.

In jedem Fall ist 5.4.10 ein gutes Hilfsmittel, um die Stetigkeit der n-ten Wurzel zu zeigen.

5.4.11 Satz Für jedes $n \in \mathbb{N}$ ist die Funktion

$$f : [0, \infty) \to [0, \infty),$$

definiert durch

$$f(x) = \sqrt[n]{x},$$

stetig.

Beweis f ist die Umkehrfunktion von $g : [0, \infty) \to [0, \infty)$, definiert durch $g(x) = x^n$. Da g nach 5.4.4 stetig ist, ist nach 5.4.10 auch f stetig. $\triangle$

So einfach geht das, wenn man vorher den allgemeinen Satz aufgestellt hat. Da wir auch etwas über die Verknüpfung stetiger Funktionen wissen, können wir sogar noch einen Schritt weitergehen und beliebige Potenzfunktionen untersuchen.

5.4.12 Definition Für $m, n \in \mathbb{N}$ und $x \geq 0$ setzt man

$$x^{\frac{m}{n}} = \sqrt[n]{x^m}.$$

Zu Ihrer Schulzeit haben Sie sicher schon mit solchen Potenzen gerechnet, aber ich werde trotzdem in 5.4.15 noch ein paar Worte über die Rechenregeln für Potenzen sagen. Zunächst möchte ich bei der Stetigkeit bleiben und zeigen, dass auch die allgemeine Potenzfunktion stetig ist.

5.4.13 Folgerung Es seien $m, n \in \mathbb{N}$. Die Abbildung

$$f : [0, \infty) \to [0, \infty), \text{ definiert durch}$$
$$f(x) = x^{\frac{m}{n}} = \sqrt[n]{x^m},$$

ist stetig.

Beweis Mit $g(x) = \sqrt[n]{x}$ und $h(x) = x^m$ ist $f = g \circ h$ und deshalb stetig. $\triangle$

Sobald man über neue stetige Funktionen verfügt, kann man auch neue konvergente Folgen in den Griff bekommen, da stetige Funktionen die Konvergenz von Folgen erhalten. Die einfachste Methode, etwas kompliziertere konvergente Folgen zu erzeugen, besteht darin, einfache Folgen zu nehmen und in irgendeine stetige Funktion einzusetzen.

5.4.14 Beispiel Wir untersuchen

$$a_n = \sqrt[3]{\frac{2n^2 + 1}{17n^2 + 5}}.$$

Die innere Folge

$$x_n = \frac{2n^2 + 1}{17n^2 + 5}$$

passt in das Schema, mit dem wir im vierten Kapitel Grenzwerte ausgerechnet haben, denn es gilt

$$x_n = \frac{2 + \frac{1}{n^2}}{17 + \frac{5}{n^2}} \to \frac{2}{17}.$$

Nun ist aber

$$a_n = \sqrt[3]{x_n},$$

und da die Funktion $f(x) = \sqrt[3]{x}$ stetig ist, folgt

$$\lim_{n \to \infty} a_n = \lim_{n \to \infty} \sqrt[3]{x_n} = \sqrt[3]{\frac{2}{17}}.$$

Ohne unsere Kenntnisse über die Stetigkeit der dritten Wurzel wäre die Berechnung des Grenzwertes wesentlich aufwendiger gewesen.

Jetzt sollte ich mein Versprechen einlösen und mich kurz über die Rechenregeln für Potenzen mit rationalen Exponenten äußern. Falls Sie diese Regeln noch von früher kennen, können Sie die nächste Bemerkung unbeschadet überspringen. Ich möchte darin nur feststellen, dass auch für gebrochene Exponenten die gleichen Regeln gelten wie für die gewohnten natürlichen Hochzahlen.

5.4.15 Bemerkung Bekanntlich gilt für $m, n \in \mathbb{N}$:

$$x^n \cdot y^n = (xy)^n \text{ und } x^m \cdot x^n = x^{m+n}.$$

Wenn man schon Potenzen mit rationalen Hochzahlen definiert, dann sollten auch die gewohnten Regeln auf die neuen Fälle übertragbar sein. Testen wir also die erste Regel.
Es gilt

$$
\begin{aligned}
x^{\frac{m}{n}} \cdot y^{\frac{m}{n}} &= \sqrt[n]{x^m} \cdot \sqrt[n]{y^m} \\
&= \sqrt[n]{(xy)^m} \\
&= (xy)^{\frac{m}{n}}.
\end{aligned}
$$

Dabei habe ich eine Regel über n-te Wurzeln verwendet: man multipliziert n-te Wurzeln, indem man die Wurzelinhalte multipliziert und anschließend aus dem Produkt die n-te Wurzel zieht. Zum Nachweis der zweiten Regel muss ich verschiedene Potenzen der gleichen Basis x miteinander multiplizieren. Die Idee besteht darin, die Hochzahlen auf einen gemeinsamen Hauptnenner zu bringen und wieder die bereits erwähnte Regel über das Multiplizieren von Wurzeln anzuwenden. Man erhält dann

$$
\begin{aligned}
x^{\frac{m}{n}} \cdot x^{\frac{p}{q}} &= x^{\frac{mq}{nq}} \cdot x^{\frac{np}{nq}} \\
&= \sqrt[nq]{x^{mq}} \cdot \sqrt[nq]{x^{np}} \\
&= \sqrt[nq]{x^{mq+np}} \\
&= x^{\frac{mq+np}{nq}} \\
&= x^{\frac{m}{n}+\frac{p}{q}}.
\end{aligned}
$$

Die üblichen Rechenregeln gelten demnach auch für rationale Exponenten. Bisher haben wir allerdings nur positive Exponenten betrachtet. Es gibt aber nur eine sinnvolle Möglichkeit, Potenzen mit negativen Exponenten zu definieren. Schließlich sollen ja auch dann die Rechenregeln erhalten bleiben, und insbesondere sollte

$$x^{\frac{m}{n}} \cdot x^{-\frac{m}{n}} = x^{\frac{m}{n} + \left(-\frac{m}{n}\right)} = x^0 = 1$$

gelten. Somit bleibt einer Potenz mit negativem Exponenten gar nichts anderes übrig als durch

$$x^{-\frac{m}{n}} = \frac{1}{x^{\frac{m}{n}}}$$

definiert zu werden. Man kann sich schnell davon überzeugen, dass auch in diesem Fall die bekannten Rechenregeln gültig sind.

Vermutlich sind wir uns darüber einig, dass das fünfte Kapitel über weite Strecken recht abstrakt war, aber gelegentlich sind nun einmal abstrakte und allgemeine Überlegungen nötig, damit man nicht bei jedem Einzelfall wieder vor dem gleichen Problem steht. Im nächsten Kapitel befassen wir uns wieder mit etwas vertrauteren Dingen: mit den trigonometrischen Funktionen und der Exponentialfunktion.

Trigonometrische Funktionen und Exponentialfunktion

Seit einiger Zeit gibt es eine Art von Freizeitvergnügen, das angeblich einen besonderen Reiz und Nervenkitzel verspricht: das Bungee-Jumping. Man bindet sich ein Gummiseil an ein Bein, befestigt das Gummiseil an einem festen Punkt an einer Brücke und springt dann kopfüber von dieser Brücke hinein ins Nichts. Ich habe das noch nie ausprobiert und werde es auch niemals tun, aber man kann sich leicht vorstellen, was nach dem Sprung passiert. Da das Seil elastisch ist, wird der Kandidat, sobald er den tiefstmöglichen Punkt erreicht hat, wieder ein Stück nach oben gezogen, danach fällt er wieder nach unten, gerät wieder in eine Aufwärtsbewegung und pendelt auf diese Weise so langsam vor sich hin, bis irgendwann der Stillstand eintritt – es sei denn, das Seil war zu lang oder nicht stabil genug, aber diesen Fall will ich jetzt lieber nicht besprechen.

Einen solchen Vorgang nennt man gewöhnlich eine *Schwingung*, und die wenigsten Brückenspringer dürften wissen, dass man ihre seltsame Freizeitbeschäftigung mit Hilfe trigonometrischer Funktionen beschreiben kann. Die Situation ist aber nicht viel anders als in den Beispielen am Anfang des letzten Kapitels. Zu jedem Zeitpunkt t befindet sich der Springer an einem bestimmten Ort, den man zum Beispiel durch den Abstand $s(t)$ zu seiner Absprungstelle beschreiben kann. Da er hin- und herschwingt, wird die Gleichung für $s(t)$ nicht mehr so einfach sein wie im Beispiel des freien Falls: man braucht dafür die Sinusfunktion. Sie kommt natürlich nicht nur auf Brücken vor, sondern überall da, wo Schwingungen eine Rolle spielen, insbesondere also in allen Zweigen der Elektrotechnik.

Auch die Exponentialfunktion ist durchaus nichts rein Theoretisches. Eines ihrer Anwendungsfelder ist die oft und gern zitierte Halbwertszeit beim Zerfall radioaktiver Stoffe, aber auch das Wachstumsverhalten von Populationen wird mit Hilfe von Exponentialfunktionen beschrieben.

Die trigonometrischen Funktionen und die Exponentialfunktion sind deshalb sowohl von mathematischer als auch von großer praktischer Bedeutung und verdienen in jedem Fall ein eigenes Kapitel. Die Aufteilung des Kapitels in zwei Teile ergibt sich von selbst; im ersten Abschnitt spreche ich über Sinus und Cosinus, und der zweite Abschnitt befasst sich mit der Exponentialfunktion und dem Logarithmus.

© Springer-Verlag GmbH Deutschland 2017
T. Rießinger, *Mathematik für Ingenieure*, DOI 10.1007/978-3-662-54807-3_6

6.1 Trigonometrische Funktionen

Die Grundidee bei der Einführung trigonometrischer Funktionen besteht darin, eine Beziehung zwischen den Winkeln eines Dreiecks und den Seitenlängen herzustellen. Tatsächlich kann man Trigonometrie mit dem Wort Dreiecksmessung oder auch Dreiecksberechnung übersetzen. Üblicherweise definiert man Sinus und Cosinus mit Hilfe eines rechtwinkligen Dreiecks.

6.1.1 Definition Gegeben sei ein rechtwinkliges Dreieck mit den Kathetenlängen a und b und der Hypotenusenlänge c. Der Winkel α liege der Seite a gegenüber. Man definiert die *trigonometrischen Funktionen* Sinus, Cosinus, Tangens und Cotangens durch die folgenden Beziehungen.

(i) $\sin\alpha = \frac{\text{Gegenkathete}}{\text{Hypotenuse}} = \frac{a}{c}$;

(ii) $\cos\alpha = \frac{\text{Ankathete}}{\text{Hypotenuse}} = \frac{b}{c}$;

(iii) $\tan\alpha = \frac{\text{Gegenkathete}}{\text{Ankathete}} = \frac{a}{b} = \frac{\sin\alpha}{\cos\alpha}$;

(iv) $\cot\alpha = \frac{\text{Ankathete}}{\text{Gegenkathete}} = \frac{b}{a} = \frac{\cos\alpha}{\sin\alpha} = \frac{1}{\tan\alpha}$.

Diese Definition ist gebräuchlich, aber für viele Zwecke unzureichend. Die Summe aller drei Winkel im Dreieck ist nämlich 180°, und wenn davon schon 90° für den rechten Winkel verbraucht werden, dann bleiben für die anderen beiden noch höchstens 90° übrig. Die Definition 6.1.1 gilt also nur für Winkel zwischen 0° und 90°.

Der erste Schritt zu einer allgemeineren Definition ist die Einführung des *Bogenmaßes*. Wir messen die Winkel nicht mehr in Grad, sondern mit dem Bogenmaß. Bei der Definition des Bogenmaßes taucht zum ersten Mal der Begriff *Einheitskreis* auf, der sich fast von selbst erklärt: es ist der Kreis mit dem Radius 1.

6.1.2 Definition Das Bogenmaß x eines Winkels α ist die Länge des Kreisbogens, der dem Winkel α gegenüberliegt, wenn man ihn im Einheitskreis gegen den Uhrzeigersinn abträgt.

Wie das im Einheitskreis aussieht, sehen Sie in Abb. 6.2.

Abb. 6.1 Winkel im rechtwinkligen Dreieck

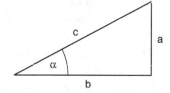

Abb. 6.2 Winkel α und Bogenmaß x

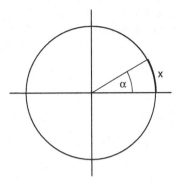

Zunächst ist das vielleicht etwas ungewohnt. Wir sollten uns deshalb kurz überlegen, wie man Grad in Bogenmaß umrechnet und den einen oder anderen Beispielwinkel betrachten.

6.1.3 Bemerkung Der Umfang des Einheitskreises beträgt bekanntlich 2π. Folglich entspricht einem Winkel von 360° ein Bogenmaß von 2π. Natürlich hat dann ein Winkel von 180° das Bogenmaß π, und im allgemeinen erhält man das Bogenmaß x eines Winkels α, indem man ausrechnet, wie sich der Winkel zu 180° verhält: das Verhältnis des Winkels zu 180° muss dem Verhältnis von x zu π entsprechen. Die Umrechnung wird also durch die Formel

$$x = \pi \cdot \frac{\alpha}{180°}$$

beschrieben.

Folglich gilt für einen rechten Winkel $x = \frac{\pi}{2}$, und ein Winkel von 30° führt zu einem Bogenmaß von $x = \frac{\pi}{6}$.

Ich werde ab jetzt in aller Regel von einem Winkel x sprechen und nicht mehr von α. Damit ist dann immer das Bogenmaß gemeint. Für den Anfang schadet es aber nichts, wenn Sie sich bei den auftretenden Winkeln klar machen, wie man sie in Grad beziffern würde.

Jetzt können wir die trigonometrischen Funktionen in voller Allgemeinheit definieren. Ich werde erst die Definition zum Besten geben und danach erklären, was sie mit der Definition aus 6.1.1 zu tun hat.

6.1.4 Definition Es sei x ein beliebiger Winkel, der auf dem Einheitskreis wie in Abb. 6.3 abgetragen wird. Hat P die Koordinaten $P = (c, s)$, dann setzen wir

$$\sin x = s \text{ und } \cos x = c.$$

Abb. 6.3 Trigonometrische
Funktionen des Winkels x

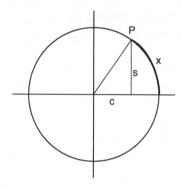

Weiterhin ist

$$\tan x = \frac{s}{c}, \text{ falls } c \neq 0, \text{ und } \cot x = \frac{c}{s}, \text{ falls } s \neq 0.$$

Auf den ersten Blick hat das mit den vertrauten Quotienten aus 6.1.1 wenig zu tun. Das scheint jedoch nur so, denn Sie müssen bedenken, dass in dem eingezeichneten rechtwinkligen Dreieck die Hypotenuse die Länge 1 hat. Die Koordinate s entspricht also genau dem alten Bruch von Gegenkathete und Hypotenuse. Die neue Definition hat aber den unschätzbaren Vorteil, dass sie nicht nur auf Winkel zwischen 0 und $\frac{\pi}{2}$ anwendbar ist, sie gilt vielmehr für alle denkbaren Winkel. Jeder Winkel x liefert nämlich einen Punkt P, und jeder Punkt P hat zwei Koordinaten s und c, die man als Sinus und Cosinus interpretieren kann.

Einige Beispiele werden die Definition verdeutlichen.

6.1.5 Beispiele Für $x = \frac{3}{4}\pi$ haben Sie im linken oberen Quadranten ein rechtwinkliges Dreieck, dessen Winkel jeweils $\frac{\pi}{4}$ betragen. Das Dreieck ist somit gleichschenklig, s und c haben also die gleiche Länge, wobei c allerdings ein negatives Vorzeichen aufweist. Der Satz des Pythagoras liefert

$$s^2 + c^2 = 1, \text{ und das heißt } 2s^2 = 1.$$

Es folgt: $s = \frac{1}{2}\sqrt{2}$ und $c = -\frac{1}{2}\sqrt{2}$. Nach Definiton 6.1.4 ist das gleichbedeutend mit

$$\sin \frac{3}{4}\pi = \frac{1}{2}\sqrt{2} \text{ und } \cos \frac{3}{4}\pi = -\frac{1}{2}\sqrt{2}.$$

Den Fall $x = \frac{3}{2}\pi$ erläutere ich nicht; man sieht unmittelbar an Abb. 6.4, dass

$$\sin \frac{3}{2}\pi = -1 \text{ und } \cos \frac{3}{2}\pi = 0$$

gilt.

Abb. 6.4 Beispielwinkel

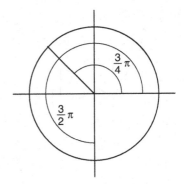

Sie haben sich wahrscheinlich mittlerweile daran gewöhnt, dass in jedem Gebiet, das wir besprechen, einiges an Rechenregeln anfällt. Auch bei den trigonometrischen Funktionen ist das nicht anders, und ich werde im folgenden Satz zehn solcher Regeln auflisten, die beschreiben, wie die Sinus- und Cosinuswerte bestimmter Winkel miteinander zusammenhängen.

6.1.6 Satz Für $x \in \mathbb{R}$ gelten:

(i) $\sin(\frac{\pi}{2} - x) = \sin(\frac{\pi}{2} + x) = \cos x$;

(ii) $\cos(\frac{\pi}{2} - x) = -\cos(\frac{\pi}{2} + x) = \sin x$;

(iii) $\sin(\pi - x) = \sin x$;

(iv) $\sin(\pi + x) = -\sin x$;

(v) $\cos(\pi - x) = \cos(\pi + x) = -\cos x$;

(vi) $\sin(2\pi - x) = \sin(-x) = -\sin x$;

(vii) $\cos(2\pi - x) = \cos(-x) = \cos x$;

(viii) $\sin(2\pi + x) = \sin(x)$;

(ix) $\cos(2\pi + x) = \cos(x)$;

(x) $\cos^2 x + \sin^2 x = 1$.

Beweis Das sind ziemlich viele Regeln auf einmal, und ich werde Ihnen anhand einer Graphik zeigen, wie man die Nummern (i) und (ii) beweist. Die restlichen Aussagen können Sie dann mit Hilfe der anderen Bilder sich selbst überlegen. In Abb. 6.5a sind drei Winkel im Einheitskreis eingetragen: der Winkel x selbst, der Winkel $\frac{\pi}{2} - x$ und auch $\frac{\pi}{2} + x$. In dem zu x gehörenden rechtwinkligen Dreieck sehen Sie den Sinus als senkrechte und den Cosinus als waagrechte Koordinate. Zwischen $\frac{\pi}{2} - x$ und der senkrechten Achse ist nun ein weiteres Dreieck zu sehen, das offenbar mit dem zu x gehörenden Dreieck übereinstimmt; es liegt nur ein bisschen anders. Der Cosinus von $\frac{\pi}{2} - x$ entspricht dann der Länge der waagrechten Seite des neuen Dreiecks, und die ist identisch mit der senkrechten Seite des alten Dreiecks, also dem Sinus von x. Folglich ist $\cos(\frac{\pi}{2} - x) = \sin x$. An den gleichen Dreiecken kann man ablesen, dass $\sin(\frac{\pi}{2} - x) = \cos x$ gilt. Die Regeln

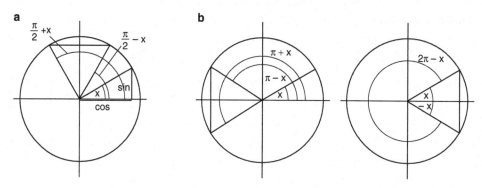

Abb. 6.5 Winkel am Einheitskreis

für den Winkel $\frac{\pi}{2} + x$ erkennt man dann, indem man dieselben Überlegungen für das bisher noch nicht erwähnte dritte Dreieck anstellt. Die Aussagen (iii) bis (ix) können Sie der Abb. 6.5b entnehmen. Nummer (x) ist eine sofortige Folgerung aus dem wohlbekannten Satz des Pythagoras, denn $\sin x$ und $\cos x$ bilden zusammen mit dem Radius des Einheitskreises ein rechtwinkliges Dreieck. Deshalb ist $\sin^2 x + \cos^2 x = 1^2 = 1$, wobei $\sin^2 x$ nur eine abkürzende Schreibweise für $(\sin x)^2$ ist.   △

Der Definition von Sinus und Cosinus am Einheitskreis kann man ungefähr ansehen, welche Werte die Funktionen an welchen Stellen annehmen werden. Sicher können sie nie über die 1 hinauswachsen oder unter -1 fallen, da wir uns ja ständig im Einheitskreis bewegen. Im folgenden Satz will ich untersuchen, für welche x-Werte bei Sinus und Cosinus die besonderen Funktionswerte 0, 1 und -1 herauskommen.

6.1.7 Satz Für $x \in \mathbb{R}$ gelten:

(i) $|\sin x| \leq 1$ und $|\cos x| \leq 1$.

(ii)   Genau dann ist $\sin x = 0$, wenn x ein ganzzahliges Vielfaches von π ist, das heißt:
       $\sin x = 0 \Leftrightarrow x = k \cdot \pi, k \in \mathbb{Z}$.

(iii) Genau dann ist $\cos x = 0$, wenn $x - \frac{\pi}{2}$ ein ganzzahliges Vielfaches von π ist, das heißt:
       $\cos x = 0 \Leftrightarrow x = \frac{\pi}{2} + k \cdot \pi, k \in \mathbb{Z}$.

(iv) $\sin x = 1 \Leftrightarrow x = \frac{\pi}{2} + 2k \cdot \pi, k \in \mathbb{Z}$.

(v) $\cos x = 1 \Leftrightarrow x = 2k \cdot \pi, k \in \mathbb{Z}$.

(vi) $\sin x = -1 \Leftrightarrow x = \frac{3}{2}\pi + 2k \cdot \pi, k \in \mathbb{Z}$.

(vii) $\cos x = -1 \Leftrightarrow x = \pi + 2k \cdot \pi, k \in \mathbb{Z}$.

Beweis Auch dieser Satz lässt sich am einfachsten dadurch einsehen, dass man sich die Situation am Einheitskreis vergegenwärtigt. Natürlich sind $|\sin x| \leq 1$ und $|\cos x| \leq 1$, denn wir befinden uns im Einheitskreis.

Der Sinus eines Winkels wird graphisch durch die senkrechte Komponente dargestellt, und zur Klärung von Nummer (ii) muss man herausfinden, wann die senkrechte Komponente Null ergibt. Offenbar ist das für $x = 0$ der Fall, dann erst wieder, wenn wir bei $x = \pi$ angelangt sind, und der nächste passende Winkel wird $x = 2\pi$ sein. Wir müssen also, um einen Sinus-Wert von 0 zu finden, bei $x = 0$ starten und uns in π-Schritten nach vorne oder nach hinten bewegen. Das heißt aber, dass x ein ganzzahliges Vielfaches von π sein muss.

Damit ist die Regel (ii) gezeigt. Die anderen Regeln führe ich jetzt nicht vor, man kann sie sich auf genau die gleiche Weise klar machen. △

Mit den Informationen aus 6.1.7 ist es nun recht einfach, das Schaubild der Sinus- und Cosinusfunktion zu malen.

6.1.8 Bemerkung Startet man mit dem Sinus bei $x = 0$, so wird die Kurve ansteigen, bis sie bei $x = \frac{\pi}{2}$ ihren maximalen Wert 1 annimmt. Danach fällt sie, passiert bei der Nullstelle $x = \pi$ die x-Achse und erreicht ihren Tiefpunkt bei $x = \frac{3}{2}\pi$. Hier besinnt sie sich anders und steigt der Null entgegen, die sie für $x = 2\pi$ auch tatsächlich wiederfindet, und dann beginnt einfach alles von vorn. Die Schaubilder von Sinus und Cosinus schwingen also ständig zwischen -1 und 1 hin und her, wie Sie den Funktionsgraphen in Abb. 6.6 entnehmen können.

Sie werden eine große Ähnlichkeit zwischen den Kurven von Sinus und Cosinus bemerken, die aber auf Grund der Gleichungen aus 6.1.6 nicht überraschend ist. In 6.1.6 (i) hatten wir uns nämlich überlegt, dass

$$\sin\left(\frac{\pi}{2} - x\right) = \sin\left(\frac{\pi}{2} + x\right) = \cos x$$

gilt, und das heißt, der Cosinus nimmt genau die gleichen Werte an wie der Sinus, nur mit einer Verzögerung von $\frac{\pi}{2}$. Die Cosinuskurve jagt also der Sinuskurve hinterher, ohne sie jemals einzuholen, aber im Prinzip hat sie die gleiche Gestalt. Übrigens können Sie

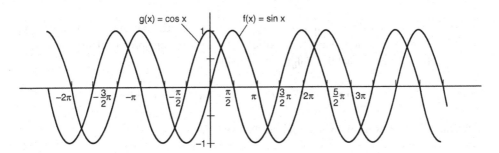

Abb. 6.6 Sinus- und Cosinuskurve

die Gleichung natürlich auch so interpretieren, dass der Sinus den Cosinus jagt, es kommt ganz darauf an, auf welcher Seite ihre Sympathien liegen.

Ich hatte im letzten Kapitel schon angekündigt, dass die trigonometrischen Funktionen stetig sind. Das Schaubild aus Abb. 6.6 unterstützt diese These, aber Schaubilder können sehr suggestiv sein und trotzdem das Auge täuschen. Ich werde mich also im Folgenden auf die Suche nach einem brauchbaren Beweis der Stetigkeit von Sinus und Cosinus begeben. Eines kann ich dabei gleich verraten: da der Cosinus aus dem Sinus durch schlichte Verschiebung um $\frac{\pi}{2}$ hervorgeht, genügt der Nachweis der Stetigkeit des Sinus, wir brauchen uns die Mühe nicht zweimal zu machen.

Ein wenig Mühe kann ich Ihnen aber leider nicht ersparen. Sowohl zum Beweis der Stetigkeit als auch zur Berechnung der Ableitungen im nächsten Kapitel brauche ich die sogenannten *Additionstheoreme*. Sie verraten uns, wie man die Sinus- und Cosinuswerte der Summe von zwei Winkeln bestimmt.

6.1.9 Satz   Für $x, y \in \mathbb{R}$ gelten die folgenden Regeln:

(i) $\sin(x + y) = \sin x \cos y + \cos x \sin y$;

(ii) $\sin(x - y) = \sin x \cos y - \cos x \sin y$;

(iii) $\cos(x + y) = \cos x \cos y - \sin x \sin y$;

(iv) $\cos(x - y) = \cos x \cos y + \sin x \sin y$.

Beweis   Man braucht hier eigentlich nur die Nummer (i) zu beweisen, denn die anderen Aussagen folgen dann ganz schnell, wenn man die erste einmal hat. Der Beweis von Nummer (i) ist allerdings mit etwas Geometrie verbunden und würde, wenn man ihn in voller Allgemeinheit durchführen will, einiges an Aufwand kosten. Deshalb werde ich mich auf einen Spezialfall beschränken und annehmen, dass x und y nicht irgendwelche beliebigen Winkel sind, sondern zwischen 0 und $\frac{\pi}{2}$ liegen. In diesem Fall kann man nämlich x und y als Winkel in einem Dreieck interpretieren, in dem natürlich noch ein dritter Winkel z vorkommt. Bekanntlich beträgt die Winkelsumme im Dreieck genau 180°, und auf Bogenmaß umgerechnet heißt das:

$$x + y + z = \pi, \text{ also } z = \pi - (x + y).$$

Nun sind wir aber am Sinus von $x + y$ interessiert. Da z offenbar mit $x + y$ in einem engen Zusammenhang steht, kann man hoffen, dass auch die entsprechenden Sinuswerte sich ähnlich sind, und tatsächlich folgt aus 6.1.6 (iii):

$$\sin z = \sin(\pi - (x + y)) = \sin(x + y).$$

Zum Nachweis von Regel (i) sollten wir also zeigen, dass

$$\sin z = \sin x \cos y + \cos x \sin y$$

Abb. 6.7 Winkel x und y im Dreieck

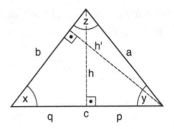

gilt. Deshalb mache ich mich jetzt daran, anhand der Skizze in Abb. 6.7 die einzelnen Sinus- und Cosinuswerte auszurechnen.

Wie Sie sehen, sind in dem Dreieck die Höhe h auf der Seite c und die Höhe h' auf der Seite b eingetragen, und damit sind einige rechtwinklige Dreiecke entstanden. Es steht uns aber immer noch die ursprüngliche Definition von Sinus und Cosinus aus 6.1.1 zur Verfügung. Damit gilt

$$\sin x = \frac{h}{b}, \cos x = \frac{q}{b}$$

sowie

$$\sin y = \frac{h}{a}, \cos y = \frac{p}{a}.$$

Dabei wurde die Strecke c aufgeteilt in die beiden Teilstrecken p und q, deren Summe gerade c ergibt.

Die Ergebnisse setze ich jetzt ein. Dann folgt

$$\begin{aligned}
\sin x \cos y + \cos x \sin y &= \frac{h}{b} \cdot \frac{p}{a} + \frac{q}{b} \cdot \frac{h}{a} \\
&= \frac{h}{ab} \cdot (p + q) \\
&= \frac{hc}{ab}.
\end{aligned}$$

Andererseits ist

$$\sin z = \frac{h'}{a},$$

und es wäre hilfreich, diese beiden Größen miteinander in Verbindung bringen zu können. Nun liegt der Winkel x noch in einem weiteren rechtwinkligen Dreieck, nämlich dem mit der Hypotenuse c und der einen Kathete h'. Die zweite Kathete hat keinen eigenen Namen, weil ich sie gar nicht brauche, denn den Sinus von x kann ich bereits aus

$$\sin x = \frac{h'}{c}$$

berechnen. Das ist praktisch, denn vorhin hatte ich die Formel $\sin x = \frac{h}{b}$ herausgefunden, und da x nur einen Sinus haben kann, müssen beide Werte gleich sein. Es folgt also

$$\frac{h}{b} = \frac{h'}{c}$$

und damit

$$h' = c \cdot \frac{h}{b}.$$

Jetzt müssen wir nur noch die Einzelteile verbinden, indem wir die Formel für h' in die Gleichung für $\sin z$ einsetzen. Das liefert uns

$$\begin{aligned}
\sin z &= \frac{h'}{a} \\
&= \frac{hc}{ab} \\
&= \sin x \cos y + \cos x \sin y,
\end{aligned}$$

womit Behauptung (i) gezeigt ist.

Die Nummern (ii), (iii) und (iv) gehen nun fast von alleine. So ist zum Beispiel

$$\begin{aligned}
\sin(x - y) &= \sin(x + (-y)) \\
&= \sin x \cos(-y) + \cos x \sin(-y) \\
&= \sin x \cos y - \cos x \sin y.
\end{aligned}$$

Dabei habe ich in der zweiten Gleichung von Regel (i) Gebrauch gemacht und in der drit-ten Gleichung die Formeln $\sin(-y) = -\sin y$ sowie $\cos(-y) = \cos y$ benutzt, die Sie in Satz 6.1.6 finden können. Auch Nummer (iii) lässt sich mit 6.1.6 und der neugewonnenen Regel (ii) erledigen. Es gilt nämlich

$$\begin{aligned}
\cos(x + y) &= \sin\left(\frac{\pi}{2} - (x + y)\right) \\
&= \sin\left(\left(\frac{\pi}{2} - x\right) - y\right) \\
&= \sin\left(\frac{\pi}{2} - x\right) \cos y - \cos\left(\frac{\pi}{2} - x\right) \sin y \\
&= \cos x \cos y - \sin x \sin y,
\end{aligned}$$

wobei ich neben Regel (ii) nur verwendet habe, dass für jeden beliebigen Winkel z gilt: $\sin\left(\frac{\pi}{2} - z\right) = \cos z$ und $\cos\left(\frac{\pi}{2} - z\right) = \sin z$.

Den Beweis von Regel (iv) überlasse ich zur Übung Ihnen.   △

Sobald Sie sich den Schweiß von der Stirn gewischt haben, können wir daran gehen, ein paar Zahlenbeispiele für die Additionstheoreme zu rechnen.

Abb. 6.8 Sinus und Cosinus
von $\frac{\pi}{6}$

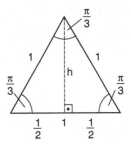

6.1.10 Beispiele Zunächst braucht man wenigstens einen Sinus- und Cosinuswert als Ausgangspunkt. Im zweiten Kapitel habe ich schon die Werte von 30° benutzt, und jetzt ist ein guter Zeitpunkt, diese Werte auszurechnen. Dazu brauchen wir wieder ein klein wenig Geometrie und den Satz des Pythagoras. Dem Winkel 30° entspricht ein Bogenmaß von $\frac{\pi}{6}$.

Sie sehen in Abb. 6.8 ein gleichseitiges Dreieck der Seitenlänge 1. Gleichseitige Dreiecke haben auch drei gleiche Winkel, und da die Winkelsumme im Dreieck π beträgt, bleibt für jeden Winkel noch $\frac{\pi}{3}$ übrig. Nun fälle ich die Höhe h von der Spitze des Dreiecks auf die Grundseite. Sie halbiert sowohl die Grundseite als auch den Winkel an der Spitze, so dass wir eine Seite der Länge $\frac{1}{2}$ und einen Winkel $x = \frac{\pi}{6}$ gefunden haben. Sinus und Cosinus berechnen sich dann wieder aus dem rechtwinkligen Dreieck. Wir erhalten also

$$\sin\frac{\pi}{6} = \frac{\frac{1}{2}}{1} = \frac{1}{2}$$

sowie

$$\cos\frac{\pi}{6} = \frac{h}{1} = h.$$

Nach dem Satz des Pythagoras ist nun

$$h^2 + \left(\frac{1}{2}\right)^2 = 1^2, \text{ also } h = \sqrt{\frac{3}{4}} = \frac{1}{2}\sqrt{3}.$$

Deshalb ist

$$\cos\frac{\pi}{6} = \frac{1}{2}\sqrt{3}.$$

Nun kann ich die Werte für $\frac{\pi}{3}$ ausrechnen.

$$\sin\frac{\pi}{3} = \sin\left(\frac{\pi}{6} + \frac{\pi}{6}\right)$$
$$= \sin\frac{\pi}{6}\cos\frac{\pi}{6} + \cos\frac{\pi}{6}\sin\frac{\pi}{6}$$
$$= \frac{1}{2} \cdot \frac{1}{2}\sqrt{3} + \frac{1}{2}\sqrt{3} \cdot \frac{1}{2}$$
$$= \frac{1}{2}\sqrt{3}.$$

Genauso erhält man

$$\cos \frac{\pi}{3} = \cos \left(\frac{\pi}{6} + \frac{\pi}{6} \right)$$

$$= \cos \frac{\pi}{6} \cos \frac{\pi}{6} - \sin \frac{\pi}{6} \sin \frac{\pi}{6}$$

$$= \frac{1}{2}\sqrt{3} \cdot \frac{1}{2}\sqrt{3} - \frac{1}{2} \cdot \frac{1}{2}$$

$$= \frac{3}{4} - \frac{1}{4} = \frac{1}{2}.$$

Ich sage es ungern, aber die Additionstheoreme aus 6.1.9 genügen noch nicht, um die Stetigkeit der trigonometrischen Funktionen nachzuweisen oder gar ihre Ableitungen auszurechnen. Leider brauchen wir noch ein paar mehr. Sie haben aber den Vorteil, dass wir jetzt keine Anleihen bei der Geometrie mehr aufnehmen müssen, sondern sie sehr schnell aus den bekannten Additionstheoremen herleiten können.

Während 6.1.9 Auskunft gab über den Sinus und Cosinus einer Summe von Winkeln, lassen wir in 6.1.11 die Winkel in Ruhe und addieren gleich die Sinus- bzw. Cosinuswerte. Das Resultat ist das folgende.

6.1.11 Satz Für $x, y \in \mathbb{R}$ gelten die folgenden Regeln.

(i) $\sin x + \sin y = 2 \cdot \sin \frac{x+y}{2} \cdot \cos \frac{x-y}{2}$;

(ii) $\sin x - \sin y = 2 \cdot \cos \frac{x+y}{2} \cdot \sin \frac{x-y}{2}$;

(iii) $\cos x + \cos y = 2 \cdot \cos \frac{x+y}{2} \cdot \cos \frac{x-y}{2}$;

(iv) $\cos x - \cos y = -2 \cdot \sin \frac{x+y}{2} \cdot \sin \frac{x-y}{2}$.

Beweis Ich werde Ihnen nur (i) und (ii) vorführen, der Beweis von (iii) und (iv) geht dann genauso.

Aus 6.1.9 wissen Sie, dass für beliebiges $a, b \in \mathbb{R}$ die Gleichungen

$$\sin(a + b) = \sin a \cos b + \cos a \sin b$$

$$\sin(a - b) = \sin a \cos b - \cos a \sin b$$

gelten. Das hilft zunächst einmal gar nichts, denn wir brauchen ja eine Aussage über die Summe und die Differenz zweier Sinuswerte. Der einfachste Weg, eine Summe zu erhalten, besteht darin, die beiden obigen Gleichungen zu addieren, und durch Subtrahieren der Gleichungen finden wir auch noch eine Differenz. Es gilt also

$$\sin(a + b) + \sin(a - b) = \sin a \cos b + \cos a \sin b + \sin a \cos b - \cos a \sin b$$

$$= 2 \sin a \cos b$$

und auf gleichem Weg

$$\sin(a + b) - \sin(a - b) = \sin a \cos b + \cos a \sin b - \sin a \cos b + \cos a \sin b$$

$$= 2 \cos a \sin b.$$

Das sieht schon besser aus, denn immerhin haben wir jetzt Gleichungen über Sinussummen gewonnen. Es wäre noch besser, wenn hier nicht $a + b$ und $a - b$ stünde, sondern x und y. Darin liegt aber gar kein Problem, denn a und b waren völlig beliebige reelle Zahlen, und wenn wir gerne hätten, dass $a + b = x$ und $a - b = y$ gilt, dann brauchen wir nur

$$a = \frac{x + y}{2} \text{ und } b = \frac{x - y}{2}$$

zu setzen. Setzt man nun diese Werte von a und b oben ein, so folgt

$$\sin x + \sin y = 2 \cdot \sin \frac{x + y}{2} \cdot \cos \frac{x - y}{2}$$

und

$$\sin x - \sin y = 2 \cdot \cos \frac{x + y}{2} \cdot \sin \frac{x - y}{2}. \qquad \triangle$$

Jetzt sind wir fast so weit, die Stetigkeit von Sinus und Cosinus beweisen zu können. Es fehlt uns dazu nur noch eine Kleinigkeit, ein Zusammenhang zwischen dem Wert $\sin x$ und x selbst. Er ist einfach genug: $\sin x$ kann x nie übersteigen.

6.1.12 Lemma Für jedes $x \in \mathbb{R}$ ist $|\sin x| \leq |x|$.

Beweis Für $|x| \geq 1$ ist hier gar nichts zu zeigen, denn der Sinus kann aus dem Intervall zwischen -1 und 1 niemals heraus, und deshalb gilt

$$|\sin x| \leq 1 \leq |x|.$$

Für $|x| < 1$ liegt der Winkel x jedenfalls in der rechten Hälfte des Koordinatenkreuzes, und Abb. 6.9 zeigt, dass $|\sin x|$ die Länge der senkrechten Strecke vom Punkt P zur waagrechten Achse beschreibt, während $|x|$ die Bogenlänge auf dem Kreisbogen ist. Da die gerade Strecke kürzer sein muss als die gebogene, folgt $|\sin x| \leq |x|$. $\qquad \triangle$

Abb. 6.9 $\sin x$ für $|x| < 1$

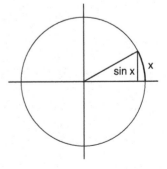

Sie werden gleich sehen, warum ich dieses kleine Lemma beweisen musste, denn es wird eine zentrale Rolle beim Nachweis der Stetigkeit von sin und cos spielen. Jetzt kann mich nämlich niemand mehr daran hindern, Ihnen zu zeigen, dass diese Funktionen stetig sind. Nach all den mühevollen Vorbereitungen, die wir inzwischen hinter uns haben, ist das gar nicht mehr so schwer.

6.1.13 Satz Die Funktionen $f, g : \mathbb{R} \to \mathbb{R}$, definiert durch

$$f(x) = \sin x \text{ und } g(x) = \cos x$$

sind stetig.

Beweis Die Behauptung, dass eine Funktion stetig ist, besagt, dass sie in jedem Punkt ihres Definitionsbereichs stetig ist. Ich muss also ein beliebiges $x_0 \in \mathbb{R}$ nehmen und zeigen, dass die Sinusfunktion in x_0 stetig ist. Nach der Definition der Stetigkeit bedeutet das:

$$\lim_{x \to x_0} \sin x = \sin x_0,$$

denn wir hatten uns auf die Formulierung „Grenzwert = Funktionswert" geeinigt. Für eine beliebige Folge $x_n \to x_0$ muss also gelten

$$\sin x_n \to \sin x_0.$$

Bei Konvergenzuntersuchungen haben wir im vierten Kapitel häufig auf die Methode zurückgegriffen, einen Abstand $\varepsilon > 0$ vorzugeben und nachzuweisen, dass die Abstände der Folgenglieder irgendwann unter diesem ε liegen. Das erweist sich auch hier als hilfreich. Es sei also $\varepsilon > 0$ eine beliebige positive Zahl. Zu zeigen ist:

$$|\sin x_n - \sin x_0| \leq \varepsilon, \text{ falls } n \text{ groß genug ist.}$$

Wir wissen aber, dass x_n gegen x_0 konvergiert, und deshalb wird für hinreichend große Nummern n der Abstand zwischen x_n und x_0 sicher unter die Schranke ε sinken, das heißt:

$$|x_n - x_0| \leq \varepsilon, \text{ falls } n \text{ groß genug ist.}$$

Nun nehmen wir ein solches hinreichend großes $n \in \mathbb{N}$. Für den Abstand zwischen $\sin x_n$ und $\sin x_0$ gilt dann

$$
\begin{aligned}
|\sin x_n - \sin x_0| &= \left| 2 \cdot \cos \frac{x_n + x_0}{2} \cdot \sin \frac{x_n - x_0}{2} \right| \\
&= 2 \cdot \left| \sin \frac{x_n - x_0}{2} \right| \cdot \left| \cos \frac{x_n + x_0}{2} \right| \\
&\leq 2 \cdot \left| \sin \frac{x_n - x_0}{2} \right| \\
&\leq 2 \cdot \left| \frac{x_n - x_0}{2} \right| \\
&= |x_n - x_0| \\
&\leq \varepsilon.
\end{aligned}
$$

Wie üblich gebe ich wieder ein paar Erklärungen zu dieser Kette. In der ersten Gleichung habe ich die Formel 6.1.11 (ii) benutzt, um die Differenz der Sinuswerte als Produkt schreiben zu können. In der zweiten Gleichung steht das Gleiche noch einmal, nur in einer anderen Reihenfolge, und die Betragszeichen stehen nun an jedem Faktor, was aber keinen Unterschied macht. Danach konnte ich ausnutzen, dass wir eine obere Schranke für den Cosinus kennen, denn der Absolutbetrag jedes Cosinuswertes ist maximal 1. Wenn ich somit anstelle des Cosinusbetrages eine 1 aufschreibe, die ich mir beim Multiplizieren auch gleich wieder schenken kann, dann wird das alte Produkt unter dem neuen Produkt liegen, also kleiner oder gleich sein. Die nächste Ungleichung verwendet das Lemma 6.1.12: dort habe ich gezeigt, dass der Sinuswert einer Zahl immer unter der Zahl selbst liegt, und dabei ist es natürlich egal, ob die Zahl x oder $\frac{x_n - x_0}{2}$ heißt. Über die anschließende Gleichung erspare ich mir jedes Wort, und dass zum Schluss $|x_n - x_0| \leq \varepsilon$ gilt, habe ich am Anfang der ganzen Geschichte vorausgesetzt.

Vergessen wir wieder einmal alle Zwischenschritte und konzentrieren uns auf das erreichte Resultat. Es hat sich herausgestellt, dass bei gegebenem $\varepsilon > 0$ der Abstand zwischen $\sin x_n$ und $\sin x_0$ mit der Zeit unter ε liegen wird. Wie Sie in Kap. 4 gelernt haben, ist das aber gleichbedeutend damit, dass

$$\lim_{n \to \infty} \sin x_n = \sin x_0$$

gilt. Folglich ist immer

$$\lim_{x \to x_0} \sin x = \sin x_0,$$

und daraus folgt die Stetigkeit von $f(x) = \sin x$.

Wegen

$$\cos x = \sin\left(\frac{\pi}{2} - x\right)$$

ist auch die Cosinusfunktion stetig, denn sie lässt sich als Hintereinanderausführung von zwei stetigen Funktionen schreiben.   △

Neue stetige Funktionen liefern immer auch neue konvergente Folgen. Im letzten Kapitel habe ich zum Beispiel die Stetigkeit der dritten Wurzel zur Konstruktion einer komplizierteren konvergenten Folge herangezogen, und hier mache ich das Gleiche mit dem Sinus.

6.1.14 Beispiel Es sei

$$a_n = \sin \sqrt[3]{\frac{n^2\pi^3 + 2n}{n^2 + 1}}.$$

Indem Sie die innere Folge durch n^2 kürzen, können Sie feststellen, dass

$$\lim_{n \to \infty} \frac{n^2\pi^3 + 2n}{n^2 + 1} = \pi^3$$

gilt. Die dritte Wurzel ist immer noch stetig, überträgt also Grenzwerte von Folgen auf die Grenzwerte ihrer Funktionswerte. Das heißt

$$\lim_{n \to \infty} \sqrt[3]{\frac{n^2 \pi^3 + 2n}{n^2 + 1}} = \sqrt[3]{\pi^3} = \pi.$$

Außerdem habe ich gerade die Stetigkeit der Sinusfunktion gezeigt, so dass auch die Anwendung des Sinus auf konvergente Folgen keine Probleme bereitet. Es folgt

$$\lim_{n \to \infty} \sin \sqrt[3]{\frac{n^2 \pi^3 + 2n}{n^2 + 1}} = \sin \pi = 0.$$

Hätte man das zu Fuß, ohne unsere neuen Kenntnisse über die Stetigkeit der trigonometrischen Funktionen herausfinden wollen, dann hätte man weitaus schwerer zu kämpfen gehabt.

Vielleicht ist Ihnen aufgefallen, dass ich zwar am Anfang des Kapitels Tangens und Cotangens definiert, sie dann aber beharrlich ignoriert habe. Das hat seinen Grund. Die beiden Funktionen Sinus und Cosinus sind die trigonometrischen Grundfunktionen, aus denen sich die anderen zusammensetzen, und deshalb scheint es mir sinnvoll zu sein, sich erst Klarheit über Sinus und Cosinus zu verschaffen und ihre Eigenschaften herauszufinden. Immerhin haben die beiden eine gewisse literarische Bedeutung: im Asterix-Band „Tour de France" treten zwei römische Straßenräuber namens Sinus und Cosinus auf, der eine klein und dünn, der andere groß und dick, die auf Grund ihres Körperbaus für Asterix und Obelix gehalten werden und deshalb in Schwierigkeiten geraten. Es mag etwas bedenklich sein, dass die beiden grundlegenden Winkelfunktionen ausgerechnet als Straßenräuber eingeführt werden, aber es ist doch besser als gar nichts, und weder Tangens noch Cotangens haben meines Wissens eine ähnliche Würdigung erfahren.

Das hält mich allerdings nicht davon ab, einen Blick auf die Schaubilder der beiden Funktionen zu werfen. Zwischen ihnen und den mittlerweile vertrauten Funktionen Sinus und Cosinus besteht nämlich ein ganz wichtiger Unterschied, was den Definitionsbereich betrifft.

6.1.15 Bemerkung Während sin und cos die ganze Menge $\mathbb{R}$ als Definitionsbereich haben, weisen tan und cot Definitionslücken auf. Der Tangens hat einen Cosinus im Nenner stehen, kann also nur für solche x definiert sein, bei denen $\cos x \neq 0$ gilt. In 6.1.7 haben wir glücklicherweise notiert, wann das der Fall ist: genau dann ist $\cos x = 0$, wenn $x = \frac{\pi}{2} + k \cdot \pi$ mit $k \in \mathbb{Z}$ gilt. Folglich ist die Tangensfunktion definiert auf der Menge

$$D_{\tan} = \left\{ x \in \mathbb{R} \mid x \neq \frac{\pi}{2} + k\pi \text{ für alle } k \in \mathbb{Z} \right\}.$$

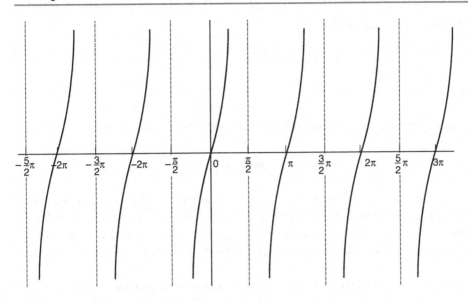

Abb. 6.10 Schaubild der Tangensfunktion

Da der Cotangens mit einem Sinus im Nenner belastet ist, müssen wir für seinen Definitionsbereich die Nullstellen des Sinus aus $\mathbb{R}$ hinauswerfen, die Sie ebenfalls dem Satz 6.1.7 entnehmen können. Man erhält dann als Definitionsbereich

$$D_{\cot} = \{x \in \mathbb{R} \mid x \neq k\pi \text{ für alle } k \in \mathbb{Z}\}.$$

Sehen wir uns an, was mit dem Tangens an seinen Definitionslücken geschieht, wobei ich mich für den Moment auf die Lücke $x = \frac{\pi}{2}$ beschränke. Wenn Sie sich von links dem Punkt $\frac{\pi}{2}$ annähern, dann sind sowohl Sinus als auch Cosinus der vorkommenden x-Werte positiv, und der Tangens als Quotient von beiden wird ebenfalls positiv sein. Da der Zähler gegen 1 und der Nenner gegen 0 geht, strebt der Tangens für $x \to \frac{\pi}{2}$ gegen $+\infty$. Nähern Sie sich hingegen dem Wert $-\frac{\pi}{2}$ von rechts, dann haben Sie zwar einen positiven Cosinus, aber einen negativen Sinus, woraus Sie sofort die Negativität des Tangens folgern können. Deshalb wird für $x \to -\frac{\pi}{2}$ der Tangens gegen $-\infty$ streben.

So ist das immer. Zwischen zwei Definitionslücken $\frac{\pi}{2} + (k-1)\pi$ und $\frac{\pi}{2} + k\pi$ taucht der Tangens aus $-\infty$ auf, trifft die x-Achse in der Nullstelle $k\pi$ und verschwindet auf dem Weg zur rechten Lücke in der positiven Unendlichkeit. Das Schaubild ist dann in Abb. 6.10 aufgezeichnet.

Wie sich die Angelegenheit für den Cotangens verhält, sollten Sie sich einmal in Ruhe selbst überlegen.

Die Stetigkeit von tan und cot ist nun nur noch eine ganz einfache Folgerung aus der Stetigkeit von sin und cos.

6.1.16 Folgerung Die Funktionen

$$\tan : D_{\tan} \to \mathbb{R} \text{ und } \cot : D_{\cot} \to \mathbb{R}$$

sind stetig.

Beweis Zu beweisen ist hier eigentlich gar nichts mehr. Sie wissen, dass

$$\tan x = \frac{\sin x}{\cos x} \text{ und } \cot x = \frac{\cos x}{\sin x}$$

gilt. Sinus und Cosinus sind nach 6.1.13 stetig, und nach 5.4.3 darf ich stetige Funktionen durcheinander teilen, ohne die Stetigkeit zu verlieren, sofern ich darauf achte, dass keine Nullen im Nenner stehen. Da aus $D_{\tan}$ und $D_{\cot}$ gerade die Nullstellen der jeweiligen Nenner ausgeschlossen wurden, folgt sofort die Stetigkeit von tan und cot.   △

Bevor wir zur Exponentialfunktion übergehen, sollten wir noch kurz die Umkehrfunktionen der trigonometrischen Funktionen beleuchten. Wie Sie wissen, kann man Umkehrfunktionen nur für streng monotone Funktionen ausrechnen, und ein Blick auf die Funktionsgraphen aller vier trigonometrischen Funktionen zeigt, dass sie alles andere als streng monoton sind. Das schadet aber gar nichts. Wenn Sie sich die Sinuskurve einmal genauer anschauen, werden Sie feststellen, dass alles Wesentliche schon zwischen $-\frac{\pi}{2}$ und $\frac{\pi}{2}$ geschieht. Danach verhält sich die Kurve erst spiegelbildlich, um dann das Ganze noch einmal von vorn zu beginnen. Zwischen $-\frac{\pi}{2}$ und $\frac{\pi}{2}$ ist die Funktion aber offenbar streng monoton, so dass es möglich ist, für den *wesentlichen* Teil doch eine Umkehrfunktion anzugeben, die man gewöhnlich als Arcussinus, abgekürzt arcsin, bezeichnet.

Auf die gleiche Weise kann man sich überlegen, dass man so gut wie alles über der Cosinus schon erfährt, wenn man sich auf das Intervall $[0, \pi]$ beschränkt, auf dem cos streng monoton fällt. Ich fasse diesen Gedankengang zusammen in einer Bemerkung.

6.1.17 Bemerkung Die Funktionen

$$\sin : \left[-\frac{\pi}{2}, \frac{\pi}{2}\right] \to [-1, 1] \text{ und } \cos : [0, \pi] \to [-1, 1]$$

sind stetig und streng monoton wachsend bzw. fallend. Die entsprechenden Umkehrfunktionen

$$\arcsin : [-1, 1] \to \left[-\frac{\pi}{2}, \frac{\pi}{2}\right] \text{ und } \arccos : [-1, 1] \to [0, \pi]$$

sind deshalb ebenfalls stetig und streng monoton wachsend bzw. fallend.

Bei der Tangensfunktion ist die Lage ganz ähnlich. Offenbar ist sie zwischen zwei Definitionslücken streng monoton wachsend, und es ist ziemlich egal, zwischen welchen zwei

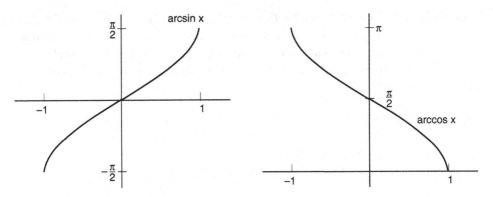

Abb. 6.11 Funktionsgraphen von arcsin und arccos

Lücken sie sich herumtreibt, da der Kurvenverlauf immer derselbe ist. Man beschränkt sich deshalb normalerweise auf die x-Werte zwischen $-\frac{\pi}{2}$ und $\frac{\pi}{2}$. Der Wertebereich ist hier allerdings deutlich größer als bei sin oder cos, weil Sie auf dem Weg von $-\infty$ nach $+\infty$ ohne Probleme alle reellen Zahlen mit dem Tangens erwischen.

6.1.18 Bemerkung Die Funktionen

$$\tan : \left(-\frac{\pi}{2}, \frac{\pi}{2}\right) \to \mathbb{R} \text{ und } \cot : (0, \pi) \to \mathbb{R}$$

sind stetig und streng monoton wachsend bzw. fallend. Die entsprechenden Umkehrfunktionen

$$\arctan : \mathbb{R} \to \left(-\frac{\pi}{2}, \frac{\pi}{2}\right) \text{ und } \operatorname{arccot} : \mathbb{R} \to (0, \pi)$$

sind deshalb ebenfalls stetig und streng monoton wachsend bzw. fallend.

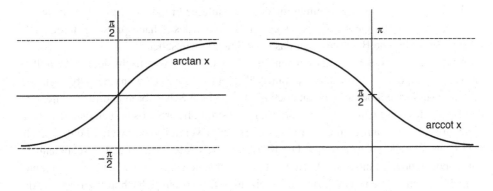

Abb. 6.12 Funktionsgraphen von arctan und arccot

Beachten Sie, dass ich hier bei den Definitionsbereichen von tan und cot gezwungen war, offene Intervalle zu verwenden: an den Randpunkten gehen die beiden Funktionen gegen $+\infty$ oder $-\infty$, und deshalb darf ich sie dem Definitionsbereich nicht zuschlagen.

Die Arcusfunktionen heben nur die Wirkung der trigonometrischen Funktionen auf, wie zwei kurze Beispiele zeigen sollen.

6.1.19 Beispiele

(i)   Es gilt $\arcsin \frac{1}{2} = \frac{\pi}{6}$, denn $\sin \frac{\pi}{6} = \frac{1}{2}$.

(ii) Es gilt $\arctan 1 = \frac{\pi}{4}$, denn man rechnet leicht nach, dass

$$\sin \frac{\pi}{4} = \cos \frac{\pi}{4} = \frac{1}{2}\sqrt{2}$$

und deshalb $\tan \frac{\pi}{4} = 1$ gilt.

Nun wird es aber Zeit, die Trigonometrie abzuschließen und Ihnen eine weitere wichtige Funktion vorzustellen: die Exponentialfunktion.

6.2 Exponentialfunktion

Exponentialfunktionen haben etwas Tückisches an sich. Sie fangen ganz harmlos an, steigern sich dann ein wenig ahnsehnlicher und neigen nach recht kurzer Zeit dazu, mehr oder weniger explosiv zu wachsen, ehe man so richtig bemerkt hat, was passiert ist. Ein Beispiel dafür ist aus dem alten Indien überliefert.

6.2.1 Beispiel Man weiß nicht so genau, wo und wann das Schachspiel erfunden wurde, aber eine Theorie sieht den Ursprung des Schachs in Indien. Angeblich war der damalige indische Herrscher begeistert von dem neuen Spiel – vielleicht sah er darin eine Möglichkeit, auch dann Krieg zu führen, wenn gerade keine Feinde zur Verfügung standen, vielleicht war es auch nur eine einigermaßen unschuldige Freude am Spiel. Für die letzte Annahme spricht die Geschichte, dass er dem Erfinder des Schachspiels freistellte, sich nach freier Wahl eine Belohnung für das neue Spiel zu wünschen.

An der Antwort des Erfinders können Sie sehen, dass er das Schachspiel nicht zufällig entwickelt hat, denn sie verrät seine hinterhältige Intelligenz. Er wünsche sich, sagte er, nur ein paar Weizenkörner, die man doch bitte auf einem Schachbrett anordnen solle, um den Bezug des Geschenks zu seiner Erfindung zu symbolisieren. Es bräuchten auch nicht viele zu sein: eines auf dem ersten Feld des Bretts, zwei auf dem zweiten Feld, danach vier, dann acht und eben so weiter. Der König war begeistert über so viel Bescheidenheit eines bedeutenden Mannes und beeilte sich, der Bitte nachzukommen. Schließlich konnte es nicht so schwer sein, eine Handvoll Weizenkörner auf ein Schachbrett zu legen. Als seine Mitarbeiter sich jedoch daran machten, das bisschen Weizen zusammenzutragen, stellten sie fest, dass die gesamte Jahresernte nicht ausreichen würde, um den auf den ersten Blick bescheidenen Wunsch zu erfüllen. Die Menge sah nämlich am Anfang gering aus, erst ein Korn, dann zwei, was sollte daraus schon werden? Leider wurde bei diesem Verfahren aus eins und zwei ganz schnell die beträchtliche Zahl von 2^{63}, denn bei jedem neuen Feld musste die Zahl verdoppelt werden, und ein Schachbrett hat nun einmal 64 Felder. Außerdem blieb es ja nicht bei den 2^{63} Weizenkörnern auf dem letzten Feld, die Körner auf den ersten 63 Feldern mussten auch noch dazu addiert werden, so dass eine Gesamtzahl von

$$1 + 2 + 2^2 + \cdots + 2^{63}$$

Weizenkörnern aufzubringen war. Man überzeugt sich recht schnell davon, dass das genau der Zahl $2^{64} - 1$ entspricht, was etwa $1{,}84 \cdot 10^{19}$ ergibt – eine Zahl mit 19 Stellen, deutlich mehr als eine Million mal eine Million mal eine Million.

Mir ist nicht bekannt, wie der König reagierte, als er von den Konsequenzen der bescheidenen Bitte erfuhr. Für uns sollte sie Anlass genug sein, das Verhalten der Exponentialfunktion zu untersuchen. Dabei stößt man recht schnell auf ein Problem. Sie wissen, wie man beispielsweise 2^x für eine natürliche Zahl $x \in \mathbb{N}$ ausrechnet, nämlich durch mehrfaches Multiplizieren. Auch bei rationalen Zahlen $x \in \mathbb{Q}$ haben wir uns am Ende des fünften Kapitels darüber verständigt, was man unter 2^x zu verstehen hat: für $x = \frac{p}{q}$ ist $2^x = \sqrt[q]{2^p}$. Was aber soll zum Beispiel $2^{\sqrt{2}}$ bedeuten? Im ersten Kapitel haben Sie gelernt, dass $\sqrt{2}$ keine rationale Zahl ist, und deshalb hilft hier die Definition aus 5.4.15 gar nichts.

6.2.2 Bemerkung Es sei $a > 0$. Für $x = \frac{p}{q} \in \mathbb{Q}$ ist $a^x = \sqrt[q]{a^p}$, das heißt, a^x ist auf ganz $\mathbb{Q}$ definiert. Nun betrachten wir ein $x \in \mathbb{R} \setminus \mathbb{Q}$ und beschränken uns für den Anfang auf $x = \sqrt{2}$. Natürlich ist auch x eine Zahl, so dass man sie als Dezimalzahl aufschreiben kann, nur leider mit unendlich vielen Stellen nach dem Komma. Zum Beispiel ist $\sqrt{2} = 1{,}4142136\ldots$, wobei die drei Punkte beschreiben, dass es irgendwie weitergeht und nie aufhört. Das ist aber schon recht hilfreich, denn auf Grund dieser Darstellung kann man $\sqrt{2}$ durch rationale Zahlen immer besser annähern. Immerhin ist $x_1 = 1{,}4$ eine erträgliche Näherung, $x_2 = 1{,}41$ eine bessere und $x_3 = 1{,}414$ schon eine recht gute. Man braucht aber nicht bei x_3 aufzuhören; wann immer man die n-te Stelle nach dem Komma von $\sqrt{2}$ an x_{n-1} anfügt, erhält man eine bessere Näherung x_n, und all diese Näherungen haben den Vorteil, rationale Zahlen zu sein. Für rationale Zahlen kennen wir glücklicherweise die Exponentialfunktion, die Werte a^{x_n} sind also berechenbar. Da nun die irrationale Zahl x durch die Folge rationaler Zahlen x_n immer besser angenähert wird, liegt nichts näher, als diese Näherung auf die Folge der Potenzen zu übertragen und a^x als Grenzwert der Folge a^{x_n} zu definieren.

Sie werden vielleicht einwenden, dass das ein wenig zu viel Mühe für die Wurzel aus zwei ist. Diese Methode ist aber nicht auf $\sqrt{2}$ beschränkt, denn jede reelle Zahl kann man als Grenzwert einer Folge rationaler Zahlen darstellen. Somit ist auch die Idee, die Folge der Potenzen zu nehmen und ihren Grenzwert als a^x zu betrachten, für jedes $x \in \mathbb{R}$ anwendbar.

6.2.3 Definition Es sei $a > 0$ und $x \in \mathbb{R}$.

(i)   Falls $x = \frac{p}{q} \in \mathbb{Q}$ gilt, setzt man

$$a^x = \sqrt[q]{a^p}.$$

(ii) Falls $x \notin \mathbb{Q}$ gilt, gibt es eine Folge rationaler Zahlen x_n mit

$$\lim_{n \to \infty} x_n = x.$$

Man setzt deshalb

$$a^x = \lim_{n \to \infty} a^{x_n}.$$

(iii) Die Funktion $f : \mathbb{R} \to \mathbb{R}$, definiert durch $f(x) = a^x$ heißt *Exponentialfunktion* zur Basis a.

Obwohl wir nun die Exponentialfunktion einigermaßen (wenn auch nicht ganz) präzise definiert haben, sollten Sie sich mit den Einzelheiten der Definition auch nicht zu sehr belasten. Für unsere Zwecke reicht die intuitive Vorstellung völlig aus, dass man die *Basis a* mit dem *Exponenten x* irgendwie potenziert. Ob das nun bei irrationalem x mit Hilfe eines Grenzwertes oder sonstwie geschieht, spielt nur dann eine Rolle, wenn man die Eigenschaften der Exponentialfunktion genau beweisen will, und ich werde mich hüten, das zu versuchen.

In jedem Fall müssen wir aber die Eigenschaften aufschreiben.

6.2.4 Satz Es sei $a > 0$. Dann gelten die folgenden Regeln.

(i) $a^{x+y} = a^x \cdot a^y$;
(ii) $a^{x-y} = \frac{a^x}{a^y}$;
(iii) $a^0 = 1$;
(iv) $(a^x)^y = a^{x \cdot y}$;
(v) $a^x > 0$;
(vi) Für $a > 1$ ist a^x streng monoton wachsend, für $a < 1$ ist a^x streng monoton fallend.

Ich werde diese Regeln nicht beweisen, sondern lieber an ein paar Beispielen verdeutlichen. Nur ein paar Worte zu Nummer (v) und (vi). Auch wenn der Exponent x negativ ist, bleibt doch die gesamte Potenz positiv, denn es ist zum Beispiel $2^{-3} = \frac{1}{2^3} = \frac{1}{8}$. Beachtenswert ist auch die Monotonieaussage von 6.2.4 (vi). Bei Licht betrachtet, ist sie aber nicht überraschend: wenn Sie etwa die 2 mit immer größeren Zahlen x potenzieren, dann wird auch 2^x größer werden, aber bei $\left(\frac{1}{2}\right)^x$ bekommt nur der Nenner Gelegenheit zum Wachsen, weshalb die Zahl bei wachsendem x kleiner werden muss.

6.2.5 Beispiele

(i) $9 \cdot 27 = 3^2 \cdot 3^3 = 3^5 = 243$.

(ii) $\frac{625}{25} = \frac{5^4}{5^2} = 5^{4-2} = 5^2 = 25$.

(iii) $8^2 = (2^3)^2 = 2^6 = 64$.

(iv) Ein radioaktiver Stoff habe eine Halbwertszeit von einer Stunde. Ist $m > 0$ die vorhandene Masse zum Zeitpunkt 0, so ist nach einer Stunde eine Masse von $\frac{m}{2}$ übrig, nach 2 Stunden $\frac{m}{4}$ und nach n Stunden $m \cdot \frac{1}{2^n} = m \cdot \left(\frac{1}{2}\right)^n$. Zählt man nicht nur die vollen Stunden, sondern will die Masse zu beliebigen Zeitpunkten berechnen können, so hat man allgemein nach x Stunden eine verbliebene Masse von

$$\text{Masse}(x) = m \cdot \left(\frac{1}{2}\right)^x.$$

Gerade beim Zerfallsverhalten radioaktiver Stoffe wüsste man gerne, ob wenigstens tendenziell zu erwarten ist, dass im Lauf der Zeit nichts oder doch so gut wie nichts von dem Stoff übrig bleibt. Mit anderen Worten: was geschieht mit a^x bei $a < 1$ für $x \to \infty$? Man hofft, dass sich ein Grenzwert von 0 ergibt, während das Beispiel aus dem alten Indien die Vermutung nahelegt, dass für $a > 1$ die Exponentialfunktion für $x \to \infty$ über alle Grenzen wachsen wird.

6.2.6 Satz

(i)   Für $a > 1$ ist $\lim\limits_{x \to \infty} a^x = \infty$ und $\lim\limits_{x \to -\infty} a^x = 0$.

(ii) Für $a < 1$ ist $\lim\limits_{x \to \infty} a^x = 0$ und $\lim\limits_{x \to -\infty} a^x = \infty$.

Die Exponentialfunktion verhält sich also für sehr große und sehr kleine x gerade so, wie man es von ihr erwartet. Ich muss übrigens gestehen, dass ich mich bei der Formulierung von 6.2.6 einer gewissen Schlamperei schuldig mache, denn nirgends habe ich definiert, was man unter $\lim\limits_{x \to \infty}$ von irgendetwas versteht. Genausowenig habe ich Ihnen erzählt, was es heißt, dass ein Grenzwert unendlich groß wird. Mir scheint aber, diese Schreibweisen sind selbsterklärend, und deshalb verzichte ich auf eine Definition.

Eine der wichtigsten Eigenschaften der Exponentialfunktion ist ihre Stetigkeit.

6.2.7 Satz Die Exponentialfunktion ist stetig.

Sie erinnern sich daran, dass schon der Nachweis der Stetigkeit von Sinus und Cosinus etwas lästig war. Bei der Exponentialfunktion ist das noch ein Stückchen unangenehmer, und Sie werden mir verzeihen, dass ich auf einen Beweis verzichte. Gehen wir lieber dazu über, die wichtigste von allen Basen kennenzulernen: die *Eulersche Zahl e*. Sie spielt eine große Rolle bei der Beschreibung von Wachstumsvorgängen wie zum Beispiel der *stetigen Verzinsung*.

6.2.8 Beispiel Wenn Sie glücklicher Besitzer eines Kapitals von k Euro sind, und dieses Kapital zu einem Zinssatz von p Prozent anlegen, dann werden Sie nach einem Jahr eine Zinszahlung von $k \cdot \frac{p}{100}$ erhalten, und Ihr Kapital wird auf den Betrag von

$$k + k \cdot \frac{p}{100} = k \cdot \left(1 + \frac{p}{100}\right)$$

angewachsen sein, wobei wir von der unglückseligen Quellensteuer einmal absehen. Nun gibt es aber auch Festgeldanlagen, die nicht über ein ganzes Jahr laufen, sondern nur ein halbes Jahr oder gar nur einen Monat. Man kann sich also allgemein die Frage stellen, welche Zinsen man erhält, wenn sie nicht nur einmal, sondern n-mal im Jahr ausgezahlt werden. Offenbar muss der Zinssatz für einen Monat auf ein Zwölftel des Jahreszinses reduziert werden, und bei n Zinszahlungen erhält man einen Satz von $\frac{p}{n}$ Prozent. Somit haben Sie nach der ersten Zinszahlung ein neues Kapital von

$$k_1 = k \cdot \left(1 + \frac{p}{100n}\right).$$

Im zweiten Zeitraum müssen Sie, sofern Sie das neue Kapital einfach stehen lassen, den Betrag k_1 verzinsen und erhalten

$$k_2 = k_1 \cdot \left(1 + \frac{p}{100n}\right) = k \cdot \left(1 + \frac{p}{100n}\right)^2.$$

Auf diese Weise kann man sich klar machen, dass nach einem Jahr das Endkapital

$$k_n = k \cdot \left(1 + \frac{p}{100n}\right)^n$$

zur Verfügung steht.

Was geschieht nun, wenn Sie die Freiheit haben, die Anzahl der Verzinsungszeitpunkte beliebig in die Höhe zu treiben? In diesem Fall müssen wir mit n gegen Unendlich gehen, und mit $x = \frac{p}{100}$ erhalten wir den Wert

$$\lim_{n \to \infty} \left(1 + \frac{x}{n}\right)^n,$$

wobei ich der Einfachheit halber ein Kapital von $k = 1$ angenommen habe.

Sehen wir uns einmal den Fall $x = 1$, also $p = 100$ Prozent an. Sie haben dann nach einem Jahr bei einem Einsatz von einem Euro ein Kapital von

$$k_n = \left(1 + \frac{1}{n}\right)^n,$$

und wenn Sie die Anzahl der Verzinsungszeitpunkte gegen Unendlich gehen lassen, ergibt sich

$$\lim_{n \to \infty} \left(1 + \frac{1}{n}\right)^n .$$

Natürlich wird Ihr Endkapital um so größer sein, je häufiger Sie Zinsen kassieren, das heißt, die Folge wird mit wachsendem n immer größer. Man kann aber zeigen, dass sie konvergiert, und zwar gegen eine irrationale Zahl, die man die Eulersche Zahl e nennt. Sie hat, auf zehn Stellen nach dem Komma genau, den Wert $e \approx 2,7182818285$. Sie können sich also mit ihrem n anstrengen wie Sie wollen: bei einem Einsatz von einer Euro werden Sie bei einem Zinssatz von 100 Prozent nach einem Jahr niemals ein höheres Kapital haben als 2 Euro 72, egal wie oft man Ihnen Ihre Zinsen auszahlt und dem Kapital zuschlägt.

Da im Grenzfall $n \to \infty$ die Verzinsung nicht nur gelegentlich, sondern sozusagen ständig durchgeführt wird, spricht man hier von einer *stetigen Verzinsung*. Ich gebe zu, dass im Bankgeschäft sowohl ein Zinssatz von 100 Prozent als auch Verzinsungszeiträume, die unter einem Tag liegen, etwas unrealistisch sind, aber sehen Sie sich einmal das Wachstum einer Zellkolonie in einer Nährlösung an. Da ist es durchaus nicht ungewöhnlich, dass Sie auf einen „Zinssatz" von 100 Prozent und mehr stoßen, und das Wachstum findet praktisch ständig statt, so dass die stetige Verzinsung ein gutes Modell für bestimmte biologische Wachstumsvorgänge darstellt. In jedem Fall halten wir fest, dass man unter der Eulerschen Zahl e den Grenzwert

$$e = \lim_{n \to \infty} \left(1 + \frac{1}{n}\right)^n$$

versteht. Sie ist die Basis der Exponentialfunktion, die man oft in den physikalischen Anwendungen benutzt. Da sie *die* wichtigste Basis darstellt, meint man mit dem Wort Exponentialfunktion auch oft gleich die Funktion e^x, und dementsprechend wird sie häufig auch als $\exp(x)$ geschrieben. Es gilt also

$$\exp(x) = e^x.$$

Zwei physikalische Beispiele werden Ihnen zeigen, wie sehr die Exponentialfunktion zur Beschreibung technischer Vorgänge gebraucht wird.

6.2.9 Beispiele

(i)   Wir haben schon kurz über radioaktiven Zerfall gesprochen. Üblicherweise pflegt man die Geschwindigkeit des Zerfalls durch eine Zerfallskonstante $\lambda > 0$ anzugeben. Ist dann n_0 die Anzahl der Atomkerne zum Zeitpunkt 0 und $n(t)$ die Anzahl der Kerne zum Zeitpunkt t, so kann man mit Hilfe der Exponentialfunktion $n(t)$ berechnen:

$$n(t) = n_0 \cdot e^{-\lambda t}.$$

Das Schaubild der Zerfallsfunktion finden Sie in Abb. 6.13.

Abb. 6.13 Radioaktiver Zerfall

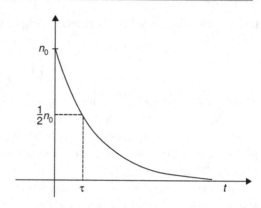

Die Halbwertszeit τ, zu der die Hälfte der Atomkerne zerfallen ist, erhält man, indem man im Schaubild der Funktion $n(t)$ den t-Wert zu $\frac{1}{2}n_0$ abliest. Das ist allerdings ein unbefriedigendes und ungenaues Verfahren, und wir müssen uns überlegen, wie man τ berechnen kann.

(ii) Ein Kondensator über einen ohmschen Widerstand R hat eine gewisse Kapazität C. Nun wird dieser Kondensator aufgeladen und hat zu jedem Zeitpunkt $t \geq 0$ eine gewisse Spannung $u(t)$. Man kann $u(t)$ mit Hilfe der Exponentialfunktion berechnen:

$$u(t) = u_0 \cdot \left(1 - e^{-\frac{t}{R \cdot C}}\right).$$

Der Wert u_0 spielt dabei eine eigenartige Rolle. Für $t \to \infty$ wird sich der Ausdruck in der Klammer der 1 annähern, und deshalb ist

$$\lim_{t \to \infty} u(t) = u_0.$$

Die Spannung u_0 ist also so etwas wie ein fiktiver Endwert der Kondensatorspannung, sie wird nie wirklich erreicht, aber nach einer gewissen Zeit natürlich so gut angenähert, dass man keinen Unterschied mehr zwischen $u(t)$ und u_0 messen kann. Man bezeichnet u_0 deshalb schlicht als den Endwert der Kondensatorspannung.

Abb. 6.14 Kondensatorspannung

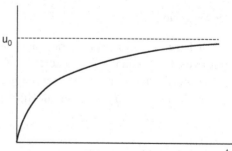

Auch Beispiel 6.2.9 (ii) krankt ein wenig daran, dass man nicht ausrechnen kann, zu welchem Zeitpunkt t eine bestimmte Spannung $u(t)$ erreicht sein wird. Sie haben aber im letzten Kapitel gelernt, wie man aus den Funktionswerten zurückschließen kann auf die Werte der unabhängigen Variablen: das passende Instrument ist die Umkehrfunktion. Dazu müssen wir aber noch die Frage nach dem Definitions- und Wertebereich der Exponentialfunktion klären. Zum Glück liegt darin gar kein Problem, denn einsetzen dürfen wir schließlich jedes $x \in \mathbb{R}$, und dem Satz 6.2.4 (v) können Sie entnehmen, dass beim Potenzieren immer nur positive Zahlen herauskommen. Der Wertebereich der Exponentialfunktion ist also $(0, \infty)$.

Sie wissen sicher schon lange, dass die Umkehrfunktion der Exponentialfunktion *Logarithmus* genannt wird. Wie üblich ist ihr Definitionsbereich genau der Wertebereich der ursprünglichen Funktion a^x.

6.2.10 Definition Es sei $a > 0$. Dann heißt die Umkehrfunktion zu a^x *Logarithmus zur Basis* a. Man schreibt

$$\log_a : (0, \infty) \to \mathbb{R}.$$

Für $a = e$ setzt man

$$\ln = \log_e$$

und spricht vom *natürlichen Logarithmus*.

Das Wort *Logarithmus* ist übrigens ein Kunstwort, das sich jemand ausgedacht haben dürfte, dem kein schönerer Name für die neue Funktion einfiel. Es setzt sich zusammen aus den zwei griechischen Worten *logos* und *arithmos*, also Vernunft und Zahl. Was damit allerdings über den Zusammenhang zwischen Vernunft und Zahl ausgedrückt werden soll, müssen Sie sich schon selbst ausdenken, mir ist es nicht so recht klar.

Sehen wir uns Beispiele zum Logarithmus an.

6.2.11 Beispiele

(i)   Wegen $1000 = 10^3$ ist $\log_{10} 1000 = 3$.

(ii)   Aus $2^5 = 32$ folgt $\log_2 32 = 5$.

(iii) Wegen $0{,}01 = 10^{-2}$ ist $\log_{10} 0{,}01 = -2$.

(iv)   In 6.2.9 (i) war zur Halbwertszeit τ die Hälfte des radioaktiven Stoffes zerfallen, das heißt:

$$n(\tau) = \frac{1}{2} n_0.$$

Ich will nun wissen, wie groß eigentlich τ ist. Dazu verwenden wir die Formel für $n(t)$ aus 6.2.9 (i). Es gilt nämlich:

$$\frac{n_0}{2} = n_0 \cdot e^{-\lambda\tau} \Rightarrow e^{-\lambda\tau} = \frac{1}{2}$$

$$\Rightarrow -\lambda\tau = \ln\frac{1}{2}$$

$$\Rightarrow \tau = -\frac{1}{\lambda} \cdot \ln\frac{1}{2} \approx \frac{0{,}693}{\lambda}.$$

Dabei können Sie den natürlichen Logarithmus von $\frac{1}{2}$ mit einem Taschenrechner bestimmen und auch gleich mit der e^x-Taste testen, ob auch wirklich $e^{-0{,}693} = 0{,}5$ gilt.

Wir finden also einen sehr einfachen Zusammenhang zwischen der Zerfallskonstante λ und der Halbwertszeit τ: je größer die Zerfallskonstante, desto kleiner die Halbwertszeit und umgekehrt.

Sie haben eben gesehen, dass man gelegentlich mit Logarithmen richtig rechnen muss. Es wäre daher nicht ungeschickt, ein paar Rechenregeln zur Verfügung zu haben, die einem manchmal das Rechnen mit Logarithmen leichter machen.

6.2.12 Satz Für $x, y > 0$ gelten die folgenden Regeln.

(i) $\log_a(xy) = \log_a x + \log_a y$;
(ii) $\log_a\left(\frac{x}{y}\right) = \log_a x - \log_a y$;
(iii) $\log_a(x^y) = y \cdot \log_a x$;
(iv) $\log_a 1 = 0$.

Beweis Die Logarithmusregeln sind die Umkehrungen der entsprechenden Regeln für die Exponentialfunktion, und am besten beweist man sie, indem man die Formeln aus 6.2.4 heranzieht. Zum Beispiel ist $\log_a(xy)$ die Zahl, mit der man a potenzieren muss, um xy zu erhalten, also

$$a^{\log_a(xy)} = xy.$$

Andererseits haben auch x und y ihre eigenen Logarithmen zur Basis a, und es gilt

$$xy = a^{\log_a x} \cdot a^{\log_a y} = a^{\log_a x + \log_a y}.$$

Setzen wir nun die beiden Formeln für xy gleich, so erhalten wir

$$a^{\log_a(xy)} = a^{\log_a x + \log_a y}.$$

Zwei Potenzen zur gleichen Basis können aber nur dann gleich sein, wenn ihre Exponenten gleich sind. Daraus folgt:

$$\log_a(xy) = \log_a x + \log_a y,$$

und Nummer (i) ist geklärt.

Die Regel (ii) können Sie auf genau die gleiche Weise selbst herleiten. Auch die dritte Regel lässt sich ganz ähnlich zeigen: $\log_a(x^y)$ ist die Zahl, mit der Sie a potenzieren müssen, um x^y zu bekommen. Nun gilt aber

$$a^{y \cdot \log_a x} = a^{(\log_a x) \cdot y}$$
$$= \left(a^{\log_a x}\right)^y$$
$$= x^y.$$

Dabei habe ich in der zweiten Gleichung von der Regel 6.2.4 (iv) Gebrauch gemacht, in der steht, wie man Produkte in Exponenten behandelt. In der dritten Gleichung dagegen habe ich nur ausgenutzt, dass $a^{\log_a x} = x$ gilt. Mit dieser Gleichungskette haben wir gezeigt, dass beim Potenzieren von a mit $y \cdot \log_a x$ gerade x^y herauskommt, und deshalb ist

$$\log_a(x^y) = y \cdot \log_a x.$$

Regel (iv) schließlich folgt sofort aus der bekannten Tatsache, dass stets $a^0 = 1$ gilt.   △

Während den meisten Leuten die Exponentialregeln einigermaßen einleuchtend erscheinen, haben doch recht viele Schwierigkeiten mit den entsprechenden Formeln für Logarithmen. Vermutlich hängt das damit zusammen, dass man irgendwann gelernt hat, dass $a^{x+y} = a^x \cdot a^y$ gilt, und nun die Umkehrung der Regel beim Logarithmieren etwas verwirrend aussieht. Ich warne Sie also besser gleich vor dem weitverbreiteten Fehler, die Exponentialregeln *direkt* und nicht *umgekehrt* für den Logarithmus zu verwenden: die Auffassung, es gelte $\log_a(x + y) = \log_a x \cdot \log_a y$ ist nicht unterzukriegen, obwohl sie *völlig falsch* ist und die Rolle von Addition und Multiplikation beim Logarithmus einfach vertauscht.

Sehen wir uns einige Beispiele für die Rechenregeln an.

6.2.13 Beispiele

(i)
$$\log_{10} 5 + \log_{10} 2 = \log_{10}(5 \cdot 2) = \log_{10} 10 = 1.$$

(ii)
$$\log_3 81^{17} = 17 \cdot \log_3 81 = 17 \cdot \log_3 3^4 = 17 \cdot 4 = 68.$$

Stellen Sie sich vor, Sie hätten diese Rechnung ohne die Regel 6.2.12 (iii) durchführen müssen: es wäre kein reines Vergnügen gewesen, erst 81^{17} auszurechnen.

(iii)

$$\log_a \frac{1}{x} = \log_a 1 - \log_a x = -\log_a x,$$

denn $\log_a 1 = 0$. Hat man also einmal den Logarithmus einer Zahl gefunden, macht es überhaupt keine Schwierigkeiten mehr, auch den Logarithmus ihres Kehrwertes aufzutreiben: man setzt ein Minus davor, und alles ist erledigt.

(iv)

$$\log_a \frac{x^5 \cdot y^2}{z^4 \cdot u^{3,5}} = \log_a (x^5 \cdot y^2) - \log_a (z^4 \cdot u^{3,5})$$
$$= \log_a x^5 + \log_a y^2 - \log_a z^4 - \log_a u^{3,5}$$
$$= 5 \log_a x + 2 \log_a y - 4 \log_a z - 3,5 \log_a u.$$

Sind die Logarithmen der einzelnen Variablen bekannt, so kann man daraus leicht den Logarithmus eines komplizierteren zusammengesetzten Terms bestimmen, ohne erst den Zahlenwert dieses Terms ausrechnen zu müssen. In früheren Zeiten, als es noch keine nennenswerten Taschenrechner gab, war das eine wichtige Methode, um den Wert eines aufwendigen Ausdrucks wie hier auszurechnen, sofern die Variablen mit großen Werten belegt waren: man schaute in einer Logarithmentafel die Logarithmen der einzelnen Variablen nach, setzte sie in die errechnete Formel ein und verwendete dann wieder die Logarithmentafel, nur in umgekehrter Richtung. Damit konnte man den Wert bestimmen, ohne zeitintensive Potenzierungen und Divisionen durchzuführen.

Ich sollte kurz erwähnen, dass man Logarithmen zu einer Basis a leicht auf eine andere Basis umrechnen kann.

6.2.14 Satz

$$\log_b x = \frac{\log_a x}{\log_a b}.$$

Beweis Ich setze $y = \log_b x$. Dann ist natürlich $b^y = x$ und nach 6.2.12 (iii) folgt daraus

$$\log_a x = \log_a b^y = y \cdot \log_a b.$$

Damit ist schon alles gezeigt, denn Auflösen nach y ergibt:

$$\log_b x = y = \frac{\log_a x}{\log_a b}. \qquad \qquad \triangle$$

Wichtiger ist die Tatsache, dass die Logarithmusfunktion als Umkehrfunktion einer streng monotonen stetigen Funktion selbst wieder stetig und streng monoton ist.

6.2.15 Satz Es sei $a > 0$ und $a \neq 1$. Die Funktion $\log_a : (0, \infty) \to \mathbb{R}$ ist streng monoton und stetig. Für $a > 1$ ist $\log_a$ streng monoton wachsend, für $a < 1$ ist $\log_a$ streng monoton fallend.

Falls Sie einen genauen Beweis führen wollen, packen Sie 6.2.4 und 6.2.7 zusammen mit 5.1.13 und 5.4.10. Da finden Sie alles, was Sie brauchen.

6.2.16 Beispiele

(i) Man bestimme die Umkehrfunktion zu $f(x) = 3e^{2x-1}$.
     Dazu setze ich $y = 3e^{2x-1}$ und löse nach x auf. Wir erhalten dann:

$$\frac{y}{3} = e^{2x-1} \Rightarrow \ln \frac{y}{3} = 2x - 1$$
$$\Rightarrow 2x - 1 = \ln y - \ln 3$$
$$\Rightarrow x = \frac{1}{2} \ln y - \frac{1}{2} \ln 3 + \frac{1}{2}$$
$$\Rightarrow f^{-1}(x) = \frac{1}{2} \ln x - \frac{1}{2} \ln 3 + \frac{1}{2}$$
$$\Rightarrow f^{-1}(x) \approx \frac{1}{2} \ln x - 0{,}0493,$$

wie man leicht mit Hilfe eines Taschenrechners feststellt.

(ii) Mit Hilfe der Stetigkeit der Logarithmusfunktion kann man wieder einmal neue konvergente Folgen erzeugen. Betrachten wir zum Beispiel die erschreckende Folge

$$a_n = \log_2 \left(\sqrt[4]{\frac{16n \cdot \sin \frac{n^2 \frac{\pi}{2} - 1}{n^2 + 1} + 8}{n + 5}} \right).$$

Da alle auftretenden Funktionen stetig sind, können Sie einfach von innen nach außen rechnen und die jeweils auftretenden Grenzwerte auf die Funktionen übertragen. Es folgt dann

$$\lim_{n \to \infty} a_n = \log_2 \sqrt[4]{16 \cdot \sin \frac{\pi}{2}} = \log_2 \sqrt[4]{16} = \log_2 2 = 1.$$

Ich werde hier die einzelnen Schritte nicht erklären, zur Übung sollten Sie sie in Ruhe durchgehen.

Jetzt haben wir alles vorbereitet, um uns an die Differentialrechnung zu wagen. Sie wird das Thema des nächsten Kapitels sein.

Differentialrechnung 7

Von Mark Twain stammt der Ausspruch, Isaac Newton hätte nur dabei zugesehen, wie ein Apfel vom Baum fiel – eine reichlich alltägliche Erfahrung, aber seine Eltern waren einflussreiche Leute und machten eine große Sache daraus. Diese Charakterisierung von Newtons Gravitationstheorie hat Twain wohl nicht ernst gemeint, denn die Entwicklung der Newtonschen Physik, die man Ihnen noch heute in Ihren Physik-Vorlesungen nahezubringen versucht, war sicher eine der größten wissenschaftlichen Leistungen, die ein einzelner Mensch jemals zustande brachte.

Dennoch werde ich über diesen Teil von Newtons Arbeit nichts berichten, denn wir befinden uns hier in einem Mathematik-Buch und nicht in einem über Physik. Was uns in diesem Kapitel beschäftigt, ist die *Differentialrechnung*, von Newton als *Fluxionsrechnung* bezeichnet. Er entwickelte sie Ende des siebzehnten Jahrhunderts sozusagen als Abfallprodukt seiner physikalischen Forschungen, als er versuchte, das Problem der Geschwindigkeit in den Griff zu bekommen und dafür einfach das brauchte, was wir heute eine Ableitung nennen. Ein paar Jahre später fand unabhängig von Newton auch der deutsche Mathematiker und Philosoph Gottfried Wilhelm Leibniz die Prinzipien der Differentialrechnung, aber über diese Geschichten werde ich Ihnen später mehr berichten, wenn Sie über die Differentialrechnung selbst etwas besser informiert sind.

Wir gehen wie gewohnt schrittweise vor. Zu Anfang des Kapitels erkläre ich Ihnen, was eine Ableitung ist und was man damit anstellt. Dann überlegen wir uns ein paar Regeln für das Differenzieren und berechnen die Ableitungen einiger Funktionen. Anschließend haben wir das notwendige Rüstzeug, um im Rahmen von Extremwertaufgaben Maxima und Minima zu bestimmen und den Verlauf von Funktionskurven systematisch zu untersuchen. Zum Abschluss des Kapitels zeige ich Ihnen dann, wie man mit Hilfe der Differentialrechnung eine bestimmte Art von Grenzwerten recht leicht berechnen kann und wie das näherungsweise Lösen von Gleichungen mit dem Newton-Verfahren funktioniert.

© Springer-Verlag GmbH Deutschland 2017
T. Rießinger, *Mathematik für Ingenieure*, DOI 10.1007/978-3-662-54807-3_7

7.1 Einführung

Um klar zu machen, wozu man Ableitungen eigentlich braucht, beginnen wir mit einem Beispiel aus der Ökonomie, dem Problem der Gewinnmaximierung.

7.1.1 Beispiel Es gibt immer noch Firmen, die ein Monopol auf ein bestimmtes Produkt haben, auch wenn immer mehr Monopole wie zum Beispiel das der Post aufgelöst werden. Wie kann nun ein Monopolist seinen Gewinn maximieren? Zum Teil sicher über die Gestaltung des Preises, und ich werde jetzt ein einfaches Modell vorstellen, mit dem man dieses Problem angehen kann.

Ist p der Preis pro Stück, so wird der erzielte Umsatz natürlich von der Absatzmenge x abhängen und $U = p \cdot x$ betragen. Um neue Käuferschichten zu locken, mag es aber sinnvoll sein, den Stückpreis p zu senken, wenn erkennbar ist, dass dadurch die Absatzzahlen in die Höhe getrieben werden können. Der Stückpreis wird also in Abhängigkeit vom Absatz x monoton fallen, und zur Beschreibung dieser Politik benutze ich die einfachste aller fallenden Funktionen, nämlich

$$p = a_0 - a_1 x,$$

wobei a_0, a_1 positive Zahlen sind. Der Umsatz berechnet sich dann aus

$$U = px = (a_0 - a_1 x)x = a_0 x - a_1 x^2.$$

Zur Bestimmung des Gewinns müssen wir vom Umsatz die Kosten abziehen, die man gewöhnlich in fixe und variable Kosten unterteilt: die fixen Kosten K_f sind unabhängig vom Absatz, denn in jedem Fall müssen Gehälter, Zinsen, Mieten und Ähnliches bezahlt werden. Die variablen Kosten dagegen sind von der abgesetzten Menge abhängig, und auch hier nehmen wir das einfachste Modell, indem wir sie durch $K_v = k_v \cdot x$ berechnen. Damit erhält man Gesamtkosten von $K = k_v x + K_f$, die vom Umsatz abgezogen werden müssen, um den Gewinn G zu bestimmen. Folglich ist

$$G = U - K = a_0 x - a_1 x^2 - k_v x - K_f = -a_1 x^2 + (a_0 - k_v)x - K_f.$$

Die Gewinnfunktion unseres Monopolisten entpuppt sich als quadratisches Polynom, das man als nach unten geöffnete Parabel darstellen könnte. Unsere bisherigen Kenntnisse erlauben es uns auszurechnen, ab welcher Absatzmenge x überhaupt kein Gewinn mehr erzielt wird, weil der Stückpreis zu niedrig geworden ist: Sie brauchen nur die Nullstellen der Gewinnfunktion zu bestimmen. Viel interessanter ist aber nicht die Frage nach der Verlustzone, denn das Unternehmen wird sein Ziel wohl kaum darin sehen, immer knapp dem Konkurs zu entkommen. Die wichtigere Frage ist die nach dem Absatz x_0, der maximalen Gewinn verspricht. Das lässt sich nicht so einfach mit dem Lösen einer Gleichung entscheiden, und das wesentliche Hilfsmittel zur Lösung solcher Optimierungsprobleme ist die Differentialrechnung, die sich mit der Steigung von Tangenten befasst. Am optimalen Punkt hat die Kurventangente nämlich die Steigung 0, sie liegt waagrecht in der Ebene, und wenn man weiß, wie man solche Steigungen ausrechnet, kann man mit etwas Glück auch feststellen, wo sie zu Null werden.

Wir werden uns also im folgenden mit der Steigung von Tangenten zu befassen haben. Am Beispiel einer einfachen Funktion kann man sich die Vorgehensweise verdeutlichen.

7.1.2 Beispiel Es sei $f(x) = x^2$ und $x_0 = 1$. Wegen $y_0 = f(1) = 1$ hat der zugehörige Kurvenpunkt die Koordinaten $P = (1/1)$. Die Steigung der Tangente im Punkt $(1/1)$ ist auf den ersten Blick schwer zu berechnen, aber mit anderen Geraden sieht es schon besser aus. Nehmen wir einmal einen beliebigen Punkt $Q = (x/y)$ auf der Kurve. Da Q ein Kurvenpunkt ist, muss $y = x^2$ gelten. Die *Sekante* durch P und Q hat dann, wie Sie der Abb. 7.1 entnehmen können, die Steigung

$$\frac{y - y_0}{x - x_0} = \frac{x^2 - 1}{x - 1}.$$

Nun ist das zwar keine Tangente, aber je näher der Punkt Q an den Punkt P heranrückt, desto schwerer kann man die Sekante von der eigentlichen Tangente unterscheiden. Etwas mathematischer ausgedrückt: für $x \to x_0$ wird Q gegen P streben und die Sekante in eine Tangente übergehen. Die Steigung der Tangente ergibt sich somit als Grenzwert der Sekantensteigungen, und das heißt:

$$\text{Steigung} = \lim_{x \to 1} \frac{x^2 - 1}{x - 1}.$$

Zum Glück haben Sie im fünften Kapitel gelernt, wie man solche Grenzwerte ausrechnet. Es gilt nämlich:

$$\lim_{x \to 1} \frac{x^2 - 1}{x - 1} = \lim_{x \to 1} x + 1 = 2,$$

Abb. 7.1 Sekantensteigung

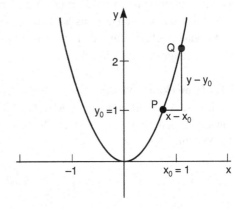

denn mit der dritten binomischen Formel können Sie $x - 1$ aus $x^2 - 1$ herauskürzen und behalten $x + 1$ übrig.

Die Steigung der Tangente für $f(x) = x^2$ im Punkt $(1/1)$ ist demnach 2. In der Regel sagt man dazu: f hat in $x_0 = 1$ die Ableitung 2.

Das Verfahren, Sekantensteigungen zu nehmen und die Sekanten gegen die Tangente konvergieren zu lassen, ist natürlich nicht auf die Funktion $f(x) = x^2$ beschränkt. Man kann für jede Funktion und für jeden Punkt aus ihrem Definitionsbereich zumindest versuchen, ob die Prozedur erfolgreich durchgeführt werden kann, ob also der Grenzwert tatsächlich existiert. Falls ja, nennt man die Funktion *differenzierbar*, falls nein, hat man eben Pech gehabt.

7.1.3 Definition Es sei $f : D \to \mathbb{R}$ eine Funktion mit dem Definitionsbereich $D \subseteq \mathbb{R}$ und $x_0 \in \mathbb{R}$. Man sagt, f ist *differenzierbar* in x_0, falls der Grenzwert

$$\lim_{x \to x_0} \frac{f(x) - f(x_0)}{x - x_0} \in \mathbb{R}$$

existiert. In diesem Fall heißt $f'(x_0) = \lim_{x \to x_0} \frac{f(x) - f(x_0)}{x - x_0}$ die Ableitung oder auch die erste Ableitung von f in x_0. Man bezeichnet $f'(x_0)$ auch als den Differentialquotienten von f im Punkt x_0.

Diese Definition macht also nichts weiter als das Verfahren aus dem Beispiel 7.1.2 auf beliebige Funktionen zu übertragen. Mit dem Quotienten aus den Differenzen der Funktionswerte und den Differenzen der x-Werte beschreibt man die Steigung der Sekanten, und mit dem Grenzübergang $x \to x_0$ sorgt man dafür, dass die Sekanten nach und nach in Tangenten übergehen. Sie sehen daran, dass wir die esoterisch anmutenden Dinge über Grenzwerte von Funktionen, die ich Ihnen im fünften Kapitel berichtet habe, jetzt sehr gut brauchen können, denn die Ableitung ist als ein solcher Grenzwert definiert.

Das Wort *differenzierbar* hat man wohl deswegen gewählt, weil andauernd mit *Differenzen* umgegangen werden muss. Es wurde übrigens von Leibniz in die Diskussion eingeführt und hat sich dort bis heute behauptet.

Manche Bücher definieren Differenzierbarkeit scheinbar ein wenig anders, aber das ist nur eine Frage der Schreibweise.

7.1.4 Bemerkung Manchmal schreibt man auch $x = x_0 + \Delta x$, wobei der griechische Buchstabe Δ für Differenz steht. Man hat dann $\Delta x = x - x_0$, und wenn x gegen x_0 geht, konvergiert natürlich $\Delta x \to 0$. Deshalb ist eine andere gebräuchliche Schreibweise für die Ableitung auch

$$f'(x_0) = \lim_{\Delta x \to 0} \frac{f(x_0 + \Delta x) - f(x_0)}{\Delta x}.$$

Wenn man nun schon die Differenz der x-Werte als Δx bezeichnet, sollte man auch konsequent genug sein, die Differenz der Funktionswerte mit

$$\Delta y = f(x_0 + \Delta x) - f(x_0)$$

oder

$$\Delta f = f(x_0 + \Delta x) - f(x_0)$$

abzukürzen. Es gilt dann

$$f'(x_0) = \lim_{\Delta x \to 0} \frac{\Delta y}{\Delta x}$$

bzw.

$$f'(x_0) = \lim_{\Delta x \to 0} \frac{\Delta f}{\Delta x}.$$

Deshalb findet man auch oft die Schreibweise

$$f'(x_0) = \frac{dy}{dx}(x_0) \text{ oder auch } f'(x_0) = \frac{df}{dx}(x_0).$$

Erwähnt werden sollte noch, dass die Physiker dazu neigen, alles ganz anders zu machen, und für die Ableitung nach der Zeitvariablen t zum Beispiel $\dot{y}(t)$ schreiben. Diese Schreibweise geht auf Newton zurück.

Newton war Physiker, und deshalb benutzen Physiker bis heute seine Punktschreibweise. Leibniz dagegen war alles Mögliche: Philosoph, Jurist, Theologe, Physiker, Bibliothekar und eben auch Mathematiker, und vielleicht ist das der Grund, warum auch alle möglichen Leute heute seine Schreibweisen in der Differential- und Integralrechnung bevorzugen. In jedem Fall gehen die d-Schreibweise aus Bemerkung 7.1.4 und das moderne Integralzeichen auf Leibniz zurück.

Zur Übung berechnen wir ein paar Ableitungen.

7.1.5 Beispiele

(i) Es sei $f(x) = c$, das heißt, $f(x)$ ist eine konstante Funktion. Dann ist

$$\lim_{x \to x_0} \frac{f(x) - f(x_0)}{x - x_0} = \lim_{x \to x_0} \frac{c - c}{x - x_0} = \lim_{x \to x_0} 0 = 0.$$

Folglich ist $f'(x_0) = 0$ für alle $x_0 \in \mathbb{R}$, die Tangenten sind also stets waagrecht, wie es zu erwarten war.

(ii) Es sei $f(x) = x$. Das Schaubild von f ist die erste Winkelhalbierende, und man wird erwarten, dass eine Gerade ihre eigene Tangente ist und die Ableitung deshalb überall 1 ergibt. Tatsächlich gilt:

$$\lim_{x \to x_0} \frac{f(x) - f(x_0)}{x - x_0} = \lim_{x \to x_0} \frac{x - x_0}{x - x_0} = \lim_{x \to x_0} 1 = 1.$$

Die Rechnung bestätigt also glücklicherweise die Anschauung.

(iii) Es sei $f(x) = x^2$. Das Schaubild von f ist die sogenannte Normalparabel, und hier liefert die Anschauung keine Vermutung mehr über die Tangentensteigung, man kommt um die Definition der Ableitung nicht herum. Wir rechnen also:

$$\lim_{x \to x_0} \frac{f(x) - f(x_0)}{x - x_0} = \lim_{x \to x_0} \frac{x^2 - x_0^2}{x - x_0}$$
$$= \lim_{x \to x_0} x + x_0$$
$$= 2x_0.$$

Dabei habe ich wieder einmal die dritte binomische Formel benutzt, um den Quotienten von $x^2 - x_0^2$ und $x - x_0$ als $x + x_0$ zu identifizieren. Dass dann der Term $x + x_0$ für $x \to x_0$ nach $2x_0$ konvergiert, ist kaum der Erwähnung wert. Es gilt also

$$f'(x_0) = 2x_0.$$

(iv) Es sei $f(x) = x^3$. Dann ist

$$\lim_{x \to x_0} \frac{f(x) - f(x_0)}{x - x_0} = \lim_{x \to x_0} \frac{x^3 - x_0^3}{x - x_0}.$$

Und jetzt? Das ist gar nicht so schlimm, wie es aussieht. Offenbar müssen wir hier den Linearfaktor $x - x_0$ aus dem Polynom $x^3 - x_0^3$ herauskürzen. Der Wert x_0 ist aber offenbar Nullstelle von $x^3 - x_0^3$, und im Abschn. 5.2 haben Sie gelernt, wie man Linearfaktoren, die von Nullstellen herstammen, loswerden kann: mit dem Horner-Schema. Wir notieren also das Horner-Schema für das Polynom $x^3 - x_0^3$ und den Punkt x_0. Vergessen Sie dabei nicht, auch die Koeffizienten von x^2 und x in der ersten Zeile des Schemas aufzuführen. Sie sind zwar gleich 0, aber auch die Nullen müssen notiert werden.

	1	0	0	$-x_0^3$
		+	+	+
x_0		x_0	x_0^2	x_0^3
	1	x_0	x_0^2	0

In 5.2.5 haben wir uns über die Interpretation dieses Schemas geeinigt: es gilt nämlich

$$x^3 - x_0^3 = (x - x_0) \cdot (x^2 + x_0 \cdot x + x_0^2),$$

also

$$\frac{x^3 - x_0^3}{x - x_0} = x^2 + x_0 x + x_0^2 \to 3x_0^2 \text{ für } x \to x_0.$$

Deshalb ist

$$f'(x_0) = 3x_0^2.$$

(v) Es sei $f(x) = |x|$ und $x_0 = 0$. Für $x > 0$ ist $|x| = x$ und für $x < 0$ ist $|x| = -x$. Folglich haben wir

$$\lim_{x \to 0, x > 0} \frac{f(x) - f(0)}{x - 0} = \lim_{x \to 0, x > 0} \frac{x - 0}{x - 0} = 1,$$

aber

$$\lim_{x \to 0, x < 0} \frac{f(x) - f(0)}{x - 0} = \lim_{x \to 0, x < 0} \frac{-x}{x} = -1.$$

Es macht also einen Unterschied, ob Sie sich der Null von links oder von rechts nähern: einmal kommt im Grenzwert -1 heraus und einmal 1. Sie erinnern sich daran, dass wir bei der Definition eines Grenzwertes von der Funktion verlangt haben, dass sie sich entscheidet. Ganz gleich, aus welcher Richtung man gegen x_0 strebt, die Funktionswerte müssen sich immer gleich verhalten. Da das hier nicht der Fall ist, kann das nur bedeuten, dass der relevante Grenzwert nicht existiert. Folglich ist $f(x) = |x|$ im Nullpunkt nicht differenzierbar.

Die Beispiele aus 7.1.5 legen eine Vermutung nahe. Es scheint eine Regel für die Ableitung von einfachen Polynomen zu geben, und der nächste Satz bestätigt diese Vermutung.

7.1.6 Satz Man definiere $f : \mathbb{R} \to \mathbb{R}$ durch $f(x) = x^n$. Dann ist f überall differenzierbar und es gilt

$$f'(x) = n \cdot x^{n-1}.$$

Beweis Es sei $x_0 \in \mathbb{R}$. Es bleibt uns nichts anderes übrig: wir müssen die Definition der Differenzierbarkeit verwenden und in den inzwischen vertrauten Quotienten einsetzen. Es gilt dann

$$f'(x_0) = \lim_{x \to x_0} \frac{f(x) - f(x_0)}{x - x_0} = \lim_{x \to x_0} \frac{x^n - x_0^n}{x - x_0}.$$

In 7.1.5 (iv) haben Sie aber schon gesehen, wie man jetzt weiter vorgehen kann. Mit Hilfe des Horner-Schemas dividieren wir den Linearfaktor $x - x_0$ ab und sehen uns an, was dabei wohl herauskommt. Das Horner-Schema sieht jedenfalls so aus:

$$
x_0 \,\left|\;
\begin{array}{ccccccc}
1 & 0 & 0 & \dots & 0 & -x_0^n \\
 & + & + & \dots & + & + \\
 & x_0 & x_0^2 & \dots & x_0^{n-1} & x_0^n \\
\hline
1 & x_0 & x_0^2 & \dots & x_0^{n-1} & 0
\end{array}\right.
$$

Wieder können wir Satz 5.2.5 verwenden, um zu bemerken, dass

$$
x^n - x_0^n = (x - x_0) \cdot (x^{n-1} + x_0 \cdot x^{n-2} + x_0^2 \cdot x^{n-3} + \dots + x_0^{n-2} \cdot x + x_0^{n-1})
$$

gilt. Abdividieren ergibt

$$
\begin{aligned}
\frac{x^n - x_0^n}{x - x_0} &= x^{n-1} + x_0 \cdot x^{n-2} + x_0^2 \cdot x^{n-3} + \dots + x_0^{n-2} \cdot x + x_0^{n-1} \\
&\to x_0^{n-1} + x_0 \cdot x_0^{n-2} + x_0^2 \cdot x_0^{n-3} + \dots + x_0^{n-2} \cdot x_0 + x_0^{n-1} \\
&= n \cdot x_0^{n-1}.
\end{aligned}
$$

Folglich ist

$$
f'(x_0) = n \cdot x_0^{n-1}. \qquad\qquad \triangle
$$

Wir sollten das negative Beispiel 7.1.5 (v) nicht ganz aus den Augen verlieren. Wenn Sie einmal die Funktion $f(x) = |x|$ aufzeichnen, dann werden Sie feststellen, dass sie genau an der kritischen Stelle $x_0 = 0$ einen Knick hat. Sie ist zwar durchgehend stetig, aber sie ist eben nicht glatt genug, um bei 0 differenzierbar zu sein. Auf diese Weise kann man anschaulich beschreiben, wann eine Funktion differenzierbar ist: wenn ihre Funktionskurve tatsächlich das ist, was man sich unter einer Kurve vorstellt, schön rund und glatt, und nicht eckig und kantig. Sobald eine Funktion ein Eck hat und ihre Glattheit aufgibt zugunsten eines plötzlichen Richtungswechsels, muss sie damit rechnen, ihre Differenzierbarkeit zu verlieren.

Bevor ich Sie im nächsten Abschnitt mit einigen Ableitungsregeln vertraut mache, möchte ich Ihnen noch kurz berichten, dass weder Newton noch Leibniz über eine so präzise Definition der Ableitung verfügten wie wir, obwohl sie die Differentialrechnung sehr weit ausbauten und eine große Menge von Problemen damit lösten. Die Konvergenzbetrachtungen, die wir mit so viel Mühe durchgeführt haben, gab es zu ihrer Zeit noch nicht, und sie mussten die Tangentensteigung mit etwas zweifelhaften Mitteln berechnen. Sehen Sie sich einmal die verschiedenen Schreibweisen in Bemerkung 7.1.4 an. Die Bezeichnung $\frac{dy}{dx}$ für die Ableitung legt die Auffassung nahe, dass es sich hier um einen

Quotienten handelt, und weil wir die Differenzen in Zähler und Nenner jeweils gegen 0 gehen ließen, könnte man bei gutem Willen sagen, dass hier zwei unendlich kleine Größen dy und dx durcheinander geteilt werden. Es dürfen keine Nullen sein, mit denen man operiert, denn durch Null darf man nicht dividieren. Daraus entsteht die Sprechweise von den *unendlich kleinen Größen*: sie sind nicht Null, aber doch kleiner als jede beliebige positive Zahl.

Falls Ihnen das jetzt sehr dubios vorkommt, dann haben Sie durchaus recht. Natürlich sind die unendlich kleinen Größen nichts, was man innerhalb der reellen Zahlen rechtfertigen könnte, eine Zahl ist entweder gleich Null oder nicht, und wenn sie nicht gleich Null ist, dann ist sie alles andere als unendlich klein. Das Dumme war nur, dass in der Frühzeit der Analysis die Vorstellung eines Grenzwertes, mit dem wir so locker hantieren, schlicht nicht bekannt war, so dass man, um die Steigung einer Tangente zu berechnen, auf die zweifelhafte Konzeption des unendlich Kleinen verfiel. Die Anfänge der Differentialrechnung waren also keineswegs genau fundiert, aber sie überzeugte die Mathematiker der damaligen Zeit durch ihre enormen Anwendungsmöglichkeiten. Der eine oder andere mag allerdings doch ein schlechtes Gewissen gehabt haben, denn Leibniz neigte zum Beispiel dazu, sich um den Begriff des Unendlichen herumzudrücken; obwohl er in seinen Argumentationen ständig benutzte, dass eine Größe wie dx zwar nicht 0, aber doch unendlich klein ist, gab er das nirgendwo zu.

Zum Glück brauchen wir uns heute nicht mehr mit der Frage zu quälen, ob die Sätze der Differentialrechnung wohl einen höheren Gültigkeitsanspruch haben als religiöse Mysterien, was beispielsweise noch 1734 ein Philosoph namens George Berkeley vehement bestritt. Wir können sie einfach mit Hilfe der Grenzwertregeln herleiten.

7.2 Ableitungsregeln

Am einfachsten ist die Situation beim Addieren von Funktionen und bei der Multiplikation mit einer Konstanten: die Ableitung verträgt sich problemlos mit diesen Operationen.

7.2.1 Satz

(i) Es seien f differenzierbar, $c \in \mathbb{R}$ und $g(x) = c \cdot f(x)$. Dann ist auch g differenzierbar und es gilt

$$g'(x) = c \cdot f'(x).$$

(ii) Es seien $f_1, \dots, f_n$ differenzierbar und $g(x) = f_1(x) + \cdots + f_n(x)$. Dann ist auch g differenzierbar und es gilt

$$g'(x) = f_1'(x) + \cdots + f_n'(x).$$

Beweis

(i) Wir nehmen uns ein beliebiges x_0 heraus und verwenden die Definition der Differenzierbarkeit. Es gilt dann

$$\frac{g(x) - g(x_0)}{x - x_0} = \frac{cf(x) - cf(x_0)}{x - x_0} = c \cdot \frac{f(x) - f(x_0)}{x - x_0} \to c \cdot f'(x_0)$$

für $x \to x_0$, denn $\frac{f(x) - f(x_0)}{x - x_0} \to f'(x_0)$ für $x \to x_0$.

(ii) Ich beschränke mich hier auf den Fall $n = 2$, um nicht so viel schreiben zu müssen. In diesem Fall ist $g(x) = f_1(x) + f_2(x)$. Für den Differentialquotienten erhalten wir somit

$$\begin{aligned} \frac{g(x) - g(x_0)}{x - x_0} &= \frac{f_1(x) + f_2(x) - (f_1(x_0) + f_2(x_0))}{x - x_0} \\ &= \frac{f_1(x) + f_2(x) - f_1(x_0) - f_2(x_0)}{x - x_0} \\ &= \frac{f_1(x) - f_1(x_0)}{x - x_0} + \frac{f_2(x) - f_2(x_0)}{x - x_0} \\ &\to f_1'(x_0) + f_2'(x_0) \end{aligned}$$

für $x \to x_0$, denn der erste Quotient geht gegen $f_1'(x_0)$ und der zweite gegen $f_2'(x_0)$.

$\triangle$

Sie sehen schon an diesen einfachen Aussagen, wie man Regeln über die Ableitung beweisen kann: man nimmt die Funktion, um die es geht, und setzt sie in die Definition der Ableitung ein. Mit etwas Glück kommt dann etwas Brauchbares heraus. Der Satz 7.2.1 genügt immerhin, um die Ableitungen von Polynomen auszurechnen.

7.2.2 Beispiele

(i)   Es sei $f(x) = -x^2 + 2x$. Dann ist $f'(x) = -2x + 2$.

(ii) Es sei $g(x) = 2x^3 - 5x^2 + 7x + 1$. Dann ist $g'(x) = 6x^2 - 10x + 7$.

(iii) Es sei $G(x) = -a_1 x^2 + (a_0 - k_v)x - K_f$ die Gewinnfunktion aus dem Beispiel 7.1.1. Dann ist $G'(x) = -2a_1 x + a_0 - k_v$. Wir werden uns später überlegen, wie man aus dieser Ableitung die Absatzmenge berechnet, mit der ein maximaler Gewinn erzielt werden kann.

Die Differentialrechnung wäre ziemlich dünn, wenn man sie nur auf Polynome anwenden könnte. Wir sollten deshalb herausfinden, wie man die Ableitungen komplizierterer Funktionen bestimmen kann. Bisher haben wir nur die Wirkung der Addition von Funktionen untersucht, und es würde sicher nichts schaden, auch eine Regel für das Produkt und den Quotienten von Funktionen zu haben. Diese Regeln kannte auch schon Leibniz, aber leider musste er feststellen, dass das Leben beim Multiplizieren und Dividieren nicht mehr ganz so einfach ist wie beim Addieren: die Ableitung des Produkts unterscheidet sich vom Produkt der Ableitungen.

7.2.3 Beispiel Es seien $f(x) = x^3$ und $g(x) = x^2$. Dann ist $(f \cdot g)(x) = x^3 \cdot x^2 = x^5$. Folglich ist $(f \cdot g)'(x) = 5x^4$. Da aber $f'(x) = 3x^2$ und $g'(x) = 2x$ gilt, haben wir $f'(x) \cdot g'(x) = 3x^2 \cdot 2x = 6x^3$. Da für fast alle x die Ungleichung $5x^4 \neq 6x^3$ gilt, müssen wir schließen:

$$(f \cdot g)'(x) \neq f'(x) \cdot g'(x).$$

Das ist bedauerlich, aber nicht weiter schlimm. Schließlich gibt es eine sogenannte Produktregel und eine Quotientenregel, wenn sie auch vielleicht nicht der ersten intuitiven Vorstellung entsprechen, die man sich von solchen Regeln macht. Dennoch sind sie einfach zu handhaben.

7.2.4 Satz Es seien $f, g : D \to \mathbb{R}$ differenzierbar in $x_0 \in D$. Dann gelten:

(i) $f \cdot g$ ist in x_0 differenzierbar mit

$$(f \cdot g)'(x_0) = f'(x_0) \cdot g(x_0) + g'(x_0) \cdot f(x_0).$$

(ii) Für $g(x_0) \neq 0$ ist auch $\frac{f}{g}$ in x_0 differenzierbar mit

$$\left(\frac{f}{g}\right)'(x_0) = \frac{f'(x_0) \cdot g(x_0) - g'(x_0) \cdot f(x_0)}{g^2(x_0)},$$

wobei $g^2(x_0)$ eine abkürzende Schreibweise für $(g(x_0))^2$ ist.

Man nennt diese Regeln *Produkt- bzw. Quotientenregel.*

Beweis

(i) Zum Beweis der beiden Regeln verwende ich wieder die Definition 7.1.3. Für die Produktregel muss ich also das Produkt der beiden Funktionen in die Definition einsetzen und zusehen, dass ich etwas Vernünftiges herausbekomme. Da die Regel etwas komplizierter aussieht als die Additionsregel, wird vielleicht beim Einsetzen nicht alles so glatt gehen wie in 7.2.1, und tatsächlich muss ich einen kleinen Trick benutzen, der uns in verschiedenen Ausprägungen noch gelegentlich begegnen wird. Zunächst einmal gilt

$$\frac{(fg)(x) - (fg)(x_0)}{x - x_0} = \frac{f(x)g(x) - f(x_0)g(x_0)}{x - x_0}.$$

Nun muss ich aber irgendwie die Ableitungen von f und g ins Spiel bringen, und das kann ich bewerkstelligen, indem ich im Zähler des Bruchs den Wert $f(x_0)g(x)$ erst abziehe und dann gleich wieder addiere. Damit habe ich nichts am Wert des Quotienten geändert, aber ich kann dann leichter damit umgehen.

$$
\begin{aligned}
\frac{f(x)g(x) - f(x_0)g(x_0)}{x - x_0} &= \frac{f(x)g(x) - f(x_0)g(x) + f(x_0)g(x) - f(x_0)g(x_0)}{x - x_0} \\
&= \frac{f(x)g(x) - f(x_0)g(x)}{x - x_0} + \frac{f(x_0)g(x) - f(x_0)g(x_0)}{x - x_0} \\
&= g(x) \cdot \frac{f(x) - f(x_0)}{x - x_0} + f(x_0) \cdot \frac{g(x) - g(x_0)}{x - x_0} \\
&\to g(x_0)f'(x_0) + f(x_0)g'(x_0) \text{ für } x \to x_0,
\end{aligned}
$$

denn die beiden Quotienten in der letzten Zeile konvergieren definitionsgemäß gegen die Ableitungen von f bzw. g, und $g(x)$ wird für $x \to x_0$ kaum etwas anderes übrigbleiben als gegen $g(x_0)$ zu konvergieren. Durch den einfachen Kunstgriff, eine Zahl abzuziehen und gleich wieder zu addieren, konnten wir also den Differentialquotienten von $f \cdot g$ auf eine Kombination der Differentialquotienten von f und g zurückführen.

(ii) Praktisch den gleichen Trick verwende ich beim Beweis der Quotientenregel. Ich werde im folgenden einfach kommentarlos die Gleichungen aufschreiben und empfehle Ihnen, sie sich anhand der Erläuterungen zur Produktregel selbst zu erklären.

$$
\begin{aligned}
\frac{\frac{f}{g}(x) - \frac{f}{g}(x_0)}{x - x_0} &= \frac{\frac{f(x)}{g(x)} - \frac{f(x_0)}{g(x_0)}}{x - x_0} \\
&= \frac{\frac{f(x)g(x_0) - f(x_0)g(x)}{g(x) \cdot g(x_0)}}{x - x_0} \\
&= \frac{f(x)g(x_0) - f(x_0)g(x_0) + f(x_0)g(x_0) - f(x_0)g(x)}{(x - x_0) \cdot g(x) \cdot g(x_0)} \\
&= \frac{1}{g(x) \cdot g(x_0)} \cdot \left(g(x_0) \cdot \frac{f(x) - f(x_0)}{x - x_0} - f(x_0) \cdot \frac{g(x) - g(x_0)}{x - x_0} \right) \\
&\to \frac{1}{g^2(x_0)} \cdot (g(x_0)f'(x_0) - f(x_0)g'(x_0)) \text{ für } x \to x_0,
\end{aligned}
$$

womit die Quotientenregel gezeigt ist.   △

Sollten Sie beim Durcharbeiten der Beweise das eine oder andere Problem gehabt haben, dann grämen Sie sich nicht so sehr. In jedem Fall werden Sie an den Beispielen sehen, was man mit den Regeln anfangen kann. Sie werden aber auch sehen, dass der bisherige Stand unserer Kenntnisse noch bedenkliche Lücken aufweist, die wir so bald wie möglich schließen sollten.

7.2.5 Beispiele

(i) Es sei $f(x) = x^3 \cdot (2x^2 + 1)$. Offenbar ist f ein Produkt, und die Produktregel gestattet die Berechnung der Ableitung:

$$f'(x) = 3x^2 \cdot (2x^2 + 1) + 4x \cdot x^3 = 6x^4 + 3x^2 + 4x^4 = 10x^4 + 3x^2.$$

Ich habe hier die Formel 7.2.4 (i) wörtlich angewendet. Zuerst multipliziere man die Ableitung der ersten Funktion $(3x^2)$ mit der zweiten Funktion und addiere dann dazu das Produkt aus der Ableitung der zweiten Funktion $(4x)$ mit der ersten Funktion. Das Ergebnis ist natürlich nicht besonders aufregend, denn genausogut hätten wir erst die Klammer in der Definition von f ausmultiplizieren und die Funktion $f(x) = 2x^5 + x^3$ ableiten können. Auch dabei ergibt sich $f'(x) = 10x^4 + 3x^2$.

(ii) Dagegen liefert die Quotientenregel eine neue Klasse differenzierbarer Funktionen, nämlich die rationalen Funktionen, die man als Quotienten von Polynomen gewinnt. Zum Beispiel berechnet sich die Ableitung von

$$f(x) = \frac{x^2 + 1}{2x + 5}$$

aus

$$
\begin{aligned}
f'(x) &= \frac{2x \cdot (2x + 5) - 2 \cdot (x^2 + 1)}{(2x + 5)^2} \\
&= \frac{4x^2 + 10x - 2x^2 - 2}{(2x + 5)^2} \\
&= \frac{2x^2 + 10x - 2}{4x^2 + 20x + 25}.
\end{aligned}
$$

(iii) Sie erinnern sich, wie ich in 7.1.6 mit Hilfe des Horner-Schemas auf etwas mühselige Weise die Funktion $f(x) = x^n$ abgeleitet habe. Jetzt, da wir die Produktregel zur Verfügung haben, geht das wesentlich eleganter, vorausgesetzt man ist bereit, sich der vollständigen Induktion zu bedienen. Sie beruht auf der Idee, eine Aussage für $n = 1$ nachzurechnen und dann zu zeigen, dass sie auch für $n + 1$ gilt, sofern sie für $n \in \mathbb{N}$ richtig ist.

Für $n = 1$ heißt die Funktion $f(x) = x$, und dass ihre Ableitung $f'(x) = 1 = 1 \cdot x^0$ ist, bedarf kaum der Erwähnung. Der Induktionsanfang ist damit gesichert. Als Induktionsvoraussetzung nehme ich jetzt an, dass für ein $n \in \mathbb{N}$ die Ableitung von x^n gleich nx^{n-1} ist. Ich muss testen, wie sich die Ableitung von x^{n+1} verhält. Nun ist aber

$$x^{n+1} = x^n \cdot x,$$

und deshalb können wir die Ableitung von x^{n+1} mit der Produktregel aus den Ableitungen von x^n und von x berechnen. Es folgt:

$$
\begin{aligned}
(x^{n+1})' &= (x^n \cdot x)' \\
&= (x^n)' \cdot x + (x)' \cdot x^n \\
&= nx^{n-1} \cdot x + 1 \cdot x^n \\
&= nx^n + x^n \\
&= (n+1)x^n.
\end{aligned}
$$

Wenn die Formel für n gilt, dann gilt sie also auch für $n+1$. Da sie für $n = 1$ richtig war, muss sie nach dem Induktionsprinzip für alle $n \in \mathbb{N}$ gelten.

(iv) Es gibt aber nicht nur natürliche Exponenten. Wir sind noch nicht so weit, dass wir die Funktion x^a für einen beliebigen Exponenten $a \in \mathbb{R}$ ableiten können, das wird erst im Lauf des Kapitels möglich sein. Im Moment steht es uns immerhin offen, ganzzahlige und damit auch negative Exponenten zu betrachten. Es sei also

$$
f(x) = x^{-n} = \frac{1}{x^n}.
$$

Offenbar kann man auf f die Quotientenregel anwenden, und zufällig sind uns sowohl die Ableitung des Zählers als auch die Ableitung des Nenners bekannt. Aus 7.2.4 folgt dann

$$
f'(x) = \frac{0 \cdot x^n - nx^{n-1} \cdot 1}{(x^n)^2} = \frac{-nx^{n-1}}{x^{2n}} = -nx^{-n-1}.
$$

In der ersten Gleichung habe ich die Quotientenregel benutzt und dabei verwendet, dass die Ableitung der konstanten Funktion gleich Null ist, während die Ableitung von x^n gerade nx^{n-1} ergibt. Die zweite Gleichung macht von den Rechenregeln des sechsten Kapitels Gebrauch, genauer gesagt von 6.2.4 (iv), um $(x^n)^2 = x^{2n}$ zu erhalten. Für die letzte Gleichung brauche ich ebenfalls die Regeln der Potenzrechnung, nämlich den Satz über das Dividieren von Potenzen aus 6.2.4 (ii).
Die Gleichung

$$
(x^m)' = mx^{m-1}
$$

gilt also für alle $m \in \mathbb{Z}$.

Nun sehen Sie aber auch die Lücke, die ich vorhin kurz angedeutet habe. Was soll man eigentlich beim derzeitigen Stand der Dinge mit der Produktregel anfangen? Alles was wir beherrschen, ist das Ableiten von Polynomen und rationalen Funktionen, und während das Produkt von zwei Polynomen wieder ein Polynom ergibt, erhält man beim Multiplizieren

Abb. 7.2 Verhältnis von $\sin x$
zur Bogenlänge x

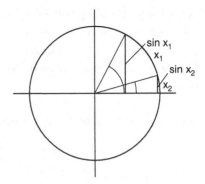

zweier rationaler Funktionen auch nur eine neue rationale Funktion. Wir können daher zur
Zeit die Produktregel nur auf solche Fälle anwenden, wo wir sie gar nicht brauchen.

Sie werden zugeben, dass das keine begeisternde Situation ist. Die Lage wäre wesentlich erfreulicher, wenn die Ableitungen von ein paar aufwendigeren Funktionen wie Sinus
oder Cosinus vorliegen würden, die man dann nach Lust und Laune mit irgendwelchen Polynomen multiplizieren könnte, um die Produktregel anzuwenden. Ich werde deshalb jetzt
die Ableitungen der trigonometrischen Funktionen berechnen. Für den Sinus brauche ich
einen kleinen Hilfssatz, auf dessen genauen Beweis ich verzichte.

7.2.6 Lemma Es gilt

$$\lim_{x \to 0} \frac{\sin x}{x} = 1.$$

Beweis Ein genauer Beweis wäre nicht sehr schwer, aber er ist wohl nicht so wichtig.
Sehen Sie sich lieber einmal die Abb. 7.2 an. Der Sinuswert ist zwar immer kleiner als der
x-Wert, aber für kleine x-Werte unterscheidet sich die Bogenlänge immer weniger von
der senkrechten Koordinate, die ja den Sinus von x angibt. Deshalb ist anzunehmen, dass
das Verhältnis von $\sin x$ und x gegen 1 strebt, wenn x sich der Null nähert. $\triangle$

Verfallen Sie nicht dem Glauben, dass das Lemma jetzt in aller Genauigkeit bewiesen
wäre. Die anschauliche Begründung genügt aber, um die Aussage plausibel zu machen,
denn sie hat nur Hilfscharakter für den Beweis des nachfolgenden Satzes, in dem ich die
Ableitungen von Sinus und Cosinus berechne.

7.2.7 Satz Die Funktionen $f, g : \mathbb{R} \to \mathbb{R}$, definiert durch

$$f(x) = \sin x \text{ und } g(x) = \cos x,$$

sind differenzierbar, und es gilt

$$f'(x) = \cos x \text{ und } g'(x) = -\sin x.$$

Beweis Hier kann und will ich Ihnen einen genauen Beweis nicht ersparen. Er ist aber auch nicht sehr schwer, da wir im sechsten Kapitel schon eine Menge Vorarbeit geleistet haben – wir wissen Bescheid über die Stetigkeit der trigonometrischen Funktionen und kennen die Additionstheoreme für Sinus und Cosinus. Beides werde ich jetzt gleich brauchen.

Ich muss wieder einmal den bekannten Differentialquotienten aus 7.1.3 betrachten. Nach 6.1.11 (ii) gilt für die auftretende Differenz von Sinuswerten:

$$\frac{\sin x - \sin x_0}{x - x_0} = \frac{1}{x - x_0} \cdot (\sin x - \sin x_0)$$

$$= \frac{2}{x - x_0} \cdot \left(\sin \frac{x - x_0}{2} \cdot \cos \frac{x + x_0}{2} \right)$$

$$= \frac{\sin \frac{x - x_0}{2}}{\frac{x - x_0}{2}} \cdot \cos \frac{x + x_0}{2}.$$

Die zweite Gleichung folgt dabei sofort aus 6.1.11 (ii), und die dritte Gleichung ist eine simple Anwendung der Bruchrechnung. Damit ist nun einiges gewonnen. Der Cosinus-Faktor ist völlig unproblematisch, denn aus dem sechsten Kapitel wissen Sie, dass die Cosinusfunktion stetig ist, also Grenzwerte überträgt. Zur Berechnung der Ableitung soll aber $x \to x_0$ gehen, und deshalb konvergiert

$$\frac{x + x_0}{2} \to \frac{x_0 + x_0}{2} = x_0.$$

Wegen der Stetigkeit des Cosinus folgt daraus

$$\cos \frac{x + x_0}{2} \to \cos x_0 \text{ für } x \to x_0.$$

Der erste Faktor sieht schon verdächtiger aus, aber das scheint nur so. In Lemma 7.2.6 haben wir alle Schwierigkeiten aus dem Weg geräumt, denn das Lemma besagte, dass

$$\lim_{x \to 0} \frac{\sin x}{x} = 1$$

ist. Nun geht hier zwar nicht x gegen 0, aber aus $x \to x_0$ folgt natürlich

$$\frac{x - x_0}{2} \to 0,$$

und deshalb kann man Lemma 7.2.6 anwenden, wenn man x durch $\frac{x - x_0}{2}$ ersetzt. Es folgt also

$$\lim_{x \to x_0} \frac{\sin \frac{x - x_0}{2}}{\frac{x - x_0}{2}} = 1,$$

und wir brauchen nur noch die Ergebnisse zusammenzufügen, um als Endresultat die Gleichung

$$f'(x_0) = \lim_{x \to x_0} \frac{\sin x - \sin x_0}{x - x_0} = 1 \cdot \cos x_0 = \cos x_0$$

zu erhalten.

Folglich ist $(\sin x)' = \cos x$. Auf analoge Weise findet man die Formel $(\cos x)' = -\sin x$ mit Hilfe von 6.1.11 (iv) und der Stetigkeit der Sinusfunktion. $\triangle$

Ich betone noch einmal, dass diese Herleitung nur möglich war, weil wir in den früheren Kapiteln die nötigen Grundlagen gelegt haben. Ohne die Stetigkeit des Cosinus wäre der Cosinusterm recht problematisch gewesen, und ohne die Additionstheoreme wären wir erst gar nicht so weit gekommen, einen Cosinusterm aufzuschreiben.

Jetzt kann man natürlich weitaus sinnvollere Beispiele für die Produktregel durchrechnen.

7.2.8 Beispiele

(i) Es sei $f(x) = x^2 \sin x + 3x \cos x$. Nach der Produktregel ist dann

$$f'(x) = 2x \sin x + x^2 \cos x + 3 \cos x + 3x(-\sin x) = -x \sin x + (x^2 + 3) \cos x.$$

(ii) Es sei $g(x) = \sin x \cos x$. Nach der Produktregel ist dann

$$g'(x) = \cos x \cos x + (-\sin x) \sin x = \cos^2 x - \sin^2 x.$$

(iii) Es sei $f(x) = \tan x = \frac{\sin x}{\cos x}$. Nach der Quotientenregel gilt dann

$$f'(x) = \frac{\cos x \cos x - (-\sin x) \sin x}{\cos^2 x} = \frac{\cos^2 x + \sin^2 x}{\cos^2 x} = \frac{1}{\cos^2 x}.$$

Manchmal gibt es doch auch positive Überraschungen. Die Anwendung der Quotientenregel für die Ableitung des Tangens führt im Zähler zu dem Term $\cos^2 x + \sin^2 x$, und in 6.1.6 (x) haben wir gesehen, dass das immer 1 ist. Somit reduziert sich der Bruch zu der einfachen Formel

$$(\tan x)' = \frac{1}{\cos^2 x}.$$

(iv) Die Ableitung des Cotangens berechnet man nach dem gleichen Muster. Es sei also $g(x) = \cot x = \frac{\cos x}{\sin x}$. Nach der Quotientenregel gilt dann

$$g'(x) = \frac{-\sin x \sin x - \cos x \cos x}{\sin^2 x} = \frac{-\sin^2 x - \cos^2 x}{\sin^2 x} = -\frac{1}{\sin^2 x}.$$

Folglich ist

$$(\cot x)' = -\frac{1}{\sin^2 x}.$$

Damit stehen uns schon ein paar Funktionen mehr zur Verfügung, deren Ableitungen ohne große Probleme berechenbar sind. Wenn ich nun schon die trigonometrischen Funktionen aus Kap. 6 untersuche, dann sollte ich auch die Exponentialfunktion e^x nicht vernachlässigen. Die Zahl e habe ich im Zusammenhang mit der stetigen Verzinsung eingeführt, sie hat also etwas mit Wachstumsvorgängen zu tun. Das Wachstum einer Funktion kann man aber am besten mit der Ableitung beschreiben: je größer die Ableitung, desto steiler ist die Funktionskurve und desto heftiger wächst die Funktion. Es ist deshalb nicht überraschend, dass die Ableitung der „Wachstumsfunktion" e^x wieder eng mit der Funktion selbst zusammenhängt. Dass sie allerdings *so* eng verbunden sind, erwartet man auf Anhieb vielleicht nicht: die Ableitung stimmt nämlich mit der Funktion selbst überein.

7.2.9 Satz Die Funktion $f(x) = e^x$ ist differenzierbar und es gilt

$$f'(x) = e^x.$$

Der Beweis dieses Satzes würde einige Zeit in Anspruch nehmen und auch nichts nennenswert Neues bringen, weshalb ich auf ihn verzichte. Statt dessen sehen wir uns einige Beispiele an.

7.2.10 Beispiele

(i)   Es sei $f(x) = (x^2 + 3x) \cdot e^x$. Dann ist nach der Produktregel

$$f'(x) = (2x + 3) \cdot e^x + e^x \cdot (x^2 + 3x) = (x^2 + 5x + 3) \cdot e^x.$$

(ii) Es sei $g(x) = e^x \cdot \sin x$. Dann kann man wieder die Produktregel anwenden und findet

$$g'(x) = e^x \cdot \sin x + \cos x \cdot e^x = e^x \cdot (\sin x + \cos x).$$

(iii) Es sei $h(x) = e^{-x} = \frac{1}{e^x}$. Mit der Quotientenregel folgt

$$\begin{aligned}
h'(x) &= \frac{0 \cdot e^x - e^x \cdot 1}{(e^x)^2} \\
&= \frac{-e^x}{e^{2x}} \\
&= -\frac{1}{e^x} \\
&= -e^{-x}.
\end{aligned}$$

Aus diesen Beispielen kann man Verschiedenes ablesen. Zunächst einmal ist es offenbar äußerst praktisch, dass die Funktion e^x mit ihrer Ableitung übereinstimmt, denn das führt bei Anwendungen der Produktregel oft dazu, dass man die entstehenden Ableitungen durch Vorklammern von e^x zu einer übersichtlicheren Form zusammenfassen kann.

Wichtiger ist aber das Ergebnis aus Beispiel 7.2.10 (iii). Hätte man nicht erwartet, dass sich auch die Funktion e^{-x} gutwillig verhält und sich selbst als Ableitung hat? Wir haben ausgerechnet, dass das nicht der Fall ist, die Ableitung von e^{-x} ist nun einmal $-e^{-x}$. Es drängt sich also die Frage auf, wie die Ableitungen von zusammengesetzten Funktionen aussehen, denn e^{-x} ist die Hintereinanderausführung von $g(x) = -x$ und der Exponentialfunktion $f(x) = e^x$. Außerdem gibt es ja noch eine Menge anderer Exponentialfunktionen wie zum Beispiel $f(x) = 17^x$. Stimmen auch sie mit ihren Ableitungen überein oder muss man sich dort ebenfalls auf Überraschungen gefasst machen? Es wird sich herausstellen, dass wir alle Probleme dieser Art lösen können, sobald wir einmal ausgerechnet haben, wie sich die Ableitungen von zusammengesetzten Funktionen verhalten. Da es um Verkettungen von Funktionen geht, nennt man die folgende Regel üblicherweise *Kettenregel*.

7.2.11 Satz Es seien $g : D \to E$ und $f : E \to \mathbb{R}$ Funktionen und $x_0 \in D$. Ist g in x_0 differenzierbar und f in $g(x_0)$ differenzierbar, so ist auch $h = f \circ g$ in x_0 differenzierbar, und es gilt:

$$h'(x_0) = g'(x_0) \cdot f'(g(x_0)).$$

Diese Regel heißt *Kettenregel*. Den Ausdruck $f'(g(x_0))$ bezeichnet man als äußere Ableitung, während $g'(x_0)$ innere Ableitung heißt.

Beweis Es schadet nichts, sich einen Beweis zu überlegen, er ist nicht lang und einigermaßen übersichtlich. Da wir über die Funktionen f und g nicht gerade viel wissen, bleibt uns nichts anderes übrig als wieder den Differentialquotienten aus 7.1.3 zu bemühen. Wieder einmal schreibe ich erst die nötigen Gleichungen auf und gebe hinterher einige Erläuterungen.

$$
\begin{aligned}
\frac{h(x) - h(x_0)}{x - x_0} &= \frac{f(g(x)) - f(g(x_0))}{x - x_0} \\
&= \frac{f(g(x)) - f(g(x_0))}{g(x) - g(x_0)} \cdot \frac{g(x) - g(x_0)}{x - x_0} \\
&= \frac{f(y) - f(y_0)}{y - y_0} \cdot \frac{g(x) - g(x_0)}{x - x_0},
\end{aligned}
$$

wobei ich $y = g(x)$ und $y_0 = g(x_0)$ gesetzt habe.

Hier ist nun folgendes geschehen. Am Anfang habe ich nur eingesetzt, was man unter der Funktion h zu verstehen hat, denn es ist $h(x) = f(g(x))$. Danach habe ich versucht, irgendwie den Differentialquotienten von g ins Spiel zu bringen, denn die Kettenregel beinhaltet den Term $g'(x_0)$. Zu diesem Zweck musste ich nur den vorhandenen Bruch mit $g(x) - g(x_0)$ erweitern, um zu dem Produkt aus zwei Quotienten zu gelangen, das Sie hier vor sich sehen. Damit habe ich mir aber ein Problem aufgehalst, weil ich jetzt mit dem seltsamen Quotienten $\frac{f(g(x)) - f(g(x_0))}{g(x) - g(x_0)}$ etwas Vernünftiges anfangen muss. Zur größeren Übersichtlichkeit habe ich dann $y = g(x)$ und $y_0 = g(x_0)$ gesetzt. Das hilft auch tatsächlich weiter, denn auf einmal haben wir einen passenden Quotienten $\frac{f(y) - f(y_0)}{y - y_0}$ vor uns, der gegen die Ableitung $f'(y_0)$ konvergiert, falls nur $y \to y_0$ geht. Wie es der Zufall will, gilt aber

$$y = g(x) \to g(x_0) = y_0 \text{ für } x \to x_0.$$

Somit haben wir

$$\lim_{x \to x_0} \frac{h(x) - h(x_0)}{x - x_0} = \lim_{y \to y_0} \frac{f(y) - f(y_0)}{y - y_0} \cdot \lim_{x \to x_0} \frac{g(x) - g(x_0)}{x - x_0}$$
$$= f'(y_0) \cdot g'(x_0) = f'(g(x_0)) \cdot g'(x_0),$$

was genau der Behauptung der Kettenregel entspricht.   △

Beachten Sie, dass der Beweis der Kettenregel einen ganz ähnlichen kleinen Trick enthält wie die Beweise von Produkt- und Quotientenregel. In 7.2.4 musste ich eine Zahl abziehen und dann gleich wieder addieren, also im Endeffekt eine Null aufaddieren. Hier habe ich durch eine Zahl geteilt und gleich darauf mit ihr multipliziert, also letztlich nur mit 1 multipliziert. Solche kleinen Hinterhältigkeiten gibt es in der Mathematik häufiger, wenn man mit einem Term nicht viel anfangen kann und ihn in eine handlichere Form bringen muss, ohne etwas an seiner Substanz zu ändern.

Um mit inneren und äußeren Ableitungen etwas vertrauter zu werden, betrachten wir ein paar Beispiele.

7.2.12 Beispiele

(i)   Es sei $f(x) = \sin(17x)$. Dann ist die innere Funktion $17x$ und die äußere Funktion die Sinusfunktion. Folglich ist

$$f'(x) = 17 \cdot \cos(17x).$$

Sie sollten immer darauf achten, dass die äußere Ableitung auf die innere Funktion angewendet werden muss: es heißt eben nicht $17 \cos x$, sondern $17 \cos(17x)$, weil die innere Funktion in die Ableitung der äußeren mitgenommen wird.

(ii) Es sei $f(x) = e^{(x^2)}$. Die innere Funktion ist x^2 und die äußere ist die Exponentialfunktion. Folglich erhalten wir als innere Ableitung $2x$ und als äußere wieder die

Exponentialfunktion. Die Kettenregel ergibt deshalb

$$f'(x) = 2x \cdot e^{(x^2)}.$$

Auch hier müssen Sie wieder darauf achten, dass die Exponentialfunktion auf x^2 angewendet wird und nicht nur auf x.

(iii) Es sei $f(x) = \cos(e^x)$. Die innere Ableitung ist natürlich e^x und die Ableitung des Cosinus ist der negative Sinus. Multiplizieren führt zu dem Ergebnis

$$f'(x) = e^x \cdot (-\sin(e^x)) = -e^x \cdot \sin(e^x).$$

(iv) Es sei $f(x) = e^{-x}$. Dann ist $-x$ die innere Funktion mit der Ableitung -1. Folglich gilt

$$f'(x) = (-1) \cdot e^{-x} = -e^{-x}.$$

Das Ergebnis aus 7.2.10 (iii), das Ihnen dort vielleicht noch ein wenig erstaunlich vorkam, erklärt sich also mit Hilfe der Kettenregel, denn das resultierende Minuszeichen stellt einfach die innere Ableitung dar.

Wir sind nun auch in der glücklichen Lage, mit Hilfe der Kettenregel die allgemeine Exponentialfunktion ableiten zu können. Dabei zeigt sich, dass sie fast, aber doch nicht ganz so einfach abzuleiten ist wie die Funktion e^x.

7.2.13 Folgerung Es seien $a > 0$ und $f : \mathbb{R} \to \mathbb{R}$ definiert durch $f(x) = a^x$. Dann ist f differenzierbar, und es gilt

$$f'(x) = \ln a \cdot a^x.$$

Beweis Der Beweis muss mit der Kettenregel zusammenhängen, sonst würde ich den Satz nicht gerade hier erwähnen. Erinnern Sie sich daran, wie der Logarithmus definiert ist: der natürliche Logarithmus von a ist die Zahl, mit der ich e potenzieren muss, um a zu erhalten. Folglich ist $a = e^{\ln a}$ und deshalb

$$a^x = \left(e^{\ln a}\right)^x = e^{x \cdot \ln a},$$

nach den Regeln der Potenzrechnung. Damit ist a^x eine zusammengesetzte Funktion; die innere Funktion lautet $x \cdot \ln a$ und die äußere ist die übliche Exponentialfunktion. Die innere Ableitung ist demnach $\ln a$, denn wir müssen nur nach x und nicht etwa nach a ableiten. Da die äußere Ableitung der Exponentialfunktion wieder die Exponentialfunktion ergibt, folgt dann mit der Kettenregel

$$f'(x) = \ln a \cdot e^{x \cdot \ln a} = \ln a \cdot (e^{\ln a})^x = \ln a \cdot a^x. \qquad \triangle$$

Ich sollte erwähnen, dass im Zusammenhang mit der Exponentialfunktion oft noch die sogenannten Hyperbelfunktionen auftreten. Ich möchte sie hier nicht genauer besprechen, sondern nur ihre Definition und die zugehörigen Ableitungen angeben.

7.2.14 Definition Die folgenden Funktionen heißen *Hyperbelfunktionen.*

(i)   Die Funktion $f(x) = \sinh x = \frac{1}{2}(e^x - e^{-x})$ heißt Sinus hyperbolicus.

(ii) Die Funktion $f(x) = \cosh x = \frac{1}{2}(e^x + e^{-x})$ heißt Cosinus hyperbolicus.

(iii) Die Funktion $f(x) = \tanh x = \frac{e^x - e^{-x}}{e^x + e^{-x}}$ heißt Tangens hyperbolicus.

(iv) Die Funktion $f(x) = \coth x = \frac{e^x + e^{-x}}{e^x - e^{-x}}$ heißt Cotangens hyperbolicus.

Solche Funktionen können eine Rolle spielen bei Geschwindigkeitsberechnungen: wenn Sie beispielsweise die Geschwindigkeit beim freien Fall unter Berücksichtigung des Luftwiderstandes bestimmen wollen, dann ist die Situation nicht mehr ganz so einfach wie in der Gleichung $s(t) = \frac{g}{2}t^2$, sondern man braucht den Tangens hyperbolicus. Die Namen dieser Funktionen deuten eine gewisse Verwandtschaft zu den trigonometrischen Funktionen an, die man auf Grund der Definition kaum vermuten würde. Im Augenblick sind wir noch nicht so weit, dass ich Ihnen diese Verwandtschaft erklären kann, ich werde aber im Kapitel über komplexe Zahlen kurz darauf zurückkommen. Jetzt aber zu den Ableitungen.

7.2.15 Folgerung Die hyperbolischen Funktionen haben die folgenden Ableitungen.

(i) $(\sinh x)' = \cosh x$ und $(\cosh x)' = \sinh x$.

(ii) $(\tanh x)' = \frac{1}{\cosh^2 x}$ und $(\coth x)' = \frac{1}{\sinh^2 x}$.

Auch daran können Sie schon ein gewisses Maß an Ähnlichkeit zu den trigonometrischen Funktionen bemerken. Ich werde diese Regeln jetzt nicht beweisen, die Funktionen sind so einfach aufgebaut, dass ich Ihnen die Berechnung der Ableitungen zur Übung empfehlen möchte. Ein paar Ableitungen fehlen uns noch in der Sammlung, und zwar sind es die Ableitungen der trigonometrischen Umkehrfunktionen und des Logarithmus. Da der Logarithmus ebenfalls als Umkehrfunktion eingeführt wurde, liegt es nahe, erst nach einem allgemeinen Satz über das Differenzieren von Umkehrfunktionen zu suchen und dann diesen Satz auf die speziellen Fälle anzuwenden. Diese Vorgehensweise hat den Vorteil, dass sie uns gleich noch die Ableitungen von Wurzelfunktionen liefert. Leider sind die Ableitungen von Umkehrfunktionen manchen Leuten unheimlich und erscheinen schwer verständlich. Dafür gibt es gar keinen Grund, denn die Formel ist sehr einfach und auch ihre Anwendung ist normalerweise nicht weiter schwer. Wir fangen in jedem Fall mit dem einfachsten Beispiel an: der linearen Funktion, die Sie in Abb. 7.3 sehen.

Abb. 7.3 Lineare Funktion
und Umkehrfunktion

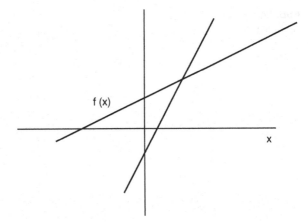

f (x)

x

7.2.16 Beispiel Es seien $a, b \in \mathbb{R}$, $a \neq 0$ und $f(x) = ax + b$. Dann ist die Umkehrfunktion beschrieben durch $f^{-1}(y) = \frac{1}{a} \cdot (y - b)$, also

$$(f^{-1})'(y) = \frac{1}{a} = \frac{1}{f'(x)}.$$

Die Spiegelung einer Geraden an der ersten Winkelhalbierenden führt also bei den Steigungen dazu, dass man zum Kehrwert übergeht. Das ist bei anderen Funktionen auch nicht viel anders, wie der folgende Satz zeigt.

7.2.17 Satz Es seien $f : [a, b] \to \mathbb{R}$ streng monoton, $x_0 \in [a, b]$, $y_0 = f(x_0)$ und f^{-1} die Umkehrfunktion von f. Ist f in x_0 differenzierbar und gilt $f'(x_0) \neq 0$, so ist f^{-1} in y_0 differenzierbar und es gilt:

$$(f^{-1})'(y_0) = \frac{1}{f'(x_0)}.$$

Beweis Bevor ich den Satz mit Hilfe des Differentialquotienten beweise, sollte ich versuchen, Ihnen die Aussage anschaulich plausibel zu machen. Sehen Sie sich einmal die Abb. 7.4 an. Sie finden dort ein Schaubild einer Funktion und ihrer Tangente am Punkt x_0 sowie die Umkehrfunktion und die Tangente der Umkehrfunktion am Punkt y_0. Da das Bild der Umkehrfunktion entsteht, indem man die ursprüngliche Funktion an der ersten Winkelhalbierenden spiegelt, wird auch die Tangente bei x_0 durch eine entsprechende Spiegelung übergehen in die Tangente bei y_0. Das Spiegeln an der ersten Winkelhalbierenden entspricht aber dem Bilden der Umkehrfunktion, so dass die Tangente von f^{-1} bei y_0 genau die Umkehrfunktion der Tangente von f bei x_0 ist. So etwas hatte ich mir schon in 7.2.16 gedacht, und deshalb habe ich dort schon alles ausgerechnet: die Steigung der gespiegelten Tangente ist der reziproke Wert der ursprünglichen Steigung, also $(f^{-1})'(y_0) = \frac{1}{f'(x_0)}$.

Abb. 7.4 Funktion und Umkehrfunktion

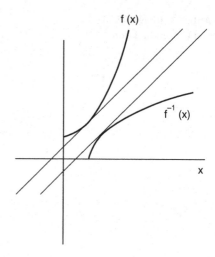

Das ist fast schon ein Beweis, aber für den Fall, dass Sie keine anschaulichen Argumente mögen, sehen wir uns noch einen rein rechnerischen Beweis an. Für $x \in [a, b]$ setze ich $y = f(x)$. Dann ist natürlich $x = f^{-1}(y)$ und ebenso $x_0 = f^{-1}(y_0)$. Der Differentialquotient ist dann

$$\lim_{y \to y_0} \frac{f^{-1}(y) - f^{-1}(y_0)}{y - y_0} = \lim_{y \to y_0} \frac{x - x_0}{f(x) - f(x_0)}.$$

Zur Berechnung der Ableitung bei y_0 soll y gegen y_0 konvergieren. Dann ist aber auch

$$x = f^{-1}(y) \to f^{-1}(y_0) = x_0, \text{ also } x \to x_0.$$

Es spielt demnach keine Rolle, ob ich $y \to y_0$ oder $x \to x_0$ schreibe; das eine folgt aus dem anderen und umgekehrt. Deshalb ist

$$\begin{aligned}
\lim_{y \to y_0} \frac{x - x_0}{f(x) - f(x_0)} &= \lim_{x \to x_0} \frac{x - x_0}{f(x) - f(x_0)} \\
&= \lim_{x \to x_0} \frac{1}{\frac{f(x) - f(x_0)}{x - x_0}} \\
&= \frac{1}{\lim_{x \to x_0} \frac{f(x) - f(x_0)}{x - x_0}} \\
&= \frac{1}{f'(x_0)}.
\end{aligned}$$

Insgesamt erhalten wir wieder

$$(f^{-1})'(y_0) = \frac{1}{f'(x_0)}. \qquad \triangle$$

Wenn Sie die Ableitung der Funktion kennen, dann kennen Sie also im Prinzip auch die Ableitung der Umkehrfunktion, Sie müssen nur f' richtig in die Formel einsetzen. Damit dabei auch nichts schief geht, rechnen wir ein paar Beispiele.

7.2.18 Beispiele

(i) Wir beginnen ganz harmlos mit der Funktion $f(x) = x^2$ und $x_0 = 2$. Dann ist $f^{-1}(y) = \sqrt{y}$ und $y_0 = 2^2 = 4$. Ich will also mit 7.2.17 die Ableitung der Wurzelfunktion bei $y_0 = 4$ berechnen. Die Formel sagt aus, dass ich die Ableitung der ursprünglichen Funktion beim Ausgangspunkt nehmen muss, und weil $f'(x) = 2x$ ist, haben wir $f'(2) = 4$. Die Ableitung der Umkehrfunktion ist dann der reziproke Wert, und das heißt

$$(f^{-1})'(4) = \frac{1}{f'(2)} = \frac{1}{4}.$$

Die Wurzelfunktion hat also im Punkt 4 die Ableitung $\frac{1}{4}$.

(ii) Jetzt nehmen wir uns ein beliebiges $x > 0$ und betrachten wieder $f(x) = x^2$ mit seiner Umkehrfunktion $f^{-1}(y) = \sqrt{y}$. In diesem Fall ist $y = x^2$ und $f'(x) = 2x$. Die Formel aus 7.2.17 liefert

$$(f^{-1})'(y) = \frac{1}{f'(x)} = \frac{1}{2x}.$$

Das ist noch nicht sehr überzeugend, denn f^{-1} ist eine Funktion mit der unabhängigen Variablen y, und man hätte doch auch gern, dass die Ableitung von y und nicht von x abhängt. Aus $y = x^2$ folgt aber sofort $x = \sqrt{y}$ und damit

$$(f^{-1})'(y) = \frac{1}{2x} = \frac{1}{2\sqrt{y}}.$$

Daher ist

$$(\sqrt{x})' = \frac{1}{2\sqrt{x}},$$

denn es spielt natürlich keine Rolle, ob Sie eine Variable x, y oder Turnschuh nennen.

(iii) Der Logarithmus ist die Umkehrfunktion der Exponentialfunktion, also setze ich $f(x) = e^x$. Dann ist $f^{-1}(y) = \ln y$ und wir haben

$$y = e^x \Leftrightarrow x = \ln y.$$

Folglich ist

$$(\ln y)' = (f^{-1})'(y) = \frac{1}{f'(x)} = \frac{1}{e^x} = \frac{1}{y}.$$

Ich habe hier nur konsequent in die Formel aus 7.2.17 eingesetzt. Der Logarithmus ist die Umkehrfunktion der Exponentialfunktion, also erhält man seine Ableitung durch Umdrehen der Ableitung von e^x. Nun ist aber die Ableitung von e^x wieder e^x, was aber genau dem Wert y entspricht. Deshalb ist

$$(\ln y)' = \frac{1}{y},$$

bzw.

$$(\ln x)' = \frac{1}{x},$$

wenn man für die Variable x größere Sympathien hegt.

Wir haben jetzt nicht nur den Logarithmus in die Reihe der ableitbaren Funktionen aufgenommen, sondern wir verfügen auch über eine Methode, mit der man beliebige Umkehrfunktionen ableiten kann: man berechne $f'(x)$ mitsamt Kehrwert und sehe dann zu, dass man die Variable x durch die Variable y ausdrückt. Sie haben gleich noch Gelegenheit, sich dazu weitere Beispiele anzusehen. Zunächst möchte ich von der erstaunlichen Tatsache Gebrauch machen, dass die Ableitung von $\ln x$ die einfache Funktion $\frac{1}{x}$ ist, und damit die Ableitung beliebiger Potenzen x^a ausrechnen.

7.2.19 Satz Es seien $a \in \mathbb{R}$ und $f : (0, \infty) \to \mathbb{R}$ definiert durch $f(x) = x^a$. Dann ist f differenzierbar, und es gilt:

$$f'(x) = a \cdot x^{a-1}.$$

Beweis Man kann die Ableitung ähnlich ausrechnen wie im Fall der Funktion a^x. Es gilt nämlich

$$x^a = (e^{\ln x})^a = e^{a \cdot \ln x}.$$

Die Funktion x^a lässt sich also auffassen als eine zusammengesetzte Funktion. Die innere Funktion ist $a \cdot \ln x$, und deshalb beträgt die innere Ableitung $\frac{a}{x}$, wenn man die in 7.2.18 (iii) neu gewonnene Ableitung des Logarithmus berücksichtigt. Die äußere Funktion ist schlicht die Exponentialfunktion, die mit ihrer Ableitung identisch ist. Insgesamt erhalten wir

$$f'(x) = \frac{a}{x} \cdot e^{a \cdot \ln x} = \frac{a}{x} \cdot x^a = a \cdot x^{a-1}.$$

Dabei habe ich wie schon in der vorherigen Rechnung benutzt, dass $e^{a \cdot \ln x} = x^a$ gilt.   △

Wir stehen kurz vor dem Ende des zweiten Abschnittes, und um ihn zu vervollständigen, will ich noch die Ableitungen der inversen trigonometrischen Funktionen berechnen. Da sie die Umkehrfunktionen der trigonometrischen Funktionen sind und wir deren Ableitungen schon lange kennen, sollte das nicht so schwer sein.

7.2.20 Beispiele

(i) Es sei $f(x) = \sin x$. Dann ist $f^{-1}(y) = \arcsin y$ und wir haben

$$y = \sin x \Leftrightarrow x = \arcsin y.$$

Folglich ist

$$(\arcsin y)' = (f^{-1})'(y) = \frac{1}{f'(x)} = \frac{1}{\cos x},$$

denn bekanntlich ist der Cosinus die Ableitung des Sinus. Den erhaltenen Ausdruck $\frac{1}{\cos x}$ muss ich jetzt noch in Abhängigkeit von y bringen, da wir $\arcsin y$ ableiten wollen. Es gilt aber $y = \sin x$ und deshalb

$$\cos x = \sqrt{1 - \sin^2 x} = \sqrt{1 - y^2}.$$

Folglich ist

$$(\arcsin y)' = \frac{1}{\sqrt{1 - y^2}}.$$

Wenn man es lieber mit einem x zu tun hat, heißt das

$$(\arcsin x)' = \frac{1}{\sqrt{1 - x^2}}.$$

(ii) Die Ableitung des Arcuscosinus kann man auf genau die gleiche Weise berechnen, weshalb ich noch einmal wörtlich dieselbe Prozedur durchführe. Es sei also $f(x) = \cos x$. Dann ist $f^{-1}(y) = \arccos y$ und wir haben

$$y = \cos x \Leftrightarrow x = \arccos y.$$

Folglich ist

$$(\arccos y)' = (f^{-1})'(y) = \frac{1}{f'(x)} = \frac{1}{-\sin x},$$

denn bekanntlich ist der negative Sinus die Ableitung des Cosinus. Den erhaltenen Ausdruck $\frac{1}{-\sin x}$ muss ich jetzt noch in Abhängigkeit von y bringen, da wir $\arccos y$ ableiten wollen. Es gilt aber $y = \cos x$ und deshalb

$$-\sin x = -\sqrt{1 - \cos^2 x} = -\sqrt{1 - y^2}.$$

Folglich ist

$$(\arccos y)' = -\frac{1}{\sqrt{1-y^2}}.$$

Wenn man es lieber mit einem x zu tun hat, heißt das

$$(\arccos x)' = -\frac{1}{\sqrt{1-x^2}}.$$

(iii) Beim Arcustangens sieht es nicht viel anders aus, nur der Zusammenhang zwischen x und y ist etwas schwieriger zu sehen. Wir starten wieder wie eben. Es sei diesmal $f(x) = \tan x$. Dann ist $f^{-1}(y) = \arctan y$ und wir haben

$$y = \tan x \Leftrightarrow x = \arctan y.$$

Folglich ist

$$(\arctan y)' = (f^{-1})'(y) = \frac{1}{f'(x)} = \frac{1}{\frac{1}{\cos^2 x}} = \cos^2 x,$$

denn in 7.2.8 haben Sie gesehen, dass $(\tan x)' = \frac{1}{\cos^2 x}$ gilt. Das Problem ist nun, wie man $\cos^2 x$ mit einem y-Term ausdrücken kann, wenn $y = \tan x$ gilt. Darauf kommt man nicht auf Anhieb. Es gilt nämlich

$$y^2 = \tan^2 x = \frac{\sin^2 x}{\cos^2 x}$$
$$= \frac{1 - \cos^2 x}{\cos^2 x} = \frac{1}{\cos^2 x} - 1,$$

wobei ich wieder einmal die trigonometrische Version des Pythagoras-Satzes angewendet und anschließend den Bruch aufgeteilt habe. Auflösen nach $\cos^2 x$ ergibt

$$\cos^2 x = \frac{1}{1 + y^2}$$

und damit

$$(\arctan y)' = \frac{1}{1 + y^2}.$$

In der x-bezogenen Fassung heißt das dann:

$$(\arctan x)' = \frac{1}{1 + x^2}.$$

(iv) Mit genau den gleichen Methoden zeigt man:

$$(\operatorname{arccot} x)' = -\frac{1}{1 + x^2}.$$

Mittlerweile haben wir wohl genug Ableitungen ausgerechnet, und so langsam sollte ich Ihnen zeigen, dass man damit auch etwas anfangen kann.

7.3 Extremwerte und Kurvendiskussion

Vermutlich hat Ihnen schon mehr als einmal die Frage auf der Zunge gelegen, wozu das Ganze eigentlich gut sein soll. Die Differentialrechnung hat aber eine Fülle von Anwendungen, und insbesondere kann man sie benutzen, um das Verhalten von Kurven zu analysieren und Optimierungsprobleme zu lösen. Es waren solche Anwendungen, die es in der Frühzeit der Analysis rechtfertigten, mit Ableitungen zu rechnen, obwohl man nicht so ganz genau wusste, wie man die Differentialrechnung begründen sollte. Man hat wohl damit argumentiert, dass eine Theorie, die so erfolgreich ist, auch richtig sein muss – ein sehr schwaches Argument, wenn man ein wenig darüber nachdenkt, aber in der Zwischenzeit wurde die Analysis ja auf den sicheren Boden gestellt, den Sie im Lauf der letzten Kapitel kennengelernt haben, und alle Anwendungen sind schon lange mathematisch sauber begründet.

Um Extremwertprobleme wie zum Beispiel die Bestimmung des maximalen Gewinns vollständig lösen zu können, brauchen wir allerdings noch einen weiteren neuen Begriff: die sogenannte n-te Ableitung. Dahinter steckt kein Geheimnis, es geht nur darum, dass die Ableitung einer Funktion wieder eine Funktion darstellt, die man mit etwas Glück ableiten kann, und wenn das Glück besonders groß ist, kann man dieses Spiel auch ein paar mal wiederholen. So ist zum Beispiel für $f(x) = x^2$ die Ableitung $f'(x) = 2x$ wieder eine differenzierbare Funktion mit der Ableitung $(f')'(x) = 2$. Dass man die Ableitung der Ableitung dann als zweite Ableitung bezeichnet, sollte niemanden überraschen.

7.3.1 Definition Es seien $f : D \to \mathbb{R}$ eine differenzierbare Funktion und $x_0 \in D$ ein Punkt im Definitionsbereich D. Die Funktion f heißt *zweimal differenzierbar in x_0*, wenn die Funktion $f' : D \to \mathbb{R}$ in x_0 differenzierbar ist. Man schreibt

$$f''(x_0) = (f')'(x_0),$$

manchmal auch

$$\frac{d^2 f}{dx^2}(x_0) = (f')'(x_0).$$

f'' heißt dann zweite Ableitung von f.

Allgemein heißt f n-mal *differenzierbar*, wenn die $(n-1)$-te Ableitung von f wieder eine differenzierbare Funktion ist. Man schreibt dann

$$f^{(n)}(x) = (f^{(n-1)})'(x),$$

und bezeichnet die n-te Ableitung manchmal auch mit

$$\frac{d^n f}{dx^n}(x).$$

Die Funktion f heißt n-*mal stetig differenzierbar*, wenn f n-mal differenzierbar und $f^{(n)}$ eine stetige Funktion ist.

Das war eine reichlich lange Definition, und ich werde sie gleich mit ein paar Beispielen verdeutlichen. Zunächst aber noch ein Wort zur Berechnung der n-ten Ableitung. Wie findet man beispielsweise die vierte Ableitung einer Funktion? Ganz einfach dadurch, dass man die erste Ableitung bestimmt, aus ihr die zweite berechnet, daraus die dritte und mit ihrer Hilfe schließlich die vierte. Sie müssen sich also durch alle $n-1$ vorgelagerten Ableitungen durchhangeln, bevor Sie an die n-te gehen können.

Wir sehen uns diese Vorgehensweise an einigen Beispielen an.

7.3.2 Beispiele

(i)   Es sei $f(x) = x^3$. Dann ist $f'(x) = 3x^2$, und zur Berechnung der zweiten Ableitung muss ich f' ableiten, das heißt $f''(x) = 6x$. Erneutes Ableiten führt zu $f'''(x) = 6$ und für die vierte Ableitung gilt $f^{(4)}(x) = 0$. Da beim Differenzieren der Nullfunktion nicht viel herauskommen kann, folgt daraus $f^{(n)}(x) = 0$ für alle $n \geq 4$.

Beachten Sie dabei die Schreibweise: es ist üblich, wenn auch nicht ganz einheitlich geregelt, die ersten drei Ableitungen durch Angabe der entsprechenden Anzahl von Strichen zu kennzeichnen, während man ab der vierten Ableitung einfach die Zahl selbst aufschreibt.

(ii) Es sei $f(x) = x^n$. Dann ist bekanntlich $f'(x) = n \cdot x^{n-1}$ und deshalb $f''(x) = n \cdot (n-1) \cdot x^{n-2}$. Bei jedem weiteren Ableiten wird nun der Exponent um eins vermindert und der alte Exponent zu den Koeffizienten vor dem x hinzugefügt. Wenn Sie das lange genug machen, erhalten Sie

$$f^{(n-1)}(x) = n \cdot (n-1) \cdots 3 \cdot 2 \cdot 1 \cdot x,$$

also

$$f^{(n)}(x) = n \cdot (n-1) \cdots 3 \cdot 2 \cdot 1.$$

Folglich ist $f^{(n+1)}(x) = 0$ und alle weiteren Ableitungen sind ebenfalls gleich Null.

Sie können an diesem Beispiel sehen, mit welcher Methode man oft die n-te Ableitung berechnet. Man verschafft sich nämlich die ersten zwei, drei oder auch vier Ableitungen und versucht, eine Gesetzmäßigkeit zu erkennen. Danach überzeugt man sich davon, dass diese Gesetzmäßigkeit auch erhalten bleibt, wenn man zu höheren Ableitungen übergeht, und rechnet aus, was nach dem gefundenen Gesetz für die n-te Ableitung herauskommen muss. Streng genommen, müsste man danach noch mit vollständiger Induktion zeigen, dass der Gedankengang auch richtig war, aber bei nicht übermäßig komplizierten Funktionen pflegt man darauf zu verzichten.

(iii) Es sei $f(x) = \sin x$. Die ersten vier Ableitungen sind dann leicht ausgerechnet, denn es gilt $f'(x) = \cos x$, $f''(x) = -\sin x$, $f'''(x) = -\cos x$ und $f^{(4)}(x) = \sin x$. Das ist aber seltsam, denn ab der vierten Ableitung fängt offenbar alles wieder von vorn an. Die fünfte Ableitung entspricht der ersten, die sechste der zweiten und so weiter, bis bei der achten Ableitung wieder der Sinus erreicht ist und die neunte Ableitung wieder mit der ersten übereinstimmt. Wie schreibt man nun so etwas auf? Wenn ich die Funktion selbst als nullte Ableitung bezeichne, dann tritt der Sinus auf bei der nullten, vierten, achten, ... Ableitung, also bei all den Ableitungen, deren Nummer durch vier teilbar ist. Für $n = 4m, m \in \mathbb{N}$, ist demnach $f^{(n)}(x) = \sin x$. Entsprechend finden wir den Cosinus bei der fünften, neunten, dreizehnten, ... Ableitung, also bei all den Ableitungen, deren Nummer ein Vielfaches von vier plus eins ist. Für $n = 4m + 1, m \in \mathbb{N}$, ist demnach $f^{(n)}(x) = \cos x$. Wenn Sie nun die beiden restlichen Fälle auf die gleiche Weise untersuchen, dann finden Sie:

$$f^{(n)}(x) = \begin{cases} \sin x, & \text{falls } n = 4m, \ m \in \mathbb{N} \\ \cos x, & \text{falls } n = 4m + 1, \ m \in \mathbb{N} \\ -\sin x, & \text{falls } n = 4m + 2, \ m \in \mathbb{N} \\ -\cos x, & \text{falls } n = 4m + 3, \ m \in \mathbb{N}. \end{cases}$$

Es kann also durchaus vorkommen, dass die n-te Ableitung nicht in einem einfachen Ausdruck geschrieben werden kann und man auf Fallunterscheidungen zurückgreifen muss.

(iv) Sie sollten wenigstens eine Funktion sehen, die nicht zweimal differenzierbar ist. Das einfachste Beispiel dieser Art dürfte

$$f(x) = \begin{cases} -x^2, & \text{falls } x \leq 0 \\ x^2, & \text{falls } x > 0 \end{cases}$$

sein. Mit Hilfe des Differentialquotienten können Sie sich selbst davon überzeugen, dass f überall differenzierbar ist und $f'(x) = 2|x|$ gilt. In 7.1.5 haben Sie aber gesehen, dass die Funktion $|x|$ im Nullpunkt nicht differenzierbar ist, und daran wird der Faktor 2 auch nichts ändern. Man kann $f'(x)$ im Nullpunkt also nicht differenzieren, und deshalb ist f zwar stetig differenzierbar, aber nicht zweimal differenzierbar.

Die n-te Ableitung, insbesondere die zweite, werde ich brauchen, um festzustellen, ob eine Extremstelle ein Maximum oder ein Minimum ist. Im Moment sind wir leider immer noch nicht dazu imstande, mit solchen Extremstellen richtig umzugehen; ich brauche noch ein kleines Hilfsmittel, nämlich den *Mittelwertsatz*. Er stellt eine Beziehung her zwischen der Steigung einer beliebigen Sekante und der Ableitung einer Funktion. Später werde ich ihn benötigen, um Aussagen über die Monotonie von Funktionen zu beweisen. Wenn man nun allerdings den Mittelwertsatz selbst genau herleiten will, hat man ein wenig zu tun und gerät in Überlegungen, die zwar nicht sehr schwer, aber doch einigermaßen abstrakt sind. Ich werde mich deshalb darauf beschränken, eine anschauliche Begründung für den Satz zu geben. Nehmen Sie hier also das Wort Beweis nicht allzu wörtlich.

Dabei ist der Satz an sich ziemlich leicht einzusehen. Nehmen Sie einmal an, Sie fahren mit Ihrem Wagen auf der Autobahn. Die erste Stunde haben Sie mit einigem Verkehr zu kämpfen, und deshalb schaffen Sie in dieser Zeit nur 100 Stundenkilometer. Danach lichtet sich das Verkehrschaos, und Sie können die zweite Stunde durchgängig 140 fahren. Offenbar haben Sie damit insgesamt eine Durchschnittsgeschwindigkeit von 120 erreicht. Es gibt aber nicht nur die *Durchschnittsgeschwindigkeit*, sondern auch die *Momentangeschwindigkeit*, das heißt die Geschwindigkeit, mit der Sie zu einem bestimmten Zeitpunkt t die Straßen unsicher machen. Und natürlich müssen Sie wenigstens ein einziges Mal auch mit Ihrer Momentangeschwindigkeit die 120 erreicht haben, denn Sie können kaum von 100 auf 140 beschleunigen, ohne zumindest für einen kurzen Moment 120 gefahren zu sein.

Was bedeutet das jetzt in Formeln? Zu einem bestimmten Zeitpunkt t_0 haben Sie die Strecke $s(t_0)$ zurückgelegt. Ein wenig später, zum Zeitpunkt t_1, beträgt Ihre insgesamt zurückgelegte Strecke $s(t_1)$. Innerhalb des Zeitraums $t_1 - t_0$ haben Sie also die Strecke $s(t_1) - s(t_0)$ hinter sich gebracht. Die Durchschnittsgeschwindigkeit bekommt man, indem man die Strecke durch die Zeit teilt, also

$$\text{Durchschnittsgeschwindigkeit} = \frac{s(t_1) - s(t_0)}{t_1 - t_0}.$$

Oben haben wir uns überlegt, dass diese durchschnittliche Geschwindigkeit zumindest einen Moment lang der Momentangeschwindigkeit entsprochen haben muss. Wie Sie aber hoffentlich in Ihren Physik-Veranstaltungen gelernt haben, entspricht diese momentane Geschwindigkeit genau der ersten Ableitung der Streckenfunktion $s(t)$. Mit anderen Worten: zu dem Bruch, der die durchschnittliche Geschwindigkeit angibt, muss es einen Zeitpunkt t_α geben, an dem der Bruch genau der Ableitung $s'(t_\alpha)$ entspricht. In Formeln heißt das:

$$\frac{s(t_1) - s(t_0)}{t_1 - t_0} = s'(t_\alpha),$$

und das ist auch schon fast der ganze Inhalt des Mittelwertsatzes.

Abb. 7.5 Mittelwertsatz

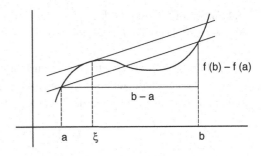

7.3.3 Satz (Mittelwertsatz) Es sei $f : [a, b] \to \mathbb{R}$ eine differenzierbare Funktion. Dann existiert ein $\xi \in [a, b]$ mit

$$\frac{f(b) - f(a)}{b - a} = f'(\xi).$$

Beweis Ich habe meine Griechisch-Kenntnisse auch nur aus Mathematik-Büchern, in denen manchmal griechische Buchstaben verwendet werden. Ich verrate Ihnen deshalb, bevor ich mit dem Beweis anfange, dass man ξ einfach wie *xi* ausspricht. Nun werfen Sie einen Blick auf Abb. 7.5. Der Ausdruck $\frac{f(b)-f(a)}{b-a}$ beschreibt die Steigung der Geraden durch die Punkte mit den Koordinaten $(a, f(a))$ und $(b, f(b))$. Wenn Sie diese Gerade nur lange genug parallel nach oben oder nach unten verschieben, dann wird sie zwangsläufig irgendwann in eine Tangente übergehen, und der x-Wert, bei dem sie die Funktionskurve tangiert, wird unser ξ sein. An der Zeichnung können Sie auch sehen, dass dieses ξ alles andere als eindeutig sein muss: in diesem Bild kommen zum Beispiel zwei Werte für ξ in Frage, und wenn die Funktion genügend Schlenker hat, können es auch wesentlich mehr sein. Darüber sagt der Satz aber nichts aus, er sagt nur, dass es ein ξ gibt, und schließt damit die Existenz weiterer Kandidaten nicht aus.   △

Vielleicht wundern Sie sich ein wenig über diesen Satz und würden gern die eine oder andere Frage stellen. Zwei davon kann ich gleich beantworten. Erstens liefert uns Satz 7.3.3 die Existenz einer Zahl ξ mit einer bestimmten Eigenschaft, aber wie kann man dieses ξ konkret berechnen? Die Antwort ist ganz einfach: ich habe keine Ahnung. Die Berechnung von ξ hängt im Einzelfall stark von der untersuchten Funktion f ab und wird oft genug überhaupt nicht möglich sein. Das schadet aber gar nichts, denn Satz 7.3.3 ist ein rein theoretisches Hilfsmittel, und ich brauche nur die *Existenz* eines passenden Wertes ξ; wo er nun eigentlich liegt, ist mir dabei völlig egal.

Das bringt mich zur zweiten Frage. Zu was soll so ein seltsamer Satz gut sein? Ich werde ihn später brauchen, um ein einfaches Kriterium für Monotonietests herzuleiten, aber zwei kleine Anwendungen möchte ich Ihnen gleich zeigen. Sie wissen aus dem ersten Abschnitt, dass die konstante Funktion die Ableitung 0 hat. Kann man umgekehrt auch schließen, dass jede Funktion, deren Ableitung durchgängig 0 ist, eine Konstante ist? Der Mittelwertsatz liefert eine Antwort.

7.3.4 Folgerung Es sei $f : [a, b] \to \mathbb{R}$ eine differenzierbare Funktion mit $f'(x) = 0$ für alle $x \in [a, b]$. Dann ist f konstant.

Beweis Für den Mittelwertsatz ist es natürlich völlig egal, ob ich a und b oder x und y in den Quotienten einsetze: ein ξ gibt es immer. Für beliebige Werte $x, y \in [a, b]$ gibt es also ein ξ zwischen x und y mit der Eigenschaft

$$\frac{f(y) - f(x)}{y - x} = f'(\xi).$$

Nun ist aber die erste Ableitung durchgängig Null, und insbesondere ist $f'(\xi) = 0$, also auch

$$\frac{f(y) - f(x)}{y - x} = f'(\xi) = 0.$$

Daraus folgt

$$f(y) - f(x) = 0,$$

also

$$f(x) = f(y).$$

Welche Werte x und y Sie auch in die Funktion f einsetzen mögen: das Ergebnis wird immer dasselbe bleiben. Folglich ist f eine konstante Funktion.   △

   Sie sollten beachten, dass der konkrete Wert von ξ hier tatsächlich völlig gleichgültig war, denn wenn die Ableitung immer Null ist, dann spielt es keine Rolle, welches ξ ich einsetze. Nur die Existenz von ξ war von Bedeutung, und die garantierte der Mittelwertsatz.

   Mit Hilfe von 7.3.4 kann man sich nun Klarheit über eine weitere Frage verschaffen. Sie haben in 7.2.9 gesehen, dass die Ableitung von e^x wieder e^x ist. Damit ist aber noch nicht geklärt, ob es noch andere Funktionen gibt, die mit ihrer Ableitung übereinstimmen oder ob die Exponentialfunktion die einzige ist. In dieser harten Form lässt sich die Frage leicht beantworten: für eine beliebige Konstante $a \in \mathbb{R}$ gilt mit $f(x) = a \cdot e^x$ natürlich auch $f'(x) = a \cdot e^x = f(x)$. Die nächste Folgerung zeigt, dass wir damit tatsächlich alle Funktionen dieser Art gefunden haben.

7.3.5 Folgerung Es sei $f : \mathbb{R} \to \mathbb{R}$ differenzierbar und es gelte $f'(x) = f(x)$ für alle $x \in \mathbb{R}$. Dann gilt

$$f(x) = a \cdot e^x \text{ wobei } a = f(0) \text{ ist.}$$

Beweis Der Beweis ist nicht schwer zu verstehen, obwohl er einen kleinen Trick verwendet. Wir werden versuchen, die Folgerung 7.3.4 zu benutzen, und brauchen dafür eine Funktion, deren Ableitung verschwindet. Die Funktion f ist dafür nicht zu gebrauchen, denn wir wissen nur, dass ihre Ableitung mit f übereinstimmt. Wenn aber die Vermutung stimmt, dass f im Wesentlichen eine Exponentialfunktion ist, dann wäre

$$F(x) = f(x) \cdot e^{-x}$$

ein guter Kandidat für eine konstante Funktion, denn die Exponentialfunktionen sollten sich gegenseitig kürzen. Mit Hilfe von 7.3.4 kann ich leicht herausfinden, ob F wirklich konstant ist; es genügt, die erste Ableitung auszurechnen. Tatsächlich folgt mit der Produktregel

$$\begin{aligned} F'(x) &= f'(x) \cdot e^{-x} + (-e^{-x}) \cdot f(x) \\ &= f(x) \cdot e^{-x} - e^{-x} \cdot f(x) \\ &= 0, \end{aligned}$$

denn die Ableitung von e^{-x} ist $-e^{-x}$ und laut Voraussetzung ist $f'(x) = f(x)$. Folglich ist $F'(x) = 0$, und nach 7.3.4 ist deshalb F eine konstante Funktion. Welches x ich auch in F einsetze, es wird immer das Gleiche herauskommen, also kann ich auch gleich 0 einsetzen und finde:

$$F(x) = F(0) = f(0) \cdot e^0 = f(0) = a.$$

Daraus folgt dann

$$f(x) \cdot e^{-x} = F(x) = a,$$

also

$$f(x) = a \cdot e^x. \qquad \triangle$$

Diese beiden Folgerungen waren vielleicht nicht lebensnotwendig für Ihre weitere Karriere, aber sie gehören zu den gelegentlichen Ausblicken, die ich uns hin und wieder gönnen möchte. Jetzt kehren wir zurück zur Untersuchung des Verhaltens von Funktionskurven. Zunächst gebe ich ein hinreichendes Kriterium für die Monotonie einer Funktion an.

7.3.6 Satz Es seien I ein Intervall und $f : I \to \mathbb{R}$ differenzierbar.

(i)   Ist $f'(x) > 0$ für alle $x \in I$, so ist f streng monoton steigend.
(ii) Ist $f'(x) < 0$ für alle $x \in I$, so ist f streng monoton fallend.
(iii) Ist $f'(x) \geq 0$ für alle $x \in I$, so ist f monoton steigend.
(iv) Ist $f'(x) \leq 0$ für alle $x \in I$, so ist f monoton fallend.

Beweis Auf Grund unserer Vorarbeiten ist der Satz sehr schnell zu beweisen. Fangen wir mit Nummer (i) an. Ich muss zeigen, dass aus der Positivität der Ableitung die strenge Monotonie folgt. Dazu sei $x < y$. Um die Monotonie nachzuweisen, muss ich $f(x) < f(y)$ zeigen. Nun gibt es aber nach dem Mittelwertsatz ein $\xi \in I$, für das die Gleichung

$$\frac{f(x) - f(y)}{x - y} = f'(\xi)$$

gilt. Wir wissen aber, dass die Ableitung immer positiv ist, und deshalb muss auch

$$\frac{f(x) - f(y)}{x - y} = f'(\xi) > 0$$

gelten. Wegen $x < y$ ist natürlich $x - y < 0$, so dass Sie hier einen positiven Quotienten mit negativem Nenner vor sich haben. Dem Zähler bleibt somit nichts anderes übrig als auch negativ zu sein, also

$$f(x) - f(y) < 0,$$

was sofort zu dem gewünschten Ergebnis

$$f(x) < f(y)$$

führt.

Die restlichen Regeln beweist man ganz genauso. Für Nummer (ii) müssen Sie aus einer negativen Ableitung die Ungleichung $f(x) > f(y)$ für $x < y$ folgern, und Sie brauchen dazu nur die Relationszeichen im Beweis von (i) an den richtigen Stellen zu ändern. Die Aussagen (iii) und (iv) zeigt man analog zu (i) und (ii), indem man jeweils „<" durch „$\leq$" und „>" durch „$\geq$" ersetzt.   △

Vielleicht sieht es auf den ersten Blick nicht so aus, aber dieser Satz erleichtert das Leben ungemein, wenn es darum geht, das Verhalten einer Kurve zu analysieren. Sie brauchen sich nicht mehr mit zwei verschiedenen unabhängigen Variablen x und y zu plagen und nachzurechnen, ob aus $x < y$ auch wirklich $f(x) < f(y)$ folgt, sondern es genügt, das Vorzeichenverhalten der ersten Ableitung zu untersuchen. Sehen wir uns Beispiele an.

7.3.7 Beispiele

(i)   Es sei $f(x) = x^3 - 3x + 1$. Dann ist $f'(x) = 3x^2 - 3$, und wir sollten testen, wann $3x^2 - 3$ positiv bzw. negativ ist. Das lässt sich aber leicht feststellen, denn es gilt

$$\begin{aligned} f'(x) > 0 &\Leftrightarrow 3x^2 - 3 > 0 \\ &\Leftrightarrow x^2 > 1 \\ &\Leftrightarrow |x| > 1 \\ &\Leftrightarrow x > 1 \text{ oder } x < -1. \end{aligned}$$

Abb. 7.6 $f(x) = x^3 - 3x + 1$

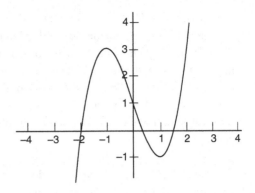

Beim Schritt von $x^2 > 1$ nach $|x| > 1$ müssen Sie bedenken, dass es nicht nur positive Zahlen gibt; jede Zahl, die betragsmäßig größer als 1 ist, hat auch ein entsprechend großes Quadrat. Deshalb gibt es sowohl positive als auch negative Lösungen. Auf die gleiche Weise erhält man

$$f'(x) < 0 \Leftrightarrow -1 < x < 1.$$

Das Monotonieverhalten der Funktion ist damit schon geklärt. f ist auf dem Intervall $(-\infty, -1)$ streng monoton steigend, zwischen -1 und 1 streng monoton fallend, und auf dem Intervall $(1, \infty)$ wieder streng monoton steigend. Demnach hat das Schaubild von f die Gestalt aus Abb. 7.6. Noch zwei Bemerkungen dazu. Wenn Sie wie hier herausfinden, dass die erste Ableitung in zwei verschiedenen Bereichen positiv wird, dann sollten Sie keine Formulierungen der Art „f wächst streng monoton auf $(-\infty, -1) \cup (1, \infty)$" verwenden. Der Satz 7.3.6 gilt für zusammenhängende Intervalle und nicht für zerstückelte, so dass man auch jeden einzelnen zusammenhängenden Teil separat aufführt. Außerdem können Sie schon an diesem Beispiel sehen, wie sinnvoll der Einsatz der Differentialrechnung sein kann. Sie brauchen sich nur vorzustellen, dass Sie die Definition der strengen Monotonie anwenden müssten: für $x < y$ müssten Sie dann nachrechnen, wann $x^3 - 3x + 1 < y^3 - 3y + 1$ ist und umgekehrt. Das wäre kein reines Vergnügen geworden.

(ii)   Es sei $f(x) = \sin x$. Dann ist $f'(x) = \cos x$ und es gilt

$$f'(x) > 0 \Leftrightarrow \cos x > 0$$
$$\Leftrightarrow x \in \left(2k\pi - \frac{\pi}{2}, 2k\pi + \frac{\pi}{2}\right),$$

wobei $k \in \mathbb{Z}$ gilt. Wann der Cosinus positiv ist, kann man nämlich am einfachsten sehen, wenn man die Definition am Einheitskreis benutzt: solange Sie sich mit Ihrem Winkel rechts von der y-Achse befinden, bleibt die waagrechte Koordinate positiv, und links von der y-Achse wird sie negativ. Die waagrechte Koordinate ist aber der Cosinus, und man ist genau dann rechts von der y-Achse, wenn man sich zwischen $-\frac{\pi}{2}$ und $\frac{\pi}{2}$ aufhält. Der Summand $2k\pi$ kommt nur daher, dass sich das Verhalten der trigonometrischen Funktionen nach einer vollen Kreisumdrehung wiederholt. Folglich ist die Sinusfunktion zum Beispiel zwischen $-\frac{\pi}{2}$ und $\frac{\pi}{2}$ streng monoton wachsend, aber zwischen $\frac{\pi}{2}$ und $\frac{3}{2}\pi$ streng monoton fallend.

(iii) Es sei $f(x) = x^3$. Offenbar ist f auf ganz $\mathbb{R}$ streng monoton, aber für die erste Ableitung gilt $f'(x) = 3x^2$, also insbesondere $f'(0) = 0$. Man kann demnach aus der strengen Monotonie einer Funktion *nicht* folgern, dass ihre Ableitung durchgängig positiv ist.

Das Beispiel 7.3.7 (iii) zeigt, dass man den schönen Satz 7.3.6 nicht einfach umkehren darf: zwar folgt aus der Positivität der Ableitung immer die strenge Monotonie, aber umgekehrt folgt aus der strengen Monotonie einer Funktion keineswegs die Positivität der Ableitung. Wenn man hingegen auf die Strenge in der Monotonie verzichtet, findet man auch eine Umkehrung von 7.3.6.

7.3.8 Satz Es seien I ein Intervall und $f : I \to \mathbb{R}$ differenzierbar.

(i) Ist f monoton steigend, so gilt $f'(x) \geq 0$ für alle $x \in I$.
(ii) Ist f monoton fallend, so gilt $f'(x) \leq 0$ für alle $x \in I$.

Beweis Der Beweis ist nicht schwer, und ich werde wieder einmal nur den ersten Teil vorführen, weil der zweite auch nicht anders geht. Es sei also $x_0 \in I$. Ich habe zu zeigen, dass $f'(x_0) \geq 0$ gilt. Wie üblich, wenn ich keine nennenswerten Informationen über den Aufbau der Funktion habe, greife ich auf den Differentialquotienten zurück und schreibe

$$f'(x_0) = \lim_{x \to x_0} \frac{f(x) - f(x_0)}{x - x_0}.$$

Für x gibt es nur zwei Möglichkeiten: es kann vor oder hinter x_0 liegen. Falls $x < x_0$ ist, folgt aus der Monotonie von f, dass $f(x) \leq f(x_0)$ gilt. Somit ist $x - x_0 < 0$ und $f(x) - f(x_0) \leq 0$, also

$$\frac{f(x) - f(x_0)}{x - x_0} \geq 0.$$

Falls $x > x_0$ ist, folgt aus der Monotonie von f, dass $f(x) \geq f(x_0)$ gilt. Somit ist $x - x_0 > 0$ und $f(x) - f(x_0) \geq 0$, also wieder

$$\frac{f(x) - f(x_0)}{x - x_0} \geq 0.$$

In jedem Fall ist daher der Differentialquotient größer oder gleich 0, und für die Ableitung folgt

$$f'(x_0) = \lim_{x \to x_0} \frac{f(x) - f(x_0)}{x - x_0} \geq 0. \qquad\qquad \triangle$$

Wie Sie in 7.3.7 (iii) gesehen haben, wird dieser Satz nicht stärker, wenn man streng monotone Funktionen betrachtet; auch bei einer streng monoton steigenden Funktion kann man zunächst einmal nicht mehr erwarten, als dass $f'(x) \geq 0$ gilt. Wenn man Genaueres wissen will, muss man die Funktion selbst im Detail untersuchen.

Sie konnten schon an Beispiel 7.3.7 (i) und der Abb. 7.6 bemerken, dass die Differentialrechnung auch die Berechnung von Extremstellen, also von Maxima und Minima erlaubt. Wenn eine Funktion sich nämlich dafür entscheidet, nicht mehr monoton wachsend, sondern monoton fallend zu sein, dann hat sie zumindest für eine Weile ihren höchsten Punkt erreicht, und es liegt ein sogenanntes Maximum vor. Da die Ableitung links von diesem Punkt positiv und rechts von ihm negativ ist, wird ihr wohl in dem Punkt nichts anderes übrig bleiben als zu Null zu werden.

Ich werde jetzt definieren, was man unter einem lokalen Extremwert versteht und anschließend genauer aufschreiben, wie Extremwerte mit der ersten Ableitung zusammenhängen.

7.3.9 Definition Es seien I ein Intervall, $f : I \to \mathbb{R}$ eine Funktion und $x_0 \in I$.

(i) f hat in x_0 ein *lokales Maximum*, wenn f „in der Nähe von x_0" nicht größer wird als bei x_0, das heißt: es gibt ein $a > 0$, so dass für alle $x \in [x_0 - a, x_0 + a]$ die Ungleichung $f(x) \leq f(x_0)$ gilt.

(ii) f hat in x_0 ein *lokales Minimum*, wenn f „in der Nähe von x_0" nicht kleiner wird als bei x_0, das heißt: es gibt ein $a > 0$, so dass für alle $x \in [x_0 - a, x_0 + a]$ die Ungleichung $f(x) \geq f(x_0)$ gilt.

Gilt die Ungleichung sogar für alle $x \in I$, so spricht man von einem *globalen* Maximum bzw. Minimum.

Ein *Extremum* ist ein Minimum oder ein Maximum.

Wir unterscheiden also zwischen lokalen und globalen Extrema. Eine Funktion kann unter Umständen eine ganze Menge von lokalen Extremstellen haben, wie Sie an der Abb. 7.7 sehen können. Die Differentialrechnung liefert uns nun eine Methode zur Bestimmung lokaler Extrema: bei allen bisher betrachteten Funktionen war an den Extremstellen die erste Ableitung gleich Null, und das ist kein Zufall.

Abb. 7.7 Funktion mit lokalen Extrema

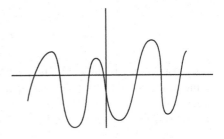

7.3.10 Satz Es sei $f : (a, b) \to \mathbb{R}$ differenzierbar in $x_0 \in (a, b)$ mit einem lokalen Extremum in x_0. Dann ist

$$f'(x_0) = 0.$$

Beweis Der Beweis formalisiert nur das, was ich Ihnen schon zwischen 7.3.8 und 7.3.9 gesagt habe. Wenn wir uns mit x von links dem Punkt x_0 nähern, dann muss bei einem Maximum der Differentialquotient größer oder gleich Null sein, und von rechts ist es umgekehrt. Wir nehmen also an, bei x_0 liegt ein Maximum vor. Für $x < x_0$ ist $x - x_0 < 0$ und natürlich ist in der Nähe von x_0 auch $f(x) \le f(x_0)$, denn schließlich haben wir bei x_0 ein Maximum. Daraus folgt aber $f(x) - f(x_0) \le 0$ und somit

$$\lim_{x \to x_0, x < x_0} \frac{f(x) - f(x_0)}{x - x_0} \ge 0,$$

denn der Quotient aus zwei negativen Zahlen wird positiv sein, und daran kann auch der Grenzübergang $x \to x_0$ nichts ändern.

Es sieht anders aus für $x > x_0$. Hier ist zwar ebenfalls $f(x) - f(x_0) \le 0$, denn ein Maximum bleibt nun einmal ein Maximum, aber wir haben $x - x_0 > 0$. Der Differentialquotient wird deshalb negativ sein, und wir erhalten

$$\lim_{x \to x_0, x > x_0} \frac{f(x) - f(x_0)}{x - x_0} \le 0.$$

Das ist praktisch, denn wir berechnen mit Sicherheit in beiden Fällen die Ableitung $f'(x_0)$, ganz gleich, ob der Wert x sich nun von links oder von rechts an x_0 heranschleicht. Für die Ableitung

$$f'(x_0) = \lim_{x \to x_0} \frac{f(x) - f(x_0)}{x - x_0}$$

gilt also gleichzeitig

$$f'(x_0) \ge 0 \text{ und } f'(x_0) \le 0$$

und damit

$$f'(x_0) = 0. \qquad \triangle$$

Das ist schon ein guter Anfang, jetzt haben wir die Möglichkeit, die x-Werte herauszufiltern, die als Extremstellen in Frage kommen. Wir werfen wieder einen Blick auf Beispiele.

7.3.11 Beispiele

(i) Es sei $f(x) = x^2$. Dann ist $f'(x) = 2x$, und die einzige Nullstelle der Ableitung findet man bei $x_0 = 0$. Tatsächlich hat die Normalparabel im Nullpunkt ein globales Minimum.

(ii) Es sei wieder $f(x) = x^3 - 3x + 1$. Dann ist $f'(x) = 3x^2 - 3$, und für die Nullstellen der Ableitung gilt

$$f'(x) = 0 \Leftrightarrow 3x^2 - 3 = 0 \Leftrightarrow x^2 = 1 \Leftrightarrow x = \pm 1.$$

Es scheint also, dass für die Punkte -1 und 1 Extremstellen vorliegen, aber sind es nun Minima oder Maxima? Sie bemerken, dass der Satz 7.3.10 noch nicht ausreicht, um genauer zu bestimmen, mit was man es eigentlich zu tun hat. Im nächsten Satz 7.3.12 werde ich diese Lücke aber schließen.

(iii) Es sei $f(x) = x^3$. Dann ist $f'(x) = 3x^2$ und deshalb $f'(0) = 0$. Das ist aber seltsam, denn bei $x_0 = 0$ kann man beim besten Willen kein Extremum der Funktion erkennen. Wenn Sie genauer auf den Satz 7.3.10 schauen, werden Sie aber merken, dass hier gar kein Widerspruch vorliegt: der Satz sagt nur aus, dass bei jeder Extremstelle die Ableitung zu Null werden muss; er sagt *nicht*, dass auch umgekehrt bei jeder Nullstelle der Ableitung ein Extremwert liegen muss. Wie man am Beispiel der Funktion $f(x) = x^3$ sehen kann, ist das manchmal tatsächlich nicht der Fall, eine Nullstelle der Ableitung kann auch alles andere als ein Extremwert sein.

(iv) Man definiere $f : [0, 1] \to \mathbb{R}$ durch $f(x) = x$. Das ist keine sehr aufregende Funktion, aber sie ist trotzdem für eine kleine Überraschung gut. Offenbar nimmt sie ihren minimalen Wert bei $x = 0$ und ihren maximalen Wert bei $x = 1$ an. Nun rechnen Sie einmal die Ableitung an diesen Stellen aus. Da die Ableitung überall gleich ist, nämlich $f'(x) = 1$, haben wir auch $f'(0) = f'(1) = 1$. Somit gibt es zwei Extremstellen 0 und 1, bei denen die Ableitung der Funktion durchaus nicht zu Null wird. Auch darin steckt aber kein Widerspruch, denn der Satz 7.3.10 verlangt ausdrücklich ein *offenes* Intervall (a, b) als Definitionsbereich, und in diesem Beispiel ist der Definitionsbereich $[0, 1]$. Sobald die Randpunkte mit ins Spiel kommen, wird die Sache kritisch, denn ein Randpunkt kann ein Extrempunkt sein, ohne dabei die Ableitung verschwinden zu lassen. Sie sollten also bei den Anwendungen von Satz 7.3.10 immer darauf achten, dass der Definitionsbereich der betrachteten Funktion ein offenes Intervall ist.

Aus diesen Beispielen können Sie nun einige Hinweise entnehmen. In Nummer (ii) haben Sie gesehen, dass wir mit unseren bisherigen Hilfsmitteln zwar die potentiellen Maxima und Minima identifizieren können, aber noch nicht so recht wissen, um welche Art von Extremum es sich im Einzelnen handelt. Nummer (iii) dagegen verdeutlicht etwas noch Schlimmeres. Die Nullstellen der Ableitung sind zwar die einzigen Kandidaten für Extremstellen, aber es muss keineswegs jede Nullstelle der Ableitung ein Extremwert sein. Die Bedingung $f'(x_0) = 0$ ist also nur eine *notwendige Bedingung* für das Vorliegen eines Extremwertes und keine hinreichende. Das heißt, wenn wir in x_0 einen Extremwert haben, dann muss seine Ableitung auch Null sein, aber umgekehrt können wir im Moment noch gar nichts schließen.

Diesem Mangel möchte ich jetzt abhelfen. Wir brauchen offenbar über das Verschwinden der Ableitung hinaus noch ein Kriterium, das uns verrät, ob eine Nullstelle der Ableitung nicht nur ein Extremwertkandidat, sondern auch wirklich ein Extremwert ist, und uns womöglich auch noch sagt, ob es sich um ein Minimum oder ein Maximum handelt. Dabei kommt jetzt die zweite Ableitung zum Tragen.

7.3.12 Satz Es sei $f : (a, b) \to \mathbb{R}$ zweimal differenzierbar und $f'(x_0) = 0$.

(i) Ist $f''(x_0) > 0$, so hat f in x_0 ein lokales Minimum.
(ii) Ist $f''(x_0) < 0$, so hat f in x_0 ein lokales Maximum.

Beweis Sie haben sich inzwischen wohl daran gewöhnt, dass ich nur einen Teil nachweise und den Rest, der sich nicht nennenswert unterscheidet, zur Übung Ihnen überlasse. Ich beschränke mich also hier auf den Beweis von Nummer (i).

Die zweite Ableitung ist die Ableitung der ersten Ableitung, und deshalb ist

$$\lim_{x \to x_0} \frac{f'(x) - f'(x_0)}{x - x_0} = f''(x_0) > 0.$$

Wenn x nahe genug bei x_0 ist, muss also der Quotient

$$\frac{f'(x) - f'(x_0)}{x - x_0}$$

ebenfalls positiv sein, denn er darf sich ab einer gewissen Nähe nicht mehr sehr von seinem positiven Grenzwert $f''(x_0)$ unterscheiden. Vergessen Sie dabei nicht, dass $f'(x_0) = 0$ ist, was zu der Aussage führt

$$\frac{f'(x)}{x - x_0} > 0$$

für alle x, die hinreichend nahe bei x_0 liegen.

Nun können wir wieder zwei Fälle unterscheiden, je nachdem, ob x rechts oder links von x_0 liegt. Für $x < x_0$ ist $x - x_0 < 0$, und da der Quotient $\frac{f'(x)}{x - x_0}$ positiv ist, muss der Zähler negativ sein. Folglich ist $f'(x) < 0$ für alle $x < x_0$, die von x_0 nicht zu weit entfernt sind. Auf die gleiche Weise sieht man, dass $f'(x) > 0$ für solche x-Werte gilt, die in der Nähe von x_0 liegen und größer als x_0 sind. Wir haben also

$$f'(x) < 0 \text{ für } x < x_0 \text{ und } f'(x) > 0 \text{ für } x > x_0.$$

Im Satz 7.3.6 haben Sie aber gelernt, was eine positive bzw. negative erste Ableitung bedeutet: links von x_0 ist dann nämlich die Funktion f monoton fallend und rechts von

x_0 steigt sie monoton. Deshalb sind alle Funktionswerte in der Nähe von x_0 mindestens so groß wie $f(x_0)$ selbst, und das heißt, dass bei x_0 ein lokales Minimum vorliegt. △

Mit dem neuen Satz 7.3.12 lassen sich jetzt all die bisher besprochenen Mängel beheben, denn wir haben ein Kriterium zur Verfügung, das erstens angibt, ob überhaupt ein Extremwert vorhanden ist, und zweitens noch darüber informiert, um welche Art von Extremwert es sich handelt. Einige Beispiele werden die Situation verdeutlichen.

7.3.13 Beispiele

(i)   Es sei $f(x) = x^2$. Dann ist $f'(x) = 2x$, und die einzige Nullstelle von $f'(x)$ liegt bei $x_0 = 0$. Weiterhin ist $f''(x) = 2 > 0$ für alle $x \in \mathbb{R}$. Die zweite Ableitung bei x_0 ist also positiv, und es liegt ein lokales Minimum vor.

(ii) Zum wiederholten Mal sei $f(x) = x^3 - 3x + 1$. Aus 7.3.11 (ii) wissen wir schon, dass $f'(x) = 3x^2 - 3$ gilt und folglich die Nullstellen der Ableitung bei -1 und 1 liegen. Jetzt kann ich das Beispiel zu Ende rechnen, denn es gilt $f''(x) = 6x$ und deshalb

$$f''(-1) = -6 < 0 \text{ und } f''(1) = 6 > 0.$$

Nach 7.3.12 liegt also bei -1 ein lokales Maximum und bei 1 ein lokales Minimum vor.

(iii) Ich fürchte, ich habe das Problem der Gewinnmaximierung ein wenig vernachlässigt und sollte es schnellstens lösen. Wir hatten die Gewinnfunktion

$$G(x) = -a_1 x^2 + (a_0 - k_v)x - K_f$$

ermittelt und auch bereits ihre Ableitung

$$G'(x) = -2a_1 x + a_0 - k_v$$

berechnet. Die Extremstelle erhält man durch Nullsetzen der Ableitung, also:

$$-2a_1 x + a_0 - k_v = 0 \Leftrightarrow x = \frac{1}{2a_1}(a_0 - k_v).$$

Für die zweite Ableitung gilt

$$G''(x) = -2a_1,$$

und da $a_1 > 0$ vorausgesetzt war, ist die zweite Ableitung immer negativ, ganz gleich, welche x-Werte Sie einsetzen wollen. Deshalb liegt bei

$$x_0 = \frac{1}{2a_1}(a_0 - k_v)$$

die optimale Absatzmenge vor, für die der Gesamtgewinn maximal wird.

(iv) Es gibt nicht nur Polynome im Leben; wir sollten wenigstens eine rationale Funktion behandeln. Es sei zum Beispiel

$$g(x) = \frac{x^2}{1 + x^2}.$$

Dann ist nach der Quotientenregel

$$g'(x) = \frac{2x \cdot (1 + x^2) - 2x \cdot x^2}{(1 + x^2)^2} = \frac{2x}{(1 + x^2)^2}.$$

Das ist angenehm, denn ein Bruch ist dann Null, wenn sein Zähler Null ist und der Nenner keinen Ärger macht, und offenbar ist das genau für $x = 0$ der Fall. Zum Test auf Maximum oder Minimum bleibt uns allerdings die zweite Ableitung nicht erspart. Es gilt:

$$g''(x) = \frac{2 \cdot (1 + x^2)^2 - 2x \cdot 2 \cdot (1 + x^2) \cdot 2x}{(1 + x^2)^4}$$

$$= \frac{(1 + x^2) \cdot (2 \cdot (1 + x^2) - 8x^2)}{(1 + x^2)^4}$$

$$= \frac{2 - 6x^2}{(1 + x^2)^3}.$$

Dabei musste ich in der ersten Zeile neben der Quotientenregel auch die Kettenregel verwenden und in den nachfolgenden Zeilen einfach nur die üblichen Gesetze der Potenzrechnung benutzen.

Erinnern Sie sich daran, dass der interessante Wert bei $x = 0$ lag. Für $x = 0$ gilt dann

$$g''(0) = 2 > 0,$$

und somit haben wir ein lokales Minimum bei $x = 0$.

(v) Es sei $f(x) = x^4$. Dann hat f offenbar ein Minimum bei $x = 0$, aber es gilt $f'(x) = 4x^3$ und $f''(x) = 12x^2$, und das heißt:

$$f'(0) = f''(0) = 0.$$

Obwohl ein Minimum vorliegt, ist hier die zweite Ableitung gleich Null. Darin liegt aber kein Widerspruch zu Satz 7.3.12, denn dieser Satz sagt nur: *wenn* bei einer Nullstelle der ersten Ableitung die zweite Ableitung von Null verschieden ist, dann haben wir auch eine Extremstelle. Er sagt *nicht*, dass umgekehrt auch bei jeder Extremstelle die zweite Ableitung größer oder kleiner als Null sein muss. Wie Sie sehen, kann sie durchaus auch zu Null werden.

Inzwischen haben wir zwar gewaltige Fortschritte gemacht, aber so recht zufriedenstellend ist die Lage immer noch nicht. Aus Beispiel 7.3.13 (v) können Sie entnehmen, dass die Bedingung $f''(x_0) > 0$ bzw. $f''(x_0) < 0$ eben nur hinreichend und keineswegs notwendig ist für die Existenz einer Extremstelle, gelegentlich kann auch bei Extremstellen $f''(x_0) = 0$ gelten. Der folgende Satz erlaubt es, mit den meisten Funktionen und ihren Extremwerten fertig zu werden.

7.3.14 Satz Es sei $f : (a, b) \to \mathbb{R}$ n-mal differenzierbar.

(i) Es gelte

$$f'(x_0) = f''(x_0) = \cdots = f^{(n-1)}(x_0) = 0,$$

aber

$$f^{(n)}(x_0) > 0.$$

Ist n eine gerade Zahl, so besitzt f in x_0 ein lokales Minimum.

(ii) Es gelte

$$f'(x_0) = f''(x_0) = \cdots = f^{(n-1)}(x_0) = 0,$$

aber

$$f^{(n)}(x_0) < 0.$$

Ist n eine gerade Zahl, so besitzt f in x_0 ein lokales Maximum.

In beiden Fällen gilt: falls n ungerade ist, besitzt f *kein* lokales Extremum bei x_0.

Es wäre mit unserem Kenntnisstand durchaus möglich, diesen Satz zu beweisen, aber das würde nur aufhalten. Reden wir lieber kurz darüber, was er eigentlich aussagt.

Das Mindeste, was wir von einem Extremwert x_0 verlangen, ist natürlich $f'(x_0) = 0$. Nun kann die zweite Ableitung von Null verschieden sein, und in diesem Fall greift der Satz 7.3.12. Sie kann aber auch, wie Sie gesehen haben, zu Null werden. Dann müssen Sie so lange ableiten, bis irgendwann einmal eine Ableitung im Punkt x_0 nicht Null ist, und die Nummer dieser Ableitung überprüfen. Ist zum Beispiel $f'(x_0) = f''(x_0) = 0$, aber $f'''(x_0) \neq 0$, so hat f kein Extremum bei x_0, denn die relevante Ableitungsnummer ist $n = 3$ – eine ungerade Zahl. Falls dagegen ein von Null verschiedener Wert zum ersten Mal bei der vierten Ableitung auftaucht, haben Sie gewonnen: $n = 4$ ist gerade, und nach 7.3.14 liegt bei x_0 ein Extremwert vor.

7.3.15 Beispiele

(i) Es sei $f(x) = x^3$. Dann ist

$$f'(0) = f''(0) = 0,$$

aber

$$f'''(0) = 6 \neq 0.$$

Die Ableitung wird also zum ersten Mal bei der Nummer $n = 3$ nicht Null sein. Da die Drei leider eine ungerade Zahl ist, hat $f(x) = x^3$ bei $x_0 = 0$ keinen Extremwert.

(ii) Es sei $f(x) = x^4$. Dann ist

$$f'(0) = f''(0) = f'''(0) = 0,$$

und

$$f^{(4)}(0) = 24 > 0.$$

Hier ist $n = 4$, und weil die Vier eine gerade Zahl ist und außerdem $24 > 0$ gilt, hat die Funktion $f(x) = x^4$ ein Minimum bei $x_0 = 0$.

Mit 7.3.14 kann man nahezu alle Fälle behandeln, die in der Praxis auftreten. Die theoretisch denkbare Möglichkeit, dass für alle Ableitungen $f^{(n)}(x_0) = 0$ gilt, so dass wir gar keine Chance haben, irgendetwas auf gerade oder ungerade zu überprüfen, kommt zwar vor, ist aber so extrem selten, dass wir uns darüber keine weiteren Sorgen machen müssen.

Eine wichtige Anwendung der Sätze über Extremwerte ist die Behandlung sogenannter Extremwertaufgaben. Man spricht auch oft vom *Optimieren unter Nebenbedingungen*. Am besten ist es wohl an dem einen oder anderen Beispiel zu erklären.

7.3.16 Beispiele

(i) Ein Zylinder soll ein bestimmtes Volumen V bei minimalem Materialverbrauch erreichen. Das Volumen V ist also eine vorgegebene Zahl, und die Oberfläche des Zylinders soll minimiert werden. Das Volumen des Zylinders ist bekanntlich das Produkt aus Grundfläche und Höhe, also

$$V = \pi r^2 h.$$

Die Oberfläche F setzt sich zusammen aus Boden und Deckel mit den Flächen πr^2 sowie der Mantelfläche. Wenn Sie sich einmal vorstellen, dass Sie den Mantel aufrollen, dann entsteht ein Rechteck, dessen Grundseite dem Kreisumfang $2\pi r$ entspricht, und dessen Höhe gerade die Höhe h des Zylinders ist. Insgesamt erhalten wir eine Fläche von

$$F = 2\pi r^2 + 2\pi r h.$$

Abb. 7.8 Zylinder

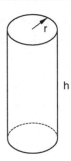

Nun ist das leider eine Funktion mit zwei Variablen r und h, und noch können wir keine Funktionen mit zwei Variablen optimieren. Das macht aber gar nichts, denn wir kennen eine Beziehung zwischen r und h, die es uns erlaubt, eine Variable aus dem Spiel zu entfernen. Aus der *Nebenbedingung*

$$V = \pi r^2 h$$

folgt nämlich

$$h = \frac{V}{\pi r^2},$$

und diese Gleichung können wir in die *Zielfunktion* F einsetzen. Dann ist

$$F(r) = 2\pi r^2 + 2\pi r \frac{V}{\pi r^2} = 2\pi r^2 + \frac{2V}{r}.$$

Ab jetzt ist alles Routine. Sie haben eine Funktion mit einer Variablen r und sollen einen Extremwert ausrechnen. Es gilt

$$F'(r) = 4\pi r - \frac{2V}{r^2} = 0 \Leftrightarrow 2\pi r^3 = V \Leftrightarrow r = \sqrt[3]{\frac{V}{2\pi}}.$$

Der Kandidat für den optimalen Radius steht damit fest. Wir sind aber noch nicht fertig, denn wir müssen noch den Test auf Maximum oder Minimum durchführen. Dafür berechne ich

$$F''(r) = 4\pi + \frac{4V}{r^3}.$$

Da r positiv ist und 4π schon immer größer als Null war, ist die zweite Ableitung in jedem Fall positiv, und bei $r = \sqrt[3]{\frac{V}{2\pi}}$ liegt ein Minimum vor. Im Hinblick auf den Materialverbrauch ist bei gegebenem Volumen also der Radius $r = \sqrt[3]{\frac{V}{2\pi}}$ optimal.

Die zugehörige Höhe h berechnet sich aus

$$h = \frac{V}{\pi r^2} = \frac{V}{\pi \left(\frac{V}{2\pi}\right)^{\frac{2}{3}}} = \frac{V}{\pi} \cdot \left(\frac{2\pi}{V}\right)^{\frac{2}{3}}$$

$$= \frac{V}{\pi} \cdot \frac{2^{\frac{2}{3}} \pi^{\frac{2}{3}}}{V^{\frac{2}{3}}} = \frac{V^{\frac{1}{3}}}{\pi^{\frac{1}{3}}} \cdot 2^{\frac{2}{3}} = \sqrt[3]{\frac{V}{\pi} \cdot 4}$$

$$= 2 \cdot \sqrt[3]{\frac{V}{2\pi}} = 2r.$$

Die optimale Höhe entspricht also genau dem optimalen Durchmesser.

(ii) Zur Abwechslung ein Beispiel aus der Welt der Fernsehserien. Der Warp-Antrieb auf dem Föderationsraumschiff Enterprise beruht auf einer kontrollierten Reaktion von Materie und Antimaterie. Damit diese etwas prekäre Mischung nicht explodiert, muss eine bestimmte Treibstoffgleichung erfüllt sein: ist x die verwendete Masse der Materie und y die verwendete Masse der Antimaterie, so soll gelten: $x^2 y = 4$. Da auch die Sternenflotte Kosten sparen muss, hat man Untersuchungen angestellt und herausbekommen, dass der Antrieb in Abhängigkeit von Materie- und Antimateriemenge Kosten in Höhe von $K = x^2 + 4xy$ verursacht. Wie müssen die Massen von Materie und Antimaterie gewählt werden, damit die Kosten minimal sind?

Die Nebenbedingung lautet hier

$$x^2 y = 4$$

und die Zielfunktion ist

$$K = x^2 + 4xy.$$

Wir lösen die Nebenbedingung nach y auf und finden

$$y = \frac{4}{x^2}.$$

Setzt man dieses y in die Zielfunktion ein, so ergibt sich

$$K(x) = x^2 + 4x \cdot \frac{4}{x^2} = x^2 + \frac{16}{x}.$$

Nun geht alles wie immer. Es gilt

$$K'(x) = 2x - \frac{16}{x^2} = 0 \Leftrightarrow 2x = \frac{16}{x^2} \Leftrightarrow x^3 = 8 \Leftrightarrow x = 2.$$

Der Kandidat für einen optimalen Punkt ist also $x = 2$, und wir müssen noch den Test mit der zweiten Ableitung durchführen. Hier ist

$$K''(x) = 2 + \frac{32}{x^3},$$

also ist $K''(2) = 2 + 4 = 6 > 0$. Damit liegt bei $x = 2$ ein Minimum vor, und die optimale Kombination findet man bei $x = 2$ und $y = \frac{4}{2^2} = 1$.

Ich hoffe, an den Beispielen ist deutlich geworden, wie man bei Extremwertaufgaben vorgeht. Zur Sicherheit schreibe ich noch das Schema zur Behandlung von Optimierungsproblemen in einer Bemerkung auf.

7.3.17 Bemerkung Gegeben sei ein Optimierungsproblem in zwei Variablen mit einer Nebenbedingung. Dann kann man das Problem auf die folgende Weise lösen.

(i) Man löse die Gleichung der *Nebenbedingung* nach der Variablen auf, bei der das Auflösen am einfachsten geht.

(ii) Man setze das Ergebnis in die zu optimierende *Zielfunktion* ein, so dass diese Funktion nur noch von einer Variablen abhängt.

(iii) Man berechne die erste und zweite Ableitung der neuen Zielfunktion.

(iv) Man bestimme die Nullstellen der ersten Ableitung.

(v) Man setze die ermittelten Nullstellen der ersten Ableitung in die zweite Ableitung ein und überprüfe das Vorzeichen. Falls der Wert positiv ist, liegt ein Minimum vor, falls er negativ ist, ein Maximum.

In aller Regel lassen sich Extremwertaufgaben auf diese Weise gutwillig einer Lösung zuführen. Etwas schwieriger wird es, wenn man mehr als zwei Variablen in der Zielfunktion hat, aber dieses Thema behandeln wir erst in dem Kapitel über mehrdimensionale Differentialrechnung. •

Eine weitere wesentliche Anwendung der Differentialrechnung ist die Durchführung von *Kurvendiskussionen*. Manchmal ist von einer einigermaßen komplizierten Funktion zwar der Funktionsterm bekannt, aber man hat keine rechte Vorstellung davon, wie die Funktion wohl aussehen mag. Den besten Überblick über das Verhalten einer Funktion liefert natürlich ein Schaubild, und wir werden uns im folgenden überlegen, wie man sich die wesentlichen Informationen zur Erstellung eines Schaubildes verschafft. Die gängige Meinung, man könne doch eine Wertetabelle erstellen und anhand dieser Tabelle ein Schaubild malen, ist nicht wirklich überzeugend, denn in einer Wertetabelle können Sie immer nur endlich viele Werte berechnen, und es kann Ihnen leicht passieren, dass Sie zwischen dem siebzehnten und achtzehnten Wert einen Schlenker der Funktion übersprungen haben und sie deshalb für einfacher halten als sie ist.

Um Kurvendiskussionen durchführen zu können, brauche ich noch den Begriff des Wendepunktes.

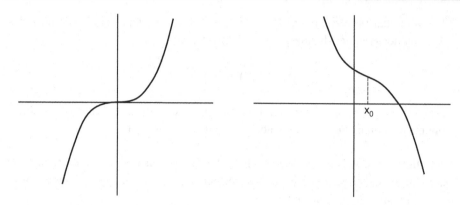

Abb. 7.9 Wendepunkte

7.3.18 Beispiel Es sei $f(x) = x^3$. Die Funktion ist zwar überall streng monoton wachsend, aber dennoch ändert sie unterwegs ihr Verhalten. Während links vom Nullpunkt die Steigung fallende Tendenz hat und die Kurve immer flacher wird, dreht sich diese Tendenz rechts vom Nullpunkt gerade um, und die Kurve wird wieder steiler. Man nennt deshalb den Nullpunkt einen *Wendepunkt*.

7.3.19 Definition Es seien I ein Intervall, $f : I \to \mathbb{R}$ differenzierbar und $x_0 \in I$. Der Punkt x_0 heißt Wendepunkt von f, wenn sich bei x_0 der Drehsinn der Kurventangente ändert, das heißt, wenn links von x_0 die Ableitung monoton fällt und rechts von x_0 die Ableitung monoton steigt oder umgekehrt.
Ein Wendepunkt x_0, bei dem auch noch $f'(x_0) = 0$ gilt, heißt Sattelpunkt.

Ein Beispiel haben Sie schon gesehen: 0 ist ein Wendepunkt der Funktion $f(x) = x^3$, und ein weiteres Beispiel finden Sie in Abb. 7.9. Im zweiten Funktionsgraphen hat die Ableitung links von x_0 steigende Tendenz, um dann rechts von x_0 wieder abzufallen.
Wenn man aber mit Hilfe der Definition 7.3.19 konkrete Funktionen nach Wendepunkten absuchen möchte, stößt man sehr schnell auf das Problem, dass diese Definition vielleicht angenehm anschaulich, aber rechnerisch sehr unzugänglich ist. Deshalb gebe ich jetzt ein Kriterium für Wendepunkte an, das man nachrechnen kann.

7.3.20 Bemerkung Wenn x_0 ein Wendepunkt von f ist, dann wird zum Beispiel $f'(x)$ links von x_0 monoton fallen und rechts von x_0 monoton steigen. Folglich hat f' in x_0 ein lokales Minimum, und im gegenteiligen Fall hat f' in x_0 ein lokales Maximum. In jedem Fall ist also ein Wendepunkt eine Extremstelle der ersten Ableitung f'. Sie haben aber gelernt, wie man Extremstellen berechnet: die erste Ableitung muss Null sein und die zweite Ableitung soll einen positiven oder negativen Wert haben. Der Unterschied zu den vorherigen Untersuchungen ist hier nur, dass wir die erste Ableitung der ersten Ableitung auf Null setzen müssen, denn es geht ja um eine Extremstelle von f'.

Es liegt also zum Beispiel dann ein Wendepunkt vor, wenn

$$(f')'(x_0) = f''(x_0) = 0$$

ist und zusätzlich

$$(f')''(x_0) = f'''(x_0) \neq 0$$

gilt. Allgemein folgt aus 7.3.14:

Ist

$$f''(x_0) = \cdots = f^{(n-1)}(x_0) = 0 \text{ und } f^{(n)}(x_0) \neq 0,$$

so ist x_0 ein Wendepunkt, falls $n - 1$ gerade ist, also falls n ungerade ist. Für $f(x) = x^5$ ist zum Beispiel $x_0 = 0$ ein Wende- und Sattelpunkt, denn es gilt

$$f'(0) = f''(0) = f'''(0) = f^{(4)}(0) = 0, \text{ aber } f^{(5)}(0) \neq 0.$$

Deshalb ist 0 *kein* Extremwert, denn 5 ist ungerade, aber es ist ein Sattelpunkt, denn 5 ist, wie schon erwähnt, ungerade.

Grob gesprochen, wird also eine Nullstelle der Ableitung immer entweder eine Extremstelle oder ein Sattelpunkt sein.

7.3.21 Beispiel Es sei $f(x) = x^3 - 3x + 1$. Dann ist $f'(x) = 3x^2 - 3$ und $f''(x) = 6x$. Kandidaten für Wendepunkte sind immer die Nullstellen der zweiten Ableitung, und hier gilt:

$$f''(x) = 0 \Leftrightarrow 6x = 0 \Leftrightarrow x = 0.$$

Es kommt also nur $x_0 = 0$ in Frage. Um zu testen, ob bei 0 auch wirklich ein Wendepunkt vorliegt, müssen wir die dritte Ableitung bestimmen. Es ist aber $f'''(x) = 6 \neq 0$, und da 3 eine ungerade Zahl ist, haben wir mit $x_0 = 0$ tatsächlich einen Wendepunkt gefunden.

Das Ziel der Kurvendiskussion ist es nun, mit Hilfe einiger Berechnungen den Verlauf einer Funktionskurve zu bestimmen. Dabei wird der Begriff des *Pols* einer Funktion auftauchen, und deshalb sollte ich kurz erklären, was das ist.

7.3.22 Definition Es sei $f : D \to \mathbb{R}$ eine Funktion und $x_0 \notin D$. Der Punkt x_0 heißt Pol von f, wenn

$$\lim_{x \to x_0} f(x) = \pm \infty$$

gilt, das heißt, die Funktion f wächst bei Annäherung an x_0 entweder in die positive oder in die negative Richtung ins Unendliche.

7.3.23 Beispiele

(i) Die Funktion $f(x) = \frac{1}{x}$ hat bei $x_0 = 0$ einen Pol.

(ii) Die Funktion $f(x) = \frac{2x+1}{x-2}$ hat bei $x_0 = 2$ einen Pol, denn dort wird der Nenner 0, während der Zähler von 0 verschieden ist. Die Funktion muss also bei Annäherung an 2 gegen Unendlich tendieren.

Sie sehen, dass bei rationalen Funktionen die wesentlichen Kandidaten für einen Pol die Nullstellen des Nenners sind, falls man sie nicht wie bei $1 = \frac{x}{x}$ einfach herauskürzen kann.

Jetzt haben wir endlich genug Material, um mit der Kurvendiskussion zu beginnen. Damit wir auch keine wichtigen Punkte vergessen, werde ich erst einmal notieren, welche Berechnungen üblicherweise für eine Kurvendiskussion durchgeführt werden sollten.

7.3.24 Bemerkung Eine Kurvendiskussion kann man in etwa nach dem folgenden Schema durchführen. Gegeben sei eine Funktion f.

(i)   Man bestimme den Definitionsbereich von f und damit auch die Definitionslücken.

(ii)   Man berechne die Nullstellen von f, das heißt, man löse die Gleichung $f(x) = 0$.

(iii) Man stelle fest, welche Definitionslücken von f Pole sind.

(iv)   Man berechne (mindestens) die ersten drei Ableitungen von f.

(v)   Man bestimme die lokalen Maxima und Minima von f. Falls dabei höhere Ableitungen als f''' gebraucht werden, leite man so lange ab wie nötig.

(vi)   Man bestimme die Wendepunkte von f.

(vii) Man untersuche das *asymptotische Verhalten* von f für $x \to \pm\infty$, das heißt: durch welche einfacheren Funktionen kann man f für sehr große x-Werte annähern?

(viii) Man bestimme den Wertebereich von f.

(ix)   Man stelle fest, ob Symmetrien vorhanden sind. Ist zum Beispiel die Funktion symmetrisch zur y-Achse oder zum Nullpunkt?

(x)   Man zeichne ein Schaubild der Funktionskurve.

Bei einer Kurvendiskussion fällt also ein ziemlich großer Haufen Arbeit an, der allerdings weitgehend aus Routinerechnungen besteht. An einem Beispiel zeige ich Ihnen, wie so etwas konkret aussieht.

7.3.25 Beispiel Es sei

$$f(x) = \frac{(x+1)^2}{x-1}.$$

Für die Funktion f werde ich die in 7.3.24 aufgeführten zehn Punkte durchgehen.

(i) Den Definitionsbereich einer rationalen Funktion findet man, indem man die Nullstellen des Nenners ausschließt. Da offenbar genau dann $x - 1 = 0$ gilt, wenn $x = 1$ ist, erhalten wir den maximalen Definitionsbereich

$$D = \mathbb{R} \backslash \{1\}.$$

(ii) Anschließend suchen wir die Nullstellen von f. Das ist aber leicht, denn ein Bruch ist genau dann gleich Null, wenn sein Zähler gleich Null ist und der Nenner keinen Ärger macht. Es gilt aber

$$(x + 1)^2 = 0 \Leftrightarrow x + 1 = 0 \Leftrightarrow x = -1.$$

Da der Nennerwert für $x = -1$ von Null verschieden ist, haben wir mit -1 die einzige Nullstelle von f gefunden.

(iii) Zum Feststellen der Pole müssen wir alle Definitionslücken untersuchen. Glücklicherweise gibt es hier nur eine Lücke, nämlich $x_0 = 1$. Die Frage ist nun, ob die Funktion f bei Annäherung an $x_0 = 1$ gegen Unendlich geht. Das Verhalten von f hängt stark davon ab, ob man sich der 1 von links oder von rechts nähert. In beiden Fällen wird der Zählerwert 4 und der Nennerwert 0 sein, so dass mit Sicherheit die Tendenz gegen Unendlich gegeben ist, aber wie findet man das richtige Vorzeichen? Man muss nur genau hinsehen, wie sich Zähler und Nenner verhalten, wenn man von links oder von rechts kommt.

Für $x < 1$ ist $(x + 1)^2 > 0$, denn Quadrate sind immer positiv, aber $x - 1 < 0$. Deshalb ist $f(x) < 0$ für $x < 1$, und daraus folgt

$$\lim_{x \to 1, x < 1} \frac{(x + 1)^2}{x - 1} = -\infty.$$

Für $x > 1$ ist immer noch $(x + 1)^2 > 0$, aber $x - 1 > 0$. Deshalb ist $f(x) > 0$ für $x > 1$, und daraus folgt

$$\lim_{x \to 1, x > 1} \frac{(x + 1)^2}{x - 1} = \infty.$$

Der Wert $x_0 = 1$ ist demnach ein Pol von f, bei dem im Grenzübergang sowohl $-\infty$ als auch $+\infty$ erreicht werden.

(iv) Das Berechnen der Ableitungen ist oft das Lästigste an der ganzen Kurvendiskussion. Ich rechne im folgenden die ersten drei Ableitungen von f ohne jeden weiteren Kommentar aus. Später zeige ich Ihnen dann, wie man sich das mühselige Ableiten in manchen Fällen etwas erleichtern kann.

Für die Ableitungen gilt:

$$f'(x) = \frac{2 \cdot (x+1) \cdot (x-1) - 1 \cdot (x+1)^2}{(x-1)^2}$$

$$= \frac{2x^2 - 2 - x^2 - 2x - 1}{(x-1)^2}$$

$$= \frac{x^2 - 2x - 3}{(x-1)^2}.$$

Die zweite Ableitung berechnet sich dann durch:

$$f''(x) = \frac{(2x-2) \cdot (x-1)^2 - 2 \cdot (x-1) \cdot (x^2 - 2x - 3)}{(x-1)^4}$$

$$= \frac{(2x-2) \cdot (x-1) - 2 \cdot (x^2 - 2x - 3)}{(x-1)^3}$$

$$= \frac{2x^2 - 4x + 2 - 2x^2 + 4x + 6}{(x-1)^3}$$

$$= \frac{8}{(x-1)^3}.$$

Das sieht man gern, denn man kann die zweite Ableitung auch als

$$f''(x) = 8 \cdot (x-1)^{-3}$$

schreiben, und das vereinfacht die Berechnung der dritten Ableitung erheblich. Es gilt nämlich:

$$f'''(x) = 8 \cdot (-3) \cdot (x-1)^{-4} = \frac{-24}{(x-1)^4}.$$

Damit sind die Vorarbeiten zur Bestimmung der Extremwerte erledigt.

(v) Zur Berechnung der Extremstellen suchen wir nach den Nullstellen von f'. Es gilt

$$f'(x) = 0 \Leftrightarrow \frac{x^2 - 2x - 3}{(x-1)^2} = 0$$

$$\Leftrightarrow x^2 - 2x - 3 = 0$$

$$\Leftrightarrow x = 1 \pm \sqrt{1+3}$$

$$\Leftrightarrow x = -1 \text{ oder } x = 3.$$

Kandidaten für Extremwerte sind also $x_1 = -1$ und $x_2 = 3$. Um herauszufinden, ob sie auch wirklich als Extremwerte bezeichnet werden dürfen oder nur so tun, als wären sie extrem, müssen wir beide Werte in die zweite Ableitung einsetzen. Es folgt dann

$$f''(-1) = \frac{8}{(-1-1)^3} = \frac{8}{-8} = -1 < 0$$

und

$$f''(3) = \frac{8}{(3-1)^3} = \frac{8}{8} = 1 > 0.$$

Folglich liegt bei $x_1 = -1$ ein lokales Maximum und bei $x_2 = 3$ ein lokales Minimum vor. Die entsprechenden Funktionswerte lauten

$$f(-1) = 0 \text{ und } f(3) = \frac{4^2}{3-1} = \frac{16}{2} = 8.$$

(vi) Die Berechnung der Wendepunkte ist in diesem Fall besonders einfach, es gibt nämlich keine. Bedingung für einen Wendepunkt ist das Verschwinden der zweiten Ableitung, und es gilt

$$f''(x) = 0 \Leftrightarrow \frac{8}{(x-1)^3} = 0 \Leftrightarrow 8 = 0,$$

was doch vergleichsweise selten vorkommt. Da natürlich 8 von 0 verschieden ist, hat die zweite Ableitung keine Nullstellen und deshalb die Funktion auch keine Wendepunkte. Das zeigt übrigens, dass wir uns in Nummer (iv) zu viel Mühe gemacht haben: ich habe nämlich in vorauseilendem Gehorsam bereits die dritte Ableitung ausgerechnet, und nun stellt sich heraus, dass ich sie gar nicht brauchen kann. So etwas kommt vor, und ein bisschen Übung im Ableiten schadet auch nichts.

(vii) Über so etwas wie asymptotisches Verhalten haben wir noch nie gesprochen. Bei der Zeichnung des Schaubildes ist es eine unverzichtbare Informationsquelle, zu wissen, ob sich die Funktion f für große x-Werte tendenziell einer einfacheren Funktion angleichen wird. Das übliche Hilfsmittel zum Herausfinden dieser Funktion ist die *Polynomdivision*, vor der ich mich bisher erfolgreich drücken konnte. Ich werde sie einmal für unsere Funktion f vorführen und danach noch ein paar Worte dazu sagen. Ein Bruch ist ja nichts weiter als ein Quotient, und deshalb können wir die Funktion

$$f(x) = \frac{(x+1)^2}{x-1}$$

auch darstellen, indem wir den Zähler wie bei Zahlen auch durch den Nenner dividieren. Die Prozedur ist dabei die gleiche wie beim Teilen von Zahlen.

$$
\begin{array}{l}
(x^2 + 2x + 1) : (x - 1) = x + 3 + \dfrac{4}{x-1} \\
\underline{x^2 - x} \\
3x + 1 \\
\underline{3x - 3} \\
4
\end{array}
$$

Hier ist nichts Geheimnisvolles passiert. Ich habe zuerst die höchste Potenz des Zählers durch die höchste Potenz des Nenners geteilt, das ergab $\frac{x^2}{x} = x$. Anschließend musste ich wie beim gewöhnlichen Dividieren den gesamten Nenner mit dem Ergebnis x multiplizieren und bekam $x^2 - x$ heraus. Wie üblich schreibe ich diesen Term unter den Zähler und ziehe ihn vom entsprechenden Zählerterm $x^2 + 2x$ ab. Damit bekomme ich $3x$, und wieder mache ich dasselbe wie beim Dividieren von Zahlen: ich hole die nächste Stelle herunter und schreibe sie einfach dazu. Damit erhalte ich den Term $3x + 1$, mit dem ich genauso verfahre wie vorher mit dem ursprünglichen Zähler. Ich muss also $3x$ durch x teilen, wobei ich das Ergebnis 3 erhalte. Anschließend wird wieder der Nenner mit diesem Ergebnis multipliziert, was zu $3x - 3$ führt. Sie sehen, wo $3x - 3$ steht, nämlich genau unter $3x + 1$, und die Subtraktion beider Terme ergibt 4.

Wir gehen also genauso vor wie beim Dividieren natürlicher Zahlen, nur dass hier nicht ausschließlich Zahlen, sondern eben Polynome auftauchen. Das Ergebnis der Division ist

$$(x^2 + 2x + 1) : (x - 1) = x + 3 \text{ Rest } 4.$$

Der Rest 4 bedeutet aber nur, dass beim Dividieren von 4 durch den Nenner $x - 1$ nichts Besseres herauskommt als ein schlichtes $\frac{4}{x-1}$, und genau das habe ich oben aufgeschrieben. Im Endergebnis finden wir also

$$(x^2 + 2x + 1) : (x - 1) = x + 3 + \frac{4}{x - 1}.$$

Das war nun ein etwas länglicher Exkurs zur Polynomdivision, ohne die man bei der Untersuchung des asymptotischen Verhaltens nicht auskommt. Was haben wir durch die ganze Rechnung eigentlich gewonnen? Wir wissen, dass

$$f(x) = \frac{x^2 + 2x + 1}{x - 1} = x + 3 + \frac{4}{x - 1}$$

gilt. Für betragsmäßig sehr große x-Werte, das heißt für $x \to \infty$ oder $x \to -\infty$, wird aber der Ausdruck $\frac{4}{x-1}$ beliebig klein. Etwas mathematischer ausgedrückt bedeutet das:

$$\lim_{x \to \infty} \frac{4}{x - 1} = \lim_{x \to -\infty} \frac{4}{x - 1} = 0.$$

Mit anderen Worten: für sehr großes x kann man den Term $\frac{4}{x-1}$ vernachlässigen, da er ohnehin annähernd Null ist. Das asymptotische Verhalten von f lässt sich also beschreiben durch

$$f(x) \approx x + 3 \text{ für } x \to \pm\infty.$$

Sie werden gleich beim Zeichnen sehen, dass man mit diesem Ergebnis etwas anfangen kann.

(viii) Normalerweise empfehle ich, die Bestimmung des Wertebereichs auf später zu verschieben, wenn die Zeichnung des Funktionsgraphen vorliegt. Sicher ist es mathematisch sauberer, den Wertebereich schon an dieser Stelle rechnerisch zu bestimmen, aber es ist doch oft recht aufwendig, und deswegen sollten Sie noch ein wenig Geduld bewahren.

(ix) Für die Bestimmung von Symmetrien gilt dasselbe wie für den Wertebereich: zeichnen Sie erst die Funktion und lesen Sie dann eventuell vorhandene Symmetrien an der Zeichnung ab.

(x) Zum Aufmalen des Funktionsgraphen brauchen wir nur die Informationen zusammenzutragen. Man zeichnet am besten zuerst die Asymptoten ein. Für $x \to \pm\infty$

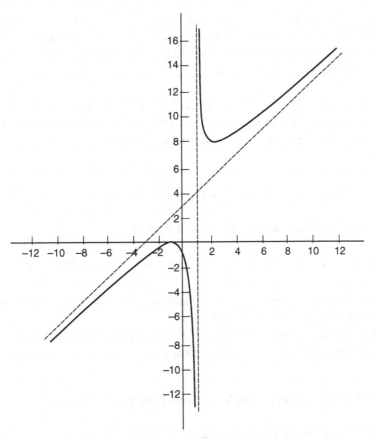

Abb. 7.10 Schaubild von $f(x) = \frac{(x+1)^2}{x-1}$

ist das die Gerade $y = x + 3$, und für $x \to 1$ nähert sich die Funktion von rechts $+\infty$ und von links $-\infty$, wird sich also von verschiedenen Seiten der senkrechten Geraden $x = 1$ anschmiegen. Ihre Nullstelle liegt bei $x = -1$, im Punkt $(-1, 0)$ hat sie ein relatives Maximum, im Punkt $(3, 8)$ ein relatives Minimum. Sie muss also zwei Zweige haben. Der erste Zweig kommt von links aus der Tiefe von $-\infty$ und wird dabei begleitet von der Geraden $y = x + 3$. Bei $x = -1$ dreht er sich wieder nach unten, um für $x \to 1$ in die negative Unendlichkeit zu verschwinden. Das Verhalten des zweiten Zweiges sollten Sie sich selbst überlegen.

In jedem Fall hat die Funktion die Gestalt aus Abb. 7.10. Daran können Sie auch sofort den Wertebereich ablesen. Die Funktion erwischt alle reellen Zahlen bis auf die Zahlen zwischen 0 und 8. Folglich ist

$$f(D) = \mathbb{R} \setminus (0, 8).$$

Auch eine Symmetrie ist erkennbar, denn offenbar ist der Funktionsgraph punktsymmetrisch zum Punkt $(1, 4)$.

Sie sehen, dass so eine Kurvendiskussion eine recht langwierige und fehleranfällige Prozedur ist. Keine der anfallenden Arbeiten ist wirklich schwierig, aber sie häufen sich doch sehr, und man neigt mit der Zeit zu Nachlässigkeiten. Immerhin kann man sich gelegentlich das Ableiten etwas erleichtern, wie das folgende Beispiel zeigt.

7.3.26 Beispiel In 7.3.25 habe ich die Funktion einfach so abgeleitet wie sie auf dem Papier stand. Manchmal ist es aber sinnvoll, vorher das asymptotische Verhalten der Funktion auszurechnen und mit der neu gewonnenen Darstellung weiter zu arbeiten. In unserem Beispiel war

$$f(x) = \frac{(x+1)^2}{x-1} = x + 3 + \frac{4}{x-1} = x + 3 + 4 \cdot (x-1)^{-1}.$$

Das erleichtert das Differenzieren ungemein, denn es gilt:

$$f'(x) = 1 + 4 \cdot (-1) \cdot (x-1)^{-2} = 1 - \frac{4}{(x-1)^2} = 1 - 4 \cdot (x-1)^{-2},$$

und davon ausgehend können Sie leicht alle nachfolgenden Ableitungen berechnen, ohne sich mit der Quotientenregel plagen zu müssen.

Sie sollten sich also nicht unbedingt an die Reihenfolge des Schemas aus 7.3.24 halten, etwas Flexibilität erleichtert manchmal das Leben.

7.4 Newton-Verfahren und Regel von l'Hospital

Ich habe Ihnen im dritten Kapitel von den Schwierigkeiten berichtet, die beim Lösen algebraischer Gleichungen auftreten: sobald der Grad die 4 überschreitet, gibt es keine Lösungsformel mehr, und man muss sich irgendwie anders behelfen. Die wesentliche Methode besteht darin, möglichst gute Näherungslösungen zu finden, die man kaum noch von der eigentlichen Lösung unterscheiden kann.

Es ist nicht weiter überraschend, dass einer der Erfinder der Differentialrechnung auch schon über dieses Problem nachgedacht hat, obwohl weder Newton noch Leibniz darüber Bescheid wussten, dass es bestimmte Lösungsformeln einfach nicht geben kann. Das Näherungsverfahren, von dem ich Ihnen jetzt berichten will, geht auf Isaac Newton zurück und heißt deswegen schlicht *Newton-Verfahren*. Sobald das erledigt ist, werde ich noch kurz auf die Regel von l'Hospital zu sprechen kommen, mit der man bestimmte Grenzwerte in Windeseile berechnen kann, aber zunächst zu den Gleichungen.

7.4.1 Bemerkung Es sei f eine differenzierbare Funktion mit einer Nullstelle im Punkt $\bar{x}$. Unsere Aufgabe ist es, diese Nullstelle zu ermitteln. Da wir recht wenig über die Funktion wissen, beginnen wir einfach mit irgendeinem Punkt x_0, den ich *Startwert* nenne. Falls man nicht gerade vom Glück verfolgt wird, ist x_0 selbst keine Nullstelle der Funktion f, und wir müssen weitersuchen.

Abb. 7.11 Nullstelle und Näherungswerte

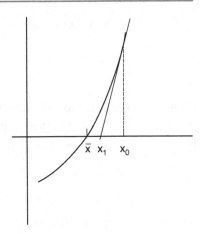

Aber wo? Die Abb. 7.11 legt eine Vermutung nahe. Wenn Sie die Tangente für den
Punkt x_0 mit der x-Achse schneiden, können Sie immerhin hoffen, dass der neue Wert x_1
etwas näher an der Nullstelle $\bar{x}$ liegt als der Startwert x_0. Ich muss also die Gleichung der
Tangente bestimmen und anschließend diese Tangente gleich Null setzen, damit ich ihren
Schnittpunkt x_1 mit der x-Achse finde.

Nun hat aber die Tangente die Steigung $f'(x_0)$, denn die Ableitung ist gerade als Steigung der Tangente definiert worden. Außerdem hat sie bei x_0 den Funktionswert $f(x_0)$,
da jede Tangente an dem ihr zukommenden Punkt die Kurve der Funktion berühren muss.
Weiterhin ist die Tangente eine Gerade und hat deshalb die Gleichung

$$y = ax + b,$$

wobei wir $a = f'(x_0)$ bereits kennen. Für $x = x_0$ ist aber $y = f(x_0)$ und somit

$$f(x_0) = f'(x_0) \cdot x_0 + b,$$

also

$$b = f(x_0) - f'(x_0) \cdot x_0.$$

Die Gleichung der Tangente lautet daher

$$y = f'(x_0) \cdot x + f(x_0) - f'(x_0) \cdot x_0.$$

Sie sollten das Ziel nicht aus den Augen verlieren. Wir hatten die Hoffnung, dass der
Schnittpunkt der Tangente mit der x-Achse eine bessere Näherung an $\bar{x}$ ist als der Startwert x_0. Ich berechne also die Nullstelle x_1 der Tangente durch

$$f'(x_0) \cdot x_1 + f(x_0) - f'(x_0) \cdot x_0 = 0 \Leftrightarrow x_1 = x_0 - \frac{f(x_0)}{f'(x_0)},$$

wie Sie unschwer feststellen können, indem Sie die erste Gleichung nach x_1 auflösen.

Wir sind also von einem Startwert x_0 ausgegangen und haben einen neuen Wert

$$x_1 = x_0 - \frac{f(x_0)}{f'(x_0)}$$

erhalten. Vermutlich wird auch x_1 noch nicht die Nullstelle $\bar{x}$ sein, aber wir können ja die Näherung noch ein bisschen verbessern, indem wir das gleiche Spiel noch einmal mit x_1 treiben. Damit erhalten wir einen neuen Wert

$$x_2 = x_1 - \frac{f(x_1)}{f'(x_1)},$$

der mit etwas Glück näher an der Nullstelle $\bar{x}$ liegt als x_1.

Sie sehen schon, worauf das hinausläuft. In aller Regel wird man die Nullstelle niemals ganz erreichen, aber sich ihr Schritt für Schritt immer besser annähern, indem man jeden neu gewonnenen Näherungswert wieder der gleichen Prozedur unterwirft. Man konstruiert damit eine Folge (x_n), die oft, wenn auch nicht immer, gegen eine Nullstelle von f konvergiert.

7.4.2 Definition Es sei f eine differenzierbare Funktion und x_0 ein beliebiger Startwert. Man definiere eine Folge von Näherungen (x_n) durch

$$x_{n+1} = x_n - \frac{f(x_n)}{f'(x_n)}, \text{ falls } f'(x_n) \neq 0.$$

Diese Formel wird als Newtonsches Iterationsverfahren oder auch als Newton-Verfahren bezeichnet.

Das Newton-Verfahren besteht also nur darin, sich irgendeinen Startwert zu wählen und dann andauernd das gleiche zu tun: man schnappe sich den neu errechneten Wert x_n und stecke ihn wieder als Input in die Formel aus 7.4.2. Das Ergebnis heißt dann x_{n+1} und erleidet natürlich das gleiche Schicksal wie vorher x_n, es wird von der Newton-Formel zu einem neuen Wert x_{n+2} verarbeitet und so weiter und so weiter. Man erhält auf diese Weise eine Folge von Näherungen und gibt sich der Hoffnung hin, dass diese Folge gegen eine Nullstelle von f konvergiert. Das passiert auch sehr häufig, und einen dieser gutartigen Fälle sehen wir uns jetzt genauer an.

7.4.3 Beispiel Haben Sie sich schon einmal gefragt, wie Ihr Taschenrechner Quadratwurzeln ausrechnet? Es ist kaum zu erwarten, dass in der Maschine alle möglichen Wurzeln gespeichert sind, die Wurzel muss auf irgendeine Weise berechnet werden. Da wir nun das Newton-Verfahren zur Verfügung haben, ermitteln wir $\sqrt{a}$ einfach, indem wir die

Nullstellen der Funktion $f(x) = x^2 - a$ bestimmen. Wegen $f'(x) = 2x$ heißt die Newton-Formel in diesem Fall

$$x_{n+1} = x_n - \frac{f(x_n)}{f'(x_n)} = x_n - \frac{x_n^2 - a}{2x_n}.$$

Man kann das durch Umformen noch ein wenig übersichtlicher schreiben:

$$x_{n+1} = \frac{2x_n^2 - x_n^2 + a}{2x_n} = \frac{x_n^2 + a}{2x_n} = \frac{1}{2}\left(x_n + \frac{a}{x_n}\right).$$

Um konkreter zu werden, berechne ich einige Näherungen für $\sqrt{2}$. Die Iterationsformel lautet dann

$$x_{n+1} = \frac{1}{2}\left(x_n + \frac{2}{x_n}\right).$$

Als Startwert wähle ich $x_0 = 2$. Dann ist

$$x_1 = \frac{1}{2}\left(2 + \frac{2}{2}\right) = 1{,}5.$$

Mit dem Wert $x_1 = 1{,}5$ gehe ich wieder in die Formel, um eine bessere Näherung x_2 auszurechnen, und finde

$$x_2 = \frac{1}{2}\left(1{,}5 + \frac{2}{1{,}5}\right) = 1{,}4166...$$

Auf die gleiche Weise erhält man

$$x_3 = 1{,}4142156$$

und

$$x_4 = 1{,}4142135.$$

Wenn Sie Ihren Taschenrechner bemühen, dann werden Sie feststellen, dass wir schon nach vier Schritten mit x_4 einen Näherungswert erreicht haben, der auf sieben Stellen nach dem Komma genau ist.

Sie sollten einmal das Newton-Verfahren zur Bestimmung von $\sqrt{2}$ selbst durchführen, indem Sie irgendeinen beliebigen Startwert x_0 wählen; die Wahl von $x_0 = 2$ war völlig willkürlich und hat allenfalls Einfluss auf die Zahl der durchzuführenden Schritte, nicht aber auf das Ergebnis. Falls Sie allerdings mit einem negativen Startwert anfangen, ist zu erwarten, dass Sie zum Schluss bei $-\sqrt{2}$ landen.

Bei *einem* Durchlauf des Newton-Verfahrens wird man natürlich auch nur *eine* Nullstelle finden. Wie sieht es nun bei Funktionen aus, die mehr als eine Nullstelle haben? Am Verfahren kann ich sicher nichts ändern, die Formel steht unverrückbar fest. Was ich aber beliebig verändern kann, ist der Startwert x_0, und tatsächlich kann man mit etwas Glück die Startwerte so geschickt wählen, dass man der Reihe nach alle Nullstellen erwischt – vorausgesetzt man ist bereit, ein wenig Kurvendiskussion zu betreiben. Im folgenden Beispiel werden Sie sehen, wie Sie mit Hilfe der Kurvendiskussion die richtigen Startwerte herausfinden können.

7.4.4 Beispiel Es sei $f(x) = 4x^3 - 6x^2 + 1$. Gesucht sind alle Nullstellen von f. Am Anfang sollte man immer das Einfachste versuchen und testen, ob f ganzzahlige Nullstellen besitzt. Vor langer Zeit habe ich Ihnen in 5.2.7 erzählt, wie man das macht: eine ganzzahlige Nullstelle von f muss Teiler des absoluten Gliedes 1 sein, und somit kommen nur 1 und -1 in Frage. Leider ist aber $f(1) = -1$ und $f(-1) = -9$, also sind unsere ganzzahligen Kandidaten ausgeschieden.

Bei der Auswahl passender Startwerte ist es hilfreich, über den Kurvenverlauf Bescheid zu wissen. Ich berechne deshalb die Extremwerte von f und muss dafür erst einmal die Ableitungen bereitstellen. Es gilt

$$f'(x) = 12x^2 - 12x \text{ und } f''(x) = 24x - 12.$$

Folglich ist

$$f'(x) = 0 \Leftrightarrow 12x^2 - 12x = 0 \Leftrightarrow x^2 - x = 0 \Leftrightarrow x = 0 \text{ oder } x = 1.$$

Die erste Ableitung hat somit die beiden Nullstellen 0 und 1. Noch wissen wir nicht, ob es sich um Maxima oder Minima handelt, und deswegen setze ich beide Werte in die zweite Ableitung ein:

$$f''(0) = -12 < 0 \text{ und } f''(1) = 12 > 0.$$

Das klärt die Lage. In 0 hat die Funktion f ein lokales Maximum und in 1 ein lokales Minimum. Die entsprechenden Funktionswerte lauten

$$f(0) = 1 \text{ und } f(1) = -1.$$

Mit diesen Informationen ist es schon möglich, den ungefähren Verlauf der Kurve zu skizzieren. Da die Funktion ein Maximum bei 0 mit dem positiven Funktionswert 1 hat, wird sie links von 0 ansteigen, und es bleibt ihr kaum etwas anderes übrig, als auf dem Weg zu 0 einmal die x-Achse zu durchstoßen. Somit gibt es eine Nullstelle $\bar{x}_1 < 0$. Das ist noch lange nicht alles, denn der Funktionswert bei 1 ist negativ, während er bei 0 positiv

Abb. 7.12 Schaubild von
$f(x) = 4x^3 - 6x^2 + 1$

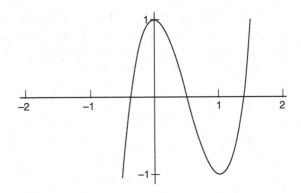

ist, so dass die Kurve auch zwischen 0 und 1 einmal auf die x-Achse treffen muss. Daher existiert eine weitere Nullstelle $\bar{x}_2$ zwischen 0 und 1. Um die Sache auf die Spitze zu treiben, erinnern wir uns an den Umstand, dass in 1 ein lokales Minimum vorliegt, die Funktion also rechts von 1 steigen wird. Es ist also zu erwarten, dass die Kurve rechts von 1 noch einmal mit der x-Achse kollidiert, zumal $\lim\limits_{x \to \infty} f(x) = \infty$ gilt. Folglich hat f noch eine dritte Nullstelle $\bar{x}_3 > 1$. Nun ist aber f ein Polynom dritten Grades und kann gar nicht mehr als drei Nullstellen haben, weshalb wir bereits die Lage sämtlicher Nullstellen festgestellt haben.

Mehr kann die Kurvendiskussion nicht liefern; für die genauen Werte der Nullstellen muss das Newton-Verfahren herhalten. Da wir nun aber die Lage der Nullstellen kennen, können wir an der Funktionskurve ablesen, welche Startwerte für die einzelnen Nullstellen günstig sein dürften: für $\bar{x}_1$ sollte man irgendeinen negativen Startwert wählen, für $\bar{x}_2$ einen Startwert zwischen 0 und 1, und für $\bar{x}_3$ schließlich einen Startwert, der größer als 1 ist.

In jedem Fall lautet die Formel für das Newton-Verfahren

$$x_{n+1} = x_n - \frac{f(x_n)}{f'(x_n)} = x_n - \frac{4x_n^3 - 6x_n^2 + 1}{12x_n^2 - 12x_n}.$$

Ich starte das Verfahren zunächst einmal mit $x_0 = -1$. Die folgende Tabelle zeigt Ihnen, welche Näherungswerte erreicht werden.

n	x_n
0	-1
1	$-0{,}625$
2	$-0{,}43462$
3	$-0{,}37290$
4	$-0{,}36611$
5	$-0{,}366025$
6	$-0{,}366025$

Ab $n = 5$ ändert sich offenbar nichts Nennenswertes mehr an den Näherungswerten, und wir haben die erste Nullstelle $\bar{x}_1 \approx -0{,}366025$ erreicht. Ganz ähnlich sieht es mit der letzten Nullstelle aus. Hier wähle ich den Startwert $x_0 = 2$. Die nächste Tabelle zeigt dann den Ablauf des Newton-Verfahrens.

n	x_n
0	2
1	1,625
2	1,43462
3	1,37290
4	1,36611
5	1,366025
6	1,366025

Auch hier ist die fünfte Näherung bereits genau genug, und wir erhalten $\bar{x}_3 \approx 1{,}366025$. Zu berechnen bleibt die zweite Nullstelle. Dazu nehme ich mir den Startwert $x_0 = 0{,}3$, und das Newton-Verfahren liefert die folgende Tabelle

n	x_n
0	0,3
1	0,52397
2	0,49956
3	0,5
4	0,5

Hier ist schon die dritte Näherung genau genug und liefert einen Wert von 0,5 für $\bar{x}_2$. Das sieht etwas verdächtig aus, denn der Näherungswert ist ungewöhnlich glatt, und wenn Sie einmal 0,5 in die Funktion einsetzen, werden Sie merken, dass wir hier nicht nur einen Näherungswert, sondern eine exakte Nullstelle gefunden haben. Sie können ja zur Übung einmal den Linearfaktor $x - 0{,}5$ mit dem Horner-Schema abdividieren und dann die Nullstellen des resultierenden quadratischen Polynoms mit der üblichen Formel berechnen. Auch daran werden Sie sehen, wie genau das Newton-Verfahren arbeitet.

Sie sollten jetzt nicht dem bedingungslosen Optimismus verfallen. Nicht immer funktioniert die Nullstellensuche mit dem Newton-Verfahren so reibungslos wie im Beispiel 7.4.4. Was machen Sie zum Beispiel mit einem kubischen Polynom, das nur eine reelle und dazu zwei komplexe Nullstellen hat? Sicher wird Ihnen das Newton-Verfahren irgendwann die reelle Nullstelle liefern, aber keine Kurvendiskussion der Welt verschafft Ihnen einen günstigen reellen Startwert zur Bestimmung der komplexen Nullstellen. Allerdings können Sie es mit einem komplexen Startwert versuchen, wobei ziemlich unklar ist, welchen man nehmen soll.

Es kommt sogar noch schlimmer. Sie können nicht einmal bei jedem Startwert garantieren, dass das Newton-Verfahren gegen eine Nullstelle konvergiert. Im nächsten Beispiel zeige ich Ihnen eine Funktion, bei der das Verfahren mit etwas Pech meilenweit von allen Nullstellen entfernt bleibt.

7.4.5 Beispiel Es sei $f(x) = \frac{x^3}{5} - x$. Dann hat f die Nullstellen 0, $\sqrt{5}$ und $-\sqrt{5}$. Zur Anwendung des Newton-Verfahrens muss ich die erste Ableitung von f kennen, und sie lautet $f'(x) = \frac{3}{5}x^2 - 1$. Die Formel für das Verfahren lautet also

$$x_{n+1} = x_n - \frac{f(x_n)}{f'(x_n)} = x_n - \frac{\frac{x_n^3}{5} - x_n}{\frac{3}{5}x_n^2 - 1} = x_n - \frac{x_n^3 - 5x_n}{3x_n^2 - 5},$$

wobei man die letzte Gleichung durch Erweitern des Bruches mit 5 erhält. Ob das Newton-Verfahren nun konvergiert oder nicht, hängt stark davon ab, welchen Startwert Sie wählen. Sicher ist der Startwert $x_0 = 1$ keine exotische Wahl, und wir rechnen einmal aus, was mit ihm passiert. Es gilt

$$x_1 = 1 - \frac{1-5}{3-5} = 1 - \frac{-4}{-2} = -1$$

und

$$x_2 = -1 - \frac{-1+5}{3-5} = -1 - \frac{4}{-2} = 1.$$

Wir haben leider keine großen Fortschritte gemacht. Aus $x_0 = 1$ folgt $x_1 = -1$ und $x_2 = 1$. Da das Newton-Verfahren alle Näherungswerte der gleichen Formel unterwirft, wird demnach

$$x_3 = -1, x_4 = 1, x_5 = -1, \ldots$$

herauskommen, die Folge (x_n) des Newton-Verfahrens springt also ständig zwischen 1 und -1 hin und her und kümmert sich nicht im Mindesten um die Nullstellen 0, $\sqrt{5}$ und $-\sqrt{5}$.

Mit anderen Worten: es ist alles andere als klar, dass das Newton-Verfahren tatsächlich eine Nullstelle der untersuchten Funktion liefert. Sie können sich aber mit zwei Punkten trösten. Erstens sind die meisten Startwerte gutwillig und liefern eine Folge (x_n), die gegen eine Nullstelle konvergiert und auch recht schnell brauchbare Näherungen hervorbringt. Zweitens kann man sich die Faustregel merken: wenn die Folge der Näherungen überhaupt konvergiert, dann auch gegen eine Nullstelle. Man sollte nur nicht vergessen, dass sie manchmal einfach gar nicht konvergiert.

Da es meistens gut geht, pflegt man sich im praktischen Leben nicht so sehr um die Frage zu kümmern, ob ein Startwert sinnvoll ist oder nicht: man setzt in die Formel aus 7.4.2

ein und rechnet auf gut Glück. Üblicherweise rechtfertigen die Ergebnisse diese etwas bur-
schikose Vorgehensweise. Wenn man genau sein will, kann man auch bestimmte hinreichende Bedingungen heranziehen, die das gewünschte Verhalten des Newton-Verfahrens
garantieren, aber sie sind ein wenig unangenehm und unhandlich, und deswegen verzichte
ich darauf, sie hier zu besprechen.

Wenden wir uns lieber der berühmten Regel von l'Hospital zu. Bei Guillaume de
l'Hospital handelt es sich um einen französischen Marquis des späten siebzehnten Jahrhunderts, der zwar seine Verdienste hat, aber sicher nicht die nach ihm benannte Regel entwickelte. Er war an Mathematik stark interessiert und engagierte den glänzenden
Schweizer Mathematiker Johann Bernoulli, um sich über die neuesten Entwicklungen
der Mathematik unterrichten zu lassen. Das traf sich gut, denn Johann Bernoulli war
der jüngere Bruder von Jakob Bernoulli, und es geht das Gerücht, jener Jakob Bernoulli sei zunächst der einzige gewesen, der die schwer verständlichen Arbeiten von Leibniz
zur Differentialrechnung begreifen konnte. Deshalb war Johann gut informiert über den
neuesten Stand der Dinge und konnte eine Menge an l'Hospital weitergeben. Die berühmte Regel dürfte in der einen oder anderen Form wohl auch eher von Bernoulli als von
l'Hospital stammen, aber der Marquis veröffentlichte als erster ein verständliches Buch
über Differentialrechnung, das auch ein einigermaßen normaler Mensch verstehen konnte, und so wurden ihm Ergebnisse zugeschrieben, die von Bernoulli oder von Leibniz
stammten. Man muss allerdings dazu sagen, dass er im Vorwort seines Buches klar und
deutlich machte, wem er seine Erkenntnisse zu verdanken hatte, nämlich der Familie Bernoulli und Leibniz, aber wer liest schon Vorworte. Vielleicht war deshalb Bernoulli etwas
ungehalten über den Erfolg des Buches von l'Hospital und beklagte sich darüber, dass er
es ihm mehr oder weniger direkt in die Feder diktiert hätte.

Wie dem auch sei, die Regel von l'Hospital befasst sich mit der Berechnung bestimmter
Grenzwerte, und ich werde sie Ihnen jetzt einfach einmal vorstellen.

7.4.6 Satz Es seien $f, g : I \to \mathbb{R}$ differenzierbar und $g'(x) \neq 0$ für alle $x \in I$. Weiterhin
gelte

$$\lim_{x \to x_0} f(x) = \lim_{x \to x_0} g(x) = 0$$

oder

$$\lim_{x \to x_0} f(x) = \pm\infty \text{ und } \lim_{x \to x_0} g(x) = \pm\infty.$$

Falls dann der Grenzwert

$$\lim_{x \to x_0} \frac{f'(x)}{g'(x)}$$

existiert, so gilt

$$\lim_{x \to x_0} \frac{f(x)}{g(x)} = \lim_{x \to x_0} \frac{f'(x)}{g'(x)}.$$

Ich gebe zu, auf den ersten Blick sieht das nicht sehr beeindruckend aus. Was sollte man davon haben, einen seltsamen Grenzwert durch einen anderen zu ersetzen? Tatsächlich liegt der Nutzen des Satzes darin, dass der zweite Grenzwert unter Umständen etwas weniger seltsam ist als der erste und deshalb leichter berechnet werden kann. Ich möchte mich hier nicht mit einem Beweis aufhalten, sondern einige Beispiele rechnen, die den Sinn der Regel verdeutlichen.

7.4.7 Beispiele

(i)   Gesucht ist

$$\lim_{x \to 1} \frac{x^2 - 2x + 1}{x^2 - 3x + 2}.$$

Sowohl Zähler als auch Nenner werden zu Null, wenn man $x = 1$ einsetzt. Deshalb ist die Voraussetzung zur Anwendung der l'Hospitalschen Regel erfüllt, und es gilt

$$\lim_{x \to 1} \frac{x^2 - 2x + 1}{x^2 - 3x + 2} = \lim_{x \to 1} \frac{2x - 2}{2x - 3} = \frac{0}{-1} = 0.$$

So einfach geht das mit ein wenig Differentialrechnung. Sie brauchen nur separat Zähler und Nenner abzuleiten und zu testen, was mit dem neuen Bruch passiert, wenn $x \to 1$ geht. In diesem Fall wird der Zähler zu 0 und der Nenner zu -1, also der Bruch insgesamt zu 0. Sicher hätte man diesen Grenzwert mit den Methoden aus dem vierten Kapitel auch zu Fuß ausrechnen können, indem man den gemeinsamen Linearfaktor $x - 1$ herauskürzt, aber nicht immer sind die auftretenden Funktionen Polynome, bei denen man so einfach Linearfaktoren kürzen kann.

(ii) Gesucht ist

$$\lim_{x \to 0} \frac{\tan x}{\tan 2x}.$$

Wegen $\tan 0 = 0$ ist auch hier die Voraussetzung zur Anwendung der Regel erfüllt, und wir können zu den Ableitungen von Zähler und Nenner übergehen. Es folgt:

$$\lim_{x \to 0} \frac{\tan x}{\tan 2x} = \lim_{x \to 0} \frac{\frac{1}{\cos^2 x}}{\frac{2}{\cos^2 2x}} = \frac{1}{2} \lim_{x \to 0} \frac{\cos^2 2x}{\cos^2 x} = \frac{1}{2},$$

denn $\cos 0 = 1$. Hier habe ich nur benutzt, dass $(\tan x)' = \frac{1}{\cos^2 x}$ gilt und zusätzlich die Kettenregel auf die Ableitung von $\tan 2x$ angewendet. Versuchen Sie sich einmal daran, diesen Grenzwert elementar, ohne die Regel von l'Hospital auszurechnen. Unter uns gesagt: auf Anhieb wüsste ich nicht, wie ich es anfangen soll.

(iii) Gesucht ist

$$\lim_{x \to 0} x \cdot \ln x.$$

Die Regel von l'Hospital bezieht sich auf Quotienten, und hier liegt offenbar kein Quotient vor. Man kann aber jedes Produkt in einen Quotienten verwandeln, indem man durch den Kehrwert eines der beiden Faktoren teilt. In diesem Fall ist

$$\lim_{x \to 0} x \cdot \ln x = \lim_{x \to 0} \frac{\ln x}{\frac{1}{x}}.$$

Das sieht schon besser aus, denn für $x \to 0$ tendiert $\ln x$ gegen $-\infty$ und $\frac{1}{x}$ gegen ∞. Folglich ist die zweite Voraussetzung der l'Hospitalschen Regel erfüllt, und wieder gehe ich zu den Ableitungen über. Es folgt dann

$$\lim_{x \to 0} \frac{\ln x}{\frac{1}{x}} = \lim_{x \to 0} \frac{\frac{1}{x}}{-\frac{1}{x^2}} = \lim_{x \to 0} -x = 0.$$

Folglich ist

$$\lim_{x \to 0} x \cdot \ln x = 0.$$

(iv) Gesucht ist

$$\lim_{x \to 0} x^x.$$

Auf den ersten Blick hat das nun gar nichts mit der Regel von l'Hospital zu tun, denn es ist weit und breit kein Quotient zu sehen. Es gilt aber

$$\ln x^x = x \cdot \ln x,$$

und in Nummer (iii) haben wir gerade ausgerechnet, dass

$$\lim_{x \to 0} x \cdot \ln x = 0$$

gilt. Deshalb ist

$$\lim_{x \to 0} x^x = e^{\lim_{x \to 0} x \cdot \ln x} = e^0 = 1.$$

Damit beende ich das Kapitel über Differentialrechnung. Im nächsten Kapitel werden Sie sehen, wie sehr die *Integralrechnung* mit dem verzahnt ist, was Sie bisher über das Differenzieren gelernt haben.

Integralrechnung

8

In München steht nicht nur das Hofbräuhaus, das keine besondere mathematische Bedeutung hat, sondern auch das Olympiastadion. Als es geplant und erbaut wurde, erregte es einiges Aufsehen durch seine mehr oder minder einzigartige Dachkonstruktion: eine Kollektion geschwungener Oberflächen, die zumindest versuchen, beim Zuschauer den Eindruck des freien Schwebens hervorzurufen. Es dürfte damals, Anfang der siebziger Jahre, allerdings nicht nur Diskussionen über die ungewöhnliche Form eines Stadiondaches gegeben haben, sondern auch über die enormen Kosten, und das ist der Punkt, auf den ich hinaus will. So eine Konstruktion verschlingt, von allen technischen Schwierigkeiten einmal abgesehen, eine Menge an Material, und es wäre hilfreich, zumindest eine Schätzung des Materialverbrauchs zur Hand zu haben, damit man nicht am Ende böse Überraschungen erlebt und das Geld nicht reicht, um das Dach fertig zu bauen.

Daraus ergibt sich eine Problemstellung, für die wir beim bisherigen Stand der Dinge noch keinen Lösungsansatz haben: gegeben ist eine im dreidimensionalen Raum herumliegende Fläche, deren *Flächeninhalt* auf möglichst einfache Weise bestimmt werden soll. Das ist aber ein recht kompliziertes Problem, mit dem ich mich erst im Kapitel über *mehrdimensionale* Integralrechnung befassen kann. Trotzdem müssen wir uns zu seiner Lösung erst einmal mit der üblichen und Ihnen vielleicht noch aus Ihrer Schulzeit etwas vertrauten Integralrechnung beschäftigen, die ich später als Grundlage für weitergehende Überlegungen brauchen werde. Auch sie findet eine Anwendung im Münchner Olympiastadion, wenn man einen Blick auf die Rasenheizung wirft. Das Stadion besitzt nämlich eine Fußbodenheizung, damit es auch im Winter bespielt werden kann und keine Spiele wegen Schneefalls abgesagt werden müssen. Natürlich muss man imstande sein, die Kosten einer Heizperiode zu kalkulieren, und Grundlage einer solchen Kalkulation ist die beheizte Fläche. Nun muss ja der Torwart damit rechnen, einen nicht geringen Teil seiner Zeit beschäftigungslos in der Kälte zu stehen, und um seine Reflexe nicht einfrieren zu lassen, sollte man dafür sorgen, dass auch am Rand des Spielfelds erträgliche Temperaturen herrschen. Wenn ich deshalb davon ausgehe, dass nicht nur das rechteckige Fußballfeld, sondern auch die rund und glatt berandeten Teile hinter den Toren beheizt werden, so ergibt sich die Aufgabe, den Inhalt einer in der Ebene liegenden, aber von krummen Linien eingerahmten Fläche zu bestimmen. Damit haben wir die klassische Aufgabe der Integralrechnung gefunden.

Im ersten Teil des Kapitels werde ich Ihnen erklären, was ein Integral ist und wie das Integrieren mit der Differentialrechnung zusammenhängt. Danach sehen wir uns die wichtigsten Integrationsregeln an und untersuchen, wie man mit Hilfe der Partialbruchzerlegung rationale Funktionen integriert. Anschließend kümmern wir uns um sogenannte uneigentliche Integrale, und zum Schluss bestimmen wir mit Hilfe der Integralrechnung Flächeninhalte, Volumina und Streckenlängen.

8.1 Einführung

Der Ausgangspunkt der Integralrechnung ist die Frage, wie man die Fläche zwischen der Kurve einer Funktion und der x-Achse berechnen kann. Wir fangen ganz vorsichtig mit der geradesten Kurve an, die es gibt.

8.1.1 Beispiel Man definiere $f : [a, b] \to \mathbb{R}$ durch $f(x) = 1$. Dann schließt der Graph von f mit der x-Achse eine Rechtecksfläche ein, deren Inhalt $b - a$ beträgt.

Dieses Beispiel ist nicht einmal eine Skizze wert, und ich erwähne es nur der Vollständigkeit halber. Etwas mehr Gedanken müssen wir uns schon bei einer linearen Funktion machen.

8.1.2 Beispiel Man definiere $f : [a, b] \to \mathbb{R}$ durch $f(x) = x$. Die Fläche, um die es geht, ist ein Trapez, das Sie in Abb. 8.1 bewundern können. Es gibt auch eine Formel zur Berechnung von Trapezflächen, aber man kann hier auch ohne eine weitere Formel auskommen, denn offenbar lässt sich die gesuchte Fläche bestimmen als Differenz zweier Dreiecksflächen: Wir haben einmal das große Dreieck mit der Grundseite von 0 bis b und zum Zweiten das kleine Dreieck mit der Grundseite von 0 bis a. Eine Dreiecksfläche

Abb. 8.1 Fläche unter
$f(x) = x$

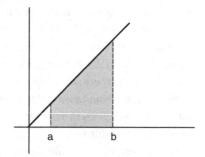

berechnet man nach der Formel

$$\text{Fläche} = \frac{1}{2} \cdot \text{Grundseite} \cdot \text{Höhe},$$

und damit haben wir die beiden Dreiecksflächen

$$\frac{1}{2}b^2 \text{ und } \frac{1}{2}a^2.$$

Die gesuchte Fläche beträgt also

$$F = \frac{1}{2}b^2 - \frac{1}{2}a^2.$$

Auch das war noch einfach, denn die Funktionskurve war eine gerade Linie und die Fläche ließ sich mit elementarer Geometrie ausrechnen. Wesentlich unangenehmer wird die Lage, wenn die Kurve nicht mehr gerade ist. Wir sehen uns diesen Fall am Beispiel der Parabel an.

8.1.3 Beispiel Man definiere $f : [a, b] \to \mathbb{R}$ durch $f(x) = x^2$. Gesucht ist der in Abb. 8.2 skizzierte Flächeninhalt. Hier helfen keine einfachen geometrischen Überlegungen mehr, man muss sich etwas völlig Neues ausdenken. Wir können uns ja zum Beispiel für einen Moment mit einer Näherung begnügen und dann versuchen, diese Näherung so genau wie möglich zu machen. Die einfachste Fläche, die uns zur Verfügung steht, ist die Rechtecksfläche, und deshalb nähere ich die gesuchte Fläche durch eine Summe von Rechtecksflächen an. Wenn ich die Strecke zwischen a und b in n gleichlange Teilstücke aufteile, dann hat jedes Teilstück die Länge

$$h = \frac{b - a}{n}.$$

Die Inhalte der Rechtecke bilden eine erste Näherung für den gesuchten Flächeninhalt. Das ist zwar eine feine Sache, aber es nützt nichts, solange wir die einzelnen Rechtecksflächen und deren Summe nicht ausgerechnet haben. Die Grundseite jedes Rechtecks ist

Abb. 8.2 Fläche unter
$f(x) = x^2$

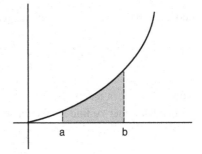

Abb. 8.3 Annäherung durch
Rechtecksflächen

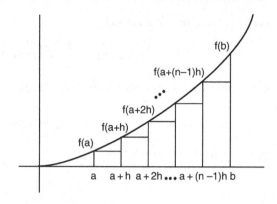

natürlich $h = \frac{b-a}{n}$. Die Höhe dagegen erhält man, indem man den jeweiligen Funktionswert nimmt, denn die linke Seite eines jeden Rechtecks verbindet gerade seinen linken
Eckpunkt mit der Funktionskurve. Deshalb hat das erste Rechteck die Höhe $f(a)$, das
zweite die Höhe $f(a + h)$ und so weiter bis zum letzten Rechteck, dessen linker Eckpunkt der Zahl $a + (n - 1)h$ entspricht und dessen Höhe somit $f(a + (n - 1)h)$ beträgt,
wie Sie es in Abb. 8.3 sehen können.

Für die Summe A_n der Rechtecksflächen erhalten wir deshalb:

$$A_n = h \cdot f(a) + h \cdot f(a + h) + \cdots + h \cdot f(a + (n - 1)h)$$

$$= \frac{b-a}{n} \cdot \left(a^2 + \left(a + \frac{b-a}{n} \right)^2 \right.$$

$$\left. + \left(a + 2 \cdot \frac{b-a}{n} \right)^2 + \cdots + \left(a + (n - 1) \cdot \frac{b-a}{n} \right)^2 \right).$$

Das macht zunächst einen abschreckenden Eindruck, und mir wird nichts anderes übrig
bleiben, als diese Summe deutlich zu vereinfachen. Sehen Sie sich einmal die quadrierten
Ausdrücke in der großen Klammer an. Sie haben die Form

$$\left(a + k \cdot \frac{b-a}{n} \right)^2 \text{ für } k = 0, \ldots, n - 1,$$

und diese Klammern kann man ausquadrieren mit dem Ergebnis

$$\left(a + k \cdot \frac{b-a}{n} \right)^2 = a^2 + 2a \cdot \frac{b-a}{n} \cdot k + \frac{(b-a)^2}{n^2} \cdot k^2.$$

Nun steht aber in jedem Summanden der Ausdruck a^2, und es sind n Summanden in der
großen Klammer zu finden. Weiterhin müssen wir die Summanden

$$2a \cdot \frac{b-a}{n} \cdot k \text{ sowie } \frac{(b-a)^2}{n^2} \cdot k^2$$

jeweils für $k = 1, \ldots, n - 1$ aufaddieren. Gleichzeitig multipliziere ich den Bruch $\frac{b-a}{n}$, den Sie vor der großen Klammer finden, in die Klammer hinein und finde für die Summe der Rechtecksflächen:

$$A_n = \frac{b-a}{n} n a^2 + \frac{b-a}{n} 2a \frac{b-a}{n} (1 + 2 + \cdots + (n-1))$$
$$+ \frac{b-a}{n} \frac{(b-a)^2}{n^2} (1^2 + 2^2 + \cdots + (n-1)^2).$$

Wir wissen aus 4.2.3:

$$1 + 2 + \cdots + (n-1) = \frac{(n-1) \cdot n}{2},$$

und ebenfalls in 4.2.3 habe ich nachgerechnet:

$$(1^2 + 2^2 + \cdots + (n-1)^2) = \frac{(n-1) \cdot n \cdot (2n-1)}{6}.$$

Damit ergibt sich:

$$A_n = (b-a)a^2 + 2a(b-a)^2 \frac{(n-1)n}{2n^2} + (b-a)^3 \frac{(n-1)n(2n-1)}{6n^3}.$$

Damit ist der Ausdruck immerhin etwas einfacher geworden, aber Sie dürfen nicht vergessen, dass ich bisher nur die Summe der Rechtecksflächen berechnet habe und noch nicht die gesuchte Fläche unter der Parabel. Die Näherung wird aber immer besser, je mehr Rechtecke ich zur Verfügung habe. Zur Berechnung der genauen Fläche werde ich also die Grundseiten der Rechtecke beliebig klein werden lassen, und das heißt, ich muss den Grenzwert für $n \to \infty$ betrachten. Nun ist aber

$$\lim_{n \to \infty} \frac{(n-1)n}{2n^2} = \frac{1}{2} \text{ und } \lim_{n \to \infty} \frac{(n-1)n(2n-1)}{6n^3} = \frac{1}{3},$$

wie Sie mit den im vierten Kapitel besprochenen Methoden leicht nachrechnen können. Folglich ist

$$\lim_{n \to \infty} A_n = (b-a)a^2 + a(b-a)^2 + \frac{1}{3}(b-a)^3$$
$$= (b-a) \cdot (a^2 + a(b-a) + \frac{1}{3}(b-a)^2)$$
$$= (b-a) \cdot \left(a^2 + ab - a^2 + \frac{b^2}{3} - \frac{2}{3}ab + \frac{a^2}{3} \right)$$
$$= (b-a) \cdot \left(\frac{b^2}{3} + \frac{ab}{3} + \frac{a^2}{3} \right)$$
$$= \frac{b^3}{3} - \frac{a^3}{3}.$$

Der gesuchte Flächeninhalt beträgt also

$$\frac{b^3}{3} - \frac{a^3}{3}.$$

Wieder einmal haben wir eine sehr mühselige Prozedur auf uns genommen, um zum Schluss ein sehr einfaches Resultat zu finden. Auf die Mühseligkeit werde ich gleich zurückkommen. Zunächst möchte ich die eben verwendeten Methoden benutzen, um allgemein zu sagen, was man unter einem Integral versteht.

Das erste, was man braucht, ist offenbar eine Zerlegung des Grundintervalls $[a, b]$, und dabei ist es natürlich nicht nötig, unbedingt gleichlange Stücke zu verwenden.

8.1.4 Definition Eine *Zerlegung* Z_n von $[a, b]$ ist eine Aufteilung des Intervalls $[a, b]$ in n Teilintervalle mit den Grenzen

$$a = x_0 < x_1 < \cdots x_{n-1} < x_n = b,$$

das heißt, man unterteilt $[a, b]$ in n Teilintervalle

$$[x_0, x_1], [x_1, x_2], \cdots, [x_{n-1}, x_n].$$

Die Länge des größten Teilintervalls bezeichne ich mit $L(Z_n)$.

Mit Hilfe von Zerlegungen kann man nun den Begriff des bestimmten Integrals definieren, genauer gesagt, werde ich hier das sogenannte *Riemann-Integral* einführen, das nach dem Mathematiker Bernhard Riemann benannt ist. Die Idee haben Sie schon in 8.1.3 kennengelernt: man errichtet über den einzelnen Teilintervallen Rechtecke, summiert deren Flächen auf und lässt die Anzahl n der Rechtecke gegen Unendlich gehen. Der erzielte Grenzwert ist dann das Integral. Das Einzige, was man sich noch überlegen muss, ist die Höhe der Rechtecke, denn schließlich braucht man ja nicht unbedingt den linken Eckpunkt zur Ausgangsbasis der Höhe zu machen, sondern kann sich für irgendeinen Punkt der Grundseite entscheiden, wie Sie es in Abb. 8.4 sehen können.

Abb. 8.4 Annäherung durch
Rechtecksflächen

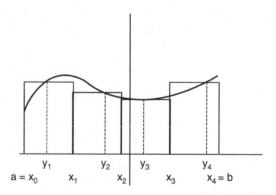

8.1.5 Definition Eine Funktion $f : [a,b] \to \mathbb{R}$ heißt *integrierbar*, falls für jede Folge von Zerlegungen Z_n mit $\lim\limits_{n\to\infty} L(Z_n) = 0$ und für jede Auswahl von Punkten

$$y_1 \in [x_0, x_1], \ldots, y_n \in [x_{n-1}, x_n]$$

der Grenzwert der Folge

$$A_n(f) = f(y_1) \cdot (x_1 - x_0) + f(y_2) \cdot (x_2 - x_1) + \cdots + f(y_n) \cdot (x_n - x_{n-1})$$

$$= \sum_{i=1}^{n} f(y_i) \cdot (x_i - x_{i-1})$$

existiert. In diesem Fall heißt der Grenzwert $\lim\limits_{n\to\infty} A_n(f)$ das *bestimmte Integral von f*. Man schreibt

$$\int\limits_{a}^{b} f(x)dx = \lim_{n\to\infty} A_n(f) = \lim_{n\to\infty} \sum_{i=1}^{n} f(y_i)(x_i - x_{i-1}).$$

Hier muss ich noch ein paar erklärende Worte sagen. Das Prinzip habe ich schon beschrieben: man nimmt sich Rechtecksflächen und lässt n gegen Unendlich gehen. Da wir allerdings eine beliebige Folge von Zerlegungen vor uns haben, genügt die Forderung $n \to \infty$ alleine nicht, man muss noch verlangen, dass die Rechtecksseiten immer kleiner werden und am Ende gegen 0 konvergieren. Wenn aber die Länge $L(Z_n)$ des größten Teilintervalls gegen 0 konvergiert, dann werden die anderen Intervalle keine andere Chance haben, und alle Rechtecksgrundseiten werden gegen 0 gehen. Daher musste ich die Bedingung $\lim\limits_{n\to\infty} L(Z_n) = 0$ in die Definition aufnehmen.

Mit $A_n(f)$ bezeichne ich dann die Summe der Rechtecksflächen, und damit ich nicht immer so viel schreiben muss, habe ich das übliche Summenzeichen $\sum$ benutzt. Die Schreibweise

$$\sum_{i=1}^{n} a_i = a_1 + a_2 + \cdots + a_n$$

ist also nichts weiter als eine Abkürzung für eine Summe mit n Summanden, die mit den Nummern $1, \ldots, n$ abgezählt sind. Man spricht sie als „Summe von $i = 1$ bis n über a_i" aus.

Bedenken Sie aber, dass ich noch mit n gegen Unendlich gehen muss und dann den Grenzwert $\lim\limits_{n\to\infty} A_n(f)$ als bestimmtes Integral bezeichne. Das sieht zunächst einmal nach einer mittelschweren Schlamperei aus. Könnte es nicht sein, dass man *eine* Folge von Zerlegungen nimmt und damit *ein* Integral erhält, während man mit einer *anderen* Folge von Zerlegungen, die auch in die Definition 8.1.5 passt, einen völlig *anderen* Wert für das Integral bekommt? Das sieht auf den ersten Blick gefährlich aus, ist es aber nicht. Sobald man garantiert, dass jede Folge von Zerlegungen überhaupt irgendein Ergebnis liefert, kann man auch nachweisen, dass immer und überall das gleiche Ergebnis herauskommt. Es hat eine gewisse Ähnlichkeit mit der Situation auf einer Rutschbahn. Sobald Sie garantieren können, dass keiner unterwegs steckenbleibt, werden auch alle am gleichen Ort ankommen, nämlich unten. Und genauso ist es bei den Integralen: sobald Sie garantieren können, dass jede vernünftige Folge von Zerlegungen zu einem Ergebnis führt, wissen Sie auch, dass das Ergebnis immer das gleiche ist, nämlich das bestimmte Integral.

Am Ende der Definition finden Sie übrigens das Integralzeichen $\int$. Es wurde, wie ich schon im siebten Kapitel erwähnt habe, von Leibniz eingeführt, und soll ein stilisiertes S als Abkürzung für Summe darstellen. Die Bezeichnung

$$\int\limits_a^b f(x)dx$$

kann man dann so interpretieren, dass eine Summe gebildet werden soll, deren Summanden aus Produkten der Form $f(x) \cdot dx$ besteht. Dabei symbolisiert dx die *Differenz* der x-Werte $x_i - x_{i-1}$ und $f(x)$ ist die Höhe des jeweiligen Rechtecks. In der alten Zeit hat man allerdings Integrale nicht als Grenzwerte definiert, denn die Pioniere der Analysis kannten noch keine Konvergenzbetrachtungen dieser Art. Das Integral war also durchaus wörtlich zu nehmen: man multipliziere $f(x)$ mit der unendlich kleinen Grundseite dx, um die Fläche eines unendlich dünnen Rechtecks zu erhalten, und summiere dann die Flächen all dieser unendlich dünnen Rechtecke auf. Mit dermaßen windigen Begriffsbildungen konnte man bemerkenswerte Resultate erzielen, und der berühmte Johannes Kepler leitete damit auf etwas zweifelhafte Weise recht komplizierte und auch noch korrekte Formeln für die Volumina von Weinfässern her. Die Schwierigkeiten, die seine Methode in sich barg, überspielte er mit der Bemerkung, dass „die Natur die Geometrie durch den Instinkt alleine lehrt, auch ohne das vernunftmäßige Schließen".

Ob man nun Grenzwerte verwendet oder unendlich kleine Größen bemüht, in jedem Fall ist das bestimmte Integral einfach nur ein Flächeninhalt zwischen einer Funktionskurve und der x-Achse. Sie haben aber in 8.1.3 gesehen, dass das Rechtecksverfahren aus der Definition 8.1.5 schon für einfache Funktionen wie $f(x) = x^2$ zu aufwendigen Rechnungen führt, die bei schwierigeren Funktionen vermutlich unüberwindbare Probleme verursachen. Mein Ziel ist es daher im Folgenden, eine bessere Methode zur Berechnung von Integralen zu finden. Dazu muss ich erst ein paar kleine Regeln notieren.

Zunächst ist es nicht sehr überraschend, dass unter der Kurve einer stetigen Funktion eine ordentliche Fläche zu finden ist.

8.1.6 Satz Jede stetige Funktion ist integrierbar.

Für den Beweis müsste ich mich etwas in Details verlieren, und das erscheint mir wenig hilfreich. Der Satz ist auch ohne Beweis einigermaßen einsichtig; wenn schon stetige Funktionen kein brauchbares Integral haben, wo sollte man dann sonst eines finden?

Abb. 8.5 Summe von Integralen

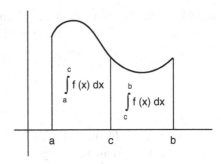

Glücklicherweise sind Integrale auch mit der Addition verträglich.

8.1.7 Satz Es seien $f, g : [a, b] \to \mathbb{R}$ integrierbar. Dann gelten die folgenden Regeln.

(i) $\int_a^b f(x) + g(x)dx = \int_a^b f(x)dx + \int_a^b g(x)dx.$

(ii)   Für $\gamma \in \mathbb{R}$ ist $\int_a^b \gamma \cdot f(x)dx = \gamma \cdot \int_a^b f(x)dx.$

(iii) Für $c \in [a, b]$ ist $\int_a^b f(x)dx = \int_a^c f(x)dx + \int_c^b f(x)dx.$

Beweis Zum Beweis von (i) brauchen Sie nur eine Zerlegung Z_n des Intervalls $[a, b]$ heranzuziehen und nachzurechnen, dass für die Summen der Rechtecksflächen gilt:

$$A_n(f + g) = A_n(f) + A_n(g).$$

Davon kann man sich ganz schnell durch Einsetzen in die Formel für A_n überzeugen, und aus der Additivität von Grenzwerten folgt sofort die Regel (i). Nummer (ii) zeigt man dann genauso. Um Regel (iii) einzusehen, sollte man sich die Situation wie in Abb. 8.5 aufmalen. Die Fläche zwischen a und b setzt sich zusammen aus der Fläche zwischen a und c sowie der Fläche zwischen c und b. Übersetzt man diesen Satz in die Integralschreibweise, so ergibt sich

$$\int_a^b f(x)dx = \int_a^c f(x)dx + \int_c^b f(x)dx. \qquad \triangle$$

Bisher haben wir uns darauf beschränkt, Integrale anzusehen, deren untere Schranke a tatsächlich eine kleinere Zahl war als die obere Schranke b. Später werde ich aber Integrale brauchen, bei denen die Verhältnisse unter Umständen genau umgekehrt sind, und deshalb sollten wir uns Gedanken darüber machen, wie solche Integrale aussehen können. Eigentlich ist es aber klar: wenn man die Fläche nicht mehr in der natürlichen Richtung von links nach rechts, sondern von rechts nach links ansieht, wird sich betragsmäßig an ihrem Inhalt nichts ändern, nur mit dem Vorzeichen sollte man aufpassen.

8.1.8 Bemerkung Am einfachsten ist ein Integral auszurechnen, dessen obere Schranke mit seiner unteren Schranke zusammenfällt. Zwischen a und a schließt keine Funktion der Welt eine Fläche ein, und es gilt

$$\int\limits_{a}^{a} f(x)dx = 0.$$

Will man nun die Rechenregel 8.1.7 (iii) für beliebige Kombinationen von Integrationsgrenzen aufrecht erhalten, so folgt

$$0 = \int\limits_{a}^{a} f(x)dx = \int\limits_{a}^{b} f(x)dx + \int\limits_{b}^{a} f(x)dx,$$

denn wenn man erst von a nach b läuft und dann wieder von b nach a, dann hätte man auch gleich bei a stehen bleiben können. Auflösen ergibt

$$\int\limits_{b}^{a} f(x)dx = - \int\limits_{a}^{b} f(x)dx.$$

Die Vertauschung der Integrationsgrenzen führt also zu einer Änderung des Vorzeichens.

8.1.9 Beispiel Nach 8.1.3 ist

$$\int\limits_{1}^{3} x^2 dx = \frac{3^3}{3} - \frac{1^3}{3} = 9 - \frac{1}{3} = 8\frac{2}{3},$$

und somit

$$\int\limits_{3}^{1} x^2 dx = -8\frac{2}{3}.$$

Wir können uns jetzt langsam einer vernünftigen und vor allem praktikablen Methode zur Berechnung von Integralen annähern. Ich brauche dazu noch ein weiteres Hilfsmittel, das ich Ihnen in 8.1.11 vorstelle. Zunächst sollte ich aber kurz erklären, auf was die folgenden Überlegungen hinauslaufen werden.

8.1.10 Bemerkung Sie haben bereits drei Beispiele von bestimmten Integralen gesehen. Wir haben nachgerechnet, dass

$$\int\limits_{a}^{b} 1\,dx = b - a, \int\limits_{a}^{b} x\,dx = \frac{b^2}{2} - \frac{a^2}{2} \text{ und } \int\limits_{a}^{b} x^2 dx = \frac{b^3}{3} - \frac{a^3}{3}$$

gilt. Das riecht verdächtig nach einer allgemeinen Gesetzmäßigkeit, denn man würde doch erwarten, dass dann auch die Formel

$$\int_a^b x^3 dx = \frac{b^4}{4} - \frac{a^4}{4}$$

gültig ist. Manchmal sind die einfachsten Vermutungen auch die besten: die Formel stimmt tatsächlich, und auch alle anderen Formeln des gleichen Musters sind in Ordnung. Man kann sogar *jede stetige Funktion* mit einem ähnlichen Prinzip integrieren, wenn man nur etwas genauer hinschaut. Verändert man zum Beispiel die Bezeichnungen der Variablen und setzt

$$F(x) = \int_a^x t^2 dt,$$

so gilt nach 8.1.3

$$F(x) = \frac{x^3}{3} - \frac{a^3}{3}, \text{ also } F'(x) = x^2.$$

Das ist auffällig, denn es bedeutet, dass die Ableitung des Integrals die ursprüngliche Funktion selbst ist. Tatsächlich gilt für jede stetige Funktion f, dass man die neue Funktion

$$F(x) = \int_a^x f(t) dt$$

ableiten kann und die Ableitung durch

$$F'(x) = f(x)$$

gegeben ist.

Es ist diese Beziehung, die ich jetzt erst einmal herausbekommen möchte. Ich werde dabei folgendermaßen vorgehen. Erst leite ich ein kleines Hilfsmittel her, den sogenannten *Mittelwertsatz der Integralrechnung*. Dann zeige ich die Gleichung $F'(x) = f(x)$ aus 8.1.10, die ich anschließend zum berühmten *Hauptsatz der Differential- und Integralrechnung* erweitere. Mit diesem Hauptsatz kann ich dann schon eine ganze Menge Integrale ausrechnen, ohne mich erst mit Rechtecksflächen und unübersichtlichen Grenzwerten plagen zu müssen.

Zuerst also zum Mittelwertsatz. Er sieht vielleicht auf den ersten Blick etwas verwirrend aus, aber das scheint nur so, in Wahrheit steckt eine ganz einfache Idee dahinter. Die

Fläche, um die es beim bestimmten Integral geht, hat zwar eine krumme Begrenzungslinie, aber immerhin auch drei ordentlich gerade: die Grundseite und die beiden Randstücke. Wenn Sie nun beispielsweise ein Rechteck nehmen und den Flächeninhalt durch die Länge der Grundseite dividieren, dann bekommen Sie die Höhe heraus. Im allgemeinen Fall ist das nicht ganz so einfach, denn Sie haben nicht nur *eine* Höhe, sondern unter Umständen für jedes $x \in [a, b]$ eine andere, die gerade dem Funktionswert $f(x)$ entspricht. Dennoch liegt die Vermutung nahe, dass man beim Dividieren des Flächeninhalts durch die Grundseite wenigstens *eine* der vielen Höhen erwischt, und genau das ist der Inhalt des Mittelwertsatzes.

8.1.11 Satz (Mittelwertsatz der Integralrechnung) Es sei $f : [a, b] \to \mathbb{R}$ stetig. Dann gibt es ein $\xi \in [a, b]$ mit

$$\frac{1}{b-a} \int_a^b f(x)dx = f(\xi).$$

Beweis Zunächst sollten Sie sich davon überzeugen, dass der Satz tatsächlich das aussagt, was ich angekündigt habe: Sie dividieren den Flächeninhalt $\int_a^b f(x)dx$ durch die Grundseite $b - a$ und erhalten eine Höhe $f(\xi)$. Auch der Beweis beruht auf einer einfachen Idee. Ich werde zeigen, dass der Quotient aus Fläche und Grundseite zwischen dem kleinsten und dem größten Funktionswert von f liegt. Da f eine stetige Funktion auf einem Intervall $[a, b]$ ist, hat sie keine Lücken, Sprungstellen oder ähnliche Widrigkeiten, und deshalb muss ein Wert, der zwischen dem kleinsten und dem größten Funktionswert von f liegt, irgendwann beim Zeichnen auch erreicht werden. Folglich muss dieser Wert selbst ein Funktionswert sein. Ich setze also

$$m = \min\{f(x) \mid x \in [a, b]\} \text{ und } M = \max\{f(x) \mid x \in [a, b]\}.$$

Damit ist m der kleinste und M der größte vorkommende Funktionswert. Sie können an Abb. 8.6 sehen, dass die gesuchte Fläche unter der Funktionskurve zwischen der Fläche $m \cdot (b - a)$ des kleinen Rechtecks und $M \cdot (b - a)$ des großen Rechtecks liegt. In Formeln heißt das:

$$m \cdot (b - a) \leq \int_a^b f(x)dx \leq M \cdot (b - a).$$

Nun teile ich diese Ungleichung durch $b - a$ und finde:

$$m \leq \frac{1}{b-a} \int_a^b f(x)dx \leq M.$$

Abb. 8.6 Mittelwertsatz der Integralrechnung

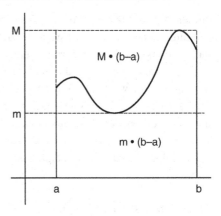

Das ist genau das, was ich brauchte, denn ich wollte ja zeigen, dass der Quotient aus Flächeninhalt und Grundseite zwischen dem kleinsten und dem größten Funktionswert liegt. Da die Funktion f stetig ist, bleibt dem Quotienten nichts anderes übrig als selbst ein Funktionswert zu sein, und das heißt, es gibt ein $\xi \in [a, b]$ mit der Eigenschaft:

$$\frac{1}{b-a} \int_a^b f(x)dx = f(\xi).\qquad\qquad\triangle$$

Auch für diesen Mittelwertsatz bleiben die Bemerkungen gültig, die ich im Anschluss an den Mittelwertsatz der Differentialrechnung geäußert habe. Wir wissen nicht im entferntesten, wo genau der ominöse Wert ξ sich aufhalten mag, aber wir brauchen es auch nicht zu wissen. Die einzig wichtige Information ist die, dass es ein passendes ξ gibt. Im Beweis von Satz 8.1.13 werden Sie sehen, dass es nur auf die Existenz von ξ ankommt und seine Lage völlig egal ist.

Ich will jetzt nämlich beweisen, dass – etwas schlampig formuliert – die Ableitung des Integrals die Funktion selbst ist. Bevor ich damit anfange, möchte ich Ihnen diese Aussage auf anschauliche Weise ein wenig plausibel machen.

8.1.12 Bemerkung Betrachten Sie eine stetige Funktion $f : [a, b] \to \mathbb{R}$. Ich definiere die Funktion $F : [a, b] \to \mathbb{R}$ durch

$$F(x) = \int_a^x f(x)dx.$$

Dass an der oberen Grenze des Integrals ein x steht und nicht wie sonst ein b ist durchaus kein Druckfehler, sondern Absicht: $F(x)$ soll die Fläche unter der Funktionskurve zwischen a und x beschreiben. Wie Sie im siebten Kapitel gelernt haben, gibt dann $F'(x)$ die Steigung der Funktion F an, und wir können das Wachstumsverhalten von F an F'

ablesen. Nun ist aber $F(x)$ die Fläche zwischen a und x. Wenn die Funktion f große Werte annimmt, dann wird beim Weiterwandern von x auch einiges an Fläche hinzukommen, und die Funktion F wird stark ansteigen. Wenn f dagegen nur kleine oder gar negative Werte annimmt, dann wird die weitere Entwicklung der Fläche $F(x)$ auch entsprechend mickrig sein, sie wird nur schwach wachsen oder gar fallen. Die Funktion $f(x)$ beschreibt also genau das Wachstumsverhalten der Flächenfunktion $F(x)$, und daher ist es zumindest nicht unnatürlich, den Zusammenhang $F'(x) = f(x)$ zu vermuten.

Der folgende Satz 8.1.13 zeigt, dass die Vermutung nicht nur natürlich, sondern sogar richtig ist.

8.1.13 Satz Es seien $f : [a, b] \to \mathbb{R}$ eine stetige Funktion und $F(x) = \int_a^x f(x)dx$. Dann ist F differenzierbar und es gilt

$$F'(x) = f(x).$$

Beweis Das ist nun die große Stunde des Mittelwertsatzes. Wie so oft weiß ich nicht allzuviel über die zur Diskussion stehende Funktion F, und deshalb muss ich beim Ableiten auf den Differentialquotienten zurückgreifen. Für ein beliebiges $x_0 \in [a, b]$ gilt dann

$$\frac{F(x) - F(x_0)}{x - x_0} = \frac{\int_a^x f(x)dx - \int_a^{x_0} f(x)dx}{x - x_0}.$$

Das hilft uns noch nicht viel weiter, denn ich habe bisher nur die Definition von $F(x)$ in den Zähler eingesetzt. Nun wäre ich gerne das Minuszeichen im Zähler los, und wir haben uns in 8.1.8 überlegt, dass man Vorzeichen von Integralen durch Umdrehen der Integrationsgrenzen in ihr Gegenteil umwandeln kann. Es gilt also:

$$\begin{aligned}
\frac{F(x) - F(x_0)}{x - x_0} &= \frac{\int_a^x f(x)dx - \int_a^{x_0} f(x)dx}{x - x_0} \\
&= \frac{\int_a^x f(x)dx + \int_{x_0}^a f(x)dx}{x - x_0} \\
&= \frac{\int_{x_0}^a f(x)dx + \int_a^x f(x)dx}{x - x_0},
\end{aligned}$$

wobei die letzte Gleichung durch Vertauschen der beiden Summanden im Zähler zustande kommt. Die Summe im Zähler lässt sich nun aber mit Hilfe von 8.1.7 (iii) vereinfachen, denn die obere Grenze des ersten Integrals entspricht der unteren Grenze des zweiten Integrals, und damit ist

$$\frac{\int_{x_0}^a f(x)dx + \int_a^x f(x)dx}{x - x_0} = \frac{\int_{x_0}^x f(x)dx}{x - x_0} = \frac{1}{x - x_0} \int_{x_0}^x f(x)dx.$$

Das sollte Sie jetzt an etwas erinnern: hier wird die Fläche zwischen x_0 und x geteilt durch die entsprechende Grundseite. Sie haben also genau die Situation des Mittelwertsatzes vor sich, nur dass die Grenzen nicht a und b, sondern eben x_0 und x heißen. Namen sind aber Schall und Rauch und ändern nichts an der Gültigkeit des Satzes. Es gibt deshalb eine Zahl ξ zwischen x_0 und x mit der Eigenschaft

$$\frac{1}{x - x_0} \int_{x_0}^{x} f(x)dx = f(\xi).$$

Insgesamt habe ich die Gleichung

$$\frac{F(x) - F(x_0)}{x - x_0} = f(\xi) \text{ mit } \xi \text{ zwischen } x_0 \text{ und } x$$

hergeleitet. Beim Ableiten muss ich aber noch $x \to x_0$ gehen lassen, damit ich die Tangentensteigung erhalte. Das macht aber gar nichts, denn ξ liegt zwischen x und x_0, und wenn $x \to x_0$ geht, hat ξ keine Chance, auszuweichen und sich dem Trend entgegenzustemmen: es muss dann auch $\xi \to x_0$ gelten. Folglich ist

$$\lim_{x \to x_0} \frac{F(x) - F(x_0)}{x - x_0} = \lim_{\xi \to x_0} f(\xi) = f(x_0),$$

denn f ist stetig.

Deshalb ist $F'(x_0) = f(x_0)$. △

Funktionen wie F, deren Ableitung gerade einer gegebenen Funktion f entspricht, nennt man *Stammfunktion* von f.

8.1.14 Definition Eine Funktion F heißt Stammfunktion von f, wenn $F'(x) = f(x)$ gilt.

Jetzt sind wir einer brauchbaren Berechnungsmethode schon deutlich nähergekommen. Ich habe nämlich gezeigt, dass das Integral von a bis x eine Stammfunktion von $f(x)$ ist. Vermutlich muss man also nur für x die obere Grenze b in eine Stammfunktion einsetzen, und schon hat man das Integral $\int_a^b f(x)dx$ zur Hand. Es gibt da nur noch eine kleine Schwierigkeit: zwar ist die Funktion F sicher Stammfunktion von f, aber vielleicht gibt es auch noch ein paar andere Stammfunktionen, die ganz anders aussehen, und wenn man zufällig an die falsche Stammfunktion gerät, rechnet man vielleicht kompletten Unsinn aus. Ich kann Sie beruhigen, das Leben ist nicht so schlimm wie es im Augenblick aussieht. Wir müssen uns nur noch ein paar Gedanken über Stammfunktionen machen. Zunächst einmal Beispiele.

8.1.15 Beispiele

(i) Es sei $f(x) = x^2$. Dann ist $F(x) = \frac{x^3}{3}$ Stammfunktion von f, aber auch $G(x) = \frac{x^3}{3} + 17$, denn die Ableitung der konstanten Funktion ist 0.

(ii) Es sei $f(x) = \cos x$. Dann ist $F(x) = \sin x$ Stammfunktion von f, aber auch $G(x) = \sin x + c$ für jede beliebige Zahl $c \in \mathbb{R}$.

Sie sehen, dass es tatsächlich unendlich viele Stammfunktionen zu f gibt, weil mit jeder Stammfunktion $F(x)$ auch alle Funktionen $F(x) + c$ die Ableitung $f(x)$ haben. Es gehört aber zu den glücklichen Zufällen im Leben, dass wir damit schon alle Stammfunktionen gefunden haben; sobald Sie eine Stammfunktion haben, kennen Sie bis auf eine additive Konstante alle.

8.1.16 Lemma Es seien F_1 und F_2 Stammfunktionen der gleichen Funktion f auf einem Intervall I. Dann unterscheiden sich F_1 und F_2 nur um eine additive Konstante, das heißt:

$$F_1(x) = F_2(x) + c.$$

Beweis Der Beweis ist einfach, weil wir im siebten Kapitel schon die nötigen Vorarbeiten erledigt haben. Da F_1 und F_2 die gleiche Ableitung f haben, kann ich die Ableitung ihrer Differenz

$$G(x) = F_1(x) - F_2(x)$$

leicht berechnen, denn es gilt:

$$G'(x) = F_1'(x) - F_2'(x) = f(x) - f(x) = 0.$$

Die Ableitung von G ist demnach durchgängig 0, und in 7.3.4 habe ich gezeigt, dass dann G eine konstante Funktion sein muss, also

$$G(x) = c \text{ für alle } x \in [a, b].$$

Folglich ist

$$F_1(x) - F_2(x) = c \text{ für alle } x \in [a, b],$$

und Auflösen nach $F_1(x)$ ergibt:

$$F_1(x) = F_2(x) + c. \qquad \triangle$$

Jetzt haben wir aber endgültig alles zusammen. Wir wissen, dass das Integral eine Stammfunktion von f ist, und wir haben eben gelernt, dass sich Stammfunktionen nur um eine Konstante unterscheiden. Das genügt, um eine einfache Formel zur Berechnung des bestimmten Integrals herzuleiten. Ich notiere sie im folgenden *Hauptsatz der Differential- und Integralrechnung*.

8.1.17 Satz (Hauptsatz der Differential- und Integralrechnung) Es sei $f : [a,b] \to \mathbb{R}$ stetig und F eine beliebige Stammfunktion von f. Dann ist

$$\int_a^b f(x)dx = F(b) - F(a).$$

Beweis Zunächst einmal setze ich $G(x) = \int_a^x f(x)dx$. Dieses Integral sollte Ihnen vertraut sein, denn in 8.1.13 habe ich nachgerechnet, dass $G'(x) = f(x)$ gilt, dass also G eine Stammfunktion von f ist. Das ist fein, denn jetzt haben wir schon zwei Stammfunktionen, nämlich G und F, und können unsere neue Erkenntnis benutzen, dass sich zwei Stammfunktionen nur um eine Konstante unterscheiden. Deshalb ist

$$G(x) = F(x) + c \text{ für alle } x \in [a,b].$$

Jetzt müssen Sie sich nur noch klar machen, dass $G(a) = \int_a^a f(x)dx = 0$ gilt, um jeden Schritt der folgenden Gleichungskette nachvollziehen zu können. Für das Integral gilt nämlich nach der Definition von G:

$$\int_a^b f(x)dx = G(b) = G(b) - G(a)$$

$$= (F(b) + c) - (F(a) + c) = F(b) - F(a),$$

und mehr habe ich ja gar nicht behauptet. △

Sie sollten einmal kurz Atem holen und in Ruhe würdigen, was wir jetzt gefunden haben. Erinnern Sie sich an die umständliche Prozedur aus 8.1.3 zur Gewinnung des Integrals $\int_a^b x^2 dx$. Mit Satz 8.1.17 erweisen sich solche ermüdenden Rechnungen als überflüssig, Sie brauchen nur noch eine Stammfunktion zu suchen, dann die obere und untere Schranke des Integrals in die Stammfunktion einzusetzen und zum Schluss beide Werte voneinander abzuziehen. Die folgenden Beispiele werden Ihnen zeigen, dass wir damit eine Menge Zeit und Mühe sparen können.

8.1.18 Beispiele

(i) Es sei $f(x) = x^2$. Dann ist $F(x) = \frac{x^3}{3}$ eine Stammfunktion von f und deshalb ist nach 8.1.17:

$$\int_a^b x^2 dx = F(b) - F(a) = \frac{b^3}{3} - \frac{a^3}{3}.$$

(ii) Es sei $f(x) = x^3$. Dann ist $F(x) = \frac{x^4}{4}$ eine Stammfunktion von f und deshalb ist nach 8.1.17:

$$\int_a^b x^3 dx = F(b) - F(a) = \frac{b^4}{4} - \frac{a^4}{4}.$$

Folglich beträgt die Fläche unter der Kurve von x^3 zwischen 0 und 2 genau

$$\int_0^2 x^3 dx = F(2) - F(0) = \frac{2^4}{4} = 4.$$

(iii) Allgemein hat die Funktion $f(x) = x^n$ die Stammfunktion $F(x) = \frac{x^{n+1}}{n+1}$, und deshalb ist

$$\int_a^b x^n dx = F(b) - F(a) = \frac{b^{n+1}}{n+1} - \frac{a^{n+1}}{n+1}.$$

(iv) Es gibt nicht nur Polynome, aber auch trigonometrische Funktionen lassen sich jetzt mit Leichtigkeit integrieren. Zum Beispiel ist $(\sin x)' = \cos x$, und das bedeutet, dass $\sin x$ Stammfunktion von $\cos x$ ist. Aus dem Hauptsatz folgt dann

$$\int_a^b \cos x\, dx = \sin b - \sin a.$$

Daher berechnet sich die Fläche, die der Cosinus zwischen $-\frac{\pi}{2}$ und $\frac{\pi}{2}$ mit der x-Achse einschließt, aus der Formel

$$\int_{-\frac{\pi}{2}}^{\frac{\pi}{2}} \cos x\, dx = \sin\frac{\pi}{2} - \sin\left(-\frac{\pi}{2}\right) = 1 - (-1) = 2.$$

Das ist immerhin erstaunlich, denn der Cosinus ist keine ganz triviale Funktion, und sein Funktionsgraph ist durchaus kurvig und alles andere als einfach, aber die Fläche entspricht der simplen Zahl 2. Sie können ja einmal versuchen, das gleiche Ergebnis mit der Rechtecksmethode aus 8.1.3 zu erzielen. Wenn Sie es schaffen, dann schreiben Sie mir.

Der Cosinus zeigt noch ein anderes interessantes Phänomen. Es gilt nämlich

$$\int_0^\pi \cos x\, dx = \sin\pi - \sin 0 = 0 - 0 = 0.$$

Wie kann die Fläche unter der Cosinuskurve zu Null werden? Das liegt einfach daran, dass bei der Definition des Integrals die Rechtecksgrundseiten mit den Rechteckshöhen multipliziert werden, und bei negativen Funktionswerten werden auch die

Abb. 8.7 Eingeschlossene
Fläche

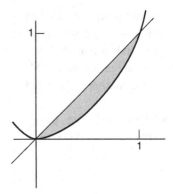

Höhen negativ gezählt. Sie sehen daran, dass Flächen unterhalb der x-Achse ein negatives Vorzeichen erhalten und unter Umständen zusammen mit den positiven Flächen oberhalb der x-Achse gerade 0 ergeben.

(v) Für $a, b > 0$ ist

$$\int_a^b \frac{1}{x} dx = \ln b - \ln a = \ln\left(\frac{b}{a}\right),$$

denn $\ln x$ ist Stammfunktion von $\frac{1}{x}$. Speziell gilt

$$\int_1^e \frac{1}{x} = \ln e = 1.$$

(vi) Es sei $f(x) = x$ und $g(x) = x^2$. Wie groß ist die von beiden Funktionskurven eingeschlossene Fläche? Das Integral liefert uns nur die Fläche zwischen einer Kurve und der x-Achse, aber das schadet nichts, denn die gesuchte Fläche kann man leicht als Differenz zweier gutwilliger Flächen darstellen. Die beiden Schnittpunkte von x und x^2 sind offenbar 0 und 1, und wir müssen die zwischen 0 und 1 eingeschlossene Fläche bestimmen. An der Abb. 8.7 können Sie erkennen, dass zwischen 0 und 1 die Funktion f oberhalb der Funktion g liegt. Außerdem erhalten Sie die gesuchte Fläche, indem Sie die Fläche unterhalb von x^2 abziehen von der Fläche unterhalb von x. Das müssen wir jetzt nur noch mit Integralen formulieren. Es gilt also:

$$
\begin{aligned}
\text{Fläche} &= \int_0^1 x\, dx - \int_0^1 x^2\, dx \\
&= \frac{1^2}{2} - \frac{0^2}{2} - \left(\frac{1^3}{3} - \frac{0^3}{3}\right) \\
&= \frac{1}{2} - \frac{1}{3} = \frac{1}{6}.
\end{aligned}
$$

Das Integrieren reduziert sich also auf die Suche nach Stammfunktionen. Das schlägt sich auch in der Schreibweise nieder. Sie haben gesehen, dass man eine Funktion integriert, indem man ihre Stammfunktion berechnet und dann die obere und untere Integrationsgrenze einsetzt. Man erspart sich üblicherweise das doppelte Aufschreiben der Stammfunktion in Ausdrücken wie $\frac{b^2}{2} - \frac{a^2}{2}$, und schreibt das Ganze etwas kürzer.

8.1.19 Bemerkung Ist f eine Funktion und F eine zugehörige Stammfunktion, so schreibt man für das Integral

$$\int_a^b f(x)dx = F(b) - F(a) = [F(x)]_a^b$$

$$= F(x)\big|_a^b.$$

Zum Beispiel ist

$$\int_1^2 x^2 dx = \frac{x^3}{3}\bigg|_1^2 = \frac{8}{3} - \frac{1}{3} = \frac{7}{3}.$$

Es handelt sich hier wie gesagt nur um eine andere Schreibweise des gleichen Sachverhalts. Falls sie Ihnen gefällt, können Sie sie verwenden, falls nicht, ist es auch gut. In jedem Fall sollten Sie sie kennen, weil man ihr immer wieder begegnet.

Ich muss noch einmal auf dem Punkt herumreiten, dass die Integration der Suche nach Stammfunktionen entspricht. Wenn Sie das bestimmte Integral einer Funktion f ausrechnen wollen, dann haben Sie zwei Arbeitsgänge durchzuführen: das Bestimmen der Stammfunktion und das Einsetzen der Integrationsgrenzen in die Stammfunktion. Offenbar ist der zweite Teil reine Routine und besteht nur aus Einsetzarbeiten. Man neigt dazu, sich auf den ersten Teil zu beschränken und schon die Stammfunktion als Integral zu bezeichnen. In Gegensatz zum *bestimmten* Integral heißt es *unbestimmtes* Integral. Das ist sicherlich nicht sehr originell, aber dafür leicht zu merken.

8.1.20 Bemerkung Um nicht einen zusätzlichen Funktionsnamen für die Stammfunktion mitschleppen zu müssen, bezeichnet man bereits die Stammfunktion als *unbestimmtes Integral*, das heißt als Integral ohne Integrationsgrenzen a und b. Man schreibt dafür

$$F(x) = \int f(x)dx.$$

Das unbestimmte Integral ist natürlich bis auf eine Konstante eindeutig bestimmt. Deshalb schreibt man zum Beispiel

$$\int \cos x\, dx = \sin x + c \text{ oder auch } \int x^2 + 1\, dx = \frac{x^3}{3} + x + c,$$

um anzudeuten, dass eine Stammfunktion eben nicht völlig eindeutig ist, sondern noch die Addition einer beliebigen Konstanten $c \in \mathbb{R}$ erlaubt. Mit der Zeit neigen die meisten Leute allerdings dazu, die Konstante c nicht mehr zu erwähnen und mit schludriger Großzügigkeit schlicht

$$\int \cos x\, dx = \sin x \text{ oder auch } \int x^2 + 1\, dx = \frac{x^3}{3} + x$$

zu schreiben. Setzt man voraus, dass alle Beteiligten über die Konstante c Bescheid wissen, ist das zwar mathematisch nicht sehr sauber, aber meistens vertretbar.

Um es noch einmal zu sagen: ein unbestimmtes Integral ist nur eine Stammfunktion und entsteht aus dem Bedürfnis heraus, sich nicht ständig mit den Integrationsgrenzen a und b plagen zu müssen. Wenn Sie also die Formel

$$\int f(x)\, dx = F(x)$$

zu Papier bringen, dann wollen Sie mitteilen, dass F eine Stammfunktion von f ist und nichts weiter.

Damit Sie einmal ein paar Integrale im Überblick vor sich haben, werde ich Ihnen jetzt eine Tabelle mit unbestimmten Integralen präsentieren. Ich will dazu nicht viele Kommentare geben, und sie sind auch überflüssig. Sie können ja schließlich leicht testen, ob meine Tabelle in Ordnung ist, indem Sie die behaupteten Stammfunktionen ableiten und prüfen, ob das Ergebnis mit der jeweiligen Ausgangsfunktion übereinstimmt.

8.1.21 Beispiele Die folgende Tabelle verzeichnet die unbestimmten Integrale einiger Standardfunktionen. Ich verzichte dabei auf die ständige Addition der Konstante c und vertraue darauf, dass Sie sie von alleine anfügen.

$f(x)$	$\int f(x)dx$	$f(x)$	$\int f(x)dx$	$f(x)$	$\int f(x)dx$
$x^a, a \neq -1$	$\frac{x^{a+1}}{a+1}$	a^x	$\frac{1}{\ln a}a^x$	$\frac{1}{x^2+1}$	$\arctan x$
$\frac{1}{x}, x > 0$	$\ln x$	$\cos x$	$\sin x$	$-\frac{1}{x^2+1}$	$\operatorname{arccot} x$
$\frac{1}{x}, x < 0$	$\ln(-x)$	$\sin x$	$-\cos x$	$\frac{1}{\sqrt{1-x^2}}$	$\arcsin x$
$\frac{1}{x}, x \neq 0$	$\ln|x|$	$\frac{1}{\cos^2 x}$	$\tan x$	$-\frac{1}{\sqrt{1-x^2}}$	$\arccos x$
e^x	e^x	$\frac{1}{\sin^2 x}$	$-\cot x$	$\sqrt{x}$	$\frac{2}{3}x^{\frac{3}{2}}$

Ein paar Worte muss ich wohl doch dazu sagen. Der Logarithmus ist in der Tabelle dreimal aufgeführt, weil er zunächst einmal nur für positive x-Werte definiert ist. In diesem Fall ist $\frac{1}{x}$ seine Ableitung, und in unserer neuen Terminologie heißt das, dass $\ln x$

Stammfunktion von $\frac{1}{x}$ ist. Für negatives x kann ich keinen Logarithmus bilden, aber aus $x < 0$ folgt $-x > 0$, und dafür gibt es wieder einen Logarithmus. Jetzt leiten Sie einmal die Funktion $\ln(-x)$ ab. Das ist offenbar ein typischer Fall für die Kettenregel; die innere Ableitung beträgt -1 und die äußere Ableitung findet man durch Bilden des Kehrwertes. Folglich ist

$$(\ln(-x))' = (-1) \cdot \frac{1}{-x} = \frac{1}{x}.$$

Damit haben wir auch für negatives x eine Stammfunktion zu $\frac{1}{x}$ gefunden, nämlich $\ln(-x)$. Die Formel mit $\ln|x|$ erklärt sich dann aus der Gleichung

$$|x| = \begin{cases} x, & \text{falls } x \geq 0 \\ -x, & \text{falls } x < 0. \end{cases}$$

Den Rest der Tabelle können Sie durch Ableiten der jeweiligen rechten Seite leicht überprüfen, Sie finden alle nötigen Ableitungen im siebten Kapitel. Ich möchte nur auf einen Punkt hinweisen. Beim Integrieren der Funktion

$$f(x) = \frac{1}{x^a}$$

wird immer wieder derselbe Fehler gemacht. Der Gedanke an den Logarithmus, der im Zusammenhang mit $\frac{1}{x}$ auftaucht, ist offenbar so suggestiv, dass mir schon eine Unzahl von Integralen der Form

$$\int \frac{1}{x^2} dx = \ln|x^2| + c$$

begegnet ist. Ein Irrtum wird aber nicht dadurch richtiger, dass viele an ihn glauben. Wenn Sie $\frac{1}{x^a}$ integrieren wollen, dann schreiben Sie das Integral als

$$\int \frac{1}{x^a} dx = \int x^{-a} dx,$$

und schon wird die Geschichte etwas klarer. Der erste Eintrag in der Tabelle liefert nämlich

$$\int x^{-a} dx = \frac{x^{-a+1}}{-a+1} + c,$$

vorausgesetzt wir produzieren keine Null im Nenner, das heißt $a \neq 1$. Für $a \neq 1$ ist also

$$\int \frac{1}{x^a} dx = \frac{x^{-a+1}}{-a+1} + c,$$

und diese Methode versagt ausschließlich im Fall $a = 1$, weil dann im Nenner eine Null ihr Unwesen treibt. In diesem Fall – und nur in diesem Fall – kommt der Logarithmus ins Spiel, und man erhält

$$\int \frac{1}{x} dx = \ln |x|.$$

Nach dieser moralischen Ermahnung kehren wir zum normalen Gang der Handlung zurück. Sie können sich vielleicht schon vorstellen, was jetzt wohl kommen muss: in den früheren Kapiteln haben wir auch meistens mit irgendwelchen Standards angefangen und sind danach zu komplizierteren Fragestellungen vorgedrungen. Bei der Integralrechnung ist das natürlich nicht anders. Die etwas aufwendigeren Regeln zur Integration komplizierterer Funktionen werde ich erst im nächsten Abschnitt besprechen, aber anhand einiger Beispiele können wir schon jetzt sehen, wie man die Integrale von schwierigeren Funktionen auf die Grundintegrale aus 8.1.21 zurückführt.

8.1.22 Beispiele

(i)

$$\int x^2 - \sqrt[3]{x} + 2\sqrt{x}\, dx = \int x^2 dx - \int \sqrt[3]{x}\, dx + 2 \int \sqrt{x}\, dx$$

$$= \int x^2 dx - \int x^{\frac{1}{3}} dx + 2 \int x^{\frac{1}{2}} dx$$

$$= \frac{x^3}{3} - \frac{x^{\frac{4}{3}}}{\frac{4}{3}} + 2 \cdot \frac{x^{\frac{3}{2}}}{\frac{3}{2}} + c$$

$$= \frac{x^3}{3} - \frac{3}{4} \cdot x^{\frac{4}{3}} + \frac{4}{3} \cdot x^{\frac{3}{2}} + c.$$

Dazu möchte ich nichts weiter sagen; ich habe nur konsequent die Regel

$$\int x^a dx = \frac{x^{a+1}}{a+1}$$

und die Regeln der Bruchrechnung benutzt.

(ii)

$$\int \frac{\cos \alpha}{1 + t^2} dt = \cos \alpha \int \frac{1}{1 + t^2} dt$$

$$= \cos \alpha \cdot \arctan t + c.$$

Sie dürfen sich hier nicht verwirren lassen. Wenn in dem Integral dt steht, dann ist t die Integrationsvariable und α ist nur eine schlichte Konstante, die keine Schwierigkeiten macht. Ich darf deshalb nach 8.1.7 die konstante Zahl $\cos \alpha$ vor das Integral ziehen, und das Integral von $\frac{1}{1+t^2}$ können Sie der Tabelle entnehmen.

(iii)

$$\int \frac{\cos \alpha}{1 + t^2} d\alpha = \frac{1}{1 + t^2} \int \cos \alpha \, d\alpha$$

$$= \frac{1}{1 + t^2} \sin \alpha + c.$$

Die Situation ist hier genau umgekehrt wie in Nummer (ii). Die Integrationsvariable heißt jetzt α, und der konstante Faktor $\frac{1}{1+t^2}$ wird vor das Integral gezogen.

(iv)

$$\int \frac{1 - x \cdot e^{x+2}}{x} dx = \int \frac{1}{x} - e^{x+2} dx$$

$$= \int \frac{1}{x} dx - \int e^{x+2} dx$$

$$= \ln |x| - e^2 \cdot \int e^x dx$$

$$= \ln |x| - e^2 \cdot e^x + c$$

$$= \ln |x| - e^{x+2} + c.$$

Dieses Integral sieht auf den ersten Bllick nicht so aus, als ob sich da viel machen ließe. Das täuscht aber, denn man braucht den Bruch nur auseinanderzuziehen und sieht, dass sich die Schwierigkeiten stark reduzieren: aus dem ersten Teil wird ein wohlbekanntes $\frac{1}{x}$ und der zweite Teil vereinfacht sich zu $e^{x+2} = e^2 \cdot e^x$. Da Sie sowohl das Integral von $\frac{1}{x}$ als auch von e^x kennen, ist der Rest Routine.

Sie sehen daran, dass kompliziert erscheinende Funktionen manchmal aus einfachen Einzelteilen zusammengesetzt sind und das Integrieren nicht mehr schwer ist, sobald man die Funktion in ihre Bestandteile zerlegt hat.

(v) Die Lage ist ähnlich bei dem Integral

$$\int \tan^2 x \, dx.$$

Sie sollten immer versuchen, alle Ihre Kenntnisse über die zur Diskussion stehende Funktion einzusetzen, und in diesem Fall wissen wir eigentlich nur, dass $\tan x = \frac{\sin x}{\cos x}$ gilt. Wir versuchen es also mit dem Ansatz

$$\int \tan^2 x \, dx = \int \frac{\sin^2 x}{\cos^2 x} dx.$$

Vielleicht erkennen Sie schon jetzt eine der Tücken der Integralrechnung. Wenn man vor dieser Gleichung steht, fällt einem entweder etwas Brauchbares ein oder eben nicht, und oft ist es eine Frage der Übung, ob man eine gute Idee hat. Es ist aber häufig sinnvoll, die Anzahl der vorkommenden komplizierten Funktionen so weit wie möglich zu verkleinern. Da wir hier mit Sinus und Cosinus nur zwei Funktionen haben, ersetze ich $\sin^2 x$ wieder einmal durch $1 - \cos^2 x$. Dann ist

$$
\begin{aligned}
\int \tan^2 x \, dx &= \int \frac{\sin^2 x}{\cos^2 x} \, dx \\
&= \int \frac{1 - \cos^2 x}{\cos^2 x} \, dx \\
&= \int \frac{1}{\cos^2 x} - 1 \, dx \\
&= \int \frac{1}{\cos^2 x} \, dx - \int 1 \, dx \\
&= \tan x - x + c.
\end{aligned}
$$

Sobald Sie sich einmal dafür entschieden haben, $\sin^2 x$ als $1 - \cos^2 x$ zu schreiben, geht es fast von alleine. Wie in Nummer (iv) teilen wir den Bruch auf und erhalten die einfacheren Funktionen $\frac{1}{\cos^2 x}$ und 1. Das Integral der konstanten Funktion bedarf keiner Erwähnung, das Integral von $\frac{1}{\cos^2 x}$ finden Sie in der Tabelle aus 8.1.21.

(vi) Nun suchen wir das Integral

$$
\int \frac{10x^2 - 7x - 17}{2x - 3} \, dx.
$$

Ich gebe gern zu, dass es beim ersten Hinschauen reichlich hoffnungslos aussieht. Der erste Eindruck täuscht aber nicht nur bei Menschen, sondern auch bei Integralen. Im Zusammenhang mit der Kurvendiskussion haben Sie nämlich ein Mittel kennengelernt, mit dem man eine lästige rationale Funktion in eine etwas einfachere Form bringen kann: die Polynomdivision. Ich führe also erst einmal eine Polynomdivision durch und prüfe dann, ob sie uns weiter gebracht hat. Es gilt:

$$
\begin{array}{l}
(10x^2 - 7x - 17) : (2x - 3) = 5x + 4 - \dfrac{5}{2x - 3}. \\
\underline{10x^2 - 15x} \\
\qquad 8x - 17 \\
\qquad \underline{8x - 12} \\
\qquad\qquad -5
\end{array}
$$

Jetzt sieht das Ganze schon etwas übersichtlicher aus, denn zumindest die ersten beiden Summanden sind leicht zu integrieren. Nur der dritte Summand macht einen unschönen Eindruck, aber er erinnert doch sehr an $\frac{1}{x}$, und vielleicht kommen wir ja mit einem Logarithmus weiter. Tatsächlich ist nach der Kettenregel

$$
(\ln(2x - 3))' = 2 \cdot \frac{1}{2x - 3},
$$

und um den Faktor 2 auszugleichen, muss ich nur den Faktor $\frac{1}{2}$ vor den Logarithmus schreiben. Insgesamt erhalten wir:

$$\int \frac{10x^2 - 7x - 17}{2x - 3} dx = \int 5x + 4 dx - 5 \cdot \int \frac{1}{2x - 3} dx$$
$$= \frac{5}{2}x^2 + 4x - \frac{5}{2} \ln|2x - 3| + c.$$

Damit haben wir im Wesentlichen die Grenze dessen erreicht, was man ohne weitere Integrationsregeln berechnen kann. Im nächsten Abschnitt zeige ich Ihnen, wie man die Produktregel und die Kettenregel aus der Differentialrechnung zu Hilfsmitteln für die Integralrechnung macht.

8.2 Integrationsregeln

Leider gibt es eine Menge Funktionen, die sich nicht so einfach auf die Grundfunktionen in 8.1.21 zurückführen lassen. Was soll man zum Beispiel mit Funktionen der Form $x \cdot \sin x$ oder $x \cdot \cos x$ anfangen? Hier gibt es nichts mehr, was man vereinfachen könnte, und wir müssen uns wohl etwas grundsätzlich Neues einfallen lassen.

Sie wissen aber aus dem letzten Abschnitt, wie eng das Integrieren mit dem Differenzieren zusammenhängt. Das unbestimmte Integral ist eine Stammfunktion, und das heißt, dass seine Ableitung der ursprünglichen Funktion entspricht. Es scheint also ein sinnvoller Versuch zu sein, die Ableitungsregeln aus Abschn. 7.2 in irgendeiner Weise auch für die Integralrechnung zu verwenden.

8.2.1 Beispiel Die Ableitung von $x \cdot \sin x$ ist nach der Produktregel $\sin x + x \cdot \cos x$. In der Terminologie der Integralrechnung bedeutet das, dass $x \cdot \sin x$ Stammfunktion von $\sin x + x \cdot \cos x$ ist. Wir haben also ein unbestimmtes Integral gefunden, nämlich:

$$\int \sin x + x \cdot \cos x dx = x \cdot \sin x + c.$$

Die linke Seite kann man aber aufteilen und erhält

$$\int \sin x dx + \int x \cdot \cos x dx = x \cdot \sin x + c,$$

und da Sie das Integral der Sinusfunktion kennen, folgt daraus:

$$-\cos x + \int x \cdot \cos x dx = x \cdot \sin x + c.$$

Damit ist schließlich

$$\int x \cdot \cos x = x \cdot \sin x + \cos x + c.$$

Auf wundersame Weise haben wir also durch den Einsatz der Produktregel das Integral von $x \cdot \cos x$ gefunden. Man nennt dieses Verfahren *partielle Integration*, und in Satz 8.2.2 werde ich seine allgemeine Formel vorstellen.

8.2.2 Satz Es seien $f, g : [a, b] \to \mathbb{R}$ stetig differenzierbare Funktionen. Dann gilt:

$$\int f'(x) \cdot g(x)dx = f(x) \cdot g(x) - \int g'(x) \cdot f(x)dx.$$

Für die bestimmten Integrale gilt

$$\int\limits_a^b f'(x) \cdot g(x)dx = f(x) \cdot g(x)\big|_a^b - \int\limits_a^b g'(x) \cdot f(x)dx.$$

Man nennt diese Formel *partielle Integration*.

Beweis Ich mache nun dasselbe wie in Beispiel 8.2.1. Aus der Produktregel wissen wir, dass

$$(f(x) \cdot g(x))' = f'(x) \cdot g(x) + g'(x) \cdot f(x)$$

gilt. Deshalb ist $f(x) \cdot g(x)$ eine Stammfunktion von $f'(x) \cdot g(x) + g'(x) \cdot f(x)$, also

$$\int f'(x) \cdot g(x) + g'(x) \cdot f(x)dx = f(x) \cdot g(x).$$

Wenn Sie diese Gleichung nach dem ersten Integral auflösen, erhalten Sie sofort die erste Aussage des Satzes. Da man das bestimmte Integral berechnet, indem man die obere und die untere Grenze in die Stammfunktion einsetzt, folgt aus der ersten Gleichung natürlich die Aussage über das bestimmte Integral. $\triangle$

Dieses Verfahren heißt partielle Integration, weil man auf den ersten Blick nach seiner Anwendung genauso schlau ist wie vorher: man hat ein Integral, unterwirft es irgendwelchen Prozeduren und erhält nichts Besseres als ein anderes Integral. Die Integration ist also nur partiell erfolgt und nicht vollständig. Am Beispiel 8.2.1, das auf dem gleichen Prinzip beruht, konnten Sie aber feststellen, dass wohl doch ein gewisser Sinn dahinter steckt, denn auf einmal hatten wir dort das Integral von $x \cdot \cos x$ vor uns. Ein paar weitere Beispiele werden die Idee der partiellen Integration noch etwas deutlicher machen.

8.2.3 Beispiele

(i)   Gesucht ist $\int x \cdot \sin x\, dx$. Wenn dieses Integral die linke Seite der Formel für partielle Integration darstellen soll, dann haben wir offenbar die Wahl: soll nun x die Rolle von $f'(x)$ spielen oder $\sin x$? Versuchen wir es einmal mit $f'(x) = x$, dann muss $g(x) = \sin x$ sein. Folglich ist $f(x) = \frac{x^2}{2}$ und $g'(x) = \cos x$. Jetzt habe ich alle Einzelteile der Formel zusammen und kann die partielle Integration anwenden. Es gilt dann:

$$\int x \cdot \sin x\, dx = \frac{x^2}{2} \cdot \sin x - \int \frac{x^2}{2} \cos x\, dx.$$

Es scheint, wir sind damit vom Regen in die Traufe geraten, denn das neue Integral ist noch hässlicher als das alte. Beenden wir also diesen Versuch und machen es anders herum.

Ich setze nun $g(x) = x$ und $f'(x) = \sin x$. Dann ist

$$g'(x) = 1 \text{ und } f(x) = -\cos x.$$

Einsetzen ergibt:

$$\int x \cdot \sin x\, dx = (-\cos x) \cdot x - \int 1 \cdot (-\cos x)dx$$

$$= -x \cdot \cos x + \int \cos x\, dx$$

$$= -x \cos x + \sin x + c,$$

womit wir am Ziel angelangt sind. Es macht demnach einen großen Unterschied, welchen Faktor man zu f' und welchen man zu g erklärt; das Gelingen der ganzen Unternehmung kann davon abhängen. Bei Funktionen der Form $x^n \cdot$ irgendetwas ist es meistens sinnvoll, $g(x) = x^n$ zu wählen.

(ii) Zur Berechnung von $\int x^2 \cdot e^x dx$ setze ich $g(x) = x^2$ und $f'(x) = e^x$. Dann ist $g'(x) = 2x$ und $f(x) = e^x$, und deshalb

$$\int x^2 \cdot e^x dx = x^2 \cdot e^x - \int 2x \cdot e^x dx$$

$$= x^2 \cdot e^x - 2 \int x \cdot e^x dx.$$

Das ist schon besser als nichts, wenn auch noch kein brauchbares Ergebnis. Immerhin ist $x \cdot e^x$ eine einfachere Funktion als $x^2 \cdot e^x$, und der Gedanke liegt nahe, das gleiche Spiel noch einmal zu versuchen. Jetzt setze ich $g(x) = x$ und $f'(x) = e^x$. Dann ist $g'(x) = 1$ und $f(x) = e^x$, und es folgt

$$\int x \cdot e^x dx = x \cdot e^x - \int 1 \cdot e^x dx = x \cdot e^x - e^x.$$

Damit bin ich alle Integrale losgeworden und brauche nur noch einzusetzen. Es gilt dann

$$\int x^2 \cdot e^x dx = x^2 \cdot e^x - 2 \int x \cdot e^x dx = x^2 \cdot e^x - 2x \cdot e^x + 2e^x + c.$$

An diesem Beispiel können Sie ablesen, dass manchmal der einmalige Einsatz der partiellen Integration nicht genügt, man muss sie so lange durchführen, bis kein Integralzeichen mehr auftaucht.

(iii) Nun suche ich $\int \ln x dx$. Das irritiert Sie vielleicht, denn hier haben wir weit und breit kein Produkt unter dem Integral stehen. Diesen Mangel kann ich leicht beheben, indem ich

$$\int \ln x dx = \int 1 \cdot \ln x dx$$

schreibe und anschließend $f'(x) = 1, g(x) = \ln x$ setze. Dann ist $f(x) = x$ und $g'(x) = \frac{1}{x}$, und es steht alles zur Verwendung der partiellen Integration bereit. Wir erhalten

$$\int \ln x dx = \int 1 \cdot \ln x dx$$
$$= x \cdot \ln x - \int x \cdot \frac{1}{x} dx$$
$$= x \cdot \ln x - \int 1 dx$$
$$= x \cdot \ln x - x + c.$$

Gelegentlich ist es also hilfreich, eine Funktion künstlich zu einem Produkt zu machen und dann die partielle Integration anzuwenden.

(iv) Gesucht ist

$$\int \sin^2 x dx = \int \sin x \cdot \sin x dx.$$

Hier ist die Entscheidung leicht, welcher Faktor als f' angesprochen werden soll und welcher als g. Ich setze also $f'(x) = \sin x$ und $g(x) = \sin x$. Dann ist $f(x) = -\cos x$ und $g'(x) = \cos x$. Die partielle Integration ergibt

$$\int \sin^2 x dx = -\cos x \cdot \sin x - \int (-\cos x) \cdot \cos x dx$$
$$= -\cos x \cdot \sin x + \int \cos^2 x dx.$$

Das braucht Sie nicht zu schrecken, denn schon in Nummer (ii) haben wir uns geeinigt, dass man manchmal die partielle Integration mehr als einmal anwenden muss. Wir berechnen also auf die gleiche Weise das Integral von $\cos^2 x$. Dabei gilt

$$\int \cos^2 x \, dx = \sin x \cdot \cos x - \int \sin x (-\sin x) dx = \sin x \cdot \cos x + \int \sin^2 x \, dx.$$

Wenn Sie nun frohen Mutes dieses Ergebnis oben einsetzen, dann finden Sie:

$$\int \sin^2 x \, dx = -\cos x \cdot \sin x + \sin x \cdot \cos x + \int \sin^2 x \, dx = \int \sin^2 x \, dx,$$

was niemanden überraschen wird. Wir haben uns also im Kreis gedreht und müssen nach einer besseren Idee suchen. Wie so oft bei trigonometrischen Problemen liegt die Lösung in der trigonometrischen Version des Pythagoras-Satzes:

$$\sin^2 x + \cos^2 x = 1.$$

Mit dieser Gleichung gehen wir in die Formel für das Integral von $\sin^2 x$ und finden:

$$\int \sin^2 x \, dx = -\cos x \cdot \sin x + \int \cos^2 x \, dx$$

$$= -\cos x \cdot \sin x + \int 1 - \sin^2 x \, dx$$

$$= -\cos x \cdot \sin x + \int 1 \, dx - \int \sin^2 x \, dx$$

$$= -\cos x \cdot \sin x + x - \int \sin^2 x \, dx.$$

Jetzt brauchen Sie nur noch das Integral auf beiden Seiten der Gleichung

$$\int \sin^2 x \, dx = -\cos x \cdot \sin x + x - \int \sin^2 x \, dx$$

zu addieren und finden:

$$2 \int \sin^2 x \, dx = -\cos x \cdot \sin x + x,$$

also:

$$\int \sin^2 x \, dx = \frac{x}{2} - \frac{1}{2} \cos x \cdot \sin x + c.$$

Ich muss zugeben, dass das ein gemeiner Trick ist, aber schön ist er trotzdem. Mit der gleichen Methode kann man dann auch

$$\int \cos^2 x \, dx = \frac{x}{2} + \frac{1}{2} \cos x \cdot \sin x + c$$

berechnen.

Mit Hilfe der partiellen Integration kann man also schon einiges an Integralrechnung bewältigen. Sie haben allerdings gemerkt, dass das nicht immer so einfach und nach schematischen Regeln zu bewerkstelligen ist wie beim Differenzieren, manchmal ist auch ein gewisses Maß an Phantasie erforderlich. Erschwerend kommt noch hinzu, dass auch die partielle Integration längst nicht alle Probleme lösen kann.

8.2.4 Beispiel Gesucht ist $\int xe^{x^2}dx$. Zur Anwendung der partiellen Integration müsste man wohl $g(x) = x$ und deshalb $f'(x) = e^{x^2}$ setzen. Es gibt aber keine leicht aufzuschreibende Funktion, deren Ableitung e^{x^2} ist, womit der Ansatz der partiellen Integration gescheitert ist.

Es geht aber auch anders. Wenn Sie die Funktion $F(x) = e^{x^2}$ ableiten, dann finden Sie mit der Kettenregel $F'(x) = 2xe^{x^2}$. Daher ist $\frac{1}{2}e^{x^2}$ eine Stammfunktion von xe^{x^2}, und es folgt

$$\int xe^{x^2}dx = \frac{1}{2}e^{x^2} + c.$$

Beispiel 8.2.4 zeigt, dass es auch noch Produkte ganz anderer Art gibt, als sie bei der partiellen Integration vorkommen. Offenbar haben sie etwas mit der Kettenregel zu tun, in der ja das Produkt aus äußerer und innerer Ableitung auftritt, und es wird mir jetzt darum gehen, den Nutzen der Kettenregel für die Integralrechnung herauszufinden.

8.2.5 Bemerkung Sind f und g stetige Funktionen und F eine Stammfunktion von f, so gilt nicht nur $F'(x) = f(x)$, sondern aus der Kettenregel folgt auch:

$$(F(g(x))' = g'(x) \cdot F'(g(x)) = g'(x) \cdot f(g(x)).$$

Deshalb ist $F(g(x))$ Stammfunktion von $g'(x) \cdot f(g(x))$, und in der Integralschreibweise heißt das

$$\int g'(x) \cdot f(g(x))dx = F(g(x)).$$

Man kann also dieses Integral berechnen, indem man eine Stammfunktion von f heranzieht und in diese Stammfunktion die innere Funktion g einsetzt. Im Beispiel 8.2.4 war $g(x) = x^2$ und $f(x) = e^x$ mit der Stammfunktion $F(x) = e^x$. Somit ergibt sich

$$\int 2x \cdot e^{x^2}dx = \int g'(x) \cdot f(g(x))dx = F(g(x)) = e^{x^2}.$$

Um sich nicht mit dem Namen F einer Stammfunktion zu belasten, schreibt man für $F(g(x))$ auch oft $\int f(g)dg$ und beschreibt damit, dass in die Stammfunktion F die innere Funktion g eingesetzt wird. In unserem Beispiel ist dann

$$\int f(g)dg = \int e^g dg = e^g = e^{x^2},$$

und wir haben natürlich wieder das gleiche Ergebnis.

Diese Integrationsmethode beruht auf der Idee, die innere Funktion $g(x)$ als neue Variable zu verwenden und f nach der Variablen g zu integrieren. Man substituiert also die gesamte Funktion $g(x)$ durch den schlichten Buchstaben g, und deshalb sprechen wir hier von der *Substitutionsregel*. Ich fasse sie noch einmal im nächsten Satz zusammen und rechne anschließend einige Beispiele.

8.2.6 Satz (Substitutionsregel) Es sei $f : I \to \mathbb{R}$ stetig und $g : [a, b] \to \mathbb{R}$ eine stetig differenzierbare Funktion, deren Wertebereich ganz im Definitionsbereich von f liegt. Dann ist

$$\int_a^b f(g(x)) \cdot g'(x)dx = \int_{g(a)}^{g(b)} f(g)dg.$$

Man schreibt auch oft

$$\int f(g(x)) \cdot g'(x)dx = \int f(g)dg.$$

Beweis Eigentlich habe ich alles schon in der Bemerkung 8.2.5 nachgerechnet, aber ich möchte doch noch ein paar Worte sagen. In 8.2.5 haben Sie gesehen, dass man aus der Stammfunktion $F(x) = \int f(x)dx$ von f ganz schnell eine Stammfunktion von $f(g(x)) \cdot g'(x)$ machen kann, indem man die zusammengesetzte Funktion $F(g(x))$ heranzieht. Nach dem Hauptsatz der Differential- und Integralrechnung ist dann

$$\int_a^b f(g(x)) \cdot g'(x)dx = F(g(b)) - F(g(a)) = \int_{g(a)}^{g(b)} f(g)dg,$$

denn F ist Stammfunktion von f, und deshalb ist $\int f(g)dg = F(g)$.   △

Wie muss man also vorgehen, wenn man eine Funktion der Form $f(g(x)) \cdot g'(x)$ zu integrieren hat? Man integriere zuerst f nach der etwas ungewohnten Variablen g und setze in das Ergebnis dann wieder ein, was g in Wahrheit gewesen ist. Wir sehen uns dazu gleich eine ganze Reihe Beispiele an, aber vorher möchte ich Ihnen noch eine kleine Merkhilfe für die Substitutionsregel geben.

8.2.7 Bemerkung Wenn man die Ableitung von g als $g'(x) = \frac{dg}{dx}$ schreibt, dann lässt sich das gesuchte Integral auch schreiben als

$$\int f(g(x))g'(x)dx = \int f(g(x))\frac{dg}{dx}dx = \int f(g)dg,$$

da sich die Größe dx herauskürzt. Wir kürzen damit zwar in bester Leibniz-Manier eine „unendlich kleine Größe", aber das Ergebnis stimmt, und vielleicht kann man sich die Substitutionsregel auf diese Weise etwas besser merken. Wie Sie hier sehen können, beruht sie nur darauf, den Ausdruck $g'(x)dx$ durch den äquivalenten Ausdruck dg zu ersetzen und für einen Augenblick zu vergessen, dass die ursprüngliche Integrationsvariable x heißt.

Jetzt ist es aber endgültig Zeit für Beispiele.

8.2.8 Beispiele

(i)   Ich kehre zurück zu dem Beispiel aus 8.2.4, berechne also das Integral $\int xe^{x^2}dx$. Leider ist x nicht die Ableitung von x^2, so dass ich eine kleine Korrektur vornehmen muss, indem ich schreibe:

$$\int x \cdot e^{x^2}dx = \frac{1}{2}\int 2xe^{x^2}dx.$$

Das ist erlaubt, denn konstante Faktoren darf ich nach Belieben vor das Integral ziehen. Jetzt hat das Integral die Form, die ich für die Substitutionsregel brauche, und ich setze $g(x) = x^2$. Dann ist $g'(x) = 2x$, und es folgt:

$$\int x \cdot e^{x^2}dx = \frac{1}{2}\int 2xe^{x^2}dx = \frac{1}{2}\int g'(x) \cdot e^{g(x)}dx$$
$$= \frac{1}{2}\int e^g dg = \frac{1}{2}e^g = \frac{1}{2}e^{x^2}.$$

Dabei habe ich nur $g'(x)dx$ durch dg ersetzt und damit das Integral auf $\int e^g dg$ reduziert.

(ii)   Gesucht ist $\int (x+3)^n dx$. Bedenken Sie, dass $g(x)$ immer eine innere Funktion sein muss, also eine Funktion, mit der noch etwas angestellt werden sollte. Einziger Kandidat dafür ist $g(x) = x+3$, und das trifft sich auch gut, denn es gilt $g'(x) = 1$, so dass ich mir um den Faktor $g'(x)$ keine Sorgen machen muss. Für das Integral findet man

$$\int (x+3)^n dx = \int g'(x) \cdot g(x)^n dx = \int g^n dg = \frac{g^{n+1}}{n+1} = \frac{(x+3)^{n+1}}{n+1}.$$

Das Prinzip ist auch hier nicht anders als in der Nummer (i). Wesentlich ist, dass Sie eine innere Funktion $g(x)$ identifizieren und an der richtigen Stelle $g'(x)dx$ durch dg ersetzen.

(iii)   Jetzt gehe ich einen Schritt weiter und berechne $\int (2x+3)^n dx$. Natürlich muss $g(x) = 2x+3$ sein, und um den Faktor $g'(x) = 2$ in das Integral zu bekommen, mache ich das gleiche Spiel wie in der Nummer (i). Es gilt nämlich

$$\int (2x+3)^n dx = \frac{1}{2}\int 2\cdot(2x+3)^n dx = \frac{1}{2}\int g'(x)\cdot g(x)^n dx$$
$$= \frac{1}{2}\int g^n dg = \frac{1}{2}\frac{g^{n+1}}{n+1} = \frac{1}{2}\frac{(2x+3)^{n+1}}{n+1}.$$

Beachten Sie, dass das Ausgleichen der Faktoren $\frac{1}{2}$ und 2 nur dann erlaubt ist, wenn es sich um *konstante* Faktoren handelt; Sie dürfen auf keinen Fall ganze Funktionen nach Belieben aus dem Integral hinaus- oder hineinziehen. Nur wenn es sich um Konstanten handelt, kann man mit dieser Methode eine nicht ganz vollständige Ableitung in die passende Form bringen.

(iv) Ich zeige das noch einmal am Beispiel der Funktion $(ax+b)^n$ mit $a \neq 0$. Ich werde dabei allerdings keine Kommentare mehr abgeben, sondern nur die Rechnung vorführen. Sie werden sehen, dass sie mit der Rechnung aus dem letzten Beispiel fast identisch ist. Wir setzen also $g(x) = ax + b$ und finden:

$$\int (ax+b)^n dx = \frac{1}{a}\int a\cdot(ax+b)^n dx = \frac{1}{a}\int g'(x)\cdot g(x)^n dx$$
$$= \frac{1}{a}\int g^n dg = \frac{1}{a}\frac{g^{n+1}}{n+1} = \frac{1}{a}\frac{(ax+b)^{n+1}}{n+1}.$$

(v) Vielleicht ist Ihnen aufgefallen, dass ich bisher zwar sin, cos und $\tan^2$ integriert habe, aber der Tangens selbst noch nicht erwähnt worden ist. Der Grund ist einfach: Sie können die Tangensfunktion nicht ohne die Substitutionsregel integrieren. Es ist ja

$$\int \tan x\, dx = \int \frac{\sin x}{\cos x}dx,$$

und der Sinus ist zwar nicht ganz die Ableitung des Cosinus, aber doch immerhin bis auf ein Minuszeichen. Wir können also $g(x) = \cos x$ setzen und dann mit einer kleinen Manipulation die Substitutionsregel anwenden. Da nun einmal $g'(x) = -\sin x$ gilt, brauche ich den Faktor $-\sin x$ im Integral, den ich mir wie in den anderen Beispielen verschaffen kann. Wir haben dann:

$$\int \tan x\, dx = \int \frac{\sin x}{\cos x}dx = -\int \frac{-\sin x}{\cos x}dx$$
$$= -\int \frac{g'(x)}{g(x)}dx = -\int g'(x)\cdot\frac{1}{g(x)}dx$$
$$= -\int \frac{1}{g}dg = -\ln|g| = -\ln|\cos x|.$$

Mit der Zeit haben Sie sich wohl an das Prinzip gewöhnt. Sie suchen sich eine Funktion g, deren Ableitung mehr oder weniger deutlich im Integral vorkommt, schreiben das Integral so um, dass $g'(x)$ und $g(x)$ zu erkennen sind, und ersetzen dann $g'(x)dx$ durch dg.

(vi) Nach dem gleichen Schema berechne ich $\int \frac{\ln x}{x} dx$. Das ist zwar ein Quotient, aber man kann ihn auf die übliche Weise leicht als Produkt

$$\int \frac{\ln x}{x} dx = \int \frac{1}{x} \cdot \ln x \, dx$$

schreiben. Besser kann man es nicht mehr treffen, denn $\frac{1}{x}$ ist die Ableitung des Logarithmus, und wir werden deshalb $g(x) = \ln x$ setzen. Dann ist

$$\int \frac{1}{x} \cdot \ln x \, dx = \int g'(x) \cdot g(x) dx = \int g \, dg$$
$$= \frac{g^2}{2} = \frac{\ln^2 x}{2}.$$

Ich hoffe, das Prinzip der Substitutionsregel ist aus diesen Beispielen klar geworden. Wann immer Sie also in Zukunft ein Produkt zu integrieren haben, das man nicht schnell auf eines der Grundintegrale in 8.1.21 zurückführen kann, sollten Sie sich überlegen, ob es ein Fall für die partielle Integration oder eher für die Substitutionsregel ist. Falls Sie dabei auf eine Funktion g stoßen, die in irgendeiner Weise im Integral auftaucht, und auch noch ihre Ableitung g' als Faktor vorfinden, lohnt sich ein Versuch mit der Substitutionsregel.

Zum Schluss dieses Abschnittes möchte ich Ihnen noch eine etwas exotischere Anwendung der Substitutionsregel vorstellen. Bisher haben wir die Regel immer von „links nach rechts" gelesen, das heißt, das gesuchte Integral stand uns in der Form $\int g'(x) \cdot f(g(x))dx$ zur Verfügung und wir haben es umgeformt in $\int f(g)dg$. Zuweilen ist es auch sinnvoll, umgekehrt vorzugehen.

8.2.9 Beispiel Sie kennen die Substitutionsregel in der Form

$$\int f(g(x)) \cdot g'(x)dx = \int f(g)dg.$$

Da die Namen der Variablen und Funktionen keine Bedeutung haben, benenne ich sie ein wenig um und schreibe

$$\int f(x(t)) \cdot x'(t)dt = \int f(x)dx.$$

Die Rolle der alten Variablen x hat jetzt die neue Variable t übernommen, und die alte Funktion g habe ich durch die neue Funktion x ersetzt. Der Aufbau der Formel ist aber genau gleich geblieben. Der Vorteil besteht darin, dass ich jetzt auf der rechten Seite ein schlichtes Integral $\int f(x)dx$ stehen habe und dieses Integral vielleicht mit Hilfe der linken Seite ausrechnen kann. Wenn ich zum Beispiel $\int \sqrt{1 - x^2}dx$ berechnen will, so setze ich

$$x(t) = \sin t$$

und finde mit der von rechts nach links gelesenen Substitutionsregel:

$$\int \sqrt{1 - x^2}\,dx = \int \sqrt{1 - x^2(t)} \cdot x'(t)\,dt = \int \sqrt{1 - \sin^2 t} \cdot \cos t\,dt.$$

Das ist günstig, denn wie Sie wissen ist $\sqrt{1 - \sin^2 t} = \cos t$, und es folgt

$$\int \sqrt{1 - \sin^2 t} \cos t\,dt = \int \cos^2 dt = \frac{t}{2} + \frac{1}{2}\sin t \cos t + c,$$

wobei Sie die letzte Gleichung dem Beispiel 8.2.3 (iv) entnehmen können.

Wir haben also die Gleichung

$$\int \sqrt{1 - x^2}\,dx = \frac{t}{2} + \frac{1}{2}\sin t \cos t + c$$

gewonnen, und die nützt einem zunächst überhaupt nichts, weil wir mit einer Funktion in x gestartet sind und auch als Ergebnis gern eine Stammfunktion in x hätten. Das ist aber leicht zu erreichen, denn wir kennen den Zusammenhang zwischen x und t. Ich habe nämlich definiert:

$$x = \sin t, \text{ also } t = \arcsin x.$$

Folglich ist

$$\sin t = \sin(\arcsin x) = x$$

und

$$\cos t = \cos(\arcsin x) = \sqrt{1 - \sin^2(\arcsin x)} = \sqrt{1 - x^2}.$$

Jetzt brauchen Sie nur noch oben einzusetzen und finden:

$$\int \sqrt{1 - x^2}\,dx = \frac{1}{2}\arcsin x + \frac{1}{2}x \cdot \sqrt{1 - x^2} + c.$$

Diese Art, mit der Substitutionsregel umzugehen, ist sicher nicht ganz einfach und kommt auch nicht allzu häufig vor. Ich will Ihnen auch nichts vormachen: um die richtige Substitution $x(t) = \sin t$ zu wählen, muss man im Grunde zumindest eine vage Vorstellung davon haben, was für ein Endergebnis herauskommen wird, denn sonst fällt die

Entscheidung für den Sinus doch reichlich unvermittelt vom Himmel. Mit einem Wort, Integrale wie in 8.2.9 gehören wahrscheinlich nicht zu den Standards, die Sie unbedingt kennen müssen, aber es schadet auch nichts, gelegentlich über den Tellerrand hinauszublicken.

Noch ein Wort zu bestimmten Integralen. Ich habe hier sehr bewusst darauf verzichtet, *bestimmte* Integrale auszurechnen, weil bei der Substitutionsregel die Integrationsgrenzen sich verändern und diese Veränderung immer wieder zu Verwirrungen führt. Wenn Sie ein bestimmtes Integral mit Hilfe der Substitutionsregel auszurechnen haben, dann empfehle ich Ihnen, erst das unbestimmte Integral zu finden und sich erst dann, sobald die Stammfunktion zur Hand ist, um die Grenzen zu kümmern. Alles andere macht nur Ärger.

8.3 Partialbruchzerlegung

In 8.1.22 (vi) habe ich eine rationale Funktion integriert, indem ich erst eine Polynomdivision durchgeführt und dann die einzelnen Summanden integriert habe. Das ging deshalb so einfach, weil der Nenner nur aus einem Polynom vom Grad 1 bestand. Bei aufwendigeren Nennern muss man auch aufwendigere Methoden verwenden, und die Standardmethode zur Integration rationaler Funktionen ist die *Partialbruchzerlegung*. Der Name sagt schon, worauf es hinausläuft: man zerlegt den komplizierteren Bruch in einfachere Teilbrüche, die sich dann hoffentlich leichter integrieren lassen.

8.3.1 Beispiel Gesucht ist

$$\int \frac{6x^2 - x + 1}{x^3 - x} \, dx.$$

Da $x^3 - x = x(x-1)(x+1)$ gilt, machen wir den Ansatz

$$\frac{6x^2 - x + 1}{x^3 - x} = \frac{A}{x} + \frac{B}{x-1} + \frac{C}{x+1}.$$

Wenn ich jetzt die Werte von A, B und C wüsste, dann könnte ich die Funktion leicht integrieren, denn jeder der drei Teilbrüche hat einen Logarithmus als Stammfunktion. Ich muss mich deshalb daran machen, die Zahlen A, B und C herauszufinden. Zuerst beseitige ich die Brüche, indem ich mit dem Hauptnenner durchmultipliziere. Es folgt:

$$
\begin{aligned}
6x^2 - x + 1 &= A(x-1)(x+1) + Bx(x+1) + Cx(x-1) \\
&= A(x^2 - 1) + B(x^2 + x) + C(x^2 - x) \\
&= x^2(A + B + C) + x(B - C) - A
\end{aligned}
$$

Nur der letzte Schritt bedarf einer Erklärung. Ich habe das Polynom aus der zweiten Zeile nach Potenzen von x geordnet, und x^2 hat genau die Faktoren A, B und C, während x mit den Faktoren B und $-C$ versehen ist.

Jetzt haben wir links und rechts vom Gleichheitszeichen je ein Polynom stehen. Da die Gleichung

$$6x^2 - x + 1 = x^2(A + B + C) + x(B - C) - A$$

gelten soll, müssen die Koeffizienten bei den entsprechenden Potenzen jeweils gleich sein. Schließlich würden Sie auch sofort die Polynome $x^2 + 1$ und $2x^2 + 1$ als verschieden erkennen, weil sie sich im Koeffizienten von x^2 unterscheiden. In unserem Beispiel muss deshalb gelten:

$$A + B + C = 6, B - C = -1, -A = 1.$$

Das ist ein lineares Gleichungssystem mit drei Unbekannten, auch wenn die Gleichungen nebeneinander stehen anstatt untereinander. Im dritten Kapitel haben Sie gelernt, wie man so etwas löst, und ich verzichte deshalb darauf, die Rechnung vorzuführen. Das Ergebnis ist jedenfalls

$$A = -1, B = 3, C = 4.$$

Folglich kann man den ursprünglichen Bruch zerlegen in

$$\frac{6x^2 - x + 1}{x^3 - x} = -\frac{1}{x} + \frac{3}{x - 1} + \frac{4}{x + 1},$$

und für das Integral bedeutet das

$$\int \frac{6x^2 - x + 1}{x^3 - x} dx = -\int \frac{1}{x} dx + 3 \int \frac{1}{x - 1} dx + 4 \int \frac{1}{x + 1} dx$$
$$= -\ln|x| + 3\ln|x - 1| + 4\ln|x + 1| + c.$$

Mit diesem Ansatz kann man beliebige rationale Funktionen integrieren. Sie müssen nur den Nenner in seine Linearfaktoren zerlegen und davon ausgehend die rationale Funktion als Summe einfacherer Brüche schreiben. Leider sind die Beispiele nicht immer ganz so einfach wie in 8.3.1, und wir sollten erst einmal notieren, wie die Zerlegung in Teilbrüche im Einzelnen vor sich geht.

Eben habe ich den Nenner in Faktoren zerlegt, und deshalb gehen wir für den Anfang der Frage nach, wie man das mit beliebigen Polynomen macht.

8.3.2 Satz Es sei p ein Polynom. Dann kann man p zerlegen in ein Produkt aus *Linearfaktoren* $(x - a)^m$ und *quadratischen Faktoren* $(x^2 + px + q)^k$, wobei man die Faktoren $x^2 + px + q$ nicht mehr weiter in Linearfaktoren zerlegen kann, weil sie keine reellen Nullstellen haben.

Das ist das alte Problem, mit dem wir schon im dritten Kapitel zu tun hatten. Manche Polynome haben eben auch komplexe Nullstellen, und man kann nicht erwarten, daraus reelle Linearfaktoren zu berechnen. Sehen wir uns schnell zwei Beispiele an.

8.3.3 Beispiele

(i) Es sei $p(x) = x^4 + x^3 - x - 1$. Man rechnet leicht nach, dass man p zerlegen kann in die Faktoren $p(x) = (x-1)(x+1)(x^2 + x + 1)$. Dabei hat $x^2 + x + 1$ die Nullstellen

$$x_{1,2} = -\frac{1}{2} \pm \sqrt{\frac{1}{4} - 1} = -\frac{1}{2} \pm \sqrt{-\frac{3}{4}},$$

besitzt also keine reellen Nullstellen und ist deswegen auch nicht in reelle Linearfaktoren zerlegbar.

(ii) Es sei $p(x) = x^3 - 2x^2 + x$. Dann ist $p(x) = x(x-1)^2$. Ein Faktor kann also auch mehrfach auftreten, wie Sie hier am Beispiel des Faktors $x - 1$ sehen.

Noch einmal muss ich mich auf die Vorgehensweise aus 8.3.1 berufen. Dort hatte ich den *Nenner* der rationalen Zahl in seine Faktoren zerlegt und dann die passenden Summanden aufgeschrieben. Das kann man mit jeder rationalen Funktion machen, man muss nur auf die mehrfach auftretenden Faktoren achten. Ein mehrfacher Faktor wird auch mehrere Summanden erzeugen.

8.3.4 Satz Es sei $r(x) = \frac{p(x)}{q(x)}$ eine rationale Funktion, wobei der Grad von p kleiner sei als der Grad von q. Dann kann man r zerlegen in Summanden der folgenden Form.

(i) Ist $(x-a)^m$ ein m-facher Linearfaktor des Nennerpolynoms q, so hat r die Summanden

$$\frac{A_1}{x-a} + \frac{A_2}{(x-a)^2} + \cdots + \frac{A_m}{(x-a)^m}.$$

(ii) Ist $(x^2 + px + q)^k$ ein k-facher quadratischer Faktor des Nennerpolynoms q, so hat r die Summanden

$$\frac{B_1 + C_1 x}{x^2 + px + q} + \frac{B_2 + C_2 x}{(x^2 + px + q)^2} + \cdots + \frac{B_k + C_k x}{(x^2 + px + q)^k}.$$

Das ist kein reines Vergnügen, aber es ist auch nicht so schlimm wie es aussieht, zumal ich mich im Wesentlichen auf die Linearfaktoren beschränken werde. Wichtig ist an der Sache nur, dass Sie den richtigen Ansatz wählen, sonst geht die Berechnung der Zerlegung unweigerlich schief.

8.3.5 Beispiel Man berechne

$$\int \frac{x^3 + 1}{x(x-1)^3} dx.$$

Nach Satz 8.3.4 muss ich zunächst den Nenner anschauen. Seine Faktorenzerlegung wird schon in der Aufgabenstellung mitgeliefert, und der Satz 8.3.4 schreibt vor, wie die Zerlegung der rationalen Funktion in einfachere Summanden zu geschehen hat. Da x ein einfacher Faktor ist, kommt ihm auch nur ein Summand zu, aber $x - 1$ als dreifacher Faktor erhält drei Summanden. Der Ansatz lautet also:

$$\frac{x^3 + 1}{x(x - 1)^3} = \frac{A}{x} + \frac{B_1}{x - 1} + \frac{B_2}{(x - 1)^2} + \frac{B_3}{(x - 1)^3}.$$

Nun gehe ich genauso vor wie in 8.3.1. Die nächsten Schritte bestehen darin, mit dem Hauptnenner $x(x-1)^3$ durchzumultiplizieren und anschließend das Polynom auf der rechten Seite nach Potenzen von x zu ordnen. Wir erhalten dann:

$$\begin{aligned}
x^3 + 1 &= A(x - 1)^3 + B_1 x(x - 1)^2 + B_2 x(x - 1) + B_3 x \\
&= A(x^3 - 3x^2 + 3x - 1) + B_1(x^3 - 2x^2 + x) + B_2(x^2 - x) + B_3 x \\
&= x^3(A + B_1) + x^2(-3A - 2B_1 + B_2) + x(3A + B_1 - B_2 + B_3) - A.
\end{aligned}$$

Jetzt ist wieder der Koeffizientenvergleich an der Reihe. Bedenken Sie dabei, dass bei $x^3 + 1$ der Koeffizient von x^3 gerade 1 ist, aber die Koeffizienten von x^2 und von x betragen 0, da keine entsprechenden Summanden in $x^3 + 1$ auftauchen. Folglich ist

$$A + B_1 = 1, -3A - 2B_1 + B_2 = 0, 3A + B_1 - B_2 + B_3 = 0, -A = 1.$$

Das ist ein lineares Gleichungssystem mit vier Unbekannten, und wieder verweise ich Sie auf den Gauß-Algorithmus aus dem dritten Kapitel. Wenn Sie ihn korrekt anwenden, finden Sie die Lösungen

$$A = -1, B_1 = 2, B_2 = 1, B_3 = 2.$$

Damit haben wir die gesuchte Zerlegung gefunden, denn es gilt:

$$\frac{x^3 + 1}{x(x - 1)^3} = -\frac{1}{x} + \frac{2}{x - 1} + \frac{1}{(x - 1)^2} + \frac{2}{(x - 1)^3}.$$

Für das Integral heißt das:

$$\begin{aligned}
\int \frac{x^3 + 1}{x(x - 1)^3} dx &= -\int \frac{1}{x} dx + \int \frac{2}{x - 1} dx + \int \frac{1}{(x - 1)^2} dx + \int \frac{2}{(x - 1)^3} dx \\
&= -\ln|x| + 2\ln|x - 1| - \frac{1}{x - 1} - \frac{1}{(x - 1)^2} + c.
\end{aligned}$$

Erinnern Sie sich hier bitte an das, was ich Ihnen im Anschluss an 8.1.21 ins Gewissen geredet habe. Der Logarithmus spielt beim Integrieren nur dann eine Rolle, wenn im Nenner ein x ohne weiteren Exponenten auftaucht. Dagegen ist

$$\int \frac{1}{(x-1)^2}dx = \int (x-1)^{-2}dx = (-1)\cdot(x-1)^{-1}$$

und

$$\int \frac{1}{(x-1)^3}dx = \int (x-1)^{-3}dx = -\frac{1}{2}\cdot(x-1)^{-2}.$$

Damit ist vollständig geklärt, wie man mit Linearfaktoren im Nenner umgeht. Dummerweise gibt es nicht nur Linearfaktoren auf der Welt, und man muss damit rechnen, dass der Nenner auch komplexe Nullstellen hat. Die Behandlung der daraus resultierenden quadratischen Faktoren ist etwas unangenehmer, ich werde sie deshalb auch nicht in allen Einzelheiten besprechen, sondern mich auf das Nötigste beschränken.

In 8.3.4 (ii) steht, wie die unangenehmen Summanden aussehen. Das Integral des einfachsten Summanden dieser Art teile ich Ihnen jetzt mit.

8.3.6 Satz Es sei $x^2 + px + q$ ein quadratisches Polynom mit den komplexen Nullstellen $a + b\cdot i$ und $a - b\cdot i$. Dann ist

$$\int \frac{Ax+B}{x^2+px+q}dx = \frac{A}{2}\ln|x^2+px+q| + \frac{Aa+B}{b}\arctan\left(\frac{x-a}{b}\right) + c.$$

Das sieht übel aus, und auch ich finde es alles andere als schön. Man kann diese Formel herleiten, indem man den Bruch geschickt aufteilt und dann zweimal die Substitutionsregel benutzt, aber ich habe kein Interesse daran, Sie unnötig zu quälen. Falls Sie allerdings Freude am Ableiten haben oder einmal testen wollen, ob Sie mit Ableitungen richtig umgehen können, ist es eine gute Übung, die angegebene Stammfunktion abzuleiten und zu sehen, ob wirklich der Integrand herauskommt. Was Sie dazu brauchen, finden Sie im siebten Kapitel.

Trotzdem möchte ich die Formel nicht einfach so in den Raum stellen, wir sollten zumindest ein Beispiel rechnen.

8.3.7 Beispiel Gesucht ist

$$\int \frac{x+1}{x^2-2x+2}dx.$$

Das quadratische Polynom $x^2 - 2x + 2$ hat die Nullstellen $1 + i$ und $1 - i$, weshalb der Satz 8.3.6 anwendbar ist. Für dieses konkrete Beispiel ist $A = B = 1$ und ebenfalls $a = b = 1$. Die Formel aus 8.3.6 ergibt dann

$$\int \frac{x+1}{x^2-2x+2}dx = \frac{1}{2}\ln|x^2-2x+2| + \frac{1\cdot1+1}{1}\arctan\left(\frac{x-1}{1}\right) + c$$

$$= \frac{1}{2}\ln|x^2-2x+2| + 2\arctan(x-1) + c.$$

Es gibt noch ein paar Kleinigkeiten, die ich Ihnen zur Partialbruchzerlegung sagen sollte. Ich habe sie in der folgenden Bemerkung zusammengefasst.

8.3.8 Bemerkung Der einfache quadratische Faktor im Nenner ist schon schlimm genug, aber was passiert, wenn Ihnen auch noch mehrfache quadratische Faktoren wie $(x^2 - 2x + 2)^3$ begegnen? Da gibt es nur einen Weg. Man kann sich eine sogenannte *Rekursionsformel* ausdenken, mit deren Hilfe man das Integral für den Nenner $(x^2 - 2x + 2)^3$ zurückführen kann auf ein Integral mit dem Nenner $(x^2 - 2x + 2)^2$, und dieses wiederum reduziert man auf ein Integral mit dem Nenner $x^2 - 2x + 2$. Das ist ein Haufen Arbeit, und im Vergleich zu den zugehörigen Formeln ist der Ausdruck in 8.3.6 ein Musterbeispiel an Ästhetik. Solche Fälle kommen zum Glück nicht sehr häufig vor, und wenn sie Ihnen begegnen sollten, schreiben Sie am besten die Lösung aus einer Formelsammlung ab.

Wichtiger ist eine Voraussetzung für die Partialbruchzerlegung, über die ich bisher noch kein Wort verloren habe. In 8.3.4 habe ich bei der Beschreibung der Zerlegung nämlich verlangt, dass der Grad des Zählerpolynoms unter dem Grad des Nennerpolynoms liegt. Diese Voraussetzung ist wesentlich, weil Sie im gegenteiligen Fall mit dem besprochenen Zerlegungsverfahren entweder gar keine oder falsche Ergebnisse erzielen. Ist nun aber eine Funktion wie zum Beispiel

$$\frac{x^3 + 2}{x^2 - 1}$$

zu integrieren, deren Zählergrad über ihrem Nennergrad liegt, so kann man nach einer kleinen Polynomdivision dennoch die Partialbruchzerlegung anwenden. Es gilt zum Beispiel

$$(x^3 + 2) : (x^2 - 1) = x + \frac{x + 2}{x^2 - 1}.$$
$$\underline{x^3 - x}$$
$$x + 2$$

Sobald Sie auf einen Term stoßen, dessen Grad unter dem Nennergrad liegt, können Sie natürlich die Polynomdivision beenden, denn die Voraussetzung der Partialbruchzerlegung verlangt nicht mehr als das. Die Berechnung des Integrals erfolgt jetzt durch

$$\int \frac{x^3 + 2}{x^2 - 1} dx = \int x + \frac{x + 2}{x^2 - 1} dx = \frac{x^2}{2} + \int \frac{x + 2}{x^2 - 1} dx,$$

und das neue Integral lässt sich mit Hilfe der Partialbruchzerlegung ermitteln.

Das sollte zur Integration rationaler Funktionen genügen. Im nächsten Abschnitt werde ich über Integrale sprechen, deren Integrationsgrenzen unendlich groß werden.

8.4 Uneigentliche Integrale

Inzwischen kennen Sie so viele Methoden zur Berechnung unbestimmter Integrale, dass wir uns wieder den bestimmten Integralen zuwenden können. Ich möchte aber nicht zurückkehren zu den altbekannten Integralen $\int_a^b f(x)dx$, sondern Ihnen etwas Neues präsentieren. Wenn Sie beispielsweise eine Sonde in die unendlichen Weiten des Weltraums schießen, dann wird sie zumindest theoretisch auch unendlich weit fliegen, sofern sie nicht zwischendurch an einem Planeten zerschellt. Zur Berechnung der Arbeit, die von der Sonde verrichtet wird, braucht man Integrale, und da sie unbegrenzt lange unterwegs ist, braucht man Integrale mit unendlich großen oberen Grenzen.

Auch die Statistik ist ein Abnehmer für Integrale dieser Art. Eine Wahrscheinlichkeit gibt eine Tendenz an, die bei nur endlich vielen Versuchen zwar näherungsweise, aber nicht exakt realisiert wird. Zum Beispiel beträgt bei einem nicht gezinkten Würfel die Wahrscheinlichkeit, eine Zwei zu würfeln, genau $\frac{1}{6}$, aber selbst wenn Sie sich die Zeit für 6000 Würfe nehmen, müssen Sie damit rechnen, dass Sie vielleicht nur 997 oder gar 1017 Zweierwürfe erzielen. Um mit solchen Wahrscheinlichkeiten präzise rechnen zu können, muss man zu unendlich großen Bereichen übergehen, und auch dafür werden die erwähnten Integrale gebraucht. Sie konnten übrigens eine Funktion, die man in der Statistik ständig mit unendlich großen Grenzen integriert, auf dem guten alten Zehn-Mark-Schein finden, direkt neben dem Konterfei von Carl Friedrich Gauß.

An zwei Beispielen sehen wir uns an, wovon ich hier eigentlich die ganze Zeit rede.

8.4.1 Beispiele

(i) Für jedes $a < 0$ ist

$$\int_a^0 e^x dx = e^x\big|_a^0 = e^0 - e^a = 1 - e^a.$$

Ich bin jetzt an der Fläche zwischen e^x und der gesamten negativen x-Achse interessiert, nicht nur an einem Teilstück. Zu diesem Zweck muss ich die untere Grenze a immer kleiner werden lassen, und das heißt, ich gehe mit a gegen $-\infty$. Dann wird aber e^a gegen 0 gehen und es folgt:

$$\lim_{a \to -\infty} 1 - e^a = 1.$$

Man setzt deshalb

$$\int_{-\infty}^0 e^x dx = 1,$$

und hat damit den Flächeninhalt zwischen e^x und der negativen x-Achse berechnet.

Abb. 8.8 Fläche unter $f(x)$

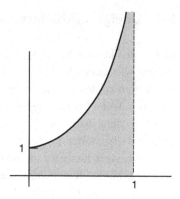

(ii) Die Funktion $f(x) = \frac{1}{\sqrt{1-x^2}}$ hat den Definitionsbereich $(-1, 1)$, da Sie beim Einsetzen der beiden Randpunkte -1 und 1 jeweils eine Null im Nenner erhalten würden. Deshalb macht der Ausdruck

$$\int\limits_0^1 f(x)dx$$

zunächst einmal keinen Sinn, denn für die obere Integrationsgrenze ist die Funktion nicht definiert. Ich kann mich aber von unten an die kritische Stelle 1 herantasten und vorsichtshalber $a < 1$ als obere Integrationsschranke wählen. Dann ist nach 8.1.21:

$$\int\limits_0^a \frac{1}{\sqrt{1-x^2}}dx = \arcsin a - \arcsin 0 = \arcsin a,$$

denn $\sin 0 = 0$, also ist auch $\arcsin 0 = 0$. Nun lasse ich die obere Grenze a gegen 1 wandern und erhalte

$$\lim_{a \to 1} \arcsin a = \arcsin 1 = \frac{\pi}{2},$$

weil erstens der Arcussinus stetig ist und zweitens $\sin \frac{\pi}{2} = 1$ gilt. Man setzt deshalb

$$\int\limits_0^1 \frac{1}{\sqrt{1-x^2}}dx = \frac{\pi}{2},$$

und hat damit den Flächeninhalt aus Abb. 8.8 berechnet. Obwohl also der Rand der Fläche ins Unendliche reicht, ist die Fläche selbst doch endlich.

Integrale, deren Grenzen man *eigentlich* nicht in die Funktion einsetzen kann, die aber doch berechenbar sind, nennt man *uneigentliche Integrale*. Ich werde sie jetzt ordentlich definieren und anschließend noch einige Beispiele rechnen.

8.4.2 Definition

(i) Es sei $f : [a, c) \to \mathbb{R}$ stetig. Falls der Grenzwert $\lim_{b \to c} \int_a^b f(x)dx$ existiert, nennt man

$$\int_a^c f(x)dx = \lim_{b \to c} \int_a^b f(x)dx$$

das uneigentliche Integral von f über $[a, c)$. Auf analoge Weise sind uneigentliche Integrale über $(a, b]$ bzw. (a, b) definiert.

(ii) Es sei $f : [a, \infty) \to \mathbb{R}$ stetig. Falls der Grenzwert $\lim_{b \to \infty} \int_a^b f(x)dx$ existiert, nennt man

$$\int_a^\infty f(x)dx = \lim_{b \to \infty} \int_a^b f(x)dx$$

das uneigentliche Integral von f über $[a, \infty)$. Auf analoge Weise sind uneigentliche Integrale über $(-\infty, a]$ bzw. $(-\infty, \infty)$ definiert.

Die Definition 8.4.2 beschreibt einfach nur das, was ich Ihnen in den Beispielen aus 8.4.1 gezeigt habe: man zieht sich ein wenig von der kritischen Stelle zurück, rechnet das Integral aus und nähert sich dann wieder dem kritischen Punkt oder gar der Unendlichkeit in der Hoffnung auf einen brauchbaren Grenzwert. Anhand von vier Beispielen möchte ich das noch etwas deutlicher machen.

8.4.3 Beispiele

(i) Ich suche die Fläche unter $f(x) = \frac{1}{x^3}$ ab dem Punkt 1. Dazu muss ich die obere Grenze des entsprechenden Integrals gegen ∞ gehen lassen. Es gilt dann:

$$\int_1^\infty \frac{1}{x^3}dx = \lim_{b \to \infty} \int_1^b \frac{1}{x^3}dx = \lim_{b \to \infty} -\frac{1}{2x^2}\Big|_1^b$$

$$= \lim_{b \to \infty} \left(-\frac{1}{2b^2} + \frac{1}{2}\right) = \frac{1}{2}.$$

Ich habe dabei genau die Vorschriften der Definition befolgt. Zuerst ersetze ich die obere Grenze ∞ durch ein schlichtes b, danach rechne ich das Integral aus und lasse b gegen Unendlich gehen. Der Grenzwert ist dann das uneigentliche Integral.

(ii) Jetzt machen wir das Gleiche für die Funktion $f(x) = \frac{1}{x}$. Man findet:

$$\int_1^\infty \frac{1}{x}dx = \lim_{b \to \infty} \int_1^b \frac{1}{x}dx = \lim_{b \to \infty} \ln x\Big|_1^b$$

$$= \lim_{b \to \infty} \ln b = \infty,$$

womit ich nur sagen will, dass der Logarithmus von b beliebig groß wird, wenn b gegen Unendlich geht. Hier gibt es also keinen ernstzunehmenden Grenzwert und deshalb auch kein uneigentliches Integral.

(iii) Man kann aber auch über die ganze reelle Achse integrieren, wenn die Funktion gutwillig genug ist. In diesem Fall heißen die Integrationsgrenzen $-\infty$ und ∞. Für die Funktion $f(x) = \frac{1}{1+x^2}$ geht das beispielsweise so:

$$
\int_{-\infty}^{\infty} \frac{1}{1+x^2} dx = \lim_{a\to-\infty} \int_{a}^{0} \frac{1}{1+x^2} dx + \lim_{b\to\infty} \int_{0}^{b} \frac{1}{1+x^2} dx
$$

$$
= \lim_{a\to-\infty} \left(\arctan 0 - \arctan a\right) + \lim_{b\to\infty} \left(\arctan b - \arctan 0\right)
$$

$$
= 0 - \left(-\frac{\pi}{2}\right) + \frac{\pi}{2} - 0 = \pi.
$$

Sie sehen, dass hier noch eine Kleinigkeit dazukommt. Ich hätte auch die beiden Grenzen gleichzeitig gegen $-\infty$ und ∞ gehen lassen können, aber aus Gründen der Übersichtlichkeit habe ich das Integral aufgeteilt in das Integral von $-\infty$ bis 0 und das Integral von 0 bis ∞. Die beiden Einzelintegrale habe ich dann so behandelt wie immer und dabei benutzt, dass der Arcustangens die Stammfunktion von $\frac{1}{1+x^2}$ ist. Dem sechsten Kapitel können Sie entnehmen, dass $\lim_{x\to\frac{\pi}{2}} \tan x = \infty$ gilt, und deshalb gilt für die Umkehrfunktion Arcustangens auch die umgekehrte Gleichung $\lim_{x\to\infty} \arctan x = \frac{\pi}{2}$.

(iv) Zum Abschluss ein Beispiel, bei dem Unendlich nicht vorkommt. Das Integral $\int_{2}^{4} \frac{1}{\sqrt{x-2}} dx$ sieht ganz harmlos aus, aber man kann die untere Integrationsgrenze 2 nicht in die Funktion einsetzen, ohne eine Null im Nenner zu produzieren. Wir müssen uns also vorsichtig der 2 von oben nähern. Es gilt dann

$$
\int_{2}^{4} \frac{1}{\sqrt{x-2}} dx = \lim_{a\to 2, a>2} \int_{a}^{4} \frac{1}{\sqrt{x-2}} dx = \lim_{a\to 2, a>2} 2\sqrt{x-2}\Big|_{a}^{4}
$$

$$
= 2\sqrt{4-2} - 2 \lim_{a\to 2, a>2} \sqrt{a-2} = 2\sqrt{2}.
$$

Dabei habe ich benutzt, dass

$$
\int \frac{1}{\sqrt{x-2}} dx = \int (x-2)^{-\frac{1}{2}} dx = 2(x-2)^{\frac{1}{2}}
$$

gilt, und die Stetigkeit der Wurzelfunktion verwendet.

Es kann auch einmal einen kurzen Abschnitt geben. Ich habe Ihnen alles Wichtige über uneigentliche Integrale berichtet, und wir können dazu übergehen, im nächsten Abschnitt dieses Kapitels Flächeninhalte, Volumina und Streckenlängen auszurechnen.

8.5   Flächen, Volumina und Strecken

Sie sollten nicht aus den Augen verlieren, dass die klassische Anwendungsmöglichkeit der Integralrechnung im Ausrechnen von Flächeninhalten besteht. Nicht ganz so bekannt ist die Tatsache, dass man mit ganz normalen Integralen auch einige Volumina und Kurvenlängen bestimmen kann. Um diese drei Punkte werde ich mich jetzt kümmern.

Zunächst also zur Flächenberechnung. Sie haben schon in 8.1.18 gesehen, wie man die Fläche zwischen zwei Funktionskurven berechnet, und ich will jetzt nur noch die Vorgehensweise ein wenig systematisieren. Wesentlich ist dabei die Frage, wie man mit Flächen umgeht, die unterhalb der x-Achse liegen.

8.5.1 Beispiel   Man berechne die Fläche, die die Funktion $f(x) = x^3 - 3x^2 - 6x + 8$ mit der x-Achse einschließt. Dazu sollten wir erst einmal die Schnittpunkte der Funktion mit der x-Achse, also ihre Nullstellen suchen. Falls es ganzzahlige Nullstellen gibt, werden wir sie nach 5.2.7 unter den Teilern des absoluten Gliedes 8 finden, und tatsächlich ergibt eine kurze Überprüfung der Teiler die Nullstellen -2, 1 und 4. Mit den üblichen Methoden der Differentialrechnung können Sie nachrechnen, dass f in $1 - \sqrt{3}$ ein lokales Maximum und in $1 + \sqrt{3}$ ein lokales Minimum hat. Der Verlauf der Funktionskurve wird deshalb durch Abb. 8.9 skizziert. Die Fläche zerfällt also in zwei Teile, einen über der x-Achse und einen darunter. Da die Fläche unterhalb der x-Achse negativ gezählt wird und wir am gesamten Flächeninhalt interessiert sind, darf ich den zweiten Flächenteil nicht einfach so akzeptieren, sondern muss seinen Absolutbetrag nehmen. Für die Fläche gilt dann

$$\text{Fläche} = \int_{-2}^{1} f(x)dx + \left| \int_{1}^{4} f(x)dx \right|$$

$$= \left[\frac{x^4}{4} - x^3 - 3x^2 + 8x \right]_{-2}^{1} + \left| \left[\frac{x^4}{4} - x^3 - 3x^2 + 8x \right]_{1}^{4} \right|$$

$$= \left(\frac{1}{4} - 1 - 3 + 8 \right) - (4 + 8 - 12 - 16)$$

$$+ \left| (64 - 64 - 48 + 32) - \left(\frac{1}{4} - 1 - 3 + 8 \right) \right|$$

$$= 20{,}25 + 20{,}25 = 40{,}5.$$

Die eingeschlossene Fläche beträgt also 40,5 Flächeneinheiten.

Wir haben uns in dieser Rechnung überhaupt nicht mehr dafür interessieren müssen, ob nun die Fläche irgendwo negativ ist oder nicht, da wir an der kritischen Stelle zum Absolutbetrag übergegangen sind. Immerhin musste ich noch herausfinden, welche Stelle die kritische war, aber auch das kann man sich ersparen, indem man gleich die Beträge heranzieht. Wenn die Fläche von alleine positiv ist, wird ihr das nicht schaden, und wenn sie negativ ist, beseitigt der Absolutbetrag diesen Makel.

Abb. 8.9 Funktionskurve von
$f(x) = x^3 - 3x^2 - 6x + 8$

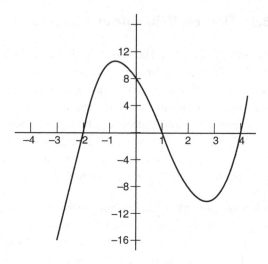

8.5.2 Bemerkung Man berechne die Fläche, die von zwei Funktionen f und g einge-schlossen wird. Ich kann es Ihnen nicht ersparen, sich auf die Suche nach den Schnittpunk-ten von f und g zu begeben, denn wir müssen später von Schnittpunkt zu Schnittpunkt integrieren. An so einem Schnittpunkt ist $f(x) = g(x)$, also $f(x) - g(x) = 0$, und das Suchen nach Schnittpunkten entspricht dem Berechnen von Nullstellen der Funktion $f - g$, sei es mit Lösungsformeln oder mit dem Newton-Verfahren. Nehmen wir also an, die Nullstellen von $f - g$ heißen in aufsteigender Reihenfolge $x_1, x_2, \ldots, x_n$. Zwischen zwei Nullstellen x_i und x_{i+1} beträgt die eingeschlossene Fläche entweder

$$\int_{x_i}^{x_{i+1}} f(x) - g(x)dx \text{ oder } \int_{x_i}^{x_{i+1}} g(x) - f(x)dx,$$

je nachdem, welche Funktion unten oder oben liegt. Da sich hier aber nur das Vorzeichen ändern kann, liegen wir auf jeden Fall richtig, wenn wir die Teilfläche zwischen x_i und x_{i+1} mit

$$\text{Teilfläche} = \left| \int_{x_i}^{x_{i+1}} f(x) - g(x)dx \right|$$

berechnen. Die Gesamtfläche ergibt sich dann als Summe der einzelnen Flächen, das heißt

$$\text{Fläche} = \sum_{i=1}^{n-1} \left| \int_{x_i}^{x_{i+1}} f(x) - g(x)dx \right|.$$

Abb. 8.10 Fläche zwischen
zwei Funktionskurven

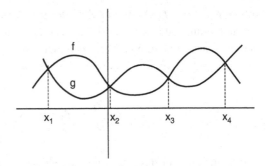

Sie brauchen also nur die Integrale der Differenz $f - g$ von Schnittpunkt zu Schnittpunkt auszurechnen, die jeweiligen Absolutbeträge zu nehmen und sie alle zusammenzuzählen. Ich überlasse es Ihrer Phantasie, sich selbst ein Beispiel dazu auszudenken.

Das war im Grunde genommen nichts Neues, denn die üblichen bestimmten Integrale kennen Sie ja schon seit dem ersten Abschnitt dieses Kapitels. Im folgenden zeige ich Ihnen, wie man mit Integralen auch eine spezielle Sorte von Rauminhalten berechnen kann, nämlich die Volumina sogenannter *Rotationskörper*. Sie entstehen, wenn eine Funktion anfängt zu rotieren, was angeblich nicht nur Funktionen, sondern auch Menschen passieren soll.

8.5.3 Bemerkung Es sei $f : [a, b] \to \mathbb{R}$ eine stetige Funktion. Wir rotieren die Funktionskurve von f um die x-Achse. Dann entsteht ein Körper, der offenbar symmetrisch zur x-Achse ist. Um sein Volumen V zu bestimmen, werde ich mir auch einmal das Vergnügen erlauben, mit unendlich kleinen Größen zu argumentieren, das macht die Sache etwas einfacher.

Wenn Sie eine unendlich kleine Teilstrecke auf der x-Achse mit dx bezeichnen, dann können Sie an Abb. 8.11 sehen, dass dx die Höhe eines unendlich schmalen Zylinders

Abb. 8.11 Rotationskörper

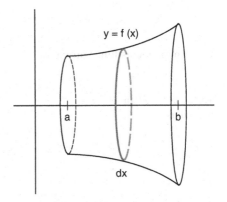

mit dem Radius $f(x)$ ist. Der Zylinder hat deshalb das Volumen $\pi \cdot (f(x))^2 \cdot dx$. Das Gesamtvolumen des Rotationskörpers erhalten Sie, indem Sie alle Zylindervolumina aufaddieren, und eine Summe über unendlich viele unendlich kleine Teilstücke ist immer ein Integral. Es folgt also

$$V = \int\limits_a^b \pi (f(x))^2 dx = \pi \int\limits_a^b f^2(x) dx.$$

So einfach geht das, wenn man bereit ist, dx als eigenständige Größe zu betrachten. Es ist alles andere als mathematisch exakt, aber das Ergebnis stimmt, und man kann die Herleitung auch in die Sprache der Grenzwerte übersetzen, mit der ich Integrale zu Anfang des Kapitels definiert habe. Wir lassen uns deshalb nicht weiter beunruhigen und rechnen lieber zwei Beispiele.

8.5.4 Beispiele

(i) Gesucht ist das Volumen eines Kegels mit der Höhe h und dem Radius r. Sie erhalten den Kegel durch Rotation einer Geraden um die x-Achse, und zur Berechnung des Volumenintegrals brauche ich die Gleichung der Geraden. Das ist nicht weiter aufwendig, denn der Definitionsbereich der Geraden liegt zwischen 0 und h, und ihre Steigung muss nach Abb. 8.12 genau $\frac{r}{h}$ betragen. Ich definiere also $f : [0, h] \to \mathbb{R}$ durch $f(x) = \frac{r}{h}x$. Dann beschreibt f die Gerade, deren Rotation den Kegel ergibt, und aus 8.5.3 folgt für das gesuchte Volumen:

$$V = \pi \cdot \int\limits_0^h f^2(x) dx = \pi \cdot \int\limits_0^h \frac{r^2}{h^2} x^2 dx$$

$$= \pi \cdot \frac{r^2}{h^2} \cdot \frac{x^3}{3} \Big|_0^h = \pi \cdot \frac{r^2}{h^2} \cdot \frac{h^3}{3}$$

$$= \frac{\pi}{3} r^2 h.$$

Dem ist nichts hinzuzufügen.

Abb. 8.12 Kegel mit Höhe h und Radius r

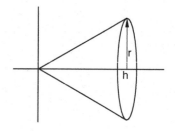

Abb. 8.13 Halbkreis mit Radius r

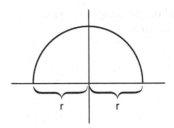

(ii) Jetzt will ich das Volumen einer Kugel mit dem Radius r bestimmen. Sie erhalten diese Kugel durch Rotation eines Halbkreises mit Radius r um die x-Achse, und wir brauchen die Gleichung dieses Halbkreises. Nach dem Pythagoras-Satz gilt aber für jedes x zwischen $-r$ und r:

$$x^2 + f^2(x) = r^2,$$

und Auflösen ergibt:

$$f(x) = \sqrt{r^2 - x^2} \text{ für } x \in [-r, r].$$

Aus 8.5.3 folgt jetzt für das Kugelvolumen:

$$V = \pi \cdot \int_{-r}^{r} f^2(x)dx = \pi \cdot \int_{-r}^{r} r^2 - x^2 dx$$

$$= \pi \cdot \left(r^2 x - \frac{x^3}{3} \right) \bigg|_{-r}^{r} = \pi \cdot \left(r^3 - \frac{r^3}{3} - \left(-r^3 + \frac{r^3}{3} \right) \right)$$

$$= \frac{4}{3} \pi r^3.$$

In der antiken griechischen Mathematik hat man solche Rauminhalte auch schon berechnet, aber weil die alten Griechen nicht über die Integralrechnung verfügten, mussten sie solche Rechnungen zu Fuß durchführen und mühsam Näherungsflächen und Näherungskörper konstruieren, die dann im Grenzübergang zu den gewünschten Ergebnissen führten. Archimedes soll übrigens bei der Eroberung von Syrakus durch römische Truppen vor seinem Haus im Sand gesessen und geometrische Probleme dieser Art untersucht haben, als ihn ein römischer Soldat aufstörte und ihn als Antwort auf die Bitte „Störe meine Kreise nicht" erschlug. Soviel zur Sensibilität des Militärs.

Zum Abschluss des Kapitels zeige ich Ihnen noch, wie man die Länge einer Kurve berechnen kann.

8.5.5 Bemerkung Es sei $f : [a, b] \to \mathbb{R}$ eine stetig differenzierbare Funktion. Ich suche die Länge der Funktionskurve von f. Weil es so praktisch ist, werde ich wieder auf

Abb. 8.14 Länge einer Funktionskurve

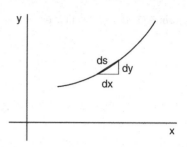

die unendlich kleinen Größen zurückgreifen. Nehmen Sie also ein unendlich kleines Teilstück dx des Intervalls $[a, b]$. Dann können Sie die Länge des entsprechenden Teilstücks der Kurve mit Hilfe des Pythagoras-Satzes bestimmen, denn die in die Richtung von f zeigende unendlich kleine Strecke ds hat die Länge

$$ds = \sqrt{(dx)^2 + (dy)^2} = dx \cdot \sqrt{1 + \left(\frac{dy}{dx}\right)^2}.$$

Nun ist aber $y = f(x)$ und somit $\frac{dy}{dx} = f'(x)$. Wir haben also, um die Gesamtlänge auszurechnen, über unendlich viele unendlich kleine Teilstücke der Form

$$\sqrt{1 + (f'(x))^2}\,dx$$

zu summieren, und so eine Summe ist natürlich wieder das entsprechende Integral. Folglich erhalten wir die Länge der Kurve zwischen a und b durch

$$\text{Länge} = \int\limits_a^b \sqrt{1 + (f'(x))^2}\,dx.$$

Ich hoffe, Ihnen ist bei solchen Argumentationen nicht ganz wohl. Sie sollten sie auch besser nicht benutzen, da man damit ganz schnell in Schwierigkeiten geraten kann, wenn man unvorsichtig wird. Immerhin ist es eine Methode, die bei richtiger Anwendung richtige Ergebnisse bringt, obwohl sie sehr gewaltsam mit unendlich kleinen Größen umgeht.

Als Beispiel berechne ich die Länge eines Kreisbogens. Da der ganze Bogen keine Funktion im klassischen Sinn ist, verschaffe ich mir die Länge des halben Bogens und verdopple sie anschließend.

8.5.6 Beispiel Gesucht ist die Länge des halben Einheitskreisbogens. In 8.5.4 hatten wir uns schon überlegt, dass der Halbkreis durch die Funktion $f(x) = \sqrt{1 - x^2}$ auf dem Definitionsbereich $[-1, 1]$ beschrieben wird. Ich muss mir also nur die Informationen besorgen, die von der Formel in 8.5.5 verlangt werden und kann danach das passende

Integral ausrechnen. Nach der Kettenregel ist

$$f'(x) = \frac{-2x}{2\sqrt{1-x^2}} = -\frac{x}{\sqrt{1-x^2}}.$$

Folglich ist

$$1 + (f'(x))^2 = 1 + \frac{x^2}{1-x^2} = \frac{1-x^2+x^2}{1-x^2} = \frac{1}{1-x^2}.$$

Die Kurvenlänge berechnet sich also aus

$$\text{Länge} = \int\limits_{-1}^{1} \sqrt{\frac{1}{1-x^2}} dx = \int\limits_{-1}^{1} \frac{1}{\sqrt{1-x^2}} dx.$$

Manchmal hat man Glück, denn fast das gleiche Integral habe ich bereits in 8.4.1 ausgerechnet, und mit genau den gleichen Methoden findet man:

$$\int\limits_{-1}^{1} \frac{1}{\sqrt{1-x^2}} dx = \arcsin 1 - \arcsin(-1) = \frac{\pi}{2} - \left(\frac{-\pi}{2}\right) = \pi.$$

Der halbe Einheitskreis hat also die Länge π, und damit hat der Einheitskreis den gewohnten Umfang 2π. Auf die gleiche Weise können Sie nachrechnen, dass ein Kreis mit dem Radius r den Umfang $2\pi r$ hat.

Sie wissen jetzt genug darüber, wie man Integrale ausrechnet, die sich einigermaßen gutwillig berechnen lassen. Es gibt aber auch ganz andere. Niemandem wird es jemals gelingen, eine Stammfunktion zu $f(x) = e^{x^2}$ zu finden, weil diese Funktion – wie viele andere auch – keine Integration in vernünftiger Form zulässt. Natürlich *gibt es* beispielsweise das Integral $\int_1^2 x^x \, dx$, aber man kann es nicht wirklich ausrechnen, weil es unmöglich ist, eine Stammfunktion zu x^x zu finden. Wie man mit solchen Integralen umgeht, zeige ich Ihnen im nächsten Abschnitt.

8.6 Numerische Integration

Wie schon am Ende des letzten Abschnitts erwähnt, gibt es Integrale, die sich nicht so ohne weiteres ausrechnen lassen, weil man zu der gegebenen Funktion keine Stammfunktion auftreiben kann: es ist eben eine Sache zu wissen, dass es eine Stammfunktion *gibt*, und eine ganz andere, sie konkret *auszurechnen*. Was kann man nun machen, wenn man den Wert eines bestimmten Integrals dringend braucht, aber nicht in der Lage ist, eine Stammfunktion auszurechnen? Das ist gar nicht so schwer, und das Grundprinzip haben Sie schon im siebten Kapitel kennen gelernt, als es um die Berechnung von Nullstellen mit Hilfe des Newton-Verfahrens ging. Wenn wir die gesuchte Größe schon nicht genau berechnen können, dann begnügen wir uns notgedrungen mit einer Näherung und hoffen, dass diese Näherung gut genug ist.

In diesem Abschnitt werde ich Ihnen zwei Näherungsverfahren zur Berechnung bestimmter Integrale vorstellen: die Trapezregel und die Simpsonregel.

Das erste und einfachste Näherungsverfahren haben Sie im Grunde genommen schon in Beispiel 8.1.3 gesehen. Dort habe ich das Grundintervall $[a, b]$ in n kleine Teilintervalle aufgeteilt und jeweils passende Rechtecke eingezeichnet; die Summe dieser Rechtecksflächen ist dann eine Näherung für das bestimmte Integral zwischen a und b. Wenn einem nichts Besseres einfällt, dann ist das immerhin besser als gar nichts, aber damit müssen wir uns nicht begnügen.

8.6.1 Bemerkung Eine recht gute Näherung erhält man, wenn man anstelle von Rechtecken Trapeze verwendet. Die Idee ist dabei einfach genug, und das Grundprinzip finden Sie in Abb. 8.15.

Nimmt man ein beliebiges Kurvenstück irgendeiner Funktionskurve $f(x)$, so ist natürlich der grau unterlegte Flächeninhalt gesucht. Nun irgendein Rechteck zu verwenden, wäre eine recht grobe Näherung, aber die Sache wird wesentlich besser, wenn Sie die Verbindungslinie zwischen den Punkten P_1 und P_2 ziehen und somit ein Trapez erhalten. Offenbar ist die schraffierte Fläche des Trapezes gar nicht mehr so schrecklich weit weg von der eigentlich gesuchten Fläche, und daher kann es nicht schaden, sie als Näherung zu verwenden.

Wo ich also in Beispiel 8.1.3 Rechtecke verwendet habe, um Teilflächen anzunähern, werde ich jetzt zu Trapezen übergehen. Dazu muss ich allerdings den Flächeninhalt eines Trapezes kennen, aber das ist nicht weiter schwer. In der Situation von Abb. 8.15 hat beispielsweise die Strecke von der x-Achse bis zu P_1 die Länge $f(x_1)$ und die Strecke von der x-Achse bis zu P_2 die Länge $f(x_2)$, denn beide Punkte liegen auf der Funktionskurve. Der Abstand zwischen x_1 und x_2 dagegen beträgt genau $x_2 - x_1$. Also ergibt sich die Trapezfläche

$$\text{Fläche} = (x_2 - x_1) \cdot \frac{f(x_1) + f(x_2)}{2}.$$

Abb. 8.15 Prinzip der Trapez-regel

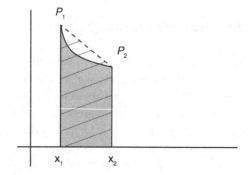

Damit habe ich nun sämliche Grundlagen gelegt, um im nächsten Schritt die Näherungsformel der Trapezregel herauszufinden.

Inzwischen ist es wahrscheinlich ziemlich klar, was ich jetzt machen muss: ich teile das
Grundintervall wieder einmal in viele kleine Teilintervalle auf und zeichne über den einzelnen Teilintervallen Trapeze wie in Abb. 8.15. Danach muss ich nur noch die Teilflächen
addieren und erhalte meine Näherung für das bestimmte Integral.

8.6.2 Bemerkung Es sei $f : [a, b] \to \mathbb{R}$ eine stetige Funktion. Ich teile das Intervall
$[a, b]$ auf in n gleichlange Teilintervalle, wobei jedes Teilintervall natürlich die Länge $\frac{b-a}{n}$
hat, die ich zur Abkürzung als Schrittweite h bezeichne.

Die Randpunkte der Teilintervalle bezeichne ich mit $x_0, x_1, \ldots, x_n$. Daher gilt:

$$x_0 = a, x_1 = a + h, x_2 = a + 2h, \ldots, x_{n-1} = a + (n-1)h, x_n = b,$$

wie Sie das schon bei der Rechteckszerlegung aus 8.1.3 gesehen haben. Die Länge der
Strecke über einem Punkt x_i entspricht genau dem Funktionswert an der Stelle x_i, also
$y_i = f(x_i)$. Nach der Formel aus 8.6.1 hat dann zum Beispiel das erste Trapez den
Flächeninhalt $h \cdot \frac{y_0 + y_1}{2}$, das zweite $h \cdot \frac{y_1 + y_2}{2}$, und so geht das immer weiter, bis man am
Ende bei der Teilfläche $h \cdot \frac{y_{n-1} + y_n}{2}$ angekommen ist.

Das war nicht besonders aufregend, und trotzdem sind wir fast schon am Ende. Um eine
Näherung für die Gesamtfläche zu erhalten, sollte ich natürlich die Teilflächen addieren,
und das ergibt:

$$
\begin{aligned}
T_n &= h \cdot \frac{y_0 + y_1}{2} + h \cdot \frac{y_1 + y_2}{2} + \cdots + h \cdot \frac{y_{n-1} + y_n}{2} \\
&= h \cdot \left(\frac{y_0 + y_1}{2} + \frac{y_1 + y_2}{2} + \cdots + \frac{y_{n-1} + y_n}{2} \right) \\
&= h \cdot \left(\frac{y_0}{2} + \frac{y_1}{2} + \frac{y_1}{2} + \frac{y_2}{2} + \cdots + \frac{y_{n-1}}{2} + \frac{y_n}{2} \right) \\
&= \frac{h}{2} \cdot (y_0 + y_1 + y_1 + y_2 + y_2 + \cdots + y_{n-1} + y_{n-1} + y_n),
\end{aligned}
$$

wobei die letzte Zeile entsteht, indem ich in der vorletzten noch den Faktor $\frac{1}{2}$ vorklam-
mere, damit ich nur noch einmal durch zwei teilen muss und nicht mehr andauernd. Fällt
Ihnen jetzt an der Verteilung der Summanden in der Klammer etwas auf? Der Wert y_0
kommt nur einmal vor, genau wie der Wert y_n. Aber alle anderen Summanden treten zweimal auf. Eigentlich ist das auch klar, denn alle inneren senkrechten Linien in Abb. 8.16
sind ja einmal die rechte und einmal die linke Seite eines Trapezes und müssen daher auch
doppelt in die Berechnung eingehen. Nur y_0 und y_n haben diese Chance nicht, denn y_0
ist nichts weiter als die linke Seite des ersten Trapezes, während y_n die rechte Seite des
letzten Trapezes ist. Insgesamt ergibt sich also für die Trapezregel bei n Teilintervallen:

$$T_n = \frac{h}{2} \cdot (y_0 + 2y_1 + 2y_2 + \cdots + 2y_{n-1} + y_n).$$

Abb. 8.16 Trapezregel

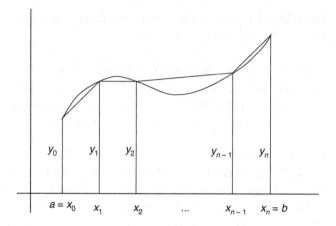

Damit hat man schon eine Formel in der Hand, mit der man rechnen kann. Sobald Sie nämlich einer Funktion über den Weg laufen, deren bestimmtes Integral Sie auszurechnen haben, sagt Ihnen die Formel für T_n ganz genau, wie Sie vorgehen können. Mit $h = \frac{b-a}{n}$ berechnen Sie zuerst die Punkte $x_0, \ldots, x_n$, was nicht weiter schwierig ist, da schlicht $x_i = x_0 + i \cdot h$ gilt. Danach berechnen Sie zu diesen Punkten x_i die zugehörigen Funktionswerte, also $y_0 = f(x_0), y_1 = f(x_1), \ldots, y_n = f(x_n)$. Und dann haben Sie schon alle in der Formel für T_n vorkommenden Größen, so dass Sie durch simples Addieren den Näherungswert T_n ausrechnen können.

Jetzt sollten wir erst einmal ein Beispiel rechnen.

8.6.3 Beispiel Ich suche das Integral

$$\int_0^1 e^{x^2}\, dx.$$

Dummerweise kann man zu $f(x) = e^{x^2}$ keine vernünftige Stammfunktion ausrechnen, so dass mir hier nur die Zuflucht zu einer Näherungslösung bleibt. Damit der Rechenaufwand nicht zu hoch wird, teile ich mein Grundintervall $[0, 1]$ in vier Teilintervalle auf, setze also $n = 4$. Damit wird $h = \frac{1-0}{4} = 0{,}25$, und die Begrenzungspunkte der Teilintervalle lauten:

$$x_0 = 0, x_1 = 0{,}25, x_2 = 0{,}5, x_3 = 0{,}75, x_4 = 1.$$

Jetzt fehlen mir nur noch die y-Werte zum Glück. Sie lauten:

$$y_0 = f(x_0) = f(0) = 1,$$

$$y_1 = f(x_1) = f(0{,}25) = 1{,}0645, \quad y_2 = f(x_2) = f(0{,}5) = 1{,}2840,$$

$$y_3 = f(x_3) = f(0{,}75) = 1{,}7551, \quad y_4 = f(x_4) = f(1) = 2{,}7183.$$

Einsetzen in die Formel aus 8.6.2 ergibt:

$$T_4 = \frac{0{,}25}{2} \cdot (y_0 + 2y_1 + 2y_2 + 2y_3 + y_4)$$
$$= 0{,}125 \cdot (1 + 2 \cdot 1{,}0645 + 2 \cdot 1{,}2840 + 2 \cdot 1{,}7551 + 2{,}7183)$$
$$= 0{,}125 \cdot 11{,}9255 = 1{,}4907.$$

Daher gilt:

$$\int_0^1 e^{x^2} \, dx \approx 1{,}4907.$$

Damit kann man schon fast zufrieden sein, aber die eine oder andere Bemerkung muss ich noch los werden. Zunächst einmal neigen viele Leute dazu, eine solche Rechnung wie die aus 8.6.3 stärker zu schematisieren, damit sie beispielsweise mit einer Excel-Tabelle durchgeführt werden kann. Das geht ganz einfach, wenn sich vorher darüber geeinigt hat, wie man das Schema aufbauen will. Ich zeige Ihnen das in der nächsten Bemerkung.

8.6.4 Bemerkung Man kann die Näherung nach der Trapezregel mit Hilfe einer einfachen Tabelle ausrechnen. Soll das Grundintervall in n Teilintervalle gesplittet werden, so schreibt man in die erste Spalte die laufenden Nummern $0, 1, \ldots, n$. In die zweite Spalte schreibt man die x-Werte $x_0, x_1, \ldots, x_n$, zu denen die Funktionswerte ausgerechnet werden müssen. Danach kommen zwei Spalten mit y Werten: die erste y-Spalte enthält nur die y-Werte y_0 und y_n, denn das sind die einzigen, die nur einfach gerechnet werden. Die zweite y-Spalte enthält dagegen die y-Werte $y_1, \ldots, y_{n-1}$, denn sie alle werden doppelt gerechnet. Setzt man nun

$$\Sigma_1 = y_0 + y_n \text{ und } \Sigma_2 = y_1 + \cdots + y_{n-1},$$

so muss ich Σ_1 einfach rechnen, Σ_2 dagegen doppelt, und die beiden Summen erhalte ich ganz einfach als Summen der Werte in der ersten und der zweiten y-Spalte. Sobald mir diese Werte also zur Verfügung stehen, ergibt sich als Näherung:

$$T_n = \frac{h}{2} \cdot (\Sigma_1 + 2 \cdot \Sigma_2).$$

Die Tabelle hat also beispielsweise für $n = 4$ die folgende Gestalt.

i	x_i	y_i	y_i
0	x_0	y_0	
1	x_1		y_1
2	x_2		y_2
3	x_3		y_3
4	x_4	y_4	
		Σ_1	Σ_2

Sehen wir uns jetzt das Beispiel aus 8.6.3 in Tabellenform an.

8.6.5 Beispiel Die Tabelle zur Berechnung von $\int_0^1 e^{x^2} dx$ mit Hilfe der Trapezformel für $n = 4$ lautet:

i	x_i	y_i	y_i
0	0	1	
1	0,25		1,0645
2	0,5		1,2840
3	0,75		1,7551
4	1	2,7183	
		3,7183	**4,1036**

Damit ist

$$T_4 = 0{,}125 \cdot (3{,}7183 + 2 \cdot 4{,}1036) = 0{,}125 \cdot 11{,}9255 = 1{,}4907.$$

Vermutlich werden Sie sich jetzt fragen, warum ich immer noch nicht zum nächsten Verfahren übergehe, obwohl doch schon alles besprochen ist. Der Grund ist einfach zu sehen. Sie verfügen jetzt zwar über ein Mittel zur Berechnung der Näherung T_n, aber Sie haben keine Ahnung, wie gut diese Näherung ist. In den beiden Beispielen konnte ich zwar ausrechnen, dass $\int_0^1 e^{x^2}\, dx \approx 1{,}4907$ gilt, aber wie ungefähr ist dieses „ungefähr"? Sie sollten irgendwie feststellen können, wie nah Sie schon an das richtige Ergebnis gekommen sind, sonst könnte es passieren, dass Ihr Näherungswert noch meilenweit vom tatsächlichen Wert des gesuchten Integrals entfernt ist und Sie es gar nicht merken.

Immerhin gibt es eine Formel, die den Abstand zwischen Integralwert und Näherungswert recht gut angibt.

8.6.6 Satz Ist $f : [a, b] \to \mathbb{R}$ zweimal stetig differenzierbar und ist T_n die durch die Trapezregel berechnete Näherung für $\int_a^b f(x)\, dx$, so gilt:

$$\left| T_n - \int_a^b f(x)\, dx \right| \le h^2 \cdot \frac{b - a}{12} \cdot \max_{x \in [a,b]} |f''(x)|.$$

Es wird Sie vermutlich nicht weiter stören, dass ich auf einen Beweis dieses Satzes verzichte. Sehen wir uns lieber an, was er eigentlich bedeutet. Um zu wissen, wie weit meine Näherung T_n von dem gesuchten Integral entfernt ist, muss ich also die zweite Ableitung f'' ausrechnen und feststellen, wie groß sie auf dem Intervall $[a, b]$ höchstens werden kann. Sobald ich das weiß, habe ich leichtes Spiel, denn die Faktoren $\frac{b-a}{12}$ und h^2 sind leicht berechnet, und der Satz sagt aus, dass der Fehler, den man mit der Trapezregel macht, kleiner oder gleich dem Produkt der drei Faktoren ist. Sehen wir uns das an einem Beispiel an.

8.6.7 Beispiel Ich greife wieder zurück auf die Beispiele 8.6.3 und 8.6.5. Dort hatte ich berechnet, dass das Integral $\int_0^1 e^{x^2}\,dx$ angenähert wird durch den Wert $T_4 = 1{,}4907$. Nun war aber $h = \frac{1}{4}$ und $b - a = 1$, also ist

$$h^2 \cdot \frac{b-a}{12} = \frac{1}{16} \cdot \frac{1}{12} = \frac{1}{192} = 0{,}0052.$$

Das war leicht. Um auch den dritten Faktor bestimmen zu können, brauche ich die zweite Ableitung von f. Es gilt:

$$f'(x) = 2x \cdot e^{x^2}$$

und daher

$$f''(x) = 2 \cdot e^{x^2} + 2x \cdot 2x \cdot e^{x^2} = (2 + 4x^2) \cdot e^{x^2}.$$

Hier haben wir Glück, denn offenbar nehmen sowohl $2 + 4x^2$ als auch e^{x^2} bei $x = 1$ ihren größten Wert auf dem gesamten Intervall $[0, 1]$ an. Somit gilt:

$$\max_{x \in [0,1]} |f''(x)| = \max_{x \in [0,1]} (2 + 4x^2) \cdot e^{x^2} = (2 + 4) \cdot e^1 = 6 \cdot e \approx 16{,}3.$$

Insgesamt ergibt sich daher:

$$\left| T_4 - \int_0^1 e^{x^2}\,dx \right| \le 0{,}0052 \cdot 16{,}3 = 0{,}0848.$$

Wir können also sicher sein, dass unser Näherungswert nicht mehr als $0{,}0848$ von tatsächlichen Wert des Integrals abweicht.

Sie sehen vielleicht das Problem, das die Formel aus 8.6.6 mit sich bringt. In meinem Beispiel ist die Berechnung der zweiten Ableitung gut gegangen, aber was macht man, wenn sie schwierig oder gar nicht zu berechnen ist? Und was soll man machen, wenn die zweite Ableitung so kompliziert ist, dass man beim besten Willen nicht heraus findet, wie groß sie maximal auf dem betrachteten Intervall wird? Probleme dieser Art können recht unangenehm werden, und deshalb neigt man beim praktischen Umgang mit der Trapezregel zu einem völlig anderen Verfahren, das ich Ihnen in der nächsten Bemerkung zeigen werde.

8.6.8 Bemerkung In der Praxis gibt man sich oft eine sogenannte Genauigkeitsschranke $\varepsilon > 0$ vor, also irgendeine positive kleine Zahl. Dann sucht man sich ein n aus und berechnet für's erste die Näherung T_n. Da man nicht wissen kann, wie gut diese Näherung ist, verdoppelt man im nächsten Schritt n, was nur bedeutet, dass man die *Schrittweite h* halbiert, und berechnet erneut die Näherung nach der Trapezregel. Falls man also mit T_4 angefangen hat, dann berechnet man jetzt T_8. Wenn nun die Näherungen schon gut genug sind, dann kann man davon ausgehen, dass die Verdoppelung von n nicht mehr sehr viel gebracht hat: sofern Sie beispielsweise schon mit T_4 sehr nah am echten Integral sind, wird T_8 Sie wohl noch ein wenig näher bringen, aber die Verbesserung kann nicht mehr sehr deutlich sein, weil Sie das Ziel ja schon fast erreicht haben.

Die Idee besteht deshalb darin, nach der Verdoppelung der Intervallzahl die Differenz der beiden Näherungswerte auszurechnen. Etwas genauer gesagt heißt das: man startet mit einem beliebigen $n_0 \in \mathbb{N}$ und berechnet T_{n_0}. Anschließend setzt man $n_1 = 2n_0$ und berechnet T_{n_1}. Falls dann

$$|T_{n_1} - T_{n_0}| < \varepsilon$$

ist, hat die Verdoppelung der Intervallzahl nicht viel gebracht, und man kann davon ausgehen, dass die Näherung bereits gut genug ist. Falls aber

$$|T_{n_1} - T_{n_0}| \geq \varepsilon$$

gilt, ist die Näherung nicht gut genug, und man muss das Spiel von vorne beginnen. Das heißt, man setzt $n_2 = 2n_1$ und testet, ob

$$|T_{n_2} - T_{n_1}| < \varepsilon$$

gilt. Dieses Verfahren führt man solange durch, bis die Differenz zweier Näherungen unter ε liegt. In diesem Fall wird die letzte erreichte Näherung verwendet.

Von Schritt zu Schritt verdopple ich also die Anzahl der Intervalle, und daher gilt:

$$n_i = 2^i \cdot n_0.$$

Will man das Gleiche mit Hilfe der Schrittweite ausdrücken, bedeutet das:

$$h_i = \frac{h_0}{2^i},$$

wobei

$$h_0 = \frac{b-a}{n_0} \text{ und } h_i = \frac{b-a}{n_i}$$

gilt.

Auch dazu ein Beispiel.

8.6.9 Beispiel Wie üblich verwende ich die Funktion aus 8.6.3, als Genauigkeitsschranke lege ich $\varepsilon = 0{,}01$ fest – keine sehr hohe Genauigkeit, aber ich will unnötigen Rechenaufwand vermeiden. Ich hatte bereits $T_4 = 1{,}4907$ ausgerechnet, deshalb kann ich jetzt direkt zu T_8 übergehen. Für $n = 8$ ist natürlich $h = \frac{1}{8}$, und die Tabelle lautet:

i	x_i	y_i	y_i
0	0	1	
1	0,125		1,0157
2	0,25		1,0645
3	0,375		1,1510
4	0,5		1,2840
5	0,625		1,4779
6	0,75		1,7551
7	0,875		2,1503
8	1	2,7183	
		3,7183	**9,8985** '

Folglich ist

$$T_8 = \frac{0{,}125}{2} \cdot (3{,}7183 + 2 \cdot 9{,}8985) = 1{,}4697.$$

Verglichen mit meinem alten Ergebnis T_4 bedeutet das:

$$|T_8 - T_4| = |1{,}4697 - 1{,}4907| = 0{,}021 > \varepsilon.$$

Ich kann also mit der Genauigkeit noch nicht zufrieden sein und muss noch einen Schritt weiter gehen, indem ich T_{16} berechne. Dann ist $h = \frac{1}{16} = 0{,}0625$, und die Tabelle lautet:

i	x_i	y_i	y_i
0	0	1	
1	0,0625		1,0039
2	0,125		1,0157
3	0,1875		1,0358
4	0,25		1,0645
5	0,3125		1,1026
6	0,375		1,1510
7	0,4375		1,2110
8	0,5		1,2840
9	0,5625		1,3722
10	0,625		1,4779
11	0,6875		1,6042
12	0,75		1,7551
13	0,8125		1,9351
14	0,875		2,1503
15	0,9375		2,4083
16	1	2,7183	
		3,7183	**21,5716**

Folglich ist

$$T_{16} = \frac{0{,}0625}{2} \cdot (3{,}7183 + 2 \cdot 21{,}5716) = 1{,}4644.$$

Verglichen mit meinem alten Ergebnis T_8 bedeutet das:

$$|T_{16} - T_8| = |1{,}4644 - 1{,}4697| = 0{,}0053 < \varepsilon.$$

Ich habe also die gewünschte Genauigkeit erreicht und komme zu der Näherung:

$$\int\limits_0^1 e^{x^2} \, dx \approx 1{,}4644.$$

Damit dürfte über die Trapezregel alles gesagt sein und wir können uns dem nächsten Verfahren zuwenden: der Simpsonregel, die in der Regel eine etwas höhere Genauigkeit verspricht.

Erinnern Sie sich: In 8.6.1 und 8.6.2 habe ich eine Näherung für den gesuchten Flächeninhalt gewonnen, indem ich jeweils zwei Punkte auf der Kurve durch ein Geradenstück verbunden und somit ein Trapez erzeugt habe, dessen Fläche leicht zu berechnen ist. Das war einerseits praktisch, andererseits auch etwas gewaltsam, denn zwischen den beiden Punkten P_1 und P_2 aus Abb. 8.15 lag schließlich ein echtes Kurvenstück, das ich durch die Verwendung einer verbindenden Geraden schlicht ignoriert habe. Die Simpsonregel liefert nun einen Weg, diese Ignoranz wenigstens ansatzweise aus der Welt zu schaffen, indem man nicht mehr Geradenstücke verwendet, sondern Parabelstücke.

8.6.10 Bemerkung In Abb. 8.17 sehen Sie noch einmal die gleiche Kurve vor sich wie in Abb. 8.15, nur habe ich jetzt noch zwischen P_1 und P_2 einen weiteren Kurvenpunkt P eingetragen.

Abb. 8.17 Prinzip der Simpsonregel

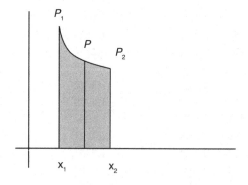

Während ich im Falle der Trapezregel nur zwei Punkte zur Verfügung hatte, durch die man nun mal nichts nennenswert anderes legen kann als eine Gerade, habe ich jetzt drei – und durch drei Punkte geht immer eine Parabel, die man mit der Gleichung $y = ax^2 + bx + c$ beschreiben kann. So eine Parabel hat aber den Vorteil, dass sie eben nicht gerade ist, sondern kurvig und daher eine größere Chance hat, näher an der gegebenen Kurve zu liegen als ein simples Geradenstück. In Abb. 8.17 ist es beispielsweise kaum möglich zu entscheiden, ob die eingezeichnete Kurve einfach nur irgendeine Kurve ist oder schon die Parabel, die durch die Punkte P_1, P und P_2 geht.

Da nun aber die Parabel näher an an der gegebenen Kurve liegt als die Gerade, kann man hoffen, dass auch die Fläche unter dem Parabelstück eine etwas genauere Näherung für die gesuchte Fläche ist. Das Prinzip der Simpsonregel besteht daher darin, jeweils drei Kurvenpunkte durch ein Parabelstück zu verbinden und die Fläche unter diesem Parabelstück als Näherung für den gesuchten Flächeninhalt zu verwenden.

Umsonst gibt es im Leben nichts, und auch für die höhere Genauigkeit der Simpsonregel muss man einen Preis bezahlen. Um ein Geradenstück zu zeichnen, brauchte ich, wie Sie in Abb. 8.15 sehen konnten, natürlich nur ein Teilintervall $[x_i, x_{i+1}]$, denn durch zwei Punkte geht immer eine Gerade. Eine Parabel verlangt aber drei Punkte und damit, wie an Abb. 8.17 zu sehen, zwei Teilintervalle. Da ich also pro Parabelstück zwei Intervalle brauche und gerne n Parabelstücke hätte, muss ich mein Gesamtintervall $[a, b]$ in $2n$ Teilintervalle aufteilen. Die daraus resultierende Näherungsformel sehen Sie in der nächsten Bemerkung.

8.6.11 Bemerkung Es sei $f : [a, b] \to \mathbb{R}$ eine stetige Funktion. Ich teile das Intervall $[a, b]$ auf in $2n$ gleichlange Teilintervalle, wobei jedes Teilintervall natürlich die Länge $\frac{b-a}{2n}$ hat, die ich zur Abkürzung mit h bezeichne. Die Randpunkte der Teilintervalle bezeichne ich mit $x_0, x_1, \ldots, x_{2n}$. Daher gilt:

$$x_0 = a, x_1 = a + h, x_2 = a + 2h, \ldots, x_{2n-1} = a + (2n-1)h, x_{2n} = b.$$

Die Länge der Strecke über einem Punkt x_i entspricht genau dem Funktionswert an der Stelle x_i, also $y_i = f(x_i)$. Dann gibt es jeweils eine Parabel, die durch die Punkte x_0, x_1, x_2 geht, eine weitere geht durch x_2, x_3, x_4 und so weiter, bis man am Ende ein Parabelstück findet, auf dem die Punkte $x_{2n-2}, x_{2n-1}, x_{2n}$ liegen. Um nun die Näherungsformel der Simpsonregel genau herzuleiten, müsste ich die Flächeninhalte unter der einzelnen Parabelstücken ausrechnen und addieren, wie ich das auch bei der Trapezregel durchgeführt hatte. Dazu bräuchte ich aber erst einmal die genaue Gleichung der Parabelstücke: jedes hat eine Gleichung der Form $y = ax^2 + bx + c$, aber es wäre einiger Aufwand, die Koeffizienten a, b, c wirklich auszurechnen. Ich werde daher auf diese Rechnung verzichten und teile Ihnen schlicht das Ergebnis mit. Wenn man nämlich auf die beschriebene Weise vorgeht, dann erhält man als Summe der Flächen unter allen Parabelstücken den Wert

$$S_n = \frac{h}{3} \cdot (y_0 + 4y_1 + 2y_2 + 4y_3 + \cdots + 2y_{2n-2} + 4y_{2n-1} + y_{2n})$$

$$= \frac{h}{3} \cdot (y_0 + y_{2n} + 4(y_1 + y_3 + \cdots + y_{2n-1}) + 2(y_2 + y_4 + \cdots + y_{2n-2})).$$

Die Simpsonregel hat also den folgenden Aufbau. Zuerst werden der allererste und der allerletzte Funktionswert addiert. Dann berechnet man die Summe der Funktionswerte mit ungerader laufender Nummer, also $y_1 + y_3 + \cdots + y_{2n-1}$, die vierfach gerechnet wird. Und schließlich werden alle Funktionswerte mit gerader laufender Nummer addiert (mit Ausnahme des ersten und des letzten) und zweifach gerechnet. Sobald Sie dann die Gesamtsumme mit dem Faktor $\frac{h}{3}$ multipliziert haben, verfügen Sie über eine Näherung nach der Simpsonregel. Will man die Formel etwas kürzer schreiben, so geht man ähnlich vor wie schon bei der Trapezregel und setzt

$$\Sigma_1 = y_0 + y_{2n}, \Sigma_2 = y_1 + y_3 + \cdots + y_{2n-1} \text{ und } \Sigma_3 = y_2 + y_4 + \cdots + y_{2n-2}.$$

In diesem Fall gilt:

$$S_n = \frac{h}{3} \cdot (\Sigma_1 + 4\Sigma_2 + 2\Sigma_3).$$

Sehen wir uns das Ganze an einem Beispiel an.

8.6.12 Beispiel Wie gewohnt will ich das Integral $\int_0^1 e^{x^2}\, dx$ näherungsweise ausrechnen. Dazu verwende ich die Simpsonregel mit $2n = 8$, also $n = 4$. Damit ist $h = \frac{1}{8} = 0{,}125$ und ich habe die x-Werte

$$x_0 = 0, \qquad x_1 = 0{,}125, \quad x_2 = 0{,}25, \quad x_3 = 0{,}375, \quad x_4 = 0{,}5,$$
$$x_5 = 0{,}625, \quad x_6 = 0{,}75, \quad x_7 = 0{,}875, \quad x_8 = 1.$$

Die zugehörigen Funktionswerte lauten:

$$y_0 = f(x_0) = 1, \qquad y_1 = f(x_1) = 1{,}0157, \quad y_2 = f(x_2) = 1{,}0645,$$
$$y_3 = f(x_3) = 1{,}1510, \quad y_4 = f(x_4) = 1{,}2840, \quad y_5 = f(x_5) = 1{,}4779,$$
$$y_6 = f(x_6) = 1{,}7551, \quad y_7 = f(x_7) = 2{,}1503, \quad y_8 = f(x_8) = 2{,}7183.$$

Folglich ist

$$\Sigma_1 = y_0 + y_8 = 3{,}7183, \Sigma_2 = y_1 + y_3 + y_5 + y_7 = 5{,}7949$$

und

$$\Sigma_3 = y_2 + y_4 + y_6 = 4{,}1036.$$

Die Näherung nach der Simpsonregel lautet dann:

$$S_4 = \frac{0{,}125}{3} \cdot (3{,}7183 + 4 \cdot 5{,}7949 + 2 \cdot 4{,}1036) = 1{,}4627.$$

Natürlich gibt es auch für die Simpsonregel ein tabellarisches Verfahren.

8.6.13 Bemerkung Man kann die Näherung nach der Simpsonregel mit Hilfe einer einfachen Tabelle ausrechnen. Soll das Grundintervall in $2n$ Teilintervalle gesplittet werden, so schreibt man in die erste Spalte die laufenden Nummern $0, 1, \ldots, 2n$. In die zweite Spalte schreibt man die x-Werte $x_0, x_1, \ldots, x_{2n}$, zu denen die Funktionswerte ausgerechnet werden müssen. Danach kommen drei Spalten mit y Werten: die erste y-Spalte enthält nur die y-Werte y_0 und y_{2n}, denn das sind die einzigen, die nur einfach gerechnet werden. Die zweite y-Spalte enthält dagegen die y-Werte $y_1, y_3, \ldots, y_{2n-1}$, denn sie alle werden vierfach gerechnet. Und in der dritten y-Spalte versammeln sich die y-Werte $y_2, y_4, \ldots, y_{2n-2}$, die man in der Simpsonregel doppelt rechnet. Setzt man nun wieder

$$\Sigma_1 = y_0 + y_n, \Sigma_2 = y_1 + \cdots + y_{n-1} \text{ und } \Sigma_3 = y_2 + y_4 + \cdots + y_{2n-2},$$

so muss ich Σ_1 einfach rechnen, Σ_2 dagegen vierfach und Σ_3 doppelt, und die drei Summen erhalte ich ganz einfach als Summen der Werte in der ersten, der zweiten und der dritten y-Spalte. Sobald mir diese Werte also zur Verfügung stehen, ergibt sich als Näherung:

$$S_n = \frac{h}{3} \cdot (\Sigma_1 + 4 \cdot \Sigma_2 + 2 \cdot \Sigma_3).$$

Die Tabelle hat also beispielsweise für $n = 4$ (und somit $2n = 8$) die folgende Gestalt.

i	x_i	y_i	y_i	y_i
0	x_0	y_0		
1	x_1		y_1	
2	x_2			y_2
3	x_3		y_3	
4	x_4			y_4
5	x_5		y_5	
6	x_6			y_6
7	x_7		y_7	
8	x_8	y_8		
		Σ_1	Σ_2	Σ_3

Sehen wir uns jetzt das Beispiel aus 8.6.12 in Tabellenform an.

8.6.14 Beispiel Die Tabelle zur Berechnung von $\int_0^1 e^{x^2}\, dx$ mit Hilfe der Simpsonregel für $n = 4$ lautet:

i	x_i	y_i	y_i	y_i
0	0	1		
1	0,125		1,0157	
2	0,25			1,0645
3	0,375		1,1510	
4	0,5			1,2840
5	0,625		1,4779	
6	0,75			1,7551
7	0,875		2,1503	
8	1	2,7183		
		3,7183	**5,7949**	**4,1036**

Daher ist wieder

$$S_4 = \frac{0{,}125}{3} \cdot (3{,}7183 + 4 \cdot 5{,}7949 + 2 \cdot 4{,}1036) = 1{,}4627.$$

Natürlich haben wir bei der Simpsonregel mit dem gleichen Problem zu kämpfen wie bei der Trapezregel: man berechnet eine Näherungslösung und weiß nicht, wie gut sie ist. Eine eher theoretische Antwort darauf gibt der folgende Satz, der eine gewisse Ähnlichkeit zu dem entsprechenden Satz 8.6.6 über die Trapezregel aufweist.

8.6.15 Satz Ist $f : [a,b] \to \mathbb{R}$ viermal stetig differenzierbar und ist S_n die durch die Simpsonregel berechnete Näherung für $\int_a^b f(x)\, dx$, so gilt:

$$\left| S_n - \int_a^b f(x)\, dx \right| \le h^4 \cdot \frac{b-a}{180} \cdot \max_{x \in [a,b]} |f^{(4)}(x)|.$$

Das ist nun allerdings noch etwas unangenehmer als die Fehlerformel für die Trapezregel, denn jetzt brauche ich auf einmal sogar das Maximum des Betrags der vierten Ableitung. Da so etwas oft genug nur mit großem Aufwand oder sogar überhaupt nicht ausgerechnet werden kann, pflegt man diese Formel auch nur selten zu benutzen, sondern greift lieber auf das Verfahren zurück, das ich schon in 8.6.8 im Zusammenhang mit der Trapezregel beschrieben habe. Sie werden gleich sehen, dass es bei der Simpsonregel genau so funktioniert.

8.6.16 Bemerkung In der Praxis gibt man sich oft eine sogenannte Genauigkeitsschranke $\varepsilon > 0$ vor, also irgendeine positive kleine Zahl. Dann sucht man sich ein n aus und berechnet für's erste die Näherung S_n. Da man nicht wissen kann, wie gut diese Näherung ist, verdoppelt man im nächsten Schritt n, was nur bedeutet, dass man die *Schrittweite h* halbiert, und berechnet erneut die Näherung nach der Simpsonregel. Wenn nun die Näherungen schon gut genug sind, dann kann man davon ausgehen, dass die Verdoppelung von n nicht mehr sehr viel gebracht hat: sofern Sie beispielsweise schon mit S_4 sehr nah am echten Integral sind, wird S_8 Sie wohl noch ein wenig näher bringen, aber die Verbesserung kann nicht mehr sehr deutlich sein, weil Sie das Ziel ja schon fast erreicht haben.

Die Idee besteht deshalb darin, nach der Verdoppelung der Intervallzahl die Differenz der beiden Näherungswerte auszurechnen. Etwas genauer gesagt heißt das: man startet mit einem beliebigen $n_0 \in \mathbb{N}$ und berechnet S_{n_0}. Anschließend setzt man $n_1 = 2n_0$ und berechnet S_{n_1}. Falls dann

$$|S_{n_1} - S_{n_0}| < \varepsilon$$

ist, hat die Verdoppelung der Intervallzahl nicht viel gebracht, und man kann davon ausgehen, dass die Näherung bereits gut genug ist. Falls aber

$$|S_{n_1} - S_{n_0}| \geq \varepsilon$$

gilt, ist die Näherung nicht gut genug, und man muss das Spiel von vorne beginnen. Das heißt, man setzt $n_2 = 2n_1$ und testet, ob

$$|S_{n_2} - S_{n_1}| < \varepsilon$$

gilt. Dieses Verfahren führt man solange durch, bis die Differenz zweier Näherungen unter ε liegt. In diesem Fall wird die letzte erreichte Näherung verwendet.

Von Schritt zu Schritt verdopple ich also die Anzahl der Intervalle, und daher gilt:

$$n_i = 2^i \cdot n_0.$$

Will man das Gleiche mit Hilfe der Schrittweite ausdrücken, bedeutet das:

$$h_i = \frac{h_0}{2^i},$$

wobei

$$h_0 = \frac{b-a}{2n_0} \text{ und } h_i = \frac{b-a}{2n_i}$$

gilt.

Das ist zwar ganz genau das Gleiche wie im Falle der Trapezregel, aber trotzdem kann ein Beispiel nicht schaden.

8.6.17 Beispiel Wie üblich berechne ich das Integral $\int_0^1 e^{x^2}\,dx$, als Genauigkeitsschranke lege ich $\varepsilon = 0{,}001$ fest. Ich hatte bereits $S_4 = 1{,}4627$ ausgerechnet, deshalb kann ich jetzt direkt zu S_8 übergehen. Für $n = 8$ ist natürlich $h = \frac{1}{2 \cdot 8} = \frac{1}{16} = 0{,}0625$, und die Tabelle lautet:

i	x_i	y_i	y_i	y_i
0	0	1		
1	0,0625		1,0039	
2	0,125			1,0157
3	0,1875		1,0358	
4	0,25			1,0645
5	0,3125		1,1026	
6	0,375			1,1510
7	0,4375		1,2110	
8	0,5			1,2840
9	0,5625		1,3722	
10	0,625			1,4779
11	0,6875		1,6042	
12	0,75			1,7551
13	0,8125		1,9351	
14	0,875			2,1503
15	0,9375		2,4083	
16	1	2,7183		
		3,7183	**11,6731**	**9,8985**

Folglich ist

$$S_8 = \frac{0{,}0625}{3} \cdot (3{,}7183 + 4 \cdot 11{,}6731 + 2 \cdot 9{,}8985) = 1{,}4627.$$

Da somit S_4 und S_8 auf vier Stellen nach dem Komma übereinstimmen, ist natürlich $|S_8 - S_4| < 0{,}001$. Also ist die gewünschte Genauigkeit erreicht, und es gilt:

$$\int_0^1 e^{x^2}\,dx \approx 1{,}4627.$$

Für den Augenblick wissen Sie genug über Integrale. Sie werden uns ab jetzt immer wieder begegnen. Im nächsten Kapitel werden wir uns ein wenig darüber unterhalten, auf welche Weise ein Taschenrechner Funktionen wie $\sin x$ oder e^x ausrechnet.

Reihen und Taylorreihen

9

Im Zusammenhang mit dem Newton-Verfahren ist die Frage aufgetreten, wie wohl ein Taschenrechner Quadratwurzeln ausrechnet. Wir hatten uns damals auf das Newton-Verfahren geeinigt, denn jeder Rechner ist imstande, die Grundrechenarten auszuführen, und zur Berechnung von Wurzeln benötigt das Newton-Verfahren nichts Schlimmeres als die üblichen Rechenoperationen.

Ein einigermaßen brauchbarer Taschenrechner hat aber nicht nur eine Wurzeltaste, sondern noch alle möglichen anderen Funktionen. Schon mit einem ziemlich einfachen und billigen Gerät können Sie normalerweise Sinus und Cosinus ausrechnen, und auch die Exponentialfunktion und der Logarithmus wehren sich nicht. Die Frage ist nur: wie funktioniert das? Es ist nicht zu erwarten, dass im Rechner die Sinuswerte für jeden denkbaren x-Wert gespeichert sind. Genauso wenig kann man menschliches Verhalten auf einen Taschenrechner übertragen, denn in der allergrößten Not können zwar Sie den Sinus eines beliebigen Winkels mit Hilfe eines Geo-Dreiecks am Einheitskreis ablesen, aber es ist schwer vorstellbar, dass ein Taschenrechner anfängt, mit Zirkel und Lineal zu hantieren.

Sie sehen, dass wir vor einem neuen Problem stehen. In irgendeiner Weise rechnet Ihr Apparat die trigonometrischen Funktionen und andere komplizierte Gebilde aus, ohne auf geometrische Konstrukte zurückgreifen zu können. Tatsächlich rechnet er sie nicht ganz genau aus, sondern nur so genau wie nötig: wenn Ihr Display acht Stellen nach dem Komma zeigt, dann braucht der Rechner keine 25 Nachkommastellen zu berechnen, die hinterher ohnehin keiner sieht. Er wird also *Näherungen* berechnen, die eine bestimmte vorgegebene Genauigkeit erreichen. Das wesentliche Hilfsmittel zur Berechnung solcher Näherungen sind *Reihen* und insbesondere Taylorreihen. Das ist nur ein anderes Wort für Summen mit unendlich vielen Summanden, und man kann zum Beispiel die Exponentialfunktion schreiben als

$$e^x = 1 + x + \frac{x^2}{2!} + \frac{x^3}{3!} + \frac{x^4}{4!} + \cdots,$$

wobei $n! = 1 \cdot 2 \cdot 3 \cdots n$ gilt und als Fakultät von n bezeichnet wird. Leider sind das unendlich viele Summanden, und wer hat schon die Zeit, unendlich viele Zahlen zu

© Springer-Verlag GmbH Deutschland 2017
T. Rießinger, *Mathematik für Ingenieure*, DOI 10.1007/978-3-662-54807-3_9

addieren. Für eine Näherung reicht es aber, nur die ersten 17 oder auch 21 Summanden zusammenzuzählen; dann hat man zwar nicht den genauen Wert, aber doch immerhin etwas.

Ich werde mich also in diesem Kapitel mit Reihen und Taylorreihen befassen. Im ersten Abschnitt erkläre ich, was genau man unter einer Reihe versteht und was die *Konvergenz* einer Reihe zu bedeuten hat. Danach zeige ich Ihnen einige Konvergenzkriterien für Reihen, die im dritten Abschnitt ihre Anwendung auf Potenzreihen finden. Erst dann haben wir genug Material gesammelt, um im letzten Abschnitt Taylorreihen zu berechnen. Im Gegensatz zu den vorherigen Kapiteln werde ich hier weitgehend auf theoretische Beweise verzichten, da sie zum Teil recht schwierig sind und den Gang der Handlung nur aufhalten würden.

9.1   Einführung

Reihen sind nichts anderes als Summen mit unendlich vielen Gliedern, und Sie haben sogar schon in 4.1.1 eine Reihe kennengelernt.

9.1.1 Beispiel In dem Beispiel 4.1.1 ging es um das allmähliche Verschwinden einer Tafel Schokolade. Ich will mich hier nicht mehr um die Vorgeschichte kümmern, sondern Sie nur daran erinnern, dass wir die Gleichungen

$$s_n = \frac{1}{2} + \frac{1}{4} + \cdots + \frac{1}{2^n} \text{ und } r_n = \frac{1}{2^n}$$

gefunden hatten, wobei r_n den Rest darstellt, der von einer Tafel Schokolade nach n Tagen noch übrig ist. Es gilt also

$$s_n = 1 - r_n,$$

und da offenbar $r_n \to 0$ konvergiert, finden wir $s_n \to 1$. Das kann man auch so interpretieren, dass Sie alle Potenzen von $\frac{1}{2}$ aufaddieren und als Gesamtsumme 1 erhalten. In Formeln:

$$\frac{1}{2} + \frac{1}{2^2} + \cdots + \frac{1}{2^n} + \cdots = 1.$$

Hier liegt also eine Summe mit unendlich vielen Summanden vor, und so etwas nennt man eine Reihe.

9.1.2 Definition Es sei (a_n) eine Folge. Man bilde eine neue Folge (s_n) von *Partialsummen*, indem man die ersten n Glieder von a_n aufaddiert, das heißt

$$s_n = a_1 + a_2 + \cdots + a_n = \sum_{i=1}^{n} a_i.$$

Die neue Folge s_n heißt Reihe und wird üblicherweise als

$$\sum_{i=1}^{\infty} a_i = a_1 + a_2 + a_3 + \cdots$$

geschrieben.

Lassen Sie sich von der Einführung der Partialsummen s_n nicht verwirren, sie sind nur eine praktische Schreibweise für die Tatsache, dass man mehr und mehr Zahlen a_i zusammenzählt. Die Summe s_n gibt dann an, welches Zwischenergebnis wir nach n Summanden erhalten.

9.1.3 Beispiele

(i) Für

$$\sum_{n=1}^{\infty} \frac{1}{n^2} = 1 + \frac{1}{4} + \frac{1}{9} + \cdots$$

ist

$$s_n = 1 + \frac{1}{4} + \frac{1}{9} + \cdots + \frac{1}{n^2}.$$

Sie brechen also einfach die unendliche Reihe nach n Summanden ab und erhalten eine endliche Summe.

(ii) Die Reihe

$$\sum_{v=0}^{\infty} \frac{1}{q^v} = 1 + \frac{1}{q} + \frac{1}{q^2} + \cdots$$

heißt geometrische Reihe.

(iii) Die Reihe

$$\sum_{m=1}^{\infty} \frac{1}{m} = 1 + \frac{1}{2} + \frac{1}{3} + \frac{1}{4} + \cdots$$

heißt harmonische Reihe.

Es sollte Sie nicht stören, dass der sogenannte Laufindex gelegentlich seinen Namen wechselt: einmal heißt er n, am Ende m und zwischendurch benutze ich den griechischen Buchstaben v. Diese Zahl gibt nur die laufende Nummer des jeweiligen Summanden an, und deshalb spielt ihr Name keine Rolle.

In 9.1.1 haben Sie schon gesehen, dass sich die Zwischenergebnisse unter Umständen einem Endergebnis nähern, ohne es ganz zu erreichen, dass also die Folge der Partialsummen gegen eine Endsumme konvergiert. In diesem Fall nennt man die Reihe *konvergent*.

9.1.4 Definition Die Reihe $\sum\limits_{i=1}^{\infty} a_i$ heißt *konvergent mit dem Grenzwert a*, falls die Folge der Partialsummen $s_n = a_1 + a_2 + \cdots + a_n$ gegen a konvergiert. Man schreibt

$$\sum_{i=1}^{\infty} a_i = a.$$

Eine nicht-konvergente Reihe heißt divergent.

Das ist nun eine sehr formale Schreibweise eines einfachen Sachverhaltes. In die Alltagssprache übersetzt heißt das nur, dass Sie immer mehr und mehr Zahlen zusammenzählen und sich dabei immer besser dem Grenzwert a annähern werden. Bei einer konvergenten Reihe wird also der Unterschied zwischen der endlichen Summe $a_1 + a_2 + \cdots + a_n$ und ihrem Grenzwert a immer kleiner, je höher Sie mit der Anzahl der Summanden gehen.

Der Begriff der konvergenten Reihe wird deutlicher, wenn man sich einige Beispiele ansieht.

9.1.5 Beispiele

(i)   Ein Beispiel kennen Sie schon: bei der Reihe aus 9.1.1 haben wir die Partialsumme

$$s_n = \frac{1}{2} + \frac{1}{4} + \cdots + \frac{1}{2^n},$$

und es gilt $\lim\limits_{n \to \infty} s_n = 1$, also

$$\sum_{v=1}^{\infty} \frac{1}{2^v} = 1.$$

Das ist ein Spezialfall der allgemeinen geometrischen Reihe, die ich gleich in Nummer (ii) behandle.

(ii) Es sei $q \in \mathbb{R}$. Die Reihe

$$\sum_{n=0}^{\infty} q^n = 1 + q + q^2 + q^3 + \cdots$$

heißt *geometrische Reihe*. Sie sehen an Beispiel (i), dass sie für $q = \frac{1}{2}$ konvergiert. Wenn Sie dagegen $q = 1$ einsetzen, dann finden Sie $1 + 1 + 1 + 1 + \cdots$, was offenbar keinen vernünftigen Grenzwert hat. Die Konvergenz der Reihe hängt also stark davon ab, welches q Sie einsetzen, und wir sollten herausfinden, für welche $q \in \mathbb{R}$ sich das Aufsummieren überhaupt lohnt. Ich verrate Ihnen das Ergebnis: die geometrische Reihe konvergiert genau dann, wenn $|q| < 1$ gilt, wenn also q die Ungleichung $-1 < q < 1$ erfüllt. Um das nachzuweisen und möglichst auch noch den Wert der geometrischen Reihe herauszufinden, muss ich die Partialsummen

$$s_n = 1 + q + q^2 + \cdots + q^n$$

ausrechnen und sehen, was für $n \to \infty$ mit den Partialsummen passiert. Das mache ich mit einem kleinen Trick. Aus

$$s_n = 1 + q + q^2 + \cdots + q^n$$

folgt nämlich

$$q \cdot s_n = q + q^2 + \cdots + q^n + q^{n+1}.$$

Wenn Sie nun die beiden Gleichungen voneinander abziehen, finden Sie

$$s_n - q \cdot s_n = (1 + q + q^2 + \cdots + q^n) - (q + q^2 + \cdots + q^n + q^{n+1})$$
$$= 1 - q^{n+1},$$

denn alle anderen Summanden sind in beiden Klammern enthalten und heben sich gegenseitig auf. Es folgt also:

$$(1 - q)s_n = 1 - q^{n+1}, \text{ und deshalb } s_n = \frac{1 - q^{n+1}}{1 - q}.$$

Jetzt haben wir einen ordentlichen geschlossenen Ausdruck für die Partialsumme, dem man recht leicht ansehen kann, wann er konvergiert. Für $|q| > 1$ wird q^{n+1} bei wachsendem n einen immer größeren Betrag annehmen und deshalb divergieren, so dass auch s_n nicht konvergieren kann. Für $q = 1$ ist, wie sie durch Einsetzen feststellen können, $s_n = 1 + 1 + \cdots + 1 = n + 1$, und das hat nun wirklich keine Chance auf Konvergenz. Für $q = -1$ ist

$$s_1 = 1 + (-1) = 0,$$
$$s_2 = 1 + (-1) + 1 = 1,$$
$$s_3 = 1 + (-1) + 1 + (-1) = 0, \ldots$$

und so weiter, im ewigen Hin und Her. Die Folge der Partialsummen schwankt also wie manche Politiker ständig zwischen 0 und 1 und hat deshalb kein eindeutiges Grenzwertverhalten.

Es bleibt zum Schluss der gutwillige Fall $|q| < 1$. Erinnern Sie sich daran, dass wir

$$s_n = \frac{1 - q^{n+1}}{1 - q}$$

ausgerechnet haben und ich deshalb nur noch feststellen muss, wohin q^{n+1} konvergiert. Wegen $|q| < 1$ wird aber q^{n+1} bei wachsendem n einen immer kleineren Betrag annehmen und daher gegen 0 konvergieren. Für $|q| < 1$ ist folglich

$$\lim_{n \to \infty} s_n = \frac{1}{1 - q},$$

und das heißt:

$$\sum_{n=0}^{\infty} q^n = \lim_{n \to \infty} s_n = \frac{1}{1-q}.$$

Die geometrische Reihe konvergiert also genau dann, wenn $|q| < 1$ gilt, und in diesem Fall ist ihr Grenzwert $\frac{1}{1-q}$.

Aus der allgemeinen Summenformel folgt insbesondere für $q = \frac{1}{2}$, dass

$$1 + \frac{1}{2} + \frac{1}{4} + \frac{1}{8} + \cdots = \frac{1}{1 - \frac{1}{2}} = 2$$

gilt. Wenn man nicht genau hinsieht, mag das wie ein Widerspruch aussehen, denn in Nummer (i) hatten wir sämtliche Potenzen von $\frac{1}{2}$ aufsummiert und das Ergebnis 1 erhalten. Sie müssen aber nur einen etwas schärferen Blick auf die Schokoladenreihe werfen, um zu merken, dass hier erst ab $\frac{1}{2}$ addiert wird und der Summand 1 nicht auftritt. Dass dann die Gesamtsumme auch um 1 niedriger ausfällt als hier bei der vollständigen geometrischen Reihe, ist nicht überraschend.

(iii) Ich untersuche die Reihe

$$\sum_{n=1}^{\infty} \frac{1}{n(n+1)} = \frac{1}{1 \cdot 2} + \frac{1}{2 \cdot 3} + \frac{1}{3 \cdot 4} + \cdots.$$

Ihr ist zunächst einmal nichts anzusehen, was eine Vermutung über ihren Grenzwert rechtfertigen würde. Immerhin erinnert der Summand $\frac{1}{n(n+1)}$ von ferne an die Integrale, die wir mit Hilfe der Partialbruchzerlegung berechnet haben, und es kann nichts schaden, den Bruch einmal zu zerlegen. Mit den Methoden aus Abschn. 8.3 findet man

$$\frac{1}{n(n+1)} = \frac{1}{n} - \frac{1}{n+1},$$

wovon Sie sich auch leicht durch simple Bruchrechnung überzeugen können. Die Definition einer konvergenten Reihe verlangt nun von mir, die Partialsummen s_n auszurechnen. Es gilt

$$\begin{aligned}
s_n &= \frac{1}{1 \cdot 2} + \frac{1}{2 \cdot 3} + \cdots + \frac{1}{n(n+1)} \\
&= \left(\frac{1}{1} - \frac{1}{2} \right) + \left(\frac{1}{2} - \frac{1}{3} \right) + \left(\frac{1}{3} - \frac{1}{4} \right) + \cdots + \left(\frac{1}{n} - \frac{1}{n+1} \right) \\
&= 1 - \frac{1}{n+1},
\end{aligned}$$

denn in jeder Klammer entspricht der negative Teil dem positiven Teil der nächsten Klammer, so dass sie sich gegenseitig aufheben und nur noch der allererste und der allerletzte Term übrig bleiben. Deshalb ist $\lim_{n\to\infty} s_n = \lim_{n\to\infty} \left(1 - \frac{1}{n+1}\right) = 1$, und daraus folgt:

$$\sum_{n=1}^{\infty} \frac{1}{n(n+1)} = 1.$$

(iv) Sie sollen nicht glauben, dass es nur konvergente Reihen gibt. Schon ganz harmlos aussehende Reihen können über alle Grenzen wachsen und divergieren. Das gebräuchlichste und zugleich wohl überraschendste Beispiel ist die harmonische Reihe aus 9.1.3 (iii). Ich muss Ihnen nämlich sagen, dass die Reihe

$$\sum_{n=1}^{\infty} \frac{1}{n} = 1 + \frac{1}{2} + \frac{1}{3} + \frac{1}{4} + \cdots$$

divergiert. Um das einzusehen, teile ich die Summanden in Gruppen ein, und jede Gruppe endet bei einem Summanden, dessen Nenner eine Zweierpotenz ist. Ich schreibe also:

$$\left(1 + \frac{1}{2}\right) + \left(\frac{1}{3} + \frac{1}{4}\right) + \left(\frac{1}{5} + \cdots + \frac{1}{8}\right) + \left(\frac{1}{9} + \cdots + \frac{1}{16}\right) + \cdots$$

$$\geq \frac{1}{2} + \frac{1}{2} + \left(\frac{1}{4} + \frac{1}{4}\right) + 4 \cdot \frac{1}{8} + 8 \cdot \frac{1}{16} + 16 \cdot \frac{1}{32} + \cdots$$

$$= \frac{1}{2} + \frac{1}{2} + \frac{1}{2} + \frac{1}{2} + \frac{1}{2} + \cdots$$

$$\to \infty.$$

Hier ist folgendes geschehen. Ich habe in jeder Klammer die einzelnen Summanden durch den jeweils letzten Summanden ersetzt. Da dieser letzte Summand kleiner ist als seine Mitstreiter in der Klammer, wird die Summe dadurch sicher nicht größer, sondern die ursprüngliche Summe liegt über der neuen Summe. Ab der zweiten Klammer bemerken Sie aber ein recht einheitliches Verhalten beim Addieren: ob Sie nun $2 \cdot \frac{1}{4}$, $8 \cdot \frac{1}{16}$ oder $16 \cdot \frac{1}{32}$ ausrechnen, Sie finden immer das Ergebnis $\frac{1}{2}$. Sie haben deshalb eine Summe vor sich, die unendlich oft die Zahl $\frac{1}{2}$ zusammenzählt und somit Unendlich ergeben muss. Da die harmonische Reihe noch ein Stückchen größer war, wird auch sie gegen Unendlich gehen.

Für den Augenblick sind das genug Beispiele. Im nächsten Abschnitt zeige ich Ihnen, wie man die Konvergenz von Reihen etwas systematischer untersuchen kann.

9.2   Konvergenzkriterien

Aus den Beispielen in 9.1.5 können Sie zwei Probleme erkennen. Erstens ist es in der Regel nicht leicht zu sehen, ob eine Reihe überhaupt konvergiert oder nicht, und es bedarf gelegentlich des einen oder anderen Tricks, um dem Konvergenzverhalten einer Reihe auf die Spur zu kommen. Es hat aber immer etwas Gefährliches, darauf zu warten, dass einem ein Trick einfällt, weshalb es günstig wäre, ein paar Kriterien bei der Hand zu haben, mit deren Hilfe man einer Reihe leicht und schnell ihre Konvergenz oder Divergenz entlocken kann. Das hat auch noch einen anderen Vorteil, der mit dem zweiten Problem zusammenhängt. Von der geometrischen Reihe weiß man, dass sie gegen $\frac{1}{1-q}$ konvergiert – aber nicht für jedes $q \in \mathbb{R}$. So etwas passiert häufiger: man hat eine Information darüber, *wohin* die Reihe konvergiert, *wenn* sie konvergiert, und um das Einsetzen unsinniger Werte zu vermeiden, überlegt man sich einfach, wie es bei der Reihe mit der Konvergenz *überhaupt* aussieht.

Diese Unterscheidung mag Ihnen etwas künstlich vorkommen, aber sie kommt auch im täglichen Leben alle Tage vor. So hat mir zum Beispiel kürzlich jemand erzählt, *wenn* er überhaupt Kuchen esse, *dann* sei das in jedem Fall Käsekuchen. Daraus dürfen Sie natürlich nicht schließen, dass er seine gesamte Zeit mit dem Essen von Käsekuchen verbringt, sondern nur, dass er keinen anderen Kuchen mag. Im Extremfall isst er vielleicht sogar niemals Kuchen, weil kein anständiger Käsekuchen aufzutreiben ist. Bei Reihen ist das ganz ähnlich. Sie wissen, *wenn* die geometrische Reihe überhaupt konvergiert, *dann* gegen $\frac{1}{1-q}$, aber das heißt noch lange nicht, dass sie für jedes beliebige q auch wirklich konvergiert.

Wir sollten uns also in jedem Fall einige einfache Konvergenzkriterien verschaffen. Das erste dieser Kriterien ist ein *notwendiges* Kriterium; es gibt eine Minimalbedingung an, ohne die man jede Konvergenz von Anfang an vergessen kann.

9.2.1 Satz   Es sei $\sum\limits_{n=1}^{\infty} a_n$ konvergent. Dann ist $\lim\limits_{n \to \infty} a_n = 0$.

Sie sollten hier genau unterscheiden. Der Satz gibt uns keine Information über den Grenzwert der Reihe, das heißt, er sagt nichts darüber aus, was beim Zusammenzählen passiert. Alles, was Sie ihm entnehmen können, ist die einfache Tatsache, dass die einzelnen Summanden immer kleiner werden müssen, wenn beim unendlichen Addieren etwas Vernünftiges herauskommen soll. Immerhin kann man damit ziemlich viele Reihen von vornherein aus der Konkurrenz ausschließen.

9.2.2 Beispiel   Die Reihe $\sum\limits_{n=1}^{\infty} \frac{n^2-1}{n^2+1}$ divergiert, denn hier ist $a_n = \frac{n^2-1}{n^2+1}$, und es gilt $\lim\limits_{n \to \infty} a_n = 1 \neq 0$.

Dennoch hat dieses Kriterium etwas Trostloses an sich, denn es liefert uns keine neuen konvergenten Reihen; es schließt nur eine Menge divergenter Reihen aus. Von größerer Bedeutung sind deshalb *hinreichende* Kriterien, die einem mit etwas Glück bei positiven Konvergenzaussagen helfen.

Das erste hinreichende Kriterium hat etwas mit dem Golfspiel zu tun. Stellen Sie sich vor, Sie wollen einen kurz vor dem Loch liegenden Ball mit einem Schlag hineintransportieren. Ihr erster Schlag wird den Ball vielleicht ein wenig über das Loch hinaustreiben, so dass Sie es noch einmal mit Gefühl versuchen müssen, und zwar in die andere Richtung. Jetzt schlagen Sie zwar etwas sanfter, aber immer noch zu weit, wenn auch nicht mehr ganz so weit wie vorher. Zurück also in die ursprüngliche Richtung mit noch mehr Gefühl, und dieses Hin- und Herschlagen werden Sie so lang betreiben, bis der Ball so nah am Loch entlangrollt, dass er aufgibt und hineinfällt. Mathematisch betrachtet, haben Sie eine produziert.

9.2.3 Definition Eine Reihe heißt alternierend, wenn ihre Glieder abwechselnd verschiedene Vorzeichen haben, das heißt:

$$\text{Vorzeichen}(a_{n+1}) = -\text{Vorzeichen}(a_n) \text{ für alle } n \in \mathbb{N}.$$

Unser Golfspieler macht genau das, da er ständig dazu gezwungen ist, seine Richtung zu wechseln. Wenn er noch zusätzlich dafür sorgt, dass seine Schlaglängen immer kleiner werden, also gegen 0 konvergieren, wird der Ball langfristig gegen das Loch konvergieren. Bei Reihen ist das nicht anders.

9.2.4 Satz Es sei (a_n) eine Folge aus positiven Gliedern mit den Eigenschaften $a_n > a_{n+1}$ für alle $n \in \mathbb{N}$ und $\lim_{n \to \infty} a_n = 0$. Dann konvergieren die alternierenden Reihen

$$\sum_{n=1}^{\infty} (-1)^{n+1} a_n = a_1 - a_2 + a_3 - a_4 + \cdots$$

und

$$\sum_{n=1}^{\infty} (-1)^n a_n = -a_1 + a_2 - a_3 + a_4 - \cdots.$$

Man nennt dieses Kriterium *Leibniz-Kriterium*.

Damit haben Sie das erste allgemeine Konvergenzkriterium für Reihen vor sich, das in der Geschichte der Mathematik gefunden wurde. Es ist nicht nur nach Leibniz benannt, es wurde tatsächlich auch von ihm entwickelt und ist wegen seiner einfachen Anwendbarkeit recht beliebt.

9.2.5 Beispiel Die Reihe

$$\sum_{n=1}^{\infty} (-1)^{n+1} \cdot \frac{1}{n} = 1 - \frac{1}{2} + \frac{1}{3} - \frac{1}{4} \pm \cdots$$

konvergiert nach dem Leibniz-Kriterium, denn es gilt

$$\frac{1}{n} > \frac{1}{n+1} \text{ und } \lim_{n \to \infty} \frac{1}{n} = 0.$$

Das Kriterium sagt aber nur etwas über die Konvergenz an sich aus und nichts über den Grenzwert. Sie können es ja einmal versuchen, mit Ihrem Taschenrechner einige Summanden zu addieren und die jeweilige Partialsumme in die Exponentialfunktion einzusetzen. Sie werden feststellen, dass die potenzierte Reihe gegen 2 konvergiert und deshalb

$$1 - \frac{1}{2} + \frac{1}{3} - \frac{1}{4} \pm \cdots = \ln 2$$

gilt. Das sieht man der Reihe nun beim besten Willen nicht an, und wir werden uns später noch den Kopf darüber zerbrechen, wie man auf so etwas kommt.

So schön und einfach das Leibniz-Kriterium auch sein mag, man zahlt einen gewissen Preis für seine Anwendung. Wie oft werden Sie schon eine Summe finden, deren Summanden sich ständig im Vorzeichen abwechseln? Es wäre doch immerhin wünschenswert, auch bei solideren, aus positiven Summanden bestehenden Reihen einen Konvergenztest durchführen zu können, und mit diesem Problem will ich mich jetzt beschäftigen.

Zunächst einmal kann man aus jeder beliebigen Reihe eine mit positiven Gliedern machen, indem man zu den Absolutbeträgen der Summanden übergeht. Falls diese neue positive Reihe konvergiert, erhält die ganze Angelegenheit einen besonderen Namen.

9.2.6 Definition Eine Reihe $\sum\limits_{n=1}^{\infty} a_n$ heißt *absolut konvergent*, falls die Reihe ihrer Absolutbeträge $\sum\limits_{n=1}^{\infty} |a_n|$ konvergiert.

Man kümmert sich also bei der absoluten Konvergenz nicht mehr um die Vorzeichen der Summanden, sondern addiert sie unbekümmert positiv. Das geht manchmal gut, manchmal aber auch nicht.

9.2.7 Beispiele

(i) Die Reihe $\sum\limits_{n=1}^{\infty} (-1)^n \frac{1}{n(n+1)}$ konvergiert absolut, denn es gilt

$$\left| (-1)^n \frac{1}{n(n+1)} \right| = \frac{1}{n(n+1)},$$

und nach 9.1.5 (iii) konvergiert die Reihe der Absolutbeträge $\sum\limits_{n=1}^{\infty} \frac{1}{n(n+1)}$. Im Übrigen konvergiert auch die Reihe selbst nach dem Leibniz-Kriterium.

(ii) Gerade eben haben Sie in 9.2.5 gesehen, dass $\sum\limits_{n=1}^{\infty} (-1)^{n+1} \cdot \frac{1}{n}$ konvergiert. Die Reihe der Absolutbeträge ist aber die harmonische Reihe $\sum\limits_{n=1}^{\infty} \frac{1}{n}$, und die ist nach 9.1.5 (iv) divergent. Deshalb konvergiert diese alternierende Reihe nicht absolut.

Das Konzept der absoluten Konvergenz hat den Vorteil, dass es immer angenehmer ist, mit positiven Zahlen zu rechnen als mit negativen. Zudem gibt es – und das ist das eigentlich Wichtige daran – einige einfache hinreichende Kriterien, an denen man ablesen kann, ob eine Reihe absolut konvergiert. Vielleicht sind Sie jetzt ein wenig durcheinander und fragen sich, was es wohl für die Konvergenz einer Reihe bringen soll, wenn man sich mit Kriterien für die Konvergenz der positiv gemachten Reihe herumschlägt, und damit haben Sie auch vollkommen recht. Es wäre völlig sinnlos, Kriterien für die absolute Konvergenz zu suchen, wenn man nicht garantieren könnte, dass daraus dann auch automatisch die Konvergenz im gewöhnlichen Sinn folgt. Zum Glück lässt uns die Mathematik hier nicht im Stich.

9.2.8 Satz Jede absolut konvergente Reihe konvergiert auch im Sinne von 9.1.4.

Werfen Sie noch einmal einen Blick auf die Beispiele in 9.2.7. Im ersten Beispiel hätte ich mir die Bemerkung schlicht sparen können, dass die ursprüngliche Reihe auf Grund des Leibniz-Kriteriums konvergiert, denn jede absolut konvergente Reihe konvergiert auch selbst. Dagegen zeigt das zweite Beispiel, dass die Umkehrung des neuen Satzes 9.2.8 nicht gilt: es gibt konvergente Reihen, die nicht absolut konvergieren.

In jedem Fall macht es aber Sinn, sich ein wenig um absolute Konvergenz zu kümmern. Wenn Sie nämlich die abolute Konvergenz nachweisen können, wird Ihnen die gewöhnliche Konvergenz als Zugabe geschenkt, und wenn es mit der absoluten Konvergenz schiefgeht, brauchen Sie die Hoffnung auf gewöhnliche Konvergenz immer noch nicht aufzugeben. Am einfachsten kann man die absolute Konvergenz nachweisen, wenn man bereits über eine konvergente Reihe verfügt. Das Prinzip ist einfach: man nehme eine konvergente Reihe mit positiven Gliedern. Hat man dann eine weitere Reihe, deren Glieder alle kleiner sind als die entsprechenden Glieder der ursprünglichen Reihe, dann kann beim Aufsummieren wohl kaum Unendlich herauskommen, und auch die neue Reihe wird absolut konvergieren. Das ist im wesentlichen der Inhalt des folgenden Satzes.

9.2.9 Satz Es seien $\sum\limits_{n=1}^{\infty} a_n$ und $\sum\limits_{n=1}^{\infty} b_n$ Reihen und es gelte $b_n \geq 0$ für alle $n \in \mathbb{N}$.

(i) Ist $\sum\limits_{n=1}^{\infty} b_n$ konvergent und gilt $|a_n| \leq b_n$ für alle $n \in \mathbb{N}$, so ist $\sum\limits_{n=1}^{\infty} a_n$ absolut konvergent. Dieses Kriterium heißt *Majoranten-Kriterium.*

(ii) Ist $\sum\limits_{n=1}^{\infty} b_n$ divergent und gilt $|a_n| \geq b_n$ für alle $n \in \mathbb{N}$, so ist $\sum\limits_{n=1}^{\infty} a_n$ nicht absolut konvergent, das heißt, die Reihe $\sum\limits_{n=1}^{\infty} |a_n|$ ist divergent. Dieses Kriterium heißt *Minoranten-Kriterium.*

Eine Reihe ist also eine *Majorante* einer anderen Reihe, wenn sie durchgängig aus größeren Summanden besteht. Das Majorantenkriterium sagt nur aus, dass man eine Reihe kleinerer Zahlen ohne Probleme addieren kann, sofern man bei den größeren Zahlen nicht auf Schwierigkeiten gestoßen ist. Sie werden ja auch imstande sein, einen leichten Koffer

zu tragen, wenn Sie problemlos einen schweren Koffer fortbewegen können. Das Minorantenkriterium zielt dagegen in die umgekehrte Richtung: wenn schon die kleinere Reihe
Ärger macht, dann kann man von der größeren keine Gutwilligkeit erwarten, sie wird gegen Unendlich divergieren. An den folgenden Beispielen werden Sie sehen, wie hilfreich
beide Kriterien bei Konvergenztests sind.

9.2.10 Beispiele

(i) Da die Reihe $\sum\limits_{n=1}^{\infty} \frac{1}{2^n}$ als geometrische Reihe konvergiert, muss auch die Reihe
$\sum\limits_{n=1}^{\infty} \frac{1}{2^n+n^{17}}$ konvergieren, denn für alle $n \in \mathbb{N}$ gilt die Ungleichung:

$$\frac{1}{2^n + n^{17}} < \frac{1}{2^n}.$$

Ich möchte betonen, dass wir damit zwar eine neue konvergente Reihe kreiert haben,
aber nicht im Entferntesten wissen, wie ihr Grenzwert lautet. Es gibt leider ziemlich
viele Reihen, deren Konvergenz man nachweisen kann, ohne eine Chance zu haben,
den Grenzwert zu bestimmen.

(ii) In 9.1.5 (iii) habe ich nachgerechnet, dass

$$\sum_{n=1}^{\infty} \frac{1}{n(n+1)} = 1$$

gilt. Nun ist aber stets $(n + 1)^2 > n(n + 1)$ und deshalb $\frac{1}{(n+1)^2} < \frac{1}{n(n+1)}$. Die Reihe
$\sum\limits_{n=1}^{\infty} \frac{1}{n(n+1)}$ ist daher eine konvergente Majorante zur Reihe $\sum\limits_{n=1}^{\infty} \frac{1}{(n+1)^2}$. Folglich muss
nach dem Majorantenkriterium auch $\sum\limits_{n=1}^{\infty} \frac{1}{(n+1)^2}$ konvergieren. Nun ist aber

$$\sum_{n=1}^{\infty} \frac{1}{(n+1)^2} = \frac{1}{4} + \frac{1}{9} + \frac{1}{16} + \cdots,$$

und wenn diese Reihe konvergiert, dann hat auch die um 1 vergrößerte Reihe

$$\sum_{n=1}^{\infty} \frac{1}{n^2} = 1 + \frac{1}{4} + \frac{1}{9} + \frac{1}{16} + \cdots$$

einen ordentlichen Grenzwert. Wir stehen dummerweise auch hier vor dem Problem,
dass wir der Reihe ihren Grenzwert nicht ansehen können und es keinen so einleuch-
tenden Trick gibt wie in der Ausgangsreihe aus 9.1.5 (iii). Mit recht aufwendigen
Mitteln kann man allerdings zeigen, dass

$$\sum_{n=1}^{\infty} \frac{1}{n^2} = \frac{\pi^2}{6}$$

gilt. Es kommt also vor, dass recht einfach aussehende Reihen komplizierte Grenzwerte liefern.

(iii) Sie haben in 9.1.5 (iv) gesehen, dass die harmonische Reihe $\sum\limits_{n=1}^{\infty} \frac{1}{n}$ divergiert. Da aus $\sqrt{n} \leq n$ die Ungleichung $\frac{1}{\sqrt{n}} \geq \frac{1}{n}$ folgt, liefert das Minorantenkriterium sofort auch die Divergenz der Reihe $\sum\limits_{n=1}^{\infty} \frac{1}{\sqrt{n}}$.

(iv) Die Addition der Kehrwerte sämtlicher Quadratzahlen macht nach Nummer (ii) keine Schwierigkeiten, denn die Reihe $\sum\limits_{n=1}^{\infty} \frac{1}{n^2}$ konvergiert. Für ein beliebiges $k \geq 2$ ist aber $n^k \geq n^2$, also $\frac{1}{n^k} \leq \frac{1}{n^2}$. Die Reihe $\sum\limits_{n=1}^{\infty} \frac{1}{n^2}$ ist deshalb konvergente Majorante der Reihe $\sum\limits_{n=1}^{\infty} \frac{1}{n^k}$, die folglich nach dem Majorantenkriterium ebenfalls konvergieren muss. Da allerdings schon der Grenzwert von $\sum\limits_{n=1}^{\infty} \frac{1}{n^2}$ reichlich unschön war, braucht man sich keine Hoffnungen zu machen, bei der neuen Reihe einen einfacheren Grenzwert zu finden, sofern man ihn überhaupt berechnen kann.

In den Beispielen aus 9.2.10 mussten wir von Fall zu Fall genau hinsehen, welche Reihe wohl als konvergente Majorante in Frage kommt, um eine gegebene Reihe auf Konvergenz zu untersuchen. Auf Dauer ist das kein Zustand, irgendwann wird Ihnen und mir keine Reihe mehr einfallen, die man für einen Vergleich heranziehen könnte. Sinnvoller wäre ein Kriterium, das überhaupt keine zweite Reihe zum Vergleich braucht, sondern direkt auf die eine Reihe, um deren Schicksal es geht, angewendet werden kann. Zum Glück lassen sich aus dem Majorantenkriterium zwei sehr praktische Regeln ableiten, und man kann sie so oft verwenden, dass sie sich zu Standardregeln bei der Untersuchung absoluter Konvergenz entwickelt haben. Es handelt sich dabei um das *Quotienten-* und das *Wurzelkriterium*, die ich Ihnen jetzt vorstellen werde.

9.2.11 Satz Es sei $\sum\limits_{n=1}^{\infty} a_n$ eine Reihe.

(i) Ist

$$\lim_{n \to \infty} \left| \frac{a_{n+1}}{a_n} \right| < 1,$$

so konvergiert die Reihe absolut. Dieses Kriterium heißt Quotientenkriterium.

(ii) Ist

$$\lim_{n \to \infty} \sqrt[n]{|a_n|} < 1,$$

so konvergiert die Reihe ebenfalls absolut. Dieses Kriterium heißt Wurzelkriterium.

Der Beweis ist gar nicht so schwer, für unserer Zwecke aber nicht besonders wichtig. Ich möchte nur sagen, dass man in beiden Fällen aus dem unter 1 liegenden Grenzwert schließen kann, dass es eine konvergente Majorante gibt, nämlich eine spezielle geometrische Reihe.

Viel wichtiger ist es, sich über die Verwendung der Kriterien Klarheit zu verschaffen, indem man sie an einigen Beispielen durchrechnet.

9.2.12 Beispiele

(i) Es sei $x \in \mathbb{R}$ eine beliebige reelle Zahl. Für $n \neq 0$ setze ich $n! = 1 \cdot 2 \cdot 3 \cdots n$, und für $n = 0$ sei $0! = 1$. Ich will die Reihe

$$\sum_{n=0}^{\infty} \frac{x^n}{n!}$$

untersuchen, die sich später noch als wichtig herausstellen wird. Nach dem Quotientenkriterium muss ich den Summanden mit der Nummer $n + 1$ teilen durch den Summanden mit der Nummer n. Nun ist aber

$$a_n = \frac{x^n}{n!} = \frac{x^n}{1 \cdot 2 \cdot 3 \cdots n} \text{ für } n \in \mathbb{N}.$$

Deshalb gilt

$$\left| \frac{a_{n+1}}{a_n} \right| = \frac{\frac{|x|^{n+1}}{(n+1)!}}{\frac{|x|^n}{n!}} = \frac{|x|^{n+1}}{(n+1)!} \cdot \frac{n!}{|x|^n} = \frac{|x|}{n+1},$$

denn

$$\frac{n!}{(n+1)!} = \frac{1}{n+1} \text{ und } \frac{|x|^{n+1}}{|x|^n} = |x|.$$

Damit hat sich der Quotient aus aufeinanderfolgenden Summanden stark vereinfacht, und wir erhalten:

$$\lim_{n \to \infty} \left| \frac{a_{n+1}}{a_n} \right| = \lim_{n \to \infty} \frac{|x|}{n+1} = 0 < 1,$$

da x eine feste Zahl war, die beim Dividieren durch ein immer größer werdendes $n + 1$ keine Rolle mehr spielt. Die Bedingung des Quotientenkriteriums ist also erfüllt, weshalb die Reihe

$$\sum_{n=0}^{\infty} \frac{x^n}{n!}$$

für jedes $x \in \mathbb{R}$ absolut konvergiert. Wir werden im nächsten Abschnitt sehen, dass

$$e^x = \sum_{n=0}^{\infty} \frac{x^n}{n!} \text{ für alle } x \in \mathbb{R}$$

gilt.

An diesem Beispiel können Sie schon die prinzipielle Vorgehensweise ablesen. Man berechnet den Quotienten aus $|a_{n+1}|$ und $|a_n|$, versucht, ihn so weit wie möglich zu vereinfachen und berechnet dann seinen Grenzwert. Liegt dieser Grenzwert unterhalb von 1, so hat man die Konvergenz der Reihe nachgewiesen.

(ii) Sehen wir zu, wie weit wir damit bei der harmonischen Reihe $\sum_{n=1}^{\infty} \frac{1}{n}$ kommen. Hier ist $a_n = \frac{1}{n}$ und folglich $a_{n+1} = \frac{1}{n+1}$. Der gesuchte Quotient lautet deshalb:

$$\left| \frac{a_{n+1}}{a_n} \right| = \frac{\frac{1}{n+1}}{\frac{1}{n}} = \frac{n}{n+1}.$$

Das ist nun ein einfacher Ausdruck, dessen Grenzwertverhalten wir mit den Methoden aus dem vierten Kapitel leicht berechnen können. Es ist nämlich

$$\lim_{n \to \infty} \left| \frac{a_{n+1}}{a_n} \right| = \lim_{n \to \infty} \frac{n}{n+1} = 1.$$

Was kann man jetzt damit anfangen? Leider gar nichts. Das Quotientenkriterium sagt nur etwas aus über Reihen, bei denen der fragliche Quotient einen Grenzwert unterhalb von 1 hat; es sagt nichts über einen Grenzwert, der genau 1 beträgt. Ich werde Ihnen allerdings in 9.2.13 noch ein Quotientenkriterium für die *Divergenz* von Reihen vorstellen, vielleicht hilft uns das dann weiter.

(iii) Wir betrachten die Reihe $\sum_{n=1}^{\infty} \left(\frac{n+1}{2n} \right)^n$. Hier ist $a_n = \left(\frac{n+1}{2n} \right)^n$, und es wäre ein wenig unangenehm, den Quotienten aus a_{n+1} und a_n auszurechnen und auch noch zu vereinfachen. Versuchen wir uns deshalb am Wurzelkriterium. Es gilt

$$\sqrt[n]{|a_n|} = \sqrt[n]{\left(\frac{n+1}{2n} \right)^n} = \frac{n+1}{2n},$$

denn das Ziehen der n-ten Wurzel gleicht das Potenzieren mit n gerade aus. Demnach ist

$$\lim_{n \to \infty} \sqrt[n]{|a_n|} = \lim_{n \to \infty} \frac{n+1}{2n} = \frac{1}{2} < 1.$$

Der Grenzwert der n-ten Wurzeln ist also kleiner als 1, und nach dem Wurzelkriterium ist die Reihe konvergent.

Sie sehen, das Spiel ist immer das Gleiche. Zur Anwendung des Quotientenkriteriums dividieren Sie die aufeinanderfolgenden Summanden a_{n+1} und a_n und stellen Sie fest, wohin der Quotient der Absolutbeträge für $n \to \infty$ tendiert. Falls der Grenzwert kleiner als 1 wird, ist alles in Ordnung und Sie haben Konvergenz; falls nicht, kann man es auch nicht ändern.

Immerhin lassen sich beide Kriterien gelegentlich auch dann anwenden, wenn die Grenzwerte nicht unter 1 liegen. Der folgende Satz liefert zwei *Divergenzkriterien*, die auf Quotienten bzw. n-ten Wurzeln beruhen.

9.2.13 Satz Es sei $\sum\limits_{n=1}^{\infty} a_n$ eine Reihe.

(i) Ist

$$\lim_{n\to\infty} \left| \frac{a_{n+1}}{a_n} \right| > 1,$$

so divergiert die Reihe.

(ii) Ist

$$\lim_{n\to\infty} \sqrt[n]{|a_n|} > 1,$$

so divergiert die Reihe ebenfalls.

Sie sollten sich von diesen Divergenzkriterien allerdings nicht zu viel versprechen, denn Sie können sie nicht allzuoft anwenden. Sehen wir uns trotzdem zwei Beispiele an.

9.2.14 Beispiele

(i) Für $x \in \mathbb{R}$ betrachte ich die geometrische Reihe $\sum\limits_{n=0}^{\infty} x^n$. Der n-te Summand heißt $a_n = x^n$, und der Quotient lautet

$$\left| \frac{a_{n+1}}{a_n} \right| = \frac{|x|^{n+1}}{|x|^n} = |x|.$$

Das ist praktisch, denn offenbar ist der Quotient für jedes $n \in \mathbb{N}$ gleich, und das vereinfacht die Berechnung seines Grenzwertes ungemein. Für $|x| < 1$ ist er natürlich kleiner als 1, und nach dem Quotientenkriterium muss deshalb die geometrische Reihe für $|x| < 1$ konvergieren. Für $|x| > 1$ ist der Grenzwert der Quotienten offenkundig größer als 1, und nach 9.2.13 kann deshalb die Reihe für $|x| > 1$ nicht konvergieren. Nur für den Fall $|x| = 1$ macht keines der Quotientenkriterien eine Aussage.

(ii) Ich versuche noch einmal mein Glück mit der harmonischen Reihe $\sum\limits_{n=1}^{\infty} \frac{1}{n}$. In 9.2.12 (ii) habe ich schon nachgerechnet, dass $\lim\limits_{n\to\infty} \left| \frac{a_{n+1}}{a_n} \right| = 1$ gilt. Somit bin ich in der traurigen Lage, dass ich weder aus dem Quotientenkriterium für Konvergenz noch aus dem für Divergenz etwas für die harmonische Reihe schließen kann. Sie muss weiterhin mit der Methode aus 9.1.5 (iv) behandelt werden.

Quotienten- und Wurzelkriterium sind sehr wirkungsvolle Instrumente, aber Sie haben selbst gesehen, dass sie nicht allmächtig sind. Es gibt leider eine ganze Menge von Reihen, die sich ihrem Zugriff entziehen und deren Konvergenz oder Divergenz mit anderen Methoden nachgewiesen werden muss. Sie werden die beiden Kriterien in manchen Büchern auch ein wenig anders und komplizierter formuliert finden, das hilft bei den kritischen Fällen aber gar nichts. Die Reihen allerdings, auf die es mir eigentlich ankommt, nämlich die *Potenzreihen* aus dem nächsten Abschnitt, lassen sich oft und gern mit Hilfe des Quotientenkriteriums untersuchen.

Bevor ich Sie darüber informiere, möchte ich Ihnen noch etwas über die vielbenutzte geometrische Reihe erzählen. Sie haben in 9.1.5 gesehen, dass für $|q| < 1$ die Formel

$$\sum_{n=0}^{\infty} q^n = \frac{1}{1-q}$$

gilt und für $|q| \geq 1$ keine Konvergenz der geometrischen Reihe mehr vorliegt. Wenn Sie nun $q = -x$ setzen, erhalten Sie die Reihe

$$\sum_{n=0}^{\infty} (-x)^n = 1 - x + x^2 - x^3 + x^4 - x^5 \pm \cdots = \frac{1}{1-(-x)} = \frac{1}{1+x},$$

sofern $|x| < 1$ gilt. In früheren Zeiten hat man Divergenzen nicht so ernst genommen, wie es heute üblich ist, und so hat im Jahre 1710 ein Mönch namens Grandi in seinem Buch über die Reihenlehre sich die Freiheit erlaubt, auch den Wert $x = 1$ in die Gleichung einzusetzen. Er erhielt die Summe

$$1 - 1 + 1 - 1 + 1 - 1 \pm \cdots = \frac{1}{2},$$

was für sich genommen schon reichlich gewagt ist. Als Mönch war er aber auch an Theologie interessiert und versuchte, seine Formel theologisch zu verwerten. Zu diesem Zweck schrieb er

$$\frac{1}{2} = 1 - 1 + 1 - 1 + 1 - 1 \pm \cdots$$
$$= (1-1) + (1-1) + (1-1) + \cdots$$
$$= 0 + 0 + 0 + \cdots.$$

Darin sah er den Beweis dafür, dass eine Schöpfung aus dem Nichts möglich ist, wenn man nur lange genug das Nichts zusammenzählt. Heute würde so etwas kein Mensch mehr ernst nehmen, aber damals war selbst der große Leibniz recht angetan von Grandis Argumentation, und es störte ihn nicht, dass sie „eher metaphysisch als mathematisch zu sein scheint".

Nach diesem kurzen metaphysischen Ausflug wenden wir uns den Potenzreihen zu.

9.3   Potenzreihen

Vielleicht sollten Sie sich unser eigentliches Ziel noch einmal ins Gedächtnis rufen. Wir suchten nach einer Möglichkeit, komplizierte Funktionen mit Hilfe möglichst einfacher Funktionen anzunähern, um so einem Computer die Berechnung von Funktionen wie e^x oder $\sin x$ zu gestatten. Das Beste wäre es wohl, wenn man zum Beispiel e^x als Polynom schreiben könnte, denn zum Ausrechnen von Polynomwerten braucht man nichts weiter als die Grundrechenarten, und im fünften Kapitel konnten Sie sehen, wie man mit dem Horner-Schema die Berechnung schnell und effizient durchführt. Das Dumme ist nur: die Exponentialfunktion ist kein Polynom, und Sinus oder Cosinus schon gar nicht. Das ist aber nicht so schlimm, weil man ein Polynom auch beschreiben kann als endliche Summe von Potenzen der Variablen x, und wenn endliche Summen nicht reichen, dann nehmen wir eben unendliche Summen.

In den ersten beiden Abschnitten dieses Kapitels haben Sie gelernt, dass man unendliche Summen als Reihen bezeichnet und wie man ihr Konvergenzverhalten untersucht. Zur Darstellung komplizierter Funktionen brauchen wir jetzt sehr spezielle Reihen, deren Summanden Potenzen einer Variablen x sind. Solche Reihen heißen *Potenzreihen*.

9.3.1 Definition   Eine Reihe der Form

$$\sum_{n=0}^{\infty} a_n (x - x_0)^n = a_0 + a_1(x - x_0) + a_2(x - x_0)^2 + a_3(x - x_0)^3 + \cdots$$

heißt *Potenzreihe* mit dem Entwicklungspunkt $x_0 \in \mathbb{R}$. Die Zahlen a_n heißen die *Koeffizienten* der Potenzreihe.

Eine Potenzreihe ist also zunächst einmal nichts anderes als eine unendliche Summe aus Potenzen von $x - x_0$, wobei x_0 irgendeine Zahl ist. Das hat aber eine ganz wichtige Konsequenz. Sie können mit etwas gutem Willen für x jede beliebige reelle Zahl einsetzen und zusehen, was dann mit der Potenzreihe passiert. Wie Sie im letzten Abschnitt gelernt haben, können genau zwei verschiedene Ereignisse eintreten: die Reihe kann konvergieren oder nicht. Ob sie nun konvergiert, wird oft genug davon abhängen, welches $x \in \mathbb{R}$ Sie in die Reihe einsetzen, und ich habe den ganzen Aufwand mit den Konvergenzkriterien des zweiten Abschnitts unter anderem deshalb getrieben, um jetzt die guten von den schlechten x-Werten unterscheiden zu können.

Ich zeige Ihnen das erst einmal an vier Beispielen.

9.3.2 Beispiele

(i)   Die Reihe

$$\sum_{n=0}^{\infty} \frac{x^n}{n!} = 1 + x + \frac{x^2}{2!} + \frac{x^3}{3!} + \cdots$$

ist eine Potenzreihe mit dem Entwicklungspunkt $x_0 = 0$ und den Koeffizienten $a_n = \frac{1}{n!}$. Wenn man zum ersten Mal mit Potenzreihen zu tun hat, neigt man dazu, die Gleichung $a_n = \frac{x^n}{n!}$ zu vermuten, aber das ist falsch. Der Koeffizient a_n ist die Zahl, von der die Potenz x^n begleitet wird, und das ist in unserem Beispiel $a_n = \frac{1}{n!}$.

Das Konvergenzverhalten dieser Potenzreihe haben wir schon in 9.2.12 (i) mit Hilfe des Quotientenkriteriums geklärt; sie ist außergewöhnlich entgegenkommend und konvergiert für jedes $x \in \mathbb{R}$.

(ii) Die geometrische Reihe

$$\sum_{n=0}^{\infty} x^n = 1 + x + x^2 + x^3 + \cdots$$

ist eine Potenzreihe mit dem Entwicklungspunkt $x_0 = 0$ und den Koeffizienten $a_n = 1$. Aus 9.1.5 (ii) wissen Sie, dass sie genau dann konvergiert, wenn $|x| < 1$ ist. In diesem Fall gilt

$$\sum_{n=0}^{\infty} x^n = 1 + x + x^2 + x^3 + \cdots = \frac{1}{1-x}.$$

(iii) Die Reihe

$$\sum_{n=1}^{\infty} \frac{x^n}{n} = x + \frac{x^2}{2} + \frac{x^3}{3} + \frac{x^4}{4} + \cdots$$

ist eine Potenzreihe mit dem Entwicklungspunkt $x_0 = 0$ und den Koeffizienten $a_n = \frac{1}{n}$. Diese Reihe ist uns bisher noch nicht begegnet, und deshalb muss ich noch klären, welche x-Werte ich einsetzen darf, ohne mit einer divergenten Reihe rechnen zu müssen.

Nach dem mittlerweile vertrauten Quotientenkriterium müssen wir dazu den $(n+1)$-ten Summanden durch den n-ten Summanden dividieren und überprüfen, welches Grenzwertverhalten der Quotient an den Tag legt. Nun ist

$$\left| \frac{\frac{x^{n+1}}{n+1}}{\frac{x^n}{n}} \right| = \left| \frac{x^{n+1}}{n+1} \cdot \frac{n}{x^n} \right| = |x| \cdot \frac{n}{n+1}.$$

Für den Grenzwert bedeutet das:

$$\lim_{n \to \infty} \left| \frac{\frac{x^{n+1}}{n+1}}{\frac{x^n}{n}} \right| = \lim_{n \to \infty} |x| \cdot \frac{n}{n+1} = |x|.$$

Wir haben also die gleiche Situation wie bei der geometrischen Reihe: für $|x| < 1$ liegt der Quotientengrenzwert unterhalb von 1, und die Reihe $\sum_{n=1}^{\infty} \frac{x^n}{n}$ konvergiert. Für

$|x| > 1$ dagegen liegt der Quotientengrenzwert über 1, und die Reihe divergiert. Wie üblich liefert das Quotientenkriterium aber keine Informationen über das Verhalten der Reihe, wenn der Quotientengrenzwert genau 1 beträgt. Wir müssen uns diesen Fall also gesondert überlegen.

Glücklicherweise haben wir aber ordentliche Vorarbeit geleistet. Für $x = 1$ haben wir die Reihe $\sum_{n=1}^{\infty} \frac{1}{n}$ vor uns, die Sie unschwer als harmonische Reihe erkennen werden. In 9.1.5 (iv) habe ich gezeigt, dass sie divergiert, und deshalb ist die Potenzreihe $\sum_{n=1}^{\infty} \frac{x^n}{n}$ für $x = 1$ divergent. Im Falle $x = -1$ treffen wir ebenfalls auf einen alten Bekannten, nämlich die alternierende Reihe

$$\sum_{n=1}^{\infty} \frac{(-1)^n}{n} = -1 + \frac{1}{2} - \frac{1}{3} \pm \cdots,$$

die nach dem Leibniz-Kriterium aus 9.2.4 konvergiert. Folglich konvergiert die Potenzreihe $\sum_{n=1}^{\infty} \frac{x^n}{n}$ genau für alle $x \in [-1, 1)$, das heißt, der Konvergenzbereich ist ein Intervall, dessen linker Randpunkt dazu gehört und dessen rechter Randpunkt ausgeschlossen wird.

(iv) Einfacher ist die Situation bei der Potenzreihe

$$\sum_{n=0}^{\infty} n^n \cdot x^n = 1 + x + 4x^2 + 27x^3 + 256x^4 + \cdots.$$

Sie hat den Entwicklungspunkt $x_0 = 0$ und die Koeffizienten $a_n = n^n$, aber die Koeffizienten wachsen mit einer so gewaltigen Geschwindigkeit, dass die Reihe ausschließlich für den Punkt $x = 0$ konvergiert und sonst immer divergiert. Sie können das beispielsweise mit dem Wurzelkriterium aus 9.2.13 herausfinden. Dazu brauchen Sie nur die n-te Wurzel des n-ten Summanden auszurechnen und erhalten

$$\sqrt[n]{|n^n \cdot x^n|} = n \cdot |x|.$$

Der Grenzwert ist dann

$$\lim_{n \to \infty} \sqrt[n]{|n^n \cdot x^n|} = \lim_{n \to \infty} n \cdot |x| = \begin{cases} \infty & \text{falls } x \neq 0 \\ 0 & \text{falls } x = 0. \end{cases}$$

Für $x \neq 0$ gibt es also keinen endlichen Grenzwert der n-ten Wurzeln, und nach 9.2.13 ist die Reihe divergent. Nur für $x = 0$ haben wir den Grenzwert 0 gefunden, weshalb die Reihe für $x = 0$ konvergiert. Das ist übrigens nichts Besonderes, denn wenn Sie einmal den Wert $x = 0$ in die Reihe einsetzen, werden Sie merken, dass ab dem zweiten Summanden alle Summanden 0 werden und die unendliche Summe in Wahrheit höchst endlich ist.

Zu den Beispielen sollte ich noch ein paar Worte sagen. Natürlich gibt es bei jeder Potenzreihe mindestens einen Punkt, für den sie konvergiert, nämlich den Entwicklungspunkt x_0. Das sieht man ganz leicht, denn Sie brauchen nur den Punkt x_0 in die allgemeine Formel der Potenzreihe einzusetzen, um zu sehen, dass abgesehen von a_0 alle Summanden zu Null werden und die Reihe deshalb den Wert a_0 annimmt.

Wichtiger ist der folgende Punkt. Es führt immer wieder zu Verwirrungen, dass die Koeffizienten a_n in der Potenzreihe $\sum\limits_{n=0}^{\infty} a_n(x - x_0)^n$ eine andere Rolle spielen als die Summanden a_n in der vertrauten Reihe $\sum\limits_{n=0}^{\infty} a_n$, in der keine Potenzen von x vorkommen. In dieser allgemeinen Reihe sind die Zahlen a_n bereits die vollständigen Summanden und es kommt kein weiterer Faktor hinzu, während bei der Potenzreihe der Summand $a_n(x - x_0)^n$ heißt und der Koeffizient a_n nur einen Teil des Summanden darstellt. Deswegen muss man für Konvergenzuntersuchungen von potenzlosen Reihen auch den Quotientengrenzwert $\lim\limits_{n \to \infty} \left| \frac{a_{n+1}}{a_n} \right|$ betrachten, bei der Potenzreihe dagegen den Grenzwert $\lim\limits_{n \to \infty} \left| \frac{a_{n+1}(x-x_0)^{n+1}}{a_n(x-x_0)^n} \right| = \lim\limits_{n \to \infty} \left| \frac{a_{n+1}}{a_n} \cdot (x - x_0) \right|$.

Dennoch scheint mir die Situation immer noch unbefriedigend zu sein. Erstens müssen wir immer noch mühsam den Konvergenzbereich jeder Potenzreihe einzeln ausrechnen, anstatt ihn auf elegante Weise mit Hilfe einer handhabbaren Formel zu bestimmen. Zweitens sind ja Konvergenzbereiche ganz schön, aber es wäre auch nicht schlecht zu wissen, was bei so einer Potenzreihe nun eigentlich herauskommt, wenn sie konvergiert. Beide Probleme werde ich nun Schritt für Schritt angehen.

Zunächst werde ich Ihnen berichten, wie der Konvergenzbereich einer Potenzreihe aussieht und wie groß er ist.

9.3.3 Satz Es sei $P(x) = \sum\limits_{n=0}^{\infty} a_n(x - x_0)^n$ eine Potenzreihe und $K = \{x \in \mathbb{R} \mid P(x)$ konvergiert$\}$. Dann ist entweder $K = \mathbb{R}$ oder K ist ein Intervall endlicher Länge, dessen Mittelpunkt der Entwicklungspunkt x_0 ist.

Der Satz klingt ein wenig abstrakt, ist aber in Wahrheit nur halb so schlimm. Ich möchte nur kurz erwähnen, dass man ihn beweisen kann, indem man eine konvergente geometrische Reihe konstruiert, die oberhalb der gegebenen Potenzreihe liegt und deshalb eine konvergente Majorante liefert. Von größerer Bedeutung ist, dass Sie die Aussage des Satzes verstehen, und ich werde sie Ihnen an den vier Beispielen aus 9.3.2 verdeutlichen.

9.3.4 Beispiele

(i)   Es sei wieder einmal

$$P(x) = \sum_{n=0}^{\infty} \frac{x^n}{n!}.$$

In 9.3.2 (i) haben wir den Konvergenzbereich K von P ausgerechnet und die Gleichung $K = \mathbb{R}$ gefunden. Diese Reihe ist also ein Beispiel für den ersten Fall des Satzes 9.3.3, der Konvergenzbereich entspricht ganz $\mathbb{R}$.

(ii) Nun betrachte ich die geometrische Reihe

$$P(x) = \sum_{n=0}^{\infty} x^n.$$

Sie ist eine Potenzreihe mit dem Entwicklungspunkt $x_0 = 0$, und in 9.3.2 (ii) haben wir den Konvergenzbereich $K = (-1, 1)$ gefunden. K ist also ein Intervall endlicher Länge, in dessen Mittelpunkt der Entwicklungspunkt $x_0 = 0$ liegt.

(iii) Unser drittes Beispiel war die Reihe

$$P(x) = \sum_{n=1}^{\infty} \frac{x^n}{n}.$$

Mit einiger Mühe konnten wir den Konvergenzbereich $K = [-1, 1)$ feststellen und haben also wieder ein Intervall endlicher Länge, in dessen Mitte der Entwicklungspunkt $x_0 = 0$ liegt. Dass das Intervall $[-1, 1)$ etwas schief und nicht vollständig symmetrisch ist, spielt dabei keine Rolle; die Hauptsache ist, der Entwicklungspunkt liegt unangefochten in der Mitte.

(iv) Das vierte Beispiel ist schnell erledigt. Hier war

$$P(x) = \sum_{n=0}^{\infty} n^n \cdot x^n.$$

Diese Reihe konvergiert nur für den Punkt $x_0 = 0$, und deshalb ist $K = \{0\}$. Natürlich kann man das auch als Intervall $K = [0, 0]$ schreiben, und hat damit ein zwar kleines, aber doch vorhandenes Intervall gewonnen, dessen Mittelpunkt der Entwicklungspunkt ist.

An den Beispielen sollte klar geworden sein, wie der Konvergenzbereich aussieht. Sie starten im Entwicklungspunkt x_0 und gehen die gleiche Strecke nach rechts und nach links. Falls die Strecke unendlich lang ist, ergibt sich der Konvergenzbereich $K = \mathbb{R}$. Falls nicht, finden Sie ein endliches Intervall, das symmetrisch zu x_0 ist, wenn wir vom unklaren Verhalten der Randpunkte einmal absehen. Die Strecke, um die man nach links und rechts gehen darf, ohne in Schwierigkeiten zu geraten, nennt man den *Konvergenzradius* der Potenzreihe. Er gibt an, wie weit Sie sich vom Entwicklungspunkt entfernen dürfen, ohne die Konvergenz zu verlieren.

9.3.5 Definition Es sei $P(x) = \sum_{n=0}^{\infty} a_n (x - x_0)^n$ eine Potenzreihe. Unter dem *Konvergenzradius* $r \in [0, \infty]$ von P versteht man die maximale Ausdehnung des Konvergenzbereiches K von P, das heißt: die Potenzreihe konvergiert für $|x - x_0| < r$ und sie divergiert für $|x - x_0| > r$.

Um es noch einmal zu sagen: der Konvergenzradius gibt an, in welcher Entfernung von x_0 die Reihe noch konvergiert. Liegt die Entfernung von x zu x_0 unter r, dann wird die Reihe konvergieren, liegt sie über r, wird die Reihe divergieren. Die maximalen Grenzen der Konvergenz liegen also in den Punkten $x_0 - r$ auf der linken und $x_0 + r$ auf der rechten Seite. Dass ich in 9.3.5 übrigens $r \in [0, \infty]$ geschrieben habe, ist eine Konzession an die Bequemlichkeit, ein unendlicher Konvergenzradius beschreibt nur den Umstand, dass $K = \mathbb{R}$ gilt und man von x_0 aus beliebig weit laufen darf, ohne mit der Konvergenz Probleme zu bekommen.

9.3.6 Beispiele

(i)   Die Reihe $P(x) = \sum\limits_{n=0}^{\infty} \frac{x^n}{n!}$ hat den Konvergenzbereich $K = \mathbb{R}$, und deshalb ist der Konvergenzradius $r = \infty$.

(ii)   Die Reihe $P(x) = \sum\limits_{n=1}^{\infty} \frac{x^n}{n}$ hat den Konvergenzbereich $K = [-1, 1)$, und deshalb ist der Konvergenzradius $r = 1$. Beachten Sie dabei, dass die geometrische Reihe $P(x) = \sum\limits_{n=0}^{\infty} x^n$ den etwas kleineren Konvergenzbereich $K = (-1, 1)$ aufweist, aber doch denselben Konvergenzradius $r = 1$ hat.

(iii) Die Reihe $P(x) = \sum\limits_{n=0}^{\infty} n^n \cdot x^n$ hat den Konvergenzbereich $K = \{0\}$, und deshalb ist der Konvergenzradius $r = 0$, denn Sie dürfen sich vom Nullpunkt keinen Millimeter wegbewegen, ohne in Divergenzbereiche zu gelangen.

Wie Sie sehen, beschreibt der Konvergenzradius den eigentlichen Konvergenzbereich nicht vollständig, denn das Verhalten an den Randpunkten bleibt unklar und muss gesondert untersucht werden. Wenn eine Potenzreihe beispielsweise den Entwicklungspunkt 0 und den Konvergenzradius $r > 0$ hat, dann kann man garantieren, dass die Reihe für $x \in (-r, r)$ konvergiert und für $|x| > r$ divergiert. Über die Randpunkte $x = -r$ und $x = r$ können Sie keine generelle Auskunft erwarten. Alles, was wir aus dem Konvergenzradius schließen können, ist die Beziehung $(-r, r) \subseteq K \subseteq [-r, r]$.

Sie werden vielleicht einwenden, dass der Konvergenzradius ja so weit ganz in Ordnung sein mag, aber solange man ihn nicht einfach ausrechnen kann, bleiben alle meine Erläuterungen Haarspalterei. Sie haben völlig recht, und deswegen will ich Ihnen jetzt eine einfache Formel für den Konvergenzradius anbieten.

9.3.7 Satz Es sei $P(x) = \sum\limits_{n=0}^{\infty} a_n (x - x_0)^n$ eine Potenzreihe. Falls der Grenzwert

$$\lim_{n \to \infty} \left| \frac{a_n}{a_{n+1}} \right|$$

als reelle Zahl existiert oder gleich Unendlich ist, hat P den Konvergenzradius

$$r = \lim_{n \to \infty} \left| \frac{a_n}{a_{n+1}} \right|.$$

Der Beweis ist eine einfache Anwendung des Quotientenkriteriums. Teilen Sie den $(n + 1)$-ten Summanden der Potenzreihe durch den n-ten Summanden, und Sie werden feststellen, dass der Quotientengrenzwert genau dann kleiner als 1 ist, wenn $|x - x_0| <$ $\lim\limits_{n\to\infty} \left|\frac{a_n}{a_{n+1}}\right| = r$ gilt. Nach 9.3.5 muss dann r der Konvergenzradius der Reihe sein.

Wir sehen uns wieder vier Beispiele an, zwei alte Reihen und zwei neue.

9.3.8 Beispiele

(i) Es sei $P(x) = \sum\limits_{n=0}^{\infty} \frac{x^n}{n!}$. Diese Reihe hat den Vorteil, dass wir ihren Konvergenzradius bereits kennen, er ist unendlich groß. Für die Koeffizienten gilt

$$a_n = \frac{1}{n!}, \text{ also } a_{n+1} = \frac{1}{(n+1)!}.$$

Deshalb ist

$$\left|\frac{a_n}{a_{n+1}}\right| = \left|\frac{1}{n!} \cdot (n+1)!\right| = n + 1,$$

und daraus folgt:

$$r = \lim_{n\to\infty}\left|\frac{a_n}{a_{n+1}}\right| = \lim_{n\to\infty} n + 1 = \infty.$$

Die Formel liefert also tatsächlich den Konvergenzradius Unendlich.

(ii) Nun wende ich mich der Reihe $P(x) = \sum\limits_{n=1}^{\infty} \frac{x^n}{n}$ zu. Ihren Konvergenzradius kennen Sie auch schon, er ist genau 1. Für die Koeffizienten gilt

$$a_n = \frac{1}{n}, \text{ also } a_{n+1} = \frac{1}{n+1}.$$

Deshalb ist

$$\left|\frac{a_n}{a_{n+1}}\right| = \left|\frac{1}{n} \cdot (n+1)\right| = \frac{n+1}{n},$$

und daraus folgt:

$$r = \lim_{n\to\infty}\left|\frac{a_n}{a_{n+1}}\right| = \lim_{n\to\infty} \frac{n+1}{n} = 1.$$

Auch hier führt die Formel zum bekannten Ergebnis.

(iii) Inzwischen sollten wir genug Mut gefasst haben, uns an eine neue Reihe zu wagen, deren Konvergenzradius wir noch nicht kennen. Ich biete Ihnen die Reihe

$$P(x) = \sum_{n=1}^{\infty} \frac{x^n}{n^2}$$

an. Sie hat die Koeffizienten $a_n = \frac{1}{n^2}$ und damit $a_{n+1} = \frac{1}{(n+1)^2}$. Deshalb ist

$$r = \lim_{n \to \infty} \left| \frac{a_n}{a_{n+1}} \right| = \lim_{n \to \infty} \frac{(n+1)^2}{n^2} = 1,$$

wie Sie mit den Methoden aus dem vierten Kapitel leicht nachrechnen können. Die Reihe hat also den Konvergenzradius $r = 1$ und wird deshalb nach 9.3.5 für $x \in (-1, 1)$ konvergieren, während sie für $|x| > 1$ divergiert. Damit haben wir fast den gesamten Konvergenzbereich K bestimmt, wir müssen nur noch sehen, wie die Lage an den Randpunkten ist. Für $x = 1$ sehen Sie die Reihe $\sum_{n=1}^{\infty} \frac{1}{n^2}$ vor sich, von der wir schon seit 9.2.10 wissen, dass sie konvergiert. Für $x = -1$ verwandelt sich die Potenzreihe in eine alternierende Reihe, die nach dem Leibniz-Kriterium konvergiert. Deshalb ist $K = [-1, 1]$.

Die Formel für den Konvergenzradius macht es somit leichter, den gesamten Konvergenzbereich zu bestimmen, denn sobald man den Konvergenzradius kennt, ist auch das Konvergenzintervall mit Ausnahme der beiden Randpunkte klar.

(iv) Als letztes Beispiel untersuche ich die Reihe

$$P(x) = \sum_{n=0}^{\infty} n x^n.$$

Hier ist $a_n = n$ und $a_n = n + 1$. Für den Konvergenzradius folgt

$$r = \lim_{n \to \infty} \left| \frac{a_n}{a_{n+1}} \right| = \lim_{n \to \infty} \frac{n}{n+1} = 1,$$

und wieder finden wir den Konvergenzradius $r = 1$. Ich überlasse es Ihnen, sich davon zu überzeugen, dass die Reihe weder für $x = -1$ noch für $x = 1$ konvergiert und sich deshalb der Konvergenzbereich $K = (-1, 1)$ ergibt.

Damit ist das erste Problem gelöst: wir haben eine schnelle und elegante Methode zur Berechnung von Konvergenzintervallen gefunden. Das zweite Problem ist aber nach wie vor offen. Wie kann man einer Potenzreihe ansehen, gegen welche Funktion sie konvergiert, und wie kann man umgekehrt zu einer gegebenen Funktion eine passende Potenzreihe finden? Zur zweiten Frage werde ich mich erst im nächsten Abschnitt genauer äußern. Jetzt möchte ich Ihnen zeigen, auf welche Weise man zumindest für einige

Potenzreihen herausfinden kann, welcher Funktion sie entsprechen. Bisher haben wir erst ein konkretes Beispiel ausgerechnet: die geometrische Reihe $1 + x + x^2 + x^3 + \cdots$ entspricht für $x \in (-1, 1)$ der Funktion $f(x) = \frac{1}{1-x}$. Mit Hilfe des folgenden Satzes kann man schon eine ganze Menge von Reihen identifizieren. Er beschreibt, wie man eine Potenzreihe differenziert und integriert, nämlich auf die natürlichste Art der Welt.

9.3.9 Satz Es sei $P(x) = \sum\limits_{n=0}^{\infty} a_n(x - x_0)^n$ eine Potenzreihe mit dem Konvergenzradius $r > 0$.

(i) Für a und b zwischen $x_0 - r$ und $x_0 + r$ ist

$$\int\limits_a^b P(x)dx = \sum_{n=0}^{\infty} a_n \int\limits_a^b (x - x_0)^n dx$$

$$= \sum_{n=0}^{\infty} a_n \frac{(x - x_0)^{n+1}}{n+1}\Bigg|_a^b.$$

(ii) Für $x_0 - r < x < x_0 + r$ ist

$$P'(x) = \sum_{n=0}^{\infty} a_n \cdot n \cdot (x - x_0)^{n-1},$$

und die Potenzreihe $P'(x)$ hat den gleichen Konvergenzradius wie $P(x)$.

Der Satz bescheibt eigentlich nur, was man ohnehin erwartet hätte. Sie integrieren eine Potenzreihe, indem Sie Schritt für Schritt jeden einzelnen Summanden integrieren und anschließend die einzelnen Integrale zusammenzählen. Auf die gleiche Weise funktioniert das Ableiten: erst leitet man die einzelnen Summanden ab und hinterher addiert man. Damit können wir jetzt leicht die Ableitungen und Integrale jeder beliebigen Potenzreihe ausrechnen und einige bemerkenswerte Resultate erzielen. Ein paar Beispiele werden die Möglichkeiten verdeutlichen, die in dem fast unscheinbar wirkenden Satz 9.3.9 stecken.

9.3.10 Beispiele

(i) Jetzt kann ich endlich den Wert der Potenzreihe

$$P(x) = \sum_{n=0}^{\infty} \frac{x^n}{n!} = 1 + x + \frac{x^2}{2!} + \frac{x^3}{3!} + \cdots$$

berechnen. Zu diesem Zweck leite ich $P(x)$ ab. Dem Satz 9.3.9 können Sie entnehmen, wie ich das machen muss: ich leite jeden einzelnen Summanden ab und addiere dann die Ergebnisse. Nun ist aber:

$$(1)' = 0, (x)' = 1, \text{ und für } n \geq 2 \text{ gilt:} \left(\frac{x^n}{n!}\right)' = n \cdot \frac{x^{n-1}}{n!} = \frac{x^{n-1}}{(n-1)!}.$$

Deshalb ist

$$P'(x) = 0 + 1 + \frac{x^1}{1!} + \frac{x^2}{2!} + \frac{x^3}{3!} + \cdots = P(x).$$

Die Funktion $P(x)$ stimmt demnach mit ihrer Ableitung überein. Das trifft sich gut, denn wir haben uns in 7.3.5 überlegt, dass es im wesentlichen nur eine Funktion gibt, die mit ihrer Ableitung übereinstimmt, nämlich die Exponentialfunktion. Genauer gesagt, folgt aus 7.3.5:

$$P(x) = P(0) \cdot e^x,$$

und weil $P(0) = 1$ ist, haben wir

$$P(x) = e^x.$$

Damit ist endlich die schon in der Kapiteleinleitung behauptete Gleichung

$$e^x = 1 + x + \frac{x^2}{2!} + \frac{x^3}{3!} + \frac{x^4}{4!} + \cdots$$

nachgewiesen.

(ii) Über die Konvergenz der geometrischen Reihe brauche ich schon fast kein Wort mehr zu verlieren. Sie wissen seit langem, dass für $|x| < 1$ die Beziehung

$$\sum_{n=0}^{\infty} x^n = 1 + x + x^2 + x^3 + \cdots = \frac{1}{1-x}$$

gültig ist. Nach Satz 9.3.9 darf ich diese Gleichung auf beiden Seiten ableiten, wobei ich die Ableitung der Summe Schritt für Schritt ausrechne und die Ableitung von $\frac{1}{1-x}$ eine einfache Folgerung aus der Kettenregel ist. Es folgt also

$$\frac{1}{(1-x)^2} = \left(\frac{1}{1-x}\right)' = 1 + 2x + 3x^2 + 4x^3 + \cdots = \sum_{n=0}^{\infty} (n+1)x^n.$$

Wir haben also durch schlichtes Differenzieren den Grenzwert einer völlig neuen Reihe gewonnen, nämlich

$$\frac{1}{(1-x)^2} = \sum_{n=0}^{\infty} (n+1)x^n.$$

(iii) In 9.3.8 (iv) habe ich eine ganz ähnliche Reihe untersucht, nämlich $\sum\limits_{n=0}^{\infty} n x^n$. Dort konnte ich nur den Konvergenzbereich ausrechnen, aber jetzt ist es auch möglich, den genauen Wert der Reihe herauszufinden. Dazu brauchen Sie nur die Reihe aus Nummer (ii) in zwei Teile aufzuspalten. Es gilt dann:

$$\frac{1}{(1-x)^2} = \sum_{n=0}^{\infty} (n+1)x^n$$

$$= \sum_{n=0}^{\infty} (nx^n + x^n)$$

$$= \sum_{n=0}^{\infty} nx^n + \sum_{n=0}^{\infty} x^n$$

$$= \sum_{n=0}^{\infty} nx^n + \frac{1}{1-x},$$

denn die zweite Summe ist die vertraute geometrische Reihe. Durch Auflösen nach der gesuchten Reihe folgt

$$\sum_{n=0}^{\infty} nx^n = \frac{1}{(1-x)^2} - \frac{1}{1-x} = \frac{x}{(1-x)^2}.$$

Sie sehen daran, dass man manchmal den Wert einer unbekannten Reihe finden kann, indem man ein wenig mit bekannten Reihen herumspielt.

(iv) Es kommt Ihnen vielleicht wenig überzeugend vor, dass ich bisher – von e^x abgesehen – nur die Reihen für irgendwelche rationalen Funktionen ausgerechnet habe. Der ganze Aufwand, den wir betreiben mussten, sollte ja auch zu einem Resultat führen, und wenn ich nur Näherungssummen für Brüche bestimmen kann, hätte man das ganze Kapitel am besten einfach weggelassen. Zum Glück stehen uns aber auch die Reihendarstellungen wesentlich komplizierterer Funktionen zur Verfügung, wie Sie gleich sehen werden.

Ich benutze wieder die geometrische Reihe, aber diesmal sozusagen von der anderen Seite. Zunächst wissen wir, dass die Reihe

$$P(x) = \sum_{n=1}^{\infty} \frac{x^n}{n} = x + \frac{x^2}{2} + \frac{x^3}{3} + \frac{x^4}{4} + \cdots$$

den Konvergenzradius $r = 1$ hat. Nach Satz 9.3.9 darf ich sie deshalb für $x \in (-1, 1)$ gliedweise differenzieren und finde

$$P'(x) = 1 + x + x^2 + x^3 + \cdots,$$

denn die Ableitung jedes einzelnen Summanden $\frac{x^n}{n}$ ist genau x^{n-1}. Das ist nun ein glücklicher Zufall, weil wir den Wert der abgeleiteten Reihe kennen: es ist die übliche geometrische Reihe, und daraus folgt:

$$P'(x) = \frac{1}{1-x}.$$

Um $P(x)$ selbst zu erhalten, muss ich also nur eine Stammfunktion von $\frac{1}{1-x}$ finden, was mit den Methoden aus dem achten Kapitel kein Problem sein sollte. Tatsächlich finden Sie mit der Ketten- bzw. der Substitutionsregel, dass $-\ln(1-x)$ eine Stammfunktion von $\frac{1}{1-x}$ ist, und da sich Stammfunktionen nur um eine Konstante unterscheiden, gilt:

$$P(x) = -\ln(1-x) + c.$$

Was noch stört, ist die Konstante c. Sie ist aber leicht herauszufinden, denn die Gleichung muss ja für jedes einzelne $x \in (-1,1)$ gelten. Der einfachste x-Wert, den wir einsetzen können, ist $x = 0$, und für 0 folgt:

$$0 = P(0) = -\ln(1-0) + c = c, \text{ und deshalb } c = 0.$$

Wir haben also durch einfaches Ableiten die Gleichung

$$\sum_{n=1}^{\infty} \frac{x^n}{n} = -\ln(1-x) \text{ für } |x| < 1$$

gefunden. Diese Reihendarstellung kann man zum Beispiel verwenden, um eine Näherung für den Logarithmus auszurechnen, indem man die Reihe nach endlich vielen Gliedern abbricht und diese endliche Summe als Näherungswert für $-\ln(1-x)$ benutzt.

Das Einsetzen ist allerdings nur für $|x| < 1$ erlaubt, denn Satz 9.3.9 liefert nur eine Aussage für das *offene* Intervall $(-1,1)$. Setzen wir, solange niemand zuschaut, trotzdem einmal $x = -1$ ein. Sie finden dann

$$-\ln 2 = \sum_{n=1}^{\infty} (-1)^n \frac{1}{n} \text{ und damit } \ln 2 = \sum_{n=1}^{\infty} (-1)^{n+1} \frac{1}{n},$$

wie ich es schon in 9.2.5 behauptet habe. Die Methode, einen Randpunkt einfach so einzusetzen, ist allerdings illegal und muss noch in irgendeiner Weise gerechtfertigt werden. Das hole ich in 9.3.11 nach.

(v) Auch wenn es Sie etwas ermüden sollte, muss ich noch einmal auf die geometrische Reihe zurückkommen. Ich nehme mir also ein $x \in (-1,1)$. Dann ist sicher auch

$-x^2 \in (-1, 1)$, und ich kann $q = -x^2$ in die geometrische Reihe einsetzen. Es gilt dann:

$$\frac{1}{1 + x^2} = \frac{1}{1 - q} = \sum_{n=0}^{\infty} q^n = 1 - x^2 + x^4 - x^6 \pm \cdots .$$

Nun ist aber $\frac{1}{1+x^2}$ die Ableitung von arctan x, und deshalb muss die Reihe $1 - x^2 + x^4 - x^6 \pm \cdots$ auch die Ableitung der Arcustangens-Reihe sein. Wir brauchen also nur eine Stammfunktion zu dieser Reihe zu suchen, die wir nach Satz 9.3.9 durch gliedweises Integrieren auch leicht finden können. Es folgt somit:

$$\arctan x + c = x - \frac{x^3}{3} + \frac{x^5}{5} - \frac{x^7}{7} \pm \cdots .$$

Die Konstante c finden Sie auf die gleiche Weise heraus wie bei der Logarithmus-Reihe: Sie setzen auf beiden Seiten $x = 0$ ein und erhalten wegen arctan $0 = 0$:

$$c = \arctan 0 + c = 0,$$

und daraus folgt

$$\arctan x = x - \frac{x^3}{3} + \frac{x^5}{5} - \frac{x^7}{7} \pm \cdots = \sum_{n=0}^{\infty} (-1)^n \frac{x^{2n+1}}{2n + 1}.$$

Die unübersichtliche Funktion arctan hat also eine einfache Potenzreihendarstellung, die man bei Bedarf für Näherungszwecke verwenden kann.

Wenn Sie noch einmal einen Blick auf die Beispiele werfen, dann werden Sie sehen, dass ich beim Ableiten und Integrieren nicht die kompaktere Darstellung mit dem Summenzeichen bevorzuge, sondern die Darstellung, in der man die ersten drei oder vier Summanden aufschreibt und dann mit ein paar Punkten die Unendlichkeit andeutet. Das mag zwar ein wenig schlampig sein, aber ich empfehle es trotzdem, denn beim Umgang mit der abstrakteren Summenzeichenform kommt man leicht mit den laufenden Nummern durcheinander.

Um die Formel für ln 2 zu rechtfertigen, sollte ich noch etwas über das Verhalten einer Potenzreihe in den Randpunkten des Konvergenzbereichs sagen.

9.3.11 Satz Es sei $P(x) = \sum_{n=0}^{\infty} a_n(x - x_0)^n$ eine Potenzreihe mit dem Konvergenzradius $r > 0$. Falls P in den Randpunkten $x_0 - r$ oder $x_0 + r$ seines Konvergenzbereiches ebenfalls konvergiert, stellt die Potenzreihe in den Randpunkten die gleiche Funktion dar wie in $(x_0 - r, x_0 + r)$.

Wir sehen uns zum Abschluss dieses Abschnittes noch zwei Beispiele zu Satz 9.3.11 an. Eines davon kennen Sie schon.

9.3.12 Beispiele

(i) Für $x \in (-1, 1)$ gilt nach 9.3.10 (iv) die Gleichung

$$P(x) = \sum_{n=1}^{\infty} \frac{x^n}{n} = -\ln(1 - x).$$

Wir wissen aber, dass nach dem Leibniz-Kriterium diese Potenzreihe auch für $x = -1$ konvergiert, denn es gilt $P(-1) = \sum_{n=1}^{\infty} \frac{(-1)^n}{n}$. Nach 9.3.11 stimmt sie dann auch im Punkt -1 mit der Logarithmusfunktion überein, und es gilt:

$$\sum_{n=1}^{\infty} \frac{(-1)^n}{n} = -\ln(1 - (-1)) = -\ln 2.$$

(ii) In 9.3.10 (v) habe ich die Gleichung

$$\arctan x = x - \frac{x^3}{3} + \frac{x^5}{5} - \frac{x^7}{7} \pm \cdots$$

gezeigt, die für $x \in (-1, 1)$ gilt. Die Reihe konvergiert aber auch für $x = 1$, denn in diesem Fall hat sie die Form $1 - \frac{1}{3} + \frac{1}{5} - \cdots$ und ist ein klarer Fall für das Leibniz-Kriterium. Sie muss also auch für $x = 1$ mit dem Arcustangens übereinstimmen, und daraus folgt:

$$1 - \frac{1}{3} + \frac{1}{5} - \frac{1}{7} \pm \cdots = \arctan 1 = \frac{\pi}{4},$$

denn $\tan \frac{\pi}{4} = 1$.
Auf diese Weise finden Sie eine Summendarstellung von $\frac{\pi}{4}$, die man benutzen kann, um den Wert von π mit einer bestimmten Zahl von korrekten Stellen nach dem Komma auszurechnen.

Mittlerweile sind wir schon recht weit in die Welt der Potenzreihen vorgedrungen und können *die* wesentliche Methode zum Bestimmen von Potenzreihen ansehen.

9.4 Taylorreihen

So leid es mir tut, ich kann mich mit dem Stand der Dinge immer noch nicht zufrieden geben. Wir haben jetzt zwar die Potenzreihen einiger Funktionen bestimmt, aber die Herleitungen waren doch von Fall zu Fall sehr individuell, und es blieb ein wenig dem Zufall überlassen, welche Funktion sich auf welche Weise darstellen lässt. Was wir dagegen bräuchten, ist ein Instrument, mit dem wir zu einer beliebigen Funktion ohne viel nachzudenken und durch schlichtes Einsetzen in eine Formel die entsprechende Potenzreihe finden können. Und noch ein Problem habe ich bisher standhaft ignoriert: es geht ja schließlich um das Berechnen von Näherungspolynomen, und zu einer Näherung gehört auch die Information, wie gut die Näherung ist. Für $n \in \mathbb{N}$ ist zwar beispielsweise nach 9.3.10 (i) die Summe

$$1 + 1 + \frac{1}{2!} + \frac{1}{3!} + \frac{1}{4!} + \cdots + \frac{1}{n!}$$

eine Näherung für $e = e^1$, aber niemand sagt mir, wie hoch ich n ansetzen muss, um e mit einer Genauigkeit von 3, 17 oder gar 23 Stellen nach dem Komma zu erhalten. Diese beiden Probleme werde ich jetzt lösen. Zuerst zeige ich Ihnen, dass es zu einer Funktion in jedem Fall nur einen Kandidaten für eine passende Potenzreihe geben kann.

9.4.1 Bemerkung Es sei $f(x)$ eine Funktion, die man als eine Potenzreihe mit dem Entwicklungspunkt $x_0 = 0$ darstellen kann, das heißt

$$f(x) = \sum_{n=0}^{\infty} a_n x^n = a_0 + a_1 x + a_2 x^2 + a_3 x^3 + \cdots .$$

Gesucht sind die Koeffizienten a_n der Potenzreihe, und es wäre schön, wenn man sie leicht aus der Funktion f berechnen könnte. Den allerersten Koeffizienten findet man schnell: wenn Sie 0 in die Potenzreihe einsetzen, verschwinden alle Summanden bis auf einen, und wir haben $f(0) = a_0$. Das ist schon ein vielversprechender Anfang. Jetzt leite ich die Potenzreihe ab und finde

$$f'(x) = a_1 + 2a_2 x + 3a_3 x^2 + 4a_4 x^3 + \cdots ,$$

und wenn Sie hier wieder die 0 einsetzen, erhalten Sie

$$f'(0) = a_1.$$

Sie können sich vielleicht schon vorstellen, wie die Prozedur weitergeht: ich berechne

$$f''(x) = 2a_2 + 3 \cdot 2 \cdot a_3 x + 4 \cdot 3 \cdot a_4 x^2 + 5 \cdot 4 \cdot a_5 x^3 + \cdots ,$$

und das Einsetzen der 0 führt zu

$$f''(0) = 2a_2, \text{ also } a_2 = \frac{f''(0)}{2}.$$

Einen weiteren Schritt führe ich noch vor: es gilt

$$f'''(x) = 3 \cdot 2 \cdot a_3 + 4 \cdot 3 \cdot 2 \cdot a_4 x + 5 \cdot 4 \cdot 3 \cdot a_5 x^2 + \cdots ,$$

und mit $x = 0$ findet man

$$f'''(0) = 3 \cdot 2 \cdot a_3, \text{ also } a_3 = \frac{f'''(0)}{3 \cdot 2} = \frac{f'''(0)}{3!}.$$

Für den Koeffizienten a_4 würden Sie auf diese Weise den Wert $a_4 = \frac{f^{(4)}(0)}{4!}$ erhalten, und dass dann für beliebiges n die Gleichung

$$a_n = \frac{f^{(n)}(0)}{n!}$$

gilt, wird Sie nicht mehr sehr überraschen.

Daran sind nun zwei Punkte wichtig. Erstens gibt es bei einer Funktion, die sich als Potenzreihe darstellen lässt, überhaupt keinen Zweifel über die Koeffizienten: sie lassen sich aus den Ableitungen der Funktion im Entwicklungspunkt berechnen, und wenn der Entwicklungspunkt nicht mehr 0, sondern x_0 heißt, haben wir die Formel $a_n = \frac{f^{(n)}(x_0)}{n!}$. Zweitens ist die Potenzreihe von f also nicht nur eindeutig, sondern auch leicht auszurechnen. Sie brauchen nur die Ableitungen von f in x_0 zu kennen, und schon steht es Ihnen frei, die zu f gehörige Potenzreihe aufzuschreiben. Diese Potenzreihe nennt man *Taylorreihe*.

9.4.2 Definition Es sei I ein Intervall, $f : I \to \mathbb{R}$ eine beliebig oft differenzierbare Funktion und $x_0 \in I$. Dann heißt die Reihe

$$T_f(x) = \sum_{n=0}^{\infty} \frac{f^{(n)}(x_0)}{n!}(x - x_0)^n$$

die *Taylorreihe* von f mit dem Entwicklungspunkt x_0. Das Polynom

$$T_{m,f}(x) = \sum_{n=0}^{m} \frac{f^{(n)}(x_0)}{n!}(x - x_0)^n$$

heißt *Taylorpolynom* m-ten Grades von f mit dem Entwicklungspunkt x_0.

Sie sollten sich gleich daran gewöhnen, dass man zwischen der Taylorreihe mit unendlich vielen Summanden und dem Taylorpolynom mit nur endlich vielen Summanden unterscheidet. Die *Reihe* einer Funktion soll, wenn alles gut geht, die Funktion selbst darstellen, wie Sie es in den Beispielen aus 9.3.10 gesehen haben. So entspricht zum Beispiel die unendliche Summe $\sum_{n=0}^{\infty} \frac{x^n}{n!}$ genau der Funktion e^x, sie hat aber den beträchtlichen Nachteil, dass man in endlicher Zeit nicht unendlich viele Zahlen addieren kann. Deshalb hilft man sich mit dem *Taylorpolynom*, das nach endlich vielen Additionen berechnet ist. Es stimmt zwar nicht mit der eigentlichen Funktion überein und stellt nur eine Näherung dar, aber dafür lässt es sich mit vertretbarem Aufwand ausrechnen, und bei vielen Funktionen ist eine gute Näherung ohnehin das Beste, was man erwarten kann.

An zwei Beispielen sehen wir uns an, wie man Taylorreihen berechnet.

9.4.3 Beispiele

(i) An die Exponentialfunktion $f(x) = e^x$ haben Sie sich inzwischen gewöhnt, und auch ihre Reihe sollte Ihnen vertraut sein. Bisher habe ich nicht erklärt, wie man auf diese Reihe kommt, aber mit Hilfe von 9.4.2 werde ich das nachholen. Um eine Taylorreihe zu berechnen, muss ich zunächst die Ableitungen von f im Entwicklungspunkt kennen, und ich wähle natürlich wieder $x_0 = 0$. Zum Glück sind die Ableitungen der Exponentialfunktion recht übersichtlich, denn es gilt $f^{(n)}(x) = e^x$ für alle $n \in \mathbb{N}$. Gebraucht werden allerdings nur die Ableitungen im Nullpunkt, und das macht die Sache noch einfacher, da die Gleichung $f^{(n)}(0) = 1$ für alle $n \in \mathbb{N}$ gilt. Die Taylorreihe hat dann die Form

$$T_f(x) = \sum_{n=0}^{\infty} \frac{f^{(n)}(0)}{n!} x^n = \sum_{n=0}^{\infty} \frac{1}{n!} x^n = \sum_{n=0}^{\infty} \frac{x^n}{n!}.$$

Es ergibt sich also die altbekannte Reihe der Exponentialfunktion, die für jedes $x \in \mathbb{R}$ mit e^x übereinstimmt. Es zwingt Sie übrigens niemand dazu, sich auf $x_0 = 0$ zu beschränken, Sie können sich auch an $x_0 = 1$ versuchen. Dann ist $f^{(n)}(1) = e^1 = e$ für alle $n \in \mathbb{N}$, und es folgt

$$T_f(x) = \sum_{n=0}^{\infty} \frac{f^{(n)}(1)}{n!} (x-1)^n = \sum_{n=0}^{\infty} \frac{e}{n!} (x-1)^n = \sum_{n=0}^{\infty} e \cdot \frac{(x-1)^n}{n!}.$$

Dummerweise nützt das nicht viel, denn so eine Reihe soll ja im wesentlichen als Näherung für eine komplizierte Funktion dienen, und eine Näherung für e^x, in der das unangenehme e schon auftaucht, hat eindeutig ihr Ziel verfehlt. Normalerweise wählt man deshalb den Entwicklungspunkt x_0, der sich am einfachsten handhaben lässt.

(ii) Nun sei $f(x) = \frac{1}{x}$. Den beliebten Entwicklungspunkt $x_0 = 0$ kann ich hier offenbar nicht verwenden, also nehme ich $x_0 = 1$. Zuerst müssen wieder die Ableitungen von f bestimmt werden. Das ist nicht schwer, denn wir wissen, dass

$$f(x) = \frac{1}{x} = x^{-1}$$

gilt, und deshalb

$$f'(x) = (-1)x^{-2},$$
$$f''(x) = (-1)(-2)x^{-3},$$
$$f'''(x) = (-1)(-2)(-3)x^{-4}, \ldots,$$

also allgemein

$$f^{(n)}(x) = (-1)(-2)(-3)\cdots(-n)x^{-n-1} = (-1)^n \cdot n! \cdot \frac{1}{x^{n+1}}.$$

Interessant ist bei Taylorreihen immer nur die Ableitung im Entwicklungspunkt. Ich berechne deshalb

$$f^{(n)}(1) = (-1)^n n!$$

und erhalte für die Taylorreihe:

$$T_f(x) = \sum_{n=0}^{\infty} \frac{f^{(n)}(1)}{n!}(x-1)^n = \sum_{n=0}^{\infty} \frac{(-1)^n n!}{n!}(x-1)^n$$

$$= \sum_{n=0}^{\infty} (-1)^n (x-1)^n = \sum_{n=0}^{\infty} (1-x)^n.$$

Die letzte Gleichung erhalten Sie dabei, indem Sie auf $(-1)^n$ und $(x-1)^n$ die üblichen Rechenregeln für Potenzen anwenden.

Die Taylorreihe von $\frac{1}{x}$ entpuppt sich demnach als geometrische Reihe $\sum_{n=0}^{\infty} q^n$ mit $q = 1 - x$. Sie wissen aber, wann eine geometrische Reihe konvergiert und wie ihr Grenzwert lautet: sie konvergiert für $|q| < 1$ gegen $\frac{1}{1-q}$. In unserem Fall heißt das, dass die Taylorreihe für $|1 - x| < 1$ gegen $\frac{1}{1-(1-x)} = \frac{1}{x}$ konvergiert. Für alle Eingabewerte $0 < x < 2$ stellt die Taylorreihe $T_f(x)$ also brav die Funktion f dar, während man für alle anderen x-Werte nichts mit ihr anfangen kann.

Wieder einmal sind wir einen Schritt weiter gekommen, doch wir sind noch nicht weit genug. Bisher wissen wir, wie man eine Taylorreihe und damit auch ein Taylorpolynom ausrechnet, aber wir wissen überhaupt nicht, wie lange wir rechnen müssen, um eine brauchbare Näherung zu erhalten. Das Taylorpolynom $T_{m,f}$ soll die Funktion f annähern, und wenn man die Qualität dieser Annäherung kennen will, dann muss man sich über den Abstand zwischen f und $T_{m,f}$ informieren. Sie können sich das genauso wie bei zwischenmenschlichen Beziehungen vorstellen: je geringer der Abstand, desto enger die Beziehung. Im Gegensatz zu den häufig chaotischen und undurchsichtigen zwischenmenschlichen Beziehungen ist die Beziehung zwischen einer Funktion und ihrem Taylorpolynom allerdings berechenbar, was sie einerseits einfacher, andererseits aber, wie ich zugeben muss, auch etwas langweiliger macht. In jedem Fall kann man den Abstand zwischen f und $T_{m,f}$ in einer Formel angeben.

9.4.4 Satz Es seien I ein Intervall und $f : I \to \mathbb{R}$ eine $(n+1)$-mal stetig differenzierbare Funktion. Dann gilt für $x \in I$ und $x_0 \in I$:

$$f(x) - T_{m,f}(x) = \frac{1}{m!} \int_{x_0}^{x} (x-t)^m f^{(m+1)}(t)dt.$$

Man kürzt diese Differenz auch mit $R_{m+1}(x)$ ab, schreibt also:

$$R_{m+1}(x) = \frac{1}{m!} \int_{x_0}^{x} (x-t)^m f^{(m+1)}(t)dt$$

und bezeichnet $R_{m+1}(x)$ als *Restglied*.

Sie sind mir wohl nicht böse, wenn ich den Beweis mit Schweigen übergehe. Ich gebe gern zu, dass angesichts dieser Abstandsformel zwischenmenschliche Beziehungen vielleicht doch nicht nur spannender, sondern sogar einfacher zu handhaben sind, aber der erste Eindruck täuscht. Ich werde Ihnen gleich eine andere Restgliedformel zeigen, mit der man besser umgehen kann, obwohl sie auch nicht viel besser aussieht als 9.4.4. Zunächst sollte ich aber notieren, warum das Restglied so wichtig ist.

9.4.5 Bemerkung   Genau dann ist $f(x) = T_f(x)$, wenn $\lim\limits_{m \to \infty} R_{m+1}(x) = 0$ gilt.

Dazu brauche ich fast nichts zu sagen, denn $T_f(x) = \lim\limits_{m \to \infty} T_{m,f}(x)$, und die Folge der Taylorpolynome geht genau dann gegen die Funktion selbst, wenn die Abstände zwischen Funktion und Taylorpolynom mit wachsendem m beliebig klein werden. Um festzustellen, ob eine Funktion auch tatsächlich durch ihr Taylorpolynom dargestellt wird, müssen Sie also nur die Folge der Restglieder ansehen: falls sie gegen 0 geht, ist alles bestens, falls nicht, hat die Taylorreihe nichts mit der Funktion zu tun.

Das Restglied $R_{m+1}(x)$ hat demnach eine recht zentrale Aufgabe. Es gibt erstens an, ob eine Funktion überhaupt durch ihre Taylorreihe dargestellt wird, und es zeigt außerdem noch die Qualität der Näherung: sobald Sie das Restglied ausrechnen können, kennen Sie den Abstand zwischen $f(x)$ und $T_{m,f}(x)$, und je kleiner dieser Abstand ist, desto besser für alle Beteiligten. Aus diesem Grund gebe ich jetzt eine etwas handlichere Form des Restgliedes an.

9.4.6 Satz   Es seien I ein Intervall und $f : I \to \mathbb{R}$ eine $(n+1)$-mal stetig differenzierbare Funktion. Dann gibt es für $x \in I$ und $x_0 \in I$ ein ξ zwischen x und x_0, so dass gilt:

$$f(x) - T_{m,f}(x) = \frac{f^{(m+1)}(\xi)}{(m+1)!} \cdot (x - x_0)^{m+1},$$

also

$$R_{m+1}(x) = \frac{f^{(m+1)}(\xi)}{(m+1)!} \cdot (x - x_0)^{m+1}.$$

Vielleicht glauben Sie jetzt, ich habe etwas gegen Sie und bombardiere Sie mit einer fürchterlichen Formel nach der anderen. Das ist aber durchaus nicht meine Absicht, und

Sie werden gleich sehen, dass man mit der Restgliedformel aus 9.4.6 etwas anfangen kann, auch wenn sie sicher gewöhnungsbedürftig ist. Um Ihnen die Gewöhnung etwas zu erleichtern, sehen wir uns jetzt einige Beispiele an. Ich brauche dazu nur noch eine ganz kleine vorbereitende Bemerkung.

9.4.7 Bemerkung Für jedes $x \in \mathbb{R}$ ist $\lim\limits_{m \to \infty} \frac{x^m}{m!} = 0$.

Beweis Das kann man so schnell beweisen, dass ich nicht darauf verzichten möchte. Sie haben schon mehrfach gesehen, dass die Reihe

$$\sum_{m=0}^{\infty} \frac{x^m}{m!}$$

konvergiert. Nach Satz 9.2.1 muss dann die Folge der Summanden gegen 0 konvergieren, also $\lim\limits_{m \to \infty} \frac{x^m}{m!} = 0$ gelten. $\triangle$

Jetzt werde ich die Taylorreihen einiger Standardfunktionen ausrechnen und überprüfen, wie gut die Funktionen von ihren Taylorpolynomen angenähert werden.

9.4.8 Beispiele

(i)   Es sei $f(x) = e^x$ und $x_0 = 0$. In 9.4.3 haben wir bereits erfolgreich die Taylorreihe von f bestimmt und die Formel

$$T_f(x) = \sum_{n=0}^{\infty} \frac{x^n}{n!}$$

gefunden. Das entsprechende Taylorpolynom lautet dann natürlich

$$T_{m,f}(x) = \sum_{n=0}^{m} \frac{x^n}{n!} = 1 + x + \frac{x^2}{2!} + \cdots + \frac{x^m}{m!}.$$

Das Restglied $R_{m+1}(x)$ gibt darüber Auskunft, wie weit dieses Polynom von der eigentlichen Funktion e^x entfernt ist. Nach 9.4.6 gibt es nämlich ein ξ zwischen 0 und x, so dass die Gleichung

$$R_{m+1}(x) = \frac{f^{(m+1)}(\xi)}{(m+1)!} \cdot x^{m+1} = e^{\xi} \frac{x^{m+1}}{(m+1)!}$$

gilt. Das ist aber praktisch, denn eben habe ich nachgerechnet, dass $\frac{x^m}{m!}$ und damit auch $\frac{x^{m+1}}{(m+1)!}$ immer gegen 0 konvergiert, und deshalb folgt:

$$\lim_{m \to \infty} R_{m+1}(x) = 0.$$

Die Taylorreihe stimmt also nach 9.4.5 mit der Funktion e^x überein. Wir können jetzt aber noch wesentlich mehr sagen, da uns mit 9.4.6 eine Restgliedformel zur Verfügung steht. Nehmen Sie beispielsweise den Wert $x = 1$. Dann ist

$$f(1) = e \text{ und } T_{m,f}(1) = 1 + 1 + \frac{1}{2!} + \frac{1}{3!} + \cdots + \frac{1}{m!}.$$

Das Restglied verrät dann, wie weit diese schlichte Summe von e entfernt ist: nach 9.4.6 gibt es eine Zahl ξ zwischen 0 und 1, für die gilt

$$R_{m+1}(1) = e^\xi \cdot \frac{1^{m+1}}{(m+1)!} = e^\xi \cdot \frac{1}{(m+1)!}.$$

Nun liegt aber ξ zwischen 0 und 1 und somit e^ξ zwischen e^0 und e^1, also zwischen 1 und e. Deshalb gilt für den gesuchten Abstand:

$$\left| e - \sum_{n=0}^{m} \frac{1}{n!} \right| = |R_{m+1}(1)| \leq \frac{e}{(m+1)!} < \frac{3}{(m+1)!},$$

da bekanntlich $e < 3$ ist.

Jetzt kann man sofort sehen, wie weit man rechnen muss, um eine bestimmte Genauigkeit zu erreichen. Für $m = 9$ ist zum Beispiel der Fehler kleiner als

$$\frac{3}{10!} = \frac{3}{3.628.800} < 10^{-6}.$$

Der Ausdruck

$$1 + 1 + \frac{1}{2!} + \frac{1}{3!} + \cdots + \frac{1}{9!}$$

unterscheidet sich also von der Zahl e um weniger als ein Millionstel. Falls Sie das Bedürfnis nach einer Genauigkeit von wenigstens 10^{-17} haben, müssen Sie nur testen, für welches $m \in \mathbb{N}$ der Ausdruck $\frac{3}{(m+1)!}$ die Schranke 10^{-17} unterschreitet, und schon wissen Sie, wie weit Sie mit m gehen müssen. Die Durchführung dieser Rechnung überlasse ich Ihnen.

(ii) Wir sollten die trigonometrischen Funktionen nicht vollständig aus den Augen verlieren, und deswegen werde ich jetzt die Taylorreihe der Sinusfunktion berechnen. Der Weg ist dabei immer derselbe: zuerst bestimme ich die Ableitungen der Funktion, dann setze ich den Entwicklungspunkt ein und anschließend gehe ich mit diesen Ableitungen in die Formel für die Taylorreihe aus 9.4.2. Ich setze also $f(x) = \sin x$ und $x_0 = 0$. Die Ableitungen brauche ich glücklicherweise nicht mehr auszurechnen, denn diese Arbeit habe ich schon in 7.3.2 erledigt. Dort hatten wir gefunden:

$$
f^{(m)}(x) = \begin{cases} \sin x, & \text{falls } m = 4k, \ k \in \mathbb{N} \\ \cos x, & \text{falls } m = 4k + 1, \ k \in \mathbb{N} \\ -\sin x, & \text{falls } m = 4k + 2, \ k \in \mathbb{N} \\ -\cos x, & \text{falls } m = 4k + 3, \ k \in \mathbb{N}. \end{cases}
$$

Bedenken Sie beim Berechnen einer Taylorreihe immer, dass man die Ableitungen am Entwicklungspunkt braucht und nicht an irgendeiner Stelle x. Ich muss deshalb den Wert $x_0 = 0$ in die Formeln für die Ableitung einsetzen. Dann folgt:

$$
f^{(m)}(0) = \begin{cases} 0, & \text{falls } m = 4k, \ k \in \mathbb{N} \\ 1, & \text{falls } m = 4k + 1, \ k \in \mathbb{N} \\ 0, & \text{falls } m = 4k + 2, \ k \in \mathbb{N} \\ -1, & \text{falls } m = 4k + 3, \ k \in \mathbb{N}. \end{cases}
$$

Damit ist die Sache fast schon erledigt, denn Sie brauchen jetzt nur noch die ermittelten Ableitungen in die Formel für die Taylorreihe einzusetzen. Für die nullte, zweite, vierte, sechste Ableitung und überhaupt für alle Ableitungen mit geraden Nummern erhalten wir Null, so dass wir nur die Ableitungen mit ungeraden Nummern berücksichtigen müssen. Hier passiert aber auch nicht viel, nur das Vorzeichen dreht sich andauernd um. Die Taylorreihe hat deshalb die folgende Gestalt:

$$
\begin{aligned} T_f(x) &= \sum_{n=0}^{\infty} \frac{f^{(n)}(0)}{n!} x^n \\ &= x - \frac{x^3}{3!} + \frac{x^5}{5!} - \frac{x^7}{7!} + \frac{x^9}{9!} - \frac{x^{11}}{11!} \pm \cdots \\ &= \sum_{k=0}^{\infty} (-1)^k \frac{x^{2k+1}}{(2k+1)!}. \end{aligned}
$$

Sehen wir uns diese Formeln noch einmal an. In der ersten Gleichung steht nur die allgemeine Definition einer Taylorreihe mit dem Entwicklungspunkt 0. In der zweiten Gleichung habe ich eingesetzt, was ich über die Ableitungen der Sinusfunktion im Nullpunkt weiß: die geradzahligen Ableitungen sind alle Null, und die Ableitungen mit ungeraden Nummern sind abwechselnd 1 und -1. Die letzte Gleichung fasst dann den Ausdruck mit den drei Pünktchen am Ende in ein Summenzeichen. Die ständigen Vorzeichenwechsel schlagen sich dabei in dem Term $(-1)^k$ nieder, und der Ausdruck $\frac{x^{2k+1}}{(2k+1)!}$ zeigt, dass wir es nur noch mit ungeraden Exponenten zu tun haben, denn für $k \in \mathbb{N}$ ist $2k + 1$ immer ungerade.

Damit haben wir zwar die Taylorreihe der Sinusfunktion gewonnen, wissen aber immer noch nicht, ob sie auch mit dem Sinus übereinstimmt. Dazu muss ich noch das Restglied $R_{m+1}(x)$ ins Spiel bringen, das in diesem Fall eine recht übersichtliche Gestalt hat. Nach 9.4.6 gibt es ein ξ zwischen 0 und x mit der Eigenschaft

$$R_{m+1}(x) = \frac{f^{(m+1)}(\xi)}{(m+1)!} \cdot x^{m+1}.$$

Der Absolutbetrag des Restgliedes ist folglich

$$|R_{m+1}(x)| = \frac{|f^{(m+1)}(\xi)|}{(m+1)!} \cdot |x|^{m+1}.$$

Das vereinfacht die Lage um Einiges, denn Sie haben sicher schon gemerkt, dass die Variable ξ ein wenig lästig ist und es angenehm wäre, sie los zu werden. Nun sind aber alle Ableitungen von $\sin x$ wieder Sinus- und Cosinusfunktionen, und das gelegentlich auftretende Minuszeichen wird durch die Betragsstriche eliminiert. Da Sinus und Cosinus betragsmäßig höchstens 1 werden können, folgt:

$$|R_{m+1}(x)| \leq \frac{1}{(m+1)!} \cdot |x|^{m+1}.$$

Wieder zeigt sich die Brauchbarkeit der Bemerkung 9.4.7, denn aus ihr folgt sofort:

$$\lim_{m \to \infty} \frac{|x|^{m+1}}{(m+1)!} = 0,$$

und da $|R_{m+1}(x)|$ noch etwas kleiner ist, erhalten wir

$$\lim_{m \to \infty} |R_{m+1}(x)| = 0.$$

Der Sinus stimmt also für jedes $x \in \mathbb{R}$ mit seiner Taylorreihe überein, und deshalb gilt

$$\sin x = \sum_{k=0}^{\infty} (-1)^k \frac{x^{2k+1}}{(2k+1)!} \text{ für alle } x \in \mathbb{R}.$$

Außerdem ist

$$\left| \sin x - \sum_{k=0}^{m} (-1)^k \frac{x^{2k+1}}{(2k+1)!} \right| \leq \frac{|x^{2m+2}|}{(2m+2)!},$$

denn das in den Betragsstrichen stehende Polynom ist das Taylorpolynom vom Grad $2m+1$, also $T_{2m+1,f}$. Deshalb muss das Restglied die Ordnungsnummer $2m+2$ haben.

Soll zum Beispiel der Zahlenwert von sin 1 mit einer bestimmten Genauigkeit berechnet werden, so braucht man nur zu überprüfen, für welches $m \in \mathbb{N}$ das Restglied
$R_{2m+2}(1)$ diese Genauigkeit garantiert. Für $m = 4$ erhalten wir

$$\left| \sin(1) - \left(1 - \frac{1}{3!} + \frac{1}{5!} - \frac{1}{7!} + \frac{1}{9!} \right) \right| \leq \frac{1}{10!} = \frac{1}{3.628.800},$$

das heißt, schon mit diesen fünf Summanden erreicht man eine Genauigkeit von
wenigstens $\frac{1}{3} \cdot 10^{-6}$.

(iii) Mit den gleichen Methoden erhält man

$$\cos x = \sum_{k=0}^{\infty} (-1)^k \frac{x^{2k}}{(2k)!} \text{ für alle } x \in \mathbb{R}$$

und

$$\left| \cos x - \sum_{k=0}^{m} (-1)^k \frac{x^{2k}}{(2k)!} \right| \leq \frac{|x^{2m+1}|}{(2m+1)!}.$$

(iv) Ich möchte kurz die sogenannte *binomische Reihe* herleiten, die man als Taylorreihe
von $f(x) = (1+x)^\alpha, \alpha \in \mathbb{R}$, erhält. Wie üblich müssen zunächst die Ableitungen
von f ausgerechnet werden. Wir haben

$$f'(x) = \alpha \cdot (1+x)^{\alpha-1}, f''(x) = \alpha \cdot (\alpha-1) \cdot (1+x)^{\alpha-2}, \ldots$$

und allgemein

$$f^{(n)}(x) = \alpha \cdot (\alpha-1) \cdots (\alpha-n+1) \cdot (1+x)^{\alpha-n},$$

denn wie Sie sehen, muss die Ableitungsnummer der Zahl entsprechen, die im Exponenten von α abgezogen wird. Üblicherweise kürzt man das etwas ab und setzt

$$\binom{\alpha}{n} = \frac{\alpha \cdot (\alpha-1) \cdots (\alpha-n+1)}{n!} \text{ und } \binom{\alpha}{0} = 1,$$

und bezeichnet den Ausdruck als „α über n". Auf den ersten Blick ist das eine
recht willkürliche Setzung, die erst dann so richtig klar wird, wenn man ein wenig Wahrscheinlichkeitsrechnung und Statistik betreibt. Wir benutzen sie einfach als
abkürzende Schreibweise und finden

$$f^{(n)}(x) = n! \binom{\alpha}{n} \cdot (1+x)^{\alpha-n}.$$

In der Taylorreihe mit dem Entwicklungspunkt 0 brauche ich aber nur

$$\frac{f^{(n)}(0)}{n!} = \binom{\alpha}{n},$$

und deshalb lautet die Taylorreihe von $(1 + x)^\alpha$:

$$T_f(x) = \sum_{n=0}^{\infty} \binom{\alpha}{n} x^n.$$

Man kann mit Hilfe von 9.3.7 nachrechnen, dass $T_f(x)$ den Konvergenzradius 1 hat, und das heißt, die Reihe konvergiert für $|x| < 1$. Mit wesentlich mehr Aufwand lässt sich zeigen, dass für solche x-Werte auch $\lim\limits_{m \to \infty} R_{m+1}(x) = 0$ und deshalb

$$(1 + x)^\alpha = \sum_{n=0}^{\infty} \binom{\alpha}{n} x^n \text{ für alle } x \in (-1, 1)$$

gilt.

(v) Man kann Nummer (iv) zum näherungsweisen Berechnen von Wurzeln verwenden. Für $|x| < 1$ gilt beispielsweise

$$\sqrt{1 + x} = (1 + x)^{\frac{1}{2}}$$

$$= \sum_{n=0}^{\infty} \binom{\frac{1}{2}}{n} x^n$$

$$= 1 + \frac{1}{2}x - \frac{1}{8}x^2 + \frac{1}{16}x^3 - \frac{5}{128}x^4$$

$$+ \text{ Glieder von mindestens fünfter Ordnung,}$$

wobei ich das Nachrechnen der sogenannten *Binomialkoeffizienten* $\binom{\frac{1}{2}}{n}$ Ihnen über-lasse. Das nützt zunächst einmal nicht sehr viel, wenn man $\sqrt{10}$ ausrechnen möchte. Ein einfacher Trick macht das Leben aber etwas leichter: wir schreiben

$$\sqrt{10} = \sqrt{9 \cdot \frac{10}{9}} = 3\sqrt{\frac{10}{9}} = 3\sqrt{1 + \frac{1}{9}}$$

und können die obige Formel für $x = \frac{1}{9}$ anwenden, indem wir nur bis zur vierten Potenz von x rechnen und den Rest nicht zur Kenntnis nehmen. Es folgt dann

$$\sqrt{10} \approx 3 \cdot \left(1 + \frac{1}{2 \cdot 9} - \frac{1}{8 \cdot 81} + \frac{1}{16 \cdot 729} - \frac{5}{128 \cdot 6561}\right) \approx 3,1622764,$$

was einer Genauigkeit von 5 Stellen nach dem Komma entspricht.

Ich begebe mich immer auf sehr dünnes Eis, wenn ich über physikalische Beispiele rede, weil ich in Physik alles andere als ein Experte bin. Trotzdem kann ich wohl die Aussage wagen, dass man in der Physik dazu neigt, Taylorreihen zu verwenden und so früh wie möglich abzubrechen, das heißt, sich auf $T_{m,f}$ für möglichst kleines und übersichtliches $m \in \mathbb{N}$ zu beschränken. Ganz deutlich wird das, wenn Sie einen Blick auf die Zusammenhänge zwischen der Relativitätstheorie Albert Einsteins und der klassischen Physik Isaac Newtons werfen. Einstein und Newton haben nämlich nicht nur eine gewisse Vorliebe für Langhaarfrisuren gemeinsam, sondern zwischen bestimmten Teilen ihrer Theorien besteht ein Zusammenhang, dem man mit Hilfe von Taylorreihen auf die Schliche kommen kann. Ich werde Ihnen das am Beispiel der kinetischen Energie zeigen.

9.4.9 Beispiel Die Gesamtenergie E eines Teilchens der Masse m beträgt nach der relativistischen Physik Einsteins

$$E = m \cdot c^2,$$

wobei c die Lichtgeschwindigkeit ist. Im Gegensatz zur klassischen Physik, die die Masse konstant und damit in Frieden lässt, hängt in der Relativitätstheorie die Masse des Teilchens von seiner Geschwindigkeit v und seiner Ruhemasse m_0 ab. Tatsächlich gilt:

$$m = \frac{m_0}{\sqrt{1 - \left(\frac{v}{c}\right)^2}}.$$

Da die Lichtgeschwindigkeit reichlich hoch und somit der Quotient $\frac{v}{c}$ bei normalen Geschwindigkeiten außerordentlich klein ist, braucht man nicht zu befürchten, beim Autofahren oder bei einem Langstreckenflug nennenswert zuzunehmen, aber je mehr Sie sich der Lichtgeschwindigkeit nähern, desto eher wird der Nenner zu Null und Ihre Masse neigt dazu, unendlich groß zu werden.

Da m_0 die Ruhemasse des Teilchens ist, berechnet sich seine Ruheenergie aus

$$E_0 = m_0 \cdot c^2,$$

und deshalb definiert man die *kinetische Energie* als die Differenz

$$E_{\text{kin}} = E - E_0 = mc^2 - m_0 c^2.$$

Nun ist man allgemein der Ansicht, dass die Lichtgeschwindigkeit nicht überschritten werden kann und deshalb $v < c$ gilt. Daraus folgt $\left(\frac{v}{c}\right)^2 < 1$, und wir können zur Berechnung des Bruchs

$$\frac{1}{\sqrt{1 - \left(\frac{v}{c}\right)^2}}$$

die binomische Reihe verwenden. Mit $\alpha = -\frac{1}{2}$ ist nämlich

$$\frac{1}{\sqrt{1+x}} = (1+x)^{-\frac{1}{2}}$$

$$= 1 - \frac{1}{2}x + \frac{3}{8}x^2 - \frac{5}{16}x^3 + \text{Glieder höherer Ordnung},$$

wobei ich es wieder Ihnen überlasse, die Gleichungen

$$\binom{-\frac{1}{2}}{0} = 1, \ \binom{-\frac{1}{2}}{1} = -\frac{1}{2}, \ \binom{-\frac{1}{2}}{2} = \frac{3}{8}, \ \binom{-\frac{1}{2}}{3} = -\frac{5}{16}$$

nachzurechnen. Setzen wir nun $x = -\left(\frac{v}{c}\right)^2$, so folgt

$$
\begin{aligned}
E_{\text{kin}} &= mc^2 - m_0 c^2 \\
&= \frac{m_0 c^2}{\sqrt{1 - \left(\frac{v}{c}\right)^2}} - m_0 c^2 \\
&= m_0 c^2 \left(\frac{1}{\sqrt{1 - \left(\frac{v}{c}\right)^2}} - 1 \right) \\
&= m_0 c^2 \left(\frac{1}{2} \left(\frac{v}{c}\right)^2 + \frac{3}{8} \left(\frac{v}{c}\right)^4 + \cdots \right) \\
&= \frac{1}{2} m_0 v^2 + \frac{3}{8} m_0 \frac{v^4}{c^2} + \cdots .
\end{aligned}
$$

In der zweiten Gleichung habe ich dabei nur die Formel für die geschwindigkeitsabhängige Masse eingesetzt und in der dritten Gleichung die Taylorreihe für $(1 + x)^{-\frac{1}{2}}$ benutzt. Beachten Sie hier, dass der Anfangssummand 1 der Taylorreihe sich gegen die -1 in der Klammer aufhebt und ich deshalb beide erst gar nicht hingeschrieben habe. Die letzte Gleichung schließlich folgt durch schlichtes Ausmultiplizieren.

Was ist dadurch gewonnen? Der Term $\frac{3}{8} m_0 \frac{v^4}{c^2}$ ist extrem klein, da in aller Regel die Lichtgeschwindigkeit c sehr viel größer sein wird als die Teilchengeschwindigkeit v. Allen nachfolgenden Termen ergeht es nicht anders, so dass bei irdischen Geschwindigkeiten als einzig relevanter Summand der Ausdruck $\frac{1}{2} m_0 v^2$ übrigbleibt. Wie man Ihnen in Ihren Physik-Vorlesungen schon berichtet hat oder noch berichten wird, repräsentiert dieser Term die kinetische Energie in der klassischen Newtonschen Physik, und Sie sehen, dass man die Newtonsche Theorie aus der Relativitätstheorie gewinnen kann, indem man Taylorreihen benutzt und sie nach dem ersten Summanden abbricht. Das erklärt auch, warum die Newtonsche Physik im irdischen Maßstab oder auch im Bereich des Sonnensystems weiterhin verwendet wird: die auftretenden Geschwindigkeiten sind im Vergleich zur Lichtgeschwindigkeit so klein, dass Terme wie $\frac{v^4}{c^2}$ überhaupt keine Rolle spielen und vielleicht nicht einmal von Messinstrumenten erfasst werden können.

Jetzt haben wir uns wohl lange genug mit Taylorreihen aufgehalten. Im nächsten Kapitel werde ich einiges über komplexe Zahlen berichten und Ihnen einen weiteren Typ von Reihen vorstellen.

Komplexe Zahlen

10

Im dritten Kapitel sind wir auf eine ganz merkwürdige Art von Zahlen gestoßen, die ich seither konsequent gemieden habe: die komplexen Zahlen. Beim Hantieren mit quadratischen oder gar kubischen Gleichungen ergab sich nämlich das Problem, dass gelegentlich Quadratwurzeln aus negativen Zahlen zu ziehen sind, und so etwas lassen reelle Zahlen nicht mit sich machen. Ich habe deshalb die *imaginäre Einheit i* eingeführt, deren Quadrat genau -1 ergibt.

Nun kann man ja viel definieren, wenn ein Tag lang ist, aber man sollte der Frage nicht ausweichen, ob so eine Definition sinnvoll ist. Wie ich schon im dritten Kapitel erzählt habe, waren die Mathematiker früherer Zeiten alles andere als überzeugt von der Existenzberechtigung der komplexen Zahlen, und es ist auch heute noch schwer einzusehen, wie es eine Zahl fertigbringen soll, ein negatives Quadrat zu haben. Ein schönes Beispiel einer völlig unzureichenden Erklärung findet man in dem immer noch recht bekannten Roman *Die Verwirrung des Zöglings Törleß* von Robert Musil. Es ist im Grunde genommen eine psychologische Studie über das Seelenleben pubertierender Internatsschüler, und eben jener Zögling Törleß findet im Mathematikunterricht die komplexen Zahlen derartig verwirrend, dass er beschließt, seinen Mathematiklehrer aufzusuchen und ihn um eine genauere Erklärung zu bitten. Sie können seinen Seelenzustand schon daran erkennen, dass er eine zwar verschwommene, aber doch recht großartige Vorstellung vom Arbeitszimmer eines Mathematikers hat und tief enttäuscht ist, weil er keine Zeichen findet „für die fürchterlichen Dinge, die darin gedacht wurden". Durch die Erklärungen seines Lehrers wird das auch nicht besser. Er sagt: „Wissen Sie, ich gebe ja gerne zu, dass zum Beispiel diese imaginären, diese gar nicht wirklich existierenden Zahlenwerte, ha ha, gar keine kleine Nuss für einen jungen Studenten sind. Sie müssen sich damit zufrieden geben, dass solche mathematischen Begriffe eben rein mathematische Denknotwendigkeiten sind". Und er vertröstet seinen Schüler auf spätere Zeiten: „Lieber Freund, du musst einfach glauben; wenn du einmal zehnmal soviel Mathematik können wirst wie jetzt, so wirst du verstehen, aber einstweilen: glauben".

© Springer-Verlag GmbH Deutschland 2017
T. Rießinger, *Mathematik für Ingenieure*, DOI 10.1007/978-3-662-54807-3_10

Das ist nun so ziemlich das Dümmste, was man auf eine ernsthafte Frage antworten kann. Sympathischer ist mir da die Erklärung eines Mitschülers von Törleß über die Wurzel aus −1: „Natürlich kann dies dann keinen wirklichen Wert ergeben, und man nennt doch auch deswegen das Resultat ein imaginäres. Es ist so, wie wenn man sagen würde: hier saß sonst immer jemand, stellen wir ihm also auch heute einen Stuhl hin; und selbst, wenn er inzwischen gestorben wäre, so tun wir doch, als ob er käme". Diese Erklärung ist zwar auch nicht sehr mathematisch, aber im Vergleich zum Gerede des Lehrers immerhin herzerfrischend.

Ich will hoffen, dass Musil, der von Haus aus ein studierter Maschinenbauer war, etwas mehr über komplexe Zahlen wusste, als er seinem fiktiven Zögling Törleß zumuten wollte. In diesem Kapitel werde ich Ihnen das erklären, was der Lehrer seinem Schüler hätte sagen sollen: wie man komplexe Zahlen anschaulich interpretieren und sinnvoll mit ihnen umgehen kann. Dazu werde ich im ersten Abschnitt noch einmal über die Grundrechenarten für komplexe Zahlen sprechen, die ich schon kurz im dritten Kapitel beschrieben habe. Danach zeige ich Ihnen, wie man komplexe Zahlen in der sogenannten Zahlenebene darstellt und was das Ganze mit der Exponentialfunktion zu tun hat. Im letzten Abschnitt werde ich mich dann über Fourierreihen äußern.

10.1   Einführung

Der Ordnung halber schreibe ich noch einmal die formale Definition der Menge der komplexen Zahlen auf.

10.1.1 Definition   Mit dem Symbol i bezeichnen wir eine „imaginäre" $\sqrt{-1}$, das heißt $i = \sqrt{-1}$. Eine *komplexe Zahl* ist eine Größe der Form

$$a + b \cdot i,$$

wobei $a, b \in \mathbb{R}$ gilt. Die Menge aller komplexen Zahlen wird mit $\mathbb{C}$ bezeichnet, das heißt also

$$\mathbb{C} = \{a + b \cdot i \,|\, a, b \in \mathbb{R}\}.$$

Man nennt a den *Realteil* von $a + bi$ und b den *Imaginärteil*. Dafür schreibt man auch abkürzend

$$a = \text{Re}(a + bi), b = \text{Im}(a + bi).$$

Sie sollten dabei beachten, dass nicht nur der Realteil, sondern auch der Imaginärteil eine reelle Zahl ist. Zwei Beispiele werden das verdeutlichen.

10.1.2 Beispiele Der Realteil von $5 + 3i$ ist 5, während der Imaginärteil 3 beträgt. Der Imaginärteil ist also gerade die Zahl, von der i begleitet wird, und nicht etwa der gesamte Summand $3i$. Deshalb ist auch:

$$\text{Re}(2 - 4i) = 2 \text{ und } \text{Im}(2 - 4i) = -4.$$

Im Übrigen ist es egal, ob ich $5 + 3i$ oder $5 + i \cdot 3$ schreibe, gemeint ist in beiden Fällen dasselbe.

Wir hatten uns schon im dritten Kapitel über die Grundrechenarten für komplexe Zahlen geeinigt, aber das ist schon sehr lange her, und es schadet nichts, noch einen Blick darauf zu werfen.

10.1.3 Definition Die Summe zweier komplexer Zahlen berechnet man aus

$$(a + ib) + (c + id) = a + c + i(b + d).$$

Das Produkt zweier komplexer Zahlen berechnet man aus

$$(a + ib) \cdot (c + id) = ac - bd + i(ad + bc).$$

Die erste Definition ist recht einsichtig, man addiert einfach separat die Real- und die Imaginärteile. Die zweite Regel dagegen sieht einigermaßen abschreckend aus, folgt aber ganz leicht aus der Festsetzung $i^2 = -1$.

10.1.4 Bemerkung Die Formel zur Multiplikation komplexer Zahlen sollte man sich nicht merken, sondern nur wissen, dass man komplexe Zahlen multipliziert, indem man wie üblich die Klammern ausmultipliziert und dabei in Rechnung stellt, dass $i^2 = -1$ gilt. Man erhält dann

$$(a + ib) \cdot (c + id) = ac + aid + ibc + ibid = ac + i(ad + bc) + i^2 bd$$
$$= ac - bd + i(ad + bc),$$

und schon haben Sie die Formel aus 10.1.3 vor sich.

Auch dafür sehen wir uns Beispiele an.

10.1.5 Beispiele

(i)
$$(5 - 2i) + (-3 + i) = 5 - 3 + i(-2 + 1) = 2 - i.$$

(ii)
$$(17 + 12i) - (7 - 4i) = 17 - 7 + (12 - (-4))i = 10 + 16i.$$

(iii)

$$(2 + 3i) \cdot (-1 + 4i) = 2 \cdot (-1) + 2 \cdot 4i + 3i \cdot (-1) + 3i \cdot 4i$$
$$= -2 + 8i - 3i + 12i^2 = -2 + 5i - 12$$
$$= -14 + 5i.$$

Sie sehen wieder, dass es genügt, die Klammern auszumultiplizieren und sich daran zu erinnern, dass $i^2 = -1$ gilt.

Die Beschreibung der Grundrechenarten ist nicht vollständig, solange wir keine Division zur Verfügung haben. Auf den ersten Blick stehen wir hier vor einem kleinen Problem: was würde man gerne unter dem Bruch

$$\frac{1}{2 + 3i}$$

verstehen? Es hilft hier nichts, irgendwelche Klammern auf die übliche Weise zu behandeln, wie wir das bei der Multiplikation erfolgreich getan haben. Man muss zu einem kleinen Trick Zuflucht nehmen. Ich zeige Ihnen das an einem Beispiel.

10.1.6 Beispiel   Gesucht ist

$$\frac{1}{2 + 3i}.$$

Da es sich um einen Bruch handelt, mit dem man wie gewohnt rechnen können sollte, sind beliebige Erweiterungen möglich, und ich kann insbesondere mit der komplexen Zahl $2 - 3i$ erweitern. Dann ist

$$\frac{1}{2 + 3i} = \frac{2 - 3i}{(2 + 3i)(2 - 3i)} = \frac{2 - 3i}{2^2 - (3i)^2} = \frac{2 - 3i}{4 - (-9)} = \frac{2 - 3i}{13} = \frac{2}{13} - \frac{3}{13}i.$$

Dabei habe ich die dritte binomische Formel benutzt: für zwei Zahlen a und b ist stets $(a + b)(a - b) = a^2 - b^2$, und es spielt gar keine Rolle, ob die Zahlen reell oder komplex sind.

Was ist hier also geschehen? Ich habe den Bruch, dessen Nenner $2 + 3i$ lautet, nur mit $2 - 3i$ erweitert, und schon waren unsere Divisionsprobleme gelöst. Die Multiplikation im Nenner führt nämlich dazu, dass die imaginäre Zahl i verschwindet und nur noch ordentliche reelle Zahlen den Nenner bevölkern. Im Gegenzug taucht jetzt $2-3i$ im Zähler auf, aber das schadet gar nichts, denn der Ausdruck $\frac{2-3i}{13}$ ist völlig unproblematisch zu behandeln, indem man separat den Realteil und den Imaginärteil des Zählers durch 13 teilt.

Auf diese Weise kann man jedes Divisionsproblem lösen. In der folgenden Bemerkung werde ich die gleiche Prozedur für eine beliebige komplexe Zahl $a + ib$ durchführen.

10.1.7 Bemerkung Es sei $a + ib \in \mathbb{C}$. Gesucht ist $\frac{1}{a+ib}$. Nun ist aber

$$(a + ib) \cdot (a - ib) = a^2 - (ib)^2 = a^2 + b^2,$$

und deshalb erweitere ich den Bruch mit $a - ib$. Es folgt:

$$\frac{1}{a+ib} = \frac{a-ib}{(a+ib) \cdot (a-ib)} = \frac{a-ib}{a^2 + b^2} = \frac{a}{a^2 + b^2} - i\frac{b}{a^2 + b^2}.$$

Wir erhalten deshalb die Gleichung

$$\frac{1}{a+ib} = \frac{a}{a^2 + b^2} - i\frac{b}{a^2 + b^2},$$

falls $(a, b) \neq (0, 0)$ gilt.

Um diese Methode etwas einzuüben, rechnen wir noch drei Beispiele.

10.1.8 Beispiele

(i) Zur Berechnung von $\frac{1}{1-2i}$ erweitere ich den Bruch mit $1 + 2i$ und finde:

$$\frac{1}{1-2i} = \frac{1+2i}{(1-2i)(1+2i)} = \frac{1+2i}{1^2 - (2i)^2} = \frac{1+2i}{1+4} = \frac{1+2i}{5} = \frac{1}{5} + \frac{2}{5}i.$$

Sie können natürlich auch gleich $a = 1$ und $b = -2$ in die Formel aus 10.1.7 einsetzen und erhalten auf einen Schlag:

$$\frac{1}{1-2i} = \frac{1}{5} - i \cdot \frac{-2}{5} = \frac{1}{5} + \frac{2}{5}i.$$

(ii) Sie sollten noch ein Beispiel sehen, bei dem eine komplexe Zahl im Zähler auftritt. Ich berechne

$$\frac{-2+i}{1+4i} = (-2+i) \cdot \frac{1}{1+4i}.$$

An dieser Aufteilung können Sie schon sehen, wie es weitergehen wird. Man rechnet zuerst den Bruch aus und multipliziert dann wie gewohnt die beiden komplexen Zahlen miteinander. Es gilt:

$$\frac{1}{1+4i} = \frac{1-4i}{(1+4i)(1-4i)} = \frac{1-4i}{17} = \frac{1}{17} - \frac{4}{17}i.$$

Folglich ist

$$
\begin{aligned}
\frac{-2+i}{1+4i} &= (-2+i) \cdot \frac{1}{1+4i} = (-2+i) \cdot \left(\frac{1}{17} - \frac{4}{17}i \right) \\
&= \frac{1}{17} \cdot (-2+i) \cdot (1-4i) = \frac{1}{17}(-2+4+i(8+1)) \\
&= \frac{1}{17}(2+9i).
\end{aligned}
$$

(iii) Ganz einfach wird es, wenn ich $\frac{1}{i}$ ausrechnen soll. Es ist

$$
\frac{1}{i} = \frac{i}{i \cdot i} = \frac{i}{-1} = -i.
$$

Sie hätten natürlich auch korrekterweise mit $-i$ erweitern können, aber in diesem einfachen Fall kommen wir auch auf die andere Weise zum Ziel.

Ich möchte noch hinzufügen, dass die Zahl $a - bi$, mit der man den Nenner $a + bi$ andauernd erweitert, auch einen besonderen Namen hat. Für den Fall, dass er Ihnen irgendwann einmal begegnet, schreibe ich ihn in der folgenden Definition auf.

10.1.9 Definition Es sei $z = a + ib$ eine komplexe Zahl. Dann heißt die komplexe Zahl

$$
\bar{z} = a - ib
$$

die zu z *konjugiert komplexe* Zahl oder auch kurz die Konjugierte von z.

Man dividiert also durch eine komplexe Zahl, indem man den Bruch mit der Konjugierten des Nenners erweitert.

Damit ist alles Wichtige über die Grundrechenarten für komplexe Zahlen gesagt. Vergessen Sie aber nicht, dass wir zum Beispiel noch keine Ahnung haben, wie man die Wurzel aus einer komplexen Zahl zieht oder gar e^z mit $z \in \mathbb{C}$ ausrechnet. Grundlage für solche etwas komplizierteren Operationen ist die *Gaußsche Zahlenebene*, über die ich im nächsten Abschnitt berichten werde.

10.2 Gaußsche Zahlenebene

Jetzt wissen Sie zwar Bescheid darüber, wie man mit komplexen Zahlen rechnet, aber was dieses ominöse i eigentlich ist, bleibt nach wie vor unklar. Erinnern Sie sich einmal kurz daran, wie wir zu den reellen Zahlen gekommen sind. Wir mussten bei der Untersuchung von $\sqrt{2}$ feststellen, dass die rationalen Zahlen nicht ausreichen, um die Zahlengerade zu füllen, und haben deshalb die irrationalen Zahlen dazugenommen. Damit ist jedoch die Zahlengerade vollständig ausgefüllt, sie hat keine Löcher mehr, und wir müssen die komplexen Zahlen anderswo unterbringen. Die nächste Bemerkung zeigt, wie man sich komplexe Zahlen vorstellen kann.

10.2.1 Bemerkung Eine komplexe Zahl $z = x + iy$ hat offenbar die zwei reellen Komponenten x und y. Sie haben aber schon andere Größen kennengelernt, die aus zwei reellen Komponenten bestehen, und das waren die zweidimensionalen Vektoren aus dem zweiten Kapitel. Es liegt daher nahe, die Zahl $x + iy$ mit dem Vektor $\begin{pmatrix} x \\ y \end{pmatrix}$ zu identifizieren, denn jede komplexe Zahl erzeugt genau einen zweidimensionalen Vektor und umgekehrt. Das liefert uns eine Möglichkeit, komplexe Zahlen anschaulich zu interpretieren: eine komplexe Zahl ist nichts anderes als ein Vektor in der Ebene. Man kann also komplexe Zahlen aufmalen, indem man ihren Realteil als x-Koordinate und ihren Imaginärteil als y-Koordinate eines Vektors betrachtet und diesen Vektor auf die übliche Weise in ein Koordinatenkreuz einzeichnet. Damit ist der Zahlenbereich erweitert: aus der eindimensionalen Zahlengeraden, die nur Platz für die reellen Zahlen hat, ist die zweidimensionale Zahlenebene geworden, in der auch die komplexen Zahlen eine Heimat finden. Da diese Darstellung komplexer Zahlen auf Gauß zurückgeht, spricht man von der *Gaußschen Zahlenebene*.

Wenn man das so liest, mag es einigermaßen selbstverständlich klingen. Schließlich ist es ziemlich egal, wie man zwei reelle Komponenten aufschreibt, ob als Vektor $\begin{pmatrix} x \\ y \end{pmatrix}$ oder als komplexe Zahl $x + iy$, denn der Informationsgehalt ist natürlich genau derselbe. Wichtig ist dabei aber, dass die komplexen Zahlen jetzt ihre geheimnisvolle Aura verloren haben. Die Zahl $5 + 3i$ ist nicht mehr ein seltsames Konstrukt, mit dem man um des lieben Friedens und des Ergebnisses willen rechnet, sondern sie ist ganz konkret ein Vektor $\begin{pmatrix} 5 \\ 3 \end{pmatrix}$ in der Ebene, den man aufmalen und sich ansehen kann. Die Gaußsche Zahlenebene liefert also eine anschauliche Interpretation der komplexen Zahlen, die Sie auch in Abb. 10.1 bestaunen können.

Abb. 10.1 Komplexe Zahl als Vektor

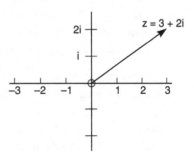

Abb. 10.2 $z = 5 + 3i$ in der
Gaußschen Zahlenebene

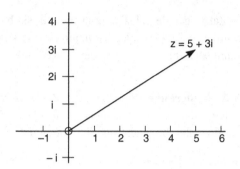

Abb. 10.3 i in der Gaußschen
Zahlenebene

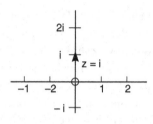

Abb. 10.4 Reelle Zahl x in
der Gaußschen Zahlenebene

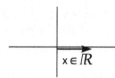

Vielleicht sollten wir jetzt einen Blick auf Beispiele werfen.

10.2.2 Beispiele

(i) Es sei $z = 5 + 3i \in \mathbb{C}$. Dann entspricht z dem Vektor $\binom{5}{3}$ in der Ebene und kann
     wie üblich dargestellt werden.

(ii) Es sei $z = i$. Dann ist $z = 0 + 1 \cdot i$, und das heißt, $\mathrm{Re}(i) = 0, \mathrm{Im}(i) = 1$.
     Die vektorielle Darstellung von i ist also $\binom{0}{1}$, und das geheimnisvolle i ist nur ein
     Vektor der Länge 1, der senkrecht zur x-Achse steht.

(iii) Es sei $z = x \in \mathbb{R}$. Dann ist $z = x + 0 \cdot i$, und das heißt, $\mathrm{Re}(z) = x, \mathrm{Im}(z) = 0$.
      Da jede reelle Zahl insbesondere auch eine komplexe Zahl mit dem Imaginärteil
      0 sein sollte, hat sie auch eine Darstellung als zweidimensionaler Vektor, und die
      Darstellung ist genauso wie sie sein soll: x entspricht dem Vektor $\binom{x}{0}$, der auf der
      reellen Zahlengeraden verläuft und den Weg von 0 nach x anzeigt.

Um es noch einmal zu sagen: während die Zahlengerade der Ort ist, an dem sich alle
reellen Zahlen versammeln, ist die Zahlenebene die Heimat der komplexen Zahlen. Jede

komplexe Zahl entspricht auf natürliche Weise einem zweidimensionalen Vektor, den Sie graphisch in der Ebene darstellen können. Wir dürfen uns allerdings vor einer Frage nicht drücken. Es gibt eine Addition für Vektoren und eine Addition für komplexe Zahlen. Wenn komplexe Zahlen und ebene Vektoren wirklich dasselbe sein wollen, dann sollten sie auch die gleiche Addition vorweisen können. Glücklicherweise ist das tatsächlich der Fall.

10.2.3 Bemerkung Es seien $z_1 = x_1 + iy_1$ und $z_2 = x_2 + iy_2$ komplexe Zahlen. Dann ist

$$z_1 + z_2 = x_1 + x_2 + i(y_1 + y_2).$$

In vektorieller Darstellung lauten die beiden Zahlen

$$\begin{pmatrix} x_1 \\ y_1 \end{pmatrix} \text{ und } \begin{pmatrix} x_2 \\ y_2 \end{pmatrix},$$

und ihre Summe ist natürlich der Vektor $\begin{pmatrix} x_1 + x_2 \\ y_1 + y_2 \end{pmatrix}$. Das ist aber genau der Vektor, den man als vektorielle Darstellung der Summe

$$z_1 + z_2 = x_1 + x_2 + i(y_1 + y_2)$$

erhält, und deshalb liefern beide Additionsarten das gleiche Ergebnis.

Die Addition komplexer Zahlen entspricht also genau der Addition ebener Vektoren. Im zweiten Kapitel habe ich aber so viele Vektoren graphisch addiert, dass ich hier wohl keine weiteren Beispiele mehr vorführen muss. Wenn Sie das Bedürfnis verspüren, zwei komplexe Zahlen zeichnerisch zu addieren, dann malen Sie die entsprechenden Vektoren auf und kleben Sie sie hintereinander, wie Sie das in Kap. 2 gelernt haben. Abbildung 10.5 zeigt das Verhalten.

Abb. 10.5 Graphische Addition komplexer Zahlen

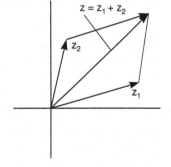

Etwas anders ist die Situation bei der komplexen Multiplikation. Wir haben bei der Untersuchung von Vektoren keine Multiplikation entwickelt, die aus zwei ebenen Vektoren einen neuen ebenen Vektor produziert. Das ist einerseits günstig, weil wir keine Rücksicht darauf nehmen müssen, dass sich zwei Multiplikationsarten miteinander vertragen. Andererseits ist es aber auch schade, denn es wäre doch schön, diese seltsame Regel zum Multiplizieren komplexer Zahlen geometrisch in der Zahlenebene interpretieren zu können. Eine solche Interpretation ist auch möglich, aber sie funktioniert nicht ganz ohne Vorarbeiten. Ich muss dafür erst einmal erklären, was man unter der *Polarform* einer komplexen Zahl versteht. Zunächst definiere ich den *Betrag* einer komplexen Zahl.

10.2.4 Definition Der Betrag einer komplexen Zahl $z = x + iy$ ist der Wert

$$|z| = \sqrt{x^2 + y^2}.$$

Daran ist nichts Geheimnisvolles. Die Zahl $x + iy$ entspricht dem Vektor $\begin{pmatrix} x \\ y \end{pmatrix}$, und dieser Vektor hat die Länge $\sqrt{x^2 + y^2}$. Da wir die Länge des Vektors auch als seinen Betrag bezeichnet haben, sollten wir diese Bezeichnung übernehmen und dieselbe Größe als den Betrag von $x + iy$ behandeln.

Bei der Polarform besteht die Idee nun darin, die vektorielle Darstellung noch etwas besser auszunutzen. Bevor ich im Abschn. 2.2 die Koordinatendarstellung einführte, habe ich Vektoren als Größen beschrieben, die eine Richtung und eine Länge haben. Wenn nun komplexe Zahlen mit der Koordinatenschreibweise ebener Vektoren übereinstimmen, können wir uns einmal ansehen, wie das Zusammenspiel von komplexen Zahlen und ihren eingeschlossenen Winkeln funktioniert. Der folgende Satz liefert den Zusammenhang.

10.2.5 Satz Es sei $z = x + iy$ eine komplexe Zahl, die man wie in Abb. 10.6 graphisch darstellen kann. Dann ist

$$z = |z| \cdot (\cos \varphi + i \cdot \sin \varphi).$$

Beweis Beweisen muss ich eigentlich gar nichts. Die Zahl z entspricht dem Vektor $\begin{pmatrix} x \\ y \end{pmatrix}$, und in 2.2.7 habe ich gezeigt, wie so ein Vektor mit Hilfe seines Betrages und seiner

Abb. 10.6 $z \in \mathbb{C}$ mit dem
Winkel φ

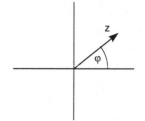

Richtung φ berechnet werden kann. Es gilt nämlich:

$$x = \left| \begin{pmatrix} x \\ y \end{pmatrix} \right| \cdot \cos\varphi \quad \text{und} \quad y = \left| \begin{pmatrix} x \\ y \end{pmatrix} \right| \cdot \sin\varphi.$$

Folglich ist

$$z = x + iy = \sqrt{x^2 + y^2}\,\cos\varphi + i \cdot \sqrt{x^2 + y^2}\,\sin\varphi = |z| \cdot (\cos\varphi + i \cdot \sin\varphi). \quad \triangle$$

Die Darstellung $z = |z|(\cos\varphi + i\sin\varphi)$ nennt man die *Polarform* der komplexen Zahl z. Sie spielt eine große Rolle bei der Veranschaulichung der Multiplikation, aber bevor ich dazu komme, zeige ich Ihnen drei Beispiele von Polarformen.

10.2.6 Beispiele

(i)   Ich berechne die Polarform von $z = 5 + 3i$. Zuerst bestimme ich den Betrag von z. Es gilt:

$$|z| = \sqrt{5^2 + 3^2} = \sqrt{34} = 5{,}831.$$

Um den Winkel zu finden, darf ich Sie daran erinnern, dass die komplexe Zahl $z = 5 + 3i$ dem Vektor $\begin{pmatrix} 5 \\ 3 \end{pmatrix}$ entspricht, und Sie wissen, wie man den zu einem Vektor passenden Winkel berechnen kann: Es gibt die Methode mithilfe von Sinus und Cosinus, und es gibt das Verfahren, das auf den Tangens Bezug nimmt. Ich wähle hier das Tangensverfahren und finde

$$\varphi = \arctan\frac{3}{5} = \arctan 0{,}6 = 0{,}540,$$

wobei der Winkel wieder im Bogenmaß gemessen wird. Es folgt also

$$z = 5{,}831 \cdot (\cos 0{,}540 + i \cdot \sin 0{,}540).$$

(ii)   Eine so besondere Zahl wie i sollte auch eine besondere Polarform haben. Das ist auch der Fall, denn Sie haben in 10.2.2 (ii) gesehen, dass i dem Vektor $\begin{pmatrix} 0 \\ 1 \end{pmatrix}$ entspricht, mit der x-Achse also einen Winkel von 90° bildet und die Länge 1 hat. Der Angabe 90° entspricht im Bogenmaß der Wert $\frac{\pi}{2}$, und deshalb lautet die Polarform:

$$i = 1 \cdot \left(\cos\frac{\pi}{2} + i\sin\frac{\pi}{2} \right) = \cos\frac{\pi}{2} + i\sin\frac{\pi}{2}.$$

Diese anschauliche Herleitung stimmt auch mit der Rechnung überein, denn es gilt: $\cos\frac{\pi}{2} = 0$ und $\sin\frac{\pi}{2} = 1$.

Abb. 10.7 Darstellung von
$z = 1 + i$

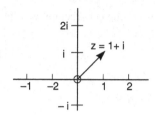

(iii) Es sei $z = 1 + i$. Dann ist

$$|z| = \sqrt{1^2 + 1^2} = \sqrt{2}.$$

Ich bin übrigens ziemlich sicher, dass einige von Ihnen hier $|z| = \sqrt{1^2 + i^2} = 0$ rechnen wollten, aber Sie müssen die Quadrate von Real- und Imaginärteil addieren, und da hat die Zahl i nichts verloren. Es folgt also:

$$1 + i = \sqrt{2}(\cos \varphi + i \sin \varphi),$$

und daraus:

$$\frac{1}{\sqrt{2}} + i \frac{1}{\sqrt{2}} = \cos \varphi + i \sin \varphi.$$

Deshalb ist

$$\cos \varphi = \frac{1}{\sqrt{2}} \text{ und } \sin \varphi = \frac{1}{\sqrt{2}},$$

woraus sich die Gleichung

$$\varphi = \frac{\pi}{4}$$

ergibt. Die Zahl z hat also die Polarform $1 + i = \sqrt{2}(\cos \frac{\pi}{4} + i \sin \frac{\pi}{4})$ und kann deshalb wie in Abb. 10.7 dargestellt werden. Auch hier stimmt die Rechnung mit der Anschauung überein, denn $1 + i$ entspricht dem Vektor $\begin{pmatrix} 1 \\ 1 \end{pmatrix}$, der mit der x-Achse genau den Winkel $\frac{\pi}{4}$ bildet.

An den Beispielen können Sie sehen, in welchen Schritten die Berechnung der Polarform abläuft: berechnen Sie zuerst $|z|$, setzen Sie dann $\cos \varphi = \frac{\text{Re}(z)}{|z|}$, $\sin \varphi = \frac{\text{Im}(z)}{|z|}$ und bestimmen Sie den Winkel φ mit Hilfe Ihres Taschenrechners oder sonstiger Geräte. Genau wie bei der Bestimmung des Richtungswinkels eines Vektors sollten Sie allerdings darauf achten, ob Sie die Taschenrechnerergebnisse unbesehen übernehmen dürfen: sobald die Vektoren nicht mehr im ersten Quadranten liegen, ist hier etwas Vorsicht am

Platz. Diese Probleme haben wir aber in 2.2.8 ausführlich besprochen, und bei Bedarf können Sie dort nachlesen, wie man damit umgeht.

Vielleicht denken Sie jetzt, dass die Polarform reichlich überflüssig ist. Die Zahl $z = 1 + i$ ist eben irgendeine Zahl, und warum soll man sich für die Frage interessieren, welchen Winkel z in der Zahlenebene mit der x-Achse bildet? Beim augenblicklichen Stand der Dinge haben Sie damit auch ganz recht. Ich werde Ihnen aber gleich Sinn und Zweck der Polarform zeigen: sie macht das Multiplizieren, Potenzieren und auch das Wurzelziehen zu einer leichten Übung. Wenn Sie beispielsweise $(1 + i)^{17}$ zu bestimmen haben, dann können Sie das mit der nötigen Geduld natürlich von Hand ausrechnen, Sie können aber auch mit Hilfe der Polarform die Prozedur beschleunigen.

Wir fangen mit der Multiplikation an. Der folgende Satz zeigt, dass auch sie sich geometrisch interpretieren lässt.

10.2.7 Satz Es seien z_1, z_2 komplexe Zahlen mit den Polarformen

$$z_1 = |z_1|(\cos\varphi_1 + i\sin\varphi_1) \text{ und } z_2 = |z_2|(\cos\varphi_2 + i\sin\varphi_2).$$

Dann ist

$$z_1 z_2 = |z_1||z_2|(\cos(\varphi_1 + \varphi_2) + i\sin(\varphi_1 + \varphi_2)).$$

Man erhält also die Winkel des Produkts, indem man die einzelnen Winkel addiert.

Beweis Der Beweis besteht im schlichten Ausrechnen des Produkts. Ich werde Ihnen wie üblich zuerst die Gleichungen aufschreiben und anschließend den einen oder anderen Punkt erklären. Es gilt

$$
\begin{aligned}
z_1 \cdot z_2 &= |z_1|(\cos\varphi_1 + i\sin\varphi_1) \cdot |z_2|(\cos\varphi_2 + i\sin\varphi_2) \\
&= |z_1| \cdot |z_2| \cdot (\cos\varphi_1 + i\sin\varphi_1) \cdot (\cos\varphi_2 + i\sin\varphi_2) \\
&= |z_1||z_2| \cdot (\cos\varphi_1 \cos\varphi_2 - \sin\varphi_1 \sin\varphi_2 \\
&\quad + i(\cos\varphi_1 \sin\varphi_2 + \sin\varphi_1 \cos\varphi_2)) \\
&= |z_1||z_2| \cdot (\cos(\varphi_1 + \varphi_2) + i\sin(\varphi_1 + \varphi_2)).
\end{aligned}
$$

Im ersten Schritt habe ich nur die Polarformen der beiden Zahlen z_1 und z_2 aufgeführt. Danach habe ich die Beträge zusammengeschrieben und mir blieb nichts anderes übrig, als die beiden komplexen Zahlen auf die übliche Weise miteinander zu multiplizieren. Das Ergebnis der Multiplikation finden Sie in der dritten Zeile, und es sieht bei einem genaueren Blick recht gut aus: der Realteil in der Klammer entspricht dem Additionstheorem für den Cosinus aus 6.1.9 (iii) und der Imaginärteil stimmt genau mit der Additionsformel für den Sinus aus 6.1.9 (i) überein. Deshalb darf ich in der vierten Zeile auch $\cos(\varphi_1 + \varphi_2)$ und $\sin(\varphi_1 + \varphi_2)$ schreiben, und schon ist die Formel bewiesen. $\triangle$

Abb. 10.8 Multiplikation
komplexer Zahlen in der Polarform

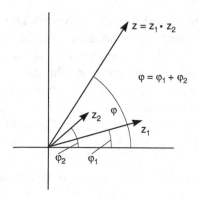

Die komplexe Multiplikation reduziert sich also auf die übliche reelle Multiplikation zweier Beträge und das simple Zusammenzählen zweier Winkel, wie es in Abb. 10.8 dargestellt wird. Mit anderen Worten: Sie drehen den ersten Vektor um den Winkel φ_2 und strecken ihn anschließend mit dem Faktor $|z_2|$. Das zeigt vielleicht ein wenig deutlicher, warum $i^2 = -1$ gilt.

10.2.8 Beispiele

(i)   Die Zahl $z = i$ hat die Polarform $i = \cos\frac{\pi}{2} + \sin\frac{\pi}{2}$. Beim Quadrieren multiplizieren Sie i mit sich selbst, müssen also den Vektor $\begin{pmatrix} 0 \\ 1 \end{pmatrix}$ um $\frac{\pi}{2}$ nach links drehen. Das entspricht genau einer Drehung um einen Viertelkreis, und Sie sehen, dass Sie wieder auf der reellen Achse im Punkt -1 landen. Die Gleichung $i^2 = -1$ hat also auch eine mehr oder weniger anschauliche Bedeutung in der Zahlenebene, die Sie auch in Abb. 10.9 betrachten können.

Abb. 10.9 Geometrisches
Quadrieren von i

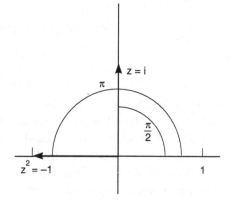

(ii) Weil i so praktisch ist, multipliziere ich es jetzt mit $1 + i$. Die Polarform von $1 + i$ lautet $1 + i = \sqrt{2}(\cos\frac{\pi}{4} + i\sin\frac{\pi}{4})$, und beim Multiplizieren müssen einfach die Beträge multipliziert und die Winkel addiert werden. Das heißt

$$i \cdot (1 + i) = \sqrt{2}\left(\cos\frac{3}{4}\pi + i\sin\frac{3}{4}\pi\right) = \sqrt{2}\left(-\frac{1}{2}\sqrt{2} + i\frac{1}{2}\sqrt{2}\right) = -1 + i.$$

Natürlich hätte man bei so einfachen Zahlen auch auf die Polarform verzichten und schlicht multiplizieren können, aber dann ginge die anschauliche Bedeutung der Multiplikation verloren: Sie multiplizieren $1 + i$ mit i, indem Sie den Vektor $\begin{pmatrix} 1 \\ 1 \end{pmatrix}$ um $\frac{\pi}{2}$ nach links drehen und seinen Betrag in Ruhe lassen.

Inzwischen sind wir also so weit, dass nicht nur die komplexen Zahlen selbst geometrisch dargestellt werden können, sondern auch ihre Addition und ihre Multiplikation – und das alles nur, weil wir uns über den Zusammenhang zwischen komplexen Zahlen und zweidimensionalen Vektoren geeinigt haben. Jeder Anflug von geheimnisvoller Metaphysik, der die komplexen Zahlen bisher vielleicht begleitet hat, ist damit endgültig beseitigt; sie sind Objekte der Zahlenebene, die man aufmalen und sich anschauen kann, und selbst die seltsame Gleichung $i^2 = -1$ lässt sich jetzt geometrisch deuten. Ich bin damit in der glücklichen Lage, Sie nicht wie der Mathematiklehrer des jungen Törleß zum blinden Glauben auffordern zu müssen, sondern Sie für die anschauliche Bedeutung der komplexen Zahlen auf die Gaußsche Zahlenebene verweisen zu können.

Die Polarform, die sich schon beim Multiplizieren als nützlich erweist, kommt erst so richtig in Fahrt, wenn es ums Potenzieren geht. Der folgende Satz zeigt, wie man ohne Aufwand komplexe Zahlen in ihrer Polarform potenziert.

10.2.9 Satz Es sei $z = |z|(\cos\varphi + i\sin\varphi) \in \mathbb{C}$. Dann ist

$$z^n = |z|^n(\cos(n\varphi) + i\sin(n\varphi)).$$

Beweis Zu beweisen ist fast gar nichts. Nehmen wir zum Beispiel $n = 2$. Dann ist

$$z^2 = z \cdot z = |z|(\cos\varphi + i\sin\varphi) \cdot |z|(\cos\varphi + i\sin\varphi) = |z|^2(\cos(2\varphi) + i\sin(2\varphi)),$$

denn beim Multiplizieren zweier komplexer Zahlen multiplizieren Sie die Beträge miteinander und addieren die Winkel. Falls Sie sich zu z^3 aufschwingen wollen, werden Sie noch einmal z dazu multiplizieren und deshalb den Betrag $|z|^3$ und den Winkel 3φ erreichen, und so geht das Spiel weiter, bis Sie für z^n den Betrag $|z|^n$ und den Winkel $n\varphi$ vor sich haben. $\triangle$

Das macht die Potenzrechnung mit komplexen Zahlen erheblich einfacher. Beim Potenzieren einer komplexen Zahl z müssen Sie nur ihren Betrag potenzieren und den Winkel φ mit dem Exponenten n multiplizieren. Beide Operationen sind einem Taschenrechner zugänglich, während Sie kaum erwarten können, dass ein gewöhnlicher Taschenrechner Eingaben wie $(1 + i)^{289}$ verarbeiten oder überhaupt zulassen wird.

Zur Illustration rechnen wir wieder ein Beispiel.

10.2.10 Beispiel Ich suche

$$(1 + i)^{17}.$$

Aus 10.2.6 (iii) kennen Sie die Polarform von $1 + i$, denn es gilt

$$(1 + i) = \sqrt{2}\left(\cos\frac{\pi}{4} + i\sin\frac{\pi}{4}\right).$$

Aus Satz 10.2.9 folgt dann sofort

$$(1 + i)^{17} = \sqrt{2}^{17}\left(\cos\frac{17}{4}\pi + i\sin\frac{17}{4}\pi\right).$$

Das ist zwar schon ein Ergebnis, aber noch kein sehr schönes, und man kann es ohne großen Aufwand in eine etwas gefälligere Form bringen. Zunächst einmal ist $\sqrt{2}^2 = 2$ und deshalb

$$\sqrt{2}^{17} = \sqrt{2} \cdot \sqrt{2}^{16} = \sqrt{2} \cdot 2^8 = 256\sqrt{2}.$$

Weiterhin ist

$$\frac{17}{4}\pi = \frac{16}{4}\pi + \frac{\pi}{4} = 4\pi + \frac{\pi}{4},$$

und daraus folgt:

$$\cos\left(\frac{17}{4}\pi\right) = \cos\left(4\pi + \frac{\pi}{4}\right) = \cos\frac{\pi}{4} = \frac{1}{2}\sqrt{2}$$

sowie

$$\sin\left(\frac{17}{4}\pi\right) = \sin\left(4\pi + \frac{\pi}{4}\right) = \sin\frac{\pi}{4} = \frac{1}{2}\sqrt{2}.$$

Wenn wir nun all diese Ergebnisse in die Formel für $(1 + i)^{17}$ einsetzen, so ergibt sich

$$(1 + i)^{17} = \sqrt{2}^{17}\left(\cos\frac{17}{4}\pi + i\sin\frac{17}{4}\pi\right)$$

$$= 256\sqrt{2}\left(\frac{1}{2}\sqrt{2} + i \cdot \frac{1}{2}\sqrt{2}\right)$$

$$= 256 + 256i.$$

An einem langen Winterabend, an dem Ihnen entsetzlich langweilig ist, können Sie einmal versuchen, $(1 + i)^{17}$ ohne Verwendung der Polarform durch wiederholtes Multiplizieren von $1 + i$ mit sich selbst auszurechnen. Es ist zwar nicht schwer, aber so ungeheuer spannend, dass wahrscheinlich jedes andere Mittel zur Rettung des Abends vorzuziehen ist.

Sie sollen jetzt nicht glauben, dass Sie sich in jedem Fall mit dem Umschreiben der Winkel und Beträge belasten müssen. Auch für die Berechnung von $(1 + i)^{17}$ können Sie sich ganz Ihrem Rechner anvertrauen, denn es geht ja nur darum, die Zahlenwerte von $\sqrt{2}^{17} \cdot \cos\left(\frac{17}{4}\pi\right)$ und $\sqrt{2}^{17} \cdot \sin\left(\frac{17}{4}\pi\right)$ zu bestimmen. Wenn Sie keine Lust haben, die Ausdrücke zu vereinfachen und sie direkt in einen Taschenrechner eingeben, dann liefert er natürlich auch beide Male 256, und Sie erhalten das gleiche Ergebnis.

Ich hoffe, die Bedeutung der Polarform für das Potenzieren komplexer Zahlen ist deutlich geworden. Völlig unverzichtbar wird die Polarform aber bei der Umkehrung des Potenzierens: dem Ziehen n-ter Wurzeln. Mit der nötigen Geduld können Sie jede beliebige Potenz z^n jeder komplexen Zahl z auch durch wiederholtes Multiplizieren ausrechnen, aber Geduld hilft Ihnen gar nichts, wenn es darum geht, die dritte Wurzel aus $1 + i$ zu finden. Bei diesem Problem sind Sie ohne die Polarform ziemlich verlassen. Mit ihr ist aber alles ganz einfach, denn das Wurzelziehen ist ja das Gegenteil des Potenzierens, und deshalb wird man die Winkel einfach nicht mit n multiplizieren, sondern sie durch n teilen. Der nächste Satz beschreibt, was dabei herauskommt.

10.2.11 Satz Es sei $z = |z|(\cos\varphi + i\sin\varphi) \in \mathbb{C}$. Dann sind die n komplexen Zahlen

$$z_k = \sqrt[n]{|z|}\left(\cos\frac{\varphi + 2\pi k}{n} + i\sin\frac{\varphi + 2\pi k}{n}\right) \text{ für } k = 0,\ldots,n-1$$

n-te Wurzeln aus z, das heißt,

$$z_k^n = z \text{ für alle } k = 0,\ldots,n-1.$$

Beweis Sehen wir uns erst einmal den Beweis an, bevor ich den Satz ein wenig erkläre. Er ist einfach genug zu beweisen, denn ich muss nur jede einzelne der n Zahlen $z_0,\ldots,z_{n-1}$ mit n potenzieren und nachsehen, ob auch wirklich z herauskommt. Sie wissen aber aus Satz 10.2.9, wie man komplexe Zahlen in der Polarform potenziert. Es gilt nämlich:

$$z_k^n = \left(\sqrt[n]{|z|}\right)^n\left(\cos\left(n \cdot \frac{\varphi + 2\pi k}{n}\right) + i\sin\left(n \cdot \frac{\varphi + 2\pi k}{n}\right)\right)$$
$$= |z|(\cos(\varphi + 2\pi k) + i\sin(\varphi + 2\pi k))$$
$$= |z|(\cos\varphi + i\sin\varphi) = z.$$

Dabei folgt die erste Gleichung sofort aus 10.2.9, und für die zweite Gleichung habe ich die in der Klammer stehenden Brüche durch n gekürzt. Da Sie im sechsten Kapitel gelernt haben, dass sich die Werte von Sinus und Cosinus wiederholen, sobald die x-Werte einen vollen Kreis umrundet haben, kann man $\cos(\varphi + 2\pi k) = \cos\varphi$ und $\sin(\varphi + 2\pi k) = \sin\varphi$ schreiben, woraus die dritte Gleichung und damit auch schon die Behauptung des Satzes folgt.   △

An so einen Satz muss man sich erst einmal gewöhnen. Zunächst einmal ist es nicht erstaunlich, dass es nicht nur eine n-te Wurzel gibt, sondern n Stück. Schließlich haben wir auch $2^2 = 4$ und $(-2)^2 = 4$, und niemand wundert sich über diese zwei Quadratwurzeln. Natürlich hätte man beim schlichten Dividieren nur die Formel

$$\sqrt[n]{z} = \sqrt[n]{|z|}\left(\cos\frac{\varphi}{n} + i\sin\frac{\varphi}{n}\right)$$

erwartet. Sie stimmt ja auch mit der Formel aus Satz 10.2.11 für den Fall $k = 0$ überein und hat nur den kleinen Nachteil, dass sie alle anderen n-ten Wurzeln ignoriert. Ich muss deshalb in den Zähler des Bruchs den Summanden $2\pi k$ einfügen, um nicht den größten Teil der Lösungen zu unterschlagen.

Wie schon so oft wird die Geschichte deutlicher werden, sobald Sie Beispiele gesehen haben.

10.2.12 Beispiele

(i) Ich berechne die drei dritten Wurzeln aus 8. Das klingt, wie ich zugebe, ein wenig seltsam, weil doch jeder weiß, dass $\sqrt[3]{8} = 2$ gilt, aber das ist eben nur *eine* der dritten Wurzeln, und im Komplexen gibt es noch zwei mehr. Nun gilt

$$8 = 8 \cdot (\cos 0 + i\sin 0),$$

und ich wende den Satz 10.2.11 auf den Winkel $\varphi = 0$ an. Da es um dritte Wurzeln geht, muss ich Zahlen z_0, z_1 und z_2 berechnen. Wir erhalten

$$z_0 = \sqrt[3]{|8|}\left(\cos\frac{0 + 2\pi \cdot 0}{3} + i\sin\frac{0 + 2\pi \cdot 0}{3}\right)$$

$$= 2,$$

$$z_1 = \sqrt[3]{|8|}\left(\cos\frac{0 + 2\pi \cdot 1}{3} + i\sin\frac{0 + 2\pi \cdot 1}{3}\right) = 2\left(\cos\frac{2}{3}\pi + i\sin\frac{2}{3}\pi\right)$$

$$= 2\left(-\frac{1}{2} + i\cdot\frac{1}{2}\sqrt{3}\right) = -1 + i\cdot\sqrt{3},$$

$$z_2 = \sqrt[3]{|8|}\left(\cos\frac{0 + 2\pi \cdot 2}{3} + i\sin\frac{0 + 2\pi \cdot 2}{3}\right) = 2\left(\cos\frac{4}{3}\pi + i\sin\frac{4}{3}\pi\right)$$

$$= 2\left(-\frac{1}{2} - i\cdot\frac{1}{2}\sqrt{3}\right) = -1 - i\cdot\sqrt{3}.$$

Manchmal gibt es doch noch Überraschungen im Leben. Seit langer Zeit haben Sie geglaubt, es gebe nur eine dritte Wurzel aus 8, nämlich 2, und jetzt müssen Sie hören, dass es noch zwei weitere gibt: $-1 \pm i \cdot \sqrt{3}$. Falls Sie das für zu seltsam halten, können Sie unser Ergebnis ganz einfach testen, indem Sie die beiden komplexen dritten Wurzeln mit 3 potenzieren und nachprüfen, ob tatsächlich 8 herauskommt. Sie werden aber sehen, dass alles seine Richtigkeit hat.

(ii) Im dritten Kapitel habe ich in 3.1.12 eine kubische Gleichung untersucht und dabei die dritte Wurzel aus $2 + 11i$ sowie aus $2 - 11i$ gebraucht. Damals habe ich diese Wurzeln einfach vom Himmel fallen lassen, aber mittlerweile haben wir so etwas nicht mehr nötig, da uns der Satz 10.2.11 zur Verfügung steht. Ich werde jetzt also die dritten Wurzeln aus $z = 2 + 11i$ bestimmen. Dazu muss ich zuerst den Betrag ausrechnen und finde:

$$|z| = \sqrt{2^2 + 11^2} = \sqrt{125} = 5\sqrt{5}.$$

Nun gehe ich an die Polarform von z. Es gilt

$$2 + 11i = 5\sqrt{5}(\cos\varphi + i\sin\varphi),$$

und daraus folgt:

$$\cos\varphi = \frac{2}{5\sqrt{5}} \text{ und } \sin\varphi = \frac{11}{5\sqrt{5}}.$$

Mit Ihrem Taschenrechner können Sie daraus $\varphi = 1,3909428$ folgern. Jetzt muss ich die dritte Wurzel aus dem Betrag ziehen und den Winkel durch drei teilen. Es folgt

$$\begin{aligned}
z_0 &= \sqrt[3]{5\sqrt{5}}\left(\cos\frac{\varphi}{3} + i\sin\frac{\varphi}{3}\right) \\
&= 2,236068 \cdot (0,8944272 + i \cdot 0,4472136) \\
&= 2 + i.
\end{aligned}$$

Ich habe hier absichtlich ganz gegen meine Gewohnheit eine große Menge an Nachkommastellen mitgeschleppt, denn wenn Sie mit geringerer Genauigkeit rechnen, laufen Sie Gefahr, ein unscharfes Ergebnis wie zum Beispiel $1,9999 + 0,9998i$ zu finden, da sowohl bei der Berechnung der Wurzeln als auch bei Sinus und Cosinus leichte Rundungsfehler auftauchen. Das kann man nie ganz ausschließen, und für praktische Zwecke würden Sie ohnehin eine Zahl wie $1,9999$ zu 2 aufrunden.

Die restlichen dritten Wurzeln rechne ich jetzt nicht mehr vor. Sie sind sehr krumm, und ich empfehle Ihnen, die Werte als Übung selbst auszurechnen. Damit Sie auch wissen, ob Sie richtig gerechnet haben, gebe ich Ihnen die Ergebnisse an. Es ist

$$z_1 = -1,866 + 1,232i \text{ und } z_2 = -0,134 - 2,232i.$$

Das sind nun schon beträchtliche Fortschritte. Sie können jetzt nicht nur die üblichen Grundrechenarten mit komplexen Zahlen durchführen, Sie können auch effizient komplexe Zahlen potenzieren und beliebige Wurzeln aus komplexen Zahlen ziehen. Im nächsten Abschnitt werde ich noch einmal über das Potenzieren und das Ziehen von Wurzeln reden und dabei eine neue Schreibweise einführen.

10.3 Exponentialdarstellung

Bei der Untersuchung der Polarform sind wir auf einen seltsamen Sachverhalt gestoßen: ich habe nämlich in 10.2.7 festgestellt, dass

$$(\cos x + i \sin x) \cdot (\cos y + i \sin y) = \cos(x + y) + i \sin(x + y)$$

gilt. Das ist insofern etwas eigenartig, als hier für die Funktion $f(x) = \cos x + i \sin x$ die Gleichung $f(x) \cdot f(y) = f(x + y)$ steht und wir solche Gleichungen bisher nur für Exponentialfunktionen gewohnt sind. Es gibt nun zwei Möglichkeiten, mit diesem Phänomen umzugehen. Entweder wir sagen, dass solche Gleichungen eben nicht nur bei Exponentialfunktionen auftreten und schieben damit alle Probleme von uns weg, oder wir versuchen, einen Zusammenhang zwischen $\cos x + i \sin x$ und der Exponentialfunktion herzustellen. Es wird Sie nicht wundern, dass ich mich für den zweiten Weg entscheide und Ihnen in der folgenden Bemerkung zeigen möchte, wie man aus einem Cosinus und einem Sinus eine Exponentialfunktion macht.

10.3.1 Bemerkung Falls Sie sich schon darüber gewundert haben, warum ich die komplexen Zahlen erst so spät detailliert bespreche und das Thema nicht schon spätestens nach dem sechsten Kapitel erledigt habe, kann ich Ihre Verwunderung jetzt beseitigen. Um einen Zusammenhang zwischen den trigonometrischen Funktionen und der Exponentialfunktion nachzuweisen, brauche ich nämlich die Taylorreihen aller beteiligten Funktionen, und die konnte ich erst im letzten Kapitel behandeln.

Sie wissen aus 9.4.8, dass für jedes $x \in \mathbb{R}$ die Beziehung

$$e^x = 1 + x + \frac{x^2}{2!} + \frac{x^3}{3!} + \cdots = \sum_{n=0}^{\infty} \frac{x^n}{n!}$$

besteht. Nun haben wir so viel mit komplexen Zahlen gerechnet, dass wir sie auch einmal in eine Taylorreihe einsetzen können. An die Stelle von x setze ich also $i \cdot x$ und erhalte

$$e^{ix} = 1 + ix + \frac{(ix)^2}{2!} + \frac{(ix)^3}{3!} + \cdots = \sum_{n=0}^{\infty} \frac{(ix)^n}{n!}.$$

So wie sie dasteht, hilft einem diese Reihe überhaupt nichts, und ich schreibe sie deshalb ein wenig anders auf. Es gilt nämlich:

$$e^{ix} = 1 + ix + \frac{i^2 x^2}{2!} + \frac{i^3 x^3}{3!} + \frac{i^4 x^4}{4!} + \cdots .$$

Hier treten immerhin die Potenzen von i auf, und da $i^2 = -1$ ist, kann man hoffen, auch die anderen Potenzen ausrechnen zu können. Das ist auch tatsächlich nicht schwer, wenn man sie einmal der Reihe nach hinschreibt, denn es gilt:

$$i^2 = -1, i^3 = i^2 \cdot i = -i, i^4 = i^3 \cdot i = (-i) \cdot i = 1, i^5 = i^4 \cdot i = 1 \cdot i = i,$$

und ab hier fängt alles wieder von vorn an. Die geraden Potenzen von i ergeben also abwechselnd -1 und 1, während die ungeraden ständig zwischen i und $-i$ hin- und herschwanken.

Ich teile daher die Reihe für e^{ix} auf in die Summanden mit geraden Exponenten und die Summanden mit ungeraden Exponenten. Bei den geraden Exponenten verschwindet alles Komplexe, und bei den ungeraden reduziert es sich abwechselnd auf den Faktor i bzw. $-i$. Wir erhalten also:

$$e^{ix} = 1 + ix + \frac{i^2 x^2}{2!} + \frac{i^3 x^3}{3!} + \frac{i^4 x^4}{4!} + \cdots$$
$$= \left(1 - \frac{x^2}{2!} + \frac{x^4}{4!} - \frac{x^6}{6!} \pm \cdots\right) + i \cdot \left(x - \frac{x^3}{3!} + \frac{x^5}{5!} - \frac{x^7}{7!} \pm \cdots\right).$$

Erinnert Sie das an etwas? Die erste Reihe mit den geraden Exponenten ist präzise die Taylorreihe von $\cos x$, und die zweite Reihe, in der nur ungerade Exponenten auftauchen, ist die Taylorreihe von $\sin x$, die beide für alle $x \in \mathbb{R}$ konvergieren. Der etwas abenteuerliche Versuch, die komplexe Zahl ix in die Reihe der Exponentialfunktion einzusetzen, führt also zu dem seriösen Ergebnis:

$$e^{ix} = \cos x + i \sin x.$$

Es gibt allerdings nicht nur komplexe Zahlen der Form ix, im allgemeinen heißt eine komplexe Zahl $z = x + iy$. Das macht jetzt aber gar keine Schwierigkeiten mehr, denn eine Exponentialfunktion sollte den üblichen Rechenregeln gehorchen, und deshalb muss gelten:

$$e^z = e^{x+iy} = e^x \cdot e^{iy} = e^x \cdot (\cos y + i \sin y).$$

Damit haben wir nicht nur einen Zusammenhang zwischen den trigonometrischen Funktionen und der Exponentialfunktion hergestellt, wir haben auch ganz nebenbei den Definitionsbereich von e^x auf die gesamte komplexe Zahlenebene ausgeweitet und können jetzt jede beliebige komplexe Zahl in die e-Funktion einsetzen.

Abb. 10.10 Darstellung
von e^z

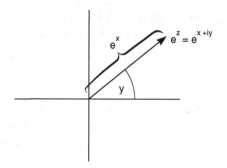

Um diese bemerkenswerte Formel nicht untergehen zu lassen, notiere ich sie noch einmal in einer eigenen Definition.

10.3.2 Definition Für $z = x + iy \in \mathbb{C}$ setzt man

$$e^z = e^x(\cos y + i \sin y).$$

Diese Gleichung geht auf Euler zurück und heißt deshalb auch *Eulersche Formel*. Eigentlich liefert sie nur eine etwas elegantere Schreibweise für den sperrigen Ausdruck $\cos y + i \sin y$, indem sie ihn schlicht mit e^{iy} abkürzt. Bevor ich Ihnen Beispiele zeige, sollten wir uns noch die geometrische Interpretation der komplexen Exponentialfunktion ansehen.

10.3.3 Bemerkung Die Zahl $e^z = e^x(\cos y + i \sin y)$ hat die angenehme Eigenschaft, schon in ihrer Polarform gegeben zu sein. Ihr Betrag ist demnach e^x, und der Winkel, den sie mit der waagrechten Achse einschließt, beträgt y. Man kann deshalb e^z wie in Abb. 10.10 in die Gaußsche Zahlenebene eintragen.

Nun ein paar Zahlenbeispiele.

10.3.4 Beispiele

(i)
$$e^{1+i} = e^1 \cdot e^{1 \cdot i} = e(\cos 1 + i \sin 1) = 1{,}469 + 2{,}287i.$$

(ii)
$$e^{\frac{\pi}{2}i} = \cos \frac{\pi}{2} + i \sin \frac{\pi}{2} = i.$$

Das stimmt auch mit der Anschauung überein, denn $e^{\frac{\pi}{2}i}$ ist eine komplexe Zahl mit dem Betrag 1, die mit der x-Achse den Winkel $\frac{\pi}{2}$, also 90° bildet. Sie muss daher dem Vektor $\begin{pmatrix} 0 \\ 1 \end{pmatrix}$ entsprechen, und deshalb gilt $e^{\frac{\pi}{2}i} = i$. Wie das in der Zahlenebene aussieht, sehen Sie in Abb. 10.11.

Abb. 10.11 $e^{\frac{\pi}{2}i} = i$

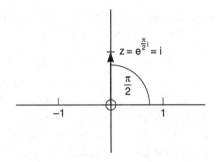

(iii) Die Sache wird besonders eigenartig, wenn man $e^{i\pi}$ ausrechnet. Es hat den Betrag 1 und bildet mit der x-Achse einen Winkel von π, also 180°. Wenn Sie aber, von 1 ausgehend, gegen den Uhrzeigersinn einen Halbkreis von 180° abschreiten, dann landen Sie unweigerlich bei der reellen Zahl -1. Auch die formale Rechnung bestätigt dieses Ergebnis. Es gilt:

$$e^{i\pi} = \cos\pi + i\sin\pi = -1 + i\cdot 0 = -1.$$

Da e^{ix} nur eine andere Schreibweise für $\cos x + i\sin x$ ist, lassen sich alle Ergebnisse, die wir im letzten Abschnitt für die Polarform gewonnen haben, auf die Exponentialform übertragen. Zuerst schreibe ich die Polarform mit Hilfe der Exponentialfunktion.

10.3.4 Satz Jede komplexe Zahl z lässt sich darstellen als

$$z = |z|\cdot e^{i\varphi},$$

wobei φ der Winkel ist, den z in der Zahlenebene mit der waagrechten Achse bildet.

Das ist eine direkte Konsequenz aus dem Satz 10.2.5, in dem ich über die Polarform gesprochen habe. Man kann deswegen die Beispiele aus 10.2.6 auch mit der Exponentialform ausdrücken.

10.3.5 Beispiele

(i) Die Zahl $z = 1 + i$ hat die Polarform

$$z = \sqrt{2}\left(\cos\frac{\pi}{4} + i\sin\frac{\pi}{4}\right).$$

Deshalb ist

$$z = \sqrt{2}\cdot e^{i\frac{\pi}{4}}.$$

(ii) Die Zahl i hat den Betrag 1 und bildet mit der x-Achse einen Winkel von $\frac{\pi}{2}$. Ihre Exponentialform lautet deshalb

$$i = e^{i\frac{\pi}{2}}.$$

Inzwischen sehen Sie wohl, dass die Exponentialform tatsächlich nichts Neues ist; sie liefert nur eine kompaktere Darstellung der altvertrauten Polarform einer komplexen Zahl. Im nächsten Abschnitt werden Sie allerdings sehen, dass diese knappere Darstellung manchmal große Vorteile hat. Für den Moment möchte ich mich darauf beschränken, die Sätze über das Multiplizieren, Potenzieren und Wurzelziehen in die Sprache der Exponentialform zu übersetzen. Ich fasse sie in dem folgenden Satz zusammen.

10.3.6 Satz

(i) Für $z_1 = |z_1|e^{i\varphi_1}$ und $z_2 = |z_2|e^{i\varphi_2}$ ist

$$z_1 \cdot z_2 = |z_1||z_2|e^{i(\varphi_1+\varphi_2)}.$$

(ii) Für $z = |z|e^{i\varphi}$ und $n \in \mathbb{N}$ ist

$$z^n = |z|^n e^{in\varphi}.$$

(iii) Für $z = |z|e^{i\varphi}$ und $n \in \mathbb{N}$ sind die n komplexen Zahlen

$$z_k = \sqrt[n]{|z|}\, e^{\frac{\varphi+2\pi k}{n}} \text{ für } k = 0, \ldots, n-1$$

die n-ten Wurzeln von z.

Sie finden alle diese Aussagen im Abschn. 10.2 wieder, wo ich sie für die Polarform $z = |z|(\cos\varphi + i\sin\varphi)$ formuliert hatte. Ich empfehle Ihnen als Übungsaufgabe, die Beispiele aus 10.2.8, 10.2.10 und 10.2.12 aus der Polarform in die Exponentialform zu übersetzen und sich auf diese Weise ein wenig an die neue Schreibweise zu gewöhnen. Man kann aber gar nicht oft genug betonen, dass es sich dabei nur um eine andere Schreibweise handelt, die keine prinzipiell neuen Informationen liefert; sie ist nur manchmal etwas handlicher. Deshalb ist auch die geometrische Deutung des Multiplizierens genau die gleiche: man multipliziert eine komplexe Zahl z mit $e^{i\varphi}$, indem man z in der Zahlenebene gegen den Uhrzeigersinn um den Winkel φ dreht.

Über komplexe Zahlen wissen Sie jetzt eine ganze Menge. Sie verstehen sich auf die Grundrechenarten, Sie können die Polarform einer komplexen Zahl berechnen und auf dieser Grundlage effizient Potenzen und beliebige Wurzeln ausrechnen, und Sie sind imstande, die Polarform in die Exponentialform zu übertragen und komplexe Zahlen in die Exponentialfunktion einzusetzen. Das alles findet seine praktischen Anwendungen in der Physik und insbesondere in der Elektrotechnik, aber darüber wird man Ihnen noch so oft in den einschlägigen Veranstaltungen berichten, dass ich mich hier darauf beschränkt habe, Ihnen die mathematischen Grundlagen etwas näher zu bringen. Die Exponentialform wird Ihnen auch in diesem Buch noch zweimal begegnen: gleich im nächsten Abschnitt über Fourierreihen und dann im nächsten Kapitel über Differentialgleichungen.

10.4 Fourierreihen

Manche Bücher über Ingenieurmathematik widmen den Fourierreihen ein eigenes Kapitel, und andere weigern sich, sie überhaupt zu erwähnen. Ich habe mich deshalb für einen Kompromiss entschieden und zeige Ihnen in einem kleinen Abschnitt, was man unter Fourierreihen versteht und wie man sie berechnet.

Stellen Sie sich einmal vor, Sie sollen ein Konzert geben und haben keine Instrumente. Das könnte ein ernsthaftes Problem darstellen, solange Sie nicht auf die Idee kommen, die nötigen Töne auf künstliche Weise mit Hilfe eines sogenannten Synthesizers zu erzeugen. In Wahrheit brauchen Sie nämlich durchaus keine Vielzahl von Instrumenten, um eine Vielzahl verschiedener Töne hervorzubringen; alles was Sie brauchen ist ein Gerät, das die passenden Schwingungen erzeugt. Abbildung 10.12 zeigt die graphische Darstellung des Schwingungsverhaltens irgendeines musikalischen Klangs. Sie sehen, dass es sich um eine Kurve handelt, die ihr Verhalten in immer gleichen Abständen wiederholt, und deshalb nennt man Kurven dieser Art *periodisch*. Die übersichtlichsten periodischen Kurven sind natürlich die Sinus- und die Cosinuskurve, und es wäre nützlich, wenn man kompliziertere periodische Kurven auf diese vertrauten Kurven zurückführen könnte. Dann wäre es nämlich möglich, durch die Kombination einfacher Grundklänge komplexere Tongebilde zu erzeugen.

Das mathematische Problem, das sich aus dem instrumentfreien Konzert ergibt, besteht also darin, eine *periodische Funktion* als Summe von Sinus- und Cosinusfunktionen zu schreiben. Wenn Sie nun zwei, drei oder auch siebzehn trigonometrische Funktionen aufaddieren, dann wird das Ergebnis unter Umständen noch zu einfach und regelmäßig sein, um komplexe musikalische Klänge nachzubilden. Ich kann es Ihnen deshalb nicht ersparen, wieder einmal unendliche Summen, also Reihen zu bilden. Bevor ich aber daran gehe, die Reihen periodischer Funktionen zu bestimmen, sollte ich definieren, was genau eine periodische Funktion ist.

Abb. 10.12 Graphische Darstellung eines Tons

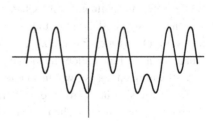

10.4.1 Definition Eine Funktion $f : \mathbb{R} \to \mathbb{R}$ heißt *periodisch* mit der Periode p, falls

$$f(x + p) = f(x) \text{ für alle } x \in \mathbb{R}$$

gilt.

Eine Funktion ist also dann periodisch, wenn sie ihr Verhalten immer wieder wiederholt. Die üblichen Beispiele sind sin und cos.

10.4.2 Beispiele Die Funktionen $f(x) = \sin x$ und $g(x) = \cos x$ sind periodisch mit der Periode $p = 2\pi$.

Mein Ziel besteht nun darin, eine periodische Funktion als unendliche Summe der „Grundfunktionen" Sinus und Cosinus darzustellen. Da sin und cos die Periode 2π haben, beschränke ich mich der Einfachheit halber auf Funktionen f mit der Periode 2π. Die Reihen, um die es jetzt gehen wird, haben dann die folgende Gestalt.

10.4.3 Definition Es sei $f : \mathbb{R} \to \mathbb{R}$ eine 2π-periodische Funktion. Falls man f als eine Reihe der Form

$$\begin{aligned} f(x) &= \frac{a_0}{2} + \sum_{n=1}^{\infty}(a_n \cos(nx) + b_n \sin(nx)) \\ &= \frac{a_0}{2} + a_1 \cos x + b_1 \sin x + a_2 \cos(2x) + b_2 \sin(2x) + \cdots \end{aligned}$$

darstellen kann, nennt man die Reihe

$$\frac{a_0}{2} + \sum_{n=1}^{\infty}(a_n \cos(nx) + b_n \sin(nx))$$

die *Fourierreihe* von f.

Das sieht nicht sehr vergnüglich aus, ist aber bei genauerem Hinsehen gar nicht so schlimm. Sie können schließlich nicht erwarten, nur mit $\sin x$ und $\cos x$ auszukommen, denn eine Reihe, die nur aus diesen beiden Summanden besteht, käme sehr schnell an ihr seliges Ende und hätte gar keine Chance, eine kompliziertere periodische Funktion darzustellen. Wir sind deshalb gezwungen, auch weitergehende Terme mit ins Spiel zu bringen und $\sin(nx), \cos(nx)$ für alle $n \in \mathbb{N}$ zu verwenden. Beim augenblicklichen Stand der Dinge kann ich Ihnen leider noch keine konkreten Beispiele für Fourierreihen vorführen, da noch völlig unklar ist, wohin so eine Reihe wohl konvergieren mag.

Bevor Sie sich übrigens in einem französischen Wörterbuch vergraben und nach der Bedeutung von Fourier suchen, sollte ich erwähnen, dass Jean Baptiste Joseph de Fourier ein französischer Mathematiker war, der zur Zeit Napoleons lebte und nicht nur mathematisch, sondern auch politisch und administrativ sehr umtriebig und erfolgreich war. Ich sage das nur, damit Sie nicht dem beliebten Vorurteil verfallen, alle Mathematiker seien für das praktische Leben völlig unbrauchbar.

Wir stehen jetzt vor dem gleichen Problem wie bei den Taylorreihen aus dem neunten Kapitel. Eine periodische Funktion f mag ja eine Darstellung als Fourierreihe haben, aber wie findet man die Koeffizienten a_n und b_n dieser Reihe? Dafür benutzt man einen ziemlich raffinierten Trick, auf den ich auch nie im Leben von alleine gekommen wäre, der aber zu übersichtlichen und einfachen Formeln führt. Ich werde Ihnen jetzt die Grundidee zeigen und mich anschließend um die mathematischen Einzelheiten kümmern.

10.4.4 Bemerkung Wir nehmen uns eine 2π-periodische Funktion f, die durch eine Fourierreihe dargestellt werden kann, das heißt:

$$f(x) = \frac{a_0}{2} + \sum_{n=1}^{\infty}(a_n \cos(nx) + b_n \sin(nx)).$$

So nützt uns die Reihe noch nicht viel, da wir die Koeffizienten a_n und b_n nicht kennen. Ich will deshalb beispielsweise den Koeffizienten a_5 berechnen. Der Trick besteht nun darin, die ganze Gleichung mit $\cos(5x)$ zu multiplizieren und anschließend zwischen 0 und 2π zu integrieren, so unangenehm das auch klingen mag. Wir erhalten dann:

$$\int_{0}^{2\pi} f(x) \cos(5x)dx = \int_{0}^{2\pi} \frac{a_0}{2} \cos(5x)dx$$

$$+ \sum_{n=1}^{\infty}\left(\int_{0}^{2\pi} a_n \cos(nx) \cos(5x)dx + \int_{0}^{2\pi} b_n \sin(nx) \cos(5x)dx\right).$$

Sie sind jetzt wahrscheinlich der Meinung, dass Fourier nicht ganz bei Trost war, denn die neue Gleichung sieht nicht gerade einfacher aus als die alte. Das täuscht aber. Ich werde nämlich nachrechnen, dass außer für $n = 5$ alle Integrale auf der rechten Seite zu Null werden, und für $n = 5$ ist immerhin

$$\int_{0}^{2\pi} b_5 \sin(5x) \cos(5x)dx = 0.$$

Es kommt aber noch besser: Sie werden sehen, dass

$$\int_{0}^{2\pi} \cos(5x) \cos(5x)dx = \pi.$$

gilt, und damit reduziert sich die gesamte unangenehme Gleichung auf

$$\int_0^{2\pi} f(x)\cos(5x)dx = \pi \cdot a_5.$$

Dass man daraus leicht a_5 berechnen kann, brauche ich Ihnen nicht zu erzählen.

Das ist der Weg, auf dem man die Fourierkoeffizienten a_n und b_n herausfindet. Zum Glück muss man ihn nicht bei jeder Funktion neu beschreiten; es genügt, die Sache einmal grundsätzlich zu erledigen und dann in die allgemeine Formel einzusetzen. Ich muss mich jetzt also daran machen, alle auftretenden Integrale auszurechnen. Dabei erweisen sich die komplexen Zahlen als ausgezeichnetes Hilfsmittel, mit dem ich die etwas unübersichtlichen Funktionen wie $\sin(nx) \cdot \cos(mx)$ handlicher darstellen kann. Für den Anfang schreibe ich Sinus und Cosinus mit Hilfe der Exponentialfunktion.

10.4.5 Lemma Es gilt

$$\cos x = \frac{1}{2}(e^{ix} + e^{-ix}) \text{ und } \sin x = \frac{1}{2i}(e^{ix} - e^{-ix}) = \frac{-i}{2}(e^{ix} - e^{-ix}).$$

Beweis Zu irgendetwas muss ja auch die Eulersche Formel aus 10.3.2 gut sein. Dort hatten wie festgestellt, dass

$$e^{ix} = \cos x + i \sin x$$

gilt. Da diese Gleichung für jede beliebige Zahl richtig ist, stimmt sie auch für $-x$, und es folgt:

$$e^{-ix} = \cos(-x) + i \sin(-x) = \cos x - i \sin x,$$

denn $\cos(-x) = \cos x$ und $\sin(-x) = -\sin x$. Ich schreibe beide Gleichungen untereinander

$$e^{ix} = \cos x + i \sin x$$
$$e^{-ix} = \cos x - i \sin x$$

und addiere. Dann fallen die Sinus-Terme weg, und es bleibt

$$e^{ix} + e^{-ix} = 2\cos x,$$

woraus schon die erste Behauptung des Lemmas folgt. Um die Formel für den Sinus zu finden, subtrahiere ich die beiden Gleichungen und erhalte

$$e^{ix} - e^{-ix} = 2i \sin x,$$

und schon haben wir die zweite Behauptung des Lemmas. Wegen $\frac{1}{i} = -i$ kann man dann noch $\frac{1}{2i}$ ersetzen durch $\frac{-i}{2}$.   △

Vielleicht sollten Sie einmal kurz zu 7.2.14 zurückblättern, wo ich die Hyperbelfunktionen sinh und cosh definiert habe. Sie werden bemerken, dass es tatsächlich große Ähnlichkeiten zwischen dem üblichen Sinus und dem hyperbolischen Sinus gibt und damit die Bezeichnung sinh einigermaßen zu rechtfertigen ist. Man kann sogar die eine Funktion auf die andere zurückführen, denn aus 10.4.5 folgt sofort $\sin x = (-i) \cdot \sinh(ix)$.

Das wollte ich aber nur am Rande erwähnen. Im Augenblick ist es wichtiger, dass wir uns die nötigen Formeln für die Produkte von sin und cos verschaffen.

10.4.6 Lemma Es gelten:

(i)

$$\sin(nx)\cos(mx) = \frac{1}{2}\sin(n+m)x + \frac{1}{2}\sin(n-m)x.$$

(ii)

$$\sin(nx)\sin(mx) = -\frac{1}{2}\cos(n+m)x + \frac{1}{2}\cos(n-m)x.$$

(iii)

$$\cos(nx)\cos(mx) = \frac{1}{2}\cos(n+m)x + \frac{1}{2}\cos(n-m)x.$$

Beweis Ich werde nur die Nummer (i) beweisen, die anderen Gleichungen können Sie nach dem gleichen Strickmuster selbst erledigen.

Am einfachsten geht man vor, indem man sin und cos durch die Exponentialfunktionen aus 10.4.5 ersetzt. Dann gilt nämlich:

$$\sin(nx)\cos(mx) = \frac{1}{2i}(e^{inx} - e^{-inx}) \cdot \frac{1}{2}(e^{imx} + e^{-imx})$$

$$= \frac{1}{4i}\left(e^{i(n+m)x} + e^{i(n-m)x} - e^{-i(n-m)x} - e^{-i(n+m)x}\right),$$

wobei die letzte Gleichung einfach durch Ausmultiplizieren der Klammern entsteht und man nur beachten muss, dass man beim Multiplizieren von Potenzen die Exponenten zu addieren hat. Nun werde ich die neu gewonnenen Summanden ein wenig umordnen. Es folgt:

$$\sin(nx)\cos(mx) = \frac{1}{4i}\left(e^{i(n+m)x} + e^{i(n-m)x} - e^{-i(n-m)x} - e^{-i(n+m)x}\right)$$

$$= \frac{1}{4i}\left(e^{i(n+m)x} - e^{-i(n+m)x}\right) + \frac{1}{4i}\left(e^{i(n-m)x} - e^{-i(n-m)x}\right)$$

$$= \frac{1}{2}\sin(n+m)x + \frac{1}{2}\sin(n-m)x,$$

denn Sie brauchen in 10.4.5 nur x durch $(n+m)x$ bzw. $(n-m)x$ zu ersetzen, um auf die beiden Summanden der zweiten Gleichung zu stoßen, natürlich noch versehen mit dem zusätzlichen Faktor $\frac{1}{2}$. △

Sie sehen, dass die Exponentialdarstellung ein recht sinnvolles Hilfsmittel sein kann; jedenfalls reduziert sie gelegentlich die Herleitung trigonometrischer Beziehungen zu einer einfachen Rechnung. Damit sind wir auch der Berechnung der Fourierkoeffizienten ein gutes Stück näher gekommen, denn nach 10.4.4 müssen wir die Integrale von Produkten aus Sinus und Cosinus ausrechnen. Das werde ich jetzt sofort erledigen.

10.4.7 Folgerung Für $n, m \in \mathbb{N}$ gelten:

(i)

$$\int\limits_0^{2\pi} \cos(nx)dx = \int\limits_0^{2\pi} \sin(nx)dx = 0.$$

(ii)

$$\int\limits_0^{2\pi} \sin(nx)\cos(mx)dx = 0.$$

(iii)

$$\int\limits_0^{2\pi} \sin(nx)\sin(mx)dx = \begin{cases} 0 & \text{falls } n \neq m \\ \pi & \text{falls } n = m. \end{cases}$$

(iv)

$$\int\limits_0^{2\pi} \cos(nx)\cos(mx)dx = \begin{cases} 0 & \text{falls } n \neq m \\ \pi & \text{falls } n = m. \end{cases}$$

Beweis Auch hier werde ich nicht alles nachrechnen. Fangen wir mit Nummer (i) an. Mit der Substitutionsregel findet man

$$\int \cos(nx)dx = \frac{\sin(nx)}{n}$$

und deshalb

$$\int\limits_0^{2\pi} \cos(nx)dx = \left.\frac{\sin(nx)}{n}\right|_0^{2\pi} = \frac{\sin(2\pi \cdot n)}{n} - \frac{\sin(2\pi \cdot 0)}{n} = 0.$$

Auf genau die gleiche Weise finden Sie auch die zweite Gleichung aus Nummer (i). Die Nummern (ii) und (iv) überlasse ich Ihnen; Sie können Sie nach dem Muster von Nummer (iii) nachprüfen. Ich rechne jetzt also das Integral aus Nummer (iii) aus. Nach 10.4.6 (ii) gilt für $n \neq m$:

$$\int \sin(nx)\sin(mx)dx = -\int \frac{1}{2}\cos(n+m)xdx + \int \frac{1}{2}\cos(n-m)xdx$$

$$= -\frac{\sin(n+m)x}{2(n+m)} + \frac{\sin(n-m)x}{2(n-m)},$$

was man wieder mit der Substitutionsregel erkennen kann. Deshalb ist

$$\int_0^{2\pi} \sin(nx)\sin(mx)dx = -\frac{\sin(n+m)x}{2(n+m)} + \frac{\sin(n-m)x}{2(n-m)}\Big|_0^{2\pi} = 0.$$

Für $n = m$ ist dagegen $n - m = 0$ und $\cos(n-m)x = 1$. Aus 10.4.6 (ii) folgt:

$$\int \sin(nx)\sin(nx)dx = -\int \frac{1}{2}\cos(2nx) + \frac{1}{2}dx$$

$$= -\frac{\sin(2nx)}{4n} + \frac{1}{2}x.$$

Daraus ergibt sich:

$$\int_0^{2\pi} \sin(nx)\sin(nx)dx = -\frac{\sin(2nx)}{4n} + \frac{1}{2}x\Big|_0^{2\pi} = \pi. \qquad \triangle$$

Nach so vielen umfangreichen Vorarbeiten geht das eigentliche Berechnen der Fourier-koeffizienten a_n und b_n fast von alleine. Es ist wie so oft in der Mathematik: Sie ziehen Ihren Schlitten mühsam auf die Spitze eines Hügels aus Lemmas, Bemerkungen und Folgerungen, aber sobald Sie einmal oben sind und sich gemütlich auf den Schlitten setzen, können Sie die eigentliche Schlittenfahrt – und das ist hier der Beweis des Satzes – mühelos genießen, vorausgesetzt der Hügel ist nicht zu steil und es ragt nicht an der falschen Stelle ein Ast aus dem Schnee.

Wir haben jetzt also den Gipfel des Hügels erreicht und können den Satz über die Fourierkoeffizienten formulieren.

10.4.8 Satz Es sei f eine 2π-periodische Funktion, die durch eine Fourierreihe dargestellt werden kann, das heißt:

$$f(x) = \frac{a_0}{2} + \sum_{n=1}^{\infty}(a_n\cos(nx) + b_n\sin(nx)).$$

Dann ist

$$a_n = \frac{1}{\pi}\int_0^{2\pi} f(x)\cos(nx)dx \text{ für alle } n \in \mathbb{N} \cup \{0\}$$

und

$$b_n = \frac{1}{\pi} \int\limits_0^{2\pi} f(x) \sin(nx) dx \text{ für alle } n \in \mathbb{N}.$$

Beweis Die Beweisidee habe ich schon in 10.4.4 verraten: ich multipliziere die ganze Reihe mit einem passenden Sinus- oder Cosinusterm und integriere munter jeden einzelnen Summanden. Für a_0 multipliziere ich mit gar nichts, sondern integriere einfach so. Es folgt dann

$$\int\limits_0^{2\pi} f(x) dx = \int\limits_0^{2\pi} \frac{a_0}{2} dx + \sum_{n=1}^{\infty} \left(a_n \int\limits_0^{2\pi} \cos(nx) dx + b_n \int\limits_0^{2\pi} \sin(nx) dx \right)$$
$$= \pi \cdot a_0,$$

denn alle anderen Intergale werden nach 10.4.7 (i) zu Null. Folglich ist

$$a_0 = \frac{1}{\pi} \int\limits_0^{2\pi} f(x) dx.$$

Zur Berechnung von a_m mit $m \in \mathbb{N}$ multipliziere ich alles mit $\cos(mx)$ und integriere wieder. Dann ist

$$\int\limits_0^{2\pi} f(x) \cos(mx) dx = \frac{a_0}{2} \int\limits_0^{2\pi} \cos(mx) dx$$

$$+ \sum_{n=1}^{\infty} \left(a_n \int\limits_0^{2\pi} \cos(nx) \cos(mx) dx + b_n \int\limits_0^{2\pi} \sin(nx) \cos(mx) dx \right).$$

Das ist ungeheuer praktisch, weil sich wieder fast alle Integrale zu Null verflüchtigen. Nach 10.4.7 ist nämlich auf jeden Fall

$$\int\limits_0^{2\pi} \cos(mx) dx = 0 \text{ und } \int\limits_0^{2\pi} \sin(nx) \cos(mx) dx = 0.$$

Weiterhin ist auch

$$\int\limits_0^{2\pi} \cos(nx) \cos(mx) dx = 0,$$

sofern $n \neq m$ ist. Auf der rechten Seite der obigen Gleichung bleibt somit nur ein einziges Integral übrig, nämlich

$$\int_0^{2\pi} \cos(mx)\cos(mx)dx = \pi,$$

wie Sie 10.4.7 (iv) entnehmen können. Insgesamt folgt

$$a_m = \frac{1}{\pi} \int_0^{2\pi} f(x)\cos(mx)dx.$$

Sie können sich sicher schon denken, dass man die Formel für b_m findet, indem man die Reihendarstellung von f mit $\sin(mx)$ multipliziert und anschließend integriert. Da diese Rechnung nichts grundsätzlich Neues bietet, werde ich auf die Durchführung verzichten.

$\triangle$

Diese Herleitung ist zwar etwas aufwendig, aber doch nicht ohne Eleganz. Fourier selbst hat ganz anders und viel komplizierter gerechnet. Er berechnete die Taylorreihe jeder vorkommenden Sinus- und Cosinusfunktion und erhielt damit eine Reihe, deren Summanden wieder Reihen waren. Durch Umsortieren nach Potenzen von x fand er auf diese Weise eine Art Taylorreihe von f, wobei er großzügig darüber hinweg ging, dass seine Funktionen f normalerweise gar nicht als Taylorreihe darstellbar waren. Zu seinen weiteren Rechnungen will ich nur sagen, dass er unterwegs gezwungen war, durch ein unendliches Produkt zu teilen, dessen Wert eigentlich selbst unendlich groß war, so dass jede Division ein wenig kompliziert wurde. Mit solchen Einwänden hielt er sich aber nicht auf, sondern schritt unverdrossen in seiner Rechnung fort, bis er das einfache Ergebnis aus 10.4.8 gefunden hatte. Erst dann sah er, dass das alles auch etwas einfacher gegangen wäre, und er fand den Weg, den ich Ihnen gerade gezeigt habe. Sie sehen daran, dass es manchmal gar nichts schadet, eine haarsträubende Rechnung konsequent durchzuführen, falls man das Ergebnis hinterher korrekt rechtfertigen kann. Allerdings ist es dann vielleicht sinnvoll, die Unterlagen mit den abenteuerlichen Rechnungen zu vernichten, damit die Nachwelt glaubt, Sie hätten gleich und in weiser Voraussicht alles ganz richtig gemacht. Angeblich war das die Methode von Leonhard Euler.

Wie dem auch sei, wir sind jetzt endlich so weit, dass wir ein Beispiel rechnen können. Der Sinn der ganzen Unternehmung war ja, eine beliebige periodische Funktion als Summe von Sinus- und Cosinustermen darzustellen. Dabei habe ich mit keinem Wort gesagt, dass die Funktion stetig sein muss, und tatsächlich ist das auch nicht nötig. Ich berechne jetzt deshalb die Fourierkoeffizienten einer unstetigen Funktion.

10.4.9 Beispiel Es sei

$$f(x) = \begin{cases} 1 & \text{falls } 0 \leq x \leq \pi \\ -1 & \text{falls } \pi < x < 2\pi, \end{cases}$$

Abb. 10.13 Funktion f

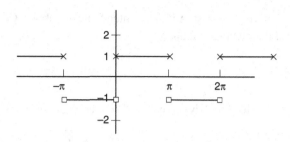

wobei wir f wie in Abb. 10.13 periodisch fortsetzen, so dass die Funktion für jedes $x \in \mathbb{R}$ definiert ist. Gesucht ist die Fourierreihe

$$\frac{a_0}{2} + \sum_{n=1}^{\infty} (a_n \cos(nx) + b_n \sin(nx))$$

von f. Mit Satz 10.4.8 rechne ich die Koeffizienten a_n und b_n der Reihe aus.

Zunächst einmal ist für $n = 0$:

$$a_0 = \frac{1}{\pi} \int_0^{2\pi} f(x)dx = 0,$$

denn die positive Fläche ist genausogroß wie die negative. Weiterhin gilt für $n \in \mathbb{N}$:

$$a_n = \frac{1}{\pi} \int_0^{2\pi} f(x) \cos(nx)dx$$

$$= \frac{1}{\pi} \int_0^{\pi} \cos(nx)dx - \frac{1}{\pi} \int_\pi^{2\pi} \cos(nx)dx,$$

denn f ist konstant 1 zwischen 0 und π, und es ist konstant -1 zwischen π und 2π, weshalb es sinnvoll ist, das Integral zwischen 0 und 2π aufzuteilen in die zwei Teilintegrale, für die man die Funktion f leicht aufschreiben kann. Die auftretenden Integrale lassen sich nun mit der Substitutionsregel berechnen. Wir erhalten:

$$a_n = \frac{1}{\pi} \int_0^{\pi} \cos(nx)dx - \frac{1}{\pi} \int_\pi^{2\pi} \cos(nx)dx$$

$$= \frac{1}{\pi} \left. \frac{\sin(nx)}{n} \right|_0^{\pi} - \frac{1}{\pi} \left. \frac{\sin(nx)}{n} \right|_\pi^{2\pi}$$

$$= \frac{1}{\pi} \left(\frac{\sin(n\pi)}{n} - \frac{\sin(0)}{n} \right) - \frac{1}{\pi} \left(\frac{\sin(2n\pi)}{n} - \frac{\sin(n\pi)}{n} \right)$$

$$= 0.$$

Alle Cosinus-Koeffizienten verflüchtigen sich zu Null. Das hätte man der Funktion übrigens gleich ansehen können, denn f ist punktsymmetrisch zum Nullpunkt, und deshalb kommen in der Fourierreihe auch nur die punktsymmetrischen Summanden vor, also die Sinus-Terme. Diese Terme werde ich jetzt auf die gleiche Weise ausrechnen.

$$
\begin{aligned}
b_n &= \frac{1}{\pi} \int_0^{2\pi} f(x)\sin(nx)\,dx \\[2mm]
&= \frac{1}{\pi} \int_0^{\pi} \sin(nx)\,dx - \frac{1}{\pi} \int_{\pi}^{2\pi} \sin(nx)\,dx \\[2mm]
&= -\frac{1}{\pi}\left.\frac{\cos(nx)}{n}\right|_0^{\pi} + \frac{1}{\pi}\left.\frac{\cos(nx)}{n}\right|_{\pi}^{2\pi} \\[2mm]
&= -\frac{1}{\pi}\left(\frac{\cos(n\pi)}{n} - \frac{\cos(0)}{n}\right) + \frac{1}{\pi}\left(\frac{\cos(2n\pi)}{n} - \frac{\cos(n\pi)}{n}\right) \\[2mm]
&= \frac{1}{n\pi}(1 - 2\cos(n\pi) + \cos(2n\pi)).
\end{aligned}
$$

Auch hier habe ich nur in die Formel aus 10.4.8 eingesetzt und benutzt, dass man die Funktion f in zwei konstante Teilstücke aufteilen kann. Mit der Substitutionsregel habe ich dann die nötigen Stammfunktionen gefunden und anschließend die Integrationsgrenzen eingesetzt. Nun ist aber $\cos 0 = 1$ und ebenso $\cos(2n\pi) = 1$ für alle $n \in \mathbb{N}$. Es folgt also

$$
b_n = \frac{2}{n\pi}(1 - \cos(n\pi)),
$$

und wir müssen nur noch $\cos(n\pi)$ vereinfachen. Das ist nicht weiter schwer, denn Sie können sich sofort am Einheitskreis die Gleichungen

$$
\cos 0 = 1, \cos \pi = -1, \cos(2\pi) = 1, \cos(3\pi) = -1, \ldots
$$

klar machen und erhalten daraus für $n \in \mathbb{N}$ die Beziehung:

$$
\cos(n\pi) = \begin{cases} 1 & \text{falls } n \text{ gerade ist} \\ -1 & \text{falls } n \text{ ungerade ist.} \end{cases}
$$

Deshalb ist

$$
b_n = \begin{cases} 0 & \text{falls } n \text{ gerade ist} \\ \frac{4}{n\pi} & \text{falls } n \text{ ungerade ist.} \end{cases}
$$

Es ist also nicht sehr viel übrig geblieben. Die Cosinus-Terme sind von Anfang an verschwunden, und auch jeder zweite Sinus-Term löst sich in nichts auf. Die Fourier-Reihe hat deshalb die folgende Gestalt:

$$\frac{4}{\pi}\left(\sin x + \frac{\sin 3x}{3} + \frac{\sin 5x}{5} + \cdots\right) = \frac{4}{\pi}\sum_{k=1}^{\infty}\frac{\sin(2k-1)x}{2k-1}.$$

Damit ist alles ausgerechnet, und doch hat die Sache noch einen gewaltigen Schönheitsfehler: wir wissen zwar jetzt, wie die Fourierreihe von f aussieht, aber wir wissen überhaupt nicht, ob diese Fourierreihe gegen die Funktion f konvergiert. Das Beste wird sein, wir führen den einen oder anderen Test durch. Für $x = \frac{\pi}{2}$ ist zum Beispiel $f(x) = 1$, und die Fourierreihe ergibt

$$\frac{4}{\pi}\left(\sin\frac{\pi}{2} + \frac{\sin\frac{3\pi}{2}}{3} + \frac{\sin\frac{5\pi}{2}}{5} + \cdots\right),$$

und da

$$\sin\left((2k-1)\frac{\pi}{2}\right) = (-1)^{k+1}$$

gilt, erhält man:

$$\frac{4}{\pi}\left(1 - \frac{1}{3} + \frac{1}{5} - \frac{1}{7} \pm \cdots\right).$$

Wenn dieser Ausdruck mit dem Funktionswert 1 übereinstimmen soll, muss demnach gelten:

$$\frac{\pi}{4} = 1 - \frac{1}{3} + \frac{1}{5} - \frac{1}{7} \pm \cdots,$$

und wie es der Zufall will, habe ich genau dieses Ergebnis in 9.3.12 (ii) mit Hilfe der Taylorreihe des Arcustangens herausgefunden. So kommt eines zum anderen, und die Fourierreihe scheint sich ganz vernünftig zu verhalten. Für $x = 0$ ist aber $f(x) = 1$, und alle Sinusterme der Reihe werden zu Null, das heißt, die Reihe ergibt $0 \neq 1$. Müssen wir jetzt alle Hoffnungen auf ein brauchbares Konvergenzverhalten der Fourierreihe aufgeben, wenn sie schon an so einem einfachen Punkt wie $x = 0$ versagt?

Das Problem, das am Ende des Beispiels 10.4.9 aufgetaucht ist, wird der folgende Satz lösen. Er gibt Bedingungen an, unter denen eine Funktion mit ihrer Fourierreihe übereinstimmt und zeigt auch, was an „kritischen Punkten" geschieht.

Abb. 10.14 Dirichlet-
Bedingungen

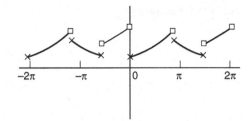

10.4.10 Satz Es sei $f : \mathbb{R} \to \mathbb{R}$ eine 2π-periodische Funktion, die die folgenden *Dirichlet-Bedingungen* erfüllt.

(i)   Man kann das Intervall $[0, 2\pi)$ in endlich viele Teilintervalle zerlegen, auf denen f stetig und monoton ist.
(ii) An jeder Unstetigkeitsstelle x_0 existieren die Grenzwerte

$$f_-(x_0) = \lim_{x \to x_0, x < x_0} f(x) \text{ und } f_+(x_0) = \lim_{x \to x_0, x > x_0} f(x).$$

Dann stimmt f an jeder Stetigkeitsstelle mit seiner Fourierreihe überein, und für jede Unstetigkeitsstelle x_0 konvergiert die Fourierreihe gegen den Wert

$$f(x_0) = \frac{1}{2}(f_-(x_0) + f_+(x_0)).$$

Unser Beispiel 10.4.9 fällt offenbar unter diesen Satz: man zerlegt $[0, 2\pi)$ in die zwei Teilintervalle $[0, \pi]$ und $(\pi, 2\pi)$, und dann ist f auf beiden Intervallen stetig und monoton. Die Unstetigkeitsstellen sind natürlich die ganzzahligen Vielfachen von π, und Sie sehen, dass die links- und rechtsseitigen Grenzwerte $f_-(x_0)$ und $f_+(x_0)$ immer existieren und abwechselnd -1 und 1 betragen. Folglich muss nach 10.4.10 die Fourierreihe von f bei jedem ganzzahligen Vielfachen von π gegen $\frac{1}{2}(1 + (-1)) = 0$ konvergieren, und es passt wieder alles zusammen.

Zum Abschluss des Kapitels möchte ich noch ein weiteres Beispiel einer Fourierreihe durchrechnen.

10.4.11 Beispiel Man definiere die *Sägezahnfunktion* $f : \mathbb{R} \to \mathbb{R}$ durch

$$f(x) = \begin{cases} x & \text{falls } 0 \leq x \leq \pi \\ 2\pi - x & \text{falls } \pi \leq x \leq 2\pi, \end{cases}$$

wobei f wie in Abb. 10.15 periodisch auf $\mathbb{R}$ fortgesetzt wird. Offenbar erfüllt f die Dirichlet-Bedingungen, denn es ist auf ganz $\mathbb{R}$ stetig und stückweise streng monoton. Ich

Abb. 10.15 Funktion f

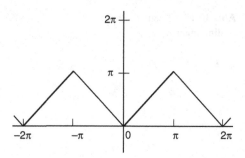

kann also die Fourierkoeffizienten ausrechnen und davon ausgehen, dass die Fourierreihe überall mit der Funktion übereinstimmt, denn es gibt keine Unstetigkeitsstellen, an denen ich vorsichtig sein müsste. Für den Koeffizienten a_0 gilt:

$$a_0 = \frac{1}{\pi} \int\limits_0^{2\pi} f(x)dx = \pi,$$

denn die Fläche unter f zwischen 0 und 2π besteht aus zwei Dreiecken mit dem Flächeninhalt $\frac{\pi^2}{2}$, so dass der gesamte Flächeninhalt π^2 beträgt. Da ich dieses Integral noch durch π dividieren muss, ergibt sich der Wert $a_0 = \pi$.

Für $n \in \mathbb{N}$ haben wir

$$a_n = \frac{1}{\pi} \int\limits_0^{2\pi} f(x) \cos(nx)dx$$

$$= \frac{1}{\pi} \int\limits_0^{\pi} x \cos(nx)dx + \frac{1}{\pi} \int\limits_\pi^{2\pi} (2\pi - x) \cos(nx)dx,$$

da es wegen der Definition von f wieder sinnvoll ist, das Integral in zwei Teilintegrale aufzuspalten. Mit einer Kombination aus partieller Integration und Substitutionsregel, die Sie zur Übung selbst durchführen sollten, findet man:

$$\int x \cos(nx)dx = \frac{\cos(nx)}{n^2} + \frac{x \sin(nx)}{n}$$

und

$$\int (2\pi - x) \cos(nx)dx = 2\pi \int \cos(nx)dx - \int x \cos(nx)dx$$

$$= 2\pi \frac{\sin(nx)}{n} - \frac{\cos(nx)}{n^2} - \frac{x \sin(nx)}{n}.$$

Deshalb ist

$$a_n = \frac{1}{\pi}\left(\frac{\cos(n\pi)}{n^2} + \frac{\pi\sin(n\pi)}{n} - \frac{\cos(n\cdot 0)}{n^2} - \frac{0\cdot\sin(n\cdot 0)}{n}\right)$$
$$+ \frac{1}{\pi}\left(2\pi\frac{\sin(2n\pi)}{n} - \frac{\cos(2n\pi)}{n^2} - \frac{2\pi\sin(2n\pi)}{n}\right.$$
$$\left. - 2\pi\frac{\sin(n\pi)}{n} + \frac{\cos(n\pi)}{n^2} + \frac{\pi\sin(n\pi)}{n}\right)$$
$$= \frac{1}{\pi}\left(\frac{(-1)^n}{n^2} + 0 - \frac{1}{n^2} - 0\right) + \frac{1}{\pi}\left(0 - \frac{1}{n^2} - 0 - 0 + \frac{(-1)^n}{n^2} + 0\right)$$
$$= \frac{2}{\pi}\left(\frac{(-1)^n - 1}{n^2}\right).$$

Diese Gleichungskette sieht zwar auf den ersten Blick kompliziert aus, aber eigentlich habe ich nichts anderes gemacht als die Integrationsgrenzen einzusetzen und die entstehenden Werte auszurechnen. Damit haben wir gefunden, dass

$$a_n = 0 \text{ für gerades } n \text{ und } a_n = \frac{-4}{n^2\pi} \text{ für ungerades } n$$

gilt, denn für gerades $n \in \mathbb{N}$ verschwindet der Zähler des Bruchs, während er für ungerades n zu -2 wird. Auf die gleiche Weise kann man nun die Sinus-Koeffizienten b_n ausrechnen, falls man Lust dazu hat. Man kann es sich aber etwas leichter machen und feststellen, dass die Funktion f symmetrisch zur y-Achse ist und deswegen auch nur die achsensymmetrischen Summanden der Reihe zum Tragen kommen. Da Sinusfunktionen punktsymmetrisch und nicht achsensymmetrisch zur y-Achse sind, werden ihre Koeffizienten verschwinden, und wir haben:

$$b_n = 0 \text{ für alle } n \in \mathbb{N}.$$

Somit steht die Fourierreihe fest, und da unsere Funktion die Dirichlet-Bedingungen erfüllt, stimmt die Reihe mit der Funktion überein. Es folgt:

$$f(x) = \frac{a_0}{2} + \sum_{n=1}^{\infty}(a_n\cos(nx) + b_n\sin(nx))$$
$$= \frac{\pi}{2} - \frac{4}{\pi}\left(\cos x + \frac{\cos(3x)}{3^2} + \frac{\cos(5x)}{5^2} + \cdots\right).$$

Man kann das beispielsweise benutzen, um die Grenzwerte von komplizierten Reihen auszurechnen. Wir wissen nämlich, dass die Funktion f für jedes x mit ihrer Fourierreihe übereinstimmt und können deshalb jedes beliebige $x \in \mathbb{R}$ einsetzen. Für $x = 0$ folgt dann zum Beispiel:

$$0 = f(0) = \frac{\pi}{2} - \frac{4}{\pi}\left(1 + \frac{1}{3^2} + \frac{1}{5^2} + \cdots\right),$$

denn alle auftretenden Cosinus-Terme werden für $x = 0$ zu 1. Löst man nun nach der Reihe auf, so ergibt sich

$$1 + \frac{1}{3^2} + \frac{1}{5^2} + \frac{1}{7^2} + \cdots = \frac{\pi^2}{8}.$$

Das ist immerhin ein bemerkenswertes Ergebnis. Wenn Sie alle ungeraden Zahlen quadrieren und die Kehrbrüche dieser Quadratzahlen aufaddieren, ergibt sich der krumme Wert $\frac{\pi^2}{8}$. Vielleicht erinnert Sie das an etwas, was ich Ihnen im neunten Kapitel berichtet habe. In 9.2.10 habe ich nämlich behauptet, dass

$$\sum_{n=1}^{\infty} \frac{1}{n^2} = \frac{\pi^2}{6}$$

gilt und mich vor einem Nachweis gedrückt. Beim jetzigen Stand unserer Kenntnisse ist das aber gar nicht mehr so schwer. Jede natürliche Zahl ist entweder gerade oder ungerade, und deshalb ist

$$1 + \frac{1}{2^2} + \frac{1}{3^2} + \frac{1}{4^2} + \frac{1}{5^2} + \cdots = \left(1 + \frac{1}{3^2} + \frac{1}{5^2} + \cdots\right) + \left(\frac{1}{2^2} + \frac{1}{4^2} + \frac{1}{6^2} + \cdots\right).$$

Nun kann ich aber aus jedem Summanden der zweiten Klammer den Wert $\frac{1}{2^2} = \frac{1}{4}$ vorklammern, denn im Nenner stehen die Quadrate der geraden Zahlen. Außerdem habe ich gerade ausgerechnet, dass bei der ersten Klammer $\frac{\pi^2}{8}$ herauskommt. Wenn ich beides berücksichtige, ergibt sich

$$1 + \frac{1}{2^2} + \frac{1}{3^2} + \frac{1}{4^2} + \cdots = \frac{\pi^2}{8} + \frac{1}{4}\left(1 + \frac{1}{2^2} + \frac{1}{3^2} + \frac{1}{4^2} + \cdots\right),$$

und das erweist sich als äußerst günstig. Ich kann jetzt nämlich die Klammer auf die andere Seite bringen und finde

$$\frac{3}{4}\left(1 + \frac{1}{2^2} + \frac{1}{3^2} + \frac{1}{4^2} + \cdots\right) = \frac{\pi^2}{8},$$

also

$$1 + \frac{1}{2^2} + \frac{1}{3^2} + \frac{1}{4^2} + \cdots = \frac{4}{3} \cdot \frac{\pi^2}{8} = \frac{\pi^2}{6}.$$

Sie sehen, dass man manchmal auf recht verschlungenen Pfaden wieder da anlangt, wo man vor langer Zeit schon einmal versuchsweise gewesen ist. Solange die erzielten Ergebnisse dabei nicht voneinander abweichen, sondern zusammenpassen, ist das auch gar nicht schlimm; es zeigt nur, dass man unterwegs keine schwerwiegenden Fehler gemacht hat.

Sie wissen jetzt, wie man Fourierreihen ausrechnet und unter welchen Bedingungen sie gegen die ursprüngliche Funktion konvergieren. Sollten Sie also einmal in die Verlegenheit kommen, irgendetwas Periodisches in seine Bestandteile zerlegen zu müssen, dann verzagen Sie nicht, stellen Sie sich Ihrem Schicksal und rechnen Sie einfach die zugehörige Fourierreihe aus.

Die Fourierreihen werden Ihnen in diesem Buch nicht mehr begegnen, ganz im Gegensatz zu den komplexen Zahlen, die ich mitten im nächsten Kapitel über Differentialgleichungen brauchen werde.

Differentialgleichungen 11

Sie haben sich vielleicht auch schon einmal gefragt, warum manche Menschen vom Glück verfolgt werden, während andere ein Leben lang auf keinen grünen Zweig kommen. Vor einigen Jahren gab es beispielsweise den Fall eines Lehrerehepaares, das innerhalb kurzer Zeit zweimal hintereinander sechs Richtige im Lotto hatte und seither finanziell wohl recht gut dastehen dürfte. Das ist ein besonders krasser Fall, denn erstens waren beide brauchbar bezahlte Beamte auf Lebenszeit, die sich vermutlich ihre Urlaubsreisen und ihre zwei Autos auch ohne Lottogewinn problemlos leisten konnten, und zweitens hätten es ja nun nicht gerade zwei Volltreffer hintereinander sein müssen. Manchmal hat man den Eindruck, dass eine Art von Prinzip dahintersteckt, für das ich sogar ein Bibelzitat vorweisen kann. Im Matthäus-Evangelium heißt es nämlich in Kapitel 13, Vers 12: „Denn wer da hat, dem wird gegeben, dass er die Fülle habe; wer aber nicht hat, von dem wird auch genommen, was er hat."

Dieses Zitat gehört bestimmt nicht zu den Bibelstellen, die Ihnen Ihre Religionslehrer in der Schule vorgelesen haben, und vielleicht kann es ein wenig Licht auf die Kirchengeschichte werfen. Mit Sicherheit kann man sich über die Interpretation des Satzes trefflich streiten, und zum Schluss wird wie üblich jeder recht bekommen, aber für meine Zwecke ist im Moment viel wichtiger, dass es sich hier um einen frühen Vorläufer einer *Differentialgleichung* handelt. Es geht nämlich darum, auf welche Weise sich die Zuwachsraten von was auch immer entwickeln werden, und Sie haben gelernt, dass Zuwachsraten Steigungen sind, die man mit Hilfe von Ableitungen beschreibt. Der Zuwachs der nicht näher definierten Größe y hängt aber laut Matthäus 13, Vers 12, vom aktuellen Wert von y ab: falls y groß ist, kommt noch etwas hinzu, und falls y klein oder gar Null ist, wird etwas weggenommen. Anders gesagt: für hinreichend großes y ist $y' > 0$, und für ungünstiges y ist $y' < 0$. Die Ableitung y' hängt also von y selbst ab, und man kann sagen, dass $y' = f(y)$ für eine passende Funktion f gilt.

Eine solche Gleichung, in der neben einer Funktion y auch noch ihre Ableitungen auftreten, heißt *Differentialgleichung*. In diesem Kapitel werde ich Ihnen berichten, wie man verschiedene Typen von Differentialgleichungen löst. Zuerst werde ich genauer definie-

© Springer-Verlag GmbH Deutschland 2017
T. Rießinger, *Mathematik für Ingenieure*, DOI 10.1007/978-3-662-54807-3_11

ren, worum es im folgenden gehen soll, und danach zwei Gleichungstypen untersuchen, für die es einfache Lösungsverfahren gibt: die Trennung der Variablen und die Variation der Konstanten. Nach einem kurzen Ausflug in die Welt der Substitutionsverfahren komme ich zu den wichtigen linearen Differentialgleichungen und werde Ihnen insbesondere zeigen, wie man lineare Differentialgleichungen mit konstanten Koeffizienten löst, seien sie nun homogen oder inhomogen. Zum Abschluss des Kapitels werfen wir dann einen Blick auf die Laplace-Transformation.

11.1 Einführung

Ich möchte Ihnen zunächst an einem Beispiel zeigen, dass Differentialgleichungen schon bei recht einfachen physikalischen Phänomenen eine Rolle spielen.

11.1.1 Beispiel Gegeben sei eine elastische Feder in Gleichgewichtslage. Wird an den Punkt P_0 ein Körper der Masse m angehängt, so hat die Feder zum Zeitpunkt t eine gewisse Auslenkung $y(t)$. Ich beschränke mich jetzt auf den klassischen Fall der Reibungsfreiheit, gehe also davon aus, dass auf die Masse m ausschließlich die zur Auslenkung proportionale Rückstellkraft F der Feder wirkt, das heißt:

$$F = -cy(t),$$

wobei man c als die Federkonstante bezeichnet. Nun haben wir aber von Newton gelernt, dass die Kraft das Produkt aus Masse und Beschleunigung ist, und die Beschleunigung ist die zweite Ableitung der Auslenkung, wie man Ihnen hoffentlich in Ihren Physikvorlesungen erzählt hat. Folglich ist

$$m \cdot y''(t) = -c \cdot y(t), \text{ also } m \cdot y''(t) + c \cdot y(t) = 0.$$

Wir haben so ganz harmlos angefangen und auf einmal steht eine Differentialgleichung vor uns. Die Frage ist nur: wie löst man diese Gleichung? Sie werden zugeben, dass es für praktische Zwecke wenig hilfreich ist, nur eine Gleichung aufstellen zu können; Sie wüssten doch wahrscheinlich auch gern, wann der Körper so weit unten angelangt ist, dass man sich ducken muss, um nicht mit dem Kopf an ihn zu schlagen.

Schon aus Gründen der puren Existenzerhaltung sollten wir also der Frage nachgehen, wie man Differentialgleichungen löst. Damit wir auch genau wissen, worüber wir uns unterhalten, werde ich jetzt erst einmal den Begriff der Differentialgleichung definieren.

11.1.2 Definition Eine Gleichung der Form

$$F(x, y, y', y'', \ldots, y^{(n)}) = 0$$

für eine unbekannte Funktion $y = f(x)$ und deren Ableitungen heißt *gewöhnliche Differentialgleichung n-ter Ordnung*. Wird diese Gleichung nach $y^{(n)}$ aufgelöst, so spricht man von expliziter Darstellung der Differentialgleichung, ansonsten von impliziter Darstellung.

Grob gesprochen ist eine Differentialgleichung also nichts weiter als eine Gleichung, in der zufällig neben einer Funktion y auch noch irgendwelche Ableitungen von y auftreten. Die Nummer der höchsten Ableitung gibt die Ordnung der Differentialgleichung an. Dass in der Definition auch noch eine Funktion F auftaucht, liegt nur daran, dass ich die Definition so allgemein wie möglich halten und mich nicht darauf festlegen möchte, wie y mit seinen Ableitungen zusammenhängt. Die Gleichung aus 11.1.2 sagt nur, dass die Größen irgendwie zusammenhängen; den genauen Zusammenhang muss man dann der konkreten Gleichung entnehmen.

11.1.3 Beispiele

(i)   Die Gleichung $my''(t) + cy(t) = 0$ ist in der impliziten Form gegeben, und es gilt:

$$F(t, y, y', y'') = my''(t) + cy(t).$$

Ihre explizite Form lautet

$$y''(t) = -\frac{c}{m} y(t).$$

(ii) Die Gleichung

$$y'(x) = x \cdot y(x)$$

ist in der expliziten Form gegeben. Ihre implizite Form lautet

$$F(x, y, y') = y'(x) - x \cdot y(x) = 0.$$

(iii) Gewöhnlich lässt man bei $y, y', \dots, y^{(n)}$ die unabhängige Variable weg, ob sie nun x, t oder auch ganz anders heißen mag. Man schreibt deshalb die Gleichungen aus (i) und (ii) einfach als

$$my'' + cy = 0 \text{ beziehungsweise } y' = xy.$$

Wenn die unabhängige Variable außerhalb von y oder seinen Ableitungen auftaucht, dürfen Sie sie natürlich nicht weglassen; nur wenn es ohne Missverständnisse möglich ist, sollte man den Schreibaufwand ein wenig reduzieren.

Sie können den Beispielen entnehmen, dass der Name der Variablen keine Rolle spielt: im ersten Beispiel haben wir die unabhängige Variable t, und im zweiten Beispiel hängt y von x ab. Selbstverständlich ist auch jeder andere Name erlaubt. Die gesuchte Funktion muss auch nicht immer y heißen. Die Physiker neigen beispielsweise dazu, Größen wie die Auslenkung einer elastischen Feder mit $x(t)$ anstatt $y(t)$ zu bezeichnen, und weil sie Ableitungen üblicherweise mit Punkten beschreiben, würde die entsprechende Gleichung in dieser Schreibweise

$$m\ddot{x} + cx = 0$$

lauten.

Noch ein Wort zu dem seltsamen Namen „gewöhnliche Differentialgleichung". Im Englischen klingt das mit „ordinary differential equation" noch etwas schlimmer, aber die Gleichungen sind in Wahrheit weder gewöhnlich noch ordinär. Man will mit dieser Namensgebung nur zum Ausdruck bringen, dass dabei nur gewöhnliche Ableitungen von Funktionen mit einer unabhängigen Variablen vorkommen. Im übernächsten Kapitel werden Sie sehen, dass es auch Funktionen mit mehreren Variablen gibt, deren Ableitungen *partielle Ableitungen* heißen. Die entsprechenden Differentialgleichungen nennt man dann partielle Differentialgleichungen. Ich werde sie allerdings nicht behandeln, denn erstens werden Sie sie niemals brauchen und zweitens verstehe ich nicht viel davon.

Die einfachste und zugleich unwichtigste Differentialgleichung ist die folgende.

11.1.4 Bemerkung Es sei $f : I \to \mathbb{R}$ stetig. Dann hat die Differentialgleichung

$$y'(x) - f(x) = 0, \text{ also } y'(x) = f(x),$$

die Lösungen

$$y(x) = \int f(x)dx + c,$$

das heißt, jede Stammfunktion von y ist Lösung der Gleichung.

Da bei den Gleichungen aus 11.1.4 die Funktion y nicht selbst vorkommt, liegen hier nur scheinbar Differentialgleichungen vor, und deshalb kann man sie auch so einfach lösen. Immerhin lassen sich zwei interessante Sachverhalte daran erkennen: das Lösen von Differentialgleichungen hat etwas mit Integralen zu tun, und es kann durchaus vorkommen, dass eine Differentialgleichung unendlich viele Lösungen hat. Beide Phänomene werden uns immer wieder begegnen.

Jetzt wird es Zeit, Sie mit einem wichtigen Typ von Differentialgleichungen vertraut zu machen, den Gleichungen mit getrennten Variablen.

11.2 Trennung der Variablen

Was man unter *Trennung der Variablen* versteht, sieht man am besten an der Beispielgleichung aus 11.1.3 (ii).

11.2.1 Beispiel Gegeben sei die Gleichung

$$y' = xy;$$

gesucht ist die Funktion $y(x)$. Es schadet sicher nichts, einmal die Schreibweise zu wechseln und die Gleichung in der Form

$$\frac{dy}{dx} = xy$$

zu schreiben. Nun hat ja der große Leibniz den Ausdruck $\frac{dy}{dx}$ als normalen Bruch behandelt, und wir könnten es auch versuchen. Ich multipliziere die Gleichung also mit dx und teile sie durch y. Dann erhalte ich

$$\frac{1}{y} dy = x\, dx.$$

Das hat den Vorteil, dass ich die Variablen jetzt fein säuberlich sortiert habe, denn alles, was mit y zu tun hat, steht links, und sämtliche x-Größen finden Sie rechts. Diese Gleichung schreit aber geradezu danach, auf beiden Seiten integriert zu werden. Es ergibt sich dann:

$$\int \frac{1}{y} dy = \int x\, dx,$$

also

$$\ln |y| = \frac{x^2}{2} + \tilde{c}.$$

Sie werden gleich sehen, warum ich hier die Konstante $\tilde{c}$ und nicht einfach c nenne. Um y auszurechnen, muss ich nämlich alles in die Exponentialfunktion einsetzen und finde

$$|y(x)| = e^{\frac{x^2}{2} + \tilde{c}} = e^{\tilde{c}} \cdot e^{\frac{x^2}{2}} = c \cdot e^{\frac{x^2}{2}},$$

wobei ich $c = e^{\tilde{c}} > 0$ setze. Jetzt habe ich also eine Formel für $|y(x)|$ gefunden. Den Betrag einer Zahl erhält man aber, indem man ihr Vorzeichen ignoriert und alles positiv rechnet. $y(x)$ selbst sieht daher bis auf das Vorzeichen genauso aus wie $|y(x)|$, und das drücke ich dadurch aus, dass ich

$$y(x) = c \cdot e^{\frac{x^2}{2}} \text{ mit beliebigem } c \in \mathbb{R}$$

schreibe. Während die Konstante für $|y(x)|$ positiv sein musste, sind für die schlichte Funktion $y(x)$ alle Vorzeichen erlaubt, da es ihr auf Positivität nicht ankommt.

Zum Glück können wir unser mit zweifelhaften Mitteln gewonnenes Ergebnis gleich testen. Nach der Kettenregel gilt:

$$y'(x) = c \cdot x \cdot e^{\frac{x^2}{2}} = x \cdot y(x),$$

das heißt, y ist tatsächlich eine Lösung der Differentialgleichung.

Diese Methode ist etwas gewaltsam. Man trennt die Variablen als wären sie Wert-stoffmüll und integriert anschließend nach bestem Gewissen, ohne darauf Rücksicht zu nehmen, dass man mit einer geheimnisvollen Größe wie dx multipliziert und dann nach verschiedenen Variablen integriert. Der Punkt ist nur: es funktioniert. Wann immer Sie die Variablen trennen können, lässt sich dieses Verfahren anwenden und liefert richtige Lösungen. Wir sollten die Methode deshalb so allgemeingültig wie möglich aufschreiben.

11.2.2 Definition Es seien $I, J \subseteq \mathbb{R}$ offene Intervalle, $f : I \to \mathbb{R}$ und $g : J \to \mathbb{R}$ stetige Funktionen und $g(y) \neq 0$ für alle $y \in J$. Dann heißt die Differentialgleichung

$$y' = f(x) \cdot g(y)$$

eine Differentialgleichung mit getrennten Variablen.

Auf diese Differentialgleichungen lässt sich nun das gleiche Verfahren anwenden wie in 11.2.1. Ich werde Ihnen erst zeigen, wie man hier die Trennung der Variablen durch-führt, und dann in einem allgemeinen Satz die Lösungsformel angeben.

11.2.3 Bemerkung Eine Differentialgleichung $y' = f(x)g(y)$ mit getrennten Variablen wird so behandelt, wie Sie es im Beispiel 11.2.1 gesehen haben. Wir schreiben also

$$\frac{dy}{dx} = f(x)g(y)$$

und sehen zu, dass wir die Variablen x und y fein säuberlich voneinander trennen. Ich teile die Gleichung deshalb durch $g(y)$ und multipliziere sie mit dx. Dann folgt

$$\frac{1}{g(y)}dy = f(x)dx.$$

Jetzt können Sie auch sehen, warum ich in 11.2.2 $g(y) \neq 0$ voraussetzen musste, denn ich kann die Variablentrennung nicht durchführen, wenn im Nenner der linken Seite eine Null auftaucht. Der nächste Schritt ist die Integration, links nach y und rechts nach x. Damit ist

$$\int \frac{1}{g(y)}dy = \int f(x)dx.$$

Wenn ich nun die Stammfunktion von $\frac{1}{g(y)}$ mit $G(y)$ bezeichne und auf der rechten Seite $F(x) = \int f(x)dx$ schreibe, so folgt daraus

$$G(y(x)) = F(x),$$

also

$$y(x) = G^{-1}(F(x)),$$

und ich habe eine Lösungsformel gefunden.

Wir brauchen also zwei Stammfunktionen: eine von $\frac{1}{g(y)}$ und eine von $f(x)$. Sie haben aber in 11.2.1 gesehen, dass man bei diesem Verfahren mit unendlich vielen Lösungen rechnen muss, denn Stammfunktionen sind nun einmal nicht ganz eindeutig. Wenn man Wert darauf legt, eine eindeutige Lösung zu finden, dann muss man noch eine zusätzliche *Anfangsbedingung* stellen. Der folgende Satz fasst unsere bisherigen Überlegungen zusammen.

11.2.4 Satz Es seien $y' = f(x)g(y)$ eine Differentialgleichung mit getrennten Variablen, x_0 eine Zahl aus dem Definitionsbereich von f und y_0 eine Zahl aus dem Definitionsbereich von g. Weiterhin setze man

$$F(x) = \int_{x_0}^{x} f(x)dx \text{ und } G(y) = \int_{y_0}^{y} \frac{1}{g(y)}dy.$$

Dann gibt es genau eine Lösung y der Differentialgleichung $y' = f(x)g(y)$ mit $y(x_0) = y_0$, und sie berechnet sich aus

$$G(y(x)) = F(x), \text{ also } y(x) = G^{-1}(F(x)).$$

Beweis Wenigstens einmal muss ich das Vorgehen aus 11.2.1 rechtfertigen, und deshalb werde ich beweisen, dass y tatsächlich eine Lösung ist, die der Bedingung $y(x_0) = y_0$ genügt. Ich werde *nicht* zeigen, dass es auch die einzige Lösung ist, denn das ist zwar auch nicht sehr schwer, aber es dauert ein wenig und würde uns nur aufhalten. Es sei also $G(y(x)) = F(x)$. Da es sich bei G und F um Stammfunktionen handelt, sind wir gut beraten, wenn wir diese Gleichung einmal nach x ableiten. Auf der linken Seite haben wir eine verkettete Funktion mit der inneren Ableitung $y'(x)$ und die Ableitung der rechten Seite ist nach Satz 8.1.13 $f(x)$. Mit der Kettenregel ergibt sich dann:

$$y'(x) \cdot G'(y(x)) = F'(x), \text{ also } y'(x) \cdot \frac{1}{g(y(x))} = f(x).$$

Auflösen nach $y'(x)$ führt zu der Gleichung

$$y'(x) = f(x) \cdot g(y(x)),$$

oder kürzer:

$$y' = f(x)g(y).$$

Daher ist y in jedem Fall eine Lösung der Differentialgleichung, und ich muss nur noch testen, ob y auch die Anfangswertbedingung $y(x_0) = y_0$ erfüllt. Es gilt:

$$G(y(x_0)) = F(x_0) = \int_{x_0}^{x_0} f(x)dx = 0$$

und gleichzeitig

$$G(y_0) = \int_{y_0}^{y_0} \frac{1}{g(y)} dy = 0.$$

Wir erhalten also zweimal das gleiche Ergebnis, und daraus folgt:

$$y(x_0) = y_0. \qquad\qquad\qquad \triangle$$

Dieser Satz liefert so gut wie gar nichts Neues; er hält nur fest, welches Endergebnis Sie bekommen, wenn Sie die Trennung der Variablen konsequent durchführen. Es bleibt ganz Ihnen überlassen, ob Sie lieber nach der Methode aus 11.2.1 rechnen oder direkt in die Lösungsformel aus 11.2.4 einsetzen. Ich empfehle allerdings, sich lieber die Methode zu merken als die Formel, weil man eine auswendig gelernte Formel leicht wieder vergessen kann, während eine einmal begriffene und mehrmals geübte Methode eine größere Chance hat, im Gedächtnis zu bleiben.

In einem Punkt allerdings unterscheiden sich die Ergebnisse aus 11.2.1 und 11.2.4: mit 11.2.1 finden Sie eine *allgemeine* Lösung, in der noch eine Konstante c auftritt, mit 11.2.4 ergibt sich dagegen eine ganz bestimmte Lösung, die einer Anfangsbedingung genügt. Der Unterschied ist hier aber nicht so ungeheuer groß, wie Sie an den folgenden Beispielen sehen werden.

11.2.5 Beispiele

(i)   Zu lösen ist

$$y' = \frac{\sin x}{y}.$$

Ich werde die Gleichung auf zwei Arten lösen: erst durch Einsetzen in die Lösungsformel und dann durch Anwenden der Trennungsmethode aus 11.2.1 bzw. 11.2.3. Für die Lösungsformel brauche ich allerdings noch eine Anfangsbedingung, und ich setze fest, dass $y\left(\frac{\pi}{2}\right) = \sqrt{2}$ gelten soll. Dann ist in der Terminologie von Satz 11.2.4:

$$g(y) = \frac{1}{y} \text{ und } f(x) = \sin x,$$

also

$$G(y) = \int_{\sqrt{2}}^{y} \frac{1}{\frac{1}{y}} dy = \int_{\sqrt{2}}^{y} y\, dy = \frac{y^2}{2} - 1$$

und

$$F(x) = \int_{\frac{\pi}{2}}^{x} f(x)\, dx = \int_{\frac{\pi}{2}}^{x} \sin x\, dx = -\cos x + \cos \frac{\pi}{2} = -\cos x.$$

Nach der Lösungsformel folgt:

$$G(y) = F(x),$$

und das bedeutet:

$$\frac{y^2}{2} - 1 = -\cos x.$$

Jetzt brauchen Sie nur noch nach y aufzulösen, und schon haben Sie die Lösung des Anfangswertproblems vor sich, indem Sie

$$y(x) = \sqrt{2 - 2\cos x}$$

schreiben. Die auf den ersten Blick ebenfalls mögliche Auflösung $y(x) = -\sqrt{2 - 2\cos x}$ scheidet aus, da $y\left(\frac{\pi}{2}\right) = \sqrt{2}$ gelten soll und die Wurzel deshalb ein positives Vorzeichen haben muss.

(ii) Nun löse ich dieselbe Gleichung $y' = \frac{\sin x}{y}$ ohne Lösungsformel, indem ich die Variablen der Scheidungsprozedur aus 11.2.3 unterwerfe. Ich schreibe also

$$\frac{dy}{dx} = \frac{\sin x}{y},$$

und das Trennen der Variablen führt zu

$$y\, dy = \sin x\, dx.$$

Wenn man einmal so weit gekommen ist, darf man guten Gewissens Integrale vor die beiden Terme schreiben und findet:

$$\int y\, dy = \int \sin x\, dx.$$

Beide Integrale lassen sich leicht ausrechnen, und wir erhalten:

$$\frac{y^2}{2} = -\cos x + c.$$

Genau genommen sollte man auf beiden Seite eine Konstante addieren, aber die Konstante von links kann man dann ja auf die andere Seite bringen, und so bleibt nur noch eine Konstante übrig. Jetzt können wir nach y auflösen, und es folgt:

$$y(x) = \sqrt{2c - 2\cos x}.$$

Das ist nun die *allgemeine* Lösung der Gleichung, für die man ohne Anfangsbedingung auskommt. Mit anderen Worten: jede Lösung der Gleichung sieht so aus, wie wir es ausgerechnet haben, und die Konstante c zeigt, dass es verschiedene Lösungen gibt. Falls man noch eine Anfangsbedingung zu berücksichtigen hat, wird die Konstante konkretisiert. In der Nummer (i) hatte ich zum Beispiel

$$y\left(\frac{\pi}{2}\right) = \sqrt{2}$$

verlangt. Nun wissen wir aber, wie $y(x)$ aussieht, und können in die allgemeine Lösung einsetzen. Dann folgt:

$$\sqrt{2} = y\left(\frac{\pi}{2}\right) = \sqrt{2c - 2\cos\frac{\pi}{2}} = \sqrt{2c},$$

denn $\cos\frac{\pi}{2} = 0$. Aus $\sqrt{2} = \sqrt{2c}$ folgt aber sofort $2 = 2c$, also $c = 1$. Die Lösung des Anfangswertproblems lautet demnach

$$y(x) = \sqrt{2 - 2\cos x},$$

und wir erhalten das gleiche Ergebnis wie in Nummer (i). Es spielt also keine Rolle, ob Sie die Lösungsformel oder das Trennungsverfahren verwenden.

(iii) Gesucht ist die allgemeine Lösung von

$$y' = y\cos x, y > 0.$$

Ich erspare mir die Lösungsformel und benutze gleich das Trennungsverfahren. Es gilt

$$\frac{dy}{dx} = y\cos x, \text{ und damit } \frac{1}{y}dy = \cos x \, dx.$$

Ich integriere auf beiden Seiten

$$\int \frac{1}{y} dy = \int \cos x\, dx.$$

und finde

$$\ln y = \sin x + \tilde{c}.$$

Auf die Betragsstriche im Logarithmus durfte ich hier verzichten, da $y > 0$ in der Aufgabenstellung vorausgesetzt war. Beachten Sie außerdem, dass die Integrationskonstante nicht wie üblich mit einem schlichten c bezeichnet wird, sondern mit $\tilde{c}$. Das ist immer dann zu empfehlen, wenn auf der linken Seite $\ln y$ steht, denn um y herauszufinden, muss ich e mit der rechten Seite potenzieren. Es folgt dann:

$$y(x) = e^{\tilde{c}+\sin x} = e^{\tilde{c}} \cdot e^{\sin x} = c \cdot e^{\sin x}.$$

Ich habe also die üblichen Potenzgesetze angewendet und dabei hat sich die additive Konstante $\tilde{c}$ in einen Faktor $e^{\tilde{c}}$ verwandelt, den ich der Einfachheit halber c nenne. Aus diesem Grund verwende ich bei solchen Gleichungen grundsätzlich $\tilde{c}$ für die erste auftretende Konstante, damit c für die endgültige Konstante frei bleibt. Die Differentialgleichung hat also die Lösung

$$y(x) = c \cdot e^{\sin x} \text{ mit } c > 0.$$

(iv) Noch ganz kurz ein etwas abstrakteres Beispiel. Für irgendeine stetige Funktion löse ich die Gleichung

$$y' = y \cdot f(x).$$

Der Trennungsansatz liefert:

$$\frac{dy}{dx} = y \cdot f(x), \text{ also } \frac{1}{y} dy = f(x) dx.$$

Wieder darf ich auf beiden Seiten ein Integral schreiben und erhalte

$$\int \frac{1}{y} dy = \int f(x) dx + \tilde{c},$$

also

$$\ln y = \int f(x) dx + \tilde{c}.$$

Ich potenziere e mit beiden Seiten, und es ergibt sich

$$y(x) = e^{\tilde{c} + \int f(x)dx} = c \cdot e^{\int f(x)dx},$$

wobei $c = e^{\tilde{c}}$ gilt. Die Differentialgleichung hat also die Lösung

$$y(x) = c \cdot e^{\int f(x)dx} \text{ mit } c \in \mathbb{R}.$$

Für den Augenblick sind das genug Beispiele zur Trennung der Variablen. Sie werden im nächsten Abschnitt noch mehr davon sehen, denn die Trennung der Variablen und insbesondere die Methode aus 11.2.5 (iv) ist die Grundlage für das nächste Verfahren: die Variation der Konstanten.

11.3 Variation der Konstanten

Nicht immer ist das Leben so leicht, dass man die Variablen einfach trennen kann. Sie brauchen nur daran zu denken, wie schwierig Trennungen im richtigen Leben manchmal sind, um sich klarzumachen, dass auch in der Mathematik die wenigsten Probleme mit Hilfe eines übersichtlichen Trennungsverfahrens zu lösen sind. Manchmal kann man aber eine Art von versuchsweiser Trennung durchführen und hoffen, dass sich damit irgendetwas an der Situation verbessert. Ich werde mich hier nicht darüber äußern, ob das im richtigen Leben sinnvoll ist; bei Differentialgleichungen dagegen kann man auf diese Weise eindeutige Fortschritte erzielen. Das Verfahren, das auf der versuchsweisen Trennung beruht, heißt *Variation der Konstanten*, und im nächsten Beispiel werden Sie sehen, woher dieser etwas seltsame Name kommt.

11.3.1 Beispiel Zu lösen ist die Gleichung

$$y' + \frac{y}{x} = \cos x.$$

Mit dieser Gleichung können Sie anstellen, was immer Sie wollen: eine schlichte Trennung der Variablen wird Ihnen nicht gelingen. Das liegt nicht an Ihnen, sondern an dem lästigen Term $\cos x$, der sich bei jeder Trennung als störend erweist. Wir ignorieren also für einen Moment den Störterm $\cos x$ und lösen die sogenannte *homogene* Gleichung

$$y' + \frac{y}{x} = 0.$$

Diese homogene Gleichung erhält man, indem man den Term, in dem nicht die geringste Spur von y oder y' auftaucht, durch 0 ersetzt. Das hat den Vorteil, dass die Trennung der Variablen anwendbar wird. Ich schreibe die Gleichung wieder um:

$$\frac{dy}{dx} = -\frac{y}{x}.$$

und finde

$$\frac{1}{y}dy = -\frac{1}{x}dx.$$

Das Integrieren auf beiden Seiten führt zu

$$\int \frac{1}{y}dy = -\int \frac{1}{x}dx,$$

und damit folgt:

$$\ln y = -\ln x + \tilde{c}.$$

Warum ich hier $\tilde{c}$ und nicht einfach c schreibe, habe ich schon in 11.2.5 (iii) erklärt. Ich verwende nun wieder die Exponentialfunktion und erhalte das Ergebnis:

$$y(x) = e^{\tilde{c}} \cdot e^{-\ln x} = c \cdot \frac{1}{e^{\ln x}} = c \cdot \frac{1}{x}.$$

Die Lösung der homogenen Gleichung lautet also

$$y(x) = \frac{c}{x}.$$

So weit ist alles gut gelaufen, nur leider haben wir die falsche Gleichung gelöst, und unsere mühevoll errechnete Lösung scheint mit dem ursprünglichen Problem nicht viel zu tun zu haben. Ich muss deshalb noch einen Schritt weitergehen. Wenn nämlich $y(x) = \frac{c}{x}$ mit einer Konstanten $c \in \mathbb{R}$ zu einfach gebaut ist, um meine Differentialgleichung zu lösen, dann kommen wir vielleicht besser voran, wenn wir

$$y(x) = \frac{c(x)}{x}$$

mit einer geeigneten Funktion $c(x)$ setzen. Ich *variiere also die Konstante*, indem ich an Stelle von c eine Funktion $c(x)$ einsetze. Sehen wir uns an, was dann mit der Differentialgleichung passiert. In dieser Gleichung kommt die Ableitung y' vor, und deshalb rechne ich erst einmal die Ableitung von $y(x) = c(x) \cdot \frac{1}{x}$ aus. Nach der Produktregel gilt:

$$y'(x) = c'(x) \cdot \frac{1}{x} + c(x) \cdot \left(\frac{1}{x}\right)' = c'(x) \cdot \frac{1}{x} - c(x) \cdot \frac{1}{x^2}.$$

Dabei kenne ich im Moment zwar weder $c(x)$ noch $c'(x)$, aber das kann mich nicht davon abhalten, meine neuen Erkenntnisse in die Differentialgleichung einzusetzen. Dann ergibt sich:

$$\cos x = y' + \frac{y}{x}$$

$$= c'(x) \cdot \frac{1}{x} - c(x) \cdot \frac{1}{x^2} + \frac{c(x) \cdot \frac{1}{x}}{x}$$

$$= c'(x) \cdot \frac{1}{x} - c(x) \cdot \frac{1}{x^2} + c(x) \cdot \frac{1}{x^2}$$

$$= c'(x) \cdot \frac{1}{x}.$$

Daran ist nichts Geheimnisvolles. Für y' habe ich in der ersten Gleichung die Formel eingesetzt, die ich mit der Produktregel herausgefunden hatte, und im Anschluss daran habe ich noch $y(x) = c(x) \cdot \frac{1}{x}$ verwendet. Das Bemerkenswerte daran ist nun, dass alle $c(x)$-Terme verschwinden und nur ein Term mit $c'(x)$ übrig bleibt. Wir sind also auf die Beziehung

$$\cos x = c'(x) \cdot \frac{1}{x}$$

gestoßen, und Auflösen nach $c'(x)$ führt zu

$$c'(x) = x \cos x.$$

Um von $c'(x)$ auf $c(x)$ zu kommen, brauchen wir nur noch zu integrieren. Tatsächlich haben wir vor längerer Zeit schon mit partieller Integration ausgerechnet, dass

$$\int x \cos x \, dx = x \sin x + \cos x + k$$

mit einer reellen Konstanten k gilt, und deshalb ist

$$c(x) = \int x \cos x \, dx = x \sin x + \cos x + k \text{ mit } k \in \mathbb{R}.$$

Nun sind wir fast fertig, denn es gilt

$$y(x) = c(x) \cdot \frac{1}{x} = (x \sin x + \cos x + k) \cdot \frac{1}{x} = \sin x + \frac{\cos x}{x} + \frac{k}{x}$$

mit $k \in \mathbb{R}$.

Sie sehen, dass die Variation der Konstanten schon etwas aufwendiger ist als die Trennung der Variablen. Die Idee ist jedoch recht einfach. Man löse zuerst die homogene Gleichung, ersetze die Konstante c durch eine Variable $c(x)$ und sehe zu, was dann mit der ursprünglichen Gleichung passiert. Ich sollte Sie aber nicht mit diesem lapidaren Satz allein lassen, sondern werde in der nächsten Bemerkung das Verfahren noch etwas genauer beschreiben.

11.3.2 Bemerkung Gegeben sei eine Differentialgleichung

$$y' = y \cdot f(x) + g(x).$$

Die *Variation der Konstanten* führt man nach dem folgenden Schema durch.

(i) Man löst die homogene Gleichung

$$y' = y \cdot f(x)$$

mit der Trennung der Variablen. Das Ergebnis lautet:

$$y(x) = c \cdot e^{\int f(x)dx}.$$

(ii) Man variiert die Konstante c zu einer Funktion $c(x)$, das heißt, man setzt

$$y(x) = c(x) \cdot e^{\int f(x)dx}.$$

(iii) Man berechnet mit der Produktregel die Ableitung dieser *Ansatzfunktion* $y(x)$.

(iv) Man setzt y und y' in die ursprüngliche Differentialgleichung ein und stellt fest, dass alle Terme wegfallen, in denen $c(x)$ vorkommt. Was übrig bleibt, ist ein Term mit $c'(x)$.

(v) Man berechnet $c(x)$ durch Integrieren und setzt anschließend das Ergebnis ein in die Formel

$$y(x) = c(x) \cdot e^{\int f(x)dx}.$$

Sie haben also einen guten Indikator für die Korrektheit Ihrer Rechnung: wenn nicht gegen Ende alle $c(x)$-Terme wegfallen und einem einzigen $c'(x)$-Term Platz machen, dann haben Sie unterwegs einen Fehler gemacht.

Wir sollten das Verfahren an einem weiteren Beispiel durchgehen.

11.3.3 Beispiel Zu lösen ist

$$y' = 2xy + e^{x^2} \sin x.$$

Der Störterm, in dem kein y auftaucht, ist offenbar $e^{x^2} \sin x$, und die homogene Gleichung lautet:

$$y' = 2xy.$$

Sie ist einer Trennung der Variablen zugänglich. Wie gewohnt schreibe ich

$$\frac{dy}{dx} = 2xy, \text{ also } \frac{1}{y}dy = 2x dx.$$

Folglich ist

$$\int \frac{1}{y} dy = \int 2x\, dx,$$

und das bedeutet:

$$\ln y = x^2 + \tilde{c}.$$

Die Exponentialfunktion führt dann zu der vorläufigen Lösung

$$y(x) = c \cdot e^{x^2}.$$

Damit ist Schritt (i) erledigt. Für Schritt (ii) muss ich die Konstante zu einer Funktion variieren, und deshalb bilde ich die Ansatzfunktion

$$y(x) = c(x) \cdot e^{x^2}.$$

Die Ableitung, die ich laut Schritt (iii) auszurechnen habe, liefern mir die Produkt- und die Kettenregel. Es gilt nämlich

$$y'(x) = c'(x)e^{x^2} + c(x)(e^{x^2})' = c'(x)e^{x^2} + c(x) \cdot 2x \cdot e^{x^2}.$$

Schon wieder ist ein Schritt getan, und wir können uns dem vierten Schritt zuwenden: dem Einsetzen in die Differentialgleichung. Sie lautet

$$y' = 2xy + e^{x^2} \sin x,$$

und nach den Schritten (ii) und (iii) folgt daraus:

$$c'(x)e^{x^2} + c(x) \cdot 2x \cdot e^{x^2} = 2x \cdot c(x)e^{x^2} + e^{x^2} \sin x.$$

Beachten Sie dabei, dass ich nur die neuen Formeln für y und y' in die Differentialgleichung eingesetzt habe. Glücklicherweise ist dabei kein Fehler vorgekommen, denn ich stelle tatsächlich fest, dass alle $c(x)$-Terme wegfallen und die Gleichung

$$c'(x)e^{x^2} = e^{x^2} \sin x$$

übrig bleibt. Das trifft sich gut, denn ich kann auf beiden Seiten durch e^{x^2} teilen, was zu der stark vereinfachten Gleichung

$$c'(x) = \sin x$$

führt. Sie hat die Lösungen

$$c(x) = -\cos x + k \text{ mit beliebigem } k \in \mathbb{R}.$$

Damit haben wir $c(x)$ gefunden, und Schritt (v) verlangt nur noch, die neue Formel in die Ansatzfunktion einzusetzen. Es ergibt sich:

$$y(x) = c(x) \cdot e^{x^2} = (-\cos x + k) \cdot e^{x^2}$$

mit einer beliebigen Konstanten $k \in \mathbb{R}$.

Vielleicht ist Ihnen aufgefallen, dass ich zwar die Methode ausführlich erklärt, aber bisher darauf verzichtet habe, einen allgemeinen Satz anzugeben, der eine Lösungsformel zur Verfügung stellt. So einen Satz gibt es, er ist allerdings nicht sehr nützlich, wenn es darum geht, die Zusammenhänge bei der Variation der Konstanten zu verstehen. Sie sollten ihn sich erst einmal anschauen, und danach rede ich noch ein wenig darüber.

11.3.4 Satz Es seien $I \subseteq \mathbb{R}$ ein Intervall und $f, g : I \to \mathbb{R}$ stetig. Dann ist die Lösung von

$$y' = y \cdot f(x) + g(x)$$

gegeben durch

$$y(x) = e^{\int f(x)dx} \cdot \int g(x) \cdot e^{-\int f(x)dx} dx + k \cdot e^{\int f(x)dx},$$

wobei $k \in \mathbb{R}$ eine beliebige Konstante ist.

Ich will nicht einmal sagen, dass Sie die Formel gleich wieder vergessen sollen, denn das würde voraussetzen, dass Sie sich dieses Untier erst einmal merken. Sie ist auch völlig unwichtig, denn Sie beherrschen, wie ich hoffe, die Methode der Variation der Konstanten und brauchen keine langatmigen Lösungsformeln, um Differentialgleichungen des angegebenen Typs zu lösen. Die Formel entsteht, wenn man die Variation der Konstanten auf die allgemeine Gleichung $y' = y \cdot f(x) + g(x)$ anwendet und mit den abstrakten Funktionen f und g konsequent bis zum Ende durchrechnet. Kein normaler Mensch ist aber in der Lage, diesen Bandwurm im Kopf zu behalten, und ich appelliere an Sie, es auch gar nicht erst zu versuchen. Viel wichtiger ist, dass Ihnen die Schritte klar sind, die man bei einer Variation der Konstanten durchführen muss.

Immerhin kann man an der Lösungsformel einen wesentlichen Punkt ablesen. Sie enthält nämlich eine beliebige Konstante $k \in \mathbb{R}$, und das ist wichtig, wenn man Anfangswertprobleme zu lösen hat.

11.3.5 Beispiel Zu lösen ist das *Anfangswertproblem*

$$y' = 2xy + e^{x^2} \sin x \text{ mit } y(0) = 1.$$

Aus 11.3.3 wissen Sie, dass die Differentialgleichung von der Funktion

$$y(x) = (-\cos x + k) \cdot e^{x^2}$$

mit einer beliebigen Konstanten $k \in \mathbb{R}$ gelöst wird. Mit Hilfe der Anfangswertbedingung $y(0) = 1$ kann man jetzt die Konstante k konkretisieren. Es muss gelten:

$$1 = y(0) = (-\cos 0 + k) \cdot e^0 = -1 + k.$$

Folglich ist $k = 2$ und die Funktion lautet:

$$y(x) = (2 - \cos x) \cdot e^{x^2}.$$

Sie lösen also hier ein Anfangswertproblem genauso wie bei der Trennung der Variablen. Sobald Sie die allgemeine Lösung gefunden haben, in der noch eine reelle Konstante k vorkommt, setzen Sie die Anfangsbedingung in die gefundene Lösung ein und berechnen daraus die Konstante k. Dann ist jede Unklarheit beseitigt, und die Lösungsfunktion liegt eindeutig fest.

Damit verfügen wir schon über zwei Methoden zur Lösung von Differentialgleichungen. Im nächsten Abschnitt zeige ich Ihnen, dass sich in manchen Differentialgleichungen eine Trennung der Variablen versteckt.

11.4 Substitutionen

Ein letztes Mal muss ich den Vergleich zwischen Differentialgleichungen und dem richtigen Leben bemühen. Manchmal gibt es Trennungen, die dem Außenstehenden für eine Weile verborgen bleiben, weil die Beteiligten vielleicht noch die Steuervorteile genießen wollen oder eine Erbschaft nur gemeinsam angetreten werden kann. Bei Differentialgleichungen gibt es ein ähnliches Phänomen. Gelegentlich trifft man nämlich auf Gleichungen, die sich mit der Trennung der Variablen lösen lassen, obwohl sie gar nicht danach aussehen. Das ist dann der Fall, wenn man eine Gleichung mit einer geeigneten *Substitution* auf eine Differentialgleichung mit getrennten Variablen zurückführen kann.

11.4.1 Bemerkung Gegeben sei eine Funktion f und eine Differentialgleichung der Form

$$y' = f(ax + by + c) \text{ mit } b \neq 0.$$

Ich muss hier $b \neq 0$ voraussetzen, weil die Gleichung sonst $y' = f(ax + c)$ heißen würde und durch schlichtes Integrieren zu lösen wäre. Sie haben kaum eine Chance, bei so einer Gleichung die Variablen zu trennen, da erstens die Funktion f im Weg steht und zweitens die Variablen in der Klammer additiv verknüpft sind und nicht multiplikativ, wie man das bei einer Variablentrennung bräuchte. Sie brauchen aber nicht zu verzagen, denn wir werden jetzt eine kleine Substitution vornehmen. Ich führe nämlich mit

$$z = ax + by + c$$

eine neue Variable ein. Dann ist

$$y = \frac{1}{b}(z - ax - c),$$

also

$$y' = \frac{1}{b}(z' - a).$$

Wir haben somit die Ableitung von y durch die Ableitung von z ausgedrückt. Die Idee besteht nun darin, eine Differentialgleichung für z zu lösen und dann y aus der Formel $y = \frac{1}{b}(z - ax - c)$ zu berechnen.

Die ursprüngliche Differentialgleichung liefert nämlich noch eine weitere Gleichung für y': den Klammerinhalt habe ich mit z bezeichnet, und deshalb lautet die Differentialgleichung abgekürzt

$$y' = f(z).$$

Jetzt liegen uns zwei Formeln für y' vor, und nichts liegt näher als beide gleichzusetzen. Damit folgt:

$$\frac{1}{b}(z' - a) = f(z),$$

und Auflösen nach z' ergibt

$$z' = bf(z) + a.$$

Diese neue Differentialgleichung ist deutlich einfacher als die alte, und vor allem kann man sie mit der Trennung der Variablen behandeln. Dazu schreibe ich

$$\frac{dz}{dx} = bf(z) + a$$

und finde:

$$\frac{1}{bf(z) + a} dz = 1 dx.$$

Ab hier geht alles wie immer. Sie integrieren die linke Seite nach z und die rechte Seite nach x, lösen nach z auf und setzen zum Schluss die Formel für z in die Substitutionsgleichung $y = \frac{1}{b}(z - ax - c)$ ein.

Es ist immer etwas schwierig, eine Methode zu verstehen, solange sie nur abstrakt erklärt und nicht durch Beispiele verdeutlicht wird. Bevor ich ein Beispiel zu dieser Substitutionsart rechne, möchte ich aber noch bemerken, dass man hier wie so oft ein wenig vom Glück abhängig ist. Sie müssen unterwegs das Integral $\int \frac{1}{bf(z)+a} dz$ ausrechnen, und wenn Sie etwas Pech haben, dann geht das nur unter Schwierigkeiten oder vielleicht auch gar nicht. Dazu brauchen Sie sich nur den Fall $a = b = 1$ und $f(z) = e^{z^2}$ vorzustellen, der zu dem Integral $\int \frac{1}{e^{z^2}+1} dz$ führt. Dieses Integral kann man nicht in einer brauchbaren Form lösen, sondern nur als Potenzreihe, und es dürfte kein reines Vergnügen sein, eine Potenzreihe nach z aufzulösen. Es gibt aber natürlich eine Fülle von auflösbaren Beispielen.

11.4.2 Beispiel Zu lösen ist

$$y' = (x + y + 1)^3 - 1.$$

Mit $z = x + y + 1$ ist dann

$$y' = z^3 - 1$$

und natürlich

$$z' = 1 + y', \text{ also } y' = z' - 1,$$

wie man durch Ableiten der *Substitutionsgleichung* $z = x + y + 1$ findet. Nun setze ich beide Formeln für y' gleich und erhalte:

$$z' - 1 = z^3 - 1.$$

Damit habe ich eine Differentialgleichung für die Funktion z gefunden, die den Vorteil hat, besonders einfach zu sein, denn sie reduziert sich zu der Gleichung

$$z' = z^3, \text{ und das heißt } \frac{dz}{dx} = z^3.$$

Einer Trennung der Variablen steht nun nichts mehr entgegen. Den Ausdruck z^3 zieht es zum dz, und dx findet seine Heimat auf der rechten Seite der Gleichung. Daraus folgt:

$$\frac{1}{z^3} dz = 1 dx, \text{ also } \int \frac{1}{z^3} dz = \int 1 dx.$$

Den Integranden $\frac{1}{z^3}$ kann man auch als z^{-3} schreiben, und deswegen ergeben sich die Integrale

$$-\frac{1}{2z^2} = x + c \text{ mit } c \in \mathbb{R}.$$

Die Formel für z muss ich zum Schluss in die Gleichung $y = z - x - 1$ einsetzen, aber dafür sollte ich z erst einmal ausrechnen. Es gilt:

$$-2z^2 = \frac{1}{x + c} \text{ und folglich } z = \sqrt{-\frac{1}{2(x + c)}}.$$

Durch Einsetzen folgt dann sofort

$$y(x) = z - x - 1 = \sqrt{-\frac{1}{2(x + c)}} - x - 1 \text{ mit } c \in \mathbb{R}.$$

Sie sollten sich bei diesem Beispiel übrigens nicht daran stören, dass eine vermeintlich negative Zahl unter der Wurzel steht. Das scheint nämlich nur so. Ist zum Beispiel $c = 0$, dann finden Sie unter der Wurzel den Ausdruck $-\frac{1}{2x}$, und das heißt nur, dass der Definitionsbereich der Lösung $y(x)$ genau die negativen Zahlen sind. Für negative x-Werte wird das Minuszeichen vor dem Bruch aufgehoben, und alles ist in bester Ordnung.

In der nächsten Bemerkung möchte ich Ihnen noch eine weitere Substitutionsart vorstellen.

11.4.3 Bemerkung Gegeben sei eine Funktion f und eine Differentialgleichung der Form

$$y' = f\left(\frac{y}{x}\right).$$

Ohne die lästige Funktion f wäre das ein klarer Fall für eine Trennung der Variablen, aber so steht nun einmal f im Weg, und wir müssen es mit einer Substitution versuchen. Der Kandidat für die Substitution ist ziemlich klar: es kommt wohl nur

$$z = \frac{y}{x}$$

in Frage. Ich gehe jetzt im Prinzip genauso vor wie in 11.4.1, das heißt, ich schreibe y' auf zwei verschiedene Arten und setze dann beide Formeln gleich. Zunächst ist natürlich

$$y = z \cdot x$$

und aus der Produktregel folgt:

$$y' = z' \cdot x + z \cdot 1 = z' \cdot x + z.$$

Andererseits ist

$$y' = f\left(\frac{y}{x}\right) = f(z),$$

denn $z = \frac{y}{x}$. Wieder habe ich zwei Formeln für die Ableitung von y und kann sie leichten Herzens gleichsetzen. Dann erhalte ich die Gleichung

$$z' \cdot x + z = f(z).$$

Sie sieht vielleicht zunächst gar nicht so aus, als könnte man ihre Variablen trennen, aber auch das ist nur scheinbar. Ich löse die Gleichung nach der Ableitung von z auf und schreibe diese Ableitung auch gleich als Quotient. Sie lautet dann

$$\frac{dz}{dx} = \frac{f(z) - z}{x}.$$

Jetzt kann ich die Variablen ganz leicht trennen, indem ich schreibe

$$\frac{1}{f(z) - z}dz = \frac{1}{x}dx$$

und anschließend zu den entsprechenden Integralen übergehe. Danach ist die Vorgehensweise dieselbe wie in 11.4.1: man löst nach z auf und setzt die Formel für z in die Gleichung $y = z \cdot x$ ein.

Auch diese Methode ist ein Beispiel wert.

11.4.4 Beispiel Zu lösen ist

$$y' = 1 + \frac{y}{x} + \frac{y^2}{x^2}.$$

Dass man hier $z = \frac{y}{x}$ setzt, wäre Ihnen wohl auch ins Auge gesprungen, wenn ich nicht die ganze Zeit über diese Substitution gesprochen hätte. Ich löse mit $y = zx$ nach y auf und berechne die Ableitung y' mit der Produktregel. Dann ist

$$y' = z'x + z.$$

Andererseits ist

$$y' = 1 + \frac{y}{x} + \frac{y^2}{x^2} = 1 + z + z^2.$$

Es ist immer das gleiche Spiel: sobald man zwei verschiedene Formeln für y' vor sich hat, setzt man sie gleich und sieht zu, wie weit man damit kommt. In diesem Fall erhalten wir:

$$z'x + z = 1 + z + z^2.$$

Das ist gar nicht übel, denn der Term z fällt auf beiden Seiten weg, und beim Auflösen nach z' finde ich die Gleichung

$$z' = \frac{1 + z^2}{x}, \text{ und daraus folgt } \frac{dz}{dx} = \frac{1 + z^2}{x}.$$

Sie wissen natürlich, wie es jetzt weitergeht. Zunächst trennen wir die Variablen und dann integrieren wir auf beiden Seiten mit dem Resultat

$$\int \frac{1}{1 + z^2} dz = \int \frac{1}{x} dx.$$

Das rechte Integral kennen Sie wahrscheinlich im Schlaf, aber aus irgendeinem Grund wird das linke Integral immer wieder vergessen. Falls es Ihnen auch so geht, sollten Sie einen kurzen Blick in die Tabelle aus 8.1.21 werfen, und sofort ist das Problem gelöst. Wir erhalten nämlich:

$$\arctan z = \ln |x| + c \text{ mit einer Kostanten } c \in \mathbb{R}.$$

Nach z löse ich auf, indem ich auf beide Seiten den Tangens anwende. Damit lautet die Formel für z:

$$z = \tan(\ln |x| + c),$$

und daraus folgt

$$y(x) = x \cdot z = x \cdot \tan(\ln |x| + c).$$

Es ist klar, dass es noch beliebig viele Möglichkeiten zur Substitution gibt. Ich kann hier nicht alle besprechen, weil niemand weiß, welche Substitution im Einzelfall nötig ist und prinzipiell jede Kombination von x- und y-Werten für eine Substitution verwendet werden kann, sofern nur die Differentialgleichung entsprechend aussieht. Die beiden Substitutionen $z = ax + by + c$ und $z = \frac{y}{x}$ sind also nur Musterbeispiele aus einer Riesenklasse von Möglichkeiten.

Sie sind jetzt hinreichend vertraut mit der Welt der Differentialgleichungen, um eine der wichtigsten Arten solcher Gleichungen kennenzulernen: die linearen Differentialgleichungen. Sie werden uns den ganzen Rest des Kapitels beschäftigen.

11.5 Lineare Differentialgleichungen

Im dritten Kapitel habe ich Ihnen einiges über das Lösen von Gleichungen berichtet. Sie haben gesehen, dass man lineare Gleichungen in einer Variablen schnell und fast ohne hinzusehen lösen kann, während quadratische Gleichungen immerhin nach einer Lösungsformel verlangen, auf die man erst einmal kommen muss. Noch unangenehmer wird die

Situation bei Gleichungen höheren Grades, denn beim Grad drei und vier fällt es schwer zu entscheiden, ob die Lösungsformeln nur scheußlich oder schon unerträglich hässlich sind, und bei höheren Graden gibt es überhaupt keine geschlossenen Formeln zur Berechnung der Lösungen. Im Grunde liegen diese Komplikationen daran, dass man die Unbekannte x nicht im natürlichen Zustand der Linearität belässt, sondern sie potenziert und sonstige üble Dinge mit ihr anstellt. Wann immer man sich auf lineare Probleme beschränkt, hat man dagegen gute Chancen, mit dem Leben zurecht zu kommen.

Nun ist die Unbekannte in Differentialgleichungen nicht die Variable x, sondern die Funktion $y(x)$. Wenn wir also nach einem einfachen und erfolgversprechenden Typ von Differentialgleichungen suchen, dann liegt es nahe, y und seine Ableitungen weitgehend in Ruhe zu lassen und nichts Unübersichtliches wie Potenzierungen oder gar Exponentialfunktionen auf sie anzuwenden. Solche Gleichungen nennt man *lineare Differentialgleichungen*.

11.5.1 Definition Es seien $I \subseteq \mathbb{R}$ ein Intervall und $a_0, a_1, \ldots, a_{n-1} : I \to \mathbb{R}$ stetige Funktionen. Die Gleichung

$$y^{(n)}(x) + a_{n-1}(x)y^{(n-1)}(x) + \cdots + a_1(x)y'(x) + a_0(x)y(x) = 0$$

heißt *homogene lineare Differentialgleichung n-ter Ordnung*. Ist weiterhin $b : I \to \mathbb{R}$ eine stetige Funktion, so heißt die Gleichung

$$y^{(n)}(x) + a_{n-1}(x)y^{(n-1)}(x) + \cdots + a_1(x)y'(x) + a_0(x)y(x) = b(x)$$

inhomogene lineare Differentialgleichung n-ter Ordnung.

Die Linearität der Gleichung drückt sich also darin aus, dass man mit der Funktion y und ihren Ableitungen nichts anderes anstellt als sie mit ein paar *Koeffizientenfunktionen* zu multiplizieren und anschließend alles zusammenzuzählen. Für die Funktionen $a_0, \ldots, a_{n-1}$ ist dagegen alles erlaubt, was Ihnen an Kompliziertheiten einfallen mag; wichtig ist nur, dass Sie y in Ruhe lassen.

Sehen wir uns Beispiele für diesen Gleichungstyp an.

11.5.2 Beispiele

(i)
$$y'' + 3x^2 y' + 7y = 0.$$

Sie haben hier eine lineare homogene Differentialgleichung zweiter Ordnung vor sich. Die Gleichung ist linear, obwohl der Term x^2 vorkommt, weil es bei der Linearität nur auf das Verhalten von y und seinen Ableitungen ankommt, nicht aber auf die Gestalt der Koeffizientenfunktionen, die y begleiten.

(ii)

$$y' - 3 \sin x \cdot y = \cos x.$$

Die höchste auftretende Ableitung ist die erste, und deshalb hat die Gleichung die Ordnung eins. Sie ist linear, denn sowohl y als auch y' werden in Ruhe gelassen und niemand verlangt von ihnen, sich quadrieren oder sonst etwas Unanständiges mit sich machen zu lassen. Da schließlich auf der rechten Seite keine Null, sondern der Cosinus steht, ist die Gleichung inhomogen.

(iii)

$$(y')^2 = y.$$

Hier wird die erste Ableitung quadriert, und somit kann die Gleichung nicht mehr linear sein.

Ich will jetzt keine falschen Hoffnungen in Ihnen wecken. Tatsache ist, dass auch lineare Differentialgleichungen nicht immer einfach und manchmal gar nicht zu lösen sind. Immerhin kann man bei einer linearen Differentialgleichung immer angeben, wie die Menge der Lösungen strukturiert ist: bei einer homogenen linearen Differentialgleichung n-ter Ordnung gibt es n „Grundlösungen", aus denen sich alle anderen Lösungen zusammensetzen. Um das etwas deutlicher zu machen, brauche ich den Begriff der *linearen Unabhängigkeit*.

Wenn ich schon andauernd von Trennungen rede, dann sollte ich auch wenigstens einmal etwas Positives sagen. Stellen Sie sich also einmal vor, Sie werden irgendwann heiraten (falls Sie das nicht schon längst getan haben). Bei aller Liebe ist es natürlich denkbar, dass Ihr Partner oder Ihre Partnerin auch ohne Sie existieren kann, denn schließlich hat er oder sie das jahrelang geschafft. In einem gewissen Sinne sind Sie also voneinander unabhängig. Nun werden Sie vielleicht Kinder haben, und das verändert sofort die Abhängigkeitssituation. Ihr Kind ist ohne Sie nicht denkbar, weil es ohne Sie einfach nicht existieren würde, und deshalb ist es alles andere als unabhängig von seinen Eltern; es verdankt seine Existenz als Mensch einer Art Kombination zweier anderer Existenzen.

Erstaunlicherweise kann man dieses Konzept auf Funktionen übertragen.

11.5.3 Definition Eine Menge von Funktionen $\{y_1, \ldots, y_n\}$ heißt *linear unabhängig*, wenn man keine Funktion aus den anderen *linear kombinieren* kann, das heißt, für eine beliebige Funktion y_i gibt es *keine* Kombination der Form

$$y_i(x) = c_1 \cdot y_1(x) + c_2 \cdot y_2(x) + \cdots + c_{i-1} \cdot y_{i-1}(x) + c_{i+1} \cdot y_{i+1}(x) + \cdots + c_n \cdot y_n(x)$$

mit $c_1, \ldots, c_n \in \mathbb{R}$.

Falls man ein y_i aus den anderen Funktionen linear kombinieren kann, heißt die Menge *linear abhängig*.

Das ist eine sehr formale Beschreibung eines einfachen Sachverhaltes. Die Funktionen sind linear unabhängig, wenn keine Funktion auf einfache Weise aus den anderen hergestellt werden kann, und falls Sie eine der Funktionen mit linearen Mitteln aus ihren Mitstreitern zusammensetzen können, dann sind sie linear abhängig. Ich vermute, dass dieser Begriff einige Schwierigkeiten bereitet, und deshalb konkretisieren wir ihn an drei Beispielen.

11.5.4 Beispiele

(i) Es sei $n = 2$, $y_1(x) = x$ und $y_2(x) = x^2$. Dann ist $\{y_1, y_2\}$ linear unabhängig, denn Sie können y_1 nicht aus y_2 herstellen und umgekehrt y_2 auch nicht aus y_1: schließlich können Sie keine reelle Zahl c finden, die gleichzeitig für alle $x \in \mathbb{R}$ die Gleichung

$$x = cx^2 \text{ oder } x^2 = cx$$

erfüllt.

(ii) Es sei $n = 3$, $y_1(x) = 1$, $y_2(x) = x$ und $y_3(x) = x^2$. Diese drei Funktionen sind linear unabhängig. Falls Sie nämlich y_1 als Linearkombination der anderen beiden Funktionen darstellen könnten, müsste es zwei reelle Zahlen c_2 und c_3 geben, die die Gleichung

$$1 = c_2 x + c_3 x^2$$

für alle $x \in \mathbb{R}$ gleichzeitig erfüllen. Welche Zahlen $c_{2,3}$ sie aber auch wählen mögen, die Gleichung ist immer eine quadratrische Gleichung in x, und eine quadratische Gleichung kann höchstens von zwei Zahlen erfüllt werden und auf gar keinen Fall für alle reellen Zahlen gelten.

(iii) Es sei $n = 2$ und $y_1(x) = \sin x$, $y_2(x) = 17 \sin x$. Dann ist $\{y_1, y_2\}$ linear abhängig, denn es gilt $y_2 = 17 y_1$.

Wichtig ist nun, dass es immer n linear unabhängige Lösungen gibt, wie ich gleich im nächsten Satz formulieren werde. Ich werde dabei auch den Begriff der Determinante verwenden, auf den ich im Anschluss an den Satz noch einmal kurz zu sprechen komme.

11.5.5 Satz Es sei L_H die Lösungsmenge einer linearen homogenen Differentialgleichung n-ter Ordnung. Dann gibt es n linear unabhängige Lösungen $y_1, \ldots, y_n$ der Differentialgleichung, und es gilt

$$L_H = \{c_1 y_1(x) + \cdots + c_n y_n(x) \mid c_1, \ldots, c_n \in \mathbb{R}\}.$$

Aus den *Grundlösungen* $y_1, \ldots, y_n$ lässt sich also mit Hilfe von Linearkombinationen die gesamte Lösungsmenge berechnen.

Weiterhin sind n Lösungen $y_1, \ldots, y_n \in L_H$ genau dann linear unabhängig, wenn für die *Wronski-Determinante*

$$W(x) = \det \begin{pmatrix} y_1(x) & \cdots & y_n(x) \\ y_1'(x) & \cdots & y_n'(x) \\ \vdots & & \vdots \\ y_1^{(n-1)}(x) & \cdots & y_n^{(n-1)}(x) \end{pmatrix} \neq 0$$

gilt. Dabei genügt schon $W(x) \neq 0$ für *ein* x.

Das ist wohl ein bisschen zu viel auf einmal. Bevor ich den Satz kurz erkläre, möchte ich noch sagen, dass der Schöpfer dieser Determinante eigentlich Hoene-Wronski hieß, aber vermutlich fand man den Namen Hoene-Wronski-Determinante wegen seiner Länge noch etwas abschreckender als die Determinante selbst, und so hat sich der Name Wronski-Determinante durchgesetzt. Hoene-Wronski war übrigens von seinem dreizehnten bis zu seinem sechzehnten Lebensjahr bei der polnischen Artillerie und anschließend vier Jahre lang in Gefangenschaft. Bei einer solchen Jugend sollten Sie ihm die Determinante verzeihen.

Nun aber zu der Aussage selbst. Den ersten Teil habe ich mehr oder weniger schon vorher verraten: es gibt n Grundlösungen, und jede Lösung kann man erhalten, indem man diese n Grundlösungen linear kombiniert. Wenn man also die n Grundlösungen kennt, dann hat man eigentlich schon alle Lösungen der Gleichung in der Hand, denn eine Linearkombination von Funktionen sollte kein Problem darstellen. Etwas unangenehmer ist das Kriterium dafür, dass n Lösungen auch tatsächlich linear unabhängig sind. Der Begriff der Determinante ist Ihnen schon im zweiten Kapitel im Zusammenhang mit dem Vektorprodukt und dem Spatprodukt begegnet, allerdings nur für Matrizen mit drei Zeilen und drei Spalten. Im nächsten Kapitel werde ich noch einmal genauer auf Determinanten zu sprechen kommen; im Moment möchte ich Sie bitten, sich auf Kap. 12 vertrösten zu lassen und einfach zur Kenntnis zu nehmen, dass man dreireihige Determinanten nach der Sarrusregel aus dem zweiten Kapitel berechnet und zweireihige Determinanten als

$$\det \begin{pmatrix} a & b \\ c & d \end{pmatrix} = ad - bc$$

definiert sind.

Um zu testen, ob n Lösungen $y_1, \ldots, y_n$ auch wirklich linear unabhängige Grundlösungen sind, muss ich also die Wronski-Determinante ausrechnen und sehen, ob sie zu Null wird. Zum Glück muss ich das nicht für jedes x einzeln machen; wenn sie für irgendein beliebiges x von Null verschieden ist, dann ist schon die lineare Unabhängigkeit garantiert und ich habe alle Lösungen, die ich brauche. Aber wahrscheinlich rede ich schon wieder zu viel und sollte Ihnen lieber ein Beispiel zeigen.

11.5.6 Beispiel Ich betrachte die Differentialgleichung

$$y'' - \frac{1}{2x}y' + \frac{1}{2x^2}y = 0 \text{ mit } x > 0.$$

Es ist eine homogene lineare Differentialgleichung zweiter Ordnung, und nach Satz 11.5.5 gibt es zwei linear unabhängige Grundlösungen y_1 und y_2, aus denen sich alle Lösungen kombinieren lassen. Lassen wir ausnahmsweise die Lösungen vom Himmel fallen und versuchen es mit

$$y_1(x) = x \text{ und } y_2(x) = \sqrt{x}.$$

Dann ist $y_1'(x) = 1$, $y_1''(x) = 0$, und deshalb:

$$y_1'' - \frac{1}{2x}y_1' + \frac{1}{2x^2}y_1 = 0 - \frac{1}{2x} \cdot 1 + \frac{1}{2x^2} \cdot x = -\frac{1}{2x} + \frac{1}{2x} = 0.$$

Die Funktion y_1 ist also tatsächlich eine Lösung. Zum Test von y_2 schreibe ich $y_2(x) = \sqrt{x} = x^{\frac{1}{2}}$. Dann ist

$$y_2'(x) = \frac{1}{2}x^{-\frac{1}{2}} \text{ und } y_2''(x) = -\frac{1}{4}x^{-\frac{3}{2}}.$$

Beim Einsetzen in die Gleichung erhalte ich demnach

$$y_2'' - \frac{1}{2x}y_2' + \frac{1}{2x^2}y_2 = -\frac{1}{4}x^{-\frac{3}{2}} - \frac{1}{2x} \cdot \frac{1}{2}x^{-\frac{1}{2}} + \frac{1}{2x^2} \cdot x^{\frac{1}{2}}$$

$$= x^{-\frac{3}{2}} \cdot \left(-\frac{1}{4} - \frac{1}{4} + \frac{1}{2}\right) = 0.$$

Auch y_2 ist also eine Lösung der Differentialgleichung, und wir haben Grund zu der Hoffnung, beide Grundlösungen gefunden zu haben. Satz 11.5.5 sagt uns aber, wie wir diese Hoffnung überprüfen können: wir müssen nur die Wronski-Determinante ausrechnen und nachsehen, ob sie zu Null wird. Nun ist

$$W(x) = \det \begin{pmatrix} y_1(x) & y_2(x) \\ y_1'(x) & y_2'(x) \end{pmatrix} = \det \begin{pmatrix} x & \sqrt{x} \\ 1 & \frac{1}{2\sqrt{x}} \end{pmatrix}$$

$$= x \cdot \frac{1}{2\sqrt{x}} - \sqrt{x} \cdot 1 = -\frac{1}{2}\sqrt{x} \neq 0,$$

denn ich hatte $x > 0$ vorausgesetzt. Die Funktionen y_1, y_2 sind daher linear unabhängig und stellen die Grundlösungen der Differentialgleichung dar. Jede Lösung hat also die Form

$$y(x) = c_1 x + c_2 \sqrt{x}$$

mit reellen Zahlen c_1, c_2.

Normalerweise stößt die Wronski-Determinante bei den Studenten auf wenig Gegenliebe; ich vermute, Ihnen wird es ähnlich gehen. Ich kann Ihnen allerdings versichern, dass ich sie so gut wie gar nicht mehr brauchen werde, sie wird nur noch einmal ganz am Rande erwähnt werden. Wir sollten uns aber mit einem einigermaßen ernsthaften Problem auseinandersetzen. Es ist nicht sehr schwer zu testen, ob eine gegebene Funktion y Lösung einer gegebenen linearen Differentialgleichung ist: man rechne die Ableitungen von y aus und setze ein. Die Frage ist nur, wo diese Lösung herkommt, wenn sie einem nicht zufällig wie in 11.5.6 geschenkt wird. Im allgemeinen Fall ist diese Frage nicht leicht zu beantworten, aber sie wird viel übersichtlicher, wenn man einen etwas spezielleren Typ linearer Differentialgleichungen betrachtet. Das werde ich gleich im nächsten Abschnitt angehen, zunächst aber sollte ich noch einen Begriff einführen.

11.5.7 Definition Sind die Funktionen $y_1, \ldots, y_n$ linear unabhängige Lösungen einer linearen homogenen Differentialgleichung n-ter Ordnung, dann heißt die Menge

$$\{y_1, \ldots, y_n\}$$

ein *Fundamentalsystem* der Differentialgleichung.

Das Wort „Fundamentalsystem" ist also nur eine vornehmere Bezeichnung für die Tatsache, dass die Funktionen $y_1, \ldots, y_n$ die Grundlösungen der Gleichung sind. Im nächsten Abschnitt zeige ich Ihnen, wie man in bestimmten Fällen Fundamentalsysteme berechnet.

11.6 Lineare Differentialgleichungen mit konstanten Koeffizienten

Es ist ja eine feine Sache, die Strukur des Lösungsraumes L_H angeben zu können, aber ganz zufriedenstellend ist es wohl nicht. Vermutlich würde sich Ihre Begeisterung auch in Grenzen halten, wenn Sie zwar die Zutaten und Mischungsverhältnisse eines Kuchens genau beschreiben könnten, ihn aber nicht essen dürften, und das Essen des Kuchens entspricht in unserem Fall dem konkreten Lösen einer Differentialgleichung. Leider geht das nicht immer, aber falls man bereit ist, die Gleichungen etwas einfacher zu gestalten, lassen sich die Lösungen ohne große Probleme angeben. Die Idee dabei ist, die Koeffizientenfunktionen $a_0(x), \ldots, a_{n-1}(x)$ in der Differentialgleichung durch schlichte Zahlen zu ersetzen, in der Hoffnung, dann auf einfachere Verhältnisse zu stoßen.

11.6.1 Definition Die Gleichung

$$y^{(n)} + a_{n-1} y^{(n-1)} + \cdots + a_1 y' + a_0 y = 0$$

mit $a_0, \ldots, a_{n-1} \in \mathbb{R}$ heißt *lineare homogene Differentialgleichung mit konstanten Koeffizienten*. Ist $b(x)$ eine beliebige Funktion, dann heißt die Gleichung

$$y^{(n)} + a_{n-1} y^{(n-1)} + \cdots + a_1 y' + a_0 y = b(x)$$

lineare inhomogene Differentialgleichung mit konstanten Koeffizienten.

Ich habe also nichts weiter getan, als an die Stelle der Koeffizientenfunktionen $a_0(x), \ldots, a_{n-1}(x)$ reelle Zahlen $a_0, \ldots, a_{n-1}$ zu setzen. In der nächsten Bemerkung zeige ich Ihnen, welche Konsequenzen das für die Lösungen der Differentialgleichung hat.

11.6.2 Bemerkung Sie kennen bereits eine homogene lineare Differentialgleichung mit konstanten Koeffizienten: die Gleichung $y' - y = 0$ bzw. $y' = y$ hat die Lösungen $y(x) = ce^x$, denn die Exponentialfunktion ist die einzige Funktion, die mit ihrer Ableitung übereinstimmt. Es scheint also sinnvoll zu sein, es auch bei irgendeiner Gleichung

$$y^{(n)} + a_{n-1}y^{(n-1)} + \cdots + a_1 y' + a_0 y = 0$$

mit einer Exponentialfunktion zu versuchen. In der Regel wird e^x alleine nicht ausreichen, und deshalb mache ich den Ansatz:

$$y(x) = e^{\lambda x} \text{ mit } \lambda \in \mathbb{R}.$$

Nun gibt es nur einen Weg, um herauszufinden, ob dieser Ansatz zum Erfolg führt: ich setze $y(x)$ in die Differentialgleichung ein und sehe nach, was herauskommt. Nach der Kettenregel gilt:

$$y'(x) = \lambda \cdot e^{\lambda x}, y''(x) = \lambda^2 \cdot e^{\lambda x}, \ldots, y^{(n)}(x) = \lambda^n \cdot e^{\lambda x}.$$

Das macht das Einsetzen besonders einfach, denn es folgt:

$$
\begin{aligned}
y^{(n)}(x) &+ a_{n-1}y^{(n-1)}(x) + \cdots + a_1 y'(x) + a_0 y(x) \\
&= \lambda^n \cdot e^{\lambda x} + a_{n-1}\lambda^{n-1} \cdot e^{\lambda x} + \cdots + a_1 \lambda \cdot e^{\lambda x} + a_0 \cdot e^{\lambda x} \\
&= e^{\lambda x} \cdot (\lambda^n + a_{n-1}\lambda^{n-1} + \cdots + a_1 \lambda + a_0).
\end{aligned}
$$

Die Funktion y ist aber genau dann eine Lösung, wenn als Ergebnis der Rechnung nur noch Null übrigbleibt. Sie sehen, dass wir ein Produkt ausgerechnet haben, dessen erster Faktor $e^{\lambda x}$ niemals Null werden kann. Folglich bleibt als Kandidat nur noch

$$\lambda^n + a_{n-1}\lambda^{n-1} + \cdots + a_1 \lambda + a_0$$

übrig. Das ist aber ein Polynom mit der Variablen λ, das genau dann zu Null wird, wenn λ eine Nullstelle des Polynoms ist. Wir brauchen also nur nach einer Nullstelle λ des Polynoms

$$P(x) = x^n + a_{n-1}x^{n-1} + \cdots + a_1 x + a_0$$

zu suchen, und schon liegt mit $y(x) = e^{\lambda x}$ eine Lösung der Differentialgleichung vor.

Damit ist eine Lösungsmethode gefunden: man schreibe das Polynom auf, dessen Koeffizienten mit denen der Differentialgleichung übereinstimmen, finde eine Nullstelle λ dieses Polynoms und schreibe sie in den Exponenten einer Exponentialfunktion $e^{\lambda x}$. Das verwendete Polynom ist offenbar ziemlich wichtig und hat deshalb einen besonderen Namen.

11.6.3 Definition   Es sei

$$y^{(n)} + a_{n-1} y^{(n-1)} + \cdots + a_1 y' + a_0 y = 0$$

eine homogene lineare Differentialgleichung mit konstanten Koeffizienten. Dann heißt das Polynom

$$P(x) = x^n + a_{n-1} x^{n-1} + \cdots + a_1 x + a_0$$

charakteristisches Polynom der Differentialgleichung.

Das Ergebnis von 11.6.2 fasse ich jetzt in einem Satz zusammen.

11.6.4 Satz   Es sei

$$y^{(n)} + a_{n-1} y^{(n-1)} + \cdots + a_1 y' + a_0 y = 0$$

eine homogene lineare Differentialgleichung mit konstanten Koeffizienten und $\lambda \in \mathbb{R}$ eine Nullstelle des charakteristischen Polynoms $P(x)$. Dann ist

$$y(x) = e^{\lambda x}$$

eine Lösung der Differentialgleichung.

Beweisen muss ich hier nichts mehr, denn wir haben alles Nötige schon in 11.6.2 nachgerechnet. Wir können also gleich zu Beispielen übergehen.

11.6.5 Beispiele

(i)   Zu lösen ist

$$y'' - 3y' + 2y = 0.$$

Das charakteristische Polynom lautet

$$P(x) = x^2 - 3x + 2$$

und hat die Nullstellen

$$\lambda_{1,2} = \frac{3}{2} \pm \sqrt{\frac{9}{4} - 2} = \frac{3}{2} \pm \frac{1}{2}.$$

Folglich ist $\lambda_1 = 1$ und $\lambda_2 = 2$, und wir finden die Lösungen:

$$y_1(x) = e^{1 \cdot x} = e^x \text{ und } y_2(x) = e^{2x}.$$

(ii) Zu lösen ist

$$y''' - y'' - 2y' = 0.$$

Das charakteristische Polynom lautet

$$P(x) = x^3 - x^2 - 2x = x(x^2 - x - 2).$$

Da ein Produkt genau dann Null ist, wenn einer seiner Faktoren Null ist, lautet die erste Nullstelle $\lambda_1 = 0$. Der zweite Faktor $x^2 - x - 2$ hat die Nullstellen

$$\lambda_{2,3} = \frac{1}{2} \pm \sqrt{\frac{1}{4} + 2} = \frac{1}{2} \pm \frac{3}{2}.$$

Deshalb ist $\lambda_2 = -1$ und $\lambda_3 = 2$, und wir finden die drei Lösungen:

$$y_1(x) = e^{0x} = 1, y_2(x) = e^{(-1) \cdot x} = e^{-x}, y_3(x) = e^{2x}.$$

Viel einfacher kann man sich das Leben nun wirklich nicht mehr vorstellen. Um eine Lösung einer linearen homogenen Differentialgleichung mit konstanten Koeffizienten zu finden, berechne man mit den üblichen Methoden eine Nullstelle λ des charakteristischen Polynoms $P(x)$ und setze $y(x) = e^{\lambda x}$. Sie können den Beispielen aus 11.6.5 sogar etwas mehr entnehmen: schließlich hat $P(x)$ nicht nur eine Nullstelle, sondern normalerweise gleich einige, und jede neue Nullstelle liefert auch eine neue Lösung der Differentialgleichung. Da ein Polynom n-ten Grades n Nullstellen besitzt und eine lineare Differentialgleichung n-ter Ordnung n verschiedene Grundlösungen aufweist, kann man hoffen, dass man mit dieser Methode auch gleich ein Fundamentalsystem gefunden hat. Sie werden später sehen, dass das nicht immer stimmt, aber zunächst werfen wir einen Blick auf die Fälle, in denen es richtig ist.

11.6.6 Satz Es sei

$$y^{(n)} + a_{n-1} y^{(n-1)} + \cdots + a_1 y' + a_0 y = 0$$

eine homogene lineare Differentialgleichung mit konstanten Koeffizienten, deren charakteristisches Polynom $P(x)$ n verschiedene reelle Nullstellen $\lambda_1, \ldots, \lambda_n$ hat. Dann bilden die Funktionen

$$y_1(x) = e^{\lambda_1 x}, \ldots, y_n(x) = e^{\lambda_n x}$$

ein Fundamentalsystem der Differentialgleichung. Jede Lösung der Differentialgleichung hat deshalb die Form

$$y(x) = c_1 e^{\lambda_1 x} + \cdots + c_n e^{\lambda_n x}$$

mit $c_1, \ldots, c_n \in \mathbb{R}$.

Dass alle Funktionen $y_1, \ldots, y_n$ die Differentialgleichung lösen, wissen Sie schon lange. Neu ist hier nur, dass Sie bei n verschiedenen Nullstellen des charakteristischen Polynoms tatsächlich n linear unabhängige Lösungen der Differentialgleichung erhalten und somit das Fundamentalsystem schon auf dem Papier steht, bevor man richtig hingesehen hat. Natürlich kann man dann nach 11.5.5 *jede* Lösung aus den n Exponentialfunktionen linear kombinieren. Die lineare Unabhängigkeit von $y_1, .., y_n$ zeigt man übrigens, indem man die Wronski-Determinante für $x = 0$ bestimmt und mit einiger Mühe feststellt, dass sie von Null verschieden ist.

Jetzt aber wieder Beispiele.

11.6.7 Beispiele

(i)   Nach 11.6.5 hat die Gleichung

$$y'' - 3y' + 2y = 0$$

die Lösungen

$$y_1(x) = e^x \text{ und } y_2(x) = e^{2x}.$$

Wir hatten also zwei verschiedene reelle Nullstellen des charakteristischen Polynoms gefunden, und nach 11.6.6 bilden e^x und e^{2x} ein Fundamentalsystem der Differentialgleichung. Jede Lösung hat demnach die Form

$$y(x) = c_1 e^x + c_2 e^{2x} \text{ mit } c_1, c_2 \in \mathbb{R}.$$

(ii)   Die Situation ist nicht anders bei der zweiten Gleichung aus 11.6.5. Sie lautet

$$y''' - y'' - 2y' = 0$$

und hat die Lösungen

$$y_1(x) = 1, y_2(x) = e^{-x}, y_3(x) = e^{2x}.$$

Nach dem neuen Satz 11.6.6 sind diese drei Lösungen linear unabhängig und bilden ein Fundamentalsystem. Deshalb hat jede Lösung der Differentialgleichung die Form

$$y(x) = c_1 + c_2 e^{-x} + c_3 e^{2x}.$$

(iii) Zu lösen ist

$$y'' - 2y' + y = 0.$$

Das charakteristische Polynom lautet

$$P(x) = x^2 - 2x + 1$$

und hat die Nullstellen

$$\lambda_{1,2} = 1 \pm \sqrt{1-1} = 1.$$

Folglich ist $\lambda_1 = \lambda_2 = 1$, und wir erhalten aus den Nullstellen des charakteristischen Polynoms nur die eine Lösung $y_1(x) = e^x$. Die Gleichung hat aber die Ordnung zwei, so dass in jedem Fall noch eine zweite Grundlösung zu erwarten ist. Der so erfolgreiche Satz 11.6.6 hilft uns hier überhaupt nicht weiter; er setzt ausdrücklich die Existenz von n verschiedenen Nullstellen des charakteristischen Polynoms voraus. Es macht auch gar keinen Sinn, es mit irgendeinem anderen $e^{\lambda x}$ zu versuchen, denn in 11.6.2 haben Sie gesehen, dass nur Nullstellen des charakteristischen Polynoms Aussicht auf Erfolg haben, und mehr Nullstellen als die eine sind nun einmal im Moment nicht zu haben. Wir müssen deshalb noch etwas mit der Funktion e^x anstellen, sie ist das Einzige, was wir haben.

Immerhin ist ja $\lambda = 1$ eine doppelte Nullstelle von $P(x)$. Vielleicht könnte es also sinnvoll sein, e^x zweimal zu verwenden, und wenn $y_1(x) = e^x$ schon vergeben ist, versuchen wir es einfach mit der Funktion $y_2(x) = x \cdot e^x$. Um sie in die Differentialgleichung einsetzen zu können, sollte ich erst einmal ihre Ableitungen ausrechnen. Nach der Produktregel gilt:

$$y_2'(x) = e^x + (e^x)' \cdot x = e^x + xe^x = (1 + x)e^x$$

und

$$y''(x) = e^x + e^x(1 + x) = (2 + x)e^x.$$

Folglich ist:

$$\begin{aligned} y''(x) - 2y'(x) + y(x) &= (2 + x)e^x - 2(1 + x)e^x + xe^x \\ &= (2 + x - 2 - 2x + x)e^x = 0. \end{aligned}$$

Wie es der Zufall will, ist also auch $y_2(x) = xe^x$ eine Lösung der Differentialgleichung.

Was ist nun davon zu halten? Sobald das charakteristische Polynom eine doppelte Nullstelle λ hat, muss ich aus diesem λ auch zwei Lösungen erzeugen. Die erste Lösung ist wie üblich $y_1(x) = e^{\lambda x}$, aber für die zweite Lösung müssen Sie noch ein x vor die Exponentialfunktion schreiben und erhalten $y_2(x) = xe^{\lambda x}$. Man kann sich dann leicht vorstellen, wie man bei dreifachen Nullstellen vorzugehen hat: es kommt einfach $y_3(x) = x^2 e^{\lambda x}$ hinzu, und auf diese Weise kann man das Spiel für Nullstellen von beliebiger Ordnung weitertreiben.

Wenn eine Nullstelle λ also siebzehnmal auftaucht, dann muss auch die Exponentialfunktion $e^{\lambda x}$ siebzehnmal auftauchen, wobei man mit $e^{\lambda x}$ startet und bei jeder neuen Lösungsfunktion die jeweils nächste Potenz von x vor die Exponentialfunktion schreibt. Tatsächlich kann man damit auch ein Fundamentalsystem erhalten.

11.6.8 Satz Es sei

$$y^{(n)} + a_{n-1} y^{(n-1)} + \cdots + a_1 y' + a_0 y = 0$$

eine homogene lineare Differentialgleichung mit konstanten Koeffizienten. Ihr charakteristisches Polynom $P(x)$ habe k reelle Nullstellen $\lambda_1, \ldots, \lambda_k$ mit

$$P(x) = (x - \lambda_1)^{m_1} (x - \lambda_2)^{m_2} \cdots (x - \lambda_k)^{m_k},$$

das heißt, λ_j ist m_j-fache Nullstelle von P. Dann bilden die Funktionen

$$
\begin{aligned}
&e^{\lambda_1 x}, \quad x \cdot e^{\lambda_1 x}, \quad \ldots \quad, x^{m_1-1} \cdot e^{\lambda_1 x}, \\
&e^{\lambda_2 x}, \quad x \cdot e^{\lambda_2 x}, \quad \ldots \quad, x^{m_2-1} \cdot e^{\lambda_2 x}, \\
&\vdots \qquad\qquad\qquad\qquad\qquad \vdots \\
&e^{\lambda_k x}, \quad x \cdot e^{\lambda_k x}, \quad \ldots \quad, x^{m_k-1} \cdot e^{\lambda_k x}
\end{aligned}
$$

ein Fundamentalsystem der Differentialgleichung.

Man kann das beweisen, indem man jede Funktion in die Differentialgleichung einsetzt und herausfindet, dass sie tatsächlich Lösung der Gleichung ist. Das alleine ist schon unangenehm genug und erfordert einiges an Rechnereien, zumal man danach eigentlich noch die lineare Unabhängigkeit der Lösungen nachrechnen muss. Ich will damit gar nicht erst anfangen, sondern lieber noch ein paar Worte zu den Lösungsfunktionen sagen. Es trifft nämlich immer wieder auf Verwunderung, dass man bei $x^{m_1-1} e^{\lambda_1 x}$ aufhört zu zählen und zur nächsten Nullstelle λ_2 übergeht, obwohl doch λ_1 eine m_1-fache Nullstelle von P ist und nicht etwa eine $(m_1 - 1)$-fache. Der Grund ist einfach: wir fangen bei $e^{\lambda_1 x}$ an, und deshalb ist $x^{m_1-1} e^{\lambda_1 x}$ die m_1-te Lösung, die etwas mit λ_1 zu tun hat. Ich muss also mit der Verarbeitung der nächsten Nullstelle anfangen, sobald ich m_1 Lösungen zusammen habe, die $e^{\lambda_1 x}$ enthalten.

Wir sehen uns dazu zwei Beispiele an.

11.6.9 Beispiele

(i)   Zu lösen ist

$$y^{(4)} - 3y''' + 3y'' - y' = 0.$$

Das charakteristische Polynom lautet

$$P(x) = x^4 - 3x^3 + 3x^2 - x = x(x^3 - 3x^2 + 3x - 1) = x(x - 1)^3,$$

wie Sie leicht nachrechnen können. $P(x)$ hat also $\lambda_1 = 0$ als einfache und $\lambda_2 = 1$ als dreifache Nullstelle. Zu $\lambda_1 = 0$ gehört deshalb nur eine Lösung, nämlich

$$y_1(x) = e^{0 \cdot x} = 1.$$

Dagegen werden aus der dreifachen Nullstelle $\lambda_2 = 1$ auch drei Lösungen erzeugt, nämlich

$$y_2(x) = e^x, y_3(x) = xe^x \text{ und } y_4(x) = x^2 e^x.$$

Sie sehen, dass wir bei $x^2 e^x$ aufhören müssen, denn zu einer dreifachen Nullstelle gehören drei Lösungen der Differentialgleichung. Jede Lösung der Differentialgleichung hat also die Form

$$y(x) = c_1 + c_2 e^x + c_3 x e^x + c_4 x^2 e^x$$

mit $c_1, c_2, c_3, c_4 \in \mathbb{R}$.

(ii) Sie sollten auch einmal ein Anfangswertproblem für lineare Differentialgleichungen sehen. Gegeben sei zunächst einmal die Gleichung

$$y'' - 4y' + 4y = 0.$$

Sie hat das charakteristische Polynom

$$P(x) = x^2 - 4x + 4 = (x - 2)^2,$$

das mit einer doppelten Nullstelle $\lambda_1 = 2$ geplagt ist. Das Fundamentalsystem lautet daher

$$y_1(x) = e^{2x}, y_2(x) = xe^{2x},$$

und jede Lösung hat die Form

$$y(x) = c_1 e^{2x} + c_2 x e^{2x}$$

mit reellen Zahlen c_1 und c_2. Die Frage ist nun, wie man die Parameter c_1 und c_2 konkretisieren und mit Zahlenwerten versehen kann. Das geht nur mit zusätzlichen Informationen, denn wenn Sie nur die Gleichung kennen, werden Sie auch nur die allgemeine Lösung $y(x) = c_1 e^{2x} + c_2 x e^{2x}$ ausrechnen können. Sucht man aber eine Lösung, die noch zusätzlich die Bedingungen

$$y(0) = 1 \text{ und } y'(0) = 1$$

erfüllt, so sieht die Situation gleich ganz anders aus. Für unsere zwei Parameter c_1 und c_2 haben wir zwei weitere Informationen spendiert, die ausreichen werden, um c_1 und c_2 zu bestimmen. Ich setze nämlich einfach die beiden Bedingungen in meine allgemeine Lösung $y(x)$ ein. Bei der ersten Bedingung geht das ganz einfach, denn es gilt:

$$1 = y(0) = c_1 e^0 + c_2 \cdot 0 \cdot e^0 = c_1.$$

Bei der zweiten Bedingung muss ich erst y' berechnen. Ich erhalte:

$$y'(x) = 2c_1 e^{2x} + c_2 e^{2x} + 2c_2 x e^{2x}.$$

Einsetzen ergibt:

$$1 = y'(0) = 2c_1 + c_2.$$

Ich habe also zwei Gleichungen mit zwei Unbekannten gefunden, die ich leicht lösen kann. Das Resultat lautet

$$c_1 = 1 \text{ und } c_2 = -1,$$

und deshalb

$$y(x) = e^{2x} - x e^{2x}.$$

Sie können also sogenannte *Anfangswertprobleme* lösen, indem Sie die Anfangsbedingungen in die Formel für die allgemeine Lösung $y(x)$ einsetzen und die daraus entstehenden Gleichungssysteme lösen. Allerdings müssen Sie darauf achten, dass die Anzahl der Bedingungen der Anzahl der Parameter entspricht; in Beispiel (i) hätten Sie also 4 Bedingungen gebraucht.

Vielleicht glauben Sie jetzt, wir hätten alle Probleme erledigt und könnten getrost nach Hause gehen. Im Moment sieht es ja auch so aus: die Nullstellen des charakteristischen Problems sind entweder einfach, wofür Satz 11.6.6 zuständig ist, oder sie sind mehrfach, und dann kommt Satz 11.6.8 zum Tragen. Beide Sätze verlangen aber für ihre Anwendbarkeit *reelle* Nullstellen des charakteristischen Polynoms, und leider denken manche Polynome überhaupt nicht daran, uns mit reellen Nullstellen entgegenzukommen.

11.6.10 Beispiel Zu lösen ist die Gleichung

$$y'' + y = 0.$$

Das charakteristische Polynom lautet

$$P(x) = x^2 + 1$$

mit den Nullstellen

$$\lambda_1 = i \text{ und } \lambda_2 = -i.$$

Auf den ersten Blick sieht das gar nicht gut aus, aber wir lassen uns nicht aufhalten und gehen wie immer vor: wenn man eine Nullstelle λ hat, dann bilde man $e^{\lambda x}$, und wenn dieses λ imaginär ist, dann ist das sein Problem. Ich schreibe also

$$\varphi(x) = e^{ix}.$$

Glücklicherweise habe ich die komplexen Zahlen vor den Differentialgleichungen behandelt. In 10.3.1 und 10.3.2 können Sie nämlich nachlesen, was es bedeutet, die Exponentialfunktion auf komplexe Zahlen anzuwenden: nach der Eulerschen Formel ist

$$e^{ix} = \cos x + i \sin x,$$

und damit hat $\varphi(x)$ den Realteil $\cos x$ und den Imaginärteil $\sin x$. Da nun die trigonometrischen Funktionen sich in die Geschichte eingeschlichen haben, kann ich sie auch probehalber in die Differentialgleichung einsetzen. Ich setze also

$$y_1(x) = \cos x \text{ und } y_2(x) = \sin x$$

und finde

$$y_1''(x) + y_1(x) = -\cos x + \cos x = 0$$

sowie

$$y_2''(x) + y_2(x) = -\sin x + \sin x = 0.$$

Das trifft sich gut, denn es zeigt, dass y_1 und y_2 tatsächlich die Differentialgleichung lösen.

Damit haben wir ein einfaches Verfahren zur Behandlung komplexer Nullstellen des charakteristischen Polynoms gefunden: man schreibe die Nullstelle wie üblich in eine Exponentialfunktion, berechne diese Funktion nach der Eulerschen Formel und verwende zum Schluss den Realteil und den Imaginärteil als Lösungen. Im nächsten Satz werde ich das noch einmal etwas systematischer und ordentlicher formulieren. Der Einfachheit halber beschränke ich mich dabei auf Gleichungen zweiter Ordnung.

11.6.11 Satz Es sei

$$y'' + a_1 y' + a_0 = 0$$

eine lineare homogene Differentialgleichung zweiter Ordnung mit konstanten Koeffizienten, deren charakteristisches Polynom $P(x)$ zwei komplexe Nullstellen

$$\lambda + i\mu \text{ und } \lambda - i\mu$$

habe. Dann ist

$$\varphi(x) = e^{(\lambda + i\mu)x}$$

eine komplexe Lösung der Differentialgleichung. Ein *reelles* Fundamentalsystem erhält man, indem man den Realteil und den Imaginärteil von $\varphi(x)$ heranzieht, das heißt:

$$y_1(x) = \text{Re}(\varphi(x)) = e^{\lambda x} \cos(\mu x) \text{ und } y_2(x) = \text{Im}(\varphi(x)) = e^{\lambda x} \sin(\mu x)$$

bilden ein Fundamentalsystem der Differentialgleichung.

Das ist vielleicht nicht auf den ersten Blick zu verstehen, und ich sollte noch etwas dazu sagen. Falls Sie beim charakteristischen Polynom auf komplexe Nullstellen stoßen, sollten Sie nicht verzagen, sondern munter auf die übliche Weise die Exponentialfunktion $e^{\text{Nullstelle} \cdot x}$ bilden. Wie man diese Funktion zu interpretieren hat, haben Sie im zehnten Kapitel gelernt, als es um die Exponentialform komplexer Zahlen ging. Sie brauchen jetzt also nur den Term $e^{\text{Nullstelle} \cdot x}$ mit Hilfe der Eulerschen Formel in die Sprache von Sinus und Cosinus zu übersetzen und anschließend den Realteil und den Imaginärteil als jeweils eine Funktion zu betrachten. Die beiden bilden dann zusammen ein relles Fundamentalsystem der Differentialgleichung.

11.6.12 Beispiele

(i) Zu lösen ist die Gleichung

$$y'' - 2y' + 2y = 0.$$

Das charakteristische Polynom lautet

$$P(x) = x^2 - 2x + 2$$

und hat die Nullstellen

$$\lambda_{1,2} = 1 \pm \sqrt{1 - 2} = 1 \pm i.$$

Ich muss mir also eine der Nullstellen aussuchen und entscheide mich für $1 + i$. Die komplexe Lösung heißt dann

$$\begin{aligned}
\varphi(x) &= e^{(1+i)x} \\
&= e^{x+ix} \\
&= e^x \cdot e^{ix} \\
&= e^x \cdot (\cos x + i \sin x) \\
&= e^x \cos x + i e^x \sin x.
\end{aligned}$$

Nach Satz 11.6.11 bilden dann der Realteil und der Imaginärteil von $\varphi(x)$ ein reelles Fundamentalsystem, und das heißt,

$$y_1(x) = e^x \cos x \text{ und } y_2(x) = e^x \sin x$$

sind die beiden Grundlösungen der Differentialgleichung. Die allgemeine Lösung lautet deshalb

$$y(x) = c_1 e^x \cos x + c_2 e^x \sin x = e^x (c_1 \cos x + c_2 \sin x)$$

mit reellen Zahlen c_1 und c_2.

Natürlich hätten Sie auch mit der anderen komplexen Nullstelle anfangen können, aber das hätte am Ergebnis nichts geändert. Ebenso können Sie sich natürlich den Umweg über die komplexe Lösung $\varphi(x)$ ersparen und gleich in die Lösungsformel aus Satz 11.6.11 einsetzen: die komplexe Nullstelle $\lambda + i\mu$ aus dem Satz heißt in unserem Beispiel $1 + i$, und deshalb muss $\lambda = 1$ und $\mu = 1$ gelten. Folglich bilden nach Satz 11.6.11

$$y_1(x) = e^{\lambda x} \cos(\mu x) = e^x \cos x \text{ und } y_2(x) = e^{\lambda x} \sin(\mu x) = e^x \sin x$$

ein reelles Fundamentalsystem der Differentialgleichung.

(ii) Auch wenn das charakteristische Polynom komplexe Nullstellen hat, kann man Anfangswertprobleme angehen. Als Beispiel betrachte ich die Aufgabe

$$y'' - 4y' + 5 = 0 \text{ mit } y(0) = 1, y'(0) = 0.$$

Zunächst berechne ich wieder die allgemeine Lösung. Das charakteristische Polynom lautet

$$P(x) = x^2 - 4x + 5,$$

und es hat die Nullstellen $2 \pm i$. Die komplexe Lösung hat also die Form

$$\begin{aligned}
\varphi(x) &= e^{(2+i)x} = e^{2x} \cdot e^{ix} \\
&= e^{2x} \cdot (\cos x + i \sin x) = e^{2x} \cos x + i e^{2x} \sin x.
\end{aligned}$$

Da ich ein reelles Fundamentalsystem im Real- und Imaginärteil der komplexen Lösung finde, lautet das Fundamentalsystem:

$$y_1(x) = e^{2x} \cos x, y_2(x) = e^{2x} \sin x.$$

Jede Lösung der Differentialgleichung hat also die Form

$$y(x) = c_1 e^{2x} \cos x + c_2 e^{2x} \sin x = e^{2x}(c_1 \cos x + c_2 \sin x)$$

mit reellen Zahlen c_1 und c_2. Nun habe ich aber noch zwei Anfangsbedingungen, die ich in diese allgemeine Lösung einsetzen sollte. In der zweiten Bedingung kommt die Ableitung von y vor, und deshalb berechne ich erst einmal y'. Nach Ketten- und Produktregel gilt:

$$y'(x) = 2e^{2x}(c_1 \cos x + c_2 \sin x) + e^{2x}(-c_1 \sin x + c_2 \cos x)$$
$$= e^{2x}(c_1(2 \cos x - \sin x) + c_2(2 \sin x + \cos x)).$$

Jetzt kann ich die Bedingungen $y(0) = 1$ und $y'(0) = 0$ in die Formeln für y und y' einsetzen. Es folgt:

$$1 = y(0) = e^0(c_1 \cos 0 + c_2 \sin 0) = c_1$$

und

$$0 = y'(0) = e^0(c_1(2 \cos 0 - \sin 0) + c_2(2 \sin 0 + \cos 0)) = 2c_1 + c_2.$$

Wieder haben wir zwei Gleichungen mit zwei Unbekannten, und ihre Lösung lautet:

$$c_1 = 1, c_2 = -2.$$

Folglich ist

$$y(x) = e^{2x}(\cos x - 2 \sin x).$$

Über lineare homogene Differentialgleichungen mit konstanten Koeffizienten wissen Sie jetzt alles, was zu wissen sich lohnt. Das Prinzip besteht darin, die Nullstellen des charakteristischen Polynoms $P(x)$ auszurechnen und dann nachzusehen, wie diese Nullstellen beschaffen sind. Falls Sie auf n verschiedene reelle Nullstellen stoßen, ist alles ganz einfach. Falls Ihnen mehrfache reelle Nullstellen begegnen, ist das auch nicht weiter tragisch, denn Sie müssen nur oft genug die passenden Potenzen von x vor die entsprechenden Exponentialfunktionen schreiben. Nur komplexe Nullstellen wirken im ersten Augenblick etwas abschreckend, aber man kann sie in den Griff bekommen, indem man den Real- und Imaginärteil einer komplexen Lösung betrachtet oder direkt die Lösungs-formel aus Satz 11.6.11 verwendet. Übrigens behandelt man auch Differentialgleichungen höherer Ordnung, deren charakteristisches Polynom komplexe Nullstellen hat, auf die gleiche Weise, man muss sich nur den einen oder anderen Gedanken darüber machen, wie die komplexen Nullstellen aussehen und wie sie miteinander zusammenhängen.

Ich vermute, dass in kaum einem Buch, das lineare Differentialgleichungen behan-delt, das folgende Beispiel fehlt. Es geht um die Differentialgleichung der gedämpften Schwingung, die den Vorteil hat, alle in diesem Abschnitt besprochenen Varianten in sich zu enthalten und auch noch einigermaßen anschaulich interpretierbar zu sein.

11.6.13 Beispiel Wenn Sie irgendetwas in Schwingungen versetzen, dann ist zu erwarten, dass es eine Weile hin- und herschwingt und mit der Zeit die Auslenkungen immer gerin-ger werden: die Schwingung unterliegt einer Dämpfung, die durch äußere Faktoren wie den Luftwiderstand hervorgerufen wird. Natürlich hängt die Intensität der Schwingung von der Stärke der Dämpfung ab, wie Sie leicht feststellen können, indem Sie sich auf eine Schaukel setzen, die zu nahe an einer Wand aufgehängt ist und deren Schwingung ein ziemlich jähes Ende finden dürfte.

Im folgenden untersuche ich an Hand einer linearen Differentialgleichung das Auslen-kungsverhalten einer gedämpften Schwingung. In dieser Gleichung müssen sowohl der dämpfende Einfluss als auch die Frequenz der ursprünglichen ungedämpften Schwingung eine Rolle spielen, und deshalb führt man einen *Dämpfungsfaktor* $2\mu > 0$ und eine *Kreis-frequenz* ω_0 der ungedämpften Schwingung ein. Die Gleichung lautet dann:

$$\frac{d^2x}{dt^2} + 2\mu\frac{dx}{dt} + \omega_0^2 x = 0,$$

wobei $x(t)$ die Auslenkung zum Zeitpunkt t ist. Das ist nun eine homogene lineare Diffe-rentialgleichung mit konstanten Koeffizienten, und wir haben das nötige Handwerkszeug, um diese Gleichung zu lösen.

Zuerst stelle ich wieder das charakteristische Polynom auf, dessen Variable hier aller-dings nicht x lautet, sondern wie in der Differentialgleichung mit t bezeichnet wird. Es lautet

$$P(t) = t^2 + 2\mu t + \omega_0^2$$

und hat die Nullstellen

$$\lambda_{1,2} = -\mu \pm \sqrt{\mu^2 - \omega_0^2}.$$

Jetzt werde ich der Reihe nach alles anwenden, was ich Ihnen in diesem Abschnitt erzählt habe. Die Lösungen der Differentialgleichung hängen nämlich stark davon ab, wie sich der Dämpfungsfaktor zur Kreisfrequenz verhält. Ist er zu groß, dann schwingt gar nichts,

Abb. 11.1 $x_1(t) = e^{-\mu_1 t}$

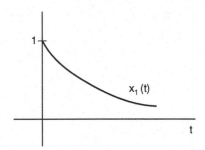

ist er klein genug, dann kommt eine Schwingung zustande. Beginnen wir mit dem Fall eines großen Dämpfungsfaktors.

Fall 1: $\mu > \omega_0$. In diesem Fall ist der Wurzelinhalt positiv, und es existieren zwei verschiedene reelle Nullstellen des charakteristischen Polynoms. Natürlich ist

$$\lambda_2 = -\mu - \sqrt{\mu^2 - \omega_0^2} < 0,$$

denn von der negativen Zahl $-\mu$ wird noch die Wurzel abgezogen. Nun ist aber

$$\sqrt{\mu^2 - \omega_0^2} < \sqrt{\mu^2} = \mu,$$

also auch

$$\lambda_2 = -\mu + \sqrt{\mu^2 - \omega_0^2} < 0.$$

Wir haben daher zwei negative Nullstellen λ_1, λ_2, und das Fundamentalsystem der Differentialgleichung lautet

$$x_1(t) = e^{\lambda_1 t}, x_2(t) = e^{\lambda_2 t}.$$

Um deutlich zu machen, dass es sich um negative Exponenten handelt, schreibt man üblicherweise $\mu_1 = -\lambda_1 > 0$ und $\mu_2 = -\lambda_2 > 0$ und hat dann die Lösungen

$$x_1(t) = e^{-\mu_1 t}, x_2(t) = e^{-\mu_2 t}.$$

Jede Lösung der Differentialgleichung lässt sich deswegen als

$$x(t) = c_1 e^{-\mu_1 t} + c_2 e^{-\mu_2 t}$$

mit Konstanten $c_1, c_2 \in \mathbb{R}$ darstellen. Man kann nicht erwarten, dass sich aus der puren Gleichung heraus schon die Parameter c_1 und c_2 berechnen lassen; wie wir es schon

Abb. 11.2 $x_2(t) = t e^{-\mu t}$

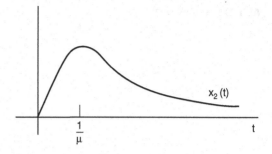

bei den anderen Anfangswertproblemen gesehen haben, fehlen uns dafür noch zwei Informationen. In der Regel wird man sich noch die Anfangsauslenkung $x(0)$ und die Anfangsgeschwindigkeit $\frac{dx}{dt}(0)$ vorgeben, und erst dann kann man die Größen c_1 und c_2 konkretisieren. Wie auch immer c_1 und c_2 aussehen mögen, Sie können erkennen, dass für $\mu > \omega_0$ die Dämpfung bereits zu stark ist, um noch eine echte Schwingung zuzulassen. Die Auslenkung zieht sich mehr und mehr zurück und wird mit wachsendem t gegen 0 konvergieren.

Fall 2: $\mu = \omega_0$. Das ist eine Art Grenzfall, denn es wird sich zeigen, dass unter Umständen die Auslenkung sich einmal zu einer Schwingung aufbäumt, um dann resignierend aufzugeben. Die Nullstellen des charakteristischen Polynoms lauten hier

$$\lambda_{1,2} = -\mu \pm \sqrt{\mu^2 - \omega_0^2} = -\mu,$$

da in der Wurzel eine Null steht. Wir haben also eine doppelte Nullstelle $-\mu$ des charakteristischen Polynoms, aus der ich sofort das Fundamentalsystem der Differentialgleichung ablesen kann. Es lautet:

$$x_1(t) = e^{-\mu t}, x_2(t) = t e^{-\mu t}.$$

Deshalb hat jede Lösung der Differentialgleichung die Form

$$x(t) = c_1 e^{-\mu t} + c_2 t e^{-\mu t}.$$

Ist zum Beispiel $c_1 = 1, c_2 = 0$, dann schwingt wie im Fall 1 überhaupt nichts. Sobald aber $c_2 \neq 0$ gilt, können wir wenigstens einmal einen leichten Hüpfer verzeichnen: die Funktion $x_2(t) = t e^{-\mu t}$ beginnt im Nullpunkt, schleppt sich danach ein Stück nach oben um bei $t = \frac{1}{\mu}$ ihr Maximum zu erreichen und anschließend unwiderruflich monoton gegen Null zu fallen. Immerhin ist hier wenigstens eine Schwingung zu finden, aber danach ist Schluss, und es stellt sich heraus, dass auch für $\mu = \omega_0$ die Dämpfung noch zu groß ist, um eine echte Schwingung zuzulassen.

Abb. 11.3 $x_1(t) = e^{-\mu t}\cos(\omega t)$

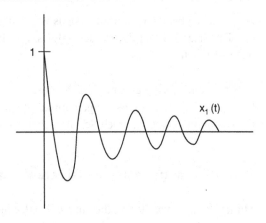

Fall 3: $0 < \mu < \omega_0$. Hier gibt es eine gute und eine schlechte Nachricht. Gut ist, dass die Dämpfung nicht zu groß ist und eine echte Schwingung auftritt. Schlecht ist, dass das charakteristische Polynom zwei komplexe Nullstellen hat und komplexe Nullstellen nie sehr beliebt sind. Sie lauten nämlich

$$\lambda_{1,2} = -\mu \pm \sqrt{\mu^2 - \omega_0^2},$$

und da $\mu^2 - \omega_0^2 < 0$ ist, folgt daraus:

$$\lambda_{1,2} = -\mu \pm i\sqrt{\omega_0^2 - \mu^2}.$$

Damit ich nicht so viel schreiben muss, setze ich

$$\omega = \sqrt{\omega_0^2 - \mu^2} < \omega_0$$

und finde:

$$\lambda_{1,2} = -\mu \pm i\omega.$$

Jetzt haben wir die Nullstellen in genau der Form, in der wir sie brauchen. Nach der Lösungsformel aus 11.6.11 ergibt sich das Fundamentalsystem

$$x_1(t) = e^{-\mu t}\cos(\omega t), x_2(t) = e^{-\mu t}\sin(\omega t)$$

und deshalb die allgemeine Lösung

$$x(t) = c_1 e^{-\mu t}\cos(\omega t) + c_2 e^{-\mu t}\sin(\omega t).$$

Das würde man schon eher als gedämpfte Schwingung bezeichnen. Die Kreisfrequenz ist im Vergleich zur ursprünglichen Kreisfrequenz ω_0 etwas geschmälert, aber im Gegensatz zu den ersten beiden Fällen wenigstens vorhanden. Die eigentliche Dämpfung wird durch den Faktor $e^{-\mu t}$ beschrieben, der dafür sorgt, dass die Schwingung mit wachsendem t mehr und mehr abklingt.

Sie sehen, dass die gedämpfte Schwingung alles in sich vereinigt, was man über lineare homogene Differentialgleichungen mit konstanten Koeffizienten wissen sollte. Im nächsten Abschnitt gehen wir einen Schritt weiter und betrachten *inhomogene* Gleichungen.

11.7   Inhomogene lineare Differentialgleichungen

Mittlerweile müsste Ihnen die immer wieder auftauchende Null auf der rechten Seite eigentlich langweilig geworden sein. Tatsächlich muss man auch in den Anwendungen damit rechnen, dass auf der rechten Seite eine mehr oder weniger komplizierte Funktion steht, die das Leben etwas unangenehmer macht und zu einem gewissen Rechenaufwand führt. Immerhin gestaltet sich die Suche nach der *allgemeinen* Lösung recht einfach, sobald man eine einzige spezielle Lösung der Gleichung gefunden hat.

11.7.1 Satz Es sei

$$y^{(n)} + a_{n-1} y^{(n-1)} + \cdots + a_1 y' + a_0 y = b(x)$$

eine inhomogene lineare Differentialgleichung mit konstanten Koeffizienten. Dann erhält man alle Lösungen der Gleichung, indem man zu einer beliebigen Lösung $y_p(x)$, die man *Partikulärlösung* nennt, die Lösungen der homogenen Gleichung addiert.

Zur Lösung einer inhomogenen Gleichung ist also Folgendes zu tun. Sie berechnen auf irgendeine Weise *eine* Lösung der Gleichung und benennen sie mit y_p. Danach bestimmen Sie wie gewohnt die allgemeine Lösung der zugehörigen homogenen Gleichung, die zum Beispiel bei Gleichungen zweiter Ordnung die Form $c_1 y_1(x) + c_2 y_2(x)$ haben wird. Die allgemeine Lösung der inhomogenen Gleichung finden Sie dann durch schlichtes Addieren: es gilt

$$y(x) = y_p(x) + c_1 y_1(x) + c_2 y_2(x).$$

Ein Beispiel soll dieses Prinzip verdeutlichen.

11.7.2 Beispiel Zu lösen ist die Gleichung

$$y' + y = x + 1.$$

Offenbar ist die Funktion $y_p(x) = x$ eine Lösung der Differentialgleichung, denn es gilt

$$y_p'(x) + y_p(x) = 1 + x = x + 1.$$

Wir haben also bereits eine Partikulärlösung gefunden und brauchen nur noch das zugehörige homogene Problem anzugehen. Die entsprechende homogene Gleichung lautet

$$y' + y = 0$$

und hat das Fundamentalsystem

$$y_1(x) = e^{-x},$$

wie Sie leicht mit den Methoden des letzten Abschnitts nachrechnen können. Nach Satz 11.7.1 findet man die allgemeine Lösung der inhomogenen Gleichung, indem man zur Partikulärlösung die allgemeine Lösung der homogenen Gleichung addiert, und das heißt:

$$y(x) = x + ce^{-x}$$

ist die allgemeine Lösung der inhomogenen Gleichung $y' + y = x + 1$.

Ich vermute, dass Sie den Schwachpunkt dieses Lösungsverfahrens bereits entdeckt haben. Wir wissen zwar, wie man die allgemeine Lösung der homogenen Gleichung bestimmt, aber die Partikulärlösung aus 11.7.2 war eine Art Weihnachtsgeschenk, das mehr oder weniger vom Himmel fiel. Was uns noch fehlt, ist also ein systematisches Verfahren zum Auffinden von Partikulärlösungen. So ein Verfahren gibt es, aber es ist, gelinde gesagt, nicht ganz leicht durchzuführen. Es handelt sich dabei um eine Art Variation der Konstanten, mit dem kleinen Zusatz, dass hier nicht nur eine Konstante variiert wird, sondern gleich mehrere, und dabei neben dem Berechnen einiger recht unangenehmer Determinanten auch noch ein paar hässliche Integrale bestimmt werden müssen. Ich schlage deshalb vor, dieses allgemeine Verfahren nicht zu besprechen und statt dessen einige Spezialfälle durchzugehen, die noch mit vertretbarem Aufwand gelöst werden können.

Am einfachsten ist die Situation, wenn auf der rechten Seite eine Exponentialfunktion steht.

11.7.3 Satz   Es sei

$$y^{(n)} + a_{n-1}y^{(n-1)} + \cdots + a_1 y' + a_0 y = c \cdot e^{\mu x}$$

eine lineare inhomogene Differentialgleichung mit dem charakteristischen Polynom $P(x)$. Ist μ *keine* Nullstelle von P, dann ist die Funktion

$$y_p(x) = \frac{c}{P(\mu)} \cdot e^{\mu x}$$

eine Partikulärlösung der Gleichung.

Beweis Der Beweis verläuft ganz ähnlich wie die Rechnung, die ich in 11.6.2 durchgeführt habe. Ich nehme mir einfach die Funktion y_p und setze sie in die Differentialgleichung ein. Zu diesem Zweck sollte ich allerdings zuerst die Ableitungen ausrechnen. Es gilt:

$$y_p'(x) = \frac{c}{P(\mu)} \cdot \mu \cdot e^{\mu x}, y_p''(x) = \frac{c}{P(\mu)} \cdot \mu^2 \cdot e^{\mu x}, \dots, y_p^{(n)}(x) = \frac{c}{P(\mu)} \cdot \mu^n \cdot e^{\mu x}.$$

Jetzt setze ich die gewonnenen Ableitungen in die Differentialgleichung ein und hoffe, am Ende das richtige Ergebnis zu finden.

$$y_p^{(n)}(x) + a_{n-1}y_p^{(n-1)}(x) + \cdots + a_1 y_p'(x) + a_0 y_p(x)$$
$$= \frac{c}{P(\mu)} \cdot \left(\mu^n \cdot e^{\mu x} + a_{n-1}\mu^{n-1}e^{\mu x} + \cdots + a_1\mu e^{\mu x} + a_0 e^{\mu x}\right)$$
$$= \frac{c}{P(\mu)} \cdot e^{\mu x} \cdot P(\mu) = c \cdot e^{\mu x}.$$

Die Rechnung sieht vielleicht etwas unübersichtlich aus, aber das scheint nur so. Im ersten Schritt werden alle notwendigen Ableitungen von $y_p(x) = \frac{c}{P(\mu)}e^{\mu x}$ in die Differentialgleichung eingesetzt. Dabei fällt auf, dass jede Ableitung den Faktor $\frac{c}{P(\mu)}$ enthält, den ich deshalb von Anfang an ausklammere. Es gibt jedoch einen weiteren Faktor, mit dem sich alle Ableitungen herumschlagen, und das ist $e^{\mu x}$. Wenn Sie nun auch noch $e^{\mu x}$ ausklammern, dann werden Sie feststellen, dass in der Klammer genau das charakteristische Polynom mit der Variablen μ übrigbleibt, und das Zusammenmultiplizieren aller Faktoren führt zu dem gewünschten Ergebnis $c \cdot e^{\mu x}$.   △

Ich werde gleich noch etwas mehr zu dieser Lösungsformel sagen; zunächst sollten wir aber ein Beispiel rechnen.

11.7.4 Beispiel Zu lösen ist die Gleichung

$$y'' - y' - 2y = e^x.$$

Sie hat das charakteristische Polynom

$$P(x) = x^2 - x - 2$$

mit den Nullstellen

$$\lambda_{1,2} = \frac{1}{2} \pm \sqrt{\frac{1}{4} + 2} = \frac{1}{2} \pm \frac{3}{2},$$

also $\lambda_1 = -1$ und $\lambda_2 = 2$. Auf der rechten Seite der Gleichung steht die Funktion $e^x = e^{1 \cdot x}$. In Satz 11.7.3 hatten wir auf der rechten Seite die Funktion $c \cdot e^{\mu x}$, und wichtig war, dass μ keine Nullstelle des charakteristischen Polynoms ist. Nun ist aber $\mu = 1$ und $P(1) = -2 \neq 0$. Ich kann also die Lösungsformel anwenden und erhalte die Partikulärlösung

$$y_p(x) = \frac{1}{P(1)} e^x = -\frac{1}{2} e^x.$$

Vergessen Sie nie, dass die Bestimmung einer Partikulärlösung nur die erste Hälfte der Unternehmung ist. Zur Funktion y_p muss noch die allgemeine Lösung der *homogenen* Gleichung addiert werden. Das ist allerdings gar kein Problem mehr, denn die homogene Gleichung

$$y'' - y' - 2y = 0$$

ist eine Gleichung zweiter Ordnung, deren charakteristisches Polynom die zwei Nullstellen -1 und 2 vorweisen kann. Folglich hat sie das Fundamentalsystem

$$y_1(x) = e^{-x}, y_2(x) = e^{2x}.$$

Die allgemeine Lösung der inhomogenen Gleichung

$$y'' - y' - 2y = e^x$$

lautet deshalb:

$$y(x) = -\frac{1}{2} e^x + c_1 e^{-x} + c_2 e^{2x}$$

mit reellen Konstanten c_1 und c_2.

Es schadet nichts, diese Gleichung ein wenig zu variieren. Gesucht sind jetzt die Lösungen von

$$y'' - y' - 2y = 1.$$

Sie sollten sich nicht darüber wundern, dass auf der rechten Seite keine Exponentialfunktion mehr steht, denn damit irren Sie sich. Wegen $e^0 = 1$ kann ich die rechte Seite als Exponentialfunktion $e^{\mu x}$ mit $\mu = 0$ auffassen, und glücklicherweise ist auch 0 keine Nullstelle des charakteristischen Polynoms P. Die Partikulärlösung y_p folgt jetzt wieder aus dem Satz 11.7.3. Es gilt:

$$y_p(x) = \frac{1}{P(0)} \cdot e^{0x} = -\frac{1}{2}.$$

Die spezielle Lösung entpuppt sich als eine konstante Funktion, aber das schadet gar nichts. Sie bekommen nämlich die Variable x wieder zurück, sobald Sie die allgemeine

Lösung der Gleichung bestimmen. Dazu addieren wir wieder die Lösung der homogenen Gleichung auf die Partikulärlösung und finden:

$$y(x) = -\frac{1}{2} + c_1 e^{-x} + c_2 e^{2x}$$

mit reellen Konstanten c_1 und c_2.

So geht das immer. Man finde eine spezielle Partikulärlösung und addiere darauf die allgemeine Lösung der homogenen Gleichung. Die Hauptarbeit ist natürlich die Suche nach einer Partikulärlösung, die nicht immer ganz so einfach über die Bühne geht wie in diesem Beispiel. Der Satz ist ja schon dann nicht mehr anwendbar, wenn μ eine Nullstelle des charakteristischen Polynoms ist, so dass ich also bei der Gleichung

$$y'' - y' - 2y = e^{2x}$$

nur bedauernd mit den Achseln zucken könnte. Die Lösungsformel nützt mir dabei überhaupt nichts, da sie eine Null im Nenner liefern würde.

Auf dieses Problem werde ich später zurückkommen. Zunächst möchte ich mich einem anderen Problem zuwenden, das eine neue Methode in die Diskussion einführt: die Methode der Ansatzfunktion. Damit ist etwas recht Natürliches gemeint. Sie können nicht erwarten, dass es zu jeder Aufgabenstellung eine fertige Lösungsformel gibt, in die man nur noch die eine oder andere Zahl einsetzen muss, woraufhin wie bei einem Kaffeeautomaten das gewünschte Resultat hervorgezaubert wird. Manchmal funktioniert das, und 11.7.3 ist ein schönes Beispiel für so eine Lösungsformel. Sie werden aber schon am Kaffeeautomaten gemerkt haben, dass ein anständiger Kaffee mit besonderen Geschmacksrichtungen Ihrer Wahl weder durch das Einwerfen eines Eurostücks noch sonst irgendwie am Automaten zu erhalten ist, sondern etwas mehr Einsatz erfordert: Sie müssen dies und jenes zusammenbrauen und bekommen als Entschädigung für Ihre Mühe genau das, was Sie haben wollten. Lösungsformeln für inhomogene Differentialgleichungen unterscheiden sich in mancher Hinsicht nicht sehr von Kaffeeautomaten. Für einfache rechte Seiten kann man sie ohne Probleme verwenden, aber wenn die rechten Seiten einen etwas ausgewählteren Geschmack verraten, wird die Lösungsformel ganz schnell hilflos. Was Ihnen dann zur Verfügung steht, sind Rezepte, Handlungsanleitungen, mit deren Hilfe Sie eine Partikulärlösung bestimmen können, aber Sie erfordern wie das individuelle Kaffeekochen einen gewissen Arbeitsaufwand. Wir sehen uns das am Beispiel trigonometrischer rechter Seiten an.

11.7.5 Satz Es sei

$$y'' + a_1 y' + a_0 y = c \cdot \sin(\beta x)$$

oder

$$y'' + a_1 y' + a_0 y = c \cdot \cos(\beta x)$$

eine lineare inhomogene Differentialgleichung zweiter Ordnung.

(i)   Falls $i\beta$ keine Nullstelle des charakteristischen Polynoms P ist, gibt es eine Partikulärlösung der Form

$$y_p(x) = a\sin(\beta x) + b\cos(\beta x).$$

(ii) Falls $i\beta$ Nullstelle des charakteristischen Polynoms P ist, gibt es eine Partikulärlösung der Form

$$y_p(x) = x \cdot (a\sin(\beta x) + b\cos(\beta x)).$$

Bevor ich zu Beispielen übergehe, sollte ich erklären, was hier passiert. Falls Sie einen Sinus- oder Cosinusterm auf der rechten Seite haben, können Sie nicht mehr die Lösungsfunktion in allen Einzelheiten hinschreiben, Sie müssen sich mit einer *Ansatzfunktion* begnügen. Im Fall (i) heißt die Ansatzfunktion beispielsweise $y_p(x) = a\sin(\beta x) + b\cos(\beta x)$, und Sie stehen vor der Frage, welche Werte wohl a und b haben mögen. Diese Situation hat große Ähnlichkeiten mit der Variation der Konstanten aus dem dritten Abschnitt. Auch dort hatten wir eine Ansatzfunktion gefunden, in der eine Unbekannte $c(x)$ vorkam, und wir machten uns auf die Suche nach $c(x)$, indem wir die Ansatzfunktion in die Differentialgleichung einsetzten. Auf die gleiche Weise werde ich jetzt die Ansatzfunktionen aus 11.7.5 verwenden.

11.7.6 Beispiele

(i)   Zu lösen ist die Gleichung

$$y'' + y' - 2y = 3\sin(2x).$$

Am besten schreibt man sich am Anfang die nötigen Größen aus Satz 11.7.5 auf und testet die Voraussetzungen. In unserem Fall ist

$$c = 3, \beta = 2 \text{ und } P(x) = x^2 + x - 2.$$

Um die richtige Ansatzfunktion zu finden, muss ich wissen, ob $i\beta$ eine Nullstelle von P ist, und deshalb berechne ich

$$P(i\beta) = P(2i) = (2i)^2 + 2i - 2 = -4 + 2i - 2 = -6 + 2i \neq 0.$$

Der Wert $i\beta$ ist daher keine Nullstelle von P. Die Ansatzfunktion lautet also

$$y_p(x) = a\sin(2x) + b\cos(2x).$$

Mehr als diese Ansatzfunktion liefert der Satz nicht, alles andere müssen wir selbst machen. Dabei haben wir gar nicht viele Auswahlmöglichkeiten, denn alles, was uns zur Verfügung steht, sind eine Differentialgleichung und eine Ansatzfunktion, und es liegt nahe, die Ansatzfunktion in die Gleichung einzusetzen. Dazu sollte ich erst die Ableitungen von y_p bestimmen. Es gilt:

$$y_p'(x) = 2a \cos(2x) - 2b \sin(2x), \ y_p''(x) = -4a \sin(2x) - 4b \cos(2x).$$

Einsetzen in die Differentialgleichung ergibt:

$$\begin{aligned}
3 \sin(2x) = \ & y_p'' + y_p' - 2y_p \\
= \ & -4a \sin(2x) - 4b \cos(2x) + 2a \cos(2x) - 2b \sin(2x) \\
& - 2a \sin(2x) - 2b \cos(2x) \\
= \ & (-4a - 2b - 2a) \sin(2x) + (-4b + 2a - 2b) \cos(2x) \\
= \ & (-6a - 2b) \sin(2x) + (2a - 6b) \cos(2x).
\end{aligned}$$

In der ersten Gleichung habe ich verwendet, dass y_p eine Lösung der Differential-gleichung sein soll, und in der zweiten Gleichung finden Sie die vorher berechneten Ableitungen von y_p wieder. Anschließend habe ich wieder einmal sortiert und alle Koeffizienten, die zum Sinus bzw. Cosinus gehören, in jeweils einer Klammer zusammengefasst. Das hat den Vorteil, dass ich jetzt auf die altbekannte Methode des Koeffizientenvergleichs zurückgreifen kann. Wir haben nämlich die Gleichung

$$3 \sin(2x) = (-6a - 2b) \sin(2x) + (2a - 6b) \cos(2x)$$

gefunden, die uns einiges über a und b verrät. Auf der linken Seite hat $\sin(2x)$ den Koeffizienten 3 und auf der rechten Seite ist es mit dem Ausdruck $(-6a - 2b)$ versehen, woraus die Gleichung

$$-6a - 2b = 3$$

folgt. Weiterhin taucht links überhaupt kein Cosinus-Term auf, während rechts immerhin $(2a - 6b)$ bei $\cos(2x)$ steht. Deshalb muss

$$2a - 6b = 0$$

gelten. Das sind nun zwei Gleichungen mit zwei Unbekannten a und b, die man auf die übliche Weise ausrechnen kann. Das Resultat ist:

$$a = -\frac{9}{20} \text{ und } b = -\frac{3}{20}.$$

Die Partikulärlösung lautet daher:

$$y_p(x) = -\frac{9}{20} \sin(2x) - \frac{3}{20} \cos(2x).$$

Ich darf Sie daran erinnern, dass wir bei allem Aufatmen noch nicht ganz fertig sind. Bisher habe ich nur eine einzelne *Partikulärlösung* gefunden und muss noch die *allgemeine* Lösung der inhomogenen Gleichung zusammenstellen. Wir haben uns aber bereits darüber geeinigt, dass darin das geringste Problem liegt, denn man muss nur die allgemeine Lösung der homogenen Gleichung auf die Partikulärlösung addieren. Das charakteristische Polynom $P(x) = x^2 + x - 2$ hat die Nullstellen $\lambda_1 = -2$ und $\lambda_2 = 1$, so dass mit

$$y_1(x) = e^{-2x}, y_2(x) = e^x$$

ein Fundamentalsystem der homogenen Gleichung vorliegt. Folglich lautet die allgemeine Lösung der inhomogenen Gleichung:

$$y(x) = -\frac{9}{20}\sin(2x) - \frac{3}{20}\cos(2x) + c_1 e^{-2x} + c_2 e^x.$$

(ii) Zu lösen ist die Gleichung

$$y'' + y = \sin x.$$

In der Terminologie von 11.7.5 ist dann $\beta = 1$ und $P(x) = x^2 + 1$. Wieder muss ich testen, ob $i\beta = i$ Nullstelle von P ist. Man kann nicht immer Glück haben: es gilt $P(i) = i^2 + 1 = -1 + 1 = 0$. Der Wert $i\beta$ ist also wirklich Nullstelle des charakteristischen Polynoms, und das verkompliziert ein wenig die Ansatzfunktion. Wir haben jetzt:

$$y_p(x) = x \cdot (a\sin x + b\cos x).$$

Das ist auch schon alles, was wir aus dem Satz 11.7.5 schließen können. Der nächste Schritt besteht wieder aus dem Berechnen der Ableitungen. Hier gilt:

$$y_p'(x) = a\sin x + b\cos x + x \cdot (a\cos x - b\sin x)$$
$$= (a - bx)\sin x + (b + ax)\cos x$$

und

$$y_p''(x) = -b\sin x + (a - bx)\cos x + a\cos x - (b + ax)\sin x$$
$$= (-2b - ax)\sin x + (2a - bx)\cos x.$$

Wenn man schon mühevoll die Ableitungen ausrechnet, sollte man auch etwas damit anfangen. Ich setze nun also die Ansatzfunktion y_p in die Differentialgleichung ein und finde:

$$\sin x = y_p''(x) + y_p(x)$$
$$= (-2b - ax)\sin x + (2a - bx)\cos x + ax\sin x + bx\cos x$$
$$= -2b\sin x + 2a\cos x.$$

Die Berechnung von a und b geht jetzt ganz schnell mit Hilfe des Koeffizientenvergleichs. Dem Ausdruck $\sin x$ auf der linken Seite steht der Term $-2b\sin x$ auf der
rechten Seite gegenüber, und deshalb muss

$$-2b = 1$$

gelten. Im Gegensatz zur linken Seite hat die rechte Seite einen Cosinus-Term, der
den Koeffizienten $2a$ vorweisen kann, also ist

$$2a = 0.$$

Viel einfacher können zwei Gleichungen mit zwei Unbekannten nicht mehr sein. Es
folgt sofort

$$a = 0, b = -\frac{1}{2},$$

und die Partikulärlösung lautet

$$y_p(x) = -\frac{1}{2}x\cos x.$$

Muss ich erwähnen, dass noch ein Fundamentalsystem der homogenen Gleichung
zu berechnen ist? Das charakteristische Polynom $P(x) = x^2 + 1$ hat die Nullstellen
$\pm i$, und die *komplexe* Lösung der homogenen Gleichung lautet

$$\varphi(x) = e^{ix} = \cos x + i\sin x.$$

Das reelle Fundamentalsystem erhält man aus dem Real- und Imaginärteil der komplexen Lösung, also bilden

$$y_1(x) = \cos x, y_2(x) = \sin x$$

ein Fundamentalsystem der homogenen Gleichung. Die allgemeine Lösung der inhomogenen Gleichung lautet dann

$$y(x) = -\frac{1}{2}x\cos x + c_1\cos x + c_2\sin x$$

mit reellen Konstanten c_1 und c_2.

Ich komme jetzt zu dem Problem zurück, vor dem ich mich vorhin gedrückt habe. Was soll man anstellen, wenn auf der rechten Seite eine Exponentialfunktion $e^{\mu x}$ steht und μ eine Nullstelle des charakteristischen Polynoms ist? Damit es nicht zu einfach wird, verallgemeinere ich die Fragestellung und erlaube auf der rechten Seite Produkte von Polynomen und Exponentialfunktionen. Zuvor muss ich aber eine kleine Begriffserweiterung vornehmen: Sie wissen, was eine einfache oder auch eine siebzehnfache Nullstelle eines Polynoms ist. Um nicht ständig zwischen Nullstellen und Nicht-Nullstellen unterscheiden zu müssen, werde ich ab jetzt jede Zahl, die keine Nullstelle eines Polynoms P ist, als eine nullfache Nullstelle bezeichnen. Ich gebe gern zu, dass das völlig idiotisch klingt, es macht aber das Aufschreiben des nächsten Satzes einfacher. Er ist auch so noch lästig genug.

11.7.7 Satz   Es sei

$$y^{(n)} + a_{n-1}y^{(n-1)} + \cdots + a_1 y' + a_0 y = f(x) \cdot e^{\mu x}$$

gegeben, wobei $f(x)$ ein Polynom vom Grad m und μ eine k-fache Nullstelle des charakteristischen Polynoms P ist. Dann gibt es eine Partikulärlösung der Form

$$y_p(x) = h(x) \cdot e^{\mu x}$$

mit einem Polynom $h(x)$ vom Grad $m + k$.

Das ist kein reines Vergnügen. Wir haben hier eine rechte Seite $f(x) \cdot e^{\mu x}$, an die zwei Bedingungen gestellt werden. Erstens ist f ein Polynom vom Grad m und zweitens ist μ eine k-fache Nullstelle des charakteristischen Polynoms. Bedenken Sie dabei, dass nach der eben vorgenommenen Begriffserweiterung auch $k = 0$ sein kann und demnach μ vielleicht gar keine Nullstelle von P ist. In jedem Fall ist dann die Form einer Partikulärlösung angegeben. Sie ist das Produkt aus einem Polynom $h(x)$ und der vertrauten Exponentialfunktion $e^{\mu x}$, und wir erfahren auch noch den Grad des neuen Polynoms: er berechnet sich aus $m + k$, wobei m der Grad des Polynoms f und k die sogenannte Vielfachheit der Nullstelle μ ist.

Die Methode der Ansatzfunktion ist immer gleich, nur die Ansatzfunktionen ändern sich. Ich werde also auch in den folgenden Beispielen mit Hilfe des neuen Satzes die Ansatzfunktion so weit wie möglich ausrechnen, das Ergebnis in die Differentialgleichung einsetzen und sehen, ob ich die Partikulärlösung vollständig bestimmen kann.

11.7.8 Beispiel   Zu lösen ist

$$y'' - 5y' + 6y = 6x^2 + 2x + 16.$$

Nun geht es um die Größen m, μ und k, die im Satz 11.7.7 vorkommen. Der Wert m ist der Grad des Polynoms auf der rechten Seite der Gleichung, und da das Polynom quadratisch ist, gilt $m = 2$. Die Zahl μ steht im Exponenten der Funktion $e^{\mu x}$, aber seltsamerweise kommt in der Gleichung gar keine Exponentialfunktion vor. Vor dem gleichen Problem standen wir schon in 11.7.4, und dort haben wir das Problem auch gelöst: man schreibt die rechte Seite einfach als

$$6x^2 + 2x + 16 = (6x^2 + 2x + 16) \cdot e^{0x},$$

setzt also $\mu = 0$. Um k herauszufinden, muss ich testen, ob μ eine Nullstelle des charakteristischen Polynoms ist. Es gilt:

$$P(x) = x^2 - 5x + 6,$$

also $P(0) = 6 \neq 0$. Daher ist $\mu = 0$ keine Nullstelle von P, und so etwas nenne ich seit Neuestem eine nullfache Nullstelle. Da der Wert k angibt, wie oft μ als Nullstelle in P vorkommt, folgt daraus $k = 0$.

Damit haben wir alles Nötige zusammengetragen und können die Form der Partikulärlösung bestimmen. Nach Satz 11.7.7 gibt es ein Polynom $h(x)$ vom Grad $m + k = 2$, so dass

$$y_p(x) = h(x) \cdot e^{0x} = h(x)$$

gilt. Die Ansatzfunktion ist also ein quadratisches Polynom. Sie sollten sich darüber im klaren sein, dass der recht komplizierte Satz 11.7.7 genau wie alle anderen Sätze dieser Art nichts weiter liefert als die Form der Ansatzfunktion. Die Differentialgleichung selbst ist von einer Lösung noch weit entfernt, solange Sie nicht wissen, wie das Polynom $h(x)$ nun eigentlich heißt. Bisher ist uns nur bekannt, dass

$$y_p(x) = a_2 x^2 + a_1 x + a_0$$

mit reellen Zahlen a_0, a_1, a_2 gilt, doch die Werte dieser Zahlen liegen noch im Dunkeln. Dort werden sie aber nicht lange bleiben, denn wir berechnen sie mit der Methode aus 11.7.6: man nehme die Ansatzfunktion, setze sie in die Differentialgleichung ein und lasse sich überraschen. Wieder einmal muss ich zuerst die Ableitungen von y_p ausrechnen. Es gilt:

$$y_p'(x) = 2a_2 x + a_1, \, y_p''(x) = 2a_2.$$

Daraus folgt:

$$\begin{aligned}
6x^2 + 2x + 16 &= y_p''(x) - 5y_p'(x) + 6y_p(x) \\
&= 2a_2 - 5(2a_2 x + a_1) + 6(a_2 x^2 + a_1 x + a_0) \\
&= 6a_2 x^2 + x(-10a_2 + 6a_1) + 2a_2 - 5a_1 + 6a_0.
\end{aligned}$$

Ich habe hier y_p und seine Ableitungen in die Differentialgleichung eingesetzt und anschließend nach Potenzen von x sortiert. Das muss ich machen, weil bei Ansatzfunktionen so gut wie immer ein Koeffizientenvergleich stattfindet. Auf der linken Seite der Gleichung

$$6x^2 + 2x + 16 = 6a_2 x^2 + x(-10a_2 + 6a_1) + 2a_2 - 5a_1 + 6a_0$$

hat x^2 den Koeffizienten 6 und auf der rechten Seite den Koeffizienten $6a_2$, woraus sofort

$$6a_2 = 6$$

folgt. Weiterhin ist x auf der linken Seite von einer 2 und rechts von dem Wert $-10a_2 + 6a_1$ begleitet, und daraus können wir

$$-10a_2 + 6a_1 = 2$$

schließen. Dass ich schließlich auch noch die Gleichung

$$2a_2 - 5a_1 + 6a_0 = 16$$

erhalte, ist dann vermutlich klar. Ich habe also drei Gleichungen mit drei Unbekannten, die man auf die übliche Weise lösen kann. Das Ergebnis ist:

$$a_2 = 1, a_1 = 2, a_0 = 4,$$

und deshalb

$$y_p(x) = x^2 + 2x + 4.$$

Die Partikulärlösung ist jetzt gefunden. Sie erhalten die allgemeine Lösung der inhomogenen Gleichung wieder, indem Sie die allgemeine Lösung der homogenen Gleichung auf die Partikulärlösung addieren. Da das charakteristische Polynom $P(x) = x^2 - 5x + 6$ die Nullstellen 2 und 3 hat, lautet die allgemeine Lösung der inhomogenen Differentialgleichung:

$$y(x) = x^2 + 2x + 4 + c_1 e^{2x} + c_2 e^{3x}$$

mit reellen Konstanten c_1 und c_2.

Das war nun ein Beispiel einer Gleichung, in der die Zahl μ *keine* Nullstelle des charakteristischen Polynoms ist. Im nächsten Beispiel wird das anders sein.

11.7.9 Beispiel Zu lösen ist die Gleichung

$$y'' - 3y' + 2y = x \cdot e^x.$$

Wir suchen zuerst wieder nach den Werten von m, μ und k. Wie Sie längst wissen, ist m der Grad des Polynoms $f(x)$ auf der rechten Seite der Gleichung, und da hier $f(x) = x$ gilt, ist $m = 1$. Auch μ ist leicht zu identifizieren, denn $e^x = e^{1x}$, also folgt $\mu = 1$. Der Satz 11.7.7 verlangt von mir eine Information darüber, ob μ eine Nullstelle des charakteristischen Polynoms ist. Da das Polynom

$$P(x) = x^2 - 3x + 2$$

die Nullstellen 1 und 2 hat, ist das auch tatsächlich der Fall: $\mu = 1$ ist eine einfache Nullstelle von P, das heißt $k = 1$.

Jetzt sind wir wieder so weit, den Satz 11.7.7 anwenden zu können. Er sagt aus, dass die Partikulärlösung die Form

$$y_p(x) = h(x) \cdot e^x$$

hat, wobei $h(x)$ ein Polynom vom Grad $m + k = 2$ ist. Wenn wir das Polynom ausschreiben, bedeutet das:

$$y_p(x) = (a_2 x^2 + a_1 x + a_0)e^x.$$

Das ist ein wenig bedauerlich, weil wir gleich die Ableitungen von y_p ausrechnen müssen und das Differenzieren bei einem reinen Polynom sicher angenehmer ist als bei so einem Produkt. Es hilft aber nichts: die Partikulärlösung muss in die Differentialgleichung eingesetzt werden, und zu diesem Zweck brauche ich nun einmal die Ableitungen. Nach der Produktregel gilt:

$$
\begin{aligned}
y_p'(x) &= (2a_2 x + a_1)e^x + e^x(a_2 x^2 + a_1 x + a_0) \\
&= (a_2 x^2 + (2a_2 + a_1)x + a_1 + a_0)e^x
\end{aligned}
$$

und

$$
\begin{aligned}
y_p''(x) &= (2a_2 x + 2a_2 + a_1)e^x + e^x(a_2 x^2 + (2a_2 + a_1)x + a_1 + a_0) \\
&= e^x(a_2 x^2 + (4a_2 + a_1)x + 2a_2 + 2a_1 + a_0).
\end{aligned}
$$

Wenn wir schon so weit gekommen sind, kann ich Ihnen die folgende Rechnung nicht ersparen. Natürlich führen lange Formeln für die Ableitung dazu, dass das Einsetzen in die Differentialgleichung längliche Gebilde hervorbringt, aber das ist nichts prinzipiell Schwieriges, sondern nur eine Frage der Geduld. Wir haben:

$$
\begin{aligned}
x \cdot e^x &= y_p''(x) - 3y_p'(x) + 2y_p(x) \\
&= e^x(a_2 x^2 + (4a_2 + a_1)x + 2a_2 + 2a_1 + a_0) \\
&\quad - 3(a_2 x^2 + (2a_2 + a_1)x + a_1 + a_0)e^x + 2(a_2 x^2 + a_1 x + a_0)e^x \\
&= ((a_2 - 3a_2 + 2a_2)x^2 + (4a_2 + a_1 - 6a_2 - 3a_1 + 2a_1)x \\
&\quad + 2a_2 + 2a_1 + a_0 - 3a_1 - 3a_0 + 2a_0)e^x \\
&= (-2a_2 x + 2a_2 - a_1)e^x.
\end{aligned}
$$

Ich habe wieder nur das Übliche getan: die Formeln für y_p und seine Ableitungen in die Differentialgleichung eingesetzt und dann nach Potenzen von x geordnet. Jetzt ist der Koeffizientenvergleich wieder leicht. Wir haben die Gleichung

$$
x \cdot e^x = (-2a_2 x + 2a_2 - a_1)e^x,
$$

und deshalb muss

$$
x = -2a_2 x + 2a_2 - a_1
$$

sein. Folglich ist $-2a_2 = 1$ und $2a_2 - a_1 = 0$. Diesmal haben wir also zwei Gleichungen mit zwei Unbekannten gefunden, deren Lösung

$$
a_1 = -1, a_2 = -\frac{1}{2}
$$

beträgt. Dabei sollte Ihnen allerdings etwas auffallen. In der Partikulärlösung gab es noch einen dritten Parameter namens a_0. Wo ist der eigentlich geblieben? Er taucht am Ende der Rechnung nicht mehr auf, und das heißt, er ist beim Einsetzen von y_p in die Differentialgleichung verschwunden. Es spielt also überhaupt keine Rolle, welchen Wert ich mir für a_0 aussuche; sobald ich y_p in die Gleichung einsetze, verschwindet a_0 auf jeden Fall. Ich wähle mir deshalb den einfachsten aller möglichen Werte, nämlich $a_0 = 0$, und erhalte die Partikulärlösung

$$
y_p(x) = \left(-\frac{x^2}{2} - x\right)e^x.
$$

Zum letzten Mal langweile ich Sie mit der Bemerkung, dass man die allgemeine Lösung der inhomogenen Gleichung erhält, indem man auf die Partikulärlösung die allgemeine Lösung der homogenen Gleichung addiert. Das charakteristische Polynom

$$
P(x) = x^2 - 3x + 2
$$

hat die Nullstellen 1 und 2, und daraus ergibt sich die allgemeine Lösung:

$$y(x) = \left(-\frac{x^2}{2} - x\right) e^x + c_1 e^x + c_2 e^{2x}$$

mit reellen Konstanten c_1 und c_2.

Sie können an den Beispielen sehen, dass die Form der Lösungen stark davon abhängt, ob μ gar keine, eine einfache oder am Ende eine siebzehnfache Nullstelle des charakteristischen Polynoms ist. Es wäre daher wünschenswert, über ein einfaches Kriterium zur Bestimmung der Vielfachheit einer Nullstelle zu verfügen. Auch dafür ist die Differentialrechnung gut, denn man braucht das Polynom nur oft genug abzuleiten, und schon sieht man, was für eine Nullstelle in μ vorliegt.

11.7.10 Satz Es sei P ein Polynom und $\mu \in \mathbb{R}$. Genau dann ist μ eine k-fache Nullstelle von P, wenn gilt:

$$P(\mu) = P'(\mu) = \cdots = P^{(k-1)}(\mu) = 0, \text{ aber } P^{(k)}(\mu) \neq 0.$$

Die Vielfachheit der Nullstelle entspricht also genau der Nummer jener Ableitung, bei der zum ersten Mal ein von Null verschiedenes Ergebnis auftaucht. Sehen wir uns das an einem Beispiel an.

11.7.11 Beispiel Das Polynom $P(x) = x^2 - 2x + 1 = (x-1)^2$ hat die Nullstelle $\mu = 1$. Nun ist $P'(x) = 2x - 2$, $P''(x) = 2$, und daraus folgt:

$$P(1) = P'(1) = 0, \text{ aber } P''(1) = 2 \neq 0.$$

Daher ist $\mu = 1$ eine doppelte Nullstelle von P.

Zum Schluss dieses Abschnitts möche ich Ihnen noch zeigen, wie man den Satz 11.7.5 verallgemeinern kann. Dort haben wir trigonometrische rechte Seiten untersucht, aber es kann schließlich auch vorkommen, dass man auf der rechten Seite $x^2 \cos x$ oder sogar $(2x^3 + 17) \cdot e^x \cdot \sin(5x)$ vorfindet. Der folgende Satz gibt Auskunft über die Ansatzfunktionen.

11.7.12 Satz Es sei

$$y'' + a_1 y' + a_0 y = q(x) \cdot e^{cx} \cdot \sin(\beta x)$$

oder

$$y'' + a_1 y' + a_0 y = q(x) \cdot e^{cx} \cdot \cos(\beta x)$$

eine lineare inhomogene Differentialgleichung zweiter Ordnung, wobei q ein beliebiges Polynom n-ten Grades und $\beta \neq 0$ ist.

(i) Falls $c + i\beta$ keine Nullstelle des charakteristischen Polynoms P ist, gibt es eine Partikulärlösung der Form

$$y_p(x) = e^{cx} \cdot (a_n(x) \sin(\beta x) + b_n(x) \cos(\beta x)).$$

Dabei sind $a_n(x)$ und $b_n(x)$ Polynome n-ten Grades.

(ii) Falls $c + i\beta$ Nullstelle des charakteristischen Polynoms P ist, gibt es eine Partikulärlösung der Form

$$y_p(x) = x \cdot e^{cx} \cdot (a_n(x) \sin(\beta x) + b_n(x) \cos(\beta x)).$$

Dabei sind $a_n(x)$ und $b_n(x)$ Polynome n-ten Grades.

Ich vermute, dass Sie mittlerweile keine große Lust mehr haben, weitere Berechnungen von Partikulärlösungen zu sehen und wir uns im Verzicht auf Beispiele zu Satz 11.7.12 einig sind. Die bisher besprochenen Methoden zur Lösung von inhomogenen Differentialgleichungen kann man auch nicht gerade als besonders schön und elegant bezeichnen. Ich werde Ihnen deshalb im nächsten Abschnitt eine weitere Methode zeigen, die zwar auf Anhieb ein wenig kompliziert aussieht, aber doch einige Vorteile auf ihrer Seite hat: die Methode der Laplace-Transformation.

11.8 Laplace-Transformation

Die Laplace-Transformation geht auf den französischen Mathematiker Pierre Simon Laplace zurück, der im ausgehenden achtzehnten und im beginnenden neunzehnten Jahrhundert aktiv war. Er ist einerseits ein weiteres gutes Beispiel für meine Auffassung, dass aus Mathematikern auch im richtigen Leben etwas werden kann; immerhin hat er es unter Napoleon zum Innenminister gebracht. Andererseits scheint er nicht gerade der gewinnendste Charakter gewesen zu sein. Irgendwie brachte er es immer wieder fertig, in der politisch ausgesprochen wirren und gefährlichen Zeit, die mit der französischen Revolution begann, sein Mäntelchen nach dem gerade vorherrschenden Wind zu richten und damit stets auf der Seite der Sieger zu sein. Und da er mit seinen politischen Meinungen nicht allzu kleinlich umging, soll er seine Großzügigkeit auch noch auf die Ideen anderer Leute ausgedehnt und fremdes geistiges Eigentum für sein eigenes ausgegeben haben.

Von diesen biographischen Kleinigkeiten einmal abgesehen, war er aber ein ausgesprochen origineller und kreativer Mathematiker, und ich will jetzt lieber nicht der Frage nachgehen, wie es wohl allgemein mit dem Charakter guter Mathematiker aussieht. Statt dessen werden wir uns jetzt mit der Laplace-Transformation befassen. Sie ist vor allem bei den Elektroingenieuren sehr beliebt und wird oft benutzt, um inhomogene lineare Differentialgleichungen zu lösen.

Erinnern Sie sich noch einmal daran, wie wir bei solchen Gleichungen vorgegangen sind. Das Grundprinzip bestand immer darin, eine Partikulärlösung zu suchen, zu dieser

Partikulärlösung die allgemeine Lösung der homogenen Gleichung zu addieren und damit die allgemeine Lösung der inhomogenen Gleichung zu erhalten. Hat man nun zusätzlich noch Anfangsbedingungen gegeben, so muss man sie in die mühsam ermittelte allgemeine Lösung einsetzen und somit aus der allgemeinen Lösung eine spezielle machen, die zu den Anfangswerten passt. Das sind ziemlich viele Arbeitsschritte, und vor allem das Auffinden der Partikulärlösung kann dabei unangenehm werden. Es wäre eine feine Sache, wenn man hier eine etwas bequemere Methode hätte, die genau die Lösung eines Anfangswertproblems liefert, ohne sich mit Partikulärlösung und allgemeiner Lösung beschäftigen zu müssen.

Man kann die Situation vergleichen mit dem Überqueren einer Schlucht. Wenn Sie am Rand einer Schlucht stehen und ungefähr so schwindelfrei sind wie ich, dann wird es Ihnen schwer fallen, den Weg über die schmale Brücke zu gehen, die vielleicht beide Seiten verbindet. Der recht aufwendige Weg zum Berechnen der Lösung mit all seinen Gefahren des Verrechnens entspricht dieser Brücke. Bequemer ist es natürlich, wenn Sie einen Fahrstuhl zur Verfügung haben, der Sie ohne nennenswerte Anstrengung und ohne Schwindelanfälle zum Grund der Schlucht transportiert, dort leichten Fußes zur anderen Seite laufen und mit einem weiteren Fahrstuhl nach oben fahren. Das setzt nur voraus, dass sich irgendwann jemand die Mühe gemacht hat, diese zwei Fahrstühle zu bauen. In unserer Situation ist das aber tatsächlich der Fall: die Rolle der Fahrstühle wird die Laplace-Transformation mit ihren beiden Richtungen übernehmen, und das Durchqueren der Schlucht werden wir ohne Probleme selbst schaffen.

Ich muss jetzt also erst einmal den Fahrstuhl nach unten zur Verfügung stellen, und das heißt, ich muss definieren, was man unter der Laplace-Transformation versteht. Sie sollten sich dabei gleich an einen kleinen Unterschied zur bisherigen Terminologie gewöhnen. Normalerweise benenne ich die unabhängige Variable einer Funktion mit x, und nur in Notfällen kann ich mich dazu überwinden, ein t zu verwenden. Im Zusammenhang mit der Laplace-Transformation hat es sich allerdings schon seit so langer Zeit eingebürgert, die beiden vorkommenden Variablen mit t und s zu bezeichnen, dass ich hier keine abweichende Schreibweise einführen möchte. Sie werden also im gesamten folgenden Abschnitt keine Variable namens x finden.

Nun aber zur Definition der Laplace-Transformierten.

11.8.1 Definition Es sei $f : [0, \infty) \to \mathbb{R}$ eine Funktion. Falls für $s > 0$ das Integral

$$\int_0^\infty f(t) \cdot e^{-st} \, dt$$

existiert, dann heißt die auf $[0, \infty)$ definierte Funktion

$$F(s) = \int_0^\infty f(t) \cdot e^{-st} \, dt$$

die *Laplace-Transformierte* von f. Man schreibt dafür

$$F(s) = \mathcal{L}\{f(t)\}.$$

Die Funktion f heißt Originalfunktion oder auch Oberfunktion; die Funktion $F(s)$ heißt Bildfunktion oder auch Unterfunktion.

Zunächst ist diese Definition nicht dazu angetan, Begeisterungsstürme auszulösen. Bevor ich noch ein paar Worte darüber sage, reden wir noch einmal kurz über die Zielsetzung des Ganzen. Ich will die Laplace-Transformation verwenden, um lineare inhomogene Differentialgleichungen zu lösen. Dazu werde ich die gesamte Gleichung der Transformation unterwerfen und somit eine neue Gleichung erhalten. Die neue Gleichung wird aber den Vorteil haben, keine Differentialgleichung mehr zu sein; es werden keine Ableitungen mehr vorkommen, und das Lösen dieser Gleichung entspricht dann dem bequemen Weg auf dem Grund der Schlucht. Das Dumme ist nur, dass ich ja eigentlich an einer Lösung der Differentialgleichung interessiert war. Deshalb muss ich die gefundene Lösung wieder mit dem Fahrstuhl vom Grund der Schlucht nach oben bringen, und auch dabei wird die Laplace-Transformation nützlich sein. Wir brauchen sie also tatsächlich zweimal, und zwar in zwei verschiedenen Richtungen.

Werfen wir also einen Blick auf die Definition. Es irritiert Sie vielleicht ein wenig, dass innerhalb des Integrals zwei verschiedene Variablen s und t stehen. Das macht aber gar nichts. Die Variable t ist die gewöhnliche Integrationsvariable, die Sie längst kennen. Dagegen ist die Variable s nur ein *Parameter*, von dem der konkrete Wert des Integrals abhängt. Natürlich macht es einen Unterschied, ob ich $\int_0^\infty f(t) \cdot e^{-t} dt$ oder aber $\int_0^\infty f(t) \cdot e^{-17t} dt$ ausrechne. Die Wahl des Parameters s bestimmt also den Wert des Integrals, und daher macht es Sinn, es als eine *Funktion* in Abhängigkeit von s aufzufassen. Etwas ungewöhnlich ist daran nur, dass die Funktion $F(s)$ mit Hilfe eines Integrals ausgerechnet wird. Und an noch etwas müssen Sie sich gewöhnen. Hier treten nämlich zum ersten Mal seit dem Ende des achten Kapitels wieder uneigentliche Integrale auf, da die obere Integrationsgrenze bei Unendlich liegt. Wie Sie damals gesehen haben, kann man die Existenz solcher Integrale nicht immer garantieren, so dass also nicht jede Funktion $f(t)$ eine Laplace-Transformierte besitzt.Immerhin kann man eine notwendige Bedingung für die Existenz des Integrals angeben.

11.8.2 Satz Falls für $f : [0, \infty) \to \mathbb{R}$ das *Laplace-Integral*

$$\int\limits_0^\infty f(t) \cdot e^{-st} dt$$

existiert, gilt die Beziehung:

$$\lim_{t \to \infty} f(t) \cdot e^{-st} = 0.$$

Sehr überraschend ist das nicht. Beim Integrieren von Null bis Unendlich muss schließlich eine Fläche berechnet werden, deren Grundseite unendlich lang ist, und dann sollten wenigstens die Funktionswerte klein genug werden, damit etwas Anständiges herauskommt.

Jetzt ist es Zeit, das eine oder andere Beispiel auszurechnen.

11.8.3 Beispiele

(i) Die einfachste Funktion ist wohl die konstante Funktion $f(t) = 1$. Offenbar ist hier

$$\lim_{t \to \infty} f(t) \cdot e^{-st} = \lim_{t \to \infty} e^{-st} = 0,$$

so dass ein Versuch, die Laplace-Transformierte auszurechnen, immerhin Sinn macht. Um mich nicht gleich mit der unendlich großen oberen Grenze plagen zu müssen, berechne ich erst einmal ganz konventionell die Stammfunktion. Es gilt:

$$\int 1 \cdot e^{-st} dt = \int e^{-st} dt = -\frac{1}{s} e^{-st} + c,$$

wobei Sie immer im Auge behalten müssen, dass die Intergationsvariable t heißt und s zunächst nichts weiter als eine Zahl ist. Jetzt kann ich auch leicht das uneigentliche Integral berechnen. Es folgt nämlich mit den Methoden aus Kap. 8:

$$F(s) = \int_{0}^{\infty} e^{-st} dt = \lim_{b \to \infty} \left. -\frac{1}{s} e^{-st} \right|_{0}^{b} = \lim_{b \to \infty} -\frac{1}{s} e^{-sb} + \frac{1}{s} = \frac{1}{s},$$

denn der erste Summand wird mit wachsendem b gegen Null gehen.
Wir erhalten also:

$$\mathcal{L}\{1\} = \frac{1}{s}.$$

(ii) Die nächste übersichtliche Funktion ist die lineare Funktion $f(t) = t$. Ich berechne wieder als erstes das unbestimmte Integral:

$$\int f(t) \cdot e^{-st} dt = \int t \cdot e^{-st} dt$$

$$= -\frac{1}{s} e^{-st} \cdot t - \int -\frac{1}{s} e^{-st} dt$$

$$= -\frac{t}{s} e^{-st} + \frac{1}{s} \int e^{-st} dt$$

$$= -\frac{t}{s} e^{-st} - \frac{1}{s^2} e^{-st}.$$

Dabei habe ich in der zweiten Zeile nur den üblichen Ansatz der partiellen Integration benutzt, in der dritten Zeile den Faktor $\frac{1}{s}$ vor das Integral gezogen und zum Schluss einfach noch einmal e^{-st} integriert.

Wie im ersten Beispiel kann ich auch jetzt die Laplace-Transformierte berechnen. Es gilt:

$$F(s) = \int_0^\infty f(t) \cdot e^{-st}\,dt$$

$$= \lim_{b \to \infty} -\frac{t}{s}e^{-st} - \frac{1}{s^2}e^{-st}\Big|_0^b$$

$$= \lim_{b \to \infty} -\frac{b}{s}e^{-sb} - \frac{1}{s^2}e^{-sb} + \frac{1}{s^2}$$

$$= \frac{1}{s^2},$$

denn genau wie im ersten Beispiel auch gehen die Summanden, die den Faktor e^{-sb} enthalten, gegen Null.

Es gilt also:

$$\mathcal{L}\{t\} = \frac{1}{s^2}.$$

(iii) Man kann aber nicht nur auf stetige Funktionen die Laplace-Transformation anwenden. Nehmen wir zum Beispiel eine einfache Sprungfunktion wie

$$f(t) = \begin{cases} 0 & \text{falls } t < a \\ 1 & \text{falls } a \le t \le b \\ 0 & \text{falls } t > b. \end{cases}$$

Im Intervall zwischen a und b ist $f(t)$ also Eins, und ansonsten ist es Null. Die Laplace-Transformierte berechnet sich jetzt sogar sehr einfach, da irgendwann ohnehin alle Funktionswerte.Null sind und man sich deshalb keine Gedanken mehr über die unendlich große obere Grenze machen muss. Wir erhalten:

$$F(s) = \int_0^\infty f(t) \cdot e^{-st}\,dt$$

$$= \int_a^b e^{-st}\,dt$$

$$= -\frac{1}{s} \cdot e^{-st}\Big|_a^b$$

$$= -\frac{1}{s} \cdot \left(e^{-sb} - e^{-sa}\right)$$

$$= \frac{1}{s} \cdot \left(e^{-sa} - e^{-sb}\right).$$

Wirklich integrieren muss ich nämlich nur zwischen a und b, und hier lautet die Funktion einfach $f(t) = 1$. Es gilt also:

$$\mathcal{L}\{f(t)\} = \frac{1}{s} \cdot \left(e^{-sa} - e^{-sb}\right).$$

(iv) Nun betrachten wir die Funktion $f(t) = e^{t^2}$. Sie sieht auf den ersten Blick ganz harmlos aus, aber das täuscht. In 11.8.2 habe ich nämlich eine *notwendige* Bedingung für die Existenz der Laplace-Transformierten angegeben, und die macht uns hier einigen Ärger. Es gilt nämlich:

$$f(t) \cdot e^{-st} = e^{t^2} \cdot e^{-st} = e^{t^2 - st}.$$

Nun verlangt 11.8.2 aber, dass dieser Ausdruck mit wachsendem t gegen Null geht, und das kann offenbar nicht sein. Schon der Exponent $t^2 - st$ wird natürlich unendlich groß, wenn t selbst gegen Unendlich geht. Folglich muss erst recht

$$\lim_{t \to \infty} e^{t^2 - st} = \infty$$

gelten, und das heißt nach 11.8.2, dass $f(t)$ keine Laplace-Transformierte besitzt. Na ja, man kann nicht immer gewinnen.

Sie sehen, dass es eine gewisse Mühe macht, zu einer gegebenen Originalfunktion $f(t)$ die Bildfunktion $F(s)$ zu finden. Es war aber nicht Sinn unserer Unternehmung, das Leben noch mühevoller zu machen, als es ohnehin schon ist. Das ist auch gar nicht nötig. Schließlich will ich die Laplace-Transformation nicht aus purem Vergnügen verwenden, sondern als Hilfsmittel zur Lösung bestimmter Differentialgleichungen. Das Herumrechnen mit der Transformation selbst ist mir dabei nicht besonders wichtig, und tatsächlich haben uns andere Leute diese Arbeit schon seit langem abgenommen. Es gibt sehr große und breite Tabellen, in denen Sie zu einer Unmenge von Originalfunktionen die zugehörige Bildfunktion finden, und natürlich können Sie diese Tabellen auch umgekehrt benutzen: liest man sie in der anderen Richtung, so findet man zu einer gegebenen Bildfunktion die ursprüngliche Originalfunktion, aus der man mit Hilfe der Laplace-Transformation diese Bildfunktion gewinnen kann. Um noch einmal das Bild von der Schlucht mit den Fahrstühlen zu bemühen: Lesen Sie die Tabelle, die Sie gleich sehen werden, von rechts nach links, so haben Sie den Fahrstuhl vom Rand der Schlucht zu ihrem Grund. Lesen Sie sie aber von links nach rechts, dann steht Ihnen der Fahrstuhl auf der anderen Seite der Schlucht zur Verfügung, der Sie wieder nach oben transportiert.

Sehen wir uns nun zunächst einmal die Tabelle an.

11.8.4 Bemerkung In der folgenden Tabelle finden Sie eine Liste von wichtigen Originalfunktionen und ihren Bildfunktionen. Es ist dabei ziemlich üblich, vorne die Bildfunktion $F(s)$ und erst dann die Originalfunktion $f(t)$ aufzuschreiben. Das hat auch seinen Grund, denn beim Lösen von Differentialgleichungen sucht man häufig zu einer bestimmten Bildfunktion die zugehörige Originalfunktion, und dann sollte auch die Tabelle in dieser Richtung aufgebaut sein.

$F(s) = \mathcal{L}\{f(t)\}$	$f(t)$	$F(s) = \mathcal{L}\{f(t)\}$	$f(t)$
$\frac{1}{s}$	1	$\frac{1}{s-a}$	e^{at}
$\frac{1}{s^{n+1}}$	$\frac{t^n}{n!}$	$\frac{1}{(s-a)^{n+1}}$	$\frac{t^n}{n!} \cdot e^{at}$
$\frac{1}{s \cdot (s-a)}$	$\frac{e^{at}-1}{a}$	$\frac{1}{(s-a)^2}$	$t \cdot e^{at}$
$\frac{1}{(s-a) \cdot (s-b)}$	$\frac{e^{at}-e^{bt}}{a-b}$	$\frac{s}{(s-a) \cdot (s-b)}$	$\frac{a \cdot e^{at} - b \cdot e^{bt}}{a-b}$
$\frac{s}{(s-a)^2}$	$(1+at) \cdot e^{at}$	$\frac{1}{s^2 \cdot (s-a)}$	$\frac{e^{at}-at-1}{a^2}$
$\frac{1}{s \cdot (s-a)^2}$	$\frac{(at-1) \cdot e^{at}+1}{a^2}$	$\frac{s}{(s-a)^3}$	$\left(\frac{1}{2}at^2+t\right) \cdot e^{at}$
$\frac{s^2}{(s-a)^3}$	$\left(\frac{1}{2}a^2t^2+2at+1\right) \cdot e^{at}$	$\frac{1}{s^2+a^2}$	$\frac{\sin(at)}{a}$
$\frac{s}{s^2+a^2}$	$\cos(at)$	$\frac{1}{s^2-a^2}$	$\frac{\sinh(at)}{a}$
$\frac{s}{s^2-a^2}$	$\cosh(at)$	$\frac{1}{(s-b)^2-a^2}$	$\frac{e^{bt} \cdot \sinh(at)}{a}$
$\frac{s-b}{(s-b)^2-a^2}$	$e^{bt} \cdot \cosh(at)$	$\frac{1}{(s-b)^2+a^2}$	$\frac{e^{bt} \cdot \sin(at)}{a}$
$\frac{s-b}{(s-b)^2+a^2}$	$e^{bt} \cdot \cos(at)$	$\frac{1}{s \cdot (s^2+4a^2)}$	$\frac{\sin^2(at)}{2a^2}$
$\frac{s^2+2a^2}{s \cdot (s^2+4a^2)}$	$\cos^2(at)$	$\frac{s}{(s^2+a^2)^2}$	$\frac{t \cdot \sin(at)}{2a}$
$\frac{s^2-a^2}{(s^2+a^2)^2}$	$t \cdot \cos(at)$	$\frac{s}{(s^2-a^2)^2}$	$\frac{t \cdot \sinh(at)}{2a}$
$\frac{s^2+a^2}{(s^2-a^2)^2}$	$t \cdot \cosh(at)$	$\arctan\left(\frac{a}{s}\right)$	$\frac{\sin(at)}{t}$

So weit die Tabelle der Laplace-Transformierten. Steht man also beispielsweise vor dem Problem, für die Funktion $f(t) = \frac{t^2}{2}$ die zugehörige Laplace-Transformierte $F(s)$ festzustellen, so liefert der Eintrag in der zweiten Zeile der Tabelle sofort $F(s) = \frac{1}{s^3}$, und man muss sich nicht mehr mit langwierigen Rechnungen aufhalten. Aber umgekehrt funktioniert es auch. Falls ich beispielsweise weiß, dass eine gesuchte Funktion $f(t)$ die Laplace-Transformierte $F(s) = \frac{1}{s^2+9}$ besitzt, kann ich aus der siebten Zeile der Tabelle schließen, dass $f(t) = \frac{\sin(3t)}{3}$ gilt. Folglich erhalte ich aus der Bildfunktion mit Hilfe dieser Tabelle die Originalfunktion zurück.

Das ist schon mal eine feine Sache, denn das Wechselspiel zwischen Originalfunktion und Bildfunktion werde ich bei der Lösung von Differentialgleichungen dringend brauchen. Hat man aber nur die Informationen aus der Tabelle zur Hand und nichts weiter, dann kommt man leider ganz schnell in Schwierigkeiten, wie das folgende Beispiel zeigt.

11.8.5 Beispiel Für die Funktion $f(t) = t + e^t$ suche ich die Laplace-Transformierte $F(s)$. Mit Hilfe meiner Tabelle kann das ja wohl nicht so schwer sein. Zunächst finde ich in der zweiten Zeile die Information, dass die Funktion $f_1(t) = t$ die Laplace-Transformierte

$F_1(s) = \frac{1}{s^2}$ besitzt. Außerdem entnehme ich der ersten Zeile, dass zu $f_2(t) = e^t$ die Laplace-Transformierte $F_2(s) = \frac{1}{s-1}$ gehört. Das wäre gar nicht so übel, wenn ich daraus irgendetwas über $f(t) = f_1(t) + f_2(t)$ schließen könnte. Natürlich wird man erwarten, dass $f(t)$ genau die Laplace-Transformierte $F_1(s) + F_2(s)$ besitzt, denn wenn sich schon f aus f_1 und f_2 zusammensetzt, dann ist es nur recht und billig, wenn sich F aus F_1 und F_2 kombinieren lässt. Die Vermutung lautet also:

$$\mathcal{L}\{t + e^t\} = \frac{1}{s^2} + \frac{1}{s-1}.$$

der folgende Satz zeigt, dass diese Vermutung stimmt.

11.8.6 Satz (Additionssatz) Es seien $f_1(t), f_2(t), \ldots, f_n(t)$ Funktionen mit Laplace-Transformierten

$$\mathcal{L}\{f_1(t)\} = F_1(s), \ldots, \mathcal{L}\{f_n(t)\} = F_n(s).$$

Weiterhin seien $c_1, c_2, \ldots, c_n \in \mathbb{R}$. Dann besitzt auch die *Linearkombination*

$$c_1 f_1(t) + \cdots + c_n f_n(t)$$

eine Laplace-Transformierte, und es gilt:

$$\mathcal{L}\{c_1 f_1(t) + \cdots + c_n f_n(t)\} = c_1 F_1(s) + \cdots + c_n F_n(s).$$

Das ist wieder einmal eine formale Beschreibung eines einfachen Sachverhalts. Wenn Sie zum Beispiel drei Funktionen haben, deren Laplace-Transformierte Sie kennen, und wollen die Laplace-Transformierte der Summe dieser drei Funktionen berechnen, dann addieren Sie einfach die Transformierten der Einzelfunktionen, und schon ist das Problem erledigt. Man kann also sozusagen über das Plus-Zeichen transformieren, genauso wie man über das Plus-Zeichen integrieren und ableiten kann.

Sehen wir uns an zwei Beispielen die Funktionsweise dieses Satzes an.

11.8.7 Beispiele

(i) Gesucht ist die Laplace-Transformierte der Funktion

$$f(t) = t^2 \cdot e^{2t} + 3t^2.$$

Nach Satz 11.8.6 genügt es, die Transformierten von $t^2 \cdot e^{2t}$ und von t^2 zu kennen, die man dann mit den entsprechenden Koeffizienten kombinieren kann. Unsere Tabelle sagt uns:

$$\mathcal{L}\left\{\frac{1}{2}t^2 \cdot e^{2t}\right\} = \frac{1}{(s-2)^3}.$$

Mit Hilfe von Satz 11.8.6 folgt daraus:

$$\mathcal{L}\{t^2 \cdot e^{2t}\} = \frac{2}{(s-2)^3}.$$

Weiterhin ist laut Tabelle:

$$\mathcal{L}\left\{\frac{1}{2}t^2\right\} = \frac{1}{s^3}.$$

Deshalb folgt aus Satz 11.8.6:

$$\mathcal{L}\{3t^2\} = \frac{6}{s^3}.$$

Insgesamt erhalten wir:

$$\mathcal{L}\{t^2 \cdot e^{2t} + 3t^2\} = \frac{2}{(s-2)^3} + \frac{6}{s^3}.$$

(ii) Auch in der anderen Richtung kann man Satz 11.8.6 anwenden. Ist zum Beispiel eine Bildfunktion

$$F(s) = \frac{3}{s^2 + 25} - \arctan\left(\frac{7}{s}\right)$$

gegeben, so wird sicher irgendjemand auf die Idee kommen, die zugehörige Original-funktion zu ermitteln. Das ist jetzt aber gar nicht mehr schwer. Der Tabelle kann man entnehmen, dass

$$\mathcal{L}\left\{\frac{\sin(5t)}{5}\right\} = \frac{1}{s^2 + 25}$$

gilt. Daraus folgt sofort die Beziehung

$$\mathcal{L}\left\{\frac{3 \cdot \sin(5t)}{5}\right\} = \frac{3}{s^2 + 25}.$$

Außerdem folgt aus der letzten Tabellenzeile problemlos:

$$\mathcal{L}\left\{\frac{\sin(7t)}{t}\right\} = \arctan\left(\frac{7}{s}\right).$$

Damit ergibt sich ohne weitere Anstrengung:

$$\mathcal{L}\left\{\frac{3 \cdot \sin(5t)}{5} - \frac{\sin(7t)}{t}\right\} = \frac{3}{s^2 + 25} - \arctan\left(\frac{7}{s}\right),$$

und das bedeutet, dass wir die Originalfunktion

$$f(t) = \frac{3 \cdot \sin(5t)}{5} - \frac{\sin(7t)}{t}$$

gefunden haben.

Anhand dieses Beispiels sehen Sie wohl schon, wie man die Tabelle aus 11.8.4 mit Informationen über die Eigenschaften der Laplace-Transformation verbindet. In der Tabelle finden Sie die Transformierten einiger Grundfunktionen, und wenn diese Grundfunktionen noch etwas manipuliert werden, dann muss man wissen, welche Auswirkungen die Manipulationen auf die Laplace-Transformation haben. Im Falle der Addition war das leicht, denn die Transformierte einer Summe ist gleich der Summe der einzelnen Transformierten. Wir werden uns jetzt noch einige andere Sätze ansehen, die weitere Eigenschaften der Laplace-Transformation beschreiben. Das Ziel ist dabei immer das gleiche: ich will mit Hilfe von 11.8.4 und einigen zusätzlichen Informationen so viele Transformationen wie möglich bestimmen können.

Der nächste Satz gibt an, wie sich eine Streckung oder Stauchung der Input-Variable von $f(t)$ auf die zugehörige Laplace-Transformierte $F(s)$ auswirkt.

11.8.8 Satz (Ähnlichkeitssatz) Es sei $f(t)$ eine Funktion mit der Laplace-Transformierten $F(s) = \mathcal{L}\{f(t)\}$. Dann ist für $a > 0$:

$$\mathcal{L}\{f(at)\} = \frac{1}{a} \cdot F\left(\frac{s}{a}\right).$$

Man kann das leicht nachrechnen, indem man in die Formel für die Laplace-Transformierte einsetzt und einmal die Substitutionsregel verwendet. Wichtiger ist, dass wir damit eine Möglichkeit haben, die Input-Variable der Originalfunktion mit konstanten Faktoren zu versehen und immer noch die Laplace-Transformierte berechnen können. Tatsächlich zeigt der Ähnlichkeitssatz, dass man die Tabelle der Laplace-Transformierten mit ein wenig gutem Willen auch etwas einfacher hätte gestalten können, wie Sie an dem folgenden Beispiel sehen werden.

11.8.9 Beispiel Sie wissen aus 11.8.4, dass die Funktion $f(t) = \frac{\sin(at)}{a}$ die Laplace-Transformierte $F(s) = \frac{1}{s^2+a^2}$ besitzt. Mit $a = 1$ folgt daraus natürlich sofort:

$$\mathcal{L}\{\sin t\} = \frac{1}{s^2 + 1}.$$

Genau genommen hätte es aber schon genügt, nur diese Regel in die Tabelle aufzunehmen, denn ich kann darauf den Ähnlichkeitssatz anwenden und erhalte:

$$\mathcal{L}\{\sin(at)\} = \frac{1}{a} \cdot \frac{1}{\frac{s^2}{a^2} + 1} = \frac{1}{a} \cdot \frac{a^2}{s^2 + a^2} = \frac{a}{s^2 + a^2}.$$

Dabei habe ich nur die Vorschrift des Ähnlichkeitssatzes angewendet und in der alten Bildfunktion $\frac{1}{s^2+1}$ die Variable s durch den Bruch $\frac{s}{a}$ ersetzt sowie den Bruch $\frac{1}{a}$ dazu multipliziert. Jetzt muss ich nur noch auf beiden Seiten durch a teilen und erhalte die bekannte Beziehung:

$$\mathcal{L}\left\{\frac{\sin(at)}{a}\right\} = \frac{1}{s^2+a^2}.$$

Sie sehen, dass schon die Angabe weniger Grundfunktionen mit ihren Laplace-Transformierten reicht, um etwas kompliziertere Funktionen transformieren zu können. Ich habe trotzdem die aufwendigeren Formeln in die Tabelle aufgenommen, denn meistens ist man froh darüber, so wenige Sätze wie möglich anwenden und so wenig wie möglich rechnen zu müssen, um zum Endergebnis zu kommen.

Dennoch werden Sie sich etwas Aufwand nicht immer ersparen können. Was geschieht beispielsweise, wenn – wie im Fall der gedämpften Schwingung – eine gegebene Funktion $f(t)$ mit einem Faktor e^{-17t} multipliziert wird und man dringend die Laplace-Transformierte der neuen Funktion braucht? Dieses Problem löst der folgende Satz.

11.8.10 Satz (Dämpfungssatz) Es sei $f(t)$ eine Funktion mit der Laplace-Transformierten $F(s) = \mathcal{L}\{f(t)\}$. Dann gilt für beliebige Zahlen $a \in \mathbb{R}$:

$$\mathcal{L}\{e^{-at} \cdot f(t)\} = F(s+a).$$

Das Prinzip ist hier nicht so sehr verschieden von dem des Ähnlichkeitssatzes. Ich schraube ein wenig an der Originalfunktion herum, und bei der Laplace-Transformation ändert sich eigentlich nur die Variable, die ich einsetzen muss: wo vorher $F(s)$ stand, steht jetzt $F(s+a)$. Das kann erstens einige Einträge in der Tabelle der Transformierten erklären und liefert zweitens die Laplace-Transformierten von Funktionen, die nicht in der Tabelle auftauchen.

11.8.11 Beispiele

(i)   Laut 11.8.4 gilt

$$\mathcal{L}\left\{\frac{t^n}{n!}\right\} = \frac{1}{s^{n+1}}.$$

Will man nun die Originalfunktion mit Hilfe einer Exponentialfunktion dämpfen, so sagt der Dämpfungssatz, dass die Beziehung

$$\mathcal{L}\left\{\frac{t^n}{n!} \cdot e^{-at}\right\} = \frac{1}{(s+a)^{n+1}}$$

entsteht, denn der Dämpfung auf der Originalseite entspricht das Einsetzen von $s + a$ auf der Bildseite. Diese Beziehung finden Sie auch nicht in der Tabelle, jedenfalls nicht sofort. Bei genauerem Hinsehen steht sie tatsächlich da. Der Dämpfungssatz gilt nämlich für beliebige reelle Zahlen a, und deshalb kann ich natürlich auch spaßeshalber a durch $-a$ ersetzen. In diesem Fall ergibt sich:

$$\mathcal{L}\left\{\frac{t^n}{n!} \cdot e^{at}\right\} = \frac{1}{(s-a)^{n+1}},$$

und diese Formel finden Sie in der zweiten Zeile der Transformations-Tabelle.

(ii) Ich wende mich wieder einmal der Tabelle zu und finde in der letzten Zeile zu der Bildfunktion $F(s) = \arctan\left(\frac{1}{s}\right)$ die Originalfunktion $f(t) = \frac{\sin t}{t}$. Wie sieht es nun aus, wenn ich eine neue Bildfunktion $G(s) = \arctan\left(\frac{1}{s-2}\right)$ habe, deren Originalfunktion $g(t)$ ich suchen muss? Mit dem Dämpfungssatz ist das ganz leicht. Wenn nämlich in der Bildfunktion die Variable s ersetzt wird durch $s - 2 = s + (-2)$, dann heißt das, dass in der Originalfunktion der Faktor $e^{-(-2)t} = e^{2t}$ hinzukommt. Die gesuchte Originalfunktion lautet also:

$$g(t) = e^{2t} \cdot \frac{\sin t}{t} = \frac{e^{2t} \cdot \sin t}{t}.$$

Nun hat der Dämpfungssatz die Variable in der Bildfunktion um einen Wert a verschoben, und der Preis, den man dafür bezahlen musste, war eine zusätzliche Exponentialfunktion in der Originalfunktion. Wie sieht es eigentlich umgekehrt aus, was bewirkt eine Verschiebung der Variable in der Originalfunktion? Wenn ich schon so frage, können Sie ziemlich sicher sein, dass ich Ihnen auch gleich die Antwort gebe, und sie steht tatsächlich im folgenden Satz, dem sogenannten Verschiebungssatz.

11.8.12 Satz (Verschiebungssatz) Es sei $f(t)$ eine Funktion mit der Laplace-Transformierten $F(s) = \mathcal{L}\{f(t)\}$. Weiterhin sei $a > 0$. Setzt man $f(t-a) = 0$ für $t < a$, so gilt:

$$\mathcal{L}\{f(t-a)\} = e^{-as} \cdot F(s).$$

Zunächst ein paar Worte zur Erklärung. An Stelle der Funktion $f(t)$ betrachte ich in diesem Satz die neue Funktion $f(t-a)$. Nun ist aber $a > 0$, und daher wird für $t < a$ gelten: $t - a < 0$. Das ist ein wenig unangenehm, weil wir bei der Definition der Laplace-Transformation in 11.8.1 für f den Definitionsbereich $[0, \infty)$ vorausgesetzt haben, und darin kommen nun einmal keine negativen Zahlen vor. Deshalb muss ich sagen, welche Ergebnisse bei der Funktion $f(t-a)$ herauskommen sollen, wenn ich t-Werte unterhalb von a einsetze. Der einfachste Weg ist natürlich, alles auf Null zu setzen, und genau das haben wir gemacht.

Ansonsten gibt es eine gewisse Ähnlichkeit zwischen Verschiebungssatz und Dämpfungssatz: beide funktionieren nach dem Prinzip, dass eine Verschiebung in einem Bereich auf der anderen Seite eine zusätzliche Exponentialfunktion nach sich zieht. Allerdings sind jetzt die Rollen der beiden Bereiche vertauscht.

Wir werfen wieder einen Blick auf ein Beispiel.

11.8.13 Beispiel Die Laplace-Transformierte der Funktion $f(t) = \sin t$ lautet $F(s) = \frac{1}{s^2+1}$. Nun will ich die Sinusfunktion ein wenig verschieben, indem ich $\sin(t-1)$ betrachte. Bedenken Sie dabei, dass ich nicht einfach mit dem Verschiebungssatz die Laplace-Transformierte von $\sin(t-1)$ berechnen kann, sondern ich muss die Funktion Null setzen, sobald der Input $t-1$ unter die Null fällt. Wir haben also die neue Funktion:

$$g(t) = \begin{cases} 0 & \text{falls } t < 1 \\ \sin(t-1) & \text{falls } t \geq 1. \end{cases}$$

Wendet man nun auf diese Funktion den Verschiebungssatz an, so ergibt sich:

$$\mathcal{L}\{g(t)\} = e^{-s} \cdot \mathcal{L}\{\sin t\} = e^{-s} \cdot \frac{1}{s^2+1}.$$

Inzwischen habe ich Ihnen eine ganze Menge über die Laplace-Transformation berichtet und über die Möglichkeiten, aus einer Originalfunktion die Bildfunktion zu berechnen und umgekehrt. Das ist ja auch alles ganz schön und gut, wir sollten nur nicht aus den Augen verlieren, dass wir damit einen bestimmten Zweck verfolgen. Es geht immer noch um die Lösung inhomogener linearer Differentialgleichungen mit Anfangswerten, und alles, was ich Ihnen in diesem Abschnitt erzählt habe, dient mir nur als Hilfe auf dem Weg zu diesem Ziel.

Ich möchte zunächst noch einmal daran erinnern, was ich eigentlich mit der Laplace-Transformation vorhabe. Die Idee besteht darin, eine lineare inhomogene Differentialgleichung der Laplace-Transformation auszuliefern, indem ich einfach beide Seiten der Gleichung transformiere. Das wird uns zu einer neuen Gleichung führen, die den Vorteil hat, absolut ableitungsfrei zu sein. Ohne also irgendetwas über Differentialgleichungen wissen zu müssen, kann ich diese neue Gleichung lösen und erhalte damit die Bildfunktion der gesuchten Lösung der Differentialgleichung. Wenn ich aber so weit gekommen bin, hilft mir das weiter, worüber wir schon die ganze Zeit reden: mit den vorgestellten Methoden muss ich zu dieser Bildfunktion die Originalfunktion ausfindig machen, und sie entspricht genau der Lösung der Differentialgleichung.

Vielleicht wird Ihnen jetzt etwas klarer, was mit dem Bild von den Fahrstühlen gemeint ist. Wir fahren mit dem Fahrstuhl auf den Grund der Schlucht – das ist die Transformation der gegebenen Gleichung. Unten angekommen machen wir einen gemütlichen und unproblematischen Spaziergang zur anderen Seite – das ist das Lösen der neu entstandenen ableitungsfreien Gleichung. Und zum Schluss fahren wir mit dem zweiten Fahrstuhl wieder nach oben – das ist die Suche nach der Originalfunktion zur berechneten Bildfunktion. Was wir bisher gemacht haben, war im Grunde nichts anderes als den Fahrstuhl einigermaßen bequem auszubauen. Da wir jetzt aber über die Tabelle der Laplace-Transformationen verfügen und auch einige zusätzliche Regeln kennen, sollten die Fahrten Richtung Abgrund und zurück kein nennenswertes Problem mehr darstellen.

Eine Kleinigkeit muss ich aber noch erledigen. Schließlich will ich eine Differentialgleichung transformieren, und in Differentialgleichungen pflegen einige Ableitungen zu stehen. Ich muss also feststellen, wie man die Ableitungen einer gegebenen Funktion transformiert. Im folgenden Lemma sehen wir uns das zunächst für die erste Ableitung an.

11.8.14 Lemma Es sei $f(t)$ eine differenzierbare Funktion mit der Laplace-Transformierten $F(s) = \mathcal{L}\{f(t)\}$. Dann hat die erste Ableitung $f'(t)$ die Laplace-Transformierte

$$\mathcal{L}\{f'(t)\} = s \cdot F(s) - f(0).$$

Beweis Laut Definition ist

$$\mathcal{L}\{f'(t)\} = \int_0^\infty f'(t) \cdot e^{-st} dt.$$

Ich gehe dieses Integral mit Hilfe der partiellen Integration an, wobei ich wieder einmal zunächst das unbestimmte Integral berechne. Es gilt:

$$\int f'(t) \cdot e^{-st} dt = f(t) \cdot e^{-st} - \int f(t) \cdot (-s) \cdot e^{-st} dt$$

$$= f(t) \cdot e^{-st} + s \cdot \int f(t) \cdot e^{-st} dt.$$

Dabei durfte ich in der zweiten Zeile den Faktor s aus dem Integral herausziehen, weil die Integrationsvariable t heißt und s deshalb als konstanter Faktor behandelt wird. Das Integral, das ich jetzt erhalten habe, sieht schon verdächtig nach der Laplace-Transformation von $f(t)$ aus, und dieser Eindruck wird sich gleich noch verstärken, wenn ich das uneigentliche Integral berechne. Dann gilt nämlich:

$$\int_0^\infty f'(t) \cdot e^{-st} dt = \lim_{b \to \infty} f(t) \cdot e^{-st}|_0^b + s \cdot \int_0^\infty f(t) \cdot e^{-st} dt$$

$$= \lim_{b \to \infty} (f(b) \cdot e^{-sb}) - f(0) + s \cdot F(s)$$

$$= -f(0) + s \cdot F(s).$$

Hier sollte ich wohl noch ein paar Worte sagen. In der ersten Zeile habe ich nur eingesetzt, was es bedeutet, ein uneigentliches Integral zu sein. Da die obere Grenze bei Unendlich liegt, muss ich hier mit meiner hilfsweise eingeführten oberen Grenze gegen Unendlich gehen. Bei dem hinteren Integral dagegen habe ich das nicht durchgeführt, denn es ist ja sowieso die Laplace-Transformierte meiner Original-Funktion $f(t)$. Wenn ich nun in $f(t) \cdot e^{-st}$ die untere Schranke 0 einsetze, erhalte ich genau $f(0)$. Gehe ich aber mit der oberen Schranke gegen Unendlich, so habe ich genau den Grenzwert vor mir, der schon in 11.8.2 als Null identifiziert wurde. Insgesamt ergibt sich deshalb der Ausdruck

$$\mathcal{L}\{f'(t)\} = -f(0) + s \cdot F(s). \qquad \triangle$$

Ich werde mich jetzt nicht lange damit aufhalten, dieses Ergebnis zu interpretieren, sondern zeige Ihnen erst einmal im folgenden Satz den allgemeinen Sachverhalt für beliebige Ableitungen. Danach werde ich erklären, was wir damit gewonnen haben.

11.8.15 Satz (Ableitungssatz) Es sei $f(t)$ eine n-mal differenzierbare Funktion mit der Laplace-Transformierten $F(s) = \mathcal{L}\{f(t)\}$. Dann haben die Ableitungen von f die Laplace-Transformierten

$$\mathcal{L}\{f'(t)\} = s \cdot F(s) - f(0),$$
$$\mathcal{L}\{f''(t)\} = s^2 \cdot F(s) - s \cdot f(0) - f'(0)$$

und allgemein:

$$\mathcal{L}\{f^{(n)}(t)\} = s^n \cdot F(s) - s^{n-1} \cdot f(0) - s^{n-2} \cdot f'(0) - \ldots - f^{(n-1)}(0).$$

Und wozu das alles? Ganz einfach. In einer linearen Differentialgleichung n-ter Ordnung stehen natürlich massenweise Ableitungen der gesuchten Lösungsfunktion. Nun habe ich aber schon erklärt, dass ich die Differentialgleichung der Laplace-Transformation unterwerfen will, und Satz 11.8.15 zeigt, was dann passiert. Es treten zwar noch die Ableitungen an der Stelle Null auf, aber die stören nicht weiter, das sind nur Zahlen, die wir den Anfangsbedingungen entnehmen können. Viel wichtiger ist, dass ansonsten nur die Transformierte $F(s)$ vorkommt und nichts mehr abgeleitet werden muss. Die neue Gleichung, die auf diese Weise entsteht, ist also tatsächlich frei von Ableitungen, und es wird nicht besonders schwer sein, sie zu lösen.

Wir sehen uns diese neue Methode, Differentialgleichungen zu lösen, an einem kleinen Beispiel an.

11.8.16 Beispiel Gegeben sei das Anfangswertproblem

$$y'' - y = 8 \cdot e^{3t} \text{ mit } y(0) = 1,$$
$$y'(0) = 5.$$

Die Strategie habe ich eben erklärt. Ich will auf beide Seiten der Gleichung die Laplace-Transformation werfen und dabei hoffen, dass eine einfachere Gleichung herauskommt.

Auf der rechten Seite ist das nicht weiter aufregend. Der Tabelle entnehmen wir, dass

$$\mathcal{L}\{8e^{3t}\} = \frac{8}{s-3}$$

gilt. Aber auch die linke Seite macht keine Schwierigkeiten, da ich über den Ableitungs-satz 11.8.15 verfüge. Ist nämlich $y(t)$ die gesuchte Lösungsfunktion und $Y(s)$ die zuge-hörige Laplace-Transformierte, so folgt aus Satz 11.8.15:

$$\mathcal{L}\{y'(t)\} = s \cdot Y(s) - y(0) = s \cdot Y(s) - 1,$$

da wir den Anfangswert $y(0) = 1$ haben. Dummerweise nützt uns das gar nichts, weil in der Gleichung die erste Ableitung von y gar nicht auftritt. Ich muss also auch auf die Formel für die zweite Ableitung zurückgreifen. Sie liefert:

$$\mathcal{L}\{y''(t)\} = s^2 \cdot Y(s) - s \cdot y(0) - y'(0) = s^2 \cdot Y(s) - s - 5,$$

wie Sie wieder den Anfangswerten entnehmen können.

Jetzt kann ich aber leicht transformieren. Die Laplace-Transformierte der linken Seite setzt sich nach dem Additionssatz zusammen aus den Transformierten von $y''(t)$ und von $y(t)$. Folglich ist

$$\mathcal{L}\{y''(t) - y(t)\} = s^2 \cdot Y(s) - s - 5 - Y(s),$$

und daraus folgt die Gleichung:

$$s^2 \cdot Y(s) - s - 5 - Y(s) = \frac{8}{s-3},$$

denn ich muss natürlich die Laplace-Transformierten der linken und der rechten Seite gleichsetzen.

Das ist nun eine neue Gleichung mit der unbekannten Funktion $Y(s)$, und Sie sehen, dass nicht mehr die geringste Ableitung in ihr vorkommt. Ich vereinfache sie zunächst, indem ich auf der linken Seite zusammenfasse:

$$Y(s) \cdot (s^2 - 1) - s - 5 = \frac{8}{s-3}.$$

Auflösen nach $Y(s)$ ergibt:

$$Y(s) = \frac{s+5}{s^2-1} + \frac{8}{(s-3) \cdot (s^2-1)}.$$

Was habe ich damit gewonnen? Ich kenne zwar noch nicht die eigentliche Lösungs-funktion $y(t)$, aber doch immerhin deren Laplace-Transformierte $Y(s)$. Und wie es jetzt weitergeht, können Sie sich leicht denken. Ich muss nur noch mit Hilfe der Tabelle aus 11.8.4 und der Sätze, die wir besprochen haben, dieses $Y(s)$ zurücktransformieren, um die Lösung $y(t)$ zu erhalten. Kurz gesagt:

$$y(t) = \mathcal{L}^{-1}\{Y(s)\},$$

das heißt, $y(t)$ erhält man durch umgekehrte Anwendung der Laplace-Transformation auf $Y(s)$. Die Frage ist nur, wie ich jetzt diese Rücktransformation anstellen soll. Sie werden die Bildfunktion $\frac{s+5}{s^2-1} + \frac{8}{(s-3)\cdot(s^2-1)}$ nirgendwo in der Tabelle finden, und sie sieht auf den ersten Blick nicht sehr vertrauenerweckend aus. Das täuscht aber. Immerhin stehen in der Transformierten-Tabelle eine Menge rationale Funktionen als Bildfunktionen, und auch $Y(s)$ ist eine rationale Funktion in der Variablen s. Im achten Kapitel haben Sie aber gelernt, wie man unübersichtliche rationale Funktionen aufteilen kann in eine Summe von einfachen und übersichtlichen Funktionen, nämlich durch Partialbruchzerlegung. Damit werde ich jetzt das Beispiel zu Ende rechnen.

Zunächst schreibe ich die Funktion $Y(s)$ auf einen einzigen Bruch. Es gilt:

$$
\begin{aligned}
Y(s) &= \frac{s+5}{s^2-1} + \frac{8}{(s-3)\cdot(s^2-1)} \\
&= \frac{(s+5)\cdot(s-3)+8}{(s-3)\cdot(s^2-1)} \\
&= \frac{s^2+2s-7}{(s-3)\cdot(s-1)\cdot(s+1)},
\end{aligned}
$$

wobei ich hier gleich den Ausdruck s^2-1 als Produkt $(s-1)\cdot(s+1)$ geschrieben habe. Nun mache ich den üblichen Ansatz:

$$\frac{s^2+2s-7}{(s-3)\cdot(s-1)\cdot(s+1)} = \frac{A}{s-3} + \frac{B}{s-1} + \frac{C}{s+1}.$$

Ich hoffe, Sie können sich noch an diese Methode erinnern, da ich sie jetzt nicht mehr im Einzelnen vorführen werde. Mit den Methoden aus Abschn. 8.3 kann man jedenfalls ohne nennenswerten Aufwand A, B und C berechnen und erhält:

$$A = 1, B = 1, C = -1.$$

Damit ist

$$Y(s) = \frac{1}{s-3} + \frac{1}{s-1} - \frac{1}{s+1}.$$

Das sieht besser aus, und ein schneller Blick in die Tabelle zeigt, dass wir am Ziel angekommen sind. Jeder einzelne dieser Brüche lässt sich nach der Regel

$$\mathcal{L}\{e^{at}\} = \frac{1}{s-a}$$

zurücktransformieren, und den Rest liefert der Additionssatz. Insgesamt folgt also:

$$y(t) = e^{3t} + e^t - e^{-t},$$

und die Lösung des Anfangswertproblems ist gefunden.

Dieses Beispiel ist nun ziemlich lang geraten, aber das liegt nur daran, dass ich versucht habe, jeden Schritt ein wenig zu erklären. Führt man die Rechnungen kommentarlos durch, dann geht alles ziemlich flott, und vor allem ist das eigentliche Lösen der transformierten Gleichung ausgesprochen einfach. Die Hauptarbeit liegt im Rücktransformieren von $Y(s)$, um die gesuchte Lösung $y(t)$ zu erreichen.

In der folgenden Bemerkung beschreibe ich noch einmal die Arbeitsschritte, die beim Lösen eines inhomogenen linearen Anfangswertproblems durchzuführen sind, und anschließend rechnen wir noch ein Beispiel.

11.8.17 Bemerkung Gegeben sei ein inhomogenes lineares Anfangswertproblem n-ter Ordnung

$$y^{(n)}(t) + a_{n-1} y^{(n-1)}(t) + \cdots + a_1 y'(t) + a_0 y(t) = b(t),$$

mit den Anfangswerten

$$y(0), y'(0), \ldots, y^{(n-1)}(0).$$

Ist $Y(s)$ die Laplace-Transformierte der gesuchten Funktion $y(t)$, so gehe man folgendermaßen vor:

(i)   Man wende die Laplace-Transformation auf die rechte Seite der Gleichung an und erhält:

$$\mathcal{L}\{b(t)\} = B(t).$$

(ii)   Man wende die Laplace-Transformation auf die linke Seite der Gleichung an, wobei der Ableitungssatz 11.8.15 zu verwenden ist. Man erhält einen Ausdruck, der die Bildfunktion $Y(s)$ enthält.

(iii) Man setze die Ergebnisse von Schritt (i) und Schritt (ii) gleich und löse diese Gleichung nach $Y(s)$ auf.

(iv)   Man bestimme die Lösung $y(t)$ durch Rücktransformation von $Y(s)$, das heißt:

$$y(t) = \mathcal{L}^{-1}\{Y(s)\}.$$

Dabei muss man damit rechnen, dass $Y(s)$ eine rationale Funktion ist. In diesem Fall verwende man die Methode der Partialbruchzerlegung, um $Y(s)$ in einfache Brüche zu zerlegen, deren Originalfunktion man anschließend leicht aus der Tabelle in 11.8.4 entnehmen kann.

Mit dieser Methode lassen sich viele Differentialgleichungen lösen. Wir üben sie noch etwas ein an einem Beispiel, das uns schon einmal in 11.7.9 ziemlich viel Aufwand verursacht hat.

11.8.18 Beispiel Gegeben sei die Gleichung

$$y'' - 3y' + 2y = t \cdot e^t, \quad y(0) = 1,$$
$$y'(0) = 1.$$

Ich bestimme die Laplace-Transformierte der rechten Seite. Es gilt:

$$\mathcal{L}\{t \cdot e^t\} = \frac{1}{(s-1)^2},$$

wie Sie 11.8.4 entnehmen können. Ist nun $Y(s)$ die Laplace-Transformierte von $y(t)$, so folgt aus dem Ableitungssatz:

$$\mathcal{L}\{y'(t)\} = s \cdot Y(s) - y(0) = s \cdot Y(s) - 1$$

und

$$\mathcal{L}\{y''(t)\} = s^2 \cdot Y(s) - s \cdot y(0) - y'(0) = s^2 \cdot Y(s) - s - 1.$$

Einsetzen ergibt:

$$\mathcal{L}\{y'' - 3y' + 2y\} = s^2 \cdot Y(s) - s - 1 - 3 \cdot (s \cdot Y(s) - 1) + 2 \cdot Y(s)$$
$$= Y(s) \cdot (s^2 - 3s + 2) - s + 2.$$

Nun muss ich die transformierten Seiten der ursprünglichen Gleichung gleichsetzen und erhalte:

$$Y(s) \cdot (s^2 - 3s + 2) - s + 2 = \frac{1}{(s-1)^2}.$$

Mit den üblichen Mitteln der Bruchrechnung kann man diese Gleichung nach $Y(s)$ auflösen und findet:

$$Y(s) = \frac{1}{(s-1)^2 \cdot (s^2 - 3s + 2)} + \frac{s-2}{s^2 - 3s + 2}$$
$$= \frac{1}{(s-1)^2 \cdot (s-1) \cdot (s-2)} + \frac{1}{s-1}$$
$$= \frac{1}{(s-1)^3 \cdot (s-2)} + \frac{1}{s-1}.$$

Dabei ist die erste Zeile durch schlichtes Dividieren entstanden, und in der zweiten Zeile habe ich ausgenutzt, dass $s^2 - 3s + 2 = (s-1) \cdot (s-2)$ gilt, was mir vor allem im hinteren Bruch das Kürzen ermöglichte.

Damit ist ein Ausdruck für die transformierte Lösung $Y(s)$ gefunden, und ich muss sie nur noch zurücktransformieren, um $y(t)$ zu finden. Wieder haben wir eine rationale Funktion vor uns, die ein wenig kompliziert aussieht, so dass eine Partialbruchzerlegung nicht zu vermeiden sein dürfte. Allerdings erspare ich es mir diesmal, alles erst auf einen Bruch zusammenzufassen, schließlich ist der zweite Bruch $\frac{1}{s-1}$ einfach genug, um direkt wieder zurücktransformiert zu werden. Ich mache also nur den Ansatz:

$$\frac{1}{(s-1)^3 \cdot (s-2)} = \frac{A}{s-1} + \frac{B}{(s-1)^2} + \frac{C}{(s-1)^3} + \frac{D}{s-2}.$$

Die Bestimmung von A, B, C und D werde ich wieder nicht vorrechnen, sondern Ihnen schlicht mitteilen, dass

$$A = -1, B = -1, C = -1 \text{ und } D = 1$$

gilt. Damit folgt:

$$\begin{aligned} Y(s) &= -\frac{1}{s-1} - \frac{1}{(s-1)^2} - \frac{1}{(s-1)^3} + \frac{1}{s-2} + \frac{1}{s-1} \\ &= -\frac{1}{(s-1)^2} - \frac{1}{(s-1)^3} + \frac{1}{s-2}. \end{aligned}$$

Vergessen Sie dabei nicht, dass $Y(s)$ aus zwei Brüchen bestand und ich den Bruch $\frac{1}{s-1}$ noch dazu addieren muss.

Nun lässt sich $Y(s)$ leicht zurücktransformieren in die Lösung $y(t)$. Mit der Tabelle 11.8.4 folgt:

$$y(t) = -t \cdot e^t - \frac{t^2}{2} \cdot e^t + e^{2t}.$$

Wie Sie gesehen haben, steht man häufig vor dem Problem, eine Bildfunktion zurückzutransformieren, um die zugehörige Originalfunktion zu finden. Ist zum Beispiel die Bildfunktion darstellbar als Summe einfacher und übersichtlicher Funktionen, dann ist das auch nicht weiter schwierig: man besorgt sich die Originalfunktionen der einzelnen Summanden und addiert sie auf, wie wir das eben in Beispiel 11.8.18 auch gemacht haben.

Die Situation wird etwas schwieriger, wenn die Bildfunktion nicht die Summe, sondern das Produkt mehrerer Funktionen ist.

11.8.19 Beispiel Gegeben sei die Bildfunktion

$$F(s) = \frac{1}{s \cdot (s-1)} = \frac{1}{s} \cdot \frac{1}{s-1}.$$

Man kann sie offenbar als Produkt der zwei übersichtlichen Funktionen $\frac{1}{s}$ und $\frac{1}{s-1}$ schreiben, und das lässt die Hoffnung aufkommen, dass die Originalfunktion zu $F(s)$ einfach nur aus dem Produkt der Originalfunktionen zu $\frac{1}{s}$ und $\frac{1}{s-1}$ besteht. Unsere Tabelle liefert:

$$\mathcal{L}\{1\} = \frac{1}{s} \text{ und } \mathcal{L}\{e^t\} = \frac{1}{s-1}.$$

Das Produkt der beiden Originalfunktionen lautet

$$f(t) = 1 \cdot e^t = e^t.$$

Wenn meine Vermutung stimmt, dann müsste also $f(t) = e^t$ die Originalfunktion zur Bildfunktion $F(s) = \frac{1}{s \cdot (s-1)}$ sein. Das ist nun aber ganz offensichtlich nicht der Fall, denn gerade eben habe ich ja verwendet, dass $\mathcal{L}\{e^t\} = \frac{1}{s-1}$ gilt. Tatsächlich kann man der Tabelle auch die Originalfunktion zu $F(s)$ entnehmen, wenn man einen Blick in die dritte Zeile wirft. Es gilt nämlich:

$$\mathcal{L}\{e^t - 1\} = \frac{1}{s \cdot (s-1)}, \text{ und damit } f(t) = e^t - 1.$$

Es gibt also zwar eine einfache und angenehme Additionsregel, aber eine vergleichbare Multiplikationsregel ist offenbar falsch. Um die Originalfunktion $f(t)$ zu einer Bildfunktion $F(s) = F_1(s) \cdot F_2(s)$ zu berechnen, muss man leider etwas mehr Aufwand betreiben und wird mit dem Begriff der *Faltung* zweier Funktionen konfrontiert.

11.8.20 Definition Unter der Faltung zweier Originalfunktionen $f_1(t)$ und $f_2(t)$ versteht man das Integral

$$f_1(t) * f_2(t) = \int_0^t f_1(z) \cdot f_2(t-z)dz.$$

Man nennt dieses Integral auch das *Faltungsintegral* der beiden Funktionen.

Schon wieder etwas, was nicht unbedingt vergnüglich aussieht. Sehen wir uns zuerst einmal die Definition etwas näher an. Gegeben sind zwei Funktionen $f_1(t)$ und $f_2(t)$, die auf vernünftige Weise miteinander verbunden werden sollen. Das Integral, das dabei herauskommt, ist wieder eine Funktion, die von der Variablen t abhängt, denn die Integrationsvariable lautet hier z. Deshalb wird bei Änderung von t auch der Wert des Integrals beeinflusst, und somit ist $f_1(t) * f_2(t)$ wieder eine Funktion der Variablen t.

Damit Sie mit der Definition der Faltung etwas vertrauter werden, sollten wir ein kleines Beispiel rechnen.

11.8.21 Beispiel Es seien $f_1(t) = t^2$ und $f_2(t) = t$. Dann ist

$$f_1(t) * f_2(t) = \int_0^t f_1(z) \cdot f_2(t-z)dz$$

$$= \int_0^t z^2 \cdot (t-z)dz$$

$$= \int_0^t tz^2 - z^3 dz$$

$$= \frac{tz^3}{3} - \frac{z^4}{4}\Big|_0^t$$

$$= \frac{t^4}{3} - \frac{t^4}{4}$$

$$= \frac{t^4}{12}.$$

In dieser Rechnung muss nicht viel erläutert werden. Nur der Hinweis ist wichtig, dass die Integrationsvariable z heißt und deshalb t beim Integrieren als konstante Zahl behandelt wird. Das Ergebnis lautet also:

$$f_1(t) * f_2(t) = \frac{t^4}{12}.$$

Auf diese Weise kann man also Faltungen ausrechnen. Wie so oft bei der Einführung neuer Rechenoperationen gibt es auch für die Faltung einige Rechenregeln, die das Leben manchmal leichter machen.

11.8.22 Satz Es seien $f_1(t)$, $f_2(t)$ und $f_3(t)$ drei Originalfunktionen. Dann gelten:

(i) $f_1(t) * f_2(t) = f_2(t) * f_1(t)$
(ii) $(f_1(t) * f_2(t)) * f_3(t) = f_1(t) * (f_2(t) * f_3(t))$
(iii) $f_1(t) * (f_2(t) + f_3(t)) = (f_1(t) * f_2(t)) + (f_1(t) * f_3(t))$.

So angenehm auch Rechenregeln sein mögen, es sollte doch einen vernünftigen Grund geben, sich mit so einer seltsamen Operation wie der Faltung zu befassen. Den gibt es natürlich auch. Sie haben gesehen, dass die Rücktransformation des Produkts zweier Bildfunktionen $F(s) = F_1(s) \cdot F_2(s)$ nicht ganz so einfach ist, wie man das gern hätte. Sie ist aber auch nicht so furchtbar schwer, denn das nötige Werkzeug dazu ist die Faltung, die Sie eben kennengelernt haben. Man kann zwar die Originalfunktionen $f_1(t)$ und $f_2(t)$ nicht einfach multiplizieren, aber man kann sie falten und erhält dann die gesuchte Originalfunktion $f(t)$ von $F(s)$.

11.8.23 Satz Es seien $f_1(t)$ und $f_2(t)$ zwei Funktionen und

$$F_1(s) = \mathcal{L}\{f_1(t)\}, \ F_2(s) = \mathcal{L}\{f_2(t)\}$$

die Laplace-Transformierten der beiden Funktionen. Dann gilt:

$$\mathcal{L}\{f_1(t) * f_2(t)\} = F_1(s) \cdot F_2(s).$$

Man erhält also die Originalfunktionen des Produkts von $F_1(s)$ und $F_2(s)$, indem man die Faltung der beiden Originalfunktionen bestimmt.

Damit ist das Problem, das ich aufgeworfen hatte, vollständig gelöst. Sobald Sie eine Bildfunktion $F(s)$ vor sich haben, die als Produkt von zwei leicht zu behandelnden Bildfunktionen geschrieben werden kann, müssen Sie die Faltung der beiden zugehörigen Originalfunktionen bestimmen und erhalten die Originalfunktion zu $F(s)$. Natürlich kann ich auch diesen Satz nicht ohne ein Beispiel stehen lassen.

11.8.24 Beispiel Gegeben sei die Bildfunktion

$$F(s) = \frac{1}{s \cdot (s^2 + 1)}.$$

Ich suche nach der Originalfunktion $f(t)$, für die gilt: $\mathcal{L}\{f(t)\} = F(s)$. Offenbar kann man $F(s)$ als Produkt einfacherer Funktionen schreiben, nämlich

$$F(s) = \frac{1}{s} \cdot \frac{1}{s^2 + 1}.$$

Mit $F_1(s) = \frac{1}{s}$ und $F_2(s) = \frac{1}{s^2+1}$ ist daher $F(s) = F_1(s) \cdot F_2(s)$. Die beiden Funktionen $F_1(s)$ und $F_2(s)$ haben aber den unschätzbaren Vorteil, dass ihre Originalfunktionen der Tabelle aus 11.8.4 entnommen werden können. Mit $f_1(t) = 1$ und $f_2(t) = \sin t$ gilt nämlich:

$$\mathcal{L}\{f_1(t)\} = F_1(s) \text{ und } \mathcal{L}\{f_2(t)\} = F_2(s).$$

Mit Hilfe der Faltung kann ich dann aber auch die Originalfunktion zu $F(s)$ selbst ausrechnen. Es gilt:

$$f_1(t) * f_2(t) = f_2(t) * f_1(t)$$

$$= \int_0^t f_2(z) \cdot f_1(t - z) dz$$

$$= \int_0^t \sin z \cdot 1 dz$$

$$= \int_0^t \sin z dz$$

$$= -\cos z \big|_0^t$$

$$= -\cos t + 1.$$

Dabei habe ich in der ersten Zeile ausgenutzt, dass ich nach 11.8.22 die Reihenfolge bei der Faltung ohne schlimme Folgen vertauschen kann, weil ich mir beim Integrieren etwas Mühe ersparen wollte. Als Ergebnis erhalten wir:

$$\mathcal{L}\{1 - \cos t\} = \frac{1}{s \cdot (s^2 + 1)},$$

also

$$f(t) = 1 - \cos t.$$

So viel zur Laplace-Transformation und ihrer Anwendbarkeit auf Differentialgleichungen. Inzwischen haben wir uns wohl lange genug mit diesem Thema beschäftigt und sollten zu etwas anderem übergehen: zu Matrizen und Determinanten.

Matrizen und Determinanten

Leider war ich noch nie auf Hawaii, obwohl es ein angenehmer Ort ist, um dem deutschen Winter zu entfliehen. Es hat zwar eigentlich ein tropisches Klima, aber der stetige Passatwind, durch den Pazifik gekühlt, führt beispielsweise im Januar zu mittleren Temperaturen von etwa 22 Grad, während der Durchschnitt im August bei ungefähr 26 Grad liegt. Sie können sich leicht vorstellen, wie verführerisch der Gedanke ist, den Tag weitgehend am Strand zu verbringen, gelegentlich einen Abstecher ins Inselinnere zu machen und dann wieder an die Küste zurückzukehren und die Surfer zu beobachten.

Ich nehme an, Sie haben schon einmal gesehen, wie ein Surfer sich auf den Wellenkämmen mit manchmal irrsinnigen Geschwindigkeiten dem Strand entgegentragen lässt und ständig seine gesamte Konzentration aufwendet, um auf dem Brett das Gleichgewicht zu behalten. Mit Sicherheit könnte ich auch bei spiegelglatter Wasserfläche keine drei Sekunden auf dem Brett stehen bleiben, aber ein echter Surfer freut sich über jede hohe Welle und versucht, sie als Antrieb zu benutzen. Wenn wir uns nun einen beliebigen Zeitpunkt aussuchen und das augenblickliche Bild des Surfers auf seiner Welle festhalten, dann stellen wir, leicht idealisiert, fest, dass das Surfbrett mehr oder weniger auf dem Wellenkamm entlanggleitet, also die Welle *tangiert*. Die mathematische Beschreibung des Wellenreitens erfordert deshalb ein Mittel, mit dem ich so etwas wie mehrdimensionale Tangenten ausrechnen kann.

Wie kann man zum Beispiel den momentanen Zustand einer ordentlichen Welle vor Hawaii charakterisieren? Das geht ganz leicht: wir betrachten den Meeresspiegel als Bezugsebene und sehen bei jedem Punkt dieser Ebene nach, wie weit die Welle sich von der Ebene wegbewegt hat. Damit wird jedem Punkt der Ebene eine reelle Zahl zugeordnet, die die Höhe der Welle beschreibt, und wir haben eine Abbildung mit zwei Eingabewerten und einem Ausgabewert gefunden. Etwas formaler gesagt: es geht hier um eine Funktion $f : \mathbb{R}^2 \to \mathbb{R}$. Falls Ihnen die Wellenbewegungen zu schnell und hektisch sind, können Sie sich auch eine sanft geschwungene toskanische Hügelkette vorstellen, wichtig ist nur, dass jedem Punkt einer Bezugsebene eine relle Zahl zugeordnet wird. Bleiben wir für einen Moment beim Beispiel eines Hügels und stellen uns auf seinen verschneiten Gipfel.

© Springer-Verlag GmbH Deutschland 2017
T. Rießinger, *Mathematik für Ingenieure*, DOI 10.1007/978-3-662-54807-3_12

Natürlich können Sie ein flaches Brett auf den Gipfel legen und, sofern keine Bäume im Weg stehen, mit dem Brett den Hügel hinab gleiten. Zu jedem beliebigen Zeitpunkt stellt Ihr Brett dann eine Art von Tangente des Hügelpunktes dar, über den Sie gerade fahren.

Mit all dem will ich eigentlich nur eins sagen. Sobald wir nicht nur Funktionen mit einer Inputvariablen haben, sondern mit mehreren, müssen wir auch mit etwas komplizierteren „Tangentialgebilden" rechnen. Bei einer Funktion $f : \mathbb{R}^2 \to \mathbb{R}$ werden die Ebenen die Rolle von Tangenten spielen, aber schon bei drei Inputs fällt es schwer, sich eine Tangente noch irgendwie anschaulich vorzustellen. Alle diese „Tangentialgebilde" haben jedoch eine entscheidende Gemeinsamkeit: man kann sie mit Hilfe von *Matrizen* und *linearen Abbildungen* beschreiben. Bevor ich mich also im nächsten Kapitel mit der mehrdimensionalen Differentialrechnung befassen kann, muss ich hier die Grundlagen bereitstellen und Ihnen etwas über Matrizen und Determinanten berichten. Zunächst zeige ich Ihnen, wie lineare Abbildungen mit Matrizen zusammenhängen. Danach überlegen wir uns, wie man mit Matrizen rechnet und sie invertiert. Zum Schluss werden wir uns dann mit Determinanten beschäftigen.

12.1   Lineare Abbildungen und Matrizen

Es wäre zu speziell und auch ziemlich praxisfremd, sich auf Funktionen $f : \mathbb{R}^2 \to \mathbb{R}$ zu beschränken. Ich werde eine beliebige Zahl von Inputs und Outputs zulassen und muss deshalb erst einmal definieren, was ich unter der Menge $\mathbb{R}^n$ verstehen will. Bisher haben wir nämlich nur zwei- und dreidimensionale Vektoren untersucht; ab jetzt wird sich das ändern.

12.1.1 Definition

(i)   Mit $\mathbb{R}^n$ bezeichnet man die Menge aller *n-Tupel* reeller Zahlen, das heißt:

$$\mathbb{R}^n = \left\{ \begin{pmatrix} x_1 \\ x_2 \\ \vdots \\ x_n \end{pmatrix} \middle| \; x_1 \in \mathbb{R}, \ldots, x_n \in \mathbb{R} \right\}.$$

Die Elemente

$$\begin{pmatrix} x_1 \\ x_2 \\ \vdots \\ x_n \end{pmatrix} \in \mathbb{R}^n$$

heißen *Vektoren*.

(ii) Addition und Subtraktion von Vektoren sind komponentenweise definiert:

$$\begin{pmatrix} x_1 \\ x_2 \\ \vdots \\ x_n \end{pmatrix} \pm \begin{pmatrix} y_1 \\ y_2 \\ \vdots \\ y_n \end{pmatrix} = \begin{pmatrix} x_1 \pm y_1 \\ x_2 \pm y_2 \\ \vdots \\ x_n \pm y_n \end{pmatrix}.$$

Weiterhin setzt man für $\lambda \in \mathbb{R}$:

$$\lambda \cdot \begin{pmatrix} x_1 \\ x_2 \\ \vdots \\ x_n \end{pmatrix} = \begin{pmatrix} \lambda x_1 \\ \lambda x_2 \\ \vdots \\ \lambda x_n \end{pmatrix}.$$

Hier ist nicht viel passiert. Offenbar stellen n-dimensionale Vektoren nur Verallgemeinerungen der vertrauten zwei- und dreidimensionalen Vektoren dar, und die Rechenoperationen sind genauso definiert, wie es am einfachsten ist. Wir müssen jetzt allerdings darangehen, mehrdimensionale tangierende Gebilde zu beschreiben. Dieses Vorhaben wirkt auf den ersten Blick vermutlich abschreckend, ist aber nur halb so schlimm. Nehmen Sie zum Beispiel die bisher vertraute Differentialrechnung. Eine Tangente an eine Funktionskurve ist immer eine Gerade, und Geraden haben die Gleichung $y = ax + b$. Der Einfachheit halber gehen wir noch davon aus, dass die Gerade durch den Nullpunkt geht, was die Gleichung zu $y = ax$ vereinfacht. Etwas ähnlich Einfaches hätte man auch gern für Funktionen mit mehr als nur einer Variablen, und dazu stellen wir erst einmal fest, dass die Funktion $f(x) = ax$ ein sehr übersichtliches Verhalten zeigt. Es gilt nämlich:

$$f(x + y) = a(x + y) = ax + ay = f(x) + f(y)$$

und

$$f(\lambda x) = a(\lambda x) = \lambda(ax) = \lambda f(x).$$

Der Funktionswert einer Summe ist also leicht aus den einzelnen Funktionswerten zu berechnen, und bei Produkten ist es ähnlich. Funktionen mit dieser Eigenschaft nennt man *linear*.

12.1.2 Definition Eine Abbildung $f : \mathbb{R}^n \to \mathbb{R}^m$ heißt *linear*, falls gelten:

(i)

$$f(x + y) = f(x) + f(y) \text{ für alle } x, y \in \mathbb{R}^n;$$

(ii)

$$f(\lambda x) = \lambda f(x) \text{ für alle } x \in \mathbb{R}^n, \lambda \in \mathbb{R}.$$

Genau wie die Abbildung $f(x) = ax$ zur Beschreibung der Tangente an eine gewöhnliche Funktion dient, werde ich die allgemeinen linearen Abbildungen verwenden, um mehrdimensionale Tangentialgebilde zu beschreiben. Das sagt sich ja sehr schön, aber beim augenblicklichen Stand der Dinge wissen wir noch nicht einmal, wie diese linearen Abbildungen aussehen, und sollten sie ein wenig konkretisieren, so dass man mit ihnen rechnen kann. Der Name verrät aber schon Einiges: wenn eine Abbildung *linear* heißt, dann sollte sie keine üblen Operationen an ihren Variablen zulassen. Es dürfen also keine Potenzierungen, kein Sinus oder Cosinus und auch sonst nichts Unübersichtliches auftauchen, nur die reine Linearität ist erlaubt. Wir sehen uns das an einem Beispiel an.

12.1.3 Beispiel Man definiere eine Abbildung $f : \mathbb{R}^2 \to \mathbb{R}^2$ durch

$$f \begin{pmatrix} x_1 \\ x_2 \end{pmatrix} = \begin{pmatrix} 2x_1 + x_2 \\ x_1 - x_2 \end{pmatrix}.$$

Ich behaupte, dass die Abbildung f linear ist. Um das zu zeigen, muss ich die beiden Bedingungen für Linearität aus 12.1.2 nachrechnen. Ich nehme also zwei beliebige Vektoren $\begin{pmatrix} x_1 \\ x_2 \end{pmatrix}$ und $\begin{pmatrix} y_1 \\ y_2 \end{pmatrix}$ und sehe nach, was f mit ihrer Summe anstellt. Wie schon öfter, schreibe ich erst die Gleichungen auf und erkläre anschließend die einzelnen Schritte.

$$f \left(\begin{pmatrix} x_1 \\ x_2 \end{pmatrix} + \begin{pmatrix} y_1 \\ y_2 \end{pmatrix} \right) = f \begin{pmatrix} x_1 + y_1 \\ x_2 + y_2 \end{pmatrix}$$

$$= \begin{pmatrix} 2(x_1 + y_1) + (x_2 + y_2) \\ (x_1 + y_1) - (x_2 + y_2) \end{pmatrix}$$

$$= \begin{pmatrix} 2x_1 + x_2 \\ x_1 - x_2 \end{pmatrix} + \begin{pmatrix} 2y_1 + y_2 \\ y_1 - y_2 \end{pmatrix}$$

$$= f \begin{pmatrix} x_1 \\ x_2 \end{pmatrix} + f \begin{pmatrix} y_1 \\ y_2 \end{pmatrix}.$$

Das Prinzip beim Nachrechnen der Linearität heißt einfach nur Geduld. Ich muss zeigen, dass für $x = \begin{pmatrix} x_1 \\ x_2 \end{pmatrix} \in \mathbb{R}^2$ und $y = \begin{pmatrix} y_1 \\ y_2 \end{pmatrix} \in \mathbb{R}^2$ die Gleichung $f(x + y) = f(x) + f(y)$ gilt. Dazu addiere ich in der ersten Gleichung die beiden Vektoren nach Definition 12.1.1. Damit habe ich einen Inputvektor $\begin{pmatrix} x_1 + y_1 \\ x_2 + y_2 \end{pmatrix}$, auf den ich meine Funktion f anwenden kann. Die Funktionsvorschrift für f besagt, dass ich die zweite Inputkomponente auf das Doppelte der ersten Inputkomponente addieren muss, um die erste Outputkomponente zu erhalten, und genau das habe ich auch gemacht. Weiterhin soll ich laut Vorschrift die

zweite Inputkomponente von der ersten abziehen und das Ergebnis in die zweite Outputkomponente schreiben, und auch das wird in der zweiten Gleichung erledigt. Nun kann
man aber dieses Ergebnis etwas übersichtlicher schreiben, indem man die Komponenten
des Vektors x fein säuberlich von denen des Vektors y trennt. Das Resultat sehen Sie in
der dritten Gleichung vor sich, in der ich die Definition der Vektoraddition ausgenutzt habe. Die vierte Gleichung schließlich zeigt, dass meine Behauptung richtig war: gestartet
bin ich in der Gleichungskette bei $f(x + y)$, und mein Endergebnis ist $f(x) + f(y)$, wie
es die Definition 12.1.2 verlangt.

Leider ist jetzt erst die Hälfte der Arbeit erledigt, denn die Linearität hat zwei Bedin-
gungen. Ich muss noch nachrechnen, dass für jedes $x \in \mathbb{R}^2$ und jedes $\lambda \in \mathbb{R}$ die Gleichung

$f(\lambda x) = \lambda f(x)$ gilt. Zu diesem Zweck schnappe ich mir ein beliebiges $x = \begin{pmatrix} x_1 \\ x_2 \end{pmatrix} \in \mathbb{R}^n$
und ein $\lambda \in \mathbb{R}$ und fange an zu rechnen.

$$
\begin{aligned}
f\left(\lambda \begin{pmatrix} x_1 \\ x_2 \end{pmatrix}\right) &= f\begin{pmatrix} \lambda x_1 \\ \lambda x_2 \end{pmatrix} \\
&= \begin{pmatrix} 2\lambda x_1 + \lambda x_2 \\ \lambda x_1 - \lambda x_2 \end{pmatrix} \\
&= \lambda \begin{pmatrix} 2x_1 + x_2 \\ x_1 - x_2 \end{pmatrix} \\
&= \lambda f\begin{pmatrix} x_1 \\ x_2 \end{pmatrix}.
\end{aligned}
$$

Das Prinzip ist genau das gleiche wie beim ersten Teil, und ich denke, ich kann Sie ohne weitere Erklärungen mit dieser Gleichungskette alleine lassen. Das Resultat unserer
Bemühungen sind die beiden Gleichungen

$$ f(x + y) = f(x) + f(y) \text{ und } f(\lambda x) = \lambda f(x), $$

und deshalb ist die Abbildung f linear.

Zwei Dinge können Sie diesem Beispiel entnehmen. Erstens liefert es eine Vermutung,
wie lineare Abbildungen auszusehen haben: sie erlauben nur die harmlosesten Operationen mit den Inputvariablen, und alles, was irgendwie gefährlich aussieht, ist verboten.
Darauf werde ich gleich noch zurückkommen. Zweitens sehen Sie, dass man die Lineari-
tät nachrechnet, indem man für *beliebige* Vektoren $x, y \in \mathbb{R}^n$ und *beliebiges* $\lambda \in \mathbb{R}$ die
Bedingungen aus 12.1.2 zeigt, denn diese Bedingungen müssen für alle möglichen Inputs
gelten. Hat man umgekehrt den Verdacht, dass eine bestimmte Funktion nicht linear ist,
dann genügt es, einen einzigen Ausreißer zu finden, für den eine der beiden Bedingungen
nicht erfüllt ist, weil in diesem Fall die Bedingungen eben nicht für alle möglichen Inputs
gelten. Ich zeige Ihnen das an einem weiteren Beispiel.

12.1.4 Beispiel Man definiere eine Abbildung $g : \mathbb{R}^2 \to \mathbb{R}$ durch

$$g \begin{pmatrix} x_1 \\ x_2 \end{pmatrix} = x_1^2 + x_2^2.$$

Da auf der rechten Seite quadriert wird, sollte man denken, dass g alles andere als linear ist, und dieser Verdacht bestätigt sich. Es gilt nämlich:

$$g \left(2 \begin{pmatrix} 1 \\ 0 \end{pmatrix} \right) = g \begin{pmatrix} 2 \\ 0 \end{pmatrix} = 4 \text{ aber } 2g \begin{pmatrix} 1 \\ 0 \end{pmatrix} = 2 \neq 4.$$

Somit ist die zweite Bedingung der Linearität nicht immer erfüllt, und die Funktion g kann nicht linear sein.

Wieder einmal stehen Sie vielleicht vor der Frage, wozu ich Ihnen das alles erzähle. Erinnern Sie sich bitte daran, dass es mir letztlich darum geht, eine übersichtliche Darstellungsweise für „mehrdimensionale Tangenten" zu finden, und die linearen Abbildungen dabei eine große Rolle spielen. Ich sollte deshalb jetzt zeigen, dass sie tatsächlich immer so einfach aussehen wie in Beispiel 12.1.3 und im wesentlichen als ein rechteckiges Zahlenschema aufgefasst werden können. In der nächsten Bemerkung werde ich Ihnen das für den Fall $n = m = 2$ vorführen. Es ist im allgemeinen Fall auch nicht schwerer, aber man verliert wegen der vielen Variablen leicht die Übersicht.

12.1.5 Bemerkung Es sei $f : \mathbb{R}^2 \to \mathbb{R}^2$ eine lineare Abbildung. Ich will eine einfache Formel für $f \begin{pmatrix} x \\ y \end{pmatrix}$ finden, und dazu benutze ich den gleichen kleinen Trick, den ich vor langer Zeit bei der Berechnung der Skalarproduktformel in 2.3.8 verwendet habe: ich führe den Vektor $\begin{pmatrix} x \\ y \end{pmatrix}$ zurück auf die beiden Einheitsvektoren. Es gilt:

$$\begin{pmatrix} x \\ y \end{pmatrix} = x \begin{pmatrix} 1 \\ 0 \end{pmatrix} + y \begin{pmatrix} 0 \\ 1 \end{pmatrix},$$

und da x und y reelle Zahlen sind, kann ich die Linearität der Funktion f ausnutzen. Sie sagt mir, wie ich den Funktionswert einer Summe und eines Produktes ausrechnen kann. Damit folgt:

$$f \begin{pmatrix} x \\ y \end{pmatrix} = f \left(x \begin{pmatrix} 1 \\ 0 \end{pmatrix} + y \begin{pmatrix} 0 \\ 1 \end{pmatrix} \right)$$

$$= f \left(x \begin{pmatrix} 1 \\ 0 \end{pmatrix} \right) + f \left(y \begin{pmatrix} 0 \\ 1 \end{pmatrix} \right)$$

$$= x f \begin{pmatrix} 1 \\ 0 \end{pmatrix} + y f \begin{pmatrix} 0 \\ 1 \end{pmatrix}.$$

Dabei benutze ich in der zweiten Gleichung die erste Bedingung der Linearität und in der dritten Gleichung die zweite Bedingung. Nun scheint es mir aber zumutbar zu sein, die Funktionswerte der beiden Einheitsvektoren auszurechnen, zumal die Aussicht besteht, daraus alle anderen Funktionswerte ableiten zu können. Ich setze also

$$f\begin{pmatrix} 1 \\ 0 \end{pmatrix} = \begin{pmatrix} a \\ b \end{pmatrix} \text{ und } f\begin{pmatrix} 0 \\ 1 \end{pmatrix} = \begin{pmatrix} c \\ d \end{pmatrix}.$$

Dann ist

$$f\begin{pmatrix} x \\ y \end{pmatrix} = xf\begin{pmatrix} 1 \\ 0 \end{pmatrix} + yf\begin{pmatrix} 0 \\ 1 \end{pmatrix} = x\begin{pmatrix} a \\ b \end{pmatrix} + y\begin{pmatrix} c \\ d \end{pmatrix} = \begin{pmatrix} ax + cy \\ bx + dy \end{pmatrix}.$$

Das ist ohne Frage ein großer Fortschritt. Jede lineare Abbildung hat die einfache Gestalt, die wir in Beispiel 12.1.3 gesehen haben, und lässt sich ohne jeden Aufwand aufschreiben. Dabei sollte man allerdings ein wenig aufpassen: wenn man die Koeffizienten a, b, c, d auch nur einmal durcheinander bringt, wird die ganze Abbildung verfälscht, und deshalb neigen die Mathematiker dazu, die Koeffizienten zu numerieren anstatt sie in alphabetischer Reihenfolge aufzutischen. Man schreibt also üblicherweise

$$f\begin{pmatrix} x \\ y \end{pmatrix} = \begin{pmatrix} a_{11}x + a_{12}y \\ a_{21}x + a_{22}y \end{pmatrix},$$

wobei wie schon im zweiten und dritten Kapitel der Ausdruck a_{12} nicht als a zwölf auszusprechen ist sondern als a eins zwei. Die Nummern 1 und 2 geben dabei an, dass es sich um den zweiten Koeffizienten der ersten Zeile handelt.

Eine abkürzende Schreibweise für f ist

$$f\begin{pmatrix} x \\ y \end{pmatrix} = \begin{pmatrix} a_{11} & a_{12} \\ a_{21} & a_{22} \end{pmatrix} \cdot \begin{pmatrix} x \\ y \end{pmatrix}.$$

Man nennt das quadratische Etwas, in dem sich die Koeffizienten versammeln, eine zweireihige quadratische Matrix oder kurz eine 2×2-Matrix.

Wir haben nun herausgefunden, dass man eine lineare Abbildung $f : \mathbb{R}^2 \to \mathbb{R}^2$ darstellen kann, indem man vier Zahlen in ein quadratisches Schema schreibt; alle Informationen über die Funktion f sind in diesem Schema enthalten. Zum Glück gilt das nicht nur für Abbildungen mit zwei Inputs und zwei Outputs, auch jede andere lineare Abbildung lässt sich in Form einer Matrix aufschreiben. Deswegen werde ich jetzt definieren, was man unter einer $m \times n$-Matrix versteht.

12.1.6 Definition Eine $m \times n$-Matrix A ist ein rechteckiges Schema aus $m \cdot n$ Zahlen mit m Zeilen und n Spalten, das heißt:

$$A = \begin{pmatrix} a_{11} & a_{12} & \cdots & a_{1n} \\ a_{21} & a_{22} & \cdots & a_{2n} \\ \vdots & \vdots & & \vdots \\ a_{m1} & a_{m2} & \cdots & a_{mn} \end{pmatrix}.$$

Um Platz zu sparen, schreibt man auch manchmal

$$A = (a_{ij})_{\substack{i=1,\dots,m \\ j=1,\dots,n}}$$

und meint damit genau das Gleiche. Die Menge aller Matrizen mit m Zeilen und n Spalten heißt $\mathbb{R}^{m \times n}$.

Eine Matrix ist also nichts weiter als eine Reihe von $m \cdot n$ Zahlen, die man ordentlich in ein rechteckiges Schema schreibt. Wichtig an Matrizen ist nun, dass man jede lineare Abbildung $f : \mathbb{R}^n \to \mathbb{R}^m$ mit Hilfe einer $m \times n$-Matrix darstellen kann. Im Falle $m = n = 2$ haben Sie das schon in 12.1.5 gesehen. Das allgemeine Resultat schreibe ich im nächsten Satz auf.

12.1.7 Satz Jede lineare Abbildung $f : \mathbb{R}^n \to \mathbb{R}^m$ lässt sich darstellen als

$$f\begin{pmatrix} x_1 \\ \vdots \\ x_n \end{pmatrix} = \begin{pmatrix} a_{11}x_1 + a_{12}x_2 + \cdots + a_{1n}x_n \\ a_{21}x_1 + a_{22}x_2 + \cdots + a_{2n}x_n \\ \vdots \\ a_{m1}x_1 + a_{m2}x_2 + \cdots + a_{mn}x_n \end{pmatrix}.$$

Man schreibt dafür abkürzend

$$f\begin{pmatrix} x_1 \\ \vdots \\ x_n \end{pmatrix} = \begin{pmatrix} a_{11} & a_{12} & \cdots & a_{1n} \\ a_{21} & a_{22} & \cdots & a_{2n} \\ \vdots & \vdots & & \vdots \\ a_{m1} & a_{m2} & \cdots & a_{mn} \end{pmatrix} \cdot \begin{pmatrix} x_1 \\ \vdots \\ x_n \end{pmatrix}$$

oder noch kürzer

$$f(x) = A \cdot x.$$

Dabei ist $x \in \mathbb{R}^n$ und $A = [f]$ heißt die *darstellende Matrix* von f.

Lassen Sie sich nicht durch die vielen Indizierungen an den Koeffizienten verwirren; der Sachverhalt ist eigentlich ganz einfach. Wenn Sie eine lineare Abbildung $f : \mathbb{R}^3 \to \mathbb{R}^2$ haben, dann können Sie die Koeffizienten dieser Abbildung in einer Matrix mit zwei Zeilen und drei Spalten unterbringen. Die Berechnung der Funktionswerte führen Sie dann durch, indem Sie den Inputvektor $\begin{pmatrix} x \\ y \\ z \end{pmatrix}$ in die Horizontale kippen und nach dem Vorbild des Skalarproduktes mit jeder Zeile der Matrix multiplizieren. Das Beste wird sein, wir sehen uns das an zwei Beispielen an.

12.1.8 Beispiele

(i)   Gegegeben sei die Matrix

$$A = \begin{pmatrix} 2 & -1 & 5 \\ 0 & 17 & 3 \end{pmatrix}.$$

Sie hat zwei Zeilen und drei Spalten, also ist $A \in \mathbb{R}^{2\times 3}$. Nach dem Satz 12.1.7 entspricht A einer linearen Abbildung $f : \mathbb{R}^3 \to \mathbb{R}^2$, und man berechnet $f\begin{pmatrix} x \\ y \\ z \end{pmatrix}$, indem man den vertikalen Vektor in die Horizontale kippt und ihn der Reihe nach mit den Zeilen der Matrix multipliziert. Es gilt also

$$f\begin{pmatrix} x \\ y \\ z \end{pmatrix} = \begin{pmatrix} 2 \cdot x + (-1) \cdot y + 5 \cdot z \\ 0 \cdot x + 17 \cdot y + 3 \cdot z \end{pmatrix} = \begin{pmatrix} 2x - y + 5z \\ 17y + 3z \end{pmatrix},$$

und schon haben wir die Abbildung f gefunden, für die $[f] = A$ gilt. Die Matrix

$$A = \begin{pmatrix} 2 & -1 & 5 \\ 0 & 17 & 3 \end{pmatrix}$$

ist daher die darstellende Matrix der linearen Abbildung

$$f\begin{pmatrix} x \\ y \\ z \end{pmatrix} = \begin{pmatrix} 2x - y + 5z \\ 17y + 3z \end{pmatrix}.$$

(ii) Man kann das Spiel aber auch in der anderen Richtung betreiben. Nehmen Sie zum Beispiel die lineare Abbildung $g : \mathbb{R}^2 \to \mathbb{R}^3$, definiert durch

$$g \begin{pmatrix} x \\ y \end{pmatrix} = \begin{pmatrix} 5x + 3y \\ -2x + y \\ 17y \end{pmatrix}.$$

Sie entspricht einer Matrix $B = [g] \in \mathbb{R}^{3 \times 2}$, und die Einträge der Matrix entsprechen den Koeffizienten der Abbildung. Deshalb ist

$$B = \begin{pmatrix} 5 & 3 \\ -2 & 1 \\ 0 & 17 \end{pmatrix}.$$

Sie können das auch leicht dadurch überprüfen, dass Sie einen Vektor $\begin{pmatrix} x \\ y \end{pmatrix}$ kippen und der Reihe nach auf die Zeilen von B werfen. Dabei werden Sie die Abbildung g zurückerhalten.

Es ist also völlig egal, ob Sie die Koeffizienten in den Outputvektor der Funktion schreiben oder gleich eine Matrix damit füllen. Das Ergebnis ist so oder so das gleiche, nur scheint mir die Matrixschreibweise etwas übersichtlicher zu sein. Sie führt jedenfalls dazu, dass ich jetzt auch mehrdimensionale lineare Abbildungen auf die gleiche Weise schreiben kann wie die altvertrauten eindimensionalen Geradengleichungen: hatten wir früher $f(x) = a \cdot x$ mit einer Zahl a, so stehen wir jetzt dem Ausdruck $f(x) = A \cdot x$ mit einer Matrix A und einem Vektor x gegenüber. Die Struktur der Abbildungen ist also gleich geblieben, geändert hat sich nur die Art der Größen, die man einsetzen muss.

Jetzt wissen Sie, wie lineare Abbildungen und Matrizen zusammenhängen. Im nächsten Abschnitt zeige ich Ihnen, wie man mit Matrizen rechnet.

12.2 Matrizenrechnung

Wir sind am Anfang des Kapitels von der Frage ausgegangen, mit welchen Mitteln man so etwas wie mehrdimensionale Tangenten darstellen kann, und haben uns überlegt, dass lineare Abbildungen dabei hilfreich sein müssten. Im eindimensionalen Fall gibt bei der Geradengleichung $y = ax + b$ die Zahl a die Tangentensteigung und damit die Ableitung an. Es ist deshalb zu erwarten, dass im mehrdimensionalen Fall bestimmte Matrizen die Rolle von Ableitungen übernehmen werden. Sie haben aber im siebten Kapitel gesehen, dass man mit Ableitungen gelegentlich rechnen muss: sie werden addiert und multipliziert und bei Umkehrfunktionen muss man sogar durch Ableitungen teilen. Wir werden uns deshalb jetzt überlegen, wie man mit Matrizen rechnet.

Am einfachsten sind Addition und Subtraktion, sie verlaufen genau wie bei Vektoren komponentenweise.

12.2.1 Definition Es seien $A \in \mathbb{R}^{m \times n}$ und $B \in \mathbb{R}^{m \times n}$ Matrizen, und es gelte:

$$A = \begin{pmatrix} a_{11} & a_{12} & \cdots & a_{1n} \\ a_{21} & a_{22} & \cdots & a_{2n} \\ \vdots & \vdots & & \vdots \\ a_{m1} & a_{m2} & \cdots & a_{mn} \end{pmatrix} \text{ und } B = \begin{pmatrix} b_{11} & b_{12} & \cdots & b_{1n} \\ b_{21} & b_{22} & \cdots & b_{2n} \\ \vdots & \vdots & & \vdots \\ b_{m1} & b_{m2} & \cdots & b_{mn} \end{pmatrix}.$$

Dann setzt man

$$A \pm B = \begin{pmatrix} a_{11} \pm b_{11} & a_{12} \pm b_{12} & \cdots & a_{1n} \pm b_{1n} \\ a_{21} \pm b_{21} & a_{22} \pm b_{22} & \cdots & a_{2n} \pm b_{2n} \\ \vdots & \vdots & & \vdots \\ a_{m1} \pm b_{m1} & a_{m2} \pm b_{m2} & \cdots & a_{mn} \pm b_{mn} \end{pmatrix}.$$

Man kann also Matrizen nur dann addieren, wenn sie zusammenpassen, das heißt, wenn sie in ihrer Zeilen- und Spaltenzahl übereinstimmen. In allen anderen Fällen ist keine Addition möglich. Das mag zunächst als harte Einschränkung erscheinen, aber bei der Addition von Vektoren denkt sich kein Mensch etwas dabei, wenn man keinen zweidimensionalen Vektor zu einem siebzehndimensionalen Vektor addieren darf, und warum sollten wir bei Matrizen großzügiger sein?

Zur Illustration sehen wir uns zwei Beispiele an.

12.2.2 Beispiele

(i) Ich setze

$$A = \begin{pmatrix} 1 & 0 & 1 \\ 2 & 1 & 0 \\ -1 & 1 & 2 \end{pmatrix} \text{ und } B = \begin{pmatrix} 3 & -1 & 2 \\ 0 & 0 & 1 \\ 1 & -2 & 3 \end{pmatrix}.$$

Dann erhalte ich die Matrix $A + B$ durch komponentenweises Addieren, das heißt

$$A + B = \begin{pmatrix} 1+3 & 0+(-1) & 1+2 \\ 2+0 & 1+0 & 0+1 \\ -1+1 & 1+(-2) & 2+3 \end{pmatrix} = \begin{pmatrix} 4 & -1 & 3 \\ 2 & 1 & 1 \\ 0 & -1 & 5 \end{pmatrix}.$$

Daran ist nichts Geheimnisvolles. Ich möchte Ihnen aber noch zeigen, wie die Addition der Matrizen mit der Addition der entsprechenden linearen Abbildungen zusammenhängt. Die zu A gehörende lineare Abbildung f heißt

$$f\begin{pmatrix} x \\ y \\ z \end{pmatrix} = \begin{pmatrix} x + z \\ 2x + y \\ -x + y + 2z \end{pmatrix},$$

und B ist die Matrix der Abildung

$$g\begin{pmatrix} x \\ y \\ z \end{pmatrix} = \begin{pmatrix} 3x - y + 2z \\ z \\ x - 2y + 3z \end{pmatrix}.$$

Abbildungen addiert man bekanntlich, indem man die Funktionswerte addiert, und da es sich dabei um dreidimensionale Vektoren handelt, geschieht das wieder komponentenweise. Damit folgt:

$$(f + g)\begin{pmatrix} x \\ y \\ z \end{pmatrix} = \begin{pmatrix} 4x - y + 3z \\ 2x + y + z \\ -y + 5z \end{pmatrix}.$$

Sie sollten jetzt einmal die Koeffizienten der Abbildung $f + g$ mit den Einträgen in der Matrix $A + B$ vergleichen, es sind nämlich dieselben. Mit anderen Worten: die darstellende Matrix von $f + g$ ist die Summe der darstellenden Matrizen von f und von g. Man kann das auch etwas kürzer mit der Formel

$$[f + g] = [f] + [g]$$

ausdrücken. Daran sehen Sie, dass die Matrizenaddition genau auf die altbekannte Addition von Abbildungen abgestimmt ist.

(ii) Wir betrachten

$$A = \begin{pmatrix} 1 & 2 \\ 3 & 4 \end{pmatrix} \text{ und } B = \begin{pmatrix} 3 & 2 & 1 \\ 0 & 1 & 2 \end{pmatrix}.$$

Die Matrix A hat nur zwei Spalten, während die Matrix B stolze Besitzerin von drei Spalten ist. Daher haben die beiden Matrizen nicht die gleiche Struktur, und eine Addition ist unmöglich.

Auch die Multiplikation einer Matrix mit einer Zahl ist völlig unproblematisch. Sie erinnern sich daran, wie man das bei Vektoren macht: es wird jede Komponente des Vektors mit der Zahl multipliziert. Bei Matrizen geht das genauso.

12.2.3 Definition Es seien $A = (a_{ij})_{\substack{i=1,\ldots,m \\ j=1,\ldots,n}}$ eine Matrix aus $\mathbb{R}^{m \times n}$ und $\lambda \in \mathbb{R}$. Dann setzt man

$$\lambda \cdot A = \begin{pmatrix} \lambda a_{11} & \lambda a_{12} & \cdots & \lambda a_{1n} \\ \lambda a_{21} & \lambda a_{22} & \cdots & \lambda a_{2n} \\ \vdots & \vdots & & \vdots \\ \lambda a_{m1} & \lambda a_{m2} & \cdots & \lambda a_{mn} \end{pmatrix}.$$

Mir fällt beim besten Willen keine kluge Bemerkung ein, die ich über diese einfache Operation zum Besten geben könnte, und deswegen gehe ich gleich zu einem Beispiel über.

12.2.4 Beispiel Mit

$$A = \begin{pmatrix} 1 & 2 \\ 3 & 4 \end{pmatrix} \text{ und } \lambda = 17$$

ist

$$17 \cdot A = \begin{pmatrix} 17 & 34 \\ 51 & 68 \end{pmatrix}.$$

Sie sollten mich inzwischen gut genug kennen, um zu wissen, dass ich mich nicht mit dem Aufzählen der Rechenoperationen zufrieden gebe. Es könnte ja schließlich sein, dass Sie einmal mehrere Operationen miteinander kombinieren wollen, und für diesen Fall notieren wir ein paar Rechenregeln. Sie bieten keine Überraschungen und entsprechen im Wesentlichen dem, was man von den reellen Zahlen gewohnt ist.

12.2.5 Satz Es seien $A, B \in \mathbb{R}^{m \times n}$ und $\lambda, \mu \in \mathbb{R}$. Dann gelten:

(i) $A + B = B + A$;
(ii) $\lambda \cdot (A + B) = \lambda \cdot A + \lambda \cdot B$;
(iii) $(\lambda + \mu) \cdot A = \lambda \cdot A + \mu \cdot A$;
(iv) $\lambda \cdot (\mu \cdot A) = (\lambda \cdot \mu) \cdot A$.

Man kann diese Regeln auch in dem einen Satz zusammenfassen, dass das Rechnen mit den beiden bisher vorgestellten Operationen so funktioniert wie immer und keine Unregelmäßigkeiten auftreten. Etwas anders ist die Situation bei der Multiplikation zweier Matrizen.

Am schönsten wäre es natürlich, Matrizen einfach komponentenweise miteinander zu multiplizieren. Das hätte den Vorteil, dass das Produkt leicht auszurechnen ist, und den Nachteil, dass sich hinterher kein Mensch für das Ergebnis interessiert, weil man mit so einer Multiplikation nichts Vernünftiges anfangen kann. Sie dürfen nicht aus dem Auge verlieren, wozu wir Matrizen brauchen werden: sie sollen in irgendeiner Weise Ableitungen darstellen, und das Produkt von Ableitungen wird ganz besonders bei der Kettenregel benötigt. Sie besagt, dass man die Ableitung einer verketteten Funktion als Produkt von zwei Ableitungen berechnen kann, denn es gilt:

$$(f \circ g)'(x) = f'(g(x)) \cdot g'(x).$$

Da Matrizen etwas mit Ableitungen zu tun haben sollen, scheint es sinnvoll zu sein, ihr Produkt mit einer passenden Verkettung in Verbindung zu bringen. Es gibt auch einen natürlichen Kandidaten. Jede Matrix entspricht nämlich einer linearen Abbildung, und wir könnten versuchen, das Produkt zweier Matrizen mit Hilfe der Hintereinanderausführung der zugehörigen linearen Abbildungen zu definieren. Ich zeige Ihnen das zunächst an einem Beispiel.

12.2.6 Beispiel Ich definiere zwei lineare Abbildungen $f, g : \mathbb{R}^2 \to \mathbb{R}^2$ durch

$$f\begin{pmatrix} x \\ y \end{pmatrix} = \begin{pmatrix} x + y \\ x - y \end{pmatrix} \text{ und } g\begin{pmatrix} x \\ y \end{pmatrix} = \begin{pmatrix} 2x - y \\ y \end{pmatrix}.$$

Mich interessiert die Verkettung der beiden Abbildungen, also muss ich f nicht mehr auf einen simplen Vektor $\begin{pmatrix} x \\ y \end{pmatrix}$ anwenden, sondern auf $g\begin{pmatrix} x \\ y \end{pmatrix}$. Dann ist

$$(f \circ g)\begin{pmatrix} x \\ y \end{pmatrix} = f\left(g\begin{pmatrix} x \\ y \end{pmatrix}\right) = f\begin{pmatrix} 2x - y \\ y \end{pmatrix} = \begin{pmatrix} 2x \\ 2x - 2y \end{pmatrix}.$$

Gehen wir das noch einmal durch. Ich will die Hintereinanderausführung $f \circ g$ ausrechnen, und zu diesem Zweck muss ich das Ergebnis der Funktion g in die Funktion f einsetzen. Der Input für f ist also jetzt $\begin{pmatrix} 2x - y \\ y \end{pmatrix}$. Nun sagt uns die Definition von f, was mit einem Input zu tun ist: für die erste Outputkomponente addiere man die beiden Inputkomponenten, und für die zweite Outputkomponente spendiere man eine Subtraktion. So entstehen die Ergebnisse $2x$ und $2x - 2y$.

Jetzt schreibe ich das Ganze auf Matrizen um. Die darstellenden Matrizen lauten

$$[f] = \begin{pmatrix} 1 & 1 \\ 1 & -1 \end{pmatrix}, [g] = \begin{pmatrix} 2 & -1 \\ 0 & 1 \end{pmatrix} \text{ und } [f \circ g] = \begin{pmatrix} 2 & 0 \\ 2 & -2 \end{pmatrix}.$$

Das Produkt der darstellenden Matrizen soll aber gerade der Matrix von $f \circ g$ entsprechen, und deshalb setze ich:

$$[f] \cdot [g] = [f \circ g] = \begin{pmatrix} 2 & 0 \\ 2 & -2 \end{pmatrix}.$$

Vielleicht erscheint Ihnen diese Prozedur etwas mühsam, und ich werde mich hüten, Ihnen zu widersprechen. Es wäre tatsächlich lästig und umständlich, zur Multiplikation zweier Matrizen ihre linearen Abbildungen heranzuziehen, sie von Hand miteinander zu verketten und zum Schluss die darstellende Matrix der verketteten Funktion aufzuschreiben. Sie können daran aber wieder einmal sehen, dass der Drang zu allgemeingültigen Formeln keine besondere Geisteskrankheit der Mathematiker ist, sondern seinen Sinn hat. Wenn man sich einmal die Mühe macht, eine mehr oder weniger handliche Formel für das Matrizenprodukt auszurechnen, dann kann man hinterher ohne großen Aufwand Matrizen miteinander multiplizieren und braucht sich nicht mehr darum zu kümmern, was die linearen Abbildungen dazu sagen.

Die Sache hat nur einen kleinen Haken. Die Formel, die dabei herauskommt, ist eher weniger handlich als mehr und wirkt auf den ersten Blick einigermaßen abschreckend. Sobald man etwas genauer hinschaut, verliert sie enorm an Schrecklichkeit, aber ich muss ja von vorne anfangen und werde deshalb erst einmal formal aufschreiben, wie ein Matrizenprodukt aussieht. Danach erkläre ich Ihnen, warum alles nur halb so schlimm ist.

12.2.7 Definition Es seien $A \in \mathbb{R}^{m \times n}$ und $B \in \mathbb{R}^{n \times k}$ Matrizen. Dann ist das Produkt $A \cdot B$ von A und B definiert als

$$A \cdot B = \begin{pmatrix} c_{11} & c_{12} & \cdots & c_{1k} \\ c_{21} & c_{22} & \cdots & c_{2k} \\ \vdots & \vdots & & \vdots \\ c_{m1} & c_{m2} & \cdots & c_{mk} \end{pmatrix} \in \mathbb{R}^{m \times k},$$

wobei

$$c_{ij} = a_{i1}b_{1j} + a_{i2}b_{2j} + \cdots + a_{in}b_{nj}$$

gilt.

Noch irgendwelche Fragen? Als ich diese Formel zum ersten Mal sah, habe ich jedenfalls überhaupt nichts verstanden, und wir sollten uns wohl noch ein paar Gedanken darüber machen.

Bevor ich mich aber darüber auslasse, wie man das Produkt $A \cdot B$ ausrechnen kann, ohne ernsthaft nachzudenken, möchte ich noch bemerken, dass es tatsächlich die Eigenschaft hat, die ich in 12.2.6 verlangt habe: die Multiplikation von Matrizen entspricht der Hintereinanderausführung linearer Abbildungen.

12.2.8 Satz Es seien $f : \mathbb{R}^n \to \mathbb{R}^m$ und $g : \mathbb{R}^k \to \mathbb{R}^n$ lineare Abbildungen mit den darstellenden Matrizen A und B. Dann hat die Hintereinanderausführung $f \circ g$ die darstellende Matrix $A \cdot B$.

Dass Matrizenprodukte und Verkettungen etwas miteinander zu tun haben, wird uns später noch beschäftigen. Für den Augenblick ist es wichtiger, die Handhabung der Formel aus 12.2.7 zu verstehen. Zunächst fällt auf, dass im Gegensatz zur Matrizenaddition die beiden Matrizen A und B nicht die gleiche Struktur aufweisen: A hat m Zeilen und n Spalten, während B n Zeilen und k Spalten besitzt. Die Zeilenzahl von A und die Spaltenzahl von B sind also völlig unabhängig voneinander. Was beide Matrizen verbindet, ist ausschließlich die Zahl n; sie beschreibt die Anzahl der Spalten von A ebenso wie die Anzahl der Zeilen von B. Warum muss nun B so viele Zeilen haben wie A Spalten vorweisen kann? Das liegt an der Formel für die Einträge in der Produktmatrix, die ich jetzt etwas genauer ansehe. Wenn ich zum Beispiel den Eintrag in der zweiten Zeile und dritten Spalte der Produktmatrix berechnen will, dann hat er den Namen c_{23}. Die Formel zu seiner Berechnung lautet

$$c_{23} = a_{21}b_{13} + a_{22}b_{23} + \cdots + a_{2n}b_{n3}.$$

Ich habe also die zweite Zeile von A genommen, denn in ihr stehen die Elemente $a_{21}, \ldots, a_{2n}$, und sie mit der dritten Spalte von B verbunden, in der Sie die Elemente $b_{13}, \ldots, b_{n3}$ finden. Die Verbindung besteht darin, dass ich das *Skalarprodukt* der zweiten Zeile von A mit der dritten Spalte von B gebildet habe: Sie können im zweiten Kapitel nachlesen, dass man Skalarprodukte ausrechnet, indem man die entsprechenden Komponenten miteinander multipliziert und anschließend die einzelnen Produkte addiert. Ein Skalarprodukt können Sie aber nur dann bilden, wenn die beiden Größen gleichlang sind, ansonsten steht irgendwann eine Zahl hilflos herum und wartet vergeblich darauf, multipliziert zu werden. Deshalb müssen die Zeilen der Matrix A so lang sein wie die Spalten von B; falls sie es nicht sind, ist eine Matrizenmultiplikation nicht möglich.

Die Regel für das Multiplizieren von Matrizen lautet demnach: um c_{ij} zu finden, bilde man das Skalarprodukt aus der i-ten Zeile von A und der j-ten Spalte von B. Vorher achte man allerdings gefälligst darauf, dass die Zeilen von A die gleiche Länge haben wie die Spalten von B. Haben sie das nicht, kann man sich die Mühe des weiteren Rechnens sparen.

12.2.9 Beispiele

(i) Es seien

$$A = \begin{pmatrix} 1 & 1 \\ 1 & -1 \end{pmatrix} \text{ und } B = \begin{pmatrix} 2 & -1 \\ 0 & 1 \end{pmatrix}.$$

Die Zeilen von A haben genau wie die Spalten von B jeweils zwei Einträge; die beiden Matrizen lassen sich also bedenkenlos verkuppeln. Der erste Eintrag c_{11} der Produktmatrix entsteht als Skalarprodukt der ersten Zeile von A und der ersten Spalte von B, das heißt:

$$c_{11} = 1 \cdot 2 + 1 \cdot 0 = 2.$$

Den zweiten Eintrag der ersten Zeile finden Sie als Skalarprodukt der ersten Zeile von A und der zweiten Spalte von B, also:

$$c_{12} = 1 \cdot (-1) + 1 \cdot 1 = 0.$$

Damit ist die erste Zeile der Produktmatrix auch schon erledigt, denn es gibt keine Spalte von B mehr, mit der Sie die erste Zeile von A multiplizieren könnten. Wir gehen also zur nächsten Zeile über und berechnen c_{21} als Skalarprodukt der zweiten Zeile von A und der ersten Spalte von B. Folglich ist

$$c_{21} = 1 \cdot 2 + (-1) \cdot 0 = 2,$$

und auf die gleiche Weise finden Sie

$$c_{22} = 1 \cdot (-1) + (-1) \cdot 1 = -2.$$

Insgesamt hat die Produktmatrix die Form

$$A \cdot B = \begin{pmatrix} 2 & 0 \\ 2 & -2 \end{pmatrix}.$$

(ii) Es seien

$$A = \begin{pmatrix} 1 & 4 & 2 \\ 4 & 0 & -3 \end{pmatrix} \text{ und } B = \begin{pmatrix} 1 & 1 & 0 \\ -2 & 3 & 5 \\ 0 & 1 & 4 \end{pmatrix}.$$

Die Matrix A hat dreielementige Zeilen, während B sich an dreielementigen Spalten erfreuen kann, und wieder ist eine Matrizenmultiplikation möglich. Den Spruch sage ich hier nur noch für den Eintrag c_{11} auf: c_{11} ist das Skalarprodukt aus der ersten Zeile von A und der ersten Spalte von B, also

$$c_{11} = 1 \cdot 1 + 4 \cdot (-2) + 2 \cdot 0 = -7.$$

Auf die gleiche Weise findet man

$$c_{12} = 1 \cdot 1 + 4 \cdot 3 + 2 \cdot 1 = 15,$$
$$c_{13} = 1 \cdot 0 + 4 \cdot 5 + 2 \cdot 4 = 28,$$

und damit Sie auch noch etwas zu tun haben, schreibe ich die restlichen Rechnungen nicht mehr auf, sondern teile Ihnen schlicht das Ergebnis

$$A \cdot B = \begin{pmatrix} -7 & 15 & 28 \\ 4 & 1 & -12 \end{pmatrix}$$

mit.

Abb. 12.1 Schema für $A \cdot B$

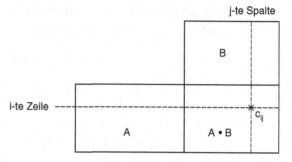

(iii) Wir nehmen wieder die Matrizen aus Beispiel (ii), aber diesmal geht es um das Produkt $B \cdot A$. Leider hat B Zeilen der Länge drei, und das überfordert die Spalten von A, die nach jämmerlichen zwei Einträgen kapitulieren müssen. Das Produkt $B \cdot A$ existiert also nicht.

Dass A und B zusammenpassen müssen, hat eine eigene Nummer verdient.

12.2.10 Bemerkung Das Produkt $A \cdot B$ kann man nur bilden, wenn die Zeilen von A so lang sind wie die Spalten von B. Da die Länge der Zeilen genau der *Anzahl* der Spalten entspricht und die Länge der Spalten mit der *Anzahl* der Zeilen übereinstimmt, heißt das: A hat so viele Spalten wie B Zeilen. Es muss daher $A \in \mathbb{R}^{m \times n}$ und $B \in \mathbb{R}^{n \times k}$ gelten.

Zur Berechnung des Matrizenprodukts hat sich eine Art Schema eingebürgert, das ich Ihnen nicht vorenthalten möchte.

12.2.11 Bemerkung Ein Standardschema zur Berechnung von $A \cdot B$ finden Sie in Abb. 12.1. Der Eintrag c_{ij} steht auf diese Weise genau im Schnittpunkt der i-ten Zeile von A und der j-ten Spalte von B. Sie brauchen sich also gar nicht mehr zu überlegen, welche Zeile Sie mit welcher Spalte verheiraten wollen, Sie nehmen einfach die Zeile und die Spalte, die jeweils zur gesuchten Stelle c_{ij} führen.

Wie üblich bei einer neuen Operation, komme ich jetzt zu den Rechenregeln. Dabei gibt es eine gute Nachricht und eine schlechte: die Multiplikation verträgt sich mit der Matrizenaddition, wie man das erwarten würde, aber sie hat einen gewichtigen Schönheitsfehler.

12.2.12 Bemerkung Im Allgemeinen ist

$$A \cdot B \neq B \cdot A.$$

Setzt man zum Beispiel

$$A = \begin{pmatrix} 1 & 1 \\ 1 & -1 \end{pmatrix} \text{ und } B = \begin{pmatrix} 2 & -1 \\ 0 & 1 \end{pmatrix},$$

so ist

$$A \cdot B = \begin{pmatrix} 2 & 0 \\ 2 & -2 \end{pmatrix},$$

aber

$$B \cdot A = \begin{pmatrix} 1 & 3 \\ 1 & -1 \end{pmatrix} \neq A \cdot B.$$

Oft genug kann man $B \cdot A$ nicht einmal ausrechnen, wie Sie es in 12.2.9 (iii) gesehen haben.

Jetzt aber zu den altvertrauten Rechenregeln.

12.2.13 Satz Es seien A, B, C Matrizen.

(i) Für $A \in \mathbb{R}^{m \times n}$, $B \in \mathbb{R}^{n \times k}$ und $C \in \mathbb{R}^{k \times p}$ gilt

$$A \cdot (B \cdot C) = (A \cdot B) \cdot C.$$

(ii) Für $A \in \mathbb{R}^{m \times n}$ und $B, C \in \mathbb{R}^{n \times k}$ gilt

$$A \cdot (B + C) = A \cdot B + A \cdot C.$$

(iii) Für $A, B \in \mathbb{R}^{m \times n}$ und $C \in R^{n \times k}$ gilt

$$(A + B) \cdot C = A \cdot C + B \cdot C.$$

Damit ist alles über die Matrizenmultiplikation gesagt – oder doch fast alles. Bei der üblichen Multiplikation von Zahlen gibt es nämlich eine ganz besondere Zahl, mit der man so oft multiplizieren kann wie man will, ohne dass es jemanden stört: $x \cdot 1$ ergibt immer x, die Eins ist das sogenannte *neutrale Element* der Multiplikation. Gibt es so etwas auch für Matrizen? Ich suche also nach einer Matrix, mit der ich eine andere Matrix A ungestraft multiplizieren darf, ohne an den Einträgen von A etwas zu ändern. Wenn man jemanden fragt, wie so eine spezielle *Einheitsmatrix* wohl aussehen mag, erhält man Antworten (sofern überhaupt einer antwortet), die sich zwischen zwei verschiedenen Extremen bewegen. Manche meinen, es muss eine Matrix sein, die links oben eine Eins und sonst nur Nullen in sich trägt, während andere glauben, die Matrix müsste von oben bis unten und von rechts nach links mit Einsen ausgefüllt sein. Wie so oft liegt die Wahrheit in der Mitte.

12.2.14 Definition Die Matrix

$$
I_n = \begin{pmatrix} 1 & 0 & \cdots & 0 \\ 0 & 1 & \ddots & \vdots \\ \vdots & \ddots & \ddots & 0 \\ 0 & \cdots & 0 & 1 \end{pmatrix},
$$

die in der Diagonalen nur Einsen und außerhalb der Diagonale nur Nullen stehen hat, heißt *n-reihige Einheitsmatrix* oder schlicht *Einheitsmatrix*.

Der Name Einheitsmatrix ist nicht zum Spaß gewählt. Die Matrix I_n spielt in der Welt der Matrizen die gleiche Rolle wie die Zahl 1 in der Welt der Zahlen: sie ist das neutrale Element der Multiplikation.

12.2.15 Lemma Für jedes $A \in \mathbb{R}^{n \times n}$ ist

$$
A \cdot I_n = I_n \cdot A = A.
$$

Beweis Ich habe schon so lange nichts mehr bewiesen, dass ein Beweis inzwischen fast wie eine Zumutung wirkt, aber zur Abwechslung möchte ich mir doch einen erlauben. Wenn ich mit C das Produkt $A \cdot I_n$ bezeichne, dann haben wir uns darauf geeinigt, wie ich den Eintrag c_{ij} ausrechne: ich bilde das Skalarprodukt aus der i-ten Zeile von A und der j-ten Spalte von I_n. In der i-ten Zeile von A fristen die Elemente $a_{i1}, a_{i2}, \ldots, a_{in}$ ihr Dasein, und in der j-ten Spalte der Einheitsmatrix herrscht ein tristes Leben. Es gibt nämlich fast nur Nullen, und nur an der j-ten Stelle, wo die Spalte auf die Diagonale trifft, finden Sie eine verlassene Eins. Das vereinfacht die Berechnung des Skalarproduktes, denn während das Multiplizieren mit Null zu nichts führt, ergibt das Produkt von a_{ij} und 1 gerade wieder a_{ij}. Es gilt daher

$$
c_{ij} = a_{ij},
$$

und die Matrix $C = A \cdot I_n$ stimmt mit der Matrix A überein.   △

Diese Matrizeneins wäre der reinste Luxus und ziemlich überflüssig, wenn ich sie nicht für irgendetwas benützen würde. Im nächsten Abschnitt werde ich Ihnen deshalb einiges über das Invertieren von Matrizen berichten.

12.3 Matrizeninvertierung

In 7.2.17 haben Sie gesehen, dass man für die Ableitung der Umkehrfunktion $f^{-1}(y)$ den Wert $\frac{1}{f'(x)}$, also den Kehrwert von $f'(x)$ bilden muss. Nun behaupte ich ja ständig, dass im nächsten Kapitel Ableitungen in Form von Matrizen auftreten werden, und falls wir in die Verlegenheit kommen sollten, eine Umkehrfunktion ableiten zu müssen, wäre es praktisch, eine Art Kehrwert von Matrizen zu besitzen. Man kann aber keine Zahl durch eine Matrix teilen, und deshalb macht der Ausdruck $\frac{1}{A}$ mit einer Matrix A keinen Sinn. Wir können uns jedoch mit der Einheitsmatrix I_n behelfen, die eine Matrixversion der Zahl Eins darstellt. Den Kehrbruch $\frac{1}{a}$ einer Zahl $a \neq 0$ kann man nämlich durch den Umstand beschreiben, dass $a \cdot \frac{1}{a} = 1$ gilt. Auf analoge Weise definiere ich jetzt den Begriff der *inversen Matrix*.

12.3.1 Definition Es sei $A \in \mathbb{R}^{n \times n}$. A heißt *invertierbar* oder auch *regulär*, wenn es eine Matrix $A^{-1} \in \mathbb{R}^{n \times n}$ gibt mit der Eigenschaft

$$A^{-1} \cdot A = A \cdot A^{-1} = I_n.$$

In diesem Fall heißt A^{-1} die *inverse Matrix* von A.

Es ist keine überwältigende Neuigkeit, dass jede Zahl $a \neq 0$ eine inverse Zahl $\frac{1}{a}$ besitzt. Dasselbe würde man bei Matrizen erwarten: jede Matrix, die nicht ausschließlich aus Nullen besteht, sollte auch mit einer inversen Matrix dienen können. Mit Matrizen ist es aber wie mit Menschen, manche sehen ganz vernünftig aus, und wenn man genauer hinschaut, ist nicht viel mit ihnen anzufangen.

12.3.2 Beispiel Es sei

$$A = \begin{pmatrix} 1 & 1 \\ 2 & 2 \end{pmatrix}.$$

Ich will zeigen, dass A nicht invertierbar ist. Dazu nehme ich für einen Augenblick die Existenz einer inversen Matrix A^{-1} an und weise nach, dass diese Annahme zu unsinnigen Konsequenzen führt. Da ich nichts Nennenswertes über A^{-1} weiß, schreibe ich einfach

$$A^{-1} = \begin{pmatrix} a & b \\ c & d \end{pmatrix}.$$

Die einzige Information, die uns über A^{-1} zur Verfügung steht, besagt, dass das Produkt von A und A^{-1} genau die Einheitsmatrix I_2 ergibt. Es gilt also:

$$\begin{pmatrix} 1 & 0 \\ 0 & 1 \end{pmatrix} = I_2 = A \cdot A^{-1} = \begin{pmatrix} 1 & 1 \\ 2 & 2 \end{pmatrix} \cdot \begin{pmatrix} a & b \\ c & d \end{pmatrix} = \begin{pmatrix} a+c & b+d \\ 2a+2c & 2b+2d \end{pmatrix}.$$

Sie sollten sich klar machen, was hier vor sich geht. Ich versuche, etwas über die Einträge von A^{-1} herauszufinden, und dazu muss ich die einzige Information heranziehen, die ich habe, nämlich die Gleichung $A \cdot A^{-1} = I_2$. Da ich die Einträge von A kenne und die Zahlen in A^{-1} immerhin mit Buchstaben benannt habe, kann ich dieses Produkt ausrechnen, was ich in der letzten Gleichung auch durchführe. Wenn wir die Zwischenschritte einmal weglassen, heißt das

$$\begin{pmatrix} 1 & 0 \\ 0 & 1 \end{pmatrix} = \begin{pmatrix} a + c & b + d \\ 2a + 2c & 2b + 2d \end{pmatrix},$$

und das bedeutet, dass die Einträge in den beiden Matrizen gleich sein müssen. Es folgt:

$$1 = a + c \text{ und } 0 = 2a + 2c = 2(a + c),$$

was offensichtlich unmöglich ist. Die Annahme, dass eine inverse Matrix A^{-1} existiert, führt also zu einem widersprüchlichen Resultat und muss deshalb selbst falsch gewesen sein. Folglich ist die Matrix A nicht invertierbar.

Wir sind hier nicht auf dem Fußballfeld, wo die Spieler nach einer verheerenden Niederlage gerne besonders aussagekräftige Erklärungen abgeben („Ball zu rund, Rasen zu grün, zu viel Knoblauch im Essen"). Wenn eine Matrix ohne Nullen nicht invertierbar ist, dann sollte man eine nachvollziehbare Erklärung dafür finden, und die werde ich Ihnen im nächsten Abschnitt liefern. Man kann es sich aber ungefähr so erklären, dass die zweite Spalte der Matrix im Vergleich zur ersten nicht Neues liefert und die Matrix deswegen ein wenig unterbesetzt ist. Mathematischer formuliert würde man sagen, die Spalten der Matrix sind linear abhängig, aber ich will mich dabei nicht auf Einzelheiten einlassen, die uns nicht wirklich weiter bringen.

Wichtiger ist, dass Sie ein Verfahren sehen, mit dem man inverse Matrizen ausrechnen und auch gleichzeitig erkennen kann, ob sie überhaupt existieren. Ich muss Ihnen dafür allerdings etwas Arbeit aufbürden, denn das Verfahren beruht auf dem Gauß-Algorithmus, den Sie in 3.2.3 und 3.2.4 kennengelernt haben. Deshalb bitte ich Sie darum, zum dritten Kapitel zurückzublättern und sich den Gauß-Algorithmus noch einmal anzusehen. Ich werde also im folgenden voraussetzen, dass Sie mit dem Gauß-Algorithmus vertraut sind, und ihn ein wenig erweitern.

12.3.3 Beispiel Die Idee des Gauß-Algorithmus besteht darin, die Koeffizientenmatrix eines linearen Gleichungssystems mit Hilfe bestimmter Zeilenoperationen in eine sogenannte *obere Dreiecksmatrix* übergehen zu lassen und dann der Reihe nach die Unbekannten $x_n, x_{n-1}, \ldots, x_1$ auszurechnen. In 3.2.3 hatte ich die Matrix des Gleichungssystems

$$\begin{aligned} -x + 2y + z &= -2 \\ 3x - 8y - 2z &= 4 \\ x + 4z &= -2 \end{aligned}$$

bearbeitet und dabei die Matrix

$$\begin{pmatrix} -1 & 2 & 1 & -2 \\ 0 & -2 & 1 & -2 \\ 0 & 0 & 6 & -6 \end{pmatrix}$$

gefunden. Nach dem Verfahren aus 3.2.3 würde ich jetzt die Gleichung

$$6z = -6$$

aufstellen, daraus $z = -1$ schließen, mit dieser neuen Erkenntnis in die zweite Zeile der Matrix gehen und so weiter. Man kann diese Arbeit aber auch innerhalb der Matrix selbst erledigen. Ich kann zum Beispiel die letzte Zeile der Matrix durch 6 teilen und finde

$$\begin{pmatrix} -1 & 2 & 1 & -2 \\ 0 & -2 & 1 & -2 \\ 0 & 0 & 1 & -1 \end{pmatrix}.$$

Anschließend vereinfache ich die zweite Zeile, indem ich die dritte Zeile von der zweiten abziehe und das Resultat durch -2 dividiere. Damit erhalte ich:

$$\begin{pmatrix} -1 & 2 & 1 & -2 \\ 0 & 1 & 0 & \frac{1}{2} \\ 0 & 0 & 1 & -1 \end{pmatrix}.$$

Die Sache wird immer übersichtlicher, und um dem Ganzen die Krone aufzusetzen, ziehe ich die letzte Zeile von der ersten ab und anschließend auch noch die verdoppelte zweite Zeile. Das führt zu der Matrix:

$$\begin{pmatrix} -1 & 0 & 0 & -2 \\ 0 & 1 & 0 & \frac{1}{2} \\ 0 & 0 & 1 & -1 \end{pmatrix},$$

deren erste Zeile ich noch mit -1 multiplizieren muss, um

$$\begin{pmatrix} 1 & 0 & 0 & 2 \\ 0 & 1 & 0 & \frac{1}{2} \\ 0 & 0 & 1 & -1 \end{pmatrix}$$

zu erhalten.

Sehen Sie, worauf es hinausläuft? Ich habe mit den üblichen Operationen aus dem Gauß-Algorithmus den linken Teil der Matrix in eine Einheitsmatrix I_3 verwandelt und kann jetzt sofort die Lösungen ablesen. Es gilt nämlich:

$$x = 2, y = \frac{1}{2}, z = -1.$$

Die Erweiterung des Gauß-Algorithmus besteht also darin, nicht bei der oberen Dreiecksmatrix stehen zu bleiben, sondern innerhalb der Matrix von unten nach oben vorzugehen
und eine Einheitsmatrix herzustellen. Die Zahlen in der letzten Spalte sind dann die Lösungen des linearen Gleichungssystems.

Mit Recht werden Sie sich fragen, was das alles mit dem Invertieren von Matrizen zu
tun hat. Diese Frage beantworte ich in der nächsten Bemerkung.

12.3.4 Bemerkung Es sei $A \in \mathbb{R}^{n \times n}$ eine Matrix, deren Inverse A^{-1} ich berechnen will.
Gehen wir davon aus, dass es eine inverse Matrix auch tatsächlich gibt, dann gilt $A \cdot$
$A^{-1} = I_n$. Jetzt müssen wir zurückgreifen auf die Definition des Matrizenproduktes. Ist
zum Beispiel j irgendeine Nummer zwischen 1 und n, dann erhält man die j-te Spalte
der Ergebnismatrix, indem man die j-te Spalte von A^{-1} in die Horizontale kippt und der
Reihe nach jede Zeile von A nach Skalarproduktart mit dieser Spalte multipliziert. Ich
kenne aber die j-te Spalte der Ergebnismatrix ganz genau: sie hat an der j-ten Stelle eine
1 und ansonsten nichts weiter als Nullen. Die j-te Spalte von A^{-1} ist also Lösung des
linearen Gleichungssystems

$$A \cdot x = e_j,$$

wobei e_j der j-te Einheitsvektor im $\mathbb{R}^n$ ist.

Obwohl es vielleicht nicht so aussieht, ist damit einiges gewonnen. Wir wissen nämlich
sehr genau, wie man solche linearen Gleichungssysteme löst: mit dem Gauß-Algorithmus,
den ich in 12.3.3 ein wenig erweitert habe. Wir müssen also n lineare Gleichungssysteme
lösen – für jede Spalte eins – und haben anschließend sämtliche Spalten von A^{-1} vor uns.

Das ist schon ganz gut, aber es ist noch nicht alles. Die Gleichungssysteme

$$A \cdot x = e_j$$

unterscheiden sich zwar in ihren rechten Seiten, ihre Koeffizientenmatrix ist aber immer
die vertraute Matrix A, deren Einträge wir kennen. Das Ziel der Zeilenoperationen des
Gauß-Algorithmus besteht immer darin, die Koeffizientenmatrix A in die n-reihige Einheitsmatrix I_n zu verwandeln, und die rechte Seite des Gleichungssystems wird dabei
zwar mitgezogen, hat aber keinen Einfluss auf den eigentlichen Gang der Handlung. Es
ist daher sinnvoll, die Matrix A nicht nur mit *einer* rechten Seite e_j in eine etwas größere
Matrix zu schreiben, sondern gleich alle rechten Seiten $e_1, \ldots, e_n$ neben der Koeffizientenmatrix A zu versammeln und alle nötigen Operationen *gleichzeitig* an allen rechten
Seiten vorzunehmen. Zwei weitere Beobachtungen runden das Ganze ab. Nichts ist nämlich einfacher, als alle rechten Seiten $e_1, \ldots, e_n$ auf einmal aufzuschreiben, sie ergeben
genau die Einheitsmatrix I_n, die außer den diagonalen Einsen nur Nullen besitzt. Weiterhin habe ich am Ende von 12.3.3 erwähnt, dass man bei Anwendung des erweiterten
Gauß-Algorithmus zum Schluss auf der rechten Seite die Lösung des Gleichungssystems

vorfindet. Nun haben wir n rechte Seiten, und deshalb finden sich am Ende natürlich die Lösungen aller n Gleichungssysteme brav auf der rechten Hälfte unseres Schemas ein. Da die Lösungen der einzelnen Gleichungssysteme $A \cdot x = e_j$ den Spalten von A^{-1} entsprechen, bedeutet das, dass Sie in der rechten Hälfte des großen Schemas die inverse Matrix A finden, sobald in der linken Hälfte die Einheitsmatrix I_n erreicht ist.

Bemerkung 12.3.4 gehört sicher zu den Dingen, die etwas Zeit kosten, wenn man sie ganz verstehen will. Immerhin liefert sie die Begründung für *das* wesentliche Verfahren zur Berechnung inverser Matrizen. Ich werde dieses Verfahren im nächsten Satz noch einmal formulieren.

12.3.5 Satz Es sei $A = (a_{ij})_{\substack{i=1,...,n \\ j=1,...,n}} \in \mathbb{R}^{n \times n}$, eine Matrix, deren inverse Matrix A^{-1} berechnet werden soll. Fasst man A und die Einheitsmatrix I_n in einer Matrix zusammen

$$\begin{pmatrix} a_{11} & a_{12} & \cdots & a_{1n} & 1 & 0 & \cdots & 0 \\ a_{21} & a_{22} & \cdots & a_{2n} & 0 & 1 & \ddots & \vdots \\ \vdots & \vdots & & \vdots & \vdots & \ddots & \ddots & 0 \\ a_{n1} & a_{n2} & \cdots & a_{nn} & 0 & \cdots & 0 & 1 \end{pmatrix}$$

und formt diese Matrix mit Hilfe der Zeilenoperationen aus dem Gauß-Algorithmus so um, dass die linke Hälfte in die Einheitsmatrix I_n verwandelt wird, so steht die inverse Matrix A^{-1} in der rechten Hälfte der umgeformten großen Matrix. Falls es nicht möglich ist, in der linken Hälfte die Einheitsmatrix herzustellen, ist A nicht invertierbar.

Dieser Satz hat es dringend nötig, durch ein Beispiel illustriert zu werden.

12.3.6 Beispiel Es sei

$$A = \begin{pmatrix} 1 & 0 & -1 \\ 3 & 1 & -3 \\ 1 & 2 & -2 \end{pmatrix}.$$

Ich will die Inverse A^{-1} von A ausrechnen und schreibe dazu die dreireihige Einheitsmatrix I_3 neben A in eine große Matrix mit drei Zeilen und sechs Spalten. Das sieht dann so aus:

$$\begin{pmatrix} 1 & 0 & -1 & 1 & 0 & 0 \\ 3 & 1 & -3 & 0 & 1 & 0 \\ 1 & 2 & -2 & 0 & 0 & 1 \end{pmatrix}.$$

Diese neue Matrix muss ich mit den Methoden des Gauß-Algorithmus so umformen, dass in ihrer linken Hälfte die Einheitsmatrix I_3 steht, und der Satz 12.3.5 besagt, dass wir dann in der rechten Hälfte die Inverse A^{-1} vor uns haben, sofern alle Umformungen gutgehen. Ich ziehe also die verdreifachte erste Zeile von der zweiten Zeile ab und anschließend die erste Zeile von der dritten. Das Resultat ist die Matrix

$$\begin{pmatrix} 1 & 0 & -1 & 1 & 0 & 0 \\ 0 & 1 & 0 & -3 & 1 & 0 \\ 0 & 2 & -1 & -1 & 0 & 1 \end{pmatrix}.$$

Jetzt sieht die erste Spalte schon so aus, wie es sich gehört, und um auch der zweiten Spalte eine ansprechende Form zu geben, sollte ich die verdoppelte zweite Zeile von der dritten abziehen. Dann finde ich

$$\begin{pmatrix} 1 & 0 & -1 & 1 & 0 & 0 \\ 0 & 1 & 0 & -3 & 1 & 0 \\ 0 & 0 & -1 & 5 & -2 & 1 \end{pmatrix}.$$

Das Ziel der ganzen Unternehmung ist es, in der linken Hälfte eine Einheitsmatrix zu erzeugen. Ich kann das herbeiführen, indem ich die dritte Zeile mit -1 multipliziere und danach die neue dritte Zeile auf die erste Zeile addiere. Das ergibt die Matrix

$$\begin{pmatrix} 1 & 0 & 0 & -4 & 2 & -1 \\ 0 & 1 & 0 & -3 & 1 & 0 \\ 0 & 0 & 1 & -5 & 2 & -1 \end{pmatrix}.$$

Eigentlich ging das ganz schnell, und man fragt sich, wozu es gut war. Das erfahren Sie aber aus Satz 12.3.5: sobald in der linken Hälfte die Einheitsmatrix I_3 anzutreffen ist, garantiert er, dass sich in der rechten Hälfte die invertierte Matrix A^{-1} befindet. In unserem Beispiel heißt das:

$$A^{-1} = \begin{pmatrix} -4 & 2 & -1 \\ -3 & 1 & 0 \\ -5 & 2 & -1 \end{pmatrix}.$$

Falls Sie das nicht unbesehen glauben wollen, können Sie das Ergebnis leicht überprüfen. Sie brauchen nur die angebliche Matrix A^{-1} mit der ursprünglichen Matrix A zu multiplizieren, und falls dabei I_3 herauskommt, habe ich gewonnen.

Ich möchte noch erwähnen, dass der Satz auch ein Kriterium für die Nichtexistenz einer Inversen bietet: falls das Verfahren unterwegs nicht mehr durchführbar ist und man keinen Fehler gemacht hat, gibt es keine inverse Matrix. Sie sollten das an der Beispielmatrix aus 12.3.2 einmal selbst ausprobieren.

Es gibt übrigens einen Satz, der eine explizite Formel für die inverse Matrix bereitstellt. Er hat allerdings mit Determinanten zu tun, und im nächsten Abschnitt werde ich Ihnen zeigen, warum ihn diese Eigenschaft etwas unpraktikabel macht.

12.4 Determinanten

Es macht sich bei Vorgesetzten immer gut, wenn Sie komplizierte Situationen, die irgendwie bewertet werden müssen, mit einer Kennzahl versehen können, denn Zahlen kann man im Gegensatz zu Situationen einfach miteinander vergleichen. Im Regelfall kümmert sich Ihr Vorgesetzter nicht darum, auf welche Weise Sie die Kennzahlen ermittelt haben, sondern fällt seine Entscheidungen und eilt zum nächsten Geschäftsessen, aber wir brauchen es ihm ja nicht nachzumachen und sehen uns eine Art von Kennzahlen genauer an.

Auch einer Matrix kann man nämlich eine bestimmte Zahl zuordnen: ihre *Determinante*. Ich werde sie zum Beispiel bei der Durchführung mehrdimensionaler Extremwertaufgaben brauchen, bei denen man genau wie im eindimensionalen Fall nachsehen muss, ob die errechnete zweite Ableitung positiv ist. Die zweite Ableitung wird aber in Form einer Matrix gegeben sein, und man wird eine Art Positivität von Matrizen benötigen. Das ist nicht so einfach, und man verwendet dazu Determinanten, die auch bei der Lösung linearer Gleichungssysteme auftauchen.

12.4.1 Bemerkung Gegeben sei das lineare Gleichungssystem

$$a_{11}x_1 + a_{12}x_2 = b_1$$
$$a_{21}x_1 + a_{22}x_2 = b_2$$

mit den Unbekannten x_1 und x_2. Ich werde jetzt für dieses allgemeine Gleichungssystem mit zwei Unbekannten eine Lösungsformel herleiten. Dazu multipliziere ich die obere Gleichung mit a_{22} und die untere mit a_{12}. Das Resultat ist

$$a_{11}a_{22}x_1 + a_{12}a_{22}x_2 = b_1a_{22}$$
$$a_{21}a_{12}x_1 + a_{22}a_{12}x_2 = b_2a_{12},$$

und nun ist es sinnvoll, die zweite Gleichung von der ersten abzuziehen. Man erhält:

$$x_1(a_{11}a_{22} - a_{21}a_{12}) = b_1a_{22} - b_2a_{12},$$

und auf analoge Weise folgt

$$x_2(a_{11}a_{22} - a_{21}a_{12}) = b_2a_{11} - b_1a_{21}.$$

Falls der Klammerausdruck von Null verschieden ist, folgt daraus die Lösungsformel:

$$x_1 = \frac{b_1a_{22} - b_2a_{12}}{a_{11}a_{22} - a_{21}a_{12}} \text{ und } x_2 = \frac{b_2a_{11} - b_1a_{21}}{a_{11}a_{22} - a_{21}a_{12}}.$$

Das sind Formeln, die man sich nicht unbedingt merken möchte, und zum Glück ist das auch nicht nötig. Schreibt man sich nämlich die Koeffizientenmatrix

$$A = \begin{pmatrix} a_{11} & a_{12} \\ a_{21} & a_{22} \end{pmatrix}$$

auf, so ergibt sich der Nenner durch „Über-Kreuz-Multiplizieren" der Matrixeinträge, und man nennt ihn *Determinante* von A:

$$\det A = \det \begin{pmatrix} a_{11} & a_{12} \\ a_{21} & a_{22} \end{pmatrix} = a_{11}a_{22} - a_{12}a_{21}.$$

Wichtig dabei ist, dass man die Determinante einer 2×2-Matrix berechnet, indem man die Einträge über Kreuz multipliziert und anschließend die Ergebnisse subtrahiert. Damit können Sie nämlich auch die Zähler von x_1 und x_2 beschreiben. Für $\det A \neq 0$ gilt:

$$x_1 = \frac{\det \begin{pmatrix} b_1 & a_{12} \\ b_2 & a_{22} \end{pmatrix}}{\det A} \text{ und } x_2 = \frac{\det \begin{pmatrix} a_{11} & b_1 \\ a_{21} & b_2 \end{pmatrix}}{\det A},$$

wie Sie leicht durch entsprechendes Multiplizieren und Subtrahieren feststellen können. Für Gleichungssysteme mit zwei Gleichungen und zwei Unbekannten haben wir also eine Lösungsformel gefunden, die eine übersichtliche Schreibweise zulässt. Jede Lösung ist der Quotient zweier Determinanten, wobei im Nenner immer die Determinante der Koeffizientenmatrix A steht und im Zähler der j-ten Lösung x_j gerade die j-te Spalte von A durch die rechte Seite $\begin{pmatrix} b_1 \\ b_2 \end{pmatrix}$ ersetzt wird.

In der Regel haben Gleichungssysteme aber etwas mehr als nur zwei Unbekannte, weshalb man sich Determinanten auch für $n \times n$-Matrizen wünscht. Konsequenterweise sollte man mit ihnen auch lineare Gleichungssysteme

$$a_{11}x_1 + a_{12}x_2 + \cdots + a_{1n}x_n = b_1$$
$$a_{21}x_1 + a_{22}x_2 + \cdots + a_{2n}x_n = b_2$$
$$\vdots$$
$$a_{n1}x_1 + a_{n2}x_2 + \cdots + a_{nn}x_n = b_n$$

lösen können, und die Lösungsformel sollte die Form

$$x_1 = \frac{\det \begin{pmatrix} b_1 & a_{12} & \cdots & a_{1n} \\ b_2 & a_{22} & \cdots & a_{2n} \\ \vdots & \vdots & & \vdots \\ b_n & a_{n2} & \cdots & a_{nn} \end{pmatrix}}{\det A}, \ldots, x_n = \frac{\det \begin{pmatrix} a_{11} & a_{12} & \cdots & b_1 \\ a_{21} & a_{22} & \cdots & b_2 \\ \vdots & \vdots & & \vdots \\ a_{n1} & a_{n2} & \cdots & b_n \end{pmatrix}}{\det A}$$

haben, wobei A die Koeffizientenmatrix des Gleichungssystems ist. Diese Formel nennt man die *Cramersche Regel*. Sie besagt, dass man ein lineares Gleichungssystem mit n Gleichungen und n Unbekannten lösen kann, indem man für jede Unbekannte zwei Determinanten dividiert. Im Nenner steht immer die Determinante der Koeffizientenmatrix A, und im Zähler von x_j ersetzen Sie die j-te Spalte durch die rechte Seite $\begin{pmatrix} b_1 \\ \vdots \\ b_n \end{pmatrix}$.

Über all diesen Ankündigungen sollten Sie nicht vergessen, dass wir in 12.4.1 nur Determinanten für 2×2-Matrizen betrachtet haben, alles andere ist bisher Spekulation. Ich will deshalb jetzt Determinanten für quadratische Matrizen beliebiger Größe definieren. Die Definition ist etwas aufwendig und verwendet eine *Rekursion*, und ich werde erst einmal erklären, was man unter einer Rekursion versteht.

Rekursionen haben eine gewisse Ähnlichkeit mit der Verpackung von Geschenken, vorausgesetzt der Schenkende hat einen leicht seltsamen Humor. Stellen Sie sich zum Beispiel vor, man schenkt Ihnen überraschenderweise einen Ring. Nun soll es ja eine echte Überraschung sein, weshalb sich der Verpacker etwas Besonderes ausgedacht hat: die Schachtel, in der sich Ihr Geschenk befindet, hat nämlich die Größe einer Schuhschachtel, und kein Mensch käme auf die Idee, dass sie einen Ring verbirgt. Wenn Sie die Schachtel öffnen, werden Sie auch keinen Ring sehen, sondern nur drei weitere mittelgroße Schachteln, die Sie natürlich auch öffnen müssen. Sie können also noch nicht mit Recht behaupten, Sie hätten die große Schachtel ausgepackt, solange Sie nicht den Inhalt der drei mittelgroßen Schachteln erkundet haben. Mit anderen Worten: das Auspacken einer großen Schachtel wurde *zurückgeführt* auf das Auspacken von drei mittelgroßen Schachteln, und weil das passende Fremdwort für diesen Vorgang *Rekursion* heißt, würde man hier von rekursivem Auspacken sprechen. Wie weit die Rekursion geht, hängt von der Geduld des Verpackers ab. Vielleicht finden Sie in jeder der drei mittelgroßen Schachteln noch jeweils drei kleine Schachteln, die geöffnet werden wollen, so dass das Auspacken der großen Schachtel auf das Auspacken von drei mittelgroßen Schachteln zurückgeführt wurde und dieses wieder auf das Auspacken von jeweils drei kleinen.

Sie sehen wohl, worauf es ankommt. Bei einer Rekursion hat man eine größere Sache vor, die nicht auf einen Schlag zu erledigen ist. Man löst dieses Problem, indem man die Aufgabe in Teilaufgaben von etwas kleineren Ausmaßen zerlegt, die aber unter Umständen immer noch zu groß sind, so dass auch sie wieder auf noch kleinere Teilaufgaben zurückgeführt werden müssen. Dieses Spiel betreibt man so lange, bis die ganze Arbeit getan ist. Im Beispiel Ihres Ringes heißt das, Sie müssen die immer kleiner werdenden Schachteln auspacken, bis Sie auf den Ring stoßen, und bei Determinanten reduziert man so lange die Größe der Matrix, bis sie übersichtlich genug geworden ist. Ich muss daher einen Weg finden, aus einer großen Matrix mehrere kleine Matrizen zu machen. Die einfachste Methode ist die Streichung einer Zeile und einer Spalte.

12.4.2 Definition Es seien $A \in \mathbb{R}^{n \times n}$ eine Matrix und i, j Nummern zwischen 1 und n. Mit

$$A_{ij} \in \mathbb{R}^{(n-1) \times (n-1)}$$

bezeichnet man die Matrix mit $n - 1$ Zeilen und $n - 1$ Spalten, die man durch Streichen der i-ten Zeile und der j-ten Spalte von A erhält.

Ich werde Ihnen gleich zeigen, was man mit diesen neuen Matrizen anfängt. Zunächst aber Beispiele.

12.4.3 Beispiele Ich setze

$$A = \begin{pmatrix} 1 & 2 & 3 \\ 4 & 5 & 6 \\ 7 & 8 & 9 \end{pmatrix}.$$

Dann entsteht die kleinere Matrix A_{11} durch die Streichung der ersten Zeile und der ersten Spalte von A, und das heißt:

$$A_{11} = \begin{pmatrix} 5 & 6 \\ 8 & 9 \end{pmatrix}.$$

Entsprechend müssen Sie zur Bestimmung von A_{23} die zweite Zeile und die dritte Spalte von A entfernen. Das ergibt:

$$A_{23} = \begin{pmatrix} 1 & 2 \\ 7 & 8 \end{pmatrix}.$$

Aus den Determinanten der kleineren Matrizen will ich jetzt die Determinante der großen Matrix A aufbauen. Zunächst wähle ich mir eine beliebige Spalte aus, sagen wir $j = 1$. Es ist nicht zu erwarten, dass eine einzige Untermatrix A_{i1} ausreichen wird, wir müssen uns wohl oder übel alle ansehen. Ein brauchbarer Kandidat für det A wäre also

$$\det A_{11} + \det A_{21} + \cdots + \det A_{n1} = \sum_{i=1}^{n} \det A_{i1}.$$

Das kann aber nicht sein, denn auf diese Weise gehen alle Informationen, die in der gestrichenen ersten Spalte von A zu Hause waren, unwiederbringlich verloren. In keiner der kleinen Untermatrizen A_{i1} taucht auch nur ein Element dieser Spalte auf, und man wird die Determinante nicht ausrechnen können, ohne alle Einträge von A zu berücksichtigen.

Am einfachsten ist es, wir spendieren jeder Teilmatrix A_{i1} den Eintrag, der die gleiche Nummerierung besitzt, also a_{i1}. Da i von 1 bis n wandert, werden damit alle Elemente $a_{11}, \ldots, a_{n1}$ aus der ersten Spalte berücksichtigt, und unser neuer Kandidat heißt

$$a_{11} \det A_{11} + a_{21} \det A_{21} + \cdots + a_{n1} \det A_{n1} = \sum_{i=1}^{n} a_{i1} \det A_{i1}.$$

Das wäre schon ganz gut, aber es reicht noch nicht. In 12.4.1 haben Sie gesehen, dass bei den 2×2-Determinanten die Vorzeichen der Summanden wechseln: auf $a_{11}a_{22}$ folgt $-a_{12}a_{21}$. Diesen Vorzeichenwechsel sollte ich noch in die allgemeine Determinantenformel einbauen, und ich erhalte:

$$a_{11} \det A_{11} - a_{21} \det A_{21} \pm \cdots + (-1)^{n+1} a_{n1} \det A_{n1} = \sum_{i=1}^{n} (-1)^{i+1} a_{i1} \det A_{i1}.$$

Besonders schön ist das nicht, aber Charles Laughton war auch nicht schön und trotzdem erfolgreich. Es lässt sich nun einmal nicht leugnen, dass mit dieser Formel eine sinnvolle Kennzahl für Matrizen gefunden ist, mit der auch die Cramersche Regel für lineare Gleichungssysteme gilt. Ich muss nur noch eine kleine Ergänzung machen: im allgemeinen wird man sich nicht auf die erste Spalte festlegen, sondern irgendeine Spalte mit der Nummer j heranziehen. Das führt dann zu der folgenden Definition.

12.4.4 Definition Man definiert Determinanten rekursiv auf die folgende Weise.

(i)   Für $n = 1$ ist

$$\det(a_{11}) = a_{11}.$$

(ii) Für $n = 2$ ist

$$\det \begin{pmatrix} a_{11} & a_{12} \\ a_{21} & a_{22} \end{pmatrix} = a_{11}a_{22} - a_{12}a_{21}.$$

(iii) Ist die Determinante für $(n-1) \times (n-1)$-Matrizen definiert und ist $A \in \mathbb{R}^{n \times n}$, so setzt man bei beliebigem $j \in \{1, \ldots, n\}$:

$$\det A = (-1)^{1+j} a_{1j} \det A_{1j} + (-1)^{2+j} a_{2j} \det A_{2j} + \cdots + (-1)^{n+j} a_{nj} \det A_{nj}$$

$$= \sum_{i=1}^{n} (-1)^{i+j} a_{ij} \det A_{ij}.$$

Man nennt diese Formel die *Entwicklung nach der j-ten Spalte*.

Was machen Sie also, wenn Sie vor der Aufgabe stehen, die Determinante einer 3×3-Matrix auszurechnen? Sie wissen aus 12.4.4 (ii), wie man *zwei* reihige Determinanten bestimmt, und aus 12.4.4 (iii) können Sie ablesen, wie man eine dreireihige Determinante auf drei zweireihige zurückführt. Sie wählen sich dazu eine beliebige Spalte mit der Nummer j, bilden die Matrizen A_{1j}, A_{2j}, A_{3j} und setzen ihre Determinanten in die Formel aus 12.4.4 (iii) ein. Ich zeige Ihnen dieses Verfahren an drei Beispielen.

12.4.5 Beispiele

(i)   Gesucht ist det A mit

$$A = \begin{pmatrix} 1 & 0 & -1 \\ 3 & 1 & -3 \\ 1 & 2 & -2 \end{pmatrix}.$$

Ich darf mir eine Spalte nach freier Wahl aussuchen und entscheide mich für die erste. Es gilt also $j = 1$. Dann muss ich drei Untermatrizen bilden, nämlich:

$$A_{11} = \begin{pmatrix} 1 & -3 \\ 2 & -2 \end{pmatrix}, A_{21} = \begin{pmatrix} 0 & -1 \\ 2 & -2 \end{pmatrix} \text{ und } A_{31} = \begin{pmatrix} 0 & -1 \\ 1 & -3 \end{pmatrix}.$$

Die Formel für die Determinante von A lautet somit:

$$\det A = a_{11} \cdot \det A_{11} - a_{21} \cdot \det A_{21} + a_{31} \cdot \det A_{31}$$

$$= 1 \cdot \det \begin{pmatrix} 1 & -3 \\ 2 & -2 \end{pmatrix} - 3 \cdot \det \begin{pmatrix} 0 & -1 \\ 2 & -2 \end{pmatrix} + 1 \cdot \det \begin{pmatrix} 0 & -1 \\ 1 & -3 \end{pmatrix}$$

$$= 1 \cdot (1 \cdot (-2) - (-3) \cdot 2) - 3 \cdot (0 \cdot (-2) - (-1) \cdot 2)$$

$$+ 1 \cdot (0 \cdot (-3) - (-1) \cdot 1)$$

$$= 4 - 6 + 1 = -1.$$

A hat also die Determinante det $A = -1$.

(ii)   Niemand kann uns zwingen, uns für die erste Spalte zu entscheiden, schließlich gibt es noch zwei weitere. Versuchen wir unser Glück mit $j = 2$. Die Untermatrizen lauten:

$$A_{12} = \begin{pmatrix} 3 & -3 \\ 1 & -2 \end{pmatrix}, A_{22} = \begin{pmatrix} 1 & -1 \\ 1 & -2 \end{pmatrix} \text{ und } A_{32} = \begin{pmatrix} 1 & -1 \\ 3 & -3 \end{pmatrix}.$$

Die Formel zur Berechnung von det A hat sich leicht verändert. Es gilt:

$$\det A = -a_{12} \cdot \det A_{12} + a_{22} \cdot \det A_{22} - a_{32} \cdot \det A_{32}$$

$$= -0 \cdot \det \begin{pmatrix} 3 & -3 \\ 1 & -2 \end{pmatrix} + 1 \cdot \det \begin{pmatrix} 1 & -1 \\ 1 & -2 \end{pmatrix} - 2 \cdot \det \begin{pmatrix} 1 & -1 \\ 3 & -3 \end{pmatrix}$$

$$= 0 + 1 \cdot (1 \cdot (-2) - (-1) \cdot 1) - 2 \cdot (1 \cdot (-3) - (-1) \cdot 3)$$

$$= -1 - 0 = -1.$$

Es spielt also tatsächlich keine Rolle, welche Spalte Sie auswählen, das Ergebnis ist immer das gleiche. Sie müssen nur konsequent eine Spalte und dann der Reihe nach jede Zeile streichen und die einzelnen Unterdeterminanten ausrechnen.

(iii) Natürlich geht das auch bei Matrizen mit mehr als drei Zeilen und Spalten. Wir sehen uns eine 4×4-Matrix an. Es sei also

$$B = \begin{pmatrix} 1 & 17 & 20 & 23 \\ 0 & 1 & 0 & -1 \\ 0 & 3 & 1 & -3 \\ 0 & 1 & 2 & -2 \end{pmatrix}.$$

Sie sind wie gesagt völlig frei in der Auswahl der Spalte, die Sie streichen wollen, aber das heißt nicht, dass man keine sinnvolle Wahl treffen kann. In der Determinantenformel multiplizieren Sie jede Unterdeterminante mit einem Element der gestrichenen Spalte, und deshalb sind solche Spalten besonders günstig, die möglichst viele Nullen enthalten: das Multiplizieren mit Null macht keine Arbeit. Ich wähle mir daher die erste Spalte aus und setze $j = 1$. Dann ist

$$\det B = 1 \cdot \det \begin{pmatrix} 1 & 0 & -1 \\ 3 & 1 & -3 \\ 1 & 2 & -2 \end{pmatrix} - 0 + 0 - 0 = -1,$$

denn übrig geblieben ist nur die aus der Nummer (i) bekannte Matrix A, deren Determinante -1 wir bereits ausgerechnet haben.

Ich sollte erwähnen, dass diese neue Methode zur Berechnung von Determinanten nicht mit dem alten Sarrus-Schema aus 2.4.12 in Konflikt gerät. Im Gegenteil: ob Sie mit Sarrus rechnen oder nach irgendeiner Spalte entwickeln, am Ergebnis ändert das gar nichts. Das sollte aber kein Anlass zu übertriebenen Hoffnungen sein. Es ist ein altes und schwer aus der Welt zu schaffendes Vorurteil, dass man Determinanten von Matrizen beliebiger Größe mit einem Sarrus-ähnlichen Schema ausrechnen kann. Die Idee wäre auch sehr praktisch, man bräuchte nur die ersten $n - 1$ Spalten der Matrix noch einmal rechts neben A zu schreiben und anschließend auf Sarrussche Manier die Diagonalen zu multiplizieren. Sie können das auch gerne machen und haben auf diese Weise sicher irgendetwas ausgerechnet, aber mit Sicherheit *keine Determinante*. Die Regel von Sarrus ist nur auf Matrizen mit drei Zeilen und drei Spalten anwendbar, bei größeren Matrizen liefert sie falsche Ergebnisse und muss durch die Rekursionsformel aus 12.4.4 ersetzt werden.

Unter uns gesagt, liefert sie aber doch einen wesentlichen Hinweis, der auch für Matrizen beliebiger Größe hilfreich ist. In 2.5.11 haben Sie nämlich gesehen, dass man, was die Determinante betrifft, die Rolle von Zeilen und Spalten vertauschen kann, und das gilt auch für größere Matrizen. Sie können also nicht nur eine Spalte streichen und danach alle Zeilen, sondern auch eine Zeile und danach alle Spalten. Das Ergebnis wird das gleiche sein wie vorher.

12.4.6 Satz   Es sei $A \in \mathbb{R}^{n \times n}$ und i eine beliebige Nummer zwischen 1 und n. Dann ist

$$\det A = (-1)^{i+1} a_{i1} \det A_{i1} + (-1)^{i+2} a_{i2} \det A_{i2} + \cdots + (-1)^{i+n} a_{in} \det A_{in}$$

$$= \sum_{j=1}^{n} (-1)^{i+j} a_{ij} \det A_{ij}.$$

Diese Formel sieht auch nicht viel anders aus als die in 12.4.4, der Unterschied besteht nur darin, dass man jetzt die Zeilennummer konstant lässt und der Reihe nach alle Spalten streicht, während vorher die Spalte festgelegt und danach eine Zeile nach der anderen gestrichen wurde. In Analogie zu 12.4.4 nennt man die neue Formel *Entwicklung nach der i-ten Zeile*. Ich werde sie sofort an einem Beispiel verdeutlichen.

12.4.7 Beispiel   Wieder einmal sei

$$A = \begin{pmatrix} 1 & 0 & -1 \\ 3 & 1 & -3 \\ 1 & 2 & -2 \end{pmatrix}.$$

Ich berechne die Determinante von A durch eine Entwicklung nach der ersten Zeile. Dann ist

$$\det A = 1 \cdot \det \begin{pmatrix} 1 & -3 \\ 2 & -2 \end{pmatrix} - 0 \cdot \det \begin{pmatrix} 3 & -3 \\ 1 & -2 \end{pmatrix} + (-1) \cdot \det \begin{pmatrix} 3 & 1 \\ 1 & 2 \end{pmatrix}$$

$$= 1 \cdot (1 \cdot (-2) - (-3) \cdot 2) - 0 + (-1) \cdot (3 \cdot 2 - 1 \cdot 1)$$

$$= 4 - 0 - 5 = -1.$$

Das Beispiel bestätigt den Satz. Es ist der Determinante schlicht egal, ob Sie nach einer Zeile oder nach einer Spalte entwickeln, und sie kümmert sich auch nicht darum, welche

Zeile oder Spalte Sie sich zum Streichen aussuchen. Die Zeilen oder Spalten mögen wechseln, aber die Determinante bleibt immer dieselbe.

Am Anfang des Abschnitts habe ich die Cramersche Regel zur Lösung linearer Gleichungssysteme angekündigt. Auch wenn der folgende Satz im Grunde nichts anderes aussagt als die Bemerkung 12.4.1, sollte ich ihn doch als eigenen Satz formulieren.

12.4.8 Satz Es sei $A = (a_{ij})_{\substack{i=1,\dots,n \\ j=1,\dots,n}} \in \mathbb{R}^{n \times n}$ eine Matrix mit $\det A \neq 0$. Weiterhin sei $Ax = b$ ein lineares Gleichungssystem mit der rechten Seite $b \in \mathbb{R}^n$. Dann ist das Gleichungssystem eindeutig lösbar und es gilt:

$$
x_1 = \frac{\det \begin{pmatrix} b_1 & a_{12} & \cdots & a_{1n} \\ b_2 & a_{22} & \cdots & a_{2n} \\ \vdots & \vdots & & \vdots \\ b_n & a_{n2} & \cdots & a_{nn} \end{pmatrix}}{\det A}, \dots, x_n = \frac{\det \begin{pmatrix} a_{11} & a_{12} & \cdots & b_1 \\ a_{21} & a_{22} & \cdots & b_2 \\ \vdots & \vdots & & \vdots \\ a_{n1} & a_{n2} & \cdots & b_n \end{pmatrix}}{\det A}.
$$

Man nennt diese Lösungsformel *Cramersche Regel*.

Vielleicht fragen Sie sich jetzt, warum ich Sie eigentlich mit dem Gauß-Algorithmus geplagt habe, obwohl mit der Cramerschen Regel ein so einfaches und elegantes Instrument zur Lösung linearer Gleichungssysteme vorliegt. Nichts könnte doch einfacher sein, als im Nenner von x_j die Determinante von A auszurechnen und im Zähler die j-te Spalte von A durch die rechte Seite zu ersetzen. Die Antwort ist einfach: die Cramersche Regel ist zwar korrekt und macht einen suggestiven Eindruck, aber für praktische Zwecke ist sie keinen Schuss Pulver wert. Das sieht man ganz schnell, wenn man sich überlegt, welcher Aufwand zur Berechnung einer etwas größeren Determinante getrieben werden muss. Nehmen wir zum Beispiel $n = 10$. Nach der Rekursionsformel 12.4.4 (iii) führen Sie eine 10×10-Determinante zurück auf zehn 9×9-Determinanten, haben also in jedem Fall zehn Multiplikationen durchzuführen. Das ist noch lange nicht alles, denn jede dieser zehn 9×9-Determinanten wird auf neun 8×8-Determinanten zurückgeführt, und nach 12.4.4 (iii) wird deshalb für jede 9×9-Determinante wenigstens neunmal multipliziert. Da es davon zehn Exemplare gibt, sind wir schon bei $10 \cdot 9$ Multiplikationen angelangt. Wie es weitergeht, können Sie sich denken. Bei der Reduzierung einer 8×8-Determinante fallen weitere acht Multiplikationen an, so dass wir uns auf $10 \cdot 9 \cdot 8$ steigern. Dieses Spiel hört erst auf, wenn wir ganz unten angelangt sind, und deswegen beträgt der Rechenaufwand für eine einzige 10×10-Determinante immerhin

$$
10 \cdot 9 \cdots 3 \cdot 2 = 10! = 3.628.800
$$

Multiplikationen. Das allein finde ich schon überzeugend genug, aber für die Cramersche Regel brauchen wir ja insgesamt elf 10×10-Determinanten, zehn für die Zähler und eine für die Nenner. Das führt zu einem Aufwand von

$$11! = 39.916.800$$

Multiplikationen. Es scheint mir ein wenig übertrieben zu sein, zur Lösung eines Gleichungssystems mit zehn Unbekannten annähernd 40 Millionen Multiplikationen durchzuführen, nur weil der Gauß-Algorithmus etwas unübersichtlich aussieht. Sie sehen also, dass die Cramersche Regel mehr von theoretischem als von praktischem Wert ist.

Immerhin kann man mit Hilfe von Determinanten zumindest im Prinzip feststellen, ob eine Matrix invertierbar ist oder nicht. Es war im letzten Abschnitt etwas unschön, dass wir kein leicht zu formulierendes Kriterium für die Invertierbarkeit einer Matrix auftreiben konnten, und ich musste Sie auf diesen Abschnitt vertrösten. Allerdings brauche ich noch zwei vorbereitende Überlegungen.

12.4.9 Satz Für zwei Matrizen $A, B \in \mathbb{R}^{n \times n}$ gilt:

$$\det(A \cdot B) = \det A \cdot \det B.$$

Ich finde diesen Satz immer wieder erstaunlich. Die Matrizenmultiplikation ist eine recht komplizierte Operation, und die Bestimmung einer Determinante ist auch nicht gerade einfach. Trotzdem vertragen sich diese beiden Operationen so gut, wie man es sich nur wünschen kann. Es macht keinen Unterschied, ob Sie erst die Matrizen multiplizieren und dann die Determinante ausrechnen, oder ob Sie erst beide Determinanten bestimmen und zum Schluss die Zahlen multiplizieren. Der Beweis ist übrigens nicht einfach, und ich beschränke mich darauf, den Satz an einem Beispiel zu illustrieren.

12.4.10 Beispiel Es sei

$$A = \begin{pmatrix} 1 & 2 \\ 3 & 4 \end{pmatrix} \text{ und } B = \begin{pmatrix} 5 & 6 \\ 7 & 8 \end{pmatrix}.$$

Dann ist

$$A \cdot B = \begin{pmatrix} 19 & 22 \\ 43 & 50 \end{pmatrix},$$

und deshalb

$$\det(A \cdot B) = 19 \cdot 50 - 22 \cdot 43 = 4.$$

Weiterhin ist

$$\det A = 1 \cdot 4 - 2 \cdot 3 = -2 \text{ und } \det B = 5 \cdot 8 - 6 \cdot 7 = -2,$$

also $\det(A \cdot B) = 4 = \det A \cdot \det B$.

Satz 12.4.9 wird gleich eine Rolle spielen, wenn es darum geht, mit invertierbaren Matrizen zu hantieren. Auch die nächste Bemerkung zielt in diese Richtung: invertierbare Matrizen haben etwas mit der Einheitsmatrix zu tun, und deswegen kann es nicht schaden, die Determinante der Einheitsmatrix zu kennen. Wenn ich schon dabei bin, untersuche ich gleich ein allgemeineres Problem und berechne die Determinante einer *Dreiecksmatrix*.

12.4.11 Bemerkung Es sei

$$A = \begin{pmatrix} a_{11} & a_{12} & \cdots & a_{1n} \\ 0 & a_{22} & \cdots & a_{2n} \\ \vdots & \ddots & \ddots & \vdots \\ 0 & \cdots & 0 & a_{nn} \end{pmatrix} \text{ oder } A = \begin{pmatrix} a_{11} & 0 & \cdots & 0 \\ a_{21} & a_{22} & \ddots & \vdots \\ \vdots & & \ddots & 0 \\ a_{n1} & a_{n2} & \cdots & a_{nn} \end{pmatrix}$$

eine obere oder untere Dreiecksmatrix, in der unterhalb bzw. oberhalb der Diagonale nur Nullen stehen. Dann ist

$$\det A = a_{11} \cdot a_{22} \cdots a_{nn},$$

das heißt, die Determinante ist das Produkt der Diagonalenelemente.

Beweis Ich betrachte den Fall einer oberen Dreiecksmatrix. Vorhin habe ich Ihnen erzählt, dass man sich beim Entwickeln eine Spalte aussuchen sollte, in der möglichst viele Nullen stehen, und zum Glück steht uns so eine Spalte zur Verfügung. Gleich in der ersten Spalte stehen nämlich $n - 1$ Nullen, und nur der allererste Eintrag a_{11} hat eine Chance, von Null verschieden zu sein. Nach der Entwicklungsformel muss ich also die erste Zeile und die erste Spalte von A streichen und erhalte

$$\det A = a_{11} \cdot \det \begin{pmatrix} a_{22} & a_{23} & \cdots & a_{2n} \\ 0 & a_{33} & \cdots & a_{3n} \\ \vdots & \ddots & \ddots & \vdots \\ 0 & \cdots & 0 & a_{nn} \end{pmatrix},$$

wobei diese Matrix nur noch $n - 1$ Zeilen und Spalten hat. Die neue Matrix ist aber genauso aufgebaut wie die alte Matrix A, ist also der gleichen Bearbeitung zugänglich. Daraus folgt:

$$\det A = a_{11} \cdot a_{22} \cdot \det \begin{pmatrix} a_{33} & a_{34} & \cdots & a_{3n} \\ 0 & a_{44} & \cdots & a_{4n} \\ \vdots & \ddots & \ddots & \vdots \\ 0 & \cdots & 0 & a_{nn} \end{pmatrix},$$

und wieder ist die Matrix ein Stück kleiner geworden. Wenn Sie das nun konsequent bis zum Schluss durchführen, dann erhalten Sie die gesuchte Gleichung

$$\det A = a_{11} \cdot a_{22} \cdots a_{nn}. \qquad \triangle$$

Natürlich ist die Einheitsmatrix eine ganz besonders schöne Dreiecksmatrix, die in der Diagonalen nur Einsen enthält und deshalb die Gleichung

$$\det I_n = 1$$

erfüllt. Ich werde das gleich benutzen, um eine Formel für die Determinante der inversen Matrix herzuleiten.

12.4.12 Satz Eine Matrix $A \in \mathbb{R}^{n \times n}$ ist genau dann invertierbar, wenn $\det A \neq 0$ gilt. In diesem Fall ist

$$\det A^{-1} = \frac{1}{\det A}.$$

Beweis Die Matrix A ist invertierbar, falls es eine Matrix A^{-1} mit der Eigenschaft $A \cdot A^{-1} = I_n$ gibt. Mittlerweile kennen Sie aber die Determinante der Einheitsmatrix, und Sie wissen auch Bescheid über die Determinante eines Matrizenprodukts. Wir nutzen Ihre Kenntnisse aus und finden:

$$1 = \det I_n = \det(A \cdot A^{-1}) = \det A \cdot \det A^{-1}.$$

Die Determinante von A^{-1} muss also von Null verschieden sein, weil ansonsten die Multiplikation mit $\det A$ niemals Eins, sondern immer nur Null ergeben könnte. Außerdem kann man die Gleichung natürlich nach $\det A^{-1}$ auflösen und erhält

$$\det A^{-1} = \frac{1}{\det A}.$$

Genau genommen bin ich noch nicht fertig und müsste eigentlich noch nachweisen, dass aus $\det A \neq 0$ auch die Invertierbarkeit von A folgt. Das ist aber etwas aufwendiger und mit Ihrer Erlaubnis verzichte ich darauf.   △

Dieser Satz eignet sich ganz hervorragend als Grundlage für hinterhältige Klausuraufgaben. Gelegentlich gebe ich nämlich in Klausuren eine drei- oder vierreihige Matrix vor und stelle die Aufgabe, die Invertierbarkeit dieser Matrix nachzuweisen und die Determinante von A^{-1} zu berechnen. Lesen Sie solche Aufgaben genau. Ich verlange dabei *nicht* von Ihnen, die inverse Matrix A^{-1} auszurechnen, sondern nur den Nachweis ihrer Existenz. Dafür reicht es aber, wenn Sie die Determinante von A bestimmen und zur Kenntnis nehmen, dass sie nicht Null wird. Es ist dann auch ganz leicht, $\det A^{-1}$ ans Licht der Welt zu locken, denn es gilt $\det A^{-1} = \frac{1}{\det A}$, und $\det A$ haben Sie ohnehin schon berechnet. Sollten Sie also an eine Aufgabe mit inversen Matrizen geraten, sehen Sie erst einmal genau nach, ob Sie wirklich A^{-1} berechnen müssen oder eine kleine Determinante auch schon ausreicht.

Falls sich das Invertieren allerdings nicht vermeiden lässt und die Matrix nicht zu groß ist, können Determinanten auch hilfreich sein. Tatsächlich gibt es eine explizite Formel für die inverse Matrix A^{-1}, die nur den kleinen Nachteil hat, dass in ihr haufenweise Determinanten vorkommen.

12.4.13 Satz Es sei $A \in \mathbb{R}^{n \times n}$ eine invertierbare Matrix, also $\det A \neq 0$. Setzt man

$$b_{ij} = \frac{1}{\det A} \cdot (-1)^{i+j} \det A_{ji},$$

dann ist

$$A^{-1} = \begin{pmatrix} b_{11} & b_{12} & \cdots & b_{1n} \\ b_{21} & b_{22} & \cdots & b_{2n} \\ \vdots & \vdots & & \vdots \\ b_{n1} & b_{n2} & \cdots & b_{nn} \end{pmatrix}.$$

Dabei entsteht die Matrix A_{ji} aus A durch Streichen der j-ten Zeile und der i-ten Spalte.

Ich halte diesen Satz für nicht sehr wichtig, denn schon für dreireihige Matrizen müsste man neun Determinanten ausrechnen, und bei zehnreihigen wären es sogar einhundert. Wenn Sie dazu noch berücksichtigen, was ich im Anschluss an die Cramersche Regel über den Rechenaufwand beim Bestimmen der Determinante gesagt habe, sehen Sie sehr schnell die geringe praktische Bedeutung eines mit Determinanten überladenen Satzes. Eine Ausnahme ist allerdings der Fall $n = 2$, da hier die Größe $\det A_{ji}$ leicht und ohne jede Rechnung gefunden werden kann.

12.4.14 Bemerkung Es sei $A = \begin{pmatrix} a & b \\ c & d \end{pmatrix}$ eine zweireihige Matrix. Dann ist $\det A = ad - bc$, und nach Satz 12.4.12 ist A genau dann invertierbar, wenn $ad - bc \neq 0$ gilt. Wir wissen noch mehr, denn 12.4.13 gibt Auskunft über die Matrix A^{-1} selbst; ich muss nur die Untermatrizen A_{ji} bestimmen. Da A selbst aber nur zwei Zeilen und zwei Spalten hat, bleibt für A_{ji} noch eine Zeile und eine Spalte übrig, und das heißt, A_{ji} besteht nur aus einem Element. In der Terminologie von 12.4.13 ist dann

$$b_{11} = \frac{1}{\det A} \cdot \det A_{11} = \frac{1}{ad - bc} \cdot \det(d) = \frac{1}{ad - bc} \cdot d.$$

Auf die gleiche Weise erhalten Sie:

$$b_{12} = \frac{1}{ad - bc} \cdot (-b),$$

$$b_{21} = \frac{1}{ad - bc} \cdot (-c),$$

$$b_{22} = \frac{1}{ad - bc} \cdot a.$$

Folglich hat die inverse Matrix die Gestalt

$$A^{-1} = \frac{1}{ad - bc} \cdot \begin{pmatrix} d & -b \\ -c & a \end{pmatrix}.$$

Man kann also die inverse Matrix einer zweireihigen Matrix direkt angeben, ohne den Gauß-Algorithmus benutzen zu müssen.

Diese Formel ist so angenehm, dass ich Ihnen noch ein kleines Beispiel zeigen möchte.

12.4.15 Beispiel Es sei

$$A = \begin{pmatrix} 1 & 3 \\ -2 & 5 \end{pmatrix}.$$

Die Determinante von A beträgt

$$\det A = 1 \cdot 5 - 3 \cdot (-2) = 11 \neq 0,$$

also ist A invertierbar. Nach 12.4.14 lässt sich die inverse Matrix A^{-1} ohne weitere Umstände angeben. Es gilt:

$$A^{-1} = \frac{1}{11} \begin{pmatrix} 5 & -3 \\ 2 & 1 \end{pmatrix}.$$

Das gesamte Material über Matrizen und Determinanten, das ich in den nächsten beiden Kapiteln brauche, steht jetzt bereit. Es ist also Zeit, das laufende Kapitel abzuschließen und zu einem anderen Thema überzugehen: der mehrdimensionalen Differentialrechnung. Dort wird Ihnen vieles von dem, was Sie in diesem Kapitel gelernt haben, wiederbegegnen.

Mehrdimensionale Differentialrechnung

Sicher haben Sie schon hin und wieder Coca Cola getrunken, und manche Leute sollen sich sogar im wesentlichen von Cola und Kartoffelchips ernähren. Mittlerweile gibt es nicht nur das klassische Coca Cola, sondern eine Vielzahl von Abwandlungen, von den verschiedensten Firmen hergestellt und recht unterschiedlich in Preis und Geschmack. Das eigentlich Erstaunliche dabei ist, dass das genaue Rezept der klassischen Version bis heute ein von den Herstellern eifersüchtig gehütetes Geheimnis ist; niemand außer einer kleinen Zahl von Eingeweihten kennt die genaue Zusammensetzung und die korrekte Vorgehensweise.

Nun haben wir es ja mit einem kommerziellen Produkt zu tun, und das Ziel jedes Unternehmens besteht darin, Gewinn zu machen, auch wenn die Unternehmensleiter mit Vorliebe so tun, als wären sie Wohltäter der Menschheit und wüssten gar nicht, wie man „Gewinn" buchstabiert. Sie können, grob gesprochen, den Gewinn bestimmen, indem Sie die Kosten vom Umsatz abziehen, und deshalb muss man erst einmal die Kosten der Produktion berechnen und möglichst niedrig halten. Da wir das Cola-Rezept nicht kennen, brauchen wir uns nicht auf Einzelheiten der Herstellung einzulassen und können uns mit der Feststellung begnügen, dass es n Produktionsfaktoren gibt und zur Produktion einer bestimmten Menge Cola x_i Einheiten des i-ten Faktors gebraucht werden. Die Herstellungskosten K stellen also eine Funktion mit n Variablen dar, was man üblicherweise durch die Formel

$$K = f(x_1, \ldots, x_n)$$

ausdrückt.

Wenn wir nun wüssten, wie man die Extremwerte einer Funktion mit mehr als einer Variablen ausrechnet, dann könnten wir auch die Inputs $x_1, \ldots, x_n$ so festlegen, dass die Kostenfunktion minimiert wird. Das ist aber ein wenig voreilig, denn bisher haben wir eine Kleinigkeit übersehen: die Kunden sollen nämlich überleben, und daher sind uns bei der Herstellung gewisse Restriktionen vorgegeben. Beispielsweise würden Sie eine Frikadelle, deren Fleischanteil bei 0 Prozent liegt, während ihr Brötchenanteil sich verdächtig nahe

© Springer-Verlag GmbH Deutschland 2017
T. Rießinger, *Mathematik für Ingenieure*, DOI 10.1007/978-3-662-54807-3_13

bei 100 Prozent bewegt, zwar nicht als lebensgefährlich, aber doch als ärgerlich bezeichnen, und wer weiß schon, was in Cola alles herumschwimmt. Wir können also die Input-Variablen nicht ohne jede Restriktion ausschließlich nach Kostengesichtspunkten wählen, sondern müssen darauf achten, dass sie sich innerhalb bestimmter Grenzen bewegen. Damit ist die Aufgabenstellung auch schon fast vollständig beschrieben: ich will mich in diesem Kapitel mit Funktionen befassen, die von mehreren Variablen aus einem bestimmten Definitionsbereich abhängen, und insbesondere ihr Extremwertverhalten untersuchen. Wenn ich schon einmal dabei bin, kann ich dann auch gleich die Anzahl der Output-Variablen offen lassen und Funktionen mit n Eingaben und m Ausgaben betrachten.

Im ersten Abschnitt werden Sie sehen, dass das mehrdimensionale Leben nicht viel anders ist als das eindimensionale, man muss nur ein paar *partielle Ableitungen* ausrechnen, anstatt sich mit einer gewöhnlichen Ableitung begnügen zu können. Danach zeige ich Ihnen, was man unter totaler Differenzierbarkeit und dem totalen Differential versteht. Den oben angeschnittenen Problemen gehe ich im dritten Abschnitt nach, wo ich über Extremwertprobleme spreche. Den Abschluss bilden dann einige Bemerkungen über implizite Funktionen.

13.1   Partielle Ableitungen

Wir sollten vorsichtig anfangen und uns zunächst einmal überlegen, wie man sich Funktionen mit zwei Variablen vorstellen kann. Bei einer Funktion $f : \mathbb{R}^2 \to \mathbb{R}$ ist der Definitionsbereich zweidimensional, das heißt, jedem Punkt der Ebene wird als Ergebnis eine reelle Zahl zugeordnet. Das ist vergleichbar mit der Kuppel einer Kirche oder auch mit einem Zirkuszelt: wenn Sie sich durch die Manege bewegen, haben Sie über sich das Zeltdach und können für jeden Punkt der Manege angeben, wie hoch ein Artist klettern muss, um das Dach zu erreichen. Somit kann man das Dach als Schaubild einer Funktion mit zweidimensionalem Input und eindimensionalem Output ansehen, und umgekehrt lässt sich jede Funktion dieser Art als eine im Raum liegende Oberfläche darstellen.

13.1.1 Beispiele

(i)   Man definiere $f : \mathbb{R}^2 \to \mathbb{R}$ durch

$$f(x, y) = x + y.$$

Die Funktion f hat zwei Eingabevariablen, aber ihr Ergebnis ist die schlichte eindimensionale Zahl $x + y$. Jedem Punkt (x, y) der Ebene wird also die Zahl $x + y$ zugeordnet, und wir können deshalb f als im Raum liegende Oberfläche darstellen. Offenbar ist f eine lineare Funktion, man sollte daher annehmen, dass ihr Schaubild nicht krumm und kurvig, sondern glatt und eben ist. Bezeichnet man nun den Funktionswert mit z, so lautet die Funktionsgleichung

$$z = x + y,$$

Abb. 13.1 Schaubild von
$f(x, y) = x + y$

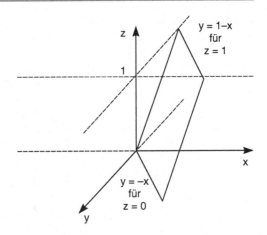

und in 2.5.8 haben Sie gesehen, dass durch so eine Gleichung eine Ebene beschrieben wird. Sie können sich auch leicht überlegen, wie diese Ebene aussieht, indem Sie ausrechnen, welche x, y-Werte zu bestimmten z-Werten führen. Beispielsweise gilt genau dann $z = 0$, wenn $x + y = 0$, also $y = -x$ gilt. Die Funktion hat daher den Wert 0 für genau solche Paare (x, y), die die Gleichung $y = -x$ erfüllen. Mit anderen Worten: genau dann bewegt sich $f(x, y)$ nicht von der Grundebene weg, wenn der Punkt (x, y) auf der Geraden $y = -x$ liegt. In Abb. 13.1 ist deshalb diese Gerade eingezeichnet, und das Schaubild von f schneidet die Grundebene in der Geraden $y = -x$.

Das reicht aber noch nicht, um ein Schaubild zu malen, wir müssen uns wenigstens noch um einen weiteren z-Wert kümmern, und es bietet sich $z = 1$ an. Natürlich gilt genau dann $f(x, y) = 1$, wenn $x + y = 1$, also $y = 1 - x$ ist. Die Funktionswerte sind also genau dann eine Längeneinheit vom Fußboden entfernt, wenn ihr Eingabepunkt (x, y) sich auf der Geraden $y = 1 - x$ befindet. Hier geht es nun nicht mehr um die Grundebene, sondern um den ersten Stock, daher muss ich auch die Gerade $y = 1 - x$ nicht in der Grundebene einzeichnen, sondern in der um eine Einheit höher liegenden Ebene $z = 1$. Das Schaubild von f schneidet also die Ebene $z = 1$ genau in der Geraden $y = 1 - x$. Sie können in Abb. 13.1 sehen, dass diese Informationen bereits ausreichen, um sich f vorzustellen. Über die Ebenenform von f waren wir uns bereits einig. Wenn wir nur positive Funktionswerte berücksichtigen, dann startet die Bildebene entlang der Geraden $y = -x$ und bewegt sich von dort aus schräg nach oben, bis sie für $z = 1$ die Gerade $y = 1 - x$ erreicht. Die Richtung der Ebene wird sich nicht mehr ändern; ein Stockwerk höher wird sie sich noch etwas weiter nach rechts verschoben haben und die Ebene $z = 2$ in der Geraden $y = 2 - x$ schneiden, und so weiter. Insgesamt erhalten wir als Schaubild also eine schräg im Raum liegende Ebene durch den Nullpunkt.

Abb. 13.2 Schaubild von
$f(x, y) = 1 - x^2 - y^2$

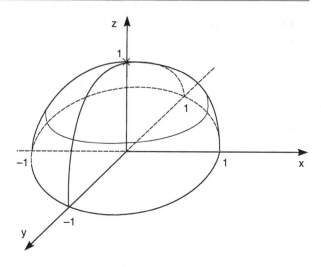

(ii) Man definiere $f : \mathbb{R}^2 \to \mathbb{R}$ durch

$$f(x, y) = 1 - x^2 - y^2.$$

Diese Funktion ist alles andere als linear und ihr Schaubild wird keine Ebene mehr
sein. Offenbar kann f nicht größer werden als 1, denn x^2 und y^2 sind immer positiv
und werden von 1 abgezogen. Der Funktionswert $z = 1$ wird also genau bei dem
Punkt $(0, 0)$ angenommen. Wie sieht es mit $z = 0$ aus? In diesem Fall ist $1 - x^2 -$
$y^2 = 0$, und das heißt $x^2 + y^2 = 1$. So etwas haben wir schon öfter gehabt, es ist
die Gleichung eines Kreises mit dem Radius 1. Deswegen hat die Funktion genau
dann den Wert $z = 0$, wenn die Punkte (x, y) auf einer Kreislinie um den Nullpunkt
mit dem Radius 1 liegen. Genauso können Sie sich für beliebiges $z \leq 1$ überlegen,
dass z genau für die Punkte (x, y) angenommen wird, die sich auf der Kreislinie
$x^2 + y^2 = 1 - z$ mit dem Radius $\sqrt{1 - z}$ befinden. So entsteht Abb. 13.2. Die
Schnittlinie des Schaubildes von f mit jeder waagrechten Ebene ist eine Kreislinie
mit dem Radius $\sqrt{1 - z}$, und das gesamte Gebilde nennt man ein *Paraboloid*.
(iii) Man definiere $g : \mathbb{R}^3 \to \mathbb{R}^2$ durch

$$g(x, y, z) = (2x^3 y + z, \sin z \cdot e^{x+y}).$$

Vielleicht fällt Ihnen etwas Vernünftiges ein, aber ich fürchte, die Funktion g lässt
sich durch nichts auf der Welt mehr graphisch darstellen. Sobald Sie Funktionen mit
mehr als zwei Inputvariablen und mehr als einer Outputvariablen vor sich haben, ist
jede anschauliche Interpretation entweder schwierig oder völlig unmöglich, und man
muss sich damit begnügen, die Funktion mit rechnerischen Mitteln zu untersuchen.

Ich sollte diese Beispiele nicht einfach so vorüberziehen lassen, ohne noch zwei Dinge
angemerkt zu haben. Erstens haben Sie eine Möglichkeit gesehen, wie man Funktionen

mit zwei Inputs und einem Output graphisch veranschaulichen kann: solche Funktionen lassen sich als Oberflächen im Raum interpretieren, und bei hinreichender Geschicklichkeit ist es durch Einzeichnen einiger markanter Schnittlinien möglich, sie im dreidimensionalen Koordinatenkreuz darzustellen. Zweitens ist Ihnen vielleicht eine kleine Inkonsequenz in der Schreibweise aufgefallen. In 13.1.1 (iii) haben wir einen dreidimensionalen Input und einen zweidimensionalen Output. Nach den Gewohnheiten aus dem zwölften Kapitel hätte ich eigentlich

$$g \begin{pmatrix} x \\ y \\ z \end{pmatrix} = \begin{pmatrix} 2x^3 y + z \\ \sin z \cdot e^{x+y} \end{pmatrix}$$

schreiben sollen, weil ich, als es um Vektoren ging, immer Spaltenvektoren verwendet habe. Es spricht auch überhaupt nichts dagegen, die Variablen in Spalten anzuordnen, aber es hat sich nun einmal eingebürgert, im Zusammenhang mit der Differentialrechnung normalerweise Zeilenvektoren wie (x, y, z) zu benutzen. Das hat nicht den geringsten inhaltlichen Grund, es ist pure Gewohnheit. Sollte Ihr Herz an den altvertrauten Spaltenvektoren hängen, dann tun Sie sich keinen Zwang an und verwenden Sie sie ungeniert.

In der Einleitung dieses Kapitels habe ich schon darauf hingewiesen, dass auch die mehrdimensionale Differentialrechnung gebraucht wird, um Extremwerte zu bestimmen. Sehen wir uns einmal am Beispiel einer bereits bekannten Funktion an, wie solche Extremstellen im Zweidimensionalen aussehen.

13.1.2 Beispiel Wir setzen wieder $f(x, y) = 1 - x^2 - y^2$. In 13.1.1 (ii) haben wir uns schon überlegt, dass $f(x, y) \leq 1$ und $f(0, 0) = 1$ gilt. Die Funktion hat daher ein Maximum im Punkt $(0, 0)$. Aus der üblichen Differentialrechnung sind Sie es gewohnt, ein Maximum oder Minimum daran zu erkennen, dass die Kurventangente die Steigung Null hat, also waagrecht liegt, und etwas Ähnliches sollte es auch hier geben. Natürlich wird eine simple tangierende Gerade nicht ausreichen; die Funktion stellt eine Oberfläche im Raum dar, die als Tangentialgebilde ganze Ebenen zulässt. Legt man nun an einen beliebigen Punkt $(x_0, y_0) \neq (0, 0)$ die tangierende Ebene, so liegt sie ziemlich schief im Raum, nur die Tangentialebene in $(0, 0)$ liegt vollkommen parallel zur x, y-Ebene, hat also auf irgendeine Weise die „Steigung" Null.

Sie sehen daran, dass wir nach einer Möglichkeit suchen müssen, Tangentialebenen zu beschreiben und ihre Steigung auszurechnen, was immer die Steigung einer Ebene auch sein mag.

Ich sage es noch einmal: eine ordentliche Funktion $f : \mathbb{R}^2 \to \mathbb{R}$ wird nicht nur von Geraden tangiert, sondern besitzt *Tangentialebenen*, und die Aufgabe der Differentialrechnung ist es, die Steigung von Tangenten zu bestimmen, seien es nun Geraden, Ebenen oder Turnschuhe (der letzte Fall ist eher unwahrscheinlich). Da wir es im Zweidimensionalen mit Ebenen zu tun haben, wiederhole ich zunächst die Gleichung der Ebene, die wir in 2.5.8 (i) gefunden haben.

13.1.3 Bemerkung Geht eine Ebene durch den Punkt (x_0, y_0, z_0), so kann man sie durch eine Gleichung der Form

$$a(x - x_0) + b(y - y_0) + c(z - z_0) = 0$$

beschreiben. Für $c \neq 0$ kann man diese Gleichung nach der Variablen z auflösen und schreiben

$$z = z_0 + \tilde{a}(x - x_0) + \tilde{b}(y - y_0).$$

Dabei ist $\tilde{a} = -\frac{a}{c}$ und $\tilde{b} = -\frac{b}{c}$.

Ein Beispiel zu dieser Darstellung können Sie in 2.5.8 (ii) nachlesen. Lassen Sie sich übrigens nicht dadurch verwirren, dass hier die Terminologie etwas anders ist als in 2.5.8. Die Rolle der damaligen Koeffizienten m_1, m_2, m_3 spielen jetzt a, b und c, und den Punkt auf der Ebene, der jetzt (x_0, y_0, z_0) heißt, habe ich seinerzeit durch den Ortsvektor $\begin{pmatrix} a_1 \\ a_2 \\ a_3 \end{pmatrix}$ beschrieben. Ich habe die Bezeichnungen nur geändert, um sie den Bedürfnissen der Differentialrechnung anzupassen.

Ich werde Sie jetzt mit einem etwas längeren Beispiel konfrontieren. Anhand der Funktion $f(x, y) = x^2 + y^2$ will ich Ihnen zeigen, wie man auf die Gleichung für die Tangentialebene kommt und die Steigung dieser Ebene berechnet.

13.1.4 Beispiel Man definiere $f : \mathbb{R}^2 \to \mathbb{R}$ durch

$$f(x, y) = x^2 + y^2.$$

Mit den Methoden aus 13.1.1 kann man f graphisch als Oberfläche im Raum darstellen und erhält ein nach oben offenes Paraboloid, das im Nullpunkt seinen Anfang findet. Nun sei (x_0, y_0) ein beliebiger Punkt in der Ebene. Das Ziel der gesamten Unternehmung besteht darin, die Gleichung der *Tangentialebene* für den Punkt (x_0, y_0) zu finden. Natürlich klebt diese Ebene direkt an der durch f beschriebenen Oberfläche, und ich muss deswegen auch den Funktionswert $z_0 = f(x_0, y_0) = x_0^2 + y_0^2$ kennen. Von der Tangentialebene kennen wir dann nach dem bisherigen Stand der Dinge nur einen einzigen Punkt: sie ist eine Ebene im Raum, die bei (x_0, y_0) an unserem Paraboloid klebt, also den Punkt (x_0, y_0, z_0) mit dem Paraboloid gemeinsam hat.

Nun erinnern Sie sich einmal an die Ebenengleichung aus 13.1.3. Was wir bis jetzt gefunden haben, ist der Ebenenpunkt (x_0, y_0, z_0), aber damit sind wir von einer vollständigen Beschreibung der Ebene noch weit entfernt. Uns fehlen noch die Größen a, b und c oder alternativ die Koffizienten $\tilde{a}$ und $\tilde{b}$, aus denen man die Steigung der Ebene ablesen kann. Die einzige uns zur Verfügung stehende Möglichkeit zum Berechnen von Steigungen ist die ganz normale eindimensionale Differentialrechnung, und es schadet bestimmt

Abb. 13.3 Schaubild von
$f(x, y) = x^2 + y^2$

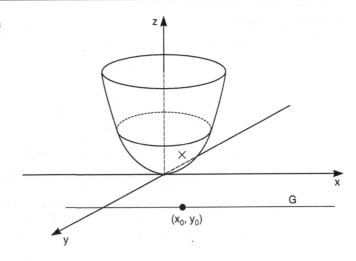

nichts, einen schüchternen Anwendungsversuch zu unternehmen. Wenn ich zwei Variablen habe und mich auf eine beschränken muss, bleibt mir nichts anderes übrig, als eine Variable festzuhalten und der anderen alle Freiheiten zu gewähren. Ich halte also y_0 fest und setze

$$g(x) = f(x, y_0) = x^2 + y_0^2.$$

Die Funktion g ist eine Funktion mit nur einer Variablen x, denn ich erlaube y keine Schwankungen mehr, es steht fest bei y_0. Sie können g auch an Abb. 13.3 interpretieren: g entsteht, indem Sie f auf die eingezeichnete waagrechte Gerade G einschränken, in der stets $y = y_0$ gilt. Die Funktionswerte von g stimmen natürlich mit den entsprechenden Funktionswerten von f überein, solange Sie vorsichtig genug sind, y an der kurzen Leine zu lassen. Deshalb kann man auch das Schaubild von g aus dem Schaubild von f rekonstruieren: es ist die Linie auf dem Paraboloid, die man findet, wenn man von der Geraden G aus senkrecht nach oben geht und irgendwann das Paraboloid trifft.

Von allen Interpretationen einmal abgesehen, ist g aber eine ziemlich gewöhnliche Funktion, deren Ableitung keinerlei Schwierigkeiten macht. Es gilt:

$$g'(x) = 2x, \text{ also } g'(x_0) = 2x_0.$$

Wenn ich schon die Tangentensteigung ausrechne, sollte ich mich auch um die Tangente selbst kümmern. Ich darf Sie daran erinnern, dass das Schaubild von g eine Teilkurve des Paraboloids $z = x^2 + y^2$ ist, und die Tangente von g für den Punkt x_0 tangiert deshalb auch das Paraboloid bei (x_0, y_0) mit dem Funktionswert $f(x_0, y_0) = x_0^2 + y_0^2 = g(x_0)$. Damit uns diese Erkenntnis auch etwas nützt, sollten Sie einen Blick auf Abb. 13.4 werfen. Sie zeigt, dass die Tangente T_x eine Gerade im Raum ist, die sich genau über der Geraden G erhebt und daher immer den y-Wert y_0 hat. Anders gesagt: sie hängt zwar wie üblich

Abb. 13.4 Schaubild von
$f(x, y) = x^2 + y^2$

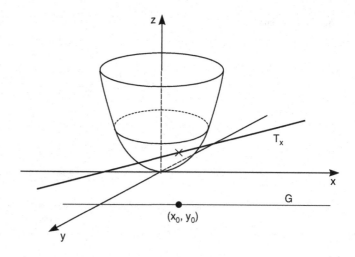

von x ab, aber ihre abhängige Variable ist z und nicht y, da ich für den Augenblick y konstant bei y_0 gehalten habe. Sie hat also die Gleichung

$$z = \alpha_1 x + \beta_1,$$

wobei die Tangentensteigung α_1 der Ableitung von g bei x_0 entspricht, das heißt:

$$\alpha_1 = 2x_0.$$

Bedenken Sie, dass T_x eine Gerade im Raum ist und daher jeder Punkt auf der Geraden drei Koordinaten hat. Wenn Sie sich einen beliebigen Punkt (x, y, z) auf T_x ansehen, dann ist jedenfalls $y = y_0$, und da die Gerade die Steigung $2x_0$ hat, gilt

$$\frac{z - z_0}{x - x_0} = 2x_0.$$

Ich bezeichne diese Formel mit einem (*) und habe damit über g alles Nötige gesagt. Es wäre aber ungerecht, y festzuhalten und x nach Lust und Laune laufen zu lassen, wenn man das Spiel nicht auch umgekehrt betreibt. Ich werde jetzt also x bei x_0 festsetzen und y als Variable betrachten. Dazu definiere ich die Funktion

$$h(y) = f(x_0, y) = x_0^2 + y^2.$$

Die neue Funktion h kann ich genauso behandeln wie g. Sie entsteht, indem ich f auf die Gerade H einschränke, in der immer $x = x_0$ gilt, und ihr Schaubild ist die Linie auf dem Paraboloid, die man findet, wenn man von der Geraden H aus senkrecht nach oben geht, bis man auf das Paraboloid $z = x^2 + y^2$ trifft. Die Tangentensteigung von h bei y_0 beträgt

$$h'(y_0) = 2y_0.$$

Auch diese Tangente T_y ist eine Gerade im Raum, aber die Abhängigkeitsverhältnisse haben sich ein wenig geändert. Ich habe nämlich $x = x_0$ festgesetzt und y zur einzigen freien Variablen erklärt, weshalb die Gleichung der Tangente die Form

$$z = \alpha_2 y + \beta_2$$

hat. Dass dabei

$$\alpha_2 = 2y_0$$

gilt, brauche ich kaum noch zu erwähnen. Folglich ist $x = x_0$ für jeden Punkt (x, y, z) auf der Geraden T_y, und da die Tangentensteigung $2y_0$ beträgt, ist

$$\frac{z - z_0}{y - y_0} = 2y_0.$$

Diese Beziehung bezeichne ich mit (**).

Vielleicht sieht es nicht so aus, aber wir sind fast am Ziel. Ich wollte die Gleichung der Tangentialebene durch den Punkt (x_0, y_0, z_0) bestimmen und habe mir zu diesem Zweck zwei tangierende Geraden T_x und T_y angesehen. Die Tangentialebene T selbst hat nach 13.1.3 die Gleichung

$$z = z_0 + a(x - x_0) + b(y - y_0),$$

denn der Punkt (x_0, y_0, z_0) muss auf der Ebene T liegen. Dieser Punkt liegt aber auch auf den beiden Geraden T_x und T_y, weil

$$g(x_0) = f(x_0, y_0) = z_0 \text{ und } h(y_0) = f(x_0, y_0) = z_0$$

gelten. Da die Tangentialebene alle tangierenden Geraden enthält, folgt daraus

$$T_x \subseteq T \text{ und } T_y \subseteq T.$$

In T_x finden wir also genau die Punkte der Tangentialebene, für die $y = y_0$ gilt, und entsprechend versammelt T_y alle Punkte von T mit der Eigenschaft $x = x_0$. In Formeln geschrieben heißt das:

$$T_x = \{(x, y, z) \in T \mid y = y_0\} \text{ und } T_y = \{(x, y, z) \in T \mid x = x_0\}.$$

Die Punkte auf T_x und T_y erfüllen deshalb einerseits ihre eigene Geradengleichung und andererseits die Ebenengleichung von T, da sie gleichzeitig Punkte auf der Tangentialebene sind. Für $(x, y, z) \in T_x$ gilt daher

$$z = z_0 + a(x - x_0) + b(y - y_0) = z_0 + a(x - x_0),$$

denn auf der Geraden T_x gibt es nur den y-Wert y_0. Jetzt kann ich a ausrechnen. Es gilt

$$a = \frac{z - z_0}{x - x_0} = 2x_0,$$

wie Sie der Gleichung (*) entnehmen können. Den Koeffizienten b erhalten wir aus den Gleichungen für T_y. Für $(x, y, z) \in T_y$ ist

$$z = z_0 + a(x - x_0) + b(y - y_0) = z_0 + b(y - y_0),$$

weil auf der Geraden T_y nur $x = x_0$ vorkommen kann. Auflösen nach b ergibt:

$$b = \frac{z - z_0}{y - y_0} = 2y_0,$$

denn das ist genau die Aussage der Formel (**).

Die Gleichung der Tangentialebene ist jetzt komplett. Sie lautet

$$z = z_0 + 2x_0(x - x_0) + 2y_0(y - y_0),$$

wobei $z_0 = f(x_0, y_0) = x_0^2 + y_0^2$ gilt. Man stellt diese Gleichung auch oft in der Matrixschreibweise dar und sagt:

$$z = z_0 + \begin{pmatrix} 2x_0 & 2y_0 \end{pmatrix} \cdot \begin{pmatrix} x - x_0 \\ y - y_0 \end{pmatrix}.$$

Die Matrix $\begin{pmatrix} 2x_0 & 2y_0 \end{pmatrix}$ wird nämlich mit dem Vektor $\begin{pmatrix} x - x_0 \\ y - y_0 \end{pmatrix}$ multipliziert, indem man diesen Vektor kippt und dann auf Skalarproduktart mit der einzeiligen Matrix multipliziert. Als Ergebnis erhalten Sie genau die Gleichung der Ebene.

Ich hoffe, die Idee meiner Vorgehensweise ist deutlich geworden. Da wir über kein Instrument verfügten, mit dem wir die Steigung der Tangentialebene hätten bestimmen können, war ich gezwungen, mich der Reihe nach erst um die Steigung „in x-Richtung" und dann um die Steigung „in y-Richtung" zu kümmern. Die Gesamtsteigung der Tangentialebene setzt sich aus diesen beiden Einzelsteigungen zusammen; man braucht sie nur in eine einzeilige Matrix zu schreiben und betrachtet den ersten Eintrag als Steigung der Ebene in x-Richtung und den zweiten als Steigung der Ebene in y-Richtung.

Wichtig dabei ist, wie ich mir diese beiden Einzelsteigungen verschafft habe. Ich habe jeweils eine Variable festgehalten und als konstant betrachtet und dann nach der anderen im üblichen eindimensionalen Sinn abgeleitet. Da ich bei jeder dieser Ableitungen einen Teil der Variablen ausblende und nur nach *einer* Variablen ableite, spricht man von *partiellen Ableitungen*. Auf ihnen beruht die ganze mehrdimensionale Differentialrechnung, und deshalb werde ich sie jetzt gleich für Funktionen mit n Variablen definieren.

13.1.5 Definition Es seien $D \subseteq \mathbb{R}^n$, $f : D \to \mathbb{R}$ eine Abbildung und $x_0 \in D$. Man berechnet die *partielle Ableitung* von f nach der Variablen x_i im Punkt x_0, indem man alle anderen Variablen außer x_i als Konstanten betrachtet und ausschließlich nach x_i ableitet. Diese Ableitung wird als

$$\frac{\delta f}{\delta x_i}(x_0),$$

aber auch als

$$\frac{\partial f}{\partial x_i}(x_0),$$

oder auch als

$$f_{x_i}(x_0)$$

geschrieben. Die Funktion f heißt *partiell differenzierbar nach x_i*, falls die partielle Ableitung nach x_i existiert. Kann man f in x_0 nach allen Variablen $x_1, \ldots, x_n$ ableiten, so nennt man f partiell differenzierbar im Punkt $x_0 \in D$. Ist f in jedem Punkt x_0 partiell differenzierbar, so nennt man es schlicht *partiell differenzierbar*.

Eine Funktion mit siebzehn Variablen partiell ableiten heißt also nur: man halte sechzehn Variablen konstant und leite nach der siebzehnten wie gewohnt ab. Vergessen Sie nicht, dass es zu einer Funktion, die n Input-Variablen hat, auch n partielle Ableitungen gibt, und die Aufgabe „man leite f partiell ab" ist erst dann vollständig gelöst, wenn Sie alle n partiellen Ableitungen berechnet haben.

Wir sehen uns dazu Beispiele an.

13.1.6 Beispiele

(i) Man definiere $f : \mathbb{R}^2 \to \mathbb{R}$ durch

$$f(x, y) = x^2 + y^2.$$

Dann ist

$$\frac{\delta f}{\delta x}(x, y) = 2x \text{ und } \frac{\delta f}{\delta y}(x, y) = 2y.$$

(ii) Man definiere $g : \mathbb{R}^3 \to \mathbb{R}$ durch

$$g(x, y, z) = 3x^2 y + \sin(yz).$$

Da g drei Variablen besitzt, muss ich auch drei partielle Ableitungen ausrechnen. Für die Ableitung nach x halte ich y und z konstant und betrachte nur noch x als echte Variable. Das hat den Vorteil, dass der zweite Summand, in dem kein x vorkommt, als Konstante behandelt wird, und auch der Faktor y im ersten Summanden für den Moment ein konstanter Faktor ist. Damit folgt:

$$\frac{\delta g}{\delta x}(x, y, z) = 6xy.$$

Nun muss ich x und z konstant halten und nach y ableiten. Den Sinus-Term kann ich dabei nicht mehr ignorieren, denn er enthält die Variable y. Das ebenfalls vorkommende z spielt allerdings die Rolle eines konstanten Faktors, der nur im Zuge der Kettenregel wichtig ist. Wir erhalten:

$$\frac{\delta g}{\delta y}(x, y, z) = 3x^2 + z\cos(yz).$$

Schließlich bestimme ich die partielle Ableitung nach z. Diesmal wird der erste Summand verschwinden, da in ihm kein z auftaucht und er deshalb als konstant gilt. Im zweiten Summanden ist jetzt y ein konstanter Faktor, und insgesamt ergibt sich mit der Kettenregel:

$$\frac{\delta g}{\delta z}(x, y, z) = y\cos(yz).$$

(iii) Man definiere $h : \mathbb{R}^2 \to \mathbb{R}$ durch

$$h(x, y) = -5x^4 y^5 + 2x^2 y^4 + 7x - 3y + 17.$$

Solche Polynome in mehreren Variablen sind nicht schwer abzuleiten. Zum partiellen Differenzieren nach x betrachten Sie y als Konstante und finden

$$\frac{\delta h}{\delta x}(x, y) = -20x^3 y^5 + 4xy^4 + 7.$$

Auf die gleiche Weise leiten Sie nach y ab: Sie halten x konstant und betrachten h als Funktion von y. Dann ist

$$\frac{\delta h}{\delta y}(x, y) = -25x^4 y^4 + 8x^2 y^3 - 3.$$

Am Beispiel der Funktion $f(x, y) = x^2 + y^2$ haben Sie gesehen, dass man mit Hilfe partieller Ableitungen die Gleichung der Tangentialebene bestimmen kann. Man braucht dazu eigentlich nur die partiellen Ableitungen in eine einzeilige Matrix zu schreiben, diese Matrix mit einem passenden Vektor zu multiplizieren und den Funktionswert zum Ergebnis zu addieren. Der folgende Satz zeigt, dass dieses Verfahren nicht nur bei unserer speziellen Beispielfunktion anwendbar ist.

13.1.7 Satz Es seien $D \subseteq \mathbb{R}^2$, $f : D \to \mathbb{R}$ eine partiell differenzierbare Funktion und $(x_0, y_0) \in D$. Dann lautet die Gleichung der Tangentialebene T für den Punkt (x_0, y_0):

$$z = f(x_0, y_0) + \frac{\delta f}{\delta x}(x_0, y_0) \cdot (x - x_0) + \frac{\delta f}{\delta y}(x_0, y_0) \cdot (y - y_0)$$

$$= f(x_0, y_0) + \left(\frac{\delta f}{\delta x}(x_0, y_0) \quad \frac{\delta f}{\delta y}(x_0, y_0) \right) \cdot \begin{pmatrix} x - x_0 \\ y - y_0 \end{pmatrix}.$$

Das ist das gleiche Schema wie in 13.1.4. In der ersten Klammer stehen die partiellen Ableitungen von f, in der zweiten Klammer finden Sie die Differenzen von x- und y-Werten, und ganz am Anfang wacht der Funktionswert $f(x_0, y_0)$ über alles. Um die Formel noch etwas deutlicher zu machen, rechnen wir ein Beispiel.

13.1.8 Beispiel Man definiere $f : \mathbb{R}^2 \to \mathbb{R}$ durch

$$f(x, y) = \sin(xy^2).$$

Berechnen wir zunächst die partiellen Ableitungen. Es gilt:

$$\frac{\delta f}{\delta x}(x, y) = y^2 \cos(xy^2) \text{ und } \frac{\delta f}{\delta y}(x, y) = 2xy \cos(xy^2).$$

Der einfachste Punkt ist immer der Nullpunkt $(x_0, y_0) = (0, 0)$. Hier haben die partiellen Ableitungen den Wert

$$\frac{\delta f}{\delta x}(0, 0) = 0 \text{ und } \frac{\delta f}{\delta y}(0, 0) = 0,$$

und auch der Funktionswert selbst hat nicht mehr zu bieten, denn es gilt

$$f(0, 0) = 0.$$

Die Tangentialebene ist also besonders einfach. Sie hat die Gleichung

$$z = 0 + \begin{pmatrix} 0 & 0 \end{pmatrix} \cdot \begin{pmatrix} x \\ y \end{pmatrix} = 0.$$

Einfacher geht es nicht mehr: die Tangentialebene im Nullpunkt ist die Grundebene selbst, die waagrecht im Raum liegt und die z-Richtung standhaft ignoriert.

Wagen wir uns an einen etwas komplizierteren Punkt, nämlich

$$(x_0, y_0) = (\sqrt[3]{\pi}, \sqrt[3]{\pi}).$$

Die partiellen Ableitungen denken jetzt gar nicht daran, zu Null zu werden, sondern ergeben

$$\frac{\delta f}{\delta x}(\sqrt[3]{\pi}, \sqrt[3]{\pi}) = \pi^{\frac{2}{3}} \cdot \cos(\pi^{\frac{1}{3}} \cdot \pi^{\frac{2}{3}}) = \pi^{\frac{2}{3}} \cdot \cos \pi = -\pi^{\frac{2}{3}}$$

und

$$\frac{\delta f}{\delta y}(\sqrt[3]{\pi}, \sqrt[3]{\pi}) = 2\pi^{\frac{2}{3}} \cdot \cos(\pi^{\frac{1}{3}} \cdot \pi^{\frac{2}{3}}) = 2\pi^{\frac{2}{3}} \cdot \cos \pi = -2\pi^{\frac{2}{3}}.$$

Zum Aufstellen der Tangentialgleichung brauche ich noch den Funktionswert. Er beträgt

$$f(\sqrt[3]{\pi}, \sqrt[3]{\pi}) = \sin(\pi^{\frac{1}{3}} \cdot \pi^{\frac{2}{3}}) = \sin \pi = 0.$$

Folglich lautet die Gleichung der Tangentialebene:

$$z = 0 + \left(-\pi^{\frac{2}{3}} \quad -2\pi^{\frac{2}{3}}\right) \cdot \begin{pmatrix} x - \pi^{\frac{1}{3}} \\ y - \pi^{\frac{1}{3}} \end{pmatrix}$$

$$= -\pi^{\frac{2}{3}} x + \pi - 2\pi^{\frac{2}{3}} y + 2\pi$$

$$= -\pi^{\frac{2}{3}} x - 2\pi^{\frac{2}{3}} y + 3\pi.$$

Damit ist das Problem der Gleichung von Tangentialebenen geklärt. Sie sollten allerdings nicht vergessen, dass die Mindestvoraussetzung für das Berechnen einer Tangentialebene die partielle Differenzierbarkeit der Funktion ist. Man neigt zu dem Glauben, alle unexotischen Funktionen seien stolze Besitzer partieller Ableitungen, aber das folgende Beispiel zeigt, wie irrig dieser Glaube ist.

13.1.9 Beispiel Man definiere $f : \mathbb{R}^2 \to \mathbb{R}$ durch

$$f(x, y) = |x| + y.$$

Diese Definition sollte Sie vorsichtig stimmen, denn die Betragsfunktion ist im Nullpunkt nicht differenzierbar, und es ist zu erwarten, dass wir auch im zweidimensionalen Fall Ärger mit ihr haben werden. Leiten wir zunächst nach y ab. Dazu muss ich x festhalten und die partielle Ableitung

$$\frac{\delta f}{\delta y}(x, y) = 1$$

berechnen. Der Ausdruck $|x|$ ist nämlich beim Ableiten nach y ein konstanter Summand, und es ist völlig egal, ob eine Konstante in Betragsstrichen oder in Badehosen dasteht: beim Ableiten wird sie so oder so zu Null.

Die Lage ändert sich beim Ableiten nach x. Der Summand y fällt natürlich weg, und wir müssen nur noch $|x|$ nach x ableiten. Sie wissen aber, dass das nicht immer funktioniert; die Funktion $|x|$ ist nur für $x \neq 0$ differenzierbar. Ich kann also f nur dann partiell nach x ableiten, wenn $x \neq 0$ gilt, und das heißt, dass f nicht auf seinem ganzen Definitionsbereich partiell differenzierbar ist.

Die Existenz von Funktionen, die man streckenweise nicht partiell ableiten kann, braucht Sie nicht zu erschrecken. Die Funktionen, die uns in Zukunft beschäftigen werden, sind in aller Regel nach sämtlichen Variablen differenzierbar und machen beim Ableiten nicht die geringsten Schwierigkeiten.

Wenn aber alle partiellen Ableitungen existieren, dann sollte man sie nicht vereinzelt und verlassen ihr Unwesen treiben lassen, sondern sie ordentlich zusammenfassen, um nicht den Überblick zu verlieren. Diese Zusammenfassung nennt man *Gradient*.

13.1.10 Definition Es seien $D \subseteq \mathbb{R}^n$ und $f : D \to \mathbb{R}$ partiell differenzierbar. Dann heißt der Vektor

$$\operatorname{grad} f(x) = \left(\frac{\delta f}{\delta x_1}(x), \ldots, \frac{\delta f}{\delta x_n}(x) \right)$$

der *Gradient* von f im Punkt $x \in D$.

Es steckt überhaupt kein Geheimnis hinter dem Gradienten. Er dient nur dazu, alle partiellen Ableitungen übersichtlich aufzureihen und in einer Klammer einzuschließen, damit keine verloren geht. Im Übrigen macht es auch keinen besonders wichtigen Unterschied, ob Sie den Gradienten nun als Vektor wie in 13.1.10 oder lieber als einzeilige Matrix

$$\left(\frac{\delta f}{\delta x_1}(x) \quad \ldots \quad \frac{\delta f}{\delta x_n}(x) \right)$$

schreiben. Der einzige optische Unterschied besteht im Fehlen der Kommas zwischen den Einträgen, und ansonsten beinhalten beide Schreibweisen offenbar die gleiche Information.

Der Ordnung halber sehen wir uns zwei konkrete Gradienten an.

13.1.11 Beispiele

(i) Für $f(x, y) = x^2 + y^2$ lautet der Gradient

$$\operatorname{grad} f(x, y) = (2x, 2y).$$

(ii) Für $g(x, y, z) = 2 \sin(xy) + xyz$ lautet der Gradient

$$\operatorname{grad} g(x, y, z) = (2y \cos(xy) + yz, 2x \cos(xy) + xz, xy),$$

wie Sie leicht durch Berechnen der drei partiellen Ableitungen nachvollziehen können.

Mit Gradienten werden wir uns noch ausführlich zu beschäftigen haben, wenn es um die Lösung von Extremwertproblemen geht. Solche Probleme haben aber, wie Sie noch aus dem siebten Kapitel wissen, nicht nur etwas mit den schlichten ersten Ableitungen, sondern auch eine ganze Menge mit zweiten oder vielleicht noch höheren Ableitungen zu tun. Es ist daher sinnvoll, sich ein wenig mit der Frage nach höheren partiellen Ableitungen zu befassen. Zum Glück sind sie völlig unproblematisch: man erhält die zweite partielle Ableitung, indem man die erste partielle Ableitung noch einmal partiell ableitet. Ich gebe zu, dass diese Formulierung mathematisch nicht sehr präzise ist und werde deshalb jetzt eine ordentliche Definition vorstellen.

13.1.12 Definition Es seien $D \subseteq \mathbb{R}^n$, $f : D \to \mathbb{R}$ eine partiell differenzierbare Funktion und $x_0 \in D$. Die Funktion f heißt *zweimal partiell differenzierbar* in x_0, wenn alle partiellen Ableitungen $\frac{\delta f}{\delta x_i}$ in x_0 wieder partiell differenzierbar sind. Man schreibt

$$\frac{\delta^2 f}{\delta x_j \delta x_i}(x_0) = \frac{\delta}{\delta x_j}\left(\frac{\delta f}{\delta x_i}\right)(x_0).$$

Dieser Ausdruck heißt dann *zweite partielle Ableitung* von f.

Allgemein heißt f k-mal partiell differenzierbar, wenn alle $(k-1)$-ten partiellen Ableitungen von f wieder partiell differenzierbar sind. Man schreibt

$$\frac{\delta^k f}{\delta x_{i_k} \delta x_{i_{k-1}} \ldots \delta x_{i_1}}(x_0) = \frac{\delta}{\delta x_{i_k}}\left(\frac{\delta^{k-1} f}{\delta x_{i_{k-1}} \ldots \delta x_{i_1}}\right)(x_0).$$

Schließlich nennt man f *k-mal stetig partiell differenzierbar*, falls f k-mal partiell differenzierbar ist und alle partiellen Ableitungen der Ordnung k stetig sind.

Sind Sie noch da? Ich weiß selbst, dass diese Definition reichlich lang und nicht frei von Hässlichkeiten ist, und deshalb gehen wir sie noch einmal kurz durch, bevor wir Beispiele rechnen. In Wahrheit ist sie harmloser als sie aussieht.

Nehmen Sie beispielsweise an, Sie haben eine Funktion mit siebzehn Inputvariablen $x_1, \ldots, x_{17}$. Dann bin ich bei der Berechnung der zweiten partiellen Ableitungen in der Wahl meiner Ableitungsvariablen völlig frei; ich kann erst nach der fünften und dann nach der siebzehnten Variable ableiten, aber auch erst nach der achten und dann nach der ersten. Im ersten Fall würde ich

$$\frac{\delta^2 f}{\delta x_{17} \delta x_5}$$

schreiben und im zweiten Fall hätte ich

$$\frac{\delta^2 f}{\delta x_1 \delta x_8}.$$

Bringen Sie nichts durcheinander: natürlich ist in aller Regel

$$\frac{\delta^2 f}{\delta x_{17} \delta x_5} \neq \frac{\delta^2 f}{\delta x_1 \delta x_8};$$

was beide Terme verbindet, ist die Tatsache, dass es sich bei beiden um zweite partielle Ableitungen einer Funktion f handelt. Nichts anderes habe ich im ersten Teil der Definition aufgeschrieben. Da ich nun einmal nicht weiß, welche Variablen der Leser bevorzugt, habe ich die erste Variable x_i und die zweite x_j genannt, und der Ausdruck

$$\frac{\delta^2 f}{\delta x_j \delta x_i}(x_0) = \frac{\delta}{\delta x_j}\left(\frac{\delta f}{\delta x_i}\right)(x_0)$$

besagt, dass zuerst nach x_i und anschließend nach x_j abgeleitet werden soll. Die Variablen im Nenner sind also von rechts nach links zu lesen, zumindest in diesem Buch und auch in vielen anderen Büchern. Es gibt allerdings sowohl Bücher als auch Dozenten, die die Ableitungsreihenfolge von links nach rechts bevorzugen, und da es sich wirklich nur um eine Frage der Gewohnheit handelt, sollten Sie keinen Streit darüber anfangen, welche Reihenfolge die richtige ist. Man muss sich nur irgendwann einigen.

Vor der gleichen Situation stehen Sie bei Ableitungen höherer Ordnung. Nehmen wir den Fall $k = 3$. Um dritte Ableitungen ausrechnen zu können, sollten Sie sich vorher die zweiten partiellen Ableitungen beschafft haben, da Sie ansonsten nicht wissen, was Sie ableiten sollen. Falls Ihnen beispielsweise die Ableitung

$$\frac{\delta^2 f}{\delta x_{17} \delta x_5}$$

vorliegt, können Sie mit Leichtigkeit die dritte partielle Ableitung

$$\frac{\delta^3 f}{\delta x_1 \delta x_{17} \delta x_5}$$

berechnen, indem Sie die vorhandene zweite Ableitung noch nach der Variablen x_1 ableiten. Auch hier ist die Reihenfolge der Ableitungsvariablen im Nenner von rechts nach links zu lesen. Übrigens müssen Sie natürlich nicht ständig die Variable wechseln, auch

$$\frac{\delta^2 f}{\delta x_2 \delta x_2} \quad \text{oder} \quad \frac{\delta^3 f}{\delta x_2 \delta x_2 \delta x_2}$$

sind legitime zweite bzw. dritte partielle Ableitungen. Entscheidend ist, dass Sie zur Berechnung einer k-ten partiellen Ableitung k-mal partiell ableiten.

Ein paar Worte sollte ich auch noch zur stetigen Differenzierbarkeit sagen. Ich habe es bewusst vermieden, mich über die Stetigkeit von Funktionen mit mehreren Variablen zu äußern, und dabei soll es auch bleiben. Sie können sich aber eine stetige Funktion f

mit zwei Input- und einer Outputvariablen als Oberfläche im Raum vorstellen, die keine Sprünge und keine abrupten Brüche aufweist. Sobald die Oberfläche steinbruchartige Einbrüche hat, in die man bei kurzer Unaufmerksamkeit schlagartig hineinfallen kann, ist die zugehörige Funktion nicht mehr stetig. Ich garantiere Ihnen aber, dass ich Sie in diesem Kapitel nicht mit unstetigen Funktionen belasten werde.

So viel zur allgemeinen Definition, jetzt wird es Zeit für Beispiele.

13.1.13 Beispiele

(i) Man definiere $f : \mathbb{R}^2 \to \mathbb{R}$ durch

$$f(x, y) = x^2 y - x y^2.$$

Dann ist

$$\frac{\delta f}{\delta x}(x, y) = 2xy - y^2 \text{ und } \frac{\delta f}{\delta y}(x, y) = x^2 - 2xy.$$

Zur Berechnung aller zweiten Ableitungen muss ich diese partiellen Ableitungen wieder nach sämtlichen Variablen ableiten. Es gilt dann:

$$\frac{\delta^2 f}{\delta x \delta x}(x, y) = 2y, \frac{\delta^2 f}{\delta y \delta x}(x, y) = 2x - 2y$$

sowie

$$\frac{\delta^2 f}{\delta y \delta y}(x, y) = -2x, \frac{\delta^2 f}{\delta x \delta y}(x, y) = 2x - 2y.$$

Damit sind alle zweiten partiellen Ableitungen von f bestimmt. Weil es so schön ist, rechne ich noch eine dritte Ableitung aus. Wir haben:

$$\frac{\delta^3 f}{\delta x \delta x \delta y}(x, y) = 2.$$

(ii) Man definiere $f : \mathbb{R}^3 \to \mathbb{R}$ durch

$$f(x, y, z) = x y \sin z.$$

Wieder starte ich mit den ersten partiellen Ableitungen. Es gilt:

$$\frac{\delta f}{\delta x}(x, y, z) = y \sin z, \frac{\delta f}{\delta y}(x, y, z) = x \sin z, \frac{\delta f}{\delta z}(x, y, z) = xy \cos z.$$

Das ist nun ein wenig lästig, denn um vollständig zu sein, müsste ich zu jeder dieser drei partiellen Ableitungen wieder drei zweite Ableitungen ausrechnen, für jede Variable eine. Da ich dazu keine Lust habe, beschränke ich mich auf drei Beispiele. Es ist:

$$\frac{\delta^2 f}{\delta z \delta x}(x, y, z) = y \cos z, \ \frac{\delta^2 f}{\delta x \delta y}(x, y, z) = \sin z, \ \frac{\delta^2 f}{\delta x \delta z}(x, y, z) = y \cos z.$$

Auch hieraus lassen sich wieder einige dritte Ableitungen berechnen, zum Beispiel:

$$\frac{\delta^3 f}{\delta y \delta z \delta x}(x, y, z) = \cos z \ \text{und} \ \frac{\delta^3 f}{\delta z \delta z \delta x}(x, y, z) = -y \sin z.$$

Natürlich kann man jetzt noch weiter machen und Ableitungen vierter oder auch höherer Ordnung berechnen, aber schließlich muss man es nicht übertreiben, und übermäßig spannend ist es auch nicht.

Vermutlich ist Ihnen inzwischen klar, wieviele zweite, dritte, ... partielle Ableitungen es gibt. Bei einer Funktion mit n Variablen haben wir n erste partielle Ableitungen $\frac{\delta f}{\delta x_1}, \dots, \frac{\delta f}{\delta x_n}$. Jede dieser n partiellen Ableitungen verlangt danach, wieder nach allen n Variablen differenziert zu werden, so dass wir auf insgesamt n^2 partielle Ableitungen zweiter Ordnung kommen. Nach dem gleichen Prinzip erhält man n^3 partielle Ableitungen dritter Ordnung, und allgemein gibt es n^k partielle Ableitungen der Ordnung k. Das partielle Ableiten ist also mit deutlich mehr Aufwand verbunden als das gewöhnliche Differenzieren aus dem siebten Kapitel. Um wenigstens den Schreibaufwand zu reduzieren, hat man sich deshalb die eine oder andere abkürzende Schreibweise ausgedacht.

13.1.14 Bemerkung Falls man k-mal nach der gleichen Variablen x_i ableitet, schreibt man abkürzend

$$\frac{\delta^k f}{\delta x_i^k} = \frac{\delta^k f}{\delta x_i \dots \delta x_i}.$$

Wer überhaupt keine Brüche mag, kann sich auch anders behelfen. Für partielle Ableitungen findet man auch die Schreibweise

$$f_{zyx} = \frac{\delta^3 f}{\delta z \delta y \delta x}$$

und allgemein

$$f_{x_{i_k} \dots x_{i_1}} = \frac{\delta^k f}{\delta x_{i_k} \dots \delta x_{i_1}}.$$

Ich werde die erste Schreibweise aus 13.1.14 immer wieder benutzen, während ich die zweite Schreibweise f_{zyx} nicht mag und sie nach Möglichkeit vermeide. Fragen Sie mich nicht nach dem Grund; es ist ausschließlich eine Frage des persönlichen Geschmacks, und Sie sollten sich nicht von meinem Geschmack beeinflussen lassen.

Wie dem auch sei, Sie sind jetzt in der Lage, mehrfache Ableitungen auszurechnen, und wir sollten uns nach einer Möglichkeit umsehen, dabei etwas Arbeit zu sparen. Die Beispiele aus 13.1.13 legen eine solche Möglichkeit nahe: es scheint egal zu sein, ob man zuerst nach der einen und dann nach der anderen Variablen ableitet oder umgekehrt, das Ergebnis ist das gleiche. Für gutwillige Funktionen ist das tatsächlich immer der Fall, wie der folgende *Satz von Schwarz* zeigt.

13.1.15 Satz   Es seien $D \subseteq \mathbb{R}^n$ und $f : D \to \mathbb{R}$ zweimal stetig partiell differenzierbar. Dann ist

$$\frac{\delta^2 f}{\delta x_i \delta x_j} = \frac{\delta^2 f}{\delta x_j \delta x_i}$$

für alle $i, j \in \{1, \ldots, n\}$. Die Reihenfolge der Ableitungsvariablen spielt also keine Rolle.

Sofern die Funktion f zweimal stetig partiell differenzierbar ist, gilt also tatsächlich $\frac{\delta^2 f}{\delta x \delta y} = \frac{\delta^2 f}{\delta y \delta x}$, und man braucht eigentlich nur noch eins von beiden von Hand auszurechnen. Der Haken ist nur: woher wollen Sie wissen, dass f zweimal stetig partiell differenzierbar ist, ohne vorher alle zweiten partiellen Ableitungen überprüft zu haben? Hier neigt die Katze dazu, sich in den Schwanz zu beißen, aber bei Licht betrachtet ist wieder einmal alles halb so schlimm. Natürlich sind vernünftige Funktionen, in denen zum Beispiel nur Polynome, trigonometrische Funktionen und Exponentialfunktionen vorkommen, beliebig oft stetig partiell differenzierbar und erlauben die unbedenkliche Anwendung von Satz 13.1.15.

Man könnte übrigens auch auf den Gedanken kommen, in der Voraussetzung „zweimal *stetig* partiell differenzierbar" die Stetigkeit einfach wegzulassen, in der Hoffnung, dass es dann immer noch funktioniert, aber so einfach ist das Leben nicht. Leider gibt es Gegenbeispiele.

13.1.16 Beispiel   Man definiere $f : \mathbb{R}^2 \to \mathbb{R}$ durch

$$f(x, y) = \begin{cases} xy \cdot \frac{x^2 - y^2}{x^2 + y^2} & \text{für } (x, y) \neq (0, 0) \\ 0 & \text{für } (x, y) = (0, 0). \end{cases}$$

Man kann zeigen, dass f überall zweimal partiell differenzierbar ist, aber

$$\frac{\delta^2 f}{\delta y \delta x}(0, 0) = -1 \neq 1 = \frac{\delta^2 f}{\delta x \delta y}(0, 0)$$

gilt. Folglich ist für f die Reihenfolge der Ableitungsvariablen nicht vertauschbar, obwohl f zweimal partiell differenzierbar ist. Die zusätzliche Voraussetzung der Stetigkeit der zweiten Ableitungen ist also unverzichtbar.

Eine unmittelbare Folgerung aus 13.1.15 ist das folgende Korollar.

13.1.17 Korollar Es sei $f : D \to \mathbb{R}$ k-mal stetig partiell differenzierbar. Dann spielt die Reihenfolge der Ableitungsvariablen bei der k-ten partiellen Ableitung keine Rolle.

Damit sollten wir alles Wichtige über partielle Ableitungen besprochen haben. Im nächsten Abschnitt werde ich über *totale Differenzierbarkeit* sprechen.

13.2 Totale Differenzierbarkeit

Ich will mich ja nicht über die partiellen Ableitungen beschweren, aber der augenblickliche Stand der Dinge scheint mir noch etwas unbefriedigend zu sein. So sinnvoll es auch ist, nach jeder Variablen einzeln abzuleiten und die anderen konstant zu halten, es bleibt doch die Frage offen, was man nun eigentlich unter *der* Ableitung einer Funktion $f : \mathbb{R}^n \to \mathbb{R}^m$ verstehen soll. Das wird noch dadurch verschlimmert, dass bei einer Funktion mit m Outputs zunächst einmal unklar ist, wie man überhaupt ihre partiellen Ableitungen berechnet: in der Definition der partiellen Differenzierbarkeit habe ich immer Funktionen $f : \mathbb{R}^n \to \mathbb{R}$ betrachtet und höhere Dimensionen auf der rechten Seite ausgeschlossen.

Man kann dieses Problem lösen, wenn man sich an die Definition der Ableitung für gewöhnliche Funktionen mit einem Input und einem Output erinnert. In 7.1.3 haben wir die Ableitung einer Funktion durch

$$f'(x_0) = \lim_{x \to x_0} \frac{f(x) - f(x_0)}{x - x_0}$$

definiert. Nun ist es leider nicht möglich, diese Definition direkt auf den mehrdimensionalen Fall zu übertragen. Sobald x und x_0 nicht mehr Zahlen, sondern n-dimensionale Vektoren sind, gibt es keine vernünfige Division mehr, der Ausdruck

$$\frac{f(x) - f(x_0)}{x - x_0}$$

wird sinnlos. Wir können aber die übliche Definition der Differenzierbarkeit ein wenig umschreiben, so dass gar keine Divisionen mehr auftauchen.

13.2.1 Bemerkung Es seien $I \subseteq \mathbb{R}$ ein Intervall, $x_0 \in I$ und $f : I \to \mathbb{R}$ eine in $x_0 \in I$ differenzierbare Funktion. Dann ist

$$f'(x_0) = \lim_{x \to x_0} \frac{f(x) - f(x_0)}{x - x_0},$$

und ich setze $a = f'(x_0)$. Die Gleichung

$$\frac{f(x) - f(x_0)}{x - x_0} = a$$

ist in der Regel sicher falsch, denn die Ableitung ist der *Grenzwert* des Quotienten für $x \to x_0$. Da die Zahl a aber im Grenzübergang erreicht wird, ist der Abstand zwischen a und dem Quotienten eine Größe, die für $x \to x_0$ immer kleiner wird, und das heißt:

$$\frac{f(x) - f(x_0)}{x - x_0} = a + r(x), \text{ wobei } \lim_{x \to x_0} r(x) = 0 \text{ ist.}$$

Noch immer steht hier ein Quotient, aber er macht jetzt keine Schwierigkeiten mehr. Ich multipliziere einfach die Gleichung mit dem Nenner $x - x_0$ und finde:

$$f(x) - f(x_0) = a(x - x_0) + (x - x_0)r(x) \text{ mit } \lim_{x \to x_0} r(x) = 0.$$

Gewöhnlich löst man das noch nach $f(x)$ auf und erhält:

$$f(x) = f(x_0) + a(x - x_0) + (x - x_0)r(x).$$

Wir sind fast schon so weit, dass wir die Formel auf den mehrdimensionalen Fall übertragen können, es gibt nur noch ein kleines Problem. Bei einer Funktion $f : \mathbb{R}^n \to \mathbb{R}^m$ ist $x - x_0$ ein n-dimensionaler Vektor, während $r(x)$ als Funktionswert leider die Dimension m hat. Das passt nicht zusammen. Ich kann dem aber entgehen, indem ich im üblichen eindimensionalen Fall

$$R(x) = \begin{cases} r(x), & \text{falls } x - x_0 > 0 \\ -r(x), & \text{falls } x - x_0 \leq 0 \end{cases}$$

setze. Dann gilt immer noch

$$\lim_{x \to x_0} R(x) = 0,$$

aber der Ausdruck $(x - x_0)r(x)$ wird durch $|x - x_0|R(x)$ ersetzt, denn Sie können sich leicht überlegen, dass für $x \neq x_0$ die Beziehung

$$R(x) = \frac{x - x_0}{|x - x_0|} r(x)$$

gilt. Damit verändert sich die Gleichung zu

$$f(x) = f(x_0) + a(x - x_0) + |x - x_0|R(x).$$

Wir sollten einen Augenblick stehenbleiben und sehen, was wir gewonnen haben. Ich habe die Definition der Differenzierbarkeit umgeschrieben in eine Form, bei der kein Quotient mehr auftaucht und die deshalb auf den mehrdimensionalen Fall übertragen werden kann. Die Formel

$$f(x) = f(x_0) + a(x - x_0) + |x - x_0| R(x)$$

lässt sich auch leicht in Worte fassen: man schreibt den Funktionswert $f(x)$ als Summe eines festen Funktionswertes $f(x_0)$ und einer *linearen Funktion* $a(x - x_0)$, wobei noch ein gegen 0 konvergierender Rest hinzukommt. Der Funktionswert $f(x)$ selbst wird also angenähert durch den einfacheren Ausdruck $f(x_0) + a(x - x_0)$, und wenn Sie genauer hinsehen, werden Sie feststellen, dass damit genau die Gleichung der Tangente für x_0 beschrieben ist.

Nun sehen wir uns wieder eine Funktion $f : \mathbb{R}^n \to \mathbb{R}^m$ an. Während die linearen Abbildungen von $\mathbb{R}$ nach $\mathbb{R}$ im wesentlichen Funktionen der Form ax sind, haben Sie im zwölften Kapitel gesehen, wie eine lineare Funktion mit n Inputs und m Outputs aussieht: sie wird durch eine $m \times n$-Matrix A beschrieben. Ich muss deshalb nur die *Zahl a* in 13.2.1 durch eine *Matrix A* ersetzen, und schon habe ich die Definition einer differenzierbaren Funktion in n Variablen vor mir. Sie wird dadurch beschrieben, dass

$$f(x) = f(x_0) + A(x - x_0) + |x - x_0| R(x)$$

mit einer passenden Matrix A gilt. Da in dieser Gleichung der Betrag eines Vektors vorkommt, sollte ich noch kurz in Erinnerung rufen, was man darunter versteht.

13.2.2 Definition Unter dem Betrag eines Vektors $x = (x_1, \ldots, x_n) \in \mathbb{R}^n$ versteht man die Größe

$$|x| = \sqrt{x_1^2 + \cdots + x_n^2}.$$

Jetzt kann ich den Begriff der *totalen Differenzierbarkeit* definieren.

13.2.3 Definition Es seien $D \subseteq \mathbb{R}^n$, $f : D \to \mathbb{R}^m$ eine Abbildung und $x_0 \in D$. Die Funktion f heißt *total differenzierbar in x_0*, falls es eine Matrix $A \in \mathbb{R}^{m \times n}$ und eine Restfunktion $R : D \to \mathbb{R}^m$ gibt, für die gilt:

$$f(x) = f(x_0) + A(x - x_0) + |x - x_0| R(x)$$

und

$$\lim_{x \to x_0} R(x) = 0.$$

Totale Differenzierbarkeit heißt also nur: ich kann $f(x)$ in der Nähe von x_0 annähern durch die wesentlich einfachere Funktion

$$f(x_0) + A(x - x_0).$$

Das ist deshalb einfacher, weil $f(x_0)$ der nur einmal zu berechnende Funktionswert eines festen Punktes x_0 ist und das Produkt einer Matrix A mit einem Vektor $x - x_0$ mit Hilfe der Grundrechenarten bestimmt werden kann. Voraussetzung dafür ist natürlich, dass man die Einträge der Matrix kennt, und darüber sagt uns die Definition leider gar nichts. Ich werde diesen Mangel gleich beheben, vorher möchte ich aber noch ein paar Worte zu der Formel aus 13.2.3 sagen.

Sie hat nämlich eine kleine Tücke. Die Funktion f produziert m-dimensionale Ergebnisvektoren, und deshalb ist $f(x_0)$ ein Zeilenvektor mit m Einträgen. Dagegen ist $x - x_0$ ein n-dimensionaler Vektor, doch das schadet gar nichts, denn das Produkt einer $m \times n$ Matrix A mit einem Vektor aus $\mathbb{R}^n$ ergibt einen neuen Vektor aus der Menge $\mathbb{R}^m$. Insofern passt alles zusammen. Sie können aber im zwölften Kapitel nachsehen, dass wir Matrizen immer nur mit *Spalten* multipliziert und als Ergebnis wieder *Spalten* zurückbekommen haben. Die Dimension stimmt zwar, aber während $f(x_0)$ und $|x - x_0| R(x)$ m-dimensionale Zeilen liefern, kann $A(x - x_0)$ bestenfalls eine m-dimensionale Spalte bereitstellen.

Das sieht nun schlimmer aus als es ist. Wir einigen uns einfach darauf, den Vektor $x - x_0$ hinter A als Spalte aufzuschreiben und die nötigen Additionen komponentenweise durchzuführen, egal ob es sich nun um Spalten oder Zeilen handelt. Mathematisch betrachtet, entspricht das zwar nicht ganz der reinen Lehre, aber da im Ergebnis zum Schluss alles in Ordnung ist, lassen wir uns von formalen Bedenken nicht aufhalten.

Schwieriger ist die Frage, mit welchen Zahlen wohl die Matrix A gefüllt sein mag. Zum Glück erlaubt sie eine einfache Antwort. Ist $f : \mathbb{R}^n \to \mathbb{R}^m$ eine Abbildung, dann kann man sie natürlich in m *Komponentenfunktionen* zerlegen, für jede Ergebniskomponente eine.

13.2.4 Beispiel Man definiere $f : \mathbb{R}^3 \to \mathbb{R}^2$ durch

$$f(x, y, z) = (x + y, y + z).$$

Dann hat f zwei Ergebniskomponenten, die man wieder als Funktionen mit dreidimensionalem Input, aber eindimensionalem Output schreiben kann. Setzt man

$$f_1(x, y, z) = x + y \text{ und } f_2(x, y, z) = y + z,$$

so gilt

$$f(x, y, z) = (f_1(x, y, z), f_2(x, y, z)),$$

und man bezeichnet die Funktionen f_1 und f_2 als Komponenten von f.

Damit haben wir aus einer großen Funktion mit m Ergebniskomponenten ein paar kleine Funktionen gemacht, die als Ergebnis jeweils eine harmlose reelle Zahl produzieren. Das trifft sich gut, denn solche Funktionen haben nichts dagegen, dass man sie partiell ableitet, und genau das ist nötig, um die Matrix A zu füllen. Bedenken Sie: bei einer Funktion $f : \mathbb{R}^n \to \mathbb{R}^m$ habe ich m Komponentenfunktionen $f_1, \ldots, f_m$, und jede dieser kleinen Funktionen besitzt n partielle Ableitungen. Insgesamt sind das $m \cdot n$ partielle Ableitungen, die uns zur Verfügung stehen, und erstaunlicherweise hat die $m \times n$-Matrix A auch genau $m \cdot n$ Einträge. Zufall? An solche Zufälle sollten Sie niemals glauben, und es ist auch keiner: in die Matrix A schreibt man genau die partiellen Ableitungen der Komponentenfunktionen.

13.2.5 Satz Es seien $D \subseteq \mathbb{R}^n$, $f : D \to \mathbb{R}^m$ eine Abbildung und $x_0 \in D$. Weiterhin sei f in x_0 total differenzierbar mit der Matrix

$$A = (a_{ij})_{\substack{i=1,\ldots,m \\ j=1,\ldots,n}} \in \mathbb{R}^{m \times n}.$$

Dann ist f in x_0 stetig und alle Komponentenfunktionen

$$f_1, \ldots, f_m : \mathbb{R}^n \to \mathbb{R}$$

sind in x_0 partiell differenzierbar, wobei gilt:

$$a_{ij} = \frac{\delta f_i}{\delta x_j}(x_0).$$

Das heißt:

$$A = \begin{pmatrix} \frac{\delta f_1}{\delta x_1}(x_0) & \frac{\delta f_1}{\delta x_2}(x_0) & \cdots & \frac{\delta f_1}{\delta x_n}(x_0) \\ \frac{\delta f_2}{\delta x_1}(x_0) & \frac{\delta f_2}{\delta x_2}(x_0) & \cdots & \frac{\delta f_2}{\delta x_n}(x_0) \\ \vdots & \vdots & & \vdots \\ \frac{\delta f_m}{\delta x_1}(x_0) & \frac{\delta f_m}{\delta x_2}(x_0) & \cdots & \frac{\delta f_m}{\delta x_n}(x_0) \end{pmatrix}.$$

Diese Matrix heißt *Funktionalmatrix* oder auch *Jacobi-Matrix* von f und wird mit $Df(x_0)$ oder $J_f(x_0)$ bezeichnet.

Die Matrix Df ist eine Erklärung wert. In 13.2.3 habe ich definiert, wann eine Funktion total differenzierbar ist: etwas verkürzt gesagt, ist das dann der Fall, wenn man $f(x)$ in der Nähe des Punktes x_0 durch die einfachere Funktion $f(x_0) + A(x - x_0)$ annähern kann, wobei A eine passende $m \times n$-Matrix ist. Diese Definition habe ich dem eindimensionalen Fall entnommen, der anstatt einer Matrix A eine Zahl a vor $x - x_0$ stehen hat, und zwar nicht irgendeine Zahl, sondern die Ableitung $a = f'(x_0)$. Es liegt also nahe, dass auch in

A Ableitungen stehen, und die einzigen Ableitungen auf dem Markt sind eben die partiellen Ableitungen der Komponentenfunktionen. In der Funktionalmatrix finden Sie also die partiellen Ableitungen aller Komponentenfunktionen nach allen Variablen: in der ersten Zeile von *A* listet man die partiellen Ableitungen der ersten Komponente auf, in der zweiten Zeile die partiellen Ableitungen der zweiten Komponente und so weiter, bis man nur noch die Ableitungen der letzten Komponente f_m übrig hat und sie der letzten Zeile von *A* zuordnet. Das Ergebnis ist die Funktionalmatrix $Df(x_0)$, die bei total differenzierbaren Funktionen dazu dient, $f(x)$ durch $f(x_0) + Df(x_0) \cdot (x - x_0)$ anzunähern.

Wichtig ist, dass Sie sich den Aufbau der Funktionalmatrix merken. In ihrer *i*-ten Zeile stehen fein säuberlich aufgelistet die partiellen Ableitungen der *i*-ten Komponentenfunktion f_i, ordentlich sortiert nach ihrer üblichen Reihenfolge. Wir sehen uns das gleich an zwei Beispielen an.

13.2.6 Beispiele

(i)   Man definiere $f : \mathbb{R}^2 \to \mathbb{R}^3$ durch

$$f(x, y) = (x + y, x^2 \sin y, e^{xy}).$$

Zur Berechnung der Funktionalmatrix $Df(x, y)$ muss ich mir die Komponentenfunktionen verschaffen. Das ist leicht, denn jede Ergebniskomponente von f entspricht einer Komponentenfunktion. Wir haben also

$$f_1(x, y) = x + y, \ f_2(x, y) = x^2 \sin y, \ f_3(x, y) = e^{xy}.$$

In $Df(x, y)$ finden sich dann sämtliche partiellen Ableitungen aller Komponenten. Ich rechne also zunächst die partiellen Ableitungen aus. Es gilt:

$$\frac{\delta f_1}{\delta x}(x, y) = 1, \frac{\delta f_1}{\delta y}(x, y) = 1,$$

$$\frac{\delta f_2}{\delta x}(x, y) = 2x \sin y, \frac{\delta f_2}{\delta y}(x, y) = x^2 \cos y$$

und

$$\frac{\delta f_3}{\delta x}(x, y) = ye^{xy}, \frac{\delta f_3}{\delta y}(x, y) = xe^{xy}.$$

Die Funktionalmatrix steht jetzt fast schon da. Ich muss nur noch die errechneten partiellen Ableitungen auf die einzelnen Zeilen einer Matrix verteilen: in die erste Zeile die Ableitungen von f_1, in die zweite Zeile die Ableitungen von f_2 und in die letzte Zeile schließlich die Ableitungen von f_3. Damit folgt:

$$Df(x, y) = \begin{pmatrix} 1 & 1 \\ 2x \sin y & x^2 \cos y \\ ye^{xy} & xe^{xy} \end{pmatrix}.$$

(ii) Man definiere $g : \mathbb{R} \to \mathbb{R}^2$ durch

$$g(x) = (2x^3, \ln(x^2 + 1)).$$

Die Funktion g hat zwar nur eine Input-Variable, aber immerhin zwei Outputs, und deshalb ist es sinnvoll, die Funktionalmatrix $Dg(x)$ zu berechnen. Die beiden Ergebniskomponenten lauten

$$g_1(x) = 2x^3 \text{ und } g_2(x) = \ln(x^2 + 1).$$

Damit sind wir auf altvertrautem Gebiet, denn die Komponentenfunktionen sind ganz gewöhnliche Funktionen mit einer Variablen, deren partielle Ableitungen natürlich mit ihren üblichen Ableitungen übereinstimmen. Es gilt also:

$$\frac{\delta g_1}{\delta x}(x) = g_1'(x) = 6x^2 \text{ und } \frac{\delta g_2}{\delta x}(x) = g_2'(x) = \frac{2x}{x^2 + 1},$$

wobei die Ableitung von g_2 mit der Kettenregel bestimmt wird. In der i-ten Zeile der Funktionalmatrix sollen sich alle partiellen Ableitungen von g_i versammeln, und da g_i nur eine partielle Ableitung hat, kann es auch pro Zeile nur einen Eintrag geben. Die Funktionalmatrix von g lautet also:

$$Dg(x) = \begin{pmatrix} 6x^2 \\ \frac{2x}{x^2+1} \end{pmatrix}.$$

Wozu soll das jetzt alles gut sein? Abgesehen davon, dass wir so etwas wie Funktionalmatrizen bei der Berechnung von Extremstellen im nächsten Abschnitt brauchen werden, kann man sie auch für Näherungszwecke verwenden. Ich habe schon mehrfach erwähnt, dass eine Funktion dann total differenzierbar ist, wenn man sie in der Nähe von x_0 durch den einfacheren Ausdruck

$$f(x_0) + Df(x_0) \cdot (x - x_0)$$

annähern kann. Ist nun f einigermaßen kompliziert und erfordert einen gewissen Rechenaufwand, dann kann es sinnvoll sein, nicht die Funktion $f(x)$ selbst auszurechnen, sondern nur die einfache Näherung, und dazu braucht man die Funktionalmatrix. Allerdings haben wir dabei ein kleines Problem: wir müssen uns irgendwie die Information verschaffen, dass f auch wirklich total differenzierbar ist. Glücklicherweise gibt es dafür ein einfaches Kriterium.

13.2.7 Satz Es seien $D \subseteq \mathbb{R}^n$ und $f : D \to \mathbb{R}^m$ eine Abbildung, deren Komponentenfunktionen $f_1, \ldots, f_m$ alle stetig partiell differenzierbar sind. Dann ist f total differenzierbar.

Wenn f also aus gutartigen und vernünftigen Komponenten besteht, kann man guten Gewissens von seiner totalen Differenzierbarkeit ausgehen und die Funktion durch den

Ausdruck

$$f(x_0) + Df(x_0) \cdot (x - x_0)$$

annähern. Da es sich dabei im wesentlichen um eine lineare Annäherungsfunktion handelt, spricht man auch von *Linearisierung*. Zwei Beispiele von Linearisierungen sollten Sie sich ansehen.

13.2.8 Beispiele

(i) Man definiere $f : \mathbb{R}^3 \to \mathbb{R}$ durch

$$f(x, y, z) = x^2 y + x y \sin z.$$

Das Leben ist hier etwas leichter als sonst, da f nur eine Outputkomponente vorweisen kann und deshalb seiner einzigen Komponentenfunktion f_1 entspricht. Ich kann mich also darauf beschränken, die partiellen Ableitungen von f auszurechnen. Es gilt:

$$\frac{\delta f}{\delta x}(x, y, z) = 2xy + y \sin z, \frac{\delta f}{\delta y}(x, y, z) = x^2 + x \sin z$$

und

$$\frac{\delta f}{\delta z}(x, y, z) = x y \cos z.$$

Offenbar werden sich alle diese partiellen Ableitungen hüten, verrückte Sprünge zu machen. Sie sind also stetig und damit ist f stetig partiell differenzierbar. Nach Satz 13.2.7 ist deswegen die Funktion f auch *total* differenzierbar und kann mit Hilfe einer linearen Funktion angenähert werden. Die Funktionalmatrix hat nur eine Zeile, weil f nur eine Komponente besitzt, und sie lautet:

$$Df(x, y, z) = \left(2xy + y \sin z \quad x^2 + x \sin z \quad x y \cos z \right)$$

Ich will jetzt f in der Nähe des Punktes $(x_0, y_0, z_0) = \left(1, 1, \frac{\pi}{2}\right)$ linearisieren. Da in der Linearisierungsformel die Funktionalmatrix an dem betroffenen Punkt vorkommt, muss ich ihn in $Df(x, y, z)$ einsetzen. Es gilt:

$$Df\left(1, 1, \frac{\pi}{2}\right) = \left(3 \quad 2 \quad 0 \right).$$

Außerdem brauche ich den Funktionswert bei (x_0, y_0, z_0). Es ergibt sich:

$$f\left(1, 1, \frac{\pi}{2}\right) = 2.$$

Damit habe ich alle Einzelteile der Näherungsformel zusammengetragen und brauche sie nur noch in die Formel einzusetzen. Die Näherung lautet:

$$f(x, y, z) \approx f\left(1, 1, \frac{\pi}{2}\right) + Df\left(1, 1, \frac{\pi}{2}\right) \cdot \begin{pmatrix} x - 1 \\ y - 1 \\ z - \frac{\pi}{2} \end{pmatrix}$$

$$= 2 + \begin{pmatrix} 3 & 2 & 0 \end{pmatrix} \cdot \begin{pmatrix} x - 1 \\ y - 1 \\ z - \frac{\pi}{2} \end{pmatrix}$$

$$= 2 + 3(x - 1) + 2(y - 1) + 0\left(z - \frac{\pi}{2}\right)$$

$$= 3x + 2y - 3.$$

Die etwas unübersichtliche Funktion

$$f(x, y, z) = x^2 y + xy \sin z$$

lässt sich also in der Nähe des Punktes $\left(1, 1, \frac{\pi}{2}\right)$ durch die deutlich einfachere Näherungsfunktion

$$g(x, y, z) = 3x + 2y - 3$$

annähern.

(ii) In Nummer (i) war die ganze Angelegenheit einigermaßen übersichtlich, weil f nur eine Outputkomponente hatte. Wir sollten noch ein Beispiel mit mehreren Komponenten durchrechnen. Dazu benutze ich die Funktion aus 13.2.6 (i) und definiere $f : \mathbb{R}^2 \to \mathbb{R}^3$ durch

$$f(x, y) = (x + y, x^2 \sin y, e^{xy}).$$

Die Funktionalmatrix von f habe ich schon ausgerechnet, sie lautet:

$$Df(x, y) = \begin{pmatrix} 1 & 1 \\ 2x \sin y & x^2 \cos y \\ ye^{xy} & xe^{xy} \end{pmatrix}.$$

Die Linearisierung soll nun für den Punkt $(1, 0)$ durchgeführt werden. Inzwischen wissen Sie sicher, wie wir vorgehen müssen: zuerst setze ich den fraglichen Punkt in die Funktionalmatrix ein. Das führt zu der Matrix

$$Df(1, 0) = \begin{pmatrix} 1 & 1 \\ 0 & 1 \\ 0 & 1 \end{pmatrix}.$$

Der Funktionswert ist noch schneller berechnet. Es gilt:

$$f(1,0) = (1,0,1).$$

Für die Linearisierung muss ich noch die Matrix $Df(1,0)$ mit dem Vektor $\begin{pmatrix} x - 1 \\ y - 0 \end{pmatrix}$ multiplizieren. Wir erhalten den Ergebnisvektor:

$$\begin{pmatrix} 1 & 1 \\ 0 & 1 \\ 0 & 1 \end{pmatrix} \cdot \begin{pmatrix} x - 1 \\ y \end{pmatrix} = \begin{pmatrix} x - 1 + y \\ y \\ y \end{pmatrix}.$$

Jetzt stoßen wir auf das kleine Problem, das ich im Abschluss an Definition 13.2.3 angesprochen habe. Der Vektor $f(1,0)$ liegt als Zeile $(1,0,1)$ vor, während das Produkt Matrix · Vektor eine Spalte geliefert hat. Beide warten darauf, addiert zu werden, und wir sollten nicht kleinlich sein. Ich berechne einfach die Linearisierung, indem ich die Spalte $\begin{pmatrix} x + y - 1 \\ y \\ y \end{pmatrix}$ in eine Zeile $(x + y - 1, y, y)$ verwandle, am Informationsgehalt ändert das nichts. Damit folgt:

$$f(x,y) \approx (1,0,1) + (x + y - 1, y, y)$$
$$= (x + y, y, y + 1).$$

Die kompliziertere Funktion f lässt sich also in der Nähe des Punktes $(1,0)$ durch die einfachere Funktion

$$g(x,y) = (x + y, y, y + 1)$$

annähern.

Ich möchte noch einmal darauf hinweisen, dass in Beispiel 13.2.8 (ii) eigentlich Spalten und Zeilen addiert werden und so etwas in einer formalen Betrachtungsweise nicht ganz den Regeln entspricht. Man kann dieses Problem leicht durch einige Umformulierungen und neue Definitionen lösen, aber das würde nur den Formalismus aufblähen und nichts am Ergebnis oder auch nur an der Vorgehensweise ändern. Es scheint mir deshalb sinnvoller, den Unmut mathematischer Puristen zu riskieren und die Methode aus 13.2.8 (ii) vorzuschlagen.

Sie sollten auch noch einen Blick auf das Beispiel 13.2.8 (i) werfen. Dort hatten wir eine Abbildung $f : \mathbb{R}^3 \to \mathbb{R}$ und mussten zum Zweck der Linearisierung ihre Funktionalmatrix $Df(x,y,z)$ ausrechnen. Da f nur eine Ergebniskomponente hat, kann diese Funktionalmatrix auch nur aus einer Zeile bestehen, und deshalb sieht sie dem Gradienten von f sehr ähnlich; der einzige Unterschied sind die zwei Kommas. Ich will damit nur noch einmal betonen, dass bei Funktionen mit einem eindimensionalen Output kein nennenswerter Unterschied zwischen der Funktionalmatrix und dem Gradienten zu finden ist, denn ein paar Kommas mehr oder weniger spielen zwar in der Rechtschreibung eine gewisse Rolle, doch in der Differentialrechnung sollte sich ihre Bedeutung in Grenzen halten.

Der Ordnung halber sei angemerkt, dass es Funktionen $f : \mathbb{R}^2 \to \mathbb{R}$ gibt, die in bestimmten Punkten zwar partiell differenzierbar, aber *nicht* total differenzierbar sind. Für $n = 2$ lässt sich dann zwar nach 13.1.7 die Gleichung der Tangentialebene berechnen, aber mit dieser Gleichung kann man nichts anfangen: wenn die Funktion nicht total differenzierbar ist, dann stellt die berechnete Ebene *keine* Näherung für den Funktionswert $f(x, y)$ dar und hat deshalb den Namen Tangentialebene eigentlich gar nicht verdient. Die üblichen Standardfunktionen sind aber ohne Schwierigkeiten beliebig oft stetig partiell differenzierbar und damit nach 13.2.7 auch total differenzierbar. In diesem Fall hat man mit der Tangentialebene keine Probleme, man kann ihre Gleichung aufstellen und hat zusätzlich die Garantie, dass sie auch tatsächlich eine Näherung an die ursprüngliche Funktion ist.

Ich möchte Ihnen jetzt noch eine andere Schreibweise der totalen Differenzierbarkeit vorstellen, die zu meinem Erstaunen wesentlich beliebter ist als die schlichte Definition 13.2.3. Es handelt sich dabei um das *totale Differential*.

13.2.9 Bemerkung Wir betrachten wieder eine total differenzierbare Funktion $f :$ $\mathbb{R}^2 \to \mathbb{R}$. Dann kann man f in der Nähe eines Punktes $(x_0, y_0) \in \mathbb{R}^2$ durch den einfacheren Ausdruck

$$f(x_0, y_0) + Df(x_0, y_0) \cdot \begin{pmatrix} x - x_0 \\ y - y_0 \end{pmatrix}$$

annähern. Schreibt man diese Formel aus, so erhält man die Näherung:

$$f(x, y) \approx f(x_0, y_0) + \left(\frac{\delta f}{\delta x}(x_0, y_0) \quad \frac{\delta f}{\delta y}(x_0, y_0) \right) \cdot \begin{pmatrix} x - x_0 \\ y - y_0 \end{pmatrix}$$

$$= f(x_0, y_0) + \frac{\delta f}{\delta x}(x_0, y_0) \cdot (x - x_0) + \frac{\delta f}{\delta y}(x_0, y_0) \cdot (y - y_0).$$

Nun sehen Sie auf der rechten Seite Differenzen von x- und von y-Werten. Es wäre nur konsequent, wenn dann auf der linken Seite eine Differenz von Funktionswerten stünde, um der Formel ein einheitliches Aussehen zu geben. Das lässt sich auch ganz leicht erreichen, indem wir auf beiden Seiten der Näherungsformel $f(x_0, y_0)$ abziehen. Dann folgt:

$$f(x, y) - f(x_0, y_0) \approx \frac{\delta f}{\delta x}(x_0, y_0) \cdot (x - x_0) + \frac{\delta f}{\delta y}(x_0, y_0) \cdot (y - y_0).$$

Gewöhnlich macht man sich das Leben noch etwas einfacher und kürzt die Differenzen ab. Wir setzen also

$$\Delta f = f(x, y) - f(x_0, y_0),$$

sowie

$$\Delta x = x - x_0 \text{ und } \Delta y = y - y_0.$$

Mit dieser Schreibweise lautet die Näherungsformel:

$$\Delta f \approx \frac{\delta f}{\delta x} \Delta x + \frac{\delta f}{\delta y} \Delta y.$$

Bei Licht betrachtet, ist damit überhaupt nichts Neues gewonnen. Diese Schreibweise legt nur eine andere Interpretation eines altvertrauten Sachverhaltes nahe. Sie können nämlich mit Hilfe der partiellen Ableitungen annähern, wie sich die Funktion f verändern wird, wenn man x und y verändert, das heißt, wenn man sich mit x und y ein Stückchen von x_0 und y_0 wegbewegt: die Änderung von f wird durch Δf beschrieben, und die Werte Δx und Δy zeigen, wie weit sich x und y von ihrem Urzustand entfernt haben.

Nun ist das aber nur eine Näherungsgleichung, die um so genauer ist, je näher wir uns am Punkt (x_0, y_0) aufhalten. Deshalb neigen die Physiker dazu, Δx und Δy „beliebig klein" werden zu lassen und schreiben dafür dx und dy. Durch diese beiden Ausdrücke sollen dann „unendlich kleine Strecken" in x- und y-Richtung beschrieben werden. (Ich möchte Sie daran erinnern, dass man sich damit auf den Stand der Mathematik des achtzehnten Jahrhunderts zurückbegibt, in dem unendlich kleine Größen weitgehend akzeptiert wurden, aber den Naturwissenschaftlern scheinen solche kleinlichen Bedenken nichts auszumachen.) Die Näherungsgleichung geht dann in die Gleichung

$$df = \frac{\delta f}{\delta x} dx + \frac{\delta f}{\delta y} dy$$

über. Das ist zwar eine *Gleichung*, aber in Wahrheit ist sie nur eine abkürzende Schreibweise für die *Näherung*, die ich oben hergeleitet habe. Sie besagt, dass man die Veränderung im Funktionswert Δf annähern kann durch den Ausdruck

$$\frac{\delta f}{\delta x}(x_0, y_0)\Delta x + \frac{\delta f}{\delta y}(x_0, y_0)\Delta y,$$

sofern Δx und Δy klein bleiben. Um der Sache einen Namen zu geben, nennt man den Term

$$df = \frac{\delta f}{\delta x} dx + \frac{\delta f}{\delta y} dy$$

das *totale Differential* der Funktion f.

Allgemein ist das totale Differential einer Funktion $f : \mathbb{R}^n \to \mathbb{R}$ der Ausdruck

$$df = \frac{\delta f}{\delta x_1} dx_1 + \frac{\delta f}{\delta x_2} dx_2 + \cdots + \frac{\delta f}{\delta x_n} dx_n.$$

Er drückt in einer abgekürzten Schreibweise aus, dass man die Veränderung der Funktionswerte annähern kann durch die Formel

$$\Delta f \approx \frac{\delta f}{\delta x_1} \Delta x_1 + \frac{\delta f}{\delta x_2} \Delta x_2 + \cdots + \frac{\delta f}{\delta x_n} \Delta x_n.$$

Um es noch einmal zu sagen: das totale Differential hat keine andere inhaltliche Bedeutung als die Formel für die totale Differenzierbarkeit, und im Grunde genommen läuft die Berechnung des totalen Differentials auf eine Linearisierung hinaus. Wichtig dabei ist, dass Ihr Augenmerk auf der Veränderung der Funktionswerte liegt: als Input stecken Sie die Änderungsraten von x und y in die Formel, die Ihnen zur Belohnung die Änderungsrate von f liefert, wenn auch nur näherungsweise.

Diese etwas theoretischen Überlegungen werde ich jetzt an einem Beispiel illustrieren.

13.2.10 Beispiel Man definiere die Funktion $f : \mathbb{R}^2 \to \mathbb{R}$ durch

$$f(x, y) = x^2 + \sin(yx).$$

Was geschieht nun mit dem Funktionswert $f(x, y)$, wenn sich die Eingabewerte x und y ändern und sich nicht allzuweit vom Punkt $(x_0, y_0) = (\sqrt{\pi}, \sqrt{\pi})$ weg bewegen? Solche Fragen und keine anderen kann man mit Hilfe des totalen Differentials beantworten. Da es sich aus den partiellen Ableitungen der Funktion zusammensetzt, ist die Berechnung dieser partiellen Ableitungen angebracht. Es gilt:

$$\frac{\delta f}{\delta x}(x, y) = 2x + y \cos(yx) \text{ und } \frac{\delta f}{\delta y}(x, y) = x \cos(yx).$$

Das totale Differential hat also die Gestalt:

$$df = \frac{\delta f}{\delta x} dx + \frac{\delta f}{\delta y} dy$$
$$= (2x + y \cos(yx)) dx + (x \cos(yx)) dy.$$

Die Größen dx und dy sollen die gewünschten Veränderungen an den Eingabewerten darstellen, beschreiben also die Differenz zwischen den neuen x, y-Werten und dem alten Punkt $(\sqrt{\pi}, \sqrt{\pi})$. Dagegen muss ich diesen Punkt selbst in die partiellen Ableitungen einsetzen, denn sie entstammen der Funktionalmatrix von f am ursprünglichen Punkt (x_0, y_0). Damit erhalten wir das folgende totale Differential:

$$df = (2\sqrt{\pi} + \sqrt{\pi} \cos \pi) dx + \sqrt{\pi} \cos \pi dy = \sqrt{\pi} dx - \sqrt{\pi} dy.$$

Vergrößern Sie jetzt beispielsweise x um den Wert 0.1, während Sie y um den gleichen Wert verkleinern, dann ist

$$dx = 0{,}1 \text{ und } dy = -0{,}1,$$

und daraus folgt:

$$df = \sqrt{\pi} \cdot 0{,}1 - \sqrt{\pi} \cdot (-0{,}1) = 0{,}2\sqrt{\pi} = 0{,}354.$$

Man kann also in diesem Fall eine ungefähre Vergrößerung des Funktionswertes um $0{,}354$ erwarten.

Sie haben gesehen, dass bei der totalen Differenzierbarkeit die Berechnung der Funktionalmatrix eine gewichtige Rolle spielt. Es würde also nichts schaden, noch ein Mittel zur Verfügung zu haben, mit dessen Hilfe man die Funktionalmatrizen komplizierterer Funktionen bestimmen kann. Im eindimensionalen Fall war das ganz ähnlich: zuerst haben wir uns überlegt, was eine Ableitung eigentlich ist, und danach haben wir uns Regeln zum Ableiten verwickelter Funktionen verschafft. Besonders wichtig war dabei die Kettenregel, die Auskunft darüber gibt, wie man die Ableitung einer verketteten Funktion findet, und deshalb werde ich Ihnen jetzt die mehrdimensionale Version der Kettenregel zeigen.

Diese Regel trifft immer wieder auf ziemlich wenig Gegenliebe, dabei sieht sie eigentlich genauso aus wie die vertraute Kettenregel aus dem siebten Kapitel. Sie erinnern sich: wenn Sie die Ableitung einer verketteten Funktion

$$(f \circ g)(x) = f(g(x))$$

ausrechnen, dann multiplizieren Sie einfach die äußere Ableitung mit der inneren, und schon ist alles erledigt. Präziser gesagt:

$$(f \circ g)'(x) = f'(g(x)) \cdot g'(x).$$

Es ist aber mittlerweile klar, wer im Mehrdimensionalen die Rolle der Ableitung übernommen hat, nämlich die Funktionalmatrix. Anstatt $f'(g(x))$ mit $g'(x)$ zu multiplizieren, muss man deshalb nur den natürlichen Schritt in die höheren Dimensionen wagen und das Produkt aus $Df(g(x))$ und $Dg(x)$ bestimmen. Es ändert sich also fast gar nichts, man schreibt nur anstelle von f' und g' die Symbole Df und Dg.

13.2.11 Satz Es seien $D \subseteq \mathbb{R}^n$ und $E \subseteq \mathbb{R}^m$ Mengen und $g : D \to \mathbb{R}^m$ sowie $f : E \to \mathbb{R}^k$ Funktionen, wobei stets $g(x)$ im Definitionsbereich E von f liegen soll. Ist g in $x_0 \in D$ total differenzierbar und f in $g(x_0) \in E$ total differenzierbar, so ist auch $f \circ g : D \to \mathbb{R}^k$ in x_0 total differenzierbar, und es gilt:

$$D(f \circ g)(x_0) = Df(g(x_0)) \cdot Dg(x_0).$$

Diese Formel heißt *Kettenregel*.

Die Situation unterscheidet sich in fast nichts von der Lage bei der eindimensionalen Kettenregel. Sie haben zwei Funktionen f und g, wobei Sie die Ergebnisse der zweiten Funktion als Inputs in die erste Funktion einsetzen können. Das Ziel ist es, die Ableitung von $f(g(x))$ herauszufinden. Dazu muss ich erst einmal die Funktionalmatrizen Df und Dg ausrechnen, aber hier ist Vorsicht geboten: in Dg dürfen Sie bedenkenlos den Punkt x einsetzen, aber Df verlangt etwas Besonderes. In die Funktionalmatrix von f setzen Sie nicht einfach x ein, in aller Regel wäre das sogar unmöglich, weil x ein n-dimensionaler Vektor ist und f dummerweise m-dimensionale Inputs verlangt. Der Input der Funktionalmatrix Df ist vielmehr $g(x)$, und auch das ist nicht überraschend. Wie würden Sie beispielsweise die Funktion $\sin(x^2)$ ableiten? Sie würden doch die innere Ableitung $2x$ mit der äußeren Ableitung $\cos(x^2)$ multiplizieren und als Ergebnis $\cos(x^2) \cdot 2x$ erhalten. Also setzen Sie in die Ableitung der Sinusfunktion die innere Funktion $g(x)$ wieder ein und bilden den Ausdruck $f'(g(x))$. Dass man das im mehrdimensionalen Fall nicht anders macht, braucht dann niemanden zu wundern.

An dem folgenden Beispiel können Sie sich die Wirkungsweise der Kettenregel einmal ansehen.

13.2.12 Beispiel   Wir definieren $g : \mathbb{R}^2 \to \mathbb{R}^3$ durch

$$g(x, y) = (x + y, x^2 - y, 2xy)$$

und $f : \mathbb{R}^3 \to \mathbb{R}^2$ durch

$$f(x, y, z) = (\sin x, \sin(y + z)).$$

Voraussetzung zur Anwendung der Kettenregel ist das Zusammenpassen von f und g, denn die Funktionswerte von g müssen als Eingabewerte für f geeignet sein. Das ist aber der Fall. Die Funktion g liefert dreidimensionale Ergebnisse, und f ist freundlich genug, dreidimensionale Vektoren als Eingabe zu verlangen. Ich kann mich also daran machen, die Funktionalmatrix der verketteten Funktion $f \circ g$ zu berechnen. Nach der Kettenregel brauche ich dazu die Funktionalmatrizen der einzelnen Funktionen f und g, die ich als Erstes ausrechne. Da Ihnen Funktionalmatrizen inzwischen vertraut sind, verzichte ich darauf, erst alle partiellen Ableitungen der Reihe nach aufzuschreiben und anschließend in die Matrix einzutragen, sondern ich schreibe die Matrizen einfach hin. Es gilt:

$$Df(x, y, z) = \begin{pmatrix} \cos x & 0 & 0 \\ 0 & \cos(y + z) & \cos(y + z) \end{pmatrix}$$

und

$$Dg(x, y) = \begin{pmatrix} 1 & 1 \\ 2x & -1 \\ 2y & 2x \end{pmatrix}.$$

Wie ich aber gerade erklärt habe, kann ich mit $Df(x, y, z)$ alleine nicht viel anfangen, ich darf nicht irgendeinen Punkt (x, y, z) in Df einsetzen, sondern muss mir schon die Mühe machen, Df mit $g(x, y)$ zu konfrontieren. Das ist gar kein Problem, denn $g(x, y)$ hat drei Dimensionen, passt also zu dem Eingabewunsch von Df. Wegen $g(x, y) = (x + y, x^2 - y, 2xy)$ ist dann

$$Df(g(x, y)) = Df(x + y, x^2 - y, 2xy)$$

$$= \begin{pmatrix} \cos(x + y) & 0 & 0 \\ 0 & \cos(x^2 - y + 2xy) & \cos(x^2 - y + 2xy) \end{pmatrix}.$$

Es ist genau dieser Punkt, der immer wieder Schwierigkeiten macht. Dabei ist er nicht weiter tragisch. Im ersten Eintrag der ersten Zeile von $Df(x, y, z)$ steht $\cos x$, und das heißt, dass man die Cosinusfunktion auf den ersten Input anzuwenden hat. Nun heißt der erste Input aber nicht mehr x, da es auf einmal um die Matrix $Df(x + y, x^2 - y, 2xy)$ geht: er heißt $x + y$, und der Cosinus wird sich damit abfinden müssen, den Wert $x + y$ als Eingabe zu akzeptieren. Der Rest der Zeile besteht aus Nullen, und Null bleibt nun einmal Null, das ist bei Zahlen nicht anders als bei Politikern. Folglich bleibt auch am Anfang der zweiten Zeile die Null stehen, aber für den zweiten und dritten Eintrag müssen wir wieder die richtigen Inputs verwenden. Hier soll der Cosinus auf die Summe aus dem zweiten und dritten Input angewendet werden, und diese Inputs sind nicht mehr die schlichten Variablen y und z, sondern die Terme $x^2 - y$ und $2xy$. Deshalb lauten beide Einträge $\cos(x^2 - y + 2xy)$.

Das Multiplizieren der Matrizen ist jetzt reine Routine. Wir haben:

$$D(f \circ g)(x, y) = Df(g(x, y)) \cdot Dg(x, y)$$

$$= \begin{pmatrix} \cos(x + y) & 0 & 0 \\ 0 & \cos(x^2 - y + 2xy) & \cos(x^2 - y + 2xy) \end{pmatrix} \cdot \begin{pmatrix} 1 & 1 \\ 2x & -1 \\ 2y & 2x \end{pmatrix}$$

$$= \begin{pmatrix} \cos(x + y) & \cos(x + y) \\ (2x + 2y)\cos(x^2 - y + 2xy) & (-1 + 2x)\cos(x^2 - y + 2xy) \end{pmatrix}.$$

Damit stehen uns natürlich auch die partiellen Ableitungen der Komponenten von $f \circ g$ zur Verfügung. Ich kann aus der Funktionalmatrix beispielsweise ablesen, dass

$$\frac{\delta(f \circ g)_1}{\delta x}(x, y) = \cos(x + y)$$

und

$$\frac{\delta(f \circ g)_2}{\delta y}(x, y) = (-1 + 2x)\cos(x^2 - y + 2xy)$$

gilt, ohne jemals $f \circ g$ selbst ausgerechnet zu haben. Die Kettenregel liefert also insbesondere ein Mittel, an die partiellen Ableitungen einer verketteten Funktion heranzukommen.

Ein Wort noch zur Anwendung der Kettenregel. Im eindimensionalen Fall ist es ganz egal, ob Sie $f'(g(x)) \cdot g'(x)$ ausrechnen oder $g'(x) \cdot f'(g(x))$. Ich habe Ihnen aber in 12.2.12 erzählt, dass man bei Matrizen sehr genau auf die Multiplikationsreihenfolge achten muss und sie in aller Regel nicht vertauschen darf. Es ist also wichtig, das Produkt $Df(g(x, y)) \cdot Dg(x, y)$ auszurechnen und nicht etwa $Dg(x, y) \cdot Df(g(x, y))$. In Beispiel 13.2.12 wäre zwar auch das zweite Produkt berechenbar, aber es hat leider gar nichts mit der Funktionalmatrix der verketteten Funktion $f \circ g$ zu tun.

Allerdings kann dieses Reihenfolgeproblem in den meisten Fällen gar nicht entstehen. Üblicherweise hat man Funktionen $f : \mathbb{R}^m \to \mathbb{R}^k$ und $g : \mathbb{R}^n \to \mathbb{R}^m$. Deshalb ist Df eine $k \times m$-Matrix, während Dg eine $m \times n$-Matrix sein wird. Nun haben Sie im letzten Kapitel gelernt, wann man Matrizen miteinander multiplizieren darf: das ist nur erlaubt, wenn sie ordentlich zusammenpassen, und das heißt, die Spaltenzahl der ersten Matrix muss der Zeilenzahl der zweiten Matrix entsprechen. Bei der Multiplikation $Df \cdot Dg$ ist das kein Problem, die Matrix Df hat m Spalten, und nichts könnte besser dazu passen als die m Zeilen von Dg. Wenn Sie aber umgekehrt Dg mit Df multiplizieren möchten, dann werden Sie feststellen müssen, dass Dg mit n Spalten geschlagen ist, während Df darauf besteht, k Zeilen zu besitzen. Falls hier nicht zufällig $n = k$ gilt, haben Sie keine Chance. Sie brauchen auch gar keine, denn nach der Kettenregel ist die Multiplikationsreihenfolge der Funktionalmatrizen eindeutig festgelegt, und zur Berechnung von $D(f \circ g)$ sollte Ihnen ein Produkt der Form $Dg \cdot Df$ völlig gleichgültig sein.

Zum Schluss dieses Abschnitts zeige ich Ihnen noch kurz, wie man die Funktionalmatrix von mehrdimensionalen Umkehrfunktionen berechnet. Sie erinnern sich oder können in 7.2.17 nachlesen, dass für eine streng monotone Funktion f die Gleichung

$$(f^{-1})'(y) = \frac{1}{f'(x)} \text{ für } y = f(x)$$

gilt. Im mehrdimensionalen Fall ist es nun nicht mehr möglich, einen brauchbaren Monotoniebegriff zu definieren, und wir beschränken uns auf die einfache Voraussetzung, dass für jedes y aus dem *Wertebereich* genau ein x aus dem *Definitionsbereich* von f existiert, so dass $f(x) = y$ gilt. In diesem Fall kann ich nämlich die Umkehrfunktion $f^{-1}(y) = x$ sinnvoll definieren. Die Regel für das Berechnen der Funktionalmatrix ist dann nicht sehr schwer eizusehen. Wir haben uns im zwölften Kapitel darüber geeinigt, dass es auch für Matrizen eine Art von Kehrwert gibt. Man schreibt zwar nicht gerade $\frac{1}{A}$, wenn es um Matrizen geht, aber der Ausdruck A^{-1} leistet die Dienste eines Kehrwerts und hat den Vorteil, mit Hilfe des Gauß-Algorithmus berechenbar zu sein. Ich werde also in der Formel $(f^{-1})'(y) = \frac{1}{f'(x)}$ den Kehrwert von $f'(x)$ durch die inverse Matrix ersetzen und habe damit bereits die Formel für die Funktionalmatrix der Umkehrfunktion gefunden.

13.2.13 Satz Es seien $U_1, U_2 \subseteq \mathbb{R}^n$ und $f : U_1 \to U_2$ eine stetig partiell differenzierbare Abbildung, so dass für jedes $y \in U_2$ genau ein $x \in U_1$ existiert mit $f(x) = y$. Weiterhin sei für alle $x \in U_1$ die Matrix $Df(x)$ invertierbar. Dann gibt es eine Umkehrfunktion $f^{-1} : U_2 \to U_1$, die ebenfalls stetig partiell differenzierbar ist, und es gilt:

$$Df^{-1}(y) = (Df(x))^{-1} \text{ für } y = f(x).$$

Um die Funktionalmatrix der Umkehrfunktion f^{-1} in y zu finden, muss ich also nur die Funktionalmatrix von f in x ausrechnen und dann invertieren. Der Satz ist allerdings nur von beschränktem praktischem Wert, denn es ist gar nicht so leicht, mehrdimensionale Funktionen zu finden, die eine Umkehrfunktion besitzen, und selbst wenn man einen Kandidaten gefunden hat, kann es unangenehm sein, die Umkehrfunktion konkret auszurechnen. Ich halte es deshalb für sehr wahrscheinlich, dass Sie nie mehr wieder mit dem Problem mehrdimensionaler Umkehrfunktionen konfrontiert werden, und verzichte daher auf eine genauere Besprechung und auf Beispiele.

Jetzt habe ich Sie lange genug mit totaler Differenzierbarkeit und Funktionalmatrizen traktiert. Im nächsten Abschnitt sehen wir uns an, wie man unsere Kenntnisse über mehrdimensionales Differenzieren nutzbringend auf Extremwertprobleme anwenden kann.

13.3 Extremwerte

Irgendeinen praktischen Nutzen sollte die mehrdimensionale Differentialrechnung schon haben, und eine klassische Anwendung von Ableitungen besteht natürlich in der Berechnung optimaler Punkte. In der Einleitung dieses Kapitels habe ich schon angedeutet, worum es geht: Sie haben eine Funktion $f : \mathbb{R}^n \to \mathbb{R}$, die zum Beispiel die Kosten eines Herstellungsverfahrens oder den Materialverbrauch bei einer bestimmten Produktionsmethode beschreibt. Wer auch immer die Kosten bezahlen oder das Material zur Verfügung stellen muss, wird daran interessiert sein, so wenig wie möglich herauszurücken, und deshalb muss der kleinste Wert von f bestimmt werden. Es kann aber auch nach dem anderen Extrem gesucht werden. Falls f beispielsweise nicht die Kosten, sondern den Gewinn beziffert, wäre eine Minimierung vielleicht für die Konkurrenz interessant, aber nicht für den Auftraggeber. Hier muss man nach der Punktkonstellation suchen, die den größtmöglichen Funktionswert liefert.

Damit ist die grundsätzliche Problemstellung beschrieben. Beim Einsatz der Differentialrechnung ist allerdings ein wenig Vorsicht geboten, wie Sie schon in 7.3.11 (iv) sehen konnten. Dort haben wir die so harmlos aussehende Funktion $f : [0, 1] \to \mathbb{R}$, $f(x) = x$, untersucht und festgestellt, dass sie stolze Besitzerin eines Minimums in $x = 0$ und eines Maximums in $x = 1$ ist, obwohl die Ableitung durchgängig $f'(x) = 1$ beträgt. Das lag daran, dass wir die Randpunkte nicht aus dem Definitionsbereich ausgeschlossen hatten; die übliche notwendige Bedingung $f'(x) = 0$ ist nur dann gültig, wenn der Definitionsbereich der Funktion f keine Randpunkte enthält. Solche Mengen nennt man *offen*.

13.3.1 Definition Eine Menge $U \subseteq \mathbb{R}^n$ heißt *offen*, wenn kein am Rand von U liegender Punkt zu U selbst gehört.

Diese Definition ist vielleicht mathematisch nicht sehr präzise, aber einigermaßen anschaulich. Bei einem Intervall in $\mathbb{R}$ hat man zum Beispiel nur zwei Randpunkte, nämlich den linken und den rechten, und daher ist das Intervall genau dann offen, wenn es weder den linken noch den rechten Randpunkt enthält. Bei zweidimensionalen Mengen muss man mit wesentlich mehr Randpunkten rechnen. Wir sehen uns zwei Beispiele an, die in den Abb. 13.5 und 13.6 veranschaulicht werden.

13.3.2 Beispiele

(i) Es sei
$$U = \{(x, y) \in \mathbb{R}^2 \mid x^2 + y^2 < 1\}.$$

Die Menge U ist der innere Teil einer Kreisfläche mit dem Radius 1. Der Rand dieser Kreisfläche besteht offenbar aus der Kreis*linie* mit der Gleichung $x^2 + y^2 = 1$, aber all diese Randpunkte habe ich ausgeschlossen, weil ich in U nur Punkte zulasse, von denen die Beziehung $x^2 + y^2 < 1$ erfüllt wird. U enthält also tatsächlich keine Randpunkte und ist deshalb offen. Ganz anders ist die Situation bei der Menge
$$K = \{(x, y) \in \mathbb{R}^2 \mid x^2 + y^2 \leq 1\}.$$

Sie hat die gleichen Randpunkte wie U, und da ich in der Mengenbeschreibung das Relationszeichen „$\leq$" verwendet habe, enthält die Menge K ihre Randpunkte. Sie kann deshalb nicht offen sein.

(ii) Offene Mengen müssen nicht immer runde Begrenzungslinien haben. Ich setze beispielsweise
$$V = \{(x, y) \in \mathbb{R}^2 \mid 0 < x < 1 \text{ und } 0 < y < 1\}.$$

V ist ein Quadrat der Seitenlänge 1, das jedoch seine Begrenzungslinien *nicht* enthält und deshalb offen ist. Dagegen ist das ganz ähnlich aussehende Quadrat
$$L = \{(x, y) \in \mathbb{R}^2 \mid 0 < x \leq 1 \text{ und } 0 < y < 1\}$$

Abb. 13.5 Offener Kreis U in $\mathbb{R}^2$

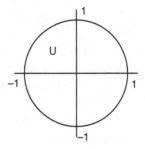

Abb. 13.6 Offenes Quadrat V
in $\mathbb{R}^2$

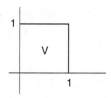

alles andere als offen. Es enthält zwar nicht alle seine Randpunkte, aber immerhin ist die rechte vertikale Begrenzungsstrecke ein Teil des Quadrats L, da ich hier $x \leq 1$ zugelassen habe.

Als Faustregel kann man sich merken, dass eine Menge dann offen sein wird, wenn in ihrer mathematischen Beschreibung die Relationszeichen „<" und „>", aber niemals „≤", „≥" oder gar „=" auftreten. Anschaulich betrachtet, läuft es aber immer darauf hinaus, dass die Randpunkte von U nicht in der Menge U selbst liegen.

Auf solchen offenen Mengen kann man Extremwerte von Funktionen mit mehreren Inputvariablen berechnen. Der Ordnung halber werde ich jetzt erst einmal definieren, was man unter einem Extremum versteht, und anschließend zeigen, wie Extremstellen mit Ableitungen zusammenhängen.

13.3.3 Definition Es seien $U \subseteq \mathbb{R}^n$ eine offene Menge und $f : U \to \mathbb{R}$ eine Abbildung.

(i) Ein Punkt $x_0 \in U$ heißt *lokales Maximum* von f, falls f in der Nähe von x_0 nicht größer wird als bei x_0, das heißt:

$$f(x) \leq f(x_0) \text{ für alle } x \text{ in der Nähe von } x_0.$$

(ii) Ein Punkt $x_0 \in U$ heißt *lokales Minimum* von f, falls f in der Nähe von x_0 nicht kleiner wird als bei x_0, das heißt:

$$f(x) \geq f(x_0) \text{ für alle } x \text{ in der Nähe von } x_0.$$

Ein *lokales Extremum* ist ein lokales Minimum oder ein lokales Maximum.

Das ist im mehrdimensionalen Fall nicht anders als im eindimensionalen. Die Differentialrechnung liefert nur Informationen über *lokale* Extrema und nicht über globale. Es kann also durchaus vorkommen, dass eine Funktion mehrere lokale Maxima aufweist, die auch noch verschiedene Funktionswerte haben, und man zur Bestimmung des globalen Maximums die Extremstelle mit dem größten Funktionswert heraussuchen muss.

Bisher haben wir aber noch gar kein Instrumentarium zur Berechnung lokaler Extrema. Bei Funktionen mit einer Variablen gab es eine einfache notwendige Bedingung: die erste Ableitung muss zu Null werden, damit man überhaupt eine Chance hat. Nun haben wir aber Funktionen mit n Input-Variablen, und die Rolle der ersten Ableitung spielt hier der Gradient oder die Funktionalmatrix, je nachdem, ob Sie Kommas zwischen die partiellen Ableitungen schreiben oder es bleiben lassen. Aus alter Gewohnheit verwende ich den Gradienten. Die Bedingung ist dann im Prinzip die gleiche wie im siebten Kapitel, nur dass nicht mehr die simple erste Ableitung Null werden muss, sondern gleich der ganze Gradient.

13.3.4 Satz Es seien $U \subseteq \mathbb{R}^n$ eine offene Menge und $f : U \to \mathbb{R}$ partiell differenzierbar. Besitzt f in $x_0 \in U$ ein lokales Extremum, so gilt

$$\operatorname{grad} f(x_0) = 0,$$

das heißt:

$$\frac{\delta f}{\delta x_1}(x_0) = \cdots = \frac{\delta f}{\delta x_n}(x_0) = 0.$$

Die Suche nach geeigneten Kandidaten für Extremstellen ist also etwas aufwendiger als im eindimensionalen Fall. Damals mussten wir nur die Gleichung $f'(x) = 0$ lösen, und das war eine Gleichung mit einer Unbekannten. Jetzt haben wir n Unbekannte auf einmal, und da es n partielle Ableitungen gibt, sind diese Unbekannten in n Gleichungen verpackt. Das erinnert zwar an lineare Gleichungssysteme mit n Gleichungen und n Unbekannten, aber diese Erinnerung täuscht, die Gleichungen $\frac{\delta f}{\delta x_i}(x_0) = 0$ werden sich normalerweise hüten, linear zu sein, und können recht kompliziert werden.

An zwei Beispiele sehen wir uns die Wirkungsweise dieses notwendigen Kriteriums an.

13.3.5 Beispiele

(i)   Ich greife zurück auf die altbekannte Funktion

$$f(x, y) = 1 - x^2 - y^2.$$

Um Extremwertkandidaten zu finden, muss ich den Gradienten berechnen und anschließend Null setzen. Es gilt:

$$\operatorname{grad} f(x, y) = (-2x, -2y),$$

denn im Gradienten versammeln sich alle partiellen Ableitungen von f. Nun suchen wir nach Nullstellen des Gradienten. Genau dann ist

$$\operatorname{grad} f(x, y) = (0, 0),$$

wenn

$$-2x = 0 \text{ und } -2y = 0$$

gilt. Das sind glücklicherweise zwei lineare Gleichungen, bei denen uns die Lösungen fast geschenkt werden: es gilt $x = y = 0$, und der einzige Kandidat für ein Extremum ist $(x, y) = (0, 0)$. Mehr liefert Satz 13.3.4 nicht. *Wenn* es ein lokales Extremum gibt, *dann* muss es bei $(0, 0)$ liegen, aber wir wissen noch überhaupt nicht, ob die Doppelnull tatsächlich ein Extremum ist oder doch nur ein britischer Agent mit der Lizenz zum Töten. Die Funktion ist allerdings so einfach, dass sich dieses Problem leicht lösen lässt; offenbar ist stets $f(x, y) \leq 1$ und $f(0, 0) = 1$, weshalb im Punkt $(0, 0)$ tatsächlich ein Maximum vorliegt.

(ii)   Etwas komplizierter ist die Lage bei der Funktion

$$f(x, y) = \sin x \cdot \sin y.$$

Ich wende den Satz 13.3.4 an und berechne den Gradienten. Er lautet:

$$\operatorname{grad} f(x, y) = (\cos x \sin y, \sin x \cos y).$$

Sie sehen, dass wir von diesem Gradienten sicher keine linearen Gleichungen zu erwarten haben, aber das ist leider kein Argument, um die Aufgabe zu den Akten zu legen; ich muss die Nullstellen des Gradienten finden. Nun gilt

$$\operatorname{grad} f(x, y) = (0, 0)$$

genau dann, wenn

$$\cos x \sin y = 0 \text{ und } \sin x \cos y = 0$$

ist. Das sind zwei Gleichungen mit zwei Unbekannten, die gleichzeitig gelten sollen und eine genauere Betrachtung erfordern. Sehen wir uns zunächst die erste Gleichung an.

Bekanntlich ist ein Produkt genau dann Null, wenn einer der beiden Faktoren Null wird. Die Bedingung $\cos x \sin y = 0$ kann ich also umschreiben zu

$$\cos x = 0 \text{ oder } \sin y = 0.$$

Falls $\cos x = 0$ gilt, wird wegen $\sin^2 x + \cos^2 x = 1$ der Sinus von x entweder 1 oder -1 sein, und deshalb muss in der zweiten Gleichung

$$\sin x \cos y = 0$$

der Cosinus von y die Rolle der Null übernehmen. Die Gleichung

$$\operatorname{grad} f(x, y) = 0$$

ist also sicher dann erfüllt, wenn $\cos x = 0$ und $\cos y = 0$ gilt. Nun kann man aber die erste Gleichung $\cos x \sin y = 0$ auch dadurch lösen. dass man $\sin y$ zu Null werden lässt. In diesem Fall kann $\cos y$ nur noch die Werte ± 1 annehmen, und da in der zweiten Gleichung $\sin x \cos y = 0$ gelten muss, folgt daraus $\sin x = 0$.

Damit haben wir alles zusammen. Genau dann ist der Gradient von f in allen Komponenten Null, wenn entweder

$$\cos x = 0 \text{ und } \cos y = 0$$

oder

$$\sin x = 0 \text{ und } \sin y = 0$$

gelten. Da sich die trigonometrischen Funktionen in Abständen von 2π wiederholen, beschränke ich mich auf Werte $x, y \in [0, 2\pi)$. In 6.1.7 können Sie nachlesen, wann Sinus und Cosinus den Wert Null annehmen: Die erste Kombination ist genau für die Punkte

$$(x, y) = \left(\frac{\pi}{2}, \frac{\pi}{2}\right), (x, y) = \left(\frac{\pi}{2}, \frac{3}{2}\pi\right), (x, y) = \left(\frac{3}{2}\pi, \frac{\pi}{2}\right)$$

und

$$(x, y) = \left(\frac{3}{2}\pi, \frac{3}{2}\pi\right)$$

erfüllt. Weitere vier Lösungen findet man für die zweite Kombination. Sie lauten:

$$(x, y) = (0, 0), (x, y) = (0, \pi), (x, y) = (\pi, 0) \text{ und } (x, y) = (\pi, \pi).$$

Nun holen Sie einmal kurz Luft und sehen sich das Ergebnis an. Wir haben acht Lösungen der Gleichung

$$\operatorname{grad} f(x, y) = 0$$

gefunden, und jede einzelne ist ein Kandidat für eine Extremstelle – mehr aber auch nicht. Beim derzeitigen Stand der Dinge wissen wir noch nicht, welche dieser Kandidaten auch tatsächlich zu lokalen Extrema führen. Greifen wir einmal zwei Punkte heraus.

Der Punkt $\left(\frac{\pi}{2}, \frac{\pi}{2}\right)$ hat den Funktionswert

$$f\left(\frac{\pi}{2}, \frac{\pi}{2}\right) = \sin \frac{\pi}{2} \sin \frac{\pi}{2} = 1.$$

Da f als Produkt von zwei Sinusfunktionen niemals den Wert 1 überschreiten kann, liegt bei $(x, y) = \left(\frac{\pi}{2}, \frac{\pi}{2}\right)$ also ein echtes Maximum vor. Anders ist es bei $(x, y) = (0, 0)$. Sein Funktionswert beträgt

$$f(0, 0) = 0,$$

und das stimmt einen schon bedenklich. Wenn wir bei $(0, 0)$ ein Extremum hätten, dann müssten in der Nähe der Doppelnull entweder alle Funktionswerte über Null oder alle Funktionswerte unter Null liegen. Im ersten Fall wäre $(0, 0)$ ein Minimum, im zweiten Fall ein Maximum. Leider tritt keiner der beiden Fälle ein. Für x-Werte in der Nähe von 0 ist nämlich

$$f(x, x) = \sin x \sin x = \sin^2 x > 0$$

und

$$f(x, -x) = \sin x \sin(-x) = -\sin^2 x < 0.$$

In jeder beliebigen Nähe des Nullpunktes erhält man also sowohl positive als auch negative Funktionswerte, und da $f(0, 0) = 0$ gilt, kann $(0, 0)$ kein lokales Extremum sein.

Was war nun der Sinn der ganzen Übung? Sie sollten zwei Dinge gesehen haben. Erstens ist es nicht immer ein reines Vergnügen, die Nullstellen des Gradienten zu bestimmen, weil wir meistens mehrere nicht-lineare Gleichungen mit mehreren Unbekannten lösen müssen. Zweitens kann die Arbeit vielleicht umsonst sein: die Nullstellen des Gradienten sind nur *Kandidaten* für lokale Extrema, und es gibt keine Garantie, dass eine Gradientennullstelle sich auch wirklich als lokales Extremum entpuppt. Wir wissen nur, dass jede Extremstelle der Funktion auch Nullstelle des Gradienten sein muss. Wie Sie an Beispiel 13.3.5 (ii) sehen können, gilt die Umkehrung nicht.

Auch das braucht niemanden zu überraschen. Schon bei der eindimensionalen Differentialrechnung aus dem siebten Kapitel war die Bedingung $f'(x) = 0$ nur eine *notwendige* Bedingung für das Vorliegen eines lokalen Extremums und keineswegs hinreichend; damals kam die Bedingung $f''(x_0) > 0$ bzw. $f''(x_0) < 0$ hinzu. Es wäre eine feine Sache, eine ähnliche *hinreichende* Bedingung auch für Funktionen mit mehr als einer Input-Variablen aufstellen zu können. Die gibt es auch, aber bevor ich sie Ihnen zeigen kann, müssen wir noch ein paar Vorarbeiten erledigen. Im Mehrdimensionalen werden Ableitungen nämlich durch Matrizen beschrieben, und wir müssen uns erst einmal darüber einigen, welche Matrix die zweite Ableitung vertreten soll. Außerdem brauchen wir Informationen über das Vorzeichen der zweiten Ableitung, da wir sonst einem Extremum nicht ansehen können, ob ein Maximum oder ein Minimum vorliegt. Beide Probleme werde ich jetzt angehen.

Ich kümmere mich zuerst um das Vorzeichenproblem. Die zweite Ableitung wird in Form einer Matrix vorliegen, und ich muss dieser Matrix ansehen können, ob sie in irgendeiner Weise positiv oder negativ ist. Der einfachste Weg, einer Matrix ein Vorzeichen zuzuordnen, wäre die Berechnung der Determinante: falls sie positiv ist, könnte man die Matrix ebenfalls positiv nennen. Es ist nur leider so, dass dieser Positivitätsbegriff nicht zum Extremwertproblem passt. Definieren kann man ja, was man will, aber wenn ich auf diese Weise die Positivität einer Matrix definiere, dann habe ich gar nichts gewonnen, weil ich damit keine Minima oder Maxima feststellen kann. Für eine brauchbare Art von Positivität rechnet man nicht nur *eine* Determinante aus, sondern gleich mehrere.

13.3.6 Definition Eine Matrix $A = (a_{ij})_{\substack{i=1,\dots,n \\ j=1,\dots,n}} \in \mathbb{R}^{n \times n}$ heißt *positiv definit*, falls gelten:

$$a_{11} > 0, \det \begin{pmatrix} a_{11} & a_{12} \\ a_{21} & a_{22} \end{pmatrix} > 0, \dots, \det \begin{pmatrix} a_{11} & a_{12} & \cdots & a_{1n} \\ a_{21} & a_{22} & \cdots & a_{2n} \\ \vdots & \vdots & & \vdots \\ a_{n1} & a_{n2} & \cdots & a_{nn} \end{pmatrix} > 0,$$

also

$$\det \begin{pmatrix} a_{11} & a_{12} & \cdots & a_{1k} \\ a_{21} & a_{22} & \cdots & a_{2k} \\ \vdots & \vdots & & \vdots \\ a_{k1} & a_{k2} & \cdots & a_{kk} \end{pmatrix} > 0 \text{ für alle } k = 1, \dots, n.$$

A heißt *negativ definit*, falls $-A$ positiv definit ist.

Ja, es stimmt, ich habe auch schon Schöneres gesehen, und diese Definition ist nicht gerade dazu geeignet, Begeisterungsstürme auszulösen. Trotzdem ist sie nützlich, da man mit ihrer Hilfe entscheiden kann, ob eine Nullstelle des Gradienten ein Minimum, ein Maximum oder nur ein Aufschneider ist. Beißen wir also in den sauren Apfel und sehen uns die Definition etwas genauer an.

Zunächst sollten Sie sich nicht an dem Wort „positiv definit" stören. Es ist nur eine etwas vornehmere Umschreibung für „positiv" und hat sich für Matrizen nun einmal durchgesetzt. Wichtiger ist, wie man die positive Definitheit einer Matrix testet. Sie fangen links oben an und notieren das Vorzeichen der Zahl a_{11}. Falls sie negativ ist, ist schon alles verloren, ist sie aber positiv, haben wir eine reelle Chance. Wir gehen jetzt nämlich einen Schritt weiter und betrachten die 2×2-Matrix im linken oberen Eck von A. Damit die gesamte Matrix positiv definit ist, muss diese kleine Teilmatrix eine positive Determinante haben, und nicht nur sie: im nächsten Schritt berechnen Sie die Determinante der 3×3-Matrix, die Sie links oben vorfinden, dann gehen Sie zur 4×4-Matrix über und so weiter, bis Sie schließlich bei der großen $n \times n$-Matrix A angelangt sind. Alle n Determinanten, die im Zuge dieses Verfahrens ausgerechnet wurden, müssen positiv sein; wenn auch nur eine negativ oder Null ist, kann A nicht positiv definit sein. In diesem Fall besteht immer noch die Möglichkeit, dass A negativ definit ist. Der Test funktioniert genauso wie eben, Sie müssen nur mit $-A$ statt A rechnen.

Natürlich lasse ich Sie nicht mit dieser Definition allein, ohne Beispiele gerechnet zu haben.

13.3.7 Beispiele

(i) Es sei

$$A = \begin{pmatrix} 1 & 1 \\ 1 & 4 \end{pmatrix} \in \mathbb{R}^{2 \times 2}.$$

Wir fangen links oben an und überprüfen den Eintrag a_{11}. Da gilt

$$a_{11} = 1 > 0,$$

haben wir nach dem ersten Versuch noch gute Karten. Im nächsten Schritt muss ich die 2×2-Matrix untersuchen, und da A ohnehin nur aus zwei Zeilen und zwei Spalten besteht, wird die Untersuchung damit auch schon beendet sein. Es gilt:

$$\det \begin{pmatrix} 1 & 1 \\ 1 & 4 \end{pmatrix} = 1 \cdot 4 - 1 \cdot 1 = 3 > 0.$$

Die Matrix A hat somit alle Prüfungen bestanden und erhält das Prädikat positiv definit.

(ii) Ich setze

$$B = \begin{pmatrix} -6 & 2 \\ 2 & -1 \end{pmatrix} \in \mathbb{R}^{2 \times 2}.$$

Auch B soll auf positive Definitheit geprüft werden. Das geht aber ganz schnell, denn schon der erste Eintrag $b_{11} = -6$ ist negativ, und dann braucht uns der Rest nicht mehr zu interessieren; sobald einer der Tests schlecht ausgeht, kann die Matrix nicht mehr positiv definit sein. Immerhin besteht noch die Chance, dass B negativ definit ist. Um das zu untersuchen, betrachte ich die Matrix

$$-B = \begin{pmatrix} 6 & -2 \\ -2 & 1 \end{pmatrix}.$$

Sie hat links oben den positiven Eintrag 6, und ihre Determinante beträgt

$$\det \begin{pmatrix} 6 & -2 \\ -2 & 1 \end{pmatrix} = 6 \cdot 1 - (-2) \cdot (-2) = 2 > 0.$$

Das ist besser als gar nichts. $-B$ hat nur positive Testergebnisse, ist also positiv definit. Nach Definition 13.3.6 ist daher B selbst negativ definit.

(iii) Es sei

$$C = \begin{pmatrix} 1 & 1 & 0 \\ 1 & 3 & 1 \\ 0 & 1 & 2 \end{pmatrix} \in \mathbb{R}^{3\times 3}.$$

Bei einer dreireihigen Matrix sind natürlich drei Tests fällig. Das erste Element $c_{11} = 1$ ist positiv, und das motiviert zu weiteren Prüfungen. Die 2×2-Determinante in der linken oberen Ecke lautet:

$$\det \begin{pmatrix} 1 & 1 \\ 1 & 3 \end{pmatrix} = 1 \cdot 3 - 1 \cdot 1 = 2 > 0.$$

Zum Schluss muss noch die Determinante der gesamten Matrix betrachtet werden. Dazu entwickle ich nach der ersten Spalte. Dann gilt:

$$\det \begin{pmatrix} 1 & 1 & 0 \\ 1 & 3 & 1 \\ 0 & 1 & 2 \end{pmatrix} = 1 \cdot \det \begin{pmatrix} 3 & 1 \\ 1 & 2 \end{pmatrix} - 1 \cdot \det \begin{pmatrix} 1 & 0 \\ 1 & 2 \end{pmatrix} + 0 \cdot \det \begin{pmatrix} 1 & 0 \\ 3 & 1 \end{pmatrix}$$

$$= 3 > 0.$$

Die Matrix C ist also positiv definit.

(iv) Sie sollten nicht glauben, dass jede Matrix außer der Nullmatrix entweder positiv oder negativ definit ist. Manche sind auch keins von beiden. Nehmen Sie zum Beispiel

$$D = \begin{pmatrix} 0 & 1 \\ 1 & 4 \end{pmatrix} \in \mathbb{R}^{2\times 2}.$$

D ist nicht positiv definit, denn links oben steht eine Null. D kann aber auch nicht negativ definit sein, da in diesem Fall $-D$ positiv definit sein müsste, aber auch in der linken oberen Ecke von $-D$ finden Sie nichts weiter als eine blanke Null. Deshalb ist D weder positiv noch negativ definit.

Mit Hilfe der positiven und negativen Definitheit kann man also das „Vorzeichen" einer Matrix feststellen. Die Frage ist nur: welche Matrix nehmen wir eigentlich? Sie muss irgendwie die zweite Ableitung darstellen, und der natürliche Kandidat sind die zweiten partiellen Ableitungen $\frac{\delta^2 f}{\delta x_j \delta x_i}$. Eine Funktion $f : \mathbb{R}^n \to \mathbb{R}$ hat n partielle Ableitungen $\frac{\delta f}{\delta x_1}, \ldots, \frac{\delta f}{\delta x_n}$, und jede dieser partiellen Ableitungen hat wieder n partielle Ableitungen, so dass wir auf insgesamt n^2 zweite partielle Ableitungen kommen. Das ist gar nicht so übel, denn einen Positivitätsbegriff kennen wir ohnehin nur für $n \times n$-Matrizen, die genau n^2 Elemente enthalten. Es wäre also sinnvoll, alle n^2 zweiten partiellen Ableitungen in einer $n \times n$-Matrix zu versammeln und diese Matrix dann als zweite Ableitung von f zu betrachten.

Jetzt müssen wir uns nur noch darüber einigen, in welcher Reihenfolge die Ableitungen in die Matrix geschrieben werden sollen. Auch dafür braucht man aber nicht allzulange nachzudenken: der Standort eines Elements a_{ij} innerhalb einer Matrix wird durch seine Zeilennummer i und seine Spaltennummer j beschrieben, und was würde näher liegen, als an dieser Stelle die Ableitung nach x_i und x_j zu plazieren? Auf diese Weise erhält man die sogenannte *Hesse-Matrix*.

13.3.8 Definition Es seien $U \subseteq \mathbb{R}^n$ eine offene Menge, $f : U \to \mathbb{R}$ eine zweimal stetig partiell differenzierbare Funktion und $x_0 \in U$. Unter der *Hesse-Matrix* von f in x_0 versteht man die Matrix

$$H_f(x_0) = \begin{pmatrix} \frac{\delta^2 f}{\delta x_1^2}(x_0) & \frac{\delta^2 f}{\delta x_1 \delta x_2}(x_0) & \frac{\delta^2 f}{\delta x_1 \delta x_3}(x_0) & \cdots & \frac{\delta^2 f}{\delta x_1 \delta x_n}(x_0) \\ \frac{\delta^2 f}{\delta x_2 \delta x_1}(x_0) & \frac{\delta^2 f}{\delta x_2^2}(x_0) & \frac{\delta^2 f}{\delta x_2 \delta x_3}(x_0) & \cdots & \frac{\delta^2 f}{\delta x_2 \delta x_n}(x_0) \\ \vdots & \vdots & \vdots & & \vdots \\ \frac{\delta^2 f}{\delta x_n \delta x_1}(x_0) & \frac{\delta^2 f}{\delta x_n \delta x_2}(x_0) & \frac{\delta^2 f}{\delta x_n \delta x_3}(x_0) & \cdots & \frac{\delta^2 f}{\delta x_n^2}(x_0) \end{pmatrix},$$

oder kürzer:

$$H_f(x_0) = \left(\frac{\delta^2 f}{\delta x_i \delta x_j} \right)(x_0)_{\substack{i=1,\dots,n \\ j=1,\dots,n}} \in \mathbb{R}^{n \times n}.$$

In der Hesse-Matrix werden also nur die zweiten Ableitungen von f gesammelt und der Reihe nach aufgeschrieben. Im Kreuzungspunkt aus i-ter Zeile und j-ter Spalte steht die zweite Ableitung von f nach x_i und x_j, also

$$a_{ij} = \frac{\delta^2 f}{\delta x_i \delta x_j}(x_0).$$

Der Name der Matrix hat übrigens nichts mit dem Schriftsteller Hermann Hesse zu tun, dessen Interessen sicher fernab von jeder Differentialrechnung lagen, und auch das Land Hessen spielte bei seiner Namensgebung keine Rolle. Sie ist schlicht nach ihrem Erfinder Ludwig Otto Hesse benannt, einem Königsberger Mathematiker des neunzehnten Jahrhunderts. Ich werde Ihnen gleich zeigen, wie man mit Hilfe der Hesse-Matrix Minima und Maxima identifizieren kann. Zuvor aber zwei Beispiele für Hesse-Matrizen.

13.3.9 Beispiele

(i) Man definiere $f : \mathbb{R}^2 \to \mathbb{R}$ durch

$$f(x, y) = x^2 + y^2.$$

Um die zweiten Ableitungen ausrechnen zu können, sollte ich mir erst einmal die ersten Ableitungen verschaffen. Es gilt:

$$\frac{\delta f}{\delta x}(x, y) = 2x \text{ und } \frac{\delta f}{\delta y}(x, y) = 2y.$$

Jede der partiellen Ableitungen wird nun wieder nach beiden Variablen x und y differenziert. Dann folgt:

$$\frac{\delta^2 f}{\delta x^2}(x, y) = 2, \frac{\delta^2 f}{\delta x \delta y}(x, y) = 0$$

und

$$\frac{\delta^2 f}{\delta y \delta x}(x, y) = 0, \frac{\delta^2 f}{\delta y^2}(x, y) = 2.$$

Die zweiten Ableitungen habe ich bereits in der Reihenfolge aufgeschrieben, in der sie in die Hesse-Matrix eingetragen werden. Es gilt nämlich:

$$H_f(x, y) = \begin{pmatrix} \frac{\delta^2 f}{\delta x^2}(x, y) & \frac{\delta^2 f}{\delta x \delta y}(x, y) \\ \frac{\delta^2 f}{\delta y \delta x}(x, y) & \frac{\delta^2 f}{\delta y^2}(x, y) \end{pmatrix} = \begin{pmatrix} 2 & 0 \\ 0 & 2 \end{pmatrix}.$$

Die Hesse-Matrix von f ist also unabhängig von x und y; was immer Sie auch einsetzen mögen, Sie erhalten stets die gleiche Matrix. Das ist auch nicht überraschend, denn f ist ein quadratisches Polynom in zwei Variablen, und wenn Sie quadratische Polynome mit *einer* Variablen zweimal ableiten, dann erhalten Sie eine Konstante. Bei komplizierteren Funktionen ist natürlich auch die Hesse-Matrix nicht mehr konstant, wie Sie am nächsten Beispiel sehen werden.

(ii) Man definiere $f : \mathbb{R}^3 \to \mathbb{R}$ durch

$$f(x, y, z) = x^3 y^3 \sin z.$$

Wieder starte ich mit den partiellen Ableitungen nach allen Variablen. Sie lauten:

$$\frac{\delta f}{\delta x}(x, y, z) = 3x^2 y^3 \sin z, \frac{\delta f}{\delta y}(x, y, z) = 3x^3 y^2 \sin z$$

und

$$\frac{\delta f}{\delta z}(x, y, z) = x^3 y^3 \cos z.$$

Sie sehen, was jetzt auf uns zu kommt. Jede der drei partiellen Ableitungen wartet sehnlich darauf, selbst nach allen drei Variablen abgeleitet zu werden, und das Resultat dieses Unternehmens werden neun zweite partielle Ableitungen sein. Das ist ein Haufen Arbeit, aber nicht zu vermeiden. Wir haben also:

$$\frac{\delta^2 f}{\delta x^2}(x, y, z) = 6xy^3 \sin z, \frac{\delta^2 f}{\delta x \delta y}(x, y, z) = 9x^2 y^2 \sin z = \frac{\delta^2 f}{\delta y \delta x}(x, y, z),$$

$$\frac{\delta^2 f}{\delta y^2}(x, y, z) = 6x^3 y \sin z, \frac{\delta^2 f}{\delta y \delta z}(x, y, z) = 3x^3 y^2 \cos z = \frac{\delta^2 f}{\delta z \delta y}(x, y, z),$$

und schließlich

$$\frac{\delta^2 f}{\delta z^2}(x, y, z) = -x^3 y^3 \sin z, \frac{\delta^2 f}{\delta z \delta x}(x, y, z) = 3x^2 y^3 \cos z = \frac{\delta^2 f}{\delta x \delta z}(x, y, z).$$

Dabei habe ich mir ein wenig Mühe gespart und benutzt, dass man die Ableitungsreihenfolge variieren darf, ohne etwas an den zweiten Ableitungen zu ändern. Die Hesse-Matrix hat dann die Form:

$$H_f(x, y, z) = \begin{pmatrix} 6xy^3 \sin z & 9x^2 y^2 \sin z & 3x^2 y^3 \cos z \\ 9x^2 y^2 \sin z & 6x^3 y \sin z & 3x^3 y^2 \cos z \\ 3x^2 y^3 \cos z & 3x^3 y^2 \cos z & -x^3 y^3 \sin z \end{pmatrix}.$$

Nun werden wir im Zusammenhang mit lokalen Extrema daran interessiert sein, bestimmte konkrete Punkte in die Matrix einzusetzen und nachzusehen, ob sie positiv oder negativ definit ist. Das Einsetzen von Zahlenwerten hat außerdem noch den Vorteil, dass die Matrix wesentlich übersichtlicher wird, da alle variablen Terme verschwinden. So gilt zum Beispiel

$$H_f(0, 0, 0) = \begin{pmatrix} 0 & 0 & 0 \\ 0 & 0 & 0 \\ 0 & 0 & 0 \end{pmatrix}.$$

Das ist zwar äußerst übersichtlich, aber beim Suchen nach Extremstellen wäre so eine Hesse-Matrix nicht sehr hilfreich. Sie ist weder positiv noch negativ definit, und wenn man an der Positivität oder Negativität ablesen will, ob ein Minimum oder Maximum vorliegt, hat man in diesem Fall schlechte Karten. Nicht viel besser sieht es aus für

$$H_f(1, 1, 0) = \begin{pmatrix} 0 & 0 & 3 \\ 0 & 0 & 3 \\ 3 & 3 & 0 \end{pmatrix}.$$

Obwohl sie keinen ganz so trostlosen Eindruck macht wie die Nullmatrix, ist ihre Definitheit genauso miserabel. Links oben steht eine Null, und wir haben schon in 13.3.7 (iv) festgestellt, dass dann die Matrix weder positiv noch negativ definit sein kann.

Vielleicht ist Ihnen schon aufgefallen, dass die aufgetretenen Hesse-Matrizen alle symmetrisch zur Hauptdiagonale waren: was rechts oben steht, findet man links unten wieder. Das liegt daran, dass ich H_f nur für zweimal stetig differenzierbare Abbildungen definiert habe und in diesem Fall nach 13.1.15 die Gleichung

$$\frac{\delta^2 f}{\delta x_j \delta x_i} = \frac{\delta^2 f}{\delta x_i \delta x_j}$$

gilt. Wenn Sie also ausgerechnet haben, was am Kreuzungspunkt der dritten Zeile und fünften Spalte steht, dann kennen Sie auch gleich den Inhalt an der Schnittstelle der fünften Zeile und dritten Spalte, denn es gilt $a_{ij} = a_{ji}$. Das spart ein wenig Arbeit, und beim Ausrechnen der Hesse-Matrix scheint es mir sinnvoll zu sein, die Einträge in der Hauptdiagonalen und rechts oberhalb der Hauptdiagonalen durch Ableiten zu bestimmen und danach einfach an der Hauptdiagonalen zu spiegeln. In der ersten Zeile der Matrix hat man dann zwar immer noch n zweite Ableitungen zu berechnen, in der zweiten Zeile aber nur noch $n - 1$, danach $n - 2$ und so weiter, bis in der letzten Zeile nur noch eine kleine Ableitung $\frac{\delta^2 f}{\delta x_n^2}$ zu finden ist. Auf diese Weise müssen Sie nicht mehr n^2 zweite Ableitungen von Hand ausrechnen, sondern nur noch

$$n + (n - 1) + (n - 2) + \cdots + 2 + 1 = \frac{n(n + 1)}{2}.$$

Jetzt wird es aber Zeit, zum Problem der lokalen Extrema zurückzukehren. Das nötige Handwerkszeug haben wir uns verschafft; die Einzelteile müssen nur noch zusammengesetzt werden.

13.3.10 Satz Es seien $U \subseteq \mathbb{R}^n$ eine offene Menge, $f : U \to \mathbb{R}$ zweimal stetig differenzierbar und $x_0 \in U$ ein Punkt mit grad $f(x_0) = 0$.

(i)   Ist $H_f(x_0)$ positiv definit, so hat f in x_0 ein lokales Minimum.
(ii) Ist $H_f(x_0)$ negativ definit, so hat f in x_0 ein lokales Maximum.
(iii) Ist $U \subseteq \mathbb{R}^2$ und gilt det $H_f(x_0) < 0$, so liegt *kein* Extremwert vor.

Die Situation ist nicht sehr viel anders als im eindimensionalen Fall. Wir sind von vornherein nur an solchen Punkten interessiert, deren Ableitung Null wird, und die Rolle der Ableitung hat bei mehreren Input-Variablen der Gradient übernommen. Als zweite Ableitung verwenden wir die Hesse-Matrix, es ist also vernünftig, dass bei positiver Hesse-Matrix ein Minimum und bei negativer Hesse-Matrix ein Maximum vorliegt. Nur

13.3.10 (iii) hat bei Funktionen mit einer Variablen keine einleuchtende Entsprechung. Bei einer Variablen ist es aber so, dass die zweite Ableitung positiv, negativ oder Null ist, etwas anderes gibt es nicht. Sie haben gesehen, dass die Lage bei Matrizen verwickelter ist; es gibt Matrizen, die weder positiv noch negativ definit, aber auch alles andere als Null sind. Sobald man an eine so unangenehme Hesse-Matrix gerät, lassen sich die Kriterien (i) und (ii) nicht mehr anwenden, und im allgemeinen ist es dann recht schwer herauszufinden, ob ein Minimum, Maximum oder gar nichts Brauchbares vorliegt. Nur für den Fall von *zwei* Variablen gibt es ein einfaches ausschließendes Kriterium: falls die Hesse-Matrix eine negative Determinante hat, können wir den Punkt aufgeben; was immer er auch sein mag, eine Extremstelle ist er jedenfalls nicht. Sie sollten aber im Gedächtnis behalten, dass dieses Kriterium nur dann gilt, wenn die Funktion f genau zwei Input-Variablen zum Spielen hat. Für Funktionen mit drei- oder mehrdimensionalem Definitionsbereich gilt die Aussage nicht.

Nach diesen aufwendigen Vorbereitungen sollten wir ein paar Beispiele rechnen.

13.3.11 Beispiele

(i)   Man definiere $f : \mathbb{R}^2 \to \mathbb{R}$ durch

$$f(x, y) = 1 + x^2 + y^2.$$

Dann ist

$$\operatorname{grad} f(x, y) = (2x, 2y),$$

und folglich gilt genau dann

$$\operatorname{grad} f(x, y) = (0, 0),$$

wenn

$$2x = 0 \text{ und } 2y = 0$$

ist. Die einzige Nullstelle des Gradienten liegt daher bei $(x_0, y_0) = (0, 0)$. Sie wissen aber längst, dass es sich dabei nur um einen Kandidaten für ein Extremum handelt und wir an Hand der Hesse-Matrix noch überprüfen müssen, ob tatsächlich ein Minimum oder Maximum vorliegt. Die Hesse-Matrix ist hier sehr einfach; sie lautet:

$$H_f(x, y) = \begin{pmatrix} 2 & 0 \\ 0 & 2 \end{pmatrix}.$$

Der Matrix ist es also völlig egal, welche Werte ich für x und y nehme, sie hat immer die gleichen Einträge. Satz 13.3.10 verlangt von mir, dass ich die Hesse-Matrix im Hinblick auf ihre Definitheit untersuche. Dazu fange ich links oben an und finde das

Element $2 > 0$. Ein Anfang ist gemacht. Für den nächsten Schritt berechne ich die Determinante der 2×2-Matrix und finde:

$$\det \begin{pmatrix} 2 & 0 \\ 0 & 2 \end{pmatrix} = 4 > 0.$$

Somit hat $H_f(0,0)$ alle Tests bestanden und kann mit Recht als positiv definit bezeichnet werden. Im Punkt $(0,0)$ liegt also ein lokales Minimum der Funktion f vor.

(ii) In 13.3.5 (ii) habe ich die Funktion

$$f(x,y) = \sin x \sin y$$

untersucht und herausgefunden, dass ihr Gradient Nullstellen besitzt, die gar nicht daran denken, lokale Extrema zu sein. Dieses Ergebnis will ich jetzt mit unseren neu gewonnenen Mitteln überprüfen. Der Gradient von f lautet

$$\operatorname{grad} f(x,y) = (\cos x \sin y, \sin x \cos y),$$

und wir hatten in 13.3.5 (ii) die relevanten Nullstellen des Gradienten herausgefunden. Um diese Nullstellen zu testen, rechne ich die Hesse-Matrix aus. Mittlerweile wissen Sie, wie das geht, und ich brauche nicht mehr jede zweite partielle Ableitung einzeln auszurechnen, sondern schreibe gleich die ganze Matrix auf. Es gilt:

$$H_f(x,y) = \begin{pmatrix} -\sin x \sin y & \cos x \cos y \\ \cos x \cos y & -\sin x \sin y \end{pmatrix}.$$

Mancher neigt dazu, beim Anblick einer so komplizierten Matrix zu verzagen, und gibt den Versuch auf, die Definitheit festzustellen. Vergessen Sie aber nicht, dass wir bei der allgemeinen Matrix $H_f(x,y)$ überhaupt nicht an der Frage nach dem Vorzeichen interessiert sind. Erst wenn ein konkreter Punkt eingesetzt ist, ein Kandidat für eine Extremstelle, wird der Determinantentest sinnvoll.

Ich setze jetzt also die eine oder andere Nullstelle des Gradienten in die Matrix ein. Eine der Nullstellen war der Punkt $\left(\frac{\pi}{2}, \frac{\pi}{2}\right)$. Er führt zu der Hesse-Matrix

$$H_f\left(\frac{\pi}{2}, \frac{\pi}{2}\right) = \begin{pmatrix} -1 & 0 \\ 0 & -1 \end{pmatrix}.$$

Sie kann nicht positiv definit sein, da in der linken oberen Ecke die negative Zahl -1 steht. Sehen wir also nach, ob sie vielleicht negativ definit ist. Dazu muss ich die Matrix

$$-H_f\left(\frac{\pi}{2}, \frac{\pi}{2}\right) = \begin{pmatrix} 1 & 0 \\ 0 & 1 \end{pmatrix}$$

untersuchen. Ihr erstes Element ist die positive Zahl 1, und ihre Determinante beträgt offenbar ebenfalls $1 > 0$, weshalb $-H_f\left(\frac{\pi}{2}, \frac{\pi}{2}\right)$ positiv definit ist. Daher ist $H_f\left(\frac{\pi}{2}, \frac{\pi}{2}\right)$ negativ definit, und das heißt, dass bei $\left(\frac{\pi}{2}, \frac{\pi}{2}\right)$ ein Maximum vorliegt. Ich möchte noch einen Blick auf den Nullpunkt werfen. Seine Hesse-Matrix lautet

$$H_f(0,0) = \begin{pmatrix} 0 & 1 \\ 1 & 0 \end{pmatrix}.$$

Wieder haben wir eine Matrix gefunden, die links oben nur eine Null vorweisen kann und deshalb weder positiv noch negativ definit ist. Zum Glück bietet der Satz 13.3.10 (iii) noch ein weiteres Kriterium, das uns verrät, wann *kein* lokales Extremum vorliegt. Ich teste also die Determinante der Hesse-Matrix und erhalte:

$$\det \begin{pmatrix} 0 & 1 \\ 1 & 0 \end{pmatrix} = 0 - 1 = -1 < 0.$$

Folglich ist

$$\det H_f(0,0) < 0,$$

und nach Satz 13.3.10 (iii) ist der Punkt $(0, 0)$ keine Extremstelle der Funktion f.

(iii) Man definiere $f : \mathbb{R}^2 \to \mathbb{R}$ durch

$$f(x, y) = \cos x + \cos y.$$

Inzwischen ist alles Routine. Ich berechne den Gradienten von f mit dem Ergebnis

$$\operatorname{grad} f(x, y) = (-\sin x, -\sin y).$$

Die Kandidaten für Extremstellen sind die Nullstellen des Gradienten. Nun ist

$$\operatorname{grad} f(x, y) = (0, 0)$$

genau dann, wenn

$$\sin x = 0 \text{ und } \sin y = 0$$

gelten. Die Werte x und y müssen also Nullstellen der Sinusfunktion sein. Wir wissen aber genau, für welche Eingaben der Sinus das Ergebnis Null liefert, nämlich genau für die ganzzahligen Vielfachen von π und für keine anderen. Die Nullstellen des Gradienten sind daher Punkte der Form

$$(k_1\pi, k_2\pi) \text{ mit ganzen Zahlen } k_1 \text{ und } k_2.$$

Die Versuchung ist übrigens groß, die Nullstellen einfach als

$$(k\pi, k\pi) \text{ mit einer ganzen Zahl } k$$

zu bestimmen, aber das wäre zu speziell, da x und y voneinander unabhängige Nullstellen der Sinusfunktion sind. Wenn zum Beispiel $x = \pi$ ist, dann kann immer noch $y = 2\pi$ oder auch $y = 17\pi$ sein, die Hauptsache ist, der Sinus wird zu Null.
Die Nullstellen des Gradienten und damit die Kandidaten für lokale Extrema sind also gefunden. Im nächsten Schritt rechne ich die Hesse-Matrix aus. Sie lautet:

$$H_f(x, y) = \begin{pmatrix} -\cos x & 0 \\ 0 & -\cos y \end{pmatrix}.$$

Jetzt wird die Angelegenheit etwas lästig, da wir uns zu Fallunterscheidungen bequemen müssen. Ich muss bekanntlich die Nullstellen des Gradienten in die Hesse-Matrix einsetzen, und dabei erhalte ich Ausdrücke der Form $\cos(k\pi)$. Für gerades $k \in \mathbb{Z}$ gilt

$$\cos 0 = \cos 2\pi = \cos 4\pi = \cdots = 1,$$

während wir für ungerades $k \in \mathbb{Z}$ die Gleichungen

$$\cos \pi = \cos 3\pi = \cdots = -1$$

erhalten. Das kann man zusammenfassen zu der Formel

$$\cos(k\pi) = (-1)^k,$$

denn für gerades $k \in \mathbb{Z}$ steht eine 1 auf der rechten Seite der Formel und für ungerades k eine -1. Damit lässt sich die Hesse-Matrix für die Nullstellen des Gradienten leicht aufschreiben. Es gilt:

$$H_f(k_1\pi, k_2\pi) = \begin{pmatrix} (-1)^{k_1} & 0 \\ 0 & (-1)^{k_2} \end{pmatrix}.$$

Das Element links oben heißt $(-1)^{k_1}$, und sein Vorzeichen hängt leider von k_1 ab: für gerades k_1 ist es positiv, für ungerades negativ. Betrachten wir also zuerst den Fall einer geraden Zahl k_1. Dann hat die Hesse-Matrix eine gewisse Chance, positiv definit zu sein, denn falls auch k_2 gerade ist, lautet sie

$$H_f(k_1\pi, k_2\pi) = \begin{pmatrix} 1 & 0 \\ 0 & 1 \end{pmatrix},$$

und keine Matrix der Welt kann sich mit größerem Recht positiv definit nennen als die Einheitsmatrix. Daher sind alle Punkte der Form

$$(k_1\pi, k_2\pi)$$

mit *geraden* ganzen Zahlen k_1 und k_2 lokale Minima von f.

Was geschieht nun mit einem ungeraden k_2? In diesem Fall lautet die Hesse-Matrix:

$$H_f(k_1\pi, k_2\pi) = \begin{pmatrix} 1 & 0 \\ 0 & -1 \end{pmatrix},$$

und wie es der Teufel will, beträgt ihre Determinante genau $-1 < 0$. Die Hesse-Matrix hat also eine negative Determinante, und das heißt, dass der Punkt $(k_1\pi, k_2\pi)$ bei geradem k_1 und ungeradem k_2 keine Extremstelle ist. Auf diese Weise kann man auch die verbleibenden Fälle untersuchen, aber ich will Sie nicht länger aufhalten als unbedingt nötig. Als Ergebnis erhält man, dass alle Punkte

$$(k_1\pi, k_2\pi),$$

für die beide Zahlen k_1 und k_2 gerade sind, lokale Minima darstellen, während man lokale Maxima dann findet, wenn beide Zahlen k_1 und k_2 ungerade sind. Sobald k_1 und k_2 nicht mehr richtig zusammenpassen, liegt kein Extremum vor.

Bei allen bisher betrachteten Beispielen mussten wir uns darauf beschränken, Maxima und Minima von Funktionen mit offenen Definitionsbereichen zu berechnen, weil ansonsten der Satz 13.3.10 seine Gültigkeit verliert. Für Anwendungen dürfte aber ein anderer Fall von größerem Interesse sein: das Minimieren bzw. Maximieren unter Nebenbedingungen. Ich werde Ihnen an einem Beispiel zeigen, was damit gemeint ist.

13.3.12 Beispiel Gegeben sei ein zwölf Meter langer Draht, aus dem die Kanten eines Quaders von möglichst großem Volumen hergestellt werden sollen. Gesucht sind daher die Kantenlängen x, y und z des optimalem Quaders. Da die Drahtlänge vorgegeben ist und jede Kante in einem Quader viermal vorkommt, haben wir die einschränkende Bedingung

$$4x + 4y + 4z = 12$$

zur Kenntnis zu nehmen. Den Faktor vier muss ich nicht ständig mitschleppen; ich teile durch vier und finde:

$$x + y + z = 3.$$

Nun soll das Volumen maximiert werden, und das heißt, es geht um die Funktion

$$V = xyz.$$

Genauer gesagt, habe ich die Funktion

$$V = xyz$$

unter den *Nebenbedingungen*

$$x + y + z = 3 \text{ und } x, y, z > 0$$

zu maximieren. Das ist nun eine ganz andere Situation als wir sie bisher kennen. Hier wartet nicht mehr eine einzige Funktion darauf, ihre maximalen und minimalen Punkte zu erfahren, die Funktion stellt auch noch Ansprüche und will nur solche x, y, z-Werte zulassen, die die Gleichung $x + y + z = 3$ erfüllen und außerdem noch positiv sind. Wir können uns aber mit dem gleichen Trick aus der Misere helfen, der schon im siebten Kapitel hilfreich war. Hat man nämlich eine Funktion mit nur *zwei* Variablen, die unter einer bestimmten Nebenbedingung optimiert werden soll, so pflegt man die Nebenbedingung nach einer Variablen aufzulösen und diese Gleichung in die Funktion einzusetzen. Damit ist eine der beiden Variablen verschwunden, und was übrig bleibt, ist eine ganz normale Funktion mit einem Input, die man auf die übliche Weise behandelt. Nach dem gleichen Prinzip gehe ich jetzt auch hier vor: ich löse die *Nebenbedingung* nach einer Variablen auf und setze das Ergebnis in die *Zielfunktion* ein. Da die Nebenbedingung keine Variable bevorzugt oder benachteiligt, löse ich nach der dritten Variablen z auf und erhalte:

$$z = 3 - x - y.$$

Einsetzen in die Zielfunktion ergibt:

$$V(x, y) = xy(3 - x - y) = 3xy - x^2y - xy^2.$$

Welche Punkte (x, y) sind jetzt zulässig? Natürlich muss weiterhin $x, y > 0$ gelten, denn negative Kantenlängen sind genauso sinnvoll wie trockenes Wasser. Es muss aber auch $z = 3 - x - y$ positiv sein, und deshalb kommt noch die Einschränkung $x + y < 3$ hinzu. Der Definitionsbereich der neuen Funktion V ist daher die Menge

$$U = \{(x, y) \in \mathbb{R}^2 \mid x > 0, y > 0 \text{ und } x + y < 3\}.$$

U ist eine offene Menge, da sie keinen ihrer Randpunkte enthält, und das ist ein erheblicher Fortschritt. Jetzt kann ich nämlich mit den üblichen Methoden weitermachen, indem ich die Extremstellen von V mit Hilfe des Gradienten und der Hesse-Matrix ausrechne. Es gilt:

$$\text{grad } V(x, y) = (3y - 2xy - y^2, 3x - x^2 - 2xy).$$

Also ist genau dann grad $V(x, y) = (0, 0)$, wenn gleichzeitig

$$3y - 2xy - y^2 = 0 \text{ und } 3x - x^2 - 2xy = 0$$

gelten. Auf den ersten Blick sieht das etwas unschön aus, aber es ist halb so schlimm, denn wir haben $x > 0$ und $y > 0$ vorausgesetzt. Deshalb darf man ungestraft die erste Gleichung durch y und die zweite Gleichung durch x teilen, ohne Gefahr zu laufen, Lösungen zu verlieren. Die Gleichungen werden dadurch deutlich vereinfacht; sie lauten jetzt:

$$3 - 2x - y = 0 \text{ und } 3 - x - 2y = 0.$$

Das sind zwei lineare Gleichungen mit zwei Unbekannten, die man auf die gewohnte Weise lösen kann. Es ergibt sich:

$$x = y = 1.$$

Noch weiß ich aber nicht, ob es sich um ein Maximum, ein Minimum oder vielleicht nur Unsinn handelt, und eine Entscheidung darüber kann nur die Hesse-Matrix fällen. Sie hat die Form:

$$H_V(x, y) = \begin{pmatrix} -2y & 3 - 2x - 2y \\ 3 - 2x - 2y & -2x \end{pmatrix}.$$

Nun setze ich $x = 1$ und $y = 1$ ein und finde:

$$H_V(1, 1) = \begin{pmatrix} -2 & -1 \\ -1 & -2 \end{pmatrix}.$$

Positiv definit kann $H_V(1, 1)$ nicht sein, weil links oben die negative Zahl -2 steht. Da ich ohnehin nach einem Maximum suche, wäre mir negative Definitheit auch viel lieber, und ich betrachte deshalb die Matrix

$$-H_V(1, 1) = \begin{pmatrix} 2 & 1 \\ 1 & 2 \end{pmatrix}.$$

Sie ist offenbar positiv definit, denn ihr erster Eintrag ist positiv, und ihre Determinante beträgt 3. Damit ist $H_V(1, 1)$ selbst negativ definit, und bei $(x, y) = (1, 1)$ liegt tatsächlich ein Maximum vor. Wir sollten allerdings nicht die Variable z vergessen. Sie berechnet sich aus

$$z = 3 - x - y = 1.$$

Die optimale Kantenlänge ist also genau dann gegeben, wenn alle drei Kanten die Länge eins haben. Anders gesagt: der optimale Quader ist ein Würfel.

Auf diese Weise kann man viele Extremwertaufgaben lösen, in denen nicht nur eine zu optimierende Funktion, sondern auch eine Nebenbedingung vorkommt. Die Methode unterscheidet sich nicht nennenswert von der entsprechenden Methode aus dem siebten

Kapitel, und dort hatte ich ein Schema zur Behandlung von Optimierungsproblemen angegeben. Ein analoges Schema schreibe ich in der nächsten Bemerkung auf.

13.3.13 Bemerkung Gegeben sei ein Optimierungsproblem in n Variablen mit einer Nebenbedingung, die in Form einer Gleichung gegeben ist. Dann kann man das Problem auf die folgende Weise lösen.

(i)   Man löse die Gleichung der *Nebenbedingung* nach der Variablen auf, bei der das Auflösen am einfachsten geht.

(ii) Man setze das Ergebnis in die zu optimierende *Zielfunktion* ein, so dass diese Funktion nur noch von $n - 1$ Variablen abhängt.

(iii) Man berechne den Gradienten und die Hesse-Matrix der neuen Zielfunktion.

(iv) Man bestimme die Nullstellen des Gradienten.

(v)   Man setze die ermittelten Nullstellen des Gradienten in die Hesse-Matrix ein und überprüfe, ob die Matrix positiv oder negativ definit ist. Falls sie positiv definit ist, liegt ein Minimum vor, falls sie negativ definit ist, ein Maximum.

Man kann diese Methode auch in allgemeine Formeln fassen und erhält dabei den sogenannten *Lagrange-Multiplikator*. Auch mit diesem Multiplikator lassen sich Extremwertprobleme unter Nebenbedingungen lösen, aber ich finde, eine Methode ist genug, und wir sollten ohne Zögern zu den impliziten Funktionen übergehen.

13.4 Implizite Funktionen

Während Ihres Studiums haben Sie vermutlich schon eine Menge Messungen vorgenommen, die im Verlauf von Experimenten durchzuführen waren. Solche Messungen können einen physikalischen oder chemischen Prozeß in aller Regel nicht vollständig beschreiben, da Sie nur endlich viele Größen zu endlich vielen Zeitpunkten messen können und zum Beispiel ein fallender Stein sich nun einmal nicht ruckartig alle drei Sekunden von Punkt zu Punkt beamt, sondern brav kontinuierlich seinen Weg nach unten nimmt. Es kann also nötig sein, endlich viele Punkte, die man durch Messungen gewonnen hat, mit rechnerischen Mitteln zu einer kontinuierlichen Kurve zu erweitern. Ich werde hier nicht darüber sprechen, wie man solche Kurven gewinnt; die Standardmethoden dafür heißen *Interpolation* und *Approximation* und gehören in die *numerische Mathematik*. Ich möchte Ihnen aber zeigen, wie man die zugehörigen Ableitungen auch dann berechnen kann, wenn die Funktionen nicht in der üblichen expliziten, sondern in der *impliziten* Form gegeben sind. Es kann nämlich passieren, dass die Gleichung einer Kurve nicht in der praktischen Form $y = \cdots$ gegeben ist und der y-Wert sich in einer komplizierten Formel versteckt, aus der man ihn nicht ohne Weiteres herauslocken kann. Sehen wie uns einmal zwei Beispiele an.

13.4.1 Beispiele

(i) Die Gleichung der Kreislinie um den Nullpunkt mit dem Radius 1 lautet

$$x^2 + y^2 = 1.$$

Das ist eine *implizite* Darstellung, denn Sie beschreiben die Funktion y nicht durch eine Gleichung der Form $y = \cdots$, sondern durch eine andere Gleichung, die zwar y enthält, aber nicht nach y aufgelöst ist. Deswegen nennt man diese Form auch implizit im Gegensatz zur expliziten Form, in der nach y aufgelöst wurde. In diesem Beispiel lässt sich die explizite Form auch leicht herstellen. Sie lautet

$$y = \sqrt{1 - x^2} \text{ oder } y = -\sqrt{1 - x^2},$$

je nachdem, ob man sich für den oberen oder den unteren Halbkreis entscheidet.

(ii) Es sei $y(x)$ eine Funktion, die der Gleichung

$$x^2 y^5 + 3xy^4 + 7xy - y = 10$$

genügt. Diese Gleichung ist nicht besser oder schlechter als jede andere, wenn man von dem kleinen Nachteil absieht, dass man sie nicht nach y auflösen kann. Selbst bei festem $x \in \mathbb{R}$ müsste man zum Auflösen nach y eine Gleichung fünften Grades lösen, und ich habe Ihnen in 3.1.15 berichtet, dass es für solche Gleichungen keine Lösungsformeln gibt. Es bleibt uns also nichts anderes übrig, als die Funktion y in ihrer impliziten Form zu belassen und zu hoffen, dass man etwas mit ihr anfangen kann.

Besonders am Beispiel 13.4.1 (i) kann man sehen, was mit „impliziter Form" gemeint ist. Sie haben einen Ausdruck mit zwei Variablen x und y, wobei x wie üblich die unabhängige und y die abhängige Variable bezeichnet. Dieser Ausdruck beschreibt das Verhalten der Funktion $y(x)$, obwohl die Formel normalerweise nicht nach y aufgelöst werden kann. Trotzdem wird beispielsweise durch die Gleichung $x^2 + y^2 = 1$ das Verhalten der Funktion $y = \sqrt{1 - x^2}$ beschrieben: wann immer Sie $y = \sqrt{1 - x^2}$ in den Ausdruck $x^2 + y^2$ einsetzen, werden Sie als Ergebnis eine schlichte Eins erhalten. Allerdings hat sich eine kleine Konvention allgemein durchgesetzt. Man schreibt als implizite Form nicht $x^2 + y^2 = 1$, sondern $x^2 + y^2 - 1 = 0$, bringt also alles auf die linke Seite, so dass rechts nur noch eine Null zu finden ist. Die Funktion $y(x)$ wird dann dadurch beschrieben, dass man sie in den Ausdruck auf der linken Seite einsetzen kann und im Ergebnis nichts weiter als Null erhält.

13.4.2 Definition Es seien $U \subseteq \mathbb{R}^2$ und $f : U \to \mathbb{R}$ eine Abbildung. Weiterhin sei $y(x)$ eine Funktion in einer Variablen, die für alle x die Gleichung

$$f(x, y(x)) = 0$$

erfüllt. Man sagt dann, $y(x)$ ist in der *impliziten Form*

$$f(x, y) = 0$$

gegeben.

Diese Definition stellt nur noch einmal etwas formaler das zusammen, was ich vorher erklärt habe. Eine Funktion y ist dann in impliziter Form gegeben, wenn ich einen Term mit zwei Variablen habe und weiß, dass beim Einsetzen der Funktion $y(x)$ in diesen Term stets Null herauskommt. In unseren beiden Beispielen kann man jetzt auch leicht die Abbildung f angeben.

13.4.3 Beispiele

(i) Es sei

$$f(x, y) = x^2 + y^2 - 1.$$

Dann lautet die implizite Form der Kreisgleichung:

$$f(x, y) = 0.$$

(ii) Die passende Abbildung f für die Funktion y aus 13.4.1 (ii) heißt

$$f(x, y) = x^2 y^5 + 3xy^4 + 7xy - y - 10,$$

denn y sollte die Gleichung

$$x^2 y^5 + 3xy^4 + 7xy - y = 10$$

erfüllen, und da bei der korrekten impliziten Form eine Null auf der rechten Seite steht, muss ich die Zehn auf die linke Seite bringen. Auch diese Funktion lässt sich also durch eine Gleichung der Form

$$f(x, y) = 0$$

beschreiben; man braucht nur die richtige Abbildung f.

Ich will jetzt der Frage nachgehen, wie man implizit gegebene Funktionen ableiten kann. Auf den ersten Blick sieht das reichlich unmöglich aus: wie soll man die Ableitung einer Funktion ausrechnen, von der man nicht einmal so genau weiß, wie sie heißt? So früh darf man aber nicht aufgeben, schließlich kauft man auch gelegentlich ein Auto, das man nur von einer zehnminütigen Probefahrt kennt, und immerhin dürfte das Ableiten einer unbekannten Funktion risikoloser sein als das Fahren eines unbekannten Autos. Wie man mit neuen Autos umgeht, wissen Sie wahrscheinlich besser als ich; wie man mit impliziten Funktionen umgeht, werde ich Ihnen jetzt zeigen. Dabei werden Sie auch einem alten Bekannten wiederbegegnen, der mehrdimensionalen Kettenregel.

13.4.4 Bemerkung Es sei $y(x)$ eine Funktion mit einer Variablen, die in der impliziten Form

$$f(x, y) = 0$$

gegeben ist. Gesucht ist die Ableitung $y'(x)$. Meine gesamten Informationen über y stecken in der Gleichung $f(x, y) = 0$, und ich muss irgendwie die Ableitung aus dieser Gleichung herausholen. Die Kettenregel aus 13.2.11 ist dabei hilfreich, denn wir haben es hier mit einer verketteten Funktion zu tun. Ich setze einfach

$$h(x) = (x, y(x))$$

und finde

$$0 = f(x, y(x)) = f(h(x)) = (f \circ h)(x).$$

Die Hintereinanderausführung von f und h führt also immer zu dem Wert 0. Es handelt sich hier übrigens um die einfache Zahl Null und nicht um eine Doppelnull in Gestalt eines Vektors: zwar produziert die Funktion h einen zweidimensionalen Output $(x, y(x))$, aber Sie müssen bedenken, dass dieser Vektor wieder als Input in die Funktion f gesteckt wird und f sich mit eindimensionalen Ergebnissen zufrieden gibt. Die verkettete Funktion $f \circ h$ verwandelt daher eine eindimensionale Eingabe in eine ebenfalls eindimensionale Ausgabe, sie macht nur zwischendurch einen kleinen zweidimensionalen Umweg.

In jedem Fall kann ich $f \circ h$ nach x ableiten, und da sowohl die Outputs von h als auch die Inputs von f zweidimensional sind, brauche ich die mehrdimensionale Kettenregel. Sie besagt, dass ich die Gesamtableitung erhalte, indem ich die Funktionalmatrix von f an der Stelle $h(x)$ multipliziere mit der Funktionalmatrix von h an der Stelle x. Das bedeutet:

$$D(f \circ h)(x) = Df(h(x)) \cdot Dh(x).$$

Nun wissen wir aber einiges über h: es hat die Komponenten x und $y(x)$, und die Funktionalmatrix erhält man bekanntlich durch Ableiten der Komponenten. Es folgt also:

$$Dh(x) = \begin{pmatrix} 1 \\ y'(x) \end{pmatrix}.$$

Über Df kann man nicht sehr viel sagen. Es hat nur eine Output-Komponente, und deshalb besteht seine Funktionalmatrix auch nur aus einer Zeile, in der sich alle partiellen Ableitungen von f versammeln. Es gilt also:

$$Df(x, y) = \left(\tfrac{\delta f}{\delta x}(x, y) \quad \tfrac{\delta f}{\delta y}(x, y) \right).$$

Die Kettenregel verlangt allerdings nicht $Df(x, y)$, sondern

$$Df\big(h(x)\big) = Df(x, y(x)) = \left(\tfrac{\delta f}{\delta x}(x, y(x)) \quad \tfrac{\delta f}{\delta y}(x, y(x)) \right).$$

So groß ist der Unterschied nicht, ich habe nur die einfache Variable y durch den Funktionswert $y(x)$ ersetzt. Um etwas Schreibarbeit zu sparen, bezeichne ich im folgenden die partiellen Ableitungen wie in 13.1.14 mit f_x und f_y. Dann gilt:

$$D(f \circ h)(x) = Df(h(x)) \cdot Dh(x)$$

$$= \left(f_x(x, y(x)) \quad f_y(x, y(x)) \right) \cdot \begin{pmatrix} 1 \\ y'(x) \end{pmatrix}$$

$$= f_x(x, y(x)) + y'(x) \cdot f_y(x, y(x)),$$

denn man multipliziert eine Zeile mit einer Spalte, indem man die Spalte auf die Zeile kippt, einzeln multipliziert und die Ergebnisse addiert. Damit wäre noch nichts gewonnen, wenn wir nicht zufällig wüssten, dass $f \circ h = 0$ gilt. Die Ableitung von $f \circ h$ entspricht also der Ableitung der konstanten Funktion Null und muss daher selbst Null sein. Damit folgt:

$$f_x(x, y(x)) + y'(x) \cdot f_y(x, y(x)) = 0,$$

und Auflösen nach $y'(x)$ ergibt:

$$y'(x) = -\frac{f_x(x, y(x))}{f_y(x, y(x))}, \text{ falls } f_y(x, y(x)) \neq 0 \text{ gilt.}$$

Diese Formel nennt man *implizites Differenzieren*. Sie zeigt, dass man unter Umständen auch die Ableitung einer implizit gegeben Funktion berechnen kann.

An zwei Beispielen werde ich das implizite Differenzieren illustrieren.

13.4.5 Beispiele

(i) Die implizite Form der Kreisgleichung lautet

$$f(x, y) = 0 \text{ mit } f(x, y) = x^2 + y^2 - 1.$$

Zur Anwendung von 13.4.4 brauche ich die partiellen Ableitungen von f, aber das macht gar keine Probleme. Es gilt:

$$f_x(x, y) = 2x \text{ und } f_y(x, y) = 2y.$$

Folglich ist

$$y'(x) = -\frac{f_x(x, y(x))}{f_y(x, y(x))}$$

$$= -\frac{2x}{2y(x)}$$

$$= -\frac{2x}{2\sqrt{1 - x^2}} = -\frac{x}{\sqrt{1 - x^2}},$$

sofern wir uns für den oberen Halbkreis entscheiden. Sie können dieses Ergebnis leicht überprüfen: nehmen Sie sich die Funktion $y(x) = \sqrt{1 - x^2}$ und leiten Sie sie nach der üblichen eindimensionalen Kettenregel ab. Das Ergebnis wird das gleiche sein.

(ii) Nun versuche ich die Funktion aus 13.4.3 (ii) abzuleiten. Sie wurde beschrieben durch

$$f(x, y) = 0 \text{ mit } f(x, y) = x^2 y^5 + 3xy^4 + 7xy - y - 10.$$

Wir gehen wieder nach Vorschrift vor und berechnen die partiellen Ableitungen von f. Sie lauten:

$$f_x(x, y) = 2xy^5 + 3y^4 + 7y \text{ und } f_y(x, y) = 5x^2 y^4 + 12xy^3 + 7x - 1.$$

Ich beschränke mich auf einen Punkt und bestimme $y'(1)$. Nach 13.4.4 erhalte ich $y'(1)$ als Quotient aus zwei partiellen Ableitungen von f – aber achten Sie darauf, was ich in diese partiellen Ableitungen einsetzen soll. Die Formel erwartet den x-Wert und den Funktionswert $y(x)$, und woher soll ich wissen, was $y(1)$ ist? Die Antwort ist einfach: aus der Gleichung alleine kann ich den Funktionswert üblicherweise nicht ablesen, da die Gleichung in den meisten Fällen nicht nach y aufgelöst werden kann. Nur dann habe ich eine Chance, wenn entweder die Gleichung nach Einsetzen des x-Wertes einfach genug ist, um sie doch nach y aufzulösen, oder wenn der zugehörige y-Wert zusammen mit x durch Messungen gewonnen wurde. In beiden Fällen kenne ich natürlich sowohl x als auch y.

Die erste Möglichkeit scheidet hier leider aus: sobald ich $x = 1$ setze, lautet die Gleichung

$$y^5 + 3y^4 + 6y - 10 = 0,$$

und das ist immer noch eine der lästigen Gleichungen fünften Grades. Zum Ableiten brauche ich also noch eine empirisch gewonnene Zusatzinformation über den y-Wert bei $x = 1$. Wir gehen also davon aus, dass $y(1) = 1$ gilt, was wir durch Messungen irgendeiner Art festgestellt haben. Denken Sie bitte daran, dass Sie hier nicht jeden beliebigen y-Wert benutzen dürfen, er muss schon in die Gleichung $f(x, y) = 0$ hineinpassen. Sie können aber sofort nachrechnen, dass $f(1, 1) = 0$ gilt, und deshalb ist $y(1) = 1$ sinnvoll.

Damit sind alle Informationen zur Hand, und es folgt:

$$y'(1) = -\frac{f_x(1, y(1))}{f_y(1, y(1))} = -\frac{f_x(1, 1)}{f_y(1, 1)} = -\frac{12}{23}.$$

Die implizit gegebene Funktion y hat also bei $x = 1$ die Ableitung

$$y'(1) = -\frac{12}{23}.$$

Nachdem ich Ihnen nun eine weitere Formel ans Herz gelegt habe, sollte ich Ihnen noch sagen, dass man auch ohne diese Formel aus 13.4.4 implizit differenzieren kann. Es ist wie so oft eine Frage des Geschmacks: Sie können implizite Funktionen nach 13.4.4 ableiten, Sie können aber auch die Methode aus der folgenden Bemerkung 13.4.6 verwenden, je nach Ihren persönlichen Vorlieben. Sehen wir uns diese Methode einmal an.

13.4.6 Bemerkung Ich betrachte wieder die implizite Funktionsgleichung

$$x^2 + y^2 - 1 = 0.$$

Wenn man diese Gleichung auf beiden Seiten nach x ableitet, erhält man rechts natürlich wieder eine Null, und links muss man $y^2(x) = (y(x))^2$ mit der eindimensionalen Kettenregel differenzieren. Es ergibt sich:

$$2x + 2y'(x) \cdot y(x) = 0,$$

also

$$y'(x) = -\frac{2x}{2y(x)} = -\frac{x}{\sqrt{1 - x^2}}.$$

Wir kommen also zu dem gleichen Ergebnis wie bei der Anwendung der Regel aus 13.4.4. Das liegt nicht an der Besonderheit der Kreisgleichung, sondern daran, dass ich in 13.4.4 genau wie eben beide Seiten der Gleichung nach x abgeleitet und anschließend nach $y'(x)$ aufgelöst habe. Es gibt nur einen Unterschied: in 13.4.4 habe ich die Prozedur für *irgendwelche* Funktionen f und y durchgeführt, während ich es eben mit sehr konkreten Funktionen zu tun hatte. Die Idee ist aber auf beiden Wegen die gleiche, und deshalb muss auch das Ergebnis das gleiche sein.

Werfen wir noch einen Blick auf unsere zweite Testfunktion. Die Gleichung hieß:

$$x^2 y^5 + 3xy^4 + 7xy - y - 10 = 0.$$

Ich leite wieder auf beiden Seiten nach x ab und muss nur darauf achten, dass ich bei Potenzen von y die übliche Kettenregel richtig verwende. Es folgt:

$$2xy^5 + 5x^2 y^4 y' + 3y^4 + 12xy^3 y' + 7y + 7xy' - y' = 0.$$

Sehr übersichtlich sieht das nicht aus, und vielleicht verstehen Sie, warum ich es vorziehe, mir die Formel aus 13.4.4 zu merken. Es wird allerdings deutlich einfacher, wenn wir wieder $x = 1$ und $y = 1$ einsetzen. Dann gilt:

$$2 + 5y'(1) + 3 + 12y'(1) + 7 + 7y'(1) - y'(1) = 0,$$

also

$$12 + 23y'(1) = 0.$$

Auflösen nach $y'(1)$ ergibt:

$$y'(1) = -\frac{12}{23},$$

was Sie wahrscheinlich nicht besonders überrascht.

Damit beende ich das Kapitel über mehrdimensionale Differentialrechnung, und auch dieses Buch steht kurz vor seinem Ende. Es fehlt jetzt nur noch das Gegenstück zur Differentialrechnung: die mehrdimensionale Integralrechnung, über die Sie im nächsten Kapitel einiges erfahren können.

Mehrdimensionale Integralrechnung

14

Es gab eine Zeit, in der ARD und ZDF vollständig die Fernsehlandschaft beherrschten, weil es noch keine privaten Fernsehsender gab und Konkurrenzlosigkeit das Herrschen leicht macht. Seit nicht mehr nur zwei, sondern Dutzende von Sendern die Bildschirme bevölkern, müssen alle Beteiligten der Aufmerksamkeit des Zuschauers hinterherlaufen und ihn dazu bewegen, ihre Einschaltquoten aufzubessern. ARD und ZDF haben es zum Beispiel eine ganze Weile mit dem einprägsamen Satz „Bei ARD und ZDF sitzen Sie in der ersten Reihe" versucht, aber böse Zungen meinten, in der ersten Reihe würde man dort nur sitzen, um bei den vielen Wiederholungen schnell und unauffällig verschwinden zu können, und vielleicht wurde deshalb diese Werbekampagne irgendwann eingestellt.

Genau genommen ist das aber ein ganz schlechtes Argument. Sie brauchen nur einmal einen Blick in die Programme der privaten Sender zu werfen, um zu sehen, dass es auch dort von Wiederholungen nur so wimmelt und auch die ständigen Werbespots immer die gleichen sind. Das zeigt zwar nicht, dass die alteingesessenen Sender gut sind, aber schlechter als die neuen sind sie sicher auch nicht. Außerdem lässt sich ein gewisses Maß an Wiederholungen nicht vermeiden. Auch das Buch, mit dem Sie sich gerade beschäftigen, ist von ihnen nicht frei: wir hatten bereits zwei Kapitel über Differentialrechnung, und im laufenden Kapitel muss ich noch einmal auf die Integralrechnung eingehen. Ich hoffe allerdings, dass meine Gründe etwas überzeugender sind als die der Fernsehanstalten.

Wie Sie sich erinnern werden, haben wir im achten Kapitel die Integralrechnung im Wesentlichen benutzt, um Flächeninhalte auszurechnen. Es handelte sich dabei in aller Regel um Flächen, die von einer Funktionskurve und der x-Achse eingegrenzt waren, also in einer bestimmten Ebene lagen. Ich hatte aber in der Einleitung des achten Kapitels deutlich mehr versprochen. Mit unseren bisherigen Mitteln ist es beispielsweise nicht möglich, den Flächeninhalt der Dachkonstruktion über dem Olympiastadion in München auszurechnen, da diese Fläche nicht brav in einer Ebene liegen bleibt, sondern im Raum herumschwebt. Sie wissen zwar mittlerweile, wie man solche Flächen beschreibt, nämlich durch eine Funktion mit zwei Inputvariablen und einer Outputvariable, aber wir verfügen über keine Möglichkeit, eine solche Funktion zu integrieren. Und das ist nicht das ein-

© Springer-Verlag GmbH Deutschland 2017

T. Rießinger, *Mathematik für Ingenieure*, DOI 10.1007/978-3-662-54807-3_14

zige Problem, an dem wir scheitern: schon die schlichte Berechnung eines Rauminhaltes überfordert die Integralrechnung des achten Kapitels hoffnungslos, sofern es sich nicht zufällig um den Rauminhalt eines Rotationskörpers handelt.

Sie werden also einsehen, dass wir uns noch einmal um die Integralrechnung kümmern und ihren Zustand etwas verbessern sollten. Nach ein paar einführenden Bemerkungen werde ich Ihnen zuerst zeigen, wie man zweidimensionale Integrale ausrechnet, wobei ich auch ein paar Worte über zweidimensionale Substitutionen verlieren werde. Mit den Methoden, die Sie dabei kennenlernen, wird es dann möglich sein, die Inhalte von im Raum liegenden Flächen zu berechnen und auch Schwerpunkte von Flächen zu bestimmen. Anschließend gehen wir zu dreidimensionalen Integralen über und beschließen das Kapitel mit der Berechnung einiger Kurvenintegrale.

14.1 Einführung

Ich habe Ihnen schon angedroht, dass Sie mit Wiederholungen rechnen müssen, und hier ist gleich die erste. Bevor wir uns daran wagen, zweidimensionale Funktionen zu integrieren, sollten wir uns kurz an die üblichen eindimensionalen Integrale erinnern. Wenn Sie eine stetige Funktion $f : [a, b] \to \mathbb{R}$ in den Grenzen a und b integrieren, dann ist Ihr Ziel die Berechnung eines *Flächeninhalts*.

Bevor wir uns so praktische Dinge wie Stammfunktionen verschafft hatten, mussten wir zu Beginn des achten Kapitels eine etwas umständlichere Verfahrensweise benutzen, um solche Flächeninhalte herauszufinden. Die Idee bestand darin, das Intervall $[a, b]$ in kleine Teile aufzusplitten und dann näherungsweise Rechtecksflächen zu verwenden. Wir haben also Punkte

$$a = x_0 < x_1 < \cdots < x_{n-1} < x_n = b$$

in dem Intervall $[a, b]$ ausgewählt und die Strecken zwischen x_{i-1} und x_i als Grundseiten von Rechtecken betrachtet. Die Höhen der Rechtecke lieferte dann die Funktion f selbst: man nimmt sich irgendeinen Punkt $y_i \in [x_{i-1}, x_i]$ und einigt sich auf $f(y_i)$ als Rechteckshöhe. Die Summe dieser Rechtecksflächen ist dann natürlich eine Näherung für den gesuchten Flächeninhalt aus Abb. 14.1, und wenn man den genauen Flächeninhalt wissen

Abb. 14.1 Fläche unter einer Funktion f

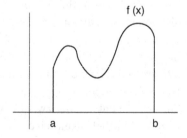

will, bleibt einem nicht viel anderes übrig, als die Anzahl der Rechtecke gegen Unendlich wandern zu lassen. Das bestimmte Integral lässt sich also durch die Formel

$$\int_a^b f(x)dx = \lim_{n \to \infty} \sum_{i=1}^n f(y_i)(x_i - x_{i-1})$$

definieren. Setzt man, wie Sie das schon lange gewöhnt sind, wieder $\Delta x_i = x_i - x_{i-1}$, so heißt das

$$\int_a^b f(x)dx = \lim_{n \to \infty} \sum_{i=1}^n f(y_i)\Delta x_i.$$

Bei der Integration von Funktionen mit zwei Variablen geht man ähnlich vor. Die Aufgabe besteht darin, das Volumen zu bestimmen, das eine Funktion $z = f(x, y)$ mit der x, y-Ebene einschließt. Leider sind die Definitionsbereiche von Funktionen mit zwei Variablen keine schönen übersichtlichen Intervalle mehr, sondern Teilmengen der zweidimensionalen x, y-Ebene, und wir sollten uns erst einmal einigen, welche Definitionsbereiche wir zulassen wollen. Die zweidimensionale Entsprechung eines Intervalls ist sicher ein Rechteck, aber es wäre etwas zu speziell und nicht anwendungsgerecht, sich nur auf Rechtecke zurückzuziehen. Mindestbedingung sollte es jedoch sein, dass der Definitionsbereich nicht ausufert und irgendwo in der Unendlichkeit verschwindet, denn auch ein Intervall fängt bei a an und hört bei b auf. Ich werde also nur solche Definitionsbereiche erlauben, die in keiner Richtung übermütig werden.

14.1.1 Definition Eine Menge $U \subseteq \mathbb{R}^2$ heißt *beschränkt*, wenn es ein Rechteck R gibt, so dass $U \subseteq R$ gilt.

Rechtecke sind offenbar gutwillige Mengen, und wenn U Teilmenge eines Rechtecks ist, wird es sich mit Sicherheit in endlichen Grenzen halten. In der nächsten Bemerkung werde ich Ihnen zeigen, wie man das Integral einer Funktion, die einen beschränkten Definitionsbereich hat, definieren kann.

14.1.2 Bemerkung Es seien $U \subseteq \mathbb{R}^2$ eine beschränkte Menge und $f : U \to \mathbb{R}$ eine stetige Funktion. Da es nicht mehr um Flächeninhalte, sondern um ein Volumen geht, liegt es nahe, die alten Näherungsrechtecke jetzt durch *Näherungsquader* zu ersetzen und deren Rauminhalte zusammenzuzählen. Ich zerlege also U in n kleine Teilbereiche $U_1, U_2, \ldots, U_n$, zum Beispiel in n Rechtecke. Die Fläche dieser Teilbereiche bezeichne ich mit $\Delta U_1, \ldots, \Delta U_n$. Um nun den Rauminhalt eines Quaders berechnen zu können, brauche ich nicht nur den Flächeninhalt der Grundfläche, sondern auch die Quaderhöhe, die ich mir genauso wie im eindimensionalen Fall beschaffe: ich wähle mir nämlich irgendeinen Punkt $(x_i, y_i) \in U_i$ und betrachte seinen Funktionswert $f(x_i, y_i)$ als Höhe des

Abb. 14.2 Annäherung durch Quader

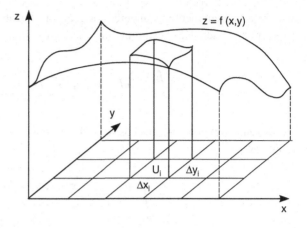

Quaders. Das Teilvolumen ist dann leicht auszurechnen: es beträgt $f(x_i, y_i) \cdot \Delta U_i$, und wenn U_i ein kleines Rechteck mit den Seiten Δx_i und Δy_i ist, erhalten wir das Teilvolumen

$$\Delta V_i = f(x_i, y_i)\Delta U_i = f(x_i, y_i)\Delta x_i \Delta y_i.$$

In Abb. 14.2 können Sie die Aufteilung in die Teilvolumina bewundern.

Nun haben wir ja den gesamten Definitionsbereich U in die n Teilbereiche $U_1, \ldots, U_n$ zerlegt, und über jedem erhebt sich jetzt sein eigener Quader. Ich muss also, um eine Näherung für das Gesamtvolumen zu finden, alle Quadervolumina addieren, und erhalte:

$$V_n(f) = \sum_{i=1}^{n} f(x_i, y_i)\Delta U_i.$$

Vergessen Sie dabei nicht, dass es sich genau wie zu Anfang des achten Kapitels um eine *Näherung* handelt, und wir den genauen Wert für das Volumen nur herausfinden können, indem wir die Grundflächen der Quader immer kleiner und kleiner werden, also ihre Anzahl n gegen Unendlich gehen lassen. Man definiert deshalb

$$\int_U f(x, y)dU = \int_U f(x, y)dxdy = \lim_{n \to \infty} \sum_{i=1}^{n} f(x_i, y_i)\Delta U_i.$$

Dass hier in der ersten Form des Integrals ein dU steht, sollte Sie nicht weiter verwirren. Es besagt nur, dass der zugrundeliegende Definitionsbereich zweidimensional ist, und falls Ihnen das lieber ist, können Sie auch immer die zweite Darstellungsform $\int_U f(x, y)dxdy$ benutzen, die ich übrigens auch angenehmer finde. Wichtiger ist, dass man oft zwei Integralsymbole benutzt, um klarzustellen, dass es sich um ein zweidimensionales Integral handelt. Ich werde also im folgenden die Schreibweise

$$\iint\limits_{U} f(x,y)dU = \iint\limits_{U} f(x,y)dxdy$$

für das bestimmte Integral einer Funktion f mit einem beschränkten zweidimensionalen Definitionsbereich U verwenden. Nur der Ordnung halber erwähne ich, dass manche Leute auch

$$\iint\limits_{U} f(x,y)d(x,y)$$

schreiben und damit andeuten, dass der Grundbereich aus Punkten (x,y) besteht, aber man kann alles übertreiben, und ich werde diese Schreibweise ignorieren.

Es liegt also kein Geheimnis bei den Doppelintegralen, sie stellen Rauminhalte dar, die man mit Hilfe von Quadervolumina annähern kann. Falls man den Rauminhalt schon aus irgendwelchen geometrischen Gründen kennt, ist die konkrete Berechnung des Integrals natürlich leicht, da es dem Volumen entspricht.

14.1.3 Beispiel Es sei U die Kreisscheibe um den Nullpunkt mit dem Radius $r > 0$, das heißt:

$$U = \{(x,y) \in \mathbb{R}^2 \mid x^2 + y^2 \leq r^2\}.$$

Viel beschränkter als U kann eine Menge gar nicht mehr sein, weshalb ich U als Definitionsbereich für eine Funktion mit zwei Variablen verwenden darf. Die Funktion, die ich mir aussuche, ist nicht übermäßig kompliziert, denn ich definiere $f : U \to \mathbb{R}$ durch $f(x,y) = 1$. Die von f gebildete Oberfläche im Raum ist wieder eine Kreisscheibe mit dem Radius r, nur dass sie nicht mehr in der x,y-Ebene liegt, sondern um Eins nach oben verschoben wurde. Wir haben es also insgesamt mit einem Zylinder zu tun, der den Radius r und die Höhe 1 aufweist. Das Integral unserer Funktion f ist nun definitionsgemäß das Volumen V des entstandenen Zylinders, das man bekanntlich nach der Formel

$$V = \text{Grundfläche} \cdot \text{Höhe}$$

berechnet. Somit ist

$$\iint\limits_{U} f(x,y)dxdy = \pi r^2 \cdot 1 = \pi r^2.$$

Das ist natürlich ein bisschen Augenwischerei. Das Ziel der Integralrechung besteht schließlich darin, einigermaßen komplizierte Rauminhalte auszurechnen, denen man mit elementaren geometrischen Methoden vielleicht nicht mehr zu Leibe rücken kann, und hier habe ich es genau umgekehrt gemacht: da ich nicht wusste, wie ich mit dem Integral umgehen soll, habe ich die Geometrie zur Hilfe gerufen. Dagegen spricht gar nichts, solange es funktioniert. Für die schwierigeren Fälle sollten wir uns allerdings Methoden verschaffen, mit denen man rein rechnerisch und unter Verzicht auf die Lehren der Geometrie Integrale bestimmen kann.

Über diese Methoden werde ich Ihnen gleich im nächsten Abschnitt berichten. Zunächst möchte ich Ihnen aber noch zeigen, wie man sich Dreifachintegrale vorstellen kann. Da zumindest ich nicht imstande bin, Funktionen mit drei Inputvariablen zu zeichnen und sie auch nicht mehr als Oberflächen im Raum dargestellt werden können, lässt sich das Integral einer Funktion mit dreidimensionalem Definitionsbereich nicht mehr im Sinne von 14.1.2 interpretieren. Man kann es sich aber auf die folgende Art veranschaulichen.

14.1.4 Bemerkung Üblicherweise wird ein Körper, der im Raum herumliegt, nicht überall die gleiche *Dichte* aufweisen, das heißt, das Verhältnis von Masse zu Volumen wird nicht an jeder Stelle des Körpers gleich sein. Nun nehmen wir einmal an, uns steht eine Funktion f zur Verfügung, die für jeden Punkt (x, y, z) des Körpers die Massendichte angibt und damit beschreibt, wie sich in der Nähe dieses Punktes der Quotient aus Masse und Volumen verhält. Sie können sich schon denken, dass ich mit Hilfe der Dichtefunktion f die Gesamtmasse des Körpers berechnen will und dabei dreidimensionale Integrale eine Rolle spielen werden. Die Methode ist wieder die gleiche wie in 14.1.2: wir zerlegen den Körper K in kleine Teilkörper $K_1, \ldots, K_n$ und berechnen Näherungen für deren Masse. Zu diesem Zweck bezeichne ich das Gesamtvolumen des Körpers mit V und das Volumen von K_i mit ΔV_i.

Wie kann man nun die in K_i vorhandene Masse berechnen? Wieder mache ich eine Anleihe bei 14.1.2 und wähle mir einen beliebigen Punkt $(x_i, y_i, z_i) \in K_i$. Da die Dichte den Quotienten aus Masse und Volumen darstellt, beschreibt $f(x_i, y_i, z_i)$ das Verhältnis von Masse und Volumen in der Nähe des Punktes (x_i, y_i, z_i), und diese Beschreibung ist um so besser, je kleiner der Teilkörper K_i ist. Eine Näherung für die Masse in diesem Teilbereich erhält man folglich durch den Ausdruck $f(x_i, y_i, z_i) \cdot \Delta V_i$. Der Einfachheit halber nehme ich noch an, dass die Teilkörper kleine Quader mit den Grundseiten Δx_i, Δy_i und Δz_i sind, und damit haben wir die Teilmasse

$$f(x_i, y_i, z_i)\Delta x_i \Delta y_i \Delta z_i.$$

Alles weitere ist nicht mehr überraschend. Wir haben nicht nur einen Teilkörper, sondern gleich n, müssen also alle n Teilmassen addieren. Das Resultat ist

$$\sum_{i=1}^{n} f(x_i, y_i, z_i)\Delta x_i \Delta y_i \Delta z_i.$$

Sie dürfen aber nicht vergessen, dass jede Teilmasse nur ein Näherungswert war, der sich verbessert, wenn wir den Teilkörper K_i immer kleiner werden lassen. Auch das ist eine längst vertraute Prozedur, die darauf hinausläuft, dass die Anzahl n der Teilkörper wieder einmal gegen Unendlich gehen muss. Man erhält deshalb:

$$
\begin{aligned}
\text{Masse}(K) &= \iiint\limits_{K} f(x, y, z) dx dy dz \\
&= \iiint\limits_{K} f(x, y, z) dV \\
&= \lim_{n \to \infty} \sum_{i=1}^{n} f(x_i, y_i, z_i) \Delta V_i \\
&= \lim_{n \to \infty} \sum_{i=1}^{n} f(x_i, y_i, z_i) \Delta x_i \Delta y_i \Delta z_i.
\end{aligned}
$$

Natürlich definiert man auf diese Weise auch das Dreifachintegral einer beliebigen Funktion mit drei Inputvariablen, die nichts mit Massenverteilungen zu tun hat. Wichtig ist nur, dass man wie üblich den gesamten Definitionsbereich in kleine Teilbereiche unterteilt, die Volumina dieser Teilbereiche mit den passenden Funktionswerten multipliziert und zum Schluss beim Addieren die Anzahl n der Teilbereiche frohgemut gegen Unendlich wandern lässt.

Es ist aber klar, dass wir bisher Integrale für mehrdimensionale Funktionen nur *definiert* haben und man mit diesen Definitionen nichts wirklich berechnen kann. Wir stehen vor der gleichen Situation wie am Anfang des achten Kapitels, als wir mühselig mit Rechteckszerlegungen das Integral $\int_a^b x^2 dx$ berechnet hatten und uns darüber einig waren, dass das Ganze auch etwas bequemer gehen sollte. Im nächsten Abschnitt werde ich Ihnen deshalb zeigen, wie man zweidimensionale Integrale ohne übertriebenen Aufwand berechnet.

14.2 Zweidimensionale Integrale

Um uns das Leben noch etwas zu erleichtern, werde ich nicht mehr beliebige beschränkte Mengen als Definitionsbereiche zulassen, sondern nur *konvexe*.

14.2.1 Definition Eine Menge $U \subseteq \mathbb{R}^2$ oder $U \subseteq \mathbb{R}^3$ heißt *konvex*, falls für alle Punkte $x, y \in U$ auch die gesamte Verbindungsstrecke von x nach y in U liegt.

Grob gesprochen, ist eine Menge immer dann konvex, wenn Sie keine Einbuchtungen hat, wie Sie an den folgenden Beispielen sehen können.

Abb. 14.3 Konvexe und nicht-konvexe Mengen

14.2.2 Beispiele Die Mengen U_1 und U_2 in Abb. 14.3 sind konvex, denn es ist ganz gleich, welche zwei Punkte Sie in U_1 bzw. U_2 auswählen: Sie können immer die Verbindungs-strecke zwischen beiden Punkten zeichnen, ohne die Grundmenge zu verlassen. Dagegen ist U_3 nicht konvex, denn es gibt mindestens zwei Punkte, deren Verbindungsstrecke die Menge U_3 zeitweilig verlässt.

Beim Berechnen zweidimensionaler Integrale werde ich die Konvexität des Definiti-onsbereiches brauchen, weil ich bestimmte Verbindungslinien innerhalb der Definitions-bereiche ziehen muss und dabei sicher sein sollte, dass ich den Definitionsbereich nicht verlasse. In der nächsten Bemerkung werden wir uns überlegen, wie man ein zweidimen-sionales Integral ausrechnet.

14.2.3 Bemerkung Es seien $U \subseteq \mathbb{R}^2$ eine beschränkte und konvexe Menge und f : $U \to \mathbb{R}$ eine stetige Funktion. Da U beschränkt ist, gibt es einen kleinsten vorkommenden x-Wert, den ich mit a bezeichne, und auch einen größten vorkommenden x-Wert namens b. Wie setzt sich nun das Gesamtvolumen zusammen? Wenn Sie bei einem beliebigen Wert x zwischen a und b mit einem großen Messer in den Körper hineinschneiden, dann erhalten Sie eine Schnittfläche mit einem Flächeninhalt $I(x)$. Der Körper, dessen Volumen wir ausrechnen sollen, setzt sich aus all diesen Schnittflächen zusammen, und da es für jedes $x \in [a, b]$ eine Schnittfläche des Inhalts $I(x)$ gibt, heißt das, ich muss unendlich viele Flächeninhalte $I(x)$ zusammenzählen, um das Volumen zu finden. Das sollte Sie nicht weiter erschrecken, denn das Zusammenzählen solcher Größen entspricht einfach dem gewohnten eindimensionalen Integrieren nach der Variablen x, so dass wir die Formel

$$\iint\limits_U f(x, y)dxdy = \int\limits_a^b I(x)dx.$$

erhalten.

Jetzt sieht sie Sache schon etwas besser aus, aber noch lange nicht gut genug, denn wir haben noch keine Ahnung, wie man die Schnittfläche $I(x)$ bestimmen kann, und ohne $I(x)$ zu kennen, kann ich es schwerlich nach x integrieren. Das ist aber kein Beinbruch, denn $I(x)$ ist ein *Flächeninhalt*, und wie man Flächeninhalte ausrechnet, wissen Sie: mit ganz normalen eindimensionalen Integralen. Sie müssen nur darauf achten, nach welcher Variablen und in welchen Grenzen hier integriert werden muss. Die Fläche erstreckt sich nämlich in y-Richtung zwischen dem kleinsten y-Wert, der für ein bestimmtes x möglich ist, und dem größten y-Wert, den eben dieses $x \in [a, b]$ zulässt. Die Funktionskurve, unter der sich die Fläche befindet, erhalten Sie aus der Oberfläche $z = f(x, y)$, indem Sie mit dem Messer an einem fest gewählten $x \in [a, b]$ ansetzen und dann kräftig durchschneiden. Bezeichnen wir den unteren y-Wert mit $y_u(x)$ und den oberen y-Wert mit $y_o(x)$, so kann man diese Überlegungen in die Formel

$$I(x) = \int_{y_u(x)}^{y_o(x)} f(x, y)dy$$

fassen, wobei wir hier $x \in [a, b]$ fest wählen und nur nach der Variablen y integrieren.

Da ich schon vorher das gesamte Doppelintegral mit Hilfe des Integrals über $I(x)$ formuliert habe, komme ich insgesamt zu der Formel:

$$\iint_U f(x, y)dxdy = \int_a^b \left(\int_{y_u(x)}^{y_o(x)} f(x, y)dy \right) dx.$$

Damit auch alles seine Ordnung hat, schreibe ich das Ergebnis noch einmal in einen eigenen Satz.

14.2.4 Satz Es seien $U \subseteq \mathbb{R}^2$ eine beschränkte und konvexe Menge und $f : U \to \mathbb{R}$ eine stetige Funktion. Weiterhin sei a der kleinste in U vorkommende x-Wert und b der größte in U vorkommende x-Wert. Für $x \in [a, b]$ bezeichnen wir den kleinsten y-Wert, für den $(x, y) \in U$ gilt, mit $y_u(x)$, und den größten y-Wert, für den $(x, y) \in U$ gilt, mit $y_o(x)$, wie Sie in Abb. 14.4 sehen können. Dann ist

$$\iint_U f(x, y)dxdy = \int_a^b \left(\int_{y_u(x)}^{y_o(x)} f(x, y)dy \right) dx.$$

Das Leben schreibt zwar die schönsten Geschichten, aber manchmal auch ziemlich unschöne, und die Berechnung von Doppelintegralen gehört sicher nicht zu den allerschönsten Kapiteln des Lebens. Obwohl die Formel, wie ich sofort zugebe, zu wenig ästhetischer Begeisterung Anlass gibt, ist sie allerdings nicht so hässlich, wie sie vielleicht auf den ersten Blick erscheint. Man muss nur zu ihrer Anwendung in der richtigen Reihenfolge vorgehen. Wenn Sie also ein Doppelintegral auszurechnen haben, dann zeichnen Sie sich am besten zuerst den Definitionsbereich U auf und stellen Sie fest, wie der kleinste und der größte vorkommende x-Wert lauten. Der nächste Teil ist oft etwas schwieriger:

Abb. 14.4 Berechnung eines
zweidimensionalen Integrals

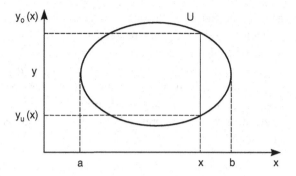

für jedes zulässige x müssen Sie herausfinden, welche y-Werte zu diesem x gehören, so
dass Sie sich mit dem Punkt (x, y) noch im Definitionsbereich U befinden. Da U konvex
ist, macht das aber auch keine großen Probleme, man sucht sich den kleinsten und den
größten passenden Wert $y_u(x)$ und $y_o(x)$, und die Verbindungsstrecke zwischen beiden
muss dann automatisch ganz in U enthalten sein. Sobald diese Vorarbeiten geleistet sind,
kann man integrieren. Für den Anfang hält man x fest und integriert nur nach y, und das
Ergebnis muss man anschließend in den Grenzen a und b noch nach x integrieren.

Die Berechnung eines Doppelintegrals reduziert sich also auf die Berechnung von zwei
gewohnten eindimensionalen Integralen, die ineinander geschachtelt sind. Zunächst sieht
das etwas abschreckend aus, aber mit ein wenig Übung gewöhnt man sich daran. Ich gehe
deshalb jetzt zu Beispielen über.

14.2.5 Beispiele

(i)   Die einfachsten zweidimensionalen Definitionsbereiche sind sicher Rechtecke, und
      mit einem Rechteck fangen wir an. Ich setze also

$$U = \{(x, y) \mid x \in [0, 1] \text{ und } y \in [0, 2]\},$$

   das heißt, U ist das in Abb. 14.5 aufgezeichnete Rechteck. Eine abkürzende Schreibweise dafür ist auch

$$U = [0, 1] \times [0, 2].$$

Ich definiere nun $f : U \to \mathbb{R}$ durch

$$f(x, y) = x^2 + y^2$$

und suche das Volumen, das dieses altbekannte Paraboloid mit der Grundmenge $U =$
$[0, 1] \times [0, 2]$ einschließt. Dazu muss ich das entsprechende Integral berechnen, und
ich gehe dabei genau nach Vorschrift vor.

Abb. 14.5 $U = [0,1] \times [0,2]$

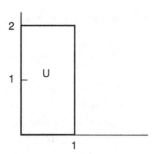

Der kleinste in U vorkommende x-Wert ist offenbar $a = 0$, und der größte ist schnell als $b = 1$ identifiziert. Auch die Grenzen für die y-Werte machen keine Probleme, denn ich darf für jedes $x \in [0,1]$ als untersten y-Wert $y_u(x) = 0$ und als obersten y-Wert $y_o(x) = 2$ setzen. Zusammengefasst haben wir:

$$a = 0, b = 1, y_u(x) = 0, y_o(x) = 2 \text{ für } x \in [0,1].$$

Nach Satz 14.2.4 ist dann

$$\iint_U x^2 + y^2 \, dx \, dy = \int_0^1 \left(\int_0^2 x^2 + y^2 \, dy \right) dx.$$

Man muss sich jetzt nur darüber im klaren sein, wie man die beiden Einzelintegrale auszurechnen hat. Im inneren Integral, das wir zuerst angehen müssen, lautet die Integrationsvariable y, und deshalb muss ich x als Konstante betrachten und eine Stammfunktion von $x^2 + y^2$ in Bezug auf y suchen. Folglich ist

$$\int_0^1 \left(\int_0^2 x^2 + y^2 \, dy \right) dx = \int_0^1 \left[x^2 y + \frac{y^3}{3} \right]_0^2 dx$$

$$= \int_0^1 2x^2 + \frac{8}{3} \, dx.$$

In der ersten Zeile habe ich dabei nur aufgeschrieben, dass $x^2 y + \frac{y^3}{3}$ eine Stammfunktion von $x^2 + y^2$ bezüglich der Variablen y ist, und in der zweiten Zeile habe ich wie üblich die Integrationsgrenzen eingesetzt. Beachten Sie, dass ich in diesem Stadium die Werte 2 und 0 für y einsetzen muss und auf gar keinen Fall für x, denn nach x wird erst im nächsten Schritt integriert. Es gilt nämlich:

$$\int_0^1 2x^2 + \frac{8}{3} \, dx = \left[\frac{2}{3} x^3 + \frac{8}{3} x \right]_0^1 = \frac{2}{3} + \frac{8}{3} = \frac{10}{3}.$$

Insgesamt haben wir das Ergebnis

$$\iint\limits_{U} x^2 + y^2 dx dy = \frac{10}{3}$$

erzielt, und das bedeutet, dass das Volumen unter dem Paraboloid, eingeschränkt auf den Definitionsbereich U, genau $\frac{10}{3}$ beträgt.

(ii) Ich verkompliziere ein wenig den Definitionsbereich und setze

$$U = \{(x, y) \mid x \geq 0, x \leq 1, y \leq x \text{ und } y \geq 0\}.$$

Auf den ersten Blick mag das abschreckend aussehen, aber lassen Sie sich nicht täuschen. Es ist immer am besten, die Begrenzungslinien der Menge aufzuzeichnen. Da $x \geq 0$ sein soll, spielt sich jedenfalls alles in der rechten Halbebene ab. Es wird aber auch $x \leq 1$ verlangt, und deshalb liegen alle zulässigen Punkte links von der Geraden $x = 1$, die beim Punkt 1 senkrecht durch die x-Achse geht. Weiterhin soll stets $y \leq x$ gelten, weshalb ich die Linie $y = x$ so weit wie nötig einzeichne und mir merke, dass sich alle zulässigen Punkte unterhalb dieser Linie aufzuhalten haben. Da schließlich die letzte Bedingung $y \geq 0$ lautet, dürfen wir die x-Achse nicht unterschreiten, und als Definitionsbereich finden wir das einfache rechtwinklige Dreieck, das Sie in Abb. 14.6 sehen. Die Integrationsgrenzen festzulegen, macht jetzt auch keine besonderen Schwierigkeiten mehr. Zulässige x-Werte liegen offenbar zwischen 0 und 1, und für jedes $x \in [0, 1]$ ist der unterste erlaubte y-Wert $y_u(x) = 0$. Nur der oberste zulässige y-Wert ist variabel: wenn Sie sich irgendein $x \in [0, 1]$ vorgeben, dann dürfen Sie, von $y_u(x) = 0$ ausgehend, nach oben laufen bis zur Hypotenuse des rechtwinkligen Dreiecks, bevor Sie U unwiderruflich verlassen. Diese Hypotenuse hat aber die Geradengleichung $y = x$, und daher gilt $y_o(x) = x$. Zusammengefasst haben wir:

$$a = 0, b = 1, y_u(x) = 0, y_o(x) = x.$$

Die Integrationsgrenzen liegen damit vor, und uns fehlt nur noch eine Funktion, die wir integrieren sollen. Ich definiere also $f : U \to \mathbb{R}$ durch

$$f(x, y) = x \cdot \sin y.$$

Abb. 14.6 Dreieck als Definitionsbereich

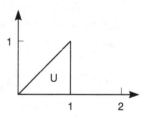

Im folgenden werde ich erst einmal die Integration kommentarlos durchführen und danach noch ein wenig darüber reden. Es gilt:

$$
\iint x \sin y \, dx \, dy = \int_0^1 \left(\int_0^x x \sin y \, dy \right) dx
$$

$$
= \int_0^1 [-x \cos y]_0^x \, dx
$$

$$
= \int_0^1 -x \cos x + x \, dx
$$

$$
= -\int_0^1 x \cos x \, dx + \left[\frac{x^2}{2} \right]_0^1
$$

$$
= -\int_0^1 x \cos x \, dx + \frac{1}{2}
$$

$$
= -[x \sin x + \cos x]_0^1 + \frac{1}{2}
$$

$$
= -\sin 1 - \cos 1 + \frac{3}{2} \approx 0,1182267.
$$

Viel ist hier nicht zu sagen. In der ersten Zeile habe ich die Integrationsgrenzen ins Spiel gebracht, die ich mir vorher mühsam verschafft hatte. In der zweiten Zeile habe ich dann die Funktion $x \sin y$ nach der Variablen y integriert und die Stammfunktion $-x \cos y$ gefunden. Dass ich anschließend die Integrationsgrenzen x und 0 für y einsetze und das Resultat $-x \cos x + x$ erhalte, ist nicht sehr überraschend. Ab hier geht dann alles so, wie Sie es aus dem achten Kapitel kennen. Wir haben ein eindimensionales Integral mit der Integrationsvariablen x, das man mit Hilfe der partiellen Integration berechnen kann, und müssen zum Schluss die Integrationsgrenzen 1 und 0 in die gewonnene Stammfunktion einsetzen.

(iii) Nun sei U ein Kreis mit dem Radius 1 um den Nullpunkt, das heißt:

$$
U = \{(x, y) \mid x^2 + y^2 \leq 1\}.
$$

Sie können der Abb. 14.7 entnehmen, dass der kleinste vorkommende x-Wert $a = -1$ und der größte vorkommende x-Wert $b = 1$ beträgt. Wie sieht es nun für $x \in [-1, 1]$ mit den zulässigen y-Werten aus? Wenn Sie sich irgendein x festhalten, dann dürfen Sie nach oben und unten jeweils bis zur Kreislinie laufen, an der Sie das Ende von U erreichen, und diese Kreislinie hat die Gleichung $x^2 + y^2 = 1$. Auflösen nach y ergibt

$$
y = \pm \sqrt{1 - x^2},
$$

Abb. 14.7 Einheitskreis

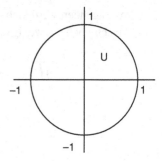

und daraus folgt:

$$y_u(x) = -\sqrt{1 - x^2} \text{ und } y_o(x) = \sqrt{1 - x^2}.$$

Wenn schon die Integrationsgrenzen so kompliziert sind, sollte wenigstens die Funktion f einfach sein. Ich setze also schlicht $f(x, y) = 1$. Dann gilt:

$$\iint\limits_U 1 dx dy = \int\limits_{-1}^{1} \left(\int\limits_{-\sqrt{1-x^2}}^{\sqrt{1-x^2}} 1 dy \right) dx$$

$$= \int\limits_{-1}^{1} [y]_{-\sqrt{1-x^2}}^{\sqrt{1-x^2}} dx$$

$$= 2 \int\limits_{-1}^{1} \sqrt{1 - x^2} dx.$$

Wie es der Zufall will, habe ich dieses Integral schon in 8.2.9 als eine Anwendung der Substitutionsregel ausgerechnet. Es gilt nämlich:

$$\int \sqrt{1 - x^2} dx = \frac{1}{2} \arcsin x + \frac{1}{2} x \sqrt{1 - x^2}.$$

Wegen $\arcsin 1 = \frac{\pi}{2}$ und $\arcsin(-1) = -\frac{\pi}{2}$ folgt dann:

$$2 \int\limits_{-1}^{1} \sqrt{1 - x^2} dx = \frac{\pi}{2} - \left(-\frac{\pi}{2}\right) = \pi.$$

Insgesamt erhalten wir also das Ergebnis:

$$\iint\limits_U 1 dx dy = \pi,$$

was genau der Fläche des Einheitskreises entspricht.

Ich werde später darauf zurückkommen, dass man den Flächeninhalt einer Menge $U \subseteq \mathbb{R}^2$ erhält, indem man $\iint_U 1 dx dy$ berechnet. Im Moment möchte ich über einen anderen Punkt reden, der in engem Zusammenhang mit 14.2.4 steht. Sie haben gelernt und inzwischen auch an Beispielen nachvollziehen können, dass die Bestimmung von Doppelintegralen mit Hilfe von zwei gewöhnlichen Integralen vor sich geht: erst integriert man $f(x, y)$ bei festem x nach der Variablen y und danach wird das Ergebnis wie üblich nach der Variablen x integriert. Das hat etwas Ungerechtes an sich. So wie man früher Linkshänder mehr oder weniger gewaltsam zum Gebrauch ihrer rechten Hand umerziehen wollte, habe ich hier eine Integrationsreihenfolge festgelegt, in der Sie vorzugehen haben – erst nach y und dann nach x. Es war aber, wie heute die meisten Menschen wissen, ein großer Fehler, einen Linkshänder nicht mit der Hand schreiben zu lassen, die ihm am meisten behagte, und genauso sollte ich Ihnen die freie Wahl der Variablenreihenfolge überlassen. Es spielt nämlich überhaupt keine Rolle, ob Sie zuerst nach x und dann nach y integrieren oder umgekehrt. Wichtig ist nur, dass Sie sich, sobald einmal die Entscheidung getroffen ist, die richtigen Integrationsgrenzen für die jeweilige Variable aussuchen. Alles, was ich in 14.2.3 gesagt habe, gilt auch, wenn Sie erst bei festem y nach x integrieren wollen und anschließend y als Integrationsvariable ansehen. Ich erspare es Ihnen und mir deshalb, das Gleiche noch einmal mit vertauschten Variablen zu erklären, sondern schreibe gleich den zugehörigen Satz auf, der Sie stark an den Satz 14.2.4 erinnern wird.

14.2.6 Satz Es seien $U \subseteq \mathbb{R}^2$ eine beschränkte und konvexe Menge und $f : U \to \mathbb{R}$ eine stetige Funktion. Weiterhin sei a der kleinste in U vorkommende y-Wert und b der größte in U vorkommende y-Wert. Für $y \in [a, b]$ bezeichnen wir den kleinsten x-Wert, für den $(x, y) \in U$ gilt, mit $x_u(y)$, und den größten x-Wert, für den $(x, y) \in U$ gilt, mit $x_o(y)$. Dann ist

$$\iint\limits_U f(x, y) dx dy = \int\limits_a^b \left(\int\limits_{x_u(y)}^{x_o(y)} f(x, y) dx \right) dy.$$

Sie sehen, das ist genau der gleiche Satz wie in 14.2.4, nur dass ich die Reihenfolge der Integrationsvariablen vertauscht habe und deshalb auch zum Beispiel $x_u(y)$ anstatt $y_u(x)$ verwenden musste. Damit das etwas deutlicher wird, rechnen wir noch einmal die ersten beiden Beispiele aus 14.2.5, aber diesmal mit vertauschter Integrationsreihenfolge.

14.2.7 Beispiele

(i)   Wir berechnen wieder

$$\iint\limits_U x^2 + y^2 dx dy \text{ mit } U = [0, 1] \times [0, 2].$$

Hier ist alles noch ganz übersichtlich, denn der kleinste vorkommende y-Wert ist $a = 0$ und der größte y-Wert beträgt $b = 2$. Für irgendein $y \in [0, 2]$ sind auch die zulässigen x-Werte schnell identifiziert: es gilt $x_u(y) = 0$ und $x_o(y) = 1$. Folglich ist:

$$
\iint\limits_{U} x^2 + y^2 dx dy = \int\limits_{0}^{2} \left(\int\limits_{0}^{1} x^2 + y^2 dx \right) dy
$$

$$
= \int\limits_{0}^{2} \left[\frac{x^3}{3} + xy^2 \right]_0^1 dy
$$

$$
= \int\limits_{0}^{2} \frac{1}{3} + y^2 dy
$$

$$
= \left[\frac{y}{3} + \frac{y^3}{3} \right]_0^2
$$

$$
= \frac{2}{3} + \frac{8}{3} = \frac{10}{3}.
$$

Die Rechnung sieht ein wenig anders aus als in 14.2.5, aber das Ergebnis ist natürlich dasselbe. In der ersten Zeile habe ich nichts weiter getan, als die ermittelten Integrationsgrenzen in die Formel aus 14.2.6 einzusetzen. Anschließend musste ich im inneren Integral, das immer zuerst berechnet werden muss, nach der Variablen x integrieren, was zu der Stammfunktion $\frac{x^3}{3} + xy^2$ führte. Bedenken Sie dabei, dass im inneren Integral jetzt y als konstant betrachtet wird und die Stammfunktion deshalb zwangsläufig etwas anders aussieht als in 14.2.5 (i). Auch im nächsten Schritt sollte man sich vor Augen halten, welche Variable momentan die Integrationsvariable ist: die Grenzen 0 und 1 müssen hier nämlich für x eingesetzt werden, da wir nun einmal nach x integriert haben. Ab jetzt ist alles Routine. Sie haben ein eindimensionales Integral mit der Variablen y, dessen Stammfunktion schnell berechnet und dessen Zahlenwert noch schneller ermittelt ist. Dass wir dasselbe Ergebnis erhalten wie in 14.2.5 (i), sollte klar sein, denn eine neue Berechnungsmethode würde nur wenig taugen, wenn sie auf einmal auch neue Ergebnisse liefern würde.

(ii) Im letzten Beispiel machte es keinen nennenswerten Unterschied, für welche Integrationsreihenfolge man sich entscheidet, der Aufwand ist bei beiden Methoden ziemlich ähnlich. Das wird in diesem Beispiel etwas anders werden. Ich berechne wie in 14.2.5 (ii)

$$
\iint\limits_{U} x \sin y dx dy \text{ mit } U = \{(x, y) \mid x \geq 0, x \leq 1, y \leq x \text{ und } y \geq 0\}.
$$

Wieder vertausche ich die Integrationsreihenfolge und muss daher auch meine Integrationsgrenzen neu bestimmen. Der kleinste vorkommende y-Wert liegt bei $a = 0$

und der größte bei $b = 1$. Zur Bestimmung der zulässigen x-Werte muss man schon etwas genauer hinsehen. An Abb. 14.6 können Sie ablesen, dass für ein beliebiges $y \in [0, 1]$ die zulässigen x-Werte üblicherweise nicht bei 0 anfangen, sondern dass man so weit nach rechts laufen muss, bis man auf die schiefe Begrenzungslinie von U trifft. Da diese Linie auf die Gleichung $y = x$ hört, folgt daraus $x_u(y) = y$. Ist man aber erst einmal in U angelangt, kann man auch guten Gewissens weitergehen, sofern man den x-Wert 1 nicht überschreitet, und das heißt $x_o(y) = 1$. Damit haben wir alles zusammengetragen und können an die Berechnung des Doppelintegrals gehen. Es gilt:

$$\iint\limits_{U} x \sin y \, dx \, dy = \int_0^1 \left(\int_y^1 x \sin y \, dx \right) dy$$

$$= \int_0^1 \left[\frac{x^2}{2} \sin y \right]_y^1 dy$$

$$= \int_0^1 \frac{1}{2} \sin y - \frac{y^2}{2} \sin y \, dy.$$

So weit ist noch nichts Dramatisches passiert. Wie üblich habe ich die ermittelten Integrationsgrenzen in die allgemeine Formel geschrieben, nach x integriert und die Grenzen $x_u(y) = y$ und $x_o(y) = 1$ für x eingesetzt. Aber jetzt sind wir in einer zwar nicht tragischen, doch immerhin unangenehmen Lage. Das Integral

$$\int_0^1 \frac{1}{2} \sin y \, dy = \left[-\frac{1}{2} \cos y \right]_0^1 = -\frac{1}{2} \cos 1 + \frac{1}{2}$$

macht natürlich keine Schwierigkeiten, aber wie sieht es mit dem Rest

$$\int \frac{y^2}{2} \sin y \, dy$$

aus? Während ich in 14.2.5 (ii) nur einmal partiell integrieren musste, um ans Ziel zu gelangen, ist das hier offenbar zweimal nötig, und das heißt, die Vertauschung der Integrationsreihenfolge zwingt uns zu mehr Arbeit.

Im achten Kapitel können Sie nötigenfalls nachschlagen, wie man so ein Integral mit zweifacher partieller Integration löst. Das Ergebnis lautet

$$\int_0^1 \frac{y^2}{2} \sin y \, dy = \left[y \sin y - \left(\frac{y^2}{2} - 1 \right) \cos y \right]_0^1 = \sin 1 + \frac{1}{2} \cos 1 - 1.$$

Zusammengefasst ergibt sich:

$$\iint\limits_{U} x \sin y\, dx\, dy = -\frac{1}{2}\cos 1 + \frac{1}{2} - \sin 1 - \frac{1}{2}\cos 1 + 1$$

$$= \frac{3}{2} - \sin 1 - \cos 1.$$

Auch hier erhalten wir also das gleiche Ergebnis wie in 14.2.5, nur mit dem Unterschied, dass der Arbeitsaufwand beim Integrieren etwas höher ist.

Es spielt somit, was das Ergebnis betrifft, keine Rolle, ob man zuerst nach x und dann nach y integriert oder umgekehrt. Im Hinblick auf die Kompliziertheit der Rechnung gibt es allerdings Unterschiede: wie Sie gesehen haben, waren die Integrale in 14.2.5 (ii) etwas leichter zu berechnen als in 14.2.7 (ii). In aller Regel sieht man es aber einer Aufgabe nicht an, welche Methode nun die günstigste ist und muss sich auf sein Glück verlassen.

Überhaupt ist es bei manchen Integralen einfacher, weder die eine noch die andere Methode in ihrer reinen Form zu verwenden, sondern eine Substitution vorzuschalten, über die ich Ihnen im nächsten Abschnitt berichte.

14.3   Substitution

Manchmal wird das Leben einfacher, wenn man an Stelle der üblichen kartesischen Koordinaten (x, y) die sogenannten *Polarkoordinaten* (r, φ) verwendet, die ziemlich genau der Polarform komplexer Zahlen aus Abschn. 10.2 entsprechen. Allerdings braucht man dazu eine Art Substitutionsregel. Man kann diese Regel sehr allgemein formulieren, was aber gegen Ende des Buches eine unnötige Grausamkeit darstellen würde. Ich werde daher nur am Schluss des Abschnittes eine allgemeine Substitutionsregel angeben und mich ansonsten auf die Substitution mit Polarkoordinaten konzentrieren – das ist auf den ersten Blick unangenehm genug, aber manchmal ungeheuer praktisch.

Zunächst darf ich Sie daran erinnern, was man unter Polarkoordinaten versteht.

14.3.1 Bemerkung   Es sei $(x, y) \in \mathbb{R}^2$ irgendein Punkt. Dann kann man diesen Punkt auch dadurch identifizieren, dass man angibt, wie lange man vom Nullpunkt aus in welcher Richtung laufen muss, um (x, y) zu erreichen. Etwas präziser formuliert, beschreibt φ den Winkel, den der Vektor $\begin{pmatrix} x \\ y \end{pmatrix}$ mit der x-Achse bildet, und r ist die Länge dieses Vektors. Wir haben also:

$$(x, y) = (r \cos \varphi, r \sin \varphi) \text{ mit } r \geq 0 \text{ und } \varphi \in [0, 2\pi).$$

Das Wechselspiel zwischen kartesischen Koordinaten (x, y) und Polarkoordinaten $(r \cos \varphi, r \sin \varphi)$ ist auch eindeutig, und das bedeutet, dass es zu jedem Punkt

Abb. 14.8 Polarkoordinaten

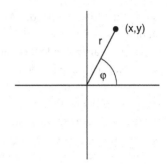

$(x, y) \neq (0, 0)$ genau ein $r > 0$ und genau ein $\varphi \in [0, 2\pi)$ gibt, so dass

$$(x, y) = (r \cos \varphi, r \sin \varphi)$$

gilt. Ein Vektor kann schließlich keine zwei verschiedenen Längen haben und auch nicht zwei verschiedene Winkel mit der x-Achse bilden, je nach Wetter oder Tageszeit. Nur bei $(x, y) = (0, 0)$ kann man die Länge $r = 0$ und jeden beliebigen Winkel φ wählen, weil die Multiplikation mit Null in jedem Fall wieder Null ergibt. Man einigt sich aber in der Regel darauf, für den Nullpunkt die Polarkoordinaten $r = 0$ und $\varphi = 0$ zu verwenden.

Ist nun ein Doppelintegral über einem Definitionsbereich zu berechnen, der kreisförmig oder auch nur ein Kreisausschnitt ist, dann kann es sinnvoll sein, nicht mehr die Funktion $f(x, y)$ nach x und y zu integrieren, sondern es einmal mit der Funktion $f(r \cos \varphi, r \sin \varphi)$ zu versuchen, also die *Substitution* $(x, y) = (r \cos \varphi, r \sin \varphi)$ durchzuführen. Man kann aber nicht so einfach die eine Variable durch die andere ersetzen; schon bei der eindimensionalen Substitutionsregel mussten wir noch mit irgendwelchen Ableitungen multiplizieren, um keinen Ärger zu bekommen. In der nächsten Bemerkung möchte ich Ihnen zeigen, dass auch die zweidimensionale Substitutionsregel einen ganz ähnlichen Aufbau hat, wie Sie es vom eindimensionalen Fall gewohnt sind.

14.3.2 Bemerkung Bekanntlich lautet die eindimensionale Substitutionsregel

$$\int f(g(x)) \cdot g'(x) dx = \int f(g) dg.$$

Ich habe im achten Kapitel stark davon abgeraten, *bestimmte* Integrale mit Hilfe der Substitutionsregel auszurechnen, weil man sich dabei üblicherweise mit den Integrationsgrenzen verheddert, aber jetzt ist es leider unumgänglich. Zum Glück habe ich mich in 8.2.6 nicht davor gescheut, auch die Formel für bestimmte Integrale anzugeben. Sie lautet:

$$\int_{a}^{b} f(g(x)) \cdot g'(x) dx = \int_{g(a)}^{g(b)} f(g) dg.$$

Bei Licht betrachtet, ist die Änderung der Integrationsgrenzen auch nicht sehr aufregend. Nehmen Sie zum Beispiel eine monoton wachsende Funktion $g : [a, b] \to \mathbb{R}$. Da wir f auf $g(x)$ anzuwenden haben, wird f zwangsläufig den Definitionsbereich $[g(a), g(b)]$ haben, sonst könnte ich den Ausdruck $f(g(x))$ gar nicht bilden. Wenn nun x das Intervall $[a, b]$ durchläuft, dann wird $g(x)$ das Intervall $[g(a), g(b)]$ durchlaufen, und da bei dem Integral auf der rechten Seite der Gleichung nach g und nicht mehr nach x integriert wird, sollten sich auch die Integrationsgrenzen der neuen Variablen anpassen. Wir müssen daher rechts zwischen $g(a)$ und $g(b)$ integrieren.

Jetzt werde ich diese Formel auf den zweidimensionalen Fall übertragen. Dazu nehme ich wieder eine konvexe Menge $U \subseteq \mathbb{R}^2$ und eine stetige Abbildung $f : U \to \mathbb{R}$. Zu berechnen ist das Integral

$$\iint\limits_{U} f(x, y)\,dx\,dy.$$

Nun schreibe ich (x, y) in Polarkoordinaten, setze also

$$(x, y) = (r \cos \varphi, r \sin \varphi) \text{ mit } r \geq 0, \varphi \in [0, 2\pi).$$

Mit

$$g(r, \varphi) = (r \cos \varphi, r \sin \varphi)$$

gilt dann

$$g(r, \varphi) = (x, y).$$

An dieser Stelle sollten Sie sich an den eindimensionalen Fall erinnern. Auf der rechten Seite haben wir im Ergebnisbereich der Funktion g integriert und auf der linken Seite im Definitionsbereich. Der Ergebnisbereich unserer neuen Funktion

$$g(r, \varphi) = (r \cos \varphi, r \sin \varphi) = (x, y)$$

soll aber gerade aus den Punkten $(x, y) \in U$ bestehen, weshalb das Integral

$$\iint\limits_{U} f(x, y)\,dx\,dy$$

der rechten Seite der Substitutionsregel entsprechen dürfte.

Für die linke Seite brauche ich noch den Definitionsbereich von g, denn entsprechend der bekannten Substitutionsregel muss ich ihn als Grundmenge zum Integrieren benutzen. Das ist ein wichtiger Punkt, weil man sonst über der falschen Grundmenge integriert und

Abb. 14.9 Halbkreisring U

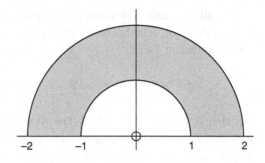

voraussichtlich ein falsches Ergebnis erhält. Ist zum Beispiel U der Einheitskreis, so wird der Definitionsbereich von g genau durch

$$\widetilde{U} = \{(r, \varphi) \mid r \in [0, 1] \text{ und } \varphi \in [0, 2\pi)\} = [0, 1] \times [0, 2\pi)$$

beschrieben, da sämtliche Punkte in der Einheitskreisscheibe eine Entfernung von höchstens 1 zum Nullpunkt haben und in einem vollen Kreis alle Winkel zwischen 0 und 2π vorkommen. Ist dagegen U das Gebilde aus Abb. 14.9, so hat g den Definitionsbereich

$$\widetilde{U} = \{(r, \varphi) \mid r \in [1, 2] \text{ und } \varphi \in [0, \pi]\} = [1, 2] \times [0, \pi].$$

Hier sind nämlich nur solche Punkte zulässig, deren Abstand zum Nullpunkt zwischen 1 und 2 liegt und deren Winkel zur x-Achse den Wert π nicht überschreitet.

Sie sehen wohl, wie man den Definitionsbereich von g findet. Man sammelt einfach alle Längen r und Winkel φ, die in die vorgegebene Menge U hineinpassen, und bezeichnet sie mit $\widetilde{U}$. Es gilt also:

$$\widetilde{U} = \{(r, \varphi) \mid r \geq 0, \varphi \in [0, 2\pi) \text{ und } (r \cos \varphi, r \sin \varphi) = (x, y) \in U\}.$$

$\widetilde{U}$ enthält daher alle Wertepaare (r, φ), die zum Aufbau von U gebraucht werden.

In der eindimensionalen Substitutionsregel steht auf der linken Seite das Integral $\int_a^b f(g(x))g'(x)dx$. Dem Intervall $[a, b]$ entspricht die eben konstruierte Menge $\widetilde{U}$, und $f(g(x))$ können wir ersetzen durch $f(g(r, \varphi)) = f(r \cos \varphi, r \sin \varphi)$. Ich brauche aber noch zusätzlich die Ableitung von g, und die finde ich bei einer Funktion mit zwei Inputs und zwei Outputs in der altbekannten Funktionalmatrix

$$Dg(r, \varphi) = \begin{pmatrix} \cos \varphi & -r \sin \varphi \\ \sin \varphi & r \cos \varphi \end{pmatrix}.$$

Sie erinnern sich noch? In der ersten Zeile der Funktionalmatrix stehen die partiellen Ableitungen der ersten Komponentenfunktion $g_1(r, \varphi) = r \cos \varphi$, und die lauten $\cos \varphi$ und $-r \sin \varphi$. Die zweite Zeile findet man dann durch Ableiten der zweiten Komponente.

Ich will aber keine Matrix mit mir herumtragen, sondern hätte gerne eine Zahl. Das ist gar kein Problem, denn Sie haben gelernt, wie man einer Matrix eine Zahl zuordnet: mit der Determinante. Es gilt:

$$\det Dg(r, \varphi) = r \cos^2 \varphi - (-r \sin^2 \varphi) = r(\cos^2 \varphi + \sin^2 \varphi) = r.$$

Auf einmal ist alles ganz einfach. Die Ableitung von g reduziert sich zu der schlichten Variablen r, und wir haben alles zusammengetragen, was wir für die linke Seite der Substitutionsregel brauchen. Sie entspricht jetzt dem Integral:

$$\iint\limits_{\widetilde{U}} f(g(r, \varphi)) \cdot \det Dg(r, \varphi) dr d\varphi = \iint\limits_{\widetilde{U}} f(r \cos \varphi, r \sin \varphi) \cdot r \, dr \, d\varphi.$$

Man sollte also erwarten, dass die zweidimensionale Substitutionsregel

$$\iint\limits_{U} f(x, y) dx dy = \iint\limits_{\widetilde{U}} f(r \cos \varphi, r \sin \varphi) \cdot r \, dr \, d\varphi$$

gültig ist, und genau diese Regel werde ich im nächsten Satz formulieren.

14.3.3 Satz Es seien $U \subseteq \mathbb{R}^2$ eine Menge und $f : U \to \mathbb{R}$ eine stetige Funktion. Setzt man

$$\widetilde{U} = \{(r, \varphi) \,|\, r \geq 0, \varphi \in [0, 2\pi) \text{ und } (r \cos \varphi, r \sin \varphi) \in U\},$$

dann gilt:

$$\iint\limits_{U} f(x, y) dx dy = \iint\limits_{\widetilde{U}} f(r \cos \varphi, r \sin \varphi) \cdot r \, dr \, d\varphi.$$

Wieder einmal muss ich zugeben, dass es Vergnüglicheres gibt. Sie werden aber gleich an den folgenden Beispielen sehen, wie praktisch es sein kann, diese Substitutionsregel zu verwenden, sofern die Menge U etwas mit einem Kreis zu tun hat.

14.3.4 Beispiele

(i) Es sei U die Einheitskreisscheibe um den Nullpunkt, also

$$U = \{(x, y) \,|\, x^2 + y^2 \leq 1\}.$$

Ich hatte schon in 14.3.2 erklärt, wie wir $\widetilde{U}$ wählen müssen: im Einheitskreis kommen alle Längen zwischen 0 und 1 und alle Winkel zwischen 0 und 2π vor. Folglich ist

$$\widetilde{U} = \{(r, \varphi) \mid r \in [0, 1] \text{ und } \varphi \in [0, 2\pi)\} = [0, 1] \times [0, 2\pi).$$

Als Funktion wähle ich

$$f(x, y) = x^2 + y^2.$$

Wie Sie wissen, muss ich $f(r \cos\varphi, r \sin\varphi)$ ausrechnen, und erhalte:

$$f(r \cos\varphi, r \sin\varphi) = r^2 \cos^2\varphi + r^2 \sin^2\varphi = r^2.$$

Das sieht doch schon recht einfach aus, und viel komplizierter wird es auch nicht mehr. Ich wende jetzt die Substitutionsregel an. Dann gilt:

$$\iint\limits_{U} f(x, y) dx dy = \iint\limits_{\widetilde{U}} f(r \cos\varphi, r \sin\varphi) \cdot r \, dr \, d\varphi$$

$$= \iint\limits_{\widetilde{U}} r^3 \, dr \, d\varphi.$$

Dabei entspricht die erste Zeile der Substitutionsregel aus 14.3.3, und in der zweiten Zeile habe ich die Gleichung $f(r \cos\varphi, r \sin\varphi) = r^2$ benutzt.

Das neue Integral ist jetzt aber völlig problemlos. Schließlich ist $\widetilde{U}$ das schlichte Rechteck

$$\widetilde{U} = [0, 1] \times [0, 2\pi),$$

und wie man bei rechteckigem Definitionsbereich integriert, haben Sie im letzten Abschnitt gelernt. Es gilt nämlich:

$$\iint\limits_{\widetilde{U}} r^3 \, dr \, d\varphi = \int\limits_{0}^{2\pi} \left(\int\limits_{0}^{1} r^3 \, dr \right) d\varphi$$

$$= \int\limits_{0}^{2\pi} \left[\frac{r^4}{4} \right]_{0}^{1} d\varphi$$

$$= \int\limits_{0}^{2\pi} \frac{1}{4} d\varphi$$

$$= 2\pi \cdot \frac{1}{4} = \frac{\pi}{2}.$$

Das ist nun gar nichts Besonderes mehr, sondern schlichtes Integrieren über einem rechteckigen Definitionsbereich, wie Sie es im letzten Abschnitt gelernt haben.

Der Punkt ist aber, dass durch die Verwendung von Polarkoordinaten der kreisförmige x, y-Definitionsbereich U in einen rechteckigen r, φ-Definitionsbereich $\widetilde{U}$ umgewandelt wurde und das Integrieren immer am einfachsten geht, wenn der Definitionsbereich ein Rechteck ist.

(ii) Jetzt verwende ich als Definitionsbereich U den Achtelkreis, den Sie in Abb. 14.10 finden. Es wäre schon unangenehm, die Menge U mit den üblichen kartesischen x, y-Koordinaten beschreiben zu müssen, aber zum Glück verlangt das niemand von uns. Wir können gleich zu den Polarkoordinaten übergehen und sehen, dass in U gerade die Längen zwischen 0 und 2 und die Winkel zwischen 0 und $\frac{\pi}{4}$ erlaubt sind. Daher gilt:

$$U = \left\{ (r \cos \varphi, r \sin \varphi) \ \bigg| \ r \in [0, 2] \text{ und } \varphi \in \left[0, \frac{\pi}{4} \right] \right\}.$$

In $\widetilde{U}$ versammeln sich alle r- und φ-Werte, die zur Menge U passen, und das heißt:

$$\widetilde{U} = \left\{ (r, \varphi) \ \bigg| \ r \in [0, 2] \text{ und } \varphi \in \left[0, \frac{\pi}{4} \right] \right\} = [0, 2] \times \left[0, \frac{\pi}{4} \right].$$

Ich setze nun

$$f(x, y) = xy^2.$$

Wieder muss ich zur Anwendung der Substitutionsregel die Größe $f(r \cos \varphi, r \sin \varphi)$ ausrechnen und finde:

$$f(r \cos \varphi, r \sin \varphi) = r \cos \varphi \cdot r^2 \sin^2 \varphi = r^3 \cos \varphi \sin^2 \varphi.$$

Nun steht der Anwendung nichts mehr im Wege. Aus 14.3.3 folgt:

$$\iint\limits_{U} f(x, y) dx dy = \iint\limits_{\widetilde{U}} f(r \cos \varphi, r \sin \varphi) \cdot r \, dr \, d\varphi$$

$$= \int\limits_{0}^{\frac{\pi}{4}} \left(\int\limits_{0}^{2} r^4 \cos \varphi \sin^2 \varphi \, dr \right) d\varphi.$$

Abb. 14.10 Definitionsbereich U

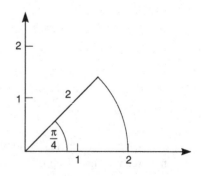

Ich habe auch hier nichts weiter getan als direkt in die Substitutionsformel einzusetzen und die Gleichung $f(r\cos\varphi, r\sin\varphi) = r^3\cos\varphi\sin^2\varphi$ zu verwenden. Im inneren Integral muss ich nach r integrieren und halte deshalb die Variable φ für den Anfang konstant. Dann ist:

$$\int\limits_0^{\frac{\pi}{4}}\left(\int\limits_0^2 r^4\cos\varphi\sin^2\varphi\, dr\right)d\varphi = \int\limits_0^{\frac{\pi}{4}}\left[\frac{r^5}{5}\cos\varphi\sin^2\varphi\right]_0^2 d\varphi$$

$$= \int\limits_0^{\frac{\pi}{4}}\frac{32}{5}\cos\varphi\sin^2\varphi\, d\varphi.$$

Nun bleibt uns nur noch die Aufgabe, das Integral

$$\int\cos\varphi\sin^2\varphi\, d\varphi$$

zu bestimmen. Das ist aber ein Fall für die eindimensionale Substitutionsregel. Setze ich nämlich

$$g(\varphi) = \sin\varphi,$$

dann gilt natürlich

$$g'(\varphi) = \cos\varphi,$$

und man kann das Integral schreiben als:

$$\int\cos\varphi\sin^2\varphi\, d\varphi = \int g'(\varphi)\cdot g^2(\varphi)d\varphi.$$

Damit kann ich $g'(\varphi)d\varphi$ durch dg ersetzen und erhalte

$$\int g'(\varphi)\cdot g^2(\varphi)d\varphi = \int g^2 dg = \frac{g^3}{3} = \frac{\sin^3\varphi}{3}.$$

Folglich ist:

$$\int\limits_0^{\frac{\pi}{4}}\frac{32}{5}\cos\varphi\sin^2\varphi\, d\varphi = \frac{32}{5}\left[\frac{\sin^3\varphi}{3}\right]_0^{\frac{\pi}{4}}$$

$$= \frac{32}{5}\cdot\frac{\sin^3\frac{\pi}{4}}{3}$$

$$= \frac{32}{15}\cdot\left(\frac{1}{2}\sqrt{2}\right)^3 = \frac{8}{15}\sqrt{2}.$$

Insgesamt erhalten wir:

$$\iint\limits_{U} xy^2 dx dy = \frac{8}{15}\sqrt{2}.$$

Beispiel 14.3.4 (ii) war schon auf diese Weise schlimm genug. Sie können sich vielleicht vorstellen, wie unangenehm es erst geworden wäre, wenn ich nicht in Polarkoordinaten, sondern in kartesischen Koordinaten gerechnet hätte. Allein schon das Formulieren der Integrationsgrenzen $y_u(x)$, $y_o(x)$ oder von mir aus auch $x_u(y)$, $x_o(y)$ wäre nicht mehr ohne Fallunterscheidungen gegangen, weil das Integrationsgebiet U sowohl von geraden als auch von krummen Linien begrenzt wird, und ein Integral auszurechnen, dessen Grenzen manchmal dieses und manchmal jenes sind, macht wirklich kein Vergnügen. Ich darf Ihnen also empfehlen, Polarkoordinaten zu verwenden, sofern Ihr Integrationsgebiet U etwas mit Kreisen zu tun hat. In aller Regel ersparen Sie sich damit eine Menge Ärger.

Für alle unter Ihnen, die es genau wissen wollen, schreibe ich jetzt noch die allgemeine zweidimensionale Substitutionsregel auf. Man kann sich ihren Aufbau in Analogie zur eindimensionalen Substitutionsregel auf ähnliche Weise überlegen, wie ich es in 14.3.2 für den speziellen Fall der Polarkoordinaten vorgeführt habe.

14.3.5 Satz Es seien $U \subseteq \mathbb{R}^2$ und $\widetilde{U} \subseteq \mathbb{R}^2$ Mengen und $f : U \to \mathbb{R}$ eine stetige Funktion. Weiterhin sei $g : \widetilde{U} \to U$ eine Abbildung mit den Eigenschaften:

(i) g ist stetig partiell differenzierbar.
(ii) Es existiert die *Umkehrabbildung* $g^{-1} : U \to \widetilde{U}$.
(iii) g^{-1} ist ebenfalls stetig partiell differenzierbar.

Dann gilt:

$$\iint\limits_{U} f(x, y) dx dy = \iint\limits_{\widetilde{U}} f(g(u, v)) \cdot |\det Dg(u, v)| du dv.$$

Verzagen Sie nicht, falls Sie die Substitutionsregel für Polarkoordinaten hier nicht gleich wiedererkennen. Sie ist tatsächlich als Spezialfall in diesem allgemeinen Satz enthalten, aber es schadet gar nichts, wenn Sie sich auf Polarkoordinaten beschränken und sich nicht weiter um die allgemeine Substitutionsregel kümmern. Ich habe sie auch nur der Vollständigkeit halber angeführt und nicht etwa, damit Sie damit arbeiten.

Im Übrigen scheint mir, wir haben jetzt genug substituiert und sollten uns der Frage zuwenden, wie man mit zweidimensionalen Integralen Flächeninhalte und Schwerpunkte berechnet.

14.4 Flächen und Schwerpunkte

Über Flächenberechnung möchte ich zwei Dinge sagen. Erstens zeige ich Ihnen, wie man den Flächeninhalt einer Menge $U \subseteq \mathbb{R}^2$ bestimmt, und zweitens werden Sie sehen, wie man mit zweidimensionalen Integralen den Flächeninhalt von Oberflächen ausrechnen kann, die im Raum herumschweben. Fangen wir mit dem einfacheren Fall an. In 14.2.5 (iii) habe ich Sie schon darauf aufmerksam gemacht, dass beim Integrieren der konstanten Funktion $f(x, y) = 1$ über dem Einheitskreis genau der Flächeninhalt des Kreises herausgekommen ist. Der folgende Satz zeigt, dass das kein Zufall war.

14.4.1 Satz Für eine Menge $U \subseteq \mathbb{R}^2$ gilt:

$$\text{Flächeninhalt}(U) = \iint\limits_{U} 1 dx dy.$$

Beweis Das Abbild der konstanten Funktion ist natürlich noch einmal die Menge U, nur um 1 nach oben verschoben. Das Volumen, das von dem Doppelintegral ausgerechnet wird, ist also das Volumen eines Zylinders, dessen Grundfläche dem Inhalt von U entspricht und der die Höhe 1 hat. Deshalb ist

$$\iint\limits_{U} 1 dx dy = \text{Grundfläche} \cdot \text{Höhe}$$

$$= \text{Flächeninhalt}(U). \qquad \triangle$$

An einem kleinen Beispiel sehen wir uns die Wirkungsweise dieses Satzes an.

14.4.2 Beispiel Gesucht ist die Fläche, die von den Funktionskurven $f(x) = x^2 - 2x + 7$ und $g(x) = x + 5$ eingegrenzt wird. Wenn wir die in Frage stehende Menge mit U bezeichnen, dann müssen wir zunächst die zulässigen x- und y-Werte von U feststellen. Zu diesem Zweck rechne ich die Schnittpunkte von f und g aus. Es gilt:

$$x^2 - 2x + 7 = x + 5 \Leftrightarrow x^2 - 3x + 2 = 0 \Leftrightarrow x_{1,2} = \frac{3}{2} \pm \sqrt{\frac{9}{4} - 2}.$$

Die Schnittpunkte lauten also $x_1 = 1$ und $x_2 = 2$ und stellen offenbar den kleinsten und den größten in U vorkommenden x-Wert dar. Damit folgt für die Integrationsgrenzen:

$$a = 1 \text{ und } b = 2.$$

Für jedes $x \in [1, 2]$ muss ich jetzt noch die zulässigen y-Werte bestimmen. Man kann sie aber leicht aus Abb. 14.11 entnehmen, denn die untere Grenze ist die Parabel $y = x^2 - 2x + 7$, während die obere Grenze durch die Gerade $y = x + 5$ repräsentiert wird. Wir erhalten also:

$$y_u(x) = x^2 - 2x + 7 \text{ und } y_o(x) = x + 5.$$

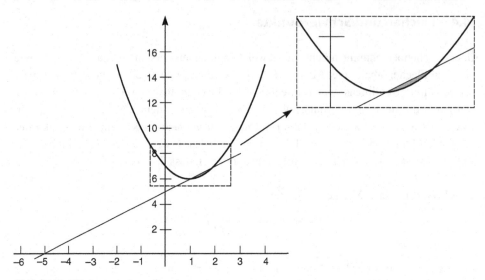

Abb. 14.11 Fläche zwischen f und g

Das Integrieren ist jetzt mehr oder weniger Formsache, und ich werde mir erlauben, die Rechnung ohne weiteren Kommentar durchzuführen. Es gilt:

$$\text{Flächeninhalt}(U) = \iint\limits_{U} 1\,dx\,dy$$

$$= \int\limits_{1}^{2} \left(\int\limits_{x^2-2x+7}^{x+5} 1\,dy \right) dx$$

$$= \int\limits_{1}^{2} [y]_{x^2-2x+7}^{x+5}\,dx$$

$$= \int\limits_{1}^{2} x+5-(x^2-2x+7)\,dx$$

$$= \int\limits_{1}^{2} -x^2+3x-2\,dx$$

$$= \left[-\frac{x^3}{3} + \frac{3}{2}x^2 - 2x \right]_{1}^{2}$$

$$= -\frac{8}{3} + 6 - 4 - \left(-\frac{1}{3} + \frac{3}{2} - 2 \right) = \frac{1}{6}.$$

Der gesuchte Flächeninhalt beträgt also $\frac{1}{6}$ Flächeneinheiten.

Interessanter wird es, wenn man nach dem Flächeninhalt einer Oberfläche sucht, die wie das Dach des Olympiastadions in München im Raum schwebt. Wir haben uns im dreizehnten Kapitel darüber verständigt, dass das Abbild einer Funktion mit zwei Inputs und einem Output gerade eine solche Oberfläche im Raum darstellt, und falls die Funktion f stetig differenzierbar ist, kann man den Flächeninhalt mit Hilfe zweidimensionaler Integrale ausrechnen. Die Formel hat eine gewisse Ähnlichkeit mit der Formel zur Berechnung von Streckenlängen aus 8.5.5, und auch ihre Herleitung ist ähnlich. Es scheint mir trotzdem sinnvoller, hier auf die Herleitung zu verzichten und lieber ein Beispiel zu rechnen.

Zunächst aber der Satz, der die Flächenformel bereitstellt.

14.4.3 Satz Es sei $f : U \to \mathbb{R}$ eine stetig partiell differenzierbare Funktion. Dann hat die Oberfläche im Raum, die das Abbild von f darstellt, den Flächeninhalt

$$\text{Fläche} = \iint\limits_{U} \sqrt{1 + \left(\frac{\delta f}{\delta x}\right)^2 (x, y) + \left(\frac{\delta f}{\delta y}\right)^2 (x, y)} \, dx \, dy.$$

Es ist also gar nicht so schwer, eine Oberfläche auszurechnen, sobald man die Gleichung der Funktion hat, aus der diese Oberfläche entsteht. Man braucht sich nur die partiellen Ableitungen der Funktion zu verschaffen und sie dann zusammen mit einer Eins und einem Wurzelzeichen in ein Integral zu schreiben. Voraussetzung ist natürlich, dass Sie hinterher auch das Integral ausrechnen können, und wir sehen uns jetzt ein Beispiel an, bei dem das tatsächlich funktioniert: die Oberfläche der Halbkugel.

14.4.4 Beispiel Gesucht ist die Oberfläche der Halbkugel mit dem Radius 1 um den Nullpunkt. Um 14.4.3 anwenden zu können, brauche ich erst einmal die Funktion f, die von der Halbkugel dargestellt wird, aber das ist halb so wild: Alle Punkte auf der Kugeloberfläche haben vom Nullpunkt den Abstand 1, und der Abstand eines Punktes (x, y, z) vom Nullpunkt $(0, 0, 0)$ berechnet sich aus $\sqrt{x^2 + y^2 + z^2}$. Folglich muss stets

$$x^2 + y^2 + z^2 = 1$$

gelten, und Auflösen nach der abhängigen Variablen ergibt:

$$f(x, y) = \sqrt{1 - x^2 - y^2} \text{ für } x^2 + y^2 \leq 1.$$

Der *Definitionsbereich U* von f ist also genau der Einheitskreis um den Nullpunkt, und damit ist auch schon die Frage beantwortet, über welchen Bereich ich integrieren muss. Noch kann ich aber mit dem Integrieren nicht anfangen, denn mir fehlen die partiellen

Ableitungen von f. Mit der Kettenregel berechnet man:

$$\frac{\delta f}{\delta x}(x, y) = -\frac{x}{\sqrt{1 - x^2 - y^2}} \quad \text{und} \quad \frac{\delta f}{\delta y}(x, y) = -\frac{y}{\sqrt{1 - x^2 - y^2}}.$$

Damit haben wir alles zusammengetragen, um wenigstens das Integral aufzuschreiben. Es gilt:

$$\text{Oberfläche} = \iint_U \sqrt{1 + \frac{x^2}{1 - x^2 - y^2} + \frac{y^2}{1 - x^2 - y^2}}\, dx\, dy$$

$$= \iint_U \sqrt{\frac{1}{1 - x^2 - y^2}}\, dx\, dy$$

$$= \iint_U \frac{1}{\sqrt{1 - x^2 - y^2}}\, dx\, dy,$$

wie Sie leicht feststellen können, wenn Sie die Brüche auf der rechten Seite der ersten Zeile auf den Hauptnenner bringen.

Nun ist aber der Definitionsbereich U der Einheitskreis, und im letzten Abschnitt habe ich Ihnen nahegelegt, in diesem Fall Polarkoordinaten zu verwenden. Wenigstens ich sollte mich an meine eigenen Ratschläge halten, also führe ich eine Substitution mit Polarkoordinaten durch. Wir haben uns schon in 14.3.4 überlegt, dass dann

$$\widetilde{U} = [0, 1] \times [0, 2\pi)$$

gilt, und Sie erinnern sich, dass ich im Integranden zusätzlich mit der Variablen r multiplizieren muss. Damit folgt:

$$\iint_U \frac{1}{\sqrt{1 - x^2 - y^2}}\, dx\, dy = \iint_{\widetilde{U}} \frac{1}{\sqrt{1 - (r\cos\varphi)^2 - (r\sin\varphi)^2}} \cdot r\, dr\, d\varphi$$

$$= \iint_{\widetilde{U}} \frac{1}{\sqrt{1 - r^2\cos^2\varphi - r^2\sin^2\varphi}} \cdot r\, dr\, d\varphi$$

$$= \iint_{\widetilde{U}} \frac{1}{\sqrt{1 - r^2}} \cdot r\, dr\, d\varphi,$$

denn wieder einmal schafft uns die trigonometrische Form $\cos^2\varphi + \sin^2\varphi = 1$ des Pythagoras-Satzes den Winkel φ vom Leib. Jetzt kann ich die Integrationsgrenzen einsetzen und wie üblich vorgehen. Ich erhalte:

$$\iint\limits_{\widetilde{U}} \frac{1}{\sqrt{1-r^2}} \cdot r\,dr\,d\varphi = \int\limits_0^{2\pi} \left(\int\limits_0^1 \frac{1}{\sqrt{1-r^2}} \cdot r\,dr \right) d\varphi$$

$$= \int\limits_0^{2\pi} \left[-\sqrt{1-r^2} \right]_0^1 d\varphi$$

$$= \int\limits_0^{2\pi} 1\,d\varphi$$

$$= 2\pi.$$

Inzwischen haben Sie so viele Integrale gesehen, dass Sie solche Rechnungen ohne zusätzliche Erklärungen nachvollziehen können sollten. Wir haben also für die Halbkugel eine Oberfläche von 2π herausgefunden, und das bedeutet, dass die Oberfläche der Einheitskugel genau 4π beträgt. Mit den gleichen Methoden kann man auch nachrechnen, dass eine Kugel mit dem Radius $R > 0$ eine Oberfläche von $4\pi R^2$ aufweist.

So viel zur Berechnung von Flächeninhalten. Es gibt aber noch eine andere Kenngröße zweidimensionaler Gebilde, die von einer gewissen Bedeutung ist. Wenn Sie beispielsweise etwas an der Decke befestigen wollen und Wert darauf legen, dass es nicht schief herumhängt, sondern ordentlich gerade, dann sollten Sie es an seinem Schwerpunkt befestigen. Die Frage ist nur: wie findet man diesen Schwerpunkt? Das ist mit etwas Integralrechnung ganz leicht.

14.4.5 Satz Es sei $U \subseteq \mathbb{R}^2$ eine beschränkte Menge mit dem Flächeninhalt $A = \iint_U 1\,dx\,dy$. Ist (x_s, y_s) der Schwerpunkt von U, so gilt:

$$x_s = \frac{1}{A} \iint\limits_U x\,dx\,dy \text{ und } y_s = \frac{1}{A} \iint\limits_U y\,dx\,dy.$$

Als Beispiel verwende ich die Fläche aus dem Beispiel 14.4.2. Sie hat den Vorteil, dass wir ihren Flächeninhalt bereits ausgerechnet haben und somit etwas Arbeit sparen können.

14.4.6 Beispiel Ich untersuche wieder die Fläche, die von den Funktionskurven $f(x) = x^2 - 2x + 7$ und $g(x) = x + 5$ eingegrenzt wird. In 14.4.2 habe ich nachgerechnet, dass für den Flächeninhalt A gilt:

$$A = \frac{1}{6}, \text{ also } \frac{1}{A} = 6.$$

Auch die Integrationsgrenzen liegen bereits fest und können in 14.4.2 nachgeschlagen werden. Dort haben wir festgestellt:

$$a = 1, b = 2, y_u(x) = x^2 - 2x + 7, y_o(x) = x + 5 \text{ für } x \in [1, 2].$$

Schon sind alle Vorarbeiten geleistet, und wir können anfangen, die Koordinaten des Schwerpunkts zu bestimmen. Ich beginne mit der x-Koordinate.

$$x_s = \frac{1}{A} \iint\limits_{U} x\, dx\, dy$$

$$= 6 \int\limits_{1}^{2} \left(\int\limits_{x^2-2x+7}^{x+5} x\, dy \right) dx$$

$$= 6 \int\limits_{1}^{2} [xy]_{x^2-2x+7}^{x+5}\, dx$$

$$= 6 \int\limits_{1}^{2} x \cdot (x+5) - x \cdot (x^2 - 2x + 7)\, dx$$

$$= 6 \int\limits_{1}^{2} -x^3 + 3x^2 - 2x\, dx$$

$$= 6 \cdot \left[-\frac{x^4}{4} + x^3 - x^2 \right]_{1}^{2}$$

$$= 6 \cdot \left(-4 + 8 - 4 - \left(-\frac{1}{4} + 1 - 1 \right) \right) = \frac{3}{2}.$$

Somit ist $x_s = \frac{3}{2}$. Die Berechnung der y-Koordinate gestaltet sich ein wenig unangenehmer, weil sie mit recht hohem Rechenaufwand verbunden ist, und Sie sollten die nachfolgende Rechnung sehr genau verfolgen, da auch Buchautoren gelegentlich Rechenfehler machen. Die Formel lautet nach 14.4.5:

$$y_s = \frac{1}{A} \iint\limits_{U} y\, dx\, dy$$

$$= 6 \int\limits_{1}^{2} \left(\int\limits_{x^2-2x+7}^{x+5} y\, dy \right) dx$$

$$= 6 \int\limits_{1}^{2} \left[\frac{y^2}{2} \right]_{x^2-2x+7}^{x+5}\, dx$$

$$= 3 \int\limits_{1}^{2} (x+5)^2 - (x^2 - 2x + 7)^2\, dx,$$

wobei ich im letzten Schritt den Faktor $\frac{1}{2}$ vor das Integral gezogen habe, um mir das Leben etwas zu erleichtern. An diesem Integral ist zwar nichts prinzipiell Schwieriges, aber je höher der Grad der auftauchenden Polynome ist, desto größer ist auch die Gefahr von Rechenfehlern, und immerhin werden jetzt gleich beim Ausquadrieren der Klammern Polynome vierten Grades auftauchen. Es gilt nämlich:

$$3 \int_{1}^{2} (x+5)^2 - (x^2 - 2x + 7)^2 dx$$

$$= 3 \int_{1}^{2} x^2 + 10x + 25 - (x^4 - 4x^3 + 18x^2 - 28x + 49)dx$$

$$= 3 \int_{1}^{2} -x^4 + 4x^3 - 17x^2 + 38x - 24\, dx$$

$$= 3 \cdot \left[-\frac{x^5}{5} + x^4 - \frac{17}{3}x^3 + 19x^2 - 24x \right]_{1}^{2}$$

$$= 3 \cdot \left(-\frac{32}{5} + 16 - \frac{136}{3} + 76 - 48 - \left(-\frac{1}{5} + 1 - \frac{17}{3} + 19 - 24 \right) \right)$$

$$= 3 \cdot \frac{32}{15} = \frac{32}{5} = 6\frac{2}{5}.$$

Damit ist $y_s = \frac{32}{5}$, und der Schwerpunkt hat die Koordinaten

$$(x_s, y_s) = \left(\frac{3}{2}, \frac{32}{5} \right).$$

Mehr möchte ich über zweidimensionale Integrale nicht sagen, und ich vermute fast, Sie möchten auch nicht mehr hören. Im nächsten Abschnitt erzähle ich ein wenig über Integrale von Funktionen mit drei Variablen, aber dabei werde ich mich wesentlich kürzer fassen. Sie werden gleich sehen, warum.

14.5   Dreidimensionale Integrale

Bei der Berechnung eines gewöhnlichen eindimensionalen Integrals muss man natürlich nur einmal nach einer Variablen integrieren. Mittlerweile haben Sie gelernt, dass man bei zweidimensionalen Integralen zweimal integrieren sollte, nach jeder Variablen einmal. Und jetzt dürfen Sie raten, was man wohl bei Dreifachintegralen macht. Es wäre gegen jede Vernunft, hier irgendetwas anderes zu erwarten als das dreifache Integrieren nach allen vorkommenden Variablen, wobei voraussichtlich die Reihenfolge der Integrationsvariablen wieder frei wählbar ist. Genau das passiert auch. Will man beispielsweise mit x anfangen, so sucht man sich den kleinsten und den größten in U vorkommenden x-Wert. Danach wird man wie im zweidimensionalen Fall für jedes passende x den kleinsten und den größten y-Wert suchen, für die x und y als die ersten beiden Komponenten in U vorkommen. Bisher waren wir an dieser Stelle fertig, aber bisher hatten wir auch eine Dimension weniger. Jetzt bleibt uns nichts anderes übrig, als für zulässige x, y-Kombinationen auch noch festzustellen, welche z-Werte innerhalb von U erlaubt sind. Sobald das alles erledigt ist, integriert man dreimal: erst nach z, dann nach y und dann nach x, immer schön ordentlich von innen nach außen.

Der folgende Satz, der dem altbekannten Satz 14.2.4 stark ähnelt, fasst diese Verfahrensweise zusammen.

14.5.1 Satz Es seien $U \subseteq \mathbb{R}^3$ eine beschränkte und konvexe Menge und $f : U \to \mathbb{R}$ eine stetige Funktion. Weiterhin sei a der kleinste in U vorkommende x-Wert und b der größte in U vorkommende x-Wert. Für $x \in [a, b]$ bezeichnen wir den kleinsten y-Wert, für den es ein z gibt, so dass $(x, y, z) \in U$ gilt, mit $y_u(x)$, und den größten y-Wert dieser Art mit $y_o(x)$. Schließlich bezeichnen wir für zulässiges (x, y) mit $z_u(x, y)$ den kleinsten z-Wert, so dass (x, y, z) in U liegt, und mit $z_o(x, y)$ den größten z-Wert dieser Art. Dann ist

$$\iiint\limits_{U} f(x, y, z) dx dy dz = \int\limits_{a}^{b} \left(\int\limits_{y_u(x)}^{y_o(x)} \left(\int\limits_{z_u(x,y)}^{z_o(x,y)} f(x, y, z) dz \right) dy \right) dx.$$

Entsprechende Aussagen gelten, wie bei Doppelintegralen auch, wenn man die Rollen der Variablen vertauscht.

Das ist sicher einer der Sätze, die man sich besser nicht auswendig merken sollte. Die Formeln des Satzes sind auch gar nicht so wichtig, viel wichtiger ist, dass Ihnen die Methode klar ist, und die ist haargenau dieselbe, wie im zweidimensionalen Fall auch, nur dass jetzt mit der dritten Dimension etwas mehr Arbeit dazugekommen ist. Ansonsten hat sich aber nichts geändert. Man legt die Grenzen der äußersten Integrationsvariablen fest, sucht dann nach den Grenzen der mittleren Integrationsvariablen, die in aller Regel vom Wert der äußersten Variablen abhängen, und sucht anschließend noch die passenden Grenzen für die letzte und innerste Variable. Dass das halb so schlimm ist, wie es aussieht, zeigen Ihnen hoffentlich die folgenden Beispiele.

14.5.2 Beispiele

(i)   Ich setze

$$U = [-1, 1] \times [0, 1] \times [0, 2].$$

Die Grundmenge U ist also ein Quader mit den Grundseiten $[-1, 1]$, $[0, 1]$ und $[0, 2]$. Viel einfacher kann ein dreidimensionales Integrationsgebiet nicht mehr sein, und es macht auch keine Schwierigkeiten, die Integrationsgrenzen festzustellen, sobald man sich auf eine Integrationsreihenfolge festgelegt hat. So ist zum Beispiel der kleinste vorkommende z-Wert $a = 0$, und der größte beträgt $b = 2$. Für beliebiges $z \in [0, 2]$ können wir y-Werte zwischen $y_u(z) = 0$ und $y_o(z) = 1$ verwenden, und schließlich bewegen sich für jede zulässige z, y-Kombination die erlaubten x-Werte zwischen $x_u(y, z) = -1$ und $x_o(y, z) = 1$. Bei dieser Wahl der Integrationsgrenzen muss ich zuerst nach x, dann nach y und zum Schluss nach z integrieren, wobei ich mir auch noch eine Funktion $f : U \to \mathbb{R}$ aussuchen sollte, die ich integrieren will. Setzt man

$$f(x, y, z) = x^2 + y^2 + z^2,$$

so gilt:

$$\iiint_U x^2 + y^2 + z^2 \, dx \, dy \, dz = \int_0^2 \left(\int_0^1 \left(\int_{-1}^1 x^2 + y^2 + z^2 \, dx \right) dy \right) dz$$

$$= \int_0^2 \left(\int_0^1 \left[\frac{x^3}{3} + xy^2 + xz^2 \right]_{-1}^1 dy \right) dz$$

$$= \int_0^2 \left(\int_0^1 \frac{2}{3} + 2y^2 + 2z^2 \, dy \right) dz.$$

Ich traue mich kaum, hier ein paar erläuternde Worte zu sagen, aber Ordnung muss sein. In der ersten Zeile finden Sie die Integrationsgrenzen wieder, die ich mir vorher überlegt habe. In der zweiten Zeile integriere ich die Funktion $x^2 + y^2 + z^2$ nach der Variablen x, halte also die beiden anderen Variablen konstant und suche nach einer Stammfunktion in Bezug auf x. Anschließend setze ich die Integrationsgrenzen 1 und -1 für x ein, denn y und z werden nach wie vor als konstant betrachtet.

Jetzt sehen Sie sich einmal das entstandene Integral an. Es hat nur noch zwei Integrationsvariablen y und z, ist also ein mittlerweile altvertrautes zweidimensionales Integral. Ich kann daher nach den üblichen Methoden aus den letzten Abschnitten vorgehen und nach y und z integrieren. Die weiteren Rechnungen gebe ich deshalb ohne Kommentar an.

$$\int_0^2 \left(\int_0^1 \frac{2}{3} + 2y^2 + 2z^2 \, dy \right) dz = \int_0^2 \left[\frac{2}{3}y + \frac{2}{3}y^3 + 2yz^2 \right]_0^1 dz$$

$$= \int_0^2 \frac{4}{3} + 2z^2 \, dz$$

$$= \left[\frac{4}{3}z + \frac{2}{3}z^3 \right]_0^2$$

$$= \frac{8}{3} + \frac{16}{3} = 8.$$

(ii) Ich sollte Ihnen auch ein Beispiel eines Dreifachintegrals zeigen, bei dem die Integrationsgrenzen nicht ganz so einfach sind. Deshalb nehmen wir uns jetzt das Integrationsgebiet

$$U = \{(x, y, z) \mid x, y, z \geq 0, x \leq 1, y \leq x \text{ und } z \leq y\}$$

vor. Die einzige Variable, deren Geltungsbereich mit zwei Zahlen beschrieben ist, heißt x: der kleinste vorkommende x-Wert beträgt $a = 0$, während der größte bei $b = 1$ liegt. Direkt von x abhängig ist y, denn für $x \in [0, 1]$ darf ich y zwischen $y_u(x) = 0$ und $y_o(x) = x$ ansetzen. Die letzte verbleibende Variable z bewegt sich dann im Bereich von $z_u(x, y) = 0$ bis $z_o(x, y) = y$.

Damit steht die Integrationsreihenfolge schon fest. Ich muss innen nach z integrieren, mich danach zur Variablen y vorarbeiten und darf erst zum Schluss die Integration nach x vornehmen. Mit

$$f(x, y, z) = xy^2 z$$

folgt:

$$\iiint_U xy^2 z \, dx \, dy \, dz = \int_0^1 \left(\int_0^x \left(\int_0^y xy^2 z \, dz \right) dy \right) dx$$

$$= \int_0^1 \left(\int_0^x \left[xy^2 \frac{z^2}{2} \right]_0^y dy \right) dx$$

$$= \int_0^1 \left(\int_0^x x \frac{y^4}{2} dy \right) dx.$$

Hier ist das Gleiche passiert wie immer. Nach dem Aufschreiben der Integrationsgrenzen habe ich in der zweiten Zeile die in Frage stehende Funktion nach z integriert und die Stammfunktion $xy^2 \frac{z^2}{2}$ gefunden. Die Integrationsvariable war aber z, und deshalb muss ich die Grenzen y und 0 auch für z einsetzen, was mich zu dem Ergebnis $x \frac{y^4}{4}$ führt. Wie Sie sehen, ist das Problem jetzt wieder auf ein zweidimensionales Problem reduziert, das wir wie gewohnt lösen, indem wir erst nach y und zum Schluss nach x integrieren. Damit ergibt sich

$$\int_0^1 \left(\int_0^x x \frac{y^4}{2} dy \right) dx = \int_0^1 \left[x \frac{y^5}{10} \right]_0^x dx$$

$$= \int_0^1 \frac{x^6}{10} dx$$

$$= \left[\frac{x^7}{70} \right]_0^1$$

$$= \frac{1}{70}.$$

Insgesamt haben wir also das Ergebnis

$$\iiint\limits_{U} xy^2 z\, dx\, dy\, dz = \frac{1}{70}.$$

Vielleicht ist Ihnen jetzt klar, warum ich am Ende von Abschn. 14.4 sagte, ich würde mich im nächsten Abschnitt wesentlich kürzer fassen. Das dreidimensionale Integrieren bringt nichts wesentlich Neues im Vergleich zum zweidimensionalen; der einzige Unterschied besteht darin, dass man die gleiche Arbeit dreimal und nicht nur zweimal erledigen muss. Natürlich könnte ich jetzt noch beliebig viele Abschnitte über vier-, fünf- oder gar siebzehndimensionale Integrale schreiben, aber der einzige Effekt wäre der, dass ich Ärger mit dem Verleger bekomme, weil das Buch zu dick wird. Ich werde mich deshalb in diesem Abschnitt darauf beschränken, die Formeln für Volumina und dreidimensionale Schwerpunkte anzugeben, und Ihnen dann nur noch einen letzten Abschnitt über Kurvenintegrale zumuten.

Zunächst also zu den Volumina. Sie wissen, dass man die Fläche einer Menge $U \subseteq \mathbb{R}^2$ bestimmt, indem man das Doppelintegral $\iint_U 1\, dx\, dy$ ausrechnet. Bei Volumina sieht das nicht anders aus.

14.5.3 Satz Für eine Menge $U \subseteq \mathbb{R}^3$ gilt

$$\text{Volumen}(U) = \iiint\limits_{U} 1\, dx\, dy\, dz.$$

Nach so vielen Ähnlichkeiten wird es Sie nicht überraschen, dass auch die dreidimensionale Schwerpunktformel fast genauso aussieht wie die zweidimensionale.

14.5.4 Satz Es sei $U \subseteq \mathbb{R}^3$ eine beschränkte Menge mit dem Volumen

$$V = \iiint\limits_{U} 1\, dx\, dy\, dz.$$

Ist (x_s, y_s, z_s) der Schwerpunkt von U, so gilt:

$$x_s = \frac{1}{V} \iiint\limits_{U} x\, dx\, dy\, dz, \quad y_s = \frac{1}{V} \iiint\limits_{U} y\, dx\, dy\, dz \quad \text{und} \quad z_s = \frac{1}{V} \iiint\limits_{U} z\, dx\, dy\, dz.$$

Über dreidimensionale Integrale sollten Sie nun eigentlich genug wissen. Es gibt nur noch eine Integralform, die Ihnen im Verlauf Ihrer Karriere gelegentlich begegenen könnte, und das sind die *Kurvenintegrale*, die ich Ihnen im nächsten und endgültig letzten Abschnitt zeige.

14.6　Kurvenintegrale

Gelegentlich muss man mehr oder weniger schwere Gegenstände von einem Ort zum anderen transportieren und dafür natürlich ein gewisses Maß an Kraft aufwenden. In der Physik haben Sie gelernt, wie man die dabei verrichtete Arbeit ausrechnet: man bildet das Produkt aus Kraft und Weg, und schon ist alles erledigt. Leider ist das Leben nicht immer so einfach und übersichtlich wie in diesem stark idealisierten Fall. Sie können zum Beispiel nicht davon ausgehen, dass der Weg eine ordentliche Gerade ist, sondern Sie auf Grund der Verkehrs- und Straßensituation gezwungen sind, eine kurvige und eckige Strecke zurückzulegen, ja vielleicht sogar durch Berg und Tal wandern müssen. Der Weg wird also nicht konstant geradlinig sein, und genausowenig kann man von der Kraft Konstantheit erwarten. Es kann unterwegs Gegenwind herrschen oder auch Rückenwind, ein Teil Ihrer Last kann gestohlen werden, so dass sie leichter wird, oder eine Katze springt Ihnen auf den Rücken, und alles wird noch etwas schwerer.

Kurz gesagt, sowohl Weg als auch Kraft werden vielleicht ihre Gestalt im Lauf der Zeit ändern, und damit kann man zur Berechnung der Arbeit nicht mehr einfach nach der Formel Kraft · Weg vorgehen. Wie müssen uns etwas Besseres überlegen.

Wenden wir uns erst einmal dem Weg zu. Wenn Sie eine Last von hier nach dort befördern, dann werden Sie zu einem bestimmten Zeitpunkt t_0 Ihren Ausgangspunkt verlassen und zu einem späteren Zeitpunkt t_1 hoffentlich Ihr Ziel erreichen. In der Zwischenzeit sind Sie aber nicht von dieser Welt verschwunden, sondern man kann Ihnen zu jedem Zeitpunkt $t \in [t_0, t_1]$ einen Ort zuordnen, an dem Sie sich zur Zeit t aufhalten. Sollten Sie sich durch das südhessische Ried oder die Insel Malta bewegen, kann man Ihren Aufenthaltsort durch zwei Koordinaten $\begin{pmatrix} x(t) \\ y(t) \end{pmatrix}$ beschreiben, weil es dort ziemlich flach ist und Hügel kaum vorkommen. Bei einem Käsetransport durch die Schweizer Alpen sieht das schon ganz anders aus; da Sie andauernd auch Ihre räumliche Richtung verändern, brauchen wir zu jedem Zeitpunkt $t \in [t_0, t_1]$ drei Koordinaten $\begin{pmatrix} x(t) \\ y(t) \\ z(t) \end{pmatrix}$, um festzustellen, wo Sie sich gerade befinden. Sie werden sich also entlang einer *Kurve* in der Ebene oder im Raum bewegen, und so eine Kurve beschreibt man durch die Angabe der Koordinaten in Abhängigkeit von der Zeit.

14.6.1 Definition　Eine Kurve in der Ebene bzw. im Raum ist eine Abbildung $\gamma : [a, b] \to \mathbb{R}^2$ bzw. $\gamma : [a, b] \to \mathbb{R}^3$. Man schreibt

$$\gamma(t) = \begin{pmatrix} x(t) \\ y(t) \end{pmatrix} \text{ bzw. } \gamma(t) = \begin{pmatrix} x(t) \\ y(t) \\ z(t) \end{pmatrix}.$$

Dass ich die Kurven mit dem griechischen Buchstaben γ bezeichne, ist pure Gewohnheit und hat keine tiefere Bedeutung. Andere Leute nennen ihre Kurven mit Vorliebe r, φ oder sonst irgendwie. Wir sehen uns gleich zwei Beispiele von solchen Kurvendarstellungen an.

14.6.2 Beispiele

(i)   Man definiere $\gamma : [0, 2\pi] \to \mathbb{R}^2$ durch

$$\gamma(t) = \begin{pmatrix} \cos t \\ \sin t \end{pmatrix}.$$

Dann ist $x(t) = \cos t$ und $y(t) = \sin t$ und deshalb

$$x^2(t) + y^2(t) = \cos^2 t + \sin^2 t = 1.$$

Durch γ wird also ein Kreis vom Radius 1 um den Nullpunkt $(0, 0)$ beschrieben. Die Darstellung gibt aber noch mehr her, denn sie zeigt uns auch, in welcher Richtung dieser Kreis durchlaufen wird. Es gilt nämlich beispielsweise:

$$\gamma(0) = \begin{pmatrix} 1 \\ 0 \end{pmatrix}, \gamma\left(\frac{\pi}{2}\right) = \begin{pmatrix} 0 \\ 1 \end{pmatrix} \text{ und } \gamma(\pi) = \begin{pmatrix} -1 \\ 0 \end{pmatrix}.$$

Der Kreis wird also, ausgehend vom äußersten rechten Randpunkt, gegen den Uhrzeigersinn durchlaufen, um am Ende wieder bei seinem Ausgangspunkt zu landen.

(ii)   Ich will den in Abb. 14.12 gezeigten Bogen der Parabel $y = 3 \cdot \sqrt{x}$ in der Form aus 14.6.1 darstellen. Dazu gibt es mindestens zwei Möglichkeiten. Wir können einfach $x(t) = t$ setzen und erhalten dann $y(t) = 3 \cdot \sqrt{x(t)} = 3 \cdot \sqrt{t}$. Das heißt also, ich definiere $\gamma_1 : [0, 1] \to \mathbb{R}^2$ durch

$$\gamma_1(t) = \begin{pmatrix} t \\ 3 \cdot \sqrt{t} \end{pmatrix}.$$

Abb. 14.12 Parabelbogen

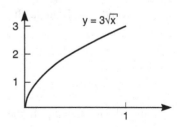

Nun mag ich aber Wurzeln nicht so besonders und vermeide sie, wo ich nur kann. Vielleicht lässt sich die Beziehung zwischen $x(t)$ und $y(t)$ auch anders beschreiben. Anstatt $y = 3 \cdot \sqrt{x}$ kann man zum Beispiel auch

$$y^2 = 9x$$

schreiben, und schon sieht alles etwas freundlicher aus. Ich setze dann zum Beispiel $y(t) = t$ und muss anschließend konsequenterweise $x(t) = \frac{y^2(t)}{9} = \frac{t^2}{9}$ setzen. Da die x-Koordinate sich laut Skizze zwischen 0 und 1 bewegen soll, wird der Definitionsbereich von t zwischen 0 und 3 liegen. Ich definiere also $\gamma_2 : [0,3] \to \mathbb{R}^2$ durch

$$\gamma_2(t) = \begin{pmatrix} \frac{t^2}{9} \\ t \end{pmatrix},$$

und habe damit die gleiche Kurve dargestellt wie mit γ_1.

Sie sehen also, dass man die gleiche Kurve mit verschiedenen Formeln darstellen kann. Das ist praktisch, weil wir später solche Kurven ableiten müssen und es immer gut ist, wenn man zum Ableiten eine einfache Darstellung zur Verfügung hat. Die Ableitung einer Kurve sehen wir uns gleich einmal an; sie ist so definiert, wie man sich das vorstellt.

14.6.3 Definition

(i)   Es sei $\gamma(t) = \begin{pmatrix} x(t) \\ y(t) \end{pmatrix}$ eine Kurve in der Ebene mit differenzierbaren Koordinaten $x(t)$ und $y(t)$. Dann heißt

$$\gamma'(t) = \begin{pmatrix} x'(t) \\ y'(t) \end{pmatrix}$$

die Ableitung von γ. In diesem Fall nennt man γ eine *differenzierbare Kurve*.

(ii) Es sei $\gamma(t) = \begin{pmatrix} x(t) \\ y(t) \\ z(t) \end{pmatrix}$ eine Kurve im Raum mit differenzierbaren Koordinaten $x(t)$, $y(t)$ und $z(t)$. Dann heißt

$$\gamma'(t) = \begin{pmatrix} x'(t) \\ y'(t) \\ z'(t) \end{pmatrix}$$

die Ableitung von γ. In diesem Fall nennt man γ eine *differenzierbare Kurve*.

14.6.4 Beispiel Ich setze wieder $\gamma(t) = \begin{pmatrix} \cos t \\ \sin t \end{pmatrix}$. Dann ist

$$\gamma'(t) = \begin{pmatrix} -\sin t \\ \cos t \end{pmatrix}.$$

Damit wäre erst einmal geklärt, wie man einen Weg durch die Ebene oder den Raum in Form einer Kurve beschreibt. Jetzt muss ich mich noch dem Problem der Kraft zuwenden. Hat man zum Beispiel eine positive Punktladung im Raum, so kann man jedem Raumpunkt (x, y, z) in der Umgebung dieser Punktladung einen dreidimensionalen Kraftvektor

$$f(x, y, z) = \begin{pmatrix} f_1(x, y, z) \\ f_2(x, y, z) \\ f_3(x, y, z) \end{pmatrix}$$

zuordnen, der beschreibt, wie das elektrische Feld auf eine positive Probeladung wirkt, die sich an dem Punkt mit den Koordinaten (x, y, z) befindet. Abbildungen wie f nennt man deswegen auch *Vektorfelder*.

14.6.5 Definition

(i) Es sei $U \subseteq \mathbb{R}^2$. Eine Abbildung

$$f : U \to \mathbb{R}^2, f(x, y) = \begin{pmatrix} f_1(x, y) \\ f_2(x, y) \end{pmatrix},$$

heißt *Vektorfeld*.

(ii) Es sei $U \subseteq \mathbb{R}^3$. Eine Abbildung

$$f : U \to \mathbb{R}^3, f(x, y, z) = \begin{pmatrix} f_1(x, y, z) \\ f_2(x, y, z) \\ f_3(x, y, z) \end{pmatrix},$$

heißt *Vektorfeld*.

Falls Sie elektrische Beispiele nicht mögen, können Sie zur Veranschaulichung von Vektorfeldern auch auf meine Bemerkungen vom Anfang dieses Abschnitts zurückgreifen. Bei einer Wanderung durch die Ebene wirkt an jedem Punkt (x, y) der Ebene eine Kraft auf Sie, und diese Kraft kann man wiederum in ihre zwei ebenen Komponenten zerlegen. Sie hat also die Form

$$f(x, y) = \begin{pmatrix} f_1(x, y) \\ f_2(x, y) \end{pmatrix}$$

und stellt deshalb ein zweidimensionales Vektorfeld dar. Ich neige daher auch dazu, von *Kraftfeldern* zu sprechen.

Wir können jetzt also Wege durch Kurven beschreiben und variable Kräfte mit Hilfe von Kraft- oder Vektorfeldern darstellen. Vergessen Sie nicht mein Ziel: es geht mir darum, die klassische Formel

$$\text{Arbeit} = \text{Kraft} \cdot \text{Weg}$$

auf den Fall eines kurvigen Weges und einer variablen Kraft zu übertragen. Dabei wird das sogenannte *Kurvenintegral* herauskommen. Es setzt allerdings voraus, dass wir es nicht nur mit irgendeiner, sondern mit einer differenzierbaren Kurve zu tun haben, weil ich zur Definition dieses Kurvenintegrals dringend die Ableitung einer Kurve brauche. Wenn ich also in Zukunft von einer *Kurve* spreche, dann ist damit immer eine *differenzierbare Kurve* gemeint. In der folgenden Bemerkung zeige ich Ihnen, wie man die richtigen Formeln findet.

14.6.6 Bemerkung Ein Massenpunkt soll in einem zweidimensionalen Kraftfeld

$$f(x, y) = \begin{pmatrix} f_1(x, y) \\ f_2(x, y) \end{pmatrix}$$

entlang einer Kurve

$$\gamma(t) = \begin{pmatrix} x(t) \\ y(t) \end{pmatrix}$$

verschoben werden, wobei $t \in [a, b]$ gilt. Wenn wir uns nur ein kleines Stückchen bewegen, dann ist die zurückgelegte Strecke von einem Geradenstück nicht nennenswert zu unterscheiden, und ich kann mich auf die klassische Formel besinnen. Ich muss nur darauf achten, dass ich jeweils zwei Kraft- und Wegkomponenten habe und deshalb beide Arbeitsanteile addieren muss. Auf diesem kleinen Stück gilt also nach Abb. 14.13:

$$\text{Arbeit} = f_1(x, y) \cdot dx + f_2(x, y) \cdot dy.$$

Nun habe ich aber nicht nur eine fast unendlich kleine Strecke zurückzulegen, sondern muss mich durch die ganze Kurve γ bewegen, muss also alle errechneten Teilarbeiten aufaddieren. So etwas ruft bei Ihnen nicht einmal mehr ein müdes Lächeln hervor, denn

Abb. 14.13 Bestimmung des Kurvenintegrals

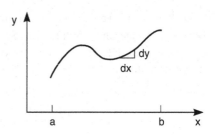

das haben wir schon oft gemacht: Aufaddieren heißt Integrieren, und da ich mich entlang der Kurve γ bewege, muss ich auch entlang der Kurve γ integrieren. Damit folgt:

$$\text{Arbeit} = \int\limits_{\gamma} f_1(x, y)dx + f_2(x, y)dy.$$

Das mag ja so weit ganz gut sein, aber was soll das nun eigentlich bedeuten? Es ist ein Glück, dass wir uns auf der Kurve bewegen, weil dadurch die Größen x und y leicht zu interpretieren sind; Kurvenpunkte haben immer die Koordinaten $x(t)$ und $y(t)$. Folglich ist

$$\frac{dx}{dt} = x'(t), \text{ also } dx = x'(t)dt,$$

und

$$\frac{dy}{dt} = y'(t), \text{ also } dy = y'(t)dt.$$

Die Variable t bewegt sich zwischen den Grenzen a und b, und somit erhalten wir insgesamt:

$$\int f_1(x, y)dx + f_2(x, y)dy = \int\limits_{a}^{b} f_1(x(t), y(t)) \cdot x'(t) + f_2(x(t), y(t)) \cdot y'(t)dt.$$

Die Vorgehensweise, mit den ominösen Größen dx, dy und dt herumzujonglieren, ist natürlich etwas gewaltsam, und um genau zu sein, hätte ich wieder kleine Teilstücke nehmen und dann einen Grenzprozess durchführen müssen. Das ist aber ein wenig mühselig, und ich wollte es allen Beteiligten ersparen. Wie dem auch sei, mit dieser seltsamen Formel kann man tatsächlich die Arbeit ausrechnen, die beim Transport eines Massenpunktes entlang einer Kurve in einem Kraftfeld verrichtet wird. Diese Art von Integral nennt man *Kurvenintegral*, und ich werde jetzt erst einmal ordentlich definieren, was man darunter versteht.

14.6.7 Definition

(i) Es seien $U \subseteq \mathbb{R}^2$ eine Menge und $f : U \to \mathbb{R}^2$ ein Vektorfeld. Weiterhin sei $\gamma : [a, b] \to \mathbb{R}^2$, definiert durch $\gamma(t) = \begin{pmatrix} x(t) \\ y(t) \end{pmatrix}$, eine differenzierbare Kurve, die vollständig in U liegt. Dann heißt der Ausdruck

$$\int\limits_{\gamma} f(x, y)d(x, y) = \int\limits_{\gamma} f_1(x, y)dx + f_2(x, y)dy$$

$$= \int\limits_{a}^{b} f_1(x(t), y(t)) \cdot x'(t) + f_2(x(t), y(t)) \cdot y'(t)dt$$

das Kurvenintegral des Vektorfeldes f entlang der Kurve γ.

(ii) Es seien $U \subseteq \mathbb{R}^3$ eine Menge und $f : U \rightarrow \mathbb{R}^3$ ein Vektorfeld. Weiterhin sei

$\gamma : [a, b] \rightarrow \mathbb{R}^3$, definiert durch $\gamma(t) = \begin{pmatrix} x(t) \\ y(t) \\ z(t) \end{pmatrix}$, eine differenzierbare Kurve, die

vollständig in U liegt. Dann heißt der Ausdruck

$$\int_\gamma f(x, y, z) d(x, y, z)$$

$$= \int_\gamma f_1(x, y, z) dx + f_2(x, y, z) dy + f_3(x, y, z) dz$$

$$= \int_a^b f_1(x(t), y(t), z(t)) \cdot x'(t)$$

$$+ f_2(x(t), y(t), z(t)) \cdot y'(t) + f_3(x(t), y(t), z(t)) \cdot z'(t) dt$$

das Kurvenintegral des Vektorfeldes f entlang der Kurve γ.

Wieder einmal eine Formel, die einem die Haare zu Berge treiben kann. Da das Kurvenintegral nun einmal von den Physikern gebraucht wird, kann ich es Ihnen aber nicht ersparen, sondern nur hoffen, dass einige Beispiele die Vorgehensweise verdeutlichen werden. Zunächst noch ein paar Worte zum Aufbau der Formel, sie ist nämlich gar nicht so schwer. Sie setzen in jede Komponente f_1, f_2 und gegebenenfalls f_3 die Formel für die Kurve ein, das heißt, anstatt x, y und vielleicht noch z schreiben Sie die Ausdrücke für $x(t)$, $y(t)$ und $z(t)$ in die Komponenten des Vektorfeldes. Danach multiplizieren Sie die erste Komponente von f mit der Ableitung der ersten Komponente der Kurve, die zweite Komponente des Vektorfeldes mit der Ableitung der zweiten Kurvenkomponente und schließlich entsprechend f_3 mit $z'(t)$. Für den Fall, dass Sie eine etwas kompaktere Darstellung bevorzugen, kann man das Ganze auch mit Hilfe des Skalarproduktes aufschreiben

14.6.8 Bemerkung Das Kurvenintegral eines Vektorfeldes f entlang einer Kurve γ kann man auch darstellen als

$$\int_a^b f(\gamma(t)) \cdot \gamma'(t) dt,$$

wobei die Multiplikation als Skalarprodukt von Vektoren zu verstehen ist.

Ein Beweis ist gar nicht nötig; Sie brauchen nur das Skalarprodukt auszurechnen, und schon steht wieder die Formel für das Kurvenintegral aus 14.6.7 da. Welche Darstellung Sie bevorzugen, hängt ganz allein von Ihrem Geschmack ab.

Jetzt sehen wir uns zwei Beispiele an.

14.6.9 Beispiele

(i) Ich greife auf den Parabelbogen aus 14.6.2 (ii) zurück, definiere also $\gamma : [0, 3] \to \mathbb{R}^2$ durch

$$\gamma(t) = \begin{pmatrix} \frac{t^2}{9} \\ t \end{pmatrix}.$$

Integrieren will ich das Vektorfeld

$$f(x, y) = \begin{pmatrix} y^2 \\ xy - x^2 \end{pmatrix}.$$

Dann ist

$$\int_{\gamma} f_1(x, y)dx + f_2(x, y)dy$$

$$= \int_0^3 f_1(x(t), y(t)) \cdot x'(t) + f_2(x(t), y(t)) \cdot y'(t)dt.$$

Nun ist aber $x(t) = \frac{t^2}{9}$ und $y(t) = t$, und ich kann die Ableitungen leicht berechnen. Es gilt:

$$x'(t) = \frac{2}{9}t \text{ und } y'(t) = 1.$$

Außerdem muss ich die Komponenten der Kurve in die Komponenten des Vektorfeldes einsetzen. Das führt zu den Gleichungen:

$$f_1(x(t), y(t)) = y^2(t) = t^2$$

und

$$f_2(x(t), y(t)) = x(t)y(t) - x^2(t) = \frac{t^3}{9} - \frac{t^4}{81}.$$

Folglich wird:

$$\int_0^3 f_1(x(t), y(t)) \cdot x'(t) + f_2(x(t), y(t)) \cdot y'(t)dt$$

$$= \int_0^3 t^2 \cdot \frac{2}{9}t + \left(\frac{t^3}{9} - \frac{t^4}{81} \right) \cdot 1 dt$$

$$= \int_0^3 \frac{t^3}{3} - \frac{t^4}{81} dt$$

$$= \left[\frac{t^4}{12} - \frac{t^5}{405} \right]_0^3$$

$$= \frac{27}{4} - \frac{3}{5} = \frac{123}{20} = 6\frac{3}{20}.$$

(ii) Wir sollten auch einen Blick auf ein dreidimensionales Kurvenintegral werfen. Ich definiere also $\gamma : [0, 1] \to \mathbb{R}^3$ durch

$$\gamma(t) = \begin{pmatrix} 2t \\ t^2 \\ t \end{pmatrix}$$

und setze

$$f(x, y, z) = \begin{pmatrix} x^2 + y \\ xyz \\ x + y + z \end{pmatrix}.$$

Dann ist

$$x'(t) = 2, y'(t) = 2t \text{ und } z'(t) = 1.$$

Weiterhin ist

$$f_1(x(t), y(t), z(t)) = (2t)^2 + t^2 = 5t^2, f_2(x(t), y(t), z(t)) = 2t^4$$

und

$$f_3(x(t), y(t), z(t)) = t^2 + 3t.$$

Damit haben wir alle nötigen Informationen zur Berechnung des Kurvenintegrals zur Verfügung gestellt. Es folgt:

$$\int_\gamma f_1(x, y, z)dx + f_2(x, y, z)dy + f_3(x, y, z)dz$$

$$= \int_0^1 5t^2 \cdot 2 + 2t^4 \cdot 2t + (t^2 + 3t) \cdot 1 dt$$

$$= \int_0^1 10t^2 + 4t^5 + t^2 + 3t dt$$

$$= \int_0^1 4t^5 + 11t^2 + 3t dt$$

$$= \left[\frac{2}{3}t^6 + \frac{11}{3}t^3 + \frac{3}{2}t^2 \right]_0^1$$

$$= \frac{2}{3} + \frac{11}{3} + \frac{3}{2} = \frac{35}{6}.$$

Sie sehen, an der Berechnung von Kurvenintegralen ist nichts Geheimnisvolles. Man setze die Kurve in das Vektorfeld ein, multipliziere die Ableitungen der Kurvenkomponenten hinzu und integriere nach t. Obwohl das recht willkürlich und gekünstelt aussieht, darf man dabei nicht vergessen, dass diese Berechnungsweise einen konkreten physikalischen Hintergrund hat: mit Kurvenintegralen kann man die klassische Arbeitsformel

$$\text{Arbeit} = \text{Kraft} \cdot \text{Weg}$$

auf den Fall eines variablen Kraftfeldes f und eines kurvenförmigen Weges γ verallgemeinern. Ich habe Ihnen diesen Zusammenhang zwar schon in 14.6.6 gezeigt, aber um ihn noch etwas deutlicher zu machen, möchte ich noch einmal kurz darauf eingehen und ein kleines Beispiel rechnen.

14.6.10 Beispiel Noch einmal soll ein Massenpunkt vom Punkt P_1 aus entlang einer Kurve γ zum Punkt P_2 verschoben werden, wobei in jedem Punkt (x, y) auf der Kurve eine Kraft

$$f(x, y) = \begin{pmatrix} f_1(x, y) \\ f_2(x, y) \end{pmatrix}$$

aufgewendet wird. Verschiebt man einen Punkt unter Verwendung einer *konstanten* Kraft $F = \begin{pmatrix} F_1 \\ F_2 \end{pmatrix}$ entlang eines *konstanten* Vektors $s = \begin{pmatrix} s_1 \\ s_2 \end{pmatrix}$, so beträgt die dabei verrichtete Arbeit bekanntlich

$$W = F_1 s_1 + F_2 s_2.$$

Nun sind aber weder Kraft noch Richtungsvektor konstant, aber wenn wir den Punkt nur um beliebig kleine Teilsegmente dx und dy verschieben, dann ist auf diesen kleinen Teilstücken die Kraft zumindest annähernd konstant, und nach der obigen Formel wird deshalb bei der kleinen Verschiebung eine Arbeit von

$$dW = f_1(x, y)dx + f_2(x, y)dy$$

geleistet. Wir sind uns wohl darüber einig, dass ein Teilstück nicht ausreicht, sondern der Massenpunkt seinen gesamten Weg zurückzulegen hat. Für jedes (x, y) auf der Kurve γ entsteht daher der Arbeitsanteil

$$dW = f_1(x, y)dx + f_2(x, y)dy,$$

und da ich nun einmal jeden Kurvenpunkt berücksichtigen muss, bleibt mir nichts anderes übrig, als entlang der Kurve alles zusammen zu integrieren. Folglich lautet die zweidimensionale Arbeitsformel:

$$W = \int_\gamma f_1(x, y)dx + f_2(x, y)dy.$$

Natürlich gilt eine analoge dreidimensionale Arbeitsformel für Kurven und Vektorfelder im Raum. Sehen wir uns den zweidimensionalen Fall noch an einem konkreteren Zahlenbeispiel an. Liegt zum Beispiel das Kraftfeld

$$f(x, y) = \begin{pmatrix} xy \\ x + y \end{pmatrix}$$

vor, durch das ein Massenpunkt von $(0,0)$ nach $(1,1)$ entlang der Parabel $y = x^2$ verschoben werden soll, so müssen wir zunächst einmal die Gleichung der Kurve bestimmen. Das ist aber leicht, denn mit

$$\gamma(t) = \begin{pmatrix} x(t) \\ y(t) \end{pmatrix}$$

soll $y(t) = x^2(t)$ gelten, und am einfachsten ist es, wenn wir $x(t) = t$ und $y(t) = t^2$ setzen. Ich definiere also $\gamma : [0, 1] \to \mathbb{R}^2$ durch

$$\gamma(t) = \begin{pmatrix} t \\ t^2 \end{pmatrix}.$$

Dann ist $x'(t) = 1$ und $y'(t) = 2t$, und das Einsetzen der Kurve in das Vektorfeld ergibt:

$$f(x(t), y(t)) = f(t, t^2) = \begin{pmatrix} t^3 \\ t + t^2 \end{pmatrix}.$$

Jetzt kann ich die geleistete Arbeit ausrechnen. Es gilt:

$$W = \int_\gamma f_1(x, y) dx + f_2(x, y) dy$$

$$= \int_0^1 f_1(x(t), y(t)) \cdot x'(t) + f_2(x(t), y(t)) \cdot y'(t) dt$$

$$= \int_0^1 t^3 \cdot 1 + (t + t^2) \cdot 2t \, dt$$

$$= \int_0^1 3t^3 + 2t^2 \, dt$$

$$= \left[\frac{3}{4} t^4 + \frac{2}{3} t^3 \right]_0^1$$

$$= \frac{3}{4} + \frac{2}{3} = \frac{17}{12}.$$

Eigentlich könnte ich jetzt aufhören und Sie mit den besten Wünschen für die Zukunft Ihrem weiteren Schicksal überlassen. Da ist aber noch eine Kleinigkeit, die einem manchmal das Leben mit Kurvenintegralen erleichtert, weil man mit etwas Glück viel weniger rechnen muss. Das ist dann der Fall, wenn es sich bei dem Vektorfeld f um ein sogenanntes *Potentialfeld* handelt.

14.6.11 Bemerkung Beim Transportieren eines Massenpunktes von einem Ort zum anderen kommt es in der Regel stark darauf an, welchen Weg man einschlägt: je unangenehmer der Weg, desto größer die Arbeit. Manche Felder lassen es aber zu, dass man *irgendeinen* Weg einschlägt und für die Arbeit immer derselbe Wert herauskommt, weil das Kurvenintegral jedesmal gleich bleibt. Um das einzusehen, nehmen wir uns eine konvexe Menge $U \subseteq \mathbb{R}^2$ und eine zweimal stetig partiell differenzierbare Funktion

$$\varphi : U \to \mathbb{R}.$$

Da φ eine partielle Ableitung nach x und eine nach y besitzt, kann man aus den partiellen Ableitungen von φ ganz schnell ein Vektorfeld erzeugen, indem man

$$f(x, y) = \begin{pmatrix} \frac{\delta \varphi}{\delta x}(x, y) \\ \frac{\delta \varphi}{\delta y}(x, y) \end{pmatrix}$$

setzt. Zur Berechnung eines Kurvenintegrals brauche ich auch noch eine Kurve, und ich wähle mir deshalb irgendeine Kurve $\gamma : [a, b] \to \mathbb{R}^2$ mit den Komponenten $x(t)$ und $y(t)$, die vollständig in U verläuft.

Vielleicht sind Sie der Meinung, dass ich im Lauf des Buches schon eine Menge sinnloses Zeug erzählt habe, und deshalb können Sie mir erlauben, noch einmal etwas scheinbar völlig Sinnloses zu tun. Ich setze nämlich:

$$h(t) = \varphi(\gamma(t)).$$

Das ist erlaubt, denn γ ist eine Kurve, die in U verläuft, und φ ist eine auf U definierte Funktion, die als Ergebnisse ganz normale reelle Zahlen liefert. Die Funktion h hat also reelle Zahlen nicht nur als Input, sondern auch als Output, genauer gesagt, h ist definiert auf dem Intervall $[a, b]$ und nimmt reelle Werte an.

Ich will jetzt daran gehen, die Ableitung von h auszurechnen, und dazu sollten Sie sich vor Augen halten, dass h eine verkettete Funktion ist, die sich aus φ und γ zusammensetzt. Wir haben uns in 13.2.11 überlegt, wie man mit den Ableitungen verketteter Funktionen umgeht: man behandelt sie mit der Kettenregel. Zwar ist h eine ganz gewöhnliche eindimensionale Funktion, aber sowohl φ als auch γ sind alles andere als das; φ hat zweidimensionale Inputs und γ plagt sich mit zweidimensionalen Outputs. Ich muss daher auch die mehrdimensionale Kettenregel aus 13.2.11 bemühen und die entstehenden Funktionalmatrizen in Kauf nehmen. Es gilt nämlich:

$$h'(t) = Dh(t) = D\varphi(\gamma(t)) \cdot D\gamma(t).$$

Die Funktionalmatrix von γ ist schnell aufgeschrieben. Die Abbildung γ hat zwei Komponenten $x(t)$ und $y(t)$, weshalb die Funktionalmatrix auch zwei Zeilen haben muss. In der ersten Zeile stehen alle partiellen Ableitungen von $x(t)$, aber $x(t)$ hat nun einmal nur die eine Variable t, so dass ich hier nicht mehr notieren kann als $x'(t)$. Entsprechend steht in der zweiten Zeile der schlichte Eintrag $y'(t)$, und die Matrix hat die Form:

$$D\gamma(t) = \begin{pmatrix} x'(t) \\ y'(t) \end{pmatrix}.$$

Die Abbildung φ besitzt nur eine Komponente, nämlich φ selbst, und deshalb hat die Funktionalmatrix $D\varphi$ auch nur eine Zeile, in der sich alle partiellen Ableitungen von φ tummeln. Daher ist

$$D\varphi(\gamma(t)) = \left(\tfrac{\delta\varphi}{\delta x}(x(t), y(t)) \quad \tfrac{\delta\varphi}{\delta y}(x(t), y(t)) \right).$$

Beide Matrizen muss ich nur noch miteinander multiplizieren, und schon habe ich die Ableitung der zusammengesetzten Funktion h. Damit folgt:

$$\begin{aligned} h'(t) &= D(\varphi \circ \gamma)(t) \\ &= D(\varphi(\gamma(t)) \cdot D\gamma(t) \\ &= \left(\tfrac{\delta\varphi}{\delta x}(x(t), y(t)) \quad \tfrac{\delta\varphi}{\delta y}(x(t), y(t)) \right) \cdot \begin{pmatrix} x'(t) \\ y'(t) \end{pmatrix} \\ &= \frac{\delta\varphi}{\delta x}(x(t), y(t)) \cdot x'(t) + \frac{\delta\varphi}{\delta y}(x(t), y(t)) \cdot y'(t) \\ &= f_1(x(t), y(t)) \cdot x'(t) + f_2(x(t), y(t)) \cdot y'(t), \end{aligned}$$

denn so hatte ich mein Vektorfeld f gerade definiert. Um das Ergebnis in einer Zeile vor Augen zu haben, schreibe ich es noch einmal ohne Zwischenschritte auf:

$$h'(t) = f_1(x(t), y(t)) \cdot x'(t) + f_2(x(t), y(t)) \cdot y'(t).$$

Kommt Ihnen das bekannt vor? Ich hoffe es wenigstens, weil es genau der Funktion entspricht, die bei der Berechnung des Kurvenintegrals nach der Variablen t zu integrieren ist. Sie erinnern sich: wir hatten das Kurvenintegral als

$$\int_\gamma f_1(x, y)dx + f_2(x, y)dy = \int_a^b f_1(x(t), y(t)) \cdot x'(t) + f_2(x(t), y(t)) \cdot y'(t)dt$$

definiert, und den Integranden im zweiten Integral habe ich gerade als $h'(t)$ identifiziert. Das macht das Integrieren ungeheuer einfach. Die Stammfunktion zu h' ist zweifellos h

selbst, und das bestimmte Integral erhalte ich, indem ich die Integrationsgrenzen a und b in h einsetze und die Ergebnisse voneinander abziehe. Wir haben demnach:

$$\int_\gamma f_1(x, y)dx + f_2(x, y)dy = \int_a^b f_1(x(t), y(t)) \cdot x'(t) + f_2(x(t), y(t)) \cdot y'(t)dt$$

$$= \int_a^b h'(t)dt$$

$$= [h(t)]_a^b = h(b) - h(a) = \varphi(\gamma(b)) - \varphi(\gamma(a)).$$

Dem Kurvenintegral entlang der Kurve γ ist es also völlig egal, wie sich γ zwischen seinem Anfangspunkt $\gamma(a)$ und seinem Endpunkt $\gamma(b)$ verhält; es will nur wissen, wie $\gamma(a)$ und $\gamma(b)$ lauten und diese Werte in die Funktion φ einsetzen. Anders gesagt: wir brauchen nur den Kurvenanfang und das Kurvenende zu kennen, um das Kurvenintegral ausrechnen zu können, der eigentliche Kurvenverlauf ist gar nicht mehr wichtig. Voraussetzung dafür ist allerdings, dass das Vektorfeld f die spezielle Gestalt hat, die ich angegeben habe; es muss gelten:

$$f_1(x, y) = \frac{\delta\varphi}{\delta x}(x, y) \text{ und } f_2(x, y) = \frac{\delta\varphi}{\delta y}(x, y).$$

Solche Vektorfelder nennt man üblicherweise *Potentialfelder*.

14.6.12 Definition   Es sei $U \subseteq \mathbb{R}^2$ eine offene und konvexe Menge. Ein Vektorfeld f : $U \to \mathbb{R}^2$ heißt *Potentialfeld*, falls es eine zweimal stetig partiell differenzierbare Funktion $\varphi : U \to \mathbb{R}$ gibt mit der Eigenschaft:

$$f_1(x, y) = \frac{\delta\varphi}{\delta x}(x, y) \text{ und } f_2(x, y) = \frac{\delta\varphi}{\delta y}(x, y).$$

In diesem Fall heißt φ die *Potentialfunktion* oder auch schlicht das *Potential* von f.

Das Ergebnis der Überlegungen aus 14.6.11 kann ich zu dem folgenden Satz zusammenfassen.

14.6.13 Satz   Es sei $U \subseteq \mathbb{R}^2$ eine offene und konvexe Menge, und $f : U \to \mathbb{R}^2$ ein Potentialfeld mit der Potentialfunktion φ. Ist γ irgendeine Kurve in U mit dem Anfangspunkt $(a_1, a_2) \in U$ und dem Endpunkt $(b_1, b_2) \in U$, dann gilt:

$$\int_\gamma f_1(x, y)dx + f_2(x, y)dy = \varphi(b_2, b_1) - \varphi(a_2, a_1).$$

Das Kurvenintegral ist also unabhängig vom Kurvenverlauf und hängt nur vom Anfangs-
und vom Endpunkt der Kurve ab.

Das ist eine feine Sache, weil man das konkrete Kurvenintegral gar nicht mehr ausrechnen, sondern nur noch zwei Kurvenpunkte in die Potentialfunktion φ einsetzen muss,
sofern man etwas von φ weiß. Wie sieht man es aber einem Vektorfeld an, dass so ein
praktisches Potential φ existiert? In der nächsten Bemerkung werden Sie es erfahren.

14.6.14 Bemerkung Es sei f ein Potentialfeld, das heißt:

$$f_1 = \frac{\delta\varphi}{\delta x} \text{ und } f_2 = \frac{\delta\varphi}{\delta y}.$$

Da φ zweimal stetig partiell differenzierbar ist, folgt daraus:

$$\frac{\delta f_1}{\delta y} = \frac{\delta^2\varphi}{\delta y \delta x}$$

$$= \frac{\delta^2\varphi}{\delta x \delta y}$$

$$= \frac{\delta f_2}{\delta x},$$

denn nach dem Satz von Schwarz aus 13.1.15 darf ich bei φ die Reihenfolge der Ableitungsvariablen vertauschen. Ein Potentialfeld muss also die Gleichung

$$\frac{\delta f_1}{\delta y} = \frac{\delta f_2}{\delta x}$$

erfüllen.

Man kann sogar zeigen, dass diese Bedingung Potentialfelder charakterisiert, und das
bedeutet, dass wir ganz genau wissen, wann es eine Potentialfunktion gibt oder nicht. Wir
brauchen nur die partiellen Ableitungen von f_1 und f_2 zu vergleichen.

14.6.15 Satz Es sei $U \subseteq \mathbb{R}^2$ eine offene und konvexe Menge. Ein Vektorfeld $f : U \to$
$\mathbb{R}^2$ ist genau dann ein Potentialfeld, wenn es die Gleichung

$$\frac{\delta f_1}{\delta y}(x, y) = \frac{\delta f_2}{\delta x}(x, y)$$

für alle $(x, y) \in U$ erfüllt.

Jetzt ist alles komplett. Sofern die partiellen Ableitungen der Feldkomponenten sich
ordentlich verhalten, gibt es eine Potentialfunktion, und nach 14.6.13 kann man das Kurvenintegral mit Hilfe der Potentialfunktion berechnen, ohne sich um den eigentlichen
Kurvenverlauf zu kümmern. Zwei Beispiele sollen das verdeutlichen.

14.6.16 Beispiele

(i) Ich setze $U = \mathbb{R}^2$ und

$$f(x, y) = \begin{pmatrix} 3x^2 y + y^3 \\ x^3 + 3xy^2 \end{pmatrix}.$$

Ich muss testen, ob das Kriterium aus 14.6.15 erfüllt ist, und rechne die passenden partiellen Ableitungen der Feldkomponenten aus. Es gilt:

$$\frac{\delta f_1}{\delta y}(x, y) = 3x^2 + 3y^2 \text{ und } \frac{\delta f_2}{\delta x}(x, y) = 3x^2 + 3y^2.$$

Das ist fein, denn die beiden relevanten Ableitungen sind gleich und folglich gibt es eine Potentialfunktion φ. Sie ist auch nicht schwer zu finden. Mit $\varphi(x, y) = x^3 y + xy^3$ gilt nämlich:

$$\frac{\delta \varphi}{\delta x}(x, y) = 3x^2 y + y^3 = f_1(x, y)$$

und

$$\frac{\delta \varphi}{\delta y}(x, y) = x^3 + 3xy^2 = f_2(x, y).$$

Damit sagt uns Satz 14.6.13, wie man Kurvenintegrale auszurechnen hat. Ist beispielsweise γ irgendeine Kurve mit dem Anfangspunkt $(0, 0)$ und dem Endpunkt $(1, 2)$, so gilt:

$$\int_\gamma (3x^2 y + y^3)dx + (x^3 + 3xy^2)dy = \varphi(1, 2) - \varphi(0, 0) = 2 + 8 = 10.$$

Ist dagegen γ eine Kurve zwischen $(1, 1)$ und $(2, 0)$, so folgt:

$$\int_\gamma (3x^2 y + y^3)dx + (x^3 + 3xy^2)dy = \varphi(2, 0) - \varphi(1, 1) = -2.$$

Sie sehen wieder, dass der Kurvenverlauf nicht die mindeste Rolle spielt und Sie nur Anfangs- und Endpunkt in die Potentialfunktion einsetzen müssen.

(ii) Leider sind nicht alle Vektorfelder auch Potentialfelder. Als Beispiel betrachten wir das Feld

$$f(x, y) = \begin{pmatrix} xy \\ x + y \end{pmatrix}.$$

aus 14.6.10. Dort hatte ich ausgerechnet, dass mit $\gamma : [0, 1] \rightarrow \mathbb{R}^2$, definiert durch

$$\gamma(t) = \begin{pmatrix} t \\ t^2 \end{pmatrix},$$

das Kurvenintegral

$$\int f_1(x, y)dx + f_2(x, y)dy = \frac{17}{12}$$

beträgt. Dabei war γ ein Parabelbogen vom Punkt $(0, 0)$ zum Punkt $(1, 1)$. Sie werden zugeben, dass eine Parabel nicht gerade der kürzeste Weg zwischen zwei Punkten ist, und vielleicht sollten wir einmal die Gerade als Verbindungsweg verwenden. Ich definiere also $\gamma_1 : [0, 1] \rightarrow \mathbb{R}^2$ durch

$$\gamma_1(t) = \begin{pmatrix} t \\ t \end{pmatrix}$$

und berechne das neue Kurvenintegral. Es gilt:

$$\int_{\gamma_1} f_1(x, y)dx + f_2(x, y)dy = \int_0^1 f_1(x(t), y(t)) \cdot x'(t) + f_2(x(t), y(t)) \cdot y'(t)dt$$

$$= \int_0^1 f_1(t, t) \cdot 1 + f_2(t, t) \cdot 1 dt$$

$$= \int_0^1 t^2 + 2t\,dt$$

$$= \left[\frac{t^3}{3} + t^2 \right]_0^1$$

$$= \frac{4}{3} \neq \frac{17}{12}.$$

Sie sehen, dass hier auf zwei verschiedenen Wegen zwischen den gleichen Punkten eben nicht dasselbe Kurvenintegral herauskommt. Das liegt einfach daran, dass f kein Potentialfeld ist, wie wir auch sofort nachprüfen können. Ich muss nur wieder das Ableitungskriterium testen. Es gilt:

$$\frac{\delta f_1}{\delta y}(x, y) = x \text{ und } \frac{\delta f_2}{\delta x}(x, y) = 1,$$

weshalb nach 14.6.15 das Feld f leider kein Potentialfeld sein kann. Die Existenz von Kurven, die sich zwar in ihren Anfangs- und Endpunkten gleichen, aber verschiedene Kurvenintegrale haben, ist daher nicht überraschend.

Es mag sein, dass Ihnen die Geschichte mit den Potentialen etwas unheimlich ist. Sie sind aber im Grunde genommen nichts anderes als zweidimensionale Stammfunktionen, deren Ableitungen gerade das Feld f ergeben. Wenn Sie sich dann einmal daran gewöhnt haben, dass φ eine Stammfunktion von f ist, wird auch die Formel aus 14.6.13 klarer: man integriert, indem man den letzten und den ersten Punkt der Kurve in die Stammfunktion einsetzt und die Ergebnisse voneinander abzieht. Bei den üblichen eindimensionalen Integralen ist das genauso, nur dass man hier Intervalle anstatt Kurven als Integrationsbereiche hat. Etwas unschön ist nur, dass nicht jedes Feld eine solche Stammfunktion φ besitzt, die einem das Leben etwas leichter machen würde, aber daran kann man leider nichts ändern.

Ich habe es noch nie leiden können, wenn ein Fachbuch einfach mit einer lapidaren fachbezogenen Bemerkung oder gar mit einer Formel aufhört; inzwischen habe ich Sie so oft persönlich angesprochen, dass ich mich nicht auf diese Weise davonstehlen sollte. Ich darf mich von Ihnen mit einer zweifachen Hoffnung verabschieden. Natürlich hoffe ich, dass Sie etwas Mathematik gelernt haben, denn das war schließlich das Thema des Buches. Viel wichtiger ist mir aber die Hoffnung, dass Sie sich beim Lesen und Lernen nicht allzusehr gelangweilt haben und sehen konnten, dass Mathematik auch in einer entspannten Atmosphäre möglich ist.

Übungen

Plädoyer

0.1 Erklären Sie, warum der Trick des alten Weisen funktionierte.

Mengen und Zahlenarten

1.1 Es seien

$$A = \{x \in \mathbb{R} \mid x \leq 0\}, \ B = \{x \in \mathbb{R} \mid x > 1\}$$

und

$$C = \{x \in \mathbb{R} \mid 0 \leq x < 1\}.$$

Bestimmen Sie $A \cap B$, $A \cup B \cup C$, $A \backslash C$ und $B \backslash C$.

1.2 Es seien A und B Mengen. Vereinfachen Sie die folgenden Ausdrücke:

(i) $A \cap A$;
(ii) $A \cup \emptyset$;
(iii) $A \cap (A \cup B)$;
(iv) $A \cap (B \backslash A)$.

1.3 Veranschaulichen Sie das Distributivgesetz

$$A \cup (B \cap C) = (A \cup B) \cap (A \cup C).$$

1.4 Veranschaulichen Sie die Formel

$$A \backslash (B \cup C) = (A \backslash B) \cap (A \backslash C).$$

© Springer-Verlag GmbH Deutschland 2017
T. Rießinger, *Mathematik für Ingenieure*, DOI 10.1007/978-3-662-54807-3

1.5 Berechnen Sie:

(i) $\frac{4}{15} + \frac{8}{9}$;
(ii) $\frac{3}{17} - \frac{1}{2}$;
(iii) $\frac{1}{a+b} + \frac{1}{a-b}$.

1.6 Zeigen Sie, dass $\sqrt{3}$ eine irrationale Zahl ist. Gehen Sie dabei nach der Methode aus 1.2.6 vor.

Vektorrechnung

2.1 Gegeben seien die Vektoren

$$\mathbf{a} = \begin{pmatrix} -2 \\ 3 \\ 1 \end{pmatrix}, \mathbf{b} = \begin{pmatrix} 0 \\ -1 \\ 4 \end{pmatrix} \text{ und } \mathbf{c} = \begin{pmatrix} 6 \\ -1 \\ 2 \end{pmatrix}.$$

Berechnen Sie die Koordinatendarstellungen und die Längen der folgenden Vektoren:

$$\mathbf{x} = -2\mathbf{a} + 3\mathbf{b} + 5\mathbf{c}, \mathbf{y} = 5(\mathbf{b} - 3\mathbf{a}) - 2\mathbf{c}, \mathbf{z} = 3(\mathbf{a} + \mathbf{b}) - 5(\mathbf{b} - \mathbf{c}) + \mathbf{a}.$$

2.2 Gegeben seien die Vektoren

$$\mathbf{a} = \begin{pmatrix} 1 \\ -2 \end{pmatrix} \text{ und } \mathbf{b} = \begin{pmatrix} -3 \\ 4 \end{pmatrix}.$$

Berechnen Sie, welche Winkel die beiden Vektoren mit der x-Achse bilden, sowie die Beträge beider Vektoren.

2.3 An einen Massenpunkt greifen drei Kräfte $\vec{F}_1$, $\vec{F}_2$ und $\vec{F}_3$ an. $\vec{F}_1$ hat einen Betrag von 4 Newton und einen Angriffswinkel von 45°, $\vec{F}_2$ greift unter einem Winkel von 120° mit einem Betrag von 3 Newton an, während $\vec{F}_3$ einen Winkel von 330° und einen Betrag von 2 Newton hat.

(i)   Bestimmen Sie die Koordinatendarstellung der angreifenden Kräfte.
(ii) Berechnen Sie die resultierende Kraft $\vec{F}$.
(iii) Bestimmen Sie zeichnerisch die resultierende Kraft $\vec{F}$, ihren Betrag und den Winkel, unter dem sie an den Massenpunkt angreift.
(iv) Berechnen Sie den Betrag und den Winkel aus Teil (iii).

2.4 Gegeben seien die Vektoren

$$\mathbf{a} = \begin{pmatrix} 2 \\ 1 \end{pmatrix}, \mathbf{b} = \begin{pmatrix} -1 \\ 1 \end{pmatrix} \text{ und } \mathbf{c} = \begin{pmatrix} 1 \\ 0 \end{pmatrix}.$$

Bestimmen Sie die Skalarprodukte

$$\mathbf{a} \cdot \mathbf{b}, \mathbf{a} \cdot \mathbf{c} \text{ und } \mathbf{b} \cdot \mathbf{c}$$

sowohl nach 2.3.2 als auch nach 2.3.8.

2.5 Gegeben sei ein Parallelogramm mit den Seitenlängen a und b sowie den Diagonalenlängen u und v. Zeigen Sie:

$$u^2 + v^2 = 2(a^2 + b^2).$$

Hinweis: Betrachten Sie die Seiten und die Diagonalen des Parallelogramms als Vektoren, schreiben Sie die Diagonalvektoren als Summe bzw. Differenz der Seitenvektoren und verwenden Sie Ihre Kenntnisse über das Skalarprodukt.

2.6 Gegeben seien die Vektoren

$$\mathbf{a} = \begin{pmatrix} -1 \\ 1 \\ 1 \end{pmatrix}, \mathbf{b} = \begin{pmatrix} 2 \\ 1 \\ 3 \end{pmatrix} \text{ und } \mathbf{c} = \begin{pmatrix} -1 \\ -1 \\ 1 \end{pmatrix}.$$

Stellen Sie mit Hilfe des Skalarproduktes fest, welche dieser Vektoren senkrecht aufeinander stehen.

2.7 Zeigen Sie mit Hilfe des Skalarproduktes, dass für reelle Zahlen a_1, a_2, b_1, b_2 stets die Ungleichung

$$|a_1 b_1 + a_2 b_2| \leq \sqrt{a_1^2 + a_2^2} \cdot \sqrt{b_1^2 + b_2^2}$$

gilt.

    Hinweis: Bestimmen Sie das Skalarprodukt der Vektoren $\begin{pmatrix} a_1 \\ a_2 \end{pmatrix}$ und $\begin{pmatrix} b_1 \\ b_2 \end{pmatrix}$ sowohl nach 2.3.2 als auch nach 2.3.8.

2.8 Bestimmen Sie die Gleichung der Geraden durch die Punkte $A = (0, 1)$ und $B = (-3, 2)$.

2.9 Gegeben sei ein Parallelogramm, das von den Vektoren

$$\begin{pmatrix} 1 \\ 2 \\ 3 \end{pmatrix} \text{ und } \begin{pmatrix} -1 \\ 0 \\ 2 \end{pmatrix}$$

aufgespannt wird, deren gemeinsamer Anfangspunkt die Koordinaten $(1, 1, 1)$ hat. Berechnen Sie die Eckpunkte und die Fläche des Parallelogramms.

2.10 Gegeben sei ein Spat, der von den Vektoren

$$\begin{pmatrix} 1 \\ 3 \\ 0 \end{pmatrix}, \begin{pmatrix} 2 \\ -1 \\ -1 \end{pmatrix} \text{ und } \begin{pmatrix} 4 \\ 1 \\ 2 \end{pmatrix}$$

aufgespannt wird, deren gemeinsamer Anfangspunkt der Nullpunkt ist. Berechnen Sie das Volumen des Spats.

2.11 Untersuchen Sie, ob die Vektoren

$$\begin{pmatrix} 0 \\ 1 \\ 2 \end{pmatrix}, \begin{pmatrix} 1 \\ -3 \\ 2 \end{pmatrix} \text{ und } \begin{pmatrix} 3 \\ -7 \\ 2 \end{pmatrix}$$

in einer Ebene liegen.

2.12 Wie muss man $x \in \mathbb{R}$ wählen, damit die drei Vektoren

$$\begin{pmatrix} 2 \\ 1 \\ 0 \end{pmatrix}, \begin{pmatrix} x \\ -1 \\ 1 \end{pmatrix} \text{ und } \begin{pmatrix} 1 \\ 3 \\ -1 \end{pmatrix}$$

in einer Ebene liegen?

2.13 Bestimmen Sie die Gleichung der Ebene durch die Punkte $A = (3, 2, 1)$, $B = (0, 2, -1)$ und $C = (3, 0, -4)$.

Gleichungen und Ungleichungen

3.1 Lösen Sie die folgenden Gleichungen:

(i) $x^2 - 2x - 15 = 0$;
(ii) $x^2 - 2x + 5 = 0$;
(iii) $x^2 + 6x = -9$;
(iv) $x^4 = -4x^2 - 1$.

Hinweis zu (iv): setzen Sie $z = x^2$ und lösen Sie zuerst die entstehende quadratische Gleichung.

3.2 Lösen Sie die folgenden linearen Gleichungssysteme:

(i)

$$
\begin{aligned}
x + y + z &= 6 \\
3x - 2y - 2z &= -7 \\
2x + y - z &= 1.
\end{aligned}
$$

(ii)

$$
\begin{aligned}
2x + y &= 0 \\
x + 2y + z &= 4 \\
-x + y - 3z &= 0.
\end{aligned}
$$

3.3 Bestimmen Sie die reellen Lösungen der folgenden Ungleichungen:

(i) $x^2 + x > 2$;

(ii) $|x - 2| > x^2$;

(iii) $\frac{x+1}{x-1} > 1$.

Folgen und Konvergenz

4.1 Bestimmen Sie, sofern vorhanden, die Grenzwerte der nachstehenden Folgen.

(i) $a_n = \frac{n^2 - 3n + 1}{17n^2 + 17n - 1895}$;

(ii) $b_n = \frac{2n^4 - 3n^2 + 17}{1000n^3 + n^2 + n}$;

(iii) $c_n = \frac{2n^2 + 50n - 1}{10n^3 - 3n^2 + n - 1}$.

4.2 Zeigen Sie:

$$
\lim_{n \to \infty} \frac{1 - \sqrt{\frac{n-1}{n}}}{1 - \frac{n-1}{n}} = \frac{1}{2}.
$$

Hinweis: Schreiben Sie mit Hilfe der dritten binomischen Formel den Nenner als

$$
1 - \frac{n-1}{n} = \left(1 - \sqrt{\frac{n-1}{n}}\right) \cdot \left(1 + \sqrt{\frac{n-1}{n}}\right),
$$

kürzen Sie so gut wie möglich und verwenden Sie dann die Beziehung:

$$
\lim_{n \to \infty} \frac{n-1}{n} = 1.
$$

4.3 Zeigen Sie mit Hilfe der vollständigen Induktion die folgenden Gleichungen:

(i)

$$1 + 3 + 5 + \cdots + (2n - 1) = n^2 \text{ für alle } n \in \mathbb{N}.$$

(ii)

$$1^3 + 2^3 + 3^3 + \cdots + n^3 = \frac{1}{4}n^2(n + 1)^2 \text{ für alle } n \in \mathbb{N}.$$

4.4 Zeigen Sie mit Hilfe der vollständigen Induktion, dass $2^n > n$ für alle $n \in \mathbb{N}$ gilt.

Funktionen

5.1 Bestimmen Sie für die folgenden Funktionen den größtmöglichen Definitionsbereich und geben Sie den jeweiligen Wertebereich an.

(i) $f(x) = \sqrt{\frac{x^2-4}{x-2}}$;
(ii) $g(x) = \frac{1}{x^2-1}$;
(iii) $h(x) = \frac{x}{x^2+1}$.

5.2 Untersuchen Sie die folgenden Funktionen auf Monotonie und geben Sie, falls möglich, die Umkehrfunktion an.

(i)

$$f : \mathbb{R} \to \mathbb{R}, \text{ definiert durch } f(x) = x^4;$$

(ii)

$$f : [2, \infty) \to \mathbb{R}, \text{ definiert durch } f(x) = \sqrt{x - 2};$$

(iii)

$$f : (0, \infty) \to \mathbb{R}, \text{ definiert durch } f(x) = \frac{1}{17x};$$

(iv)

$$f : [0, \infty) \to \mathbb{R}, \text{ definiert durch } f(x) = x \cdot \sqrt{x}.$$

5.3 Gegeben sei das Polynom $p(x) = 2x^4 + 3x^3 - x^2 + 5x - 17$. Berechnen Sie mit Hilfe des Horner-Schemas den Funktionswert $p(2)$.

5.4 Gegeben sei das Polynom $p(x) = 3x^3 - 2x^2 + x - 1$. Bestimmen Sie mit Hilfe des Horner-Schemas das Polynom q mit der Eigenschaft:

$$p(x) - p(1) = (x - 1) \cdot q(x).$$

5.5 Berechnen Sie die folgenden Grenzwerte:

(i) $\lim\limits_{x \to 2} \frac{x^2-4}{x+2}$;

(ii) $\lim\limits_{x \to 2} \frac{x^2-4}{x-2}$;

(iii) $\lim\limits_{x \to -3} \frac{x^2-x-12}{x+3}$;

(iv) $\lim\limits_{x \to 2} \frac{x^2-3x+2}{x^2-5x+6}$.

5.6 Berechnen Sie für die Funktion

$$f(x) = \begin{cases} x^3 & \text{falls } x \leq 0 \\ x^2 & \text{falls } x > 0 \end{cases}$$

den Grenzwert

$$\lim_{x \to 0} f(x).$$

Ist die Funktion für $x_0 = 0$ stetig?

5.7 Untersuchen Sie die folgenden Funktionen auf Stetigkeit und erstellen Sie für jede Funktion ein Schaubild.

(i) $f : \mathbb{R} \to \mathbb{R}$, definiert durch

$$f(x) = \begin{cases} x & \text{falls } x \leq 0 \\ x+1 & \text{falls } x > 0. \end{cases}$$

(ii) $g : \mathbb{R} \to \mathbb{R}$, definiert durch

$$g(x) = \begin{cases} 6 & \text{falls } x = 3 \\ \frac{x^2-9}{x-3} & \text{falls } x \neq 3. \end{cases}$$

Wie kann man die Funktion g einfacher darstellen?

5.8 Bilden Sie jeweils die Hintereinanderausführungen $f \circ g$ und $g \circ f$.

(i)

$$f(x) = 2x + 3 \text{ und } g(x) = \sqrt{\frac{x^2+1}{x^2-1}};$$

(ii)

$$f(x) = x^2 + x \text{ und } g(x) = \sqrt{x}.$$

Trigonometrische Funktionen und Exponentialfunktion

6.1 Es seien $a > 0$, $b > 0$ und $c \in \mathbb{R}$. Man definiere $f : \mathbb{R} \to \mathbb{R}$ durch

$$f(x) = a \cdot \sin(bx + c).$$

Zeigen Sie, dass f die folgenden Eigenschaften hat.

(i) $|f(x)| \leq a$ für alle $x \in \mathbb{R}$.
(ii) $f\left(x + \frac{2\pi}{b}\right) = f(x)$ für alle $x \in \mathbb{R}$.
(iii) $f(x) = 0$ genau dann, wenn $x = \frac{k \cdot \pi - c}{b}$ mit $k \in \mathbb{Z}$ gilt.

Hinweis: Verwenden Sie die entsprechenden Eigenschaften der Sinus-Funktion.

6.2 Zeigen Sie, dass für alle $x \in \mathbb{R}$ die folgenden Beziehungen gelten.

(i) $\sin^2 x = \frac{1}{2}(1 - \cos(2x))$;
(ii) $\cos^2 x = \frac{1}{2}(1 + \cos(2x))$;
(iii) $\cos^4 x - \sin^4 x = \cos(2x)$.

Hinweis zu (i) und (ii): Verwenden Sie das Additionstheorem für den Cosinus aus 6.1.9 (iii) mit $y = x$ und beachten Sie dann die trigonometrische Form des Pythagoras-Satzes.

Hinweis zu (iii): Hier brauchen Sie zusätzlich zu den Hilfsmitteln für (i) und (ii) noch die dritte binomische Formel.

6.3 Zeigen Sie:

$$\tan(x + y) = \frac{\tan x + \tan y}{1 - \tan x \tan y}.$$

Hinweis: Verwenden Sie die Additionstheoreme für Sinus und Cosinus.

6.4 Bestimmen Sie alle reellen Lösungen der folgenden trigonometrischen Gleichungen.

(i) $\sin(2x) = \cos x$;
(ii) $\sin(2x) = \tan x$;
(iii) $2\cos^2 x - 5\cos x = -2$.
(iv) $2\sin^2 x = \sin x + 1$.

Hinweis: Verwenden Sie in (i) und (ii) das Sinus-Additionstheorem mit $y = x$ und vereinfachen Sie anschließend die Gleichung so weit wie möglich. In (iii) und (iv) setzen Sie $z = \cos x$ bzw. $z = \sin x$ und lösen die entstehende quadratische Gleichung.

6.5 Ein Kondensator hat eine Kapazität von $C = 10^{-5} \frac{s}{\Omega}$, einen Widerstand von $R = 100\,\Omega$ und einen Endwert der Kondensatorspannung von $u_0 = 70\,\text{V}$. Zu welchem Zeitpunkt t hat die Kondensatorspannung 95 Prozent ihres Endwertes erreicht?

6.6 Lösen Sie die Gleichung

$$e^{2x} - 3e^x + 2 = 0.$$

Hinweis: Setzen Sie $z = e^x$ und verwenden Sie die Beziehung $(e^x)^2 = e^{2x}$.

Differentialrechnung

7.1 Berechnen Sie die Ableitungen der folgenden Funktionen.

(i) $f_1(x) = 2x^3 - 6x^2 + 3x - 17$;

(ii) $f_2(x) = \frac{1}{x}$;

(iii) $f_3(x) = x^2 \cdot (2x + 1)$;

(iv) $f_4(x) = x \cdot e^x$.

Hinweis zu (iv): Bedenken Sie, dass $(e^x)' = e^x$ gilt.

7.2 Leiten Sie die folgenden Funktionen ab.

(i) $f_1(x) = x^2 e^x$;

(ii) $f_2(x) = \sqrt{1 + x^2}$;

(iii) $f_3(x) = 2x \cdot \cos(x^2)$;

(iv) $f_4(x) = \ln(1 + x^2)$;

(v) $f_5(x) = \sqrt{1 - x^2} \cdot \sin x$;

(vi) $f_6(x) = \frac{x^2 - 1}{x^2 + 1}$;

(vii) $f_7(x) = \frac{\sin x}{x^2}$.

7.3 Bestimmen Sie für die folgenden Funktionen die Kurvenpunkte, in denen die Tangente parallel zur x-Achse verläuft.

(i) $f(x) = x^3 - 3x^2 - 9x + 2$;

(ii) $g(x) = \ln(1 + \sin^2 x)$.

7.4 Bestimmen Sie die Gleichung der Tangente an die Funktionskurve von $f(x) = \sin x$ für den Punkt $x_0 = \pi$.

7.5 Berechnen Sie die erste Ableitung der folgenden Funktionen.

(i) $f(t) = \frac{e^t}{1+t^2}$;
(ii) $g(t) = t \cdot \ln t$;
(iii) $h(x) = x^x$.

7.6 Berechnen Sie die erste und zweite Ableitung der Funktion

$$f(x) = \text{arccot}(x).$$

Hinweis: Verwenden Sie die Methode aus 7.2.20.

7.7 Bestimmen Sie die ersten beiden Ableitungen der folgenden Funktionen.

(i) $f(x) = x \cdot \sqrt{1 + x^2}$;
(ii) $g(x) = \arccos(x - 1)$;
(iii) $h(x) = (x^2 - 4)^{-\frac{5}{3}}$.

7.8 Zeigen Sie, dass für alle $x \in [-1, 1]$ die Beziehung

$$\arcsin x + \arccos x = \frac{\pi}{2}$$

gilt.

   Hinweis: Leiten Sie die Funktion $f(x) = \arcsin x + \arccos x$ ab und verwenden Sie anschließend 7.3.4 mit $x = 0$.

7.9 Es sei $n \in \mathbb{N}$. Bilden Sie für die nachstehenden Funktionen jeweils die n-te Ableitung $f^{(n)}(x)$.

(i) $f(x) = \cos x$;
(ii) $f(x) = \frac{1}{x}$;
(iii) $f(x) = \ln x$;
(iv) $f(x) = e^{2x}$.

7.10 Untersuchen Sie mit Hilfe der ersten Ableitung, auf welchen Teilmengen von $\mathbb{R}$ die folgenden Funktionen monoton wachsend bzw. monoton fallend sind.

(i) $f(x) = 2x^3 - 9x^2 + 12x + 17$;
(ii) $f(x) = x \cdot e^x$.

7.11 Man definiere $g : [0, 1] \to \mathbb{R}$ durch

$$g(x) = \sqrt{x \cdot (1 - x)}.$$

Bestimmen Sie alle Minima und Maxima von g auf $[0, 1]$.
   Hinweis: g hat mehr als eine Extremstelle.

7.12 Ein Zylinder mit Boden und Deckel soll bei einem gegebenen Materialverbrauch $F = 10$ ein möglichst großes Volumen umschließen. Berechnen Sie den optimalen Radius r und die optimale Höhe h sowie das daraus resultierende Volumen.

7.13 Gegeben sei die Kurve $y = x^2 - 3x + 3$. Welcher Punkt (x, y) auf dieser Kurve hat den geringsten Abstand zum Nullpunkt?

7.14 Führen Sie an der Funktion

$$f(x) = \frac{x^2 + 8x + 7}{x - 1}$$

eine Kurvendiskussion durch.

7.15 Gegeben sei die Gleichung

$$e^x - x - 5 = 0.$$

Lösen Sie diese Gleichung mit Hilfe des Newton-Verfahrens. Geben Sie dabei an, wie groß für die Startwerte $x_0 = -1$ bzw. $x_0 = 1$ der Wert n sein muss, damit x_n und x_{n+1} sich frühestens in der sechsten Stelle nach dem Komma unterscheiden. Geben Sie jeweils x_n und $e^{x_n} - x_n - 5$ an.

7.16 Berechnen Sie unter Verwendung der Regel von l'Hospital die folgenden Grenzwerte.

(i) $\lim\limits_{x \to 3} \frac{x^3 - 27}{x - 3}$;

(ii) $\lim\limits_{x \to 0} \frac{1 - \cos x}{x^2}$;

(iii) $\lim\limits_{x \to -2} \frac{x^2 + 5x + 6}{x^2 + x - 2}$.

Integralrechnung

8.1 Berechnen Sie die folgenden bestimmten Integrale.

(i) $\int_0^1 2x^2 - 4x + 3 \, dx$;

(ii) $\int_0^\pi \sin t - 2 \cos t \, dt$;

(iii) $\int_1^2 \sqrt{x} \cdot (x - 1) \, dx$;

(iv) $\int_0^{\ln 2} e^x - 1 \, dx$.

8.2 Berechnen Sie die folgenden unbestimmten Integrale.

(i) $\int 2x^3 - 5x^2 + 6x - 17 \, dx$;

(ii) $\int \sqrt{x} + 3 \sin x - 5 \cos(2x) \, dx$;

(iii) $\int \frac{1}{t^2} + \frac{1}{\cos^2 t} \, dt$.

8.3 Welchen Flächeninhalt schließt der Funktionsgraph von $f(x) = 18 - \frac{x^2}{2}$ mit der x-Achse ein?

8.4 Berechnen Sie die folgenden Integrale durch partielle Integration.

(i) $\int x^2 \cdot \cos x\, dx$;

(ii) $\int x^2 \cdot e^{-x}\, dx$;

(iii) $\int x \cdot \ln x\, dx$.

8.5 Berechnen Sie das Integral

$$\int \arctan x\, dx.$$

Hinweis: Man braucht zuerst die partielle Integration und danach die Substitutionsregel.

8.6 Berechnen Sie die folgenden Integrale mit Hilfe der Substitutionsregel.

(i) $\int \frac{\sqrt{\ln x}}{x}\, dx$;

(ii) $\int x \cdot \sin(x^2)\, dx$;

(iii) $\int \frac{2x^2}{\sqrt{1+x^3}}\, dx$;

(iv) $\int \cos x \cdot e^{\sin x}\, dx$.

8.7 Es seien a, b und k reelle Zahlen und es gelte $a \neq 0$. Berechnen Sie

$$\int (ax + b)^k\, dx.$$

Hinweis: Die Situation ist nicht ganz so wie in 8.2.8 (iv).

8.8 Berechnen Sie mit Hilfe von Aufgabe 8.7:

(i) $\int (5x + 3)^{17}\, dx$;

(ii) $\int \sqrt{x + 1}\, dx$.

8.9 Bestimmen Sie die folgenden Integrale mit Hilfe der Partialbruchzerlegung.

(i) $\int \frac{4x-2}{x^2-2x-35}\, dx$;

(ii) $\int \frac{2x}{x^3+3x^2-4}\, dx$;

(iii) $\int \frac{2x+5}{x^2+4x+5}\, dx$.

8.10 Berechnen Sie die folgenden uneigentlichen Integrale.

(i) $\int_1^\infty \frac{1}{x^4} dx$;
(ii) $\int_0^\infty x \cdot e^{-x} dx$;
(iii) $\int_1^2 \frac{1}{\sqrt{x-1}} dx$.

8.11 Berechnen Sie die Fläche, die von den Funktionen $f(x) = x$ und $g(x) = x^3$ eingeschlossen wird.

8.12 Berechnen Sie das Volumen des *Paraboloids*, das entsteht, wenn man die Parabel $f(x) = \sqrt{x}$ zwischen 0 und $a > 0$ um die x-Achse dreht.

8.13 Man definiere $f : [3, 8] \to \mathbb{R}$ durch

$$f(x) = \frac{2}{3} \cdot \sqrt{x^3}.$$

Berechnen Sie die Länge der Funktionskurve von f.

8.14 Berechnen Sie numerisch das bestimmte Integral

$$\int_0^1 \frac{6}{\sqrt{4 - x^2}} \, dx.$$

Verwenden Sie dabei die Trapezregel, indem Sie mit $n = 5$ starten und mit der Genauigkeitsschranke $\epsilon = 0.01$ rechnen. Die Rechnungen sind mit fünf Nachkommastellen durchzuführen.

8.15 Berechnen Sie mit der Simpsonregel das Integral

$$\int_1^4 \frac{1}{x^2 + 4} \, dx$$

mit fünf Nachkommastellen bei einer Genauigkeitsschranke von $\epsilon = 0{,}0001$. Verwenden Sie dabei für den ersten Durchgang $2n = 6$.

8.16 Es sei $f : [a, b] \to \mathbb{R}$ ein Polynom dritten Grades. Zeigen Sie, dass die numerische Integration von f nach der Simpsonregel bei beliebigem $n \in \mathbb{N}$ zum exakten Ergebnis führt, das heißt:

$$\int_a^b f(x) \, dx = S_n.$$

Reihen und Taylorreihen

9.1 Bestimmen Sie die Grenzwerte folgender Reihen.

(i) $\sum\limits_{n=1}^{\infty} \left(\frac{1}{3^n} + \frac{1}{n(n+1)}\right)$;

(ii) $\sum\limits_{n=0}^{\infty} \frac{1}{x^{2n}}$ mit $|x| > 1$.

Hinweis: Für (i) sind 9.1.5 (ii) und 9.1.5 (iii) hilfreich. Für die zweite Reihe setzen Sie $q = \frac{1}{x^2}$ und sehen Sie, wohin das führt.

9.2 Untersuchen Sie, ob die folgenden Reihen konvergieren.

(i) $\sum\limits_{n=1}^{\infty} \frac{n}{17^n}$;

(ii) $\sum\limits_{n=1}^{\infty} \frac{3^n}{n!}$;

(iii) $1 - \frac{1}{3} + \frac{1}{5} - \frac{1}{7} \pm \cdots$;

(iv) $\sum\limits_{n=1}^{\infty} \left(1 + \frac{1}{n}\right)^n$.

Hinweis: Sie brauchen zweimal das Quotientenkriterium, einmal das Leibnizkriterium und einmal eine notwendige Bedingung für Konvergenz.

9.3 Untersuchen Sie, ob die folgenden Reihen konvergieren.

(i) $\sum\limits_{n=1}^{\infty} \frac{1}{n^n}$;

(ii) $\sum\limits_{n=0}^{\infty} \frac{n+1}{2^n}$.

Hinweis: Wurzel- und Quotientenkriterium.

9.4 Bestimmen Sie die Grenzwerte der folgenden Reihen.

(i) $\sum\limits_{n=0}^{\infty} \frac{n}{2^n}$;

(ii) $\sum\limits_{n=1}^{\infty} \frac{1}{n \cdot 2^n}$.

Hinweis: Alles Nötige finden Sie in 9.3.10.

9.5 Bestimmen Sie die Konvergenzradien der nachstehenden Potenzreihen und geben Sie an, für welche $x \in \mathbb{R}$ die Reihen konvergieren.

(i) $\sum\limits_{n=1}^{\infty} \frac{x^n}{n^2}$;

(ii) $\sum\limits_{n=0}^{\infty} n! \cdot x^n$;

(iii) $\sum\limits_{n=0}^{\infty} \frac{n}{n+1} \cdot x^n$.

9.6 Welche Funktionen werden durch folgende Potenzreihen dargestellt? Für welche $x \in \mathbb{R}$ konvergieren sie?

(i) $\sum\limits_{n=0}^{\infty} \frac{x^{2n}}{n!}$;

(ii) $\sum\limits_{n=1}^{\infty} (-1)^n \cdot 2n \cdot x^{2n-1} = -2x + 4x^3 - 6x^5 \pm \cdots$.

Hinweis: In Nummer (i) sollten Sie $z = x^2$ setzen. Für Nummer (ii) suchen Sie nach einem Zusammenhang zwischen der gegebenen Reihe und der Reihe $1 - x^2 + x^4 - x^6 \pm \cdots$ aus 9.3.10 (v).

9.7 Lösen Sie die Gleichung

$$\cos x = \frac{25}{24} - \frac{x^2}{2}$$

näherungsweise, indem Sie $\cos x$ durch sein Taylorpolynom vierten Grades mit dem Entwicklungspunkt $x_0 = 0$ ersetzen und die entstehende neue Gleichung lösen. Testen Sie mit Hilfe eines Taschenrechners durch Einsetzen in die ursprüngliche Gleichung, ob diese Näherungslösung akzeptabel ist.

9.8 Berechnen Sie das Taylorpolynom dritten Grades mit dem Entwicklungspunkt $x_0 = 0$ der Funktion $f(x) = \tan x$. Testen Sie, wie gut $\tan x$ durch $T_{3,f}(x)$ angenähert wird, indem Sie $T_{3,f}\left(\frac{1}{2}\right)$ und $\tan \frac{1}{2}$ sowie $T_{3,f}(1)$ und $\tan 1$ berechnen. Dabei sind die Winkel im Bogenmaß zu verstehen.

9.9 Bis zu welchem Grad muss man die Taylorreihe von $\sin$ bzw. $\cos$ mit dem Entwicklungspunkt $x_0 = 0$ berechnen, um die Werte $\sin 1$ und $\cos 1$ jeweils mit einer Abweichung von höchstens 10^{-5} zu erhalten? Begründen Sie Ihre Antwort mit Hilfe der Restgliedformeln aus 9.4.8. Die Winkel sind wieder im Bogenmaß zu verstehen.

9.10 Berechnen Sie die Taylorreihen der folgenden Funktionen mit dem jeweils angegebenen Entwicklungspunkt x_0.

(i) $f(x) = \ln x$, $x_0 = 1$;

(ii) $g(x) = \sin x$, $x_0 = \frac{\pi}{6}$.

9.11 Berechnen Sie nach der Methode aus 9.4.8 (v) näherungsweise $\sqrt{17}$.

Komplexe Zahlen

10.1 Berechnen Sie:

(i) $(2 - 7i) + (12 - 13i)$;

(ii) $(5 - 23i) - (2 - 3i)$;

(iii) $(5 - 23i) \cdot (2 - 3i)$;

(iv) $(4 + i) \cdot (6 - 2i)$.

10.2 Berechnen Sie:

(i) $\frac{3+4i}{3-4i}$;

(ii) $\frac{1-2i}{-5+i}$;

(iii) $\left| \frac{i}{1-i} \right|$.

10.3 Bestimmen Sie die Polarformen der folgenden komplexen Zahlen.

(i) $z = 3 + 4i$;

(ii) $z = 2 - i$.

10.4 Rechnen Sie die folgenden komplexen Zahlen in die Form $z = a + b \cdot i$ um.

(i) $z = |z|(\cos\varphi + i\sin\varphi)$ mit $|z| = 1$ und $\varphi = \frac{\pi}{4}$;

(ii) $z = |z|(\cos\varphi + i\sin\varphi)$ mit $|z| = 3$ und $\varphi = 2$.

10.5 Es sei $z = 2 + 3i$. Bestimmen Sie die Polarform von z und berechnen Sie mit Hilfe der Polarform nach 10.2.9 die komplexe Zahl z^7. Berechnen Sie außerdem beide Quadratwurzeln aus z.

10.6 Rechnen Sie die folgenden komplexen Zahlen in die Form $z = a + b \cdot i$ um.

(i) $z_1 = e^{3-4i}$;

(ii) $z_2 = 5e^{\frac{\pi}{4}i}$.

10.7 Es sei $z = 1 + 2i$. Bestimmen Sie die Exponentialform von z und berechnen Sie mit Hilfe der Exponentialform nach 10.3.6 die komplexe Zahl z^7. Berechnen Sie außerdem beide Quadratwurzeln aus z.

10.8 Die Funktion $f : \mathbb{R} \to \mathbb{R}$ sei definiert durch

$$f(x) = \begin{cases} \pi - x & \text{falls } 0 \le x \le \pi \\ x - \pi & \text{falls } \pi \le x \le 2\pi, \end{cases}$$

wobei f periodisch auf ganz $\mathbb{R}$ fortgesetzt wird. Zeichnen Sie ein Schaubild von f und berechnen Sie die Fourierreihe von f. Zeigen Sie, dass die Fourierreihe nach dem Dirichlet-Kriterium gegen die Funktion f konvergiert.

Differentialgleichungen

11.1 Lösen Sie die folgenden Differentialgleichungen durch Trennung der Variablen.

(i) $2x^2 y' = y^2$;
(ii) $y' = (y + 2)^2$;
(iii) $y' \cdot (1 + x^3) = 3x^2 y$.

11.2 Lösen Sie die folgenden Anfangswertprobleme durch Trennung der Variablen, das heißt, geben Sie die Lösung der Differentialgleichung an, die die aufgeführte Anfangsbedingung erfüllt.

(i) $y' + y \sin x = 0$, $y(\pi) = \frac{1}{e}$;
(ii) $(x - 1) \cdot (x + 1) \cdot y' = y$, $y(2) = 1$.

11.3 Lösen Sie die folgenden Differentialgleichungen durch Variation der Konstanten.

(i) $y' + 2xy = 3x$;
(ii) $xy' + y = x \cdot \sin x$.

11.4 Lösen Sie die folgenden Anfangswertprobleme durch Variation der Konstanten.

(i) $y' + \frac{y}{x} = \frac{\ln x}{x}$, $y(1) = 1$;
(ii) $y' = 3x^2 y + e^{x^3} \cos x$, $y(0) = 2$.

11.5 Lösen Sie die folgenden Differentialgleichungen mit Hilfe geeigneter Substitutionen.

(i) $y' = (2x + y - 3)^2 - 2$;
(ii) $xy' = y + \sqrt{x^2 - y^2}$.

Hinweis: Teilen Sie in Nummer (ii) die Gleichung durch x und setzen Sie dann $z = \frac{y}{x}$.

11.6 Gegeben sei ein Teilchen der Masse m in einer Flüssigkeit. Die Sinkgeschwindigkeit $v(t)$ dieses Teilchens in Abhängigkeit von der Zeit t wird beschrieben durch die Differentialgleichung

$$m \cdot \frac{dv}{dt} + k \cdot v = m \cdot g,$$

wobei k der Reibungsfaktor und g die übliche Erdbeschleunigung ist.

(i)   Bestimmen Sie die allgemeine Lösung $v(t)$.
(ii) Wie lautet die Lösung bei gegebener Anfangsgeschwindigkeit $v(0) = v_0$?

11.7 Lösen Sie die folgenden homogenen linearen Differentialgleichungen.

(i) $y'' + y' - 12y = 0$;
(ii) $2y'' + 12y' + 18y = 0$;
(iii) $y''' - 5y'' + 8y' - 4y = 0$.

11.8 Lösen Sie die folgenden Anfangswertprobleme.

(i) $y'' + 10y' + 21y = 0$, $y(0) = 0, y'(0) = 4$;
(ii) $9y'' - 6y' + y = 0$, $y(0) = 1, y'(0) = 2$.

11.9 Lösen Sie die folgenden homogenen linearen Differentialgleichungen.

(i) $y'' - 2y' + 10y = 0$;
(ii) $y'' + 4y' + 8y = 0$.

11.10 Lösen Sie die folgenden Anfangswertprobleme.

(i) $y'' + 6y' + 10y = 0$, $y(0) = 1, y'(0) = 1$;
(ii) $y'' + 6y' + 9y = 0$, $y(0) = 1, y'(0) = 1$.

11.11 Bestimmen Sie die allgemeinen Lösungen der folgenden inhomogenen Differentialgleichungen.

(i) $y'' - 3y' + 2y = e^{17x}$;
(ii) $y'' - y = \cos x$.

11.12 Bestimmen Sie die allgemeinen Lösungen der folgenden inhomogenen Differentialgleichungen.

(i) $y'' + 2y' = xe^x$;
(ii) $y'' - 5y' + 6y = e^{2x}$.

11.13 Lösen Sie das Anfangswertproblem

$$y'' + 2y' + 2y = e^{-2x}, \ y(0) = 0, y'(0) = 1.$$

11.14 Bestimmen Sie die Laplace-Transformierten der folgenden Funktionen.

(i) $f_1(t) = t^3 - 5t^2 + 17t - 1;$
(ii) $f_2(t) = e^{2t} \cdot \cos^2(3t);$
(iii) $f_3(t) = \begin{cases} 0 & \text{falls } t < 1 \\ \left(\frac{1}{2}(t-1)^2 + (t-1)\right) \cdot e^{t-1} & \text{falls } t \geq 1. \end{cases}$
(iv) $f_4(t) = 2^t.$

11.15 Gegeben seien die folgenden Bildfunktionen $F_i(s)$. Bestimmen Sie die Original-funktionen $f_i(t)$, für die $\mathcal{L}\{f_i(t)\} = F_i(s)$ gilt.

(i) $F_1(s) = \frac{3}{s} - \frac{2}{s^2} + \frac{5}{s-2};$
(ii) $F_2(s) = \frac{2}{s^2+9} + \frac{17s}{s^2-9};$
(iii) $F_3(s) = \frac{6-8s}{s^3-4s^2+3s};$
(iv) $F_4(s) = \frac{1}{s^2 \cdot (s^2+1)}.$

11.16 Lösen Sie das Anfangswertpoblem

$$y'' + 2y' + 2y = e^{-2t}, \ y(0) = 0, y'(0) = 1$$

mit Hilfe der Laplace-Transformation.

11.17 Lösen Sie das Anfangswertpoblem

$$y'' - 5y' + 6y = 6t^2 + 2t + 16, \ y(0) = 5, y'(0) = 4$$

mit Hilfe der Laplace-Transformation.

Matrizen und Determinanten

12.1 Man definiere $f : \mathbb{R}^3 \to \mathbb{R}^2$ durch

$$f\begin{pmatrix} x \\ y \\ z \end{pmatrix} = \begin{pmatrix} x + y + z \\ -3x + 5y - 2z \end{pmatrix}.$$

Bestimmen Sie die darstellende Matrix von f.

12.2 Gegeben seien die Matrizen

$$A = \begin{pmatrix} -2 & 5 & 9 \\ 1 & 2 & 3 \\ 0 & 1 & 0 \end{pmatrix} \text{ und } B = \begin{pmatrix} 17 & 0 & -1 \\ 2 & 9 & 7 \\ 1 & 0 & 1 \end{pmatrix}.$$

Berechnen Sie $A + B$, $A - B$ und $2A - 3B$.

12.3 Gegeben seien die Matrizen

$$A = \begin{pmatrix} 1 & 0 \\ -2 & 1 \\ 0 & 3 \end{pmatrix} \text{ und } B = \begin{pmatrix} 2 & 1 & 9 \\ 0 & -1 & -2 \end{pmatrix}.$$

Berechnen Sie $A \cdot B$ und $B \cdot A$.

12.4 Stellen Sie fest, ob die folgenden 2×2-Matrizen invertierbar sind und berechnen Sie gegebenenfalls ihre Inverse.

(i)

$$A = \begin{pmatrix} 1 & 2 \\ 2 & 4 \end{pmatrix}.$$

(ii)

$$B = \begin{pmatrix} 2 & 1 \\ 3 & 1 \end{pmatrix}.$$

12.5 Berechnen Sie

$$\det \begin{pmatrix} -1 & 2 & 3 \\ 0 & -4 & 1 \\ 2 & 1 & -2 \end{pmatrix}.$$

12.6 Testen Sie die Gültigkeit der Formel $\det(A \cdot B) = \det A \cdot \det B$ an den Matrizen

$$A = \begin{pmatrix} 1 & 0 & -1 \\ -8 & 4 & 1 \\ -2 & 1 & 0 \end{pmatrix} \text{ und } B = \begin{pmatrix} 1 & 2 & 3 \\ 0 & -2 & 7 \\ 0 & 0 & 1 \end{pmatrix}.$$

12.7 Berechnen Sie

$$\det \begin{pmatrix} -1 & 3 & 0 & 3 \\ 0 & 1 & -2 & 0 \\ 2 & 4 & -1 & 0 \\ 0 & 2 & 0 & 5 \end{pmatrix}.$$

12.8 Berechnen Sie die inverse Matrix von

$$A = \begin{pmatrix} 1 & 2 & -1 \\ 0 & 1 & -4 \\ 1 & 1 & 2 \end{pmatrix}.$$

Mehrdimensionale Differentialrechnung

13.1 Berechnen Sie die ersten und zweiten partiellen Ableitungen der folgenden Funktionen.

(i) $f_1(x, y) = \frac{2x}{4y - 3x}$;

(ii) $f_2(x, y, z) = 2x^2 yz^3 - 3xy^5 z + x$;

(iii) $f_3(x, y) = e^{x-y} + \sin(x + y)$;

(iv) $f_4(x, y) = \arctan \frac{y}{x}$.

13.2 Bestimmen Sie die Gleichung der Tangentialebene der Funktion

$$f(x, y) = (x^3 + y^3) \cdot e^{-y}$$

an dem Punkt $(x_0, y_0) = (1, 0)$.

13.3 Gegeben sei die Funktion

$$f(x, y) = e^{\frac{y}{x}}.$$

Berechnen Sie

$$x \cdot \frac{\delta f}{\delta x}(x, y) + y \cdot \frac{\delta f}{\delta y}(x, y).$$

13.4 Gegeben sei die Funktion

$$g(x, y) = \ln\left(\sqrt{x} + \sqrt{y}\right).$$

Zeigen Sie

$$x \cdot \frac{\delta g}{\delta x}(x, y) + y \cdot \frac{\delta g}{\delta y}(x, y) = \frac{1}{2}.$$

13.5 Man definiere die Funktion $f : \mathbb{R}^3 \backslash \{(0,0,0)\} \to \mathbb{R}$ durch

$$f(x,y,z) = \frac{1}{\sqrt{x^2 + y^2 + z^2}}.$$

Berechnen Sie

$$\frac{\delta^2 f}{\delta x^2}(x,y,z) + \frac{\delta^2 f}{\delta y^2}(x,y,z) + \frac{\delta^2 f}{\delta z^2}(x,y,z).$$

13.6 Man definiere $f : \mathbb{R}^3 \to \mathbb{R}^2$ durch

$$f(x,y,z) = (x^2 \sin(y+z), y \cos x).$$

Bestimmen Sie die Funktionalmatrix $Df(x,y,z)$. Wie lautet $Df(0, \pi, \pi)$?

13.7 Man definiere $f : \mathbb{R}^2 \to \mathbb{R}$ durch

$$f(x,y) = \sin x + \cos(x + y).$$

Bestimmen Sie $Df(x,y)$ und linearisieren Sie f für den Punkt $(x_0, y_0) = (0, \pi)$.

13.8 Man definiere $g : \mathbb{R}^2 \to \mathbb{R}^2$ durch

$$g(x,y) = (x^2 + y, xy^2 + x).$$

Bestimmen Sie $Dg(x,y)$ und linearisieren Sie g für den Punkt $(x_0, y_0) = (1, 1)$.

13.9 Gegeben sei ein Zylinder mit dem Radius $r = 2\,\text{m}$ und der Höhe $h = 10\,\text{m}$. Berechnen Sie unter Verwendung totaler Differentiale die Oberflächenänderung und die Volumenänderung, die der Zylinder erfährt, wenn man den Radius um 5 Zentimeter erhöht und die Höhe um 2 Zentimeter erniedrigt. Vergleichen Sie die entsprechenden Näherungswerte mit den exakten Werten der Veränderung.

13.10 Man definiere $f : \mathbb{R}^3 \to \mathbb{R}^2$ durch

$$f(x,y,z) = (x + yz, xz + y)$$

und $g : \mathbb{R}^2 \to \mathbb{R}^2$ durch

$$g(x,y) = (e^x, e^y).$$

Berechnen Sie mit der Kettenregel $D(g \circ f)(x,y,z)$.

13.11 Es sei $f(x, y, z) = (x + y + z, xy - z)$ und $g(x, y) = (2xy, x + y, x^2)$. Berechnen Sie mit Hilfe der Kettenregel $D(f \circ g)(x, y)$.

13.12 Bestimmen Sie die lokalen Extrema der folgenden Funktionen.

(i) $f_1(x, y) = x^2 - xy + y^2 + 9x - 6y + 17$;
(ii) $f_2(x, y) = 3x^2 - 2x \cdot \sqrt{y} - 8x + y - 34$;
(iii) $f_3(x, y) = (x^2 + y^2) \cdot e^{-y}$.

13.13 Gegeben sei ein Stück Draht, aus dem ein Quader hergestellt werden soll, dessen Kanten sich aus dem gegebenen Draht zusammensetzen. Wie lang muss der Draht mindestens sein, damit der Quader ein Volumen von einem Kubikmeter aufweist?

13.14 Welches Volumen kann ein Quader maximal haben, wenn seine Raumdiagonale die Länge 1 aufweist?

13.15 Maximieren Sie die Funktion

$$f(x, y, z) = 2xyz$$

unter der Nebenbedingung

$$2x + y + 3z = 1, \; x, y, z > 0.$$

13.16 Die Funktion $y(x)$ sei implizit gegeben durch

$$y^2 - 16x^2 y = 17x^3.$$

Weiterhin sei stets $y(x) > 0$. Berechnen Sie $y'(1)$.

Mehrdimensionale Integralrechnung

14.1 Berechnen Sie die folgenden Integrale.

(i) $\iint_U x + y \, dx \, dy$ mit $U = \{(x, y) \mid x, y \geq 0 \text{ und } y \leq 1 - x\}$.
(ii) $\iint_U 2x \cdot e^y \, dx \, dy$ mit $U = \{(x, y) \mid 0 \leq x \leq 1 \text{ und } 0 \leq y \leq x^2\}$.

14.2 Es sei U der Einheitskreis um den Nullpunkt. Bestimmen Sie

$$\iint_U e^{x^2 + y^2} \, dx \, dy$$

mit Hilfe von Polarkoordinaten.

14.3 Es sei U der Halbkreis in der oberen Halbebene mit Radius 1 um den Nullpunkt. Berechnen Sie

$$\iint_U xy\,dx\,dy$$

mit Hilfe von Polarkoordinaten.

14.4 Zeigen Sie:

$$\iint_{\mathbb{R}^2} e^{-x^2-y^2}\,dx\,dy = \pi.$$

14.5 Gegeben seien die Funktionen

$$f(x) = x^2 + 2x + 1 \text{ und } g(x) = 3x + 1.$$

Bestimmen Sie den Schwerpunkt der von den Kurven eingeschlossenen Fläche.

14.6 Man definiere $f : [1,2] \times [1,2] \to \mathbb{R}$ durch

$$f(x,y) = \frac{2}{3} \cdot \sqrt{x^3} + \frac{2}{3} \cdot \sqrt{y^3}.$$

Berechnen Sie den Flächeninhalt der Oberfläche, die das Abbild von f im Raum darstellt.

14.7 Berechnen Sie die folgenden Kurvenintegrale.

(i) $\int_\gamma xy\,dx + y^2\,dy$, wobei $\gamma : [0,2] \to \mathbb{R}^2$ definiert ist durch $\gamma(t) = \begin{pmatrix} t^2 \\ t^3 \end{pmatrix}$.

(ii) $\int_\gamma -x^2\,dx + y^2\,dy$, wobei $\gamma : [0,\pi] \to \mathbb{R}^2$ definiert ist durch $\gamma(t) = \begin{pmatrix} \cos t \\ \sin t \end{pmatrix}$.

14.8 Man definiere $f : \mathbb{R}^2 \to \mathbb{R}^2$ durch

$$f(x,y) = \begin{pmatrix} x^3 y^2 \\ \frac{x^4}{2} y \end{pmatrix}.$$

Zeigen Sie, dass f ein Potentialfeld ist, und berechnen Sie das Kurvenintegral

$$\int_\gamma x^3 y^2\,dx + \frac{x^4}{2} y\,dy,$$

wobei γ eine beliebige Kurve mit dem Anfangspunkt $(0,0)$ und dem Endpunkt $(1,1)$ ist.

Lösungen

Plädoyer

0.1 Es gilt

$$\frac{1}{2} + \frac{1}{3} + \frac{1}{9} = \frac{17}{18},$$

und $\frac{17}{18}$ von 18 sind 17.

Mengen und Zahlenarten

1.1
$$A \cap B = \emptyset, \ A \cup B \cup C = \mathbb{R}\backslash\{1\}, \ A\backslash C = \{x \in \mathbb{R} \mid x < 0\}, B\backslash C = B.$$

1.2

(i) $A \cap A = A$;
(ii) $A \cup \emptyset = A$;
(iii) $A \cap (A \cup B) = A$;
(iv) $A \cap (B\backslash A) = \emptyset$.

1.3

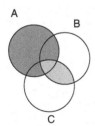
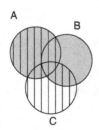

$A \cup (B \cap C) = (A \cup B) \cap (A \cup C)$

1.4

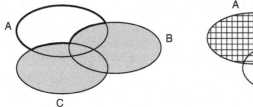 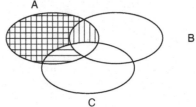

$$A \backslash (B \cup C) = (A \backslash B) \cap (A \backslash C)$$

1.5

(i)
$$\frac{4}{15} + \frac{8}{9} = \frac{52}{45};$$

(ii)
$$\frac{3}{17} - \frac{1}{2} = -\frac{11}{34};$$

(iii)
$$\frac{1}{a+b} + \frac{1}{a-b} = \frac{2a}{a^2 - b^2}.$$

1.6 Aus der Annahme, dass $\sqrt{3} = \frac{p}{q}$ mit ganzen Zahlen p und q gilt, die keinen gemeinsamen Faktor haben, folgert man, dass auch $3q^2 = p^2$ gilt. Wie in 1.2.6 kann man schließen, dass p und q den Faktor 3 gemeinsam haben, woraus ein Widerspruch folgt.

Vektorrechnung

2.1
$$\mathbf{x} = \begin{pmatrix} 34 \\ -14 \\ 20 \end{pmatrix}, \mathbf{y} = \begin{pmatrix} 18 \\ -48 \\ 1 \end{pmatrix} \text{ und } \mathbf{z} = \begin{pmatrix} 22 \\ 9 \\ 6 \end{pmatrix}.$$

Weiterhin ist

$$|\mathbf{x}| = \sqrt{1752} \approx 41{,}86, \; |\mathbf{y}| = \sqrt{2629} \approx 51{,}27, \; |\mathbf{z}| = \sqrt{601} \approx 24{,}52.$$

2.2
$$|\mathbf{a}| = \sqrt{5} = 2{,}236, \; |\mathbf{b}| = 5.$$

Für die Winkel gilt:

$$\varphi_{\mathbf{a}} = 296{,}6°, \varphi_{\mathbf{b}} = 126{,}9°.$$

2.3

$$\vec{F}_1 = \begin{pmatrix} 2{,}828 \\ 2{,}828 \end{pmatrix}, \ \vec{F}_2 = \begin{pmatrix} -1{,}5 \\ 2{,}598 \end{pmatrix}, \ \vec{F}_3 = \begin{pmatrix} 1{,}732 \\ -1 \end{pmatrix}.$$

Weiterhin ist $\vec{F} = \begin{pmatrix} 3{,}06 \\ 4{,}426 \end{pmatrix}$. Die Kraft bestimmt man zeichnerisch, indem man die Vektoren $\vec{F}_1$, $\vec{F}_2$ und $\vec{F}_3$ durch Aneinanderhängen graphisch addiert. Betrag und Winkel von $\vec{F}$ kann man dann an der Zeichnung ablesen. Sie lauten:

$$|\vec{F}| = 5{,}381, \ \varphi = 55{,}3°.$$

2.4

$$\mathbf{a} \cdot \mathbf{b} = -1, \ \mathbf{a} \cdot \mathbf{c} = 2, \ \mathbf{b} \cdot \mathbf{c} = -1.$$

2.5

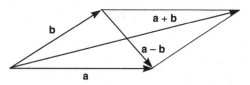

Parallelogramm

Man setze $a = |\mathbf{a}|$, $b = |\mathbf{b}|$. Dann ist $u = |\mathbf{a} + \mathbf{b}|$ und $v = |\mathbf{a} - \mathbf{b}|$. Folglich ist

$$\begin{aligned} u^2 + v^2 &= |\mathbf{a} + \mathbf{b}|^2 + |\mathbf{a} - \mathbf{b}|^2 \\ &= (\mathbf{a} + \mathbf{b})^2 + (\mathbf{a} - \mathbf{b})^2 \\ &= \mathbf{a}^2 + 2 \cdot \mathbf{a} \cdot \mathbf{b} + \mathbf{b}^2 + \mathbf{a}^2 - 2 \cdot \mathbf{a} \cdot \mathbf{b} + \mathbf{b}^2 \\ &= 2 \cdot \mathbf{a}^2 + 2 \cdot \mathbf{b}^2 \\ &= 2|\mathbf{a}|^2 + 2|\mathbf{b}|^2 = 2a^2 + 2b^2. \end{aligned}$$

2.6 Nur $\mathbf{b}$ und $\mathbf{c}$ stehen senkrecht aufeinander.

2.7 Für das Skalarprodukt gelten die beiden Gleichungen:

$$\left| \begin{pmatrix} a_1 \\ a_2 \end{pmatrix} \cdot \begin{pmatrix} b_1 \\ b_2 \end{pmatrix} \right| = |a_1 b_1 + a_2 b_2|$$

und

$$\left| \begin{pmatrix} a_1 \\ a_2 \end{pmatrix} \cdot \begin{pmatrix} b_1 \\ b_2 \end{pmatrix} \right| = \left| \sqrt{a_1^2 + a_2^2} \cdot \sqrt{b_1^2 + b_2^2} \cdot \cos \varphi \right|.$$

Aus $|\cos \varphi| \leq 1$ folgt sofort die Behauptung.

2.8 Die Geradengleichung lautet:

$$y = -\frac{x}{3} + 1.$$

2.9 Die Eckpunkte lauten:

$$A = (1, 1, 1), \; B = (2, 3, 4), \; C = (0, 1, 3), \; D = (1, 3, 6).$$

Die Fläche des Parallelogramms beträgt $\sqrt{45} = 6{,}708$ Flächeneinheiten.

2.10 Das Volumen beträgt $V = 25$.

2.11 Die Vektoren liegen nicht in einer Ebene.

2.12 Genau dann liegen die Vektoren in einer Ebene, wenn $x = 3$ gilt.

2.13 Die Ebenengleichung lautet:

$$-4x - 15y + 6z = -36.$$

Gleichungen und Ungleichungen

3.1

(i) $x_1 = -3, \; x_2 = 5$;
(ii) $x_1 = 1 + 2i, \; x_2 = 1 - 2i$;
(iii) $x_1 = x_2 = -3$;
(iv) $x_1 = 1{,}932i, \; x_2 = -1{,}932i, \; x_3 = 0{,}518i, \; x_4 = -0{,}518i$.

3.2

(i) $x = 1, \; y = 2, \; z = 3$.
(ii) $x = -1, \; y = 2, \; z = 1$.

3.3

(i) $\mathbb{L} = (-\infty, -2) \cup (1, \infty)$.
(ii) $\mathbb{L} = (-2, 1)$.
(iii) $\mathbb{L} = (1, \infty)$.

Folgen und Konvergenz

4.1

(i) $\lim\limits_{n\to\infty} a_n = \frac{1}{17}$.

(ii) b_n hat keinen endlichen Grenzwert; die Folge divergiert gegen ∞.

(iii) $\lim\limits_{n\to\infty} c_n = 0$.

4.2

$$\frac{1 - \sqrt{\frac{n-1}{n}}}{1 - \frac{n-1}{n}} = \frac{1 - \sqrt{\frac{n-1}{n}}}{\left(1 - \sqrt{\frac{n-1}{n}}\right) \cdot \left(1 + \sqrt{\frac{n-1}{n}}\right)} = \frac{1}{1 + \sqrt{\frac{n-1}{n}}} \to \frac{1}{1 + \sqrt{1}} = \frac{1}{2}.$$

Um ganz genau zu sein, braucht man noch die Stetigkeit der Wurzelfunktion, die im fünften Kapitel behandelt wird.

4.3

(i) Der Induktionsanfang ist klar, da für $n = 1$ auf beiden Seiten eine 1 steht. Die Behauptung gelte also für ein $n \in \mathbb{N}$. Dann geht man zu $n + 1$ über und findet:

$$1 + 3 + 5 + \cdots + (2n - 1) + (2(n + 1) - 1)$$
$$= (1 + 3 + 5 + \cdots + (2n - 1)) + (2n + 1)$$
$$= n^2 + (2n + 1)$$
$$= n^2 + 2n + 1 = (n + 1)^2.$$

(ii) Der Induktionsanfang ist klar, da für $n = 1$ auf beiden Seiten eine 1 steht. Die Behauptung gelte also für ein $n \in \mathbb{N}$. Dann geht man zu $n + 1$ über und findet:

$$1^3 + 2^3 + \cdots + n^3 + (n + 1)^3 = (1^3 + 2^3 + \cdots + n^3) + (n + 1)^3$$
$$= \frac{1}{4} n^2 (n + 1)^2 + (n + 1)^3$$
$$= (n + 1)^2 \cdot \left(\frac{1}{4} n^2 + (n + 1)\right)$$
$$= \frac{1}{4} (n + 1)^2 \cdot (n^2 + 4n + 4)$$
$$= \frac{1}{4} (n + 1)^2 \cdot (n + 2)^2$$
$$= \frac{1}{4} (n + 1)^2 \cdot ((n + 1) + 1)^2.$$

4.4 Für $n = 1$ ist $2 > 1$. Gilt die Aussage für ein $n \in \mathbb{N}$, so folgt für $n + 1$:

$$2^{n+1} = 2 \cdot 2^n > 2 \cdot n \geq n + 1,$$

also $2^{n+1} > n + 1$.

Funktionen

5.1

(i) $D = [-2, \infty) \backslash \{2\}$, $f(D) = [0, \infty) \backslash \{2\}$.
(ii) $D = \mathbb{R} \backslash \{-1, 1\}$, $g(D) = \mathbb{R} \backslash (-1, 0]$.
(iii) $D = \mathbb{R}$, $h(D) = \left[-\frac{1}{2}, \frac{1}{2}\right]$.

5.2

(i) f ist nicht monoton auf ganz $\mathbb{R}$, aber streng monoton fallend auf $(-\infty, 0]$ und streng monoton steigend auf $[0, \infty)$. f selbst hat keine Umkehrfunktion.
(ii) f ist streng monoton steigend. Die Umkehrfunktion $f^{-1} : [0, \infty) \to [2, \infty)$ lautet $f^{-1}(x) = x^2 + 2$.
(iii) f ist streng monoton fallend. Die Umkehrfunktion $f^{-1} : (0, \infty) \to (0, \infty)$ lautet $f^{-1}(x) = \frac{1}{17x}$.
(iv) f ist streng monoton steigend. Die Umkehrfunktion $f^{-1} : [0, \infty) \to [0, \infty)$ lautet $f^{-1}(x) = \sqrt[3]{x^2}$.

5.3 $p(2) = 45$.

5.4 $q(x) = 3x^2 + x + 2$.

5.5

(i) $\lim\limits_{x \to 2} \frac{x^2 - 4}{x + 2} = 0$;
(ii) $\lim\limits_{x \to 2} \frac{x^2 - 4}{x - 2} = 4$;
(iii) $\lim\limits_{x \to -3} \frac{x^2 - x - 12}{x + 3} = -7$;
(iv) $\lim\limits_{x \to 2} \frac{x^2 - 3x + 2}{x^2 - 5x + 6} = -1$.

5.6

$$\lim_{x \to 0} f(x) = 0.$$

Die Funktion f ist stetig für $x_0 = 0$, da $\lim\limits_{x \to 0} f(x) = f(0)$ gilt.

5.7

(i) f ist unstetig in $x_0 = 0$, ansonsten stetig.

(ii) g ist auf ganz $\mathbb{R}$ stetig. Man kann es einfacher schreiben als $g(x) = x + 3$.

5.8

(i)

$$(f \circ g)(x) = 2\sqrt{\frac{x^2+1}{x^2-1}} + 3, \ (g \circ f)(x) = \sqrt{\frac{4x^2+12x+10}{4x^2+12x+8}}.$$

(ii)

$$(f \circ g)(x) = x + \sqrt{x}, \ (g \circ f)(x) = \sqrt{x^2+x}.$$

Trigonometrische Funktionen und Exponentialfunktion

6.1

(i)

$$|\sin(bx + c)| \leq 1 \text{ für alle } x \in \mathbb{R}.$$

(ii)

$$f\left(x + \frac{2\pi}{b}\right) = a \sin\left(b\left(x + \frac{2\pi}{b}\right) + c\right)$$
$$= a \sin(bx + c + 2\pi) = a \sin(bx + c).$$

(iii)

$$f(x) = 0 \Leftrightarrow bx + c = k \cdot \pi, \ k \in \mathbb{Z} \Leftrightarrow x = \frac{k\pi - c}{b}, \ k \in \mathbb{Z}.$$

6.2

(i)

$$\cos(2x) = \cos^2 x - \sin^2 x = 1 - \sin^2 x - \sin^2 x = 1 - 2\sin^2 x.$$

(ii)

$$\cos(2x) = \cos^2 x - \sin^2 x = \cos^2 x - (1 - \cos^2 x) = 2\cos^2 x - 1.$$

(iii)

$$\cos^4 x - \sin^4 x = (\cos^2 x - \sin^2 x)(\cos^2 x + \sin^2 x)$$
$$= \cos^2 x - \sin^2 x = \cos(2x).$$

6.3

$$\tan(x + y) = \frac{\sin(x + y)}{\cos(x + y)} = \frac{\sin x \cos y + \cos x \sin y}{\cos x \cos y - \sin x \sin y} = \frac{\tan x + \tan y}{1 - \tan x \tan y}.$$

In der letzten Gleichung kürzt man durch $\cos x \cos y$.

6.4

(i)

$$\mathbb{L} = \left\{ \frac{\pi}{2} + k\pi \;\middle|\; k \in \mathbb{Z} \right\} \cup \left\{ \frac{\pi}{6} + 2k\pi \;\middle|\; k \in \mathbb{Z} \right\} \cup \left\{ \frac{5}{6}\pi + 2k\pi \;\middle|\; k \in \mathbb{Z} \right\}.$$

(ii)

$$\mathbb{L} = \{ k\pi \mid k \in \mathbb{Z} \} \cup \left\{ \frac{\pi}{4}(2k + 1) \;\middle|\; k \in \mathbb{Z} \right\}.$$

(iii)

$$\mathbb{L} = \left\{ \frac{\pi}{3} + 2k\pi \;\middle|\; k \in \mathbb{Z} \right\} \cup \left\{ \frac{5}{3}\pi + 2k\pi \;\middle|\; k \in \mathbb{Z} \right\}.$$

(iv)

$$\mathbb{L} = \left\{ \frac{\pi}{2} + 2k\pi \;\middle|\; k \in \mathbb{Z} \right\} \cup \left\{ \frac{7}{6}\pi + 2k\pi \;\middle|\; k \in \mathbb{Z} \right\} \cup \left\{ \frac{11}{6}\pi + 2k\pi \;\middle|\; k \in \mathbb{Z} \right\}.$$

6.5

$$t = 2{,}9957 \, \text{ms}.$$

6.6

$$\mathbb{L} = \{ 0, \ln 2 \}.$$

Differentialrechnung

7.1

(i) $f_1'(x) = 6x^2 - 12x + 3;$
(ii) $f_2'(x) = -\frac{1}{x^2};$
(iii) $f_3'(x) = 6x^2 + 2x;$
(iv) $f_4'(x) = (1 + x) \cdot e^x.$

7.2

(i) $f_1'(x) = (2x + x^2)e^x;$
(ii) $f_2'(x) = \frac{x}{\sqrt{1+x^2}};$

(iii) $f_3'(x) = 2\cos(x^2) - 4x^2\sin(x^2)$;

(iv) $f_4'(x) = \frac{2x}{1+x^2}$;

(v) $f_5'(x) = \frac{-x}{\sqrt{1-x^2}}\sin x + \sqrt{1-x^2}\cos x$;

(vi) $f_6'(x) = \frac{4x}{(x^2+1)^2}$;

(vii) $f_7'(x) = \frac{x\cos x - 2\sin x}{x^3}$.

7.3 (i) $x_1 = -1$, $x_2 = 3$ (ii) $x = k \cdot \frac{\pi}{2}$, $k \in \mathbb{Z}$.

7.4 Die Tangentengleichung lautet:

$$y = -x + \pi.$$

7.5

(i) $f'(t) = \frac{e^t(1-2t+t^2)}{(1+t^2)^2}$;

(ii) $g'(t) = \ln t + 1$;

(iii) $h'(x) = (\ln x + 1) \cdot x^x$, da $h(x) = e^{x \cdot \ln x}$ gilt.

7.6

$$f'(x) = -\frac{1}{1+x^2}, \ f''(x) = \frac{2x}{(1+x^2)^2}.$$

7.7

(i)

$$f'(x) = \frac{1+2x^2}{\sqrt{1+x^2}}, \ f''(x) = \frac{2x^3+3x}{(1+x^2)^{\frac{3}{2}}};$$

(ii)

$$g'(x) = -\frac{1}{\sqrt{2x-x^2}}, \ g''(x) = \frac{1-x}{(2x-x^2)^{\frac{3}{2}}};$$

(iii)

$$h'(x) = -\frac{10}{3}x(x^2-4)^{-\frac{8}{3}}, \ h''(x) = -\frac{10}{3}(x^2-4)^{-\frac{8}{3}} + \frac{160}{9}x^2(x^2-4)^{-\frac{11}{3}}.$$

7.8 Es gilt:

$$f'(x) = \frac{1}{\sqrt{1-x^2}} - \frac{1}{\sqrt{1-x^2}} = 0,$$

und deshalb ist f eine konstante Funktion. Folglich gilt für alle $x \in [-1,1]$:

$$\arcsin x + \arccos x = f(x) = f(0) = \arcsin 0 + \arccos 0 = \frac{\pi}{2}.$$

7.9

(i)

$$f^{(n)}(x) = \begin{cases} \cos x, & \text{falls } n = 4m,\ m \in \mathbb{N} \\ -\sin x, & \text{falls } n = 4m + 1,\ m \in \mathbb{N} \\ -\cos x, & \text{falls } n = 4m + 2,\ m \in \mathbb{N} \\ \sin x, & \text{falls } n = 4m + 3,\ m \in \mathbb{N}; \end{cases}$$

(ii)

$$f^{(n)}(x) = (-1) \cdot (-2) \cdots (-n) \cdot x^{-n-1} = (-1)^n \cdot n! \cdot x^{-n-1};$$

(iii)

$$f^{(n)}(x) = (-1) \cdot (-2) \cdots (-n + 1) \cdot x^{-n} = (-1)^{n-1} \cdot (n - 1)! \cdot x^{-n};$$

(iv)

$$f^{(n)}(x) = 2^n e^{2x}.$$

7.10

(i) Die Funktion f ist streng monoton steigend auf $(-\infty, 1]$ und auf $[2, \infty)$. Sie fällt streng monoton auf $[1, 2]$.

(ii) Die Funktion f ist streng monoton steigend auf $[-1, \infty)$. Sie fällt streng monoton auf $(-\infty, -1]$.

7.11 g hat ein Maximum bei $x_1 = \frac{1}{2}$ und Minima bei $x_2 = 0$, $x_3 = 1$. Man beachte, dass der Definitionsbereich von g nicht offen ist.

7.12

$$r = \sqrt{\frac{5}{3\pi}},\ h = 2\sqrt{\frac{5}{3\pi}},\ V = \frac{10}{3}\sqrt{\frac{5}{3\pi}}.$$

7.13 Minimaler Abstand zum Nullpunkt liegt bei $(x_0, y_0) = (1, 1)$ vor.

7.14

(i)   Definitionsbereich $D = \mathbb{R} \backslash \{1\}$.

(ii) Nullstellen $x_1 = -7$, $x_2 = -1$.

(iii) Pol bei $x = 1$. Es gilt:

$$\lim_{x \to 1, x > 1} f(x) = \infty, \quad \lim_{x \to 1, x < 1} f(x) = -\infty.$$

(iv)

$$f'(x) = \frac{x^2 - 2x - 15}{(x - 1)^2},\ f''(x) = \frac{32}{(x - 1)^3},\ f'''(x) = -\frac{96}{(x - 1)^4}.$$

(v)   Maximum bei $x = -3$, $f(-3) = 2$. Minimum bei $x = 5$, $f(5) = 18$.

(vi)   Keine Wendepunkte.

(vii)   Asymptotische Entwicklung für $x \to \pm\infty$: $y = x + 9$.

(viii) Wertebereich $f(D) = (-\infty, 2] \cup [18, \infty)$. Am einfachsten ist es, den Wertebereich an der Skizze abzulesen.

(ix)   Die Funktion ist symmetrisch zum Punkt $(1, 10)$. Am einfachsten ist es, die Symmetrie anhand der Skizze festzustellen.

(x)   Die Funktion hat das folgende Schaubild.

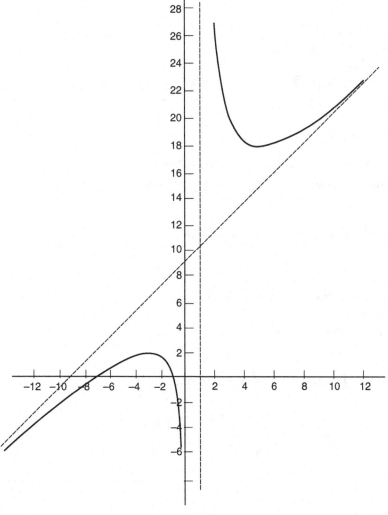

Die Funktion $f(x)$

7.15 Für $x_0 = -1$ ist $n = 3$ und $x_3 = -4,9932162$. Ein Taschenrechner liefert $f(x_3) = 0$.
Für $x_0 = 1$ ist $n = 6$ und $x_6 = 1,9368474$. Ein Taschenrechner liefert $f(x_6) = 0$.

7.16

(i) $\lim\limits_{x \to 3} \frac{x^3 - 27}{x - 3} = 27$;

(ii) $\lim\limits_{x \to 0} \frac{1 - \cos x}{x^2} = \frac{1}{2}$;

(iii) $\lim\limits_{x \to -2} \frac{x^2 + 5x + 6}{x^2 + x - 2} = -\frac{1}{3}$.

Integralrechnung

8.1

(i) $\int_0^1 2x^2 - 4x + 3\,dx = \frac{5}{3}$;

(ii) $\int_0^\pi \sin t - 2\cos t\,dt = 2$;

(iii) $\int_1^2 \sqrt{x} \cdot (x - 1)\,dx = \frac{2}{5}(\sqrt{32} - 1) + \frac{2}{3}(1 - \sqrt{8}) \approx 0{,}644$;

(iv) $\int_0^{\ln 2} e^x - 1\,dx = 1 - \ln 2$.

8.2

(i) $\int 2x^3 - 5x^2 + 6x - 17\,dx = \frac{x^4}{2} - \frac{5}{3}x^3 + 3x^2 - 17x + c$;

(ii) $\int \sqrt{x} + 3\sin x - 5\cos(2x)\,dx = \frac{2}{3}x^{\frac{3}{2}} - 3\cos x - \frac{5}{2}\sin(2x) + c$;

(iii) $\int \frac{1}{t^2} + \frac{1}{\cos^2 t}\,dt = -\frac{1}{t} + \tan t + c$.

8.3 Die gesuchte Fläche beträgt 144 Flächeneinheiten.

8.4

(i) $\int x^2 \cdot \cos x\,dx = x^2 \sin x + 2x\cos x - 2\sin x + c$;

(ii) $\int x^2 \cdot e^{-x}\,dx = -x^2 e^{-x} - 2x e^{-x} - 2e^{-x} + c$;

(iii) $\int x \cdot \ln x\,dx = \frac{x^2}{2}\ln x - \frac{x^2}{4} + c$.

8.5

$$\int \arctan x\,dx = \int 1 \cdot \arctan x\,dx$$

$$= x \cdot \arctan x - \int \frac{x}{1 + x^2}\,dx$$

$$= x \arctan x - \frac{1}{2}\ln(1 + x^2).$$

8.6

(i) $\int \frac{\sqrt{\ln x}}{x}\,dx = \frac{2}{3}(\ln x)^{\frac{3}{2}}$;

(ii) $\int x \cdot \sin(x^2)\,dx = -\frac{1}{2}\cos(x^2)$;

(iii) $\int \frac{2x^2}{\sqrt{1 + x^3}}\,dx = \frac{4}{3}\sqrt{1 + x^3}$;

(iv) $\int \cos x \cdot e^{\sin x}\,dx = e^{\sin x}$.

8.7

$$\int (ax + b)^k \, dx = \begin{cases} \frac{1}{a} \frac{(ax+b)^{k+1}}{k+1}, & \text{falls } k \neq -1 \\ \frac{1}{a} \ln|ax + b|, & \text{falls } k = -1. \end{cases}$$

8.8

(i) $\int (5x + 3)^{17} dx = \frac{(5x+3)^{18}}{90}$;

(ii) $\int \sqrt{x + 1} \, dx = \frac{2}{3}(x + 1)^{\frac{3}{2}}$.

8.9

(i) $\int \frac{4x-2}{x^2-2x-35} dx = \frac{11}{6} \ln|x + 5| + \frac{13}{6} \ln|x - 7| + c$;

(ii) $\int \frac{2x}{x^3+3x^2-4} dx = \frac{2}{9} \ln|x - 1| - \frac{2}{9} \ln|x + 2| - \frac{4}{3} \frac{1}{x+2} + c$;

(iii) $\int \frac{2x+5}{x^2+4x+5} dx = \ln(x^2 + 4x + 5) + \arctan(x + 2) + c$.

8.10

(i) $\int_1^\infty \frac{1}{x^4} dx = \frac{1}{3}$;

(ii) $\int_0^\infty x \cdot e^{-x} dx = 1$;

(iii) $\int_1^2 \frac{1}{\sqrt{x-1}} dx = 2$.

8.11 Die Fläche beträgt $\frac{1}{2}$.

8.12 Das Volumen beträgt $\frac{1}{2}\pi a^2$.

8.13 Die Länge beträgt $\frac{38}{3}$.

8.14 Es gilt:

$$T_5 = 3{,}14545, \, T_{10} = 3{,}14258.$$

Daher ist $|T_{10} - T_5| = 0{,}00287 < \varepsilon$, und es folgt:

$$\int_0^1 \frac{6}{\sqrt{4 - x^2}} \, dx \approx 3{,}14258.$$

8.15 Es gilt:

$$S_3 = 0{,}32171, \, S_6 = 0{,}32175.$$

Daher ist $|S_6 - S_3| = 0{,}00004 < \varepsilon$, und es folgt:

$$\int_1^4 \frac{1}{x^2 + 4} \, dx \approx 0{,}32175.$$

8.16 Nach 8.6.15 gilt

$$\left| S_n - \int_a^b f(x)dx \right| \leq h^4 \cdot \frac{b-a}{180} \cdot \max_{x \in [a,b]} |f^{(4)}(x)|.$$

Da f ein Polynom dritten Grades ist, folgt $f^{(4)}(x) = 0$ für alle $x \in \mathbb{R}$, und daraus folgt:

$$\left| S_n - \int_a^b f(x)dx \right| = 0, \text{ also } S_n = \int_a^b f(x)dx.$$

Reihen und Taylorreihen

9.1

(i) $\sum_{n=1}^{\infty} \left(\frac{1}{3^n} + \frac{1}{n(n+1)} \right) = \frac{3}{2}$;

(ii) $\sum_{n=0}^{\infty} \frac{1}{x^{2n}} = \frac{x^2}{x^2-1}$.

9.2

(i)   Die Reihe konvergiert nach dem Quotientenkriterium.
(ii) Die Reihe konvergiert nach dem Quotientenkriterium.
(iii) Die Reihe konvergiert nach dem Leibnizkriterium.
(iv) Die Reihe divergiert nach 9.2.1, da $\lim_{n\to\infty} \left(1 + \frac{1}{n}\right)^n = e \neq 0$.

9.3

(i) Die Reihe konvergiert nach dem Wurzelkriterium.
(ii) Die Reihe konvergiert nach dem Quotientenkriterium.

9.4

(i) $\sum_{n=0}^{\infty} \frac{n}{2^n} = \sum_{n=0}^{\infty} n \cdot \left(\frac{1}{2}\right)^n = 2$;

(ii) $\sum_{n=1}^{\infty} \frac{1}{n \cdot 2^n} = \sum_{n=1}^{\infty} \frac{\left(\frac{1}{2}\right)^n}{n} = -\ln\left(\frac{1}{2}\right) = \ln 2$.

9.5

(i) $r = 1$, Konvergenzbereich $= [-1, 1]$;

(ii) $r = 0$, Konvergenzbereich $= \{0\}$;

(iii) $r = 1$, Konvergenzbereich $= (-1, 1)$.

9.6

(i) $\sum\limits_{n=0}^{\infty} \frac{x^{2n}}{n!} = e^{x^2}$, konvergent für alle $x \in \mathbb{R}$.

(ii) $\sum\limits_{n=1}^{\infty} (-1)^n \cdot 2n \cdot x^{2n-1} = \left(\frac{1}{1+x^2}\right)' = -\frac{2x}{(1+x^2)^2}$, konvergent für alle $x \in (-1, 1)$.

9.7 Die neue Gleichung heißt

$$1 - \frac{x^2}{2} + \frac{x^4}{24} = \frac{25}{24} - \frac{x^2}{2}.$$

Sie hat die Lösungen $x_1 = 1$, $x_2 = -1$. Es gilt:

$$\cos 1 = 0{,}5403023 \text{ und } \frac{25}{24} - \frac{1}{2} = 0{,}5416667.$$

Die Gleichung ist also mit einer Genauigkeit von zwei Stellen nach dem Komma erfüllt.

9.8 Das Taylorpolynom lautet:

$$T_{3,f}(x) = x + \frac{1}{3}x^3.$$

Es gilt:

$$T_{3,f}\left(\frac{1}{2}\right) = 0{,}5416667 \text{ und } \tan\frac{1}{2} = 0{,}5463025$$

sowie

$$T_{3,f}(1) = 1{,}3333333 \text{ und } \tan 1 = 1{,}5574077.$$

Die Näherung wird schlechter, je weiter man sich mit dem x-Wert vom Entwicklungspunkt weg bewegt.

9.9 Für sin 1 braucht man das Taylorpolynom neunten Grades, für cos 1 das Taylorpolynom achten Grades.

9.10

(i)
$$T_f(x) = \sum_{n=1}^{\infty} \frac{(-1)^{n-1}}{n}(x-1)^n.$$

(ii)
$$T_g(x) = \frac{1}{2} + \frac{1}{1!}\frac{1}{2}\sqrt{3}\cdot\left(x-\frac{\pi}{6}\right) - \frac{1}{2!}\frac{1}{2}\cdot\left(x-\frac{\pi}{6}\right)^2 - \frac{1}{3!}\frac{1}{2}\sqrt{3}\cdot\left(x-\frac{\pi}{6}\right)^3$$
$$+ \frac{1}{4!}\frac{1}{2}\cdot\left(x-\frac{\pi}{6}\right)^4 + \frac{1}{5!}\frac{1}{2}\sqrt{3}\cdot\left(x-\frac{\pi}{6}\right)^5 \pm \cdots.$$

Die Reihe mit einer Summenformel aufzuschreiben, ist ein wenig kompliziert.

9.11
$$\sqrt{17} = \sqrt{16\cdot\frac{17}{16}} = 4\cdot\sqrt{1+\frac{1}{16}}$$
$$\approx 4\cdot\left(1 + \frac{1}{2\cdot 16} - \frac{1}{8\cdot 256} + \frac{1}{16\cdot 4096} - \frac{5}{128\cdot 65.536}\right)$$
$$\approx 4\cdot 1{,}0307764 = 4{,}1231055.$$

Komplexe Zahlen

10.1

(i) $(2-7i)+(12-13i) = 14-20i$;
(ii) $(5-23i)-(2-3i) = 3-20i$;
(iii) $(5-23i)\cdot(2-3i) = -59-61i$;
(iv) $(4+i)\cdot(6-2i) = 26-2i$.

10.2

(i) $\frac{3+4i}{3-4i} = -\frac{7}{25} + \frac{24}{25}i$;
(ii) $\frac{1-2i}{-5+i} = -\frac{7}{26} + \frac{9}{26}i$;
(iii) $\left|\frac{i}{1-i}\right| = \frac{1}{2}\sqrt{2}$.

10.3

(i) $z = 3+4i = 5\cdot(\cos 0{,}927 + i\sin 0{,}927)$;
(ii) $z = 2-i = \sqrt{5}\cdot(\cos 5{,}8195 + i\sin 5{,}8195)$.

10.4

(i) $z = (\cos \frac{\pi}{4} + i \sin \frac{\pi}{4}) = \frac{1}{2}\sqrt{2} + \frac{i}{2}\sqrt{2}$;

(ii) $z = 3(\cos 2 + i \sin 2) = -1{,}248 + 2{,}728i$.

10.5 Es gilt:

$$z = \sqrt{13} \cdot (\cos 0{,}9828 + i \sin 0{,}9828).$$

Weiterhin ist

$$z^7 = 6554 + 4449i.$$

Die Quadratwurzeln z_1 und z_2 lauten:

$$z_1 = 1{,}6741494 + 0{,}8959774i \text{ und } z_2 = -1{,}6741494 - 0{,}8959774i.$$

10.6

(i) $e^{3-4i} = -13{,}129 + 15{,}201i$;

(ii) $5e^{\frac{\pi}{4}i} = \frac{5}{2}\sqrt{2} + \frac{5}{2}i\sqrt{2}$.

10.7 Es gilt:

$$z = \sqrt{5} \cdot e^{1{,}107i}.$$

Weiterhin ist

$$z^7 = 29 + 278i.$$

Die Quadratwurzeln z_1 und z_2 lauten:

$$z_1 = 1{,}2720196 + 0{,}7861514i \text{ und } z_2 = -1{,}2720196 - 0{,}7861514i.$$

10.8 Die Funktion f ist stückweise monoton und durchgängig stetig, also sind die Dirichlet-Bedingungen erfüllt. Die Fourierreihe konvergiert daher überall gegen die Funktion f. Die Reihe lautet:

$$f(x) = \frac{\pi}{2} + \frac{4}{\pi}\left(\cos x + \frac{\cos(3x)}{3^2} + \frac{\cos(5x)}{5^2} + \cdots\right).$$

Differentialgleichungen

11.1

(i) $y(x) = \frac{2x}{1-cx}, c \in \mathbb{R}$;

(ii) $y(x) = -\frac{1}{x+c} - 2, c \in \mathbb{R}$;

(iii) $y(x) = c \cdot (1 + x^3), c \in \mathbb{R}$.

11.2

(i) $y(x) = e^{\cos x}$;

(ii) $y(x) = \sqrt{3} \cdot \sqrt{\frac{x-1}{x+1}}$.

11.3

(i) $y(x) = \frac{3}{2} + k \cdot e^{-x^2}, k \in \mathbb{R}$;

(ii) $y(x) = -\cos x + \frac{\sin x}{x} + \frac{k}{x}, k \in \mathbb{R}$.

11.4

(i) $y(x) = \ln x - 1 + \frac{2}{x}$;

(ii) $y(x) = (2 + \sin x) \cdot e^{x^3}$.

11.5

(i) $y(x) = -\frac{1}{x+c} - 2x + 3, c \in \mathbb{R}$;

(ii) $y(x) = x \cdot \sin(\ln|x| + c), c \in \mathbb{R}$.

11.6

(i) $v(t) = \frac{m}{k} \cdot g - c \cdot e^{-\frac{k}{m}t}, c \in \mathbb{R}$;

(ii) $v(t) = \frac{m}{k} \cdot g + \left(v_0 - \frac{m}{k} \cdot g\right) \cdot e^{-\frac{k}{m}t}$.

11.7

(i) $y(x) = c_1 e^{-4x} + c_2 e^{3x}, c_1, c_2 \in \mathbb{R}$;

(ii) $y(x) = c_1 e^{-3x} + c_2 x e^{-3x}, c_1, c_2 \in \mathbb{R}$;

(iii) $y(x) = c_1 e^x + c_2 e^{2x} + c_3 x e^{2x}, c_1, c_2, c_3 \in \mathbb{R}$.

11.8

(i) $y(x) = -e^{-7x} + e^{-3x}$;

(ii) $y(x) = e^{\frac{1}{3}x} + \frac{5}{3}x e^{\frac{1}{3}x} = e^{\frac{1}{3}x}\left(1 + \frac{5}{3}x\right)$.

11.9

(i) $y(x) = c_1 e^x \cos(3x) + c_2 e^x \sin(3x),\ c_1, c_2 \in \mathbb{R}$;

(ii) $y(x) = c_1 e^{-2x} \cos(2x) + c_2 e^{-2x} \sin(2x),\ c_1, c_2 \in \mathbb{R}$.

11.10

(i) $y(x) = e^{-3x}(\cos x + 4 \sin x)$;

(ii) $y(x) = e^{-3x}(1 + 4x)$.

11.11

(i) $y(x) = \frac{1}{240} \cdot e^{17x} + c_1 e^x + c_2 e^{2x},\ c_1, c_2 \in \mathbb{R}$;

(ii) $y(x) = -\frac{1}{2} \cos x + c_1 e^{-x} + c_2 e^x,\ c_1, c_2 \in \mathbb{R}$.

11.12

(i) $y(x) = \left(\frac{x}{3} - \frac{4}{9}\right) e^x + c_1 + c_2 e^{-2x},\ c_1, c_2 \in \mathbb{R}$;

(ii) $y(x) = -x e^{2x} + c_1 e^{2x} + c_2 e^{3x},\ c_1, c_2 \in \mathbb{R}$.

11.13 $y(x) = \frac{1}{2} e^{-2x} - \frac{1}{2} e^{-x} \cos x + \frac{3}{2} e^{-x} \sin x$.

11.14

(i) $F_1(s) = \frac{6}{s^4} - \frac{10}{s^3} + \frac{17}{s^2} - \frac{1}{s}$;

(ii) $F_2(s) = \frac{(s-2)^2 + 18}{(s-2) \cdot ((s-2)^2 + 36)}$;

(iii) $F_3(s) = e^{-s} \cdot \frac{s}{(s-1)^3}$;

(iv) $F_4(s) = \frac{1}{s - \ln 2}$.

11.15

(i) $f_1(t) = 3 - 2t + 5e^{2t}$;

(ii) $f_2(t) = \frac{2}{3} \sin(3t) + 17 \cosh(3t)$;

(iii) $f_3(t) = 2 + e^t - 3e^{3t}$;

(iv) $f_4(t) = t - \sin t$.

11.16 $y(t) = \frac{1}{2} e^{-2t} - \frac{1}{2} e^{-t} \cos t + \frac{3}{2} e^{-t} \sin t$.

11.17 $y(t) = t^2 + 2t + 4 + e^{2t}$.

Matrizen und Determinanten

12.1
$$[f] = \begin{pmatrix} 1 & 1 & 1 \\ -3 & 5 & -2 \end{pmatrix}.$$

12.2
$$A + B = \begin{pmatrix} 15 & 5 & 8 \\ 3 & 11 & 10 \\ 1 & 1 & 1 \end{pmatrix}, A - B = \begin{pmatrix} -19 & 5 & 10 \\ -1 & -7 & -4 \\ -1 & 1 & -1 \end{pmatrix},$$

und

$$2A - 3B = \begin{pmatrix} -55 & 10 & 21 \\ -4 & -23 & -15 \\ -3 & 2 & 3 \end{pmatrix}.$$

12.3
$$A \cdot B = \begin{pmatrix} 2 & 1 & 9 \\ -4 & -3 & -20 \\ 0 & -3 & -6 \end{pmatrix}, B \cdot A = \begin{pmatrix} 0 & 28 \\ 2 & -7 \end{pmatrix}.$$

12.4

(i) A ist nicht invertierbar.
(ii) B ist invertierbar, und es gilt:

$$B^{-1} = \begin{pmatrix} -1 & 1 \\ 3 & -2 \end{pmatrix}.$$

12.5 Die Determinante beträgt 21.

12.6
$$\det A = -1, \ \det B = -2, \ \text{und} \ \det(A \cdot B) = 2 = (-1) \cdot (-2).$$

12.7 Die Determinante beträgt -71.

12.8
$$A^{-1} = \begin{pmatrix} -6 & 5 & 7 \\ 4 & -3 & -4 \\ 1 & -1 & -1 \end{pmatrix}.$$

Mehrdimensionale Differentialrechnung

13.1

(i)

$$\frac{\delta f_1}{\delta x}(x, y) = \frac{8y}{(4y - 3x)^2}, \quad \frac{\delta f_1}{\delta y}(x, y) = \frac{-8x}{(4y - 3x)^2},$$

$$\frac{\delta^2 f_1}{\delta x^2}(x, y) = \frac{48y}{(4y - 3x)^3}, \quad \frac{\delta^2 f_1}{\delta y^2}(x, y) = \frac{64x}{(4y - 3x)^3},$$

$$\frac{\delta^2 f_1}{\delta y \delta x}(x, y) = -8 \cdot \frac{4y + 3x}{(4y - 3x)^3} = \frac{\delta^2 f_1}{\delta x \delta y}(x, y).$$

(ii)

$$\frac{\delta f_2}{\delta x}(x, y, z) = 4xyz^3 - 3y^5z + 1, \quad \frac{\delta f_2}{\delta y}(x, y, z) = 2x^2z^3 - 15xy^4z,$$

$$\text{und } \frac{\delta f_2}{\delta z}(x, y, z) = 6x^2yz^2 - 3xy^5.$$

Beispiele zweiter partieller Ableitungen sind:

$$\frac{\delta^2 f_2}{\delta x^2}(x, y, z) = 4yz^3, \quad \frac{\delta^2 f_2}{\delta y^2}(x, y, z) = -60xy^3z,$$

$$\frac{\delta^2 f_2}{\delta y \delta x}(x, y, z) = 4xz^3 - 15y^4z = \frac{\delta^2 f_2}{\delta x \delta y}(x, y, z),$$

$$\frac{\delta^2 f_2}{\delta z \delta y}(x, y, z) = 6x^2z^2 - 15xy^4 = \frac{\delta^2 f_2}{\delta y \delta z}(x, y, z).$$

(iii)

$$\frac{\delta f_3}{\delta x}(x, y) = e^{x-y} + \cos(x + y), \quad \frac{\delta f_3}{\delta y}(x, y) = -e^{x-y} + \cos(x + y),$$

$$\frac{\delta^2 f_3}{\delta x^2}(x, y) = e^{x-y} - \sin(x + y), \quad \frac{\delta^2 f_3}{\delta y^2}(x, y) = e^{x-y} - \sin(x + y),$$

$$\frac{\delta^2 f_3}{\delta x \delta y}(x, y) = -e^{x-y} - \sin(x + y) = \frac{\delta^2 f_3}{\delta y \delta x}(x, y).$$

(iv)

$$\frac{\delta f_4}{\delta x}(x, y) = -\frac{y}{x^2 + y^2}, \quad \frac{\delta f_4}{\delta y}(x, y) = \frac{x}{x^2 + y^2},$$

$$\frac{\delta^2 f_4}{\delta x^2}(x, y) = \frac{2xy}{(x^2 + y^2)^2}, \quad \frac{\delta^2 f_4}{\delta y^2}(x, y) = -\frac{2xy}{(x^2 + y^2)^2},$$

$$\frac{\delta^2 f_4}{\delta x \delta y}(x, y) = \frac{y^2 - x^2}{(x^2 + y^2)^2} = \frac{\delta^2 f_4}{\delta y \delta x}(x, y).$$

13.2 Die Gleichung der Tangentialebene lautet

$$z = 3x - y - 2.$$

13.3

$$x \frac{\delta f}{\delta x}(x, y) + y \frac{\delta f}{\delta y}(x, y) = 0.$$

13.4

$$x \frac{\delta g}{\delta x}(x, y) + y \frac{\delta g}{\delta y}(x, y) = \frac{\sqrt{x}}{2} \cdot \frac{1}{\sqrt{x} + \sqrt{y}} + \frac{\sqrt{y}}{2} \cdot \frac{1}{\sqrt{x} + \sqrt{y}}$$

$$= \frac{\sqrt{x} + \sqrt{y}}{2} \cdot \frac{1}{\sqrt{x} + \sqrt{y}} = \frac{1}{2}.$$

13.5

$$\frac{\delta^2 f}{\delta x^2}(x, y, z) + \frac{\delta^2 f}{\delta y^2}(x, y, z) + \frac{\delta^2 f}{\delta z^2}(x, y, z) = 0.$$

13.6

$$Df(x, y, z) = \begin{pmatrix} 2x \sin(y + z) & x^2 \cos(y + z) & x^2 \cos(y + z) \\ -y \sin x & \cos x & 0 \end{pmatrix}.$$

$$Df(0, \pi, \pi) = \begin{pmatrix} 0 & 0 & 0 \\ 0 & 1 & 0 \end{pmatrix}.$$

13.7

$$Df(x, y) = \begin{pmatrix} \cos x - \sin(x + y) & -\sin(x + y) \end{pmatrix}.$$

Die Linearisierung lautet:

$$f(x, y) \approx -1 + x \text{ in der Nähe von } (x_0, y_0) = (0, \pi).$$

13.8

$$Dg(x, y) = \begin{pmatrix} 2x & 1 \\ y^2 + 1 & 2xy \end{pmatrix}.$$

Die Linearisierung lautet:

$$g(x, y) \approx (2x + y - 1, 2x + 2y - 2) \text{ in der Nähe von } (x_0, y_0) = (1, 1).$$

13.9 Die Oberflächenänderung nach dem totalen Differential beträgt $dF = 1{,}32\pi \approx 4{,}147$. Der exakte Wert der Änderung beträgt $1{,}323\pi \approx 4{,}156$. Die Volumenänderung nach dem totalen Differential beträgt $dV = 1{,}92\pi \approx 6{,}032$. Der exakte Wert der Änderung beträgt $1{,}941\pi \approx 6{,}098$.

13.10

$$D(g \circ f)(x, y, z) = Dg(f(x, y, z)) \cdot Df(x, y, z)$$

$$= \begin{pmatrix} e^{x+yz} & ze^{x+yz} & ye^{x+yz} \\ ze^{xz+y} & e^{xz+y} & xe^{xz+y} \end{pmatrix}.$$

13.11

$$D(f \circ g)(x, y) = Df(g(x, y)) \cdot Dg(x, y)$$

$$= \begin{pmatrix} 2y + 1 + 2x & 2x + 1 \\ 2y^2 + 4xy - 2x & 2x^2 + 4xy \end{pmatrix}.$$

13.12

(i) f_1 hat bei $(-4, 1)$ ein lokales Minimum.

(ii) f_2 hat bei $(2, 4)$ ein lokales Minimum.

(iii) f_3 hat bei $(0, 0)$ ein lokales Minimum. Der Punkt $(0, 2)$ ist zwar eine Nullstelle des Gradienten, aber kein lokales Extremum, da seine Hesse-Matrix eine negative Determinante hat.

13.13 Der optimale Quader hat die Kantenlängen $x = y = z = 1$. Der Draht muss also mindestens 12 Meter lang sein.

13.14 Der optimale Quader hat die Kantenlängen $x = y = z = \frac{1}{3}\sqrt{3}$. Das maximale Volumen beträgt $\frac{1}{9}\sqrt{3}$.

13.15 Der optimale Punkt lautet $(x, y, z) = \left(\frac{1}{6}, \frac{1}{3}, \frac{1}{9}\right)$. Es gilt $f\left(\frac{1}{6}, \frac{1}{3}, \frac{1}{9}\right) = \frac{1}{81}$.

13.16

$$y(1) = 17, \quad y'(1) = \frac{595}{18}.$$

Mehrdimensionale Integralrechnung

14.1

(i)

$$\iint_U x + y \, dx \, dy = \frac{1}{3}.$$

(ii)

$$\iint_U 2xe^y \, dx \, dy = e - 2.$$

14.2

$$\iint\limits_U e^{x^2+y^2}\,dx\,dy = \pi \cdot (e-1).$$

14.3

$$\iint\limits_U xy\,dx\,dy = 0.$$

14.4 Ist U_R der Kreis mit Radius $R > 0$ um den Nullpunkt, dann gilt:

$$\iint\limits_{U_R} e^{-x^2-y^2}\,dx\,dy = \int\limits_0^{2\pi}\left(\int\limits_0^R e^{-r^2}\cdot r\,dr\right)d\varphi$$

$$= \int\limits_0^{2\pi}\left[-\frac{1}{2}e^{-r^2}\right]_0^R d\varphi$$

$$= \int\limits_0^{2\pi} -\frac{1}{2}e^{-R^2} + \frac{1}{2}\,d\varphi$$

$$= \pi - \pi \cdot e^{-R^2}.$$

Da für $R \to \infty$ die Kreisfläche die gesamte Ebene $\mathbb{R}^2$ ausfüllt, folgt daraus:

$$\iint\limits_{\mathbb{R}^2} e^{-x^2-y^2}\,dx\,dy = \lim_{R\to\infty}\iint\limits_{U_R} e^{-x^2-y^2}\,dx\,dy$$

$$= \lim_{R\to\infty}\left(\pi - \pi \cdot e^{-R^2}\right) = \pi,$$

denn $\lim\limits_{R\to\infty} e^{-R^2} = 0$.

14.5 Der Flächeninhalt der eingeschlossenen Fläche beträgt $A = \frac{1}{6}$. Der Schwerpunkt hat die Koordinaten $(x_s, y_s) = \left(\frac{1}{2}, \frac{12}{5}\right)$.

14.6 Die Oberfläche hat den Flächeninhalt

$$\frac{4}{15}(25\sqrt{5} + 9\sqrt{3} - 64) = 1{,}9974.$$

14.7

(i) $\int_\gamma xy\,dx + y^2\,dy = \frac{4352}{21} = 207{,}238;$

(ii) $\int_\gamma -x^2\,dx + y^2\,dy = \frac{2}{3}.$

14.8 Wegen $\frac{\delta f_1}{\delta y}(x, y) = \frac{\delta f_2}{\delta x}(x, y) = 2x^3 y$ ist f ein Potentialfeld. Die Potentialfunktion lautet $\varphi(x, y) = \frac{1}{4}x^4 y^2$. Daraus folgt:

$$\int_{\gamma} x^3 y^2 \, dx + \frac{x^4}{2} y \, dy = \varphi(1, 1) - \varphi(0, 0) = \frac{1}{4}.$$

Sachverzeichnis

Printed in the United States
By Bookmasters